Halliday / Resnick
Physik Teil 1

David Halliday
Robert Resnick

Physik

Teil 1

Aus dem Amerikanischen
übersetzt von
Joachim Streubel
und
Bernd Schaarschmidt

Walter de Gruyter · Berlin · New York 1993

Titel der Originalausgabe

David Halliday/Robert Resnick
Physics
Third Edition, Part One and Part Two, Extended Version

Autoren

David Halliday
Professor of Physics, University of Pittsburgh

Robert Resnick
Professor of Physics, Rensselaer Polytechnic Institute

Deutschsprachige Ausgabe

Joachim Streubel
Professor an der Fachhochschule Bochum

Bernd Schaarschmidt
Professor an der Freien Universität Berlin

Dieser Band enthält 463 Abbildungen und 27 Tabellen.

⊚ Gedruckt auf säurefreiem Papier, das die US-ANSI-Norm über Haltbarkeit erfüllt.

Die Deutsche Bibliothek – CIP-Einheitsaufnahme

Halliday, David:
Physik / David Halliday ; Robert Resnick. Aus dem Amerikan. übers. von Joachim Streubel und Bernd Schaarschmidt. – Berlin ; New York : de Gruyter.
Einheitssacht.: Physics ⟨dt.⟩
NE: Resnick, Robert:
Teil 1 (1993)
ISBN 3-11-010640-X

Printed in Germany
Satz und Druck: Tutte Druckerei GmbH, Salzweg-Passau
Buchbindearbeiten: Lüderitz & Bauer Buchgewerbe-GmbH, Berlin
Einbandentwurf: Hansbernd Lindemann, Berlin.

Vorwort zur deutschen Übersetzung

Diese Einführung wendet sich zunächst an Studierende der Physik und der Natur- und Ingenieurwissenschaften an Universitäten und Fachhochschulen. Sie ist aber gleichermaßen als Lern- und Lehrbuch in der Weiterbildung und für das Selbststudium geeignet. Im englischsprachigen Raum und darüber hinaus ist dieses Werk wegen seines Inhalts, vor allem aber wegen seiner pädagogisch-didaktisch gelungenen Darstellung seit vielen Jahren sehr erfolgreich.

Unter Betonung der Prinzipien der klassischen und modernen Physik spannt es den Bogen von einfachen und grundlegenden bis zu praktischen Fragestellungen. Dabei wird die Einheit von theoretischer und Experimentalphysik ebenso deutlich wie die Rolle, die die Mathematik bei der Formulierung physikalischer Aussagen spielt.

Ein wesentlicher Vorteil dieses Buches und eine beträchtliche Erleichterung für die Lernenden sind die vielen, im Detail ausgeführten und gerechneten Beispiele sowie die äußerst umfangreiche Sammlung von überwiegend anwendungsbezogenen Aufgaben, die zur besseren Übersicht nach den einzelnen Abschnitten und in aufsteigendem Schwierigkeitsgrad geordnet sind.

Die vorliegende deutschsprachige Ausgabe basiert auf der 3. bzw. 4. amerikanischen Auflage. Nomenklatur und Einheiten wurden dem von der Internationalen Union für reine und angewandte Physik (IUPAP) empfohlenen Standard und weitgehend auch den DIN-Normen angepaßt.

Unser besonderer Dank gilt Herrn Dr.-Ing. Rudolf Weber für seine stete Unterstützung beim Zustandekommen dieses Buches.

Inhaltsübersicht zu Teil 1 und Teil 2

Teil 1

Teil 2

Inhalt

1 Über das Messen

1.1 Physikalische Größen und Einheiten

Physikalische Größen sind die Bausteine der Physik, mit denen man die physikalischen Gesetzmäßigkeiten und Zusammenhänge ausdrückt. Jeder von uns kennt Begriffe wie Länge, Zeit, Masse, Kraft, Geschwindigkeit, Energie, Temperatur, Spannung und viele mehr. Häufig entstammen sie unserer Alltagssprache, haben dort aber nur selten den Sinn, den man ihnen in der Physik beilegt. In einem Satz wie „Die *Kraft* seiner Überzeugung ließ die *Länge* seiner Rede vergessen" haben die Wörter Kraft und Länge mit der Bedeutung, die sie in der Physik besitzen, nichts zu tun.

In einer ersten und vorläufigen Erklärung pflegt man zu sagen, eine physikalische Größe, wie z. B. die Masse eines Körpers, sei definiert, wenn man ein Verfahren zu ihrer Messung angibt und ihr dabei eine Einheit, hier etwa das Kilogramm, zuordnet. Die Festlegung der Einheit ist grundsätzlich beliebig. Es kommt nur darauf an, eine in der Praxis brauchbare Definition zu finden, die allgemein, d.h. auch international, akzeptiert wird.

Es gibt so viele physikalische Größen, daß bei der Festlegung ihrer Einheiten eine gewisse Ordnung notwendig wird. Zwischen den Größen bestehen Zusammenhänge. So ist die (Durchschnitts-)Geschwindigkeit eines Teilchens das Verhältnis aus der Länge der vom Teilchen zurückgelegten Strecke zu der dafür benötigten Zeit. Man geht nun so vor, daß man unter allen möglichen Größen eine kleine Anzahl auswählt und diese die Basisgrößen nennt. Alle anderen Größen heißen dann abgeleitet. Ordnet man weiter jeder Basisgröße eine Basiseinheit zu, so erhält man ein Einheitensystem, in dem die abgeleiteten Größen durch abgeleitete Einheiten ausgedrückt werden. Wählt man z. B. Länge und Zeit als Basisgrößen, bestimmt als Längeneinheit das Meter und als Zeiteinheit die Sekunde, so hat die Geschwindigkeit die abgeleitete Einheit Meter durch Sekunde.

Es ergeben sich mehrere Fragen: (a) Wie viele Basisgrößen muß man mindestens auswählen? (b) Welche Größen sollte man wählen? (c) Wer trifft die Auswahl?

Keine physikalische Größe ist von Natur aus eine Basisgröße. Die Auswahl ist zunächst gänzlich willkürlich und wird allein nach dem Grundsatz der Zweckmäßigkeit getroffen. Man bestimmt gerade so viele voneinander unabhängige Größen als Basisgrößen, wie zu einer vollständigen und möglichst einfachen Darstellung der Physik erforderlich sind. Es gibt für dieses Vorgehen viele Möglichkeiten. In einem Einheitensystem kann dann z. B. die Kraft eine Basisgröße sein. Wir wählen dagegen ein System, bei dem die Kraft eine abgeleitete Größe ist.

Die dritte Frage wird durch internationale Übereinkunft entschieden. Das im Jahre 1875 in Sèvres bei Paris gegründete Internationale Büro für Maß und Gewicht hält ständig Kontakt mit den Laboratorien und Anstalten, die in den verschiedenen Staaten mit dem physikalischen Meßwesen befaßt sind. In der Bundesrepublik Deutschland ist dies die Physikalisch-Technische Bundesanstalt. Die Entscheidungen selbst werden auf der Generalkonferenz für Maß und Gewicht getroffen, einer internationalen Einrichtung, die in bestimmten Abständen zusammentrifft. Das erste Mal geschah dies im Jahre 1889, die 17. Generalkonferenz fand 1983 statt.

Hat man eine Basiseinheit, z. B. für die Länge, festgelegt, so muß man weiter Verfahren angeben, die die Messung der Länge irgendeines Gegenstands, d. h. den Vergleich dieser Länge mit der Basislänge, ermöglichen: Die Basiseinheit muß zugänglich sein. Darüberhinaus will man bei verschiedenen Messungen am selben Gegenstand innerhalb bestimmter Genauigkeitsgrenzen jedesmal zum selben Ergebnis kommen: Die Basiseinheit sollte unveränderlich sein. Häufig sind diese beiden Forderungen nicht miteinander vereinbar. Wählen wir wiederum als Beispiel die Länge als Basisgröße, definieren als Längeneinheit den Abstand der Nasenspitze des jeweils messenden Menschen von den Fingern seines ausgestreckten Arms und nennen diese Einheit ein Yard, so erhalten wir einen stets zugänglichen, aber sicher nicht unveränderlichen Maßstab. Darum geht man in Wissenschaft und Technik einen anderen Weg. Man definiert eine möglichst unveränderliche Einheit und erreicht die Zugänglichkeit, indem man neben der ursprünglichen Darstellung, dem Primärnormal, weitere Darstellungen, das Sekundär-, Tertiär- usw. -normal schafft. Mit diesen kann man dann die Messung vor Ort vornehmen.

Häufig erfolgt die Messung, also der Vergleich mit einer Einheit, auf sehr indirekte Weise. Für den Fall einer Längenmessung denke man an (a) die Entfernung der Andromeda-Galaxie von der Erde, (b) die Körpergröße eines Menschen oder (c) die Abstände der Atomkerne in einem Ammoniakmolekül. Es ist klar, daß dazu verschiedene Meßverfahren notwendig sind. Mit einem Lineal kommt man in den Fällen (a) und (c) nicht weiter.

1.2 Das Internationale Einheitensystem

Nach langjährigen Vorarbeiten auf internationalen Konferenzen und durch verschiedene Komitees wurde auf der 14. Generalkonferenz für Maß und Gewicht (1971) für sieben Größen je eine Basiseinheit festgelegt. Sie sind in Tab. 1.1 aufgeführt und bilden die

Tabelle 1.1 SI-Basiseinheiten

Größe	Name	Einheitenzeichen
Länge	Meter	m
Masse	Kilogramm	kg
Zeit	Sekunde	s
elektrische Stromstärke	Ampere	A
thermodynamische Temperatur	Kelvin	K
Stoffmenge	Mol	mol
Lichtstärke	Candela	cd

Grundlage für das Internationale Einheitensystem, abgekürzt SI, nach dem Französischen „Le Système International d'Unités".

Neben diesen Basiseinheiten werden uns in diesem Buch viele abgeleitete SI-Einheiten begegnen, z. B. für die Geschwindigkeit, die Kraft oder den elektrischen Widerstand. So ergibt sich die SI-Einheit der Kraft, das Newton (Abkürzung N), aus den SI-Basiseinheiten der Länge, der Masse und der Zeit durch:

$$1\,\mathrm{N} = 1\,\mathrm{m\,kg/s^2},$$

wie wir im fünften Kapitel herleiten werden.

Oft führt die Angabe des Wertes einer physikalischen Größe, wie für den Erdradius oder ein charakteristisches Zeitintervall zwischen zwei nuklearen Ereignissen, in SI-Einheiten zu sehr großen oder sehr kleinen Zahlen. Hier wurde ebenfalls auf der 14. Generalkonferenz für Maß und Gewicht die Verwendung von Vorsätzen und Vorsatzzeichen empfohlen. Sie sind in Tab. 1.2 angegeben. Mit diesen kann man dezimale Vielfache und Teile von SI-Einheiten bilden. So können wir den mittleren Erdradius (6.38×10^6 m) auch als 6.38 Mm oder eine in der Kernphysik auftretende Zeitdauer wie 2.35×10^{-9} s als 2.35 ns schreiben. Vorsätze für Faktoren größer als eins sind griechischen Ursprungs, solche für Faktoren kleiner als eins gehen auf das Lateinische zurück (Ausnahmen sind die erst später eingeführten Vorsätze Femto und Atto, die aus dem Dänischen stammen).

Tabelle 1.2 SI-Vorsätze

Faktor	Vorsatz	Vorsatzzeichen	Faktor	Vorsatz	Vorsatzzeichen
10^1	deka	da	10^{-1}	dezi	d
10^2	hekto	h	10^{-2}	zenti	c
10^3	kilo	k	10^{-3}	milli	m
10^6	mega	M	10^{-6}	mikro	µ
10^9	giga	G	10^{-9}	nano	n
10^{12}	tera	T	10^{-12}	piko	p
10^{15}	peta	P	10^{-15}	femto	f
10^{18}	exa	E	10^{-18}	atto	a

Nach Tab. 1.1 braucht man die Angabe von sieben Verfahren, nach denen man im Labor die sieben SI-Basiseinheiten darstellen kann. Für die Einheiten der Länge, der Masse und der Zeit werden wir dies in den nächsten drei Abschnitten ausführen.

Das Internationale Einheitensystem wird (noch) nicht in allen Ländern verwendet. So gibt es neben ihm noch das Britische System (unter anderem in den USA und in Großbritannien) mit anderen Basisgrößen und -einheiten. Weiter ist in bestimmten Spezialgebieten, insbesondere der Theoretischen Physik, auch das CGS-System mit den drei Basisgrößen Länge, Masse und Zeit und den dazugehörigen Basiseinheiten Zentimeter (cm), Gramm (g) und Sekunde (s) in Gebrauch* (vgl. Anhang L).

* Über diese und weitere Fragen kann man sich ausführlicher informieren u. a. in: „Symbole, Einheiten und Nomenklatur in der Physik", Weinheim 1981; Kohlrausch, F. „Praktische Physik", Stuttgart 1985; German, S./Drath, P. „Handbuch SI-Einheiten", Braunschweig 1979.

1.3 Die SI-Basiseinheit der Länge

Man mißt die Länge einer Strecke, indem man ermittelt, wie oft eine vorgegebene Längeneinheit und gegebenenfalls ein Bruchteil von ihr in die Strecke „passen". Das erste internationale Längennormal war ein Platin-Iridium-Stab, der im Internationalen Büro für Maß und Gewicht in der Nähe von Paris aufbewahrt wurde. Das Meter war definiert als der Abstand zweier in den Stab eingravierter Striche, wobei eine Temperatur von 0 °C und weitere genau beschriebene Lagerungsbedingungen eingehalten werden mußten. Dieses Meterprototyp sollte dem zehnmillionsten Teil des durch Paris gehenden Erdmeridianquadranten entsprechen. Spätere Messungen ergaben jedoch eine Abweichung von 0.023 %.

Zur besseren Zugänglichkeit fertigte man von diesem Prototyp genaue Kopien an und verteilte sie auf die in den einzelnen Staaten für das Meßwesen zuständigen Institute und Anstalten. Diese Sekundärnormale dienten dann zum Anschluß für Tertiärnormale usw., so daß schließlich jede amtlich geprüfte Längenmeßeinrichtung an das Pariser Prototyp angeschlossen war.

Im Laufe der Zeit erwies sich die Unsicherheit bei der Darstellung der Längeneinheit, die im wesentlichen auf die eingravierten Striche zurückzuführen war, als zu groß. Darum änderte im Jahre 1960 die 11. Generalkonferenz für Maß und Gewicht die Definition der Längeneinheit. Ein Meter war jetzt das 1 650 763.73fache der Wellenlänge einer bestimmten, von Krypton-86-Atomen ausgesandten Strahlung. Bei dieser Festlegung achtete man darauf, daß die neue Einheit mit dem alten Normal möglichst übereinstimmte. So erklärt sich der Zahlenwert in der neuen Definition.

Außer der gesteigerten Genauigkeit (die relative Unsicherheit fiel um etwa zwei Zehnerpotenzen auf $\pm 4 \times 10^{-9}$) ergaben sich weitere Vorteile. Krypton-86-Atome konnte man sich überall beschaffen (in einer Gasentladungslampe bestimmter Temperatur, Stromdichte und definiertem Druck), sie waren überall gleich und emittierten überall Licht derselben Wellenlänge: Das Längennormal war zugänglich und unveränderlich. Außerdem konnte man bei der Längenmessung die inzwischen stark verfeinerte optische Interferometrie einsetzen.

In der Industrie, so vor allem im Maschinenbau, werden als körperliche Sekundärnormale oft Parallelendmaße verwendet. Das sind prismatische Körper aus gehärtetem Edelstahl mit ebenen, polierten und zueinander parallelen Meßflächen, deren Längen interferentiell an das Primärnormal angeschlossen werden (s. Kohlrausch, Fußnote, Seite 3). Diese Endmaße haften aufgrund molekularer Adhäsion sehr fest aneinander und können zu der jeweils gewünschten Länge zusammengefügt werden. Abb. 1.1 (a) zeigt einen Kasten mit einem Satz von Parallelendmaßen, mit denen man sich jede Länge zwischen 0.001 und 100 mm auf 1 μm genau zusammenstellen kann, Abb. 1.1 (b). Es gibt Endmaße bis zu 4 m Länge.

Zu Beginn der 80er Jahre genügte auch das Krypton-86-Normal nicht mehr den weiter gestiegenen Genauigkeitsanforderungen. Das führte zu einer erneuten Änderung der Definition der Längeneinheit. Am 20. Oktober 1983 beschloß die 17. Generalkonferenz für Maß und Gewicht die Festlegung:

„Das Meter ist die Länge der Strecke, die Licht im Vakuum während der Dauer von 1/299 792 458 Sekunden durchläuft."

Damit war die Längeneinheit an die Zeiteinheit Sekunde angeschlossen, und die Va-

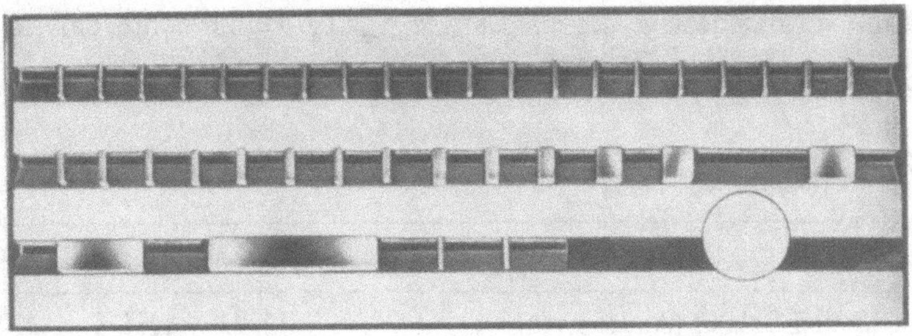

(a)

(b)

Abb. 1.1 (a) Kasten mit 36teiligem Satz von Endmaßen. (b) Halter mit Endmaßen und Meßspitzen. (Aus: Bergmann/Schaefer, Lehrbuch der Experimentalphysik; Band 1, 10. Auflage, 1990. Walter de Gruyter)

kuumlichtgeschwindigkeit erhielt als universelle Naturkonstante den Wert $c = 299\,792\,458$ m/s. Mit dieser Entscheidung trug man der Tatsache Rechnung, daß die Lichtgeschwindigkeit durch die modernen Methoden mit einer Genauigkeit gemessen werden konnte, die im wesentlichen durch die Reproduzierbarkeit des Krypton-86-Normals begrenzt war (Das Zeitnormal läßt sich mit einer viel geringeren Unsicherheit darstellen, s. u.). Mit dieser neuen Definition wurde die Länge 1 Meter wiederum nicht abgeändert, sondern nur genauer festgelegt. Sie entsprach jetzt aber der Entwicklung moderner Verfahren bei der Entfernungs- und Abstandsmessung (wie Laufzeitmessungen elektromagnetischer Signale und Verwendung stabilisierter Laser).

Neben dem Primärnormal, für dessen Realisierung in der Bundesrepublik Deutschland die Physikalisch-Technische Bundesanstalt (PTB) in Braunschweig zuständig ist, braucht man für praktische Zwecke daran angeschlossene Sekundärnormale. Oft jedoch, so zum Beispiel bei der Messung intramolekularer oder interstellarer Abstände und Entfernungen, ist ein direkter Vergleich mit einem Längennormal nicht möglich. Man ist auf indirekte Methoden angewiesen. Die Entfernungen erdnaher Sterne ermittelt man zum Beispiel unter Berücksichtigung der Tatsache, daß sich wegen der Bewegung der Erde um die Sonne deren Positionen gegenüber dem Hintergrund ferner Sterne verschieben. Mißt man diese Winkelverschiebung (Parallaxe), so kann man bei Kenntnis des Durchmessers der Erdumlaufbahn die Entfernung der erdnahen Sterne berechnen.

Die Tab. 1.3 gibt verschiedene gemessene Längen wieder. Man beachte, daß sie in der Größenordnung von etwa 10^{37} variieren.

Tabelle 1.3 Einige charakteristische Längen

	Länge in m
Entfernung zur nächsten Galaxis (Andromeda)	2.0×10^{22}
Radius unserer Milchstraße	6.0×10^{19}
Entfernung zum nächsten Fixstern (Alpha Centauri)	4.3×10^{16}
Mittlerer Bahnradius des entferntesten Planeten (Pluto)	5.9×10^{12}
Radius der Sonne	6.9×10^{8}
Radius der Erde	6.4×10^{6}
Höhe des Mount Everest	8.9×10^{3}
Durchschnittliche Körpergröße	1.8×10^{0}
Dicke eines Papierblatts	1.0×10^{-4}
Größe eines Virus	1.2×10^{-8}
Radius des Wasserstoffatoms	5.0×10^{-11}
Effektiver Protonenradius	1.2×10^{-15}

1.4 Die SI-Basiseinheit der Masse

Die SI-Basiseinheit der Masse ist das Kilogramm.

„Das Kilogramm ist die Masse des Internationalen Kilogrammprototyps."

Dabei handelt es sich um einen Platin-Iridium-Zylinder mit einem Durchmesser und einer Höhe von jeweils 39 mm sowie einer Dichte von 21.5 g/cm³. Dieser wird im Internationalen Büro für Maß und Gewicht in Sèvres bei Paris aufbewahrt. Ein Kilogramm

Abb. 1.2 Das Sekundärnormal der Masseneinheit

ist (bis auf einen Unterschied von 0.028 g) die Masse von einem Kubikdezimeter reinen Wassers bei 4 °C. Genaue Kopien dieses Prototyps befinden sich in den verschiedenen Ländern als Sekundärnormale, so in der Bundesrepublik Deutschland die Kopie Nr. 52 (Abb. 1.2). In Abständen von zehn bis fünfzehn Jahren werden sie wieder mit dem Internationalen Prototyp verglichen. Zur Schonung der Prototype gibt es an sie angeschlossene Hauptnormale aus Messing oder Stahl, mit denen dann die weiteren Bezugsnormale kalibriert werden. Im allgemeinen und soweit möglich, erfolgen Massebestimmungen durch Wägung. Die Tab. 1.4 zeigt eine Reihe gemessener Massen. Sie variieren in einer Größenordnung von etwa 10^{71}.

Die meisten dieser Massen wurden indirekt bestimmt. So kann man z. B. die Masse der Erde (s. Abschn. 16.3) ermitteln, indem man im Labor die Gravitationsanziehungskraft zweier Bleikugeln mißt, deren Massen durch direkten Vergleich mit einem Kilogrammnormal bekannt sind.

Neben der SI-Einheit Kilogramm wird in der Physik eine zweite Masseneinheit benutzt, die atomare Masseneinheit (Symbol: u). Sie ist gleich dem zwölften Teil der Masse des Nuklids ^{12}C:

$$1\,u = 1.660565 \times 10^{-27}\,kg.$$

Mit Hilfe eines Massenspektrometers kann man die Massen anderer Atome mit hoher Genauigkeit ermitteln. Die Tab. 1.5 zeigt Beispiele. Der Vorteil dieses zweiten Massenormals besteht darin, daß man dank der heutigen Techniken atomare Massen untereinander sehr viel genauer vergleichen kann, als dies über das Kilogrammnormal möglich wäre.

Tabelle 1.4 Einige beobachtete Massen

Objekt	Masse in kg
Unsere Milchstraße	2.2×10^{41}
Sonne	2.0×10^{30}
Erde	6.0×10^{24}
Mond	7.4×10^{22}
Wasser der Ozeane	1.4×10^{21}
Ozeandampfer	7.2×10^{7}
Elefant	4.5×10^{3}
Mensch	5.9×10^{1}
Weintraube	3.0×10^{-3}
Staubkorn	6.7×10^{-10}
Tabakmosaikvirus	2.3×10^{-13}
Penicillinmolekül	5.0×10^{-17}
Uranatom	4.0×10^{-26}
Proton	1.7×10^{-27}
Elektron	9.1×10^{-31}

Tabelle 1.5 Einige Nuklidmassen

Nuklid	Masse in u
^{1}H	$1.00782522 \pm 0.00000002$
^{12}C	12.00000000 (nach Definition)
^{64}Cu	63.9297568 ± 0.0000035
^{102}Ag	101.911576 ± 0.000024
^{137}Cs	136.907074 ± 0.000005
^{190}Pt	189.959965 ± 0.000026
^{238}Pu	238.049582 ± 0.000011

1.5 Die SI-Basiseinheit der Zeit

Die Zeitmessung hat zwei Aspekte. Einerseits will man die verschiedenen Ereignisse datieren, um sie zeitlich ordnen zu können: Man braucht eine Zeitskala. Andererseits interessiert man sich gerade im wissenschaftlichen Bereich dafür, die Dauer eines Vorgangs genau angeben zu können. Jedes Zeitnormal muß daher auf zwei Fragen die Antwort ermöglichen: Wann passiert es, und wie lange dauert es? Die Tab. 1.6 gibt eine Reihe von Zeitspannen wieder, die direkt oder indirekt gemessen werden konnten. Sie variieren in einer Größenordnung von 10^{40}.

Tabelle 1.6 Einige beobachtete Zeitspannen

Zeitspanne	Dauer in s
Alter der Erde	1.3×10^{17}
Alter der Cheopspyramide	1.2×10^{11}
Lebenserwartung (USA)	2.0×10^{9}
Umlaufdauer der Erde um die Sonne (1 Jahr)	3.1×10^{7}
Zeit für eine Erdumdrehung (1 Tag)	8.6×10^{4}
Umlaufdauer eines typischen Satelliten	5.1×10^{3}
Lebensdauer eines freien Neutrons	7.0×10^{2}
Zeit zwischen zwei normalen Herzschlägen	8.0×10^{-1}
Schwingungsdauer einer Stimmgabel (Ton A)	2.3×10^{-3}
Lebensdauer des Myons	2.2×10^{-6}
Schwingungsdauer einer 3-cm-Mikrowelle	1.0×10^{-10}
Typische Periodendauer einer Molekülrotation	1.0×10^{-12}
Lebensdauer des neutralen Pions	2.2×10^{-16}
Schwingungsdauer eines 1-MeV-Gammaquants (berechnet)	4.0×10^{-21}
Zeit für den Durchgang eines schnellen Elementarteilchens durch einen Kern mittlerer Größe (berechnet)	2.0×10^{-23}

Grundsätzlich kann zur Zeitmessung jeder sich wiederholende Vorgang dienen. Man mißt die Anzahl der Wiederholungen. So könnte man ein Faden-, ein Federpendel oder einen schwingenden Quarzkristall verwenden. Über viele Jahrhunderte hat man der Zeitmessung die Drehung der Erde um ihre Achse zugrundegelegt. Für unsere bürgerliche Zeit ist dies auch heute noch der Fall. Danach ist die Sekunde der 86400. Teil des mittleren Sonnentages. Die mit dieser Einheit gemessene Zeit heißt die Universalzeit (abgekürzt: UT).

Die Universalzeit muß durch astronomische, sich über mehrere Wochen erstreckende Beobachtungen ermittelt werden. Daher braucht man eine genau gehende terrestrische Uhr, die mit Hilfe astronomischer Beobachtungen kalibriert wird. Geeignet sind Quarzuhren, bei denen aufgrund des piezoelektrischen Effekts ein Quarzkristall zu periodischen Schwingungen mit hoher Frequenzkonstanz angeregt wird. Diese Sekundärnormale halten die Zeit bis auf 0.02 s pro Jahr.

Eine bei Zeitnormalen sehr häufig verwendete Methode beruht auf der Frequenzmessung. Im Radiowellenbereich können auf elektronischem Wege Frequenzvergleiche mit einer Genauigkeit von wenigstens $1:10^{10}$ erfolgen. Diese Präzision ist etwa hundertmal größer als die Genauigkeit der Kalibrierung einer Quarzuhr auf astronomischem Wege. Um den Erfordernissen eines besseren Zeitnormals Rechnung tragen zu können, wurden Atomuhren entwickelt, bei denen auf atomare Schwingungen Bezug genommen wird. Die Abb. 1.3 zeigt eine solche Uhr, eine sogenannte Caesium-Uhr.

Abb. 1.3 Eine Caesium-Uhr

Im Jahre 1967 wurde auf der 13. Generalkonferenz für Maß und Gewicht die atomare Sekundendefinition festgelegt:

„Die Sekunde ist das 9192631770fache der Periodendauer der dem Übergang zwischen den Hyperfeinstrukturniveaus des Grundzustands des Atoms des Nuklids ^{133}Cs entsprechenden Strahlung."

Dadurch wurde die Genauigkeit von Zeitmessungen auf $1:10^{12}$ erhöht, was einer Verbesserung gegenüber den astronomischen Methoden um den Faktor 1000 entspricht. Bei dieser Präzision beträgt der Gangunterschied von zwei Caesium-Uhren 1 Sekunde auf 6000 Jahre. Wasserstoffmaser-Uhren, die allerdings (noch) nicht als Zeitnormal dienen, erreichen eine Ganggenauigkeit von 1 Sekunde auf 50 Millionen Jahre.

Vergleicht man die Erddrehung mit einer Caesium-Uhr, so zeigen sich Schwankungen. Die Abb. 1.4 liefert ein Beispiel. Man erkennt, daß die Rotationsgeschwindigkeit der Erde im Sommer größer und im Winter geringer (Beobachtung auf der nördlichen Halbkugel) ist und daß sie außerdem von Jahr zu Jahr etwas abnimmt. Es gibt wenig-

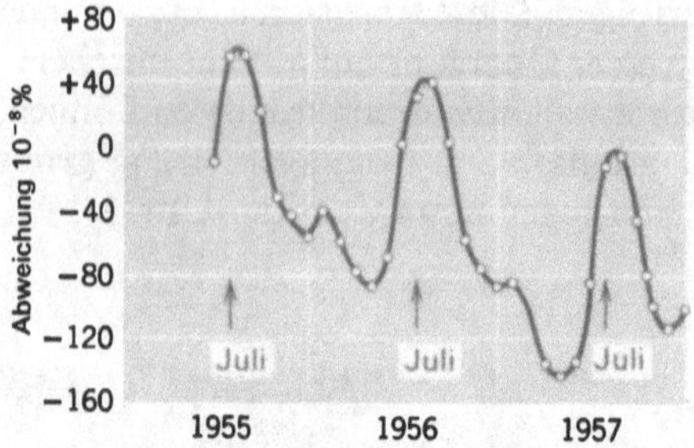

Abb. 1.4 Schwankungen der Rotationsgeschwindigkeit der Erde

stens zwei Gründe, weshalb man sich sicher ist, daß die Erde ihre Drehgeschwindigkeit ändert und nicht etwa die Caesium-Uhr falsch geht. (1) Der im Vergleich zur Struktur der Erde einfache Aufbau des Atoms erlaubt den Schluß, daß die Unterschiede zwischen beiden Zeitnehmern der Erde zuzuschreiben sind. So verursacht zum Beispiel die Gezeitenreibung zwischen Land und Wasser eine Verlangsamung der Erddrehung, während man die jahreszeitlichen Schwankungen auf Vorgänge in der Atmosphäre zurückführen kann. Eine weitere Ursache für die beobachteten Schwankungen sind offensichtlich das Abschmelzen bzw. die erneute Bildung der polaren Eiskappen. (2) Vergleicht man die Erdrotation mit der Bewegung der Planeten oder Monde unseres Sonnensystems, so beobachtet man entsprechende Abweichungen, wenn auch mit einer geringeren Genauigkeit, als sie in Abb. 1.4 angegeben sind.

Will man Zeitsignale bzw. Normalfrequenzen von einem Ort zu einem anderen übertragen, so wäre der Transport einer Atomuhr die zuverlässigste und genaueste, aber auch die kostspieligste Methode. In der Regel erfolgt die Zeitübertragung daher durch Funkaussendungen in verschiedenen Wellenlängenbereichen. So sendet für die Bundesrepublik Deutschland zum Beispiel im Langwellenbereich der Sender DCF 77 auf der Frequenz 77.5 kHz Zeitangaben in kodierter Form. Große Bedeutung hat heute für Zeit- und Frequenzvergleiche das Navigationssystem LORAN-C (Long Range Navigation), bei dem an eine „Master"-Sendestation mehrere „Slave"-Stationen angeschlossen sind. Sie senden auf der Frequenz 100 kHz.

Für weitere Einzelheiten, insbesondere zur hier nicht behandelten Frage der Datierung, verweisen wir auf die in der Fußnote auf Seite 3 angegebenen Literatur.

Fragen

1. Man kritisiere die Behauptung: „Ein Normal ist allein durch seine Festlegung als unveränderlich anzusehen."
2. Es gibt angesehene Wissenschaftler, die parapsychologische Vorgänge für möglich halten. Nach welchen physikalischen Größen hätte man zu suchen, wenn man derartige Phänomene quantitativ beschreiben wollte?
3. Nach Auffassung einiger Physiker und Philosophen hat eine Größe nur dann einen physikalischen Sinn, wenn man ein Verfahren zu ihrer Bestimmung angeben kann. Andernfalls nennt man sie nicht beobachtbar oder verborgen. Sie sollte dann in der Physik nicht verwendet werden, weil sie keinem Element der (physikalischen) Wirklichkeit entspräche. Man diskutiere die Vor- und Nachteile dieser nicht allgemein akzeptierten Ansicht.

4. Hat die Definition einer physikalischen Größe, für die es kein direktes Meßverfahren gibt, einen Sinn?
5. Welche Eigenschaften sollte ein Normal neben der Zugänglichkeit und Unveränderlichkeit aufweisen?
6. Kann man sich ein System von Basiseinheiten vorstellen, das die Zeit nicht enthält?
7. Von den sieben Basiseinheiten des Internationalen Einheitensystems (s. Tab. 1.1) hat allein die Masseneinheit einen Vorsatz (Kilo). Warum ist es nicht zweckmäßig, für die Masse des Internationalen Prototyps (dem in Sèvres bei Paris liegenden Zylinder) Gramm statt Kilogramm zu sagen?
8. Könnte man die Temperatur als eine abgeleitete, durch Länge, Masse und Zeit ausgedrückte Größe definieren? Man denke an ein Pendel.
9. Falls jemand behauptet, über Nacht seien die Dimensionen aller Gegenstände auf die Hälfte ihres ursprünglichen Wertes geschrumpft, wie könnte man ihn widerlegen?
10. Wie mißt man die Länge einer krummen Linie?
11. Man gebe Verfahren an, mit denen man (a) den Erdradius, (b) den Abstand der Erde von der Sonne und (c) den Radius der Sonne ermitteln kann.
12. Wie könnte man (a) die Dicke eines Blattes Papier, (b) die der Haut einer Seifenblase, (c) den Durchmesser eines Atoms messen?
13. Warum ist es zweckmäßig, zwei Massennormale zu verwenden?
14. Wie stellt man den Zusammenhang zwischen den beiden Massennormalen her?
15. Ist das heute gebrauchte Massennormal zugänglich, unveränderlich, reproduzierbar und unzerstörbar? Ist es für Vergleichszwecke einfach genug? Wäre ein atomares Massennormal in jeder Beziehung besser? Warum verwendet man ein verkörpertes Normal und bezieht sich nicht (wie bei der Längen- und der Zeiteinheit) auf universelle Natureigenschaften?
16. Wie kann man die in Tab. 1.4 angegebenen Massen im einzelnen bestimmen?
17. Man gebe Objekte an, deren Masse zwischen der eines Ozeandampfers und der Gesamtmasse aller Meere liegt.
18. Man benenne verschiedene sich wiederholende Naturvorgänge, die als Zeitnormal dienen könnten.
19. Man könnte die Zeiteinheit „Sekunde" auch durch die Vorschrift definieren, sie entspreche gerade 1.20 Pulsschlägen des derzeitigen Präsidenten der Deutschen Physikalischen Gesellschaft. Eine analoge Definition gab Galilei bei seinen Untersuchungen. Vom Problem der Unveränderlichkeit einmal abgesehen, warum ist eine auf die Atomuhr zurückgehende Festlegung besser?
20. Welchen Kriterien sollte eine gute Uhr genügen?
21. Ein siderischer Monat ist die Zeitspanne zwischen zwei aufeinanderfolgenden Vorübergängen des Mondes an demselben Stern (genauer: durch denselben Stundenkreis des Sterns). Ein synodischer Monat ist die Zeitdauer zwischen zwei identischen Mondphasen. Dieser ist länger als der siderische. Warum?
22. Welche Nachteile hat es, wenn man dem Zeitnormal die Schwingungsdauer eines Pendels zugrundelegt?
23. Könnte man ein Längennormal über ein Zeitnormal und umgekehrt definieren? Man denke an eine Pendeluhr. Können in einem solchen Fall Länge und Zeit gleichzeitig als Basisgrößen behandelt werden?

Aufgaben

Abschnitt 1.3

1. Eine *astronomische Längeneinheit* (Einheitenzeichen: AE im Deutschen, AU im Englischen, UA im Französischen) ist „gleich der Länge des Halbmessers der nicht gestörten Kreisbahn, auf der sich ein Körper von vernachlässigbarer Masse um die Sonne mit einer siderischen (auf das Fixsternsystem bezogenen) Winkelgeschwindigkeit von 0.017202098950 Radiant durch Tag bewegt". In dem System der astronomischen Konstanten (1976) der Internationalen Astronomischen Union gilt die Beziehung:

$$1\,\text{AE} = 149\,597.870 \times 10^6\,\text{m}.$$

Das *Parsec* (Parallaxensekunde, Zeichen: pc) ist gleich der Entfernung, von der aus die astronomische Einheit unter einem Winkel von 1″ erscheint:

$$1\,\text{pc} = 206\,265\,\text{AE} = 30\,857 \times 10^{12}\,\text{m}.$$

Ein *Lichtjahr* schließlich ist die Entfernung, die Licht im Vakuum in einem Jahr zurücklegt. Es ist:

$$1\,\text{Lichtjahr} = 9.46053 \times 10^{15}\,\text{m}.$$

Man drücke die Entfernung Erde – Sonne in Parsecs und in Lichtjahren aus.
2. Die mittlere Entfernung der Erde von der Sonne ist 400mal so groß wie die mittlere Entfernung vom Mond. Welche Schlüsse kann man aus dem Phänomen einer totalen Sonnenfinsternis über (a) das Verhältnis von Sonnen- und Erddurchmesser, (b) das Verhältnis der Volumina von Sonne und Mond ziehen? (c) Man halte zu passender Tageszeit eine Münze so, daß sie den Vollmond gerade verdeckt, ermittle den Sehwinkel und schätze mit diesem und der gegebenen Entfernung Erde – Mond (3.80×10^5 km) den Monddurchmesser ab.
Antwort: (a) $d_{\text{Sonne}}/d_{\text{Mond}} = 400$; (b) $V_{\text{Sonne}}/V_{\text{Mond}} = 6.4 \times 10^7$; (c) 3.5×10^3 km.

Abschnitt 1.4

3. Wieviel Wasserstoffatome haben zusammen eine Masse von einem Kilogramm?
4. (a) Wie groß ist die Dichte (d.i. Masse/Volumen) von Wasser, ausgedrückt in Kilogramm durch Liter, wenn man annimmt, daß sie genau 1 g/cm^3 ist? (b) Wenn ein Behälter mit 1.00 Liter Wasser in genau 10 Stunden ausläuft, wie groß ist dann der mittlere Massenfluß, ausgedrückt in Kilogramm durch Sekunde?
5. Für die Anzahl der Sekunden eines Jahres ist der Näherungsausdruck $10^7\pi$ üblich. Wieviel Prozent beträgt der Fehler?
Antwort: $-0.44\,\%$.
6. Man ermittle aus der Abb. 1.2, um wieviel sich die Periodendauer der Erddrehung im Sommer von der im darauffolgenden Frühling unterscheidet.
7. In einem Labor werden fünf Uhren geprüft. Die Ablesungen ergeben bei DCF-12^{00} Uhr-Zeitsignal:

UHR	MO	DI	MI	DO	FR	SA	SO
A	12:36:40	12:36:56	12:37:12	12:37:27	12:37:44	12:37:59	12:38:14
B	11:59:59	12:00:02	11:59:57	12:00:07	12:00:02	11:59:56	12:00:03
C	15:50:45	15:51:43	15:52:41	15:53:39	15:54:37	15:55:35	15:56:33
D	12:03:59	12:02:52	12:01:45	12:00:38	11:59:31	11:58:24	11:57:17
E	12:03:59	12:02:49	12:01:54	12:01:52	12:01:32	12:01:22	12:01:12

In welcher Rangfolge (von der besten zur schlechtesten) sollte man sie ordnen?
Antwort: C, D, A, B, E. Das entscheidende Kriterium ist die Konstanz in der täglichen Änderung, nicht ihre Größe.

8. Man berechne unter der Annahme, daß sich ein Tag in jeweils hundert Jahren um 0.001 s verlängert, den Gesamteffekt auf die Zeitmessung über 2000 Jahre. Eine derartige Verlangsamung der Erddrehung ergibt sich aus den Beobachtungen der Sonnenfinsternisse während dieses Zeitraumes.
9. Man drücke die Lichtgeschwindigkeit in astronomischen Einheiten durch Minute aus.
10. Ein Raumschiff habe eine Geschwindigkeit von 30000 km/h. Wie groß ist sie, ausgedrückt in Lichtjahr durch Jahrhundert?
Antwort: 2.8×10^{-3} Lichtjahr/Jahrhundert.
11. Der Radius eines Protons beträgt ungefähr 10^{-15} m, der Radius des beobachtbaren Universums etwa 10^{28} cm. Man gebe ein Objekt an, dessen Ausdehnung auf einer logarithmischen Skala ungefähr in der Mitte zwischen diesen beiden Extremen liegt.
12. Die mittlere Lebensdauer eines neutralen Pions (eines Elementarteilchens) ist etwa 2×10^{-16} s. Das Alter des Universums wird zu ungefähr 4×10^{9} Jahren geschätzt. Man gebe einen physikalischen Vorgang an, dessen Dauer auf einer logarithmischen Skala ungefähr in der Mitte zwischen diesen beiden Extremen liegt.
13. Der Navigationsoffizier eines Öltankers bestimmt die Position über die Satelliten des Global Positioning System (GPS/NAVSTAR) zu 43° 36′ 25.3″ nördlicher Länge und 77° 31′ 48.2″ westlicher Breite mit einer Genauigkeit von ± 0.5″. Wie groß ist die Unsicherheit in der Positionsangabe entlang (a) einer Nord-Süd-Linie und (b) einer Ost-West-Linie? (c) Wo befindet sich der Tanker?

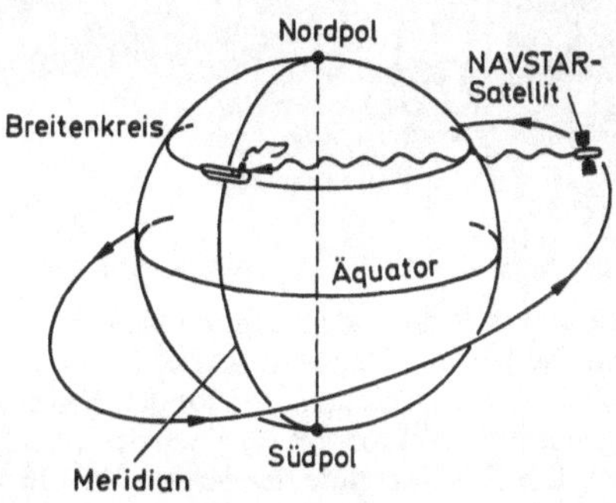

Abb. 1.5 Zu Aufgabe 13

2 Vektoren

2.1 Vektoren und Skalare

Ändert sich der Ort eines Teilchens, so spricht man von einer *Verschiebung*. Bewegt sich das Teilchen von der Stelle A zur Stelle B (Abb. 2.1 a), so können wir seine Verschiebung durch einen Pfeil repräsentieren, der *von A nach B* weist. Dabei muß die Bahn, die das Teilchen tatsächlich beschreibt, keine gerade Linie von A nach B sein; der Pfeil repräsentiert nur das Ergebnis der Bewegung und nicht die Bewegung selbst.

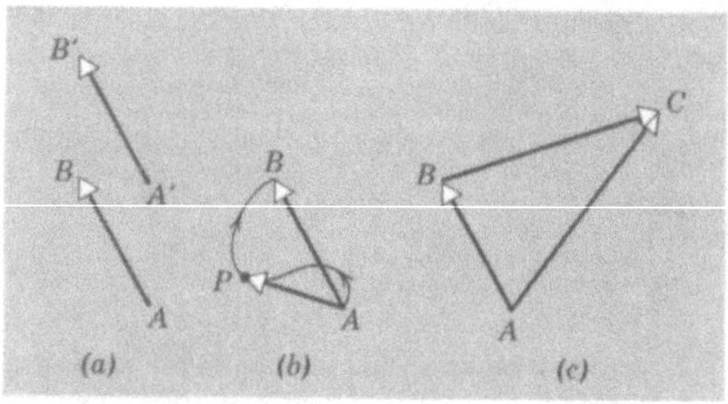

Abb. 2.1 Verschiebungsvektoren. (a) Die Vektoren AB und $A'B'$ sind identisch, da sie dieselbe Länge haben und in dieselbe Richtung weisen. (b) Der tatsächliche Weg des Teilchens bei der Bewegung von A nach B kann die eingezeichnete Kurve sein. Trotzdem bleibt der Verschiebungsvektor der Vektor AB. Bei einem beliebigen Zwischenpunkt P ist die Verschiebung von A der Vektor AP. (c) Nach der Verschiebung AB erfährt das Teilchen eine weitere Verschiebung BC. Die Resultierende der beiden Verschiebungen wird durch den Vektor AC repräsentiert.

In Abb. 2.1 b ist eine von A nach B verlaufende Bahn des Teilchens skizziert. Sie ist etwas anderes als die Verschiebung AB. Hätten wir vom Teilchen eine Momentaufnahme gemacht, als es an der Stelle A war, und zu einem späteren Zeitpunkt eine weitere, da es an der Stelle P war, so erhielten wir die Verschiebung AP, ohne zu wissen, welchen Weg das Teilchen tatsächlich genommen hat. Wenn nun weiterhin eine Verschiebung, wie zum Beispiel $A'B'$ in Abb. 2.1 a, zu AB parallel ist und dieselbe Länge wie AB hat, so repräsentiert sie dieselbe *Lageänderung* wie AB. Zwischen diesen beiden Verschiebungen wollen wir daher nicht unterscheiden. Eine Verschiebung ist also durch *Länge* und *Richtung* charakterisiert.

Folgt auf die Verschiebung AB eine weitere von B nach C (Abb. 2.1 c), so ist das Ergebnis dieser beiden aufeinanderfolgenden Verschiebungen dasselbe wie eine Verschiebung von A nach C. Man nennt AC die *Summe* oder die *Resultierende* der Verschiebungen AB und BC. Man beachte, daß es sich hierbei nicht um die bekannte Addition von Zahlen handelt: Anschaulich werden Pfeile addiert, und das Ergebnis muß nach Länge und Richtung angegeben werden.

Man nennt Größen, die sich so verhalten, wie wir es hier für Verschiebungen beschreiben, *Vektoren* (Das Wort *Vektor* kommt aus dem Lateinischen und bedeutet dort soviel wie Träger, Passagier, Seefahrer oder Reiter). Sie sind durch Länge (allgemeiner sagt man *Betrag*) und Richtung, also durch zwei Angaben, charakterisiert und festgelegt. In der Physik sind viele Größen als Vektoren definiert, so zum Beispiel die Kraft, die Geschwindigkeit, die Beschleunigung, die elektrische und die magnetische Feldstärke. Sehr viele physikalische Gesetze und Zusammenhänge erhalten durch den Vektorbegriff eine kompakte und elegante Form; Herleitungen und Folgerungen vereinfachen sich dadurch oft erheblich.

Größen, die im Gegensatz zu Vektoren bereits durch die Angabe einer Zahl (und natürlich einer Einheit) bestimmt sind, heißen *Skalare*. Beispiele hierfür sind die Masse, die Länge einer Strecke, die Zeit, die Dichte eines Stoffes, die Energie und die Temperatur. Für Skalare gelten die Rechenregeln der gewöhnlichen Algebra.

2.2 Addition von Vektoren, geometrische Methode

Zur graphischen Darstellung eines Vektors zeichnen wir einen Pfeil. Die Länge des Pfeils wählen wir proportional zum Betrag des Vektors (d. h. wir legen einen Maßstab fest), während die Richtung des Pfeils durch die Richtung des Vektors bestimmt ist; die Pfeilspitze gibt den Richtungssinn an. So wird zum Beispiel eine Verschiebung von 12 m in Richtung Nordost bei einem Maßstab von 1 : 100 (1 cm in der Zeichnung entspricht 100 cm = 1 m in der Natur) durch einen Pfeil von 12 cm Länge dargestellt, der mit der nach Osten weisenden Linie einen Winkel von 45° einschließt und bei dem die Pfeilspitze nach rechts oben weist. Man symbolisiert einen Vektor in der Regel durch einen halbfett gedruckten Buchstaben, wie zum Beispiel $\boldsymbol{d}$. Handschriftlich ist es üblich, den Vektorcharakter einer Größe dadurch anzuzeigen, daß man über dem Buchstaben einen Pfeil anbringt: $\vec{d}$.

Manchmal ist man nur am Betrag eines Vektors und nicht an seiner Richtung interessiert. Als Symbol für den Betrag des Vektors verwendet man gewöhnlich das Zeichen $|\boldsymbol{d}|$ (setzt also das Vektorsymbol in Betragsstriche). Es ist aber auch gebräuchlich, ihn durch den entsprechenden Kursivbuchstaben auszudrücken, also hier einfach d zu schreiben. Dieser Schreibweise werden wir uns im allgemeinen anschließen. Das halbfett gedruckte Symbol kennzeichnet jeweils beide Eigenschaften eines Vektors, seinen Betrag und seine Richtung.

In Abb. 2.2 sind die Vektoren aus Abb. 2.1 c noch einmal gezeichnet, jetzt aber mit Symbolen versehen. Damit kann man den Zusammenhang zwischen diesen (Verschiebungs-)Vektoren wie folgt schreiben:

$$\boldsymbol{a} + \boldsymbol{b} = \boldsymbol{r}. \tag{2.1}$$

Man führt also eine Addition von Vektoren ein, die geometrisch durch die Regeln erklärt ist: Zeichne zunächst den Pfeil, der zum (Verschiebungs-)Vektor $\boldsymbol{a}$ gehört, und trage

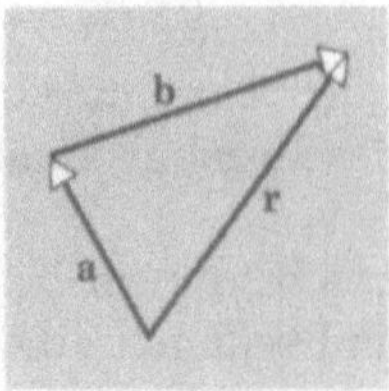

Abb. 2.2 Die Vektorsumme $\boldsymbol{a} + \boldsymbol{b} = \boldsymbol{r}$, vergleiche mit Abb. 2.1c

dann den zu $\boldsymbol{b}$ gehörenden Pfeil mit seinem Ende an der Spitze von $\boldsymbol{a}$ an. Darauf erhält man den zu der Summe $\boldsymbol{r}$ gehörenden Pfeil, indem man vom Ende des Pfeils $\boldsymbol{a}$ zur Spitze des Pfeils $\boldsymbol{b}$ eine gerade Linie zieht. Der so entstehende Pfeil repräsentiert die zu den beiden aufeinander folgenden Verschiebungen $\boldsymbol{a}$ und $\boldsymbol{b}$ äquivalente Verschiebung $\boldsymbol{r}$. Der Vorgang kann für die Summe einer beliebigen Anzahl von (Verschiebungs-)Vektoren verallgemeinert werden.

Obwohl wir Vektoren wie Zahlen durch Buchstaben symbolisieren, müssen wir bei ihrer Verknüpfung grundsätzlich andere Regeln erwarten, als wir sie für das Rechnen mit Zahlen kennen. Das Symbol „+" in Gl. (2.1) hat eine andere Bedeutung als in der gewöhnlichen Arithmetik. Es verlangt die Ausführung einer anderen Art von „Rechenschritten".

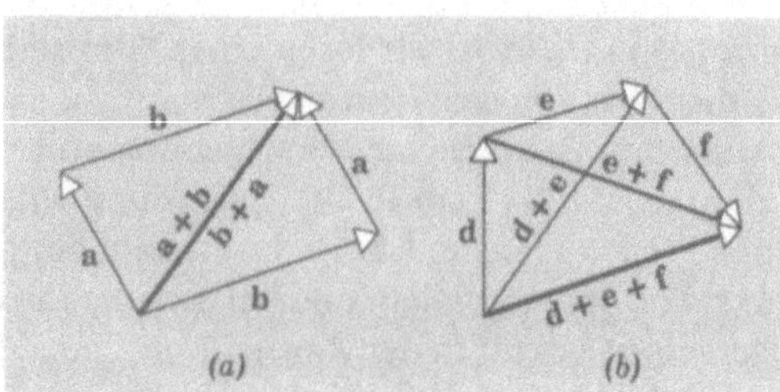

Abb. 2.3 (a) Das Kommutativgesetz für die Vektoraddition. (b) Das Assoziativgesetz für die Vektoraddition.

Mit Hilfe der Abb. 2.3 können wir zwei grundlegende Eigenschaften der Vektoraddition beweisen:

$$\boldsymbol{a} + \boldsymbol{b} = \boldsymbol{b} + \boldsymbol{a} \quad \text{(Kommutativgesetz)} \tag{2.2}$$

und

$$\boldsymbol{d} + (\boldsymbol{e} + \boldsymbol{f}) = (\boldsymbol{d} + \boldsymbol{e}) + \boldsymbol{f} \quad \text{(Assoziativgesetz).} \tag{2.3}$$

Wie bei der Addition von Zahlen dürfen wir die Summanden vertauschen, und es kommt nicht darauf an, welche zwei Summanden zuerst addiert werden.

Die Subtraktion von Vektoren kann eingeführt werden, indem man als das Negative eines Vektors den Vektor definiert, der denselben Betrag, aber die entgegengesetzte Richtung hat. Nach Abb. 2.4 ist dann:

$$\boldsymbol{a} - \boldsymbol{b} = \boldsymbol{a} + (-\boldsymbol{b}). \tag{2.4}$$

Bei der Erörterung dieser Rechenoperationen haben wir uns zur Illustration auf Verschiebungen bezogen, sie gelten aber für alle Vektorgrößen.

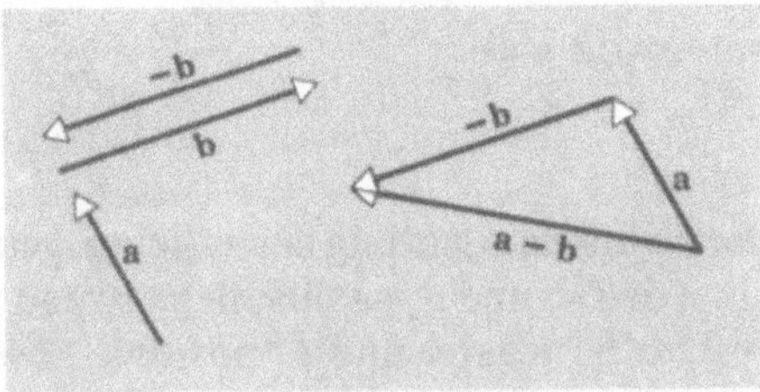

Abb. 2.4 Die Differenz zweier Vektoren

2.3 Zerlegung und Addition von Vektoren, analytische Methode

Für Vektoren im dreidimensionalen Raum ist die geometrische Methode der Addition nicht sehr zweckmäßig; auch im zweidimensionalen Fall ist sie oft unbequem. Darum ist eine andere, die analytische Methode, üblich. Dieser liegt die Zerlegung eines Vektors bezüglich eines Koordinatensystems zugrunde.

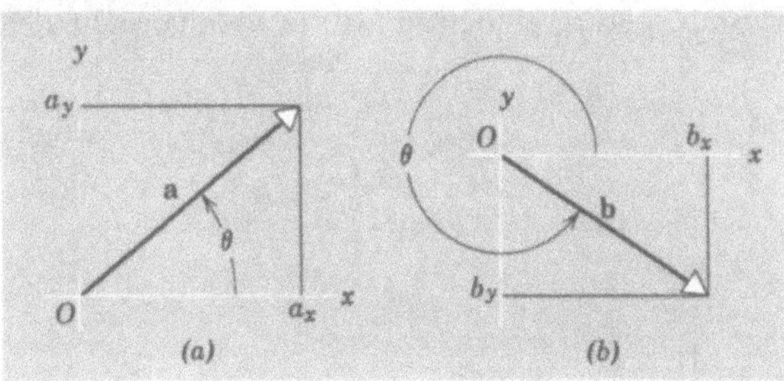

Abb. 2.5 Zwei Beispiele für die Zerlegung eines Vektors in seine (skalaren) Koordinaten

Abb. 2.5 zeigt einen Vektor $\boldsymbol{a}$, dessen Ende in den Ursprung eines rechtwinkligen Koordinatensystems gelegt wurde. Fällt man von der Spitze von $\boldsymbol{a}$ das Lot auf die Achsen, so erhält man die Größen a_x und a_y, die *Koordinaten* des Vektors $\boldsymbol{a}$ in diesem Koordinatensystem. Man hat $\boldsymbol{a}$ zerlegt. Die Abbildung zeigt nur den zweidimensionalen Fall, die Erweiterung auf drei Dimensionen ist jedoch klar.

Je nach Wahl des Bezugssystems hat ein Vektor andere Koordinaten. Dreht man z. B. in Abb. 2.5 das Koordinatensystem um 10° im Gegenzeigersinn, so erhielte man Koordinaten, die sich von den vorhergehenden unterscheiden. Darüberhinaus hätte man für die Zerlegung auch ein schiefwinkliges System wählen können. Die Koordinaten eines Vektors sind demnach erst dann eindeutig bestimmt, wenn man das zu verwendende Bezugssystem festgelegt hat. Nicht erforderlich ist es jedoch, den Anfang des Vektorpfeils mit dem Ursprung des Koordinatensystems zusammenfallen zu lassen. Man erhält an jeder Stelle dieselben Koordinaten, solange nur die Winkel, die der Vektor mit den Koordinatenachsen einschließt, dieselben bleiben: Parallel zu sich selbst kann ein Vektor beliebig verschoben werden.

Aus Abb. 2.5 liest man für die Koordinaten von $\boldsymbol{a}$ ab:

$$a_x = a \cos \theta \text{ und } a_y = a \sin \theta, \tag{2.5}$$

worin θ der Winkel ist, den der Vektor mit der positiven Richtung der x-Achse, gemessen im Gegenzeigersinn, einschließt. Man beachte, daß a_x und a_y positiv, negativ und natürlich auch Null sein können. So ist in Abb. 2.5b b_y negativ und b_x positiv.

Sobald ein Vektor in seine Koordinaten zerlegt wurde, kann man diese zu seiner Kennzeichnung verwenden: Statt durch die beiden Zahlen a (dem Betrag von $\boldsymbol{a}$) und θ (der Richtung des Vektors in bezug auf die x-Achse) ist er auch eindeutig durch das Zahlenpaar a_x und a_y bestimmt. Je nach Zweckmäßigkeit kann man zwischen diesen beiden Beschreibungen wechseln. Sind Betrag und Richtung von $\boldsymbol{a}$ gegeben, so erhält man seine Koordinaten aus den Gln. 2.5. Kennt man umgekehrt die Koordinaten von $\boldsymbol{a}$, so liest man aus Abb. 2.5a die Zusammenhänge ab:

$$a = \sqrt{a_x^2 + a_y^2} \tag{2.6a}$$

und

$$\tan \theta = a_y / a_x. \tag{2.6b}$$

Dabei legen die Vorzeichen von a_x und a_y eindeutig fest, in welchem Quadranten θ liegt.

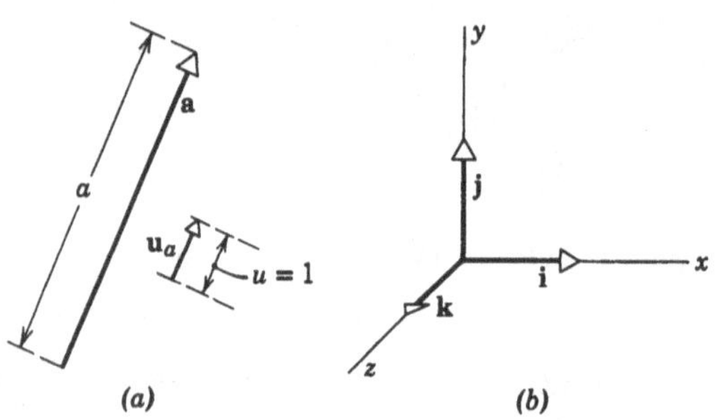

Abb. 2.6 (a) Die Darstellung eines Vektors $\boldsymbol{a}$ als Produkt aus Einheitsvektor in Richtung von $\boldsymbol{a}$ und Betrag von $\boldsymbol{a}$. (b) Die Einheitsvektoren $\boldsymbol{i}, \boldsymbol{j}$ und $\boldsymbol{k}$ zur Kennzeichnung der x-, y- und z-Richtung.

Manchmal ist es bei der Zerlegung eines Vektors nützlich, in einer vorgegebenen Richtung den *Einheitsvektor* (das ist ein Vektor mit dem Betrag eins) einzuführen. So kann man den Vektor $\boldsymbol{a}$ aus Abb. 2.6a in der Form (s. Abschn. 2.4)

$$\boldsymbol{a} = \boldsymbol{u}_a a \tag{2.7}$$

schreiben, worin $\boldsymbol{u}_a$ der Einheitsvektor in Richtung von $\boldsymbol{a}$ ist. In diesem Sinne werden die Richtungen der Koordinatenachsen, zum Beispiel bei einem rechtwinkligen System, durch die Einheitsvektoren $\boldsymbol{i}, \boldsymbol{j}, \boldsymbol{k}$ repräsentiert (s. Abb. 2.6).

Man beachte wieder, daß diese Vektoren nicht im Ursprung des Koordinatensystems angebracht zu werden brauchen. Wie alle (sogenannten freien) Vektoren können sie parallel zu sich selbst beliebig verschoben werden.

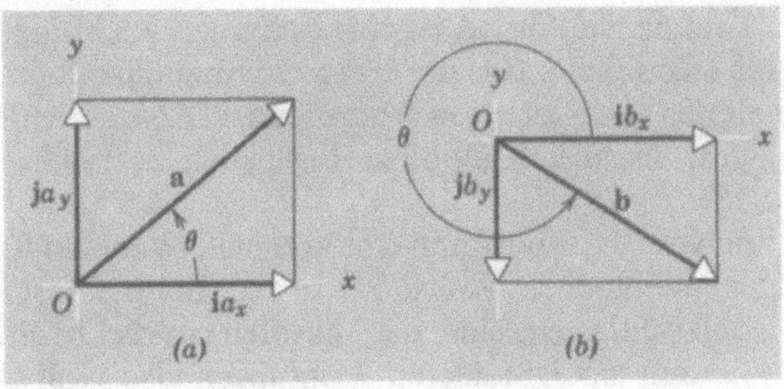

Abb. 2.7 Zwei Beispiele für die Zerlegung eines Vektors in seine (vektoriellen) Komponenten

Mit den so eingeführten Einheitsvektoren können $\boldsymbol{a}$ und $\boldsymbol{b}$ auch wie folgt geschrieben werden (s. Abb. 2.7):

$$\boldsymbol{a} = a_x \boldsymbol{i} + a_y \boldsymbol{j} \tag{2.8a}$$

und

$$\boldsymbol{b} = b_x \boldsymbol{i} + b_y \boldsymbol{j}. \tag{2.8b}$$

Die Summanden in den Gln. (2.8) nennt man manchmal auch die *Vektorkomponenten* von $\boldsymbol{a}$ bzw. $\boldsymbol{b}$. Der Sprachgebrauch ist jedoch nicht eindeutig, weil nicht selten die skalaren Größen a_x, a_y, ... ebenfalls Komponenten genannt werden.

Wie werden nun zwei Vektoren nach der analytischen Methode addiert? Es sei $\boldsymbol{r}$ die Summe der beiden in der x,y-Ebene liegenden Vektoren $\boldsymbol{a}$ und $\boldsymbol{b}$:

$$\boldsymbol{r} = \boldsymbol{a} + \boldsymbol{b}. \tag{2.9}$$

In einem gegebenen Bezugssystem können zwei Vektoren nur dann gleich sein, wenn ihre entsprechenden Koordinaten gleich sind, d. h. wenn

$$r_x = a_x + b_x \tag{2.10a}$$

und

$$r_y = a_y + b_y. \tag{2.10b}$$

Diese beiden algebraischen Gleichungen sind äquivalent zur Vektorgleichung Gl. 2.9.

Mit den Beziehungen Gln. 2.6 erhält man den Betrag und die Richtung des Summenvektors $\boldsymbol{r}$:

$$r = \sqrt{r_x^2 + r_y^2}$$

und

$$\tan\theta = r_y/r_x.$$

Wir erhalten so folgende analytische Regel für die Addition von Vektoren: Zerlege nach Wahl eines Bezugssystems jeden Vektor in seine Koordinaten (bzw. Komponenten). Die Koordinate (Komponente) des Summenvektors in einer bestimmten Richtung erhält man, indem man die Koordinaten (Komponenten) der einzelnen Summanden in dieser Richtung addiert. Die Gesamtheit der so errechneten Koordinaten (Komponenten) repräsentiert dann den Summenvektor. Natürlich gilt diese Regel auch im dreidimensionalen Fall (s. Aufgaben 13 und 18).

Bei dieser Methode zur Addition von Vektoren kann eine geeignete Wahl des Koordinatensystems den Rechenvorgang vereinfachen. So kann man zum Beispiel fast immer die Bezugsachsen so orientieren, daß wenigstens einer der Vektoren parallel zu einer der Achsen liegt, seine Koordinaten in den beiden anderen Richtungen also Null sind.

Beispiel 1

Ein Flugzeug fliegt 209 km unter einem Winkel von 22.5° gegen Nord in östliche Richtung. Wie weit nach Norden und wie weit nach Osten gelangt das Flugzeug von seinem Ausgangspunkt?

Wir wählen ein Koordinatensystem so, daß die positive x-Richtung nach Osten und die positive y-Richtung nach Norden weist. In diesem System zeichnen wir einen Verschiebungsvektor, der vom Ursprung (als Ausgangspunkt) ausgeht, mit der y-Richtung einen Winkel von 22.5° einschließt und dessen Länge so gewählt wird, daß sie einem Betrag von 209 km entspricht (Abb. 2.8). Nennen wir diesen Vektor $\boldsymbol{d}$, so gibt seine x-Koordinate die in östlicher Richtung zurückgelegte

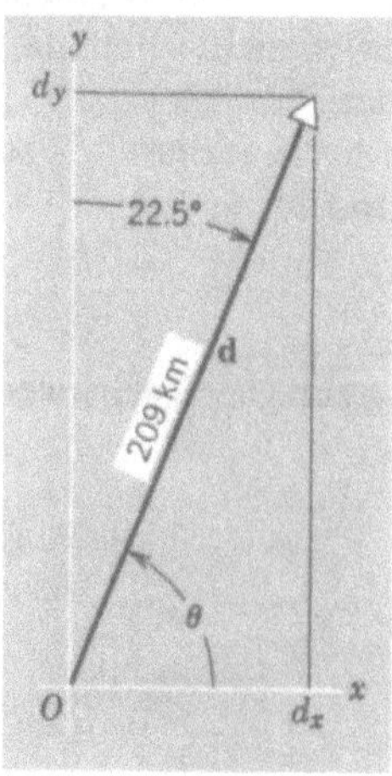

Abb. 2.8 Zu Beispiel 1

Entfernung und seine y-Koordinate die Distanz an, die das Flugzeug in nördliche Richtung fliegt. Es ist

$$\theta = 90.0° - 22.5° = 67.5°,$$

so daß (s. Gln. 2.5):

$$d_x = d \cos \theta = (209 \text{ km}) \cos 67.5° = 80 \text{ km}$$

und

$$d_y = d \sin \theta = (209 \text{ km}) \sin 67.5° = 193 \text{ km}.$$

Beispiel 2

Ein Kraftfahrzeug fährt auf einer ebenen Straße 30 km nach Osten, biegt dann nach Norden ab und fährt noch 40 km bis zu seinem Ziel. Man bestimme die resultierende Verschiebung des Wagens.

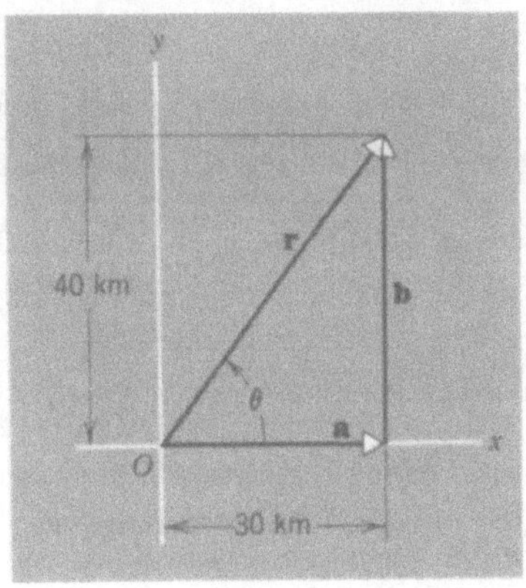

Abb. 2.9 Zu Beispiel 2

Wir wählen ein erdfestes Koordinatensystem mit der positiven x-Richtung nach Osten und der positiven y-Richtung nach Norden. Wie in Abb. 2.9 zeichnen wir die beiden aufeinanderfolgenden Verschiebungen $\boldsymbol{a}$ und $\boldsymbol{b}$; $\boldsymbol{r} = \boldsymbol{a} + \boldsymbol{b}$ ist dann die resultierende Verschiebung.

Da die x-Koordinate von $\boldsymbol{b}$ und die y-Komponente von $\boldsymbol{a}$ Null sind, erhalten wir (s. Gln. 2.10):

$$r_x = a_x + b_x = 30 \text{ km} + 0 = 30 \text{ km},$$
$$r_y = a_y + b_y = 0 + 40 \text{ km} = 40 \text{ km}.$$

Betrag und Richtung von $\boldsymbol{r}$ sind dann (s. Gln. 2.6):

$$r = \sqrt{r_x^2 + r_y^2} = \sqrt{(30 \text{ km})^2 + (40 \text{ km})^2} = 50 \text{ km},$$

$$\tan \theta = r_y / r_x = \frac{40 \text{ km}}{30 \text{ km}} = 1.33, \ \theta = \arctan (1.33) \mathrel{\hat{=}} 53°.$$

Der resultierende Verschiebungsvektor $\boldsymbol{r}$ hat einen Betrag von 50 km und schließt mit der Ostrichtung einen Winkel von 53° ein.

Beispiel 3

In einem rechtwinkligen Bezugssystem seien drei in einer Ebene liegende (man sagt: komplanare) Vektoren gegeben:

$$\boldsymbol{a} = 4\boldsymbol{i} - \boldsymbol{j},\ \boldsymbol{b} = -3\boldsymbol{i} + 2\boldsymbol{j},\ \boldsymbol{c} = -3\boldsymbol{j}.$$

Man ermittle die Summe $\boldsymbol{r}$ dieser drei Vektoren.

Aus den Gln. (2.10) erhalten wir

$$r_x = a_x + b_x + c_x = 4 - 3 + 0 = 1$$

und

$$r_y = a_y + b_y + c_y = -1 + 2 - 3 = -2.$$

Also ist

$$\boldsymbol{r} = r_x \boldsymbol{i} + r_y \boldsymbol{j} = \boldsymbol{i} - 2\boldsymbol{j}.$$

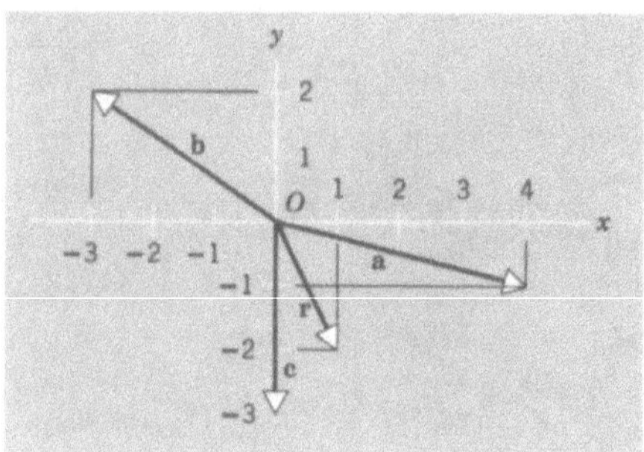

Abb. 2.10 Die Vektorsumme der drei Vektoren $\boldsymbol{a}$, $\boldsymbol{b}$ und $\boldsymbol{c}$

In Abb. 2.10 sind die vier Vektoren gezeichnet. Mit den Gln. (2.6) berechnen wir den Betrag von $\boldsymbol{r}$ zu $\sqrt{5}$, während der Winkel, den $\boldsymbol{r}$ mit der positiven Richtung der x-Achse einschließt (gemessen im Gegenzeigersinn), arctan $(-2/1) \triangleq 297°$ beträgt.

2.4 Multiplikation von Vektoren

Bisher haben wir (stillschweigend) vorausgesetzt, daß die Vektoren, die wir durch eine Addition verknüpft haben, von der gleichen Art sind: Verschiebungsvektoren werden zu Verschiebungsvektoren oder Geschwindigkeitsvektoren zu Geschwindigkeitsvektoren addiert. Wie bei skalaren Größen verschiedener Art, so zum Beispiel Masse und Temperatur, ist es auch bei unterschiedlichen Vektorgrößen, zum Beispiel Verschiebung und elektrische Feldstärke, ohne Sinn, sie zu addieren.

Dagegen kann man wie bei Skalaren auch Vektoren verschiedener Art miteinander multiplizieren und so neue physikalische Größen einführen. Da Vektoren durch Betrag und Richtung charakterisiert sind, kann man die Rechenregeln für die Multiplikation von Skalaren (d.h. also von Zahlen) nicht einfach übernehmen, vielmehr muß man die Multiplikation von Vektoren durch Definition neu einführen.

Im allgemeinen werden drei verschiedene Multiplikationsoperationen gebraucht: (1) die Multiplikation eines Vektors mit einer Zahl, (2) die Multiplikation zweier Vektoren, bei der diesen ein Skalar zugeordnet wird, und (3) die Multiplikation von zwei Vektoren, so daß wieder ein Vektor entsteht.

Eine einfache Bedeutung hat die Multiplikation eines Vektors mit einer Zahl: Das Produkt aus einem Skalar k und einem Vektor $\boldsymbol{a}$, geschrieben $k\boldsymbol{a}$, ist definiert als der Vektor mit dem Betrag $|k||\boldsymbol{a}|$, der dieselbe Richtung wie $\boldsymbol{a}$ hat, wenn k positiv ist, und die entgegengesetzte Richtung von $\boldsymbol{a}$, wenn k negativ ist. Die Division eines Vektors durch einen Skalar bedeutet einfach die Multiplikation dieses Vektors mit dem Kehrwert des Skalars.

Bei der Multiplikation von zwei Vektorgrößen miteinander muß man das *Skalarprodukt* (oder *innere Produkt*) und das *Vektorprodukt* (oder *äußere Produkt* bzw. *Kreuzprodukt*) unterscheiden. Das *Skalarprodukt* der beiden Vektoren $\boldsymbol{a}$ und $\boldsymbol{b}$, geschrieben $\boldsymbol{a} \cdot \boldsymbol{b}$, ist definiert durch

$$\boldsymbol{a} \cdot \boldsymbol{b} = ab \cos \phi, \tag{2.11}$$

worin a der Betrag von $\boldsymbol{a}$, b der Betrag von $\boldsymbol{b}$ und $\cos \phi$ der Kosinus des (kleineren) Winkels ϕ zwischen den beiden Vektoren* ist (s. Abb. 2.11).

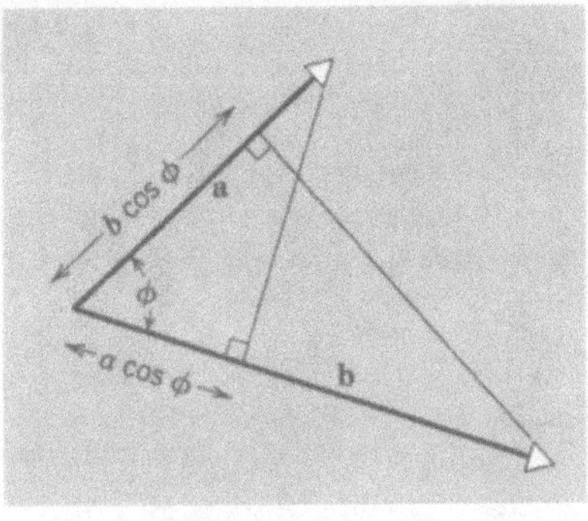

Abb. 2.11 Zum Skalarprodukt zweier Vektoren

Da a, b und $\cos \phi$ Skalare sind, ist auch ihr Produkt ein Skalar. Man kann es als das Produkt des Betrages des einen Vektors mit dem Betrag der Komponente des anderen Vektors in Richtung des ersten lesen. Gesprochen wird dieses Produkt „$\boldsymbol{a}$ in $\boldsymbol{b}$" oder auch „$\boldsymbol{a}$ Punkt $\boldsymbol{b}$".

Der Begriff des Skalarprodukts zweier Vektoren ist für die Physik von großem Nut-

* Zwischen zwei Vektoren gibt es je nach dem Drehsinn zwei verschiedene Winkel. Wir werden bei der Multiplikation von Vektoren stets den *kleineren* wählen. In der Definitionsgleichung Gl. (2.11) des Skalarprodukts spielt dies allerdings keine Rolle, weil $\cos(2\pi - \phi) = \cos \phi$. In Gl. (2.12) wäre jedoch $\sin(2\pi - \phi) = -\sin \phi$.

zen, da eine Reihe physikalischer Größen als Skalarprodukt geschrieben werden kann. Als Beispiele nennen wir die mechanische Arbeit, die Leistung, die potentielle Energie des Gravitationsfeldes, das elektrische Potential und die elektromagnetische Energiedichte. Bei der späteren Diskussion dieser Größen werden wir auf den Zusammenhang mit dem Begriff des Skalarprodukts zurückkommen.

Beim *Vektorprodukt* zweier Vektoren $\boldsymbol{a}$ und $\boldsymbol{b}$, geschrieben $\boldsymbol{a} \times \boldsymbol{b}$, wird diesen beiden Vektoren ein *Vektor* $\boldsymbol{c}$ zugeordnet: $\boldsymbol{c} = \boldsymbol{a} \times \boldsymbol{b}$. Der *Betrag* dieses Vektors $\boldsymbol{c}$ ist definiert durch

$$c = ab \sin \phi, \tag{2.12}$$

wobei ϕ (wie oben erläutert) der kleinere der beiden Winkel zwischen $\boldsymbol{a}$ und $\boldsymbol{b}$ ist.

Die *Richtung* des Vektorprodukts $\boldsymbol{c} = \boldsymbol{a} \times \boldsymbol{b}$ wird in folgender Weise festgelegt: $\boldsymbol{c}$ steht senkrecht auf der von $\boldsymbol{a}$ und $\boldsymbol{b}$ aufgespannten Ebene und bildet mit diesen beiden Vektoren eine *Rechtsschraube*, womit dann auch der Richtungs*sinn* von $\boldsymbol{c}$ definiert ist. Dies ist in Abb. 2.12 erläutert: Denkt man sich senkrecht zur Ebene von $\boldsymbol{a}$ und $\boldsymbol{b}$ eine Rechtsschraube so gedreht, daß $\boldsymbol{a}$, also der erste Faktor im Vektorprodukt, um den Winkel ϕ in die Richtung von $\boldsymbol{b}$ bewegt wird, so gibt das Fortschreiten der Schraube den Richtungssinn von $\boldsymbol{c}$ an (Abb. 2.12a). Eine andere Möglichkeit, um die Richtung von $\boldsymbol{c}$ zu erhalten, ist folgende: Man denkt sich senkrecht zu der von $\boldsymbol{a}$ und $\boldsymbol{b}$ aufgespannten Ebene und durch deren gemeinsamen Ursprung eine Achse. Um diese legt man die Finger der

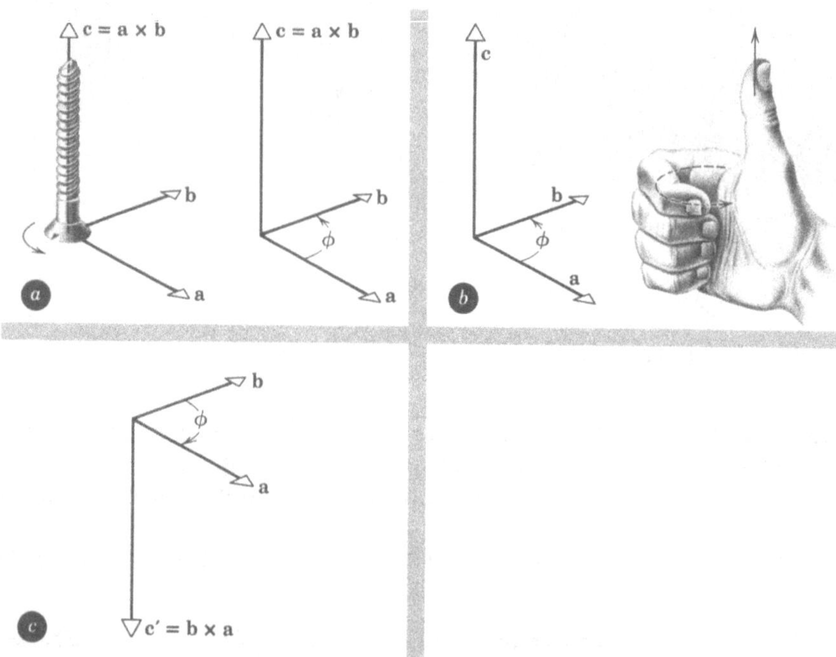

Abb. 2.12 Das Vektorprodukt. (a) Erklärung mit Hilfe einer Rechtsschraube. (b) Erläuterung durch die „Rechte-Hand-Regel". (c) Zur Nichtkommutativität.

rechten Hand und schiebt den Vektor $\boldsymbol{a}$ um den Winkel ϕ in die Richtung von $\boldsymbol{b}$. Der aufrechte Daumen weist dann in die Richtung von $\boldsymbol{c} = \boldsymbol{a} \times \boldsymbol{b}$ (Abb. 2.12b).

Man beachte, daß $\boldsymbol{b} \times \boldsymbol{a}$ von $\boldsymbol{a} \times \boldsymbol{b}$ verschieden ist: Es kommt beim Vektorprodukt auf die Reihenfolge der Faktoren an. Tatsächlich ist $\boldsymbol{a} \times \boldsymbol{b} = -\boldsymbol{b} \times \boldsymbol{a}$ (Abb. 2.12c). Der Betrag ist, wie man der Definition unmittelbar entnimmt, der gleiche, aber die Richtung von $\boldsymbol{b} \times \boldsymbol{a}$ ist entgegengesetzt zur Richtung von $\boldsymbol{a} \times \boldsymbol{b}$, weil die Rechtsschraube in die entgegengesetzte Richtung fortschreitet, wenn man nicht $\boldsymbol{a}$ in die Richtung von $\boldsymbol{b}$, sondern $\boldsymbol{b}$ in die von $\boldsymbol{a}$ dreht (und zwar beidemal um den Winkel ϕ).

Ist $\phi = 90°$, so stehen die drei Vektoren $\boldsymbol{a}$, $\boldsymbol{b}$, und $\boldsymbol{a} \times \boldsymbol{b}$ paarweise senkrecht aufeinander und bilden ein dreidimensionales, orthogonales Rechtssystem.

Auch der Begriff des Vektorprodukts erweist sich in der Physik als sehr nützlich. Es gibt eine Reihe von physikalischen Größen, die als Vektorprodukt anderer physikalischer Vektorgrößen definiert sind. Beispiele hierfür sind der Drall, das Drehmoment, die Kraft, die ein Magnetfeld auf eine bewegte Ladung ausübt (die Lorentz-Kraft) und die elektromagnetische Energiestromdichte. Auch hierauf werden wir später zurückkommen.

Neben dem Skalarprodukt zweier Vektoren, bei dem es auf die Reihenfolge der Faktoren nicht ankommt (es ist kommutativ), und dem Vektorprodukt, bei dem eine Vertauschung der Faktoren zu einer Richtungsumkehr des Produktvektors führt (man nennt es darum antikommutativ), treten in der Physik und anderen Gebieten Produkte von Vektoren auf, deren Definition etwas verwickelter ist. So kann man zum Beispiel einen Tensor (2. Stufe) bilden, indem man jede Komponente des einen Vektors mit jeder Komponente des anderen Vektors multipliziert. Dieser besteht dann aus neun Elementen, während ein Vektor durch drei Zahlen (im dreidimensionalen Fall) und ein Skalar durch eine Zahl festgelegt sind. Mechanische Dehnungen und Spannungen oder Trägheitsmomente werden als Tensoren eingeführt. In diesem Buch werden wir uns jedoch vornehmlich mit Skalaren und Vektoren befassen.

Beispiel 4

Ein Vektor $\boldsymbol{a}$ liege in der x,y-Ebene, bilde mit der positiven x-Richtung einen Winkel von 250° und habe einen Betrag von 7.4 Einheiten. Der Vektor $\boldsymbol{b}$ habe einen Betrag von 5.0 Einheiten und liege parallel zur z-Achse. Man berechne (a) das Skalarprodukt $\boldsymbol{a} \cdot \boldsymbol{b}$ und (b) das Vektorprodukt $\boldsymbol{a} \times \boldsymbol{b}$.

(a) Weil $\boldsymbol{a}$ und $\boldsymbol{b}$ senkrecht aufeinander stehen, ist der Winkel ϕ zwischen ihnen gleich 90° und somit $\cos\phi = \cos 90° = 0$. Darum hat das Skalarprodukt den Wert

$$\boldsymbol{a} \cdot \boldsymbol{b} = ab \cos\phi = (7.4)\,(5.0)\;0 = 0.$$

Dies Ergebnis stimmt mit der Tatsache überein, daß keiner der beiden Vektoren eine Komponente in Richtung des anderen hat.

(b) Nach Gl. (2.12) ist der Betrag des Vektorprodukts:

$$|\boldsymbol{a} \times \boldsymbol{b}| = ab \sin\phi = (7.4)(5.0) \sin 90° = 37.$$

Die *Richtung* des Vektorprodukts ist senkrecht zu der von $\boldsymbol{a}$ und $\boldsymbol{b}$ aufgespannten Ebene. Daher liegt es, wie Abb. 2.13 zeigt, in der x,y-Ebene (senkrecht zu $\boldsymbol{b}$) und schließt mit der positiven x-Richtung einen Winkel mit dem Wert $250° - 90° = 160°$ (senkrecht zu $\boldsymbol{a}$) ein, was mit der Rechte-Hand-Regel übereinstimmt.

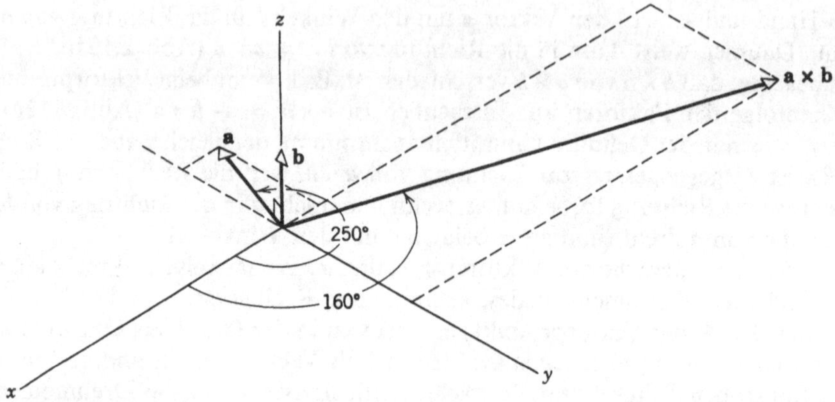

Abb. 2.13 Zu Beispiel 4

2.5 Vektoren und die Gesetze der Physik

Es hat tiefer liegende Gründe, weshalb der Vektorbegriff in der Physik eine so wichtige Rolle spielt, und wir wollen hier ein erstes Mal kurz darauf eingehen. Nehmen wir an, drei Vektoren $\boldsymbol{a}$, $\boldsymbol{b}$ und $\boldsymbol{r}$ sind gegeben, ihre Koordinaten in bezug auf ein bestimmtes Bezugssystem sind a_x, a_y, a_z; b_x, b_y, b_z; r_x, r_y, r_z, und zwischen ihnen besteht die Beziehung:

$$\boldsymbol{r} = \boldsymbol{a} + \boldsymbol{b}. \tag{2.13}$$

Zu dieser einen Vektorgleichung sind (in Verallgemeinerung der Gln. 2.10) die drei Gleichungen äquivalent:

$$r_x = a_x + b_x; \quad r_y = a_y + b_y; \quad r_z = a_z + b_z. \tag{2.14}$$

Geht man nun zu einem anderen Koordinatensystem (einem x',y',z'-System) über, dessen Ursprung nicht mit dem des ersten Systems zusammenfällt und das gegenüber dem ersten gedreht ist, so werden in ihm die drei Vektoren $\boldsymbol{a}$, $\boldsymbol{b}$ und $\boldsymbol{r}$ im allgemeinen andere Koordinaten (bzw. Komponenten) $a_{x'},\ldots$; $b_{x'},\ldots$; $r_{x'},\ldots$ aufweisen. Dagegen gilt auch im neuen System, wie man zeigen kann (s. Aufgabe 39), daß der Vektor $\boldsymbol{r}$ gleich der Summe der beiden Vektoren $\boldsymbol{a}$ und $\boldsymbol{b}$ ist, d.h., daß wieder gilt:

$$\boldsymbol{r}' = \boldsymbol{a}' + \boldsymbol{b}'.$$

Diesen Sachverhalt drückt man so aus: Bei einem Wechsel des Bezugssystems bleiben Beziehungen zwischen Vektoren (wofür Gl. 2.13 nur ein sehr einfaches Beispiel ist) ungeändert, sie sind gegenüber einer Koordinatentranslation und -rotation invariant (vgl. Ergänzung II). Andererseits ist es Erfahrungstatsache, daß physikalische Vorgänge und Experimente nicht davon abhängen, von welchem Koordinatensystem aus sie betrachtet werden, falls die verschiedenen Systeme durch Verschiebung und Drehung auseinander hervorgehen. Aus diesem Grunde ist der Vektorkalkül die geeignete Sprache, um physikalische Zusammenhänge und Gesetzmäßigkeiten auszudrücken.

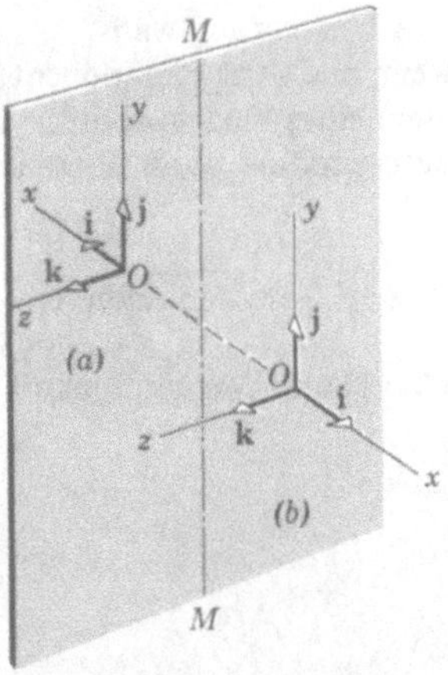

Abb. 2.14 (a) Ein linkshändiges und (b) ein rechtshändiges Koordinatensystem. Das eine kann als Spiegelbild des anderen aufgefaßt werden. Ein linkshändiges System kann nicht durch Drehung in ein rechtshändiges übergeführt werden. Man beachte, daß in (b) $\boldsymbol{i} \times \boldsymbol{j} = \boldsymbol{k}$, während in (a) $\boldsymbol{i} \times \boldsymbol{j} = -\boldsymbol{k}$ ist.

Lange war man der Auffassung, daß alle physikalischen Gesetze auch gegenüber einer Spiegelung, d.h. gegenüber einem Wechsel von einem rechtshändigen zu einem linkshändigen System, invariant seien (Abb. 2.14). Im Jahre 1956 ergab sich jedoch bei der Beobachtung des Zerfalls bestimmter Elementarteilchen eine Invarianzverletzung: Das Experiment und sein Spiegelbild liefern verschiedene Resultate. Die Frage nach den Symmetrien physikalischer Gesetze mußte grundsätzlich neu gestellt werden. Sie ist bis heute Gegenstand umfangreicher und verwickelter Untersuchungen.

Fragen

1. Können zwei Vektoren mit verschiedenem Betrag zu einem Nullvektor kombiniert werden (Ein Nullvektor ist ein Vektor mit dem Betrag Null)?
2. Kann ein Vektor den Betrag Null haben, wenn eine seiner Komponenten von Null verschieden ist?
3. Ist es sinnvoll, eine Größe einen Vektor zu nennen, wenn ihr Betrag Null ist?
4. Man begründe, warum drei Vektoren in einer Ebene liegen müssen, wenn ihre Summe den Nullvektor ergibt.
5. Hat ein Einheitsvektor eine Einheit?
6. Man gebe Beispiele für skalare Größen. Hängt der Wert einer skalaren Größe vom gewählten Koordinatensystem ab?
7. Wir können Ereignisse zeitlich ordnen. Wenn zum Beispiel das Ereignis b vor dem Ereignis c, aber nach dem Ereignis a stattfindet, so liefert das die zeitliche Reihenfolge a, b, c. Die Zeit hat demnach einen Richtungssinn, bei dem man Vergangenheit, Gegenwart und Zukunft unterscheidet. Ist die Zeit damit eine Vektorgröße? Wenn nicht, warum nicht?
8. Gelten das kommutative und das assoziative Gesetz auch für die Vektorsubtraktion?
9. Kann ein Skalarprodukt negativ sein?
10. (a) Folgt aus $\boldsymbol{a} \cdot \boldsymbol{b} = 0$ stets, daß die beiden Vektoren senkrecht aufeinander stehen?
    (b) Folgt aus $\boldsymbol{a} \cdot \boldsymbol{b} = \boldsymbol{a} \cdot \boldsymbol{c}$ notwendig, daß $\boldsymbol{b}$ gleich $\boldsymbol{c}$ ist?

11. Wenn $\boldsymbol{a} \times \boldsymbol{b} = \boldsymbol{0}$ ist, muß dann $\boldsymbol{a}$ parallel zu $\boldsymbol{b}$ liegen? Ist die Umkehrung wahr?
12. (a) Man zeige, daß ein Vektor seine Richtung umkehrt, wenn alle seine Komponenten ihre Richtung umkehren. (b) Kehrt man sämtliche Komponenten eines Vektorprodukts um, so wird dies nicht verändert. Man zeige dies. (c) Ist das Vektorprodukt dann überhaupt ein Vektor?
13. Warum gibt es keine Division von Vektoren?
14. Muß man ein Koordinatensystem festlegen, wenn man (a) zwei Vektoren addieren, (b) ihr Skalarprodukt bilden, (c) ihre Komponenten finden will?
15. In der Vektoralgebra verweist man gewöhnlich auf die rechte Hand. Was muß man ändern, wenn man sich auf die linke Hand bezieht?

Aufgaben

Abschnitt 2.2

1. Wie kann man zwei Verschiebungen mit der Länge 3 m bzw. 4 m kombinieren, damit die resultierende Verschiebung (a) die Länge 7 m, (b) 1 m und (c) 5 m hat?
   Antwort: Die Verschiebungen müssen (a) parallel, (b) antiparallel und (c) senkrecht zueinander sein.
2. Welche Eigenschaften haben die beiden Vektoren $\boldsymbol{a}$ und $\boldsymbol{b}$, wenn
   (a) $\boldsymbol{a} + \boldsymbol{b} = \boldsymbol{c}$ und $a + b = c$,
   (b) $\boldsymbol{a} + \boldsymbol{b} = \boldsymbol{a} - \boldsymbol{b}$,
   (c) $\boldsymbol{a} + \boldsymbol{b} = \boldsymbol{c}$ und $a^2 + b^2 = c^2$ ist?
3. Man zeige, daß der Betrag der Summe zweier Vektoren $\boldsymbol{a}$ und $\boldsymbol{b}$ nicht größer als $a + b$ und nicht kleiner als $|a - b|$ sein kann, wobei die senkrechten Striche den Absolutbetrag einer Zahl bezeichnen und $a = |\boldsymbol{a}|$ bzw. $b = |\boldsymbol{b}|$ ist.
4. Ein Auto fährt 50 km nach Osten, dann 30 km nach Norden und schließlich unter einem Winkel von 30° gegen Nord in östliche Richtung. Man zeichne ein Vektordiagramm und ermittle daraus die Gesamtverschiebung des Autos.
5. Der Vektor $\boldsymbol{a}$ habe einen Betrag von 5.0 Einheiten und sei nach Osten gerichtet, der Vektor $\boldsymbol{b}$ weise um 45° gegen Nord in westliche Richtung und habe einen Betrag von 4.0 Einheiten. Man zeichne eine Vektordiagramm, um (a) $\boldsymbol{a} + \boldsymbol{b}$ und (b) $\boldsymbol{b} - \boldsymbol{a}$ zu bestimmen. Ferner schätze man mit Hilfe dieses Diagramms Beträge und Richtungen von $\boldsymbol{a} + \boldsymbol{b}$ und $\boldsymbol{b} - \boldsymbol{a}$ ab.

Abschnitt 2.3

6. Man bestimme die Summe der beiden Verschiebungsvektoren $\boldsymbol{c}$ und $\boldsymbol{d}$, deren Koordinaten in bezug auf ein orthogonales System und ausgedrückt in Kilometern durch

   $$c_x = 5.0,\ c_y = 0,\ c_z = -2.0;\ d_x = -3.0,\ d_y = 4.0,\ d_z = 6.0$$

   gegeben sind.
   Antwort: $r_x = 2.0$ km, $r_y = r_z = 4.0$ km.
7. (a) Ein Mann tritt vor seine Haustür, geht 300 m nach Osten, 600 m nach Norden, nimmt dann einen Pfennig aus seiner Tasche und wirft diesen von einer 150 m hohen Klippe. Man wähle ein Koordinatensystem und drücke unter Verwendung von Einheitsvektoren die Verschiebung des Pfennigstücks aus. (b) Der Mann kehrt auf einem anderen Weg zu seinem Haus zurück. Wie groß ist seine resultierende Verschiebung bei diesem Rundgang?

8. Gegeben seien die beiden Vektoren

$$\boldsymbol{a} = 4\boldsymbol{i} - 3\boldsymbol{j} + \boldsymbol{k} \text{ und } \boldsymbol{b} = -\boldsymbol{i} + \boldsymbol{j} + 4\boldsymbol{k}.$$

Man bestimme (a) $\boldsymbol{a}+\boldsymbol{b}$, (b) $\boldsymbol{a}-\boldsymbol{b}$ und (c) einen Vektor $\boldsymbol{c}$, so daß $\boldsymbol{a}-\boldsymbol{b}+\boldsymbol{c} = \boldsymbol{0}$.
Antwort: (a) $3\boldsymbol{i}-2\boldsymbol{j}+5\boldsymbol{k}$; (b) $5\boldsymbol{i}-4\boldsymbol{j}-3\boldsymbol{k}$; (c) $-5\boldsymbol{i}+4\boldsymbol{j}+3\boldsymbol{k}$.

9. In einem Raum mit den Abmessungen 3 m × 4 m × 5 m startet eine Fliege von einer Ecke und beendet ihren Flug in der diametral gegenüberliegenden Ecke. (a) Wie groß ist der Betrag ihrer Verschiebung? (b) Könnte der von ihr zurückgelegte Weg kürzer sein als diese Distanz? Könnte er länger sein? Oder gleich lang? (c) Man wähle ein geeignetes Koordinatensystem und bestimme in ihm die Komponenten des Verschiebungsvektors. (d) Wie lang wäre der Weg mindestens, wenn die Fliege laufen würde?

10. Gegeben seien die beiden Vektoren $\boldsymbol{a} = 4\boldsymbol{i} - 3\boldsymbol{j}$ und $\boldsymbol{b} = 6\boldsymbol{i} + 8\boldsymbol{j}$. Man bestimme Betrag und Richtung von $\boldsymbol{a}$, $\boldsymbol{b}$, $\boldsymbol{a}+\boldsymbol{b}$, $\boldsymbol{b}-\boldsymbol{a}$ und $\boldsymbol{a}-\boldsymbol{b}$.
Antwort: Die Beträge sind 5, 10, 11, 11 und 11. Die Winkel in bezug auf die positive x-Richtung sind 323°, 53°, 27°, 80° und 260°.

12. Zwei Vektoren mit den Längen a und b mögen miteinander den Winkel θ einschließen, wenn man ihre Anfangspunkte aneinander setzt. Man beweise unter Verwendung eines (zweidimensionalen) recktwinkligen Koordinatensystems, daß ihre Summe die Länge

$$r = \sqrt{a^2 + b^2 + 2ab\cos\theta}$$

hat.

13. Man verallgemeinere für den zweidimensionalen Fall die analytische Methode der Zerlegung und Addition auf *drei und mehr Vektoren.*

14. Gegeben seien zwei Vektoren mit gleichem Betrag, zum Beispiel 10 Einheiten. Ihre Orientierung ist in Abb. 2.15 angegeben, und ihre Vektorsumme sei $\boldsymbol{r}$. Man bestimme (a) die x- und die y-Komponente von $\boldsymbol{r}$, (b) den Betrag von $\boldsymbol{r}$ und (c) den Winkel, den $\boldsymbol{r}$ mit der x-Achse einschließt.

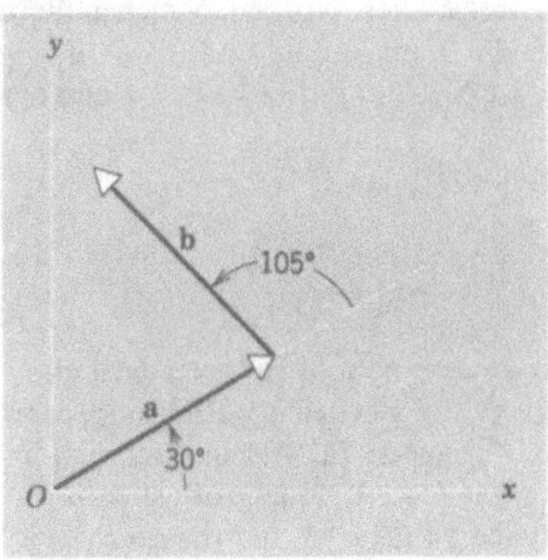

Abb. 2.15 Zu Aufgabe 14 und 25

15. Ein Teilchen erfahre in einer Ebene drei aufeinanderfolgende Verschiebungen wie folgt: 4.0 m südwestlich, 5.0 m östlich und 6.0 m unter einem Winkel von 60° gegen Nord in östliche Richtung. Die y-Achse weise nach Norden und die x-Achse nach Osten. Man gebe (a) die Komponenten der einzelnen Verschiebungen, (b) die Komponenten der resultierenden Verschiebung, (c) Betrag und Richtung der resultierenden Verschiebung und (d) die Verschiebung an, die notwendig ist, um das Teilchen wieder zu seinem Ausgangspunkt zu bringen.

Antwort: (a) $a_x = -2.8$ m, $a_y = -2.8$ m; $b_x = +5.0$ m, $b_y = 0$; $c_x = +3.0$ m, $c_y = +5.2$ m. (b) $d_x = +5.2$ m; $d_y = +2.4$ m. (c) 5.7 m, 25° nordöstlich. (d) 5.7 m, 25° südwestlich.

16. Man behandle die vorhergehende Aufgabe auf graphischem Wege (Maßstab 1 : 100).
17. Jemand fliegt von Washington nach Manila. (a) Welcher Verschiebungsvektor gehört dazu? (b) Wie groß ist sein Betrag, wenn die geographischen Längen und Breiten der beiden Städte 39° N, 77° W bzw. 15° N, 121° O sind?
Antwort: (b) 11230 km.
18. Man verallgemeinere die analytische Methode für die Zerlegung und die Addition zweier Vektoren auf den *dreidimensionalen* Fall.
19. Es sei N eine ganze Zahl größer Eins: Dann gilt:

$$\cos 0 + \cos\frac{2\pi}{N} + \cos\frac{4\pi}{N} + \ldots + \cos(N-1)\frac{2\pi}{N} = 0;$$

d.h., es ist:

$$\sum_{n=0}^{n=N-1} \cos\frac{2\pi n}{N} = 0.$$

Ebenso gilt:

$$\sum_{n=0}^{n=N-1} \sin\frac{2\pi n}{N} = 0.$$

Man beweise diese beiden Behauptungen, indem man N gleiche lange Vektoren addiert, wobei jeder dieser Vektoren mit dem vorhergehenden den Winkel $2\pi/N$ einschließt.

Abschnitt 2.4

20. Ein Vektor $\boldsymbol{d}$ habe einen Betrag von 2.5 m und weise nach Norden. Welchen Betrag und welche Richtung haben die Vektoren (a) $-\boldsymbol{d}$, (b) $\boldsymbol{d}/2.0$, (c) $-2.5\boldsymbol{d}$ und (d) $4.0\boldsymbol{d}$?
21. Man zeige, daß beim Koordinatensystem der Abb. 2.6b $\boldsymbol{i}\cdot\boldsymbol{i} = \boldsymbol{j}\cdot\boldsymbol{j} = \boldsymbol{k}\cdot\boldsymbol{k} = 1$ und $\boldsymbol{i}\cdot\boldsymbol{j} = \boldsymbol{j}\cdot\boldsymbol{k} = \boldsymbol{k}\cdot\boldsymbol{i} = 0$ gilt.
22. Beim Koordinatensystem der Abb. 2.6b zeige man, daß

$$\boldsymbol{i}\times\boldsymbol{i} = \boldsymbol{j}\times\boldsymbol{j} = \boldsymbol{k}\times\boldsymbol{k} = \boldsymbol{0},$$
$$\boldsymbol{i}\times\boldsymbol{j} = \boldsymbol{k},\ \boldsymbol{k}\times\boldsymbol{i} = \boldsymbol{j},\ \boldsymbol{j}\times\boldsymbol{k} = \boldsymbol{i}.$$

23. Man zeige, daß für einen beliebigen Vektor $\boldsymbol{a}$ (a) $\boldsymbol{a}\cdot\boldsymbol{a} = a^2$ und (b) $\boldsymbol{a}\times\boldsymbol{a} = \boldsymbol{0}$ gilt.
24. Im üblichen (rechtshändigen) x,y,z-System liege ein Vektor $\boldsymbol{a}$ in der $+x$-Richtung, der Vektor $\boldsymbol{b}$ in der $+y$-Richtung, und es sei eine skalare Größe d gegeben. (a) Welche Richtung hat $\boldsymbol{a}\times\boldsymbol{b}$? (b) Welche ist die von $\boldsymbol{b}\times\boldsymbol{a}$? (c) Welche Richtung hat $\boldsymbol{b}/d$? (d) Wie groß ist $\boldsymbol{a}\cdot\boldsymbol{b}$?
25. Man bestimme für die beiden Vektoren aus Aufgabe 14 (a) $\boldsymbol{a}\cdot\boldsymbol{b}$ und (b) $\boldsymbol{a}\times\boldsymbol{b}$.
Antwort: (a) -26; (b) $97\boldsymbol{k}$.
25. Ein Vektor $\boldsymbol{a}$ mit dem Betrag 10 Einheiten und ein Vektor $\boldsymbol{b}$ mit dem Betrag 6 Einheiten schließen miteinander einen Winkel von 60° ein. Man bestimme ihr Skalar- und ihr Vektorprodukt.
27. Man zeige, daß der Flächeninhalt des von den Vektoren $\boldsymbol{a}$ und $\boldsymbol{b}$ aufgespannten Dreiecks (s. Abb. 2.16) $|\boldsymbol{a}\times\boldsymbol{b}|/2$ ist.
28. Man zeige, daß der Betrag eines Vektorprodukts gleich dem Flächeninhalt des von den beiden Faktoren aufgespannten Parallelogramms ist (s. Abb. 2.16). Wie könnte man ein im Raum orientiertes Flächenelement vektoriell darstellen?

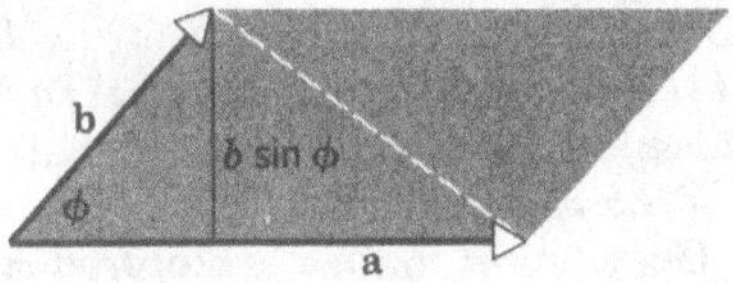

Abb. 2.16 Zu Aufgabe 27 und 28

29. Man zeige, daß das „Spatprodukt" $\boldsymbol{a} \cdot (\boldsymbol{b} \times \boldsymbol{c})$ dem Betrage nach gleich dem Inhalt des von den drei Vektoren $\boldsymbol{a}$, $\boldsymbol{b}$, $\boldsymbol{c}$ gebildeten Parallelepipeds (Spats) ist.
30. Man zeige, daß zwei Vektoren den gleichen Betrag haben müssen, wenn ihre Summe auf ihrer Differenz senkrecht steht.
31. Die Zerlegung zweier Vektoren in bezug auf ein orthogonales Dreibein sei $\boldsymbol{a} = a_x\boldsymbol{i} + a_y\boldsymbol{j} + a_z\boldsymbol{k}$ und $\boldsymbol{b} = b_x\boldsymbol{i} + b_y\boldsymbol{j} + b_z\boldsymbol{k}$. Man zeige unter Berücksichtigung von Aufgabe 21, daß

$$\boldsymbol{a} \cdot \boldsymbol{b} = a_x b_x + a_y b_y + a_z b_z.$$

32. Ausgehend von der Definitionsgleichung für das Skalarprodukt $\boldsymbol{a} \cdot \boldsymbol{b} = ab \cos\theta$ und der Darstellung des Skalarprodukts durch die Koordinaten von $\boldsymbol{a}$ und $\boldsymbol{b}$ (s. vorhergehende Aufgabe), bestimme man den Winkel zwischen $\boldsymbol{a} = 3\boldsymbol{i} + 3\boldsymbol{j} - 3\boldsymbol{k}$ und $\boldsymbol{b} = 2\boldsymbol{i} + \boldsymbol{j} + 3\boldsymbol{k}$.
33. Unter Berücksichtigung von Aufgabe 22 drücke man das Vektorprodukt von $\boldsymbol{a}$ und $\boldsymbol{b}$ durch ihre Koordinaten aus.
Antwort: $\boldsymbol{a} \times \boldsymbol{b} = (a_y b_z - a_z b_y)\boldsymbol{i} + (a_z b_x - a_x b_z)\boldsymbol{j} + (a_x b_y - a_y b_x)\boldsymbol{k}$.
34. Für die drei Vektoren $\boldsymbol{a} = 3\boldsymbol{i} + 3\boldsymbol{j} - 2\boldsymbol{k}$, $\boldsymbol{b} = -\boldsymbol{i} - 4\boldsymbol{j} + 2\boldsymbol{k}$ und $\boldsymbol{c} = 2\boldsymbol{i} + 2\boldsymbol{j} + \boldsymbol{k}$ berechne man (a) $\boldsymbol{a} \cdot (\boldsymbol{b} \times \boldsymbol{c})$, (b) $\boldsymbol{a} \cdot (\boldsymbol{b} + \boldsymbol{c})$ und (c) $\boldsymbol{a} \times (\boldsymbol{b} + \boldsymbol{c})$.
35. Es seien $\boldsymbol{b}$ und $\boldsymbol{c}$ die Flächendiagonalen eines Würfels mit der Kantenlänge a (s. Abb. 2.17). (a) Man bestimme die Komponenten von $\boldsymbol{d} = \boldsymbol{b} \times \boldsymbol{c}$, (b) die Werte von $\boldsymbol{b} \cdot \boldsymbol{c}$, $\boldsymbol{d} \cdot \boldsymbol{c}$ und $\boldsymbol{d} \cdot \boldsymbol{b}$, (c) den Winkel zwischen der Raumdiagonalen $\boldsymbol{e}$ und der Flächendiagonalen $\boldsymbol{b}$.
Antwort: (a) $d_x = d_z = a^2$, $d_y = -a^2$; (b) $\boldsymbol{b} \cdot \boldsymbol{c} = a^2$, $\boldsymbol{d} \cdot \boldsymbol{c} = \boldsymbol{d} \cdot \boldsymbol{b} = 0$; (c) 35°.

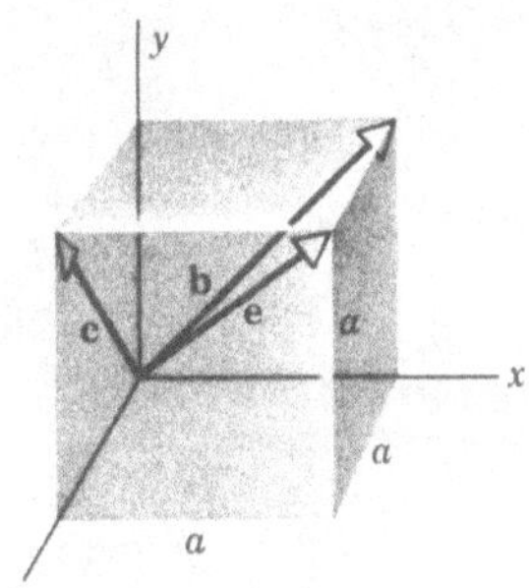

Abb. 2.17 Zu Aufgabe 35

36. Für irgenddrei nicht komplanare (also nicht in einer Ebene liegende) Vektoren $\boldsymbol{a}$, $\boldsymbol{b}$, $\boldsymbol{c}$ zeige man:
(a) $\boldsymbol{a} \cdot (\boldsymbol{b} \times \boldsymbol{c}) = \boldsymbol{b} \cdot (\boldsymbol{c} \times \boldsymbol{a}) = \boldsymbol{c} \cdot (\boldsymbol{a} \times \boldsymbol{b})$.
(b) Sei

$$\boldsymbol{A} = \frac{\mathbf{b} \times \mathbf{c}}{v}, \ \boldsymbol{B} = \frac{\mathbf{c} \times \mathbf{a}}{v}, \ \boldsymbol{C} = \frac{\mathbf{a} \times \mathbf{b}}{v},$$

worin $v = \mathbf{a} \cdot (\boldsymbol{b} \times \boldsymbol{c})$. Man berechne jeweils das Skalarprodukt von $\boldsymbol{a}$, $\boldsymbol{b}$, $\boldsymbol{c}$ mit $\boldsymbol{A}$, $\boldsymbol{B}$, $\boldsymbol{C}$. (c) Wenn $\boldsymbol{a}$, $\boldsymbol{b}$, $\boldsymbol{c}$ die Dimension einer Länge haben, welche Dimensionen haben dann $\boldsymbol{A}$, $\boldsymbol{B}$, $\boldsymbol{C}$?

37. Zwei Vektoren haben in beliebigen Einheiten die Koordinaten $a_x = 3.2, a_y = 1.6; b_x = 0.50, b_y = 4.5$. (a) Wie groß ist der Winkel zwischen $\boldsymbol{a}$ und $\boldsymbol{b}$? (b) Welche Komponenten hat ein Vektor $\boldsymbol{c}$, der in der x,y-Ebene senkrecht zu $\boldsymbol{a}$ liegt und einen Betrag von 5.0 Einheiten hat? *Antwort:* (a) 57°; (b) $c_x = \pm 2.2$ Einheiten, $c_y = \mp 4.5$ Einheiten.
38. (a) Wie wir gesehen haben, gilt das kommutative Gesetz *nicht* für das Vektorprodukt, d.h. $\boldsymbol{a} \times \boldsymbol{b}$ ist nicht gleich $\boldsymbol{b} \times \boldsymbol{a}$. Man zeige, daß die Kommutativität beim Skalarprodukt besteht, d.h., daß $\boldsymbol{a} \cdot \boldsymbol{b} = \boldsymbol{b} \cdot \boldsymbol{a}$ ist. (b) Weiter zeige man, daß das distributive Gesetz sowohl für das Skalarprodukt wie für das Vektorprodukt gültig ist, d.h., daß $\boldsymbol{a} \cdot (\boldsymbol{b} + \boldsymbol{c}) = \boldsymbol{a} \cdot \boldsymbol{b} + \boldsymbol{a} \cdot \boldsymbol{c}$ und $\boldsymbol{a} \times (\boldsymbol{b} + \boldsymbol{c}) = \boldsymbol{a} \times \boldsymbol{b} + \boldsymbol{a} \times \boldsymbol{c}$ gilt. (c) Ist das assoziative Gesetz auf Vektorprodukte anwendbar, d.h., ist $\boldsymbol{a} \times (\boldsymbol{b} \times \boldsymbol{c})$ gleich $(\boldsymbol{a} \times \boldsymbol{b}) \times \boldsymbol{c}$? Warum macht es schließlich keinen Sinn, bei Skalarprodukten vom assoziativen Gesetz zu reden?

Abschnitt 2.5

39. *Invarianz der Vektoraddition unter der Drehung eines Koordinatensystems.* Abb. 2.18 zeigt zwei Vektoren $\boldsymbol{a}$ und $\boldsymbol{b}$ sowie zwei rechtwinklige Koordinatensysteme, bei denen die x- und x'-Achse bzw. die y- und die y'-Achse einen Winkel ϕ miteinander einschließen. Man beweise analytisch, daß $\boldsymbol{a} + \boldsymbol{b}$ in beiden Systemen denselben Betrag und dieselbe Richtung hat, gleichgültig in welchem System man sie berechnet.

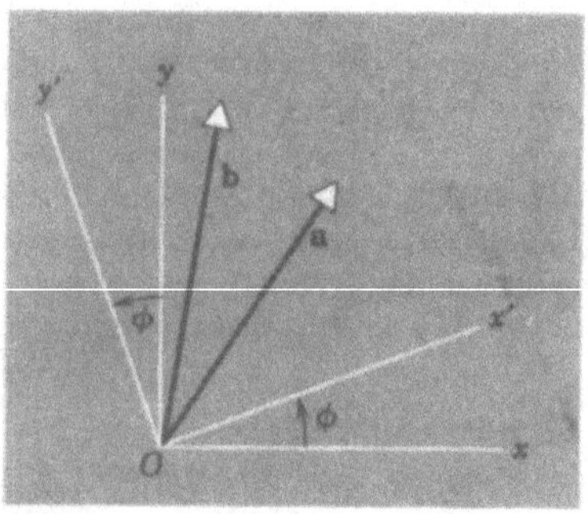

Abb. 2.18 Zu Aufgabe 39

3 Eindimensionale Bewegung

3.1 Mechanik

Die älteste physikalische Wissenschaft ist die Mechanik. Sie untersucht die Bewegung von Körpern. Die Berechnung der Bahnen, die z. B. ein Tennisball beschreibt oder ein Raumkörper auf dem Flug von der Erde zum Mars, gehört zu Problemstellungen der Mechanik. Eine andere Aufgabe der Mechanik ist die Untersuchung der Spuren von Elementarteilchen in einer Blasenkammer (s. Abb. 10.11 und Anhang F).

Mit der Beschreibung von Bewegungen befaßt sich der Teil der Mechanik, den wir *Kinematik* nennen. Setzen wir die Bewegung in Beziehung zu den ihr zugeordneten Kräften und den Eigenschaften der sich bewegenden Körper, so sprechen wir von *Dynamik*. In diesem Kapitel untersuchen wir kinematische Größen für den speziellen Fall der eindimensionalen Bewegung, d. h. der Bewegung auf der Geraden. Kapitel 4 befaßt sich mit der zwei- und dreidimensionalen Bewegung, Kapitel 5 mit der Dynamik.

3.2 Kinematik des Massenpunktes

Ein Körper kann während seiner fortschreitenden Bewegung auch noch rotieren. Wir wissen, wie sich die Flugbahn eines mit Drall geschlagenen Tennisballes verändert. Ein bewegter Körper kann auch eine Deformation erleiden, wie beispielsweise ein fallender Wassertropfen. Diese komplizierten Probleme kann man zunächst vermeiden, indem man die Bewegung eines idealisierten Objektes, eines *Massenpunktes* oder *Teilchens* untersucht. Mathematisch wird er als Punkt ohne Ausdehnung behandelt, so daß Rotation und Deformation wegfallen.

In Wirklichkeit existiert solch ein Körper ohne Ausdehnung nicht. Trotzdem ist die Annahme eines „Massenpunktes" von großem Nutzen, weil sich natürliche Objekte oft näherungsweise wie Massenpunkte verhalten. Ein Körper muß nicht „klein" im wörtlichen Sinne sein, um als Massenpunkt behandelt werden zu können. So kann man z. B. Erde und Sonne im Vergleich zu ihrer Entfernung als Massenpunkte ansehen. Mit diesem Modell läßt sich ein Großteil der Bewegungen von Sonne und Planeten ohne nennenswerte Fehler berechnen. Auch Tennisbälle, Moleküle, Protonen und Elektronen können oft wie Massenpunkte behandelt werden. Ist ein Körper zu groß für eine Darstellung als Massenpunkt, so kann man das Bewegungsproblem lösen, indem man ihn als ein System von Massenpunkten behandelt.

Körper, die nur eine *fortschreitende Bewegung* oder *Translation* ausführen, verhalten

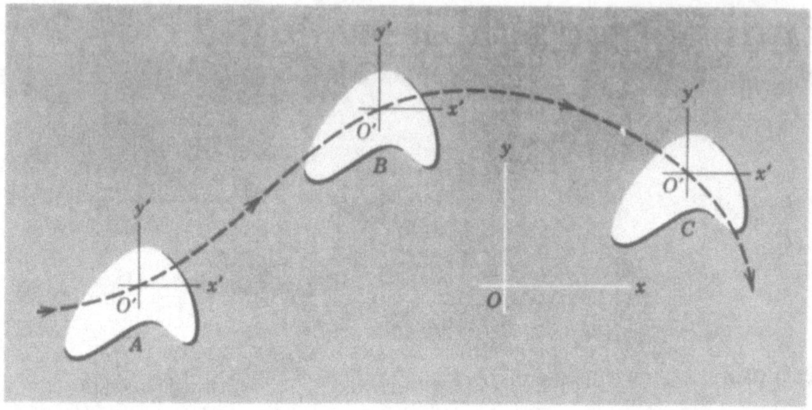

Abb. 3.1 Translation eines Körpers. Die in drei Dimensionen mögliche Translation ist zur Vereinfachung nur zweidimensional dargestellt.

sich wie Massenpunkte. Die Bewegung heißt fortschreitend, wenn die Achsen x', y' und z' eines mit dem bewegten Körper fest verbundenen Koordinatensystems immer parallel zu den Achsen x, y, und z des Beobachterkoordinatensystems bleiben. In Abb. 3.1 zeigen wir die Translation eines Körpers, der sich von A über B nach C bewegt. Man beachte, daß die Bahn nicht notwendig auf einer Geraden verläuft und daß jeder Punkt des Körpers die gleiche Verschiebung erfährt. Weil in diesem Fall die Bewegung des Körpers bestimmt ist, wenn wir die Bewegung eines seiner Punkte kennen, können wir ihn wie einen Massenpunkt behandeln.

3.3 Mittlere Geschwindigkeit

Verschiebung, Geschwindigkeit und Beschleunigung eines Massenpunktes sind Vektoren. Da wir in diesem Kapitel nur die eindimensionale Bewegung behandeln, benötigen wir die Vektorrechnung nicht in ihrer Gesamtheit. Wir beginnen trotzdem mit der zweidimensionalen Bewegung (die Erweiterung auf drei Dimensionen ist nicht schwer), weil dadurch auch für den eindimensionalen Fall der Vektorcharakter aller Bewegungen deutlicher wird.

Die *Geschwindigkeit eines Massenpunktes ist das Verhältnis von Lageänderung zur Zeit.* Die Lage eines Massenpunktes in einem Koordinatensystem ist durch einen Vektor gegeben, der vom Ursprung des Koordinatensystems zum Massenpunkt weist. Ist, wie in Abb. 3.2a, ein Massenpunkt zur Zeit t_1 bei A, so wird seine Lage in der x, y-Ebene durch den Vektor $\boldsymbol{r}_1$ beschrieben. Zu einem späteren Zeitpunkt t_2 gibt der Vektor $\boldsymbol{r}_2$ seine Lage bei B an. Der Vektor von A nach B, der die Änderung der Lage des Massenpunktes beschreibt, ist $\Delta\boldsymbol{r}\,(=\boldsymbol{r}_2-\boldsymbol{r}_1)$ und die bei der Bewegung verstrichene Zeit $\Delta t\,(=t_2-t_1)$. Die *mittlere Geschwindigkeit* des Massenpunktes für dieses Zeitintervall ist definiert durch

$$\bar{\boldsymbol{v}}=\frac{\Delta\boldsymbol{r}}{\Delta t}=\frac{\text{Verschiebung (Vektor)}}{\text{verstrichene Zeit (Skalar)}}. \tag{3.1}$$

Der Mittelwert einer Größe wird durch einen Strich über dem entsprechenden Symbol gekennzeichnet.

Die Größe $\bar{\boldsymbol{v}}$ ist ein Vektor, da sie durch Division des Vektors $\Delta\boldsymbol{r}$ durch den Skalar Δt erhalten wird. Ihre Richtung ist die von $\Delta\boldsymbol{r}$ und ihr Betrag $|\Delta\boldsymbol{r}/\Delta t|$. Die Einheit der Geschwindigkeit ist das Verhältnis von Längeneinheit zu Zeiteinheit, wie z. B. Meter durch Sekunde oder Kilometer durch Stunde.

Die durch Gl. 3.1 definierte Geschwindigkeit heißt *mittlere* Geschwindigkeit, da die Messung der Gesamtverschiebung und der verstrichenen Zeit nichts darüber aussagt, wie die Bewegung von A nach B verläuft. Die Bahn kann gekrümmt oder gerade, die Bewegung gleichförmig oder ungleichmäßig sein. Die mittlere Geschwindigkeit macht nur eine Aussage über die Gesamtverschiebung und die Gesamtzeit. Wenn z. B. ein Mann sein Haus verläßt, um eine Autofahrt zu machen, und nach der Zeit Δt (z. B. nach 5 Stunden) zurückkehrt, so ist seine mittlere Geschwindigkeit Null, weil seine „Verschiebung" in der Zeit Δt Null ist.

Wir können die Bewegung eines Massenpunktes genauer beschreiben, wenn wir die Zeiten und Verschiebungen zwischen vielen Punkten auf der Bahn in Abb. 3.2a messen. Ist die mittlere Geschwindigkeit zwischen zwei beliebigen Punkten der Bahn gleich (in Betrag und Richtung), so bewegt sich der Massenpunkt mit *konstanter Geschwindigkeit* auf einer Geraden (gleiche Richtung), und das Verhältnis Weg durch Zeit hat einen gleichbleibenden Wert (konstanter Betrag).

3.4 Momentangeschwindigkeit

Bewegt sich ein Massenpunkt so, daß seine mittlere Geschwindigkeit nicht konstant, sondern veränderlich ist, so muß seine Geschwindigkeit für einen bestimmten Zeitpunkt, die *Momentangeschwindigkeit*, angegeben werden.

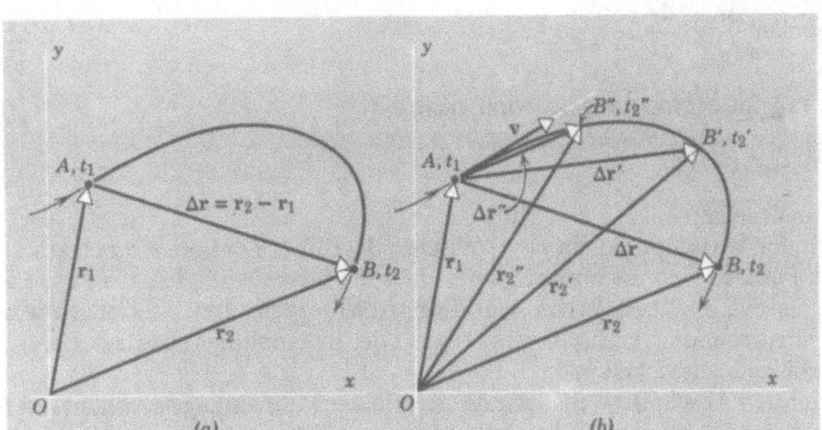

Abb. 3.2 (a) Bei der Bewegung eines Massenpunktes von A nach B legt er in der Zeit $\Delta t(=t_2-t_1)$ die Verschiebung $\Delta\boldsymbol{r}(=\boldsymbol{r}_2-\boldsymbol{r}_1)$ zurück. Die *mittlere Geschwindigkeit* $\bar{\boldsymbol{v}}$ zwischen A und B hat die Richtung $\Delta\boldsymbol{r}$. (b) Wenn B immer näher nach A rückt, nähert sich die mittlere Geschwindigkeit der *Momentangeschwindigkeit* $\boldsymbol{v}$ bei A; $\boldsymbol{v}$ verläuft tangential zur Bahn bei A.

Die Geschwindigkeit kann sich in Betrag, Richtung oder in beidem verändern. Wir betrachten wieder Abb. 3.2. Die mittlere Geschwindigkeit sei für die Zeitintervalle $t_2 - t_1$ und $t'_2 - t_1$ in Betrag und Richtung verschieden groß. Wir illustrieren das, indem wir in Abb. 3.2b den Punkt B immer näher nach A rücken. Die Punkte B' und B'' sind zwei Zwischenpositionen des Massenpunktes zur Zeit t'_2 bzw. t''_2, die durch die Vektoren $\boldsymbol{r}'_2$ und $\boldsymbol{r}''_2$ beschrieben werden. Die Differenzvektoren $\Delta\boldsymbol{r}$, $\Delta\boldsymbol{r}'$ und $\Delta\boldsymbol{r}''$ unterscheiden sich in der Richtung und werden immer kleiner, ebenso die entsprechenden Zeitintervalle Δt $(= t_2 - t_1)$, $\Delta t'$ $(= t'_2 - t_1)$ und $\Delta t''$ $(= t''_2 - t_1)$. Wenn wir diesen Prozeß der Annäherung von B nach A kontinuierlich fortführen, ergibt sich, daß das Verhältnis der Wegdifferenz zum entsprechenden Zeitintervall einen definierten Grenzwert erreicht. Obgleich bei diesem Prozeß sowohl Weg- als auch Zeitdifferenz extrem kleine Werte annehmen, ist das Verhältnis aus beiden nicht notwendig klein. Genauso nähert sich die Richtung bei immer kleiner werdendem Differenzvektor einer Grenzlage an. Diese Richtung ist die Tagente der Bahn im Punkt A. Der Grenzwert von $\Delta\boldsymbol{r}/\Delta t$ heißt *Momentangeschwindigkeit* im Punkt A oder einfach die *Geschwindigkeit* des Massenpunktes *zum Zeitpunkt* t_1.

Ist $\Delta\boldsymbol{r}$ die Verschiebung in einem auf den Zeitpunkt t folgenden, sehr kleinen Zeitintervall Δt, so ist die Geschwindigkeit zu diesem Zeitpunkt t der Grenzwert des Differenzenquotienten $\Delta\boldsymbol{r}/\Delta t$, wenn $\Delta\boldsymbol{r}$ und Δt gegen Null gehen:

$$\boldsymbol{v} = \lim_{\Delta t \to 0} \frac{\Delta \boldsymbol{r}}{\Delta t}.$$

Die Richtung von $\boldsymbol{v}$ ist die der Grenzlage von $\Delta\boldsymbol{r}$, wenn B gegen A oder Δt gegen Null geht, und stimmt, wie schon gesagt, mit der Richtung der Tangente an die Bahn im Punkt A überein.

In der Differentialrechnung wird der Grenzwert von $\Delta\boldsymbol{r}/\Delta t$ für Δt gegen Null als $\mathrm{d}\boldsymbol{r}/\mathrm{d}t$ geschrieben und heißt *Ableitung* von $\boldsymbol{r}$ nach t. Wir schreiben daher:

$$\boldsymbol{v} = \lim_{\Delta t \to 0} \frac{\Delta \boldsymbol{r}}{\Delta t} = \frac{\mathrm{d}\boldsymbol{r}}{\mathrm{d}t}. \tag{3.2}$$

Der Betrag der Momentangeschwindigkeit $\boldsymbol{v}$ ist

$$v = |\boldsymbol{v}| = |\mathrm{d}\boldsymbol{r}/\mathrm{d}t|, \tag{3.3}$$

also niemals negativ.

So wie der Massenpunkt ein physikalischer Begriff ist, der vom mathematischen Begriff des Punktes Gebrauch macht, so ist hier die Geschwindigkeit ein physikalischer Begriff, der den mathematischen Begriff der Ableitung benutzt. Tatsächlich wurde die Infinitesimalrechnung im Zusammenhang mit der Behandlung grundlegender mechanischer Probleme entwickelt.

Im nächsten Abschnitt werden wir den Begriff der Momentangeschwindigkeit für den Spezialfall der geradlinigen oder eindimensionalen Bewegung untersuchen.

3.5 Eindimensionale Bewegung bei veränderlicher Geschwindigkeit

Wir behandeln die eindimensionale Bewegung als einen Sonderfall der zweidimensionalen Bewegung.

Abb. 3.3 zeigt einen Massenpunkt, der sich auf einer Bahn in der x, y-Ebene bewegt. Seine Lage zum Zeitpunkt t wird durch den Vektor $\boldsymbol{r}$ beschrieben (s. Abb. 3.3a), und er hat, tangential zu seiner Bahn, die Geschwindigkeit $\boldsymbol{v}$ (s. Abb. 3.3b). Wir können schreiben (s. Gl. 2.8):

$$\boldsymbol{r} = \boldsymbol{i}x + \boldsymbol{j}y, \tag{3.4}$$

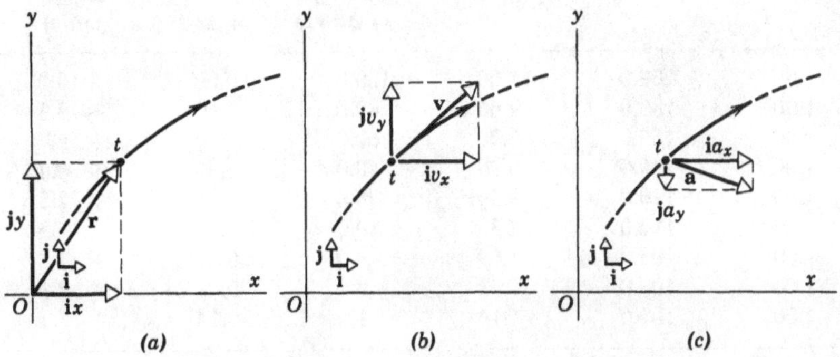

Abb. 3.3 Ein Massenpunkt hat zum Zeitpunkt t (a) eine durch $\boldsymbol{r}$ beschriebene Position, (b) eine Momentangeschwindigkeit $\boldsymbol{v}$ und (c) die Momentanbeschleunigung $\boldsymbol{a}$. Die Vektorkomponenten $\boldsymbol{i}x$ und $\boldsymbol{j}y$ der Gl. 3.4, $\boldsymbol{i}v_x$ und $\boldsymbol{j}v_y$ der Gl. 3.5 und $\boldsymbol{i}a_x$ und $\boldsymbol{j}a_y$ der Gl. 3.10, sowie die Einheitsvektoren $\boldsymbol{i}$ und $\boldsymbol{j}$ sind angegeben.

wobei $\boldsymbol{i}$ und $\boldsymbol{j}$ die Einheitsvektoren in der positiven x- bzw. y-Richtung und x und y die Koordinaten des Ortsvektors $\boldsymbol{r}$ sind. Da $\boldsymbol{i}$ und $\boldsymbol{j}$ ihre Richtung nicht ändern, erhalten wir aus Gln. 3.2 und 3.4

$$\boldsymbol{v} = \frac{\mathrm{d}\boldsymbol{r}}{\mathrm{d}t} = \boldsymbol{i}\frac{\mathrm{d}x}{\mathrm{d}t} + \boldsymbol{j}\frac{\mathrm{d}y}{\mathrm{d}t}$$

oder

$$\boldsymbol{v} = \boldsymbol{i}v_x + \boldsymbol{j}v_y \text{ (zweidimensionale Bewegung)}, \tag{3.5}$$

wobei v_x $(= \mathrm{d}x/\mathrm{d}t)$ und v_y $(= \mathrm{d}y/\mathrm{d}t)$ die Koordinaten des Vektors $\boldsymbol{v}$ sind.

Bewegt sich nun ein Massenpunkt z.B. entlang der x-Achse, so muß $v_y = 0$ sein. Damit reduziert sich Gl. 3.5 zu

$$\boldsymbol{v} = \boldsymbol{i}v_x \text{ (eindimensionale Bewegung)}. \tag{3.6}$$

Da $\boldsymbol{i}$ in die positive x-Richtung zeigt, ist v_x positiv (und gleich $+v$), wenn $\boldsymbol{v}$ in die gleiche Richtung zeigt, und negativ (und gleich $-v$), wenn $\boldsymbol{v}$ in die entgegengesetzte Richtung zeigt. Somit gibt es im eindimensionalen Fall nur zwei Richtungsmöglichkeiten von $\boldsymbol{v}$, und wir können mit der (skalaren) Geschwindigkeitskoordinate v_x und somit ohne Vektorrechnung arbeiten.

Beispiel 1

Der Grenzübergang. Um den Grenzübergang vom Differenzenquotienten zum Differentialquotienten im Eindimensionalen zu veranschaulichen, betrachte man folgende Tabelle, die Daten für eine Bewegung entlang der x-Achse enthält. In den ersten vier Spalten stehen experimentelle Werte. Die einzelnen Größen sind der Abb. 3.4 zu entnehmen, in der sich ein Massenpunkt von links nach rechts, also in positive x-Richtung bewegt. Er befindet sich zur Zeit t_1 (1.00 s) bei x_1 (100 cm Abstand vom Ursprung) und zur Zeit t_2 bei x_2. Für unterschiedliche Werte von x_2 und die entsprechenden Werte von t_2 wurden gemessen:

x_1/cm	t_1/s	x_2/cm	t_2/s	$x_2 - x_1 = \Delta x$/cm	$t_2 - t_1 = \Delta t/s$	$\Delta x/\Delta t$/ (cm/s)
100.0	1.00	200.0	11.00	100.0	10.00	+ 10.0
100.0	1.00	180.0	9.60	80.0	8.60	+ 9.3
100.0	1.00	160.0	7.90	60.0	6.90	+ 8.7
100.0	1.00	140.0	5.90	40.0	4.90	+ 8.2
100.0	1.00	120.0	3.56	20.0	2.56	+ 7.8
100.0	1.00	110.0	2.33	10.0	1.33	+ 7.5
100.0	1.00	105.0	1.69	5.0	0.69	+ 7.3
100.0	1.00	103.0	1.42	3.0	0.42	+ 7.1
100.0	1.00	101.0	1.14	1.0	0.14	+ 7.1

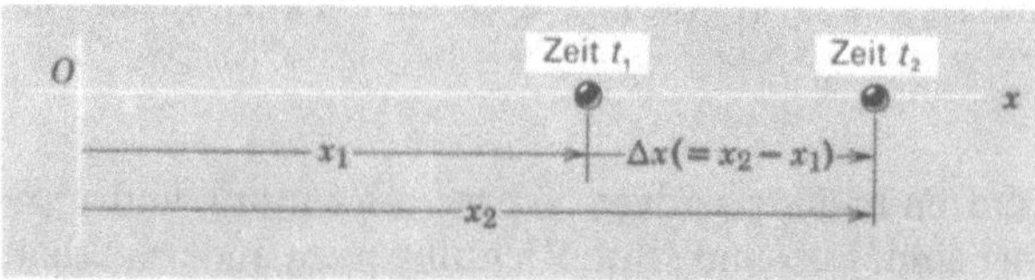

Abb. 3.4 Ein Massenpunkt bewegt sich auf der x-Achse nach rechts.

Für den allgemeinen Fall dreidimensionaler Bewegung gilt:

$$\boldsymbol{v} = \lim_{\Delta t \to 0} \frac{\Delta \boldsymbol{r}}{\Delta t} = \frac{\mathrm{d}\boldsymbol{r}}{\mathrm{d}t},$$

während bei einer Bewegung entlang der x-Achse die Vektorgröße durch ihre entsprechende Komponente zu ersetzen ist:

$$v_x = \lim_{\Delta t \to 0} \frac{\Delta x}{\Delta t} = \frac{\mathrm{d}x}{\mathrm{d}t}. \tag{3.7}$$

Aus der Tabelle ist ersichtlich, daß für Werte von x_2, die dicht neben x_1 liegen, Δt gegen Null geht und das Verhältnis $\Delta x/\Delta t$ den Grenzwert + 7.1 cm/s hat. Zur Zeit t_1 ist also $v_x = + 7.1$ cm/s. Da dieser Wert positiv ist, zeigt die Geschwindigkeit $\boldsymbol{v}$ ($= \boldsymbol{i}v_x$; s. Gl. 3.6) in Abb. 3.4 nach rechts. Diese Richtung ist die der Tangente an die Bahn, so wie es sein muß.

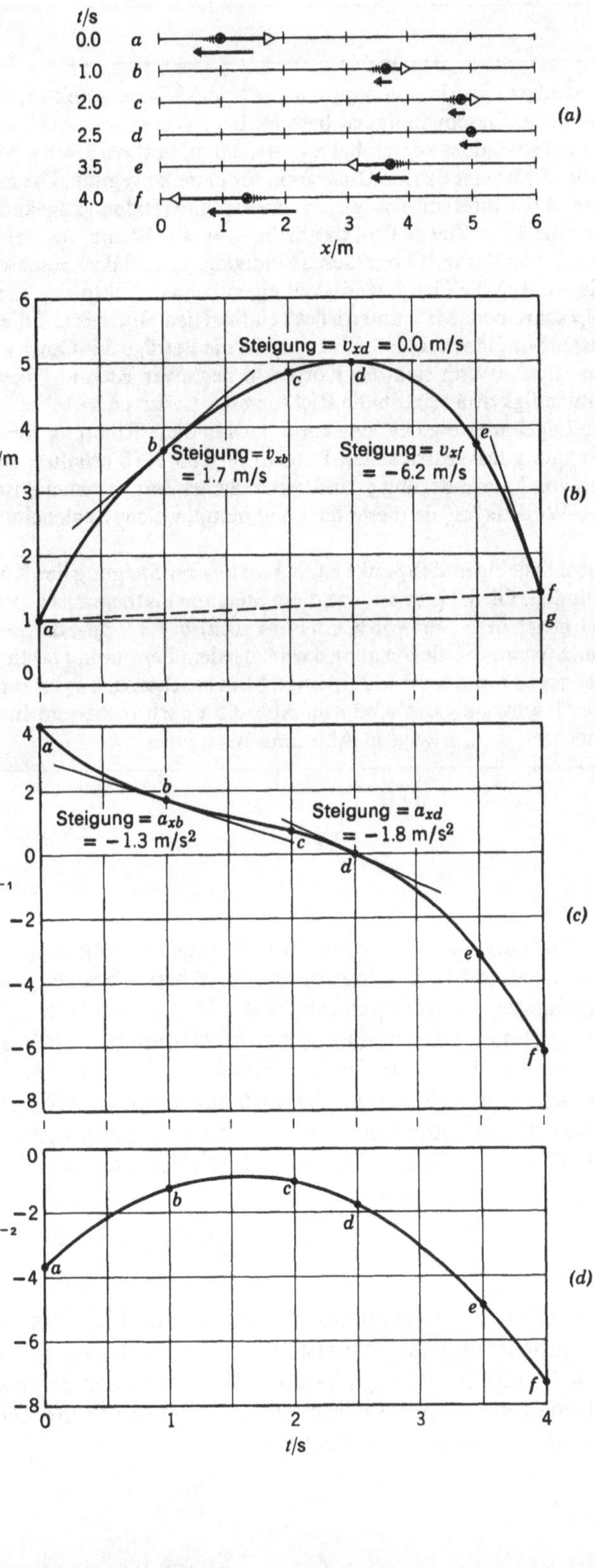

Abb. 3.5 (a) Sechs aufeinanderfolgende „Schnappschüsse" eines sich in Richtung der x-Achse bewegenden Massenpunktes. Der mit dem Massenpunkt verbundene Pfeil gibt seine Momentangeschwindigkeit, der darunter liegende Pfeil seine Momentanbeschleunigung an.
(b) x,t-Diagramm für die Bewegung des Massenpunktes.
(c) v_x,t-Diagramm.
(d) a_x,t-Diagramm.

Beispiel 2

Abbildung 3.5a zeigt sechs aufeinanderfolgende „Schnappschüsse" eines Massenpunktes, der sich entlang der x-Achse mit veränderlicher Geschwindigkeit bewegt. Bei $t = 0$ ist sein Abstand vom Ursprung $x = +1.00$ m; bei $t = 2.5$ s befindet er sich bei $x = +5.00$ m, und bei $t = 4$ s ist er zu $x = +1.40$ m zurückgekehrt. Abb. 3.5b zeigt das x,t-Diagramm für diese Bewegung. Die mittlere Geschwindigkeit für das ganze 4.0-s-Intervall ist gleich der resultierenden Lageänderung (+0.40 m) dividiert durch die verstrichene Zeit (4.0 s), das heißt $\bar{v}_x = +0.10$ m/s. Bei der eindimensionalen Bewegung können wir von der mittleren Geschwindigkeit $\bar{v}_x$ und der Geschwindigkeit v_x sprechen, obwohl wir wissen, daß die Geschwindigkeit eigentlich ein Vektor ist. Genauer müßten wir $\bar{\boldsymbol{v}}_x = \bar{v}_x\boldsymbol{i}$ bzw. $\boldsymbol{v}_x = v_x\boldsymbol{i}$ schreiben. Man unterdrückt einfach den Hinweis auf die (konstante) Richtung. (Beachten müssen wir jedoch, daß $\bar{v}_x$ und v_x nicht die Beträge der Geschwindigkeit darstellen, denn sie können auch – wenn sich der Körper in negativer Richtung bewegt – negativ sein.) Die mittlere Geschwindigkeit $\bar{\boldsymbol{v}}$ zeigt in die Richtung der positiven x-Achse (das ist nach rechts in Abb. 3.5a), da die Lageänderung des Massenpunktes in diese Richtung weist. Die Größe $\bar{v}_x$ kann direkt aus der Steigung der gestrichelten Linie *af* in Abb. 3.5b erhalten werden, wobei mit Steigung das Verhältnis von Lageänderung *gf* und verstrichener Zeit *ga* gemeint ist. (Die Steigung ist *nicht* der Tangens des Winkels *fag*, da dieser davon abhängt, welche Skaleneinteilung wir für x und t wählen.)

Die Geschwindigkeit v_x zu einem beliebigen Zeitpunkt kann man aus der Steigung der Kurve in Abb. 3.5b zu diesem Zeitpunkt finden. Gl. 3.7 gibt an, wie diese Steigung mathematisch definiert ist. In unserem Beispiel ist sie bei *b* gleich dem Wert von v_x am Punkt b, also $+1.7$ m/s; die Steigung bei *d* ist Null und die bei *f* -6.2 m/s. Wenn wir die Steigung dx/dt zu jedem Zeitpunkt t bestimmen, erhalten wir ein Diagramm von v_x gegen t, wie es Abb. 3.5c zeigt. Man beachte, daß v_x im Intervall $0 < t < 2.5$ s positiv ist, d.h., die Geschwindigkeit $\boldsymbol{v}$ zeigt in Abb. 3.5a nach rechts; im Intervall $2.5\text{ s} < t < 4.0$ s ist v_x dagegen negativ, d.h., $\boldsymbol{v}$ zeigt in Abb. 3.5a nach links.

3.6 Beschleunigung

Häufig ändert sich die Geschwindigkeit eines Körpers während des Bewegungsablaufs in Betrag oder Richtung oder in beidem. Man sagt dann, der Körper besitze eine Beschleunigung. *Die Beschleunigung eines Massenpunktes ist das Verhältnis von Geschwindigkeitsänderung und der Zeit.* Nehmen wir an, daß sich zum Zeitpunkt t ein Massenpunkt bei A befindet (s. Abb. 3.6) und sich in der x,y-Ebene mit der Momentangeschwindigkeit $\boldsymbol{v}_1$ und zu einem späteren Zeitpunkt t_2 beim Punkt B mit der Momentangeschwindigkeit $\boldsymbol{v}_2$ bewegt. Die *mittlere Beschleunigung* $\bar{\boldsymbol{a}}$ für die Bewegung von A nach B ist dann definiert durch die Geschwindigkeitsänderung durch Zeitintervall oder

$$\bar{\boldsymbol{a}} = \frac{\boldsymbol{v}_2 - \boldsymbol{v}_1}{t_2 - t_1} = \frac{\Delta \boldsymbol{v}}{\Delta t}. \tag{3.8}$$

Die Größe $\bar{\boldsymbol{a}}$ ist ein Vektor, da sie durch Division des Vektors $\Delta\boldsymbol{v}$ durch den Skalar Δt erhalten wird. Eine Beschleunigung ist demnach charakterisiert durch Betrag und Richtung. Ihre Richtung ist die von $\Delta\boldsymbol{v}$ und ihr Betrag $|\Delta\boldsymbol{v}/\Delta t|$. Die Einheit der Beschleunigung wird ausgedrückt durch die Geschwindigkeitseinheit dividiert durch die Zeiteinheit, also beispielsweise Meter durch Sekundequadrat (Symbol: m/s^2).

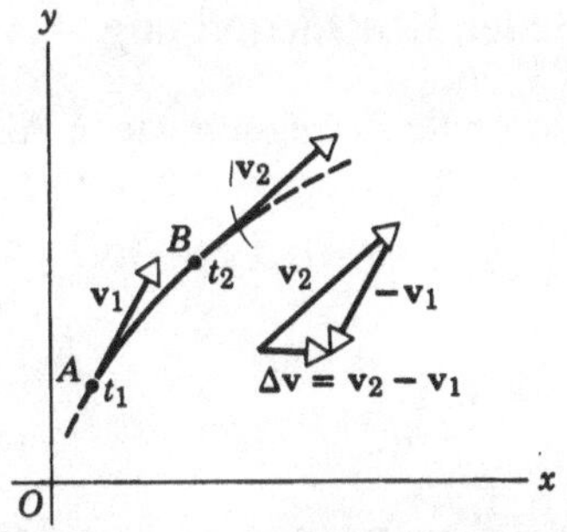

Abb. 3.6 Ein Massenpunkt hat im Punkt A die Geschwindigkeit $\boldsymbol{v}_1$ und bewegt sich nach B, wo seine Geschwindigkeit $\boldsymbol{v}_2$ ist. Das Vektordreieck zeigt die (Vektor-)Änderung der Geschwindigkeit $\Delta\boldsymbol{v}$ ($= \boldsymbol{v}_2 - \boldsymbol{v}_1$), die der Massenpunkt bei der Bewegung von A nach B erfährt.

Wir nennen $\bar{\boldsymbol{a}}$ (Gl. 3.8) die *mittlere* Beschleunigung, weil sie nichts über die zeitliche Änderung der Geschwindigkeit innerhalb des Zeitintervalls Δt aussagt. Uns ist nur die Gesamtänderung von Geschwindigkeit und Zeit bekannt. Ist die Geschwindigkeits*änderung* (in Betrag und Richtung) unabhängig von der Wahl des Zeitintervalls immer gleich, dann sprechen wir von einer *gleichmäßig beschleunigten* Bewegung. Wenn die Geschwindigkeit in Größe und Richtung *keine Änderung* erfährt, so wird $\Delta\boldsymbol{v}$ und damit auch die Beschleunigung Null.

Werden für die Bewegung eines Massenpunktes für verschiedene Zeitintervalle verschiedene Werte der mittleren Beschleunigung gemessen, so bewegt er sich mit veränderlicher Beschleunigung. Sie kann in Betrag oder Richtung oder in beidem variieren. In diesem Fall müssen wir die Beschleunigung zu einem bestimmten Zeitpunkt bestimmen, die wir als Momentanbeschleunigung bezeichnen.

Die *Momentanbeschleunigung* ist definiert durch

$$\boldsymbol{a} = \lim_{\Delta t \to 0} \frac{\Delta\boldsymbol{v}}{\Delta t} = \frac{\mathrm{d}\boldsymbol{v}}{\mathrm{d}t}. \tag{3.9}$$

Das bedeutet: Die Beschleunigung eines Massenpunktes zur Zeit t ist der Grenzwert von $\Delta\boldsymbol{v}/\Delta t$ zur Zeit t, wenn sowohl $\Delta\boldsymbol{v}$ als auch Δt gegen Null gehen. Die Richtung der Momentanbeschleunigung $\boldsymbol{a}$ ist die des Differenzvektors $\Delta\boldsymbol{v}$ beim Grenzübergang. Ihr Betrag ist $a = |\boldsymbol{a}| = |\mathrm{d}\boldsymbol{v}/\mathrm{d}t|$. Bei konstanter Beschleunigung ist die Momentanbeschleunigung gleich der mittleren Beschleunigung.

Zwei Spezialfälle verdeutlichen den Begriff der Beschleunigung. Im ersten Fall betrachten wir die Bewegung auf einer Geraden mit sich gleichmäßig ändernder Geschwindigkeit (s. Abschn. 3.8). Dabei behält die Geschwindigkeit ihre Richtung bei. Im zweiten Fall untersuchen wir die Bewegung auf einem Kreis mit konstantem Geschwindigkeitsbetrag (Abschn. 4.4). Diese Bewegung ist ebenfalls eine beschleunigte Bewegung, da der Geschwindigkeitsvektor seine Richtung ändert. Später werden wir weiteren Fällen beschleunigter Bewegung begegnen.

3.7 Eindimensionale Bewegung bei veränderlicher Beschleunigung

Nach Gln. 3.5 und 3.9 können wir für die zweidimensionale Bewegung wie in Abb. 3.3 schreiben:

$$\boldsymbol{a} = \frac{\mathrm{d}\boldsymbol{v}}{\mathrm{d}t} = \boldsymbol{i}\frac{\mathrm{d}v_x}{\mathrm{d}t} + \boldsymbol{j}\frac{\mathrm{d}v_y}{\mathrm{d}t}$$

oder

$$\boldsymbol{a} = \boldsymbol{i}a_x + \boldsymbol{j}a_y, \tag{3.10}$$

wobei a_x ($= \mathrm{d}v_x/\mathrm{d}t$) und a_y ($= \mathrm{d}v_y/\mathrm{d}t$) die Koordinaten des Beschleunigungsvektors $\boldsymbol{a}$ sind (s. Abb. 3.3c).

Wir beschränken uns wieder auf die eindimensionale Bewegung und wählen dafür der Einfachheit halber die x-Achse. Für diesen Fall ändert sich a_y nicht mit der Zeit (und ist gleich Null), so daß $\mathrm{d}v_y/\mathrm{d}t$ auch Null ist, und es ergibt sich

$$\boldsymbol{a} = \boldsymbol{i}a_x. \tag{3.11}$$

Somit ist a_x positiv, wenn $\boldsymbol{a}$ in die Richtung der positiven x-Achse zeigt, und negativ, wenn $\boldsymbol{a}$ in die entgegengesetzte Richtung weist.

Beispiel 3

Die Bewegung in Abb. 3.5a zeigt eine veränderlich beschleunigte Bewegung entlang der x-Achse. Wir finden die Beschleunigung a_x zu jedem Zeitpunkt, indem wir $\mathrm{d}v_x/\mathrm{d}t$ zu jedem Zeitpunkt bestimmen (wie bei der Geschwindigkeit bezeichnen wir im eindimensionalen Fall die Beschleunigung, obwohl diese ein Vektor ist, mit a_x; a_x ist aber strenggenommen eine Beschleunigungskoordinate. Bewegt sich der Körper auf der x-Achse, so sind die beiden anderen Koordinaten stets Null, und ihre Angabe wird unterdrückt.). Das ist einfach die Steigung der Kurve v_x gegen t zu diesem Zeitpunkt. Sie ist in Abb. 3.5c im Punkt b $-1.3\ \mathrm{m/s^2}$ und im Punkt d $-1.8\ \mathrm{m/s^2}$. Das Ergebnis für die Berechnung aller Punkte ist in Abb. 3.5d zu sehen. Man beachte, daß a_x für alle Zeitpunkte negativ ist, bei denen der Beschleunigungsvektor in die negative x-Richtung weist. Das bedeutet, daß v_x mit der Zeit ständig abnimmt, wie auch aus Abb. 3.5c ersichtlich ist. Diese Bewegung ist ein Beispiel für eine Beschleunigung mit konstanter Richtung, aber veränderlichem Betrag (s. Abb. 3.5a).

3.8 Eindimensionale Bewegung bei konstanter Beschleunigung

Wir beschränken uns nun weiter auf eine eindimensionale Bewegung (entlang der x-Achse) mit konstanter Beschleunigung ($a_x = a =$ konstant). Eine solche Bewegung heißt eine *gleichmäßig beschleunigte* Bewegung. Für sie ist die mittlere Beschleunigung in einem beliebigen Zeitintervall gleich der (konstanten) Momentanbeschleunigung a_x. Ist $t_1 = 0$, t eine beliebige Zeit, v_{x0} der Wert von v_x bei $t = 0$ und v_x ihr Wert bei der beliebigen Zeit t, so finden wir (s. Gl. 3.8)

$$a_x = \frac{\Delta v}{\Delta t} = \frac{v_x - v_{x0}}{t - 0}$$

oder

$$v_x = v_{x0} + a_x t. \tag{3.12}$$

Dies bedeutet, daß die Geschwindigkeit v_x zur Zeit t gleich ist der Summe von v_{x0} zur Zeit $t = 0$ plus der Geschwindigkeitsänderung während der Zeit t, das ist $a_x t$.

Abb. 3.7c zeigt ein Diagramm, in dem v_x gegen die Zeit t bei konstanter Beschleunigung aufgetragen ist; es ist eine Darstellung von Gl. 3.12. Man beachte, daß die Steigung der Geschwindigkeitskurve konstant ist, wie es bei der Annahme einer konstanten Beschleunigung a_x $(= \mathrm{d}v_x/\mathrm{d}t)$ sein muß (s. Abb. 3.7d).

Wenn sich die Geschwindigkeit v_x linear mit der Zeit ändert, so ist ihr Mittelwert über ein beliebiges Zeitintervall gleich der Hälfte der Summe der Werte von v_x am Anfang und am Ende des Intervalls. Somit ist die mittlere Geschwindigkeit $\overline{v_x}$ zwischen $t = 0$ und $t = t$

$$\overline{v_x} = \tfrac{1}{2}(v_{x0} + v_x) \tag{3.13}$$

Diese Beziehung gilt nicht mehr für veränderliche Beschleunigung, da dann die Kurve von v_x gegen t keine Gerade mehr ist.

Ist x_0 die Lage eines Massenpunktes bei $t = 0$ und $x = x_0 + \overline{v_x}\,t$ seine Lage bei $t = t$, so ergibt sich nach Gl. 3.13

$$x = x_0 + \tfrac{1}{2}(v_{x0} + v_x)\,t. \tag{3.14}$$

Der in der Zeit t zurückgelegte Weg ist $x - x_0$. Legt man den Anfangspunkt in den Ursprung, so ist $x_0 = 0$.

Man beachte, daß neben den Anfangsbedingungen der Bewegung, das sind die Werte von x und v_x bei $t = 0$ (hier mit $x = x_0$ und $v_x = v_{x0}$ angegeben), vier Parameter für ihre Beschreibung nötig sind. Es sind dies der zurückgelegte Weg x, die Geschwindigkeit v_x, die Beschleunigung a_x und die verstrichene Zeit t. Ist uns nur bekannt, daß die Beschleunigung konstant ist, aber nicht notwendigerweise ihr Wert, so können wir aus zwei Parametern die anderen zwei berechnen. Sind z. B. a_x und t bekannt, so erhalten wir v_x aus Gl. 3.12 und dann x aus Gl. 3.14.

Häufig sind bei gleichmäßig beschleunigten Bewegungen zwei Parameter bekannt, und ein dritter wird gesucht. Es ist deshalb üblich, Beziehungen zwischen drei der vier Parameter aufzustellen. Gl. 3.12 enthält v_x, a_x und t, nicht aber x, Gl. 3.14 enthält x, v_x und t, nicht aber a_x. Um unser System von Gleichungen zu vervollständigen, benötigen wir zwei weitere, und zwar eine, die x, a_x und t, aber nicht v_x, und eine andere, die x, v_x und a_x, aber nicht t enthält. Dies wird leicht durch Kombination der Gln. 3.12 und 3.14 erreicht.

Indem wir v_x in Gl. 3.14 durch den Wert aus Gl. 3.12 ersetzen, erhalten wir

$$x = x_0 + v_{x0}t + \tfrac{1}{2}a_x t^2. \tag{3.15}$$

Lösen wir Gl. 3.12 nach t auf und setzen es in Gl. 3.14 ein, so ergibt sich

$$v_x^2 = v_{x0}^2 + 2a_x(x - x_0). \tag{3.16}$$

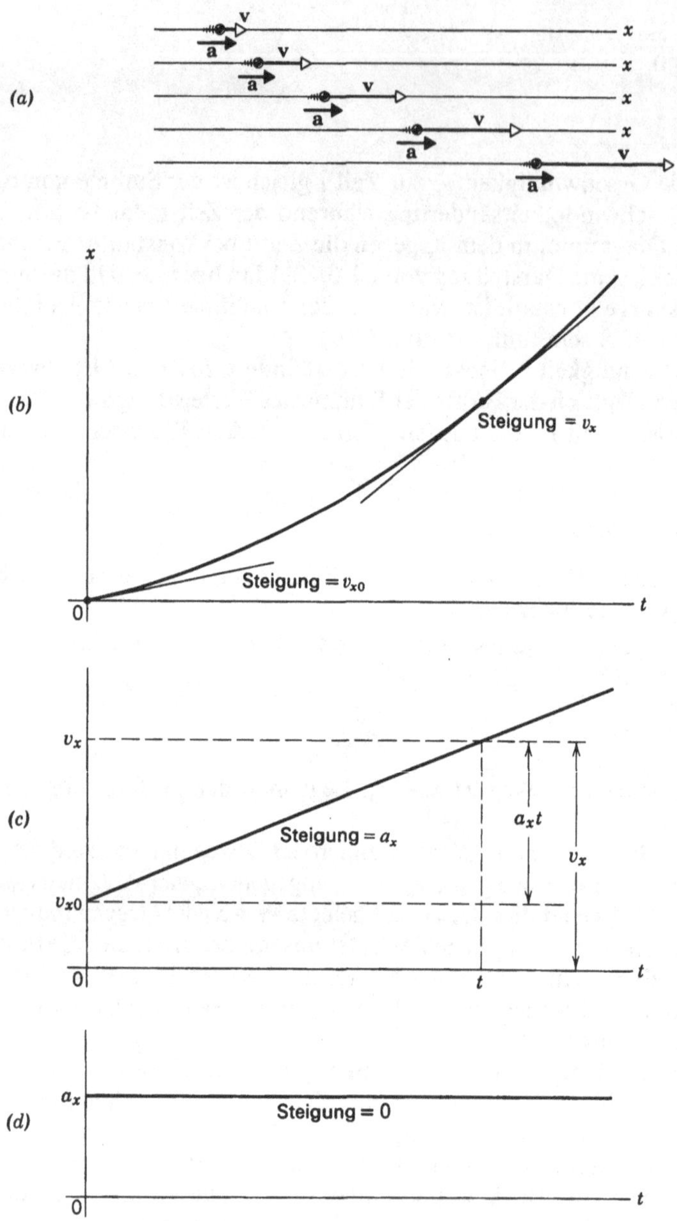

Abb. 3.7 (a) Fünf aufeinanderfolgende „Schnappschüsse" einer geradlinigen Bewegung mit konstanter Beschleunigung. Die mit den Massenpunkten verbundenen Pfeile repräsentieren $\boldsymbol{v}$, die unterhalb von ihnen $\boldsymbol{a}$.
(b) Der zurückgelegte Weg wächst quadratisch entsprechend $x = v_{x0}t + \frac{1}{2}a_x t^2$. Die Steigung wächst gleichmäßig und hat zu jedem Zeitpunkt den Wert v_x, die Geschwindigkeit.
(c) Die Geschwindigkeit v_x wächst gleichmäßig entsprechend $v_x = v_{x0} + a_x t$. Die Steigung ist konstant und hat zu jedem Zeitpunkt den Wert a_x, die Beschleunigung.
(d) Die Beschleunigung a_x hat einen konstanten Wert, die Steigung ist Null. Abb. 3.5 zeigt die gleichen Kurven für eine eindimensionale Bewegung, bei der die Beschleunigung *nicht* konstant ist.

Gln. 3.12, 3.14, 3.15 und 3.16 sind der vollständige Satz von Gleichungen zur Beschreibung von Bewegungen auf einer Geraden mit konstanter Beschleunigung (Tab. 3.1).

Tabelle 3.1 Kinematische Gleichungen für die geradlinige Bewegung mit konstanter Beschleunigung (Der Ort x_0 und die Geschwindigkeit v_{x0} zum Zeitpunkt $t = 0$ sind gegebene Anfangsbedingungen)

Gleichungs-Nummer	Gleichung	Sie enthält x	v_x	a_x	t
3.12	$v_x = v_{x0} + a_x t$	−	+	+	+
3.14	$x = x_0 + \frac{1}{2}(v_{x0} + v_x)t$	+	+	−	+
3.15	$x = x_0 + v_{x0}t + \frac{1}{2}a_x t^2$	+	−	+	+
3.16	$v_x^2 = v_{x0}^2 + 2a_x(x - x_0)$	+	+	+	−

Ein Spezialfall für Bewegungen mit konstanter Beschleunigung ist der, bei der die Beschleunigung Null ist, d. h. $a_x = 0$. Für diesen Fall reduzieren sich die vier Gleichungen, wie zu erwarten war, auf $v_x = v_{x0}$ (die Geschwindigkeit bleibt unverändert) und $x = x_0 + v_{x0} t$ (der zurückgelegte Weg ändert sich linear mit der Zeit).

Beispiel 4

Die Kurve in Abb. 3.7b ist ein Weg-Zeit-Diagramm für Bewegungen mit konstanter Beschleunigung, d. h. sie ist ein Graph der Gl. 3.15 für $x_0 = 0$. Die Steigung der Tangente zur Zeit t ist gleich der Geschwindigkeit v_x zu diesem Zeitpunkt. Man beachte, daß, ausgehend von v_{x0} bei $t = 0$, die Steigung kontinuierlich mit wachsendem t zunimmt. Die Änderung der Steigung ergibt die Beschleunigung a_x, die in diesem Fall konstant ist. Die Kurve in Abb. 3.7b ist eine Parabel, und Gl. 3.15 die Gleichung für eine Parabel mit der Steigung v_{x0} bei $t = 0$. Wir erhalten durch zweimalige Differentiation von Gl. 3.15.

$$x = x_0 + v_{x0} t + \tfrac{1}{2} a_x t^2,$$

$$\mathrm{d}x/\mathrm{d}t = v_{x0} + a_x t \quad \text{oder} \quad v_x = v_{x0} + a_x t,$$

die Geschwindigkeit v_x zur Zeit t (vgl. Gl. 3.12), und

$$\mathrm{d}v_x/\mathrm{d}t = a_x,$$

die konstante Beschleunigung. Das Weg-Zeit-Diagramm für gleichmäßig beschleunigte geradlinige Bewegungen ist demnach immer eine Parabel (zweiter Ordnung).

3.9 Konsistenz von Einheiten und Dimensionen

Es ist keineswegs nötig, sich Beziehungen wie die in Tab. 3.1 einzuprägen. Vielmehr ist es wichtig, sie jederzeit herleiten zu können. Durch ihre wiederholte Anwendung beim Lösen spezieller Probleme gelangen sie mit der Zeit automatisch ins Gedächtnis.

Wir können beliebige Zeit- bzw. Länge*einheiten* in diesen Gleichungen wählen. Geben wir die Zeit in Sekunden und die Länge in Metern an, so muß die Geschwindigkeit in m/s und die Beschleunigung in m/s^2 ausgedrückt werden. Werden uns Daten gegeben, bei denen die Einheit einer Größe, z. B. der Geschwindigkeit, mit der Einheit einer anderen Größe, z. B. der Beschleunigung, nicht konsistent ist (z. B. die Geschwindigkeit in km/h und die Beschleunigung in m/s^2), dann müssen wir sie erst in konsistente Einheiten umrechnen, bevor wir sie in die Gleichungen einsetzen (also z. B. km/h in m/s umwandeln). Haben wir die Einheiten unserer Basisgrößen gewählt, so legen wir die mit ihnen konsistenten Einheiten der abgeleiteten Größen automatisch fest. Bei jeder Berechnung achte man darauf, daß beim Endergebnis die entsprechende Einheit angegeben wird, da es sonst ohne Sinn ist.

Beispiel 5

Wir suchen die Geschwindigkeit (nur ihren Betrag) eines Massenpunktes, der sich mit der konstanten Beschleunigung $5.00\,cm/s^2$ und einer Anfangsgeschwindigkeit von 3.0 m/s während 0.50 h bewegt hat. Wir wählen das Meter als Längeneinheit und die Sekunde als Zeiteinheit. Dann ist die Beschleunigung

$$a_x = 5.00\,cm/s^2 = 0.05\,m/s^2$$

und das Zeitintervall

$$\Delta t = t - t_0 = 0.50\,h = 1800\,s.$$

Mit $t_0 = 0$ und $v_{x0} = 3\,m/s$ folgt daraus

$$v_x = v_{x0} + a_x t = 3.00\,m/s + (0.05\,m/s^2)(1800\,s)$$
$$= 93\,m/s.$$

Eine Möglichkeit, um die Richtigkeit einer Gleichung zu kontrollieren, besteht in der Überprüfung der *Dimensionen* ihrer Terme. Die Dimension einer physikalischen Größe kann immer als Kombination der Basisgrößen wie Masse, Länge und Zeit ausgedrückt werden, von denen sie abgeleitet ist. Die Dimension der Geschwindigkeit ist Länge (L) dividiert durch Zeit (T); die Dimension der Beschleunigung ist Länge dividiert durch Zeitquadrat (T^2) usw. *In jeder physikalischen Gleichung müssen die Dimensionen aller Terme gleich sein.* Das bedeutet zum Beispiel, daß wir einen Term mit der Dimension einer Geschwindigkeit nicht einem Term mit der Dimension einer Beschleunigung gleichsetzen können. Die Dimensionsausdrücke, die zu verschiedenen Größen gehören, können wie algebraische Größen als Faktoren in dieser Gleichung kombiniert oder gekürzt werden. Prüfen wir beispielsweise die Dimensionen von Gl. 3.15, $x = x_0 + v_{x0} t + \frac{1}{2} a_x t^2$; x und x_0 haben die Dimension einer Länge. Also müssen die beiden verbleibenden Terme die gleiche Dimension haben. Die Dimension von $v_{x0}t$ ist

$$\frac{\text{Länge}}{\text{Zeit}} \cdot \text{Zeit} = \text{Länge} \quad \text{oder} \quad \frac{\text{L}}{\text{T}} \cdot \text{T} = \text{L},$$

und die von $\frac{1}{2}a_x t^2$ ist

$$\frac{\text{Länge}}{\text{Zeitquadrat}} \cdot \text{Zeitquadrat} = \text{Länge} \quad \text{oder} \quad \frac{\text{L}}{\text{T}^2} \cdot \text{T}^2 = \text{L}.$$

Die Gleichung ist demnach dimensionsmäßig korrekt.

Beispiel 6

Ein Auto fährt in Richtung Osten und verringert seine Geschwindigkeit gleichmäßig von 70.0 Kilometer durch Stunde auf 50.0 Kilometer durch Stunde auf einer Entfernung von 70.0 Meter.

(a) Welchen Betrag und welche Richtung hat die konstante Beschleunigung?

Wir wählen für die Richtung von West nach Ost die positive x-Richtung. x und v_x sind gegeben, wir suchen a_x. Die Zeit kommt in der Aufgabe nicht vor, deshalb arbeiten wir mit Gl. 3.16 (s. Tab. 3.1). Wir haben $v_x = 50$ km/h, $v_{x0} = 70$ km/h, $x - x_0 = +70$ m $= +0.070$ km. Aus Gl. 3.16, $v_x^2 = v_{x0}^2 + 2a_x(x - x_0)$, erhalten wir

$$a_x = \frac{v_x^2 - v_{x0}^2}{2(x - x_0)}$$

oder

$$a_x = \frac{(50\ \text{km/h})^2 - (70\ \text{km/h})^2}{2 \times (0.07\ \text{km})} = -1.71 \times 10^4\ \text{km/h}^2$$
$$= -1.32\ \text{m/s}^2.$$

Die Richtung der Beschleunigung $\boldsymbol{a}$ zeigt nach Westen, also in negative x-Richtung, da a_x negativ ist. Während das Auto in östliche Richtung fährt, zeigt die Beschleunigung nach Westen, d. h. seine Geschwindigkeit nimmt ab, also seine Bewegung wird verzögert.

(b) Wieviel Zeit ist während der Verzögerung verstrichen?

Wenn wir nur die vorgegebenen Daten verwenden, so sehen wir aus Tab. 3.1, daß Gl. 3.14, $x = x_0 + \frac{1}{2}(v_{x0} + v_x)t$, geeignet ist. Aus ihr ergibt sich

$$t = \frac{2(x - x_0)}{v_{x0} + v_x}$$

oder

$$t = \frac{2(0.07\ \text{km})}{(70 + 50)\ \text{km/h}} = \frac{0.14}{120}\ \text{h} = 4.20\ \text{s}.$$

Benutzen wir die unter (a) berechneten Werte, so läßt sich t aus Gl. 3.12, $v_x = v_{x0} + a_x t$, ermitteln:

$$t = \frac{v_x - v_{x0}}{a_x},$$

$$t = \frac{(50 - 70)\ \text{km/h}}{-2.23 \times 10^4\ \text{km/h}^2} = 1.17 \times 10^{-3}\ \text{h} = 4.2\ \text{s}.$$

(c) In welcher Zeit kommt das Auto von 70 km/h zum Stillstand, wenn die Verzögerung gleichbleibt?

Aus Gl. 3.12, $v_x = v_{x0} + a_x t$, folgt mit $v_{x0} = 70$ km/h, $a_x = -1.71 \times 10^4$ km/h^2 und der Endgeschwindigkeit $v_x = 0$:

$$t = \frac{v_x - v_{x0}}{a_x} = \frac{(0-70) \text{ km/h}}{-1.71 \times 10^4 \text{ km/h}^2} = 4.1 \times 10^{-3} \text{ h} = 14.7 \text{ s}.$$

(d) Welche Strecke ist nötig, um das Auto von 70 km/h bis zum Stillstand abzubremsen?

Dafür benutzen wir Gl. 3.15, $x = x_0 + v_{x0} t + \frac{1}{2} a_x t^2$, mit $v_{x0} = 70$ km/h, $a_x = -1.71 \times 10^4$ km/h^2 und $t = 4.1 \times 10^{-3}$ h. Wir erhalten

$$\begin{aligned} x - x_0 &= v_{x0} t + \tfrac{1}{2} a_x t^2 \\ &= (70 \text{ km/h})\,(4.1 \times 10^{-3} \text{ h}) \\ &\quad + \tfrac{1}{2}(-1.71 \times 10^4 \text{ m/h}^2)\,(4.1 \times 10^{-3} \text{ h})^2 \\ &= 0.144 \text{ km} = 144 \text{ m}. \end{aligned}$$

Beispiel 7

Der Kern eines Heliumatoms (α-Teilchen) bewegt sich innerhalb einer 2 m langen Röhre, die Teil eines Teilchenbeschleunigers ist.

(a) Wie lange befindet sich das Teilchen in der Röhre, wenn es mit einer Geschwindigkeit von 1.0×10^4 m/s eintritt, mit 5.0×10^6 m/s austritt und die Beschleunigung konstant ist?

Wir legen die x-Achse parallel zur Röhre, die positive x-Richtung ist die Bewegungsrichtung des Teilchens, der Koordinatenursprung liegt am Röhrenanfang. x und v_x sind gegeben, und gesucht wird t. Die Beschleunigung a_x ist nicht bekannt. Wir rechnen mit Gl. 3.14, $x = x_0 + \frac{1}{2}(v_{x0} + v_x) t$, mit $x_0 = 0$, und erhalten

$$t = \frac{2x}{v_{x0} + v_x},$$

$$t = \frac{2 \times 2\text{m}}{(500 + 1) \times 10^4 \text{ m/s}} = 8.0 \times 10^{-7} \text{ s} = 0.80\ \mu\text{s}.$$

(b) Wie groß ist die Beschleunigung?

Die Beschleunigung erhalten wir aus Gl. 3.12, $v_x = v_{x0} + a_x t$, zu

$$\begin{aligned} a_x &= \frac{v_x - v_{x0}}{t} = \frac{(500-1) \times 10^4 \text{ m/s}}{8.0 \times 10^{-7} \text{ s}} \\ &= +6.3 \times 10^{12} \text{ m/s}^2 \end{aligned}$$

oder 6 Billionen Meter durch Sekundenquadrat! In diesem Beispiel ist die Beschleunigung extrem groß, die Laufzeit extrem klein. Die Beschleunigung $\boldsymbol{a}$ weist in die positive x-Richtung, also in die Bewegungsrichtung, da a_x positiv ist.

3.10 Freier Fall

Das bekannteste Beispiel für Bewegungen mit (annähernd) konstanter Beschleunigung ist ein auf die Erdoberfläche fallender Körper. Bei fehlendem Luftwiderstand fallen am gleichen Ort der Erde alle Körper – unabhängig von Größe, Masse oder Gestalt – mit der gleichen Beschleunigung; ist der zurückgelegte Weg nicht zu groß, so bleibt die Beschleunigung konstant. Diese idealisierte Bewegung, bei der der Luftwiderstand und kleine Änderungen der Beschleunigung mit der Höhe vernachlässigt werden, heißt *freier Fall*.

Die Beschleunigung von frei fallenden Körpern wird Fallbeschleunigung genannt und mit dem Symbol $\boldsymbol{g}$ gekennzeichnet. An der Erdoberfläche hat sie die Größe $\approx 9.8\ \mathrm{m/s^2}$ oder $\approx 980\ \mathrm{cm/s^2}$ und ist zum Erdmittelpunkt gerichtet. Die genauen Werte, die von der geographischen Breite und der Höhe über dem Meeresspiegel abhängen, werden wir später behandeln (Kapitel 16).

Die Bewegung von fallenden Körpern war schon früh Gegenstand der Naturlehre. Aristoteles behauptete, daß die „Abwärtsbewegung ... eines schweren Körpers im Verhältnis zu seiner Größe schneller ist". Erst viele Jahrhunderte später veröffentlichte Galileo Galilei (1564–1642) aufgrund eines Gedankenexperiments neue Ergebnisse, die Aristoteles' Autorität in Frage stellten. In einer Abhandlung mit dem Titel *Gespräche und mathematische Beweise über zwei neue Wissenschaften*, stellte er seine Untersuchungen über Bewegungen ausführlich dar.

Aristoteles Annahme, daß ein schwerer Körper schneller fällt als ein leichter, ist eine weit verbreitete Ansicht. Sie wird durch das bekannte Experiment gestützt, bei dem ein Ball und ein Blatt Papier von der gleichen Höhe herunterfallen, wobei der Ball den Boden viel schneller erreicht. Knüllt man jedoch das Papier zu einer Kugel zusammen und wiederholt den Versuch, erreichen beide den Boden ungefähr zur gleichen Zeit. Im ersten Versuch bremst der Luftwiderstand das Papierblatt viel stärker als den Ball, im zweiten Versuch ist er für beide Körper ungefähr gleich groß. Ein genauer Test ist nur in einem Vakuum möglich. Schon bei mäßigem, leicht herstellbarem Unterdruck können wir zeigen, daß eine Feder und ein tausendmal schwererer Ball nicht unterscheidbare Fallgeschwindigkeiten haben.

Zu Galileis Zeiten konnte man weder einen Unterdruck herstellen, noch gab es Geräte, mit denen man die Zeiten für frei fallende Körper mit ausreichender Präzision hätte messen können. Trotzdem erbrachte Galilei den Beweis für seine Ergebnisse. Er zeigte, daß der Bewegungsablauf eines Balles, der auf einer Schräge herabrollt, grundsätzlich der gleiche ist wie beim frei fallenden Ball. Die Bewegung auf der schiefen Ebene diente lediglich dazu, die effektive Fallbeschleunigung zu verringern. Zur Zeitmessung benutzte er die aus einem Tank ausströmende Wassermenge. Galilei wies nach, daß die Beschleunigung auf der schiefen Ebene und somit auch beim freien Fall konstant ist: Die Beschleunigung auf der schiefen Ebene ist lediglich eine Komponente der vertikalen Fallbeschleunigung, während das Verhältnis der beiden Beschleunigungswerte auf einer Ebene mit konstanter Neigung konstant ist.

Experimentell kam Galilei zu dem Ergebnis, daß die zurückgelegten Wege in aufeinanderfolgenden gleichen Zeitintervallen proportional zu den ungeraden Zahlen 1, 3, 5, 7 usw. sind. Die Gesamtstrecke nach den einzelnen Zeitintervallen ist dann proportional zu $1+3$, $1+3+5$, $1+3+5+7$ usw., d.h. zu den Quadraten der ganzen Zahlen 1, 2, 3, 4 usw. Wenn aber der Weg proportional zum Quadrat der Zeit ist, ist der Geschwindigkeitszuwachs direkt proportional zur Zeit, ein Resultat, das für gleichmäßig beschleunigte Bewegungen richtig ist. Galilei erkannte auch, daß die Ergebnisse unabhängig von der Masse des Balls sind.

3.11 Bewegungsgesetz für den freien Fall

Wir wählen ein Bezugssystem, das fest mit der Erde verbunden ist. Die positive y-Achse zeigt von der Erdoberfläche senkrecht nach oben. Dann ist die Fallbeschleunigung $\boldsymbol{g}$ ein Vektor, der in die negative y-Richtung (vertikal zum Erdzentrum) weist. (Man könnte natürlich auch die y-Richtung entgegengesetzt legen.) Wenn wir in den Gleichungen für konstante Beschleunigung, 3.12, 3.14, 3.15 und 3.16, x durch y ersetzen, so erhalten wir mit $y_0 = 0$:

$$\begin{aligned} v_y &= v_{y0} + a_y t, \\ y &= \tfrac{1}{2}(v_{y0} + v_y)t, \\ y &= v_{y0} t + \tfrac{1}{2} a_y t^2, \\ v_y^2 &= v_{y0}^2 + 2a_y y. \end{aligned} \tag{3.17}$$

Dabei wurde mit der Bedingung $y_0 = 0$ für $t = 0$ die Ausgangsposition in den Koordinatenursprung gelegt. Für den freien Fall ist der Betrag der Beschleunigung g, und wir setzen $a_y = -g$.

Beispiel 8

Bestimme Ort und Geschwindigkeit eines aus dem Ruhezustand frei fallenden Körpers nach 1, 2, 3 und 4 s.

Wir legen den Ausgangspunkt in den Ursprung. Wir kennen die Anfangsgeschwindigkeit und -beschleunigung und die Fallzeit. Der Ort ergibt sich aus

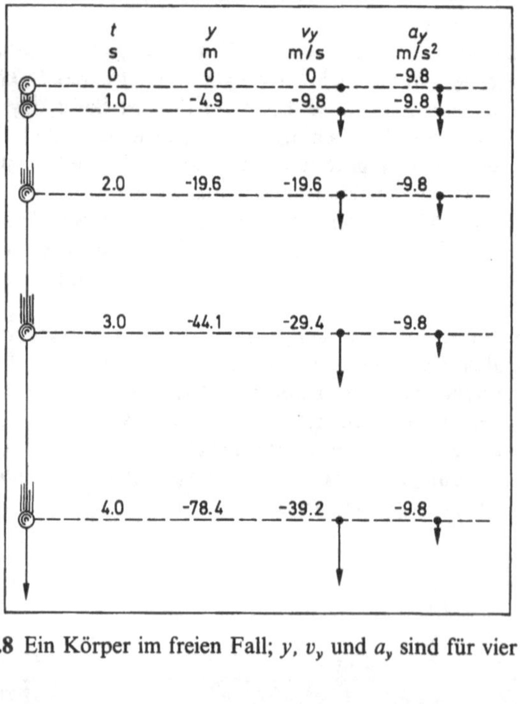

Abb. 3.8 Ein Körper im freien Fall; y, v_y und a_y sind für vier Zeitintervalle angegeben.

$$y = v_{y0}t - \tfrac{1}{2}gt^2.$$

Für $v_{y0} = 0$, $g = 9.8\,\mathrm{m/s^2}$ und $t = 1.0\,\mathrm{s}$ wird

$$y = 0 - \tfrac{1}{2}(9.8\,\mathrm{m/s^2})(1.0\,\mathrm{s})^2 = -4.9\,\mathrm{m}.$$

Die Geschwindigkeit für $t = 1.0\,\mathrm{s}$ ist dann

$$v_y = v_{y0} - gt = 0 - (9.8\,\mathrm{m/s^2})(1.0\,\mathrm{s}) = -9.8\,\mathrm{m/s}.$$

Ist ein Körper eine Sekunde lang frei gefallen, so befindet er sich 4.9 m unterhalb seiner Ausgangshöhe und hat die Geschwindigkeit 9.8 m/s. Das Minuszeichen bei den Werten bedeutet, daß die Richtung von Lageänderung und Geschwindigkeit abwärts, also in die negative y-Richtung zeigt.

Man zeige, daß die Werte für y, v_y und a_y nach den Zeiten $t = 2$, 3 und 4 s mit denen in Abb. 3.8 übereinstimmen.

Beispiel 9

Ein Ball wird vom Boden aus mit einer Geschwindigkeit von 24.4 m/s senkrecht nach oben geworfen.

(a) Wie lange braucht er, um den höchsten Punkt seiner Flugbahn zu erreichen?
Am höchsten Punkt ist $v_y = 0$; gegeben ist $v_{y0} = 24.4\,\mathrm{m/s}$. Wir erhalten t aus $v_y = v_{y0} - gt$ zu

$$t = \frac{v_{y0} - v_y}{g},$$

$$t = \frac{(24.4 - 0)\,\mathrm{m/s}}{9.8\,\mathrm{m/s^2}} = 2.5\,\mathrm{s}.$$

(b) Wie hoch steigt der Ball?
Benutzen wir nur die Ausgangsdaten, so erhalten wir aus der Beziehung $v_y^2 = v_{y0}^2 - 2gy$ oder

$$y = \frac{v_{y0}^2 - v_y^2}{2g}$$

$$= \frac{(24.4\,\mathrm{m/s})^2 - 0}{2 \times 9.8\,\mathrm{m/s^2}} = 30.5\,\mathrm{m}.$$

(c) Zu welcher Zeit befindet sich der Ball 29 m über dem Boden?
Aus $y = v_{y0}t - \frac{1}{2}gt^2$ erhalten wir

$$\tfrac{1}{2}gt^2 - v_{y0}t + y = 0,$$
$$\tfrac{1}{2}(9.8\,\mathrm{m/s^2})t^2 - (24.4\,\mathrm{m/s})t + 29\,\mathrm{m} = 0,$$
$$t^2 - 5.0t + 6.0 = 0$$

mit den Lösungen $t = 2.0\,\mathrm{s}$ und $t = 3.0\,\mathrm{s}$.

Nach $t = 2.0\,\mathrm{s}$ steigt der Ball noch mit einer Geschwindigkeit von 4.9 m/s aufwärts:

$$v_y = v_{y0} - gt = 24.4\,\mathrm{m/s} - (9.8\,\mathrm{m/s^2})(2.0\,\mathrm{s}) = +4.9\,\mathrm{m/s}.$$

Nach $t = 3.0\,\mathrm{s}$ fällt er bereits wieder mit der gleichen Geschwindigkeit abwärts:

$$v_y = v_{y0} - gt = 24.4\,\mathrm{m/s} - (9.8\,\mathrm{m/s^2})(3.0\,\mathrm{s}) = -4.9\,\mathrm{m/s}.$$

Man beachte, daß sich die Geschwindigkeit nach 1.0 s um -9.8 m/s verändert hat, entsprechend einer Beschleunigung von $-9.8\ \mathrm{m/s^2}$.

Man sieht also, daß bei fehlendem Luftwiderstand der Ball für die gleiche Entfernung die gleiche Zeit zum Steigen und Fallen benötigt und daß seine Geschwindigkeit am gleichen Punkt jeweils dem Betrage nach gleich ist.

Fragen

1. Fällt Ihnen ein physikalisches Phänomen ein, bei dem die Erde nicht als Massenpunkt behandelt werden kann?
2. Ein Kaninchen bewegt sich auf einen Salatkopf zu. In jeder Sekunde legt es die Hälfte der Entfernung von seiner Nase bis zu dem Salatkopf zurück. Erreicht es diesen jemals? Wie ist der Grenzwert seiner mittleren Geschwindigkeit? Man zeichne ein Diagramm, das den Weg und die Geschwindigkeit in Abhängigkeit von der Zeit aufzeigt.
3. Unter „mittlerer Geschwindigkeit" kann man den Betrag des mittleren Geschwindigkeitsvektors verstehen. Eine andere Möglichkeit ist, sie als Gesamtstrecke dividiert durch die verstrichene Zeit zu interpretieren. Besteht ein Unterschied zwischen diesen Deutungen? Wenn ja, gebe man ein Beispiel.
4. Unterscheidet sich bei konstanter Geschwindigkeit die mittlere Geschwindigkeit in einem beliebigen Zeitintervall von der Momentangeschwindigkeit zu irgendeinem Zeitpunkt?
5. Ist die mittlere Geschwindigkeit eines nicht gleichmäßig beschleunigten Massenpunktes, der sich auf der x-Achse bewegt, $\frac{1}{2}(v_{x0} + v_x)$? Man prüfe die Antwort mit Hilfe eines Diagramms.
6. Zeigt der Geschwindigkeitsmesser eines Autos die Geschwindigkeit an, so wie wir sie definiert haben?
7. (a) Kann ein Körper die Geschwindigkeit Null haben und sich trotzdem beschleunigt bewegen? (b) Kann sich die Geschwindigkeit eines Körpers ändern, wenn der Betrag der Geschwindigkeit konstant ist? (c) Kann sich der Betrag der Geschwindigkeit ändern, wenn die Geschwindigkeit eines Körpers konstant ist?
8. Kann ein Objekt eine ostwärts gerichtete Geschwindigkeit haben, während seine Beschleunigung westwärts gerichtet ist?
9. Kann sich die Richtung der Geschwindigkeit eines Körpers ändern, wenn seine Beschleunigung konstant ist?
10. Kann die Geschwindigkeit eines Körpers ansteigen, wenn seine Beschleunigung abnimmt? Erklärung!
11. Welche der folgenden Situationen ist unmöglich? (a) Ein Körper hat eine Geschwindigkeit in östlicher und eine Beschleunigung in westlicher Richtung; (b) Geschwindigkeit und Beschleunigung eines Körpers zeigen beide in östliche Richtung; (c) ein Körper hat die Geschwindigkeit Null, aber seine Beschleunigung ist von Null verschieden; (d) ein Körper hat eine konstante Beschleunigung und eine veränderliche Geschwindigkeit; (e) ein Körper hat eine konstante Geschwindigkeit, aber eine veränderliche Beschleunigung.
12. Für den freien Fall eines Massenpunktes mit $v_{y0} = 0$ bei $y_0 = 0$ und $t = 0$ ergeben sich aus Gl. 3.17 für die Position y zwei verschiedene Zeitwerte, nämlich $+\sqrt{2y/a_y}$ und $-\sqrt{2y/a_y}$. Welche Bedeutung hat die negative Quadratwurzel dieser quadratischen Gleichung?
13. Was geschieht mit den kinematischen Gleichungen bei Zeitumkehr, also beim Ersetzen von t durch $-t$? Erklärung!
14. Man betrachte einen senkrecht nach oben geworfenen Ball. Würde die Steigzeit länger oder kürzer als die Fallzeit sein, wenn man den Luftwiderstand berücksichtigt?

15. (a) Ein Körper wird auf einem Himmelskörper, der die doppelte Fallbeschleunigung wie die Erde hat, hochgeworfen. Wie groß ist die Steighöhe im Vergleich zu der auf der Erde? (b) Welche Veränderung würde sich bei doppelter Anfangsgeschwindigkeit ergeben?
16. Kann es eine zweidimensionale Bewegung mit einer Beschleunigung in nur einer Dimension geben?
17. Eine Person, die auf einer hohen Klippe steht, wirft einen Ball mit der Anfangsgeschwindigkeit u senkrecht nach oben und dann einen zweiten mit der gleichen Anfangsgeschwindigkeit senkrecht nach unten. Welcher Ball hat die größere Geschwindigkeit, wenn er den Boden erreicht hat? Man vernachlässige den Luftwiderstand.
18. Eine Röhre von rechteckiger Form mit abgerundeten Ecken steht in einer senkrechten Ebene (s. Abb. 3.9). Rechts oben werden zwei Metallkugeln eingebracht, von denen die eine über AB und die andere über CD die linke untere Ecke erreicht. Welche Kugel kommt als erste an?

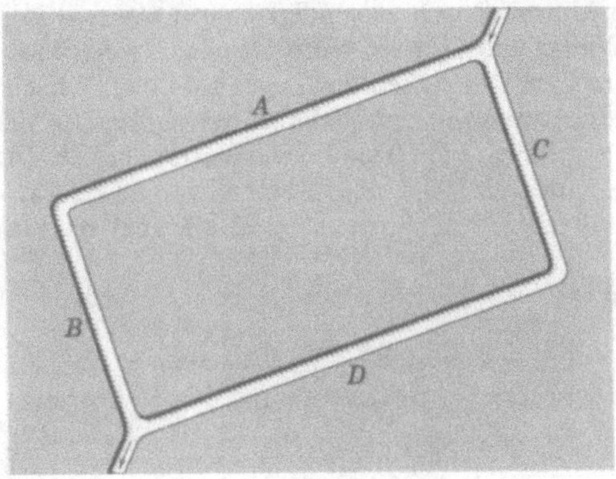

Abb. 3.9 Zu Frage 18

19. Wir erwarten, daß eine allgemein gültige Gleichung unabhängig von der Wahl des Koordinatensystems ist. Durch die Forderung der Dimensionskonsistenz sind Gleichungen auch unabhängig von der Wahl der Einheiten. Weshalb sind Einheiten und Koordinatensysteme notwendig?
20. Welche *Dimension* hat ein Winkel? Kann eine Größe eine Einheit haben, wenn sie keine Dimension hat?
21. Ist m ein leichter und M ein schwerer Stein, so würde nach Aristoteles M schneller als m fallen. Galilei versuchte, die Widersprüchlichkeit dieser Aussage durch folgendes Argument zu zeigen: Verbindet man m und M zu einem Doppelstein, so würde der kleinere den größeren im Fallen bremsen, d. h., der Doppelstein würde langsamer als M und schneller als m fallen; nach Aristoteles ist aber der Doppelstein $(m + M)$ schwerer als M und müßte demnach schneller als M fallen.

    Wenn man Galileis Begründung akzeptiert, kann man daraus schließen, daß m und M gleich schnell fallen? Welches Experiment könnte man machen?

    Hält man Galileis Begründung für falsch, so erkläre man, warum.

Aufgaben

Abschnitt 3.3

1. Wie weit fährt ein Auto bei einer Geschwindigkeit von 88 km/h in der einen Sekunde, in der der Fahrer die Aussicht seitlich der Straße bewundert?
Antwort: 24 m.
2. Um Kraftstoff zu sparen, wird die Höchstgeschwindigkeit auf Landstraßen von 100 km/h auf 80 km/h verringert. Wieviel Zeit würde man auf einer Strecke von 50 km länger unterwegs sein?
3. Man vergleiche die mittlere Geschwindigkeit für folgende Fälle: (a) Man wandert 75 m mit einer Geschwindigkeit von 1.0 m/s und läuft dann 75 m mit einer Geschwindigkeit von 3.0 m/s auf einer geraden Strecke. (b) Man geht eine Minute lang mit einer Geschwindigkeit von 1.0 m/s und rennt dann 1.0 min lang mit 3.0 m/s auf einer geraden Strecke.
Antwort: (a) 1.5 m/s; (b) 2.0 m/s.
4. Ein Zug fährt 40 min lang mit einer konstanten Geschwindigkeit von 60 km/h in östliche Richtung, dann 20 min unter einem Winkel von 45° nach Nord-Osten und schließlich 50 min nach Westen. Wie groß ist die mittlere Geschwindigkeit des Zuges auf dieser Reise?
5. Zwei Züge, von denen jeder eine Geschwindigkeit von 40 km/h hat, fahren auf derselben geraden Strecke aufeinander zu. Ein Vogel fliegt mit 60 km/h zwischen den beiden Zügen hin und her. Als er mit dem Flug begann, hatten die Züge einen Abstand von 80 km. (a) Wie oft kann der Vogel hin- und herfliegen, bis die Züge zusammenstoßen? Erklärung! (b) Wie lang ist die gesamte Flugstrecke des Vogels?
Antwort: (a) unendlich oft; (b) 60 km.

Abschnitt 3.6

6. Ein Massenpunkt, der sich entlang der x-Achse bewegt, hat zu verschiedenen Zeiten folgende Positionen:

x(Meter)	0.080	0.050	0.040	0.050	0.080	0.13	0.20
t(Sekunden)	0.0	1.0	2.0	3.0	4.0	5.0	6.0

(a) Man zeichne das Verschiebung(nicht Ort)-Zeit-Diagramm. (b) Man bestimme die mittlere Geschwindigkeit des Massenpunktes für die Zeitintervalle 0.0 bis 1.0 s, 0.0 bis 2.0 s, 0.0 bis 3.0 s und 0.0 bis 4.0 s. (c) Man bestimme die Steigung der Kurve von (a) in den Punkten $t = 0.0$, 1.0, 2.0, 3.0, 4.0 und 5.0 s. (d) Man zeichne das Diagramm Steigung (Einheit?) gegen die Zeit. (e) Man bestimme die Beschleunigung des Massenpunktes zur Zeit $t = 2.0$, 3.0 und 4.0 s aus dem Diagramm unter Punkt (d).

Abschnitt 3.7

7. Das x, t-Diagramm in Abb. 3.10a gilt für einen Massenpunkt in geradliniger Bewegung. (a) Man gebe für jedes Intervall an, ob die Geschwindigkeit v_x und die Beschleunigung a_x positiv, negativ oder Null sind. Die Intervalle sind OA, AB, BC und CD. (b) Kann man in dem Diagramm ein Intervall erkennen, in dem die Beschleunigung offensichtlich nicht konstant ist? (Das Verhalten an den Endpunkten der Intervalle lasse man unberücksichtigt.)
Antwort: (a) (b) nein.

	v_x	a_x
OA	+	0
AB	+	−
BC	0	0
CD	−	+

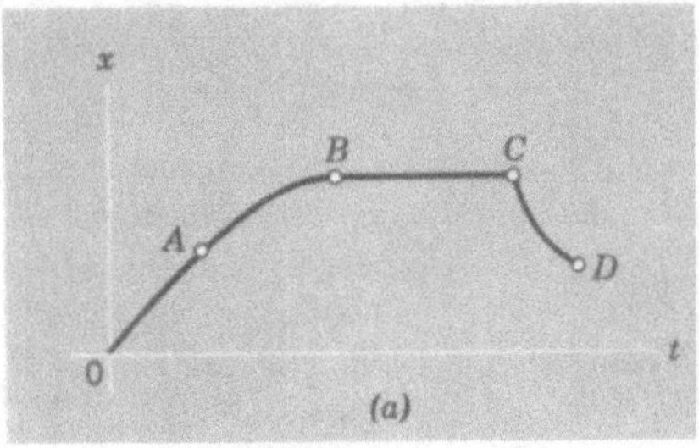

Abb. 3.10a Zu Aufgabe 7

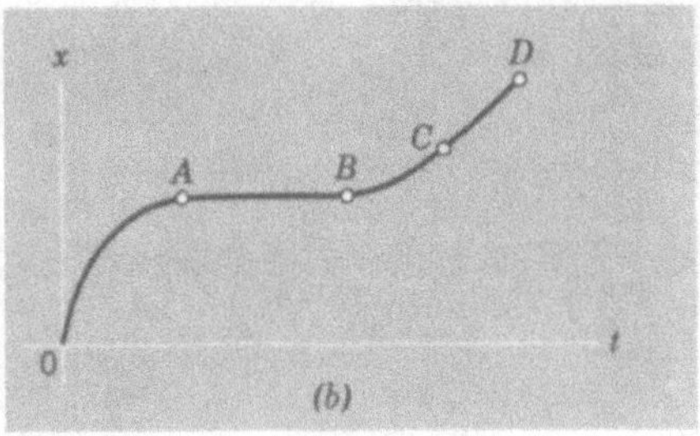

Abb. 3.10b Zu Aufgabe 8

8. Man beantworte die unter Aufgabe 7 angegebenen Fragen für die in Abb. 3.10b gezeigte Bewegung.
9. Ein Elektron, das aus der Ruhe startet, hat eine Beschleunigung, die linear mit der Zeit ansteigt, d. h. $a = kt$ mit der Beschleunigungsänderung $k = (1.5\ \mathrm{m/s^2})/\mathrm{s}$. (a) Man zeichne a gegen t innerhalb des ersten 10-s-Intervalls. (b) Aus dem Diagramm (a) ermittle man das entsprechende Diagramm v gegen t und bestimme die Elektronengeschwindigkeit 5.0 s nach dem Start. (c) Aus dem Diagramm (b) ermittle man das entsprechende x, t-Diagramm und bestimme, wie weit sich das Elektron 5.0 s nach dem Start bewegt hat.
Antwort: (b) 19 m/s; (c) 31 m.
10. Der Ort eines Massenpunktes, der sich entlang der x-Achse bewegt, ist nach folgender Beziehung von der Zeit abhängig:

$$x = \frac{v_{x0}}{k}(1 - e^{-kt}),$$

worin v_{x0} und k Konstanten sind. (a) Man zeichne das Diagramm x gegen t. Man beachte, daß $x = 0$ bei $t = 0$ und daß $x = v_{x0}/k$ bei $t = \infty$; das bedeutet, daß die Gesamtstrecke v_{x0}/k ist. (b) Man zeige, daß die Geschwindigkeit v_x gegeben ist durch

$$v_x = v_{x0} e^{-kt},$$

d. h., die Geschwindigkeit nimmt exponentiell mit der Zeit ab; sie hat den Anfangswert v_{x0} und wird Null nach unendlicher Zeit. (c) Man zeige, daß die Beschleunigung a_x gleich

$$a_x = -k v_x,$$

d. h., die Beschleunigung hat eine der Geschwindigkeit entgegengesetzte Richtung, und ihre Größe ist proportional zur Geschwindigkeit. (d) Diese Bewegung hat eine veränderliche Beschleunigung. Man gebe eine plausible physikalische Erklärung dafür, daß eine unendlich lange Zeit nötig ist, um den Massenpunkt zum Stillstand zu bringen, während er eine endliche Strecke durchläuft.
11. Ein Massenpunkt bewegt sich in Richtung der x-Achse mit einer Zeitabhängigkeit, wie sie Abb. 3.11 zeigt. Man skizziere den ungefähren Verlauf der Diagramme Geschwindigkeit gegen Zeit und Beschleunigung gegen Zeit für diese Bewegung.

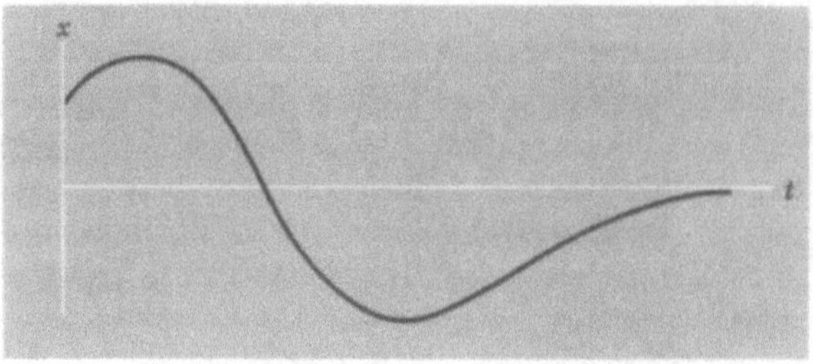

Abb. 3.11 Zu Aufgabe 11

Abschnitt 3.8

12. Ein Jumbo-Jet braucht zum Abheben von der Startbahn eine Geschwindigkeit von 360 km/h. Welche minimale Beschleunigung ist für den Fall konstanter Beschleunigung und einer Startbahnlänge von 1.8 km erforderlich, um das Flugzeug vom Stillstand auf diese Geschwindigkeit zu bringen?
13. Die Geschwindigkeit eines Autos wird in anderthalb Minuten gleichmäßig von 25 auf 55 km/h erhöht. Ein Radfahrer erhöht seine Geschwindigkeit in einer halben Minute von Null auf 30 km/h. Man vergleiche die Beschleunigungen.
Antwort: Beide Beschleunigungen sind gleich 0.28 m/s^2.
14. Ein raketenbetriebener Schlitten, der sich auf einer geraden Schiene bewegt, wird zur Untersuchung der physiologischen Auswirkungen großer Beschleunigungen auf den Menschen benutzt. Ein solcher Schlitten kann in 1.8 s Geschwindigkeiten bis zu 1600 km/h erreichen. (a) Man nehme die Beschleunigung als konstant an und vergleiche sie mit g. (b) Welcher Weg wird in dieser Zeit zurückgelegt?
15. Ein Raumschiff bewegt sich im freien Raum mit der konstanten Beschleunigung 9.8 m/s^2. (a) Wie lange braucht es, um aus dem Stillstand ein Zehntel der Lichtgeschwindigkeit zu erreichen? (b) Wie weit hat es sich dann bewegt?
Antwort: (a) 36 Tage; (b) 4.6×10^{10} km.
16. Ein Pfeil wird beim Abschuß durch die Sehne des Bogens über eine Distanz von 0.6 m beschleunigt. Für eine Geschwindigkeit von 60 m/s beim Verlassen des Bogens bestimme man die mittlere Beschleunigung, die dem Pfeil durch die Sehne mitgeteilt wurde. Welche Annahmen müssen gemacht werden?
17. Eine Untergrundbahn beschleunigt auf der Strecke zwischen zwei Stationen auf der ersten Streckenhälfte mit 1.20 m/s^2 und verlangsamt die Geschwindigkeit mit der gleichen Verzögerung auf der zweiten Hälfte bis zum Stillstand. Wenn die Stationen 1100 m auseinanderliegen, bestimme man (a) die Reisezeit zwischen den Stationen und (b) die maximale Geschwindigkeit der Bahn.
Antwort: (a) 60.6 s; (b) 36.4 m/s.
18. Man entscheide, ob ein Autofahrer vor einer Notbremsung die 50-km-Geschwindigkeitsbegrenzung übertreten hat. Der Fahrer trat so stark auf die Bremse, daß sie blockierte und die Räder rutschten. Die Länge der Bremsspur auf der Straße war 15.5 m. Der Polizist ging davon aus, daß die maximale Verzögerung des Autos die Beschleunigung eines frei fallenden Körpers nicht überschreitet, und bestrafte den Autofahrer wegen Geschwindigkeitsübertretung. Hatte er damit recht? Erklärung!
19. Zwei Züge fahren mit den Geschwindigkeiten 40 km/h bzw. 50 km/h auf einer geradlinigen Strecke aufeinander zu. Bei einem Abstand von 1 km sehen sich beide Fahrer und betätigen gleichzeitig die Bremse. Stoßen die Züge zusammen, wenn beide mit der Verzögerung von 1.0 m/s^2 abbremsen?
Antwort: nein.

20. Ein Zug fährt ab und bewegt sich mit konstanter Beschleunigung. Zu einem bestimmten Zeitpunkt fährt er mit 10 m/s und 50 m weiter mit 15 m/s. Man berechne (a) die Beschleunigung, (b) die Zeit, in der er 50 m weit fährt, (c) die Zeit, um die Geschwindigkeit von 10 m/s zu erreichen, und (d) den Weg, der für das Ansteigen der Geschwindigkeit von Null auf 10 m/s zurückgelegt wurde.
21. Ein Elektron mit der Anfangsgeschwindigkeit $v_{x0} = 1.0 \times 10^4$ m/s wird auf einer Strecke von 1.0 cm durch ein elektrisches Feld beschleunigt (s. Abb. 3.12). Wenn seine Endgeschwindigkeit $v_x = 4.0 \times 10^6$ m/s ist, wie groß war die (konstante) Beschleunigung? (Derartige Vorgänge laufen in Kathodenstrahlröhren in Fernsehgeräten und Oszilloskopen ab.)
Antwort: 8.0×10^{14} m/s².

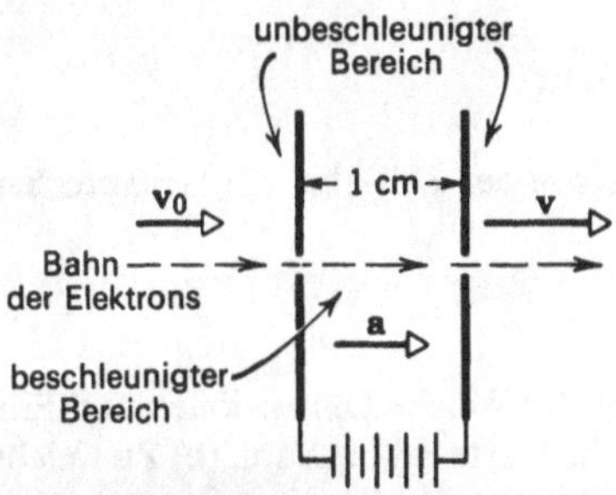

Abb. 3.12 Zu Aufgabe 21

22. Ein Meson wird mit einer Geschwindigkeit von 5.00×10^6 m/s in ein elektrisches Feld geschossen, wo es eine Beschleunigung von 1.25×10^{14} m/s² erfährt, die zur Anfangsgeschwindigkeit entgegengesetzt gerichtet ist. (a) Wie weit bewegt sich das Meson, bevor es zum Stillstand kommt? (b) Wie lange bleibt das Meson in Ruhe?
23. Ein Auto, das mit konstanter Beschleunigung fährt, legt die Strecke von 60 m in 6.0 s zurück. Am Ende der Strecke ist seine Geschwindigkeit 15 m/s. (a) Wie groß ist die Geschwindigkeit am Ausgangspunkt der Strecke? (b) Wie groß ist die Beschleunigung? (c) Wie groß ist der Abstand des Startpunktes ($v = 0$) vom Ausgangspunkt?
Antwort: (a) 5.0 m/s; (b) 1.67 m/s²; (c) 7.5 m.
24. Die Geschwindigkeit eines nach Osten fahrenden Autos wird gleichmäßig von 50 km/h auf 30 km/h auf einer Strecke von 100 m abgebremst. (a) Welchen Wert haben Betrag und Richtung der konstanten Beschleunigung? (b) Wieviel Zeit verstrich beim Abbremsvorgang? (c) Wieviel Zeit würde vergehen, um bei gleicher Beschleunigung das Auto von 50 km/h auf Null abzubremsen? (d) Wie lang wäre die Abbremsstrecke im vorigen Fall (s. Frage 8)?
25. Als die Verkehrsampel auf Grün schaltet, startet ein Auto mit der Beschleunigung $a_x = 3$ m/s². Zum gleichen Zeitpunkt wird es von einem Lieferwagen überholt, der mit konstanter Geschwindigkeit von 10 m/s fährt. (a) Nach welcher Strecke wird das Auto den Lieferwagen überholen? Wie schnell ist das Auto zu diesem Zeitpunkt? (Es ist lehrreich, für beide Fahrzeuge ein qualitatives x, t-Diagramm zu zeichnen.)
26. Ein Auto, das mit 56 km/h fährt, befindet sich 35 m vor einem Hindernis, als der Fahrer auf die Bremse tritt. Vier Sekunden später fährt er auf. (a) Wie groß war die Abbremsbeschleunigung vor dem Zusammenstoß? (b) Wie schnell war das Auto beim Zusammenstoß?
27. Der Zugführer eines Zuges, der mit der Geschwindigkeit v_1 fährt, sichtet einen anderen Zug im Abstand d vor ihm auf der gleichen Strecke, der in die gleiche Richtung mit geringerer Geschwindigkeit v_2 fährt. Er betätigt die Bremse und verlangsamt den Zug mit konstanter Beschleunigung a. Man zeige, daß

für $d > \frac{(v_1 - v_2)^2}{2a}$ kein Zusammenstoß,

für $d < \frac{(v_1 - v_2)^2}{2a}$ ein Zusammenstoß stattfindet.

(Es ist nützlich, ein qualitatives x, t-Diagramm für beide Züge zu zeichnen.)

28. In einer Autozeitschrift steht, daß ein Auto gute Bremsen hat, wenn es bei einer Fahrgeschwindigkeit von 80 km/h auf einer Strecke von 56 m zum Stillstand kommt. Die entsprechende Distanz für 50 km/h ist 25 m. Sind die Reaktionszeit des Fahrers vor der Bremsung und die Beschleunigung nach der Bremsung für beide Fälle gleich, so berechne man (a) die Reaktionszeit des Fahrers und (b) die Beschleunigung bei der Abbremsung.

Abschnitt 3.9

29. Die Lage eines Massenpunktes auf der x-Achse ist von der Zeit abhängig entsprechend der Gleichung

$$x = at^2 - bt^3,$$

wobei x in Metern und t in Sekunden einzusetzen ist. (a) Welche Dimensionen und Einheiten haben a und b? Für die folgenden Fragen haben sie die Werte 3.0 bzw. 1.0. (b) Zu welcher Zeit erreicht der Massenpunkt seine maximale positive x-Position? (c) Welchen Gesamtweg legt der Massenpunkt in den ersten 4.0 s zurück? (d) Wie groß ist seine Lageänderung in den ersten 4.0 s? (e) Wie groß ist seine Geschwindigkeit während der ersten vier Sekunden nach jeder Sekunde? (f) Wie groß ist seine Beschleunigung zu diesen Zeitpunkten? (g) Wie groß ist die mittlere Geschwindigkeit im Zeitintervall $t = 2.0$ bis $t = 4.0$ s?
Antwort: (a) a: $\mathrm{LT^{-2}}$, $\mathrm{m/s^2}$; b: $\mathrm{LT^{-3}}$, $\mathrm{m/s^3}$; (b) $t = 2$ s; (c) 24 m; (d) -16 m; (e) 3.0, 0.0, -9.0, -24.0 m/s; (f) 0.0, -6.0, -12.0, -18.0 $\mathrm{m/s^2}$; (g) -10 m/s.

Abschnitt 3.11

30. (a) Mit welcher Geschwindigkeit muß ein Ball senkrecht nach oben geworfen werden, um eine Höhe von 15 m zu erreichen? (b) Wie lange ist er in der Luft?
31. Ein Tennisball fällt aus einer Höhe von 1 m auf den Boden und prallt bis auf 0.75 m Höhe zurück. Wenn der Ball mit dem Boden für 0.010 s Kontakt hatte, wie groß ist dann die mittlere Beschleunigung in dieser Zeit?
Antwort: 826 $\mathrm{m/s^2}$.
32. Einer Person, die auf einer Brücke stand, fiel versehentlich ein Apfel aus der Hand, als gerade der Anfang eines Lastwagens unter dem Geländer auftauchte. Wie groß war der Abstand des Geländers vom Lastwagen, wenn dieser mit 55 km/h fuhr, eine Länge von 12 m hatte und der Apfel genau das hintere Ende traf?
33. Eine Bleikugel fällt von einem 5 m hohen Sprungbrett ins Wasser. Sie sinkt mit der Geschwindigkeit zu Boden, die sie beim Auftreffen auf den Wasserspiegel hat, und erreicht den Boden 5.0 s danach. (a) Wie tief ist das Wasser? (b) Wie groß ist die mittlere Geschwindigkeit der Kugel? (c) Wenn das ganze Wasser abgelassen wäre und die Kugel vom Sprungbrett aus so geworfen würde, daß sie den Boden ebenfalls in 5.0 s erreichte, wie groß müßte dann die Anfangsgeschwindigkeit sein?
34. Eine Rakete wird vertikal gestartet und steigt mit einer konstanten senkrechten Beschleunigung von 20 $\mathrm{m/s^2}$ für 1.0 min auf. Dann ist der Brennstoff verbraucht, und sie setzt ihren Flug wie ein freier Körper weiter fort. (a) Wie groß ist ihre Steighöhe? (b) Wieviel Zeit vergeht vom Start der Rakete bis zum Aufschlag auf die Erde?

35. Ein Ballon steigt mit einer Geschwindigkeit von 12 m/s auf eine Höhe von 80 m, bis Ballast abgeworfen wird. Wie lange braucht der Ballast bis zum Boden?
Antwort: 5.4 s.
36. Ein Stein fällt von einer Brücke ins Wasser, die 44 m über dem Wasserspiegel liegt. Ein zweiter Stein wird 1.0 s danach senkrecht nach unten geworfen. Beide Steine schlagen zur gleichen Zeit auf dem Wasser auf. (a) Wie groß ist die Anfangsgeschwindigkeit des zweiten Steins? (b) Man zeichne das Geschwindigkeit-Zeit-Diagramm für beide Steine, wobei der erste Stein zur Zeit $t = 0$ zu fallen beginnt.
37. Ein oben offener Aufzug steigt mit einer konstanten Geschwindigkeit von $v = 10$ m/s. Als er 30 m gestiegen ist, wird ein Ball von einer Person im Fahrstuhl senkrecht nach oben geworfen. Seine Anfangsgeschwindigkeit bezüglich des Fahrstuhls ist $V_0 = 20$ m/s. (a) Welche Steighöhe erreicht der Ball? (b) Wie lange braucht er, um wieder zum Fahrstuhl zurückzukommen?
Antwort: (a) 76 m; (b) 4.1 s.
38. Ein Pfeil wird mit einer Anfangsgeschwindigkeit von 75 m/s senkrecht in die Luft geschossen. Beim Aufschlag auf den Boden dringt er 15 cm in ihn ein. Man bestimme (a) die Beschleunigung (konstant angenommen), die zum Stoppen des Pfeils gebraucht wird, und (b) die Zeit für diesen Vorgang. Der Luftwiderstand ist zu vernachlässigen.
39. Ein Fallschirmspringer fällt nach dem Absprung 50 m im freien Fall. Dann öffnet er den Fallschirm und wird mit einer Beschleunigung von 2.0 m/s^2 abgebremst. Als er den Boden erreicht, ist seine Geschwindigkeit 3.0 m/s. (a) Wie lange ist der Fallschirmspringer in der Luft? (b) In welcher Höhe ist er abgesprungen?
Antwort: (a) 17 s; (b) 290 m.
40. Wenn ein frei fallender Körper in der letzten Sekunde den halben Weg seiner Fallstrecke zurücklegt, (a) wie lange fällt er dann insgesamt, und (b) aus welcher Höhe ist er gefallen? Man erkläre die physikalisch sinnlose Lösung der quadratischen Gleichung.
Antwort: (a) 3.4 s; (b) 57 m.
41. Zwei Körper beginnen, von der gleichen Höhe, aber mit einem Zeitunterschied von 1.0 s frei zu fallen. Wie lange nach dem Start des ersten Körpers sind sie 10 m voneinander entfernt?
42. Eine Stahlkugel aus einem Kugellager fällt vom Dach eines Gebäudes (mit der Anfangsgeschwindigkeit Null). Ein Beobachter stellt fest, daß sie 1/8 s braucht, um an einem 1.20 m hohen Fenster vorüberzufliegen. Auf dem Bürgersteig wird die Kugel vollständig elastisch zurückgestoßen und erreicht das untere Ende des Fensters 2.0 s später, als sie dort auf ihrem Fall nach unten war. Wie hoch ist das Gebäude? (Man beachte, daß bei einem vollkommen elastischen Stoß die Geschwindigkeit an einem Punkt sowohl in Aufwärts- wie in Abwärtsrichtung die gleiche ist.)
Antwort: 20.4 m.
43. Wasser tropft aus einer 2.0 m hohen Dusche auf den Boden. Die Tropfen fallen in regelmäßigen Zeitintervallen, wobei der vierte Tropfen zu fallen beginnt, wenn der erste Tropfen gerade den Fußboden erreicht. Man gebe die Position der anderen beiden Tropfen zu diesem Zeitpunkt an.
44. Ein Fahrstuhl steigt mit einer Aufwärtsbeschleunigung von 1.0 m/s^2. Als seine Geschwindigkeit 3.0 m/s beträgt, fällt von der Decke des Fahrstuhls, die 2.7 m hoch ist, eine Schraube herab. Man berechne (a) die Fallzeit der Schraube und (b) die Fallstrecke relativ zum Fahrstuhlschacht.
Antwort: (a) 0.7 s; (b) 0.35 m.

4 Bewegung in einer Ebene

4.1 Ort, Geschwindigkeit und Beschleunigung

In diesem Kapitel kehren wir zur zweidimensionalen Bewegung, also der Bewegung in einer Ebene, zurück. Abb. 4.1 zeigt einen Massenpunkt,. der sich auf einer krummlinigen Bahn in der x, y-Ebene bewegt. Sein *Ort* wird durch den Ortsvektor $\boldsymbol{r}$ beschrieben. Seine *Geschwindigkeit*, die, wie in Abschn. 3.4 gezeigt, tangential zur Massenpunktbahn gerichtet ist, wird durch den Vektor $\boldsymbol{v}$ ausgedrückt. Seine *Beschleunigung*, die durch den Vektor $\boldsymbol{a}$ beschrieben wird, ist an der Bahn des Massenpunktes nicht ablesbar. Sie hängt von der Geschwindigkeitsänderung mit der Zeit ab.

Die Vektoren $\boldsymbol{r}$, $\boldsymbol{v}$ und $\boldsymbol{a}$ stehen miteinander in Beziehung (s. Gln. 3.4, 3.5 und 3.10) und können durch ihre Koordinaten und die Einheitsvektoren $\boldsymbol{i}$ und $\boldsymbol{j}$ ausgedrückt werden:

$$\boldsymbol{r} = \boldsymbol{i}x + \boldsymbol{j}y, \tag{4.1}$$

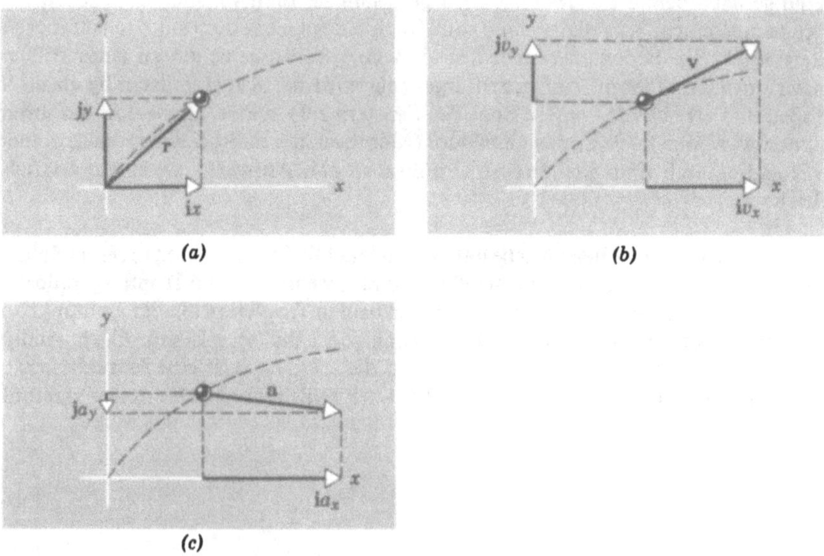

Abb. 4.1 Ein Massenpunkt bewegt sich auf einer gekrümmten Bahn in der x,y-Ebene (a) Seine Position $\boldsymbol{r}$ (b) seine Geschwindigkeit $\boldsymbol{v}$ und (c) seine Beschleunigung $\boldsymbol{a}$ sowie die Komponenten dieser Vektoren sind zur Zeit t gezeigt. Man beachte, daß x, y, v_x, v_y und a_x positiv sind, a_y jedoch negativ ist. Man vergleiche mit Abb. 3.3.

$$\boldsymbol{v} = \frac{\mathrm{d}\boldsymbol{r}}{\mathrm{d}t} = \boldsymbol{i}v_x + \boldsymbol{j}v_y, \tag{4.2}$$

$$\boldsymbol{a} = \frac{\mathrm{d}\boldsymbol{v}}{\mathrm{d}t} = \boldsymbol{i}a_x + \boldsymbol{j}a_y. \tag{4.3}$$

Diese Gleichungen können leicht auf drei Dimensionen erweitert werden, indem man die Terme $\boldsymbol{k}z$, $\boldsymbol{k}v_z$ und $\boldsymbol{k}a_z$ addiert. $\boldsymbol{k}$ ist der Einheitsvektor in z-Richtung.

In Kapitel 3 behandelten wir die Bewegung in einer Dimension, z. B. in Richtung der x-Achse. Die Vektoren $\boldsymbol{r}$, $\boldsymbol{v}$ und $\boldsymbol{a}$ zeigten entweder in die positive oder negative x-Richtung. Die Koordinaten y, v_y und a_y waren Null, und die Bewegungsgesetze konnten in Termen der skalaren Größen x, v_x und a_x ausgedrückt werden. Wählte man als Bewegungsrichtung die y-Achse, so wären die Komponenten x, v_x und a_x gleich Null, und die Gleichungen enthielten nur Terme der Skalare y, v_y und a_y. In diesem Kapitel behandeln wir die Bewegung in der x, y-Ebene und somit sind sowohl die x- als auch die y-Komponenten von Null verschieden.

4.2 Bewegung in einer Ebene bei konstanter Beschleunigung

Zuerst behandeln wir die Bewegung in der x,y-Ebene bei konstanter Beschleunigung. Hierbei ändert sich die Beschleunigung $\boldsymbol{a}$ weder im Betrag noch in der Richtung. Also ändern sich auch ihre Komponenten nicht, d.h., es ist $a_x = \text{const.}$ und $a_y = \text{const.}$ Wir haben dann eine Situation, die als Überlagerung von zwei Bewegungen bei konstanter Beschleunigung in zueinander senkrecht stehenden Richtungen beschrieben werden kann. Der Massenpunkt bewegt sich im allgemeinen auf einer gekrümmten Bahn in der Ebene. Ist eine Komponente der Beschleunigung, z. B. a_x, gleich Null, dann kann trotzdem die entsprechende Komponente der Geschwindigkeit v_x einen konstanten, von Null verschiedenen Wert haben. Ein Beispiel dafür ist die Bewegung eines schräg nach oben geworfenen Körpers, der eine gekrümmte Bahn in einer senkrechten Ebene beschreibt und bei Vernachlässigung des Luftwiderstandes nur der konstanten, senkrecht gerichteten Beschleunigung $\boldsymbol{g}$ ausgesetzt ist.

Wir erhalten also die allgemeinen Gleichungen für die Bewegung in einer Ebene mit konstanter Beschleunigung, indem wir setzen:

$$a_x = \text{const.} \quad \text{und} \quad a_y = \text{const.}$$

Die Gleichungen für konstante Beschleunigung, wie sie in Tab. 3.1 aufgelistet sind, gelten dann für beide Komponenten der Vektoren $\boldsymbol{r}$, $\boldsymbol{v}$ und $\boldsymbol{a}$ (s. Tab. 4.1).
Die beiden Gleichungssätze in Tab. 4.1 hängen miteinander zusammen, da in beiden der Zeitparameter t gleich ist. t gibt den Zeitpunkt an, bei dem der Massenpunkt auf der Bahn in der x, y-Ebene die Position mit den Koordinaten x und y einnimmt.

Die Gleichungen in Tab. 4.1 können auch in Vektorform ausgedrückt werden. Substituiert man beispielsweise Gln. 4.4a und 4a′ in Gl. 4.2, so erhält man

$$\begin{aligned} \boldsymbol{v} &= \boldsymbol{i}v_x + \boldsymbol{j}v_y \\ &= \boldsymbol{i}(v_{x0} + a_x t) + \boldsymbol{j}(v_{y0} + a_y t) \\ &= (\boldsymbol{i}v_{x0} + \boldsymbol{j}v_{y0}) + (\boldsymbol{i}a_x + \boldsymbol{j}a_y)\,t. \end{aligned}$$

Tabelle 4.1 Bewegung mit konstanter Beschleunigung in der x, y-Ebene

Gleichungs-Nummer	Bewegungsgleichungen für die x-Komponente	Gleichungs-Nummer	Bewegungsgleichungen für die y-Komponente
4.4a	$v_x = v_{x0} + a_x t$	4-4a′	$v_y = v_{y0} + a_y t$
4.4b	$x = x_0 + \frac{1}{2}(v_{x0} + v_x) t$	4-4b′	$y = y_0 + \frac{1}{2}(v_{y0} + v_y) t$
4.4c	$x = x_0 + v_{x0} t + \frac{1}{2} a_x t^2$	4-4c′	$y = y_0 + v_{y0} t + \frac{1}{2} a_y t^2$
4.4d	$v_x^2 = v_{x0}^2 + 2a_x(x - x_0)$	4-4d′	$v_y^2 = v_{y0}^2 + 2a_y(y - y_0)$

Die erste Größe in der Klammer ist der Vektor der Anfangsgeschwindigkeit $\boldsymbol{v}_0$ (s. Gl. 4.2) und die zweite der (konstante) Beschleunigungsvektor $\boldsymbol{a}$ (s. Gl. 4.3), so daß die Vektorbeziehung

$$\boldsymbol{v} = \boldsymbol{v}_0 + \boldsymbol{a}t \tag{4.5a}$$

äquivalent zu den zwei Skalargleichungen 4.4a und 4.4a′ in Tab. 4.1 ist. Sie zeigt einfach und kompakt, daß die Geschwindigkeit $\boldsymbol{v}$ zur Zeit t die Summe aus Anfangsgeschwindigkeit $\boldsymbol{v}_0$, die der Massenpunkt ohne Beschleunigung hat, und der Geschwindigkeit $\boldsymbol{a}t$ ist, die er durch die konstante Beschleunigung $\boldsymbol{a}$ in der Zeit t erhalten hat. Entsprechend sind die Skalargleichungen 4.4c, c′ äquivalent zu der einen Vektorgleichung

$$\boldsymbol{r} = \boldsymbol{r}_0 + \boldsymbol{v}_0 t + \tfrac{1}{2}\boldsymbol{a}t^2, \tag{4.5b}$$

die genauso einfach zu interpretieren ist. Die Überprüfung dieser und anderer Beziehungen wird in Aufgabe 3 vorgenommen.

4.3 Bewegung beim schiefen Wurf

Ein Beispiel für eine krummlinige Bewegung mit konstanter Beschleunigung ist die des schiefen Wurfes, bei dem ein Körper, etwa ein Tennis- oder Golfball, schräg in die Luft geworfen wird. Wir vernachlässigen wiederum den Luftwiderstand.

Die Wurfbewegung wird durch die senkrecht nach unten gerichtete konstante Beschleunigung $\boldsymbol{g}$ bestimmt, und die Gleichungen in Tab. 4.1 sind anwendbar. Eine horizontale Komponente der Beschleunigung existiert nicht. Wählen wir ein Koordinatensystem, bei dem die positive y-Richtung nach oben weist, so müssen wir $a_y = -g$ und $a_x = 0$ setzen.

Den Koordinatenursprung legen wir in den Anfangspunkt der Flugbahn (s. Abb. 4.2); das ist z. B. der Punkt, wo der Ball die Hand des Werfenden verläßt oder der Treibstoff der Rakete verbraucht ist. Dadurch kann man in Tab. 4.1 $x_0 = y_0 = 0$ setzen. Die Anfangsgeschwindigkeit für $t = 0$, $\boldsymbol{v}_0$, verläuft unter dem Winkel θ_0 zur positiven x-Richtung. Die x- und y-Komponenten von $\boldsymbol{v}_0$ (s. Abb. 4.2) sind dann

$$v_{x0} = v_0 \cos\theta_0 \quad \text{und} \quad v_{y0} = v_0 \sin\theta_0 .$$

Da die Beschleunigung keine horizontale Komponente hat, ist die horizontale Kompo-

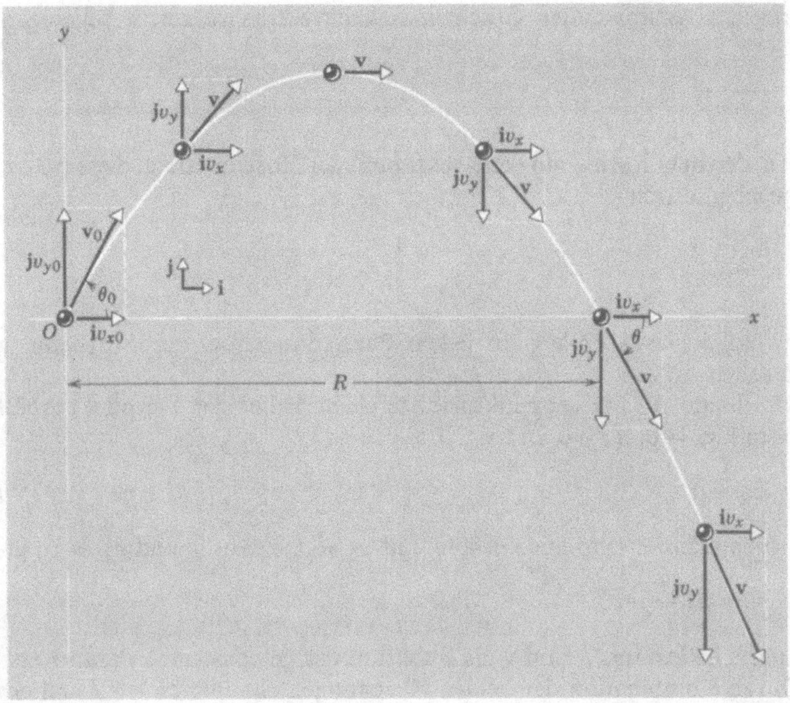

Abb. 4.2. Die Flugbahn beim schiefen Wurf. Die Anfangsgeschwindigkeit $\mathbf{v}_0$, ihre Vektorkomponenten, sowie die Geschwindigkeit $\mathbf{v}$ und ihre Vektorkomponenten zu fünf späteren Zeitpunkten sind angegeben. Man beachte, daß $v_x = v_{x0}$ während des ganzen Flugs. Die Strecke R wird Wurfweite genannt.

nente der Geschwindigkeit konstant. Wir setzen in Gl. 4.4a $a_x = 0$ und $v_{x0} = v_0 \cos\theta_0$, so daß

$$v_x = v_0 \cos\theta_0 . \tag{4.6a}$$

Die horizontale Geschwindigkeitskomponente behält ihren Anfangswert während des ganzen Fluges.

Die vertikale Komponente der Geschwindigkeit ändert sich mit der Zeit gemäß der vertikalen Bewegung mit konstanter Abwärtsbeschleunigung. In Gl. 4.4a setzen wir

$$a_y = -g \quad \text{und} \quad v_{y0} = v_0 \sin\theta_0 ,$$

so daß

$$v_y = v_0 \sin\theta_0 - gt . \tag{4.6a'}$$

Die vertikale Geschwindigkeitskomponente ist die gleiche wie beim senkrechten Wurf. Wenn wir die Bewegung in Abb. 4.2 von einem Bezugssystem aus betrachten, das sich mit der Geschwindigkeit v_{x0} nach rechts bewegt, so sehen wir die Bewegung eines senkrecht nach oben geworfenen Körpers mit der Anfangsgeschwindigkeit $v_0 \sin\theta_0$.

Der Betrag des resultierenden Geschwindigkeitsvektors zu einem beliebigen Zeitpunkt ist

$$v = \sqrt{v_x^2 + v_y^2}\,. \tag{4.7}$$

Der Winkel θ, den der Geschwindigkeitsvektor mit der Horizontale zu diesem Zeitpunkt bildet, ist gegeben durch

$$\tan\theta = \frac{v_y}{v_x}.$$

Der Geschwindigkeitsvektor liegt in jedem Punkt tangential zur Flugbahn, wie in Abb. 4.2 zu sehen ist.

Die x-Koordinate des Massenpunktortes zu einem beliebigen Zeitpunkt erhält man aus Gl. 4.4c mit $x_0 = 0$, $a_x = 0$ und $v_{x0} = v_0 \cos\theta_0$:

$$x = (v_0 \cos\theta_0)\,t\,. \tag{4.6c}$$

Die y-Koordinate findet man aus Gl. 4.4c′ mit $y_0 = 0$, $a_y = -g$ und $v_{y0} = v_0 \sin\theta_0$:

$$y = (v_0 \sin\theta_0)\,t - \tfrac{1}{2} g t^2\,. \tag{4.6c'}$$

Die Gln. 4.6c, c′ liefern uns x und y als Funktion des gemeinsamen Parameters t, der Flugzeit. Durch Kombination der beiden Gleichungen eliminieren wir t und erhalten

$$y = (\tan\theta_0)\,x - \frac{g}{2(v_0 \cos\theta_0)^2}\,x^2\,. \tag{4.8}$$

Die Gleichung verknüpft y mit x und liefert die Punkte der Flugbahn. Da v_0, θ_0 und g Konstanten sind, hat sie die Form

$$y = bx - cx^2$$

und ist die Gleichung einer Parabel.

Beispiel 1

Ein Flugzeug fliegt mit einer konstanten horizontalen Geschwindigkeit von 500 km/h in einer Höhe von 5 km auf einen Punkt direkt über seinem Ziel zu. Unter welchem Winkel muß es ein Überlebenspaket abwerfen, damit es das Ziel trifft (Abb. 4.3)?

Wir wählen ein mit der Erde verbundenes Bezugssystem, dessen Ursprung der Abwurfpunkt ist. Die Bewegung des Pakets ist im Moment des Abwurfs die gleiche wie die des Flugzeugs. Demnach ist seine Anfangsgeschwindigkeit $\mathbf{v}_0$ horizontal gerichtet und 500 km/h groß. Der Wurfwinkel θ_0 ist Null.

Die Fallzeit erhalten wir aus Gl. 4.6c′ mit $\theta_0 = 0$ und $y = 5.0$ km

$$t = \sqrt{\frac{2y}{g}} = \sqrt{-\frac{(2)(-5.0 \times 10^3\,\text{m})}{9.8\,\text{m/s}^2}} = 31.9\,\text{s}\,.$$

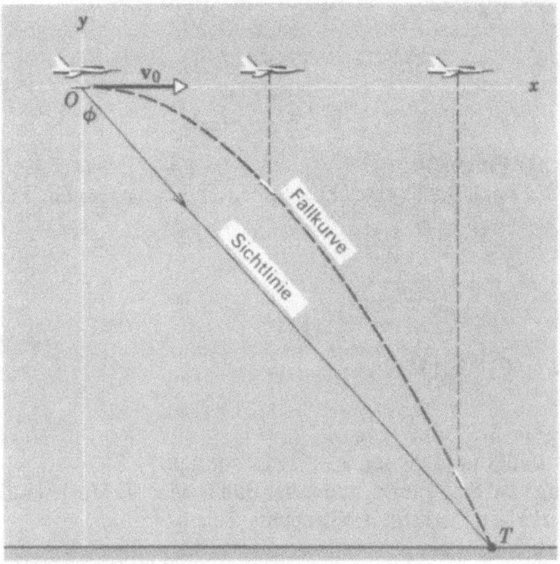

Abb. 4.3 Beispiel 1. Ein Paket mit Hilfsgütern wird von einem Flugzeug mit der Horizontalgeschwindigkeit $\boldsymbol{v}_0$ abgeworfen.

Man beachte, daß die Fallzeit für einen horizontalen Wurf nicht von der Geschwindigkeit des Flugzeugs abhängt (s. auch Aufgabe 11).

Die horizontale Wegstrecke, die das Paket in dieser Zeit zurücklegt, ist durch Gl. 4.6c gegeben, $x = (v_0 \cos\theta_0)\,t$ oder

$$\begin{aligned} x &= (500\,\text{km/h} \times 10^3\,\text{m/km}) \times (1\,\text{h}/3600\,\text{s}) \times (31.9\,\text{s}) \\ &= 4430\,\text{m}. \end{aligned}$$

Damit ist der Winkel ϕ (s. Abb. 4.3)

$$\phi = \arctan\frac{x}{|y|} = \arctan\frac{4430\,\text{m}}{5000\,\text{m}} \mathrel{\hat{=}} 42^\circ.$$

Ist die Flugbahn des Paketes auch eine Parabel, wenn sie von einem Bezugssystem aus betrachtet wird, das mit dem Flugzeug verbunden ist?

Beispiel 2

Ein Fußballspieler stößt den Ball unter einem Winkel von 37° zur Horizontalen mit einer Anfangsgeschwindigkeit von 15 m/s ab. (Die Seitenverhältnisse eines rechtwinkligen Dreiecks, dessen einer Winkel 37° hat, sind 3 : 4 : 5 oder 6 : 8 : 10). Unter der Annahme, daß sich der Ball in einer senkrechten Ebene bewegt, berechne man (a) die Zeit t_1, bei der der Ball seinen höchsten Punkt der Flugbahn erreicht.

Am höchsten Punkt ist die vertikale Komponente der Geschwindigkeit v_y gleich Null. Löst man Gl. 4.6a′ nach t auf, so erhält man

$$t = \frac{v_0 \sin\theta_0 - v_y}{g}.$$

Mit $v_y = 0$, $v_0 = 15$ m/s, $\theta_0 = 37°$, $g = 9.8\ \text{m/s}^2$ ist

$$t_1 = \frac{[15(\frac{6}{10}) - 0]\,\text{m/s}}{9.8\ \text{m/s}^2} = 0.92\ \text{s}.$$

(b) Wie hoch fliegt der Ball auf seiner Flugbahn?

Die *Wurfhöhe* (Maximalhöhe) wird nach 0.92 s erreicht. Unter Benutzung von Gl. 4.6c′,

$$y = (v_0 \sin\theta_0)t - \tfrac{1}{2}gt^2,$$

haben wir

$$\begin{aligned} y_{max} &= 15\ \text{m/s}(\tfrac{6}{10})0.92\ \text{s} - \tfrac{1}{2}(9.8\ \text{m/s}^2)0.92^2\ \text{s}^2 \\ &= 4.1\ \text{m}. \end{aligned}$$

(c) Wie groß ist die Wurfweite des Balles und wie lange ist er in der Luft?

Die *Wurfweite R* ist die Entfernung vom Startpunkt, in der der Ball wieder die Horizontale trifft. Wir setzen $y = 0$ in Gl. 4.6c′ und erhalten dann für die gesuchte Zeit t_2:

$$t_2 = \frac{2v_0 \sin\theta_0}{g}\ \frac{2(15\ \text{m/s})(\frac{6}{10})}{9.8\ \text{m/s}^2} = 1.84\ \text{s}.$$

Man beachte, daß $t_2 = 2t_1$. Dies entspricht der Tatsache, daß der Ball die gleiche Zeit benötigt, um einerseits zur maximalen Höhe aufzusteigen und andererseits von ihr wieder zum Ausgangsniveau zurückzufallen.

Die Wurfweite R erhält man, indem man in Gl. 4.6c für t den Wert t_2 einsetzt. Dann wird aus $x = (v_0 \cos\theta_0)t$

$$R = (v_0 \cos\theta_0)t_2 = (15\ \text{m/s})(\tfrac{8}{10})(1.84\ \text{s}) = 22\ \text{m}.$$

(d) Wie groß ist die Geschwindigkeit des Balles, wenn er nach seinem Flug auf den Boden aufschlägt?

Aus Gl. 4.6a erhalten wir

$$v_x = v_0 \cos\theta_0 = (15\ \text{m/s})(\tfrac{8}{10}) = 12\ \text{m/s},$$

und aus Gl. 4.6a′ mit $t = t_2$

$$\begin{aligned} v_y &= v_0 \sin\theta_0 - gt = (15\ \text{m/s})(\tfrac{6}{10}) - (9.8\ \text{m/s}^2)(1.84\ \text{s}) \\ v_y &= -9\ \text{m/s}. \end{aligned}$$

Danach ist nach Gl. 4.7

$$v = \sqrt{v_x^2 + v_y^2} = \sqrt{(12\ \text{m/s}^2)^2 + (-9\ \text{m/s}^2)^2} = 15\ \text{m/s}$$

und

$$\tan\theta = v_y/v_x = -\tfrac{3}{4},$$

so daß $\theta = -37°$ oder *im Uhrzeigersinn* von der x-Achse aus gemessen 37° ist. Man beachte, daß $\theta = -\theta_0$, wie es aus Symmetriegründen (Abb. 4.2) zu erwarten war.

Beispiel 3

Bei einem Demonstrationsversuch wird mit einem Luftgewehr auf eine erhöht angebrachte Zielscheibe geschossen, die durch einen Auslösemechanismus frei zu fallen beginnt, wenn das „Geschoß" die Mündung verläßt. Unabhängig von der Anfangsgeschwindigkeit des Geschosses trifft dieses immer die fallende Scheibe.

Um dies zu verstehen, ist folgende Überlegung am einfachsten: Wäre keine Fallbeschleunigung vorhanden, so würde die Zielscheibe nicht herunterfallen, und das Geschoß würde entlang der Schußlinie direkt auf die Scheibe treffen (s. Abb. 4.4). Unter der Einwirkung der Gravitation werden nun beide, Scheibe und Geschoß, um den gleichen Betrag nach unten beschleunigt. Also wird nach der Zeit t sowohl die Entfernung des Geschosses von der Schußlinie als auch die Entfernung der Zielscheibe von ihrem Ausgangspunkt $\frac{1}{2}gt^2$ betragen, so daß beide wieder aufeinander treffen. Wäre das Geschoß schneller als in Abb. 4.4 (v_0 also größer), so hätte es eine größere Reichweite und würde die Fallinie der Scheibe an einem höheren Punkt treffen; da es dann aber früher dort eintreffen würde, wäre die Scheibe eine kürzere Strecke gefallen und würde wiederum mit dem Geschoß zusammenstoßen. Eine entsprechende Argumentation gilt für eine langsamere Anfangsgeschwindigkeit.

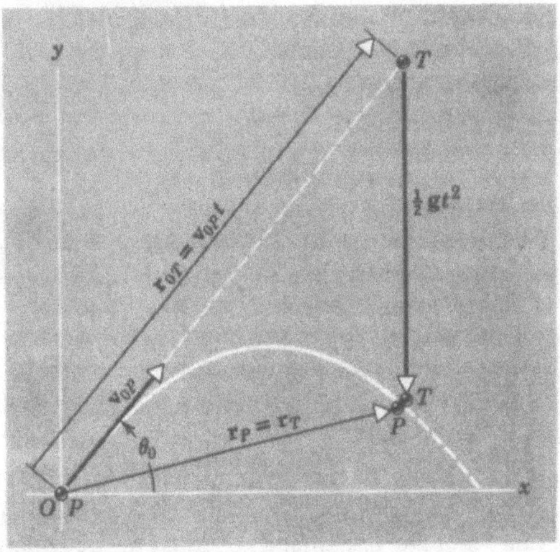

Abb. 4.4 Beispiel 3. Der Ortsvektor zum Zeitpunkt t der Wurfbewegung kann als Summe der zwei Vektoren $\boldsymbol{v}_{0P}t$ in Richtung von $\boldsymbol{v}_{0P}$ und $\frac{1}{2}\boldsymbol{g}t^2$ in Abwärtsrichtung dargestellt werden.

Zur Beschreibung der Position von Projektil und Scheibe zu einer beliebigen Zeit t benutzen wir Gl. 4.5b

$$\boldsymbol{r} = \boldsymbol{r}_0 + \boldsymbol{v}_0 t + \tfrac{1}{2}\boldsymbol{a}t^2 .$$

Für das Projektil P ist $\boldsymbol{r}_0 = 0$ und $\boldsymbol{a} = \boldsymbol{g}$, und wir haben

$$\boldsymbol{r}_P = \boldsymbol{v}_{0P} t + \tfrac{1}{2}\boldsymbol{g}t^2 .$$

Für die Scheibe T mit $\boldsymbol{r}_0 = \boldsymbol{r}_{0T}$, $\boldsymbol{v}_0 = 0$ und $\boldsymbol{a} = \boldsymbol{g}$ erhalten wir

$$\boldsymbol{r}_T = \boldsymbol{r}_{0T} + \tfrac{1}{2}\boldsymbol{g}t^2 .$$

Beim Zusammenstoß ist $\boldsymbol{r}_P = \boldsymbol{r}_T$ und es ergibt sich somit für die Zeit des Zusammenstoßes $t\ (= r_{OT}/v_{OP})$, das ist die Zeit, die für das Projektil erforderlich wäre, um bei unveränderlicher Anfangsgeschwindigkeit das Target auf der Schußlinie zu erreichen.

4.4 Gleichförmige Kreisbewegung

In Abschn. 3.6 sagten wir, daß die Beschleunigung die zeitliche Änderung der Geschwindigkeit ist. Im einfachen Fall des freien Falles ändert sich die Geschwindigkeit nur im Betrag, aber nicht in der Richtung. Bei einem Massenpunkt, der sich mit konstanter Winkelgeschwindigkeit auf einer Kreisbahn bewegt (*gleichförmige Kreisbewegung*), ändert sich der Geschwindigkeitsvektor kontinuierlich in der Richtung, aber nicht im Betrag. Gesucht wird nun die Beschleunigung für die gleichförmige Kreisbewegung.

In Abb. 4.5a ist diese Kreisbewegung dargestellt. P sei die Position des Massenpunktes zur Zeit t und P' der Ort zur Zeit $t + \Delta t$. Die Geschwindigkeit bei P ist $\boldsymbol{v}$ und $\boldsymbol{v}'$ bei P'. Die Vektoren $\boldsymbol{v}$ und $\boldsymbol{v}'$ haben den gleichen Betrag, aber verschiedene Richtung. Die Bahn, die im Zeitintervall Δt zurückgelegt wird, ist der Bogen PP', der gleich $v \Delta t$ ist (v ist der Betrag der Geschwindigkeit).

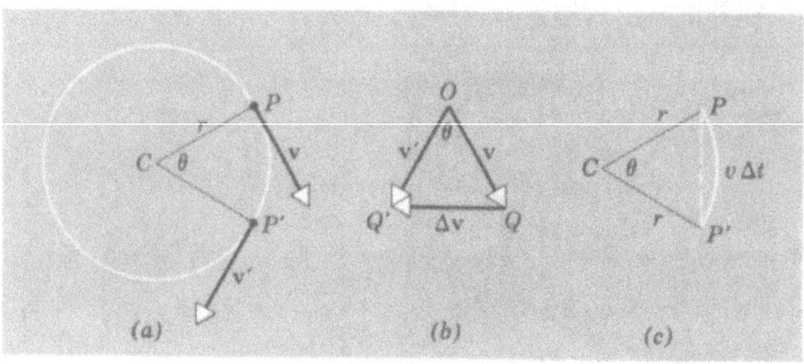

Abb. 4.5 Gleichförmige Kreisbewegung. Der Massenpunkt bewegt sich auf einer Kreisbahn mit konstanter Geschwindigkeit (Betrag). Die Änderung der Vektorgeschwindigkeit $\Delta \boldsymbol{v}$ bei der Bewegung von P nach P' wird gezeigt.

Nun verschieben wir die Vektoren $\boldsymbol{v}$ und $\boldsymbol{v}'$ wie in Abb. 4.5b, so daß sie einen gemeinsamen Ursprung haben. Wir können dies tun, wenn die Vektoren sowohl den gleichen Betrag als auch die gleiche Richtung behalten wie in Abb. 4.5a. Das Vektordiagramm in Abb. 4.5b zeigt die *Änderung der Geschwindigkeit*, wenn sich der Massenpunkt von P nach P' bewegt. Dieser Differenzvektor $\boldsymbol{v}' - \boldsymbol{v} = \Delta \boldsymbol{v}$ muß zu $\boldsymbol{v}$ addiert werden, um $\boldsymbol{v}'$ zu erhalten. Man beachte, daß er näherungsweise zum Zentrum des Kreises zeigt.

Das Dreieck OQQ', das durch $\boldsymbol{v}$, $\boldsymbol{v}'$ und $\Delta \boldsymbol{v}$ gebildet wird, ist dem Dreieck CPP' (Abb. 4.5c) aus der Sehne PP' und den Radien CP und CP' ähnlich, da beide gleichschenklige Dreiecke sind und den gleichen Scheitelwinkel θ haben; θ ist für beide Dreiekke gleich, da $\boldsymbol{v}$ senkrecht auf CP und $\boldsymbol{v}'$ senkrecht auf CP' steht. Wir können daher schreiben:

$$\frac{\Delta v}{v} = \frac{v\Delta t}{r}, \quad \text{näherungsweise,}$$

da die Sehne PP' nicht genau gleich der Bogenlänge PP' ist. Diese Beziehung wird immer genauer, je kleiner Δt wird, da sich Sehne und Bogen immer mehr annähern. Man beachte, daß sich damit die Richtung von $\Delta \boldsymbol{v}$ mehr und mehr der Richtung senkrecht zu $\boldsymbol{v}$ und $\boldsymbol{v}'$ annähert und immer genauer auf das Zentrum des Kreises zeigt. Weiter kann man schreiben:

$$\frac{\Delta v}{\Delta t} = \frac{v^2}{r}, \quad \text{näherungsweise,}$$

beim Grenzübergang $\Delta t \rightarrow 0$ aber exakt:

$$a = \lim_{\Delta t \rightarrow 0} \frac{\Delta v}{\Delta t} = \frac{v^2}{r} \tag{4.9}$$

für die Größe der Beschleunigung. Die Richtung von $\boldsymbol{a}$ ist die Radialrichtung zum Kreiszentrum.

Abb. 4.6 zeigt die Beziehung zwischen $\boldsymbol{v}$ und $\boldsymbol{a}$ an verschiedenen Punkten der Bewegung. Der Betrag von $\boldsymbol{v}$ ist konstant, seine Richtung ändert sich kontinuierlich. Auch $\boldsymbol{a}$ hat einen konstanten (nicht verschwindenden) Betrag und eine sich kontinuierlich verändernde Richtung. Die Richtung von $\boldsymbol{v}$ ist tangential zur Bahn, die von $\boldsymbol{a}$ ist stets radial zum Zentrum gerichtet. Deshalb wird $\boldsymbol{a}$ *Radial* – oder *Zentripetalbeschleunigung* genannt. Zentripetal bedeutet: auf das Zentrum gerichtet.

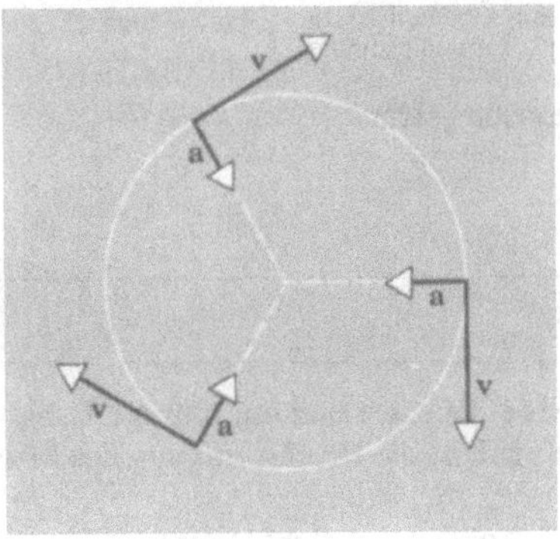

Abb. 4.6 Bei der gleichförmigen Kreisbewegung ist die Beschleunigung $\boldsymbol{a}$ immer zum Kreismittelpunkt gerichtet und steht deshalb senkrecht auf $\boldsymbol{v}$.

Sowohl beim freien Fall als auch beim schiefen Wurf ist $\boldsymbol{a}$ in Richtung und Betrag konstant, und wir können die Gleichungen von Tab. 4.1 benutzen. Für die gleichförmige Kreisbewegung haben sie keine Gültigkeit, da $\boldsymbol{a}$ seine Richtung ändert, also nicht mehr konstant ist.

Die Einheit der Radialbeschleunigung ist die gleiche wie die einer Beschleunigung, die aus einer Betragsänderung der Geschwindigkeit resultiert. Ihre Dimension ist

$$\frac{v^2}{r} = \left(\frac{\text{Länge}}{\text{Zeit}}\right)^2 / \text{Länge} = \frac{\text{Länge}}{\text{Zeit}^2} \quad \text{oder} \quad \frac{\text{L}}{\text{T}^2}.$$

Als Einheiten kann man beispielsweise m/s^2 oder km/s^2 nehmen.

Die Beschleunigung, die aus einer Richtungsänderung der Geschwindigkeit resultiert, ist eine ebenso reale Beschleunigung wie die aus einer Betragsänderung der Geschwindigkeit hervorgegangene. Nach Definition ist die Beschleunigung die Änderung der Geschwindigkeit mit der Zeit, und die Geschwindigkeit kann sich als Vektor in Betrag und Richtung verändern. Ist eine physikalische Größe ein Vektor, so sind die Wirkungen von Richtungsänderungen genauso real und wichtig wie Änderungen im Betrag.

An dieser Stelle muß betont werden, daß die Bewegung nicht notwendigerweise in Richtung der Beschleunigung verläuft, und daß zwischen den Richtungen von $\boldsymbol{a}$ und $\boldsymbol{v}$ im allgemeinen keine feste Beziehung besteht. In Abb. 4.7 geben wir Beispiele, bei denen der Winkel zwischen $\boldsymbol{v}$ und $\boldsymbol{a}$ den Bereich von 0 bis 180° abdeckt. Nur im Fall $\theta = 0°$ sind Bewegungs- und Beschleunigungsrichtung gleich.

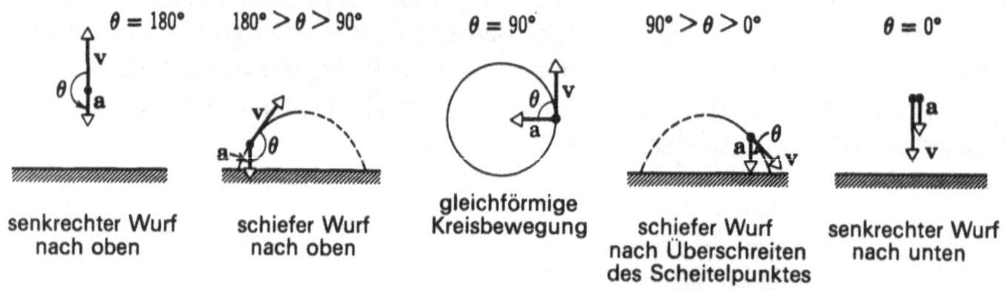

Abb. 4.7 Die Richtung von $\boldsymbol{v}$ und $\boldsymbol{a}$ für verschiedene Bewegungsarten.

Beispiel 4

Der Mond dreht sich in 27.3 Tagen einmal um die Erde. Wir nehmen an, daß die Umlaufbahn kreisförmig mit einem Radius von 385000 km ist. Wie groß ist die Beschleunigung des Mondes in Erdrichtung?

Wir haben $r = 385000\ \text{km} = 3.85 \times 10^8\ \text{m}$ und die Periodendauer der Umlaufzeit $T = 27.3$ Tage $= 2.36 \times 10^6$ s. Die (als dem Betrage nach konstant angenommene) Geschwindigkeit des Mondes ist dann

$$v = 2\pi r/T = 1020\ \text{m/s}.$$

Die Radialbeschleunigung ist

$$a = \frac{v^2}{r} = \frac{(1020\ \text{m/s})^2}{3.85 \times 10^8\ \text{m}} = 0.00273\ \text{m/s}^2 \quad \text{oder} \quad 2.78 \times 10^{-4} g.$$

Beispiel 5

Man berechne die Geschwindigkeit eines Erdsatelliten, der in einer Höhe $h = 225$ km über der Erdoberfläche kreist. In dieser Höhe ist $g = 9.14\ \text{m/s}^2$; der Radius der Erde ist 6375 km.

Auf den Satelliten wirkt die Fallbeschleunigung g in Richtung auf den Erdmittelpunkt und hält ihn auf der Kreisbahn. Aus Gl. 4.9, $a = v^2/r$, und g für die Radialbeschleunigung erhalten wir

$$g = v^2/(R+h)$$

oder

$$v = \sqrt{(R+h)g} = \sqrt{(6375\,\text{km} + 225\,\text{km})(0.00914\,\text{km/s}^2)} = 7.77\,\text{km/s} = 27960\,\text{km/h}.$$

Wir wollen nun Gl. 4.9 mit Hilfe der Vektorrechnung ableiten. Abb. 4.8a zeigt einen Massenpunkt in gleichförmiger Kreisbewegung um den Ursprung eines Bezugssystems. Für eine solche Bewegung sind die Polarkoordinaten r und θ geeigneter als die Achsenkreuzkoordinaten x und y, da r konstant bleibt und θ linear mit der Zeit wächst. Das Verhalten von x und y ist bei dieser Bewegung wesentlich komplexer. Ihr Zusammenhang kann ausgedrückt werden durch

$$r = \sqrt{x^2 + y^2} \quad \text{und} \quad \theta = \arctan(y/x) \tag{4.10a}$$

oder durch die reziproken Beziehungen

$$x = r\cos\theta \quad \text{und} \quad y = r\sin\theta. \tag{4.10b}$$

Im rechtwinkligen Koordinatensystem benutzten wir die Einheitsvektoren $\boldsymbol{i}$ und $\boldsymbol{j}$ zur Beschreibung von Bewegungen in der x,y-Ebene. Wir führen hier zwei neue Einheitsvektoren $\boldsymbol{u}_r$ und $\boldsymbol{u}_\theta$ ein. Sie haben wie $\boldsymbol{i}$ und $\boldsymbol{j}$ die Länge Eins und sind dimensionslos; sie bestimmen lediglich die Richtung.

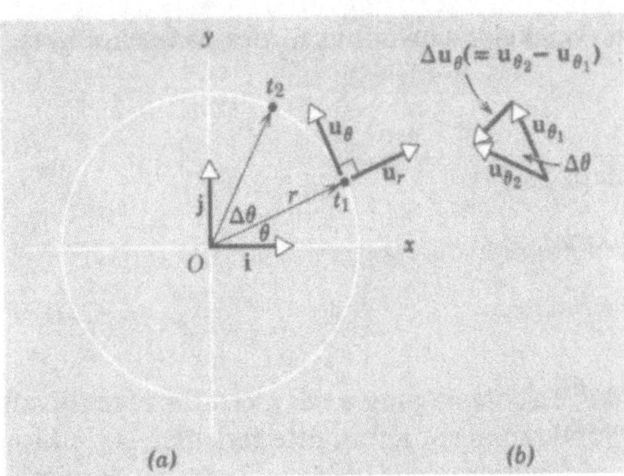

Abb. 4.8 (a) Kreisbewegung eines Massenpunktes entgegen dem Uhrzeigersinn. (b) Die Einheitsvektoren $\boldsymbol{u}_{\theta_1}$ und $\boldsymbol{u}_{\theta_2}$ zur Zeit t_1 bzw. t_2 und die Änderung $\Delta\boldsymbol{u}_\theta(=\boldsymbol{u}_{\theta_2}-\boldsymbol{u}_{\theta_1})$.

Der Einheitsvektor $\boldsymbol{u}_r$ zeigt in radialer Richtung vom Ursprung zur Kreisperipherie, der Einheitsvektor $\boldsymbol{u}_\theta$ hat die Richtung der Tangente in jedem Punkt des Einheitskreises entgegen dem Uhrzeigersinn. Wie in Abb. 4.8 zu sehen, stehen $\boldsymbol{u}_r$ und $\boldsymbol{u}_\theta$ senkrecht aufeinander. Sie unterscheiden sich von $\boldsymbol{i}$ und $\boldsymbol{j}$ dadurch, daß sie von Punkt zu Punkt ihre Richtung ändern; $\boldsymbol{u}_r$ und $\boldsymbol{u}_\theta$ sind *keine* konstanten Einheitsvektoren.

Die gleichförmige Kreisbewegung eines Massenpunktes um den Koordinatenursprung wie in Abb. 4.8 kann durch die Vektorgleichung

$$\boldsymbol{v} = \boldsymbol{u}_\theta v \tag{4.11}$$

beschrieben werden. Sie besagt, daß die Richtung von $\boldsymbol{v}$ (die die gleiche ist wie die von $\boldsymbol{u}_\theta$) tangential zur Kreisbahn verläuft, und daß der Betrag von $\boldsymbol{v}$ den konstanten Wert v hat (da $\boldsymbol{u}_\theta$ den Betrag Eins hat).

Für die Beschleunigung finden wir aus Gl. 4.3 und 4.11

$$\boldsymbol{a} = \frac{\mathrm{d}\boldsymbol{v}}{\mathrm{d}t} = \frac{\mathrm{d}\boldsymbol{u}_\theta}{\mathrm{d}t} v\,. \tag{4.12}$$

Man beachte, daß in Gl. 4.11 v eine Konstante ist, daß sich aber $\boldsymbol{u}_\theta$ in der Richtung ständig ändert. Um $\mathrm{d}\boldsymbol{u}_\theta/\mathrm{d}t$ zu bestimmen, betrachten wir Abb. 4.8b, die die Einheitsvektoren $\boldsymbol{u}_{\theta_1}$ und $\boldsymbol{u}_{\theta_2}$ für den Massenpunkt für das Zeitintervall $\Delta t = (t_2 - t_1)$ zeigen. Der Differenzvektor $\Delta \boldsymbol{u}_\theta$ $(= \boldsymbol{u}_{\theta_2} - \boldsymbol{u}_{\theta_1})$ weist im Grenzfall $\Delta t \to 0$ radial zum Ursprung. Mit anderen Worten: $\mathrm{d}\boldsymbol{u}_\theta$ hat an jedem beliebigen Punkt die Richtung von $-\boldsymbol{u}_r$. Der Winkel zwischen $\boldsymbol{u}_{\theta_2}$ und $\boldsymbol{u}_{\theta_1}$ in der Abbildung ist $\Delta\theta$. Dies ist der Winkel, der von den Radien des Massenpunkts in der Zeit Δt überstrichen wird. Der Betrag von $\Delta \boldsymbol{u}_\theta$ ist einfach $\Delta\theta$, wenn wir uns erinnern, daß die Vektoren $\boldsymbol{u}_{\theta_1}$ und $\boldsymbol{u}_{\theta_2}$ den Betrag Eins haben. So haben wir

$$\frac{\mathrm{d}\boldsymbol{u}_\theta}{\mathrm{d}t} = -\boldsymbol{u}_r \lim_{\Delta t \to 0} \frac{\Delta\theta}{\mathrm{d}t} = -\boldsymbol{u}_r \frac{\mathrm{d}\theta}{\mathrm{d}t}$$

und aus Gl. 4.12

$$\boldsymbol{a} = \frac{\mathrm{d}\boldsymbol{u}_\theta}{\mathrm{d}t} v = -\boldsymbol{u}_r \frac{\mathrm{d}\theta}{\mathrm{d}t} v\,. \tag{4.13}$$

Schließlich ist $\mathrm{d}\theta/\mathrm{d}t$ die konstante Winkelgeschwindigkeit des Massenpunkts. Sie ist gegeben durch

$$\frac{\mathrm{d}\theta}{\mathrm{d}t} = \frac{2\pi}{\text{Zeit für einen Kreisumlauf}} = \frac{2\pi}{2\pi r/v} = \frac{v}{r}\,.$$

Einsetzen in Gl. 4.13 ergibt schließlich

$$\boldsymbol{a} = -\boldsymbol{u}_r \frac{v^2}{r}\,. \tag{4.14}$$

Diese Gleichung drückt aus, daß die Beschleunigung einer gleichförmigen Kreisbewegung den Betrag v^2/r hat (s. Gl. 4.9) und radial zur Kreismitte gerichtet ist (Faktor $-\boldsymbol{u}_r$). Die Vektorgleichung sagt etwas über den Betrag *und* über die Richtung der Beschleunigung $\boldsymbol{a}$ aus. Wie erwartet, hat $\boldsymbol{a}$ einen konstanten Betrag, aber eine veränderliche Richtung, da $\boldsymbol{u}_r$ seine Richtung kontinuierlich ändert.

4.5 Tangential- oder Bahnbeschleunigung bei Kreisbewegungen

Wir betrachten nun den allgemeineren Fall, bei dem der Betrag der v Geschwindigkeit einer Kreisbewegung *nicht* konstant ist. Wir werden ihn mit Hilfe der Vektorrechnung und unter Verwendung von Polarkoordinaten behandeln.

Wie zuvor ist die Geschwindigkeit gegeben durch Gl. 4.11,

$$\boldsymbol{v} = \boldsymbol{u}_\theta v,$$

nur daß sich jetzt nicht nur $\boldsymbol{u}_\theta$, sondern auch v mit der Zeit ändert. Für die Ableitung des Produktes $\boldsymbol{u}_\theta v$ erhalten wir dann

$$\boldsymbol{a} = \frac{\mathrm{d}\boldsymbol{v}}{\mathrm{d}t} = \boldsymbol{u}_\theta \frac{\mathrm{d}v}{\mathrm{d}t} + v\frac{\mathrm{d}\boldsymbol{u}_\theta}{\mathrm{d}t}. \tag{4.15}$$

In Gl. 4.12 fehlte der erste Term, da v als konstant angenommen wurde und somit $\mathrm{d}v/\mathrm{d}t$ Null war. Wie wir aus dem vorangegangenen Abschnitt wissen, ist der zweite Term gleich $-\boldsymbol{u}_r(v^2/r)$, und wir können für Gl. 4.15 schreiben

$$\boldsymbol{a} = \boldsymbol{u}_\theta a_T - \boldsymbol{u}_r a_R, \tag{4.16}$$

wobei $a_T = \mathrm{d}v/\mathrm{d}t$ und $a_R = v^2/r$ sind. Der erste Term $\boldsymbol{u}_\theta a_T$ ist die Vektorkomponente von $\boldsymbol{a}$, die tangential zur Massenpunktbahn gerichtet ist und durch die *Betrags*änderung der Kreisbahngeschwindigkeit verursacht wird (s. Abb. 4.9). Dieser Term und a_T werden *Tangential-* oder *Bahnbeschleunigung* genannt. Der zweite Term, $-\boldsymbol{u}_r a_R$, ist die Vektorkomponente von $\boldsymbol{a}$, die radial auf das Kreiszentrum gerichtet ist und von der *Richtungs*änderung der Geschwindigkeit herrührt (s. Abb. 4.9). Diesen Term und a_R nennt man *Radial-* oder *Zentripetalbeschleunigung*.

Der Betrag der Momentanbeschleunigung ist

$$a = \sqrt{a_T^2 + a_R^2}. \tag{4.17}$$

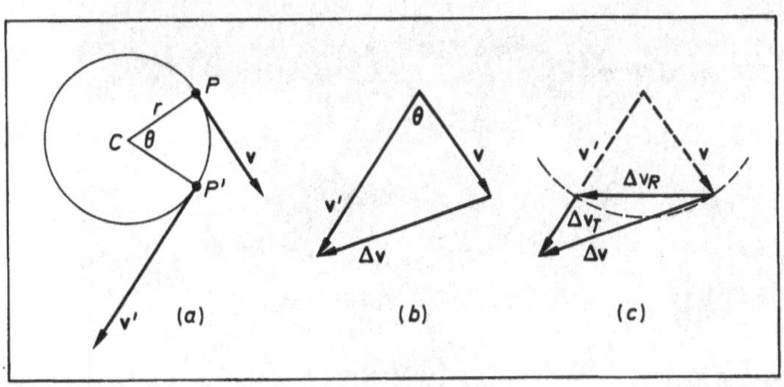

Abb. 4.9 (a) Bei der ungleichförmigen Kreisbewegung ändert sich der Betrag der Geschwindigkeit. (b) Die Änderung der Vektorgeschwindigkeit $\Delta\boldsymbol{v}$ bei der Bewegung von P nach P' wird in zwei Teile zerlegt: (c) $\Delta\boldsymbol{v}_R$ wird durch die Richtungsänderung und $\Delta\boldsymbol{v}_T$ durch die Betragsänderung der Geschwindigkeit verursacht. Beim Grenzübergang $t \to 0$ zeigt $\Delta\boldsymbol{v}_R$ zum Kreismittelpunkt und $\Delta\boldsymbol{v}_T$ verläuft tangential zur Kreisbahn.

Ist der Betrag der Geschwindigkeit konstant, dann wird $a_T = \mathrm{d}v/\mathrm{d}t = 0$ und Gl. 4.16 reduziert sich auf Gl. 4.14.

Ist der Betrag der Geschwindigkeit v nicht konstant, dann ist a_T von Null verschieden und a_R ändert sich von Punkt zu Punkt.

Untersuchen wir eine Bewegung, die nicht kreisförmig ist, so haben die Formeln für a_T $(= \mathrm{d}v/\mathrm{d}t)$ und $a_R(= v^2/r)$ weiterhin Gültigkeit, nur daß r nicht mehr der Betrag des Ortsvektors, sondern der Krümmungsradius der Bahn in der jeweiligen Lage des Massenpunktes ist. Dann ist a_T die Koordinate der Bahnbeschleunigung und a_R die Koordinate der Normalbeschleunigung in diesem Punkt. Abb. 4.10 zeigt die spiralförmig nach innen gerichtete Bahnspur, die ein energiereiches Elektron in einer mit flüssigem Wasser-

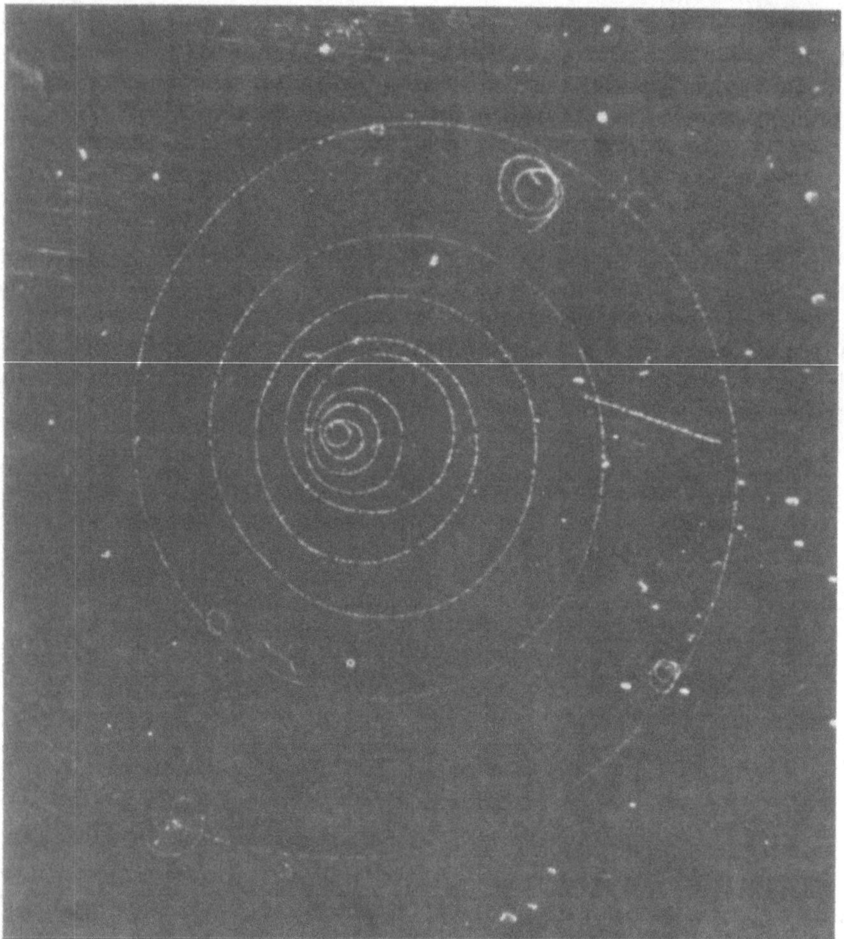

Abb. 4.10 Spiralförmige Bahnspur eines energiereichen Elektrons in einer mit flüssigem Wasserstoff gefüllten Blasenkammer. Wenn man diese Aufnahme stereoskopisch betrachtet, so bewegt sich das Elektron auf einer Spirale auf den Leser zu. Sein Geschwindigkeitsvektor an einem beliebigen Punkt liegt deshalb nicht in der Abbildungsebene, sondern ragt aus ihr heraus; seine Bewegung ist dreidimensional.

stoff gefüllten Blasenkammer hinterlassen hat. Beim Durchqueren der Flüssigkeit verliert das Elektron Energie, so daß seine Geschwindigkeit v ständig abnimmt. An jedem Punkt hat das Teilchen also eine von Null verschiedene Bahnbeschleunigung a_T, gegeben durch dv/dt, und eine Radialbeschleunigung a_R, gegeben durch v^2/r, wobei r und v immer kleiner werden. Die Kraft, die das Elektron auf die spiralförmige Bahn zwingt, wird durch ein senkrecht zur Bahnebene stehendes Magnetfeld in der Blasenkammer erzeugt (s. Kapitel 33).

4.6 Relative Geschwindigkeit und Beschleunigung

In früheren Abschnitten behandelten wir die Addition von Geschwindigkeiten in *einem* Bezugssystem. Wir wollen nun eine Beziehung zwischen den Geschwindigkeiten ein und desselben Objekts herstellen, das einmal von dem Beobachter S (Bezugssystem S) und das andere mal vom Beobachter S' (Bezugssystem S') untersucht wird, wobei sich die Beobachter relativ zueinander bewegen.

Wir stellen uns vor, daß der Beobachter S auf der Erde stillsteht, daß also sein Bezugssystem die Erde ist. Der andere Beobachter S' bewege sich auf der Erde fort, indem er z. B. in einem fahrenden Zug sitzt. Sein Bezugssystem ist der Zug. Beide verfolgen die Bewegung desselben Objekts, beispielsweise eines Autos oder eines durch den Zug laufenden Fahrgastes. Jeder Beobachter kann die zurückgelegte Strecke, die Geschwindigkeit und die Beschleunigung des Objekts bestimmen, und zwar jeweils *relativ zu seinem Bezugssystem*. Wie lassen sich diese Messungen vergleichen? In diesem Abschnitt wer-

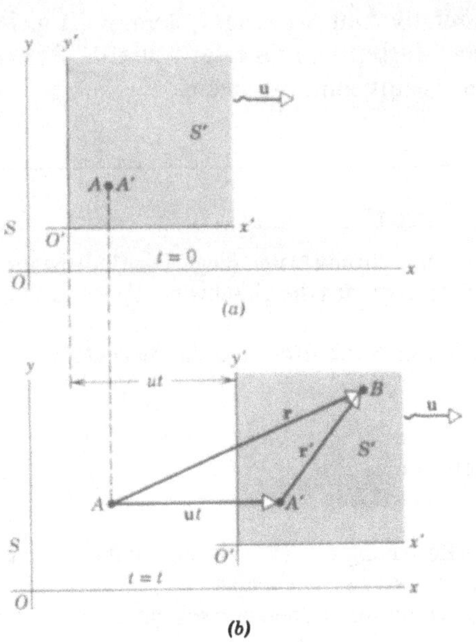

Abb. 4.11 Zwei Bezugssysteme $S\,(= x, y)$ und $S'\,(= x', y')$. S' bewegt sich relativ zu S mit der Geschwindigkeit u nach rechts.

den wir nur den Fall betrachten, bei dem sich die beiden Bezugssysteme relativ zueinander mit der *konstanten* Geschwindigkeit $\boldsymbol{u}$ bewegen.

In Abb. 4.11 denken wir uns das Bezugssystem S mit seinen Koordinatenachsen x und y mit der Erde fest verbunden. Der graue Bereich zeigt das Bezugssystem S' – aufgespannt durch die x'- und y'-Achse –, das sich in x-Richtung mit einer konstanten Geschwindigkeit $\boldsymbol{u}$ relativ zu S bewegt.

Anfangs befindet sich ein Massenpunkt (z.B. ein Ball in einem Wagen) an einem Punkt, der im S-System A und im S'-System A' genannt wird. Nach der Zeit t hat sich das S'-System um die Strecke $\boldsymbol{u}t$ nach rechts bewegt und der Massenpunkt nach B. Die Ortsänderung des Massenpunktes von A nach B wird im S-System durch den Vektor $\boldsymbol{r}$ angegeben, die Ortsänderung von A' nach B im S'-System durch den Vektor $\boldsymbol{r}'$; $\boldsymbol{r}$ und $\boldsymbol{r}'$ sind verschiedene Vektoren, da der Bezugspunkt A' des bewegten Systems die Entfernung $\boldsymbol{u}t$ nach rechts zurückgelegt hat. Aus Abb. 4.11 sehen wir, daß $\boldsymbol{r}$ die Vektorsumme aus $\boldsymbol{r}'$ und $\boldsymbol{u}t$ ist:

$$\boldsymbol{r} = \boldsymbol{r}' + \boldsymbol{u}t. \tag{4.18}$$

Differentation dieser Gleichung führt zu

$$\frac{\mathrm{d}\boldsymbol{r}}{\mathrm{d}t} = \frac{\mathrm{d}\boldsymbol{r}'}{\mathrm{d}t} + \boldsymbol{u}.$$

$\mathrm{d}\boldsymbol{r}/\mathrm{d}t = \boldsymbol{v}$ ist die im S-System gemessene und $\mathrm{d}\boldsymbol{r}'/\mathrm{d}t = \boldsymbol{v}'$ die im S'-System gemessene Momentangeschwindigkeit desselben Massenpunktes, so daß

$$\boldsymbol{v} = \boldsymbol{v}' + \boldsymbol{u}. \tag{4.19}$$

Die Geschwindigkeit des Massenpunktes relativ zum S-Bezugssystem, $\boldsymbol{v}$, ist gleich der Vektorsumme aus der Geschwindigkeit des Massenpunktes relativ zum S'-System, $\boldsymbol{v}'$, und der Geschwindigkeit $\boldsymbol{u}$ des S'-Systems relativ zum S-System.

Beispiel 6

(a) Der Kompaß eines Flugzeugs zeigt an, daß es in Richtung Osten fliegt. Die Bodenstation sagt stärkere Südwinde voraus. Man zeichne ein Diagramm, das die Geschwindigkeit des Flugzeugs relativ zum Boden zeigt.

Unser Objekt ist das Flugzeug, das Bezugssystem S die Erde und das Bezugssystem S' die bewegte Luft (Wind). Dann ist

$\boldsymbol{u}$ die Geschwindigkeit der Luft relativ zum Boden
$\boldsymbol{v}'$ die Geschwindigkeit des Flugzeuges relativ zur Luft
$\boldsymbol{v}$ die Geschwindigkeit des Flugzeugs relativ zum Boden.

Nun zeigt $\boldsymbol{u}$ nach Norden und $\boldsymbol{v}'$ nach Osten. Die Beziehung $\boldsymbol{v} = \boldsymbol{v}' + \boldsymbol{u}$ bestimmt die Geschwindigkeit des Flugzeuges relativ zum Boden, wie in Abb. 4.12a zu sehen ist.

Der Winkel α ist der, unter dem das Flugzeug relativ zum Boden von seinem Ostkurs abweicht. Er ist gegeben durch

$$\tan\alpha = u/v'.$$

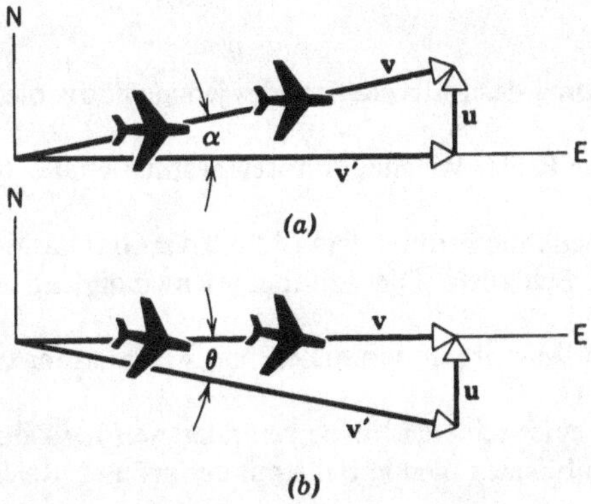

Abb. 4.12 Zu Beispiel 6

Der Betrag der Flugzeuggeschwindigkeit relativ zum Boden ist

$$v = \sqrt{(v')^2 + u^2}\,.$$

Wird beispielsweise eine Fluggeschwindigkeit (relativ zur umgebenden Luft) von 300 km/h angezeigt, und die Windgeschwindigkeit (relativ zum Boden) ist 60 km/h, so ergibt sich

$$v = \sqrt{300^2 + 60^2}\ \text{km/h} = 306\ \text{km/h}$$

für die Bodengeschwindigkeit des Flugzeuges und

$$\alpha = \arctan \tfrac{60}{300} = \arctan \tfrac{1}{5} \triangleq 11.3^0$$

für die Kursabweichung.

(b) Man zeichne nun das Vektordiagramm, das zeigt, wie der Pilot das Flugzeug steuern muß, damit es relativ zum Boden genauen Ostkurs hat.

Um auf genauen Ostkurs zu kommen, muß der Pilot in einem bestimmten Winkel gegen den Wind steuern. Seine Geschwindigkeit relativ zum Erdboden wird dadurch geringer. Das Vektordiagramm für diesen Fall ist in Abb. 4.12b zu sehen. Man berechne θ und v unter Benutzung der vorangegangenen Werte für $\boldsymbol{u}$ und $\boldsymbol{v}'$.

Wir haben gesehen, daß unterschiedliche Geschwindigkeiten für einen Massenpunkt gemessen werden, wenn sich verschiedene Beobachter relativ zueinander bewegen. Die Differenz ist immer gleich der Relativgeschwindigkeit der beiden Beobachter, wenn diese konstant ist. Daraus folgt, daß eine Geschwindigkeitsänderung des Massenpunktes von den Beobachtern als gleich registriert wird. Sie messen also beide für den Massenpunkt die gleiche Beschleunigung. *Die Beschleunigung eines Massenpunktes ist in allen Bezugssystemen die gleiche, wenn diese sich relativ zueinander mit konstanter Geschwindigkeit bewegen;* also $\boldsymbol{a} = \boldsymbol{a}'$. Dieses Resultat erhalten wir rechnerisch, wenn wir Gl. 4.19 differenzieren. Aus $\mathrm{d}\boldsymbol{v}/\mathrm{d}t = \mathrm{d}\boldsymbol{v}'/\mathrm{d}t + \mathrm{d}\boldsymbol{u}/\mathrm{d}t$ und $\mathrm{d}\boldsymbol{u}/\mathrm{d}t = 0$ für $\boldsymbol{u} = \text{const.}$ folgt $\boldsymbol{a} = \boldsymbol{a}'$.

Fragen

1. Ist es beim schiefen Wurf bei Vernachlässigung des Luftwiderstandes jemals nötig, die Bewegung dreidimensional zu behandeln?
2. Spielt beim Weitsprung die Sprunghöhe eine Rolle? Welche Faktoren bestimmen die Sprungweite?
3. Warum fällt ein Elektron aus einer Elektronenkanone unter dem Einfluß der Gravitation nicht so weit wie ein Wassermolekül aus einem Schlauch? Die Anfangsgeschwindigkeit habe in beiden Fällen horizontale Richtung.
4. Wo hat die Geschwindigkeit beim schiefen Wurf ihren minimalen und wo ihren maximalen Wert?
5. Man nehme an, daß der Neigungswinkel θ einer schiefen Ebene verändert werden kann. Wie groß muß θ sein, damit senkrecht auf diese Fläche fallende Bälle mit der größten Reichweite elastisch reflektiert werden?
6. Welchen Vorteil hat die Angabe von Winkeln im Bogenmaß gegenüber der Angabe in Grad?
7. Ein Flieger bewegt sich beim Abfangen eines Sturzflugs auf einem Kreisbogen. Man sagt, daß er dabei „$3g$ ausgesetzt sei“. Man erkläre, was mit dieser Aussage gemeint ist.
8. Man beschreibe qualitativ die Beschleunigung, die eine Perle erfährt, wenn sie sich auf einem Draht spiralförmig nach innen mit konstantem Geschwindigkeitsbetrag reibungsfrei bewegt.
9. Kann die Beschleunigung beim schiefen Wurf stets durch eine radiale und eine tangentiale Komponente ausgedrückt werden? Wenn ja, hat diese Darstellung Vorteile?
10. In einem kleinen Bereich ist ein Kreisbogen eine gute Näherung für eine Parabel. Wie groß wäre sein Radius r für die Bahnkurve beim schiefen Wurf mit der Anfangsgeschwindigkeit v_0 und dem Wurfwinkel θ_0 im Bereich der maximalen Wurfhöhe?
11. In einem Eisenbahnwagen, der mit konstanter Geschwindigkeit fährt, sitzt ein Junge und wirft einen Ball senkrecht in die Luft. Fällt der Ball hinter ihn, vor ihn oder in seine Hand zurück? Was geschieht mit dem Ball in der Luft, wenn der Zug in Fahrtrichtung beschleunigt wird oder durch eine Kurve fährt?
12. Ein Mann läßt in einem mit konstanter Geschwindigkeit fahrenden Eisenbahnwagen ein Geldstück aus dem Fenster nach außen auf die Erde fallen. Man beschreibe den Weg, den es zurücklegt, gesehen (a) von dem Mann, (b) von einer Person, die neben dem vorbeifahrenden Zug steht, und (c) von einer Person in einem in Gegenrichtung vorbeifahrenden Zug.
13. Ein Bus mit vertikaler Windschutzscheibe fährt im starken Regen mit der Geschwindigkeit v_b. Die Regentropfen fallen senkrecht mit der Endgeschwindigkeit v_r. Unter welchem Winkel treffen sie die Windschutzscheibe?

Abb. 4.13 Zu Frage 15

14. Bei einem ruhigen Landregen fallen die Tropfen genau senkrecht. Müßte man möglichst schnell, möglichst langsam oder mit einer mittleren Geschwindigkeit laufen, um möglichst wenig Regen abzubekommen?
15. Was ist in Abb. 4.13 falsch? Der Segler fährt mit dem Wind.
16. Ein Fahrstuhl fährt mit konstanter Geschwindigkeit abwärts. Ein Fahrgast läßt ein Geldstück fallen. Welche Beschleunigung des Geldstücks beobachtet (a) der Fahrgast und (b) eine neben dem Fahrstuhl stehende Person?

Aufgaben

Abschnitt 4.1

1. Man zeige, daß für einen Vektor $\boldsymbol{a}$ definiert durch

   $$\boldsymbol{a} = \boldsymbol{i}a_x + \boldsymbol{j}a_y + \boldsymbol{k}a_z$$

   die Koordinaten gegeben sind durch

   $$a_x = \boldsymbol{i} \cdot \boldsymbol{a}, \quad a_y = \boldsymbol{j} \cdot \boldsymbol{a} \quad \text{und} \quad a_z = \boldsymbol{k} \cdot \boldsymbol{a}.$$

Abschnitt 4.2

2. Für die Bewegung eines Massenpunktes sei der Ort in Abhängigkeit von der Zeit gegeben durch

   $$\boldsymbol{r}(t) = \boldsymbol{i} + 4t^2\boldsymbol{j} + t\boldsymbol{k}$$

   (a) Man berechne entsprechende Beziehungen für die Geschwindigkeit und die Beschleunigung.
   (b) Welche Form hat die Bahnkurve des Massenpunkts?
3. Man zeige (a), daß die Gln. 4.4b, b′ durch die Vektorform

   $$\boldsymbol{r} = \boldsymbol{r}_0 + \tfrac{1}{2}(\boldsymbol{v}_0 + \boldsymbol{v})t$$

   ausgedrückt werden können
   und (b) die Gln. 4.4c, c′ durch

   $$\boldsymbol{r} = \boldsymbol{r}_0 + \boldsymbol{v}_0 t + \tfrac{1}{2}\boldsymbol{a}t^2.$$

   Außerdem zeige man (c), daß sich durch Kombination der Gln. 4.4d, d′ ergibt

   $$\boldsymbol{v} \cdot \boldsymbol{v} = \boldsymbol{v}_0 \cdot \boldsymbol{v}_0 + 2\boldsymbol{a} \cdot (\boldsymbol{r} - \boldsymbol{r}_0).$$

Abschnitt 4.3

4. Man untersuche beim schiefen Wurf den höchsten Punkt der Flugbahn. (a) Wie groß ist die Geschwindigkeit in Abhängigkeit von v_0 und θ_0? (b) Wie groß ist die Beschleunigung? (c) Wie verhalten sich die Richtungen von Geschwindigkeit und Beschleunigung zueinander? (Siehe Frage 10)
5. Ein Ball rollt von einem 1.20 m hohen Tisch auf den Boden. Wie groß ist seine Geschwindigkeit beim Verlassen des Tisches, wenn er 1.50 m von der Tischkante entfernt auf dem Boden auftrifft?
   Antwort: 3.03 m/s.

6. Eine Gewehrkugel mit einer Mündungsgeschwindigkeit von 450 m/s soll ein 45 m entferntes Ziel treffen. Um wieviel muß der Punkt, den man anvisiert, höher liegen als das Ziel?
7. (a) Man zeige, daß die Wurfweite beim schiefen Wurf mit der Anfangsgeschwindigkeit v_0 und dem Wurfwinkel θ_0 $R = (v_0^2/g)\sin 2\theta_0$ ist. Danach beweise man, daß die maximale Reichweite bei einem Winkel von 45° erreicht wird (Abb. 4.14). (b) Man zeige, daß die maximale Höhe beim schiefen Wurf $y_{max} = (v_0 \sin\theta_0)^2/2g$ ist. (c) Man bestimme den Wurfwinkel, für den Wurfweite und -höhe gleich sind.

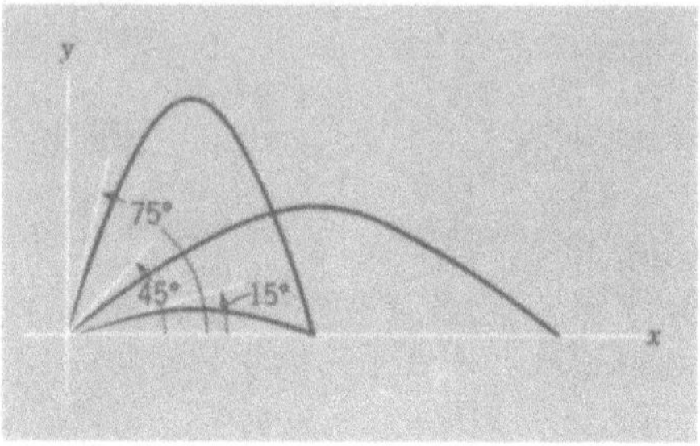

Abb. 4.14 Zu Aufgaben 7 und 13

8. Ein Ball, der in die Luft geworfen wird, hat bei einer Höhe von 9.1 m die Geschwindigkeit $\boldsymbol{v} = 7.6\boldsymbol{i} + 6.1\boldsymbol{j}$ in m/s (bei horizontaler x-Achse und vertikaler y-Achse). (a) Wie groß ist die maximale Wurfhöhe? (b) Wie weit fliegt der Ball? (c) Wie ist seine Geschwindigkeit (Betrag und Richtung), bevor er auf den Boden trifft?
   Antwort: (a) 11 m; (b) 23 m; (c) 17 m/s, 63°.
9. Man untersuche den Einfluß der Gravitation auf Elektronen-, Kern-, Atom- und Molekülstrahlen, die sich im Vakuum über eine Strecke von 1.0 m bewegen. Wieviel beträgt die senkrechte Abweichung von der Horizontalen infolge der Gravitation, wenn die mittlere Geschwindigkeit für ein Elektron 3.0×10^7 m/s, für ein thermisches Neutron 2.2×10^3 m/s, für ein Neonatom 5.8×10^2 m/s und für ein Sauerstoffmolekül 4.6×10^2 m/s beträgt? Wie unterscheiden sich diese Resultate von dem eines Strahls von Golfbällen (man wähle vernünftige Werte)?
10. Ein Fußball wird mit einer Anfangsgeschwindigkeit von 20 m/s unter einem Winkel von 45° angestoßen. Ein zweiter Fußballspieler, der 55 m in Stoßrichtung entfernt auf der Torlinie steht, rennt in diesem Augenblick auf den Ball zu. Wie groß muß seine Geschwindigkeit mindestens sein, damit er den Ball erreicht, bevor dieser auf den Boden auftrifft?
11. In einer Kathodenstrahlröhre wird ein Elektronenstrahl mit einer Geschwindigkeit von 1.0×10^9 cm/s horizontal durch zwei waagerechte, 2.0 cm lange Platten geleitet, an denen ein elektrisches Feld liegt. Dieses bewirkt eine nach unten gerichtete Beschleunigung der Elektronen von 1.0×10^{17} cm/s^2. Man bestimme (a) die senkrechte Abweichung der Elektronen und (b) die Geschwindigkeit des Strahls (Betrag und Richtung) beim Austritt aus dem Feld.
    Antwort: (a) 2.0 mm; (b) $v_x = 1.0 \times 10^9$ cm/s, $v_y = 0.2 \times 10^9$ cm/s abwärts.
12. Beim Baseball trifft ein Schlagmann den geworfenen Ball in einer Höhe von 1.2 m so, daß er unter einem Winkel von 45° mit einer Anfangsgeschwindigkeit von 35 m/s die linke Feldlinie entlang davonfliegt. Dort steht in 100 m Entfernung ein 7 m hohes Hindernis. Wird dieses vom Ball überflogen?
13. Galilei behauptete in seinen *Zwei neuen Wissenschaften*, daß „für Elevationen (Wurfwinkel), die mit gleichen Werten über oder unter 45° liegen, die Wurfweiten gleich sind ...“. Man überprüfe diese Behauptung (s. Abb. 4.14).
14. Ein Ball rollt mit einer horizontalen Anfangsgeschwindigkeit von 1.5 m/s eine Treppe hinunter, deren Stufen 20 cm hoch und 20 cm breit sind. Auf welcher Stufe trifft der Ball zuerst auf?

15. (a) Man zeige, daß sich die Wurfweite beim schiefen Wurf (s. Aufgabe 7) bei gegebener Anfangsgeschwindigkeit v_0 und dem Wurfwinkel θ_0 um $\mathrm{d}R$ ändert, wenn sich die Fallbeschleunigung um den Betrag $\mathrm{d}g$ ändert, wobei $\mathrm{d}R/R = -\mathrm{d}g/g$. (b) Wenn sich die Fallbeschleunigung um einen kleinen Betrag Δg ändert (indem wir von einem Ort zum anderen fahren), so ändert sich die Wurfweite für ein gegebenes System ebenso. Ist diese Änderung der Wurfweite ΔR klein genug, so kann man schreiben $\Delta R/R = -\Delta g/g$. 1936 stellte Jesse Owens bei den Olympischen Spielen in Berlin ($g = 9.8128\ \mathrm{m/s^2}$) mit 8.09 m einen Weltrekord im Weitsprung auf. Um wieviel hätte sich sein Rekord davon unterschieden, wenn er stattdessen 1956 in Melbourne ($g = 9.7999\ \mathrm{m/s^2}$) gekämpft hätte?
Antwort: Sein Rekord wäre um 1 cm übertroffen worden.
16. Ein Mann jongliert mit fünf Bällen. Er wirft jeden Ball nacheinander 3.0 m hoch. (a) Man bestimme das Zeitintervall zwischen den einzelnen Würfen. (b) Man gebe die Lage aller anderen Bälle an, wenn einer gerade die Hand erreicht hat. (Man vernachlässige die Zeit, in der die Bälle von der einen in die andere Hand wechseln.)
17. Ein „Football"-Spieler kann den Ball mit einer Anfangsgeschwindigkeit von 25 m/s anstoßen. Innerhalb welchen Winkelbereichs muß er den Ball schießen, um aus einer Entfernung von 50 m vor dem Torpfosten gerade noch ein Feldtor zu erzielen? Das Tor ist 3.44 m hoch.
18. Eine Radarstation auf der Erde beobachtet ein herannahendes Objekt. Zu einem bestimmten Zeitpunkt lautet die Information, daß das Objekt seine maximale Höhe erreicht hat und sich horizontal mit der Geschwindigkeit v bewegt; die geradlinige Entfernung zum Objekt ist l; die Sichtlinie verläuft unter einem Winkel θ zur Horizontalen. (a) Man finde die Entfernung D zwischen der Beobachtungsstation und dem Aufschlagpunkt des Objekts. D wird durch die Größen v, l und θ und den bekannten Wert von g ausgedrückt. Man nehme an, daß die Erde flach ist und daß die Beobachtungsstation in der Ebene der Flugbahn liegt. (b) Überfliegt das Objekt die Station oder schlägt es vor ihr auf?
Antwort: (a) $D = v\sqrt{(2l/g)\sin\theta} - l\cos\theta$; (b) Das Objekt überfliegt die Station für positive D und landet davor für negative D.
19. Ein Stein wird von einem Punkt mit der horizontalen Entfernung R vom Rand einer Klippe der Höhe h so geschleudert, daß er im horizontalen Abstand x unterhalb der Klippe auf den Boden aufschlägt (s. Abb. 4.15). Wie müssen θ_0 und v_0 gewählt werden, damit x so klein wie möglich wird? Es ist nur eine Berührung mit dem Boden erlaubt; v_0 kann zwischen Null und einem beliebigen endlich großen Wert variieren, θ_0 kann sich kontinuierlich ändern.

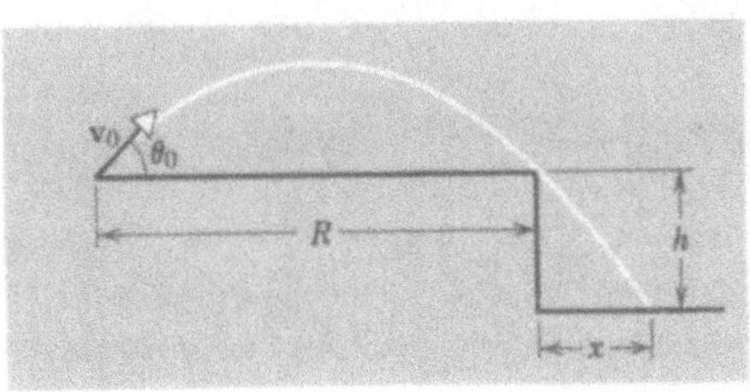

Abb. 4.15 Zu Aufgabe 19

Abschnitt 4.4

20. Von bestimmten Neutronensternen (extrem dichte Sterne) glaubt man, daß sie ungefähr mit einer Umdrehung je Sekunde rotieren. Wie groß ist die Beschleunigung eines Objekts auf dem Sternäquator, wenn dieser einen Radius von 20 km hat?
Antwort: $8 \times 10^5\ \mathrm{m/s^2}$.

21. Ein Magnetfeld lenkt geladene Teilchen senkrecht zu seiner Bewegungsrichtung ab. Wie groß ist die Geschwindigkeit eines Elektrons, das in dem Feld eine Radialbeschleunigung von 3.0×10^{14} m/s² erfährt, wenn der Radius seiner gekrümmten Bahn 0.15 m ist?
22. Im Bohrschen Modell des Wasserstoffatoms bewegt sich ein Elektron mit einer Geschwindigkeit von 2.18×10^6 m/s um ein Proton auf einer Kreisbahn mit dem Radius 5.28×10^{-11} m. Welche Beschleunigung hat das Elektron?
Antwort: 9.00×10^{22} m/s².
23. Ein Teilchen liegt auf dem oberen Ende einer Halbkugel vom Radius R. Gesucht wird die horizontale Geschwindigkeit, die dem Teilchen mindestens erteilt werden muß, damit es, ohne an ihr herunterzurutschen, die Halbkugel verläßt.
24. Welche Beschleunigung hat ein Objekt (a) auf dem Äquator und (b) bei 60° geographischer Breite infolge der Rotation der Erde? (c) Um welchen Faktor müßte die Geschwindigkeit der Erdrotation ansteigen, damit ein Körper am Äquator die Beschleunigung g erfährt, die ihn auf der Erde hält?
Antwort: (a) 3.4×10^{-2} m/s²; (b) 1.7×10^{-2} m/s²; (c) 17.
25. Ein Junge schleudert einen Stein an einer 1.2 m langen Schnur in 1.8 m Höhe in einem horizontalen Kreis. Die Schnur reißt, so daß der Stein horizontal davonfliegt und in 9.1 m Entfernung auf den Boden trifft. Wie groß war die Radialbeschleunigung während der Kreisbewegung?
26. Ein Massenpunkt bewegt sich entgegen dem Uhrzeigersinn mit konstanter Winkelgeschwindigkeit auf einem Kreis mit dem Radius 3.0 m und braucht für einen Umlauf 20 s (Abb. 4.16). Bei $t = 0$ startet er vom Ursprung 0. Man berechne (a) Betrag und Richtung des Ortsvektors nach 5.0 s, 7.5 s und 10 s, (b) Betrag und Richtung der Verschiebung im Zeitintervall $5\text{ s} \leq t \leq 10\text{ s}$, (c) den Vektor der mittleren Geschwindigkeit in diesem Intervall, (d) den Vektor der Momentangeschwindigkeit am Anfang und am Ende dieses Intervalls, (e) den Vektor der mittleren Beschleunigung in diesem Intervall und (f) den Vektor der Momentanbeschleunigung am Anfang und am Ende dieses Intervalls. (Meßrichtung ist der entgegengesetzte Uhrzeigersinn von der x-Achse in Abb. 4.16 aus)
Antwort: (a) 4.2 m, 45°; 5.5 m, 68°; 6.0 m, 90°. (b) 4.2 m, 135°. (c) 0.85 m/s, 135°. (d) 0.94 m/s, 90°; 0.94 m/s, 180°. (e) 0.27 m/s², 225°. (f) 0.30 m/s², 180°; 0.30 m/s², 270°.

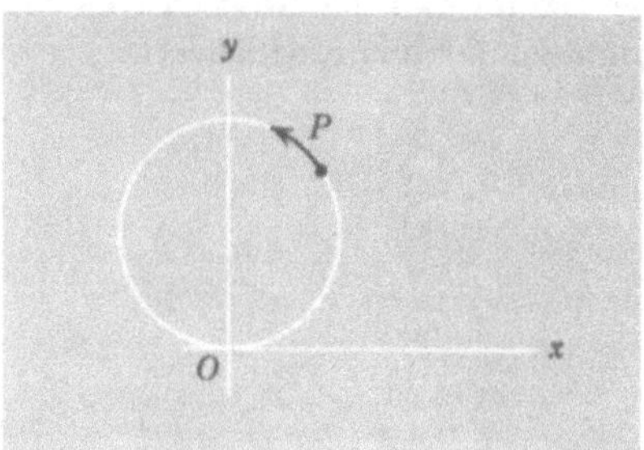

Abb. 4.16 Zu Aufgabe 26

27. (a) Man finde einen Ausdruck für den Ortsvektor $\boldsymbol{r}$ eines sich gleichförmig auf einer Kreisbahn bewegenden Massenpunktes mit Hilfe von rechtwinkligen Koordinaten und den Einheitsvektoren $\boldsymbol{i}$ und $\boldsymbol{j}$. (b) Aus (a) leite man die Vektorbeziehungen für $\boldsymbol{v}$ und $\boldsymbol{a}$ her. (c) Man zeige, daß die Richtung der Beschleunigung zum Mittelpunkt des Kreises zeigt.
28. (a) Man drücke die Einheitsvektoren $\boldsymbol{u}_r$ und $\boldsymbol{u}_\theta$ in Termen von $\boldsymbol{i}, \boldsymbol{j}$ und dem Winkel θ (s. Abb. 4.8) aus. (b) Man finde einen Ausdruck für den Ortsvektor $\boldsymbol{r}$ eines sich gleichförmig auf einem Kreis bewegenden Massenpunktes mittels der Einheitsvektoren $\boldsymbol{u}_\theta$ und $\boldsymbol{u}_r$ und leite daraus Gl. 4.11, $\boldsymbol{v} = \boldsymbol{u}_\theta v$, ab.

29. Ein Massenpunkt hat bei einer gleichförmigen Kreisbewegung um den Ursprung O die Geschwindigkeit v. (a) Man zeige, daß die für das Durchlaufen des Winkelintervalls $\Delta\theta$ benötigte Zeit Δt gegeben ist durch

$$\Delta t = \frac{2\pi r}{v} \Delta\theta/360°,$$

wobei $\Delta\theta$ in Grad ausgedrückt und r der Kreisradius ist. (b) Indem man die Geschwindigkeit an den Punkten 1 und 2 in Abb. 4.17 in x- und y-Koordinaten ausdrückt, zeige man, daß $\overline{a_x} = 0$ und $\overline{a_y} = -0.9\,v^2/r$. Die beiden Punkte liegen symmetrisch zur y-Achse mit $\Delta\theta = 90°$. (c) Man zeige, daß für $\Delta\theta = 30°$ $\overline{a_x} = 0$ und $\overline{a_y} = -0.99\,v^2/r$. (d) Man begründe, daß $\overline{a_y} \to -v^2/r$ für $\Delta\theta \to 0$ und daß die Kreissymmetrie dies für jeden Punkt auf dem Kreis fordert.

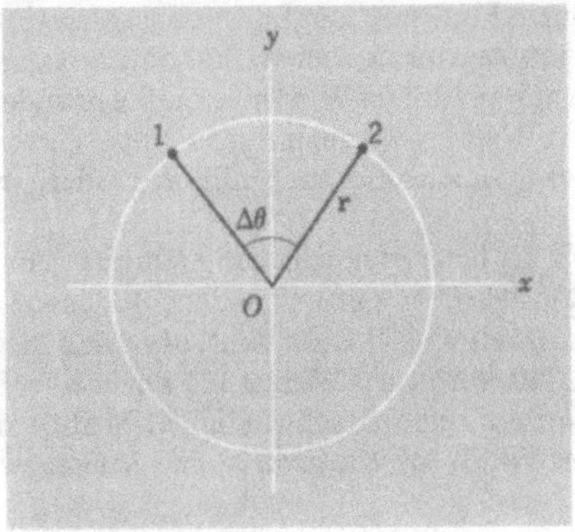

Abb. 4.17 Zu Aufgabe 29

Abschnitt 4.5

30. Ein Massenpunkt bewegt sich in einer Ebene gemäß

$$x = R\sin\omega t + \omega R t,$$
$$y = R\cos\omega t + R,$$

wobei ω und R Konstanten sind. Diese zykloidische Kurve ist die Bahnspur eines Punktes auf der Peripherie eines die x-Achse entlangrollenden Rades (bei Vernachlässigung der Reibung). (a) Man zeichne die Bahnkurve. (b) Man berechne die Geschwindigkeit und Beschleunigung bei maximalem und minimalem y-Wert.
Antwort: (b) Am Minimum von $y: v_x = v_y = a_x = 0$; $a_y = +\omega^2 R$; am Maximum von y: $v_x = 2\omega R$; $v_y = a_x = 0$, $a_y = -\omega^2 R$.

Abschnitt 4.6

31. Schnee fällt senkrecht mit der konstanten Geschwindigkeit 8.0 m/s. (a) Unter welcher Winkelabweichung von der Senkrechten und (b) mit welcher Geschwindigkeit fallen die Schneeflocken für einen Autofahrer, der auf einer geraden Straße mit 50 km/h fährt?
32. Ein Zug fährt in Richtung Süden mit 30 m/s (relativ zur Erde) im Regen, der durch den Wind ebenfalls in Richtung Süden abgetrieben wird. Die Regentropfenbahnen verlaufen für einen Beobachter, der neben dem Zug auf der Erde steht, um 21.6° gegenüber der Senkrechten geneigt. Ein Reisender im Zug sieht dagegen durch sein Fenster die Regentropfenspuren exakt senkrecht. Man bestimme die Geschwindigkeit der Regentropfen relativ zur Erde.

33. Ein Hubschrauber fliegt geradlinig über ebenes Gelände mit der konstanten Geschwindigkeit 4.9 m/s und in der konstanten Höhe von 4.9 m. In horizontaler, seiner Bewegung entgegengesetzter Richtung wird ein Paket mit der Anfangsgeschwindigkeit 12 m/s relativ zum Hubschrauber herausgeworfen. (a) Man berechne die Anfangsgeschwindigkeit des Pakets relativ zum Erdboden. (b) Wie groß ist die horizontale Entfernung zwischen Hubschrauber und Paket, wenn dies auf dem Boden aufschlägt? (c) Welchen Winkel bildet der Geschwindigkeitsvektor mit dem Boden vor dem Aufschlag des Pakets?
34. Man berechne die Geschwindigkeiten der wie folgt beschriebenen Körper: Bewegen sie sich gleichförmig aufeinander zu, so kommen sie sich in jeder Sekunde um 4.0 m näher; bewegen sie sich mit den gleichen Geschwindigkeiten in der gleichen Richtung, so kommen sie sich alle 10 Sekunden um 4.0 m näher.
Antwort: 2.2 m/s; 1.8 m/s.
35. Ein Mann kann sein Boot auf einem ruhenden Gewässer 6.5 km/h schnell rudern. (a) In welche Richtung wird sein Boot fahren, wenn er einen Fluß mit der Strömungsgeschwindigkeit 3.0 km/h überquert und dabei einen Punkt genau gegenüber seinem Standort ansteuert? (b) Wie lange braucht er dazu, wenn der Fluß 4.0 km breit ist? (c) Wie lange müßte er rudern, um 3.0 km flußabwärts und zurück zu gelangen? (d) Wie lange brauchte er in umgekehrter Richtung, also erst flußaufwärts und dann zurück? (e) In welche Richtung müßte er rudern, um den Fluß in der kürzesten Zeit zu überqueren?
36. Ein Flugzeug fliegt bei Windstille mit 135 km/h. Es fliegt in nördlicher Richtung genau über einer geradlinigen Nord-Süd-Straße. Der Pilot erhält über Funk von einer Bodenstation die Information, daß der Wind mit einer Geschwindigkeit von 70 km/h weht, ohne daß die Windrichtung angegeben wird. Der Pilot beobachtet, daß er trotz des Windes 135 km in einer Stunde über der Straße vorankommt, mit anderen Worten: seine Geschwindigkeit bleibt trotz des Windes die gleiche. (a) Welche Richtung hat der Wind? (b) Wie groß ist der Winkel zwischen der Flugzeugachse und der Straße?
Antwort: (a) 75° Südost; (b) 30° Nordost; es gibt eine zweite Lösung, wenn man Ost durch West ersetzt.
37. Ein Pilot fliegt in Richtung Osten von A nach B und dann in Richtung Westen von B nach A zurück. Die Geschwindigkeit des Flugzeugs ist $\mathbf{v}'$ relativ zur Luft und die der Luft $\mathbf{u}$ relativ zur Erde. Die Entfernung zwischen A und B ist l, und $\mathbf{v}'$ ist konstant. (a) Man zeige, daß für $u = 0$ (Windstille) die Dauer des Rundfluges $t_0 = 2l/v'$ beträgt.
(b) Man zeige, daß für Ost- oder Westwinde diese Zeit gleich ist

$$t_{O,W} = \frac{t_0}{1 - u^2/(v')^2}.$$

(c) Man zeige, daß für Süd- und Nordwinde die Rundflugdauer gleich ist

$$t_{S,N} = \frac{t_0}{\sqrt{1 - u^2/(v')^2}}.$$

(d) Für die Ergebnisse von (b) und (c) muß man voraussetzen, daß $u < v'$. Warum?
38. Eine Person geht eine stillstehende Rolltreppe in 90 s hinauf. Wenn sie auf der laufenden Rolltreppe steht, braucht sie 60 s. Wie lange würde sie brauchen, um die rollende Treppe hinaufzulaufen?
Antwort: 36 s.
39. Ein Mann möchte einen 500 m breiten Fluß überqueren. Seine Rudergeschwindigkeit (relativ zum Wasser) ist 3000 m/h; die Strömungsgeschwindigkeit des Flusses ist 2000 m/h; am Ufer wandert er mit einer Geschwindigkeit von 5000 m/h. (a) Wie verläuft der Weg, den er durch Wandern und Rudern zurücklegt, um einen genau gegenüberliegenden Punkt am anderen Ufer in der kürzestmöglichen Zeit zu erreichen? (b) Wie groß ist diese Zeit?

5 Dynamik I

5.1 Klassische Mechanik

In den beiden vorangegangenen Kapiteln untersuchten wir die Bewegung eines Teilchens (bzw. Massenpunktes) und hier insbesondere die eindimensionale und die zweidimensionale Bewegung (auf einer Geraden bzw. in einer Ebene). Dabei fragten wir nicht, was diese Bewegungen „verursachte", sondern beschrieben sie lediglich mit Hilfe der Größen $\boldsymbol{r}$, $\boldsymbol{v}$ und $\boldsymbol{a}$. Es handelte sich also weitgehend um eine geometrische Diskussion. In diesem und dem nächsten Kapitel besprechen wir die Ursachen und Einflüsse, die zu einer Bewegung führen, d.h., wir befassen uns mit dem Teilgebiet der Mechanik, das man *Dynamik* nennt. Wie vorher werden wir Körper als einzelne Massenpunkte behandeln. Später untersuchen wir dann auch Systeme von Massenpunkten und starre Körper.

Die Bewegung eines Massenpunktes ist durch Natur und Eigenschaften der Körper bestimmt, die seine *Umgebung* bilden. Die Tab. 5.1 gibt einige Beispiele für „Massenpunkte" und ihre möglichen Umgebungen.

Im folgenden beschränken wir uns auf den wichtigen und sehr umfassenden Spezialfall makroskopischer Objekte, deren Geschwindigkeiten im Vergleich zur Lichtgeschwindigkeit c klein sind: Das ist der Bereich der *klassischen Mechanik*. Wir befassen uns also nicht mit Problemen wie der Bewegung eines Elektrons in einem Uranatom oder dem Stoß zweier Protonen, deren Geschwindigkeitsbetrag beispielsweise $0.9\,c$ beträgt. Im ersten Fall müßten wir Quantentheorie betreiben und im zweiten zumindest die Relativitätstheorie berücksichtigen. Auf diese beiden Theorien werden wir später (s. Abschn. 6.4) zurückkommen.

Das zentrale Problem der klassischen Mechanik ist folgendes: (1) Gegeben sei ein Massenpunkt, dessen Eigenschaften (Masse, Ladung, magnetisches Moment usw.) bekannt sind. (2) Wir plazieren diesen Massenpunkt mit einer bekannten Anfangslage und einer bekannten Anfangsgeschwindigkeit in eine Umgebung, deren Wirkung auf den Massenpunkt wir vollständig beschreiben können. (3) Gefragt wird dann nach dem Bewegungsgesetz für diesen Massenpunkt.

Es war Isaac Newton (1642–1727), der den Weg zur Lösung dieses Problems aufzeigte. Hierzu stellte er drei *Axiome* auf, die heute seinen Namen tragen. Darüberhinaus formulierte er das universelle Gravitationsgesetz und wies nach, daß sich irdische Körper und Planeten nach den gleichen Gesetzmäßigkeiten bewegen.

Nach dem heutigen Verständnis der klassischen Mechanik geht man etwa wie folgt vor: (1) Für die Beschreibung der Einflüsse, die eine Bewegung verursachen, führt man das Konzept der *Kraft* $\boldsymbol{F}$ ein. Jeder Umgebung entspricht ein bestimmtes *Kraftgesetz*.

Tabelle 5.1

	System	Teilchen	Umgebung
1.	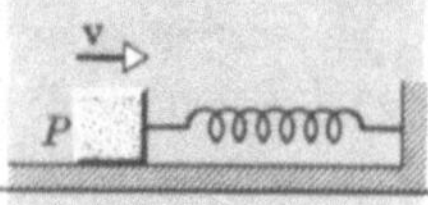	Ein Block	Die Feder, die rauhe Fläche
2.	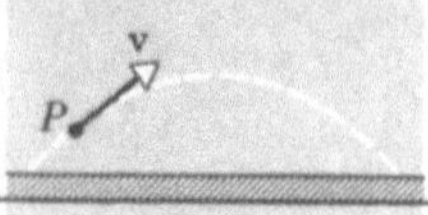	Ein Golfball	Die Erde
3.	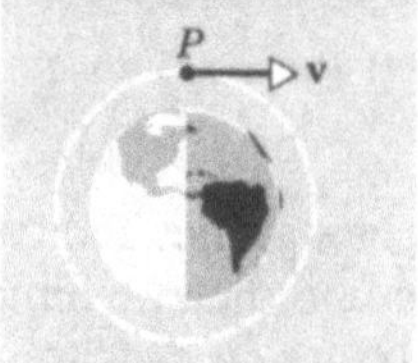	Ein Satellit	Die Erde
4.	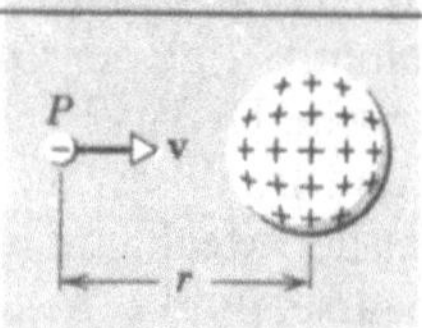	Ein Elektron	Eine große, gleichmäßig aufgeladene Kugel
5.	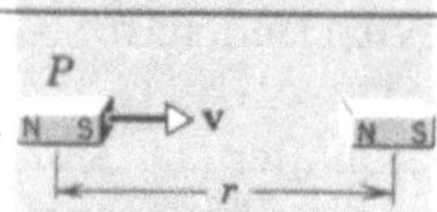	Ein Stabmagnet	Ein zweiter Stabmagnet

(2) Man ordnet jedem Körper eine skalare Größe zu, die man die *Masse m* nennt. Damit trägt man der Tatsache Rechnung, daß verschiedene Körper in derselben Umgebung und mit denselben Anfangsvorgaben unterschiedliche *Beschleunigungen* erfahren. (3) In der *Bewegungsgleichung* stellt man den Zusammenhang zwischen der Kraft, der Masse und der Beschleunigung des Massenpunkts her. Durch Lösung dieser Gleichung gelangt man schließlich zum gesuchten *Bewegungsgesetz*.

Bis jetzt sind die Begriffe *Kraft* und *Masse* noch sehr ungenau umschrieben: die Kraft als Einfluß der Umgebung auf das Bewegungsverhalten eines Körpers und die Masse als ein individuelles Maß für seinen Widerstand gegenüber Geschwindigkeitsänderungen. In den folgenden Abschnitten werden wir diese Vorstellungen präzisieren. Dabei werden wir feststellen, daß die beiden Begriffe Kraft und Masse gemeinsam eingeführt werden und nicht etwa jede Größe für sich (durch eine Meßvorschrift) definiert und dann ein Zusammenhang zwischen ihnen postuliert wird. Der Sachverhalt erscheint nicht nur dem Anfänger ein wenig verwickelt und bietet auch heute noch Anlaß zu Diskussionen. In der Physik wird jedoch ein Programm dann als erfolgreich anerkannt, wenn zwei Fragen positiv beantwortet werden können: (1) Liefert es Aussagen, die mit dem Experiment übereinstimmen? (2) Haben die Gesetzmäßigkeiten und Zusammenhänge, mit denen man in diesem Programm einen bestimmten Erfahrungsbereich zu beschreiben versucht, eine einfache Form? In diesem Sinne ist die Newtonsche Mechanik eine der erfolgreichsten Theorien in der Geschichte der Physik.

5.2 Das erste Newtonsche Axiom

Für Jahrhunderte war das Problem der Bewegung und ihrer Ursachen ein zentrales Thema der Naturphilosophie, wie man die Physik früher nannte. Entscheidende Fortschritte bei der Lösung dieses Problems gab es erst durch Galilei und Newton. Isaac Newton, der in England in dem Jahr geboren wurde, in dem Galilei starb, ist der eigentliche Begründer der klassischen Mechanik.* Er verwirklichte die Ideen Galileis und anderer Vorgänger. Die drei Axiome veröffentlichte er im Jahre 1686 in seinen *Philosophiae Naturalis Principia Mathematica*, gewöhnlich spricht man von seinen *Principia*.

Vor Galilei nahmen die meisten Philosophen an, daß es stets irgendeines Einflusses, einer „Kraft" bedurfte, um die Bewegung eines Körpers aufrecht zu erhalten. Danach war ein Körper in seinem „natürlichen Zustand", wenn er sich in Ruhe befand. Auch für eine gleichförmige Bewegung, also auf einer Geraden mit konstanter Geschwindigkeit, mußte eine äußere Ursache verantwortlich gemacht werden, weil der Körper sonst auf „natürliche Weise" zur Ruhe kommen würde.

Will man diese Vorstellungen experimentell überprüfen, so muß man zunächst versuchen, den Körper von allen Einflüssen seiner Umgebung frei zu halten, d. h., alle auf ihn wirkenden Kräfte zu beseitigen. Das läßt sich nur schwer verwirklichen, man kann aber in bestimmten Fällen die Kräfte immer kleiner werden lassen. Beobachtet man in diesem Falle die Bewegung des Körpers, so gelangt man zu einer Vorstellung, wie er sich bei völliger Kräftefreiheit bewegen würde.

Bringen wir zum Beispiel einen Block auf einer horizontalen Ebene zum Gleiten, indem wir ihn mit der Hand anstoßen, so beobachten wir, daß er allmählich langsamer wird und schließlich zur Ruhe kommt. Das entspricht genau der Vorstellung, daß eine Bewegung aufhört, wenn die äußere Kraft, hier also die Hand, nicht mehr wirkt. Dagegen können wir nun wie folgt argumentieren: Wählen wir einen Block und eine Ebene mit glatteren Oberflächen und verwenden darüberhinaus noch ein Gleitmittel, so beobachten wir, daß die Geschwindigkeit langsamer abnimmt als beim ersten Versuch. Sorgen wir weiter für immer glattere Oberflächen und verwenden immer bessere Gleitmittel, so stellen wir fest, daß der Block seine anfängliche Geschwindigkeit immer weniger verringert und eine immer größere Strecke zurücklegt, bevor er schließlich zur Ruhe kommt.** Diese Beobachtung legt die (idealisierende) Behauptung nahe: Gibt es überhaupt keine Reibung, so wird sich der Block, nachdem er einmal angestoßen wurde, auf einer Geraden mit gleichbleibender Geschwindigkeit unendlich lange bewegen. Eine äußere Kraft ist erforderlich, um die Geschwindigkeit eines Körpers zu *ändern*, aber nicht, um sie *aufrechtzuerhalten*. In unserem Beispiel war die Hand nötig, um den Block in Bewegung zu setzen, und es war die Rauhigkeit der Flächen von Block und Ebene, die zu einer Verlangsamung des Blockes führte. Beide Kräfte – die Kraft, mit der die Hand anstößt, und die Kraft, mit der wir die Reibung beschreiben – führen zu einer Änderung der Geschwindigkeit, bewirken also eine Beschleunigung.

* Newton entwickelte die Differentialrechnung, formulierte das Gravitationsgesetz und entdeckte die Zerlegung des weißen Lichts. Er war ein geschickter Experimentator, ein ausgezeichneter Mathematiker und das, was man heute einen theoretischen Physiker nennt.

** Im Labor kann man zum Beispiel mit einem Stück Trockeneis experimentieren. Dabei erfolgt die Bewegung auf einer Schicht von CO_2-Gas. Die Reibung ist so gering, daß man bei den laborüblichen Dimensionen eine Verringerung der Geschwindigkeit kaum messen kann.

Diesen Sachverhalt hielt Newton in seinem *ersten Axiom* fest. Er formulierte: „*Jeder Körper verharrt solange in seinem Zustand der Ruhe oder der gleichförmigen Bewegung auf einer geraden Linie, bis er durch Kräfte zu einer Änderung dieses Zustands gezwungen wird.*“

Tatsächlich ist Newtons erstes Axiom eine Aussage über Bezugssysteme. Denn im allgemeinen hängt die Beschleunigung eines Körpers von dem System ab, in dem sie gemessen wird. Das erste Newtonsche Axiom besagt dann: Gibt es in der Nähe des betrachteten Körpers keine Objekte (und damit ist gemeint, daß auf diesen Körper keine Kräfte wirken, denn diese müssen stets einem Objekt in der Umgebung des Körpers zugeordnet sein), so ist es möglich, eine Klasse von Bezugssystemen zu finden, in denen der Körper keine Beschleunigung aufweist. Den Sachverhalt, daß Körper bei Abwesenheit von Kräften in Ruhe oder in einer gleichförmigen Bewegung verharren, umschreibt man damit, daß man der Materie die Eigenschaft der Trägheit zuweist. Deshalb nennt man das erste Newtonsche Axiom häufig auch das *Trägheitsprinzip* und Bezugssysteme, in denen es gilt, Inertialsysteme (das lateinische Wort für Trägheit ist *inertia*).

In diesem Buch werden wir die Gesetze der klassischen Mechanik vom Standpunkt eines Beobachters verwenden, der sich in einem Inertialsystem befindet. Man kann Probleme der Mechanik auch lösen, indem man Nichtinertialsysteme benutzt, zum Beispiel ein System, das sich in bezug auf Fixsterne dreht. In diesem Fall müssen wir aber Kräfte einführen, die nicht von einem Objekt in der Umgebung ausgehen. Wir gehen in den Kapiteln 6, 11 und 16 darauf ein. Für die meisten praktischen Zwecke kann man ein mit der Erde verbundenes System als Inertialsystem ansehen. Wie gut diese Näherungsannahme ist, werden wir in Kapitel 16 sehen.

Wir stellen fest, daß es nach dem ersten Newtonschen Axiom keine Unterscheidung zwischen der Ruhe und der gleichförmigen Bewegung eines Körpers gibt. Beide Zustände sind bei Abwesenheit von Kräften „natürlich“. Dies wird klar, wenn man einen Körper, der sich in einem Inertialsystem in Ruhe befindet, von einem zweiten Inertialsystem aus betrachtet, das sich gegenüber dem ersten mit konstanter Geschwindigkeit bewegt. Ein Beobachter im ersten System sieht den Körper in Ruhe, ein Beobachter im zweiten System stellt fest, daß sich derselbe Körper gleichförmig bewegt. Beide Beobachter finden, daß sich der Körper nicht beschleunigt bewegt, d. h., daß er seine Geschwindigkeit nicht ändert, und beide schließen aufgrund des ersten Newtonschen Axioms, daß auf den Körper keine Kräfte wirken.

Wir stellen weiter fest, daß als Folgerung aus dem ersten Axiom kein Unterschied besteht zwischen der Abwesenheit aller Kräfte und dem Fall, daß ihre Resultierende Null ist. Ist zum Beispiel die Kraft, mit der unsere Hand das Buch wegschiebt, entgegengesetzt gleich groß der Reibungskraft, die durch die Unterlage auf das Buch wirkt, so wird sich das Buch gleichförmig bewegen. Deshalb kann man das erste Axiom auch so aussprechen: *Ist die (vektorielle) Summe der Kräfte auf einen Körper gleich Null, so erfährt er keine Beschleunigung.*

5.3 Das zweite Newtonsche Axiom

Sehen wir einen Körper dann als von äußeren Einflüssen frei an, wenn seine Beschleunigung gleich Null ist, so haben wir umgekehrt für das Wirken der „Umgebung“ auf den Körper nur das Merkmal, daß sich der Körper beschleunigt bewegt. Um den unbestimmten Begriff des „äußeren Einflusses" quantitativ fassen zu können, führen wir die physikalische Größe „Kraft" ein. Will man sie in möglichst einfacher Weise zur Beschleunigung in Beziehung setzen, die sie dem Körper erteilt, so liegt es nahe zu sagen, daß Kraft und Beschleunigung zueinander proportional sind. Dann muß aber die Kraft eine vektorielle Größe sein. Wir schreiben also:

$$\boldsymbol{F} \sim \boldsymbol{a}.$$

(Der Buchstabe $\boldsymbol{F}$ geht auf das lateinische Wort *fors* für Kraft zurück.)

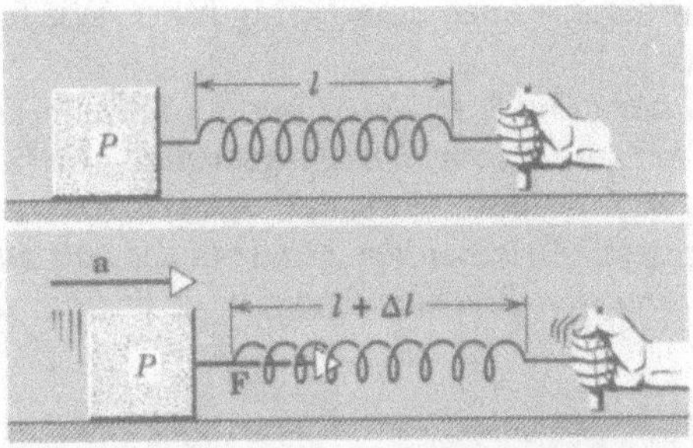

Abb. 5.1 (a) Ein „Massenpunkt" *P* auf einer reibungsfreien Oberfläche in Ruhe. (b) Der Körper wird durch Dehnen der Feder nach rechts beschleunigt.

Zur Illustration betrachten wir ein Beispiel. Auf einer reibungsfreien horizontalen Tischplatte befindet sich ein Block *P*, der an einer elastischen Feder befestigt ist (Abb. 5.1). Diese hat im entspannten Zustand die Länge l. Dehnen wir die Feder um die zusätzliche Länge Δl, so erfährt der Block durch die gespannte Feder eine bestimmte Beschleunigung $\boldsymbol{a}$. Sie ist umso größer, je größer Δl ist. Innerhalb bestimmter Grenzen (dem Elastizitätsbereich der Feder) stellen wir fest, daß der Betrag der Beschleunigung zur Länge Δl proportional ist. Wir sagen dann, die um Δl gespannte Feder übe auf den Block eine Kraft $\boldsymbol{F}$ aus, deren Betrag zu Δl proportional ist (die Richtung ergibt sich aus der Abbildung). Wir werden – obwohl dies nicht zwingend ist – annehmen dürfen, daß eine zur gleichen Länge gespannte Feder stets die gleiche Kraft ausübt, gleichgültig welchen Körper wir an der Feder befestigen. Ersetzen wir jetzt den Block *P* durch verschiedene andere, etwa einen derselben Gestalt, aber aus einem anderen Material, oder einen doppelt so großen aus dem gleichen Material, so zeigt die Erfahrung, daß diese durch die gleichlang gespannte Feder, also durch die gleiche Kraft unterschiedliche Beschleunigungen erfahren: Der noch offene Proportionalitätsfaktor in der obigen Beziehung hängt von der Natur des Körpers ab, den wir an der Feder befestigen (So erhalten wir zum Beispiel für den Fall, daß wir einen doppelt so großen Block aus dem gleichen Material nehmen, gerade die halbe Beschleunigung).

Bezeichnen wir die Kraft, die eine auf die Gesamtlänge $l + \Delta l$ gespannte Feder auf einen Körper ausübt, mit $\boldsymbol{F}$, so können wir versuchsweise für die verschiedenen Körper 1, 2, ... setzen:

$$\boldsymbol{F} = m_1 \boldsymbol{a}_1 = m_2 \boldsymbol{a}_2 = \dots .$$

$m_1, m_2, \ldots$ haben dabei positive Werte. Spannen wir die Feder auf eine andere Länge $l + \Delta l'$ (die Federkraft ist jetzt $\boldsymbol{F}'$), so zeigt das Experiment, daß

$$\boldsymbol{F}' = m_1 \boldsymbol{a}_1' = m_2 \boldsymbol{a}_2' = \ldots$$

mit denselben Faktoren $m_1, m_2, \ldots$ gilt. Diese hängen also nur von der Natur des jeweiligen Körpers ab und nicht von der Kraft, die auf diese Körper wirkt. Wir nennen die Konstanten m_1, $m_2, \ldots$ die *Massen* der Körper 1, 2,....

Mit diesem Beispiel haben wir gezeigt, wie man einen Zusammenhang zwischen der Wirkung der „Umgebung" (der Feder) eines Körpers und seiner Bewegung (ausgedrückt durch den Beschleunigungsvektor $\boldsymbol{a}$) herstellen kann. Es erweist sich nun, daß dieses Vorgehen auch in sehr vielen anderen Fällen zum Erfolg führt. Wir formulieren daher als Axiom:

*Jedem Körper wird eine (positive) skalare Größe m, die Masse des Körpers, zugeordnet. Die Wirkung der Umgebung eines Körpers auf seinen Bewegungszustand wird durch einen Vektor **F**, die Kraft, die die Umgebung auf den Körper ausübt, beschrieben. Jeder Umgebung entspricht ein bestimmtes Kraftgesetz. Zwischen der Masse m des (als punktförmig anzusehenden) Körpers, der Kraft **F** und der Beschleunigung* $\boldsymbol{a} = \mathrm{d}^2\boldsymbol{r}/\mathrm{d}t^2$ *besteht die Gleichung:*

$$m\boldsymbol{a} = \boldsymbol{F}. \tag{5.1}$$

Diese Gleichung heißt die *Newtonsche Bewegungsgleichung* oder das *zweite Newtonsche Axiom* (manchmal auch *Newtonsches Grundgesetz*). Für sich allein ist sie eine leere Aussage, da in ihr gleich zwei neue Größen – die Masse m des Körpers und die auf ihn wirkende Kraft $\boldsymbol{F}$ – eingeführt werden. Einen Sinn erhält sie erst, wenn man im Zusammenhang mit anderen Sätzen das *Kraftgesetz* angeben kann, so wie wir es am Beispiel einer gespannten Feder skizziert haben. Wir wollen dies in den nächsten Abschnitten diskutieren.

5.4 Masse und Kraft

Wenn wir zwei verschiedene Körper mit den Massen m_1 und m_2 derselben Kraft aussetzen, sie zum Beispiel nacheinander an einer Feder befestigen (Abb. 5.1), die jedesmal um dieselbe Länge Δl gespannt ist, so folgt aus der Newtonschen Bewegungsgleichung sofort, daß

$$m_1 \boldsymbol{a}_1 = m_2 \boldsymbol{a}_2$$

und, wenn wir zu den Beträgen übergehen:

$$m_1/m_2 = a_2/a_1 \quad \text{(es wirkt dieselbe Kraft).}$$

Da diese Beziehung für zwei beliebige Körper gilt, können wir sagen, daß die Masse m bis auf einen Faktor definiert ist (er würde sich in der Verhältnisgleichung herauskürzen). Legt man – willkürlich – die Masse eines Körpers als Einheit fest, so sind die Massen aller anderen Körper eindeutig bestimmt. Im Internationalen Einheitensystem ist die Masseneinheit (s. Abschn. 1.4) das Kilogramm. Es ist eine Basiseinheit und wird von dem in Sèvres bei Paris aufbewahrten Platin-Iridium-Zylinder verkörpert. Erteilt nun (siehe noch einmal Abb. 5.1) die Feder dem Körper mit der Masse 1 kg zum Beispiel eine Beschleunigung von $a_1 = 200\ \mathrm{m/s^2}$, und erfährt anschließend ein zweiter Körper von dieser auf dieselbe Länge gespannten Feder eine Beschleunigung von $a_2 = 0.50\ \mathrm{m/s^2}$, so erhalten wir die Masse dieses Körpers aus:

$$m_2 = m_1\,(a_1/a_2) = (1.00\ \mathrm{kg})(2.00\ \mathrm{m/s^2})/(0.50\ \mathrm{m/s^2}) = 4\ \mathrm{kg}.$$

Wir sagen, der zweite Körper besitze eine (viermal) größere Trägheit als der Körper mit der Masse 1 kg.

Die Erfahrung zeigt nun weiter: Befestigen wir zwei Körper mit den Massen m_1 bzw. m_2 aneinander, so verhält sich dieses System mechanisch wie ein einziger Körper mit der Masse $m_1 + m_2$, falls wir mit ihm Experimente der eben beschriebenen Art ausführen. Es erscheint also gerechtfertigt, im zweiten Newtonschen Axiom die Trägheit eines Körpers durch eine skalare Größe zu umschreiben.

Die Kraft ist dagegen ein Vektor. Seine Richtung ist nach Gl. 5.1 durch die Richtung der Beschleunigung gegeben, die die Kraft dem Körper erteilt. Wirken auf einen Körper gleichzeitig mehrere Kräfte, so müssen sich diese nach den Gesetzen der Vektoralgebra überlagern (Parallelogrammgesetz). Dies bedeutet aber, daß sie unabhängig voneinander auf den Körper wirken. Die Erfahrung bestätigt diesen Sachverhalt: *Wirken mehrere Kräfte auf einen Körper, so erzeugt jede unabhängig von den anderen Kräften ihre eigene Beschleunigung. Die resultierende Beschleunigung ist die Vektorsumme der Einzelbeschleunigungen.*

Die Einheit der Kraft ist im Internationalen System das *Newton* (abgekürzt N). Es ist eine abgeleitete Einheit und ergibt sich aus Gl. 5.1:

$$1\ \mathrm{N} = 1\ \mathrm{kg\ m/s^2}.$$

Wirkt also zum Beispiel auf einen Körper in x-Richtung eine Kraft von 4.00 N und gleichzeitig in y-Richtung eine zweite Kraft von 3.00 N, so wird der Körper beschleunigt, wie wenn auf ihn eine Kraft mit dem Betrag 5.00 N ausgeübt würde, deren Richtung mit der x-Achse einen Winkel von 37° einschließt.

Nach dem zweiten Newtonschen Axiom erfährt ein Körper keine Beschleunigung, wenn die (vektorielle) Summe der Kräfte gleich Null ist. Der Körper bewegt sich mit konstanter Geschwindigkeit, oder er ruht. Mit derartigen Systemen befaßt sich die *Statik* als ein Teilgebiet der Mechanik. Man darf nun nicht schließen, daß das erste Newtonsche Axiom als ein Spezialfall im zweiten enthalten ist, denn wie wir in Abschn. 5.2 feststellten, legt dieses Axiom vor allem fest, in welchen Bezugssystemen die Newtonsche Mechanik zu formulieren ist. Es erschöpft sich nicht in der Gleichung $\boldsymbol{ma} = \boldsymbol{0}$.

Wir betonen noch einmal: Gl. 5.1 ist eine Vektorgleichung. Sie ist eine Zusammenfassung von drei skalaren Gleichungen,

$$F_x = ma_x,\ F_y = ma_y \text{ und } F_z = ma_z, \tag{5.2}$$

die jeweils die x-, y- und die z-Komponente der resultierenden Kraft, also F_x, F_y und F_z, mit den entsprechenden Beschleunigungskomponenten in Beziehung setzen. Dabei ist F_x die Summe der x-Komponenten *aller* Kräfte, F_y die Summe der y-Komponenten *aller*

Kräfte und F_z die Summe der z-Komponenten *aller* Kräfte, die auf den Körper mit der Masse m wirken.

5.5 Das dritte Newtonsche Axiom

Die auf einen Körper wirkenden Kräfte haben ihren Ursprung stets in anderen Körpern aus seiner Umgebung. Jede Einzelkraft ist nur ein Aspekt einer gegenseitigen Wechselwirkung zwischen *zwei* Körpern. Übt ein Körper auf einen zweiten eine Kraft aus, so wirkt dieser stets auch auf den ersten mit einer Kraft. Diese beiden Kräfte haben den gleichen Betrag, aber die entgegengesetzte Richtung. Es gibt grundsätzlich keine einzelne isolierte Kraft.

Nennen wir die eine der bei der Wechselwirkung zwischen zwei Körpern auftretenden Kräfte die „Aktionskraft", so heißt die andere die „Reaktionskraft". *Jede* der beiden kann als Aktion, die andere dann als Reaktion aufgefaßt werden. Es geht hierbei *nicht* um Ursache und Wirkung, sondern um die gleichzeitige gegenseitige Wechselwirkung.

Newton hielt diese von der Erfahrung bestätigten Zusammenhänge in seinem dritten Axiom fest: „*Zu jeder Aktion gehört eine gleich große Reaktion, oder: Die gegenseitigen Wirkungen zweier Körper sind stets gleich groß und von entgegengesetzter Richtung.*" Schlagwortartig spricht man auch vom Gesetz „Aktion = Reaktion" oder „Kraft = Gegenkraft".

Um es mit anderen Worten noch einmal deutlich zu sagen: Übt ein Körper A auf einen Körper B eine Kraft aus, so übt der Körper B eine gleich große, aber entgegengesetzt gerichtete Kraft auf den Körper A aus. Dabei liegen die Kräfte auf der Verbindungslinie der beiden Körper. Man beachte, daß die immer in Paaren auftretenden Aktions- und Reaktionskräfte auf *verschiedene* Körper wirken. Würden sie auf denselben Körper wirken, so gäbe es überhaupt keine beschleunigte Bewegung, weil für jeden Körper die resultierende Kraft gleich Null wäre.

Man stelle sich ein Kind vor, das mit dem Fuß gegen eine Tür stößt. Die vom Kind K auf die Tür T ausgeübte Kraft beschleunigt diese (sie fliegt auf). Gleichzeitig übt die Tür T auf das Kind K eine gleich große, aber entgegengesetzte Kraft aus, die den Fuß des Kindes verzögert (er verliert seine Vorwärtsgeschwindigkeit). Diese „Reaktion" auf seine „Aktion" nimmt das Kind insbesondere dann schmerzlich wahr, wenn es barfuß ist.

Die folgenden Beispiele illustrieren die Anwendung des dritten Axioms und klären seine Bedeutung.

Beispiel 1

Auf einer waagerechten Tischplatte befindet sich ein Block, an dem ein Seil befestigt ist (Abb. 5.2). An diesem Seil zieht in horizontaler Richtung ein Mann mit der Kraft $\boldsymbol{F}_{MR}$. Das Seil wiederum übt auf die Hand des Mannes eine Reaktionskraft $\boldsymbol{F}_{RM}$ aus. Nach dem dritten Newtonschen Axiom ist $\boldsymbol{F}_{MR} = -\boldsymbol{F}_{RM}$. Weiter geht vom Seil auf den Block die Kraft $\boldsymbol{F}_{RB}$ aus, worauf der Block mit der Kraft $\boldsymbol{F}_{BR}$ auf das Seil reagiert. Wieder nach dem dritten Axiom ist $\boldsymbol{F}_{RB} = -\boldsymbol{F}_{BR}$.

Das Seil habe die Masse m_R. Will man Seil und Block in Bewegung setzen, so ist dazu eine Beschleunigung $\boldsymbol{a}$ erforderlich. Die einzigen Kräfte, die *auf das Seil* wirken, sind $\boldsymbol{F}_{MR}$ und $\boldsymbol{F}_{BR}$, so daß die resultierende Kraft auf das Seil $\boldsymbol{F}_{MR} + \boldsymbol{F}_{BR}$ ist. Diese muß von Null verschieden sein, damit

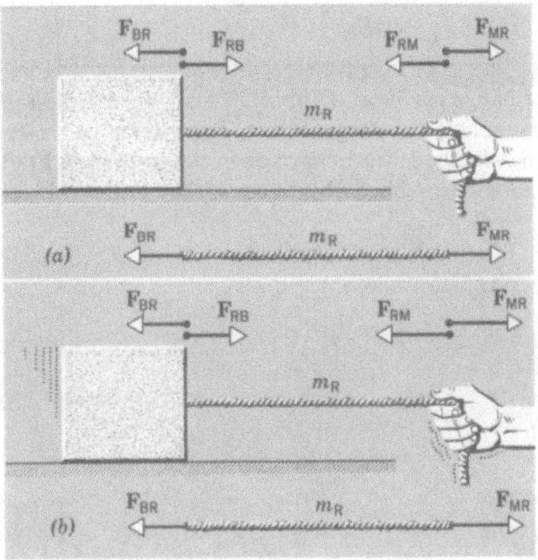

Abb. 5.2 Jemand zieht an einem Seil, das an einem Block befestigt ist. (a) Die vom Block und dem Mann ausgeübten Kräfte sind entgegengesetzt gleich. Die resultierende Kraft auf das Seil ist daher gleich Null. Das Seil wird nicht beschleunigt. (b) Die vom Mann auf das Seil wirkende Kraft ist größer als die vom Block ausgeübte. Die resultierende Kraft weist nach rechts. Deshalb wird das Seil nach rechts beschleunigt. Zusätzlich wird die Bewegung des Blocks durch eine Reibungskraft beeinflußt, die wir hier nicht zeigen.

das Seil beschleunigt werden kann. Die Bewegungsgleichung für das Seil lautet nämlich:

$$\boldsymbol{F}_{MR} + \boldsymbol{F}_{BR} = m_R \boldsymbol{a}.$$

Da Kräfte und Beschleunigung auf derselben Geraden liegen, reduziert sich diese Vektorgleichung auf eine skalare Gleichung zwischen den *Beträgen* der Vektoren:

$$F_{MR} - F_{BR} = m_R a.$$

Wir erkennen, daß $\boldsymbol{F}_{MR}$ im allgemeinen nicht denselben Betrag wie $\boldsymbol{F}_{BR}$ hat (Abb. 5.2b). Diese beiden Kräfte wirken auf *denselben* Körper und bilden *kein* „Kraft-Gegenkraft"-Paar.

Nach dem dritten Newtonschen Axiom sind die Beträge vom $\boldsymbol{F}_{MR}$ und $\boldsymbol{F}_{RM}$ stets gleich, ebenso die von $\boldsymbol{F}_{RB}$ und $\boldsymbol{F}_{BR}$. Dagegen sind die Beträge des ersten Paares nur dann gleich den Beträgen des zweiten Paares, wenn die Beschleunigung gleich Null ist (Abb. 5.2a). Allein in diesem speziellen Fall können wir davon sprechen, daß das Seil die vom Mann ausgeübte Kraft auf den Block einfach überträgt, es sei denn, das Seil habe die Masse Null. Ein solches Seil gibt es aber in der Praxis nicht. Häufig kann man jedoch die Masse des Seils als klein vernachlässigen und dann annehmen, daß es die vom Mann ausgehende Kraft ungeändert überträgt. Die innerhalb des Seils an irgendeiner Stelle wirkende Kraft nennt man die *Spannung* des Seils an dieser Stelle. Diese Spannung können wir messen, indem wir das Seil durchschneiden und die Enden mit einer Federwaage verbinden. Wird das Seil nicht beschleunigt (oder ist es masselos), so ist die Spannung an allen Stellen des Seils gleich groß.

Beispiel 2

An einer an der Decke befestigten Feder hänge ein Block (Abb. 5.3). Da kein Teil dieser Anordnung beschleunigt wird, muß die Vektorsumme der auf irgendeinen Teil wirkenden Kräfte gleich Null sein. Beim Block zum Beispiel heben sich die senkrecht nach oben ziehende Federkraft $\boldsymbol{T}$ und die nach unten ziehende Gewichtskraft $\boldsymbol{G}$ auf (s. Abb. 5.3b). Sonst wirken auf den Block keine weiteren Kräfte.

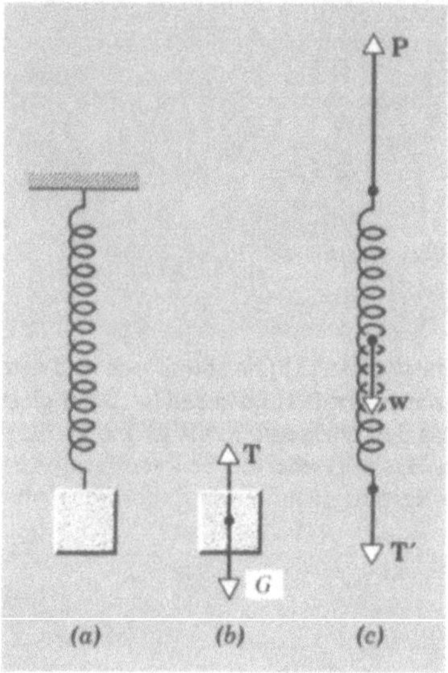

Abb. 5.3 (a) Ein Block hängt an einer Feder. (b) Das Kräftediagramm für den Block. (c) Das Kräftediagramm für die Feder.

Im zweiten Newtonschen Axiom ist $\boldsymbol{F}$ die *Summe aller* auf einen Körper wirkenden Kräfte, so daß wir für den Block schreiben können:

$$\boldsymbol{F} = \boldsymbol{T} + \boldsymbol{G}.$$

Da der Block ruht, ist seine Beschleunigung gleich Null, so daß wir aus der Gleichung $\boldsymbol{F} = m\boldsymbol{a}$ die Beziehung $\boldsymbol{T} + \boldsymbol{G} = \boldsymbol{0}$ erhalten und damit

$$\boldsymbol{T} = -\boldsymbol{G}.$$

Die beiden Kräfte wirken auf derselben Geraden, so daß ihre Beträge gleich groß sind:

$$T = G.$$

Daher ist die Spannung der Feder ein Maß für das Gewicht des Blockes. Diese Tatsache werden wir später aufgreifen, wenn wir für die Messung von Kräften ein statisches Verfahren angeben.

Es ist lehrreich, die Kräftebilanz für die Feder zu untersuchen (Abb. 5.3c). $\boldsymbol{T}'$ ist die Zugkraft des Blockes auf die Feder und die Reaktionskraft auf die Aktionskraft $\boldsymbol{T}$. $\boldsymbol{T}'$ hat also denselben Betrag wie $\boldsymbol{T}$, das ist aber G. $\boldsymbol{P}$ ist die von der Decke auf die Feder wirkende Kraft, und $\boldsymbol{w}$ ist das Gewicht der Feder, das heißt die auf die Feder wirkende Erdanziehungskraft. Da auch die Feder ruht, erhalten wir:

$$\boldsymbol{P} + \boldsymbol{T}' + \boldsymbol{w} = \boldsymbol{0}$$

oder

$$P = G + w.$$

Die Decke zieht demnach an der Feder mit einer Kraft, deren Betrag gleich der Summe aus dem Gewicht des Blockes und dem der Feder ist.

Nach dem dritten Axiom muß die von der Feder auf die Decke ausgeübte Kraft $\boldsymbol{P}'$ dem Betrage nach gleich $\boldsymbol{P}$ sein, der Reaktionskraft auf die Aktionskraft $\boldsymbol{P}'$. $\boldsymbol{P}'$ hat also den Betrag $G + w$.

Im allgemeinen übt die Feder auf die an ihren beiden Enden befindlichen Körper verschiedene Kräfte aus, denn es ist $P' \neq T$. Nur wenn wir das Gewicht der Feder vernachlässigen können, ist $P' = G = T$.

Ordnen wir die in diesem Beispiel auftretenden Kräfte als „Aktion-Reaktion"-Paare, so muß die Gegenkraft zu der von der Erde auf den Block ausgeübten Gewichtskraft $\boldsymbol{G}$ eine Kraft sein, die vom Block auf die Erde wirkt. Weiter gibt es eine Reaktionskraft zu $\boldsymbol{w}$, die von der Feder auf die Erde wirkt. Wegen der großen Masse der Erde erwarten wir nicht, daß sie durch diese Kräfte nennenswert beschleunigt wird. Sie sind in der Abbildung auch nicht angegeben. Weitere „Aktion-Reaktion"-Paare sind $\boldsymbol{T}$ und $\boldsymbol{T}'$ und $\boldsymbol{P}$ und $\boldsymbol{P}'$. Wir halten fest, daß, obwohl in unserem Beispiel $\boldsymbol{T} = -\boldsymbol{G}$ ist, diese Kräfte *kein* solches Paar bilden, da sie auf *denselben* Körper wirken.

5.6 Kraftgesetze

Die drei Newtonschen Axiome bilden nur einen Teil des Programms, das wir in Abschn. 5.1 umschrieben haben. Vervollständigt wird es durch die Angabe der *Kraftgesetze*, mit der wir die Wechselwirkung eines Körpers mit seiner Umgebung darstellen. Erst durch sie erhält die Bewegungsgleichung

$$m\boldsymbol{a} = \boldsymbol{F} \tag{5.3}$$

einen Sinn. Was wir brauchen, sind Funktionen von der Art:

$$\boldsymbol{F} = \text{Funktion der Eigenschaften des Teilchens und der Umgebung,} \tag{5.4}$$

mit denen wir dann nach Einsetzen in Gl. 5.3 eine Gleichung erhalten, aus der wir (durch Integration) das Bewegungsgesetz $\boldsymbol{r} = \boldsymbol{r}(t)$ ermitteln können. Der Kraftbegriff gehört also zu einem Konzept, bei dem die Beschleunigung des Teilchens auf der einen Seite mit den Eigenschaften dieses Teilchens und denen seiner Umgebung auf der anderen Seite in Beziehung gebracht wird. Nun wird eine physikalische Theorie unter anderem dann als erfolgreich angesehen, wenn sie auf möglichst *einfachen* Gesetzen basiert. Weil dies in der Newtonschen Mechanik auch für die Kraftgesetze gelingt, „glauben" wir so fest an die Richtigkeit dieses Programms.

Die Anzahl der Umgebungen eines beschleunigt bewegten Körpers ist so groß,daß wir in diesem Buch unmöglich auf alle eingehen können. Daher geben wir in der Tab. 5.2 nur die Kraftgesetze an, mit denen die mechanischen Wirkungen der in der Tab. 5.1 aufge-

Tabelle 5.2 Die Kraftgesetze für die Systeme in Tabelle 5.1

System	Kraftgesetz
1. Ein Block wird durch eine gespannte Feder über eine rauhe horizontale Oberfläche bewegt	(a) Federkraft: $F = -kx$, wobei x die Ausdehnung der Feder und k eine für die Feder charakteristische Konstante ist. $\boldsymbol{F}$ zeigt nach rechts, s. Kapitel 15 (b) Reibungskraft: $F = \mu mg$, wobei μ die Reibungszahl und mg die Gewichtskraft des Blocks ist. $\boldsymbol{F}$ zeigt nach links, s. Kapitel 6
2. Ein Golfball im Flug	$F = mg$, $\boldsymbol{F}$ zeigt nach unten, s. Abschn. 5.8
3. Ein Satellit	$F = GmM/r^2$, wobei G die Gravitationskonstante, M die Erdmasse und r der Bahnradius ist. $\boldsymbol{F}$ zeigt auf das Erdzentrum, s. Kapitel 16. Dies ist das *Newtonsche Gravitationsgesetz.*
4. Ein Elektron befindet sich neben einer positiv geladenen Kugel	$F = (1/4\pi\varepsilon_0)eQ/r^2$, wobei ε_0 eine Konstante, e die Elektronenladung, Q die Kugelladung und r der Abstand des Elektrons vom Kugelmittelpunkt ist. $\boldsymbol{F}$ zeigt nach rechts, s. Kapitel 26. Dies ist das *Coulombsche Gesetz.*
5. Zwei Stabmagnete	$F = (3\mu_0/2\pi)\mu^2/r^4$, wobei μ_0 eine Konstante, μ das magnetische Moment eines Magneten und r der Abstand zwischen den Magnetzentren ist. Wir setzen voraus, daß $r \gg l$, wobei l die Länge des Magneten ist. $\boldsymbol{F}$ zeigt nach rechts.

führten Umgebungen beschrieben werden. Diese und andere Kraftgesetze werden wir an geeigneter Stelle im einzelnen diskutieren. Einige der in der Tabelle angegebenen Gesetze sind Näherungen oder Spezialfälle.

5.7 Gewicht und Masse

Das *Gewicht* eines Körpers ist die Gravitationskraft, mit der ihn die Erde anzieht. Das Gewicht ist also ein Vektor. Dessen Richtung zeigt (näherungsweise) auf den Erdmittelpunkt. Sein Betrag muß in Einheiten der Kraft, im Internationalen Einheitensystem also in Newton, angegeben werden.

Ein frei auf die Erde fallender Körper mit der Masse m erfährt die *Fallbeschleunigung* $\boldsymbol{g}$. Die auf ihn wirkende Kraft ist sein Gewicht $\boldsymbol{G}$. Setzen wir dies in die Newtonsche Bewegungsgleichung ein, so erhalten wir: $\boldsymbol{G} = m\boldsymbol{g}$. Für die Beträge gilt somit:

$$G = mg. \tag{5.5}$$

Wollen wir den Körper am Fallen hindern, so müssen wir eine entgegengesetzt gleich große Kraft aufbringen, damit die Summe der Kräfte gleich Null ist. In der Abb. 5.3a sorgt die gespannte Feder für diese Kraft.

Bereits früher wiesen wir auf die experimentelle Tatsache hin, daß *am selben Ort* für alle Körper g denselben Wert hat. Hieraus folgt, daß das Verhältnis der (Beträge der) Gewichte zweier Körper gleich dem Verhältnis ihrer Massen sein muß. Daher kann eine Waage (zum Beispiel eine Analysenwaage), mit der eigentlich zwei abwärts gerichtete Kräfte verglichen werden, auch zum Vergleich von Massen benutzt werden. Die gleichen Massen drücken jeweils mit der gleichen (Gewichts-)Kraft auf die Waagschalen. Daher spricht man im Alltag oft davon, daß ein Körper so und soviel Gramm wiegt, obwohl dies eine Massen- und keine Gewichtseinheit ist. Grundsätzlich ist jedoch zwischen dem Gewicht und der Masse sorgfältig zu unterscheiden.

Wir wiederholen: Während das Gewicht eines Körpers ein Vektor ist, nämlich die Kraft, mit der er von der Erde abwärts gezogen wird, ist seine Masse eine skalare Größe. Der quantitative Zusammenhang zwischen beiden ist durch die Beziehung $\boldsymbol{G} = m\boldsymbol{g}$ gegeben. Weil sich $\boldsymbol{g}$ mit dem Ort auf der Erde ändert, ist das Gewicht $\boldsymbol{G}$ eines Körpers mit der Masse m eine örtlich veränderliche Größe. So ist das Gewicht eines Körpers mit der Masse 1 kg an einem Ort, an dem g den Wert 9.80 m/s^2 hat, gleich 9.80 N. Befindet sich der Körper mit derselben Masse 1 kg an einem Ort, an dem g gleich 9.78 m/s^2 ist, so wiegt er dort 9.78 N. Würden wir das Gewicht mit einer Federwaage bestimmen, so ergäben sich an den verschiedenen Orten für denselben Körper (ein wenig) verschiedene Auslenkungen. Die Masse ist eine Eigenschaft des Körpers allein, sein Gewicht hängt dagegen davon ab, wo er sich auf der Erde befindet.

In Kapitel 16 werden wir sehen, daß das Gewicht eines Körpers in Gebieten des Weltraums, in denen keine Gravitation auftritt, gleich Null ist. Davon bleiben die Trägheitseffekte und damit die Masse eines Körpers unberührt. In einem Raumschiff kann es zum Beispiel ganz leicht sein, einen Bleiklotz aufzuheben ($\boldsymbol{G} = \boldsymbol{0}$). Trotzdem würde sich der Astronaut seinen Zeh verstauchen, wenn er versuchte, gegen diesen Klotz zu stoßen ($m \neq 0$).

Um im gravitationsfreien Raum einen Körper zu beschleunigen, braucht man dieselbe Kraft wie auf der Erde, wenn man ihn hier auf einer horizontalen, reibungsfreien Oberfläche in Bewegung setzen will, denn die Masse des Körpers ist an beiden Stellen dieselbe. Verschieden sind dagegen die Kräfte, die man an den beiden Orten gegen die Anziehungskraft der Erde aufbringen muß: Sein Gewicht ist unterschiedlich.

Häufig ist statt der Masse eines Körpers sein Gewicht angegeben. Dann können wir die Beschleunigung $\boldsymbol{a}$, die er durch eine Kraft $\boldsymbol{F}$ erfährt, dadurch ermitteln, daß wir die Gln. 5.3 und 5.5 kombinieren. Aus $\boldsymbol{F} = m\boldsymbol{a}$ und $G = mg$ ergibt sich: $m = G/g$, also ist

$$\boldsymbol{F} = (G/g)\boldsymbol{a}. \tag{5.6}$$

5.8 Statische Kraftmessung

Grundsätzlich könnte man eine Kraft durch die Beschleunigung messen, die sie einem Körper mit bekannter Masse erteilt, es ist ja $\boldsymbol{F} = m\boldsymbol{a}$. Eine derartige „dynamische" Methode ist in der Praxis nicht besonders brauchbar, und man bestimmt eine Kraft über die Verformung eines Körpers (etwa einer Feder), die dieser durch ihre Einwirkung erfährt. Entsprechende Verfahren könnte man als „statische" Meßmethode bezeichnen, weil dabei der Körper letztlich nicht beschleunigt wird.

Wenn ein Körper unter dem Einfluß mehrerer Kräfte sich nicht beschleunigt bewegt, so muß die Summe dieser Kräfte gleich Null sein. Eine einzelne Kraft würde zu einer Beschleunigung des Körpers führen. Diese kann man zum Verschwinden bringen, indem man auf den Körper eine weitere Kraft wirken läßt, die den gleichen Betrag und die entgegengesetzte Richtung wie die erste hat. Ein sehr gebräuchliches Instrument zur Kraftmessung ist die Federwaage. Im Prinzip besteht sie aus einer elastischen Feder, an deren einem Ende ein Zeiger befestigt ist, der sich über einer Skala bewegen kann. Durch die Einwirkung einer Kraft wird sie solange entweder gedehnt oder zusammengedrückt, bis sie dieser Kraft das Gleichgewicht hält. Die Eichung erfolgt über bekannte Kräfte, etwa über das Gewicht eines Normkörpers, mit dem dieser von der Erde angezogen wird.

Bei diesem Verfahren wird stillschweigend das dritte Axiom vorausgesetzt, denn die von der Feder auf den Körper ausgeübte Kraft hat den gleichen Betrag wie die Kraft, mit der der Körper auf die Feder wirkt. Dies ist jedoch nur dann der Fall, wenn sich Feder und Körper wirklich in Ruhe befinden, das heißt, wenn die Beschleunigung $\boldsymbol{a}$ gleich Null ist. Würden Feder und der an ihr angebrachte Körper zum Beispiel frei fallen, wäre also $\boldsymbol{a} = \boldsymbol{g}$, so würde die Feder überhaupt nicht gespannt werden und darum auch keine Kraft anzeigen.

5.9 Einige Anwendungen der Newtonschen Bewegungsgleichung

Im folgenden wollen wir die grundsätzlichen Schritte zur Lösung eines mechanischen Problems angeben und sie durch mehrere Beispiele illustrieren. Aufgrund des zweiten Newtonschen Axioms ist die (Vektor-)Summe aller auf einen Körper wirkenden Kräfte gleich dem Produkt aus der Masse dieses Körpers und seiner Beschleunigung. (1) Zunächst ist darum der Körper anzugeben, dessen Bewegung man untersuchen will. Nicht selten geschehen Fehler, weil man sich nicht genau genug klar macht, was man unter dem „Körper" verstehen will. (2) Alsdann wendet man sich den Gegenständen in der „Umgebung" dieses Körpers zu, weil sie es sind, die auf den Körper Kräfte ausüben (schiefe Ebenen, Federn, Seile, die Erde etc.). Wir müssen uns über die Natur dieser Kräfte klarwerden. (3) Der nächste Schritt ist die Wahl eines geeigneten (Inertial-) Systems. Diese wird so getroffen, daß die folgende Aufgabe sich möglichst einfach darstellt. (4) Wir fertigen ein Diagramm an, das den Körper allein zeigt und in dem das Bezugssystem und *alle* Kräfte dargestellt werden, die auf diesen Körper wirken. (5) Schließlich stellen wir die Newtonsche Bewegungsgleichung auf und schreiben sie für jede Komponente (s. Gl. 5.2) an.

Bei den folgenden Beispielen wollen wir voraussetzen, daß wir den Körper als einen Massenpunkt behandeln dürfen, weil dann auch die Kräfte sämtlich an einer Stelle angreifen. Seile, Schnüre, Flaschenzüge usw. werden als masselos angesehen, so daß sie allein zur Übertragung von Kräften dienen. Einige der folgenden Fälle mögen zu einfach und künstlich erscheinen, sie geben jedoch die wesentlichen Züge auch realistischer Situationen wieder, ob es sich nun um Vorgänge im Labor oder um die Bahn eines Raumschiffes handelt.

Beispiel 3

Abb. 5.4a zeigt ein an Schnüren hängendes Gewicht G. Als „Körper" betrachten wir den Knoten, der die drei Schnüre verbindet. Unter der Wirkung der drei in Abb. 5.4b eingezeichneten Kräfte bleibt der Körper in Ruhe. Wenn eine dieser Kräfte dem Betrage nach bekannt ist, wie kann man dann die Größe der anderen finden?

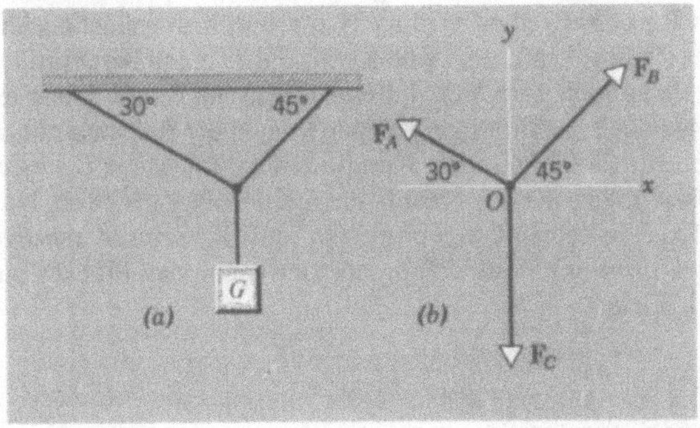

Abb. 5.4 (a) Ein Gewicht hängt an zwei Schnüren. (b) Das Kräftediagramm für den Knoten. Die Schnüre werden als masselos angenommen.

Auf den Knoten wirken die Kräfte $\boldsymbol{F}_A$, $\boldsymbol{F}_B$ und $\boldsymbol{F}_C$. Weil der Körper ruht, ist $\boldsymbol{F}_A + \boldsymbol{F}_B + \boldsymbol{F}_C = \boldsymbol{0}$. Bei der angezeigten Wahl der x- und der y-Richtung lauten die drei skalaren Gleichungen (s. Gl. 5.2):

$$F_{Ax} + F_{Bx} = 0,$$
$$F_{Ay} + F_{By} + F_{Cy} = 0,$$
$$F_{Az} = F_{Bz} = F_{Cz} = 0.$$

Die letzte Gleichung bedeutet einfach, daß alle Vektoren in der x,y-Ebene liegen.

Aus der Abbildung lesen wir ab:

$$F_{Ax} = -F_A \cos 30° = -0.866\, F_A,$$
$$F_{Ay} = F_A \sin 30° = 0.500\, F_A,$$
$$F_{Bx} = F_B \cos 45° = 0.707\, F_B,$$
$$F_{By} = F_B \sin 45° = 0.707\, F_B.$$

Weiter ist

$$F_{Cy} = -F_C = G,$$

weil die Schnur C die Kraft lediglich überträgt. Setzen wir dies in unsere ursprünglichen Gleichungen ein, so erhalten wir:

$$-0.866\, F_A + 0.707\, F_B = 0,$$
$$0.500\, F_A + 0.707\, F_B - G = 0.$$

Ist eine der drei Kräfte dem Betrage nach gegeben, so können wir hieraus die beiden anderen ermitteln. Ist zum Beispiel $G = 100$ N, so erhält man $F_A = 73.3$ N und $F_B = 89.6$ N.

Beispiel 4

Wir wollen die Bewegung auf der schiefen Ebene untersuchen.

(a) *Der statische Fall.* Die Abb. 5.5a zeigt einen Block mit der Masse m, der auf einer schiefen Ebene mit dem Neigungswinkel θ ruht, weil er durch eine Schnur mit einer vertikalen Wand verbunden ist. Die Kräfte, die auf den *Block* wirken, sind in Abb. 5.5b angegeben. $\boldsymbol{F}_1$ ist die von der Schnur ausgehende Kraft, $m\boldsymbol{g}$ ist die auf den Block wirkende Erdanziehungskraft, also das Gewicht des Blockes, und $\boldsymbol{F}_2$ ist die von der schiefen Ebene ausgehende Kraft. $\boldsymbol{F}_2$ heißt Normalkraft, weil sie wegen der angenommenen Reibungsfreiheit senkrecht zur Berührungsfläche steht. (Die Normalkraft ist ein Beispiel für eine Zwangskraft, also eine Kraft, die zu einer Beschränkung der Freiheitsgrade des Körpers führt. Es handelt sich hier um eine elastische Kraft. Diese entsteht durch die geringen Deformationen der sich berührenden Körper.) Wenn die Reibung mit berücksichtigt wird, so besitzt $\boldsymbol{F}_2$ auch eine zur Ebene parallele Komponente. Da wir die Bewegung des *Blockes* untersuchen wollen, berücksichtigen wir *alle* Kräfte, die auf den *Block* wirken. Natürlich übt auch dieser Kräfte auf die Körper in seiner Umgebung aus (auf die Schnur, die Erde, die Oberfläche der Ebene), doch werden diese zur Bestimmung der Bewegung des Blockes nicht gebraucht, da sie nicht auf den Block wirken.

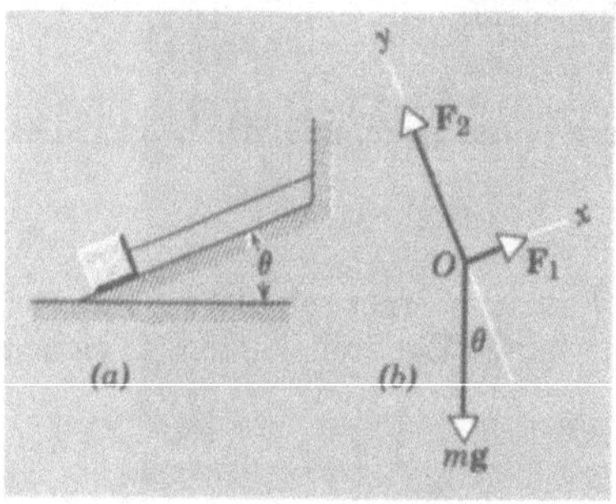

Abb. 5.5 (a) Ein Block wird auf einer schiefen Ebene von einer Schnur festgehalten. (b) Das Kräftediagramm für den Block.

Wie finden wir F_1 und F_2, wenn der Neigungswinkel θ der Ebene und die Masse m des Blockes gegeben sind? Da der Block nicht beschleunigt wird, gilt

$$\boldsymbol{F}_1 + \boldsymbol{F}_2 + m\boldsymbol{g} = \boldsymbol{0}.$$

Es ist zweckmäßig, die x-Achse des Bezugssystems in Richtung der Ebene und die y-Achse senkrecht dazu zu legen (s. Abb. 5.5b). Dann muß nur noch $m\boldsymbol{g}$ in Komponenten zerlegt werden. Die x- bzw. die y-Komponente der Bewegungsgleichung lauten dann:

$$F_1 - mg \sin \theta = 0 \text{ und } F_2 - mg \cos \theta = 0,$$

woraus wir F_1 und F_2 ermitteln können, sobald θ und m gegeben sind.

(b) Der *dynamische Fall.* Schneiden wir jetzt die Schnur durch, so verschwindet die Kraft $\boldsymbol{F}_1$. Die resultierende Kraft ist nun nicht mehr gleich Null, und der Block wird sich beschleunigt bewegen. Wie groß ist seine Beschleunigung?

Er erfährt nur eine Beschleunigung in x-Richtung, also ist $a_y = 0$. Dann verbleibt als x-Komponente der Bewegungsgleichung:

$$-mg \sin \theta = ma_x,$$

woraus wir erhalten:

$$a_x = -g \sin \theta.$$

Die Beschleunigung weist die Ebene hinab, ihr Betrag ist $g \sin \theta$.

Beispiel 5

Ein Block mit der Masse m werde auf einer glatten, reibungsfreien horizontalen Fläche durch eine Kraft $\boldsymbol{P}$ gezogen (Abb. 5.6). $\boldsymbol{F}_N$ ist die von der Fläche auf den Block wirkende Normalkraft und $\boldsymbol{G}$ das Gewicht des Blockes.

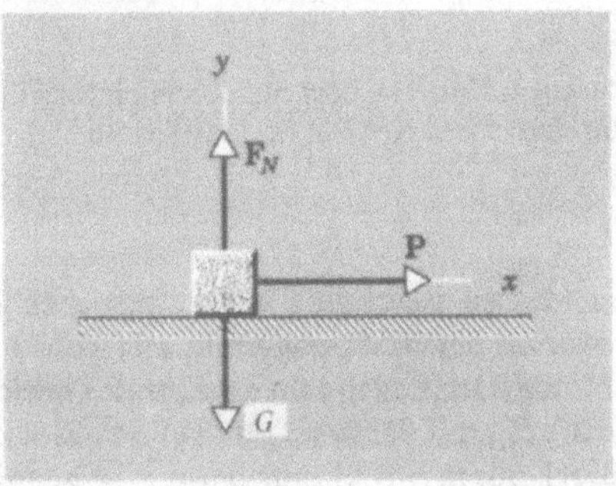

Abb. 5.6 Ein Block wird auf einem glatten Tisch gezogen. Gezeigt sind die auf den Block wirkenden Kräfte.

(a) Wie groß ist die Normalkraft, wenn der Block eine Masse von 2.0 kg besitzt?
Aus dem Newtonschen Grundgesetz erhalten wir mit $a_y = 0$:

$$\boldsymbol{F}_N - \boldsymbol{G} = 0.$$

Damit ist $F_N = G = mg = (2.0\,\text{kg})\,(9.8\,\text{m/s}^2) = 20\,\text{N}$.

(b) Wie groß muß die Kraft $\boldsymbol{P}$ sein, damit der Block innerhalb von 2.0 s auf eine horizontale Geschwindigkeit von 4.0 m/s gelangt?
Die Beschleunigung a_x ergibt sich aus:

$$a_x = \frac{v_x - v_{x0}}{t} = \frac{4.0\,\text{m/s} - 0}{2.0\,\text{s}} = 2.0\,\text{m/s}^2.$$

Nach dem Newtonschen Axiom ist $P = ma_x$. Die erforderliche Kraft ist also:

$$P = ma_x = (2.0\,\text{kg})\,(2.0\,\text{m/s}^2) = 4.0\,\text{N}.$$

Beispiel 6

Auf einer glatten horizontalen Fläche befinde sich ein Block mit der Masse m_1. Durch eine masselose, über eine Rolle geführte Schnur ist er mit einem herabhängenden zweiten Block der Masse m_2 verbunden (Abb. 5.7). Wir nehmen auch die Rolle als masselos und reibungsfrei an, so daß sie allein die Funktion hat, die Richtung der Schnurspannung umzulenken. Man ermittle die Beschleunigung dieses Systems und die (überall gleiche) Größe der Schnurspannung.

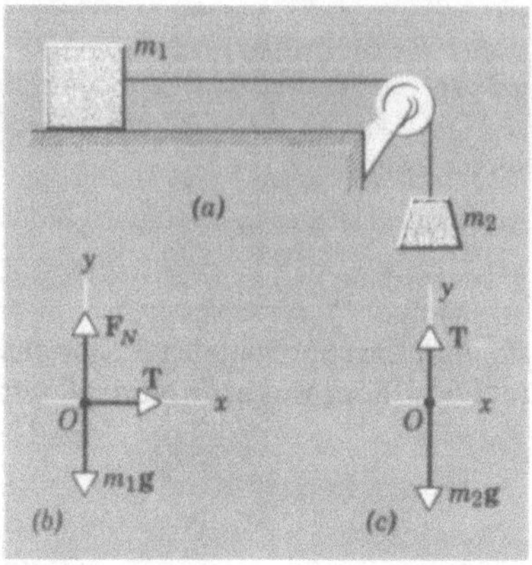

Abb. 5.7 (a) Zwei Körper sind durch eine Schnur verbunden. Der eine liegt auf einem glatten Tisch, der andere hängt frei herunter. (b) Das Kräftediagramm für den ersten Körper. (c) Das Kräftediagramm für den herabhängenden Körper.

Es sei der Block mit der Masse m_1 der Körper, dessen Bewegung wir untersuchen wollen. Vernachlässigen wir seine Ausdehnung, sehen ihn also als einen Massenpunkt an (Abb. 5.7b), so sind die Schnurspannung $\boldsymbol{T}$, die den Block nach rechts zieht, das nach unten weisende Gewicht $m_1\boldsymbol{g}$ des Blockes und die nach oben gerichtete Normalkraft $\boldsymbol{F}_\mathrm{N}$, mit der der Tisch auf den Block wirkt, die hier zu berücksichtigenden Kräfte. Da sich der Block nur in x-Richtung bewegt, ist $a_{1y} = 0$. Wir können daher vereinfacht schreiben:

$$F_\mathrm{N} - m_1 g = 0 = m_1 a_{1y},$$
$$T = m_1 a_{1x}. \tag{5.7}$$

Aus diesen Gleichungen schließen wir, daß $F_\mathrm{N} = m_1 g$. Dagegen kennen wir T noch nicht, können demnach auch a_{1x} nicht angeben.

Um T zu erhalten, müssen wir die Bewegung des herabhängenden Blockes mit der Masse m_2 untersuchen. Die auf diesen Block wirkenden Kräfte sind in Abb. 5.7c angegeben. Weil sich Schnur und Block beschleunigt bewegen, können wir nicht sagen, daß $T = m_2 g$ ist. In diesem Falle wäre nämlich die resultierende Kraft für den zweiten Block gleich Null: Das System würde sich nicht beschleunigen.

Die Bewegungsgleichung für diesen Block ist dagegen:

$$m_2 g - T = m_2 a_{2y}. \tag{5.8}$$

Durch die Rolle wird die Richtung der Schnurspannung umgelenkt, und weil sich die Länge der Schnur nicht verändert, ist klar, daß

$$a_{2y} = a_{1x}.$$

Den gemeinsamen Wert können wir mit a abkürzen. Das ist also die Beschleunigung des Systems. Aus den Gln. 5.7 und 5.8 ergibt sich dann:

$$m_2 g - T = m_2 a \tag{5.9}$$

und

$$T = m_1 a.$$

Dies führt zu

$$m_2 g = (m_1 + m_2)a \tag{5.10}$$

oder

$$a = \frac{m_2}{m_1 + m_2} g,$$

$$T = \frac{m_1 m_2}{m_1 + m_2} g, \tag{5.11}$$

den gesuchten Ergebnissen.

Die Spannung in der Schnur ist also stets geringer als $m_2 g$. Das wird deutlich, wenn wir Gl. 5.11 etwas umschreiben:

$$T = m_2 g \frac{m_1}{m_1 + m_2}.$$

Weiter ist auch a kleiner als die Erdbeschleunigung g. Sie wäre nur dann gleich g, wenn die Masse m_1 Null wäre. In diesem Fall wäre auch $T = 0$.

Gl. 5.10 kann auf einfache Weise interpretiert werden: Die auf das System mit der Masse $m_1 + m_2$ wirkende Kraft ist letztlich $m_2 g$. Daraus folgt die Gl. 5.10 unmittelbar.

Für ein Zahlenbeispiel setzen wir $m_1 = 2.0$ kg und $m_2 = 1.0$ kg. Dann ist:

$$a = \frac{m_2}{m_1 + m_2} g = \tfrac{1}{3} g = 3.3 \text{ m/s}^2$$

und

$$T = \frac{m_1 m_2}{m_1 + m_2} g = (\tfrac{2}{3})(9.8) \text{ kg m/s}^2 = 6.5 \text{ N}.$$

Beispiel 7

Zwei Körper hängen an einer Schnur, die über eine masselose und reibungsfreie Rolle läuft (Abb. 5.8a). Die Masse m_2 sei größer als m_1. Man bestimme die Schnurspannung und die Beschleunigung der beiden Massen.

Wir wollen eine *aufwärts* gerichtete Beschleunigung als *positiv* ansehen. Ist die Beschleunigung des ersten Körpers gleich a, so muß die des zweiten gleich $-a$ sein. Die auf m_1 und m_2 wirkenden Kräfte sind in Abb. 5.8b angegeben; T ist dabei die Schnurspannung.

Die Bewegungsgleichung für den Körper mit der Masse m_1 lautet

$$T - m_1 g = m_1 a$$

und die für den zweiten Körper ist

$$T - m_2 g = -m_2 a.$$

Hieraus ergibt sich für die Beschleunigung a:

$$a = \frac{m_2 - m_1}{m_2 + m_1} g, \tag{5.12}$$

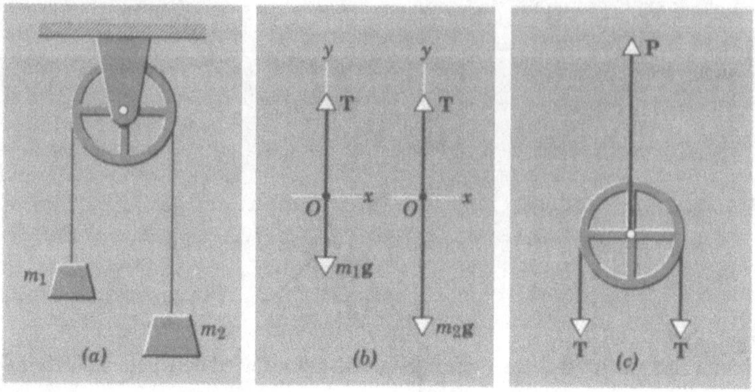

Abb. 5.8 (a) Die Atwoodsche Fallmaschine. (b) Die Kräftediagramme für die beiden Körper. (c) Das Kräftediagramm für die masselose Rolle.

und

$$T = \frac{2m_1m_2}{m_1 + m_2} g.$$

Wir halten fest, daß die Größe der Spannung in der Schnur stets zwischen dem Gewicht der Masse m_1 und dem der Masse m_2 liegt. Das war zu erwarten, denn T muß größer als m_1g sein, damit dem ersten Körper eine Aufwärtsbeschleunigung erteilt wird, während m_2g größer als T sein muß, damit sich der zweite beschleunigt abwärts bewegt. Ist $m_1 = m_2$, so ist $a = 0$ und $T = m_1g = m_2g$. Das System ist in Ruhe oder bewegt sich gleichförmig.

Abb. 5.8c zeigt die Kräfte, die auf die (masselose) Rolle wirken. Behandeln wir sie als einen Massenpunkt, so können wir annehmen, daß alle Kräfte in ihrem Mittelpunkt angreifen. P ist die aufwärts gerichtete Zugkraft der Rollenhalterung und T die abwärts weisende Kraft an den beiden Seiten der Rolle. Da die Rolle keine Translationsbewegung ausführt, ist

$$P = T + T = 2T.$$

Berücksichtigen wir dagegen die Masse der Rolle, so müssen wir eine abwärts gerichtete Kraft mg auf die Halterung hinzufügen. Wie wir später sehen werden, führt die Drehbewegung der Rolle zu unterschiedlichen Spannungen in den beiden Schnurenden. Schließlich verändert auch die in der Realität stets auftretende Reibung die Kräftebilanz und damit den Bewegungsablauf.

Beispiel 8

Ein Fahrstuhl bewege sich mit der Beschleunigung $\boldsymbol{a}$ senkrecht nach oben. Wir wollen die Kraft ermitteln, die ein Insasse auf den Boden des Fahrstuhls ausübt.

Weist die Beschleunigung nach *oben*, so zählen wir sie *positiv*, nach *unten negativ*. Eine positive Beschleunigung bedeutet dann, daß der Fahrstuhl sich mit wachsender Geschwindigkeit aufwärts bewegt oder aber mit abnehmender Geschwindigkeit abwärts. Entsprechend ist die Beschleunigung negativ, wenn der Fahrstuhl mit abnehmender Geschwindigkeit nach oben fährt oder mit wachsender Geschwindigkeit nach unten.

Nach dem dritten Newtonschen Axiom ist die vom Fahrstuhlinsassen auf den Boden ausgeübte Kraft entgegengesetzt gleich der Kraft, mit der der Boden auf den Fahrgast wirkt. Es bleibt uns daher überlassen, ob wir die Kraft oder die Gegenkraft berechnen. Wenn wir von den Kräften

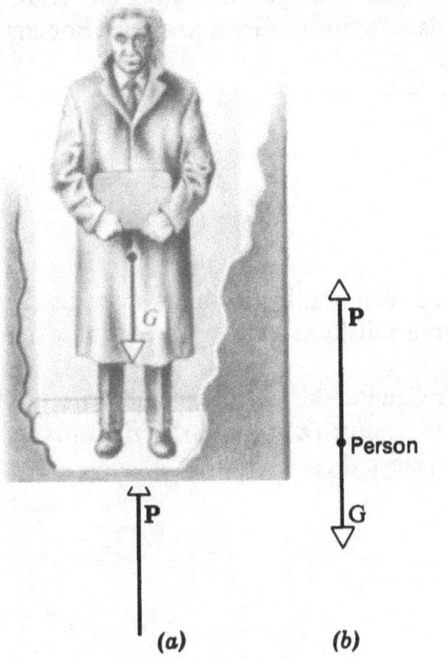

Abb. 5.9 (a) Eine Person auf dem Boden eines Fahrstuhles. (b) Das Kräftediagramm für diese Person.

ausgehen, die auf die Person wirken, so erhalten wir die Gegenkraft. Rechnen wir dagegen mit den Kräften, die auf den Boden ausgeübt werden, so erhalten wir die Kraft.

Abb. 5.9 zeigt die Situation: $\boldsymbol{G}$ ist das wahre Gewicht der Person, und die von ihr auf den Boden ausgeübte Kraft $\boldsymbol{P}$ ist das *scheinbare* Gewicht im beschleunigten Aufzug. Die resultierende auf den Boden wirkende Kraft ist dann $\boldsymbol{G} + \boldsymbol{P}$. Nach oben gerichtete Kräfte zählen wir positiv. Das Newtonsche Grundgesetz lautet hier:

$$P - G = ma, \tag{5.13}$$

worin m die Masse der Person und a ihre Beschleunigung (und die des Fahrstuhls) ist.

Der Fahrgast habe zum Beispiel eine Masse von 75 kg (Im Alltag sagen wir fälschlich, er wiege „75 Kilo"), und die Beschleunigung betrage 0.5 m/s². Dann ist sein wahres Gewicht $G = mg$ bzw. $G = mg = (75\,\text{kg})\,(9.80\,\text{m/s}^2) = 735\,\text{N}$. Sein scheinbares Gewicht P ergibt sich aus Gl. 5.13:

$$P = m(a+g) = (75\,\text{kg})\,(0.5\,\text{m/s}^2 + 9.80\,\text{m/s}^2) = 772.5\,\text{kg m/s}^2 = 772.5\,\text{N}$$

(dem entsprächen in laxer Formulierung 772.5/9.80 „Kilo" oder 78.83 „Kilo").

Man könnte diese Kraft direkt messen, wenn man die Person auf eine Federwaage stellte. Bewegt sich also der Fahrstuhl mit wachsender Geschwindigkeit nach oben, so wird die Person mit einer größeren Kraft auf den Boden drücken, als wenn der Aufzug ruhte.

Für eine abwärts gerichtete Beschleunigung $a = -0.5\,\text{m/s}^2$ erhalten wir entsprechend:

$$P = (75\,\text{kg})\,(9.80\,\text{m/s}^2 - 0.5\,\text{m/s}^2) = 697.5\,\text{N}$$

oder 71.17 „Kilo".

Reißt das Seil, an dem der Aufzug befestigt ist, so ist seine Beschleunigung, weil er frei fällt, $a = -g$, und das scheinbare Gewicht des Fahrstuhlgastes ist $P = m(g-g) = 0$. Die Waage zeigte dann Null an. Einen solchen Zustand nennt man gewöhnlich „schwerelos". Selbstverständlich hat sich die Anziehungskraft der Erde (also das wahre Gewicht) nicht geändert, aber die Kraft, mit der die Person auf den Fahrstuhlboden drückt, und die dazu gehörige Gegenkraft des Bodens auf die Person sind Null.

Fragen

1. Welches Gewicht haben Sie in Newton?
2. Warum fällt man in einem bremsenden Zug nach vorn und in einem anfahrenden Zug nach hinten? Was geschieht, wenn der Zug eine Kurve mit konstantem Geschwindigkeitsbetrag durchfährt?
3. Ein Block mit der Masse m hängt an einer Schnur C, unter dem Block ist eine weitere Schnur D befestigt (Abb. 5.10). Zieht man ruckartig an der Schnur D, so reißt sie, zieht man dagegen allmählich an ihr, so reißt die Schnur C. Man erkläre dies.

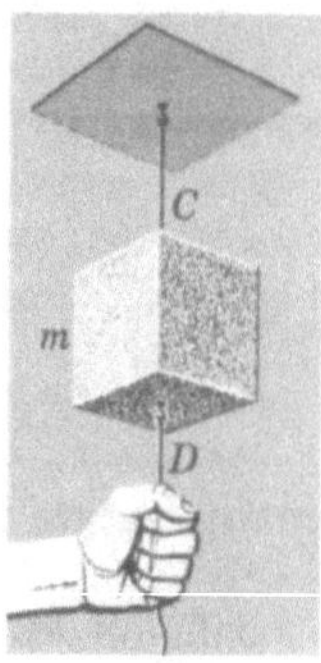

Abb. 5.10 Zu Frage 3

4. Ein Pferd soll einen Wagen ziehen. Es weigert sich unter Hinweis auf das dritte Newtonsche Axiom: „‚Die Kraft, mit der das Pferd an dem Wagen zieht, ist entgegengesetzt gleich der Kraft, mit der der Wagen an dem Pferd zieht.‘ Da ich also niemals eine größere Kraft auf den Wagen ausüben kann, als der Wagen auf mich ausübt, wie könnte ich diesen in Bewegung setzen?“ Was würde man dem Pferd antworten?
5. In welchen Fällen handelt es sich um ein Paar von Kraft und Gegenkraft? (a) Die Erde zieht einen Stein an – der Stein zieht die Erde an; (b) ein Propellerflugzeug zieht die Luft in Richtung des Flugzeuges – die Luft stößt das Flugzeug vorwärts; (c) ein Pferd zieht an einem Karren und beschleunigt ihn – der Karren zieht das Pferd zurück; (d) ein Pferd zieht an einem Karren, ohne ihn zu bewegen – der Karren zieht in die Gegenrichtung; (e) ein Pferd zieht an einem Karren, ohne ihn zu bewegen – die Erde übt eine entgegengesetzt gleich große Kraft auf den Karren aus.
6. Man kritisiere die oft gehörte Behauptung, die Masse eines Körpers sei ein Maß für die in ihm enthaltene „Materiemenge“.
7. Welche Dimension hätte die Masse, wenn man Kraft, Länge und Zeit als Basisgrößen wählte?
8. Ist die Definition der Masse auf Körper beschränkt, die anfänglich in Ruhe sind?
9. Man kommentiere die folgenden Behauptungen über die Begriffe Masse und Gewicht: (a) Masse und Gewicht sind dieselben physikalischen Größen, nur ausgedrückt in verschiedenen Einheiten; (b) die Masse ist eine Eigenschaft eines Gegenstands allein, das Gewicht dagegen das Ergebnis der Wechselwirkung von zwei Gegenständen; (c) das Gewicht eines Körpers ist proportional zu seiner Masse; (d) die Masse eines Körpers ändert sich mit dem örtlichen Gewicht.

10. Auf einen frei beweglichen Körper wirkt eine Kraft in horizontale Richtung. Kann sie eine Beschleunigung bewirken, wenn sie geringer ist als das Gewicht dieses Körpers?
11. Hängt die Beschleunigung eines frei fallenden Gegenstands von seinem Gewicht ab?
12. Ein Vogel landet auf einem gespannten Telegraphendraht. Ändert dies die Zugspannung des Drahtes? Falls dies der Fall ist, ist diese Änderung geringer, gleich oder größer als das Gewicht des Vogels?
13. In der Abb. 5.11 sind vier Kräfte mit gleichem Betrag angegeben. Drei von ihnen mögen an ein und demselben Körper angreifen. Bei welcher Kombination bleibt der Körper im translatorischen Gleichgewicht?

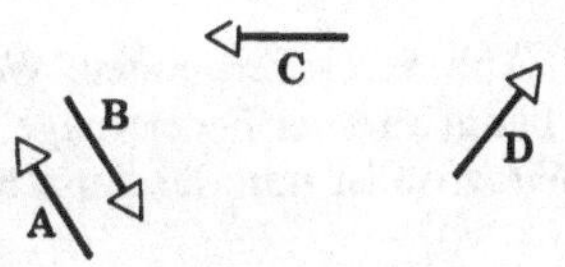

Abb. 5.11 Zu Frage 13

14. Warum bewegen sich Regentropfen beim Fallen schließlich mit konstanter Geschwindigkeit?
15. Drei Männer ziehen am Ende *A* eines Seils nach links und am anderen Ende *B* ebenfalls drei mit der gleichen Kraft nach rechts. Nun wird in der Mitte des Seils ein Gewicht mit einer Masse von 2.5 kg angehängt. (a) Können die Männer erreichen, daß das Seil *AB* horizontal ist? (b) Wenn dies nicht möglich ist, warum nicht? Sollte es den Männern dagegen gelingen, so bestimme man den Betrag der Kräfte, die in *A* und in *B* erforderlich sind.
16. Man erkläre, warum die beiden folgenden Behauptungen wahr sind. Beim Seilziehen müssen beide Mannschaften mit entgegengesetzt gleicher Kraft ziehen. Die Mannschaft gewinnt, die gegenüber dem Boden stärker zieht.
17. Über eine reibungsfreie und masselose Rolle läuft ein Seil. Auf der einen Seite hängt ein Affe, während am anderen Ende in derselben Höhe ein Spiegel befestigt ist, der genauso viel wiegt wie der Affe. Kann der Affe von seinem Bild fortgelangen, indem er (a) das Seil hinaufklettert, (b) das Seil hinabklettert, (c) das Seil losläßt?
18. Auf den Schalen einer Balkenwaage liegen zwei Körper mit der gleichen Masse. Bleibt die Waage im Gleichgewicht, wenn sie in einem Aufzug nach oben oder nach unten beschleunigt wird?
19. Sie stehen auf der Plattform einer großen Federwaage und lesen Ihr Gewicht ab. Wenn Sie jetzt einen Schritt gehen, so stellen Sie fest, daß die Waage bei Beginn dieses Schritts weniger und am Ende mehr anzeigt, als es Ihrem Gewicht entspricht. Erklären Sie dies.
20. An einer Schnur, die an der Decke eines Aufzugs befestigt ist, hängt ein Gewicht. Unter welcher der folgenden Bedingungen ist die Schnurspannung am größten bzw. am kleinsten? (a) der Aufzug bewegt sich nicht, (b) er fährt mit konstanter Geschwindigkeit aufwärts; (c) er fährt mit abnehmender Geschwindigkeit nach unten; (d) er fährt mit zunehmender Geschwindigkeit abwärts.
21. Eine Frau steht in einem Fahrstuhl auf einer Federwaage. In welchem der folgenden Fälle ist die Anzeige der Waage am geringsten bzw. am größten? (a) der Fahrstuhl steht; (b) das Seil reißt, freier Fall; (c) der Fahrstuhl wird nach oben beschleunigt; (d) er wird nach unten beschleunigt; (e) er bewegt sich mit konstanter Geschwindigkeit.
22. Unter welchen Bedingungen wäre Ihr Gewicht gleich Null? Hängt Ihre Antwort von der Wahl des Bezugssystems ab?

Aufgaben

Abschnitt 5.4

1. Zwei Blöcke der Massen m_1 und m_2 befinden sich, durch eine Feder verbunden, auf einem horizontalen reibungsfreien Tisch. Man bestimme das Verhältnis ihrer Beschleunigungen a_1 und a_2, nachdem man sie auseinandergezogen und dann losgelassen hat.
Antwort: $a_1/a_2 = m_2/m_1$.

Abschnitt 5.5

2. (a) Zwei 5-kg-Gewichte sind über eine Federwaage wie in Abb. 5.12a verbunden. Welchen Ausschlag zeigt die Waage? (b) Ein einzelnes 5-kg-Gewicht hängt an einer Federwaage, deren anderes Ende an einer Wand befestigt ist, s. Abb. 5.12b. Wie groß ist nun der Ausschlag?

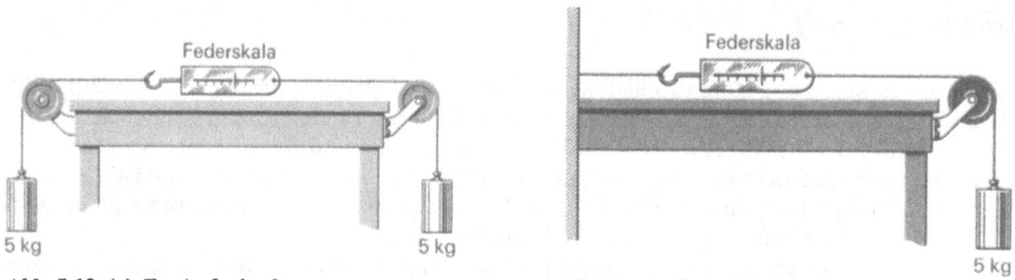

Abb. 5.12 (a) Zu Aufgabe 2a. (b) Zu Aufgabe 2b.

3. Zwei Blöcke stehen in Berührung nebeneinander auf einem reibungsfreien Tisch. Auf den einen Block wirkt eine horizontale Kraft ein, wie in Abb. 5.13 gezeigt wird. (a) Für $m_1 = 2.0$ kg, $m_2 = 1.0$ kg und $F = 3.0$ N bestimme man die Kraft, die zwischen den Blöcken auftritt. (b) Man zeige, daß die Kraft zwischen den Blöcken 2.0 N beträgt – das ist ein von dem in (a) ermittelten abweichender Wert –, wenn dieselbe Kraft auf m_2 anstatt auf m_1 angewendet wird. Erklärung!
Antwort: (a) 1.0 N.

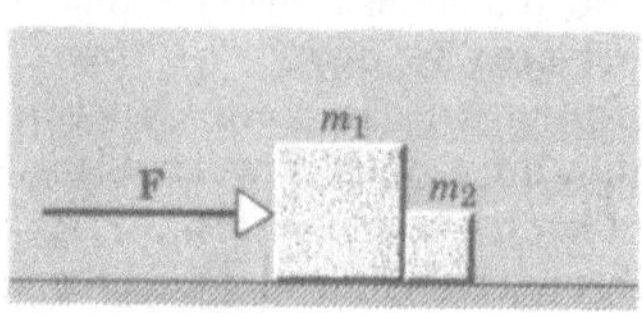

Abb. 5.13 Zu Aufgabe 3

Abschnitt 5.8

4. Ein Astronaut mit der Masse 75 kg verläßt die Erde. Man berechne sein Gewicht (a) auf der Erde, (b) auf dem Mars, wo $g = 3.8$ m/s^2, und (c) im interplanetaren Raum. (d) Wie groß ist seine Masse an diesen Orten?

Abschnitt 5.10

5. Ein Auto mit einer Anfangsgeschwindigkeit von 80 km/h und einem Gewicht von 13000 N wird auf einer Strecke von 61 m bis zum Stillstand abgebremst. Man bestimme (a) die Brems-

kraft, (b) die Entfernung und (c) die Zeit für einen entsprechenden Abbremsvorgang mit einer Anfangsgeschwindigkeit von 40 km/h.

6. Abbildung 5.14 zeigt einen Körper der Masse m, an dem zwei Kräfte $\boldsymbol{F}_1$ und $\boldsymbol{F}_2$ angreifen. Man bestimme für $m = 5.0$ kg, $F_1 = 3.0$ N und $F_2 = 4.0$ N den Beschleunigungsvektor des Körpers.

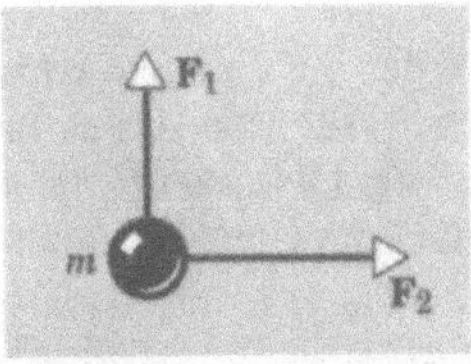

Abb. 5.14 Zu Aufgabe 6

7. Ein Elektron wird mit einer Geschwindigkeit von 1.2×10^7 m/s horizontal in ein elektrisches Feld geschossen, das eine konstante vertikale Kraft von 4.5×10^{-16} N darauf ausübt. Die Masse des Elektrons ist 9.1×10^{-31} kg. Man bestimme die vertikale Ablenkung des Elektrons in der Zeit, in der es sich um 3.0 cm horizontal fortbewegt hat.
Antwort: 1.5 mm.
8. An einem Körper mit der Masse 30 kg greifen die abwärts gerichtete Gravitationskraft und eine horizontale Kraft von 30 N an. Man finde (a) die Beschleunigung und (b) die Geschwindigkeit als Funktion der Zeit unter der Voraussetzung, daß der Körper sich anfangs in Ruhe befand.
9. Ein Elektron bewegt sich geradlinig in einer Vakuumröhre von der Kathode zur 1.0 cm entfernten Anode. Seine Geschwindigkeit ist an der Kathode Null und an der Anode 6.0×10^6 m/s. (a) Unter der Voraussetzung konstanter Beschleunigung berechne man die auf das Elektron einwirkende Kraft. (b) Diese Kraft ist eine elektrische. Die Masse des Elektrons ist 9.1×10^{-31} kg. Man vergleiche sie mit der Gravitationskraft, die wir bei geradliniger Bewegung ja vernachlässigt haben.
Antwort: (a) 1.6×10^{-15} N; (b) 8.9×10^{-30} N.
10. Ein Mann mit der Masse 80 kg springt von einem 0.50 m hohen Fenstersims auf den Zementboden eines Lichthofes. Da er den Aufprall nicht durch Beugen der Knie mildert, wird seine Bewegung auf ca. 2.0 cm abgebremst. (a) Wie groß ist die mittlere Beschleunigung des Mannes vom Zeitpunkt an, wo seine Füße den Boden berühren, bis zum völligen Stillstand? (b) Welche mittlere Kraft muß sein Knochengerüst bei dem Sprung aushalten?
11. Die einzige Kraft, die auf zwei Körper wirkt, sei ihre gegenseitige Wechselwirkung. Man zeige unter der Voraussetzung, daß beide Körper anfangs in Ruhe sind, daß die von ihnen zurückgelegten Wege sich umgekehrt proportional zu ihren Massen verhalten.
12. Man bestimme die Reibungskraft, die die Luft auf einen mit der Beschleunigung 9.2 m/s^2 fallenden Körper der Masse 0.25 kg ausübt.
13. Eine elektrisch geladene Kugel der Masse 3.0×10^{-4} kg hängt an einer Feder. Durch eine horizontal auf die Kugel wirkende elektrische Kraft wird die Feder um 37° von der Senkrechten abgelenkt. Man bestimme (a) die Größe der elektrischen Kraft und (b) die Federspannung.
Antwort: (a) 2.2×10^{-3} N; (b) 3.7×10^{-3} N.
14. Ein Block mit der Masse M wird auf einer horizontalen reibungsfreien Oberfläche durch ein Seil mit der Masse m gezogen (s. Abb. 5.15). Die horizontal angreifende Kraft sei $\boldsymbol{P}$. (a) Man zeige, daß das Seil durchhängen *muß*, und sei es auch nur um einen nicht wahrnehmbaren Betrag. Unter der Voraussetzung, daß man dies vernachlässigen kann, berechne man (b) die Beschleunigung von Block und Seil, (c) die Kraft, die das Seil auf den Block ausübt, und (d) die Spannung im Mittelpunkt des Seils.

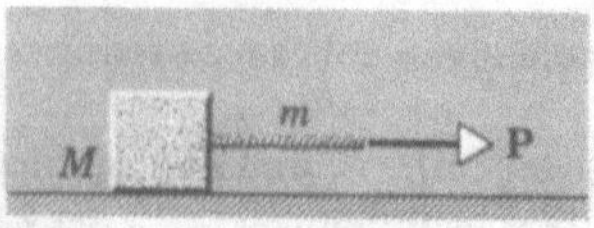

Abb. 5.15 Zu Aufgabe 14

15. Drei Blöcke, die wie in Abb. 5.16 miteinander verbunden sind, werden auf einem horizontalen, reibungsfreien Tisch mit der Kraft $T_3 = 60$ N nach rechts gezogen. Man bestimme die Zugspannungen T_1 und T_2 für $m_1 = 10$ kg, $m_2 = 20$ kg und $m_3 = 30$ kg. Diskutieren Sie anhand des Ergebnisses analoge Systeme, z. B. eine Lokomotive mit angekoppelten Waggons.
Antwort: $T_1 = 10$ N; $T_2 = 30$ N.

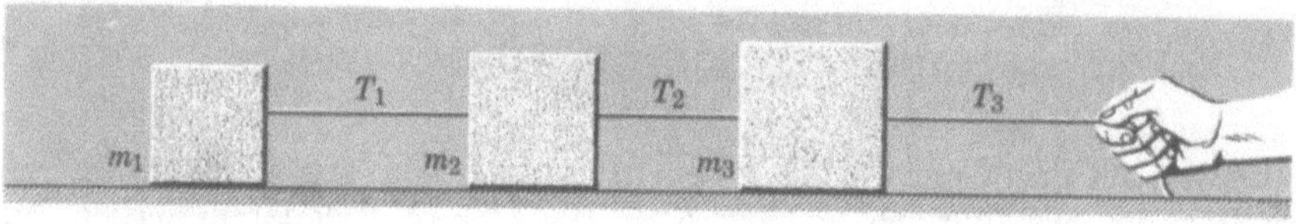

Abb. 5.16 Zu Aufgabe 15

16. Eine Rakete hat zusammen mit ihrer Nutzlast eine Gesamtmasse von 50000 kg (Gewicht $mg =$ 490000 N). Wie groß ist die Schubkraft des Raketenantriebs, wenn (a) die Rakete nach der Zündung über der Abschußrampe „schwebt" und (b) wenn sie mit 20 m/s² nach oben beschleunigt wird?
17. Wie kann man einen Körper der Masse 50 kg mit einem Strick der Reißfestigkeit 43 kg von einem Dach herunterlassen, ohne daß der Strick zerreißt?
Antwort: Man lasse den Körper mit einer Beschleunigung $\geqslant 1.3$ m/s² herunter.
18. Ein Block wird am oberen Ende einer 16 m langen schiefen Ebene losgelassen ($t = 0$). Er kommt am unteren Ende nach 4.0 s an. Ein zweiter Block wird vom unteren Ende aus zum gleichen Zeitpunkt $t = 0$ so hochgestoßen, daß er mit dem ersten Körper wieder gleichzeitig unten ankommt. (a) Man bestimme die Beschleunigung der beiden Blöcke auf der schiefen Ebene. (b) Wie groß ist die Anfangsgeschwindigkeit des zweiten Blocks? (c) Wie hoch steigt er auf der Ebene? (d) Welchen Neigungswinkel hat die Ebene?
19. Ein Block mit der Masse $m_1 = 3.0$ kg, der sich auf einer um 30° geneigten, glatten Fläche befindet, ist über eine reibungsfreie Rolle durch ein Seil mit einem zweiten Block mit der Masse $m_2 = 2.0$ kg verbunden, der senkrecht herunterhängt (siehe Abb. 5.17). (a) Wie groß ist die Beschleunigung der beiden Blöcke? (b) Wie groß ist die Zugspannung im Seil?
20. Ein Block wird mit der Geschwindigkeit v_0 eine reibungsfreie schiefe Ebene hinaufgestoßen. Der Neigungswinkel der Ebene ist θ. (a) Wie weit steigt der Block die Ebene hinauf? (b) Wie

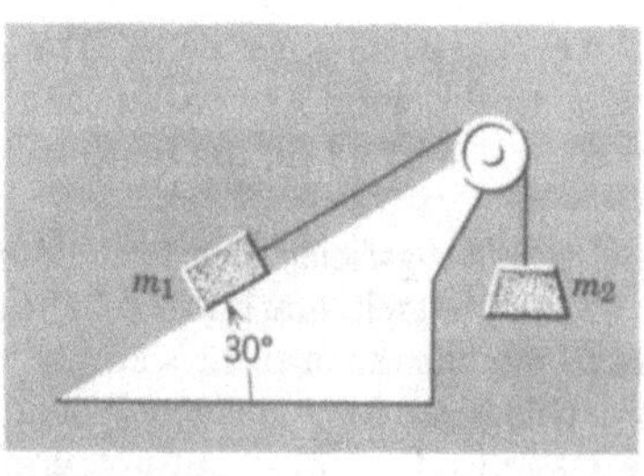

Abb. 5.17 Zu Aufgabe 19

lange braucht er dazu? (c) Wie groß ist seine Endgeschwindigkeit, wenn er wieder zum unteren Ende zurückgekehrt ist? Man rechne auch numerisch mit den Werten $\theta = 30°$ und $v_0 = 2.5$ m/s.

21. Ein Fahrstuhl mit einer Masse von 3000 kg wird durch ein Seil mit der Beschleunigung 1.2 m/s^2 nach oben bewegt. (a) Wie groß ist die Zugspannung im Seil? (b) Wie groß ist sie, wenn die Beschleunigung nach unten weist?
22. Eine Lampe hängt senkrecht an einem Kabel in einem sich abwärts bewegenden Fahrstuhl. Er hat die Verzögerung 2.4 m/s^2, bevor er zum Stillstand kommt. (a) Wie groß ist die Masse der Lampe, wenn die Zugspannung im Kabel 89 N beträgt? (b) Wie groß ist die Spannung, wenn der Fahrstuhl mit der Beschleunigung 2.4 m/s^2 steigt?
23. Ein Mann mit der Masse 80 kg erfährt beim Absprung mit einem Fallschirm eine Abwärtsbeschleunigung von 2.5 m/s^2. Die Masse des Fallschirms ist 5.0 kg. (a) Wie groß ist die aufwärts gerichtete Kraft, die die Luft auf den Fallschirm ausübt? (b) Wie groß ist die abwärts gerichtete Kraft, die der Mann auf den Fallschirm ausübt?
Antwort: (a) 620 N; (b) 580 N.
24. Ein Forschungsballon mit der Gesamtmasse M bewegt sich senkrecht mit der Beschleunigung a abwärts. Wieviel Ballast muß von ihm abgeworfen werden, damit er eine *Aufwärts*beschleunigung a erhält?
25. Ein Fahrstuhl besteht aus der Aufzugskabine A, dem Gegengewicht B, dem Antriebsmechanismus C, dem Seil und den Rollen, wie in Abb. 5.18 gezeigt. Die Masse der Kabine ist 1100 kg, die des Gegengewichts 1000 kg. Man vernachlässige die Reibung sowie die Massen von Seil und Rollen. Der Fahrstuhl beschleunigt aufwärts mit 2.0 m/s^2 und das Gegengewicht abwärts mit dem gleichen Wert. (a) Wie groß ist die Spannung T_1? (b) T_2? (c) Welche Kraft wird vom Antriebsmechanismus auf das Seil ausgeübt?
Antwort: (a) 1.3×10^4 N; (b) 0.78×10^4 N; (c) 5.2×10^3 N in Richtung des Gegengewichts.

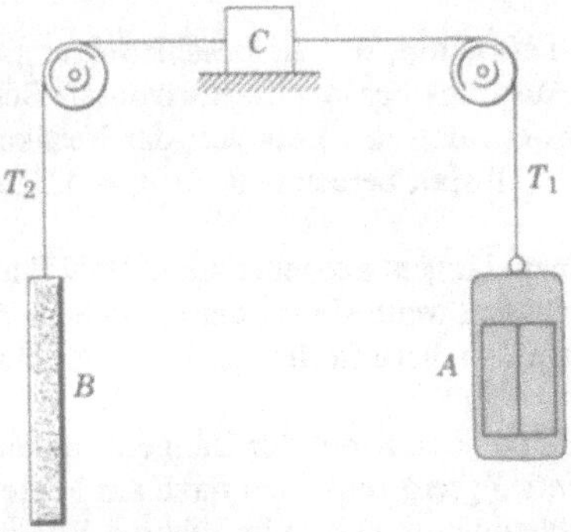

Abb. 5.18 Zu Aufgabe 25

26. Ein Mann mit der Masse 100 kg läßt sich von einer Höhe von 10 m mit einem Seil, das über eine reibungsfreie Rolle läuft und am anderen Ende einen 70-kg-Sandsack als Gegengewicht trägt, auf den Boden hinab. (a) Mit welcher Geschwindigkeit trifft der Mann auf dem Boden auf? (b) Gibt es eine Möglichkeit, diese Geschwindigkeit zu reduzieren?
27. Eine nach oben gerichtete Kraft $\boldsymbol{F}$ greift an der Achse einer Rolle an (s. Abb. 5.19). Man betrachte Rolle und Strick als masselos und die Lagerung als reibungsfrei. Zwei Körper mit der Masse $m_1 = 1.0$ kg und $m_2 = 2.0$ kg sind durch den Strick über die Rolle miteinander verbunden, und m_2 berührt den horizontalen Boden. (a) Man zeichne das Kräftediagramm für die Rolle, für m_1 und für m_2. (b) Für welchen maximalen Wert von $\boldsymbol{F}$ bleibt m_2 gerade noch auf dem Boden? (c) Wie groß ist die Spannung im Strick, wenn die aufwärts gerichtete Kraft $F =$ 100 N beträgt? (d) Wie groß ist die Beschleunigung von m_1 bei der in (c) ermittelten Zugspannung?
Antwort: (b) 39 N; (c) 50 N; (d) 40 m/s^2 aufwärts.

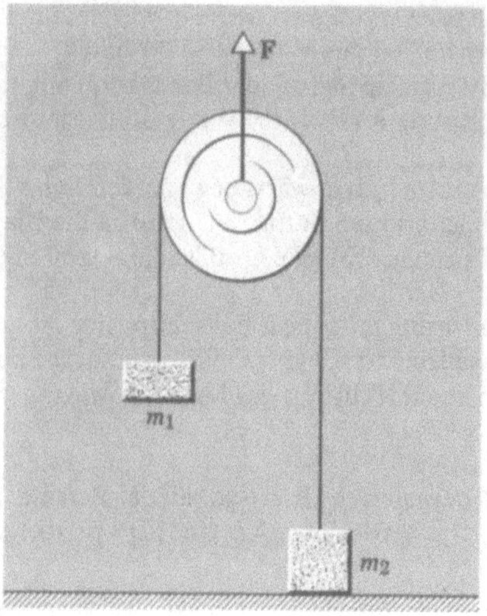

Abb. 5.19 Zu Aufgabe 27

28. Ein Affe der Masse 10 kg klettert ein masseloses Seil hoch, das über einem (reibungsfreien) Baumast hängt und mit einer 15-kg-Masse verbunden ist. Man erkläre, wie der Affe klettern muß, um die 15-kg-Masse vom Boden zu heben. Ist dies erfolgt, und bleibt der Affe jetzt am gleichen Punkt des Seils hängen, wie groß sind dann (b) seine Beschleunigung und (c) die Zugspannung im Strick?
29. Ein Bleilot, das an der Decke eines Eisenbahnwagens hängt, soll als Beschleunigungsmesser verwendet werden. (a) Man leite den allgemeinen Ausdruck her, der die horizontale Beschleunigung a des Wagens mit dem Winkel θ, der Abweichung des Lots von der Vertikalen, in Beziehung setzt. (b) Man berechne a für $\theta = 20°$. (c) Man berechne θ für $a = 1.5\,\text{m/s}^2$. *Antwort:* (a) $a = g \tan \theta$; (b) $3.6\,\text{m/s}^2$, (c) 8.7°.
30. Eine gleichmäßig flexible Kette der Länge l mit einem längenbezogenen Gewicht λ läuft über eine reibungsfreie, masselose Rolle. Sie wird losgelassen, wenn sie auf der einen Seite mit der Länge x und auf der anderen Seite mit der Länge $l-x$ herunterhängt. Man bestimme die Beschleunigung als Funktion von x.
31. Zwei Massenpunkte mit der Masse m sind durch eine Schnur mit der Länge $2l$ miteinander verbunden (s. Abb. 5.20). Eine kontinuierliche Kraft $\boldsymbol{F}$ greift senkrecht dazu am Mittelpunkt der Schnur ($x = 0$) an. Man zeige, daß die Beschleunigung von m im rechten Winkel zu $\boldsymbol{F}$ gegeben ist durch

$$a_x = \frac{F}{2m} \frac{x}{\sqrt{l^2 - x^2}},$$

wobei x die Entfernung eines der Massenpunkte senkrecht zur Richtung von $\boldsymbol{F}$ ist. Man diskutiere den Fall $x = l$.

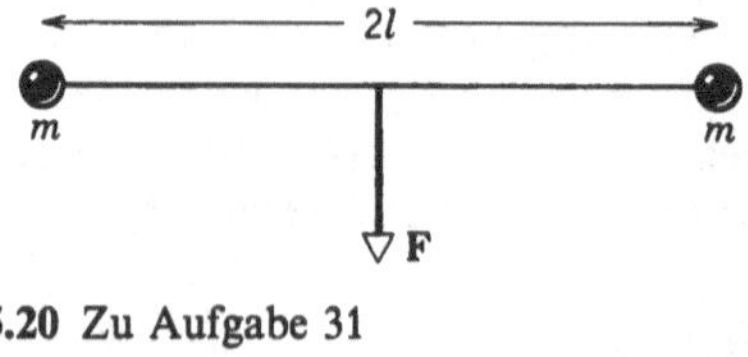

Abb. 5.20 Zu Aufgabe 31

32. Eine Kette aus fünf Gliedern, von denen jedes die Masse 0.10 kg hat, wird senkrecht mit der konstanten Beschleunigung 2.5 m/s^2 hochgehoben (s. Abb. 5.21). Man bestimme (a) die zwischen benachbarten Gliedern wirkenden Kräfte, (b) die Kraft $\boldsymbol{F}$, die auf das oberste Glied infolge des Anhebens ausgeübt wird, und (c) die auf jedes Glied wirkende *resultierende* Kraft.
33. *Grenzgeschwindigkeit*. Beim freien Fall hängt der Luftwiderstand von vielen Faktoren ab, wie z. B. von der Größe und Form des Körpers, von der Dichte und Temperatur der Luft und von der Geschwindigkeit des fallenden Körpers. Eine brauchbare Annahme, die allerdings nur näherungsweise richtig ist, ist die Proportionalität der Reibungskraft $\boldsymbol{F}_R$ zur Geschwindigkeit in entgegengesetzter Richtung, also $\boldsymbol{F}_R = -k\boldsymbol{v}$, wobei k eine Konstante ist, die durch andere Faktoren bestimmt wird.

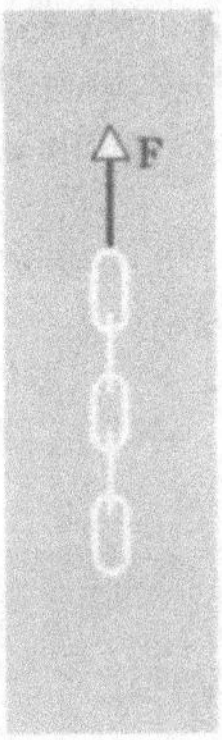

Abb. 5.21 Zu Aufgabe 32

Man untersuche den freien Fall eines Körpers durch die Luft.
(a) Man zeige, daß das zweite Newtonsche Axiom ergibt

$$mg - kv = ma \text{ oder } mg - k\frac{dy}{dt} = m\frac{d^2y}{dt^2}.$$

(b) Man zeige, daß der Körper aufhört zu beschleunigen, wenn er die *Grenzgeschwindigkeit* $v_G = mg/k$ erreicht hat.
(c) Man zeige durch Substitution von v_G in die Bewegungsgleichung von Teil (a), daß die Abhängigkeit der Geschwindigkeit von der Zeit gleich

$$v = v_G\,(1 - e^{-kt/m}),$$

ist und trage v gegen t auf.
(d) Man skizziere qualitativ die Kurven y gegen t und a gegen t für diese Bewegung; man beachte, daß die Anfangsbeschleunigung g und die Endbeschleunigung Null ist.

34. Ein rechtwinkliger Keil mit der Masse M und dem Neigungswinkel θ trägt einen kubischen Block mit der Masse m und steht auf einem horizontalen Tisch, wie Abb. 5.22 zeigt.
(a) Welche horizontale Beschleunigung a relativ zum Tisch muß M haben, damit m relativ zum Keil unter der Voraussetzung reibungsfreien Kontakts nicht herunterrutscht? (b) Welche horizontale Kraft $\boldsymbol{F}$ muß dafür aufgewendet werden (reibungsfreie Tischfläche vorausgesetzt)? (c) Wie verläuft die Bewegung, wenn keine Kräfte angreifen und beide Kontaktflächen reibungsfrei sind?

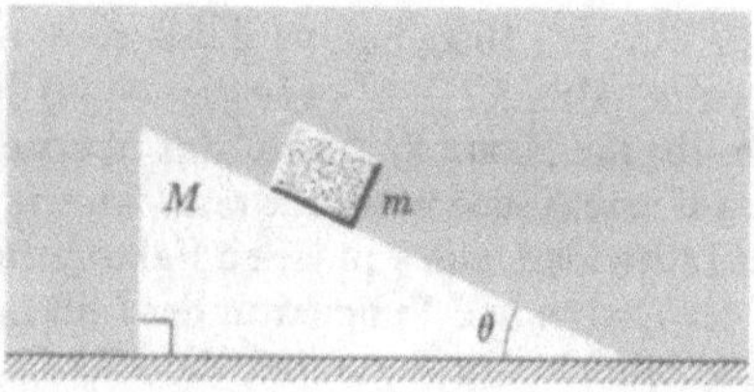

Abb. 5.22 Zu Aufgabe 34

35. Ein Block (Masse m) gleitet eine reibungsfreie, geneigte Rampe (Winkel θ) hinunter, die auf dem Boden eines Fahrstuhls steht. Man bestimme seine Beschleunigung relativ zur Rampe für die folgenden Fälle: (a) Der Fahrstuhl steigt mit konstanter Geschwindigkeit v, (b) der Fahrstuhl fährt abwärts mit konstantem v, (c) er steigt mit der Beschleunigung a, (d) er fährt abwärts mit a, (e) das Fahrstuhlkabel reißt. (f) Welche Kraft wird in Teil (c) durch die Rampe auf den Block ausgeübt?
Antwort: (a) $g \sin \theta$ die Rampe hinunter; (b) $g \sin \theta$ die Rampe hinunter; (c) $(g - a) \sin \theta$ die Rampe hinunter; (d) $(g + a) \sin \theta$ die Lampe hinunter; (e) Null (f) $m(g - a) \cos \theta$.

6 Dynamik II

6.1 Einführung

Im vorangegangenen Kapitel behandelten wir einen (als Massenpunkt idealisierten) Körper, der einer nach Betrag und Richtung konstanten Kraft unterliegt. Das war einmal die Erdanziehungskraft, zum andern die Kraft, die ein gespanntes Seil ausübt.

In diesem Kapitel untersuchen wir zunächst geschwindigkeitsabhängige Kräfte, mit denen man die Reibung beschreibt, um dann auf die Dynamik der gleichförmigen Kreisbewegung einzugehen. Hier ist zwar der Betrag der Kraft zeitlich konstant, nicht aber ihre Richtung. Im zehnten Kapitel begegnen wir Problemen, bei denen umgekehrt die Richtung der Kraft konstant ist, während sich ihr Betrag zeitlich ändert. Es handelt sich um die sogenannten Stoßprobleme. Im fünfzehnten Kapitel behandeln wir schließlich Kräfte, die sich in Betrag und Richtung ändern, während sie auf einen Massenpunkt wirken. Ein Beispiel hierfür ist die Kraft, die ein an einer Feder befestigter schwingender Körper erfährt.

6.2 Reibungskräfte

Wenn wir einen Block mit der Masse m über einen langen waagerechten Tisch mit der Anfangsgeschwindigkeit $\boldsymbol{v}_0$ stoßen, so bleibt er nach einiger Zeit stehen. Das bedeutet, daß er während der Bewegung eine mittlere Beschleunigung $\bar{\boldsymbol{a}}$ erhält, die in die entgegengesetzte Richtung zeigt. Mit der Beschleunigung eines Körpers ist eine Kraft verbunden, die durch das zweite Newtonsche Axiom bestimmt ist. In diesem Fall erklären wir, daß der Tisch eine Reibungskraft auf den gleitenden Körper ausübt, deren mittlerer Wert $m\bar{\boldsymbol{a}}$ ist.

Tatsächlich üben alle Körper aufeinander Reibungskräfte aus, wenn ihre Flächen aufeinander gleiten. Ihre Richtung ist der Bewegung entgegengesetzt, die der eine Körper relativ zum anderen ausführt. Die Bewegung wird durch Reibungskräfte immer gebremst. Sogar ohne relative Bewegung der beiden Körper zueinander existiert zwischen ihren Berührungsflächen eine Reibungskraft.

Obgleich wir bis jetzt Reibungskräfte immer vernachlässigt haben, spielen sie im täglichen Leben eine bedeutende Rolle. Jede rotierende Achswelle kommt von allein zur Ruhe. Im Auto werden 20% der Energie nur für die Aufhebung der Reibungskräfte verbraucht. Reibung verursacht Verschleiß und das Festfressen von bewegten Teilen, und viele Ingenieurstunden wurden schon für ihre Reduzierung aufgebracht. Andererseits könnten wir ohne Reibung nicht gehen, keinen Bleistift halten und, wenn wir es könnten, nicht schreiben; jeglicher Transport auf Rädern wäre unmöglich.

Wir wollen nun die Reibungskräfte durch die Eigenschaften des Körpers und die seiner Umgebung ausdrücken. Das bedeutet, wir suchen ein Gesetz für Reibungskräfte. Im folgenden betrachten wir zunächst das Gleiten (nicht Rollen) einer trockenen (ungeschmierten) Fläche auf einer anderen. Wie wir später sehen werden, ist Reibung, in mikroskopischer Größenordnung betrachtet, ein sehr kompliziertes Phänomen; ihre Kraftgesetze sind von empirischer Natur und erlauben lediglich angenäherte Voraussagen. Sie sind nicht von der eleganten Einfachheit und Genauigkeit wie das Gravitationsgesetz (Kap. 16) oder das elektrostatische Kraftgesetz (Kap. 26). Es ist jedoch bemerkenswert – denkt man an die Verschiedenartigkeit aller möglichen Oberflächen – daß man auf der Basis weniger einfacher Mechanismen viele Aspekte des Reibungsverhaltens qualitativ verstehen kann.

Man betrachte auf einem horizontalen Tisch einen Block in Ruhe wie in Abb. 6.1. Die Kraft, die erforderlich ist, um ihn in Bewegung zu versetzen, wird mit einer Feder gemessen. Wir stellen fest, daß sich der Block durch Einwirkung einer kleinen Kraft noch nicht bewegen läßt. Sie wird durch eine entgegengesetzt wirkende Kraft aufgehoben, die an den Berührungsflächen auftritt. Wir steigern nun die Krafteinwirkung, bis bei einem bestimmten Wert die Bewegung einsetzt. Einmal in Bewegung geraten, wird der Block durch die gleiche Kraft beschleunigt. Reduzieren wir bei einsetzender Bewegung die antreibende Kraft, so ist es möglich, eine gleichförmige Bewegung des Blocks zu erreichen. Diese Kraft kann klein, aber nie Null sein.

Eine Kraft zwischen Kontaktflächen, die relativ zueinander in Ruhe sind, wird *Haftreibungskraft* genannt. Ihr maximaler Wert ist so groß wie der kleinste Wert der Kraft, die den Block gerade in Bewegung versetzt. Die Kraft, die ihn in gleichförmiger Bewegung hält, heißt *Gleitreibungskraft*.

Die maximale Haftreibungskraft zwischen zwei trockenen ungeschmierten Flächen gehorcht den folgenden zwei empirischen Gesetzen: Sie ist (1) in einem großen Bereich nahezu unabhängig von der Kontaktflächengröße und (2) proportional zur senkrecht auf die Fläche wirkenden Kraft. Diese Normalkraft ist die Kraft, die zwei sich berührende Körper in jedem Punkt der Kontaktfläche in senkrechter Richtung aufeinander ausüben. Sie wird durch die elastische Deformation der in Kontakt stehenden Körper verursacht; in der Realität gibt es keine vollkommen starren Körper. Bei einem Block, der auf einem waagerechten Tisch ruht oder gleitet, ist die Normalkraft dem Betrag nach gleich der Gewichtskraft des Blockes. Da der Block keine senkrechte Komponente der Beschleunigung hat, muß der Tisch auf ihn eine aufwärtsgerichtete Kraft ausüben, die im Betrag gleich der abwärtsgerichteten Erdanziehungskraft, also gleich seiner Gewichtskraft ist.

Das Verhältnis der Beträge von maximaler Haftreibungskraft und Normalkraft wird *Haftreibungszahl* genannt. Ist f_H der Betrag der Haftreibungskraft, so kann man schreiben:

$$f_H \leq \mu_H N, \tag{6.1}$$

mit μ_H = Haftreibungszahl und N = Betrag der Normalkraft. Das Gleichheitszeichen gilt dann, wenn f_H seinen maximalen Wert hat.

Die Kraft der Gleit- oder Bewegungsreibung f_{Gl} zwischen trockenen, ungeschmierten Flächen gehorcht denselben zwei Gesetzen wie die Haftreibungskraft: Sie ist (1) nahezu

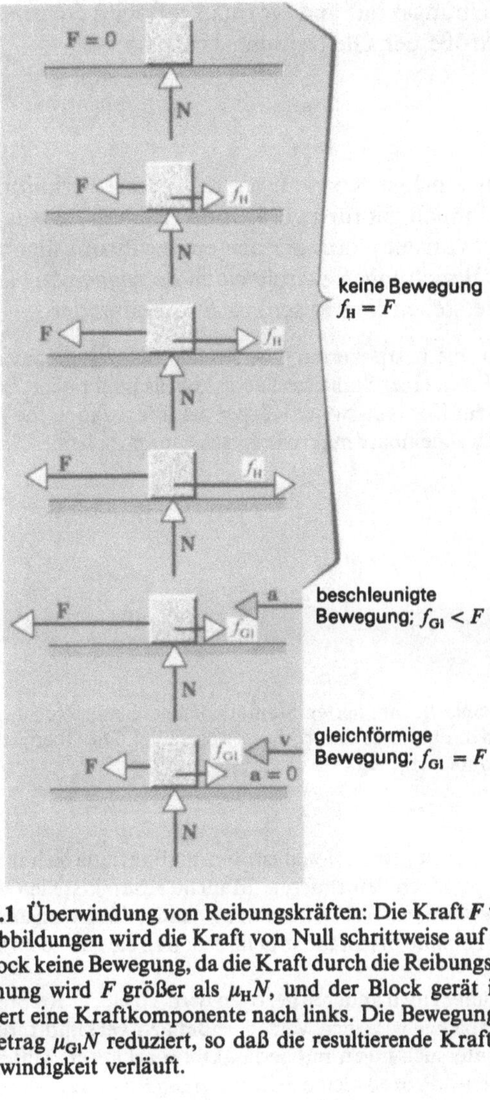

Abb. 6.1 Überwindung von Reibungskräften: Die Kraft *F* wird auf einen Block ausgeübt. In den ersten vier Abbildungen wird die Kraft von Null schrittweise auf den Betrag $\mu_H N$ gesteigert. Bis dahin erfährt der Block keine Bewegung, da die Kraft durch die Reibungskraft gerade aufgehoben wird. In der fünften Zeichnung wird *F* größer als $\mu_H N$, und der Block gerät in Bewegung. Da im allgemeinen $\mu_{Gl} < \mu_H$, resultiert eine Kraftkomponente nach links. Die Bewegung ist beschleunigt. Im letzten Bild wird *F* auf den Betrag $\mu_{Gl} N$ reduziert, so daß die resultierende Kraft Null ist und die Bewegung mit konstanter Geschwindigkeit verläuft.

unabhängig von der Größe der Berührungsfläche und (2) proportional zur Normalkraft. Sie ist außerdem weitgehend unabhängig von der relativen Geschwindigkeit der beiden Körper.

Die beiden Reibungsgesetze wurden zuerst experimentell von Leonardo da Vinci (1452–1519) entdeckt. Dies ist insofern bemerkenswert, da es zwei Jahrhunderte vor dem von Newton entwickelten Kraftbegriff geschah. Leonardos Formulierung lautete: (1) „Reibung, die durch dasselbe Gewicht verursacht wird, erzeugt den gleichen Widerstand zu Beginn einer Bewegung, selbst wenn der Kontakt von unterschiedlicher Breite oder Länge ist." und (2) „Reibung erfordert den doppelten Betrag an Kraft, wenn das Gewicht verdoppelt wird." Charles A. Coulomb (1736–1806) machte viele Reibungsexperimente und zeigte den Unterschied zwischen Haft- und Gleitreibung.

Das Verhältnis der Beträge von Gleitreibungskraft und Normalkraft wird *Gleitreibungszahl* genannt. Repräsentiert f_{Gl} die Größe der Gleitreibungskraft, so ist

$$f_{Gl} = \mu_{Gl} N, \tag{6.2}$$

mit μ_{Gl} = Gleitreibungszahl.

Sowohl μ_{Gl} als auch μ_H sind dimensionslose Konstanten, da sie das Verhältnis (der Beträge) von zwei Kräften sind. Gewöhnlich gilt für zwei Kontaktflächen $\mu_H > \mu_{Gl}$. Der tatsächliche Wert von μ_H und μ_{Gl} hängt von der Natur der beiden Berührungsflächen ab. Man beachte, daß die Gln. 6.1 und 6.2 Beziehungen zwischen den *Beträgen* von Normal- und Reibungskraft sind. Diese Kräfte stehen immer senkrecht aufeinander.

In atomaren Größenordnungen sind sogar die bestpolierten Oberflächen bei weitem nicht eben. Abb. 6.2 zeigt z. B. ein stark vergrößertes Profil einer Stahloberfläche, die als hochpoliert betrachtet wird. Man kann leicht einsehen, daß beim Kontakt zweier Körper der mikroskopische Bereich der Berührung wesentlich geringer ist als der scheinbare makroskopische; in speziellen Fällen kann das Verhältnis 1 zu 10^4 betragen.

Abb. 6.2 Ein stark vergrößerter Ausschnitt einer hochpolierten Stahloberfläche. Senkrechte Abstände sind relativ zu waagerechten Abständen um den Faktor zehn vergrößert abgebildet. Die Oberflächenunebenheiten sind mehrere tausend Atomdurchmesser hoch.

Der reale (mikroskopische) Kontaktbereich ist proportional zur Normalkraft, da sich die Kontaktstellen unter den großen Spannungen plastisch deformieren. Manche Kontaktstellen werden kalt miteinander „verschweißt“. Diese *Oberflächenadhäsion* kommt zustande, da sich an den Kontaktpunkten die Moleküle beider Flächen so nahe beieinander befinden, daß sie starke zwischenmolekulare Kräfte aufeinander ausüben.

Wenn ein Körper (z. B. ein Metallstück) über einen anderen gezogen wird, so ist der Reibungswiderstand mit dem Aufbrechen tausender solcher winzigen Verschweißungen verknüpft, die sich kontinuierlich neu bilden (s. Abb. 6.3). Untersuchungen mit radioaktiv markierten Materialien haben gezeigt, daß bei dem eben beschriebenen Prozeß kleine Teile der einen Fläche auf die andere übergehen. Ist die relative Geschwindigkeit der beiden Flächen groß genug, so kann an bestimmten Kontaktbereichen eine lokale Schmelzung auftreten, auch wenn sich die Gesamtfläche nur mäßig warm anfühlt.

Die Reibungszahl hängt von vielen Veränderlichen ab, z. B. von der Natur des Materials, der Oberflächenbearbeitung, Oberflächenfilmen, Temperatur und Ausmaß der Verschmutzung. Wenn beispielsweise zwei sorgfältig gereinigte Metallflächen in eine hochevakuierte Kammer gebracht werden, so daß sich keine Oberflächenoxidfilme bilden können, so steigt die Reibungszahl auf enorm hohe Werte an, und die beiden Flächen werden fest miteinander „verschweißt“. Wird ein wenig Luft in die Kammer gelassen, so sinkt die Reibungszahl infolge Oxidfilmbildung wieder auf ihren „normalen“ Wert.

Bei diesen komplizierten Einflüssen ist es nicht verwunderlich, daß es keine exakte Theorie für die trockene Reibung gibt und daß ihre Gesetze rein empirisch sind. Die oben angegebenen zwei Gesetze für die Reibung können mittels der Adhäsionstheorie der Reibung für Metalle besser

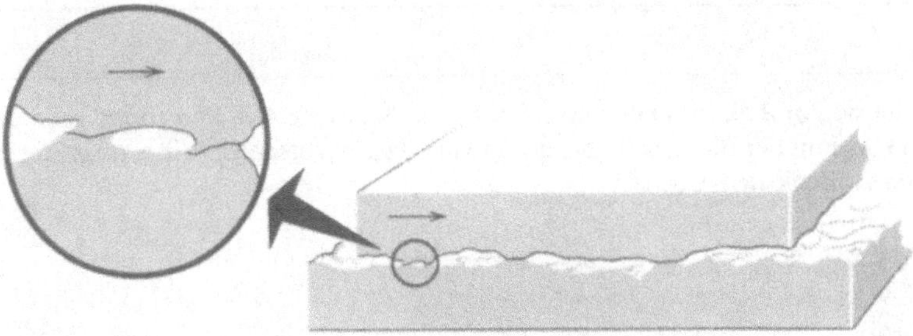

Abb. 6.3 Gleitreibung. (a) In dem vergrößerten Ausschnitt bewegt sich der obere über den unteren Körper nach rechts. (b) Der noch weiter vergrößerte runde Ausschnitt zeigt zwei Punkte, an denen Oberflächenadhäsion auftritt. Um diese Verschmelzungen aufzubrechen und die Bewegung aufrechtzuerhalten, muß Kraft aufgewendet werden.

verstanden werden. (1) Die mikroskopische Kontaktfläche, die die Reibungskraft bestimmt, ist proportional zur Normalkraft N, und somit ist die Reibungskraft f_{Gl} proportional zu N, wie Gl. 6.2 zeigt. (2) Die Tatsache, daß die Reibung unabhängig von der Größe der Kontaktfläche ist, bedeutet beispielsweise, daß die Kraft, die notwendig ist, um einen Metallquader über einen Metalltisch zu ziehen, nicht davon abhängt, mit welcher Fläche der Quader auf diesem Tisch aufliegt. Dies kann man nur verstehen, wenn die mikroskopische Kontaktfläche für alle Lagen des Quaders dieselbe ist, und dies ist tatsächlich der Fall. Ist die größte Quaderfläche die Kontaktfläche, so verteilt sich die zu tragende Last auf eine große Zahl relativ kleiner Kontaktbereiche. Bei der kleinsten Fläche ist die Zahl der Kontaktbereiche zwar kleiner, aber dafür ihre Größe durch den stärkeren Druck derselben Last um den gleichen Faktor größer.

Die Reibungskraft, die einem *rollenden* Körper Widerstand entgegensetzt, ist wesentlich geringer als für gleitende Bewegung. So ist es auf trockener Straße z. B. leichter, einen Wagen zu ziehen als einen Schlitten. Dies wird zum großen Teil dadurch verursacht, daß die mikroskopischen Kontaktverschweißungen durch die rollende Bewegung besser „abgeschält" als durch die gleitende Bewegung „abgeschert" werden. Dies reduziert die Reibungskraft um einen großen Faktor.

Der Reibungswiderstand kann bei trockener gleitender Reibung durch Schmieren reduziert werden. Ein Wandgemälde in einer ägyptischen Grotte, das um 1900 vor der Zeitwende gemalt wurde, zeigt eine große Steinstatue. Sie wird von einem Mann auf einem Schlitten gezogen, der vor den Schlitten Schmieröl gießt. Eine noch wesentlich effektivere Methode ist das Einführen einer Gasschicht zwischen die Gleitflächen. Der Trockeneispuck und das gasbeschichtete Lager sind Beispiele dafür. Die Reibung ist außerdem sehr klein, wenn ein rotierender Körper durch ein Magnetfeld in einem evakuierten Raum in der Schwebe gehalten wird. Wird beispielsweise ein Rotor dieses Typs bei 1000 Umdrehungen je Sekunde abgestellt, so wird er in einem Tag nur um 1 Umdrehung je Sekunde langsamer.

Es folgen nun Beispiele für die Anwendung des empirischen Kraftgesetzes für Reibung. Man setzt voraus, daß die Reibungszahlen konstant sind. Tatsächlich kann μ_{Gl} als ein guter Mittelwert angesehen werden, der nicht sehr von dem Wert bei einer bestimmten Geschwindigkeit abweicht.

Beispiel 1

Ein Block befindet sich in Ruhe auf einer schiefen Ebene (s. Abb. 6.4a). Vergrößert man den Neigungswinkel θ, so beginnt der Block beim Neigungswinkel θ_H zu rutschen. Wie groß ist die Haftreibungszahl zwischen Block und Ebene?

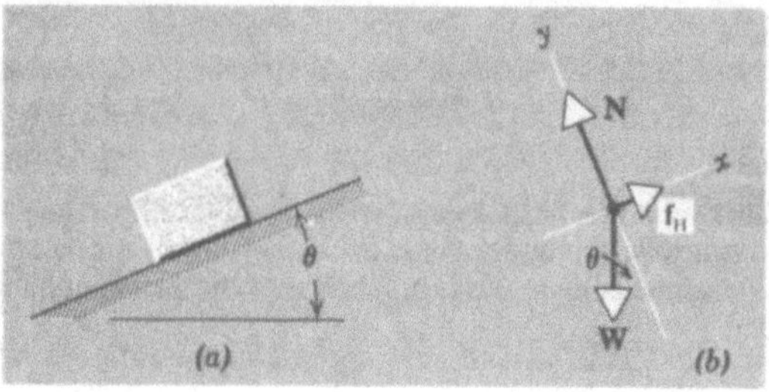

Abb. 6.4 Zu Beispiel 1. (a) Ein Block steht auf einer rauhen, schiefen Ebene. (b) Das Kräftediagramm für den Block.

Behandelt man den Block als Massenpunkt, so greifen die in Abb. 6.4b gezeigten Kräfte an. $\boldsymbol{W}$ ist die Gewichtskraft des Blockes, $\boldsymbol{N}$ die Normalkraft, die durch die schräge Ebene auf den Block wirkt, und $\boldsymbol{f}_H$ die tangentiale Komponente der Reibungskraft. Man beachte, daß die resultierende Kraft $\boldsymbol{N} + \boldsymbol{f}_H$ der Ebene nicht mehr senkrecht auf der Kontaktfläche steht, wie es bei horizontalen Flächen der Fall wäre ($\boldsymbol{f}_H = 0$). Steht der Block still, so ist

$$\boldsymbol{N} + \boldsymbol{f}_H + \boldsymbol{W} = \boldsymbol{0}.$$

Zerlegt man die Kräfte in x- und y-Komponenten in Richtung der Ebene und senkrecht dazu, so erhält man

$$\begin{aligned} N - W\cos\theta &= 0, \\ f_H - W\sin\theta &= 0 \end{aligned} \tag{6.3}$$

mit $f_H \leq \mu_H N$. Erhöht man den Neigungswinkel langsam, bis der Block anfängt zu gleiten, so ist $\theta = \theta_H$ und damit $f_H = \mu_H N$. Setzt man dies in die Gln. 6.3 ein, so wird

$$N = W\cos\theta_H$$

und

$$\mu_H N = W\sin\theta_H,$$

so daß

$$\mu_H = \tan\theta_H.$$

Die Messung des Neigungswinkels, bei dem die Bewegung beginnt, ist eine einfache experimentelle Methode für die Bestimmung der Haftreibungszahl zwischen zwei Flächen.

Mit der gleichen Begründung kann man zeigen, daß der Neigungswinkel θ_{Gl}, bei dem der Block mit *konstanter Geschwindigkeit* die Ebene abwärts gleitet, nachdem man ihn leicht angestoßen hat, der Beziehung genügt:

$$\mu_{Gl} = \tan\theta_{Gl},$$

wobei $\theta_{Gl} < \theta_H$. Jetzt können Sie mit Hilfe eines Lineals μ_H und μ_{Gl} für ein Geldstück bestimmen, das Ihr Lehrbuch herunterrutscht.

Beispiel 2

Man betrachte ein Auto, das sich auf einer geraden horizontalen Straße mit der Geschwindigkeit v_0 bewegt. Welches ist die kürzeste Strecke, auf der das Auto anhalten kann, wenn die Haftreibungszahl zwischen Reifen und Straße μ_H ist?

Betrachtet man das Auto als Massenpunkt, so sind die an ihm angreifenden Kräfte in Abb. 6.5 gezeigt. Das Auto bewege sich in positiver x-Richtung. Unter der Voraussetzung von konstantem f_H haben wir eine gleichmäßig negativ beschleunigte Bewegung.

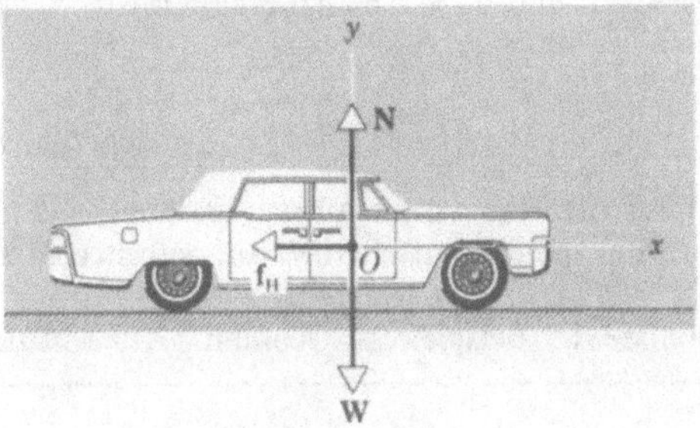

Abb. 6.5 Zu Beispiel 2. Die Kräfte, die an einem negativ beschleunigten Auto angreifen.

Aus der Beziehung (s. Gl. 3.16)

$$v^2 = v_0^2 + 2ax$$

erhält man mit der Bedingung $v = 0$

$$x = -v_0^2/2a,$$

wobei das Minuszeichen bedeutet, daß $\boldsymbol{a}$ in die negative x-Richtung zeigt.

Um a zu bestimmen, schreibt man die x-Komponente der Bewegungsgleichung an:

$$-f_H = ma = (W/g)a \quad \text{oder} \quad a = -g(f_H/W).$$

Aus der y-Komponente erhalten wir

$$N - W = 0 \quad \text{oder} \quad N = W,$$

so daß

$$\mu_H = f_H/N = f_H/W$$

und

$$a = -\mu_H g.$$

Somit ist der Bremsweg

$$x = -v_0^2/2a = v_0^2/(2g\mu_H). \tag{6.4}$$

Je größer die Anfangsgeschwindigkeit ist, desto länger wird der Bremsweg; er wächst sogar mit dem Quadrat der Geschwindigkeit. Je größer die Haftreibungszahl ist, desto kürzer wird der Bremsweg.

Wir haben bei der Lösung dieses Problems die Haft- und nicht die Gleitreibungszahl benutzt, da wir annehmen, daß die Reifen auf der Straße nicht gleiten. Die Rollreibung haben wir vernachlässigt. Außerdem haben wir den maximalen Wert der Haftreibungskraft ($f_H = \mu_H N$) benutzt, da wir den kürzesten Bremsweg suchten. Eine kleinere Haftreibung würde ihn wesentlich vergrößern. Die richtige Bremstechnik, die hierbei erforderlich ist, muß das Auto gerade an der Rutschgrenze halten. Ist die Straße glatt, und sind die Bremsen ganz durchgetreten, so können die Reifen gleiten. μ_{Gl} tritt dann an die Stelle von μ_H, und der Bremsweg vergrößert sich, wie Gl. 6.4 zeigt.

Die Annahme, daß das Auto sich wie ein Massenpunkt verhält, ist für blockierte Räder (Rutschen) richtig. Wenn sich die Räder drehen, müssen innere Kräfte (und Drehmomente) in den Bremstrommeln berücksichtigt werden (s. Fragen 3, 4 und 5 in Kapitel 8). Das Ergebnis (Gl. 6.4) ist dennoch richtig. Das Rollen der Räder wird explizit in Kapitel 13 untersucht.

Nehmen wir als Beispiel die Werte $v_0 = 97$ km/h und $\mu_H = 0.60$, so erhalten wir

$$x = \frac{v_0^2}{2\mu_H g} = \frac{(97\,\text{km/h})^2}{2(0.60)(9.8\,\text{m/s}^2)} = 62\,\text{m}.$$

Man beachte, daß in Gl. 6.4 die Masse nicht auftritt. Wie kann man sich erklären, daß man das Gewicht eines Autos in der Praxis vergrößert, um seine Fahrsicherheit auf vereisten Straßen zu verbessern? (Hinweis: s. Aufgabe 6.2)

Wie würden die Reibungskräfte die Ergebnisse der Beispiele aus Abschn. 5.9 modifizieren?

6.3 Dynamik der gleichförmigen Kreisbewegung

In Abschn. 4.4 führten wir aus, daß ein Körper, der sich gleichförmig auf einem Kreis mit dem Radius r bewegt, eine Zentripetalbeschleunigung $\boldsymbol{a}$ mit dem Betrag v^2/r erfährt. Die Richtung von $\boldsymbol{a}$ weist immer radial auf das Rotationszentrum. Deshalb ist $\boldsymbol{a}$ ein veränderlicher Vektor, selbst wenn sein Betrag konstant ist, da er die Richtung bei fortschreitender Bewegung kontinuierlich ändert.

Man rufe sich in Erinnerung, daß in Richtung der Beschleunigung nicht notwendig eine Bewegung stattfindet. Im allgemeinen Fall gibt es zwischen den Richtungen der Beschleunigung $\boldsymbol{a}$ und der Geschwindigkeit $\boldsymbol{v}$ des Massenpunktes keine feste Beziehung, wie Abb. 4.7 zeigt. Bei einer gleichförmigen Kreisbewegung stehen jedoch die Vektoren von Geschwindigkeit und Beschleunigung immer senkrecht aufeinander.

Auf jeden beschleunigten Körper muß eine Kraft $\boldsymbol{F}$ wirken, die durch das zweite Newtonsche Axiom ($\boldsymbol{F} = m\boldsymbol{a}$) bestimmt ist. Beobachten wir einen Körper in einer gleichförmigen Kreisbewegung (unter der Annahme, daß wir uns in einem Inertialsystem befinden), so können wir sicher sein, daß eine resultierende Kraft $\boldsymbol{F}$ auf den Körper einwirkt, die ihrem Betrag nach durch

$$F = ma = mv^2/r$$

gegeben ist; dieser befindet sich *nicht* im Gleichgewicht. Die Richtung von $\boldsymbol{F}$ zu einem beliebigen Zeitpunkt muß gleich der Richtung von $\boldsymbol{a}$ zu diesem Zeitpunkt sein, nämlich radial zum Zentrum. Wir müssen immer in der Lage sein, das Objekt in der Umgebung auszumachen, das die Kraft auf den kreisenden Körper ausübt.

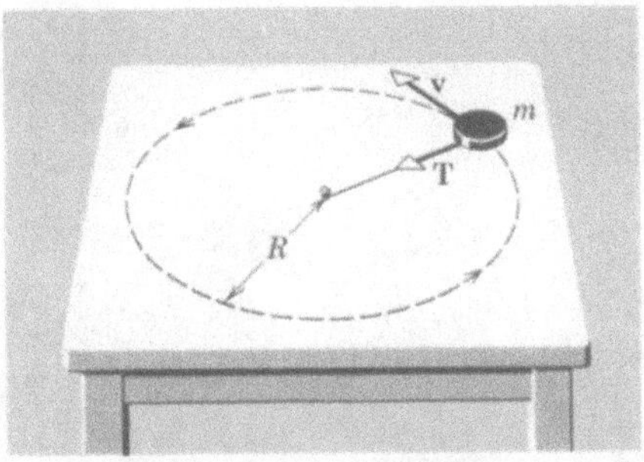

Abb. 6.6 Eine Scheibe m bewegt sich mit konstanter Geschwindigkeit (Betrag) auf einer horizontalen, reibungsfreien Fläche auf einer Kreisbahn. Die einzige horizontale Kraft, die auf m wirkt, ist die Zentripetalkraft $\boldsymbol{T}$, mit der der Faden an der Scheibe zieht.

Ist der gleichförmig kreisende Körper eine Scheibe, die sich am Ende eines Fadens auf einem reibungslosen waagerechten Tisch wie in Abb. 6.6 bewegt, so wird die Kraft $\boldsymbol{F}$ durch die Zugspannung $\boldsymbol{T}$ im Faden auf die Scheibe übertragen. Diese Kraft $\boldsymbol{T}$ ist die auf die Scheibe insgesamt wirkende Kraft. Sie beschleunigt die Scheibe durch eine konstante Richtungsänderung ihrer Geschwindigkeit, so daß sich die Scheibe auf einer Kreisbahn bewegt. $\boldsymbol{T}$ ist immer zum Kreiszentrum hin gerichtet, und ihr Betrag ist mv^2/R. Würde man den Faden durchschneiden, würde die resultierende Kraft nicht mehr auf die Scheibe wirken, und diese würde sich in tangentialer Richtung mit konstanter Geschwindigkeit geradeaus weiterbewegen. Um also die Scheibe auf der Kreisbahn zu halten, muß eine Kraft sie stetig *nach innen* zum Kreismittelpunkt hinziehen.

Aus diesem Grund werden Kräfte, die eine gleichförmige Kreisbewegung verursachen, *Zentripetalkräfte* genannt. Der Zusatz „zentripetal" sagt jedoch nichts über die Natur einer Kraft oder über den Körper aus, von dem sie ausgeht. So ist beispielsweise die Zentripetalkraft, die auf die Scheibe in Abb. 6.6 wirkt, eine elastische Kraft (Fadenspannung); die Zentripetalkraft, die den Mond um die Erde kreisen läßt, ist die Gravitationsanziehung der Erde auf den Mond; die Zentripetalkraft, die für die Umkreisung eines Atomkernes durch ein Elektron verantwortlich ist, ist eine elektrostatische Kraft. Mit dem Wort Zentripetalkraft wird also keine neue Art von Kraft beschrieben, sondern nur das Verhalten von Kräften in Abhängigkeit von der Zeit. Unter vielen anderen Möglichkeiten kann eine Kraft Zentripetal- *und* elastische, Zentripetal- *und* Gravitations- oder Zentripetal- *und* elektrostatische Kraft sein.

Wir führen nun einige Beispiele für Zentripetalkräfte an.

Beispiel 3

Das Kegelpendel (*Kreispendel, konisches Pendel*). Abb. 6.7a zeigt einen kleinen Körper der Masse m, der mit konstanter Geschwindigkeit v am Ende eines Fadens mit der Länge L einen horizontalen Kreis beschreibt. Während der Körper kreist, bewegt sich der Faden auf der Oberfläche eines Kegels. Diese Vorrichtung heißt deshalb *Kegelpendel.* Man bestimme die Zeit, die der Körper für eine Umdrehung braucht.

Bei einem Winkel θ zwischen der Vertikalen und dem Faden hat die Kreisbahn den Radius $R = L \sin\theta$. Die auf den Körper mit der Masse m wirkenden Kräfte sind die Gewichtskraft $\boldsymbol{W}$ und

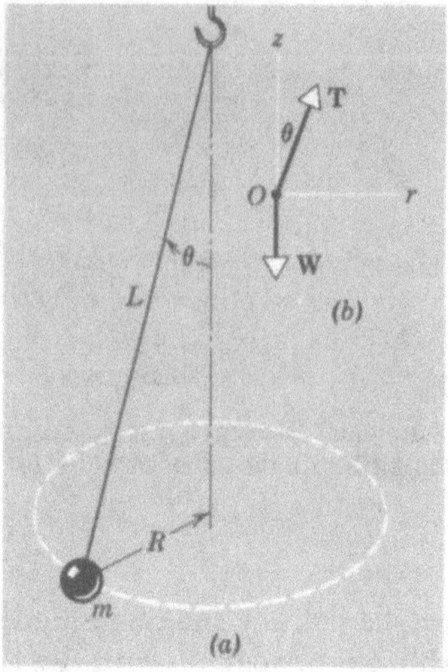

Abb. 6.7 Beispiel 3. (a) Eine Masse *m*, die an einem Faden der Länge *L* aufgehängt ist, beschreibt eine Kreisbahn. Der Faden überstreicht dabei einen Kegelmantel mit dem Halbwinkel θ. (b) Das Kräftediagramm für *m*.

der Fadenzug $\boldsymbol{T}$ (s. Abb. 6.7b). Es liegt auf der Hand, daß $\boldsymbol{T} + \boldsymbol{W} \neq \boldsymbol{0}$: Die auf den Körper wirkende Kraft ist von Null verschieden. Dies muß auch so sein, da eine Kraft erforderlich ist, um den Körper auf der Kreisbahn zu halten, die er mit konstantem Geschwindigkeitsbetrag beschreibt.

Wir können $\boldsymbol{T}$ zu einem beliebigen Zeitpunkt in eine radiale und eine vertikale Komponente zerlegen:

$$T_r = T \sin\theta \quad \text{und} \quad T_z = T\cos\theta .$$

Da der Körper keine vertikale Beschleunigung hat, ist

$$T_z - W = 0$$

und wegen

$$T_z = T\cos\theta \quad \text{und} \quad W = mg$$

erhält man

$$T\cos\theta = mg .$$

Die radiale Beschleunigung ist v^2/R. Sie wird durch T_r, die radiale Komponente von $\boldsymbol{T}$, erzeugt. $\boldsymbol{T}$ ist die Zentripetalkraft. Es ist

$$T_r = T\sin\theta = mv^2/R .$$

Dividiert man diese Gleichung durch die vorherige, so erhält man

$$\tan\theta = v^2/Rg \quad \text{oder} \quad v^2 = Rg\tan\theta ,$$

was uns die konstante Geschwindigkeit des Körpers liefert. Wenn τ die Zeit für eine Umdrehung des Körpers ist, dann ist

$$v = \frac{2\pi R}{\tau} = \sqrt{Rg \tan\theta}$$

oder

$$\tau = \frac{2\pi R}{v} = \frac{2\pi R}{\sqrt{Rg \tan\theta}} = 2\pi\sqrt{R/(g \tan\theta)}\,.$$

Weil $R = L \sin\theta$, wird

$$\tau = 2\pi\sqrt{(L \cos\theta)/g}\,.$$

Diese Gleichung liefert uns die Beziehung zwischen τ, L und θ. Man beachte, daß τ, die *Periodendauer* der Kreisbewegung, nicht von m abhängt.

Für $L = 1.0$ m und $\theta = 30°$ erhält man für die Periodendauer

$$\tau = 2\pi\sqrt{\frac{(1.0\,\text{m})(0.866)}{9.8\,\text{m/s}^2}} = 1.9\,\text{s}\,.$$

Beispiel 4

Auf der Kirmes findet man oft große rotierende Trommeln der Art, wie sie die Abb. 6.8 zeigt („Rotor"). Sie bestehen aus einem hohlen zylindrischen Raum, der um eine zentrale vertikale Achse in Drehung versetzt werden kann. Eine Person betritt diese Vorrichtung, schließt die Tür und stellt sich an die Wand. Der Zylinder wird in Drehung versetzt und die Drehgeschwindigkeit allmählich bis auf einen vorbestimmten Wert gesteigert. Nun öffnet sich der Boden unter der Person, und sie blickt in eine tiefe Grube. Die Person fällt jedoch nicht herunter, sondern „klebt" an der Wand des zylindrischen Raums. Man bestimme die Reibungszahl, die das Herabfallen verhindert.

Die auf die Person wirkenden Kräfte sind in der Abb. 6.8 eingezeichnet. $\boldsymbol{W}$ ist die Gewichtskraft der Person, f_H die Haftreibungskraft zwischen Person und Zylinderwand und $\boldsymbol{P}$ die Zentripetal-

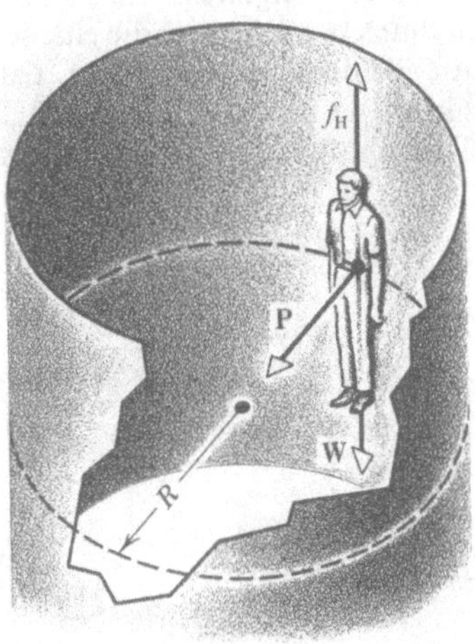

Abb. 6.8 Beispiel 4. Die Kräfte, die auf eine Person in einer rotierenden Trommel (Rotor) vom Radius R wirken.

kraft, die die Wand zur Erzwingung der Kreisbahn auf die Person ausübt. Der Radius des Zylinders sei R und die Endgeschwindigkeit der Person v. Da die Person keine vertikale Bewegung ausführt, aber zu jedem Zeitpunkt eine radiale Beschleunigung erfährt, haben wir

$$f_H - W = 0$$

und

$$P(= ma) = (W/g)(v^2/R).$$

Die zur Verhinderung des Abrutschens der Person notwendige Haftreibungszahl μ_H zwischen Person und Wand muß der Bedingung $f_H = \mu_H P$ genügen und es ist

$$f_H = W = \mu_H P$$

oder

$$\mu_H = \frac{W}{P} = \frac{gR}{v^2}.$$

Diese Gleichung liefert die minimale Haftreibungszahl, die zur Verhinderung des Abrutschens eines Massenpunktes mit der Geschwindigkeit v an der Wand eines Zylinders mit dem Radius R nötig ist. Man beachte, daß das Ergebnis nicht von der Masse der Person abhängt.

Als praktisches Beispiel bestimmen wir die erforderliche Geschwindigkeit für eine Haftreibungszahl $\mu_H = 0.40$ zwischen dem Kleidungsstoff und einer typischen Trommelwand aus Segeltuch. Bei einem Trommelradius von 2.0 m muß v ca. 7.0 m/s (25 km/h) oder mehr betragen.

Beispiel 5

Der Block in Abb. 6.9a repräsentiere ein Straßen- oder ein Schienenfahrzeug, das sich mit konstanter Geschwindigkeit v auf einer waagerechten Fahrbahn bzw. einem Gleiskörper durch eine Kurve mit dem Krümmungsradius R bewegt. An den Fahrzeugen greifen zwei Normalkräfte, nämlich die Gravitationskraft $\boldsymbol{W}$ und die Kraft $\boldsymbol{N}$, sowie die horizontale Zentripetalkraft $\boldsymbol{P}$ an. Im Falle des Autos wird die Zentripetalkraft durch eine seitwärts gerichtete Reibungskraft, die die Straße auf die Reifen ausübt, hervorgebracht, beim Eisenbahnwagen durch die Schienen, die eine seitwärts gerichtete Kraft auf die Wagenräder ausüben. Man kann allerdings nie sicher sein, daß diese Querkräfte stets groß genug sind, und außerdem verursachen sie unnützen Verschleiß. Darum wurden die Fahrbahn bzw. der Gleiskörper in Kurven überhöht, wie Abb. 6.9b zeigt. Dadurch

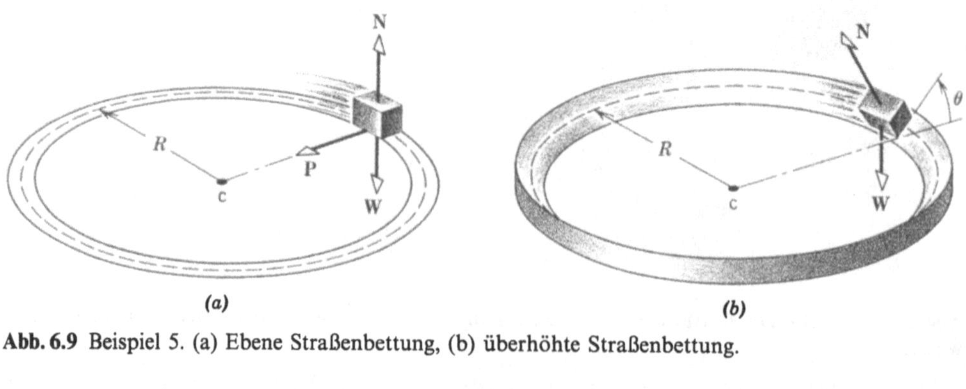

Abb. 6.9 Beispiel 5. (a) Ebene Straßenbettung, (b) überhöhte Straßenbettung.

bekommt die Normalkraft neben der vertikalen zusätzlich eine horizontale Komponente, die bei ausreichender Überhöhung keine zusätzliche Zentripetalkraft nötig macht.

Der für eine Kurve ausreichende Überhöhungswinkel θ kann wie folgt ermittelt werden: Da die senkrechte Beschleunigung Null ist, gilt

$$N\cos\theta = W.$$

Die Zentripetalkraft ist $N\sin\theta$, so daß $N\sin\theta = mv^2/R$. Dividiert man diese Gleichung durch die vorangehende und setzt $W = mg$, so erhält man

$$\tan\theta = v^2/Rg.$$

Der für die Überhöhung geeignete Winkel hängt somit von der Wagengeschwindigkeit und dem Radius der Kurve ab.

Man überprüfe die Überhöhungsformel für die Grenzfälle $v = 0$, $R \to \infty$, v groß und R klein. Außerdem mache man sich die Ähnlichkeit zwischen der Abb. 6.7 in Beispiel 3 und Abb. 6.9b klar.

6.4 Klassifizierung der Kräfte – Trägheitskräfte

Sämtliche in der Natur auftretenden Kräfte kann man nach ihrer relativen Stärke in vier Arten aufteilen: (1) die Gravitationskräfte als die schwächsten Kräfte, (2) die elektromagnetischen Kräfte, die von mittlerer Stärke sind, (3) die für die Bindung von Neutronen und Protonen verantwortlichen Kernkräfte als die stärksten und (4) die schwachen Wechselwirkungskräfte, mit denen man den β-Zerfall von Atomkernen und bestimmte Wechselwirkungen sehr vieler Elementarteilchen erklären kann (s. Anhang F).

Diese Kräfte sind in dem Sinne „real“, als man sie mit Objekten in der Umgebung eines Teilchens in Verbindung bringen kann. So sind die Kräfte, die einem im Alltag begegnen, wie die Zugspannung in einem Seil, die Reibungskraft, die Kraft, mit der wir gegen eine Wand stoßen, oder die Kraft, die von einer zusammengerückten Feder ausgeübt wird, sämtlich Manifestationen der (elektromagnetischen) Anziehung oder Abstoßung von Atomen.

Bei der bisherigen Behandlung der klassischen Mechanik haben wir stets vorausgesetzt, daß die Messungen und Beobachtungen von einem Inertialsystem aus erfolgten. Darunter verstanden wir ein Bezugssystem, das sich gegenüber dem Fixsternhimmel in Ruhe oder in einer gleichförmigen Bewegung gegenüber den mittleren Positionen der Fixsterne befindet. Die Inertialsysteme waren durch das erste Newtonsche Axiom als die Bezugssysteme eingeführt worden, in denen sich ein kräftefreier Körper ($\boldsymbol{F} = \boldsymbol{0}$) mit konstanter Geschwindigkeit ($\boldsymbol{a} = \boldsymbol{0}$) bewegt. Grundsätzlich steht uns die Wahl eines Bezugssystems frei. Für die Anwendung der klassischen Mechanik auf natürliche Phänomene bedeutet es daher keine Einschränkung, wenn wir nur von Inertialsystemen ausgehen.

Trotzdem kann es zweckmäßig sein, klassische Mechanik aus der Sicht eines Beobachters zu betreiben, der sich in einem *Nichtinertialsystem* befindet. Ein derartiges System kann mit einem fallenden Körper verbunden sein, oder es kann sich in bezug auf die Fixsterne drehen (und sich damit gegenüber diesen beschleunigt bewegen). So verwenden wir zum Beispiel ein Nichtinertialsystem bei der Behandlung der Trennung von Flüssigkeiten unterschiedlicher Dichte in einer Zentrifuge, der Zirkulation der Luftmassen auf der sich drehenden Erde oder aber der Beschreibung der Erfahrungen, die ein Astronaut in seinem Raumschiff macht.

Die klassische Mechanik kann nun auch in Nichtinertialsystemen betrieben werden, wenn man dabei zusätzliche Kräfte, sogenannte *Trägheitskräfte*, einführt. Im Gegensatz zu den bisher untersuchten Kräften können diese Kräfte nicht mit Gegenständen der Umgebung eines Körpers in Verbindung gebracht werden, sie fallen auch nicht in die oben angegebene Klassifizierung. Darüberhinaus verschwinden sie, wenn wir das Teilchen von einem Inertialsystem aus betrachten. Sie stellen darum einfach ein Hilfsmittel dar, das uns die Anwendung der klassischen Mechanik auch in einem Nichtinertialsystem ermöglicht.

Wir betrachten eine Kugel, die gegen den erhöhten äußeren Rand eines Karussells gedrückt wird. Ein Beobachter auf dem Karussell befindet sich in einem Nichtinertialsystem. Für ihn bewegt sich die Kugel nicht, und wenn er sie etwas in Richtung des Drehzentrums zu ziehen versucht, wird sie wieder zum Rand rollen. Es scheint eine radial nach außen gerichtete Kraft zu wirken. Als Erklärung würde der Beobachter anführen, daß die Kugel ruht, weil die nach außen gerichtete Kraft (eine Trägheitskraft, die man hier *Zentrifugalkraft* nennt) mit der von der Wand radial nach innen wirkenden Kraft im Gleichgewicht steht.

Ein Beobachter, der außerhalb des Karussells auf der Erde steht und sich damit (näherungsweise) in einem Inertialsystem befindet, hat für das Verhalten der Kugel eine andere Erklärung. Für ihn beschreibt sie eine gleichförmige Kreisbewegung mit der nach innen gerichteten Radialbeschleunigung $a = v^2/R$. Diese Beschleunigung rührt von der nach innen weisenden Kraft $\boldsymbol{F}$ her, mit der der Rand des Karussells auf die Kugel wirkt. Nach dem Newtonschen Grundgesetz ist ihr Betrag $F = ma = mv^2/R$. Vom Standpunkt dieses Beobachters ist die Kugel *nicht* im Gleichgewicht, und dies würde man auch von jedem anderen Inertialsystem aus feststellen. Nur wenn der Rand *nicht* auf die Kugel wirkte, würde sie sich mit konstanter Geschwindigkeit auf einer Geraden bewegen. Dieser Beobachter würde nichts von einer nach außen gerichteten Kraft (die Trägheitskraft) finden.

In diesem einfachen Beispiel ist klar, daß der Betrag der Zentrifugalkraft für den auf dem rotierenden Karussell stehenden Beobachter gleich mv^2/R sein muß. Dieser Betrag hängt also von der Geschwindigkeit des Teilchens ab, die ein Beobachter *außerhalb des Karussells*, also von einem Inertialsystem aus, an diesem feststellt. Im rotierenden System ist seine Geschwindigkeit gleich Null.

Dieses Beispiel zeigt auch, weshalb Trägheitskräfte keine „Newtonschen" Kräfte sind: Für sie gilt das dritte Axiom nicht. Zur Trägheitskraft (die Aktion) gibt es keine Gegenkraft (Reaktion). Wäre der äußere Rand nicht vorhanden, so hätten wir im rotierenden System eine Trägheitskraft (die Zentrifugalkraft), die auf die Kugel wirkt, ohne daß von der Kugel auf einen anderen Körper eine Gegenkraft ausginge. *Hat* das Karussell einen Rand, so gibt es zwei Kräfte, die auf *denselben* Körper wirken, nämlich die vom Rand herrührende Zentripetalkraft und die Zentrifugalkraft. Sie stehen im Gleichgewicht, aber wie wir gesehen haben, kann eine dieser Kräfte ohne die andere auftreten. In einem Inertialsystem wirkt andererseits auf die Kugel nur eine Kraft, sie geht vom Rand auf die Kugel aus (Aktion), während die Kugel eine entgegengesetzt gleich große Kraft (Reaktion) auf den Rand ausübt. Wenn wir hier von *Zentripetal-* und *Zentrifugalkraft* sprechen wollen, so hätten wir es mit einem Paar von Kraft und Gegenkraft zu tun, die in Übereinstimmung mit dem dritten Newtonschen Axiom auf *verschiedene* Körper wirken. In einem beschleunigten Bezugssystem wirken die beiden Kräfte auf denselben Körper und bilden kein solches Paar.

Etwas allgemeiner können wir das Vorgehen so ausdrücken: Man schreibt die in einem Inertialsystem gültige Gleichung $\boldsymbol{F} = m\boldsymbol{a}$ um in $\boldsymbol{F} - m\boldsymbol{a} = \boldsymbol{0}$ und interpretiert von einem Nichtinertialsystem aus $-m\boldsymbol{a}$ als eine Trägheitskraft, die nur in diesem beschleunigten System existiert und mit $\boldsymbol{F}$ im Gleichgewicht steht. In diesem Sinne ist es manchmal einfacher, die Bewegung von einem Nichtinertialsystem aus zu beschreiben, so wie bei der Kreisbewegung, bei der der Körper in einem solchen System ruhte.

So haben wir bei mechanischen Problemen zwei Möglichkeiten: (1) Wir wählen als Bezugssystem ein *Inertialsystem* und betrachten nur „reale" Kräfte, also solche, die bestimmten Körpern in der Umgebung zugeordnet werden können und von diesen ausgehen, oder wir nehmen (2) ein *Nichtinertialsystem* und berücksichtigen nicht nur die „realen", sondern auch geeignet definierte

Trägheitskräfte. Im allgemeinen werden wir die erste Möglichkeit zugrunde legen, gelegentlich aber auch die zweite. Beide sind völlig gleichwertig, und die Auswahl ist allein eine Frage der Zweckmäßigkeit. In den Kapiteln 11 und 16 gehen wir auf Nichtinertialsysteme weiter ein.

6.5 Klassische, relativistische und Quantenmechanik

In den ersten Kapiteln dieses Buches haben wir die Grundlagen der klassischen Mechanik dargelegt. Wir führten die Newtonschen Axiome ein und gaben mehrere Beispiele für Kraftgesetze. In späteren Kapiteln werden wir weitere Kraftgesetze diskutieren und die Struktur der Theorie entwickeln. Hier wollen wir ansprechen, welchen Platz die klassische Mechanik im Rahmen der modernen Theorie einnimmt.

Die Physik ist kein starres Gebäude von unveränderlichen Gesetzen. Sie ist eine Wissenschaft, die sich ständig verändert und entwickelt. Historisch gesehen gibt es lange Perioden, in denen man sich mit einer bestimmten Klasse von Problemen befaßte. Sie endeten, oft ziemlich plötzlich, in einem „Umbruch", in einer „Revolution", und dem Übergang zu einer neuen und umfassenderen Theorie.* Dies geschah um 1690 (Newtonsche Mechanik), um 1870 (Maxwellsche Elektrodynamik), im Jahre 1905 (Einsteins Relativitätstheorie) und gegen 1925 (Quantenmechanik). Einige Physiker glauben heute, daß die gegenwärtige Beschäftigung mit Fragen im Bereich der Elementarteilchen (siehe Anhang F) unter Umständen zu einem weiteren „Umbruch" führt.

Während der Entwicklung der Physik haben sich sowohl die Fragestellungen wie die Mittel zu ihrer Lösung geändert. Geblieben ist aber die allgemeine Methode, mit der die Physik an ihre Probleme herangeht und sie behandelt. Von älteren physikalischen Theorien stellte man fest, daß ihr Gültigkeitsbereich nur begrenzt war. Sie gingen als Spezialfälle in umfassenderen Theorien auf. Diesen geschah dann das gleiche Schicksal und so fort. Stets jedoch wurde gefordert, daß sich eine Theorie der experimentellen Überprüfung zu unterziehen habe, immer suchte man nach Größen, die invariant bleiben, unverändert glauben wir auch heute an die Einfachheit und Symmetrie der Natur und suchen und verwenden Analogien und Modelle. Es entstanden Konzepte zur Vereinheitlichung, die in allen Bereichen der Physik gültig sind, als ein Beispiel nennen wir die Erhaltungssätze. Eine Kenntnis dieser allgemeinen Zusammenhänge ist für das Verständnis der Physik von grundsätzlicher Bedeutung und gleichzeitig Voraussetzung für die Beherrschung irgendeines ihrer Teilgebiete. Darauf werden wir in diesem Buch immer wieder eingehen. Wer sich neben der Beschäftigung mit der klassischen Mechanik mit diesem Hintergrund befaßt, wird einen viel leichteren Zugang zu anderen Theorien wie die Relativitäts- oder die Quantentheorie finden. Die Methode ist bei diesen die gleiche, nur ihr Anwendungsbereich ist ein anderer. Er ist nicht mehr, wie bei der klassischen Mechanik, Teil unserer Alltagserfahrung.

Wie alle physikalischen Theorien, so basiert auch die klassische Mechanik auf Beobachtungen von Dingen, die in der Natur geschehen. Unsere normalen Erfahrungen mit Naturvorgängen sind nur begrenzt. Dies gilt vor allem im Kindes- und Jugendalter, also in einer Zeit, in der wir unsere intuitiven (und oft falschen!) Vorstellungen entwickeln, und die wir dann den „gesunden Menschenverstand" nennen.

So ist zum Beispiel die höchste Geschwindigkeit für eine Signalübertragung von einem Ort zum anderen die Lichtgeschwindigkeit ($c = 3 \times 10^8$ m/s), und dies scheint auch eine obere Grenze für die Geschwindigkeit materieller Körper zu sein. Nun haben aber unter den makroskopischen Objekten selbst die schnellsten, wie ein Düsenflugzeug oder ein Satellit, Geschwindigkeiten v, die wesentlich geringer als c sind. Für einen Erdsatelliten mit einer Geschwindigkeit von ungefähr 27000 km/h ist das Verhältnis v/c nur etwa 0.00025. Für mehrere Jahrhunderte basierte die klassische Mechanik auf Beobachtungen an Körpern, die sich relativ langsam bewegen (Planeten, auf

* Siehe Thomas Kuhn, Die Struktur wissenschaftlicher Revolutionen, Frankfurt 1976.

einer schiefen Ebene rollende Bälle und fallende Gegenstände zum Beispiel). Damit war unsere Erfahrung bis in die jüngste Gegenwart auf einen winzigen Bruchteil des Bereiches der möglichen Geschwindigkeiten beschränkt.

Während der letzten Jahrzehnte wurde es möglich, Messungen an kleinen Teilchen wie Elektronen, Protonen oder anderen Elementarteilchen vorzunehmen, die sehr hohe Geschwindigkeiten annehmen können. So ist zum Beispiel das Verhältnis v/c für ein Proton, das in einem Dreißigmilliarden-Elektronvolt-Beschleuniger beschleunigt wird, gleich 0.98. Können wir erwarten, daß die klassische Mechanik, die sich für $v/c \ll 1$ so ausgezeichnet bewährt, auch die Vorgänge richtig beschreibt, die zwischen so raschen Teilchen stattfinden? Das wäre eine äußerst grobe Extrapolation, und tatsächlich zeigt das Experiment, daß die klassische Mechanik versagt, wenn die auftretenden Geschwindigkeiten mit der Lichtgeschwindigkeit vergleichbar sind. Die Bedeutung der klassischen Mechanik wird dadurch in keiner Weise geschmälert, sie ist wie bisher im Bereich unserer Alltagserfahrungen brauchbar. Es zeigt sich jedoch, daß wir sie als einen Spezialfall einer allgemeineren Theorie ansehen müssen, die für alle Geschwindigkeiten bis hinauf zur Lichtgeschwindigkeit gültig ist.

Diese umfassendere Theorie wurde 1905 von Einstein vorgeschlagen, es ist die *spezielle Relativitätstheorie.** Wir werden später auf sie eingehen, geben aber an dieser Stelle ihr grundlegendes Postulat an. Dieses besagt, daß die Lichtgeschwindigkeit c in allen Inertialsystemen *dieselbe* ist, gleichgültig wie die Lichtquelle sich auch bewegen mag. Mißt man c für eine Lichtquelle, die mit der Geschwindigkeit v auf den Beobachter zu kommt, so erhält man unabhängig von v für c stets denselben Wert, und man mißt diesen gleichen Wert auch, wenn man eine Lichtquelle beobachtet, die sich vom Beobachter mit der Geschwindigkeit v fortbewegt. Wenn diese fundamentale Annahme dem „gesunden Menschenverstand" zu widersprechen scheint, so müssen wir daran denken, daß dieser ein „gesunder Menschenverstand für kleine Geschwindigkeiten" ist. Es gibt in unserer Alltagswelt keine Erfahrung darüber, was in der Natur bei hohen Geschwindigkeiten geschieht. Darüberhinaus stimmt Einsteins Vorhersage mit dem Experiment überein und geht für kleine Geschwindigkeiten in die Aussagen der klassischen Mechanik über.

Wir geben hier eine der Vorhersagen der Relativitätstheorie an, in der sie sich von der klassischen Mechanik unterscheidet. Wenn zwei Beobachter ein Objekt betrachten, das sich parallel zur gemeinsamen $x-x'$-Achse bewegt (Abb. 4.11), so werden sie aus Gl. 4.19 erhalten, daß

$$v = v' + u, \tag{6.5}$$

worin v' die vom Beobachter S', v die vom Beobachter S gemessene und u die Relativgeschwindigkeit zwischen den beiden Bezugssystemen ist. Man beachte, daß nach Gl. 6.5 v sehr wohl auch größer als c werden kann, wenn nur v' und u groß genug sind.

Nach der Relativitätstheorie ist die Gl. 6.5 der Spezialfall einer allgemeineren Formel, nämlich:

$$v = \frac{v' + u}{1 + v'u/c^2}. \tag{6.6}$$

Diese Beziehung geht für $v' \ll c$ und $u \ll c$ in Gl. 6.5 über. Weiter kann, wenn $v' < c$ und $u < c$ sind, v nicht größer als c werden. Ist zum Beispiel $v' = u = 0.8c$, so liefert Gl. 6.6 $v = 0.975c$, Gl. 6.5 dagegen $v = 1.6c$. Dieses Ergebnis steht aber im Widerspruch zur Erfahrung.

Für makroskopische Objekte liefern beide Gleichungen innerhalb der experimentellen Genauigkeit dieselben Ergebnisse, so daß wir dann die einfachere Gl. 6.5 verwenden können. Bewegen sich zwei Satelliten in entgegengesetzter Richtung mit den Geschwindigkeiten $v' = u = 27000$ km/h, so hat der Nenner in Gl. 6.5 den Wert 1.0000000007, so daß sich die Geschwindigkeit v des einen Satelliten, gemessen vom anderen aus, nur sehr wenig von dem Wert von $v' + u$ unterscheidet, den man aus Gl. 6.5 erhält. Erst eine dreitausendmal größere Geschwindigkeit, die im allgemeinen nur

* Siehe die Zusammenfassung in Ergänzungen V.

im subatomaren Bereich erreichbar ist, führt zu einem Unterschied in den beiden Formeln von einem halben Prozent.

Die Grenzen unserer Alltagserfahrungen zeigen sich in einem weiteren Punkt. Alle Gegenstände, mit denen wir es normalerweise zu tun haben, besitzen eine Masse, die sehr viel größer ist als zum Beispiel die Elektronenmasse ($m = 9.11 \times 10^{-31}$ kg). Dies führt zu einer interessanten Folgerung, die mit dem Teilchenkonzept in engem Zusammenhang steht. Ohne Umschweife hatten wir einem Teilchen, das sich entlang der x-Achse bewegt, eine Masse m, einen Ort x und eine Geschwindigkeit v_x zugeordnet (wir wollen voraussetzen, daß $v_x \ll c$ ist, damit wir hier nicht auch noch die Relativitätstheorie berücksichtigen müssen). Wenn wir nun gefragt werden, mit welcher Genauigkeit Δx bzw. Δv_x wir den Ort bzw. die Geschwindigkeit des Teilchens messen können, so würden wir wohl antworten, daß es sicher praktische, aber keine prinzipiellen Schwierigkeiten gäbe, x und v_x so genau zu bestimmen, wie man es nur haben will. Bei Gegenständen wie einem Tennisball scheint die Erfahrung diese Auffassung zu bestätigen.

Wenn wir uns nun aber mit Objekten wie einem Elektron befassen, deren Massen sehr gering sind, so müssen wir feststellen, daß der Meßprozeß selbst zu fundamentalen Unschärfen führt. Je genauer unser Wissen über den Ort x ist, desto ungenauer wird unsere Kenntnis über die Geschwindigkeit v_x, und umgekehrt. Ausgedrückt wird dieser Sachverhalt in der Heisenbergschen Unschärfebeziehung, die wir in der Form schreiben können:

$$\Delta x \approx \frac{h}{m \Delta v_x}. \tag{6.7}$$

Darin ist h (die Planck-Konstante) eine fundamentale Naturkonstante, die den Wert $h = 6.63 \times 10^{-34}\,\mathrm{kg\,m^2/s}$ hat. Wir sehen sofort, daß bei sehr kleinem Δv_x, wenn wir also die Geschwindigkeit sehr genau kennen, Δx relativ groß wird, das heißt, unser Wissen über den Ort ist nicht sehr genau. Es scheint demnach nicht möglich zu sein, gleichzeitig Ort *und* Geschwindigkeit beliebig genau zu messen. Damit ist aber eine Grundvorstellung der klassischen Mechanik in Frage gestellt, nämlich die Beschreibung eines Teilchens als einen Massenpunkt, der eine bestimmte Bahn durchläuft.

Betrachten wir zum Beispiel das Elektron in einem Wasserstoffatom. Seine Geschwindigkeit ist ungefähr 2×10^6 m/s. Nehmen wir nun an, daß wir diese Geschwindigkeit auf 1% genau bestimmt haben, so ist $\Delta v_x = 0.01 \times 2 \times 10^6\,\mathrm{m/s} = 2 \times 10^4\,\mathrm{m/s}$. Nach Gl. 6.7 ist dann die Ortsunschärfe:

$$\Delta x \approx \frac{6.63 \times 10^{-34}\,\mathrm{kg\,m^2/s}}{(9.11 \times 10^{-31}\,\mathrm{kg})(2 \times 10^{-4}\,\mathrm{m/s})} = 3 \times 10^{-8}\,\mathrm{m}.$$

Der Radius eines Wasserstoffatoms beträgt etwa 5×10^{-11} m. Damit wäre die Unsicherheit bei der Ortsangabe 600mal so groß wie der Atomradius. Es erscheint nicht sehr sinnvoll, unter diesen Umständen noch von einem „Teilchen“ im klassischen Sinn zu sprechen. Für die Beschreibung der Bewegung von Elektronen in Atomen ist die klassische Mechanik nicht geeignet: Wir brauchen die Quantenmechanik.

Wir wollen an dieser Stelle offen lassen, ob die klassische Mechanik einfach als ein Spezialfall der Quantenmechanik aufgefaßt werden kann, so wie wir es hinsichtlich der Relativitätstheorie annehmen dürfen. Es gibt Physiker, die dies tun, doch ist die Diskussion hierüber noch nicht abgeschlossen.

Noch weiter entfernen wir uns von der Alltagserfahrung, wenn wir uns mit Teilchen befassen, die eine kleine Masse *und* eine große Geschwindigkeit aufweisen. Hier kommt die *relativistische Quantenmechanik* zum Tragen, eine Theorie, die vor allem auf Dirac zurückgeht.

Bei unserer weiteren Behandlung der Mechanik kehren wir zu den Vorgängen zurück, die unserer täglichen Erfahrung entsprechen. Die Objekte haben dann eine relativ große Masse und sind relativ langsam. An geeigneter Stelle werden wir anmerken, wie die Aussagen der klassischen Mechanik zu modifizieren sind, wenn wir diesen Erfahrungsbereich verlassen.

Fragen

1. Es gibt für Oberflächen eine Bearbeitungsgrenze, nach der weiteres Polieren den Reibungswiderstand vergrößert, anstatt ihn zu reduzieren. Können Sie das erklären?
2. Hat eine Reibungszahl, die größer als Eins ist, einen Sinn?
3. Wie könnte eine Person, die auf dem vollkommen reibungsfreien Eis eines zugefrorenen Teiches steht, das Ufer erreichen? Könnte sie es durch Gehen, Rollen, Schwingen der Arme oder Aufstoßen der Füße? Wie könnte sich eine Person in dieser Lage zuerst postieren?
4. Erklären Sie, wie die Reichweite Ihrer Autoscheinwerfer die sichere Fahrgeschwindigkeit bei Nacht begrenzt.
5. Ihr Auto rutscht auf einer vereisten Straße über die Mittellinie. Würden Sie die vorderen Räder in oder gegen die Rutschrichtung drehen, (a) wenn Sie den Zusammenstoß mit einem entgegenkommenden Fahrzeug verhindern wollen, (b) wenn kein anderes Auto in der Nähe ist und Sie nur die Kontrolle über das Steuer zurückbekommen möchten?
6. Wenn Sie den kürzesten Bremsweg auf einer vereisten Fahrbahn wünschen, würden Sie (a) so stark bremsen, daß die Räder blockieren, (b) gerade so stark bremsen, daß sie nicht ins Rutschen kommen, oder (c) „stotternd“ bremsen?
7. Man diskutiere, wie der Winkel für die maximale Wurfweite beim schiefen Wurf durch den Luftwiderstand beeinflußt wird.
8. Warum sind Gleiskörper und Straßen in Kurven überhöht?
9. Wie beeinflußt die Erdrotation das scheinbare Gewicht eines Körpers am Äquator?
10. Man erkläre, warum ein Pendelgewicht aus Blei fast auf allen Breitengraden nicht exakt in Richtung der Erdanziehung hängt.
11. Man stelle sich vor, daß man in einem fahrenden Zug messen soll, ob eine Tischplatte genau horizontal ist. Ist dies mit einer Wasserwaage möglich, wenn der Zug einen Berg hinauf- oder herunterfährt oder wenn er durch eine Kurve fährt? (Hinweis: es gibt zwei horizontale Komponenten.)
12. Was passiert mit der Periodendauer τ und der Geschwindigkeit v in Beispiel 3 für $\theta = 90°$? Warum ist dieser Winkel physikalisch nicht realisierbar? Man diskutiere den Fall für $\theta = 0°$.
13. Auf dem Drehteller eines Plattenspielers liegt ein Geldstück. Schaltet man den Motor an, so fliegt es weg, noch bevor der Drehteller seine Endgeschwindigkeit erreicht hat. Erklärung!
14. Ein Körper, auf den genau zwei Kräfte einwirken, wird beschleunigt. Folgt daraus, daß (a) sich der Körper nicht mit konstantem Geschwindigkeitsbetrag bewegen kann, (b) die Geschwindigkeit niemals Null sein kann, (c) die Summe beider Kräfte nie Null sein kann, (d) die zwei Kräfte auf derselben Geraden wirken?
15. Ein Auto fährt mit konstantem Geschwindigkeitsbetrag auf einer Landstraße, die einer Berg- und Talbahn gleicht. Man vergleiche die vom Auto ausgehende Kraft für die Fahrt auf ebener Strecke, auf einer Hügelspitze und auf einer Talsohle.
16. Eine Person auf dem Beifahrersitz eines Autos rutscht in Richtung der Tür, wenn der Fahrer plötzlich nach links lenkt. Man beschreibe die Kräfte zu diesem Zeitpunkt, die an dieser Person und dem Auto angreifen, wenn die Bewegung von einem (a) fest mit der Erde und (b) mit dem Auto verbundenem Bezugssystem aus beobachtet wird.
17. Astronauten, die im Skylab-Raumschiff die Erde umkreisen, wollen ihr tägliches Gewicht bestimmen. Wie können sie das anstellen, wenn man bedenkt, daß sie „gewichtslos“ sind?
18. Welche Schlußfolgerung muß ein Physiker, der in einem Fahrstuhl steht, aus der Beobachtung ziehen, daß ungleiche Massen, die über der Rolle eines Flaschenzuges hängen, im Gleichgewicht sind?
19. Man erkläre, warum die Frage „Wie groß ist die Geschwindigkeit eines Punktes auf dem Äquator?“ die Angabe eines Bezugssystems erforderlich macht. Man zeige, wie sich die Antwort mit dem Wechsel von Bezugssystemen ändert.
20. Welcher Unterschied besteht zwischen Inertialsystemen und Bezugssystemen, die sich nur durch eine Translation oder Rotation der Achsen unterscheiden?

Aufgaben

Abschnitt 6.2

1. Ein Eishockeypuck mit einem Gewicht von 1.1 N gleitet auf dem Eis 15 m weit, bevor er zum Stillstand kommt. (a) Wie groß ist die Reibungskraft zwischen Puck und Eis, wenn seine Anfangsgeschwindigkeit 6.1 m/s ist? (b) Wie groß ist die Gleitreibungszahl?
Antwort: (a) 0.14 N; (b) 0.13.
2. Bei einem Auto mit Hinterradantrieb nehme man an, daß die Hälfte seines Gesamtgewichts auf diesen Rädern lastet. (a) Wie groß ist die größte erreichbare Beschleunigung, wenn die Haftreibungszahl zwischen Reifen und Straße μ_H ist? (b) Man berechne diese Beschleunigung für $\mu_H = 0.35$.
3. Die durch gleitende Skier erzeugte Reibungswärme ist der Hauptfaktor dafür, daß man mit ihnen auf Schnee fahren kann. Beim Start kleben die Skier. Sind sie aber einmal in Bewegung, schmilzt der Schnee unter ihnen. Das Wachsen macht die Skier wasserabstoßend und reduziert die Reibung mit dem Wasserfilm. Eine Zeitschrift berichtete, daß ein neuer Typ von Kunststoffski wesentlich wasserabstoßender sei, so daß man damit die Abfahrtszeit auf einer 200 m langen Piste von 61 auf 42 s verkürzen könne. (a) Man bestimme die mittlere Beschleunigung für beide Abfahrtszeiten. (b) Für eine Pistenneigung von 3° berechne man die Gleitreibungszahl für beide Fälle.
4. Ein Feuerwehrmann mit einem Gewicht von 710 N rutscht eine senkrechte Stange mit der mittleren Beschleunigung 3 m/s^2 herunter. Wie groß ist die mittlere Normalkraft, die auf die Stange ausgeübt wird?
5. Ein Mann schleppt eine Kiste mit einem Gewicht von 700 N an einem um 15° geneigten Seil über den Fußboden. (a) Welche Zugspannung muß das Seil beim Anziehen der Kiste aushalten, wenn die Haftreibungszahl 0.50 beträgt? (b) Wie groß ist die Anfangsbeschleunigung der Kiste für $\mu_{Gl} = 0.35$?
6. Ein Würfel mit dem Gewicht G liegt auf einer rauhen schiefen Ebene mit dem Neigungswinkel θ. Welche Kraft muß man mindestens aufwenden, (a) um den Würfel abwärts zu bewegen, (b) um ihn aufwärts zu bewegen? (c) Wie groß ist die minimal benötigte horizontale Kraft, um den Würfel nach unten in Bewegung zu setzen?
7. Der Stiel eines Besens ist gegen die Senkrechte um den Winkel θ geneigt. μ_{Gl} sei die Gleitreibungszahl und μ_H die Haftreibungszahl zwischen Besen und Fußboden. Die Masse des Besens sei m, die Masse seines Stiels vernachlässige man. (a) Man berechne die Größe der Kraft F, die in Richtung des Stiels aufgewendet werden muß, um den Besen mit konstanter Geschwindigkeit über den Fußboden gleiten zu lassen. (b) Man beweise, daß, wenn θ kleiner als ein bestimmter Winkel θ_0 ist, der Besen nicht bewegt werden kann, unabhängig von der Größe der Kraft, die auf den Stiel ausgeübt wird. (c) Wie groß ist dieser Winkel θ_0?
Antwort: (a) $\mu_{Gl} mg/(\sin\theta - \mu_{Gl}\cos\theta)$; (c) $\theta_0 \mathrel{\hat=} \arctan \mu_H$.
8. Ein Stück Eis gleitet eine um 45° geneigte Ebene in der doppelten Zeit herunter, die es für eine gleich stark geneigte reibungsfreie Ebene brauchen würde. Wie groß ist die Gleitreibungszahl zwischen Eis und Ebene?
9. Ein Block rutscht mit konstanter Geschwindigkeit v_0 eine schiefe Ebene mit dem Neigungswinkel φ herunter. Dann stößt man ihn mit der gleichen Anfangsgeschwindigkeit v_0 die gleiche Schräge hinauf. (a) Wie weit kommt er? (b) Rutscht er wieder abwärts, nachdem er zum Stillstand gekommen ist?
Antwort: (a) $v_0^2/4g \sin\varphi$; (b) nein.
10. Ein Student möchte die Haft- und die Gleitreibungszahl zwischen einer Schachtel und einem Brett bestimmen. Er stellt die Schachtel auf das Brett und hebt dieses auf einer Seite langsam an. Beim Neigungswinkel 30° beginnt die Schachtel zu rutschen. Nach 4.0 s ist sie 4.0 m weit gekommen. Wie groß sind die Reibungszahlen?

11. Eine horizontal wirkende Kraft F von 12 N drückt einen 5.0 N schweren Block gegen eine vertikale Wand (Abb. 6.10). Die Haftreibungszahl und die Gleitreibungszahl zwischen Block und Wand ist 0.60 bzw. 0.40. Der Block sei anfangs in Ruhe. (a) Rutscht er hinunter? (b) Welche Kraft übt die Wand auf den Block aus?
Antwort: (a) nein; (b) 12 N nach links und 5.0 N nach oben.

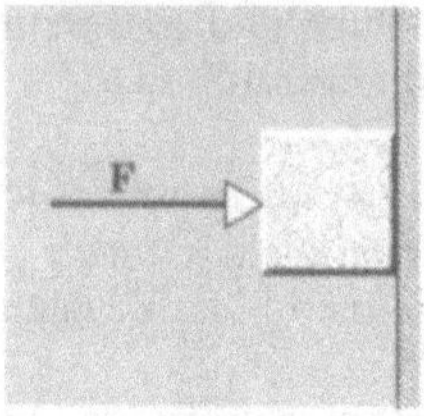

Abb. 6.10 Zu Aufgabe 11

12. Ein 25 N schwerer Block aus Stahl steht auf einem horizontalen Tisch. Die Haftreibungszahl zwischen Block und Tisch ist 0.50. (a) Wie groß ist die Horizontalkraft, die den Block gerade in Bewegung versetzt? (b) Wie groß wäre diese Kraft, wenn sie 60° gegen die Horizontale aufwärts angreifen würde? (c) Wie groß kann eine Kraft werden, die um den gleichen Winkel abwärts angreift, bevor der Block sich in Bewegung setzt?
13. Block B in Abb. 6.11 wiegt 710 N. Die Haftreibungszahl zwischen Block und Tisch ist 0.25. Man bestimme das maximale Gewicht von Block A, für das das System noch im Gleichgewicht ist.
Antwort: 180 N.

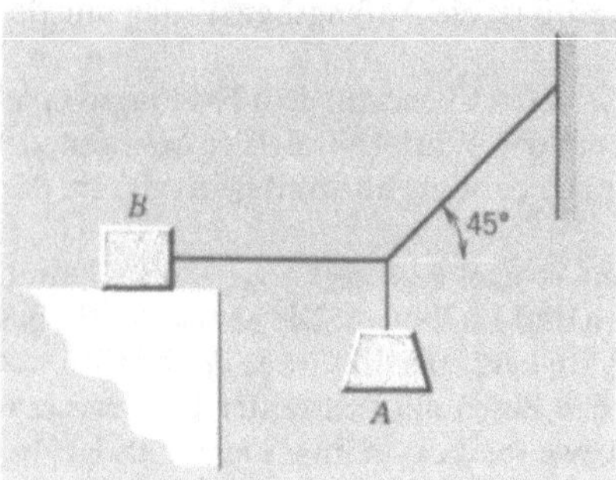

Abb. 6.11 Zu Aufgabe 13

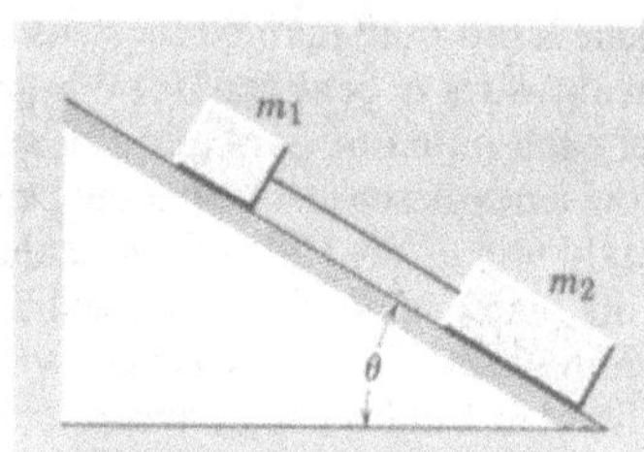

Abb. 6.12 Zu Aufgabe 14

14. Zwei Massen $m_1 = 1.65$ kg und $m_2 = 3.30$ kg, die durch einen masselosen Stab miteinander verbunden sind (s. Abb. 6.12), bewegen sich eine schiefe Ebene hinunter, wobei m_2 durch m_1 geschoben wird. Der Neigungswinkel ist $\theta = 30°$, die Gleitreibungszahl zwischen m_1 und der Oberfläche der Ebene ist $\mu_{Gl} = 0.226$ und zwischen m_2 und der Fläche $\mu_{Gl} = 0.113$. Man berechne (a) die Spannung in der Verbindungsstange und (b) die gemeinsame Beschleunigung der zwei Massen. (c) Würden die Ergebnisse (a) und (b) anders ausfallen, wenn m_1 durch m_2 gezogen würde?
15. Ein Block der Masse 4.0 kg steht auf einem größeren Block der Masse 5.0 kg. Damit der oben stehende Block auf dem festgehaltenen unteren Block gleitet, muß eine horizontale Kraft von 12 N auf ihn wirken. Die beiden übereinanderstehenden Blöcke werden nun auf einen horizontalen reibungsfreien Tisch gebracht (s. Abb. 6.13). Man bestimme (a) die maximale horizontale

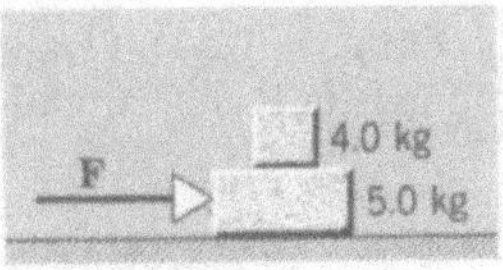

Abb. 6.13 Zu Aufgabe 15

Kraft F, die, auf den unteren Block gerichtet, beide Blöcke zusammen in Bewegung versetzt, und (b) die resultierende Beschleunigung der Blöcke.
Antwort: (a) 27 N; (b) 3.0 m/s².

16. Ein Güterwagen ist mit Kisten beladen, die zum Wagenboden eine Haftreibungszahl von 0.25 haben. Man bestimme bei einer Geschwindigkeit des Zuges von 48 km/h den kürzesten Bremsweg, ohne daß die Kisten in Bewegung geraten.
17. Eine Platte der Masse 40 kg steht auf einem reibungsfreien Fußboden. Auf ihr liegt ein Block der Masse 10 kg. Zwischen Platte und Block ist die Haftreibungszahl 0.60 und die Gleitreibungszahl 0.40. Am Block greift eine horizontale Kraft von 100 N an, s. Abb. 6.14. Welche Beschleunigungen ergeben sich (a) für den Block und (b) für die Platte?
Antwort: (a) 6.1 m/s²; (b) 0.98 m/s².

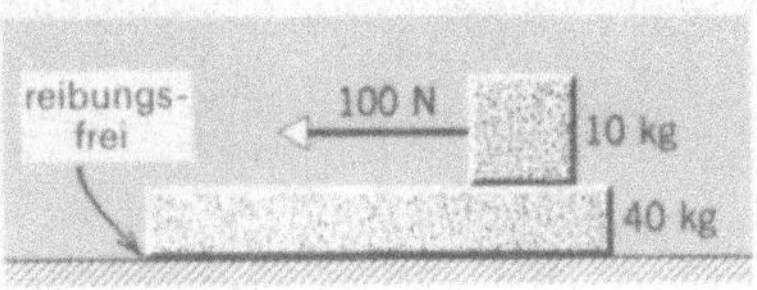

Abb. 6.14 Zu Aufgabe 17

18. Die Blöcke A und B in Abb. 6.15 wiegen 44 N bzw. 22 N. (a) Welches Gewicht (Block C) muß man mindestens auf Block A legen, um ihn am Gleiten zu hindern (μ_H zwischen Block A und dem Tisch ist 0.20)? (b) Wie groß ist die Beschleunigung von Block A, wenn Block C plötzlich heruntergenommen wird (μ_{Gl} zwischen Block A und dem Tisch ist 0.20)?

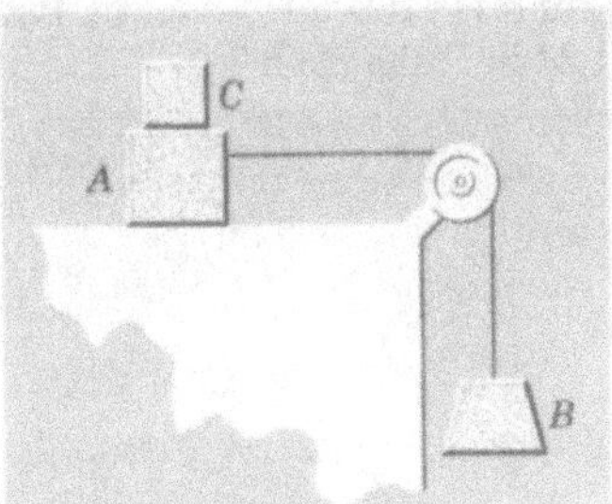

Abb. 6.15 Zu Aufgabe 18

19. Zwei Blöcke der Massen 8.0 kg und 16 kg, die durch eine Schnur miteinander verbunden sind, gleiten eine um 30° geneigte Fläche herunter. Die Gleitreibungszahl zwischen den Blöcken und der Fläche ist 0.10 bzw. 0.20. Man bestimme (a) die Beschleunigung der Blöcke und (b) die Spannung in der Schnur, wenn der 8.0-kg-Block führt. (c) Man beschreibe die Bewegung, wenn die Blöcke ausgetauscht sind.

20. In Abb. 6.16 wiegt der Körper B 445 N und der Körper A 145 N. Für $\mu_H = 0.56$ und $\mu_{Gl} = 0.25$ bestimme man (a) die Beschleunigung des Systems, wenn B anfangs in Ruhe ist, und (b) die Beschleunigung, wenn B anfangs in Bewegung ist.

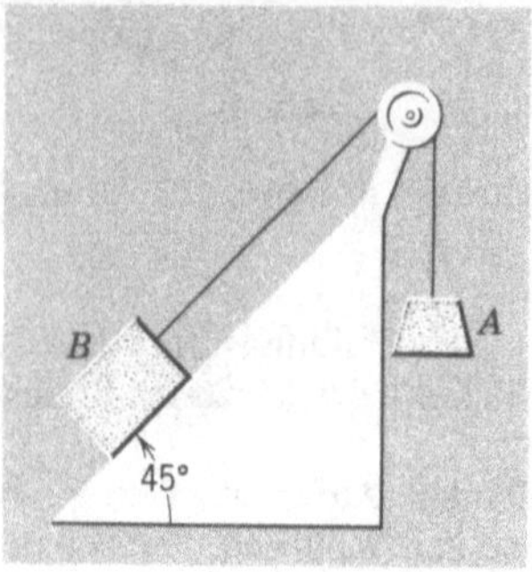

Abb. 6.16 Zu Aufgabe 20

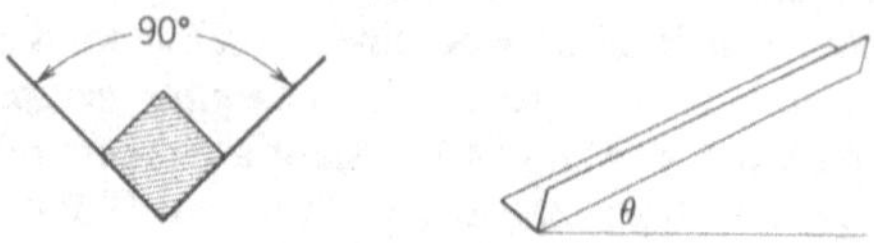

Abb. 6.17 Zu Aufgabe 21

21. Ein Block der Masse m gleitet in einer geneigten rechtwinkligen Rinne wie in Abb. 6.17. Man bestimme die Beschleunigung des Blocks für die Gleitreibungszahl μ_{Gl} zwischen Block- und Rinnenmaterial.
Antwort: $g(\sin\theta - \sqrt{2}\mu_{Gl}\cos\theta)$.

Abschnitt 6.3

22. Im Bohr-Modell des Wasserstoffatoms bewegt sich das Elektron auf einer Kreisbahn um den Kern. Für den Radius 5.3×10^{-11} m und die Winkelgeschwindigkeit 6.6×10^{15} Umdrehungen/s bestimme man (a) die Beschleunigung (Betrag und Richtung) des Elektrons und (b) die Zentripetalkraft, die auf das Elektron wirkt (Diese Kraft entsteht durch die Anziehung zwischen positiv geladenem Kern und negativ geladenem Elektron). Die Masse des Elektrons ist 9.1×10^{-31} kg.
23. Eine Masse m, die auf einem reibungsfreien Tisch liegt, ist mit einer hängenden Masse M durch einen Strick verbunden, der durch ein Loch im Tisch führt (s. Abb. 6.18). Welche Bedingung muß für die Drehbewegung von m erfüllt sein, damit M in Ruhe bleibt?
Antwort: $v^2/r = Mg/m$.

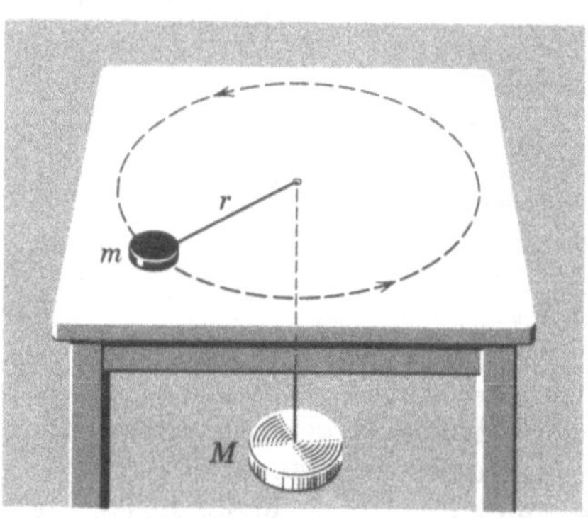

Abb. 6.18 Zu Aufgabe 23

24. Man beweise, daß die Periodendauern zweier Kegelpendel verschiedener Länge, die an der Decke hängen und so rotieren, daß die Massenstücke an den Enden der beiden Pendel den gleichen Abstand von dieser Decke haben, gleich sind.
25. Eine kleine Münze liegt auf einem flachen, horizontalen Drehteller. Er macht drei Umdrehungen in 3.14 s. (a) Wie groß ist die Geschwindigkeit der Münze, wenn sie sich 5.0 cm vom Zentrum entfernt befindet und nicht auf dem Drehteller gleitet? (b) Wie groß ist dann ihre Beschleunigung (Größe und Richtung)? (c) Wie groß ist die Reibungskraft, die auf die Münze in Teil (a) wirkt, wenn ihre Masse 2.0 g beträgt? (d) Wie groß ist die Haftreibungszahl zwischen Münze und Drehteller, wenn sie zu gleiten beginnt, sobald ihr Abstand vom Zentrum größer als 10 cm wird?
Antwort: (a) 30 cm/s; (b) 180 cm/s^2, radial nach innen; (c) 3.6×10^{-3} N; (d) 0.37.
26. Ein Block der Masse m wird an einem Strick zu einem vertikalen Kreis mit dem Radius R herumgewirbelt. Man bestimme die kritische Geschwindigkeit, unterhalb der der Strick am höchsten Punkt durchhängt.
27. Die kreisförmige Kurve einer Landstraße ist für eine Fahrgeschwindigkeit von 65 km/h ausgelegt. (a) Wie groß muß der Überhöhungswinkel der Kurve sein, wenn ihr Radius 120 m beträgt? (b) Wie groß muß die Reibungszahl zwischen Reifen und Straße mindestens sein, um bei dieser Geschwindigkeit das Schleudern von Autos zu verhindern, wenn die Kurve nicht überhöht ist?
28. Ein Autofahrer, der mit 48 km/h fährt und anhalten möchte, legt 10 m zurück, bevor sein Fuß die Bremse erreicht, und braucht dann noch 21 m bis zum Stillstand. (a) Welche Reibungszahl ist bei dieser Rechnung zugrunde gelegt? (b) Wie groß muß der minimale Radius einer Kurve sein, die der Fahrer bei dieser Geschwindigkeit, ohne zu schleudern, durchfahren kann?
29. Ein Flugzeug der Masse 2500 kg macht bei einer Geschwindigkeit von 320 km/h einen Looping. (a) Man bestimme den Radius des größtmöglichen kreisförmigen Loopings, (b) die resultierende Kraft, die am tiefsten Punkt des Loopings auf das Flugzeug wirkt, und (c) den Auftrieb des Flugzeugs an diesem Punkt.
30. Ein Student mit der Masse 80 kg hat auf einem gleichförmig drehenden Riesenrad am höchsten Punkt eine scheinbare Masse von 66 kg. (a) Wie groß wäre seine scheinbare Masse am niedrigsten Punkt? (b) Wie groß wäre sie am höchsten Punkt, wenn das Riesenrad seine Geschwindigkeit verdoppeln würde?
31. Man nehme an, daß das Kilogrammprototyp (s. Abschn. 1.4) am Erdäquator in Meereshöhe exakt 9.80 N wiegt, wenn sich die Erde nicht dreht. Wenn die Erde rotiert, bewegt sich diese Masse auf einer Kreisbahn mit dem Radius 6.40×10^6 m (Erdradius) mit der konstanten Geschwindigkeit (Betrag) von 465 m/s. (a) Man bestimme die Zentripetalkraft, die nötig ist, um das Prototyp auf seiner Kreisbahn zu halten. (b) Man bestimme die Kraft, die das Kilogrammprototyp am Äquator auf eine Federwaage ausübt (sein Gewicht).
Antwort: (a) 0.0338 N; (b) 9.77 N.
32. Eine alte Straßenbahn fährt auf nicht überhöhten Schienen durch eine Kurve. (a) Welche Winkelabweichung von der Senkrechten zeigen die lose herabhängenden Halteschlaufen, wenn die Geschwindigkeit der Straßenbahn 15 km/h und der Kurvenradius 10 m beträgt? (b) Wirkt eine Kraft auf die Schlaufen? Wenn ja, ist es eine Zentripetal- oder Zentrifugalkraft? Hängt die Antwort davon ab, welches Bezugssystem man wählt?
33. Ein Massenpunkt der Masse $M = 0.305$ kg bewegt sich entgegen dem Uhrzeigersinn auf einer horizontalen Kreisbahn mit dem Radius $r = 2.63$ m mit der Geschwindigkeit (Betrag) $v = 0.754$ m/s wie in Abb. 6.19. Man bestimme am Punkt $\theta = 322°$ (von der positiven x-Achse gegen den Uhrzeigersinn gemessen) folgende Größen: (a) die x-Komponente der Geschwindigkeit, (b) die y-Komponente der Beschleunigung, (c) die auf den Massenpunkt wirkende Gesamtkraft und (d) deren Komponente in Richtung der Geschwindigkeit.
Antwort: (a) 0.464 m/s; (b) 0.133 m/s^2. (c) 6.59×10^{-2} N; (d) Null.

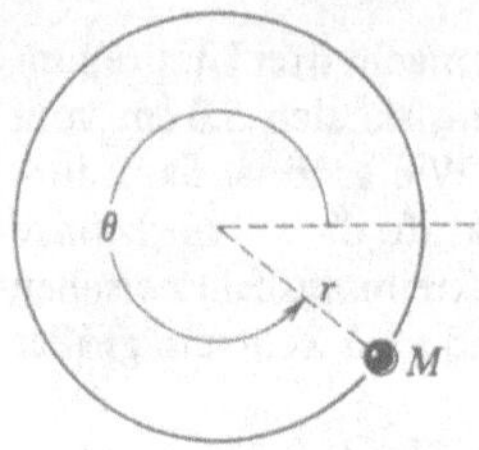

Abb. 6.19 Zu Aufgabe 33

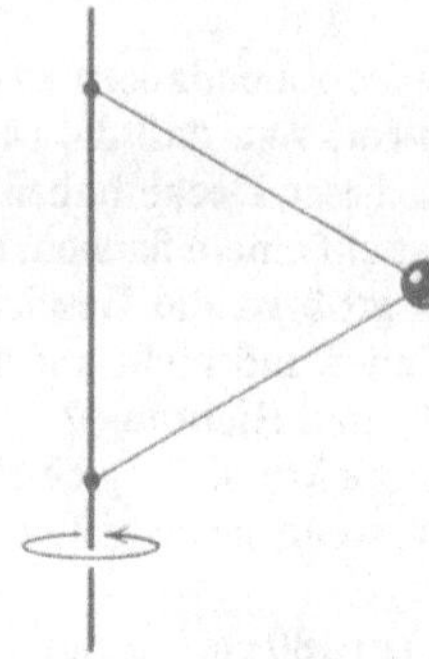

Abb. 6.20 Zu Aufgabe 34

34. Ein Ball der Masse 1.0 kg ist durch zwei 1.0 m lange masselose Stricke an einer Stange befestigt. Der Abstand der Befestigungspunkte beträgt 1.0 m. Das System rotiert um die Stangenachse, wobei die beiden Stricke gespannt sind und mit der Stange ein gleichseitiges Dreieck bilden (s. Abb. 6.20). Die Spannung im oberen Strick ist 25 N. (a) Man zeichne das Kräftediagramm für den Ball. (b) Wie groß ist die Spannung im unteren Strick? (c) Wie groß ist die resultierende Kraft auf den Ball in dem Augenblick, den die Abbildung zeigt? (d) Wie groß ist die Geschwindigkeit (Betrag) des Balles?
35. Ein Flugzeug fliegt mit der Geschwindigkeit (Betrag) 480 km/h auf einer horizontalen Kreisbahn. Wie groß ist der Radius der Kreisbahn, wenn die Flügel des Flugzeugs dabei um 45° gegen die Vertikale geneigt sind?
Antwort: 1.8 km.
36. Wegen der Erdrotation hängt ein Bleigewicht nicht ganz exakt in Richtung der Erdanziehung. Man berechne die Abweichung davon (a) auf einer geographischen Breite von 40°, (b) an den Polen und (c) am Äquator.
37. Man stelle sich vor, daß die Scheibe in Abb. 6.6 statt an einem Bindfaden an einer Feder befestigt ist. Wenn die Feder ungedehnt ist, hat sie die Länge l_0; ihre Spannung wächst direkt proportional mit der Dehnung, die Spannungsänderung geteilt durch die Dehnung sei k. Wenn sich die Scheibe mit der Frequenz (Anzahl der Umdrehungen durch Zeit) ν bewegt, beweise man, daß (a) der Radius R der gleichförmigen Kreisbewegung gleich $kl_0(k - 4\pi^2 m\nu^2)$ und (b) die Federspannung T gleich $4\pi^2 mkl_0\nu^2/(k - 4\pi^2 m\nu^2)$ ist.
38. Ein sehr kleiner Würfel der Masse m befindet sich auf der Innenseite eines Trichters (Abb. 6.21), der um eine vertikale Achse mit der konstanten Frequenz ν rotiert. Der Trichter hat einen Öffnungswinkel θ. Die Haftreibungszahl zwischen Würfel und Trichter sei μ_H, und der Abstand vom Zentrum des Würfels zur Rotationsachse sei r. Man bestimme (a) den größten und (b) den kleinsten Wert von v, bei dem sich der Würfel relativ zum Trichter nicht bewegt.

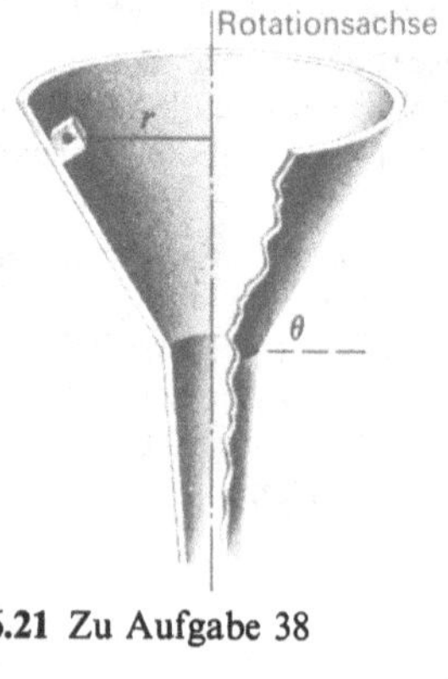

Abb. 6.21 Zu Aufgabe 38

7 Arbeit und Energie

7.1 Einführung

Ein grundlegendes Problem der Dynamik des Massenpunktes ist die Bestimmung des Bewegungsablaufes, wenn die angreifenden Kräfte bekannt sind. Mit der Frage „Wie bewegt sich ein Massenpunkt?" meinen wir, wie sich seine Lage in Abhängigkeit von der Zeit ändert. Ist die Bewegung eindimensional, so suchen wir x als Funktion der Zeit, also $x(t)$. In den vorherigen zwei Kapiteln lösten wir diese Aufgabe für den Spezialfall konstanter Kräfte. Dabei gingen wir folgendermaßen vor: Wir bestimmten aus den entsprechenden Kraftgesetzen die auf den Massenpunkt wirkende resultierende Kraft $\boldsymbol{F}$. Einsetzen von $\boldsymbol{F}$ und der Masse m des Massenpunktes in das zweite Newtonsche Axiom ergab dann die Beschleunigung $\boldsymbol{a}$ des Massenpunktes:

$$\boldsymbol{a} = \boldsymbol{F}/m.$$

Sind die Kraft $\boldsymbol{F}$ und die Masse m konstant, so ist auch die Beschleunigung $\boldsymbol{a}$ konstant. Legen wir die x-Achse in die Richtung dieser konstanten Beschleunigung, erhalten wir die Geschwindigkeit (Betrag) des Massenpunktes aus Gl. 3.12,

$$v = v_0 + at,$$

und die Lage des Massenpunktes aus Gl. 3.15 (mit $x_0 = 0$),

$$x = v_0 t + \tfrac{1}{2}at^2.$$

Zur Vereinfachung haben wir bei der Geschwindigkeit den Index x weggelassen. Die letzte Gleichung liefert uns direkt die Lage des Teilchens als Funktion der Zeit, die gesuchte Beziehung $x(t)$.

Die Lösung des Problems wird allerdings schwieriger, wenn die angreifenden Kräfte nicht konstant sind. Wir haben dann zwar für die Bestimmung der Beschleunigung ebenfalls die Newtonsche Bewegungsgleichung zu benutzen, doch gelten die eben entwickelten Formeln für die Ermittlung der Geschwindigkeit oder der Lage des Massenpunktes nicht mehr. Wie wir sie in diesem allgemeinen Fall ermitteln können, wollen wir jetzt behandeln.

Wir beschränken uns zunächst auf Kräfte, die sich in Abhängigkeit von der Lage des Massenpunktes ändern. Einige Beispiele dafür sind die Gravitationskräfte zwischen Körpern, wie Sonne und Erde oder Erde und Mond, oder die durch eine gespannte Feder auf einen Körper ausgeübte Kraft. Die Bestimmung der Bewegung eines Massenpunktes, der einer solchen Kraft ausgesetzt ist, führt uns auf die Begriffe Arbeit und Energie und ihre Beziehung zueinander. Dies wird der Hauptinhalt dieses Kapitels sein. In Kapitel 8 gehen wir auf den Energiebegriff genauer ein. Das dort abgeleitete Gesetz von der Erhaltung der Energie spielt in der Entwicklung der Physik eine herausragende Rolle.

7.2 Arbeit bei konstanter Kraft

Man betrachte einen Massenpunkt, an dem eine Kraft angreift. Im einfachsten Fall ist die Kraft $\boldsymbol{F}$ konstant, und die Bewegung verläuft auf einer Geraden in Richtung der Kraft. Bei diesen Bedingungen definieren wir die durch die Kraft an dem Massenpunkt geleistete Arbeit als das Produkt aus dem Betrag der Kraft F und der Wegstrecke s, um die der Massenpunkt bewegt wurde. Wir schreiben dies

$$A = Fs.$$

Nun wirkt jedoch die Kraft nicht immer in Richtung der Massenpunktbewegung. In diesem Fall definieren wir die durch die Kraft an dem Massenpunkt verrichtete Arbeit als das Produkt aus der Kraftkomponente in Bewegungsrichtung und der vom Massenpunkt zurückgelegten Wegstrecke s. In Abb. 7.1 ist der Winkel zwischen einer konstanten Kraft $\boldsymbol{F}$ und der x-Achse ϕ. Die Kraft wirkt auf einen Massenpunkt, der auf der x-Achse den Weg s zurückgelegt hat. Wenn A die auf diesem Weg durch die Kraft F verrichtete Arbeit ist, dann gilt die Beziehung

$$A = (F\cos\phi)s. \tag{7.1}$$

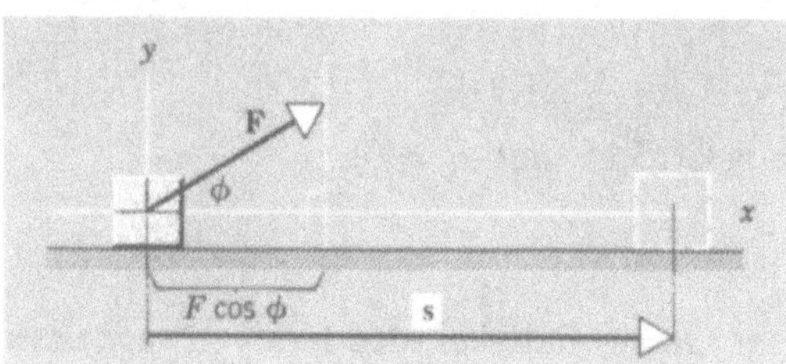

Abb. 7.1 Eine Kraft $\boldsymbol{F}$ verschiebt den Block um den Weg $\boldsymbol{s}$. Die Komponente von $\boldsymbol{F}$, die Arbeit verrichtet, hat die Größe $F\cos\phi$; die geleistete Arbeit ist $Fs\cos\phi$ $(= \boldsymbol{F}\cdot\boldsymbol{s})$.

Natürlich greifen noch andere Kräfte an dem Massenpunkt an, während er sich in dieser Weise bewegt (Gewichtskraft und Reibungskraft, um nur zwei zu nennen). Ein Massenpunkt, der nur durch eine einzige Kraft bewegt wird, kann sich auf einer von der Richtung dieser Kraft unterschiedlichen Bahn bewegen, wie z. B. beim schiefen Wurf. Doch kann er sich nicht auf einer geradlinigen Strecke bewegen, wenn die einzige angreifende Kraft nicht diese Richtung hat. *Gl. 7.1 bezieht sich nur auf die Arbeit, die durch die spezielle Kraft* $\boldsymbol{F}$ *an dem Massenpunkt verrichtet wird.* Die durch andere Kräfte an dem

Massenpunkt verrichtete Arbeit muß gesondert berechnet werden. Die Gesamtarbeit ist die Summe aus den Arbeiten, die jede einzelne Kraft an dem Massenpunkt verrichtet.

Ist ϕ gleich Null, so ist die durch $\boldsymbol{F}$ geleistete Arbeit einfach Fs in Übereinstimmung mit der vorangegangenen Gleichung. Wenn also eine horizontale Kraft einen Körper horizontal zieht oder eine vertikale Kraft einen Körper vertikal hebt, dann ist die durch die Kraft geleistete Arbeit gleich dem Produkt aus Kraftbetrag und zurückgelegtem Weg. Ist $\phi = 90°$, so gibt es in der Bewegungsrichtung keine Kraftkomponente, also auch keine Arbeit an dem Körper. Zum Beispiel leistet eine senkrechte Kraft, die einen Körper in einem festen Abstand vom Boden halten kann, keine Arbeit an einem Körper, der sich horizontal über den Boden bewegt. So leistet auch die Zentripetalkraft an einem kreisenden Körper keine Arbeit, da sie immer senkrecht auf der Bewegungsrichtung steht. Natürlich verrichtet eine Kraft keine Arbeit an einem Körper, der sich nicht bewegt; die Wegstrecke ist dann Null. In Abb. 7.2 zeigen wir einige Beispiele dafür, daß eine am Körper angreifende Kraft keine Arbeit an ihm verrichtet.

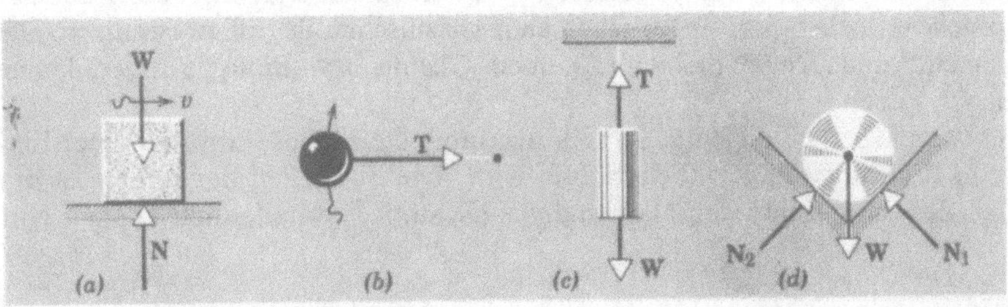

Abb. 7.2 Nicht immer wird durch eine an einem Körper angreifende Kraft Arbeit geleistet. (a) Der Block bewegt sich mit konstanter Geschwindigkeit (Betrag) v über eine reibungsfreie Fläche. Weder durch die Gewichtskraft $\boldsymbol{W}$ noch durch die Normalkraft $\boldsymbol{N}$ wird an ihm Arbeit verrichtet. (b) Der Ball bewegt sich unter dem Einfluß einer Zentripetalkraft $\boldsymbol{T}$ auf einer Kreisbahn. $\boldsymbol{T}$ verursacht eine Zentripetalbeschleunigung $\boldsymbol{a}$, leistet aber keine Arbeit. Sowohl in (a) als auch in (b) sind die Kräfte ($\boldsymbol{W}$, $\boldsymbol{N}$ und $\boldsymbol{T}$) senkrecht zur Bewegung gerichtet, so daß $A = \boldsymbol{F} \cdot \boldsymbol{s} = Fs \cos \phi = Fs \cos 90° = 0$. (c) Ein Zylinder hängt an einem Seil. Weder die Kraft durch die Seilspannung $\boldsymbol{T}$ noch die Gewichtskraft $\boldsymbol{W}$ des Zylinders leisten Arbeit an ihm. (d) Ein Zylinder ruht in einer Rille; $\boldsymbol{W}$, $\boldsymbol{N}_1$ und $\boldsymbol{N}_2$ verrichten keine Arbeit. In (c) und (d) ist die geleistete Arbeit Null, weil die Verschiebung (der Weg) Null ist.

Man beachte, daß man Gl. 7.1 entweder als $(F \cos \phi) s$ oder als $F(s \cos \phi)$ schreiben kann. Das bedeutet, daß man die Arbeit auf zwei verschiedenen Wegen berechnen kann. Entweder multiplizieren wir die Länge des Weges mit der Kraftkomponente in Richtung des Weges oder die Größe der Kraft mit der Wegkomponente in Richtung der Kraft. Beide Methoden führen zum gleichen Ergebnis.

Die Arbeit ist ein *Skalar*, während die beiden in ihrer Definition auftretenden Größen Kraft und Weg Vektoren sind. In Abschn. 2.4 definierten wir das *Skalarprodukt* von zwei Vektoren als die skalare Größe, die sich durch Multiplizieren des Betrages des einen Vektors mit der Komponente des anderen Vektors in Richtung des ersten Vektors ergibt. Wir sagten in jenem Abschnitt, daß wir bald auf physikalische Größen stoßen würden, die sich wie ein Skalarprodukt verhalten. Gl. 7.1 zeigt, daß die Arbeit eine solche Größe ist. In der Terminologie der Vektoralgebra können wir diese Gleichung schreiben als

$$A = \boldsymbol{F} \cdot \boldsymbol{s}, \tag{7.2}$$

wobei der Punkt für Skalar-(oder Punkt-)produkt steht. Gl. 7.2 für $\boldsymbol{F}$ und $\boldsymbol{s}$ entspricht der Gl. 2.11 für $\boldsymbol{a}$ und $\boldsymbol{b}$.

Arbeit kann positiv oder negativ sein. Die Kraft ist dann negativ, wenn der Massenpunkt eine Bewegungskomponente in der entgegengesetzten Richtung zur angreifenden Kraft hat. Dies entspricht einem stumpfen Winkel zwischen dem Kraft- und dem Wegvektor. Wenn beispielsweise eine Person einen Gegenstand, den sie in der Hand hält (aufwärts gerichtete Kraft), auf den Boden legt, so leistet sie negative Arbeit. Für diesen Fall ist ϕ gleich 180°, da $\boldsymbol{F}$ senkrecht nach oben und $\boldsymbol{s}$ senkrecht nach unten zeigen.

Die Arbeit, so wie wir sie definiert haben (Gl. 7.2), erweist sich als ein sehr brauchbarer Begriff in der Physik. Diese physikalische Definition des Wortes „Arbeit" entspricht allerdings nicht dem in der Umgangssprache benutzten Begriff. Das kann zu Unklarheiten führen. Ein Sportler, der ein schweres Gewicht ruhig festhält, ist der Meinung, daß er harte Arbeit leistet – und dies tut er auch im physiologischen Sinne – doch vom Standpunkt der Physik aus leistet er keinerlei Arbeit. Wir sagen dies, weil die angewendete Kraft keine Lageänderung des Gegenstandes herbeiführt. Das Wort Arbeit wird nur im Sinn der Gl. 7.2 verwendet. Auch in anderen Wissenschaften werden Wörter aus der Umgangssprache entliehen, um sie für einen ganz spezifischen Begriff zu benutzen. Die Wörter „Element" und „Zelle" meinen z. B. in der Chemie bzw. Biologie andere Dinge als im täglichen Leben.

Die *Einheit* der Arbeit ist diejenige Arbeit, die durch die Einheitskraft auf einer Einheitsstrecke in Richtung der Kraft verrichtet wird. Die SI-Einheit der Arbeit ist das *Newtonmeter*, das den besonderen Namen *Joule* (Symbol J) erhalten hat ($1\,J = 1\,Nm = 10^7\,erg$).

Beispiel 1

Ein Block der Masse 10.0 kg soll auf einer schiefen Ebene 5.0 m weit nach oben transportiert werden. Dabei wird eine Höhe von 3.0 m überwunden. Wieviel Arbeit muß unter der Voraussetzung einer reibungsfreien Fläche von einer Kraft geleistet werden, die parallel zur Ebene wirkt, wenn der Block mit *konstanter Geschwindigkeit* (Betrag) bewegt wird ($g = 9.80\,m/s^2$)?

Die Situation wird in Abb. 7.3 gezeigt. Die angreifenden Kräfte sind in Abb. 7.3b zu sehen. Zunächst müssen wir den Betrag der Kraft P ermitteln. Da es sich um keine beschleunigte Bewe-

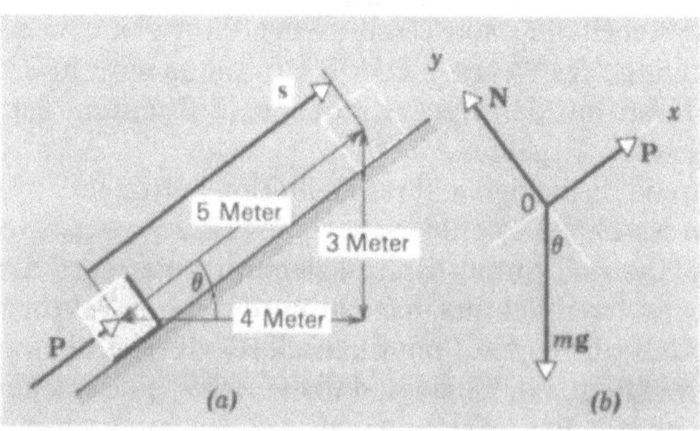

Abb. 7.3 Zu Beispiel 1. (a) Eine Kraft $\boldsymbol{P}$ schiebt einen Block eine um θ geneigte Ebene den Weg $\boldsymbol{s}$ hinauf. (b) Ein Kräftediagramm für den Block.

gung handelt, muß die resultierende Kraft parallel zur Ebene Null sein, also

$$P - mg\sin\theta = 0,$$
$$P = mg\sin\theta = (10.0\,\text{kg})(9.80\,\text{m/s}^2)(\tfrac{3}{5}) = 58.8\,\text{N}.$$

Dann ist die durch $\boldsymbol{P}$ geleistete Arbeit aus Gl. 7.1 mit $\phi = 0°$

$$A = \boldsymbol{P}\cdot\boldsymbol{d} = Pd\cos 0° = Pd = (58.8\,\text{N})(5.00\,\text{m}) = 294\,\text{J}.$$

Wenn jemand diesen Block ohne Benutzung der schiefen Ebene senkrecht hochtragen würde, würde er die gleiche Arbeit verrichten (senkrechte Kraft mg × senkrechte Wegstrecke). Der Unterschied besteht nur darin, daß die Kraftanwendung bei Verwendung der schiefen Ebene geringer ist ($P = 58.8$ N, $mg = 98.0$ N); andererseits muß er den Block im ersten Fall eine längere Strecke transportieren (5.0 m anstatt 3.0 m).

Beispiel 2

Ein Junge zieht einen Schlitten der Masse 5 kg mit *konstanter Geschwindigkeit* 10 m weit über eine horizontale Fläche. Welche Arbeit verrichtet er am Schlitten, wenn die Gleitreibungszahl 0.20 und der Neigungswinkel der Zugrichtung 45° betragen?

Die geschilderte Situation zeigt Abb. 7.4a, das Kräftediagramm Abb. 7.4b. $\boldsymbol{P}$ ist die Zugkraft, die der Junge aufwendet, $\boldsymbol{w}$ die Gewichtskraft des Schlittens, $\boldsymbol{f}$ die Reibungskraft und $\boldsymbol{N}$ die von der Fläche auf den Schlitten ausgeübte Normalkraft. Die geleistete Arbeit ist

$$A = \boldsymbol{P}\cdot\boldsymbol{s} = Ps\cos\phi.$$

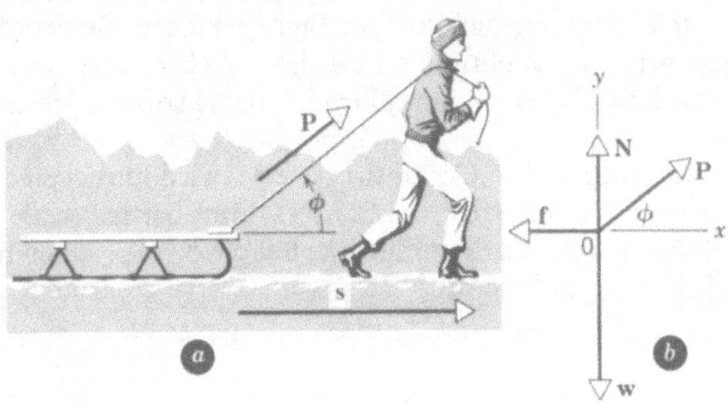

Abb. 7.4 Zu Beispiel 2. (a) Ein Junge zieht einen Schlitten an einem um den Winkel ϕ geneigten Seil über die Strecke $\boldsymbol{s}$ mit der Kraft $\boldsymbol{P}$. (b) Kräftediagramm für den Schlitten.

Da P nicht vorgegeben ist, müssen wir es aus dem Kräftediagramm ermitteln. Da die Geschwindigkeit des Schlittens konstant ist, die Beschleunigung also Null, erhalten wir aus der Newtonschen Bewegungsgleichung

$$P\cos\phi - f = 0$$

und

$$P\sin\phi + N - w = 0.$$

Wir kennen die Beziehung zwischen f und N:

$$f = \mu_{Gl} N.$$

Diese drei Gleichungen enthalten drei Unbekannte, P, f und N. Um P zu bekommen, eliminieren wir f und N aus diesen Gleichungen und lösen die verbleibende Gleichung nach P auf:

$$P = \mu_{Gl} w/(\cos\phi + \mu_{Gl} \sin\phi).$$

Einsetzen der Zahlenwerte ergibt dann mit $w = mg = 49\,\mathrm{N}$

$$P = (0.20)(49\,\mathrm{N})/(0.707 + 0.141) = 11.6\,\mathrm{N}$$

Mit $s = 10\,\mathrm{m}$ erhalten wir die von dem Jungen am Schlitten verrichtete Arbeit zu

$$A = Ps\cos\phi = (11.6\,\mathrm{N})(10\,\mathrm{m})(0.707) = 81.7\,\mathrm{J}.$$

Die senkrechte Komponente der Zugkraft des Jungen leistet keine Arbeit an dem Schlitten. Man beachte aber, daß sie die Normalkraft zwischen Schlitten und Gleitfläche ($N = w - P\sin\phi$) reduziert und damit auch den Betrag der Reibungskraft ($f = \mu_{Gl} N$).

Würde der Junge mehr, weniger oder die gleiche Arbeit am Schlitten verrichten, wenn er ihn in horizontale Richtung zieht? Leisten dabei noch andere Kräfte Arbeit?

7.3 Arbeit bei veränderlicher Kraft – eindimensionaler Fall

Wir behandeln nun die von Kräften verrichtete Arbeit, wenn die Kräfte nicht konstant sind. Zunächst betrachten wir Kräfte, die sich nur im Betrag ändern. Sie werden als Funktion des Ortes $F(x)$ gegeben. Ihre Richtung sei die der x-Achse. Wie groß ist die Arbeit, die durch diese variable Kraft bei Bewegung eines Körpers in diese Richtung von x_1 nach x_2 verrichtet wird?

In Abb. 7.5 ist F gegen x aufgetragen. Die Gesamtwegstrecke wird nun in eine große Anzahl gleich schmaler Intervalle Δx unterteilt (Abb. 7.5a). Man betrachte die kleine Strecke Δx von x_1 nach $x_1 + \Delta x$. Innerhalb dieser Strecke hat die Kraft F einen nahezu konstanten Wert, und die Arbeit ist annähernd

$$\Delta A = F \cdot \Delta x, \tag{7.3}$$

wobei F die Arbeit bei x_1 ist. Genauso hat F bei der Bewegung von $x_1 + \Delta x$ nach $x_1 + 2\Delta x$ einen fast konstanten Wert, und die Arbeit ist ca. $\Delta A = F\Delta x$, wobei F der Wert der Kraft bei $x_1 + \Delta x$ ist. Die Gesamtarbeit A_{12}, die von F bei der Bewegung des Körpers von x_1 nach x_2 geleistet wird, ist angenähert die Summe einer großen Zahl von Termen wie der von Gl. 7.3, in denen F für jeden Term einen unterschiedlichen Wert hat. Folglich ist

$$A_{12} = \sum_{x_1}^{x_2} F\Delta x, \tag{7.4}$$

worin der griechische Buchstabe Sigma (Σ) für die Summe über alle Intervalle von x_1 nach x_2 steht.

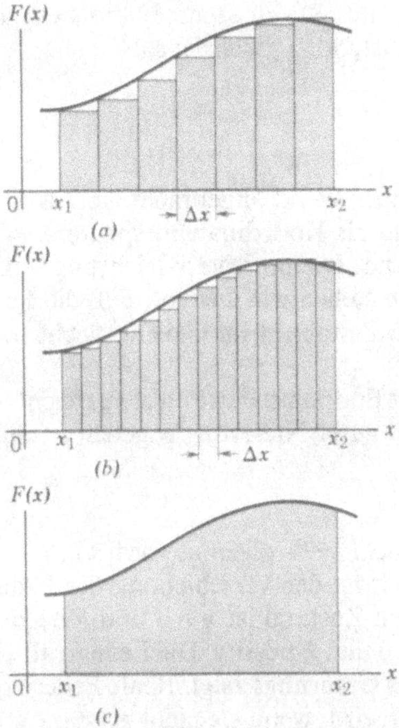

Abb. 7.5 Berechnung von $\int_{x_1}^{x_2} F(x)dx$ zur Bestimmung der Fläche unter der Kurve $F(x)$ zwischen den Grenzen x_1 und x_2. Das oberste Diagramm (a) zeigt, daß eine Bestimmung näherungsweise durch Unterteilung des Bereichs in schmale Streifen der Breite Δx erfolgen kann. Summiert man die Flächen dieser Rechtecke, erhält man einen groben Näherungswert. In der mittleren Kurve (b) ist der Wert der Fläche schon genauer, da die Streifen schmaler und damit der Fehlbetrag gegenüber der Kurve kleiner wird. Im unteren Diagramm (c) haben wir es mit „infinitesimalen" Streifen zu tun. Die Messung der Fläche ist genau. Die Abweichung der Rechteckfläche gegenüber der Streifen unter der Kurve wird Null, wenn die Breite der Streifen dx gegen Null geht.

Um eine bessere Näherung zu erhalten, können wir die Zahl der Intervalle noch vergrößern wie in Abb. 7.5 b, so daß Δx kleiner wird. Es ist plausibel, daß die Näherung immer besser wird, je größer die Anzahl der Intervalle ist. Das exakte Ergebnis für die Arbeit erhält man, wenn man Δx gegen Null und damit die Zahl der Intervalle gegen unendlich gehen läßt. Also wird

$$A_{12} = \lim_{\Delta x \to 0} \sum_{x_1}^{x_2} F \Delta x. \tag{7.5}$$

Die Beziehung

$$\lim_{\Delta x \to 0} \sum_{x_1}^{x_2} F \Delta x = \int_{x_1}^{x_2} F \mathrm{d}x$$

definiert das Integral von F über x zwischen den Grenzen x_1 und x_2. Numerisch ist diese Größe genau so groß wie die Fläche zwischen der Kraftkurve und der x-Achse innerhalb der Grenzen x_1 und x_2 (Abb. 7.5c). Daher kann ein Integral graphisch als eine Fläche interpretiert werden. Das Symbol $\int$ ist ein verformtes S (von Summe) und steht für den Integrationsprozeß. Da F eine Funktion von x ist, wird geschrieben:

$$A_{12} = \int_{x_1}^{x_2} F(x)\mathrm{d}x. \tag{7.6}$$

Als Beispiel betrachten wir eine Feder, die an einer Wand angebracht ist. Als x-Achse wählen wir die horizontale Achse der Feder und als Koordinatenursprung $x = 0$ den Endpunkt der Feder im nicht gespannten Zustand. Die positive x-Richtung weist von der Wand weg. Für die folgenden Überlegungen stellen wir uns vor, daß die Feder so langsam ausgezogen wird, daß sie sich in jedem Zeitpunkt im Gleichgewicht befindet ($\boldsymbol{a} = 0$).

Wird die Feder auseinandergezogen, so daß ihr Endpunkt den Punkt x erreicht, so übt sie auf den Ausführenden eine Kraft aus, die in guter Näherung gegeben ist durch

$$F = -kx. \tag{7.7}$$

k ist eine Konstante, die *Federkonstante* oder *Richtgröße* genannt wird. Gl. 7.7 ist das *Kraftgesetz* der Feder. Die Richtung dieser Kraft ist der Verschiebung des Federendpunktes immer entgegengesetzt. Im ausgezogenen Zustand ist $x > 0$ und F negativ, im zusammengedrückten Zustand der Feder ist $x < 0$ und F positiv. Die Federkraft ist eine *rücktreibende Kraft*, da sie immer in Richtung des Ursprungs zeigt. Reale Federn gehorchen Gl. 7.7, die das *Hookesches Gesetz* genannt wird, wenn sie nicht zu stark gedehnt werden. Harte Federn haben große k-Werte.

Wenn wir eine Feder dehnen, so benutzen wir die Kraft F', die gleich groß, aber von entgegengesetzter Richtung ist wie die Kraft F, die die Feder auf uns ausübt. Die angewendete Kraft* ist daher $F' = kx$ und die Arbeit durch die Zugkraft für die Verschiebung von x_1 nach x_2

$$A_{12} = \int_{x_1}^{x_2} F'(x)\mathrm{d}x = \int_{x_1}^{x_2} (kx)\mathrm{d}x = \tfrac{1}{2}kx_2^2 - \tfrac{1}{2}kx_1^2.$$

Wählen wir $x_1 = 0$ und $x_2 = x$, erhalten wir

$$A = \int_0^x (kx)\mathrm{d}x = \tfrac{1}{2}kx^2. \tag{7.8}$$

Das ist die Arbeit, die man beim Ausziehen einer Feder vom ungespannten Zustand bis x leistet. Man beachte, daß die Arbeit die gleiche ist, wenn man die Feder um x *zusammendrückt*, denn die Verschiebung tritt in Gl. 7.8 im Quadrat auf. Dadurch ist die Arbeit auch für diesen Fall positiv.

Man kann das Integral auch ermitteln, indem man die Fläche zwischen der Kraft-

* Wenn die angewendete Kraft nicht $F' = kx$ wäre, so würde eine resultierende Kraft existieren, die die Feder beschleunigte. Zur Berechnung der Arbeit müßten wir an jedem Punkt die angewendete Kraft genau bestimmen. Unabhängig davon, welche Kraft ausgeübt wird, ist die Arbeit für die gleiche Verschiebung von x_1 nach x_2 immer die gleiche unter der Voraussetzung, daß die Feder die gleiche Anfangs- und Endgeschwindigkeit hat. Es ist wesentlich leichter, das einfache Kraftgesetz $F' = kx$ für die Berechnung der Arbeit zu nehmen, weshalb wir uns auf eine gleichförmige Bewegung beschränkt haben.

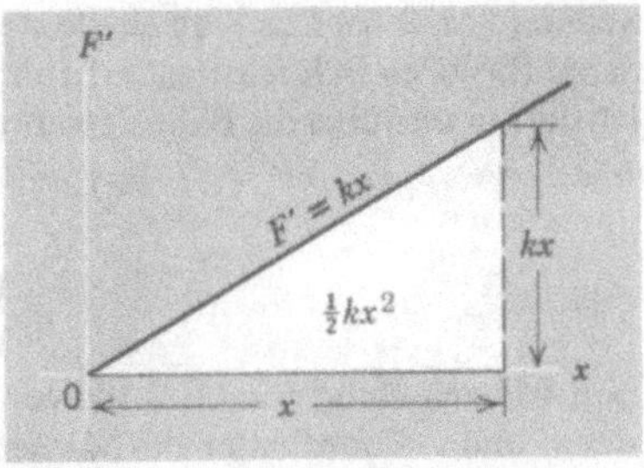

Abb. 7.6 Die Kraft, die beim Dehnen einer Feder wirkt, ist $F' = kx$. Die Fläche unter der Kraftkurve ist gleich der Arbeit, die beim Ausziehen der Feder um die Strecke x geleistet wird. Man erhält sie durch Integration oder durch Flächenbestimmung eines Dreiecks.

Verschiebungs-Kurve und der x-Achse von $x = 0$ bis $x = x$ bestimmt. Sie ist in Abb. 7.6 als weiße Fläche gekennzeichnet. Die Dreiecksfläche mit der Grundlinie x und der Höhe kx berechnet sich zu

$$\tfrac{1}{2}(x)(kx) = \tfrac{1}{2}kx^2$$

in Übereinstimmung mit Gl. 7.8.

7.4 Arbeit bei veränderlicher Kraft – zweidimensionaler Fall

Die Kraft $\boldsymbol{F}$, die auf einen Massenpunkt wirkt, kann sich sowohl im Betrag als auch in der Richtung ändern, und der Massenpunkt kann sich auf einer gekrümmten Bahn bewegen. Um die Arbeit für diesen allgemeinen Fall zu berechnen, unterteilen wir den Weg in eine große Anzahl von kleinen Verschiebungen $\Delta\boldsymbol{r}$. Jeder Verschiebungsvektor $\Delta\boldsymbol{r}$ zeigt in die jeweilige Richtung der Bewegung. Abb. 7.7 gibt zwei ausgewählte Verschiebungen für eine spezielle Situation wieder; man sieht außerdem den Wert von $\boldsymbol{F}$ und den Winkel ϕ zwischen $\boldsymbol{F}$ und $\Delta\boldsymbol{r}$ an diesen Orten. Die am Massenpunkt während einer Verschiebung $\Delta\boldsymbol{r}$ verrichtete Arbeit ist

$$\mathrm{d}A = \boldsymbol{F}\cdot\Delta\boldsymbol{r} = F\cos\phi\,\Delta r. \tag{7.9}$$

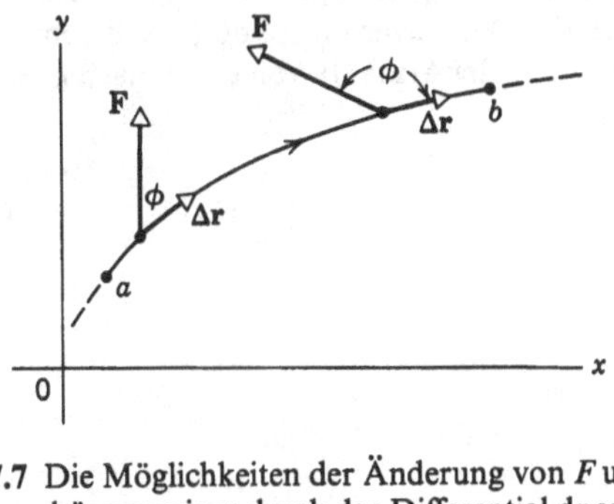

Abb. 7.7 Die Möglichkeiten der Änderung von F und ϕ auf einer Bewegungsbahn. Lassen wir $\Delta\boldsymbol{r} \to 0$ gehen, so können wir es durch das Differential $\mathrm{d}\boldsymbol{r}$ ersetzen, das immer in die Richtung der Geschwindigkeit des bewegten Gegenstandes zeigt; $\boldsymbol{v} = \mathrm{d}\boldsymbol{r}/\mathrm{d}t$ hat in allen Bahnpunkten die Richtung der Tangente.

Die Arbeit, die die variable Kraft $\boldsymbol{F}$ während der Bewegung von a bis b in Abb. 7.7 leistet, wird angenähert durch Addition der einzelnen Arbeitselemente für jedes Bahnelement erhalten. Läßt man diese immer kleiner werden, so kann man schließlich die Summe über die Bahnelemente durch ein Integral wie in Gl. 7.6 ersetzen. Die Arbeit ist dann

$$A_{ab} = \int_a^b \boldsymbol{F} \cdot \mathrm{d}\boldsymbol{r} = \int_a^b F \cos\phi \,\mathrm{d}r. \tag{7.10a}$$

Wir können dieses Integral nur ermitteln, wenn wir wissen, wie sich F und ϕ in Gl. 7.10a von Punkt zu Punkt auf der Bahn ändern; beide sind Funktionen der x- und y-Koordinaten des Massenpunktes in Abb. 7.7.

Wir wählen deshalb einen anderen äquivalenten Ausdruck für Gl. 7.10a, indem wir $\boldsymbol{F}$ und $\mathrm{d}\boldsymbol{r}$ durch ihre Koordinaten ausdrücken. So ist $\boldsymbol{F} = \boldsymbol{i}F_x + \boldsymbol{j}F_y$ und $\mathrm{d}\boldsymbol{r} = \boldsymbol{i}\mathrm{d}x + \boldsymbol{j}\mathrm{d}y$. Dann haben wir $\boldsymbol{F} \cdot \mathrm{d}\boldsymbol{r} = F_x \mathrm{d}x + F_y \mathrm{d}y$. Man erinnere sich (s. Aufgabe 21, Kapitel 2), daß $\boldsymbol{i} \cdot \boldsymbol{i} = \boldsymbol{j} \cdot \boldsymbol{j} = 1$ und $\boldsymbol{i} \cdot \boldsymbol{j} = \boldsymbol{j} \cdot \boldsymbol{i} = 0$. Setzt man dies in Gl. 7.10a ein, so erhält man

$$A_{ab} = \int_a^b (F_x \mathrm{d}x + F_y \mathrm{d}y). \tag{7.10b}$$

Integrale wie die in den Gln. 7.10a und 7.10b werden *Linienintegrale* genannt.

Beispiel 3

Als Beispiel für eine veränderliche Kraft betrachten wir einen Massenpunkt der Masse m, der an einer masselosen Schnur der Länge l aufgehängt ist. Diese Anordnung heißt mathematisches Pendel. Wird der Massenpunkt auf einer Kreisbahn mit dem Radius l vom Punkt mit $\phi = 0$ zum Punkt mit $\phi = \phi_0$ verschoben, so soll dabei die wirkende Kraft immer *horizontal* gerichtet sein. Beispielsweise kann man in dieser Richtung an einem Bindfaden ziehen, der am Massenpunkt befestigt ist. Beim Punkt mit $\phi = \phi_0$ hat der Massenpunkt in senkrechter Richtung den Abstand h vom Ausgangspunkt. Abb. 7.8a zeigt die geschilderte Situation und Abb. 7.8b das Kräftediagramm an einem beliebigen Punkt ϕ. Die angewendete Kraft ist $\boldsymbol{F}$, $\boldsymbol{T}$ ist die Spannung in der Schnur und $m\boldsymbol{g}$ die Gewichtskraft des Massenpunktes.

Wir nehmen wieder an, daß keine beschleunigte Bewegung auftritt (mit derselben Erklärung wie vorher), so daß die Bewegung sehr langsam erfolgen muß. Die Richtung der Kraft $\boldsymbol{F}$ ist immer gleich, aber die Verschiebung $\mathrm{d}\boldsymbol{r}$ erfolgt auf einem Kreisbogen. Die Richtung von $\mathrm{d}\boldsymbol{r}$ ist von ϕ abhängig und in jedem Punkt gleich der Tangente des Kreises. Der Betrag von $\boldsymbol{F}$ ändert sich in jedem Punkt so, daß er den auf die x-Achse projizierten Betrag der Spannung ausbalanciert. Man beachte, daß der Winkel zwischen $\boldsymbol{F}$ und $\mathrm{d}\boldsymbol{r}$ gleich der Winkelverschiebung ϕ in diesem Fall ist.

Unter Einwirkung der Kraft $\boldsymbol{F}$ wird bei der Bewegung der Masse m von $\phi = 0$ nach $\phi = \phi_0$ die Arbeit verrichtet:

$$A = \int_{\phi=0}^{\phi=\phi_0} \boldsymbol{F} \cdot \mathrm{d}\boldsymbol{r} = \int_{\phi=0}^{\phi=\phi_0} F \cos\phi \,\mathrm{d}r \tag{7.10a}$$

oder

$$A = \int_{x=0,\,y=0}^{x=(l-h)\tan\phi_0,\,y=h} (F_x \mathrm{d}x + F_y \mathrm{d}y). \tag{7.10b}$$

Das Kräftegleichgewicht (s. Abb. 7.8b) ergibt:

$$F_x = T \sin\phi \quad \text{und} \quad mg = T\cos\phi.$$

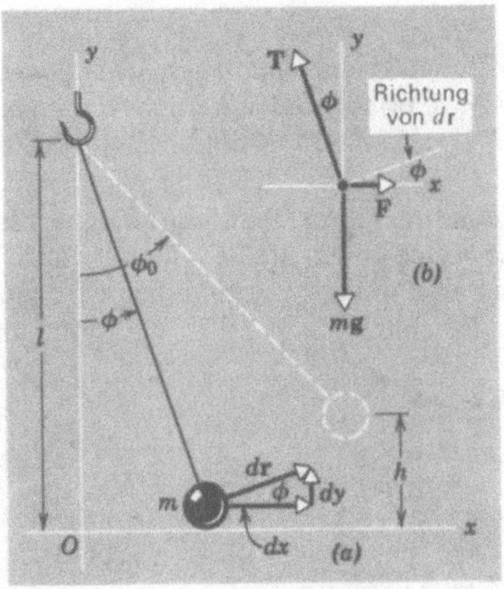

Abb. 7.8 Beispiel 3. (a) Ein mathematisches Pendel. Ein Massenpunkt m hängt an einem Faden der Länge l. Seine maximale Verschiebung ist ϕ_0. (b) Ein Kräftediagramm für den Massenpunkt, an dem die horizontale Kraft $\boldsymbol{F}$ angreift.

Eliminiert man T, so erhält man:

$$F_x = mg \tan \phi .$$

Außerdem ersehen wir aus Abb. 7.8b, daß $F_y = 0$. Setzt man dies in Gl. 7.10b ein, so wird

$$A = \int_{x=0,\, y=0}^{x=(l-h)\tan\phi_0,\, y=h} mg \tan \phi \, \mathrm{d}x .$$

Aus Abb. 7.8a ist ersichtlich, daß

$$\tan \phi = \mathrm{d}y/\mathrm{d}x \quad \text{oder} \quad \tan \phi \, \mathrm{d}x = \mathrm{d}y .$$

Setzt man dies ebenfalls ein und beachtet, daß das Integral nur von y abhängt, so findet man schließlich

$$A = \int_{y=0}^{y=h} (mg)\,\mathrm{d}y = mg \int_0^h \mathrm{d}y = mgh .$$

Sie können nun versuchen, die entsprechende Arbeit zu berechnen, wenn die Kraft immer in Richtung des Kreisbogens angreift. Dafür ist es einfacher, Gl. 7.10a auszuwerten, indem man die Tangentialkraft verwendet und $\mathrm{d}r = l\mathrm{d}\phi$ setzt. Das Ergebnis ist das gleiche, nämlich $A = mgh$. Beide Ergebnisse wären auch gleich, wenn man die Arbeit für senkrechten Transport der Masse m auf die Höhe h berechnen würde.

Welche Arbeit wird durch die Spannkraft $\boldsymbol{T}$ der Schnur am Massenpunkt geleistet?

7.5 Kinetische Energie und der Energiesatz

Bei den vorangegangenen Beispielen beschäftigten wir uns mit *unbeschleunigten* Objekten. Für diese Fälle ist die *resultierende Kraft Null*. Im folgenden werden wir *beschleunigte* Objekte behandeln, die von einer *von Null verschiedenen resultierenden Kraft* bewegt werden.

Als einfachsten Fall betrachte man eine *konstante resultierende Kraft* $\boldsymbol{F}$. Sie erzeugt bei Anwendung auf den Massenpunkt der Masse m eine konstante Beschleunigung $\boldsymbol{a}$. Die x-Achse lege man in die gemeinsame Richtung von $\boldsymbol{F}$ und $\boldsymbol{a}$. Welche Arbeit wird dann auf einer Wegstrecke x geleistet? Für konstante Beschleunigung gelten die Beziehungen

$$a = \frac{v - v_0}{t}$$

und

$$x = \frac{v + v_0}{2} \cdot t,$$

das sind die Gln. 3.12 und 3.14 (in denen wir zur Vereinfachung den Index x weggelassen und in der zweiten Gleichung $x_0 = 0$ gesetzt haben). Hier ist v_0 die Geschwindigkeit des Massenpunktes bei $t = 0$ und v die Geschwindigkeit zur Zeit t. Die Arbeit ist dann

$$\begin{aligned} A &= Fx = max \\ &= m\left(\frac{v - v_0}{t}\right)\left(\frac{v + v_0}{2}\right)t = \tfrac{1}{2}mv^2 - \tfrac{1}{2}mv_0^2. \end{aligned} \tag{7.11}$$

Das Produkt aus der halben Masse eines Körpers und dem Quadrat seiner Geschwindigkeit heißt kinetische Energie des Körpers:

$$E_k = \tfrac{1}{2}mv^2. \tag{7.12}$$

Gl. 7.11 kann dann so ausgedrückt werden: *Die durch die resultierende Kraft an einem Massenpunkt verrichtete Arbeit ist gleich der Änderung seiner kinetischen Energie.*

Obgleich wir dieses Ergebnis für eine konstante Kraft ermittelt haben, gilt es auch für veränderliche Kräfte. Nehmen wir z. B. an, daß die resultierende Kraft im Betrag (aber nicht in der Richtung) variiere. Der Weg habe die gleiche Richtung wie die Kraft in Richtung der x-Achse. Dann ist die auf dem Wege von x_0 nach x geleistete Arbeit

$$A = \int \boldsymbol{F} \cdot \mathrm{d}\boldsymbol{r} = \int_{x_0}^{x} F \mathrm{d}x.$$

Aus dem zweiten Newtonschen Axiom haben wir $F = ma$, und die Beschleunigung können wir schreiben:

$$a = \frac{\mathrm{d}v}{\mathrm{d}t} = \frac{\mathrm{d}v}{\mathrm{d}x} \cdot \frac{\mathrm{d}x}{\mathrm{d}t} = \frac{\mathrm{d}v}{\mathrm{d}x} v = v\frac{\mathrm{d}v}{\mathrm{d}x}.$$

Deshalb wird

$$A = \int_{x_0}^{x} F\mathrm{d}x = \int_{x_0}^{x} mv\frac{\mathrm{d}v}{\mathrm{d}x}\mathrm{d}x = \int_{v_0}^{v} mv\mathrm{d}v = \tfrac{1}{2}mv^2 - \tfrac{1}{2}mv_0^2. \tag{7.13}$$

Im allgemeinen Fall ändert sich die Kraft sowohl im Betrag als auch in der Richtung, und die Bewegung erfolgt auf einer gekrümmten Bahn wie in Abb. 7.7 (s. Aufgabe 8). Wieder finden wir, daß die durch die *resultierende* Kraft am Massenpunkt verrichtete Arbeit gleich der Änderung seiner kinetischen Energie ist:

$$A(\text{der } \textit{resultierenden} \text{ Kraft}) = E_k - E_{k0} = \Delta E_k. \tag{7.14}$$

Gl. 7.14 heißt *Energiesatz*.

Wenn die Geschwindigkeit (Betrag) des Massenpunktes konstant ist, dann ändert sich die kinetische Energie nicht, und die Arbeit ist Null. Bei gleichförmiger Kreisbewegung z. B. ist die Massenpunktgeschwindigkeit (Betrag) konstant, die Zentripetalkraft leistet keine Arbeit. Eine Kraft, deren Richtung senkrecht auf der Bewegungsrichtung steht, ändert nur die *Richtung* der Geschwindigkeit, nicht aber ihren Betrag. Lediglich wenn die *resultierende* Kraft eine Komponente in Richtung der Bewegung hat, ändert sie den Betrag der Geschwindigkeit und die kinetische Energie des Massenpunktes. Dies stimmt mit der Definition der Arbeit durch das Skalarprodukt $\boldsymbol{F}\cdot\mathrm{d}\boldsymbol{r}$ überein. Nur die Komponente von $\boldsymbol{F}$ in $\mathrm{d}\boldsymbol{r}$-Richtung liefert einen Beitrag.

Wenn die kinetische Energie eines Massenpunktes kleiner wird, ist die Arbeit negativ. Verschiebung und Komponente der resultierenden Kraft in Wegrichtung haben dann entgegengesetzte Vorzeichen. Die durch die Kraft *am* Massenpunkt verrichtete Arbeit ist das Negative der Arbeit, die durch den Massenpunkt an dem die Kraft erzeugenden Objekt verrichtet wird. Dies ist eine Folge des dritten Newtonschen Axioms. Daher kann Gl. 7.14 auch so interpretiert werden: Die kinetische Energie eines Massenpunktes nimmt genau um den Betrag ab, der gleich dem Betrag der vom Massenpunkt geleisteten Arbeit ist. Man sagt auch, daß ein Körper infolge seiner Bewegung Arbeitsfähigkeit gespeichert hat. Während er arbeitet, wird er langsamer und verliert an Energie. Also ist *die kinetische Energie eines bewegten Körpers gleich der Arbeit, die der Körper leistet, während er zur Ruhe kommt*. Dies Ergebnis gilt für konstante und veränderliche Kräfte.

Die Einheit von kinetischer Energie und Arbeit ist dieselbe. Die kinetische Energie eines Systems von Massenpunkten ist einfach die (skalare) Summe der kinetischen Energien der einzelnen Massenpunkte.

Beispiel 4

Ein Neutron, einer der Bausteine von Atomkernen, passiert zwei 6.0 m entfernte Punkte in einem Zeitintervall von 1.8×10^{-4} s. Unter der Voraussetzung konstanter Geschwindigkeit (Betrag) bestimme man die kinetische Energie. Die Masse des Neutrons ist 1.7×10^{-27} kg.

Den Betrag der Geschwindigkeit erhalten wir aus

$$v = \frac{s}{t} = \frac{6.0\,\mathrm{m}}{1.8 \times 10^{-4}\,\mathrm{s}} = 3.3 \times 10^4\ \mathrm{m/s}.$$

Die kinetische Energie ist

$$E_k = \tfrac{1}{2}mv^2 = (\tfrac{1}{2})(1.7 \times 10^{-27}\,\text{kg})(3.3 \times 10^4\,\text{m/s})^2 = 9.3 \times 10^{-19}\,\text{J}.$$

Das Joule ist für den Gebrauch in der Kernphysik eine zu große Einheit. Die dort übliche Einheit ist das Elektronvolt (eV), das gleich 1.60×10^{-19} J ist. Die kinetische Energie des Neutrons beträgt dann

$$E_k = (9.3 \times 10^{-19}\,\text{J})\left(\frac{1\,\text{eV}}{1.60 \times 10^{-19}\,\text{J}}\right) = 5.8\,\text{eV}.$$

Beispiel 5

Man nehme an, daß die Gravitationskraft für kleine Entfernungen über der Erdoberfläche konstant ist. Ein Körper, der sich auf der Höhe h in Ruhe befindet, fällt auf die Erdoberfläche. Wie groß ist seine kinetische Energie, bevor er auf dem Boden aufschlägt?

Der Gewinn an kinetischer Energie ist gleich der durch die Gravitationskraft geleisteten Arbeit. Diese Kraft ist konstant und hat die Richtung der Bewegung, so daß sich für die Arbeit ergibt

$$A = \boldsymbol{F} \cdot \boldsymbol{s} = mgh.$$

Die Anfangsgeschwindigkeit des Körpers ist $v_0 = 0$ und die Endgeschwindigkeit v. Der Gewinn an kinetischer Energie ist somit

$$\tfrac{1}{2}mv^2 - \tfrac{1}{2}mv_0^2 = \tfrac{1}{2}mv^2 - 0.$$

Setzt man die beiden Terme gleich, erhält man

$$E_k = \tfrac{1}{2}mv^2 = mgh$$

als gesuchte kinetische Energie vor dem Auftreffen.

Die Geschwindigkeit des Körpers ist dann

$$v = \sqrt{2gh}.$$

Man zeige, daß durch den Fall aus der Höhe h_1 auf eine Höhe h_2 die kinetische Energie eines Körpers von $\tfrac{1}{2}mv_1^2$ nach $\tfrac{1}{2}mv_2^2$ wächst, wobei

$$\tfrac{1}{2}mv_2^2 - \tfrac{1}{2}mv_1^2 = mg(h_1 - h_2).$$

In diesem Beispiel hatten wir es mit einer konstanten Kraft und einer konstanten Beschleunigung zu tun. Die im vorausgegangenen Kapitel entwickelten Methoden wären hier auch anwendbar. Können Sie zeigen, wie diese Ergebnisse direkt aus den Bewegungsgesetzen für gleichförmig beschleunigte Körper erhalten werden?

Beispiel 6

Ein Block mit dem Gewicht 35.6 N gleitet auf einem waagerechten, reibungsfreien Tisch mit einer Geschwindigkeit von 1.22 m/s. Durch das Zusammenpressen einer Feder auf seinem Weg wird er gestoppt. Um wieviel wird die Feder zusammengedrückt, wenn ihre Richtgröße 3.6 N/m beträgt?

Die kinetische Energie des Blocks ist

$$E_k = \tfrac{1}{2}mv^2 = \tfrac{1}{2}(w/g)v^2.$$

Diese ist gleich der Arbeit A, die der Block leistet, bevor er steht. Wird die Feder um die Strecke x zusammengedrückt, so wird die Arbeit

$$A = \tfrac{1}{2}kx^2$$

verrichtet, so daß

$$\tfrac{1}{2}kx^2 = \tfrac{1}{2}(w/g)v^2$$

oder

$$x = \sqrt{\frac{w}{gk}}\,v = \sqrt{\frac{35.6}{9.8 \times 3.6}}\,1.22 = 1.22\,\mathrm{m}.$$

7.6 Bedeutung des Energiesatzes

Der Energiesatz ist *kein* neues unabhängiges Gesetz der klassischen Mechanik. Wir haben nur die Begriffe Arbeit und kinetische Energie *definiert* und die Beziehung zwischen ihnen aus dem zweiten Newtonschen Axiom *hergeleitet*. Der Energiesatz ist jedoch zur Lösung solcher Probleme wichtig, bei denen die durch die resultierende Kraft verrichtete Arbeit leicht berechnet werden kann und bei denen die Geschwindigkeit des Massenpunktes an speziellen Punkten bestimmt werden soll. Von größerer Bedeutung ist der Energiesatz jedoch als Ausgangspunkt für eine übergreifende Verallgemeinerung in der Physik. Es wurde betont, daß der Energiesatz Gültigkeit hat, wenn A als die Arbeit interpretiert wird, die durch die *resultierende* Kraft auf den Massenpunkt verrichtet wird. Doch ist es bei vielen Problemen hilfreich, die Arbeit getrennt zu berechnen, die bestimmte Kraftarten verrichten, und dieser Arbeit dann spezielle Namen zu geben. Dies führt zu verschiedenen Arten der Energie und zum Energieerhaltungssatz, den wir im folgenden Kapitel behandeln.

7.7 Leistung

Wir wollen nun die Zeitdauer, in der die Arbeit verrichtet wird, mit einbeziehen. Wenn z. B. ein Gegenstand auf eine bestimmte Höhe gehoben wird, so ergibt sich für die Arbeit derselbe Wert, ob der Vorgang nach einer Sekunde oder erst nach einem Jahr abgeschlossen ist. Für uns ist jedoch oft wichtiger, in welcher *Zeit* die Arbeit getan wird.

Wir definieren als *Leistung* den Quotienten aus der verrichteten Arbeit und der dafür benötigten Zeit. Die mittlere Leistung ist die Gesamtarbeit dividiert durch das ganze Zeitintervall oder

$$\bar{P} = A/t.$$

Die momentane Leistung, die eine wirkende Kraft liefert, erklären wir durch den Differentialquotienten

$$P = \mathrm{d}A/\mathrm{d}t. \tag{7.15}$$

Ist die Leistung zeitlich konstant, dann ist $P = \bar{P}$ und

$$A = Pt.$$

Im internationalen Einheitensystem ist die Einheit der Leistung das *Watt* (W), 1 W = 1 J/s. Sie ist zu Ehren von James Watt gewählt worden, auf den die Entwicklung der modernen Dampfmaschine zurückgeht. Eine weitere noch verwendete, aber nicht mehr zugelassene Einheit ist die Pferdestärke mit 1 (PS) = 75 kpm/s = 736 W.

Die Arbeit können wir nun auch in den Einheiten Leistung × Zeit ausdrücken. So kommt man z. B. zur Einheit der *Kilowattstunde*. 1 kWh ist die Arbeit, die in einer Stunde von einer wirkenden Kraft bei konstanter Leistung von 1 kW verrichtet wird.

Beispiel 7

Ein Auto hat 100 PS und bewegt sich mit einer konstanten Geschwindigkeit von 80 km/h. Wie groß ist die Schubkraft, die vom Motor auf das Auto ausgeübt wird?

$$P = \frac{A}{t} = \frac{\boldsymbol{F} \cdot \boldsymbol{s}}{t} = \boldsymbol{F} \cdot \boldsymbol{v}.$$

Die Schubkraft $\boldsymbol{F}$ hat die Richtung der Geschwindigkeit $\boldsymbol{v}$, so daß $P = Fv$ und

$$F = \frac{P}{v} = \frac{100\ \mathrm{PS}}{80\ \mathrm{km/h}} = \frac{100 \times 736 \times 60 \times 60}{80000}\ \mathrm{N} = 3300\ \mathrm{N}.$$

Warum wird das Auto durch diese Kraft nicht beschleunigt?

Fragen

1. Kennen Sie noch andere Wörter als „Arbeit“, die im täglichen Gebrauch und in den Wissenschaften unterschiedliche Bedeutung haben?
2. Man nehme an, daß an einem Massenpunkt drei konstante Kräfte angreifen, um ihn von einer Position zu einer anderen zu bewegen. Ist die Arbeit, die durch die resultierende Kraft am Massenpunkt verrichtet wird, dieselbe wie die Summe der Arbeiten, die von den einzelnen Kräften geleistet werden?
3. Die schiefe Ebene (s. Aufgabe 1) ist eine einfache Vorrichtung, um Arbeit mit geringerem Kraftaufwand ausführen zu können. Dasselbe gilt für den Keil, den Hebel, die Schraube, das Zahnrad und den Flaschenzug. Ersparen sie uns Arbeit?
4. Ist die von Reibungskräften verrichtete Arbeit immer negativ? Geben Sie ein Beispiel, wenn es nicht so ist.
5. Ein Mann übt eine konstante Kraft auf eine feststehende Wand aus, ohne mechanische Arbeit zu verrichten. Warum wird er dabei müde?
6. Sie heben eine Bowlingkugel vom Boden auf und legen sie auf einen Tisch. Zwei Kräfte, ihr Gewicht $-mg$ und Ihre nach oben gerichtete Kraft $+mg$, wirken auf den Ball. Beide Kräfte heben sich gegenseitig auf, so daß scheinbar keine Arbeit geleistet wurde. Andererseits fühlen Sie, daß Sie etwas getan haben. Was ist daran falsch?

7. Sie schneiden eine Feder in zwei Hälften. Wie ist das Verhältnis der Federkonstante k der ursprünglichen Feder zur Federkonstante der beiden Hälften?
8. Die Federn A und B sind identisch, außer daß A starrer als B ist, also $k_A > k_B$. Für welche der Federn wird mehr Arbeit aufgewendet, (a) wenn sie um die gleiche Strecke gedehnt werden, (b) wenn sie mit derselben Kraft gedehnt werden?
9. Hängt die Größe der kinetischen Energie von der Richtung der Bewegung ab? Kann sie negativ sein?
10. Die durch die resultierende Kraft ausgeführte Arbeit ist immer gleich der Änderung der kinetischen Energie. Kann es vorkommen, daß die von einer Kraftkomponente allein verrichtete Arbeit größer als die Änderung der kinetischen Energie ist? Geben Sie ein Beispiel, wenn es so ist.
11. Ein Ball wird senkrecht hochgeworfen und dann wieder aufgefangen. Was sagt der Energiesatz über den freien Flug (hin und zurück) qualitativ aus? Man beantworte die Frage zunächst unter Vernachlässigung und dann unter Einbezug des Luftwiderstandes.
12. Wenn zwei Kinder in einem fahrenden Zug Ball spielen, hängt dann die kinetische Energie des Balles von der Geschwindigkeit des Zuges ab? Beeinflußt das gewählte Bezugssystem die Antwort? Wenn es so ist, würde man dann kinetische Energie als skalare Größe bezeichnen (s. Aufgabe 21)?
13. Hängt die Arbeit, die die resultierende Kraft an einem Massenpunkt verrichtet, vom (inertialen) Bezugssystem des Beobachters ab? Hängt die Änderung der kinetischen Energie davon ab?
14. Ein Mann, der in einem Boot stromaufwärts rudert, bewegt sich nicht in bezug auf das Ufer. (a) Leistet er Arbeit? (b) Wird an ihm Arbeit verrichtet, wenn er mit dem Rudern aufhört und stromabwärts schwimmt?
15. Hängt die Leistung beim Hochheben eines Koffers davon ab, wie schnell er gehoben wird?
16. Sie heben einige Bücher in einem Regal in der Zeit t auf ein höheres Brett. Hängt die von Ihnen verrichtete Arbeit ab von (a) der Masse der Bücher, (b) dem Gewicht der Bücher, (c) der Höhe des unteren Brettes vom Fußboden, (d) der Zeit t und (e) dem Weg der Bücher (direkt senkrecht nach oben oder erst seitwärts)?
17. Wir hören viel von einer „Energiekrise". Wäre es genauer, von einer „Leistungskrise" zu sprechen?

Aufgaben

Abschnitt 7.2

1. Ein Mann schiebt einen Block (Gewicht 270 N) mit konstanter Geschwindigkeit über einen ebenen Boden. Die Kraftrichtung ist um 45° gegen den Boden geneigt. Wieviel Arbeit verrichtet der Mann am Block, wenn die Gleitreibungszahl 0.20 beträgt?
Antwort: 610 J.
2. Ein Block der Masse $m = 3.57$ kg wird mit konstanter Geschwindigkeit die Strecke $s = 4.06$ m an einem Seil gezogen, das eine Neigung von 15.0° hat. Die Zugkraft ist $F = 7.68$ N. Man berechne (a) die Gesamtarbeit, die am Block geleistet wird, (b) die Arbeit, die das Seil, (c) die Arbeit, die die Reibungskraft verrichtet und (d) die Gleitreibungszahl zwischen Block und Boden.
3. Ein Eisblock (Gewicht 445 N) gleitet eine schiefe Ebene herunter, die 1.5 m lang und 0.9 m hoch ist. Ein Mann drückt parallel zur Ebene gegen den Block, so daß er mit konstanter Geschwindigkeit herunterrutscht. Die Reibungszahl zwischen Eis und Fläche ist 0.10. Man bestimme (a) die Kraft, die der Mann ausübt; weiter berechne man die Arbeit, die (b) der Mann, (c) die Gravitationskraft, (d) die Normalkraft der Fläche und (e) die resultierende Kraft am Block leisten. (f) Man bestimme die Änderung der kinetischen Energie des Blocks.
Antwort: (a) 231 N; (b) – 347 J; (c) 400 J; (d) – 53 J; (e) Null; (f) Null.

4. Eine 2200 N schwere Kiste wird an einem 12 m langen Seil aufgehängt. Sie wird dann 1.2 m zur Seite geschoben und dort festgehalten. (a) Welche Kraft muß in Richtung des Kreisbogens aufgebracht werden, um die Kiste in dieser Position zu halten? (b) Wird dafür Arbeit verrichtet? (c) Wurde Arbeit verrichtet, um sie auf die Seite zu schieben? Wenn ja, wieviel? (d) Hat die Spannung im Seil teil an der Arbeit?
5. Ein Block der Masse M wird mit einer Schnur die Strecke d mit der konstanten Beschleunigung $g/4$ heruntergelassen. Man bestimme die Arbeit, die durch die Schnur geleistet wird. *Antwort:* $-3\,Mgd/4$.

Abschnitt 7.3

6. (a) Man schätze die Arbeit, die von der Kraft in dem Diagramm von Abb. 7.9 geleistet wird, wenn diese einen Massenpunkt von $x = 1$ m nach $x = 3$ m bewegt. Man verbessere seine Methode, um möglichst genau den exakten Wert 6 J zu erhalten. (b) Die Kurve ist analytisch durch $F = a/x^2$ gegeben mit $a = 9\ \mathrm{Nm}^2$. Man zeige, wie man die Arbeit durch Integration erhält.

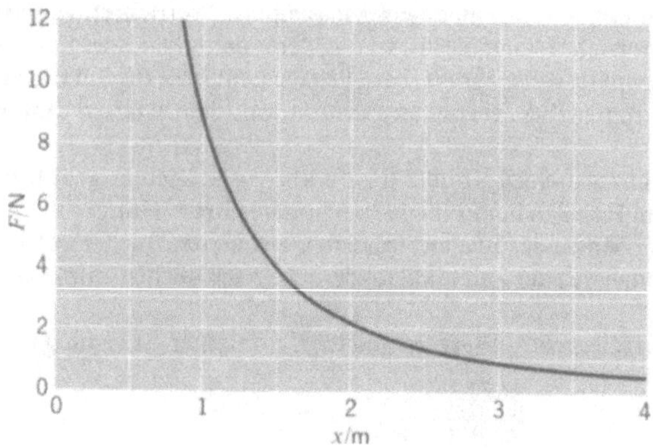

Abb. 7.9 Zu Aufgabe 6

7. Eine Kraft wirkt auf einen sich geradlinig bewegenden Körper. Sein Geschwindigkeit-Zeit-Diagramm ist in Abb. 7.10 gezeigt. Man bestimme das Vorzeichen der geleisteten Arbeit in jedem Intervall AB, BC, CD und DE. *Antwort:* AB: +, BC: 0, CD: −, DE: +.

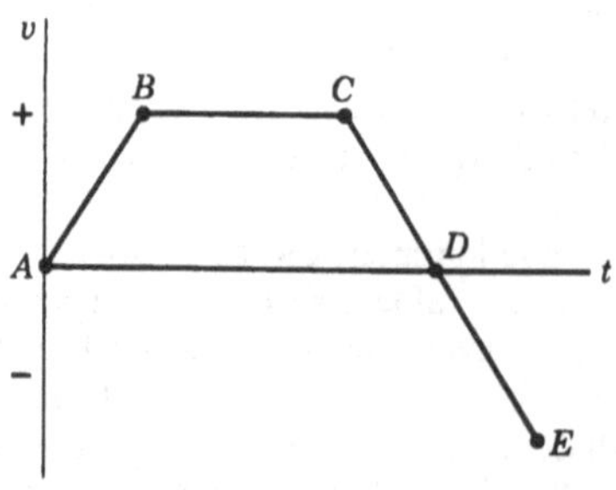

Abb. 7.10 Zu Aufgabe 7

Abschnitt 7.4

8. Ändert sich die Kraft $\boldsymbol{F}$ in Richtung und Betrag, und verläuft die Bewegung auf einer gekrümmten Bahn, so erhält man die durch $\boldsymbol{F}$ geleistete Arbeit durch Integration über die Bahn. Man beachte, daß sowohl $\boldsymbol{F}$ als auch ϕ, der Winkel zwischen $\boldsymbol{F}$ und $d\boldsymbol{r}$, von Punkt zu Punkt veränderlich sind (s. Abb. 7.7). Man beweise, daß für zwei- oder dreidimensionale Bewegung gilt:

$$A = \tfrac{1}{2}mv^2 - \tfrac{1}{2}mv_0^2,$$

wobei v der Betrag der End- und v_0 der der Anfangsgeschwindigkeit ist.

Abschnitt 7.5

9. Von welcher Höhe muß ein Auto herunterfallen, um die gleiche kinetische Energie wie bei einer Fahrt mit 97 km/h zu haben?
Antwort: 37 m.
10. Ein rennender Mann hat eine halb so große kinetische Energie wie ein rennender Junge mit der halben Masse des Mannes. Der Mann beschleunigt mit 1.0 m/s, bis er die gleiche kinetische Energie hat wie der Junge. Wie groß war die ursprüngliche Geschwindigkeit (a) des Mannes und (b) des Jungen?
11. Wieviel Energie muß der Brennstoff einer 2.9×10^5 kg schweren Saturn-V-Rakete enthalten, die, mit einem Apollo-Raumfahrzeug verbunden, eine Fluchtgeschwindigkeit von 11.2 km/s nahe der Erdoberfläche erreichen muß? Braucht das System tatsächlich so viel Energie, oder braucht es mehr? Warum?
Antwort: 1.8×10^{13} J.
12. Ein Proton wird in einem Zyklotron von Null auf 3.0×10^7 m/s beschleunigt (ca. ein Zehntel der Lichtgeschwindigkeit). Wieviel Arbeit (in Elektronvolt) mußte dafür die elektrische Kraft des Zyklotrons leisten? $1\,\text{eV} = 1.6 \times 10^{-19}$ J.
13. Eine Kugel der Masse 30 g, die anfangs mit 500 m/s fliegt, dringt 12 cm in einen Holzblock ein. Welche mittlere Kraft übt sie dabei auf den Block aus?
Antwort: 3.1×10^4 N.
14. Ein Außenfeldspieler wirft den Baseball mit der Anfangsgeschwindigkeit 18 m/s. Ein Innenfeldspieler fängt den Ball auf gleicher Höhe, nachdem sich seine Geschwindigkeit auf 12 m/s reduziert hat. Welche Arbeit wurde beim Überwinden des Luftwiderstandes geleistet? Das Gewicht des Baseballes beträgt 30 g.
15. Ein Proton (Kern des Wasserstoffatoms) wird in einem Linearbeschleuniger beschleunigt. In jeder Stufe des Beschleunigers wird es auf einer geraden Strecke mit 3.6×10^{15} m/s^2 beschleunigt. Hat das Proton die Anfangsgeschwindigkeit 2.4×10^7 m/s, und ist die Stufe 3.5 cm lang, so berechne man (a) die Geschwindigkeit am Ende der Stufe und (b) die Zunahme an kinetischer Energie durch die Beschleunigung. Die Protonenmasse sei 1.67×10^{-27} kg, die Energie drücke man in Elektronvolt aus: $1\,\text{eV} = 1.6 \times 10^{-19}$ J.
Antwort: (a) 2.9×10^7 m/s; (b) 1.3×10^6 eV.
16. Man beweise mit Hilfe des Energiesatzes, daß der Bremsweg bei einer Vollbremsung eines Autos der Masse m, das mit der Geschwindigkeit v auf einer ebenen Straße fährt, $v^2/2\,\mu_{\text{Gl}}\,g$ ist. μ_{Gl} ist die Gleitreibungszahl zwischen Straße und Reifen (s. Beispiel 2, Kapitel 6 und Fragen 3, 4, 5 in Kapitel 8).
17. Ein Block der Masse 5.0 kg bewegt sich geradlinig auf einer horizontalen, reibungsfreien Fläche unter dem Einfluß einer Kraft, die sich mit dem Ort wie in Abb. 7.11 ändert. (a) Wie groß ist die Arbeit, wenn die Kraft den Block vom Ursprung zum Punkt $x = 8.0$ m bewegt? (b) Welche Geschwindigkeit hat der Block am Punkt $x = 8.0$ m, wenn er sich durch den Ursprung mit 4.0 m/s bewegt?
Antwort: (a) 25 J; (b) 5.1 m/s.

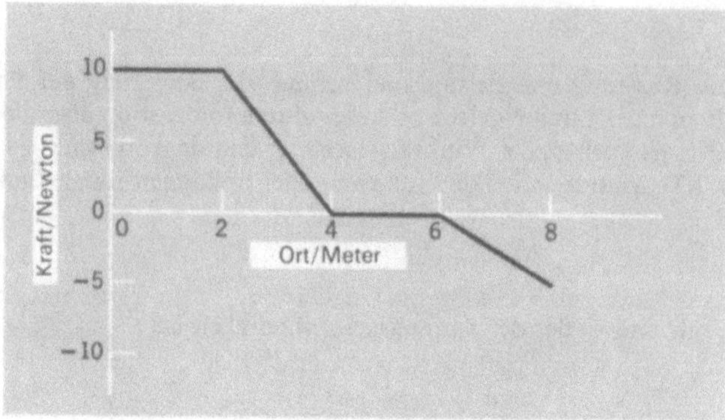

Abb. 7.11 Zu Aufgabe 17

18. Ein Astronaut (Gewicht 710 N) wird von einem Hubschrauber um 15 m von der Meeresoberfläche hochgezogen. Seine Beschleunigung ist $g/10$. (a) Welche Arbeit leistet der Hubschrauber dabei? (b) Welche Arbeit wird durch die Gravitationskraft am Astronauten verrichtet? (c) Mit welcher Geschwindigkeit erreicht der Astronaut den Hubschrauber?
19. Der Block der Masse M in Abb. 7.12 hat die Anfangsgeschwindigkeit v_0 nach rechts. In seiner Anfangslage übt die Feder keine Kraft auf ihn aus, d. h., sie ist weder gedehnt noch zusammengedrückt. Der Block M bewegt sich um die Strecke l, bevor er stehenbleibt (gestrichelte Position). Die Federkonstante ist k und die Gleitreibungszahl μ_{Gl}. Wenn sich der Block um l bewegt hat, welche Arbeit wurde (a) durch die Reibungskraft, (b) durch die Federkraft verrichtet? (c) Wirken noch andere Kräfte auf den Block und wenn ja, welche Arbeit wird von ihnen geleistet? (d) Wie groß ist die Gesamtarbeit am Block? (e) Man ermittle mit Hilfe des *Energiesatzes* einen Ausdruck für l in Abhängigkeit von M, v_0, μ_{Gl}, g und k.
Antwort: (a) $-\mu_{Gl} Mgl$; (b) $-kl^2/2$; (c) Gravitationskraft und vertikale Druckkraft des Tisches, die keine Arbeit leisten; (d) $-(\mu_{Gl} Mgl + kl^2/2)$; (e) $(\sqrt{\mu_{Gl}^2 M^2 g^2 + v_0^2 kM} - \mu_{Gl} Mg)/k$.

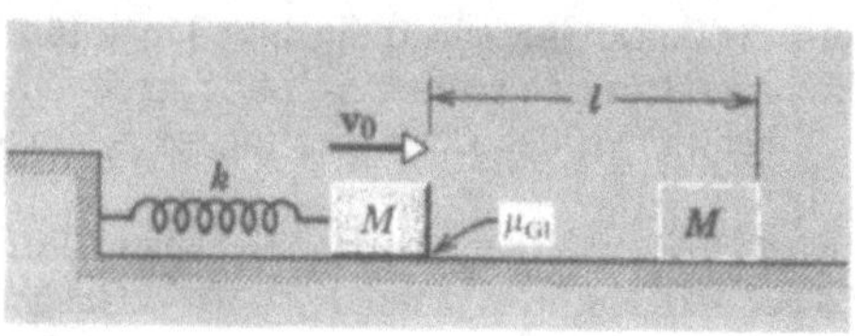

Abb. 7.12 Zu Aufgabe 19

20. (a) Eine Masse von 0.675 kg ist an einem Bindfaden befestigt, der durch ein Loch in einem reibungsfreien horizontalen Tisch geführt ist, und bewegt sich mit konstanter Geschwindigkeit auf einer Kreisbahn um dieses Loch. Man berechne die Zugspannung im Bindfaden für den Radius 0.500 m und die Geschwindigkeit 10.0 m/s. (b) Wenn man den Bindfaden um 0.200 m durch das Loch zieht, wobei der Radius auf 0.300 m abnimmt, steigt die Spannung im Bindfaden auf das 4.63fache des ursprünglichen Wertes an. Man berechne die Gesamtarbeit, die der Bindfaden während der Verkürzung des Radius leistet.
21. *Arbeit und kinetische Energie in bewegten Bezugssystemen.* Ein Massenpunkt wird von zwei Bezugssystemen aus beobachtet. Das eine ist mit dem Boden verbunden, das andere mit einem fahrenden Zug, der sich mit der konstanten Geschwindigkeit $\boldsymbol{u}$ relativ zum Boden bewegt. Der Massenpunkt befindet sich anfangs relativ zum Zug in Ruhe und wird durch eine konstante Kraft für die Zeit t in Vorwärtsrichtung beschleunigt. (a) Man beweise, daß für jeden Beobach-

ter die von der Kraft geleistete Arbeit gleich dem Zuwachs an kinetischer Energie des Massenpunkts ist, daß aber der eine Beobachter für diese Größen den Wert $(1/2)ma^2t^2$, der andere $(1/2)ma^2t^2 + maut$ mißt. a ist die Beschleunigung des Massenpunktes der Masse m. (b) Man erkläre die Differenz der gemessenen Arbeit durch die gleiche Kraft mittels der verschiedenen Abstände, über die die Kraft während der Zeit t angreift. Man erkläre die verschiedenen Endwerte der kinetischen Energie durch die Arbeit, die geleistet werden müßte, um den Massenpunkt relativ zu den beiden Bezugssystemen zum Stillstand zu bringen.

Abschnitt 7.7

22. Eine Frau (Gewicht 570 N) läuft eine 4.3 m hohe Treppe in 3.5 s hinauf. Welche mittlere Leistung muß sie aufbringen?
23. Einen 100 m hohen Wasserfall laufen in jeder Sekunde 1200 m^3 Wasser herunter. Unter der Voraussetzung, daß durch eine Wasserturbine drei Viertel der Energie in elektrische Energie umgesetzt werden, bestimme man die Leistungsabgabe der Turbine.
Antwort: 8.8×10^5 kW.
24. Die beladene Kabine eines Aufzugs hat die Masse $m = 3.0 \times 10^3$ kg und bewegt sich in 20 s um 200 m im Schacht aufwärts. Welche mittlere Leistung muß das Halteseil des Aufzugs aufbringen?
25. Ein Pferd zieht einen Wagen mit der Kraft 178 N unter einem Winkel von 30° (gegenüber der Horizontalen) und bewegt sich mit der Geschwindigkeit 9.7 km/h. (a) Welche Arbeit leistet das Pferd in 10 Minuten? (b) Welche Leistung erbringt das Pferd?
Antwort: (a) 2.5×10^5 J; (b) 415 W.
26. Welche Leistung erbringt ein Schleifbock, dessen Schleifstein einen Radius von 20 cm hat und sich mit einer Geschwindigkeit von 2.5 Umdrehungen je Sekunde dreht, wenn das zu schärfende Werkzeug mit einer Kraft von 200 N gegen den Stein gedrückt wird? Die Reibungszahl ist 0.32.
27. Eine Satellitenträgerrakete mit dem Gewicht 445000 N hat 1.0 min nach dem Start eine Geschwindigkeit von 6440 km/h. (a) Wie groß ist die kinetische Energie am Ende der ersten Minute? (b) Welche Leistung wurde in dieser Zeit bei Vernachlässigung von Reibungs- und Gravitationskräften aufgewendet?
Antwort: (a) 7.3×10^{10} J; (b) 1.4×10^6 kW.
28. Die resultierende Kraft 5.0 N wirkt auf einen Körper der Masse 15 kg, der sich in Ruhe befindet. Man berechne (a) die Arbeit nach einer, zwei und drei Sekunden und (b) die Leistung, die am Ende der dritten Sekunde erbracht wird.
29. Auf einen Massenpunkt der Masse 3.0 kg wird eine Kraft so ausgeübt, daß sein Ort in Abhängigkeit von der Zeit durch $x = 3t - 4t^2 + t^3$ gegeben ist, wobei x in Metern und t in Sekunden gemessen ist. (a) Man bestimme die Arbeit, die in den ersten 4.0 Sekunden geleistet wird. (b) Mit welcher Leistung wird der Massenpunkt zum Zeitpunkt $t = 1.0$ s bewegt?
Antwort: (a) 530 J; (b) 12 W.
30. Die Kraft, die erforderlich ist, um ein Boot mit konstanter Geschwindigkeit zu ziehen, ist proportional zur Geschwindigkeit. Wenn 7500 W benötigt werden, um ein bestimmtes Boot mit der Geschwindigkeit 4.0 km/h zu ziehen, welche Leistung braucht man dann, um es mit der Geschwindigkeit 12 km/h zu ziehen?
31. Ein Körper der Masse m wird von Null auf die Geschwindigkeit v_f in der Zeit t_f gleichmäßig beschleunigt. (a) Man zeige, daß die Arbeit als Funktion der Zeit t gegeben ist durch

$$\tfrac{1}{2}m\frac{v_f^2}{t_f^2}t^2.$$

(b) Wie hängt die Leistung von der Zeit t ab? (c) Wie groß ist sie nach 5.0 s, wenn ein Körper mit dem Gewicht 16000 N in 10 s auf 97 km/h beschleunigt wird?
Antwort: (b) $mv_f^2\, t/t_f^2$; (c) 59 kW.

32. Ein Lieferwagen kann eine Straße, die eine Steigung von 0.3 m pro 15 m hat, mit einer Geschwindigkeit von 24 km/h hinauffahren. Die Reibungskraft beträgt 1/25 des Lieferwagengewichts. Wie schnell fährt der Lieferwagen den Hügel mit derselben Leistung herunter?
33. Eine Lokomotive leistet 1.5×10^6 W und beschleunigt damit einen Zug in 6.0 min von 10 m/s auf 25 m/s. (a) Man berechne die Masse des Zuges bei Vernachlässigung der Reibung. (b) Man bestimme die Geschwindigkeit des Zuges als Funktion der Zeit in diesem Zeitintervall. (c) Man bestimme die Beschleunigungskraft des Zuges als Funktion der Zeit. (d) Wie groß ist die im Intervall zurückgelegte Strecke?
Antwort: (a) 2.1×10^6 kg; (b) $\sqrt{100 + 1.4t}$ m/s; (c) $(1.5 \times 10^6)/\sqrt{100 + 1.4t}$ N; (d) 6.9 km.

8 Erhaltung der Energie

8.1 Einführung

In Kapitel 7 leiteten wir aus der Newtonschen Bewegungsgleichung den Energiesatz her. Er sagt aus, daß bei der Bewegung eines Massenpunktes die durch die resultierende Kraft $\boldsymbol{F}$ geleistete Arbeit gleich der Änderung der kinetischen Energie E_k des Massenpunktes ist:

$$A = \Delta E_k . \tag{8.1}$$

Oft wirken mehrere Kräfte auf einen Massenpunkt; die resultierende Kraft $\boldsymbol{F}$ ist die Vektorsumme aus ihnen. Wenn n Kräfte beteiligt sind, ist $\boldsymbol{F} = \boldsymbol{F}_1 + \boldsymbol{F}_2 + \ldots \boldsymbol{F}_n$. Die durch die resultierende Kraft $\boldsymbol{F}$ verrichtete Arbeit A ist die algebraische Summe $A = A_1 + A_2 + \ldots A_n$ aus den durch die einzelnen Kräfte geleisteten Teilarbeiten. Somit kann der Energiesatz (Gl. 8.1) geschrieben werden:

$$A_1 + A_2 + \ldots A_n = \Delta E_k . \tag{8.2}$$

In diesem Kapitel werden wir die Wirkung verschiedenartiger Kräfte auf einen Massenpunkt untersuchen. Die Berechnung von A_1, A_2, usw. daraus führt uns zu unterschiedlich definierten Arten der Energie. Dabei gelangen wir schließlich zur Formulierung eines der bedeutendsten Gesetze der Naturwissenschaft, dem *Gesetz von der Erhaltung der Energie*.

8.2 Konservative Kräfte

Wir unterscheiden zunächst zwei Arten von Kräften: *konservative* und *nichtkonservative Kräfte*. Wir wollen je ein Beispiel untersuchen und unter verschiedenen Gesichtspunkten diskutieren.

Man stelle sich eine Feder vor, die mit einem Ende an einer starren Wand wie in Abb. 8.1 befestigt ist. Ein Block der Masse m gleite mit der Geschwindigkeit $\boldsymbol{v}$ direkt gegen diese Feder. Wir setzen voraus, daß die horizontale Ebene reibungsfrei und die Feder ideal ist, d.h., daß sie dem Hookeschen Gesetz gehorcht (Gl. 7.7):

$$F = -kx . \tag{8.3}$$

F ist die von der Feder ausgeübte Kraft, wenn sie um die Strecke x zusammengedrückt

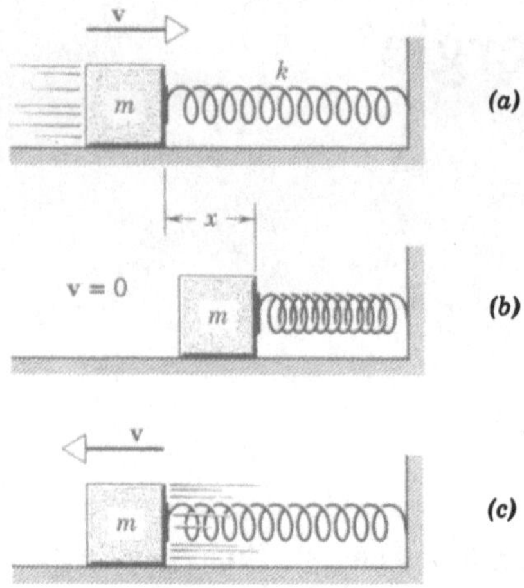

Abb. 8.1 (a) Ein Block der Masse m trifft mit der Geschwindigkeit v auf eine Feder. (b) Durch die Wirkung der Federkraft kommt der Block zum Stillstand. (c) Zum Ausgangspunkt zurückgekehrt, hat der Block seine Anfangsgeschwindigkeit v zurückgewonnen.

wird. Weiter fordern wir, daß die Masse der Feder gegenüber der des Blockes so klein ist, daß wir die kinetische Energie der Feder vernachlässigen können. So liefert in unserem System (Blockmasse + Feder) nur die Masse m einen Beitrag zur kinetischen Energie.

Trifft der Block auf die Feder, so verringert sich seine Geschwindigkeit (Betrag) und damit seine kinetische Energie, bis er durch die Wirkung der Feder (Abb. 8.1b) steht. Jetzt dehnt sich die Feder wieder aus, und der Block bewegt sich in entgegengesetzte Richtung. Seine Geschwindigkeit und kinetische Energie haben dort, wo er die Feder zuerst berührt hat, jeweils die gleiche Größe, nur die Bewegungsrichtung hat sich geändert. Der Block gewinnt die kinetische Energie im zweiten Teil seiner Bewegung zurück, die er im ersten verloren hat (Abb. 8.1c).

Wir haben die kinetische Energie eines Körpers als die Fähigkeit bezeichnet, durch Bewegung Arbeit zu leisten. Es ist klar, daß diese Fähigkeit nach der in Abb. 8.1 betrachteten Bewegung des Blocks zum Ausgangspunkt zurück (geschlossene Bahn) gleichgeblieben ist. Sie bleibt *erhalten*. Deshalb nennt man die elastische Federkraft und andere genauso wirkende Kräfte *konservative* Kräfte. Auch die Gravitationskraft ist konservativ. Wird ein Ball senkrecht nach oben geworfen, so hat er beim Verlassen der Hand dieselbe kinetische Energie (bei Vernachlässigung des Luftwiderstandes) wie beim Auffangen.

Entsprechend heißen Kräfte *nichtkonservativ*, wenn ihre Wirkung auf einen Massenpunkt bei der Rückkehr zum Ausgangspunkt der Bewegung einen Verlust oder einen Zuwachs an kinetischer Energie hervorruft. Die Arbeitsfähigkeit bleibt bei der Bewegung auf einer geschlossenen Bahn nicht erhalten.

Als Beispiel für eine nichtkonservative Kraft stellen wir uns vor, daß die Flächen von Block und Ebene nicht reibungsfrei sind. Die Reibungskraft $\boldsymbol{f}$, die durch die Ebene auf den Block wirkt, bremst seine Bewegung unabhängig von der Bewegungsrichtung.* Der

* Tatsächlich wirken auf den Block in Abb. 8.1 noch zwei weitere Kräfte, nämlich die Gewichtskraft $\boldsymbol{W}$ und die Normalkraft $\boldsymbol{N}$. Da aber beide im rechten Winkel zur Bewegung angreifen, ändern sie die kinetische Energie nicht und brauchen daher nicht berücksichtigt zu werden.

in die Ausgangsstellung zurückgekehrte Block hat dadurch eine geringere kinetische Energie als ursprünglich. Die Reibungskraft und andere in gleicher Weise wirkende Kräfte heißen *nichtkonservative* Kräfte. Die Induktionskraft in einem Betatron (Abschn. 35.6) ist ebenfalls nichtkonservativ. Sie bewirkt jedoch anstelle eines Verlustes eine Vermehrung an kinetischer Energie, so daß ein Elektron, das sich auf der kreisförmigen Betatronbahn bewegt, mit *größerer* kinetischer Energie zum Ausgangspunkt zurückkommt.

Wir können die konservative Kraft auch definieren, indem wir fragen, welche Arbeit durch die Kraft am Massenpunkt geleistet wird. Im ersten Beispiel war die Arbeit, die die Federkraft während des Zusammendrückens auf den Block ausübte, negativ. Die Richtung der Kraft (nach links in Abb. 8.1a) ist der Bewegungsrichtung des Blocks (nach rechts) entgegengesetzt. Beim Ausdehnen der Feder war die Arbeit positiv (Federkraft und Bewegung haben die gleiche Richtung). Über eine ganze Bewegungsperiode ist die resultierende Arbeit, die durch die Federkraft auf den Block verrichtet wurde, gleich Null.

Im zweiten Beispiel betrachteten wir die Wirkung der Reibungskraft. Die durch diese Kraft am Block geleistete Arbeit war für jede Teilbewegung negativ, da sie der Bewegung immer entgegengerichtet ist. Aus diesem Grunde kann die Gesamtarbeit für die ganze Bewegungsperiode nie Null werden. Allgemein gilt: *Eine Kraft heißt konservativ, wenn die durch sie an einem Massenpunkt auf einer beliebigen geschlossenen Bahn verrichtete Arbeit gleich Null ist. Eine Kraft heißt nichtkonservativ, wenn ihre Arbeit unter denselben Bedingungen von Null verschieden ist.*

Der Energiesatz zeigt, daß diese Definition der konservativen und nichtkonservativen Kräfte zu der zuerst gegebenen äquivalent ist. Ändert sich die kinetische Energie nicht, so ist $\Delta E_k = 0$ und damit nach Gl. 8.1 $A = 0$. Entsprechend gilt für $\Delta E_k \neq 0$, daß $A \neq 0$.

Wir wollen den Vorgang in Abb. 8.1 etwas genauer untersuchen. Beziehen wir die Reibung ein, so wirken vier Kräfte am Block, deren resultierende Kraft gegeben ist durch:

$$\boldsymbol{F} = \boldsymbol{F}_s + \boldsymbol{W} + \boldsymbol{N} + \boldsymbol{f}.$$

$\boldsymbol{F}_s$ ist die Federkraft, $\boldsymbol{W}$ die Gewichtskraft des Blocks, $\boldsymbol{N}$ die Normalkraft der Ebene und $\boldsymbol{f}$ die Reibungskraft. Der Energiesatz Gl. 8.2 kann dann geschrieben werden:

$$A_s + A_W + A_N + A_f = \Delta E_k,$$

worin die Terme der linken Seite die Arbeiten darstellen, die die oben beschriebenen Kräfte leisten. Wir haben bereits festgestellt, daß für die vollständige Bewegungsperiode $A_s = 0$ ist. Ebenso sind $A_W = A_N = 0$, da sie senkrecht zur Bewegungsrichtung wirken. Also ist für die Änderung der kinetischen Energie allein A_f verantwortlich, die durch die Reibung verrichtete Arbeit.

Wir können den Unterschied zwischen konservativen und nichtkonservativen Kräften noch auf eine dritte Art betrachten. Ein Massenpunkt bewege sich von a nach b auf dem Weg 1 und von b nach a zurück auf dem Weg 2 wie in Abb. 8.2. Mehrere Kräfte mögen längs des Weges auf den Massenpunkt einwirken. Wir untersuchen jede einzelne Kraft. Ist sie eine konservative Kraft, so ist ihre am Massenpunkt geleistete Arbeit für die geschlossene Bahn gleich Null:

$$A_{ab,1} + A_{ba,2} = 0,$$

oder

$$A_{ab,1} = -A_{ba,2}.$$

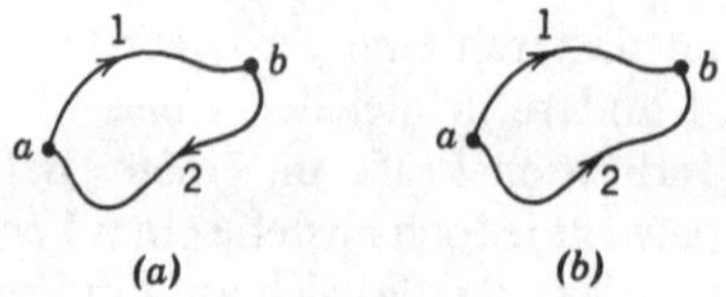

Abb. 8.2

Das bedeutet, daß die auf Bahn 1 geleistete Arbeit gleich der negativen Arbeit auf Bahn 2 ist. Lassen wir jetzt den Massenpunkt von a nach b entlang der Bahn 2 wandern, wie Abb. 8.2b zeigt, so kehrt sich die Bewegungsrichtung gegenüber Abb. 8.2a um, und somit wird

$$A_{ab,2} = -A_{ba,2},$$

so daß

$$A_{ab,1} = A_{ab,2}.$$

Die Arbeit, die eine konservative Kraft am Massenpunkt bei der Bewegung von a nach b verrichtet, ist unabhängig von der Bahn, auf der er von a nach b gelangt.

Da die Punkte a und b und die Bahnen 1 und 2 ganz beliebig sind, haben wir eine neue Definition für konservative und nichtkonservative Kräfte: *Eine Kraft ist konservativ, wenn die durch sie am Massenpunkt geleistete Arbeit bei der Bewegung zwischen zwei Punkten nur von der Lage der Punkte, jedoch nicht von dem zwischen ihnen gewählten Weg abhängt. Eine Kraft ist nichtkonservativ, wenn ihre am Massenpunkt geleistete Arbeit vom Weg zwischen zwei Punkten abhängt.*

Um diese dritte (äquivalente) Definition von konservativen Kräften zu veranschaulichen, untersuchen wir als eine weitere konservative Kraft die Gravitationskraft. Wir stellen uns vor, daß wir einen Stein der Masse m in die Hand nehmen und auf verschiedenen Bahnen von a nach b transportieren (s. Abb. 8.3). Da die Gravitationskraft konservativ ist, ist ihre am Stein geleistete Arbeit auf dem Hin- und Rückweg gleich Null. Auf dem Rückweg bca leistet die Gravitationskraft die Arbeit mgh und damit auf jedem

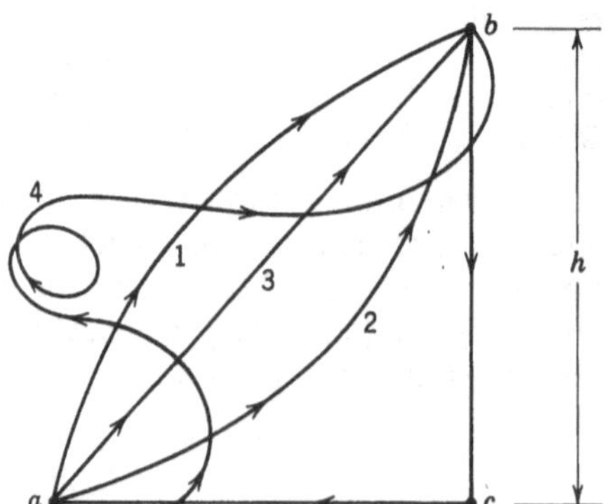

Abb. 8.3 Ein Stein wird auf verschiedenen Wegen 1, 2, 3 und 4 von a nach b gehoben.

beliebigen Hinweg $-mgh$. Das bedeutet, daß die Arbeit, die die Gravitationskraft am Stein verrichtet, für jeden Weg von a nach b negativ ist, oder anders ausgedrückt: Die Arbeit muß auf diesen Wegen gegen die Gravitationskraft verrichtet werden. Um die Arbeit für den Weg von a nach b zu berechnen, kann man den Weg in infinitesimale Verschiebungen unterteilen, die entweder senkrechte oder waagerechte Richtungen haben. Auf den waagerechten Teilstrecken wird durch die Gravitationskraft keine Arbeit verrichtet, und die Summe der senkrechten Teilstrecken ist für alle Wege gleich h. Damit haben wir gezeigt, daß die Arbeit für alle Wege von a nach b gleich ist.

Für eine nichtkonservative Kraft, wie z. B. die Reibungskraft, ist die geleistete Arbeit vom Weg abhängig. Wir brauchen uns nur vorzustellen, daß wir einen Block über einen (rauhen) Tisch von a nach b auf einem kurzen und einem langen Weg schieben. Die durch die Reibungskraft verrichtete Arbeit ist auf beiden Wegen unterschiedlich und damit abhängig vom Weg.

8.3 Potentielle Energie

In diesem Abschnitt richten wir unser Augenmerk nicht auf den bewegten Block, sondern auf das isolierte System (Block + Feder) in Abb. 8.1. Anstatt festzustellen, daß sich der Block bewegt, sagen wir nun, daß sich die Konfiguration des Systems ändert. Wir messen sowohl die Position des Blocks als auch die Konfiguration des Systems mit demselben Parameter x, nämlich der Verschiebung des freien Federendes aus der normalen (nicht gespannten) Position. Die kinetische Energie des Systems ist gleich der kinetischen Energie des Blockes, da wir die Federmasse vernachlässigen.

Wir haben gesehen, daß die kinetische Energie des Systems in Abb. 8.1 während der ersten Bewegungshälfte abnimmt, dann Null wird und in der zweiten Bewegungshälfte wieder ansteigt. Ohne Reibung erreicht sie am Ausgangspunkt wieder den alten Wert.

Unter diesen Bedingungen (es wirken konservative Kräfte) ist es sinnvoll, in folgender Weise den Begriff der *potentiellen Energie* E_p einzuführen: Ändert sich die kinetische Energie E_k des Systems mit der Änderung der Konfiguration des Systems (d. h. mit der Bewegung des Blocks im System), so soll sich E_p um den gleichen, aber entgegengesetzten Wert ändern, so daß die Summe beider Änderungen gleich Null ist:

$$\Delta E_k + \Delta E_p = 0. \qquad (8.4a)$$

Alternativ kann man sagen, daß die Änderung der kinetischen Energie E_k des Systems durch die gleiche, aber entgegengesetzte Änderung der potentiellen Energie E_p des Systems kompensiert wird, so daß ihre Summe während der Bewegung konstant bleibt:

$$E_k + E_p = \text{const.} \qquad (8.4b)$$

Die potentielle Energie eines Systems stellt eine Form von gespeicherter Energie dar, die wieder vollständig in kinetische Energie umgewandelt werden kann. Potentielle Energie kann nicht mit einer nichtkonservativen Kraft in Verbindung gebracht werden, z. B. mit der Reibungskraft, da die kinetische Energie eines solchen Systems bei Rückkehr in die Ausgangsanordnung *nicht* erhalten bleibt.

Die Gln. 8.4 werden auf abgeschlossene Systeme wechselwirkender Körper wie das

System (Block + Feder) der Abb. 8.1 angewendet. In diesem Beispiel ist die kinetische Energie nur in dem bewegten Block enthalten, da die Masse der Feder vernachlässigt wurde. Der Block wird langsamer (der Betrag der Geschwindigkeit wird kleiner), da die *Feder* eine Kraft auf ihn ausübt. Es wäre deshalb passend, die potentielle Energie des Systems mit der Federkraft in Verbindung zu bringen. So können wir in diesem einfachen Fall sagen: Die kinetische Energie, die an die Masse (des Blocks) gebunden ist, nimmt während der ersten Teilbewegung ab und die potentielle Energie, die an die Feder gebunden ist, in derselben Zeit zu.*

Die Gln. 8.4 sind im wesentlichen Behauptungen über „Soll und Haben" von Energie. Sie werden wie auch die potentielle Energie erst eine reale Bedeutung bekommen, wenn wir E_p als Funktion der Konfiguration des Systems, in der die konservative Kraft wirkt, berechnet haben. Das bedeutet für das Beispiel der Abb. 8.1, daß wir $E_p(x)$ bestimmen müssen.

Um den Begriff der potentiellen Energie E_p weiterzuentwickeln, betrachte man den Energiesatz, $A = \Delta E_k$, in dem A die von der resultierenden Kraft am Massenpunkt bei der Bewegung von a nach b geleistete Arbeit ist. Zur Vereinfachung nehme man an, daß nur eine Kraft $\boldsymbol{F}$ auf den Massenpunkt wirkt. Ist $\boldsymbol{F}$ eine konservative Kraft, so erhalten wir aus der Kombination des Energiesatzes (Gl. 8.1) mit Gl. 8.4a

$$A = \Delta E_k = -\Delta E_p . \tag{8.5a}$$

Da die durch die konservative Kraft geleistete Arbeit A nur vom Ausgangs- und Endpunkt der Bahn abhängt, kann auch eine solche Kraft nur vom Ort des Massenpunktes abhängen, nicht dagegen von der Geschwindigkeit des Massenpunktes oder von der Zeit.

Für eine eindimensionale Bewegung wird Gl. 8.5a zu

$$\Delta E_p = -A = -\int_{x_0}^{x} F(x)\,\mathrm{d}x , \tag{8.5b}$$

wenn sich der Massenpunkt von x_0 nach x bewegt. Gl. 8.5b zeigt, wie die Änderung der potentiellen Energie ΔE_p zu berechnen ist, wenn sich ein Massenpunkt unter Einwirkung einer konservativen Kraft $F(x)$ von Punkt a (beschrieben durch x_0) nach Punkt b (beschrieben durch x) bewegt. Wir können ΔE_p nur berechnen, wenn die Kraft $\boldsymbol{F}$ allein von der Lage des Massenpunktes (von der Konfiguration des Systems) abhängt. Das ist gleichbedeutend mit der Aussage, daß potentielle Energie nur für konservative Kräfte Bedeutung hat.

Da die potentielle Energie E_p nur von der Lage des Massenpunktes abhängig ist, kann man Gl. 8.4b schreiben:

$$\tfrac{1}{2}mv^2 + E_p(x) = E \quad \text{(eindimensional)} . \tag{8.6a}$$

E bleibt während der Bewegung konstant und heißt *mechanische Gesamtenergie*. Bewegt sich der Massenpunkt von Punkt a (Position x_0 und Geschwindigkeit v_0) nach

* Neben der Annahme, daß die Feder masselos sei, setzten wir außerdem voraus, daß der Block starr, also „nicht federnd" sei. In einem allgemeineren System können sowohl kinetische Energie als auch potentielle Energie in verschiedenen Teilen des Systems vorhanden sein. Beide ändern sich in Abhängigkeit von der Anordnung des Systems.

Punkt b (Position x, Geschwindigkeit v), so muß für konservative Kräfte die Gesamtenergie E für jede Systemkonfiguration gleich groß sein, oder nach Gl. 8.6a:

$$\frac{1}{2}mv^2 + E_p(x) = \frac{1}{2}mv_0^2 + E_p(x_0). \tag{8.6b}$$

Die rechte Seite von Gl. 8.6b hängt nur von der Anfangslage x_0 und der Anfangsgeschwindigkeit v_0 ab und bleibt *während der Bewegung konstant*. Ihr Wert ist die konstante mechanische Gesamtenergie E. Man beachte, daß in dieser Gleichung Kraft und Beschleunigung nicht auftauchen, sondern nur der Ort und die Geschwindigkeit. Gln. 8.6 werden das *Gesetz der Erhaltung von mechanischer Energie* für konservative Kräfte genannt.

In vielen Fällen sind zwar einzelne Kräfte nicht konservativ, doch sind sie so klein, daß man sie vernachlässigen kann. Wir können dann Gln. 8.6 als gute Näherung ansehen. Das gilt zum Beispiel für den Fall des Luftwiderstands.

Haben wir ein System, in dem nur konservative Kräfte wirken, so brauchen wir zur Lösung des Problems nicht von der Newtonschen Bewegungsgleichung auszugehen, sondern einfacher von den Gln. 8.6. Sie sind natürlich daraus hervorgegangen, doch ist man bei ihnen schon einen Schritt näher an der Lösung (das sogenannte erste Integral der Bewegung). Bewegungsprobleme werden oft gelöst, indem man nach Größen sucht, die während der Bewegung konstant bleiben. Hier ist die mechanische Energie konstant, und die Gln. 8.6 sind die Ausgangsgleichungen für die Behandlung des Problems.

Für die eindimensionale Bewegung kann die Beziehung zwischen Kraft und potentieller Energie geschrieben werden (Gl. 8.5b):

$$F(x) = -\frac{\mathrm{d}E_p(x)}{\mathrm{d}x}. \tag{8.7}$$

Um dies zu beweisen, setze man diesen Ausdruck in Gl. 8.5b ein. Man erhält eine Identität. Mit Gl. 8.7 gelangen wir zu einer neuen Sicht der potentiellen Energie: *Die potentielle Energie ist eine Ortsfunktion, deren negative Ableitung die Kraft liefert.*

Wir haben in den Gln. 8.6 die Größe $E_p(x)$ hingeschrieben, obwohl wir nur *Änderungen* von E_p (aus Gl. 8.5b) berechnen können. Wir stellen uns vor, daß sich ein Massenpunkt von a nach b auf der x-Achse bewegt und nur eine Kraft $F(x)$ auf ihn einwirkt. Um den Wert von $E_{p,b}$, der potentiellen Energie am Punkt b, zu erhalten, schreiben wir

$$\Delta E_p = E_{p,b} - E_{p,a}$$

oder (s. Gl. 8.5b)

$$E_{p,b} = \Delta E_p + E_{p,a} = -\int_{x_a}^{x_b} F(x)\,\mathrm{d}x + E_{p,a}. \tag{8.8}$$

Wir können $E_{p,b}$ keinen Wert zuordnen, wenn wir dies nicht für $E_{p,a}$ getan haben. Ist Punkt b eine beliebige Lage x, so daß $E_{p,b} = E_p(x)$, so erhält $E_p(x)$ eine Bedeutung, wenn wir a als geeigneten Bezugspunkt wählen, der durch $x_a = x_0$ beschrieben wird, und der potentiellen Energie $E_{p,a} = E_p(x_0)$ an diesem Punkt eine beliebigen Wert zuordnen. Dann wird Gl. 8.8 zu

$$E_p(x) = -\int_{x_0}^{x} F(x)\,\mathrm{d}x + E_p(x_0). \tag{8.9}$$

Für gewöhnlich wählt man für den Wert der potentiellen Energie am Bezugspunkt $E_p(x_0) = 0$.

Es ist üblich, den Bezugspunkt x_0 so festzulegen, daß die auf den Massenpunkt wirkende Kraft an dieser Stelle Null ist. So ist z. B. die von einer Feder ausgeübte Kraft Null, wenn sie sich im Gleichgewichtszustand befindet. Man sagt, daß auch die potentielle Energie unter dieser Bedingung Null ist. Da die Anziehung der Erde mit wachsender Entfernung eines Körpers von der Erde abnimmt, wird sie in unendlicher Entfernung Null. Man wählt daher Unendlich als Bezugspunkt und gibt der potentiellen Energie dort den Wert Null (s. Kapitel 16). Bisher haben wir uns jedoch mit der Wirkung der Gravitationskraft auf Körper beschäftigt (z. B. Bällen), die sich im Vergleich zum Erdradius nur wenig von der Erdoberfläche wegbewegen. In diesem Bereich ist die Gravitationskraft im wesentlichen konstant. Es ist deshalb besser, den Bezugspunkt, an dem die potentielle Energie Null ist, auf die Erdoberfläche zu legen.

Die Änderung der Koordinate des Bezugspunktes x_0 oder des zugeordneten Wertes von $E_p(x_0)$ verändert den Wert von $E_p(x)$ lediglich um eine additive Konstante. Sie ändert aber die bisher angeschriebenen Gleichungen nicht. Addiert man beispielsweise bei der Gl. 8.6b auf beiden Seiten dieselbe Konstante, so bleibt die Gleichung unverändert. Außerdem bleibt die Gl. 8.7 und damit die Kraft unverändert, wenn zu $E_p(x)$ eine Konstante addiert wird, da die Differentiation einer additiven Konstanten Null ergibt. All dies zeigt, daß die Wahl des Bezugpunktes unwesentlich ist, da wir es immer mit *Differenzen* von potentieller Energie zu tun haben und nicht mit den absoluten Werten an einem gegebenen Punkt.

Bei der Bestimmung der kinetischen Energie findet man eine entsprechende Willkür. Um Geschwindigkeiten und damit die kinetische Energie zu bestimmen, muß man ein Bezugssystem angeben. Die Geschwindigkeit eines Mannes, der im fahrenden Zug sitzt, ist Null für ein mit dem Zug verbundenes Bezugssystem, sie ist jedoch von Null verschieden für einen Beobachter, der außerhalb des Zuges steht. Dieser sieht den Mann mit konstanter Geschwindigkeit an sich vorüberziehen. Der Wert für die kinetische Energie hängt also vom gewählten Bezugssystem ab. Das Wichtige ist bei mechanischer Energie nicht der aktuelle Wert (er ist abhängig vom Bezugssystem), sondern die Tatsache, daß dieser Wert während der Bewegung *erhalten* bleibt (unabhängig vom Bezugssystem), wenn die Kräfte konservativ sind.

8.4 Eindimensionale konservative Systeme

Wir wollen nun die potentielle Energie bei eindimensionaler Bewegung für zwei Beispiele von konservativen Kräften berechnen: die Gravitationskraft nahe der Erdoberfläche und die rücktreibende Kraft einer (idealen) gespannten Feder.

Für die Gravitationskraft betrachten wir die senkrechte Bewegung auf der y-Achse. Wählen wir als positive y-Richtung die nach oben weisende, so wirkt die Gravitationskraft in negative y-Richtung oder nach unten. Es ist $F(y) = -mg =$ konstant. Die potentielle Energie als Funktion von y ist nach Gl. 8.9

$$
\begin{aligned}
E_p(y) &= -\int_0^y F(y)\,\mathrm{d}y + E_p(0) = -\int_0^y (-mg)\,\mathrm{d}y + E_p(0) \\
&= mgy + E_p(0).
\end{aligned}
$$

Für $y = 0$ kann die potentielle Energie Null gesetzt werden, so daß $E_p(0) = 0$ und

$$E_p(y) = mgy. \tag{8.10}$$

Die Beziehung $F(y) = -\mathrm{d}E_p/\mathrm{d}y$ (Gl. 8.7) ist erfüllt, denn $-\mathrm{d}(mgy)/\mathrm{d}y = -mg$. Die potentielle Energie für die Gravitationskraft ist Null an der Erdoberfläche und wächst linear mit der Höhe y.

Vergleichen wir die Punkte y und $y = 0$, so ergibt sich aus der Erhaltung der Summe von kinetischer und potentieller Energie, Gl. 8.6b, die Beziehung

$$\tfrac{1}{2}mv^2 + mgy = \tfrac{1}{2}mv_0^2.$$

Dies liefert das uns bereits bekannte Ergebnis (s. Gl. 3.17)

$$v^2 = v_0^2 - 2gy.$$

Bewegt sich der Massenpunkt aus einer Höhe h_1 zur Höhe h_2, so folgt aus Gl. 8.6b

$$\tfrac{1}{2}mv_1^2 + mgh_1 = \tfrac{1}{2}mv_2^2 + mgh_2.$$

Das ist dasselbe Ergebnis, das wir in Beispiel 5, Kapitel 7 erhielten. Die Gesamtenergie E ist konstant und bleibt während der Bewegung erhalten, auch wenn sich kinetische und potentielle Energie mit der Konfiguration des Systems (Massenpunkt + Erde) ändern.

Ein zweites Beispiel für konservative Kräfte ist die Kraft, die von einer elastischen Feder auf einen Körper der Masse m ausgeübt wird, der sich über eine reibungsfreie horizontale Fläche bewegt. Ist $x_0 = 0$ die Lage des Federendes im entspannten Zustand, so ist die auf die Masse ausgeübte Kraft der Feder im Punkt x gegeben durch $F = -kx$. Die potentielle Energie erhalten wir aus Gl. 8.9 zu

$$E_p(x) = -\int_0^x F(x)\,\mathrm{d}x + E_p(0) = -\int_0^x (-kx)\,\mathrm{d}x + E_p(0).$$

Wählen wir $E_p(0) = 0$ für die ungespannte Feder, für die auch die Kraft Null ist, so wird

$$E_p(x) = -\int_0^x (-kx)\,\mathrm{d}x = \tfrac{1}{2}kx^2.$$

Das Ergebnis ist für positive und negative Werte von x dasselbe, also für die gedehnte oder zusammengedrückte Feder.

Die Beziehung $F(x) = -\mathrm{d}E_p/\mathrm{d}x$ (Gl. 8.7) ist erfüllt, denn $-\mathrm{d}(\tfrac{1}{2}kx^2)/\mathrm{d}x = -kx$. Die potentielle Energie einer elastischen Feder ist also

$$E_p(x) = \tfrac{1}{2}kx^2. \tag{8.11}$$

Der Körper der Masse m unterliegt einer Bewegung, in derem Verlauf die Gesamtenergie E erhalten bleibt (Abb. 8.4). Aus Gl. 8.6b folgt

$$\tfrac{1}{2}mv^2 + \tfrac{1}{2}kx^2 = \tfrac{1}{2}mv_0^2.$$

Hier ist v_0 die Geschwindigkeit (Betrag) des Massenpunktes bei $x = 0$. Experimentell kann man diesen Bewegungsablauf erreichen, indem man zum Beispiel das Federende

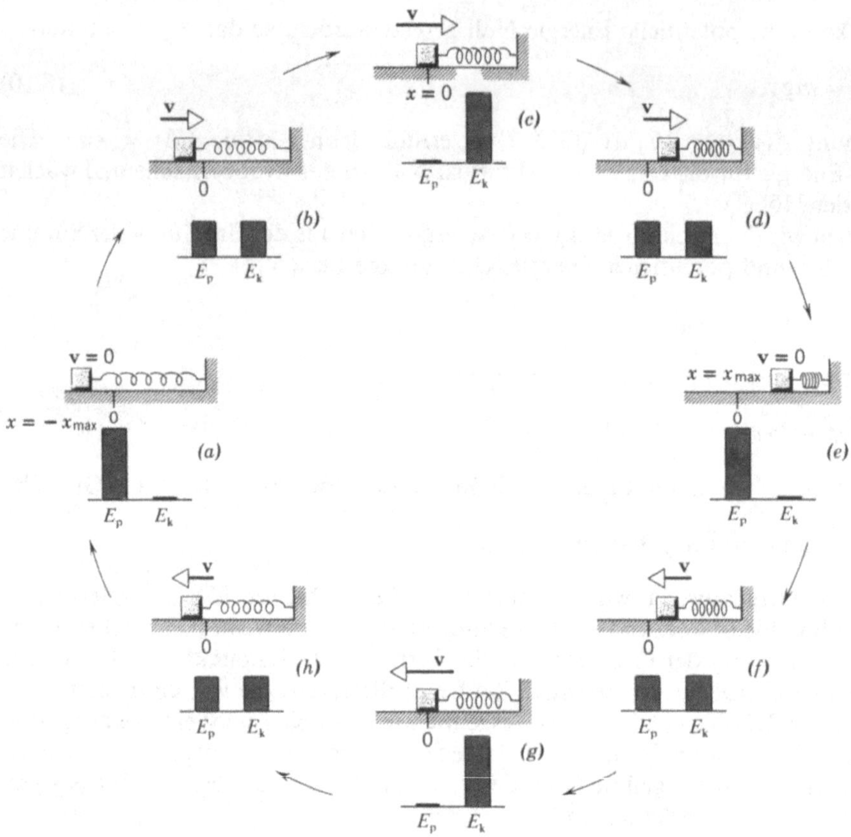

Abb. 8.4 Eine Masse, die mit einer Feder verbunden ist, gleitet auf einer reibungsfreien Fläche hin und her. Dieses System wird harmonischer Oszillator genannt. Die Bewegung wird für eine ganze Periode gezeigt. Der Ausgangspunkt ist links (9 Uhr), wo die Masse die extreme linke Position einnimmt und sich gerade in Ruhe befindet: $E_k = 0$. Die Feder ist maximal ausgezogen: $E_p = E_{p,max}$ (E_k und E_p sind unter jeder Skizze als Balkendiagramm dargestellt). In der nächsten Skizze hat die Masse kinetische Energie gewonnen, aber potentielle Energie verloren, ihre Werte sind gerade gleich groß: $E_k = E_p = E_{p,max}/2$. Im obersten Bild befindet sich die Feder in ihrer Normallage (weder gedehnt noch zusammengedrückt), und die Geschwindigkeit der Masse ist am größten: $E_p = 0$, $E_k = E_{k,max} = E_{p,max}$. Während der ganzen Periode bleibt die Gesamtenergie $E = E_k + E_p$ erhalten: $E = E_{k,max} = E_{p,max}$. Der harmonische Oszillator wird in Kapitel 15 näher erläutert.

bis zur Position x_m auszieht und dann losläßt. Bei $x = 0$ ist die Energie des Systems (Block + Feder) vollständig kinetische Energie. Bei $x = x_m$ (maximaler Wert von x) befindet sich der Block in Ruhe, also $v = 0$, und die Energie ist nur potentielle Energie. Für $x = x_m$ haben wir

$$\tfrac{1}{2}kx_m^2 = \tfrac{1}{2}mv_0^2$$

oder

$$x_m = \sqrt{m/k}\, v_0 .$$

Für Positionen zwischen x_1 und x_2 folgt aus Gl. 8.6b

$$\tfrac{1}{2}kx_1^2 + \tfrac{1}{2}mv_1^2 = \tfrac{1}{2}kx_2^2 + \tfrac{1}{2}mv_2^2 .$$

Wir haben festgestellt, daß *die kinetische Energie eines Körpers gleich der Arbeit ist, die er infolge seiner Bewegung leisten kann.* Sie kann durch die Formel $E_k = \frac{1}{2}mv^2$ ausgedrückt werden. Eine so universelle Formel gibt es für die potentielle Energie nicht. *Die potentielle Energie eines Systems von Körpern ist die Arbeit, die es infolge der relativen Lage seiner Teile, seiner Konfiguration, leisten kann.* In jedem Fall muß bestimmt werden, wieviel Arbeit das System beim Übergang von der einen zur anderen Konfiguration verrichten kann. Dieser Betrag ist dann die Differenz der potentiellen Energie des Systems zwischen den zwei Konfigurationen.

Die potentielle Energie der Feder hängt von der relativen Lage der Federteile ab. Arbeit kann verrichtet werden, während die Feder vom ausgedehnten Zustand zum Normalzustand zurückkehrt. In dieser Zeit übt sie eine Kraft aus. Wenn diese Kraft zur Beschleunigung einer Masse ausgenutzt wird, wie in unserem Beispiel, so wird die potentielle Energie in kinetische Energie umgewandelt. Im Fall der Gravitationsanziehung nimmt ein Gegenstand eine bestimmte Lage bezüglich der Erdoberfläche ein. Die potentielle Energie ist eine Eigenschaft von Gegenstand und Erde, die ein abgeschlossenes System bilden. Die relative Lage der beiden Körper des Systems bestimmt die Größe der potentiellen Energie. Sie ist umso größer, je weiter die Körper auseinanderliegen. Der Verlust an potentieller Energie ist gleich der Arbeit, die bei der Bewegung des Gegenstandes von seiner Ausgangslage zu einer näher an der Erdoberfläche befindlichen Lage ausgeführt wird. Diese wird dabei in kinetische Energie umgewandelt. Dabei vernachlässigen wir die Bewegung der Erde gegenüber dem fallenden Gegenstand. Im Prinzip übt dieser eine Kraft auf die Erde aus und verursacht eine Beschleunigung der Erde relativ zu einem beliebigen Inertialsystem. Die daraus resultierende Geschwindigkeit und die damit verknüpfte kinetische Energie sind jedoch bezüglich der des fallenden Körpers trotz der großen Erdmasse verschwindend klein. Dies wird in einem späteren Kapitel überprüft werden. In anderen Fällen, z. B. bei der Bewegung von Planeten, wo die Massen von vergleichbarer Größe sind, müssen alle Teile eines Systems berücksichtigt werden. Im allgemeinen kann *potentielle Energie* nicht den einzelnen Körpern eines Systems zugeordnet werden, sondern muß als *gemeinsame Eigenschaft des Systems* betrachtet werden.

Beispiel 1

Um wieviel ändert sich die potentielle Energie, wenn ein Fahrstuhl mit dem Gewicht 7117 N vom Niveau der Straße bis zur Spitze des 381 m hohen Empire State Building fährt?

Die potentielle Energie des Systems (Fahrstuhl + Erde) ist $E_p = mgy$. Dann ist

$$\Delta E_p = E_{p,2} - E_{p,1} = mg(y_2 - y_1).$$

Mit $mg = W = 7117$ N und $y_2 - y_1 = 381$ m folgt

$$\Delta E_p = 7117 \times 381 \text{ Nm} = 2.7 \times 10^6 \text{ Nm} = 2.7 \times 10^6 \text{ J}.$$

Beispiel 2

Als ein Beispiel zur einfachen Lösung dynamischer Probleme mittels der Energiebilanz betrachte man die Abb. 8.5. Ein Block der Masse m gleitet eine gebogene reibungsfreie Fläche herunter. Die Kraft, die von der Fläche auf den Block ausgeübt wird, steht immer senkrecht auf ihr und der Bewegungsrichtung des Blocks, so daß diese Kraft keinen Beitrag zur Arbeit leistet. Die ganze Arbeit wird durch die Gravitationskraft verrichtet, also von einer konservativen Kraft. Die mechanische Energie bleibt erhalten, und wir können schreiben

$$\tfrac{1}{2}mv_1^2 + mgy_1 = \tfrac{1}{2}mv_2^2 + mgy_2 .$$

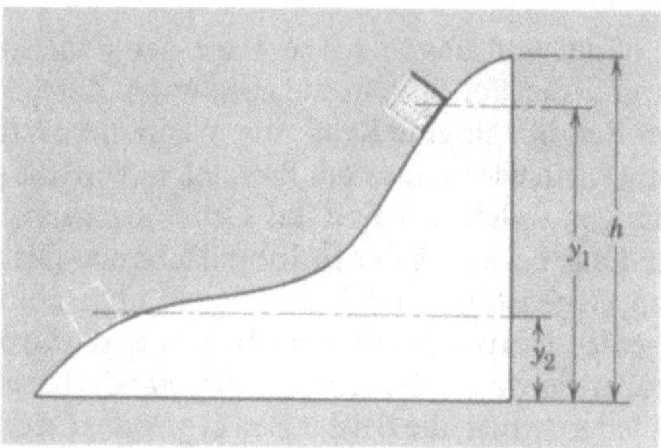

Abb. 8.5 Zu Beispiel 2. Ein Block gleitet eine reibungsfreie gekrümmte Fläche hinunter.

Dies ergibt

$$v_2^2 = v_1^2 + 2g(y_1 - y_2).$$

Die Geschwindigkeit (Betrag) am unteren Ende der gebogenen Fläche hängt nur von der Anfangsgeschwindigkeit und dem Höhenunterschied, nicht aber von der Form der Fläche ab. Wenn der Block bei $y_1 = h$ in Ruhe ist und $y_2 = 0$ gesetzt wird, so erhält man

$$v_2 = \sqrt{2gh}.$$

An diesem Punkt rufe man sich in Erinnerung, daß die geleistete Arbeit durch konservative Kräfte unabhängig von der Bahn ist. Damit haben wir die für den eindimensionalen Fall bewiesene Behauptung auf das zweidimensionale Beispiel erweitert.

In diesem Beispiel hängt die Kraft in jedem Punkt der Fläche von der Neigung ab. Deshalb ist die Beschleunigung nicht konstant, sondern eine Funktion des Ortes. Wären wir von der Bewegungsgleichung ausgegangen, hätten wir zuerst die Beschleunigung in jedem Punkt bestimmen und dann über den Weg integrieren müssen. Diese umständliche Rechnung konnten wir mit dem Ansatz über die Energieerhaltung vermeiden.

Beispiel 3

Eine Feder mit der Federkonstanten 7.0 N/cm wird um 5.1 cm aus ihrer Normallage zusammengedrückt. Beim Entspannen der Feder wird eine Kugel mit dem Gewicht 0.133 N beschleunigt. Welche Geschwindigkeit hat die Kugel im Punkt der Federnormallage, wenn die Feder horizontal angebracht ist und die Reibung vernachlässigt wird?

Die Kraft ist konservativ, so daß die mechanische Energie während der Bewegung erhalten bleibt. Am Anfang ist sie gleich der potentiellen Energie $\frac{1}{2}kx^2$ der Feder und am Ende gleich der kinetischen Energie $\frac{1}{2}mv^2$ der Kugel. Deshalb gilt:

$$\tfrac{1}{2}kx^2 = \tfrac{1}{2}mv^2$$

oder

$$v = \sqrt{\frac{k}{m}}\,x = 11.6\,\mathrm{m/s}.$$

8.5 Vollständige Lösung des dynamischen Problems für eindimensionale Kräfte, die nur vom Ort abhängen

Gl. 8.6a liefert uns den Zusammenhang zwischen Geschwindigkeit und Ort für die eindimensionale Bewegung, wenn die Kraft nur vom Ort abhängt. Bei ihrer Herleitung wurden Kraft und Beschleunigung eliminiert. Wollen wir das dynamische Problem vollständig lösen, müssen wir die Geschwindigkeit eliminieren und den Ort als Funktion der Zeit bestimmen.

Wir gehen von Gl. 8.6a aus,

$$\tfrac{1}{2}mv^2 + E_p(x) = E,$$

und lösen nach v auf:

$$v = \frac{\mathrm{d}x}{\mathrm{d}t} = \sqrt{\frac{2}{m}[E - E_p(x)]} \tag{8.12}$$

oder

$$\frac{\mathrm{d}x}{\sqrt{\frac{2}{m}[E - E_p(x)]}} = \mathrm{d}t.$$

Die Funktion $x(t)$ erhält man dann aus der Gleichung

$$\int_{x_0}^{x} \frac{\mathrm{d}x}{\sqrt{\frac{2}{m}[E - E_p(x)]}} = \int_{t_0}^{t} \mathrm{d}t = t - t_0. \tag{8.13}$$

Der Massenpunkt befindet sich hier zur Zeit t_0 bei x_0, E ist die konstante Gesamtenergie. Bei der Auswertung dieser Gleichung entspricht das positive Vorzeichen vor der Quadratwurzel der positiven x-Richtung von v und das negative der negativen x-Richtung. Wenn sich die Richtung von v während der Bewegung ändert, so führt man die Integration besser für jede Teilbewegung getrennt aus.

Auch wenn das Integral nicht ausgewertet oder die resultierende Gleichung nicht explizit gelöst werden kann, so erhalten wir aus ihr wichtige Informationen. Beispielsweise ersehen wir, daß der Massenpunkt für eine gegebene Gesamtenergie E auf den Bereich auf der x-Achse beschränkt ist, wo $E > E_p(x)$. Eine imaginäre Geschwindigkeit oder eine negative kinetische Energie sind physikalisch nicht sinnvoll, deshalb muß $E - E_p(x)$ größer oder gleich Null sein. Weiterhin erhalten wir eine gute qualitative Beschreibung der Bewegung, indem wir $E_p(x)$ gegen x graphisch auftragen und berücksichtigen, daß die Geschwindigkeit proportional der Quadratwurzel aus der Differenz zwischen E und E_p ist.

Als Beispiel betrachten wir den Verlauf der potentiellen Energie in Abb. 8.6. Man kann sich darunter das Profil einer reibungsfreien Berg- und Talbahn vorstellen, doch kann sie allgemein auch die potentielle Energie eines anderen Systems repräsentieren. Da für reale Bewegungen $E \geq E_p(x)$ sein muß, ist der niedrigste mögliche Energiewert E_0. Für diesen Wert der Gesamtenergie ist $E_0 = E_p$ und die kinetische Energie Null. Der Massenpunkt muß also am Punkt x_0 in Ruhe sein. Bei einer etwas höheren Energie E_1 kann sich der Massenpunkt nur zwischen x_1 und x_2 bewegen. Bewegt er sich von x_0 aus, nimmt seine Geschwindigkeit (Betrag) ab, bis er entweder x_1 oder x_2 erreicht. Bei x_1 oder x_2 hält der Massenpunkt an und bewegt sich in entgegengesetzte Richtung zurück. Diese Punkte nennt man *Umkehrpunkte* der Bewegung. Bei einer Gesamtenergie E_2 gibt es vier Umkehrpunkte, und der Massenpunkt kann in jedem der zwei Täler oszillieren. Bei E_3 ist nur ein Umkehrpunkt bei x_3 vorhanden. Wenn der Massenpunkt anfangs in die negative x-Richtung läuft, so dreht er bei x_3 um und bewegt sich in positive x-Richtung weiter. Seine Geschwindigkeit steigt mit kleiner werdendem E_p und umgekehrt. Bei E_4 übersteigenden Energien gibt es keine Umkehrpunkte mehr. Die Geschwindigkeit des Massenpunktes ändert sich entsprechend dem Wert der potentiellen Energie in jedem Punkt.

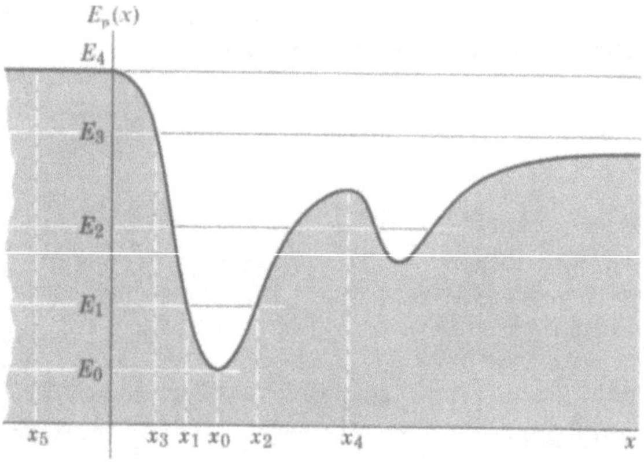

Abb. 8.6 Eine Potentialkurve

An Punkten, wo $E_p(x)$ ein Minimum hat, wie bei $x = x_0$, sind die Steigung der Kurve und damit auch die Kraft Null, weil $F(x_0) = -(\mathrm{d}E_p/\mathrm{d}x)_{x=x_0} = 0$. Ein Massenpunkt, der sich an diesem Punkt nicht bewegt, bleibt in Ruhe. Wird er ein wenig in eine der beiden Richtungen weitergerückt, so versucht die Kraft $F(x) = -\mathrm{d}E_p/\mathrm{d}x$, ihn zurückzuholen. Der Massenpunkt oszilliert um den Gleichgewichtspunkt x_0. Ein solcher Gleichgewichtspunkt heißt Punkt des *stabilen Gleichgewichts.*

Bei einem Punkt, wo $E_p(x)$ ein Maximum hat, wie bei $x = x_4$, sind die Steigung der Kurve und damit die Kraft ebenfalls Null, also $F(x_4) = -(\mathrm{d}E_p/\mathrm{d}x)_{x=x_4} = 0$. Ein dort in Ruhe befindlicher Massenpunkt bleibt in Ruhe. Befindet er sich jedoch in geringem Abstand davon, so treibt ihn die Kraft $F(x) = -\mathrm{d}E_p/\mathrm{d}x$ immer weiter davon weg. Dieser Gleichgewichtspunkt wird deshalb Punkt des *labilen Gleichgewichts* genannt.

Auch in einem Intervall, in dem $E_p(x)$ konstant ist, wie in der Umgebung von $x = x_5$, sind die Steigung der Kurve und die Kraft Null, also $F(x_5) = -(\mathrm{d}E_p/\mathrm{d}x)_{x=x_5} = 0$. In diesem Intervall befindet sich der Massenpunkt im *indifferenten Gleichgewicht*, da er bei einer Verschiebung weder einer rücktreibenden noch einer wegtreibenden Kraft ausgesetzt ist.

Beispiel 4

Die potentielle Energie für die Wechselwirkung der Atome in einem zweiatomigen Molekül ist näherungsweise

$$E_p(x) = \frac{a}{x^{12}} - \frac{b}{x^6},$$

worin a und b positive Konstanten sind und x der Abstand zwischen den Atomen ist.

(a) Bei welchen Werten von x ist $E_p(x)$ gleich Null, bei welchen Werten hat es ein Minimum?

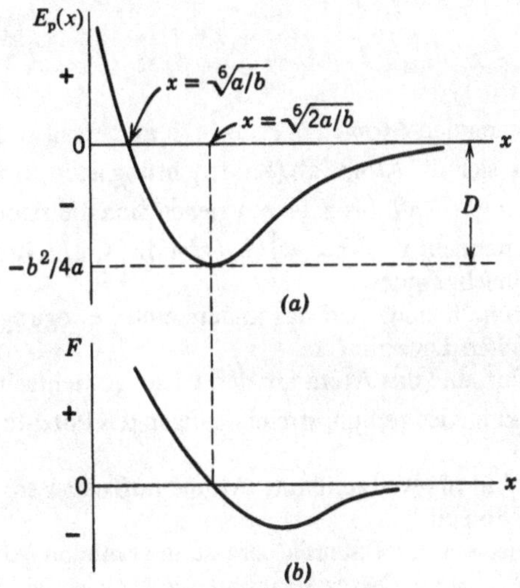

Abb. 8.7 Beispiel 4. (a) Potentielle Energie und (b) Kraft zwischen zwei Atomen in einem zweiatomigen Molekül als Funktion des Atomabstandes.

In Abb. 8.7a ist der Verlauf der Kurve $E_p(x)$ aufgetragen. Die Werte von x mit $E_p(x) = 0$ erhalten wir aus

$$\frac{a}{x^{12}} - \frac{b}{x^6} = 0,$$

$$x^6 = \frac{a}{b}, \qquad x = \sqrt[6]{\frac{a}{b}}.$$

$E_p(x)$ wird außerdem für $x \to \infty$ Null (siehe Abb. 8.7 oder setze $x = \infty$ in die obige Gleichung ein), so daß auch $x = \infty$ eine Lösung ist.

Der Wert von x beim Minimum ergibt sich aus

$$\frac{\mathrm{d}}{\mathrm{d}x} E_p(x) = 0.$$

Das ist

$$\frac{-12a}{x^{13}} + \frac{6b}{x^7} = 0$$

und somit

$$x^6 = \frac{2a}{b}, \qquad x = \sqrt[6]{\frac{2a}{b}}.$$

(b) Man bestimme die Kraft zwischen den Atomen.
Aus Gl. 8.7,

$$F(x) = -\frac{\mathrm{d}}{\mathrm{d}x} E_\mathrm{p}(x),$$

folgt

$$F = \frac{-\mathrm{d}}{\mathrm{d}x}\left(\frac{a}{x^{12}} - \frac{b}{x^6}\right) = \frac{12a}{x^{13}} - \frac{6b}{x^7}.$$

Die Kraft ist als Funktion des Abstandes zwischen den Atomen in Abb. 8.7b aufgetragen. Ist die Kraft positiv (von $x = 0$ bis $x = \sqrt{2a/b}$), stoßen sich die Atome ab (Kraftrichtung ist in Richtung von wachsendem x). Bei negativer Kraft (von $x = \sqrt{2a/b}$ bis $x \to \infty$) ziehen sich die Atome an (Kraftrichtung gleich der Richtung von abnehmendem x). Bei $x = \sqrt[6]{2a/b}$ ist die Kraft Null; hier befindet sich das Molekül in einem stabilen Gleichgewicht.

(c) Man nehme an, daß sich ein Atom in Ruhe befinde und das andere eine Bewegung in x-Richtung ausführe. Man beschreibe die möglichen Bewegungen.

Aus der Analyse in diesem Abschnitt wird klar, daß das Atom um den Gleichgewichtsabstand bei $x = \sqrt[6]{2a/b}$ schwingt, so wie ein Massenpunkt an den reibungsfreien Hängen des Potentialtales auf- und abgleiten würde.

(d) Die Energie, die nötig ist, um das Molekül in zwei getrennte Atome aufzuspalten, heißt Dissoziationsenergie. Wie groß ist sie für ein Molekül?

Erhält ein Atom genügend kinetische Energie, um den Potentialberg zu überwinden, so ist es nicht mehr an das andere Atom gebunden. Daher ist die Dissoziationsenergie D gleich der Änderung der potentiellen Energie vom Minimum bei $x = \sqrt[6]{2a/b}$ bis zum Wert bei $x = \infty$. Dies ist einfach

$$E_\mathrm{p}(x = \infty) - E_\mathrm{p}\left(x = \sqrt[6]{\frac{2a}{b}}\right) = 0 - \left(\frac{a}{4a^2/b^2} - \frac{b}{2a/b}\right) = \frac{b^2}{4a}.$$

Ist die kinetische Energie in der Gleichgewichtslage gleich oder größer als dieser Wert, so dissoziiert das Molekül.

8.6 Zwei- und dreidimensionale konservative Systeme

Bisher haben wir die potentielle Energie und den Sachverhalt der Energieerhaltung für eindimensionale Systeme untersucht, bei denen die Kraft in Bewegungsrichtung wirkte. Wir können die Behandlung leicht auf den dreidimensionalen Fall verallgemeinern.

Hängt die Arbeit einer Kraft $\boldsymbol{F}$ nur vom Anfangs- und Endpunkt der Bewegung und nicht von dem dazwischen liegenden Weg ab, so handelt es sich um eine konservative Kraft. Wir definieren die potentielle Energie E_p analog zum eindimensionalen System und finden, daß sie eine Funktion der drei Raumkoordinaten ist, $E_\mathrm{p} = E_\mathrm{p}(x, y, z)$. Wieder erhalten wir eine Beziehung für die Erhaltung der mechanischen Energie.

Die Verallgemeinerung von Gl. 8.5b auf die dreidimensionale Bewegung ist

$$\Delta E_p = -\int_{x_0}^{x} F_x dx - \int_{y_0}^{y} F_y \mathrm{d}y - \int_{z_0}^{z} F_z \mathrm{d}z \tag{8.5c}$$

bzw. in der Vektorschreibweise

$$\Delta E_p = -\int_{\boldsymbol{r}_0}^{\boldsymbol{r}} \boldsymbol{F}(\boldsymbol{r}) \cdot \mathrm{d}\boldsymbol{r}. \tag{8.5d}$$

ΔE_p ist die Änderung der potentiellen Energie für das System, wenn sich der Massenpunkt vom Punkt (x_0, y_0, z_0), beschrieben durch den Ortsvektor $\boldsymbol{r}_0$, zum Punkt (x, y, z), beschrieben durch den Vektor $\boldsymbol{r}$, bewegt. F_x, F_y, und F_z sind die Komponenten der konservativen Kraft $\boldsymbol{F}(\boldsymbol{r}) = \boldsymbol{F}(x, y, z)$.

Aus Gl. 8.6b wird für die dreidimensionale Bewegung

$$\tfrac{1}{2}mv^2 + E_p(x,y,z) = \tfrac{1}{2}mv_0^2 + E_p(x_0,y_0,z_0), \tag{8.6c}$$

oder

$$\tfrac{1}{2}m\boldsymbol{v} \cdot \boldsymbol{v} + E_p(\boldsymbol{r}) = \tfrac{1}{2}m\boldsymbol{v}_0 \cdot \boldsymbol{v}_0 + E_p(\boldsymbol{r}_0) \tag{8.6d}$$

mit $\boldsymbol{v} \cdot \boldsymbol{v} = v_x^2 + v_y^2 + v_z^2 = v^2$ und $\boldsymbol{v}_0 \cdot \boldsymbol{v}_0 = v_{0x}^2 + v_{0y}^2 + v_{0z}^2 = v_0^2$. Aus Gl. 8.6a folgt

$$\tfrac{1}{2}mv^2 + E_p(x,y,z) = E \quad \text{(dreidimensional)}.$$

E ist die konstante mechanische Gesamtenergie.

Schließlich führt die Verallgemeinerung von Gl. 8.7 zu

$$\boldsymbol{F}(\boldsymbol{r}) = -\boldsymbol{i}\frac{\partial E_p}{\partial x} - \boldsymbol{j}\frac{\partial E_p}{\partial y} - \boldsymbol{k}\frac{\partial E_p}{\partial z}.$$

Wenn wir diesen Ausdruck für $\boldsymbol{F}$ in Gl. 8.5d einsetzen, erhalten wir wieder eine Identität. In der Vektorsprache sagen wir, die konservative Kraft $\boldsymbol{F}$ ist der negative *Gradient* der potentiellen Energie $E_p(x, y, z)$.

Man kann zeigen, daß sich für die eindimensionale Bewegung auf der x-Achse alle Ausdrücke zu den entsprechenden Gleichungen reduzieren.

Beispiel 5

Man betrachte das mathematische Pendel in Abschn. 7.4, Abb. 7.8a. Die Bewegung des Systems erfolgt in der x, y-Ebene, d. h., es handelt sich um eine zweidimensionale Bewegung. Die Spannung im Faden ist immer senkrecht zur Bewegung des aufgehängten Massenpunktes, so daß sie an ihm keine Arbeit verrichtet. Wenn man das Pendel um einen beliebigen Winkel auslenkt und dann losläßt, so leistet nur die Gravitationskraft am Massenpunkt Arbeit. Da sie eine konservative Kraft ist, können wir die Gleichung für die Energieerhaltung in zwei Dimensionen verwenden:

$$\tfrac{1}{2}mv^2 + E_p(x,y) = E.$$

$E_p(x, y)$ ist aber gleich mgy, wobei y am niedrigsten Punkt des Kreisbogens ($\phi = 0°$) Null gesetzt wird. Dann ist

$$\tfrac{1}{2}mv^2 + mgy = E.$$

Befindet sich der Massenpunkt am höchsten Punkt bei ϕ_0, so ist $y = h$ und die potentielle Energie mgh. An diesem Punkt sind Geschwindigkeit und kinetische Energie gleich Null, so daß die mechanische Gesamtenergie gleich der potentiellen Energie ist:

$$E = mgh$$

und damit

$$\tfrac{1}{2}mv^2 + mgy = mgh,$$
$$\tfrac{1}{2}mv^2 = mg(h-y).$$

Die maximale Geschwindigkeit $v = \sqrt{2gh}$ tritt bei $y = 0$ auf.
Die minimale Geschwindigkeit $v = 0$ ist bei $y = h$.
Bei $y = 0$ liegt nur kinetische Energie vor, die potentielle Energie ist Null, bei $y = h$ ist es umgekehrt.

Man beachte, daß stets $E_p \leq E$ gilt; das Pendel kann nicht höher steigen als $y = h$.

8.7 Nichtkonservative Kräfte

Bislang untersuchten wir nur die Wirkung einer konservativen Kraft auf einen Massenpunkt. Ausgehend vom Energiesatz,

$$A_1 + A_2 + \ldots + A_n = \Delta E_k, \tag{8.2}$$

sagten wir, daß die Arbeit A_1, die durch die konservative Kraft F_1 am Massenpunkt ausgeführt wird, als Abnahme der potentiellen Energie $\Delta E_{p,1}$ des Systems (s. Gl. 8.5a) dargestellt werden kann:

$$A_1 = -\Delta E_{p,1}.$$

Die Kombination aus beiden Gleichungen ergibt

$$\Delta E_k + \Delta E_{p,1} = 0.$$

Wirken verschiedene konservative Kräfte, wie z. B. Gravitationskraft, elastische Federkraft, elektrostatische Kraft usw., so kann man diese beiden Gleichungen erweitern zu

$$\Sigma A_c = -\Sigma \Delta E_p \tag{8.14a}$$

und

$$\Delta E_k + \Sigma \Delta E_p = 0, \tag{8.14b}$$

worin ΣA_c die Summe der Arbeit bedeutet, die von den verschiedenen (konservativen) Kräften verrichtet wird, und die ΔE_p die zugehörigen Änderungen der potentiellen Energie. Die Größe auf der linken Seite von Gl. 8.14b ist nun einfach ΔE, die Änderung der mechanischen Gesamtenergie, für den Fall, daß verschiedene konservative Kräfte am Massenpunkt angreifen. Damit können wir diese Gleichung schreiben:

$$\Delta E = 0 \quad \text{(konservative Kräfte)}. \tag{8.15}$$

Das Ergebnis ist uns bekannt: Die mechanische Gesamtenergie eines Systems bleibt unverändert, wenn sich die Konfiguration des Systems ändert.

Wir setzen nun voraus, daß zusätzlich zu verschiedenen konservativen Kräften eine nichtkonservative Kraft infolge Reibung auf den Massenpunkt wirkt. Wir können dann Gl. 8.2 schreiben:

$$A_r + \Sigma A_c = \Delta E_k,$$

wobei ΣA_c wieder die Summe der durch konservative Kräfte geleisteten Arbeit und A_r die Reibungsarbeit ist. Wir formen um (s. Gl. 8.14a) zu

$$\Delta E_k + \Sigma \Delta E_p = A_r. \tag{8.16}$$

Diese Gleichung zeigt, daß bei Wirkung einer Reibungskraft die mechanische Gesamtenergie nicht konstant ist. Sie ändert sich um den Betrag der von der Reibungskraft geleisteten Arbeit. Wir können Gl. 8.16 schreiben als

$$\Delta E = E - E_0 = A_r. \tag{8.17}$$

In den meisten Fällen wird das Bezugssystem so gewählt, daß A_r, die Reibungsarbeit, negativ ist. Dann folgt aus Gl. 8.17, daß die Endenergie E kleiner als die Anfangsenergie E_0 ist.

Die Reibungskraft ist ein Beispiel für eine dissipative Kraft. Sie leistet negative Arbeit an einem Körper und vermindert die mechanische Gesamtenergie eines Systems. Wenn es sich um eine andere nichtkonservative Kraft handelt, so ersetzen wir A_r in den Gln. 8.16 und 8.17 durch den Term A_{nc}, was wiederum zu der Aussage führt, daß die mechanische Gesamtenergie des Systems nicht konstant bleibt. Sie ändert sich um die von der nichtkonservativen Kraft verrichtete Arbeit. Daher *bleibt die mechanische Energie nur erhalten, wenn keine nichtkonservativen Kräfte vorhanden sind.*

Was passiert mit der „verschwundenen" mechanischen Energie im Falle von Reibung? Sie wird in innere Energie U umgewandelt, was zu einem Temperaturanstieg führt. Die entwickelte innere Energie ist genau gleich der „verschwundenen" mechanischen Energie. Wir werden in späteren Kapiteln mehr über die innere Energie erfahren.

So wie die durch eine konservative Kraft *an* einem Körper geleistete Arbeit dem Gewinn an potentieller Energie entspricht, so entspricht die durch die Reibungskraft an einem Körper verrichtete Arbeit dem Gewinn an innerer Energie. In anderen Worten: die erzeugte innere Energie ist gleich der vom Körper verrichteten Arbeit. Darum können wir A_r in Gl. 8.17 durch $-U$ ersetzen und schreiben:

$$\Delta E + U = 0. \tag{8.18}$$

Dies sagt aus, daß es in einem System keine Änderung der Summe aus mechanischer und innerer Energie gibt, wenn nur konservative und Reibungskräfte auf das System wirken. Schreiben wir die Gleichung als $U = -\Delta E$, so sehen wir, daß der Verlust an mechanischer Energie gleich dem Gewinn an innerer Energie ist.

Beispiel 6

Ein Körper fällt mit einer Anfangsgeschwindigkeit v_0 von 14 m/s aus einer Höhe von 240 m und gräbt sich 0.20 m tief in Sand ein. Die Masse des Körpers ist 1.0 kg. Man bestimme die mittlere Widerstandskraft, die vom Sand auf den Körper ausgeübt wird. Man vernachlässige den Luftwiderstand und mache den Rechenansatz mit den Größen Arbeit und Energie.

Die kinetische Energie des Körpers ist beim Auftreffen auf den Sand

$$E_k = \tfrac{1}{2}mv_0^2 + mgh,$$

wobei m die Masse des Körpers und h die Fallhöhe ist.

Nach dem Energiesatz haben wir (näherungsweise)

$$E_k = \bar{F}s$$

mit $\bar{F}$ = mittlere Widerstandskraft und s = Eindringtiefe.

Gleichsetzen und Auflösen nach $\bar{F}$ ergibt

$$\begin{aligned}\bar{F} &= \frac{mv_0^2}{2s} + \frac{mgh}{s} \\ &= \frac{(1.0\,\text{kg})(14\,\text{m/s})^2}{2(0.20\,\text{m})} + \frac{(1.0\,\text{kg})(9.8\,\text{m/s}^2)(240\,\text{m})}{(0.20\,\text{m})} \\ &= 12250\,\text{N}.\end{aligned}$$

Für welche Gleichungen dieses Kapitels sind die ersten zwei Gleichungen dieses Beispiels Spezialfälle?

Welchen Fehler machen wir, wenn wir den zusätzlichen Weg s (im Vergleich zu h) vernachlässigen? Man zeige, daß er gleich dem Fehler ist, der durch Vernachlässigung von mg im Vergleich zu $\bar{F}$ im Energiesatz erfolgte. In der Praxis sind solche Vernachlässigungen nicht immer erlaubt (s. Aufgabe 19).

Beispiel 7

Ein Block mit dem Gewicht 44 N wird mit der Anfangsgeschwindigkeit 5.0 m/s eine um 30° geneigte Ebene hinaufgestoßen. Er bewegt sich 1.5 m weit hinauf, hält an und gleitet zum unteren Ende zurück. Man berechne die Reibungskraft f (unter der Voraussetzung, daß sie konstant ist), die auf den Block wirkt, und die Endgeschwindigkeit v am unteren Ende der Ebene.

Man betrachte zunächst die Aufwärtsbewegung. An dem Punkt, wo der Block zum Stillstand kommt, ist

$$E = E_k + E_p = 0 + (44\,\text{N})(1.5\,\text{m})(\sin 30°) = 33\,\text{J}.$$

Am Anfang der Bewegung ist

$$E_0 = E_{k,0} + E_{p,0} = \frac{1}{2}\left(\frac{44\,\text{N}}{9.8\,\text{m/s}^2}\right)(5.0\,\text{m/s})^2 + 0 = 56\,\text{J}.$$

Außerdem ist

$$A_r = -fs = -f(1.5\,\text{m})$$

und

$$E - E_0 = A_r,$$

so daß

$$33\,\mathrm{J} - 56\,\mathrm{J} = -f(1.5\,\mathrm{m}) \text{ und}$$
$$f = 15\,\mathrm{N}.$$

Nun betrachten wir die Abwärtsbewegung: Der Block kehrt zum unteren Ende der schiefen Ebene mit der Geschwindigkeit v zurück. Dann haben wir dort, am Ende der Bewegung

$$E = E_k + E_p = \frac{1}{2}\left(\frac{44\,\mathrm{N}}{9.8\,\mathrm{m/s^2}}\right)v^2 + 0 = \left(\frac{22}{9.8}\,\mathrm{N\,s^2/m}\right)v^2$$

und am Anfang der Abwärtsbewegung

$$E_0 = E_{k,0} + E_{p,0} = 0 + (44\,\mathrm{N})(1.5\,\mathrm{m})(\sin 30°) = 33\,\mathrm{J}.$$

Mit

$$A_r = -(15\,\mathrm{N})(1.5\,\mathrm{m}) = -23\,\mathrm{J}$$

und

$$E - E_0 = A_r$$

erhalten wir

$$\left(\frac{22}{9.8}\,\mathrm{N\,s^2/m}\right)v^2 - 33\,\mathrm{J} = -23\,\mathrm{J} \text{ und}$$
$$v = 2.1\,\mathrm{m/s}.$$

8.8 Erhaltung der Energie

Wir erweitern nun die Untersuchungen des vorigen Abschnitts auf nichtkonservative Kräfte, die keine Reibungskräfte sind. Wir ordnen den Energiesatz (Gl. 8.2) um:

$$A_1 + A_2 + \ldots + A_n = \Delta E_k$$
$$\Sigma A_c + A_r + \Sigma A_{nc} = \Delta E_k. \tag{8.19}$$

Darin ist ΣA_c die gesamte durch konservative Kräfte verrichtete Arbeit, A_r die Reibungsarbeit und ΣA_{nc} die gesamte durch nichtkonservative Kräfte (außer Reibungskräften) geleistete Arbeit. Jede konservative Kraft kann mit potentieller Energie und die Reibungskraft mit innerer Energie verknüpft werden

$$\Sigma A_c = -\Sigma \Delta E_p$$

und

$$A_f = -U,$$

so daß Gl. 8.19 wird:

$$\Sigma A_{nc} = \Delta E_k + \Sigma \Delta E_p + U.$$

Zu jedem A_{nc} hat man bisher eine Energieform gefunden, die dieser Arbeit entspricht. Wir können darum ΣA_{nc} durch die Änderung der betreffenden Energieform auf der rechten Seite der Gleichung ersetzen. Der Energiesatz kann also stets in der Form geschrieben werden:

$$0 = \Delta E_k + \Sigma \Delta E_p + U + \text{Änderung einer anderen Energieform}.$$

In anderen Worten: Die Gesamtenergie (kinetische + potentielle + innere + alle anderen Energieformen) ändert sich nicht. *Energie kann von einer Form in eine andere umgewandelt werden, aber sie kann nicht erzeugt oder vernichtet werden; die Gesamtenergie ist konstant.*

Diese Behauptung ist eine Verallgemeinerung unserer Erfahrung, die bisher durch Beobachtung der Natur nicht widerlegt wurde. Sie wird *Prinzip von der Erhaltung der Energie* genannt. In der Geschichte der Physik schien dieses Prinzip oft zu versagen. Experimentalphysiker haben neben der Bewegung stets auch nach anderen physikalischen Erscheinungen gesucht, die die Wechselwirkungskräfte zwischen Körpern begleiten. Bei Arbeit gegen die Reibung wird innere Energie erzeugt, bei anderen Arten der Wechselwirkung kann Energie in Form von Schall, Licht, Elektrizität usw. auftreten. Daher wurde der Begriff der Energie verallgemeinert, und neben der kinetischen und potentiellen Energie wurden andere Energieformen einbezogen. Diese Entwicklung hat die Mechanik mit allen anderen Bereichen der Physik verknüpft. Heute durchdringt der Energiebegriff die gesamte Physik und bestimmt so neben anderen Begriffen ihre Einheit.

In den folgenden Kapiteln werden wir verschiedene Umwandlungen von Energie – von mechanischer in innere, von mechanischer in elektrische, von Kernenergie in innere usw. – kennenlernen. Bei diesen Umformungen messen wir die Energieänderungen mit Hilfe der Arbeit, die von den bei diesem Prozeß auftretenden Kräften geleistet wird.

Obgleich das Prinzip von der Erhaltung der Summe der kinetischen und potentiellen Energie oft von Nutzen ist, ist es lediglich ein Spezialfall des allgemeineren Prinzips. Die Summe aus kinetischer und potentieller Energie bleibt nur bei der Wirkung von konservativen Kräften konstant, während die Gesamtenergie *stets* erhalten bleibt.

8.9 Masse und Energie

Einer der bedeutendsten Erhaltungssätze ist das Gesetz von der Erhaltung der Materie. Der römische Poet Lucretius, ein Zeitgenosse von Julius Caesar, gab in seinem Werk *De Rerum Natura* vom philosophischen Gesichtspunkt aus eine frühe Formulierung dieses grundlegenden Prinzips: „Die Dinge können nicht aus dem Nichts geboren werden, sie können – wenn erzeugt – nicht ins Nichts zurückgegeben werden.“ Es dauerte lange Zeit, bis dieses Prinzip als wissenschaftlich gesichert galt. Den wesentlichen experimentellen Beitrag hierzu lieferte Antoine Lavoisier (1743–1794), der von vielen als der Vater der modernen Chemie angesehen wird. Er schrieb im Jahre 1789: „Wir müssen als unbestreitbares Axiom festhalten, daß bei allen künstlichen oder natürlichen Prozessen nichts erzeugt wird; eine gleiche Größe von Materie existiert vor und nach dem Experiment ... und nichts wird gewonnen nach Veränderungen und Modifikationen der Kombination dieser Elemente."

Später nannte man es das Prinzip von der Erhaltung der Masse und wandte es in Chemie und Physik erfolgreich an. Ernsthafte Zweifel an der Allgemeingültigkeit dieses Prinzips erhob erst Albert Einstein im Zusammenhang mit der Relativitätstheorie. Experimente mit schnellen Elektronen und Kernmaterie bestätigten seine Behauptungen.

Nach Einsteins Überlegungen muß die Masse eines Teilchens neu definiert werden, wenn bestimmte physikalische Gesetze beibehalten werden sollen. Danach gilt:

$$m = \frac{m_0}{\sqrt{1 - v^2/c^2}}. \tag{8.20}$$

Hierbei ist m_0 die *Masse* des Teilchens, wenn es gegenüber dem Beobachter ruht – die *Ruhemasse* – m die Masse bei der Bewegung mit einer Geschwindigkeit v relativ zum Beobachter und c die Lichtgeschwindigkeit, die den konstanten Wert von annähernd 3×10^8 m/s hat. Experimentell kann diese Beziehung überprüft werden, indem man den Krümmungsradius der Bahn von hochenergetischen Elektronen mißt, die im Magnetfeld abgelenkt werden. Die Bahnen sind kreisförmig, und die magnetische Kraft ist eine Zentripetalkraft ($F = mv^2/r$, F und v sind bekannt). Bei gewöhnlichen Geschwindigkeiten ist die Differenz zwischen m und m_0 zu klein, um sie zu entdecken. Elektronen können jedoch aus radioaktiven Kernen mit Geschwindigkeiten emittiert werden, die größer als neun Zehntel der Lichtgeschwindigkeit sind. Die Messungen (Abb. 8.8 zeigt frühe Daten) bestätigen die Gl. 8.20.

Es ist üblich, das Verhältnis v/c mit β zu bezeichnen. Dann wird Gl. 8.20 zu

$$m = m_0(1 - \beta^2)^{-1/2}.$$

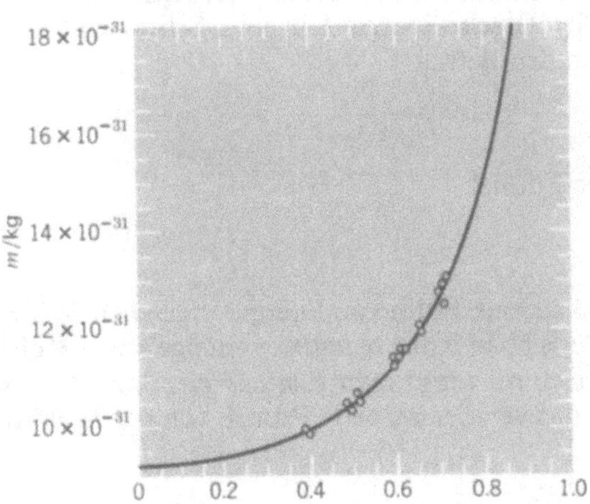

Abb. 8.8 Zunahme der Masse des Elektrons mit seiner Geschwindigkeit relativ zum Beobachter. Die Kurve ist das Diagramm von $m = m_0(1 - v^2/c^2)^{-1/2}$ und die Punkte auf ihr Meßwerte von Bucherer und Neumann von 1914. Die Kurve geht für $v \to c$ gegen Unendlich.

Um die kinetische Energie eines Körpers zu bestimmen, berechnen wir die Arbeit, die die den Körper in Bewegung versetzende Kraft leistet. In Abschn. 7.5 fanden wir

$$E_k = \int_0^v \boldsymbol{F} \cdot \mathrm{d}\boldsymbol{r} = \tfrac{1}{2} m_0 v^2$$

für die kinetische Energie unter der Voraussetzung einer konstanten Masse m_0. Ersetzen wir diese durch die veränderliche Masse $m = m_0(1-\beta^2)^{-1/2}$, so finden wir (Aufgabe 34, Kapitel 9) für die kinetische Energie

$$E_k = mc^2 - m_0 c^2 = (m - m_0)c^2 = \Delta m c^2 . \tag{8.21}$$

Danach ist die kinetische Energie eines Massenpunktes das Produkt aus c^2 und der *Massenzunahme* Δm infolge der Bewegung.

Wir erwarten, daß für kleine Geschwindigkeiten das relativistische Ergebnis mit dem klassischen übereinstimmt. Wir entwickeln $(1-\beta^2)^{-1/2}$ in eine Reihe:

$$(1-\beta^2)^{-1/2} = 1 + \tfrac{1}{2}\beta^2 + \tfrac{3}{8}\beta^4 + \tfrac{5}{16}\beta^6 + \ldots .$$

Für kleine Geschwindigkeiten ist $\beta = v/c \ll 1$, so daß alle Terme, die nach $\frac{1}{2}\beta^2$ folgen, vernachlässigt werden können. Dann ist

$$\begin{aligned} E_k = (m - m_0)c^2 &= m_0 c^2 [(1-\beta^2)^{-1/2} - 1] \\ &= m_0 c^2 (1 + \tfrac{1}{2}\beta^2 + \ldots - 1) \approx \tfrac{1}{2} m_0 c^2 \beta^2 = \tfrac{1}{2} m_0 v^2 , \end{aligned}$$

was zu beweisen war. Ebenso wird, wie erwartet, $m = m_0$ für $E_k = 0$.

Die Grundidee, daß Energie und Masse äquivalent sind, kann auch auf andere Energieformen erweitert werden. Wenn wir z. B. eine Feder zusammendrücken und ihr dadurch potentielle Energie E_p zuführen, wächst ihre Masse von m_0 auf $m_0 + E_p/c^2$. Wenn wir Wärmeenergie vom Betrag Q auf einen Körper übertragen, so wächst seine Masse um den Betrag $\Delta m = Q/c^2$. Damit kommen wir zum Prinzip der *Äquivalenz von Masse und Energie*: Wenn einem materiellen Objekt Energie E in einer beliebigen Form zugeführt wird, wächst seine Masse um den Betrag

$$\Delta m = E/c^2 .$$

Dies ist die berühmte Einsteinsche Formel

$$E = \Delta m c^2 . \tag{8.22}$$

Seitdem wird die Ruhemasse selbst als eine Form von Energie angesehen. Wir können nun behaupten, daß ein Körper, der sich in Ruhe befindet, vermöge seiner Ruhemasse die Energie $m_0 c^2$ hat. Diese Energieform nennt man *Ruheenergie*. Betrachten wir ein abgeschlossenes System, so lautet das verallgemeinerte Prinzip von der Erhaltung der Energie

$$\Sigma(m_0 c^2 + \mathscr{E}) = \text{const.}$$

oder

$$\Delta(\Sigma m_0 c^2 + \Sigma \mathscr{E}) = 0 ,$$

worin $\Sigma m_0 c^2$ die gesamte Ruheenergie und $\Sigma \mathscr{E}$ die Gesamtenergie aller anderen Energieformen ist. Einstein schrieb: „Die vorrelativistische Physik kennt zwei Erhaltungssätze von grundlegender Bedeutung, nämlich den Satz von der Erhaltung der Energie und den Satz von der Erhaltung der Masse; diese beiden Fundamentalsätze erscheinen als ganz unabhängig voneinander. Durch die Relativitätstheorie werden sie zu einem Satz verschmolzen."

Da der Faktor c^2 so groß ist, können wir in gewöhnlichen mechanischen Experimenten Massenänderungen nicht nachweisen. Eine Massenänderung von 1 g würde eine Energie von 9×10^{13} J erfordern. Doch wenn man einem Massenpunkt mit einer anfangs sehr kleinen Masse hohe Energien zuführen kann, so ist die relativistische Massenänderung leicht meßbar. Dies gilt für die Kernphysik; auf diesem Gebiet versagt die klassische Mechanik, und die relativistische Mechanik findet eine überzeugende Bestätigung.

Ein gutes Beispiel für die Umwandlung von Ruhemasse in andere Energieformen ist das Phänomen der Paarzerstrahlung oder -erzeugung. Dabei können sich ein Elektron und ein Positron, die sich nur durch das Vorzeichen ihrer elektrischen Ladung unterscheiden, miteinander verbinden und buchstäblich verschwinden. An ihrer Stelle tritt hochenergetische Strahlung auf, sogenannte γ-Strahlung, deren Energie exakt gleich der Summe aus der Ruheenergie und der kinetischen Energie der verschwundenen Teilchen ist. Der Prozeß ist reversibel, so daß eine Materialisierung der Ruhemasse aus Strahlungsenergie auftreten kann, wenn ein γ-Strahl ausreichend hoher Energie unter geeigneten Bedingungen verschwindet; er wird durch das Auftreten eines Positron-Elektron-Paares ersetzt, dessen Energie (Ruheenergie plus kinetische Energie) gleich dem Verlust an Strahlungsenergie ist.

Beispiel 8

Wir geben ein quantitatives Beispiel. Die im atomaren Bereich verwendete Einheit für die Masse, die atomare Masseneinheit *u*, hat einen Wert von ca. 1.66×10^{-27} kg. In dieser Einheit ist die Ruhemasse des Protons (Kern eines Wasserstoffatoms) 1.00731 u und die des Neutrons (neutrales Elementarteilchen, eines der Bausteine aller Kerne außer Wasserstoff) 1.00867 u. Bekanntlich besteht ein Deuteron (Kern des schweren Wasserstoffs) aus einem Neutron und einem Proton; die Ruhemasse des Deuterons wurde zu 2.02360 u ermittelt. Sie ist kleiner als die Summe der Ruhemassen von Neutron und Proton, und zwar um 0.00238 u. Diese Differenz ist äquivalent der Energie

$$\begin{aligned} E = \Delta m c^2 &= (0.00238 \times 1.66 \times 10^{-27}\,\text{kg})(3.00 \times 10^8\,\text{m/s})^2 \\ &= 3.57 \times 10^{-13}\,\text{J} = 2.22 \times 10^6\,\text{eV}. \end{aligned}$$

Wenn sich ein Neutron mit einem Proton zu einem Deuteron vereinigt, so wird diese Energie als γ-Strahlung abgegeben. Entsprechend muß vom Deuteron diese Energie *aufgenommen* werden, damit es in ein Neutron und ein Proton auseinanderfällt. Sie heißt deshalb *Bindungsenergie* des Deuterons.

Fragen

1. Gebirgsstraßen verlaufen selten geradeaus den Berg hinauf, sondern führen in Windungen nach oben. Warum?
2. Wird an einem Auto Arbeit geleistet, das mit konstanter Geschwindigkeit auf einer geraden, ebenen Straße fährt?
3. Ein Auto der Masse m und Geschwindigkeit v fährt auf einer Autobahn. Der Fahrer tritt so heftig auf die Bremse, daß das Auto bis zum Halten rutscht. In welcher Form erscheint die verlorengegangene kinetische Energie?
4. Für die vorherige Frage nehme man an, daß der Fahrer stotternd bremst, so daß das Auto beim Abbremsen nicht rutscht. In welcher Form tritt jetzt die verlorengegangene kinetische Energie auf?
5. Ein Auto startet und beschleunigt auf eine Geschwindigkeit v, ohne daß die Antriebsräder durchrutschen. Woher kommt die kinetische Energie des Autos? Ist es richtig, daß sie insbesondere durch die Arbeit geliefert wurde, die die (Haft) Reibungskraft der Straße am Auto geleistet hat?
6. Wenn man beim Hochhalten eines schweren Gegenstandes keine Arbeit verrichtet, warum wird man dann dabei müde?
7. Was geschieht mit der potentiellen Energie, wenn ein Fahrstuhl von der Spitze eines Gebäudes bis zum Erdgeschoß gefahren ist?
8. In Beispiel 2 (s. Abb. 8.5) behaupteten wir, daß die Geschwindigkeit am unteren Ende der Fläche vollkommen unabhängig von ihrer *Form* ist. Gilt diese Behauptung auch, wenn Reibung auftritt?
9. Man nenne je ein physikalisches Beispiel für labiles, indifferentes und stabiles Gleichgewicht.
10. Man erkläre mit Hilfe des Energiesatzes, wie sich ein Kind auf einer Schaukel von der Ruheposition zu großen Schwingungsweiten hochschwingen kann.
11. Ein schwingendes Pendel kommt schließlich zur Ruhe. Ist dies eine Verletzung des Gesetzes von der Erhaltung der Energie?
12. Ein wissenschaftlicher Artikel behauptet, daß Gehen und Rennen extrem ineffiziente Formen der Fortbewegung sind und daß sich Vögel, Fische und Radfahrer viel effizienter bewegen. Können Sie sich eine Erklärung dafür vorstellen?
13. Zwei Scheiben sind durch eine steife Feder verbunden. Kann man die obere Scheibe (s. Abb. 8.9) so tief herunterdrücken, daß sie beim Zurückspringen die untere Scheibe vom Tisch wegzieht? Kann in diesem Fall die mechanische Energie erhalten bleiben?

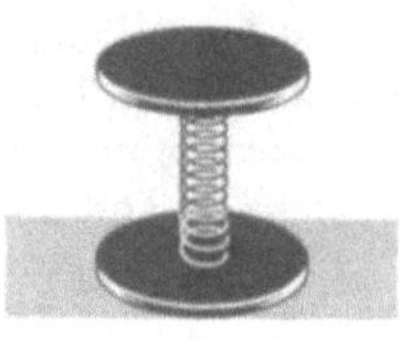

Abb. 8.9 Zu Frage 13

14. Wenn Arbeit gegen die Reibungskraft verrichtet wird, ist der Betrag der erzeugten Wärmeenergie unabhängig von der Geschwindigkeit des Beobachters (oder des Intertialsystems). Das bedeutet, daß verschiedene Beobachter den gleichen Betrag an mechanischer Energie angeben würden, der durch Reibung in Wärmeenergie umgewandelt wurde. Wie kann das erklärt werden, da doch solche Beobachter im allgemeinen verschiedene Beträge der geleisteten Arbeit und verschiedene Änderungen der kinetischen Energie messen (s. Aufgabe 21, Kapitel 7)?
15. Müssen beim Auftreten von Reibung alle nichtkonservativen Kräfte dissipativ sein? Könnte ΣA_{nc} im Prinzip größer als Null sein?

16. Ein Gegenstand fällt herunter und springt auf das Anderthalbfache seiner ursprünglichen Höhe zurück. Welche Schlußfolgerungen können Sie daraus ziehen?
17. Der Fahrer eines mit der Geschwindigkeit v fahrenden Autos sieht plötzlich eine Backsteinmauer im Abstand s direkt vor sich. Ist es besser für ihn, zur Vermeidung eines Aufpralls auf die Bremse zu treten oder das Auto in einer scharfen Kurve von der Mauer wegzulenken? (*Hinweis:* Man betrachte die jeweils erforderliche Kraft.)
18. Eine Feder wird im zusammengedrückten Zustand gehalten, indem man ihre Enden zusammenbindet. Anschließend wird sie in Säure aufgelöst. Was geschieht mit ihrer potentiellen Energie?

Aufgaben

Abschnitt 8.3

1. Ein Körper, der sich auf der x-Achse bewegt, ist einer Kraft unterworfen, die ihn vom Koordinatenursprung wegstößt. Sie ist durch $F = kx$ gegeben. (a) Man bestimme die potentielle Energie $E_p(x)$ und gebe die Beziehung für die Erhaltung der Energie an. (b) Man beschreibe die Bewegung des Systems und zeige, daß es sich in der Nähe eines labilen Gleichgewichts befindet.
Antwort: (a) $-kx^2/2$.
2. Wenn die Anziehungskraft zwischen zwei Massenpunkten der Massen m_1 und m_2 gegeben ist durch

$$F = k\frac{m_1 m_2}{x^2}$$

mit $k = \text{const.}$ und $x =$ Abstand zwischen den Massenpunkten, bestimme man (a) die potentielle Energie und (b) die erforderliche Arbeit, um den Abstand zwischen den Massen von $x = x_1$ auf $x = x_1 + s$ zu vergrößern.
3. Eine Kette wird auf einem reibungsfreien Tisch so festgehalten, daß ein Fünftel ihrer Länge über die Tischkante herunterhängt. Wieviel Arbeit ist erforderlich, um den hängenden Teil auf den Tisch zu ziehen, wenn die Kettenlänge l und die Kettenmasse m beträgt?
Antwort: $mgl/50$.

Abschnitt 8.4

4. Eine 2.0 g schwere Münze (Gewichtskraft mg) wird so auf eine vertikale Feder gedrückt, daß sie um 1.0 cm kürzer wird. Die Richtgröße der Feder ist 40 N/m. Wie weit springt der Pfennig über seine ursprüngliche Höhe hinaus, wenn man ihn losläßt?
5. Ein 100 kg „schwerer" Mann springt in ein 10 m unter ihm aufgespanntes Sprungtuch. Das Tuch fängt ihn auf und wirft ihn wieder in die Luft zurück. Dabei wird es in vertikaler Richtung um 1.50 m verformt. Wie groß ist die potentielle Energie des gespannten Tuches, wenn keine Energie durch nichtkonservative Kräfte verlorengeht?
6. Ein 2.0 kg schwerer Block fällt aus einer Höhe von 0.40 m auf eine Feder mit der Federkonstanten $k = 1960$ N/m. Unter Vernachlässigung der Reibung bestimme man, um wieviel die Feder maximal zusammengedrückt wird.
7. Man zeige, daß beim Wurf eines Körpers dieser bei gleichem Betrag der Anfangsgeschwindigkeit v_0 unabhängig vom Wurfwinkel an allen Punkten gleicher Steighöhe dieselbe Geschwindigkeit v hat.
8. Eine Feder gehorche *nicht* dem Hookeschen Gesetz, sondern übe in entgegengesetzter Richtung zur Dehnung eine Kraft $52.8x + 38.4x^2$ aus, wenn sie um den Abstand x auseinanderge-

zogen wird (Kraft in N und Abstand in m gemessen). (a) Man berechne die Arbeit, die erforderlich ist, um die Feder von $x = 0.50$ m bis auf $x = 1.00$ m zu dehnen. (b) Die Feder sei an einem Ende befestigt. Am anderen Ende der um $x = 1.00$ m gedehnten Feder wird ein Teilchen der Masse 2.17 kg befestigt und dann losgelassen. Wie groß ist seine Geschwindigkeit zu dem Zeitpunkt, wo die Feder zum Dehnungszustand $x = 0.50$ m zurückgekehrt ist? (c) Ist die auf die Feder wirkende Kraft konservativ oder nichtkonservativ? Begründung?

9. Es wird behauptet, daß ein großer Baum bis zu 910 kg Wasser pro Tag verdunsten kann. (a) Wieviel Energie (in kWh) muß dafür aufgewendet werden, wenn die mittlere Steighöhe des Wassers 9.1 m beträgt? (b) Wie hoch ist die mittlere Leistung, wenn der Baum 12 Stunden am Tag Wasser verdunstet?
Antwort: (a) 2.3×10^{-2} kWh; (b) 1.9 W.
10. Ein Gegenstand wird an eine vertikale Feder gehängt und ganz langsam bis zum Gleichgewichtspunkt herabgelassen. Dabei wird die Feder um die Strecke s gedehnt. Um welche Strecke wird die Feder maximal gedehnt, wenn man den gleichen Gegenstand einfach fallen läßt?
11. Ein Körper fällt aus der Höhe h. Man bestimme die kinetische und potentielle Energie als Funktion (a) der Zeit und (b) der Höhe. Man trage die Ausdrücke graphisch auf und zeige, daß ihre Summe, die Gesamtenergie, immer konstant ist.

Abschnitt 8.5

12. Ein Massenpunkt bewegt sich auf einer Geraden in einem Bereich, in dem sich die potentielle Energie wie in Abb. 8.10 ändert. (a) Man zeichne im gleichen Maßstab auf der Abszisse den Verlauf der auf den Massenpunkt wirkenden Kraft $F(x)$. (a) Man zeichne den Graph der kinetischen Energie, wenn der Massenpunkt eine konstante Gesamtenergie von 4.0 J hat. Man gebe die Skala der $E_k(x)$-Achse an.

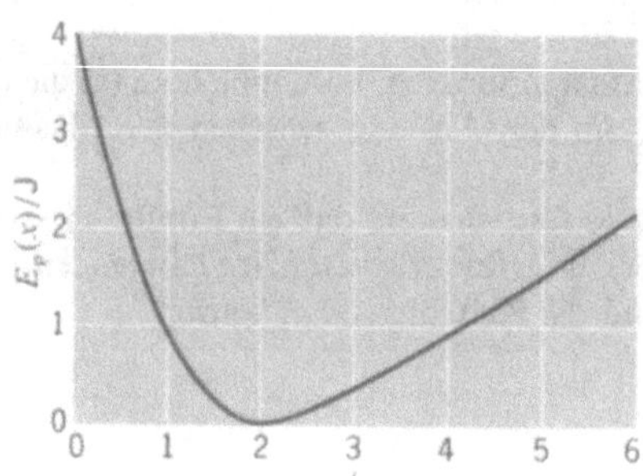

Abb. 8.10 Zu Aufgabe 12

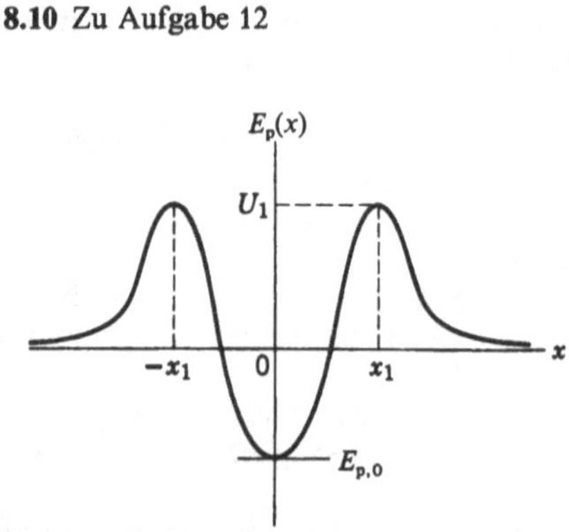

Abb. 8.11 Zu Aufgabe 13

13. Ein α-Teilchen (Heliumatomkern) ist in einem großen Kern durch ein Potential gebunden, wie es Abb. 8.11 zeigt. (a) Man gebe eine Funktion $f(x)$ an, die diese allgemeine Form wiedergibt, mit einem Minimum E_{p0} bei $x = 0$ und zwei Maxima E_{p1} bei $x = x_1$ und $x = -x_1$. (b) Man bestimme die Kraft zwischen dem α-Teilchen und dem Kern als Funktion von x. (c) Man beschreibe die möglichen Bewegungen.

Abschnitt 8.6

14. Der Faden in Abb. 8.12 hat die Länge $l = 1.0$ m. Wenn der Ball losgelassen wird, schwingt er auf der gestrichelten Linie nach unten. Wie schnell bewegt er sich, wenn er den tiefsten Punkt der Schwingung erreicht hat?

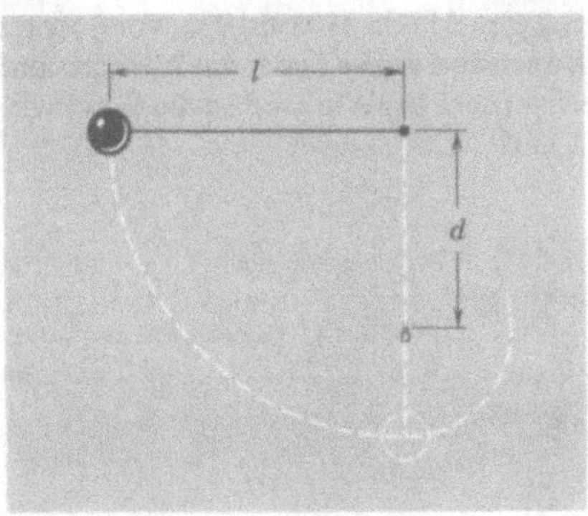

Abb. 8.12 Zu Aufgabe 14, 27 und 30

15. Ein Massenpunkt der Masse m starte auf einer Berg- und Talbahn mit der Geschwindigkeit v_0 im Punkt A (s. Abb. 8.13). (a) Wie groß ist die Geschwindigkeit des Massenpunktes bei den Punkten B und C, wenn die Bahn reibungsfrei ist? (b) Wie groß muß die negative Beschleunigung sein, um ihn bei E anzuhalten, wenn der Bremsvorgang bei D beginnt?
Antwort: (a) $v_B = v_0$, $v_C = \sqrt{v_0^2 + gh}$; (b) $(v_0^2 + 2gh)/2L$.

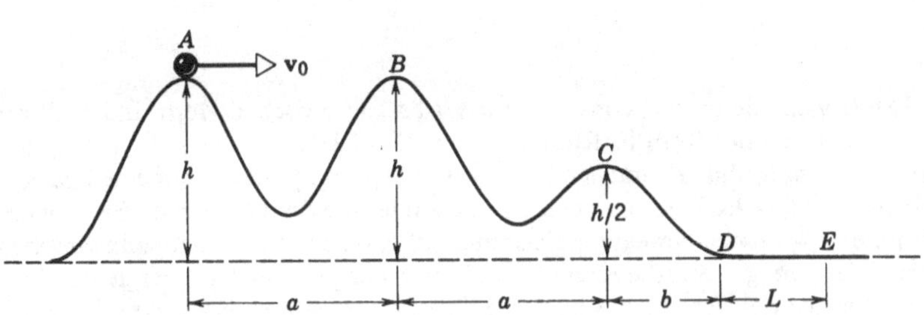

Abb. 8.13 Zu Aufgabe 15

16. Welche Kraft gehört zu der potentiellen Energie $E_p = -ax^2 + bxy + z$?
17. Die potentielle Energie ist durch $E_p(x, y) = \frac{1}{2}k(x^2 + y^2)$ gegeben. (a) Man bestimme F_x und F_y, (b) F_r und F_θ für die Polarkoordinaten r und θ. (c) Können Sie sich ein physikalisches Modell dieser Kraft vorstellen?
Antwort: (a) $F_x = -kx$, $F_y = -ky$, $\boldsymbol{F}$ zeigt zum Koordinatenursprung; (b) $F_r = -kr$, $F_\theta = 0$.

18. Das sogenannte Yukawa-Potential

$$E_p(r) = -\frac{r_0}{r} E_{p,0} e^{-r/r_0}$$

beschreibt die Wechselwirkung zwischen Nukleonen (das sind Neutronen und Protonen) ziemlich genau. Die Konstante r_0 ist ca. 1.5×10^{-15} m und die Konstante $E_{p,0}$ ca. 50 MeV. (a) Man bestimme den zugehörigen Ausdruck für die Anziehungskraft. (b) Man berechne das Verhältnis der Kraft bei $r = 2r_0$, $4r_0$ und $10r_0$ zu der Kraft bei $r = r_0$, um die kurze Reichweite der Kraft zu verdeutlichen.

19. Eine ideale masselose Feder S kann durch eine Kraft von 100 N um 1.0 m zusammengedrückt werden. Sie wird am unteren Ende einer reibungsfreien schiefen Ebene mit dem Neigungswinkel $\theta = 30°$ angebracht (s. Abb. 8.14). Läßt man eine Masse M von 10 kg vom oberen Ende herunterrutschen, so kommt sie zum Stillstand, nachdem sie die Feder um 2.0 m zusammengedrückt hat. (a) Welche Entfernung legt sie dabei zurück? (b) Wie groß ist die Geschwindigkeit der Masse, wenn sie die Feder gerade erreicht hat?
Antwort: (a) 4.1 m; (b) 4.5 m/s.

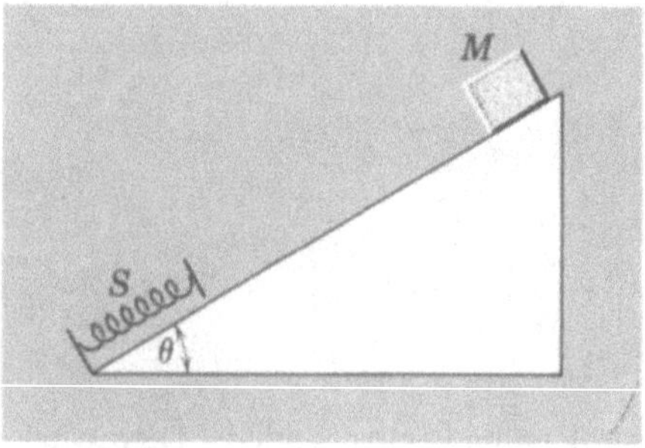

Abb. 8.14 Zu Aufgabe 19

20. Der Betrag der Anziehungskraft zwischen dem positiv geladenen Kern und dem negativ geladenen Elektron im Wasserstoffatom ist gegeben durch

$$F = k\frac{e^2}{r^2}$$

mit e = Elektronenladung, k = const. und r = Abstand zwischen Kern und Elektron. Wir nehmen an, daß sich der Kern in Ruhe befindet. Das Elektron, das sich anfangs auf einer Kreisbahn mit dem Radius R_1 um den Kern bewegt, springt plötzlich auf eine Kreisbahn mit dem kleineren Radius R_2. (a) Man berechne die Änderung der kinetischen Energie des Elektrons über die Newtonsche Bewegungsgleichung. (b) Aus dem Zusammenhang zwischen Kraft und potentieller Energie ermittle man die Änderung der potentiellen Energie des Atoms. (c) Man zeige, um wieviel sich die mechanische Energie des Atoms bei diesem Prozeß ändert. (Diese Energie wird in Form von Strahlung abgegeben.)

21. Ein leichter, starrer Stab der Länge l ist an einem Ende mit einer Masse m verbunden, so daß ein mathematisches Pendel entsteht. Es wird in Bewegung gesetzt, indem man die Masse zur Seite zieht und dann losläßt. Wie groß ist (a) die Geschwindigkeit v am niedrigsten Punkt und (b) die Zugspannung T in der Aufhängung zu diesem Zeitpunkt? (c) Das gleiche Pendel wird in eine horizontale Lage gebracht und dann losgelassen. Bei welchem Winkel gegen die Senkrechte sind die Beträge der Spannungskraft in der Aufhängung und der Gewichtskraft gleich?
Antwort: (a) $2\sqrt{gl}$; (b) $5\,mg$; (c) 71°.

22. Ein mathematisches Pendel der Länge l und der Masse m hat die Geschwindigkeit v_0 bei einer Auslenkung des Fadens um den Winkel θ_0 ($0 < \theta_0 < \pi/2$), s. Abb. 8.15. Man bestimme (a) die Geschwindigkeit v_1 in dem Zeitpunkt, wo das Pendel am tiefsten Punkt ist, (b) den Mindestwert, den v_0 haben muß, damit der Faden bei der Bewegung eine horizontale Lage einnimmt, (c) die Geschwindigkeit v_3, bei der für $v_3 < v_0$ das Pendel, statt zu schwingen, einen vertikalen Kreis beschreibt.

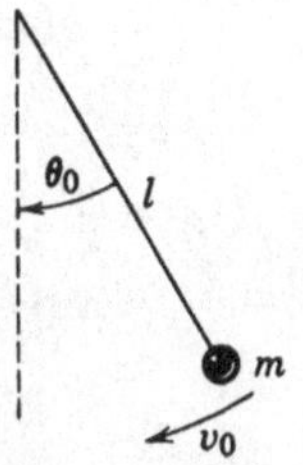

Abb. 8.15 Zu Aufgabe 22

23. Ein mathematisches Pendel wird hergestellt, indem man einen 2.0 kg schweren Stein an einem 4.0 m langen Seil befestigt. Der Stein wird senkrecht zum Seil schräg nach oben geworfen, wobei das Seil mit der Senkrechten einen Winkel von 60° bildet. Er hat eine Geschwindigkeit von 8.0 m/s, wenn er den tiefsten Punkt passiert. (a) Welche Anfangsgeschwindigkeit hat der Stein? (b) Welchen größten Winkel bildet das Seil mit der Senkrechten während der Bewegung des Steins? (c) Wie groß ist die mechanische Gesamtenergie des Systems, wenn die potentielle Gravitationsenergie am tiefsten Punkt der Bewegung Null gesetzt wird?
Antwort: (a) 5.0 m/s; (b) 80°; (c) 64 J.
24. Ein kleiner Block der Masse m gleitet auf einer reibungsfreien Loopingbahn wie in Abb. 8.16 herunter. (a) Wie groß ist die resultierende Kraft, die im Punkt Q auf ihn wirkt, wenn er im Punkt P mit der Anfangsgeschwindigkeit Null startet? (b) In welcher Höhe der Loopingschleife ist der Block kräftefrei?

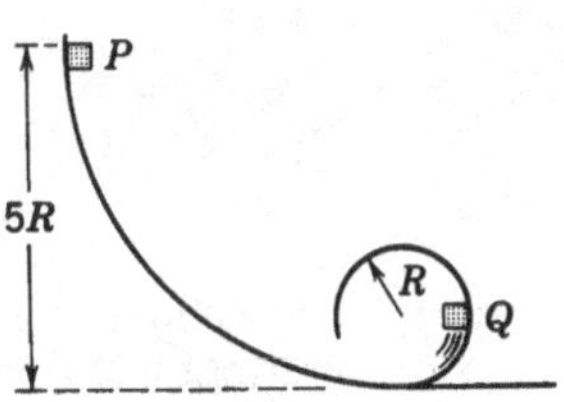

Abb. 8.16 Zu Aufgabe 24

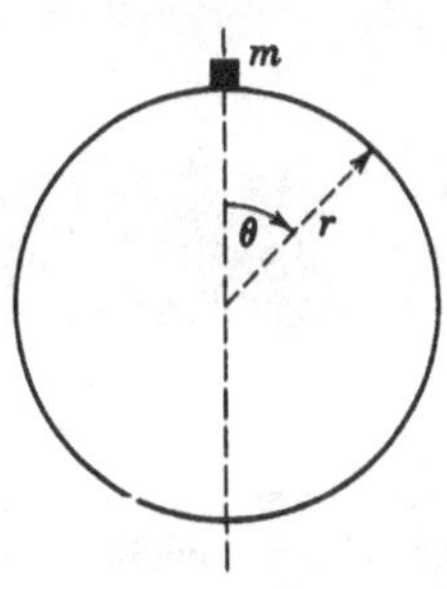

Abb. 8.17 Zu Aufgabe 25

25. Ein Massenpunkt m startet mit der Anfangsgeschwindigkeit Null und gleitet auf der reibungsfreien Oberfläche einer Kugel mit dem Radius r herunter (s. Abb. 8.17). Die potentielle Energie wird vom oberen Ende aus und der Winkel gegen die Senkrechte gemessen. (a) Man bestimme die Änderung der potentiellen Energie in Abhängigkeit vom Winkel, (b) die kinetische Energie in Abhängigkeit von θ, (c) die radiale und tangentiale Beschleunigung als Funktion von θ, (d) den Winkel, bei dem die Masse von der Kugel wegfliegt.
Antwort: (a) $-mgr(1-\cos\theta)$; (b) $mgr(1-\cos\theta)$; (c) $2g(1-\cos\theta)$, $g\sin\theta$; (d) arccos 2/3.

26. Der Massenpunkt m in Abb. 8.18 bewegt sich in einem vertikalen Kreis vom Radius R auf der Innenseite der reibungsfreien Bahn. Am niedrigsten Punkt hat m die Geschwindigkeit v_0. (a) Welchen minimalen Wert v_m muß v_0 haben, damit m die Kreisbahn durchläuft, ohne den Kontakt mit der Bahn zu verlieren? (b) Es sei $v_0 = 0.775\,v_m$. Der Massenpunkt bewegt sich bis zu einem Punkt P auf der Kreisbahn und dann so weiter, wie die gestrichelte Linie ungefähr angibt. Man bestimme den Winkel θ des Punktes P.

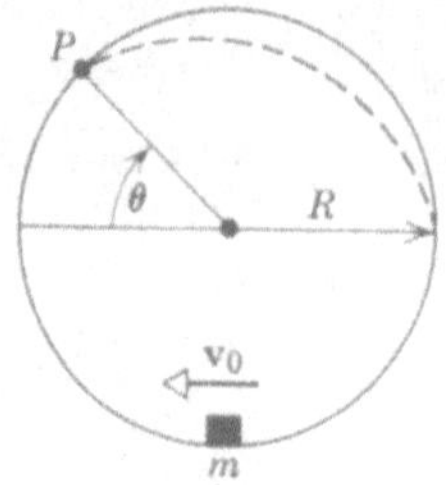

Abb. 8.18 Zu Aufgabe 26

27. Der Nagel in Abb. 8.12 befindet sich im Abstand d unter dem Aufhängepunkt. Man zeige, daß d mindestens $0.6\,l$ betragen muß, damit sich der Ball auf einem Kreis mit dem Nagel als Zentrum bewegt.
28. Zwei Kinder versuchen, eine Murmel in eine Schachtel auf dem Fußboden zu schießen. Die Murmel wird durch Federkraft aus einer horizontal auf einem Tisch befestigten „Kanone" abgeschossen (Abb. 8.19). Das erste Kind drückt die Feder um 1.0 cm zusammen, und die Murmel fällt 20 cm vor der Schachtel, die 2.0 m von der Tischkante entfernt steht, auf den Boden. Wie weit muß das zweite Kind die Feder zusammendrücken, damit die Murmel in die Schachtel fällt?

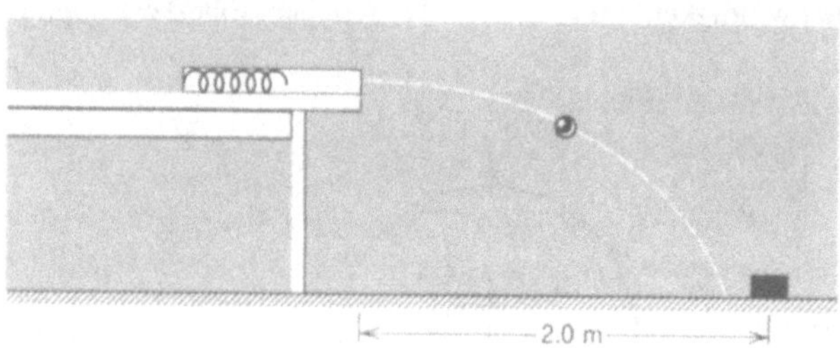

Abb. 8.19 Zu Aufgabe 28

29. Eine Rolltreppe verbindet zwei Etagen, die 7.6 m übereinanderliegen. Die Rolltreppe ist 12 m lang und bewegt sich mit 0.61 m/s. (a) Welche Leistung muß ihr Motor erbringen, um maximal 100 Personen in der Minute zu befördern, deren mittlere Masse 74 kg beträgt? (b) Ein Mann mit einem Gewicht von 710 N läuft die Rolltreppe in 10 s hinauf. Wieviel Arbeit leistet der Motor an ihm? (c) Wenn dieser Mann in der Mitte umkehrt und die Rolltreppe hinabläuft, so daß er immer auf der gleichen Höhe bleibt, wird dann vom Motor Arbeit an ihm verrichtet? Wenn ja, welche Leistung muß er liefern? (d) Gibt es einen (anderen?) Weg, damit der Mann auf der Rolltreppe laufen kann, ohne Leistung des Motors zu verbrauchen?
Antwort: (a) 9100 W; (b) 2700 J; (c) ja.
30. Man nehme an, daß der Faden in Abb. 8.12 sehr elastisch, z. B. aus Gummi, ist und daß er im nicht gedehnten Zustand die Länge l hat. Wenn der Ball losgelassen wird, sei der Faden nicht gedehnt. (a) Man erkläre, warum der Ball den niedrigsten Punkt in einem größeren Abstand als

l vom Aufhängepunkt erreicht. (b) Man zeige, daß für Δl klein gegen l der Gummifaden um die Strecke $\Delta l = 3mg/k$ gedehnt wird, wobei k die Richtgröße des Gummibandes ist. Man beachte: Je größer k wird, desto kleiner wird Δl und desto besser die Näherung $\Delta l \ll l$. (c) Man zeige, daß unter diesen Bedingungen die Geschwindigkeit $v = \sqrt{2g(l - 3m/2k)}$ des Balles im tiefsten Punkt *kleiner* als für den unelastischen Faden ($k = \infty$) ist. Man erkläre dieses Ergebnis physikalisch mittels der Energiebilanz.

Abschnitt 8.7

31. Zwei verschneite Hügel überragen das zwischen ihnen liegende Tal um 850 bzw. 750 m. Von der Spitze des höheren Hügels bis zu der des niedrigeren verläuft eine Skipiste mit einer Gesamtlänge von 3000 m. (a) Ein Skiläufer startet vom höheren Hügel aus. Mit welcher Geschwindigkeit erreicht er die Spitze des anderen Hügels, wenn er so schnell wie möglich fährt? Die Reibung vernachlässige man. (b) Man schätze ab, wie groß die Reibungszahl sein darf, damit er gerade noch die andere Hügelspitze erreichen kann.
Antwort: (a) 44 m/s; (b) ca. 0.04.
32. Man zeige, daß in einem sonst konservativen mechanischen System beim Auftreten von Reibung die Verlustrate der mechanischen Energie gleich dem Produkt aus der Reibungskraft und der Geschwindigkeit ist, d.h.

$$\frac{d}{dt}(E_k + E_p) = -fv.$$

33. Ein Junge sitzt ganz oben auf einem halbkugelförmigen Eishügel (s. Abb. 8.20). Durch einen kleinen Stoß gleitet er hinunter. (a) Man zeige, daß er das Eis, wenn es reibungsfrei ist, in Höhe $2R/3$ verläßt. (b) Fliegt er, wenn Reibung vorhanden ist, bei einer größeren oder kleineren Höhe vom Eis weg?

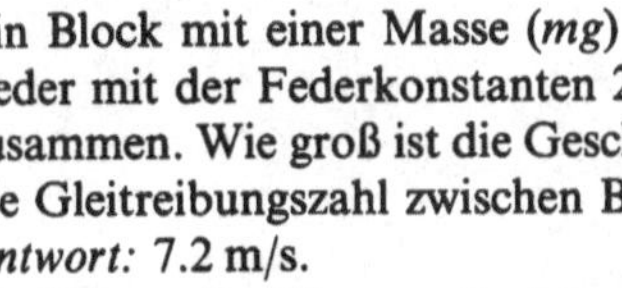

Abb. 8.20 Zu Aufgabe 33.

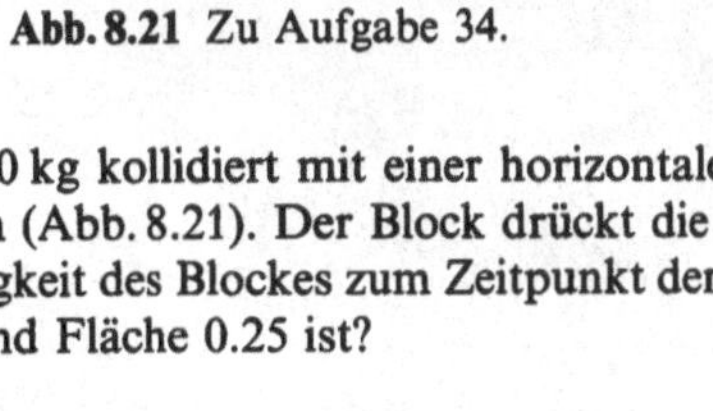

Abb. 8.21 Zu Aufgabe 34.

34. Ein Block mit einer Masse (mg) von 1.0 kg kollidiert mit einer horizontalen gewichtslosen Feder mit der Federkonstanten 2.0 N/m (Abb. 8.21). Der Block drückt die Feder um 4.0 m zusammen. Wie groß ist die Geschwindigkeit des Blockes zum Zeitpunkt der Kollision, wenn die Gleitreibungszahl zwischen Block und Fläche 0.25 ist?
Antwort: 7.2 m/s.
35. Ein Körper der Masse m startet aus der Ruhe auf einer Ebene der Länge l, die um den Winkel θ geneigt ist. (a) Man bestimme die Geschwindigkeit des Körpers am unteren Ende für die Reibungszahl μ. (b) Wie groß ist die Wegstrecke s, die er danach noch horizontal weitergleitet? Man löse die Aufgabe einmal mit der Energiegleichung und zum anderen mit Hilfe der Newtonschen Bewegungsgleichung.
36. Ein Block der Masse 4.0 kg startet auf einer um 30° geneigten Ebene mit der kinetischen Energie von 128 J und bewegt sich aufwärts. Wie weit kommt er, wenn die Reibungszahl 0.30 ist?
Antwort: 4.3 m.

37. Ein Körper der Masse 20 kg wird eine reibungsfreie, um 30° geneigte schiefe Ebene durch eine horizontale Kraft $\boldsymbol{F}$ hinaufgestoßen. Die Ebene ist 3 m lang. (a) Wieviel Arbeit leistet $\boldsymbol{F}$, wenn die Geschwindigkeit am unteren Ende 0.7 m/s und am oberen Ende 3 m/s ist? (b) Wie groß ist der Betrag der Kraft $\boldsymbol{F}$? (c) Wie weit hinauf würde der Körper kommen, wenn die Ebene nicht reibungsfrei wäre und die Reibungszahl $\mu_{Gl} = 0.15$ betrüge?
38. Ein Massenpunkt gleitet auf einer Bahn, die an beiden Enden ansteigt und im Mittelteil flach verläuft (s. Abb. 8.22). Der flache Teil hat die Länge $l = 2.0$ m. Die gekrümmten Teile sind reibungsfrei, im flachen Teil ist die Gleitreibungszahl $\mu_{Gl} = 0.20$. Der Massenpunkt wird im Punkt A auf einer Höhe von 1.0 m losgelassen. Wo kommt er zum Stehen?
Antwort: Im Zentrum des flachen Teils.

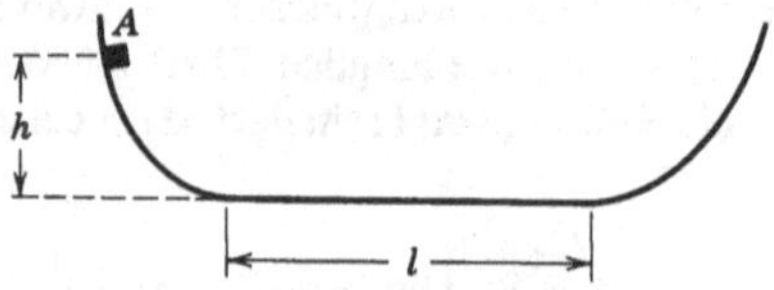

Abb. 8.22 Zu Aufgabe 38

39. An einem Ende eines sehr leichten, starren Stabes mit Länge l ist ein Ball der Masse m befestigt (s. Abb. 8.23). Das andere Ende ist reibungsfrei drehbar gelagert, so daß sich der Ball auf einem senkrechten Kreis bewegen kann. Das System wird von der horizontalen Lage A aus abwärts mit einer solchen Anfangsgeschwindigkeit v_0 in Gang gesetzt, daß der Ball gerade den Punkt D erreicht. (a) Man leite einen Ausdruck für v_0 als Funktion von l, m und g her. (b) Wie groß ist die Zugspannung im Stab, wenn der Ball in Punkt B ist? (c) Bringt man in das Lager etwas Sand, so erreicht der Ball bei gleicher Anfangsgeschwindigkeit in A nur noch Punkt C. Wieviel Reibungsarbeit wird während dieser Bewegung geleistet? (d) Wieviel Gesamtarbeit wird durch die Reibung verrichtet, bis der Ball nach etlichen Schwingungen um B dort schließlich stehenbleibt?

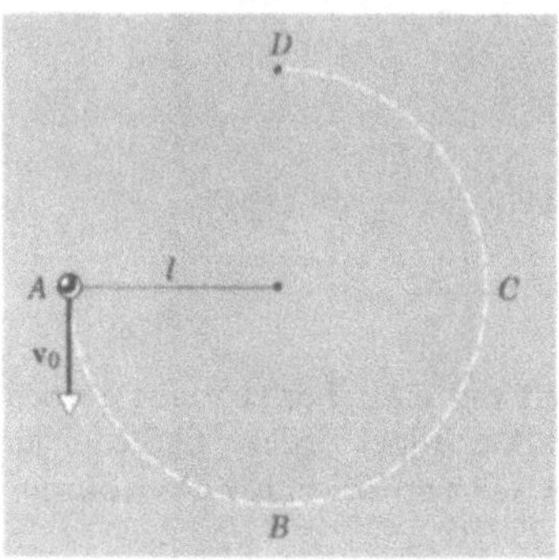

Abb. 8.23 Zu Aufgabe 39

40. Das Halteseil eines Fahrstuhls der Masse 2000 kg reißt, als er in der ersten Etage steht (s. Abb. 8.24). Der Fahrstuhlboden befindet sich dann im Abstand $d = 4.0$ m über einer den Fall dämpfenden Feder mit der Richtgröße $k = 15\,000$ N/m. Eine Sicherheitsvorrichtung bremst die Laufschiene so, daß eine konstante Reibungskraft von 5000 N der Bewegung entgegengerichtet ist. (a) Man bestimme die Geschwindigkeit des Fahrstuhls, wenn er bei der Feder angekommen ist. (b) Man bestimme die Länge s, um die die Feder zusammengedrückt wird. (c) man bestimme die Strecke, um die der Fahrstuhl den Fahrstuhlschacht hinauf zurückgetrieben

wird. (d) Man bestimme mit Hilfe des Energieerhaltungssatzes annähernd die Gesamtstrecke, die der Fahrstuhl zurücklegt. Warum ist die Lösung nicht genau?

Abschnitt 8.9

41. Eine Vakuumdiode besteht aus einer zylindrischen Anode, die von einer zylindrischen Kathode umgeben ist. Ein Elektron, das bezüglich der Anode eine potentielle Energie von 4.8×10^{-16} J hat, verläßt die Oberfläche der Kathode mit der Anfangsgeschwindigkeit Null. Man nehme an, daß das Elektron nicht mit Gasmolekülen zusammenstößt und daß die Gravitationskraft vernachlässigbar ist. (a) Welche kinetische Energie hat das Elektron beim Auftreffen auf die Anode? (b) Man berechne die Endgeschwindigkeit bei einer Elektronenmasse von 9.1×10^{-31} kg. (c) Ist es berechtigt, klassische statt relativistische Beziehungen für die kinetische Energie zu verwenden?

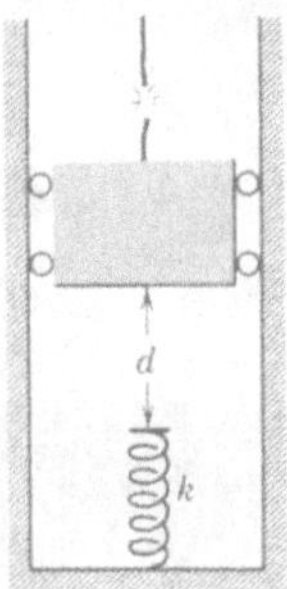

Abb. 8.24 Zu Aufgabe 40

42. Wie groß ist die Geschwindigkeit eines Elektrons mit einer kinetischen Energie von (a) 1.0×10^5 eV, (b) 1.0×10^6 eV?
Antwort: (a) 1.6×10^8 m/s; (b) 2.8×10^8 m/s.
43. Die Bundesrepublik verbrauchte 1990 ca. 5.4×10^{11} kWh elektrische Energie. Wie viele Kilogramm Materie müßten umgewandelt werden, um diese Energiemenge zu erzeugen?
44. Ein Atomkraftwerk arbeitet mit einer konstanten elektrischen Leistung von 60 MW. (a) Wieviel elektrische Energie in Joule erzeugt es in einem Jahr? (b) Unter der Annahme, daß zusätzlich 90 MW Leistung durch Wärmeerzeugung verlorengehen, bestimme man die Masse, die in dieser Anlage in einem Jahr in andere Formen der Energie umgewandelt wird.
Antwort: (a) 1.9×10^{15} J; (b) 52 g.
45. Wieviel Materie müßte in Energie umgewandelt werden, um ein Raumschiff der Masse 1.0 Kilotonne von Null auf die Geschwindigkeit $0.1\,c$ zu beschleunigen?
46. Ein Elektron (Ruhemasse 9.1×10^{-31} kg) bewegt sich mit der Geschwindigkeit $0.99\,c$. (a) Wie groß ist seine Gesamtenergie? (b) Man bestimme für diesen Fall das Verhältnis von Newtonscher zu relativistischer kinetischer Energie.
Antwort: (a) 5.8×10^{-13} J; (b) 0.08.
47. Die Ruhemasse eines Körpers ist 0.010 kg. Wie groß ist seine Masse, wenn er sich mit einer Geschwindigkeit von (a) 3.0×10^7 m/s und (b) 2.7×10^8 m/s relativ zum Beobachter bewegt? (c) Man vergleiche für beide Fälle die klassische und die relativistische kinetische Energie. (d) Was passiert, wenn der Beobachter oder das Meßgerät mit dem Körper verbunden sind?
48. Gl. 8.21, $E_k = (m - m_0)c^2$, ist die übliche relativistische Gleichung für die kinetische Energie. (a) Man zeige unter Verwendung von Gl. 8.20, $m = m_0(1 - \beta^2)^{-1/2}$, daß man die relativistische kinetische Energie auch durch $E_k = \dfrac{m}{m + m_0} m v^2$ ausdrücken kann. (b) Man vergleiche bei

beiden Ausdrücken den Grenzübergang $m \to m_0$ oder $v/c \to 0$, der zu den klassischen Ergebnissen führt.

49. Es wird angenommen, daß die Sonne ihre Energie durch einen Fusionsprozeß gewinnt, bei dem unter Emission von Strahlung verschiedener Art vier Wasserstoffatome in ein Heliumatom umgewandelt werden. Man berechne die bei jedem Fusionsprozeß freiwerdende Energie, wenn Wasserstoff- und Heliumatom die Ruhemassen (s. Beispiel 7) 1.0081 u bzw. 4.0039 u haben.

9 Erhaltung des Impulses

9.1 Der Massenmittelpunkt

In den vorangegangenen Kapiteln haben wir uns nur mit Objekten beschäftigt, die wir als Massenpunkte oder Teilchen ohne räumliche Ausdehnung angesehen haben. Bei einer fortschreitenden Bewegung (Translation) legt jeder Punkt des Körpers die gleiche Verschiebung in einer bestimmten Zeit zurück, so daß die Bewegung irgendeines Massenpunktes des Körpers die Bewegung des gesamten Körpers repräsentiert. Selbst wenn ein Körper zusätzlich rotiert oder vibriert, gibt es wenigstens einen Punkt, den *Massenmittelpunkt*, der sich so bewegt wie ein einzelner Massenpunkt, auf den dieselben äußeren Kräfte einwirken wie auf den gesamten Körper. In Abb. 9.1 ist der Wurf einer Keule skizziert. Man erkennt, daß der Massenmittelpunkt der Keule eine parabolische Bahn vollführt, während andere Punkte der Keule kompliziertere Bewegungen ausführen. Es handelt sich hier nicht um die in Abb. 3.1 gezeigte Bewegung. Jene war eine reine Translationsbewegung, bei der *alle* Punkte des Körpers die gleiche Verschiebung erfuhren. Aus diesem Grunde nennt man die Bewegung des Massenmittelpunktes eines ausgedehnten Körpers die Translationsbewegung des Körpers.

Auch wenn ein Körper nicht starr ist, sondern sich seine Teile in relativ verwickelter Weise gegeneinander verschieben, kann man ihm einen Massenmittelpunkt zuordnen, dessen Bewegung verhältnismäßig einfach beschrieben werden kann. In diesem Abschnitt wollen wir den Massenmittelpunkt eines Körpers definieren und zeigen, wie man seine Lage bestimmt, um im darauffolgenden Abschnitt zu diskutieren, warum dieser Begriff für die Beschreibung der Bewegung ausgedehnter Körper und Teilchensysteme sinnvoll und nützlich ist.

Wir beginnen zunächst mit einem ganz einfachen System, das nur aus zwei punktförmigen Teilchen der Massen m_1 und m_2 bestehen soll. Der Ort dieser Teilchen sei durch den Abstand x_1 und x_2 vom Ursprung O eines Koordinatensystems gegeben.

Wir definieren einen (geometrischen) Punkt S, den Massenmittelpunkt des Systems, durch

$$x_S = \frac{m_1 x_1 + m_2 x_2}{m_1 + m_2}. \tag{9.1}$$

In Abb. 9.2 ist eine Skizze des Systems mit dem Massenmittelpunkt gezeigt. Für diesen Punkt gilt, daß das Produkt aus der Gesamtmasse des Systems (in unserem Beispiel $M = m_1 + m_2$) und seinem Abstand vom Ursprung gleich der Summe der Produkte aus den Einzelmassen und ihren Abständen vom Ursprung ist, also

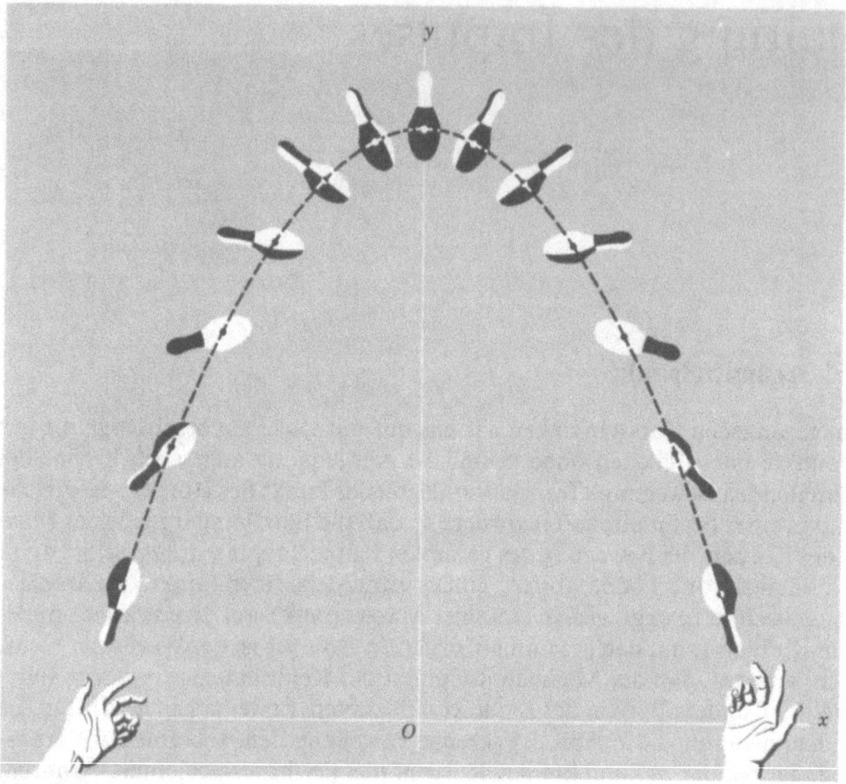

Abb. 9.1 Eine Keule wird von einer Hand in die andere geworfen. Obwohl die Keule eine Drehbewegung ausführt und sich um ihre Längsachse dreht, gibt es einen Punkt auf dieser Achse, den Massenmittelpunkt, der nur eine einfache parabolische Bahn verfolgt.

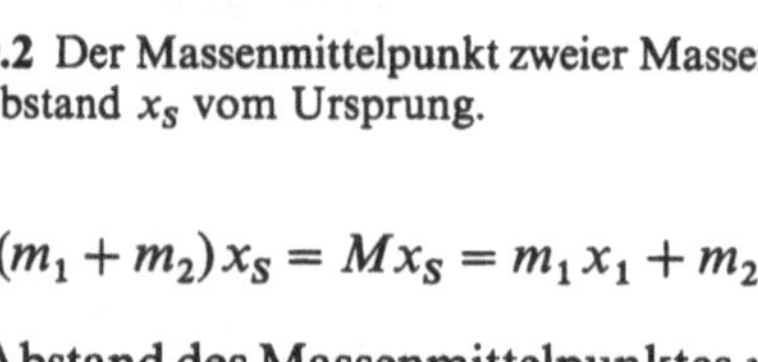

Abb. 9.2 Der Massenmittelpunkt zweier Massen m_1 und m_2 liegt auf der Verbindungslinie bei S und hat den Abstand x_S vom Ursprung.

$$(m_1 + m_2)x_S = Mx_S = m_1 x_1 + m_2 x_2 .$$

Der Abstand des Massenmittelpunktes x_S stellt nach Gl. 9.1 eine Art von Mittelwert dar, der aus den Einzelmassen und deren Abständen vom Ursprung gebildet wird. Man kann von einem *massegewichteten Mittelwert* der Abstände sprechen.

Eine Analogie soll diesen Begriff veranschaulichen. Wir stellen uns zwei Schachteln voller Nägel vor. Eine Schachtel enthalte n_1 Nägel der gleichen Länge l_1, und die andere

Schachtel enthalte n_2 Nägel der gleichen Länge l_2. Wir fragen nach der mittleren Länge aller Nägel. Für $n_1 = n_2$ ergibt sich der einfache Mittelwert von $\frac{l_1 + l_2}{2}$. Für den Fall $n_1 \neq n_2$ muß man bedenken, daß es mehr Nägel von der einen Länge als von der anderen gibt. Man berücksichtigt dies durch einen Gewichtungsfaktor, mit dem jede der Längen multipliziert (gewichtet) wird. Er beträgt $\frac{n_1}{n_1 + n_2}$ für die Länge l_1 und $\frac{n_2}{n_1 + n_2}$ für die Länge l_2 und stellt jeweils den relativen Anteil der Nägel in den einzelnen Schachteln an der Gesamtzahl dar. Die gewichtete mittlere Länge beträgt somit

$$\bar{l} = \left(\frac{n_1}{n_1 + n_2}\right) l_1 + \left(\frac{n_2}{n_1 + n_2}\right) l_2$$

oder

$$\bar{l} = \frac{n_1 l_1 + n_2 l_2}{n_1 + n_2}.$$

Vergleicht man diese Beziehung mit Gl. 9.1, so erkennt man, daß der Ort des Massenmittelpunktes einen gewichteten mittleren Abstand vom Ursprung O darstellt, wobei die Gewichtung über die Massen durchgeführt wurde.

Man kann das Verfahren, das uns zu der Gl. 9.1 geführt hat, nun auch auf n Teilchen der Massen $m_1, m_2, \ldots, m_n$ ausdehnen, die zunächst noch alle auf einer Gerade liegen sollen.

Der Abstand des Massenmittelpunktes vom Ursprung ist dann durch

$$x_S = \frac{m_1 x_1 + m_2 x_2 + \ldots + m_n x_n}{m_1 + m_2 + \ldots + m_n} = \frac{\Sigma\, m_i x_i}{\Sigma\, m_i} \tag{9.2}$$

gegeben. $x_1, x_2, \ldots, x_n$ sind wiederum die Abstände der einzelnen Teilchen vom Ursprung. Da die Summe $\Sigma\, m_i$ nichts anderes als die Gesamtmasse M des Systems darstellt, kann man Gl. 9.2 in etwas einfacherer Form als

$$M x_S = \Sigma\, m_i x_i \tag{9.2a}$$

schreiben.

Wir nehmen nun an, daß drei Teilchen nicht auf einer Geraden, sondern in einer Ebene verteilt seien (s. Abb. 9.3). Wo liegt der Massenmittelpunkt?

Zur Bestimmung des Ortes des Massenmittelpunktes betrachten wir die Koordinaten einzeln. In Analogie zu den Gln. 9.1 und 9.2 erhalten wir für die x-Koordinate

$$x_S = \frac{m_1 x_1 + m_2 x_2 + m_3 x_3}{m_1 + m_2 + m_3} \tag{9.3}$$

und für die y-Koordinate

$$y_S = \frac{m_1 y_1 + m_2 y_2 + m_3 y_3}{m_1 + m_2 + m_3}.$$

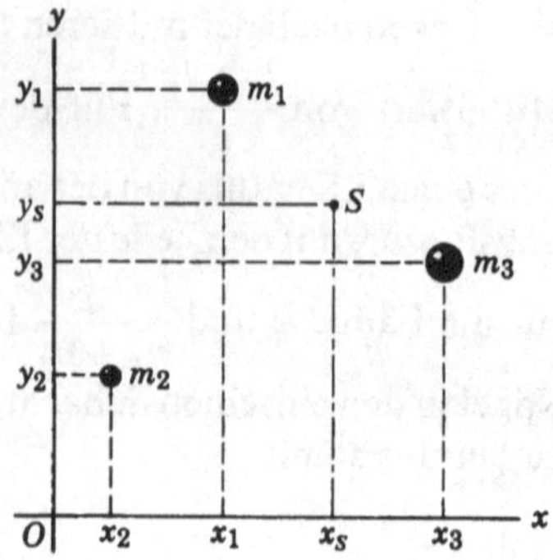

Abb. 9.3 Der Massenmittelpunkt *S* dreier in einer Ebene liegenden Massen liegt wiederum in dieser Ebene.

Wir können diese Betrachtung nun sehr leicht auf beliebig viele Masseteilchen ausdehnen und erhalten

$$x_S = \frac{\Sigma\, m_i x_i}{\Sigma\, m_i} = \frac{1}{M}\Sigma\, m_i x_i \quad \text{und} \quad y_S = \frac{\Sigma\, m_i y_i}{\Sigma\, m_i} = \frac{1}{M}\Sigma\, m_i y_i\,, \tag{9.4}$$

wobei die Gesamtmasse des Systems wiederum durch $\Sigma\, m_i = M$ gegeben ist.

Es wird uns nun klar, wie man den Ort des Massenmittelpunktes für ein räumlich verteiltes Massensystem ermittelt. Für die drei Raumkoordinaten ergibt sich nämlich:

$$x_S = \frac{1}{M}\Sigma\, m_i x_i, \quad y_S = \frac{1}{M}\Sigma\, m_i y_i, \quad z_S = \frac{1}{M}\Sigma\, m_i z_i\,. \tag{9.5a}$$

Die Beziehung 9.5a kann man auch in Vektorform angeben, denn jeder Massenpunkt kann in einem rechtwinkligen Koordinatensystem durch einen Ortsvektor

$$\boldsymbol{r}_i = \boldsymbol{i}x_i + \boldsymbol{j}y_i + \boldsymbol{k}z_i$$

angegeben werden. Der Massenmittelpunkt mit dem Ortsvektor

$$\boldsymbol{r}_S = \boldsymbol{i}x_S + \boldsymbol{j}y_S + \boldsymbol{k}z_S$$

erhält mit Gl. 9.5a die Form

$$\boldsymbol{r}_S = \frac{1}{M}\Sigma\, m_i \boldsymbol{r}_i\,. \tag{9.5b}$$

Durch Einsetzen von $\boldsymbol{r}_i$ und $\boldsymbol{r}_S$ aus den beiden davorstehenden Gleichungen in die Gl. 9.5b können wir uns von der Richtigkeit dieser Beziehung überzeugen. Man erkennt an Gl. 9.5b die Vorteile, die eine Vektordarstellung mit sich bringt. Legt man den Ursprung des Koordinatensystems in den Massenmittelpunkt, so wird $\boldsymbol{r}_S = 0$, und damit muß auch $\Sigma\, m_i \boldsymbol{r}_i = 0$ werden.

Wie man aus Gl. 9.5b ersieht, ist die Lage des Massenmittelpunktes von der Wahl des Koordinatensystems unabhängig (vgl. Aufgabe 1). *Der Massenmittelpunkt eines Sy-*

stems hängt nur von den Massen und der relativen Lage der einzelnen Teilchen zueinander ab.

Man kann sich einen starren Körper, etwa ein Metermaß, als ein System von vielen eng gepackten Teilchen vorstellen. Wie bestimmen wir bei einem solchen System den Massenmittelpunkt? Die Anzahl der Massenpunkte, im Prinzip die Anzahl der Atome, ist so groß und ihr Abstand so klein, daß man hier von einer kontinuierlichen Massenverteilung sprechen kann. Trotzdem zerlegen wir diesen Körper zunächst einmal in n kleine Elemente der Masse Δm_i, deren Orte mit x_i, y_i, z_i in einem Koordinatensystem angegeben werden. Die Position des Massenmittelpunktes dieser Elemente ist nach Gl. 9.5a zu

$$x_S = \frac{\Sigma\, \Delta m_i x_i}{\Sigma\, \Delta m_i}, \quad y_S = \frac{\Sigma\, \Delta m_i y_i}{\Sigma\, \Delta m_i}, \quad z_S = \frac{\Sigma\, \Delta m_i z_i}{\Sigma\, \Delta m_i}$$

bestimmt. Nunmehr verfeinern wir unsere Zerlegung, so daß die Zahl n der Elemente immer größer und schließlich unendlich groß wird. Die Koordinaten x_i, y_i und z_i geben damit den Ort der kleiner werdenden Massenelemente Δm_i immer genauer an. Im Grenzfall $n \to \infty$ und $m \to 0$ erhalten wir schließlich

$$\begin{aligned}
x_S &= \lim_{\Delta m_i \to 0} \frac{\Sigma \Delta m_i x_i}{\Sigma \Delta m_i} = \frac{\int x \mathrm{d}m}{\int \mathrm{d}m} = \frac{1}{M}\int x \mathrm{d}m, \\
y_S &= \lim_{\Delta m_i \to 0} \frac{\Sigma \Delta m_i y_i}{\Sigma \Delta m_i} = \frac{\int y \mathrm{d}m}{\int \mathrm{d}m} = \frac{1}{M}\int y \mathrm{d}m, \\
z_S &= \lim_{\Delta m_i \to 0} \frac{\Sigma \Delta m_i z_i}{\Sigma \Delta m_i} = \frac{\int z \mathrm{d}m}{\int \mathrm{d}m} = \frac{1}{M}\int z \mathrm{d}m.
\end{aligned} \tag{9.6a}$$

Wir haben davon Gebrauch gemacht, daß $\int \mathrm{d}m$ die Gesamtmasse M des Systems ist. Für einen einzelnen ausgedehnten Körper werden also die Gln. 9.5a durch die Gln. 9.6a ersetzt.

Man kann die obigen Beziehungen auch in vektorieller Schreibweise angeben:

$$\boldsymbol{r}_S = \frac{1}{M}\int \boldsymbol{r} \mathrm{d}m. \tag{9.6b}$$

Auch aus dieser Gleichung ergibt sich $\int \boldsymbol{r} \mathrm{d}m = 0$, wenn man den Koordinatenursprung in den Massenmittelpunkt legt.

Die Bestimmung des Massenmittelpunktes vereinfacht sich, wenn es sich um einen homogenen Körper handelt und wenn der Körper einen Symmetriepunkt, eine Symmetrieachse oder eine Symmetrieebene besitzt. Der Massenmittelpunkt liegt dann in diesem Punkt bzw. auf dieser Achse oder in dieser Ebene. Eine homogene Kugel besitzt zum Beispiel einen Symmetriepunkt, nämlich den Mittelpunkt. Im geometrischen Mittelpunkt der Kugel befindet sich auch der Massenmittelpunkt. Ein Kegel besitzt eine Symmetrieachse, auf der der Massenmittelpunkt liegt. Das ist vom Begriff des *Massenmomentes** $\int \boldsymbol{r} \mathrm{d}m$ her auch verständlich, denn dieses wird im Symmetriepunkt oder ir-

* Das Integral $\int \boldsymbol{r} \mathrm{d}m$ bzw. die Summe $\Sigma m_i \boldsymbol{r}_i$ wird Massenmoment erster Ordnung genannt. Das Integral $\int \mathrm{d}m$ bzw. die Summe Σm_i wird Massenmoment nullter Ordnung genannt. Massenmomente zweiter Ordnung sind das Trägheitsmoment und das Zentrifugalmoment.

gendwo auf der Symmetrieachse Null. Nach Gl. 9.6b wird nämlich $\boldsymbol{r}_S = 0$ für alle so ausgezeichneten Punkte. Sie stellen somit den Massenmittelpunkt dar.

Beispiel 1

Drei Teilchen der Massen $m_1 = 1$ kg, $m_2 = 2$ kg und $m_3 = 3$ kg bilden die Ecken eines gleichseitigen Dreiecks der Seitenlänge $l = 1$ m (Abb. 9.4). Wo liegt der Massenmittelpunkt dieses Systems?

Wir wählen die x-Achse längs einer Dreiecksseite und legen den Nullpunkt in die Masse m_1. Der

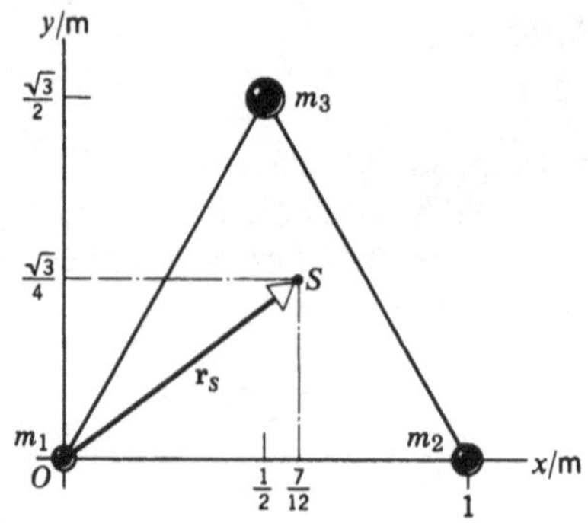

Abb. 9.4 Zu Beispiel 1. Zur Bestimmung des Massenmittelpunktes dreier Teilchen (verschiedener Massen), die die Ecken eines gleichseitigen Dreiecks bilden.

Ort der Masse m_3 hat dann eine x-Koordinate von $^1/_2$ m und eine y-Koordinate von $1/2\sqrt{3}$ m. Nach Gl. 9.3 gilt

$$x_S = \frac{\Sigma m_i x_i}{\Sigma m_i} = \frac{(1.0\,\text{kg})(0) + (2.0\,\text{kg})(1.0\,\text{m}) + (3.0\,\text{kg})(\frac{1}{2}\,\text{m})}{(1.0 + 2.0 + 3.0)\,\text{kg}} = \frac{7}{12}\,\text{m}$$

und

$$y_S = \frac{\Sigma m_i y_i}{\Sigma m_i} = \frac{(1.0\,\text{kg})(0) + (2.0\,\text{kg})(0) + (3.0\,\text{kg})(1/2\sqrt{3}\,\text{m})}{(1.0 + 2.0 + 3.0)\,\text{kg}} = \frac{\sqrt{3}}{4}\,\text{m}\,.$$

Der Massenmittelpunkt ist in Abb. 9.4 eingezeichnet worden. Er liegt nicht im geometrischen Mittelpunkt des Dreiecks. Warum nicht?

Beispiel 2

Man bestimme den Massenmittelpunkt einer dreieckigen Platte (Abb. 9.5). Bei der Bestimmung des Massenmittelpunktes ist es oft hilfreich, wenn man den betreffenden Körper in solche Teile zerlegt, deren Massenmittelpunkte man schon kennt. Den Massenmittelpunkt des gesamten Körpers kann man dann unschwer festlegen. Wir wollen dieses Verfahren an einer dreieckigen Platte demonstrieren. Wir zerlegen die Platte in schmale Streifen, die parallel zu einer Seite des Dreiecks verlaufen. Der Massenmittelpunkt jedes Streifens liegt in der Mitte des Streifens. Die Verbindungslinie dieser Mittelpunkte bildet die Seitenhalbierende der Seite, zu der die Streifen parallel verlaufen. Auf dieser Seitenhalbierenden muß der Massenmittelpunkt der Platte liegen. Das eben bespro-

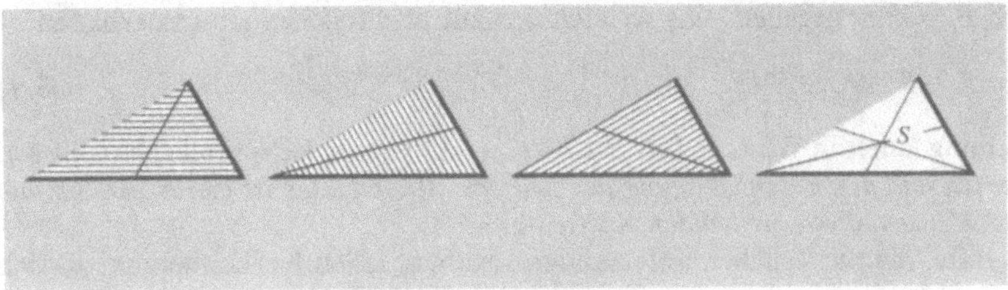

Abb. 9.5 Zu Beispiel 2. Zur Bestimmung des Massenmittelpunktes S einer beliebigen dreieckigen Platte.

chene Verfahren führen wir nun auch bezüglich der beiden anderen Seiten durch. Die drei Seitenhalbierenden müssen sich dann in einem Punkt schneiden, der den Massenmittelpunkt des Dreiecks angibt.

9.2 Bewegung des Massenmittelpunktes

Nachdem wir besprochen haben, wie ein Massenmittelpunkt definiert ist und wie man ihn bestimmt, fragen wir uns, welche physikalische Bedeutung dem Massenmittelpunkt zukommt. Hierzu wollen wir die Bewegung eines Systems von Teilchen der Massen $m_1, m_2, \ldots, m_n$ untersuchen. Wir nehmen an, daß während der Bewegung keine Massen das System verlassen und keine Massen zu dem System hinzukommen. Die Gesamtmasse M des Systems soll also konstant bleiben. In Abschn. 9.7 werden wir dann ein System mit zeitlich veränderlicher Masse kennenlernen, nämlich eine Rakete, die durch Ausströmen von Verbrennungsgasen dauernd an Masse verliert.

Nach Gl. 9.5b gilt für unser System mit konstanter Masse

$$M\boldsymbol{r}_S = m_1\boldsymbol{r}_1 + m_2\boldsymbol{r}_2 + \ldots + m_n\boldsymbol{r}_n .$$

Wir bilden die zeitliche Ableitung:

$$M\frac{\mathrm{d}\boldsymbol{r}_S}{\mathrm{d}t} = m_1\frac{\mathrm{d}\boldsymbol{r}_1}{\mathrm{d}t} + m_2\frac{\mathrm{d}\boldsymbol{r}_2}{\mathrm{d}t} + \ldots + m_n\frac{\mathrm{d}\boldsymbol{r}_n}{\mathrm{d}t} . \tag{9.7}$$

Setzen wir für die Differentialquotienten die Geschwindigkeiten v_i ein, so erhalten wir

$$M\boldsymbol{v}_S = m_1\boldsymbol{v}_1 + m_2\boldsymbol{v}_2 + \ldots + m_n\boldsymbol{v}_n .$$

Bilden wir auch noch die zweite Ableitung nach der Zeit:

$$\begin{aligned} M\frac{\mathrm{d}\boldsymbol{v}_S}{\mathrm{d}t} &= m_1\frac{\mathrm{d}\boldsymbol{v}_1}{\mathrm{d}t} + m_2\frac{\mathrm{d}\boldsymbol{v}_2}{\mathrm{d}t} - \ldots + m_n\frac{\mathrm{d}\boldsymbol{v}_n}{\mathrm{d}t} \\ &= m_1\boldsymbol{a}_1 + m_2\boldsymbol{a}_2 + \ldots + m_n\boldsymbol{a}_n , \end{aligned} \tag{9.8}$$

so erhalten wir eine Beziehung für die Beschleunigung $\boldsymbol{a}$ des Massenmittelpunktes. Nach dem zweiten Newtonschen Axiom ist die auf ein Teilchen mit der Masse m_i wirkende

Kraft durch $\boldsymbol{F}_i = m_i \boldsymbol{a}_i$ gegeben. Wir wenden das auf alle Teilchen an und erhalten

$$M\boldsymbol{a}_S = \boldsymbol{F}_1 + \boldsymbol{F}_2 + \ldots + \boldsymbol{F}_n . \tag{9.9}$$

Diese Beziehung lautet in Worten: *Das Produkt aus der Gesamtmasse eines Systems von Massenpunkten und der Beschleunigung des Massenmittelpunktes ist gleich der Summe aller auf die Massenpunkte wirkenden Kräfte.*

Innere Kräfte, die die Teilchen aufeinander ausüben, fallen hierbei heraus, da sich diese nach dem dritten Newtonschen Axiom paarweise aufheben. Die rechte Seite von Gl. 9.9 erfaßt also nur die auf die Teilchen wirkenden *äußeren* Kräfte, die man zu einer resultierenden Kraft

$$M\boldsymbol{a}_S = \boldsymbol{F}_a \tag{9.10}$$

zusammenfassen kann. *Der Massenmittelpunkt eines Teilchensystems bewegt sich so, als ob die gesamte Masse in ihm konzentriert wäre und alle äußeren Kräfte an ihm angreifen würden.*

Dieser Satz gilt ganz allgemein für alle Arten von Teilchensystemen, denn wir haben keine speziellen Voraussetzungen gefordert. Es könnte sich also um einen starren Körper handeln, bei dem alle Teilchen eine feste Position im Körper einnehmen, aber auch um eine Ansammlung von Teilchen, bei der alle möglichen Wechselwirkungen zwischen den Teilchen stattfinden. In allen Fällen bewegt sich der Massenmittelpunkt entsprechend der Gl. 9.10.

Zukünftig werden wir einen physikalischen Körper mithin nicht mehr als ein einzelnes Teilchen, als einen Massenpunkt betrachten, sondern als eine Ansammlung von vielen Masseteilchen. Die Translationsbewegung des Körpers erhalten wir, indem wir nur die Bewegung des Massenmittelpunktes untersuchen und annehmen, daß in ihm die gesamte Masse des Körpers vereinigt ist und daß an ihm alle äußeren Kräfte ansetzen.* Genau auf diese Weise verfuhren wir schon in den vorangegangenen Kapiteln, wenn wir Kräftediagramme aufgestellt hatten.

Wir haben nunmehr ein Verfahren in der Hand, mit dem wir nicht nur die Translationsbewegung eines Teilchensystems beschreiben können, sondern auch die Translationsbewegung eines Körpers, der gleichzeitig noch rotiert. Im folgenden werden wir dieses Verfahren auf die Bewegung eines Teilchensystems anwenden.

Beispiel 3

Es seien drei Teilchen verschiedener Massen gegeben, auf die drei äußere Kräfte wirken, so wie in Abb. 9.6 dargestellt ist. Mit welcher Beschleunigung wird sich der Massenmittelpunkt des Dreiteilchen-Systems bewegen?

Da die drei Kräfte in einer Ebene liegen, wenden wir Gl. 9.3 direkt an und erhalten für die

* Ist die äußere Kraft die Schwerkraft, so wirkt diese im *Schwerpunkt* des Körpers. In allen bislang besprochenen Fällen waren Schwerpunkt und Massenmittelpunkt identisch. Wir hatten daher bereits von Anfang an den Massenmittelpunkt mit dem Symbol S (wie Schwerpunkt) versehen. Der Massenmittelpunkt stellt jedoch einen allgemeineren Begriff dar, und in Abschn. 14.3 werden wir sehen, unter welchen Umständen der Massenmittelpunkt und der Schwerpunkt nicht zusammenfallen.

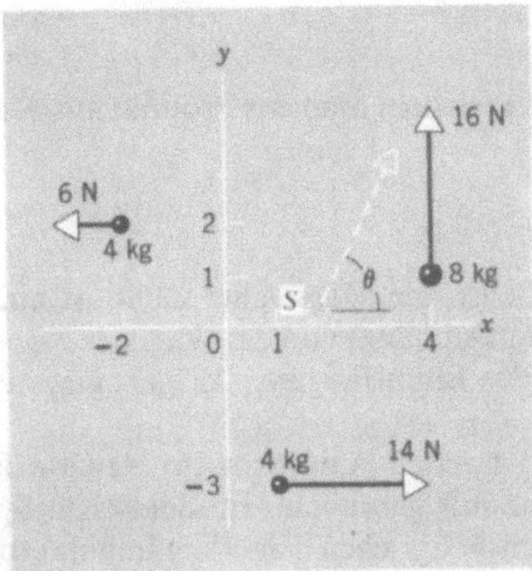

Abb. 9.6 Zu Beispiel 3. Zur Bestimmung der Bewegung des Massenmittelpunktes dreier in einer Ebenen liegenden Punktmassen, auf die je eine Kraft wirkt.

Ortskoordinaten des Massenmittelpunktes

$$x_S = \frac{(8.0 \times 4) + (4.0 \times -2) + (4.0 \times 1)}{16}\,\text{m} = 1.8\,\text{m}$$

und

$$y_S = \frac{(8.0 \times 1) + (4.0 \times 2) + (4.0 \times -3)}{16}\,\text{m} = 0.25\,\text{m}\,.$$

Der Massenmittelpunkt S ist in die Abb. 9.6 eingezeichnet worden. Zur Bestimmung der Beschleunigung benötigen wir die resultierende äußere Kraft. Sie beträgt in x-Richtung

$$F_x = 14\,\text{N} - 6.0\,\text{N} = 8.0\,\text{N}$$

und in y-Richtung

$$F_y = 16\,\text{N}\,.$$

Die resultierende Kraft hat einen Betrag von

$$F = \sqrt{(8.0)^2 + (16)^2}\,\text{N} = 18\,\text{N}$$

und bildet mit der x-Achse einen Winkel von

$$\tan\theta = \frac{16\,\text{N}}{8.0\,\text{N}} = 2.0 \quad \text{bzw.} \quad \theta = 63°\,.$$

Nach Gl. 9.10 ergibt sich dann die Beschleunigung zu

$$a_S = \frac{F}{M} = \frac{18\,\text{N}}{16\,\text{kg}} = 1.1\,\text{m/s}^2\,.$$

Die Beschleunigung hat die gleiche Richtung wie die resultierende äußere Kraft. Obwohl die drei Teilchen mit der Zeit ihre gegenseitigen Positionen ändern, bewegt sich der gemeinsame Massenmittelpunkt mit konstanter Beschleunigung.

9.3 Impuls eines Teilchens

Als *Impuls* $\boldsymbol{p}$ eines Teilchens (Massenpunktes) bezeichnet man das Produkt aus Masse m und Geschwindigkeit $\boldsymbol{v}$ des Teilchens:

$$\boldsymbol{p} = m\boldsymbol{v}. \tag{9.11}$$

Da die Geschwindigkeit eine vektorielle Größe ist, die Masse aber nicht, ist auch der Impuls eine vektorielle Größe. Die Geschwindigkeit hängt von der Wahl des Koordinatensystems ab, deshalb muß bei der Angabe des Impulses stets das Bezugssystem genannt werden.

In seiner ursprünglichen Formulierung des zweiten Axioms hatte Newton in den „*Principia*" das Wort *Bewegungsgröße* statt Impuls gebraucht. Im deutschen Sprachraum hat sich diese Bezeichnung bis heute gleichwertig neben dem Wort Impuls erhalten. Das zweite Newtonsche Axiom kann mit dem Begriff des Impulses nun folgendermaßen formuliert werden: *Die zeitliche Änderung des Impulses eines Körpers ist gleich der auf den Körper ausgeübten resultierenden Kraft*. In mathematischer Schreibweise lautet dieser Satz

$$\boldsymbol{F} = \frac{\mathrm{d}\boldsymbol{p}}{\mathrm{d}t}. \tag{9.12}$$

Dieses stellt die allgemeinste Form der Newtonschen Bewegungsgleichung dar. Besteht das betrachtete System nur aus einem Massenpunkt, so ist Gl. 9.12 der bisher benutzten Form $\boldsymbol{F} = m\boldsymbol{a}$ äquivalent, denn für ein konstantes m geht Gl. 9.11 in

$$\boldsymbol{F} = \frac{\mathrm{d}\boldsymbol{p}}{\mathrm{d}t} = \frac{\mathrm{d}}{\mathrm{d}t}(m\boldsymbol{v}) = m\frac{\mathrm{d}\boldsymbol{v}}{\mathrm{d}t} = m\boldsymbol{a}$$

über.

Die Gleichung $\boldsymbol{F} = m\boldsymbol{a}$ gilt nur bei konstanter Masse des Systems. In der klassischen Mechanik stellen die Beziehungen $\boldsymbol{F} = m\boldsymbol{a}$ und $\boldsymbol{F} = \mathrm{d}\boldsymbol{p}/\mathrm{d}t$ völlig äquivalente Aussagen für einen Massenpunkt dar.

In der Relativitätstheorie (vgl. Ergänzungen V) ist das zweite Newtonsche Axiom in der Form $\boldsymbol{F} = m\boldsymbol{a}$ nicht mehr gültig, hingegen in der Form $\boldsymbol{F} = \mathrm{d}\boldsymbol{p}/\mathrm{d}t$, wenn nämlich der Impuls $\boldsymbol{p}$ eines Teilchens als

$$\boldsymbol{p} = \frac{m_0\boldsymbol{v}}{\sqrt{1 - v^2/c^2}} \tag{9.13}$$

und nicht als $\boldsymbol{p} = m_0\boldsymbol{v}$ definiert wird. Ein Vergleich zwischen diesen beiden Beziehungen für den Impuls führt zu einer neuen Definition für die Masse. Sie ist durch

$$m = \frac{m_0}{\sqrt{1 - v^2/c^2}}$$

gegeben. Unter dieser Voraussetzung kann der Impuls immer noch als $\boldsymbol{p} = m\boldsymbol{v}$ geschrieben werden (vgl. Abschn. 8.9). Das v unter der Wurzel ist der Betrag der Geschwindigkeit des Teilchens, während c die Lichtgeschwindigkeit ist; m_0 stellt die sogenannte *Ruhemasse* des Teilchens dar, also die Masse, die es bei $v = 0$ besitzt. Man schließt daraus, daß die Masse eines Teilchens mit seiner

Geschwindigkeit zunehmen muß. Elementarteilchen, wie Elektronen oder Protonen, können in Beschleunigern enorm hohe Geschwindigkeiten erreichen, die schon nahe bei der Lichtgeschwindigkeit liegen. Nach obiger Beziehung müßte dabei die Masse des Teilchens schon so stark anwachsen, daß diese Zunahme auch nachweisbar sein müßte. Die experimentellen Ergebnisse bestätigen tatsächlich diese Annahme und damit die oben angegebene Beziehung für die Masse (vgl. Abb. 8.8).

9.4 Impuls eines Systems von Massenpunkten

Wir betrachten ein System mehrerer Teilchen der Massen $m_1, m_2, \ldots, m_n$. Wir setzen wie in Abschn. 9.2 voraus, daß keine dieser Massen das System verläßt und daß auch keine weiteren Massen von außen in das System hineinkommen. Die Gesamtmasse $M = \Sigma m_i$ soll konstant sein. Die Massenpunkte können untereinander in Wechselwirkung treten, und äußere Kräfte sollen an den Teilchen angreifen dürfen. Jedes Teilchen m_i des Systems besitzt einen Impuls $\boldsymbol{p}_i = m_i \boldsymbol{v}_i$. Das System als Ganzes besitzt einen *Gesamtimpuls* $\boldsymbol{P}$, der sich aus der vektoriellen Summe aller Einzelimpulse

$$\begin{aligned} \boldsymbol{P} &= \boldsymbol{p}_1 + \boldsymbol{p}_2 + \ldots + \boldsymbol{p}_n \\ &= m_1 \boldsymbol{v}_1 + m_2 \boldsymbol{v}_2 + \ldots + m_n \boldsymbol{v}_n \end{aligned} \tag{9.14}$$

zusammensetzt. Ein Vergleich mit Gl. 9.7 ergibt

$$\boldsymbol{P} = M \boldsymbol{v}_S \,. \tag{9.15}$$

Diese Gleichung kann man als äquivalente Definition des Gesamtimpulses eines Systems von Massenpunkten auffassen. Sie bedeutet in Worten: *Der Gesamtimpuls eines Systems von Massenpunkten ist gleich dem Produkt aus der Gesamtmasse des Systems und der Geschwindigkeit des Massenmittelpunktes.*

Mit Gl. 9.10,

$$\boldsymbol{F}_a = M \boldsymbol{a}_S \,, \tag{9.10}$$

hatten wir die Newtonsche Bewegungsgleichung für ein System von Massenpunkten gefunden. $\boldsymbol{F}_a$ stellte die Summe aller äußeren Kräfte dar, die am Massenmittelpunkt des Systems angriffen. Die inneren Kräfte heben sich nach dem dritten Newtonschen Axiom paarweise auf (vgl. Abb. 9.7). Bilden wir die Ableitung von Gl. 9.15 nach der Zeit, so erhalten wir – die Masse M war nach Voraussetzung konstant –

$$\frac{\mathrm{d}\boldsymbol{P}}{\mathrm{d}t} = M \frac{\mathrm{d}\boldsymbol{v}_S}{\mathrm{d}t} = M \boldsymbol{a}_S \,. \tag{9.16}$$

Vergleichen wir diese Beziehung mit Gl. 9.10, so können wir nun die Newtonsche Bewegungsgleichung für ein System von Massenpunkten als

$$\boldsymbol{F}_a = \frac{\mathrm{d}\boldsymbol{P}}{\mathrm{d}t} \tag{9.17}$$

schreiben. Gl. 9.17 stellt die Verallgemeinerung der Gl. 9.12 dar, die wir nur für einen

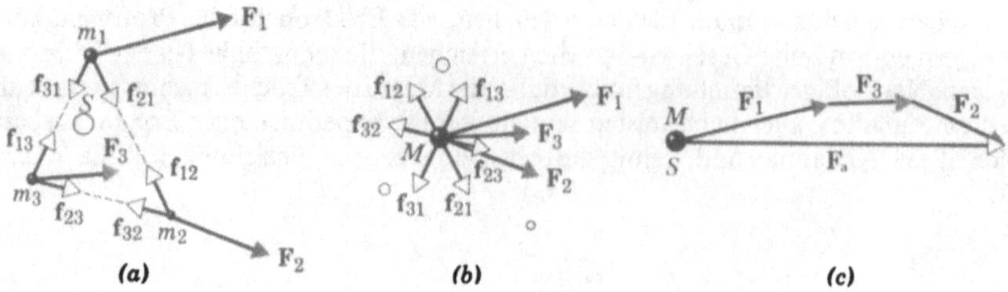

Abb. 9.7 Kräfteverteilung bei einem System von drei Teilchen der Massen m_1, m_2 und m_3. (a) Es sind die auf jede Masse wirkenden Kräfte eingezeichnet. Der Ort des Massenmittelpunktes ist S. Auf m_1 wirken die von m_2 und von m_3 ausgeübten Kräfte f_{21} und f_{31} sowie die äußere Kraft F_1. Eine ähnliche Kräfteeinwirkung ist für m_2 und m_3 gegeben. Da nach dem dritten Newtonschen Axiom die inneren Kräfte f_{31} und f_{13} gleich groß und entgegengesetzt gerichtet sind, müssen sie auf der Verbindungslinie von m_1 und m_3 liegen. Ähnlich verhält es sich mit den anderen beiden Aktions-Reaktions-Paaren. (b) Wenn man nur nach der Bewegung des Systems als ganzem fragt, kann man sich alle Kräfte in einem Punkt wirkend vorstellen. Dieser Punkt ist der Massenmittelpunkt, in dem man sich die gesamte Masse $M = m_1 + m_2 + m_3$ vereinigt denken kann. Auch in diesem Fall heben sich die inneren Kräfte paarweise auf, so daß am Massenmittelpunkt nur die drei äußeren Kräfte F_1, F_2 und F_3 angreifen. (c) Die äußeren Kräfte kann man vektoriell zu einer resultierenden Kraft F_a addieren.

Massenpunkt hergeleitet hatten. Die Gl. 9.12 lautet in Worten: Bei einem System von Massenpunkten ist die resultierende äußere Kraft gleich der zeitlichen Änderung des Impulses des Massenmittelpunktes. Die Gln. 9.11, 9.16 und 9.17 werden auch *erster Impulssatz* genannt (der zweite Impulssatz bezieht sich auf den Drehimpuls, vgl. Abschn. 12.4). Die Beziehungen 9.10, 9.15 und 9.17 lassen uns nun auch die physikalische Bedeutung des Massenmittelpunktes erkennen, nach der wir zu Beginn von Abschn. 9.2 gefragt hatten.

9.5 Der Impulserhaltungssatz

Der Impulssatz in der Form von Gl. 9.17 nimmt eine besonders einfache Form an, wenn das betrachtete System frei von äußeren Kräften ist. Mit $\boldsymbol{F}_a = 0$ ergibt sich nämlich:

$$\frac{\mathrm{d}\boldsymbol{P}}{\mathrm{d}t} = 0 \qquad \text{oder} \qquad \boldsymbol{P} = \text{const.}$$

In einem von äußeren Kräften freien System von Massenpunkten bleibt der Gesamtimpuls zeitlich konstant. Dieses einfache, aber allgemeingültige Ergebnis wird als Erhaltung des Impulses oder als *Impulserhaltungssatz* bezeichnet. Da der Impuls ein Vektor ist, bleiben sowohl der Betrag als auch die Richtung des Impulses erhalten. Mit Hilfe des Impulserhaltungssatzes können viele physikalische Probleme vereinfacht und gelöst werden.

Mit dem Impulserhaltungssatz lernen wir nach dem Energieerhaltungssatz (Abschn. 8.8) einen zweiten Erhaltungssatz der Physik kennen. Später werden wir noch weitere Erhaltungssätze besprechen, so die Erhaltung des Drehimpulses (Abschn. 13.4) und in der Elektrodynamik die Erhaltung der Ladung (Abschn. 26.7). Erhaltungssätze spielen in der Physik eine wichtige Rolle, da sie ein Naturgesetz in besonders einfacher und universeller Form wiedergeben. Für sie gilt ganz allgemein, daß bei einer zeitlichen Änderung des Systems eine Größe konstant bleibt. Verschiedene Beobachter, von denen sich jeder auf ein eigenes System bezieht, würden darin übereinstimmen, daß die betreffende physikalische Größe bei einer zeitlichen Änderung konstant bleibt. Bei einer Erhaltung des Impulses zum Beispiel könnten verschiedene Beobachter in verschiedenen Bezugssystemen durchaus verschiedene Richtungen und verschiedene Beträge des Impulses messen. Aber alle würden darin übereinstimmen – solange keine äußeren Kräfte wirken –, daß in ihrem Bezugssystem Richtung und Betrag des Impulses unverändert sind.

Der Gesamtimpuls kann also nur durch äußere Kräfte geändert werden. Die inneren Kräfte verursachen zwar auch Impulsänderungen, aber diese treten immer paarweise auf und heben sich gegenseitig auf. Für ein System von mehreren Massenpunkten ist

$$\boldsymbol{p}_1 + \boldsymbol{p}_2 + \ldots + \boldsymbol{p}_n = \boldsymbol{P}.$$

Wenn der Gesamtimpuls erhalten bleibt, gilt demnach

$$\boldsymbol{p}_1 + \boldsymbol{p}_2 + \ldots + \boldsymbol{p}_n = \text{const.} = \boldsymbol{P}_0\,. \tag{9.18}$$

Die Impulse der einzelnen Teilchen können sich also durchaus ändern, aber die Summe der Impulse bleibt bei Abwesenheit äußerer Kräfte konstant.

Da der Impuls ein Vektor ist, stellt Gl. 9.18 ein System von drei skalaren Gleichungen dar. Der Impulserhaltungssatz liefert uns damit drei Bedingungen für die Bewegung eines Systems. Der Energieerhaltungssatz hingegen stellt nur eine Bedingung für die Bewegung eines Systems dar, weil die Energie eine skalare Größe ist.

Der Impulserhaltungssatz gilt auch in der Atom- und Kernphysik, wo die Newtonsche Mechanik nicht mehr anwendbar ist. Der Impulserhaltungssatz muß also von noch fundamentalerer Bedeutung als die Newtonschen Axiome sein. Oder anders ausgedrückt, bei der Aufstellung des Impulserhaltungssatzes müssen wir offensichtlich einschneidendere Voraussetzungen angenommen haben, als eigentlich nötig waren. Eine der wichtigsten Bedingungen bei der Herleitung war das dritte Newtonsche Axiom, aus dem wir geschlossen haben, daß die Summe der inneren Kräfte Null ist. Irgendwie erscheint es unrealistisch anzunehmen, daß die inneren Kräfte zwischen den Atomen gerade immer paarweise auftreten, d. h. gleichen Betrag haben und entgegengesetzte Richtungen. Tatsächlich stellen die inneren Kräfte Vielkörperkräfte dar, d. h. sie hängen nicht nur vom relativen Abstand und der relativen Lage zweier Atome ab, sondern auch von der Lage und dem Abstand der anderen Nachbaratome. Es zeigt sich, daß die Gültigkeit der Impulserhaltung tatsächlich nicht vom dritten Newtonschen Axiom abhängt. Eine weitere Vertiefung der Problematik würde den Rahmen dieses Buches sprengen.

9.6 Einige Beispiele zur Impulserhaltung

Beispiel 4

Wir wollen ein System von Massenpunkten betrachten, auf das eine äußere Kraft wirkt. Es handelt sich um einen Feuerwerkskörper, der abgeschossen wird und während des Fluges explodiert. Der Weg des Feuerwerkskörpers ist in Abb. 9.8 wiedergegeben. Der Luftwiderstand wurde vernachlässigt. Das System besteht aus den Feuerwerkskörper samt Inhalt. Als Bezugssystem wählen wir die

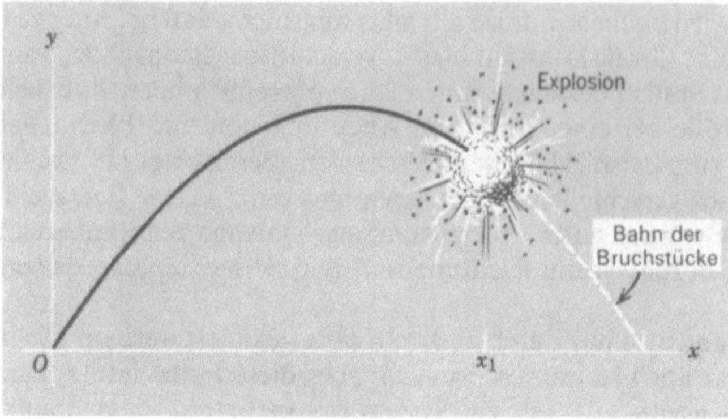

Abb. 9.8 Zu Beispiel 4. Ein Feuerwerkskörper verfolgt eine parabolische Flugbahn und explodiert bei x_1. Der Massenmittelpunkt der Bruchstücke bewegt sich auf der Fortsetzung der ursprünglichen Bahn weiter, während die einzelnen Bruchstücke nach allen Seiten auseinanderfliegen.

Erde. Die Erdanziehung stellt die äußere Kraft dar. Im Punkt x_1 der Flugbahn explodiert der Körper und die Bruchstücke fliegen in alle Richtungen auseinander. Welche Bewegung vollführt das System nach der Explosion?

Die Explosion wird von inneren Kräften hervorgerufen, denn ein Teil des Systems übt bei der Explosion Kräfte auf andere Teile des Systems aus. Durch diese Kräfte werden zwar die Impulse der Bruchstücke geändert, aber nicht der Gesamtimpuls des Systems. Nur eine äußere Kraft kann den Gesamtimpuls ändern.

Die einzige äußere Kraft in unserem Beispiel ist die Schwerkraft. Da sich ein System von Massenpunkten so bewegt, als ob seine gesamte Masse im Massenmittelpunkt vereinigt wäre, wird der Massenmittelpunkt des explodierenden Feuerwerkskörpers in einer parabolischen Bahn weiterfliegen. Die Impulsänderung, die das System durch die Schwerkraft erfährt, bleibt mit oder ohne Explosion dieselbe.

Was kann man über die mechanische Energie des Systems vor und nach der Explosion aussagen?

Beispiel 5

Zwei Blöcke A und B der Massen m_A und m_B liegen auf einer reibungsfreien waagerechten Unterlage und sind durch eine Schraubenfeder miteinander verbunden (Abb. 9.9). Die Blöcke werden auseinandergezogen, so daß sich die Feder spannt, und wieder losgelassen. Welche Bewegung führt das System aus?

Nach dem Loslassen wirken keine äußeren Kräfte mehr auf das System Block-Feder-Block. Es gilt also der Impulserhaltungssatz. Vor dem Spannen hatte das System keinen Impuls. Deshalb muß der Gesamtimpuls nach dem Loslassen ebenfalls Null sein. Die Blöcke können durchaus einen Einzelimpuls besitzen, sich also bewegen, nur die resultierende Summe muß Null sein. Wir machen den Ansatz

$$\text{Anfangsgesamtimpuls} = \text{Endgesamtimpuls}$$

oder

$$0 = m_B \mathbf{v}_B + m_A \mathbf{v}_A$$

bzw.

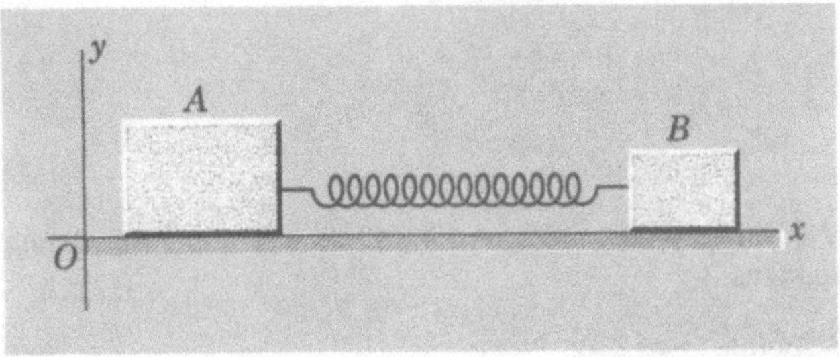

Abb. 9.9 Zu Beispiel 5. Zwei Blöcke A und B liegen auf einer reibungsfreien Unterlage und sind mit einer Schraubenfeder verbunden. Wenn die Blöcke auseinandergezogen und dann losgelassen werden, bleibt die Summe ihrer Impulse konstant.

$$m_B v_B = -m_A v_A$$

und

$$v_A = -\frac{m_B}{m_A} v_B .$$

Für die Zahlenwerte $m_A = 2$ kg und $m_B = 1$ kg würde die Geschwindigkeit v_A des Blockes A halb so groß wie die von B und ihr entgegengerichtet sein. Die kinetische Energie des Blocks A ist $\frac{1}{2}m_A v_A^2 = \frac{(m_A v_A)^2}{2m_A}$ und die des Blocks B ist $\frac{1}{2}m_B v_B^2 = \frac{(m_B v_B)^2}{2m_B}$. Damit erhält man für das Verhältnis der Energien

$$\frac{E_A}{E_B} = \frac{2m_B(m_A v_A)^2}{2m_A(m_B v_B)^2} = \frac{m_B}{m_A} .$$

Wir haben dabei von dem Impulserhaltungssatz $m_A v_A = m_B v_B$ Gebrauch gemacht. Die kinetischen Energien der Blöcke stehen zu jeder Zeit im umgekehrten Verhältnis wie ihre Massen. Da auch die mechanische Energie eine Erhaltungsgröße ist, werden die Blöcke dauernd hin- und herschwingen, und dabei wird die Energie zwischen potentieller und kinetischer Energie hin- und herwechseln.

Welche Bewegung führt der Massenmittelpunkt des Systems aus? Berücksichtigt man eine Reibung auf der Unterlage, so wird die Schwingung langsam abklingen, und die mechanische Energie wird vollständig in Wärme umgewandelt. Kann man für diesen Fall noch den Impulserhaltungssatz anwenden?

Beispiel 6

Der radioaktive Zerfall stellt ein Beispiel für ein System mit Rückstoß dar. Ein α-Teilchen wird von einem ^{238}U-Kern mit einer Geschwindigkeit von 1.4×10^7 m/s und einer kinetischen Energie von 4.1 MeV ausgesandt. Mit welcher Geschwindigkeit wird der übrigbleibende Kern (^{234}Th) zurückgestoßen?

Das System besteht aus einem einzigen Urankern, der durch innere Kräfte in zwei Teile, das α-Teilchen und den Thoriumkern, zerfällt. Es wirken keine äußeren Kräfte auf das System. Es gilt mithin der Impulserhaltungssatz. Vor dem Zerfall war der Impuls des Systems Null. Nach dem Zerfall muß der Gesamtimpuls auch Null sein. Wir machen den Ansatz

$$0 = M_\alpha v_\alpha - M_{Th} v_{Th}$$

und

$$v_{Th} = -\frac{M_\alpha}{M_{Th}} v_\alpha .$$

Das Massenverhältnis M_α/M_{Th} beträgt 4/234 und v_α ist 1.4×10^7 m/s. Wir erhalten damit für die Geschwindigkeit des Thoriumkerns

$$v_{Th} = -(4/234)(1.4 \times 10^7 \text{ m/s}) = -2.4 \times 10^5 \text{ m/s} .$$

Das Minuszeichen soll andeuten, daß der Thoriumkern in die entgegengesetzte Richtung wie das α-Teilchen fliegt.

Wie könnte man die kinetische Energie des Thoriumkerns berechnen? Woher erhalten die beiden Zerfallsteile ihre kinetische Energie?

Beispiel 7

Senkrechter Wurf nach oben. Jemand wirft einen Ball senkrecht in die Luft und fängt ihn wieder auf.

Einfachheitshalber nehmen wir an, die werfende Person sei ein Teil der Erde und fest mit ihr verbunden. Der Luftwiderstand werde vernachlässigt. Damit besteht das System nur noch aus Erde und Ball. Die Gravitationskraft zwischen Erde und Ball stellt nun eine innere Kraft des Systems dar. Wir wählen ein Bezugssystem, in dem sich Erde und Ball in Ruhe befinden. Für einen Beobachter in diesem Bezugssystem erhält die Erde beim Werfen des Balles einen Rückstoß. Da der Gesamtimpuls des Systems Erde-Ball zu Anfang Null war, muß er auch nachher noch Null sein. Es gilt also widerum für den Impuls:

$$0 = m_B v_B + m_E v_E$$

bzw.

$$m_B v_B = -m_E v_E .$$

Die Indizes E und B verweisen auf Erde bzw. Ball. Da die Erde eine sehr viel größere Masse als der Ball besitzt, wird die Rückstoßgeschwindigkeit der Erde sicher verschwindend klein sein. Während des Hochwerfens zieht die (innere) Gravitationskraft den Ball und die Erde wieder an, bis der Ball nicht mehr steigt und schließlich wieder herunterfällt. Dabei fällt auch die Erde mit einem gleich großen entgegengesetzten Impuls auf den Ball zu. Beim Auftreffen des Balls auf die Erde gleichen sich die beiden Impulse direkt aus, und beide Körper verlieren ihre Bewegung. Der Gesamtimpuls ist wieder wie zu Anfang Null.

Wir erinnern uns, daß wir bei der Diskussion des Energieerhaltungssatzes in einem Gravitationsfeld (Abschn. 8.4) die Bewegung der Erde nicht berücksichtigt hatten. Die Erdoberfläche war unsere Bezugsebene, auf der das Gravitationspotential Null war. Die Lage des Bezugssystems spielte keine Rolle, weil wir nur an einer Änderung der potentiellen Energie interessiert waren. Bei der Bestimmung der Änderung der kinetischen Energie nahmen wir eine stationäre Erde an, so wie in dem vorliegenden Beispiel.

Im Prinzip darf man natürlich die Änderung der kinetischen Energie der Erde nicht vernachlässigen, auch wenn die Geschwindigkeit der Erde bei der Bewegung auf den Ball hin wegen der enorm hohen Erdmasse sehr klein ist. Deshalb wollen wir das Verhältnis der kinetischen Energien von Erde und Ball berechnen. Aus dem Impulserhaltungssatz erhalten wir $m_E v_E = m_B v_B$. Damit ergibt sich wie in Beispiel 5 für das Verhältnis der kinetischen Energien

$$\frac{E_E}{E_B} = \frac{\frac{1}{2}m_E v_E^2}{\frac{1}{2}m_B v_B^2} = \frac{\frac{1}{2}(m_E v_E)^2}{\frac{1}{2}(m_B v_B)^2}\frac{m_B}{m_E} = \frac{m_B}{m_E}.$$

Für $m_B = 6\,\text{kg}$, das wäre schon ein schwerer Medizinball, und $m_E = 6 \times 10^{24}\,\text{kg}$ ergibt sich $E_E/E_B = 10^{-24}$!

Das Beispiel des hochgeworfenen Balls ist fast identisch mit dem der beiden durch eine Feder verbundenen Blöcke (Beispiel 5). Der Unterschied besteht darin, daß in Beispiel 5 die potentielle Energie elastischer Natur war, in Beispiel 6 dagegen ist die potentielle Energie die Gravitationsenergie. Nicht zu vergessen sind natürlich die unterschiedlichen Massenverhältnisse.

9.7 Systeme mit veränderlicher Masse

Bisher haben wir nur Systeme behandelt, deren Massen sich nicht mit der Zeit ändern. Jetzt sollen auch solche Systeme betrachtet werden, bei denen während einer Beobachtung Masse aus dem System verschwindet oder von außen hinzukommt. Den Verlust oder den Gewinn an Masse wollen wir mit $-\mathrm{d}M/\mathrm{d}t$ bzw. mit $+\mathrm{d}M/\mathrm{d}t$ bezeichnen.

In Abb. 9.10 a ist eine Massenverteilung M gezeigt, deren Massenmittelpunkt sich mit einer Geschwindigkeit $\boldsymbol{v}$ vorwärts bewegt. Auf das System wird eine äußere Kraft $\boldsymbol{F}_a$ ausgeübt. Nach einer Zeit Δt stellt sich das System so dar, wie in Abb. 9.10 b gezeigt ist. Ein Teil ΔM der Masse hat das ursprüngliche System verlassen und bewegt sich mit einer Geschwindigkeit $\boldsymbol{u}$ von der restlichen Masse fort. Diese hat sich auf den Betrag von $M-\Delta M$ reduziert und bewegt sich nach der Trennung mit einer erhöhten Geschwindigkeit $\boldsymbol{v} + \Delta\boldsymbol{v}$ weiter.

Man kann sich dieses System als eine Rakete vorstellen, die die heißen Verbrennungsgase durch eine Düse mit hoher Geschwindigkeit nach hinten ausstößt. Die Masse der Rakete nimmt dabei beständig ab und die Geschwindigkeit dauernd zu. Die äußere Kraft $\boldsymbol{F}_a$ ist nicht etwa der Schub auf die Rakete, sondern die Schwerkraft der Erde und der Reibungswiderstand der Erdatmosphäre.

Um das Problem lösen zu können, betrachten wir zunächst ein System mit konstanter Masse, indem wir zu dem Körper mit der Masse $M-\Delta M$ (der Rakete) die ausgestoßene Masse ΔM (die Verbrennungsgase) hinzunehmen.

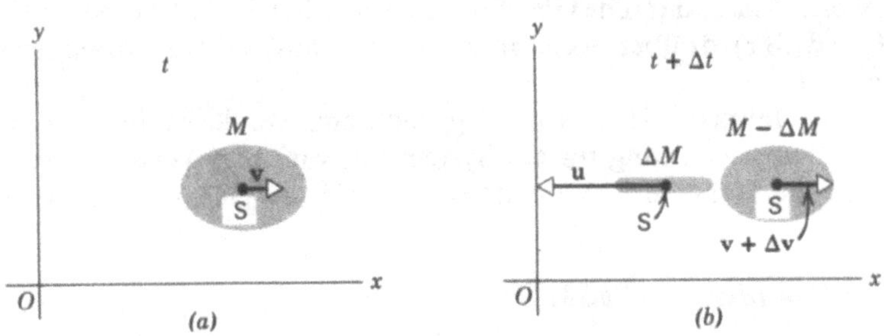

Abb. 9.10 Eine sich mit der Geschwindigkeit v bewegende Masse M verliert im Zeitintervall Δt die Masse ΔM.

Damit können wir die bisherigen Beziehungen für ein System mit konstanter Masse weiterverwenden. Aus der Newtonschen Bewegungsgleichung für ein System von Massenpunkten,

$$\boldsymbol{F}_a = \frac{d\boldsymbol{P}}{dt},$$

erhalten wir für ein endliches Zeitintervall Δt näherungsweise

$$\boldsymbol{F}_a \approx \frac{\Delta \boldsymbol{P}}{\Delta t} = \frac{\boldsymbol{P}_e - \boldsymbol{P}_a}{\Delta t}.$$

$\boldsymbol{P}_e$ ist der Impuls des Systems von Abb. 9.10b, und $\boldsymbol{P}_a$ ist der anfängliche Impuls des Systems von Abb. 9.10a. Wir ersetzen die Impulse $\boldsymbol{P}$ nach der Definitionsgleichung 9.11 durch $\boldsymbol{P}_e = (M - \Delta M)(\boldsymbol{v} + \Delta \boldsymbol{v}) + \Delta M \boldsymbol{u}$ und $\boldsymbol{P}_a = M\boldsymbol{v}$. Damit ergibt sich für die äußere Kraft

$$\begin{aligned}\boldsymbol{F}_a &\approx \frac{[(M - \Delta M)(\boldsymbol{v} + \Delta \boldsymbol{v}) + \Delta M \boldsymbol{u}] - [M\boldsymbol{v}]}{\Delta t} \\ &= M\frac{\Delta \boldsymbol{v}}{\Delta t} + [\boldsymbol{u} - (\boldsymbol{v} + \Delta \boldsymbol{v})]\frac{\Delta M}{\Delta t}.\end{aligned} \tag{9.19}$$

Wenn wir nun das Zeitintervall Δt gegen Null gehen lassen, wird sich die Konfiguration von Abb. 9.10b immer mehr der von Abb. 9.10a nähern. Damit wird aber $\Delta v/\Delta t$ zu dv/dt. ΔM ist die im Zeitintervall Δt ausgestoßene Masse. Da die Änderung dM/dt aber negativ ist (Masse geht dem System verloren), muß die positive Größe $\Delta M/\Delta t$ im Falle von $\Delta t \to 0$ durch $-dM/dt$ ersetzt werden. Außerdem geht auch Δv gegen Null. Wir erhalten aus Gl. 9.19 somit

$$\boldsymbol{F}_a = M\frac{d\boldsymbol{v}}{dt} + \boldsymbol{v}\frac{dM}{dt} - \boldsymbol{u}\frac{dM}{dt} \tag{9.20a}$$

bzw.

$$\boldsymbol{F}_a = \frac{d}{dt}(M\boldsymbol{v}) - \boldsymbol{u}\frac{dM}{dt}. \tag{9.20b}$$

Diese letzte Beziehung stellt die Newtonsche Bewegungsgleichung für ein System mit zeitlich veränderlicher Masse dar. Die Gleichungen 9.20 gehen in die bekannten Formen $\boldsymbol{F}_a = M\boldsymbol{a}$ und $\boldsymbol{F}_a = d(M\boldsymbol{v})/dt$ über, wenn man eine konstante Masse voraussetzt, also $dM/dt = 0$ annimmt.

Man muß darauf hinweisen, daß es nicht gelingt, eine verallgemeinerte Form der Newtonschen Bewegungsgleichung für ein System mit variabler Masse zu gewinnen, indem man einfach die Masse in $\boldsymbol{F}_a = d\boldsymbol{p}/dt = d(M\boldsymbol{v})/dt$ als eine Variable behandelt. Denn das würde zu

$$\boldsymbol{F}_a = d(M\boldsymbol{v})/dt = M d\boldsymbol{v}/dt + \boldsymbol{v} dM/dt$$

führen, welches nur einen Spezialfall von Gl. 9.20 darstellt. Es müßte dann entweder $dM/dt = 0$ gelten, also ein System mit konstanter Masse vorliegen, oder $\boldsymbol{u} = 0$ gelten, also ein spezielles Bezugssystem vorliegen. Man kann die Beziehung $\boldsymbol{F}_a = \mathrm{d}\boldsymbol{P}/\mathrm{d}t$ nur dann zur Bestimmung der Bewegung eines Systems mit variabler Masse heranziehen, wenn man sie auf ein Gesamtsystem konstanter Masse anwendet, bei dem Teilsysteme Masse untereinander austauschen. Genauso sind wir bei der Herleitung der Gl. 9.20 vorgegangen. Die Bedeutung der Bewegungsgleichung in der Form $\boldsymbol{F} = \mathrm{d}\boldsymbol{p}/\mathrm{d}t$ liegt in der klassischen Physik darin, daß sie die Erhaltung des Impulses hervorhebt und eine einfache Methode zur Untersuchung relativ komplizierter physikalischer Systeme darstellt. Da es an uns liegt, was wir zu dem System hinzunehmen wollen oder nicht, wählen wir es immer so groß, daß wir ein System mit konstanter Masse erreichen.

Andererseits ist es oft vorteilhaft, gerade ein System mit veränderlicher Masse zu haben, wie zum Beispiel bei der Rakete in Abb. 9.10. Man wendet in einem solchen Fall die Newtonsche Bewegungsgleichung Gl. 9.20 in einer etwas anderen, bequemeren Form an. Die Größe $\boldsymbol{u} - (\boldsymbol{v} + \Delta\boldsymbol{v})$ von Gl. 9.19 stellt gerade die relative Geschwindigkeit der ausgestoßenen Masse ΔM gegenüber der weiterfliegenden Masse $M - \Delta M$ dar. Aus Gl. 9.20 wird dann:

$$M\frac{\mathrm{d}\boldsymbol{v}}{\mathrm{d}t} = \boldsymbol{F}_a + (\boldsymbol{u} - \boldsymbol{v})\frac{\mathrm{d}M}{\mathrm{d}t} \tag{9.21a}$$

oder

$$M\frac{\mathrm{d}\boldsymbol{v}}{\mathrm{d}t} = \boldsymbol{F}_a + \boldsymbol{v}_{\mathrm{rel}}\frac{\mathrm{d}M}{\mathrm{d}t}. \tag{9.21b}$$

Das zweite Glied auf der rechten Seite von Gl. 9.21 b, $\boldsymbol{v}_{\mathrm{rel}}(\mathrm{d}M/\mathrm{d}t)$, ist die Rate, mit der Impuls von der ausgestoßenen Masse aus dem System hinausgetragen (oder hereingetragen) wird. Man kann dies als eine Kraft auffassen, die von der ausgestoßenen Masse auf das System ausgeübt wird. Diese Kraft heißt Schubkraft oder kurz *Schub*. Sie sollte bei einer Rakete möglichst groß sein. Aus Gl. 9.21 b ersieht man, daß hierfür die Ausstoßrate an Verbrennungsgasen und deren Ausströmgeschwindigkeit groß sein müssen. Man kann den Schub ganz allgemein als eine Reaktionskraft ansehen, die von der ausgestoßenen Masse auf das System ausgeübt wird, und Gl. 9.21 b als

$$M\frac{\mathrm{d}\boldsymbol{v}}{\mathrm{d}t} = \boldsymbol{F}_a + \boldsymbol{F}_R$$

schreiben.

Beispiel 8

Ein Kind sitzt in einem Handwagen, der bis zum Rand mit Tennisbällen gefüllt ist. Der Wagen ist so gut gelagert, daß er reibungsfrei auf dem Gehweg rollen kann. Das Kind wirft in jeder Sekunde einen Ball mit einer Geschwindigkeit von 5 m/s nach hinten aus dem Wagen und hofft, damit das Gefährt in Fahrt zu bringen. Wie lange braucht das Kind, um aus dem Stillstand heraus eine Strecke von 50 m zurückzulegen (vgl. Abb. 9.11 a)?

Angenommen das Verfahren funktioniert, so nehmen wir uns irgendeinen Zeitpunkt heraus, in dem die Masse des Systems (Wagen + Kind + Bälle) M beträgt. Ein Ball soll die Masse m haben. Wenn der Wagen mit der Geschwindigkeit $\boldsymbol{v}$ über den Gehweg rollt, stellt die angegebene Geschwindigkeit von 5 m/s die relative Geschwindigkeit $\boldsymbol{v}_{\mathrm{rel}}$ der Bälle zum Wagen dar. Da keine äußeren Kräfte wirken, gilt $\boldsymbol{F}_a = 0$, und wir erhalten aus Gl. 9.21b

$$M\frac{d\boldsymbol{v}}{dt} = \boldsymbol{v}_{rel}\frac{dM}{dt}.$$

$d\boldsymbol{v}/dt$ stellt die Beschleunigung $\boldsymbol{a}$ des Wagens dar; die Änderung der Masse beträgt $dM/dt = -nm$, wobei n die Wurffrequenz bedeutet, die in diesem Fall 1 Ball/s beträgt. Wir erhalten also

$$\boldsymbol{a} = \frac{d\boldsymbol{v}}{dt} = -\frac{\boldsymbol{v}_{rel}(mn)}{M}.$$

Die Beschleunigung $\boldsymbol{a}$ hat die entgegengesetzte Richtung wie $\boldsymbol{v}_{rel}$, ist also nach vorne gerichtet. Es seien folgende Werte gegeben: $M = 100$ kg, $m = 200$ g, $v_{rel} = 5$ m/s und $n = 1$/s. Eingesetzt ergibt das

$$a = \frac{(5\,\text{m/s})(0.2\,\text{kg})(1/\text{s})}{100\,\text{kg}} = 0.01\,\text{m/s}^2 = 1\,\text{cm/s}^2.$$

Die durchschnittliche Schubkraft beträgt somit

$$F = v_{rel}nm = (5\,\text{m/s})(1/\text{s})(0.2\,\text{kg}) = 1\,\text{N}.$$

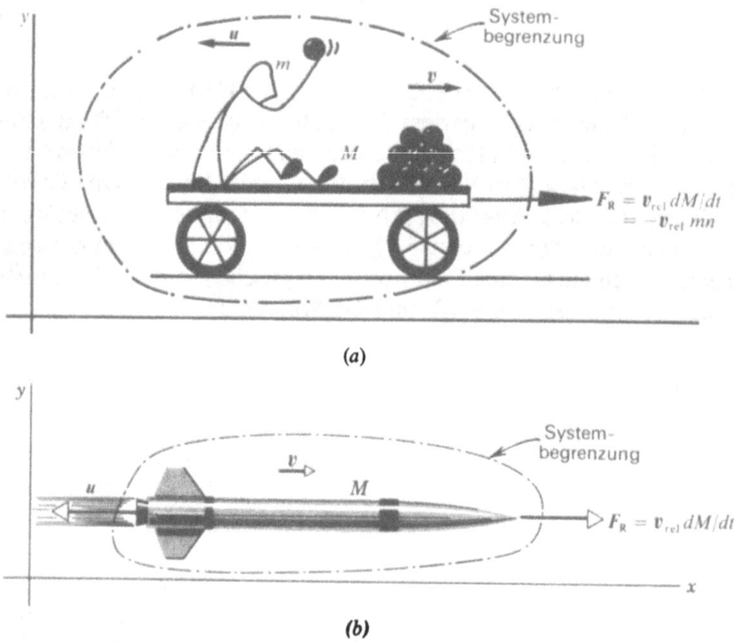

Abb. 9.11 Zu Beispiel 8. (a) Ein Kind sitzt in einem Handwagen, der sich auf einer reibungsfreien Unterlage bewegen kann. Das Kind wirft in jeder Sekunde einen Tennisball der Masse m mit der Geschwindigkeit $\boldsymbol{u}$ hinter sich. Der Wagen rollt durch die Rückstöße, angetrieben mit der Geschwindigkeit $\boldsymbol{v}$ nach rechts. Die Geschwindigkeiten $\boldsymbol{v}$ des Wagens und $\boldsymbol{u}$ der Bälle sind im Bezugssystem eines Beobachters gemessen, der auf der reibungsfreien Unterlage steht. (b) Eine Rakete fliegt durch den Raum. Äußere Kräfte treten nicht auf. Aus dem Triebwerk treten Verbrennungsgase mit der zur Rakete relativen Geschwindigkeit $\boldsymbol{u}-\boldsymbol{v}$ mit einer Rate $-dM/dt$ aus. Die Rakete erfährt eine Reaktionskraft $\boldsymbol{F}_R = (dM/dt)\boldsymbol{v}_{rel}$, die den Schub darstellt. Alle Geschwindigkeiten sind im Bezugssystem der Erde gemessen.

Da es sich bei unserem Beispiel um eine gleichmäßig beschleunigte Bewegung handelt, können wir für die zurückgelegte Strecke $x = 50$ m die Gl. 3.15 anwenden und erhalten mit

$$x = \frac{a}{2} t^2$$

eine Zeit von

$$t = \sqrt{\frac{2x}{a}} = \sqrt{\frac{2 \times 50\,\mathrm{m}}{0.01\,\mathrm{m/s^2}}} = \sqrt{10^4\,\mathrm{s}^2} = 100\,\mathrm{s}\,.$$

Das ist erstaunlich kurz. Warum funktioniert das eben geschilderte Verfahren in Wirklichkeit aber nicht?

In Abb. 9.11 b zeigen wir ein ähnliches Beispiel, und zwar eine Rakete, die sich nach dem Rückstoßprinzip vorwärtsbewegt. Man kann diese Bewegung unter dem Gesichtspunkt des dritten Newtonschen Axioms und des Impulserhaltungssatzes diskutieren. Der Gedankengang ist folgender: Man wählt sich ein System konstanter Masse aus, also Rakete und Verbrennungsgase, und legt ein Bezugssystem in den Massenmittelpunkt des Systems. Die heißen Verbrennungsgase werden mit hoher Geschwindigkeit aus der Raketendüse ausgestoßen (Aktionskraft) und üben dabei nach dem dritten Newtonschen Axiom auf die Rakete einen Rückstoß aus (Reaktionskraft). Die Rakete erhält einen Schub nach vorn. Es handelt sich bei diesem Vorgang nur um die Wirkung von inneren Kräften des Systems (Rakete und Verbrennungsgase). Wenn keine äußeren Kräfte wirken, bleibt der Impuls des Systems erhalten. Das bedeutet, daß der Gesamtimpuls des Systems konstant bleibt, während die Einzelimpulse der einzelnen Teile des Systems sich ändern können. Der Impuls der Verbrennungsgase ist immer nach hinten gerichtet, der gleich große Impuls der Rakete aber nach vorn.

Diese Betrachtung kann man auch auf das ballwerfende Kind in dem Handwagen anwenden.

Beispiel 9

Wir wollen das Beispiel der Rakete von Abb. 9.11 b mit Zahlenwerten durchrechnen. Eine Rakete wiege beim Start in vollbeladenem Zustand 100000 N. Sie wird senkrecht nach oben gestartet und wiegt nach dem Ausbrennen des Treibstoffes nur noch 40000 N. Die Verbrennungsgase werden mit einer Rate von 100 kg/s und einer Geschwindigkeit von 1.5 km/s (Ausströmgeschwindigkeit) von der Rakete ausgestoßen.

(a) Wie groß ist die Schubkraft?

Die Schubkraft ist durch den zweiten Summanden in Gl. 9.21 b zu

$$F = v_{\mathrm{rel}} \frac{\mathrm{d}M}{\mathrm{d}t} = (1.5\,\mathrm{km/s})(100\,\mathrm{kg/s}) = 150\,\frac{\mathrm{km\,kg}}{\mathrm{s}^2} = 150000\,\mathrm{N}$$

gegeben. Zu Beginn des Raketenstartes betrug der Schub 150000 N abzüglich der Gewichtskraft der Rakete von 100000 N, also insgesamt nur 50000 N. Beim Brennschluß beträgt der Schub auf die Rakete 150000 N abzüglich der Gewichtskraft der Rakete von 40000 N, also insgesamt 110000 N. Verluste durch die Wirkung der Schwerkraft und den Luftwiderstand sind dabei nicht berücksichtigt worden.

(b) Welche Geschwindigkeit (Endgeschwindigkeit) erreicht die Rakete nach dem Brennschluß? Alle äußeren Kräfte seien vernachlässigt.

Mit $\boldsymbol{F}_a = 0$ wird aus Gl. 9.21 b:

$$M \frac{\mathrm{d}\boldsymbol{v}}{\mathrm{d}t} = \boldsymbol{v}_{\mathrm{rel}} \frac{\mathrm{d}M}{\mathrm{d}t} \qquad \text{bzw.} \qquad \mathrm{d}\boldsymbol{v} = \boldsymbol{v}_{\mathrm{rel}} \frac{\mathrm{d}M}{M}\,.$$

Wir integrieren diese Gleichung und setzen die Integrationsgrenzen mit v_0 und v bzw. M_0 und M fest:

$$\int_{v_0}^{v} \mathrm{d}v = v_{rel} \int_{M_0}^{M} \frac{\mathrm{d}M}{M}.$$

M_0 und v_0 sind Masse und Geschwindigkeit beim Start, M und v sind die Werte beim Brennschluß. Weiterhin nahmen wir an, daß die Ausströmgeschwindigkeit v_{rel} der Verbrennungsgase konstant ist. Damit erhalten wir

$$v - v_0 = -v_{rel} \ln(M_0/M) = -v_{rel} \ln\left(1 + \frac{M_0 - M}{M}\right).$$

An diesem Bewegungsgesetz der Rakete erkennt man, daß die Zunahme der Raketengeschwindigkeit nur von der Ausströmgeschwindigkeit der Verbrennungsgase und vom relativen Anteil der ausströmenden Gasmasse abhängt. Im vorliegenden Beispiel gelten $v_0 = 0$ und $M_0/M = 100000/40000 = 4$, so daß die Brennschlußgeschwindigkeit der Rakete

$$v = v_{rel} \ln(M_0/M) = (1.5\ \mathrm{km/s}) \ln 4 = 2.08\ \mathrm{km/s} \approx 7500\ \mathrm{km/h}$$

beträgt. Bei Berücksichtigung von Luftwiderstand und Schwerkraft wird die erreichte Endgeschwindigkeit natürlich geringer.

Bezeichnen wir die Endgeschwindigkeit mit v_e und das Eigengewicht (Endgewicht) der Rakete mit M_e, so kann man obige Raketengleichung auch in der Form

$$\frac{M_e}{M_0} = \mathrm{e}^{-v_e/v_{rel}}$$

schreiben. Dieser klassischen Raketengleichung entnimmt man, daß die Rakete im Prinzip auf jede beliebige Endgeschwindigkeit gebracht werden kann, wenn nur genügend Treibstoff zur Verfügung steht und die Rakete selbst leicht genug gebaut werden kann. Beiden Bedingungen sind aber praktische Grenzen gesetzt. Im wesentlichen richtet sich das Augenmerk der Raketenkonstrukteure deshalb auf eine Erhöhung der Ausströmgeschwindigkeit der Verbrennungsgase. Für die interplanetare Raumfahrt sind daher Ionen- und Photonentriebwerke sowie Kernenergietriebwerke in Erprobung. Geplant sind sogar Fusionstriebwerke, die mit einer Ausströmgeschwindigkeit von 1000 km/s arbeiten sollen. Eine absolute obere Grenze ist durch die Vakuumlichtgeschwindigkeit gesetzt, die nach der Relativitätstheorie von keinem Körper erreicht oder sogar überschritten werden kann.

Beispiel 10

Aus einem Trichter rinnt Sand mit einer konstanten Rate $\mathrm{d}M/\mathrm{d}t$ auf ein Förderband, das den Sand mit einer Geschwindigkeit $\boldsymbol{v}$ weitertransportiert (Abb. 9.12). Mit welcher Kraft muß das Förderband betrieben werden?

Es handelt sich hier eindeutig um eine Kraft, die nur von einer veränderlichen Masse abhängt, denn die Geschwindigkeit $\boldsymbol{v}$ bleibt konstant. Wir fassen das laufende Förderband und die veränderliche Masse zu einem System zusammen und wenden darauf die Gl. 9.21 b an. Da die Geschwindigkeit $\boldsymbol{v}$ konstant bleibt, ist $\mathrm{d}\boldsymbol{v}/\mathrm{d}t = 0$. Die relative Geschwindigkeit des Trichters und des fallenden Sandes gegenüber dem Förderband beträgt $\boldsymbol{v}_{rel} = -\boldsymbol{v}$, da der Sand selbst keine Geschwindigkeit besitzt.

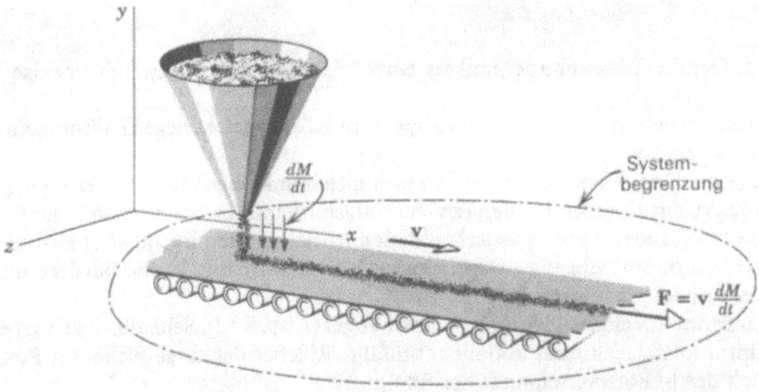

Abb. 9.12 Zu Beispiel 10. Aus einem Trichter rinnt Sand mit der Rate $\mathrm{d}M/\mathrm{d}t$ auf ein mit der Geschwindigkeit $\boldsymbol{v}$ rollendes Laufband. Zur Aufrechterhaltung der Bewegung des Bandes ist eine Kraft $\boldsymbol{F} = \boldsymbol{v}(\mathrm{d}M/\mathrm{d}t)$ erforderlich. Der Trichter befindet sich im Bezugssystem des Raumes in Ruhe.

Mit diesen Angaben erhalten wir

$$0 = \boldsymbol{F}_a - \boldsymbol{v}\frac{\mathrm{d}M}{\mathrm{d}t}$$

bzw.

$$\boldsymbol{F}_a = \boldsymbol{v}\frac{\mathrm{d}M}{\mathrm{d}t}\,.$$

Die Massenänderung $\mathrm{d}M/\mathrm{d}t$ ist positiv, da dauernd neuer Sand auf das Förderband rinnt. Bei einer reibungsfreien Bewegung geht die Masse des Bandes selbst gar nicht in die Rechnung ein. Die das Band treibende Kraft muß natürlich in die Richtung zeigen, in der das Band läuft. Sie hat eine Leistung von

$$P = \boldsymbol{F}\cdot\boldsymbol{v} = \boldsymbol{v}\cdot\boldsymbol{F} = \boldsymbol{v}\cdot(\boldsymbol{v}\mathrm{d}M/\mathrm{d}t) = v^2(\mathrm{d}M/\mathrm{d}t)$$

zu erbringen. Da $\boldsymbol{v}$ konstant ist, ergibt sich weiterhin

$$P = \frac{\mathrm{d}(Mv^2)}{\mathrm{d}t} = 2\frac{\mathrm{d}}{\mathrm{d}t}\left(\frac{1}{2}Mv^2\right) = 2\frac{\mathrm{d}E_k}{\mathrm{d}t}\,.$$

Man erkennt, daß die zum Betrieb des Bandes erforderliche Leistung doppelt so hoch ist wie die Zunahme der kinetischen Energie des Systems. Wo bleibt die andere Hälfte? Die kinetische Energie des Bandes bleibt konstant, da v sich nicht ändert. In dem vorliegenden Beispiel bleibt offenbar die mechanische Energie nicht erhalten.

Man kann dieses Beispiel 10 auch so lösen, daß man sich ein festes Massensystem auswählt und dann den Impulserhaltungssatz anwendet.

Fragen

1. Muß sich am Ort des Massenmittelpunktes eines Massensystems notwendigerweise Masse befinden?
2. Muß der Massenmittelpunkt eines festen Körpers im Körper selbst liegen? Wenn nein, führe man einige Beispiele an.
3. Man betrachte die Definitionen für einen Massenmittelpunkt eines Körpers, den geographischen Mittelpunkt eines Landes und den Bevölkerungsmittelpunkt (Schwerpunkt der Bevölkerungsdichte) eines Landes. Gibt es zwischen diesen Mittelpunkten irgendwelche Ähnlichkeiten? Was kann man daraus schließen, wenn geographischer Mittelpunkt und Bevölkerungsmittelpunkt eines Landes nicht zusammenfallen.
4. Ein Bildhauer formt aus einem Metallblech einen Vogel (Abb. 9.13). Schließlich gelingt es ihm, daß die Skulptur tatsächlich steht und nicht umfällt. Welcher der eingezeichneten Punkte ist wahrscheinlich der Massenmittelpunkt der Skulptur?

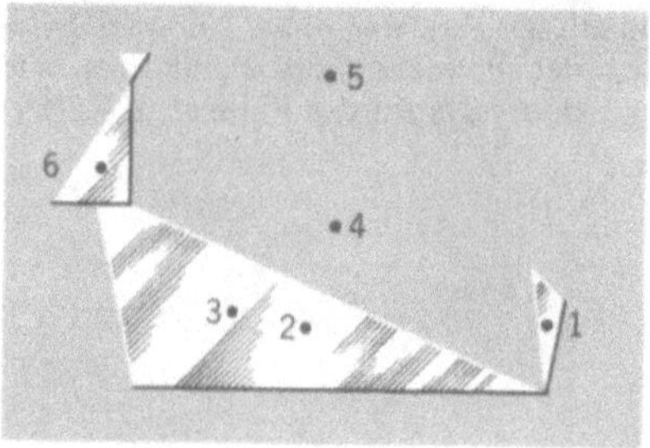

Abb. 9.13 Zu Frage 4

5. Stimmt es, daß der Ort des Massenmittelpunktes einer Ansammlung von Teilchen nicht vom gewählten Koordinatensystem abhängt? Könnte man den Ursprung des Koordinatensystems auch in den Massenmittelpunkt legen?
6. Nur äußere Kräfte können den Bewegungszustand des Massenmittelpunktes eines Körpers ändern. Wie kommt es aber, daß zum Beispiel beim Bremsen eines Autos die inneren Kräfte dieses zum Stehen bringen?
7. Kann ein Körper Energie besitzen, aber keinen Impuls? Kann ein Körper einen Impuls haben, aber keine Energie? Man erkläre beide Möglichkeiten.
8. Ein leichter und ein schwerer Körper haben den gleichen Betrag an kinetischer Translationsenergie. Welcher Körper hat den größeren Impuls?
9. Ein Vogel flattert in einem Drahtkäfig umher, der an einer Federwaage hängt. Ist die Anzeige der Waage beim Flattern größer oder kleiner als beim Stillsitzen des Vogels? Oder ist sie unverändert?
10. Kann man ein Segelboot dadurch vorantreiben, daß man das Segel mit einem Fön anbläst?
11. Ein Kanufahrer kann sein Boot auf einem stillen See dadurch in Bewegung bringen und somit das Ufer erreichen, indem er ruckartig auf das am Bug befestigte Halteseil schlägt. Wie ist das möglich?
12. Wie kann jemand, der auf einer reibungsfreien waagerechten Unterlage steht, von dieser wieder herunterkommen?
13. Ein Mann steht auf einer großen, glatten Eisscholle. In der Hand hält er einen bereits angezündeten Feuerwerkskörper, den er dann in die Luft wirft, wo dieser explodiert. Man beschreibe kurz und präzise die Bewegung des Massenmittelpunktes des Feuerwerkskörpers allein und die des Systems (Mann + Feuerwerkskörper). Man betrachte insbesondere folgende Zeitabschnitte: (a) Nach dem Werfen des Feuerwerkskörpers, aber noch vor der Explosion; (b) nach der Explosion, aber bevor das erste Explosionsfragment auf die Eisscholle fällt; (c) nachdem das

erste Fragment auf die Scholle gefallen ist, aber kurz bevor das letzte Fragment auf die Eisscholle fällt; (d) nachdem das letzte Fragment des explodierten Feuerwerkskörpers auf die Scholle gefallen ist, aber bevor das erste Fragment den Rand der Scholle erreicht hat.

14. Wie auf S. 214 erläutert, kann man die Beziehung $\boldsymbol{F}_a = d(M\boldsymbol{v})/dt$ nicht auf ein System mit veränderlicher Masse anwenden. Um das zu beweisen, bringe man (a) obige Gleichung in die Form $\left(\boldsymbol{F}_a - M\frac{d\boldsymbol{v}}{dt}\right)/\left(dM/dt\right) = \boldsymbol{v}$ und zeige (b), daß eine Seite dieser Gleichung in allen Bezugssystemen den gleichen Wert behält, die andere Seite aber nicht. Daher kann die obige Beziehung nicht allgemein gültig sein. (c) Man zeige, daß Gl. 9.20 nicht zu einem solchen Widerspruch führt.
15. Jemand wirft einen Eiswürfel mit einer Geschwindigkeit $\boldsymbol{v}$ in einen heißen, evakuierten, gravitationsfreien Raum. Der Eiswürfel schmilzt zu Wasser, das Wasser verdampft. (a) Handelt es sich hier zu allen Zeiten um ein System von Teilchen? (b) Wenn ja, handelt es sich immer um das gleiche Teilchensystem? (c) Gibt es in der Bewegung des Massenmittelpunktes des Systems irgendwelche Unstetigkeiten (abrupte Änderungen)? (d) Ändert sich der Gesamtimpuls? (e) Fallen die Antworten anders aus, wenn es sich nicht um einen gravitationsfreien Raum handelt?
16. In der Pionierzeit der Raketenentwicklung um 1920 stand man der Wirkungsweise des Rückstoßes noch skeptisch gegenüber. Es wurde behauptet, daß eine Rakete im Weltraum nicht funktionieren könne, da es eine Reaktion gegen ein Vakuum nicht gebe. Was war an dieser Behauptung falsch?
17. Warum ist die Endgeschwindigkeit einer Mehrstufenrakete viel größer als die Endgeschwindigkeit einer Einstufenrakete, die die gleiche Masse und die gleiche Treibstoffmenge besitzt?
18. Beim Ausstoßen der Verbrennungsgase verschiebt sich der Massenmittelpunkt einer Rakete (in einem mit der Rakete fest verbundenen Bezugssystem). Muß man das bei einer genauen Lösung der Raketenbewegung berücksichtigen?
19. Man erkläre möglichst genau den Unterschied zwischen der veränderlichen Masse eines klassischen Massensystems und der eines relativistischen Massensystems.
20. Gibt es noch andere Systeme mit veränderlicher Masse als die im vorliegenden Kapitel erwähnten Beispiele?

Aufgaben

Abschnitt 9.1

1. Man zeige, daß die Abstände zweier Teilchen von ihrem gemeinsamen Massenmittelpunkt im umgekehrten Verhältnis stehen wie ihre Massen.
2. Aus Elektronenbeugungsexperimenten ergibt sich für den Abstand zwischen dem C-Atom und dem O-Atom in einem CO-Molekül ein Wert von 1.13×10^{-10} m. Wo liegt der Massenmittelpunkt des CO-Moleküls?
3. Die Mondmasse beträgt 0.0123 Erdmassen. Der Abstand des Mondmittelpunktes vom Erdmittelpunkt beträgt ca. 60 Erdradien. Wie weit ist der Massenmittelpunkt des Mond-Erde-Systems vom Erdmittelpunkt entfernt? Der Erdradius ist 6400 km.
Antwort: 4700 km.
4. Die Massen und die Koordinaten folgender vier Teilchen sind gegeben:
(1) 5 kg, $x = y = 0$; (2) 3 kg, $x = y = 8$ cm; (3) 2 kg, $x = 3$ cm und $y = 0$; (4) 6 kg, $x = -2$ cm und $y = -6$ cm. Welche Koordinaten hat der Massenmittelpunkt dieses Systems?
5. Im Ammoniakmolekül (NH_3) bilden die drei H-Atome ein gleichseitiges Dreieck der Seitenlänge 1.628×10^{-10} m, das die Grundfläche einer geraden Pyramide mit dem N-Atom als Spitze bildet (Abb. 9.14). Die Seitenkanten der Pyramide haben eine Länge von

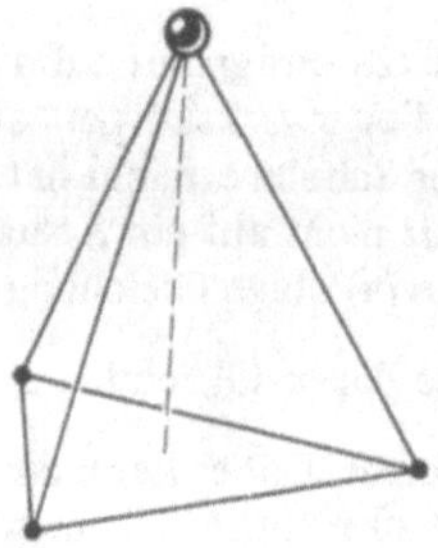

Abb. 9.14 Zu Aufgabe 5

1.014×10^{-10} m. Man gebe die Position des Massenmittelpunktes des NH_3-Moleküls an.
Antwort: 6.74×10^{-12} m vom N-Atom entfernt auf dem Lot der Grundfläche.

6. Man bestimme den Massenmittelpunkt einer halbkreisförmigen homogenen Platte. Der Radius sei a.

Abschnitt 9.2

7. Zwei Blöcke von 1 kg bzw. 3 kg Masse sind durch eine Schraubenfeder verbunden und liegen auf einer reibungsfreien waagerechten Unterlage. Die Blöcke werden angestoßen, so daß sich der erste Block mit einer Geschwindigkeit von 1.7 m/s auf den gemeinsamen Massenmittelpunkt zubewegt. Wie groß ist die Geschwindigkeit des zweiten Blocks?
Antwort: 0.57 m/s auf den Mittelpunkt hin.
8. Zwei Teilchen P (Masse 0.1 kg) und Q (Masse 0.3 kg) haben einen Abstand von 1 m und befinden sich in Ruhe. Sie ziehen sich mit einer konstanten Kraft von 10^{-2} N an. Es wirken keine äußeren Kräfte auf das System. (a) Man beschreibe die Bewegung des Massenmittelpunktes von P und Q. (b) In welcher Entfernung von der Ausgangsposition von P werden die beiden Massen zusammenstoßen?
9. Von einem ruhenden Gasballon der Masse M hängt eine Strickleiter herab. Ein Mann der Masse m klettert die Strickleiter mit einer Geschwindigkeit v (relativ zum Ball) empor. (a) Mit welcher Geschwindigkeit (relativ zur Erde) und in welche Richtung wird sich der Ballon bewegen? (b) In welchem Bewegungszustand befindet sich der Ballon, wenn der Mann aufhört zu klettern?
Antwort: (a) $\dfrac{m}{m+M}v$, abwärts; (b) der Ballon steht ruhig.
10. In einem geschlossenen, ruhenden Handwagen befinden sich ein Kind und ein Vorrat an Tennisbällen (Abb. 9.15). Wirft das Kind vorwärts (im Bild nach rechts), so erhält der Wagen einen Rückstoß nach links. Die weggeworfenen Bälle bleiben im Wagen liegen. Man zeige, daß sich der Wagen um nicht mehr als eine Wagenlänge L fortbewegen kann, unabhängig davon, wie die Bälle geworfen werden.

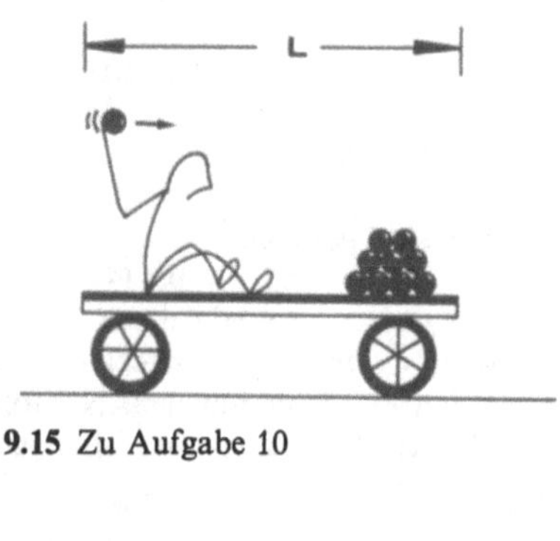

Abb. 9.15 Zu Aufgabe 10

11. Ein Hund (Snoopy) von 4.45 kg Gewicht befindet sich auf einem flachen Trog, der 17.8 kg wiegt und im Wasser schwimmt (Abb. 9.16). Der Abstand zum linken Ufer (in der Abbildung nicht zu sehen) beträgt 6.1 m. Der Hund geht in dem Trog eine Strecke von 2.4 m bis an die Kante und hält an. Wie weit ist der Trog noch vom linken Ufer entfernt? Zwischen dem Trog und dem Wasser sollen keine Reibungskräfte auftreten. Hinweis: Der Massenmittelpunkt des Hund-Trog-Systems bewegt sich nicht.
Antwort: 4.1 m.

Abb. 9.16 Zu Aufgabe 11

12. Ein Ball mit dem Radius R und der Masse m wird in eine Hohlkugel der gleichen Masse m und dem Radius $2R$ gelegt und festgehalten (Abb. 9.17). Das System ruht auf einer reibungsfreien Unterlage und hat die in der Abbildung gezeigte Konfiguration. Der Ball wird nun losgelassen und rollt innerhalb der Hohlkugel, bis er schließlich auf dem Boden zur Ruhe kommt. Wie weit ist die Hohlkugel inzwischen gerollt?

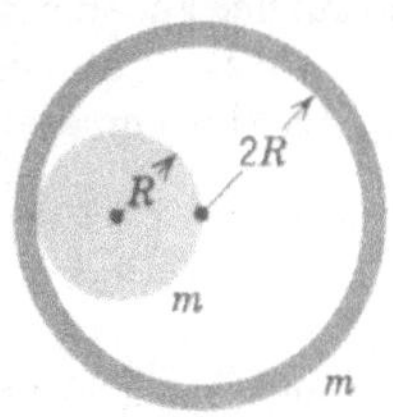

Abb. 9.17 Zu Aufgabe 12

13. Ein junger Mann von 80 kg Gewicht und seine Freundin genießen die Abenddämmerung in einem Kahn auf einem ruhigen See. Das Boot wiegt 30 kg und bewegt sich nicht. Die beiden jungen Leute tauschen ihre Plätze, die einen Abstand von 3 m haben und symmetrisch zum Mittelpunkt des Kahnes liegen. Der Mann beobachtet dabei, daß sich der Kahn gegenüber

einer feststehenden Boje um 40 cm verschiebt. Daraufhin kann er seiner Freundin sagen, wieviel sie wiegt. Wie groß ist ihr Gewicht (Masse)?
Antwort: 58 kg.

14. Ein 80 kg schwerer Mann steht am Heck eines 400 kg schweren und 18 m langen Eisseglers, der mit einer mäßigen Geschwindigkeit von 4 m/s über das Eis schliddert. Die Reibung zwischen Kufen und Eis sei vernachlässigt. Der Mann kriecht mit einer relativen Geschwindigkeit von 2 m/s zum Bug des Seglers. Wie weit hat sich der Eissegler inzwischen vorwärtsbewegt?

Abschnitt 9.3

15. Wie schnell muß ein 816 kg schwerer Kleinwagen fahren, (a) um den gleichen Impuls zu besitzen wie ein 2650 kg schwerer Mittelklassewagen, der nur mit 16 km/h fährt, und (b) um die gleiche kinetische Energie zu besitzen wie der größere Wagen? (c) Man führe die gleichen Rechnungen für den Kleinwagen und einen LKW von 9080 kg Masse durch.
Antwort: (a) 52 km/h: (b) 29 km/h: (c) 180 km/h bzw. 52 km/h.
16. Ein 50 g schwerer Ball wird unter einem Winkel von 45° und mit einer Anfangsgeschwindigkeit von 15 m/s in die Luft geworfen. (a) Welche kinetische Energie besaß der Ball anfänglich und welche kurz bevor er auf den Boden auftraf?
(b) Wie groß sind die zugehörigen Impulse (Richtung und Betrag)?
(c) Man zeige, daß die Impulsänderung gleich dem Produkt aus Flugzeit und Masse des Balls ist.
17. Eine Kugel der Masse 5 kg trifft mit einer Geschwindigkeit von 30 m/s unter einem Winkel von 45° auf eine Stahlplatte (Abb. 9.18). Sie wird unter dem gleichen Winkel mit der gleichen Geschwindigkeit reflektiert. Welche Impulsänderung (Betrag und Richtung) erfährt die Kugel?
Antwort: 210 kg m/s rechtwinklig zur Platte.

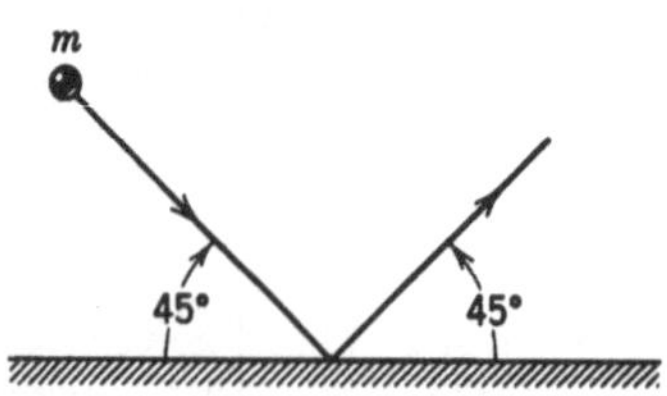

Abb. 9.18 Zu Aufgabe 17

18. Zwei aus Gewichtsstücken zusammengesetzte Körper von je 500 g sind durch eine leichte Schnur verbunden, die reibungsfrei über eine leichte Rolle von 2.5 cm Radius geführt wird. Beide Körper befinden sich in gleicher Höhe. (a) Wo liegt der Massenmittelpunkt der beiden Körper? (b) Von einem Körper wird ein Gewicht von 20 g entfernt und auf den anderen Körper gelegt, wobei die Körper festgehalten werden. Wo befindet sich jetzt der Massenmittelpunkt? (c) Nun werden die Körper losgelassen. Man beschreibe die Bewegung des Massenmittelpunktes und bestimme seine Beschleunigung.

Abschnitt 9.4

19. Ein 90 kg schwerer Mann steht auf einer reibungsfreien Oberfläche und stößt einen 50 g schweren Stein mit dem Fuß nach vorne, so daß der Stein eine Geschwindigkeit von 3 m/s erreicht. Mit welcher Geschwindigkeit bewegt sich daraufhin der Mann nach hinten?
Antwort: 1.5 mm/s.
20. Eine Streumaschine schleudert 0.02 g schwere Sandkörner mit einer Geschwindigkeit von 50 m/s auf das Straßenpflaster. (a) Wie groß ist der Impuls der Sandkörner? (b) Welche kinetische Energie besitzt ein Korn? (c) Welche mittlere Kraft wird von den Sandkörnern auf den Straßenbelag ausgeübt?

21. Aus der Düse eines Sandstrahlgebläses werden 1 mg schwere Sandkörner mit einer Geschwindigkeit von 1000 m/s geblasen. Der Mann, der das Gebläse hält, kann im Durchschnitt mit einer Kraft von 180 N dagegenhalten. Man bestimme die maximal mögliche Körnerzahl pro Sekunde.
Antwort: 180000.
22. Eine sehr gleichmäßig gearbeitete flexible Kette der Masse M und der Länge L hängt, an einem Ende befestigt, senkrecht herunter, so daß das untere Ende gerade den Fußboden berührt. Die obere Aufhängung wird gelöst, so daß die Kette zu Boden fällt und sich zu einer Spirale aufrollt, wobei jede Wicklung gerade dann zur Ruhe kommt, wenn sie den Boden erreicht. Man gebe die Kraft, die der Boden zur Zeit t auf die Kette ausübt, als Funktion des Gewichtes des bereits auf dem Boden liegenden Teils der Kette an.

Abschnitt 9.5

23. Ein Körper der Masse 8 kg bewegt sich mit einer Geschwindigkeit von 2 m/s vorwärts. Es wirken keine äußeren Kräfte. Plötzlich zerbricht der Körper aufgrund innerer Kräfte in zwei Bruchstücke von je 4 kg. Das Zweiteilesystem erhält dabei eine zusätzliche kinetische Translationsenergie von 16 J. Keines der Bruchstücke verläßt den bisherigen Weg des ursprünglichen Körpers. Man bestimme die Geschwindigkeit und die Richtung der beiden Bruchstücke.
Antwort: Ein Bruchstück kommt zur Ruhe, das andere fliegt mit 4 m/s geradeaus weiter.
24. Die letzte Stufe einer Mehrstufenrakete fliegt mit einer Geschwindigkeit von 7600 m/s. Diese Stufe besteht aus zwei verklammerten Teilen, nämlich der Raketenhülle von 290 kg und einer abzusetzenden Last von 150 kg. Beim Lösen der Klammer schleudert eine gespannte Feder die beiden Teile mit einer relativen Geschwindigkeit von 910 m/s auseinander. (a) Welche Geschwindigkeiten besitzen die beiden Teile nach der Trennung? Man nehme an, daß alle Geschwindigkeiten auf einer Geraden liegen. (b) Wie groß ist die gesamte kinetische Energie des Zweiteilesystems vor der Trennung und nach der Trennung. Wieviel entfällt auf jedes Teil?
25. Ein ursprünglich ruhender radioaktiver Kern zerfällt und sendet ein Elektron und ein Neutrino im rechten Winkel zueinander aus. Das Elektron hat einen Impuls von 1.2×10^{-22} kg m/s und das Neutrino einen Impuls von 6.4×10^{-23} kg m/s. (a) Man bestimme Betrag und Richtung des Impulses des zurückgestoßenen Kerns. (b) Die Masse des zurückbleibenden Kerns beträgt 5.8×10^{-26} kg. Wie groß ist die Rückstoßenergie?
Antwort: (a) 1.4×10^{-22} kg m/s unter einem Winkel von 150° zur Elektronenbahn und 120° zur Neutrinobahn. (b) 1 eV.
26. Die linke Herzkammer stößt während eines Schlags ca. 60 g Blut in einer Zeit von 0.1 s mit einer Geschwindigkeit von 0.5 m/s nach oben in die Aorta aus. Die damit erzeugte Druckwelle drückt im Aortabogen das Blut in die Körperschlagader nach unten. Stellt man sich auf eine empfindliche und sehr schnelle Waage, so kann man das an der Anzeige der Waage beobachten. Welche Gewichtsänderung zeigt die Waage bei dem Vorgang an?
Antwort: ± 0.03 kg.
27. Ein ruhender Kessel explodiert und zerfällt dabei in drei Bruchstücke. Zwei davon haben die gleiche Masse m und fliegen rechtwinklig zueinander mit einer Geschwindigkeit von 30 m/s davon. Das dritte hat die Masse $3m$. Welche Geschwindigkeit (Betrag und Richtung) besitzt das dritte Bruchstück?
Antwort: 14 m/s unter einem Winkel von 135° zu den anderen.
28. Ein Raumschiff bewegt sich relativ zur Erde mit einer Geschwindigkeit von 4000 km/h. Nach Brennschluß wird der Raketenmotor mit einer zum Raumschiff relativen Geschwindigkeit von 80 km/h nach hinten abgestoßen. Der Raketenmotor hatte eine viermal höhere Masse als die Raumkapsel. Mit welcher Geschwindigkeit fliegt die Kapsel weiter?
29. Ein Block der Masse m liegt auf einem Keil der Masse M, der auf einem Tisch steht (Abb. 9.19). Alle Flächen seien reibungsfrei. Zu Beginn liegt der Block mit seiner Vorderkante am Punkt P, der eine Höhe h über der Tischfläche besitzt. Nun wird der Block losgelassen. Welche Ge-

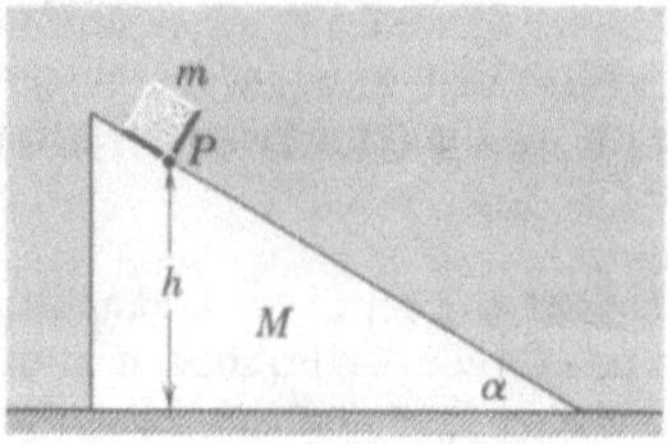

Abb. 9.19 Zu Aufgabe 29

schwindigkeit hat der Keil erreicht, wenn der Block den Keil hinuntergerutscht ist und mit seiner Vorderkante gerade die Tischfläche berührt?

Antwort: $\sqrt{\dfrac{2m^2 gh \cos^2\alpha}{(M+m)(M+m\sin^2\alpha)}}$.

Abschnitt 9.7

30. (a) Man zeige, daß die Geschwindigkeit einer Rakete gleich der Ausströmgeschwindigkeit ihrer Verbrennungsgase ist, wenn (s. Beispiel 9) $M_0/M = \mathrm{e}$ gilt. In welchem Bezugssystem gilt das? (b) Man zeige, daß die Geschwindigkeit der Rakete doppelt so hoch wie die Ausströmgeschwindigkeit ihrer Verbrennungsgase ist, wenn $M_0/M = \mathrm{e}^2$ gilt.
31. Eine Rakete entfernt sich mit einer Geschwindigkeit von 6×10^3 m/s aus dem Sonnensystem. Die Triebwerke werden gezündet; die Verbrennungsgase strömen mit einer Geschwindigkeit von 3×10^3 m/s aus. Die Rakete hat zu diesem Zeitpunkt eine Masse von 4×10^4 kg und erfährt eine Beschleunigung von 2 m/s². (a) Mit welcher Geschwindigkeit strömen die Verbrennungsgase relativ zum Sonnensystem aus? (b) Mit welcher Rate werden während des Brennens die Verbrennungsgase ausgestoßen?
Antwort: (a) 3×10^3 m/s; (b) 27 kg/s.
32. Als Raketentreibstoff wird häufig Kerosin und flüssiger Sauerstoff verwendet, womit eine Ausströmgeschwindigkeit von 2.4 km/s erreicht wird. (a) Man vernachlässige die Schwerkraft und das Eigengewicht der Treibstofftanks, Pumpen usw. Wieviel kg Treibstoff sind nötig, um 1 kg Nutzlast in einer Rakete aus dem Stillstand heraus auf eine Geschwindigkeit von 12 km/s (die Fluchtgeschwindigkeit von der Erde beträgt 11.2 km/s, vgl. Beispiel 6 von Kapitel 16) zu bringen? Bei der Mariner-Mission zum Mars betrug das Startgewicht 91 000 kg und die Nutzlast 227 kg, d.h. das Nutzlastverhältnis betrug $227/91\,000 \approx 1/400$. Welche Endgeschwindigkeit erreicht man damit, wenn man die Rakete aus dem Stillstand heraus startet? (c) Die tatsächliche Endgeschwindigkeit betrug dagegen 24.2 km/h. Man diskutiere die Abweichung vom Wert (b) und berücksichtige die äußeren Kräfte, das vernachlässigte Eigengewicht der Tanks, die Mehrstufigkeit der Rakete und die Tatsache, daß die Anfangsgeschwindigkeit der Rakete die der Erdoberfläche im Bezugssystem des Sonnensystems ist.
33. Eine 6000-kg-Rakete wird senkrecht gestartet. Die Ausströmgeschwindigkeit der Verbrennungsgase beträgt 1000 m/s. Wieviel Gas muß in jeder Sekunde ausströmen, damit (a) der Schub das Gewicht der Rakete überwinden kann und (b) die Rakete eine anfängliche Beschleunigung von 20 m/s² erhält?
Antwort: (a) 59 kg/s; (b) 180 kg/s.
34. Auf ein bewegtes Teilchen wirkt in Richtung seiner Geschwindigkeit eine Kraft. (a) Unter Benutzung von $F = \mathrm{d}(mv)/\mathrm{d}t$ in der relativistischen Beziehung von Gl. 9.13 zeige man, daß

$$F\mathrm{d}s = mv\,\mathrm{d}v + v^2\,\mathrm{d}m$$

gilt, wobei $\mathrm{d}s$ eine infinitesimale Verschiebung bedeutet. (b) Unter Benutzung der relativistischen Beziehung $v^2 = (1 - m_0^2/m^2)c^2$ zeige man, daß

$$mv\,dv = \frac{m_0^2 c^2}{m^2}\,dm$$

gilt. (c) Die beiden Beziehungen von (b) setze man in die von (a) ein und zeige, daß für die Arbeit A gilt:

$$A = \int F ds = (m - m_0)c^2 .$$

35. Ein Eisenbahnwagen vom Gewicht W rollt reibungsfrei mit der Geschwindigkeit v_0 über ein waagerechtes Gleis. Auf der Ladefläche steht ein Mann vom Gewicht w und beginnt, nach links zu laufen (Abb. 9.20). Am Ende der Ladefläche springt er ab. Seine Geschwindigkeit relativ zum Waggon beträgt zum Zeitpunkt des Absprungs v_{rel}. Welche Geschwindigkeitsänderung erfährt der Waggon?
Antwort: $wv_{rel}/(W + w)$.

Abb. 9.20 Zu Aufgabe 35

36. Der Waggon in Abb. 9.20 befinde sich in Ruhe. Auf der Ladefläche stehen n Männer, jeder vom Gewicht w. Die Männer laufen nacheinander, so wie in Aufgabe 35 geschildert, über die Plattform. Erhält der Waggon dadurch eine größere Geschwindigkeit, als wenn sie alle auf einmal laufen und abspringen würden?
37. Ein Lastschlitten von 5.5 kg Eigengewicht ist mit 36.4 kg Sand beladen und rutscht aus der Ruhe heraus einen 91.5 m langen, eisigen Abhang hinab, der eine Neigung von 30° gegen die Waagerechte hat. Im Boden des Schlittens befindet sich ein Loch, aus dem der Sand mit einer Rate von 2.3 kg/s herausrinnt. Wie lange braucht der Schlitten, bis er den gesamten Abhang hinuntergerutscht ist?
Antwort: 6.1 s.
38. Zwei lange Lastkähne fahren auf einem ruhenden Gewässer mit einer Geschwindigkeit von 10 km/h bzw. 20 km/h in dieselbe Richtung. Während der schnellere Kahn den langsameren überholt, wird vom schnelleren Kahn Kohle mit einer Rate von 1000 kg/min auf den langsameren Kahn geschaufelt. Mit welcher zusätzlichen Kraft müssen die Maschinen der Kähne arbeiten, damit kein Kahn seine Geschwindigkeit ändert? Das Umladen der Kohle erfolgt genau rechtwinklig zur Fahrtrichtung, und die Reibungskräfte zwischen Wasser und den Kähnen sollen nicht vom Gewicht der Kähne abhängen.
39. Ein Düsenflugzeug hat eine Geschwindigkeit von 180 m/s. Das Triebwerk verbraucht 68 m^3 Luft in der Sekunde (das entspricht einer Masse von 70 kg). Mit dieser Luft werden 2.9 kg Treibstoff verbrannt. Die gewonnene Energie wird zum Komprimieren und Ausstoßen der Verbrennungsgase benötigt, die dadurch eine Ausströmgeschwindigkeit von 490 m/s erhalten. Man bestimme (a) den Schub der Triebwerke und (b) die Leistung der Triebwerke.
40. Ein offener Güterwaggon von 9072 kg Gewicht rollt mit einer Geschwindigkeit von 0.6 m/s reibungsfrei auf einem waagerecht verlaufenden Gleis. Es beginnt heftig zu regnen. Die Regentropfen fallen senkrecht herab. Der Waggon füllt sich langsam mit Wasser. Welche Geschwin-

digkeit hat der Waggon, nachdem sich in ihm 454 kg Wasser angesammelt haben? Muß man eine zusätzliche Annahme machen, um die Frage beantworten zu können, und wenn ja, welche?

41. Ein sehr geschmeidiges, aber nicht dehnbares Seil der Länge l wird in ein innen glattes Rohr eingefädelt. Das Seil paßt gerade in die Öffnung hinein. Das Rohr ist rechtwinklig gebogen und so aufgehängt, daß ein Schenkel senkrecht nach oben zeigt und der andere waagerecht verläuft. Zur Zeit $t = 0$ steckt ein Teilstück y_0 des Seiles im Rohr. Das Seil wird losgelassen und rutscht reibungsfrei mit der Geschwindigkeit $\mathrm{d}y/\mathrm{d}t$ in das Rohr. Die Länge des zur Zeit t im senkrechten Rohrschenkel befindlichen Teils des Seils sei $y(t)$. (a) Man zeige mit Hilfe der Gleichungen von Abschn. 9.7, daß $\boldsymbol{v}_{\mathrm{rel}} = 0$ gilt und die Bewegungsgleichung die Form $m(\mathrm{d}\boldsymbol{v}/\mathrm{d}t) = \boldsymbol{F}_{\mathrm{a}}$ annimmt. (b) Man zeige, daß im vorliegenden Fall die Bewegungsgleichung in der Form $(\mathrm{d}^2y/\mathrm{d}t^2) = gy$ angegeben werden kann. (c) Man zeige, daß sich aus dem Energieerhaltungssatz die Beziehung $(\mathrm{d}y/\mathrm{d}t)^2 - gy^2 = \mathrm{const.}$ ergibt und daß diese Beziehung der in (b) angegebenen Gleichung äquivalent ist. (d) Man zeige, daß $y = (y_0/2)\,(\mathrm{e}^{\sqrt{g/l}t}) + (\mathrm{e}^{\sqrt{g/l}t})$ eine Lösung der Bewegungsgleichung (b) darstellt. Man diskutiere diese Lösung.

10 Der Stoß

10.1 Was ist ein Stoß?

Man kann sehr viel über die Eigenschaften von Atomen und Elementarteilchen lernen, wenn man mit ihnen Stoßversuche durchführt. Makroskopische Eigenschaften von Gasen, wie Druck und Kompressibilität, können durch Zusammenstöße von Gasteilchen erklärt werden. Da es sich bei einem einzelnen Stoß zwischen Teilchen oder Körpern nur um eine begrenzte Zahl von Partnern handelt, kann man fast immer ein abgeschlossenes physikalisches System definieren, auf das die Erhaltungssätze der Energie und des Impulses anwendbar sind.

Bei einem Stoß wird innerhalb sehr kurzer Zeit eine relativ große Kraft auf einen Körper oder ein Teilchen ausgeübt. Das führt in der Regel zu einer plötzlichen Bewegungsänderung eines oder mehrerer Stoßpartner. Man kann daher den Stoßvorgang zeitlich eindeutig einteilen in einen Abschnitt „vor dem Stoß" und einen Abschnitt „nach dem Stoß".

Beim Billardspiel oder Schlagballspiel kann man diese Abschnitte deutlich erkennen, da der Kontakt zwischen Kugel und Stock bzw. zwischen Ball und Schläger im Vergleich zu der Beobachtungszeit sehr kurz ist. Während des Kontaktes, also während des eigentlichen Stoßes, wird auf die Billardkugel bzw. auf den Ball eine sehr starke Kraft ausgeübt, die die Kugel oder den Ball deformiert (Abb. 10.1). Kräfte, die nur über eine sehr

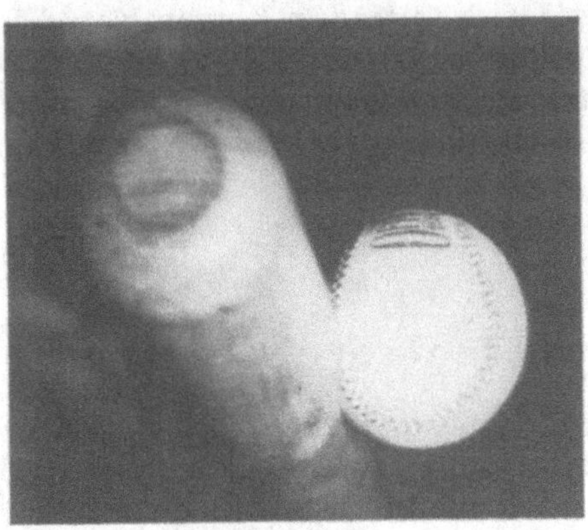

Abb. 10.1 Ein mit einer Hochgeschwindigkeitskamera aufgenommener Stoß zwischen einem Ball und einem Schläger. Aus der Deformation des Balles kann man auf die hohe Stoßkraft schließen. (Mit freundlicher Genehmigung von H. E. Edgerton, MIT, Cambridge, Massachusetts)

kurze Zeit wirken, nennt man *Stoßkräfte*. Ihr zeitlicher Verlauf ist sehr kompliziert und kann meistens nicht aufgelöst werden.

Wenn ein α-Teilchen (^{4}He-Kern) mit dem Kern eines Goldatoms (^{197}Au) zusammenstößt, handelt es sich bei der Stoßkraft um die wohlbekannte elektrostatische Abstoßungskraft zwischen gleichnamigen Ladungen. Auch wenn sich, wie in diesem Fall, die Stoßpartner gar nicht wirklich berühren, spricht man trotzdem von einem Stoß zwischen den Teilchen, da wie bei einem echten Stoß während einer sehr kurzen Zeit eine sehr starke Kraft ausgeübt wird und die Bewegung eines Stoßpartners (des α-Teilchens) eine deutliche Änderung erfährt.

Trifft ein Proton (^{1}H-Kern, Abkürzung p) mit einer Energie von 25 MeV auf den Kern eines Silberatoms (^{107}Ag), so können sich beide Teilchen tatsächlich „berühren". Die während des Stoßes wirkende Kraft ist hier nicht die elektrostatische Abstoßung, sondern eine anziehende Kernkraft sehr kurzer Reichweite (vgl. S. 127). Das Proton kann sogar in den Silberkern eindringen, so daß sich ein neuer Komplex bildet. Dieser zerbricht aber schon nach sehr kurzer Zeit (10^{-18} s) wieder in zwei Teile nach dem Schema

$$\mathrm{p} + {}^{107}\mathrm{Ag} \rightarrow \alpha + {}^{104}\mathrm{Pd}\,.$$

Wie man sieht, kann man einen Stoßvorgang auch auf Prozesse ausdehnen, bei denen sich die Identität der Stoßpartner ändert. Auch bei diesen Beispielen gelten die Erhaltungssätze der Physik.

Weiterhin kann man auch Zerfallsreaktionen als Stöße betrachten. Als Beispiel sei hier der spontane Zerfall eines Sigma-Teilchens (Σ) in ein Pion (π) und ein Neutron (n) angeführt (vgl. Anhang F):

$$\Sigma^- \rightarrow \pi^- + \mathrm{n}\,.$$

Obwohl bei dieser Reaktion gar kein Stoß stattfindet, d.h. gar nicht zwei Teilchen in Berührung kommen, hat dieser Vorgang einiges mit einem Stoß gemeinsam. (1) Man kann deutlich zwischen einem Zeitabschnitt „vor dem Ereignis" und einem „nach dem Ereignis" unterscheiden. (2) Es gelten der Impulserhaltungssatz und der Energieerhaltungssatz. Allerdings weiß man bei diesen Reaktionen sehr wenig über die während des „Ereignisses" wirkenden Kräfte.

In dem vorliegenden Kapitel werden wir nach folgendem Konzept vorgehen: Die Bewegung der Stoßpartner vor dem Stoß soll bekannt sein. Mit Hilfe des Impulserhaltungssatzes und des Energieerhaltungssatzes soll die Bewegung der Stoßpartner nach dem Stoß ermittelt werden. Natur und Verlauf der Stoßkräfte brauchen nicht bekannt zu sein.

10.2 Kraftstoß und Impuls

Wir stellen uns eine Kraft mit konstanter Richtung und zeitlich veränderlicher Stärke vor (Abb. 10.2), die während eines Zeitintervalls $t_e - t_a$ auf ein Teilchen wirken soll. Die Kraft soll vor und nach dem Stoß Null sein. Wir wenden Gl. 9.12 für die zeitliche Änderung des Impulses an und erhalten

$$\mathrm{d}\boldsymbol{p} = \boldsymbol{F}\,\mathrm{d}t\,. \qquad (10.1)$$

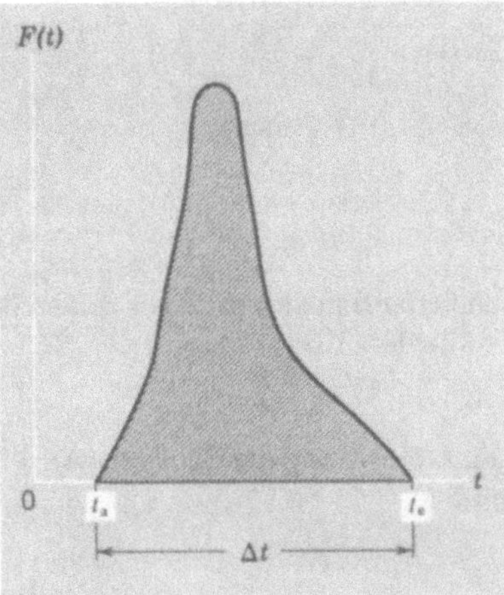

Abb. 10.2 Der zeitliche Verlauf einer Stoßkraft $F(t)$. Der Stoß dauert von t_a bis t_e.

Das Teilchen erfährt durch den Stoß eine Impulsänderung von

$$\boldsymbol{p}_e - \boldsymbol{p}_a = \int_{\boldsymbol{p}_a}^{\boldsymbol{p}_e} d\boldsymbol{p} = \int_{t_a}^{t_e} \boldsymbol{F} dt . \tag{10.2}$$

Die Indizes a und e beziehen sich auf den Anfang und das Ende des Stoßvorganges. Das Integral der Kraft über die Zeit, während der die Kraft wirkt, nennt man *Kraftstoß*. Nach Gl. 10.2 ist der Kraftstoß gleich der Änderung des Impulses. Kraftstoß und Impuls sind Vektoren mit der gleichen physikalischen Einheit N s oder kg m/s. Man verwendet meistens nur die Bezeichnung Impuls bzw. Impulsänderung.

Die in Abb. 10.2 dargestellte Kraft sollte nach unserer Annahme während des Stoßes nicht die Richtung ändern. Daher stellt die Fläche unter der Kurve, das Integral $\int_{t_a}^{t_e} \boldsymbol{F} dt$, den Betrag des Kraftstoßes bzw. der Impulsänderung dar. Man erkennt, daß der Betrag offenbar nicht kritisch von den Integrationsgrenzen, also den Zeiten t_e und t_a, abhängt. Sie müssen nur so weit auseinanderliegen, daß die schraffierte Fläche, der *Kraftstoß*, innerhalb des Intervalls $t_e - t_a$ liegt.

10.3 Impulserhaltung beim Stoß

Wir betrachten den Stoß zwischen zwei Teilchen der Massen m_1 und m_2 (Abb. 10.3). Während des kurzen Zusammenstoßes übt jedes Teilchen auf das andere eine Kraft aus. Es sei $\boldsymbol{F}_1$ die von m_2 auf m_1 ausgeübte Kraft und $\boldsymbol{F}_2$ die von m_1 auf m_2 ausgeübte Kraft. Nach dem dritten Newtonschen Axiom sind diese beiden Kräfte zu jedem Zeitpunkt des Stoßes gleich groß, aber entgegengesetzt gerichtet.

Das Teilchen m_1 erfährt durch den Stoß eine Impulsänderung von

$$\Delta \boldsymbol{p}_1 = \int_{t_a}^{t_e} \boldsymbol{F}_1 dt = \overline{\boldsymbol{F}_1} \Delta t .$$

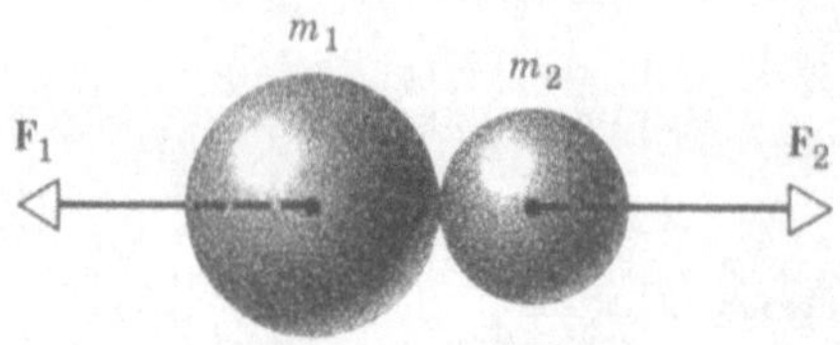

Abb. 10.3 Zwei Teilchen m_1 und m_2 stoßen zusammen und erfahren dabei nach dem dritten Newtonschen Axiom gleich große Kräfte in entgegengesetzter Richtung, $\boldsymbol{F}_1(t) = -\boldsymbol{F}_2(t)$.

Hierbei haben wir mit $\overline{\boldsymbol{F}_1}$ den Mittelwert der Kraft $\boldsymbol{F}_1$ über die Stoßzeit $\Delta t = t_e - t_a$ abgekürzt. Für das Teilchen m_2 gilt entsprechend

$$\Delta \boldsymbol{p}_2 = \int_{t_a}^{t_e} \boldsymbol{F}_2 \, \mathrm{d}t = \overline{\boldsymbol{F}_2} \Delta t .$$

Wirken keine weiteren Kräfte während des Stoßes auf die Teilchen, so ergeben $\Delta \boldsymbol{p}_1$ und $\Delta \boldsymbol{p}_2$ die gesamte Impulsänderung für die Teilchen. Da für die Kräfte $\boldsymbol{F}_1 = -\boldsymbol{F}_2$ sowie $\overline{\boldsymbol{F}_1} = -\overline{\boldsymbol{F}_2}$ gilt, ergibt sich für die Impulsänderung

$$\Delta \boldsymbol{p}_1 = -\Delta \boldsymbol{p}_2 .$$

Fassen wir die beiden Teilchen als ein abgeschlossenes System auf, so ist der Gesamtimpuls durch

$$\boldsymbol{P} = \boldsymbol{p}_1 + \boldsymbol{p}_2$$

gegeben und die Änderung des Gesamtimpulses durch

$$\Delta \boldsymbol{P} = \Delta \boldsymbol{p}_1 + \Delta \boldsymbol{p}_2 = 0 .$$

Der Gesamtimpuls ändert sich also nicht während des Stoßes, wenn keine äußeren Kräfte auf die Stoßpartner wirken. Während eines Stoßes werden nur innere Kräfte ausgeübt.

In Abschn. 10.1 haben wir den Stoß als eine Wechselwirkung angenommen, die nur über eine sehr kurze Zeit Δt stattfindet. Sehr kurz bedeutet vernachlässigbar klein gegenüber der Beobachtungszeit. Andererseits können wir nun den Stoß als ein Ereignis ansehen, bei dem die auf das System ausgeübten äußeren Kräfte gegenüber den inneren Stoßkräften vernachlässigbar klein sind.

Wenn ein Tennisschläger den Tennisball trifft, ein Golfschläger den Golfball oder der Billardstock die Billardkugel, dann werden ohne Zweifel auch äußere Kräfte auf das System ausgeübt, denn die Schwerkraft und Reibungskräfte wirken auf die Bälle bzw. die Kugel.

Diese äußeren Kräfte sind nicht unbedingt dieselben für alle Stoßpartner, auch werden sie sich kaum gegenseitig aufheben. Trotzdem brauchen sie für die Zeit des Stoßes nicht berücksichtigt zu werden, und es kann eine Erhaltung des Impulses angenommen werden, da die äußeren Kräfte gegenüber den auftretenden Stoßkräften vernachlässigbar klein sind. Die Abb. 10.4 soll das verdeutlichen.

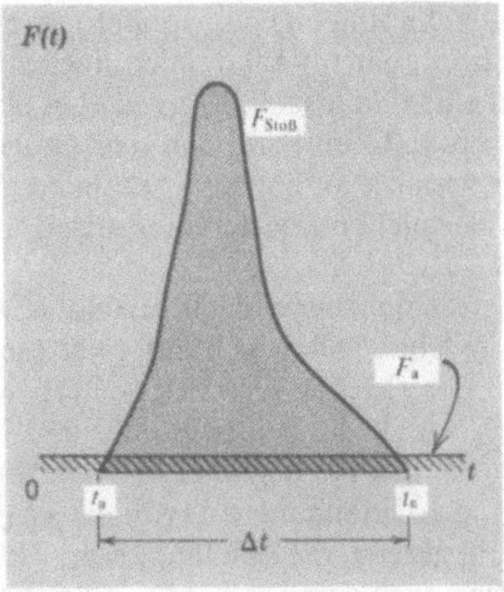

Abb. 10.4 Während eines Stoßes ist gewöhnlich die Stoßkraft $F_{stoß}$ sehr viel größer als jegliche äußeren Kräfte F_a, die ebenfalls auf die Stoßpartner einwirken.

Zum Beispiel weiß man aus der Erfahrung, daß beim Abschlagen eines Golfballes der Stoß zwischen Schläger und Ball nur Bruchteile einer Sekunde dauert, die Impulsänderung des Golfballes aber sehr groß ist. Aus $\Delta \boldsymbol{P} = \bar{\boldsymbol{F}}\,\Delta t$ ergibt sich für die mittlere Kraft damit ein hoher Wert. Die Schwerkraft, die auch auf den Golfball wirkt, hat während der kurzen Stoßzeit Δt aber kaum einen Einfluß auf die Bewegung des Balles. Je kürzer der Stoß ist, um so weniger Einfluß nehmen die äußeren Kräfte.

Wie erkennen aus dieser Diskussion, daß wir praktisch immer dann davon ausgehen können, daß der Impulserhaltungssatz gilt, wenn die Zeit des Zusammenstoßes kurz genug ist.

10.4 Gerader Stoß

Die Bewegung der Stoßpartner nach dem Stoß kann man immer dann aus ihrer Bewegung vor dem Stoß berechnen, wenn man die Kräfte kennt, die während des Stoßes wirken. Meistens ist das aber nicht der Fall. Unabhängig davon müssen aber der Impulserhaltungssatz und der Energieerhaltungssatz gelten. Tatsächlich kann man mit ihrer Hilfe in den meisten Fällen die Bewegung der Stoßpartner nach dem Stoß bestimmen.

Es gibt zwei Arten von Stößen, den elastischen Stoß und den unelastischen Stoß. Beim *elastischen Stoß* können die beteiligten Körper zwar deformiert werden, aber diese Deformation verschwindet wieder vollständig. Das bedeutet, daß die Bewegungsenergie der Stoßpartner während des Stoßes nicht in andere Energieformen umgewandelt wird; die kinetische Energie bleibt beim elastischen Stoß erhalten. Beim *unelastischen Stoß* gilt das eben Gesagte nicht. Stöße zwischen Atomen, Kernteilchen und Elementarteilchen sind manchmal elastisch und manchmal unelastisch. Handelt es sich allerdings um größere Körper, so sind Stöße zwischen ihnen bis zu einem gewissen Grade immer unelastisch, da bleibende Deformationen auftreten oder Reibungswärme erzeugt wird. Trennen sich nach einem Stoß die Stoßpartner nicht mehr voneinander, sondern vereinigen sich zu einem neuen Körper, so handelt es sich um einen vollkommen unelastischen Stoß. Schießt man zum Beispiel ein Projektil in einen Sandsack, so handelt es sich um einen vollkommen unelastischen Stoß, da das Projektil im Sandsack steckenbleibt. Vollkommen unelastisch bedeutet nicht, daß die gesamte anfänglich vorhandene Bewegungsenergie verlorengegangen ist. In unserem Beispiel könnte der Sandsack durchaus nach dem Einschlag eine Bewegung ausführen.

Wir wollen nunmehr einen elastischen Stoß betrachten, der einfachheitshalber *gerade* und *zentral* erfolgen soll, d.h. die beteiligten Teilchen sollen sich auf einer Geraden aufeinanderzubewegen und nach dem Stoß auf der gleichen Geraden weiterbewegen. Ein Stoß erfolgt zentral, wenn die gemeinsame Normale der beiden Berührungsflächen in der Verbindungslinie der Massenmittelpunkte der Partner liegt. Bei sich berührenden Kugeln findet der Stoß daher stets zentral statt, d.h. unabhängig davon, ob er gerade oder schief erfolgt. In Abb. 10.5 sind zwei Kugeln gezeigt, die sich längs einer Geraden aufeinanderzubewegen, zusammenstoßen und sich nach dem Stoß auf der gleichen Geraden weiterbewegen. Es wird vorausgesetzt, daß sich die Kugeln vor dem Stoß und nach dem Stoß nicht um sich selbst drehen.

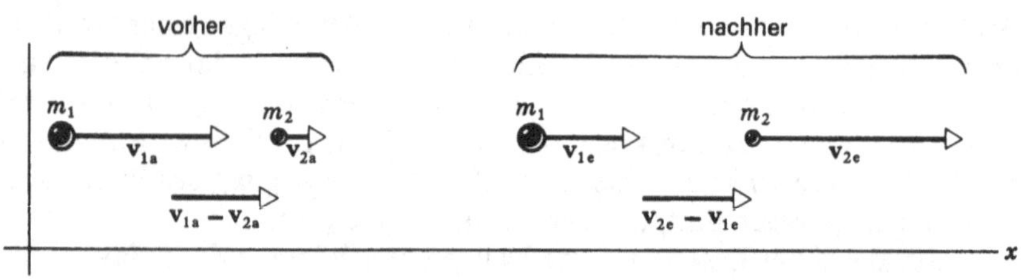

Abb. 10.5 Zwei Kugeln vor und nach einem elastischen Stoß. Die relative Geschwindigkeit $\boldsymbol{v}_{1a} - \boldsymbol{v}_{2a}$ von m_1 vor dem Stoß ist gleich der relativen Geschwindigkeit $\boldsymbol{v}_{2e} - \boldsymbol{v}_{1e}$ von m_2 nach dem Stoß.

Die Massen der Kugeln seien m_1 und m_2, ihre Geschwindigkeiten vor dem Stoß v_{1a} und v_{2a}, ihre Geschwindigkeiten nach dem Stoß v_{1e} und v_{2e}. Wenn die Geschwindigkeiten nach rechts gerichtet sind, sollen sie positiv gerechnet werden. Da keine äußeren Kräfte wirken, gilt der Impulserhaltungssatz:

$$m_1 v_{1a} + m_2 v_{2a} = m_1 v_{1e} + m_2 v_{2e}\,.$$

Da der Stoß außerdem noch elastisch verläuft, gilt auch der Energieerhaltungssatz in der Form

$$\tfrac{1}{2} m_1 v_{1a}^2 + \tfrac{1}{2} m_2 v_{2a}^2 = \tfrac{1}{2} m_1 v_{1e}^2 + \tfrac{1}{2} m_2 v_{2e}^2\,.$$

Die beiden Geschwindigkeiten nach dem Stoß können nur dann berechnet werden, wenn die Massen und die beiden Geschwindigkeiten vor dem Stoß bekannt sind. Wir ordnen die Beziehung für die Impulse etwas um und erhalten

$$m_1 (v_{1a} - v_{1e}) = m_2 (v_{2e} - v_{2a})\,. \tag{10.3}$$

Ebenso verfahren wir mit der Beziehung für die kinetischen Energien:

$$m_1(v_{1a}^2 - v_{1e}^2) = m_2(v_{2e}^2 - v_{2a}^2)\,. \tag{10.4}$$

Nunmehr wird Gl. 10.4 durch Gl. 10.3 geteilt, und unter Benutzung der Beziehung $(x^2 - y^2) = (x + y)(x - y)$ ergibt sich:

$$v_{1a} + v_{1e} = v_{2e} + v_{2a}$$

bzw. (10.5)

$$v_{1a} - v_{2a} = v_{2e} - v_{1e}\,.$$

Bei der Division wurde vorausgesetzt, daß $v_{2e} \neq v_{2a}$ und $v_{1e} \neq v_{1a}$ gelten. Bei einem geraden elastischen Stoß ist die relative Geschwindigkeit der Stoßpartner vor dem Stoß gleich der relativen Geschwindigkeit der Stoßpartner nach dem Stoß.

Wir lösen die Gl. 10.5 nach v_{2e} auf und erhalten

$$v_{2e} = v_{1a} + v_{1e} - v_{2a}\,.$$

Diese Beziehung setzen wir in Gl. 10.3 ein und erhalten

$$v_{1e} = \left(\frac{m_1 - m_2}{m_1 + m_2}\right) v_{1a} + \left(\frac{2m_2}{m_1 + m_2}\right) v_{2a}\,. \tag{10.5a}$$

Ebenso verfahren wir mit v_{1e}, wobei sich

$$v_{2e} = \left(\frac{2m_1}{m_1 + m_2}\right) v_{1a} + \left(\frac{m_2 - m_1}{m_1 + m_2}\right) v_{2a} \tag{10.5b}$$

ergibt.

Wir können nun einige Spezialfälle dieses elastischen Stoßes diskutieren:

1. Die beiden Stoßpartner haben gleiche Massen, $m_1 = m_2$. Für die Geschwindigkeiten nach dem Stoß erhalten wir

   $$v_{1e} = v_{2a} \qquad \text{und} \qquad v_{2e} = v_{1a}\,. \tag{10.5c}$$

   Das bedeutet, daß beim geraden zentralen Stoß zweier Teilchen gleicher Masse die Teilchen beim Stoß ihre Geschwindigkeiten austauschen.
2. Einer der Stoßpartner befinde sich vor dem Stoß in Ruhe, $v_{2a} = 0$. Man erhält aus Gl. 10.5a und Gl. 10.5b für die Geschwindigkeiten nach dem Stoß

   $$v_{1e} = \left(\frac{m_1 - m_2}{m_1 + m_2}\right) v_{1a} \qquad \text{und} \qquad v_{2e} = \left(\frac{2m_1}{m_1 + m_2}\right) v_{1a}\,. \tag{10.5d}$$

3. Wenn neben der Bedingung 2. auch noch gleich große Massen vorliegen, ergibt sich

   $$v_{1e} = 0 \qquad \text{und} \qquad v_{2e} = v_{1a}\,. \tag{10.5e}$$

   Das erste Teilchen trifft auf das ruhende zweite Teilchen gleicher Masse und bleibt stehen, während sich das zweite Teilchen mit der Geschwindigkeit des ersten weiterbewegt. m_1 und m_2 haben ihren Bewegungszustand getauscht.

4. Die Masse des ruhenden Stoßpartners sei sehr viel größer als die des anderen, $m_2 \gg m_1$. Aus Gl. 10.5d ergibt sich

$$v_{1e} \approx -v_{1a} \quad \text{und} \quad v_{2e} \approx 0\,. \tag{10.5f}$$

   Stößt eine kleine Masse elastisch auf eine ruhende, sehr große Masse, so bleibt die ruhende, große Masse liegen, und die kleine Masse kehrt ihre Richtung um. Werfen wir zum Beispiel einen Ball senkrecht auf einen harten Fußboden, so prallt er davon ab und kehrt (nahezu) auf die Höhe zurück, aus der er abgeworfen wurde.
5. Die ruhende Masse sei sehr viel kleiner als die stoßende Masse, $m_2 \ll m_1$. Wiederum aus den Gln. 10.5a und 10.5b erhalten wir

$$v_{1e} \approx v_{1a} \quad \text{und} \quad v_{2e} \approx 2v_{1a}\,. \tag{10.5g}$$

   Das bedeutet, daß die Geschwindigkeit der stoßenden Masse m_1 durch den Stoß fast überhaupt nicht verändert wird, während sich die kleine, ruhende Masse nach dem Stoß doppelt so schnell wie die große Masse und in derselben Richtung wie die große Masse bewegt. Trifft zum Beispiel eine schwere Bowlingkugel auf einen leichten Gummiball gleicher Größe, so wird die Bewegung der Bowlingkugel durch den Stoß nicht merklich beeinflußt, während der Gummiball mit hoher Geschwindigkeit weggestoßen wird.

In einem Kernreaktor werden bei der Spaltung von Uranatomen schnelle Neutronen erzeugt, die abgebremst werden müssen, ehe sie eine neue Kernspaltung auslösen können. Die Frage ist, in welchem Material die Neutronen so weit abgebremst werden können, daß sie mit einem ruhenden Uranatom elastisch zusammenstoßen können. Wir sehen uns die verschiedenen Sonderfälle von oben daraufhin an.

Bestünde das abbremsende Material aus massiven Kernen, wie z. B. Blei, so würden die Neutronen einfach mit derselben Geschwindigkeit zurückprallen (Fall 4.). Wäre der Stoßpartner sehr viel leichter als ein Neutron, zum Beispiel ein Elektron, so würden sich die Neutronen fast ungehindert weiterbewegen (Fall 5.). Wäre der Stoßpartner ein Teilchen von etwa der gleichen Masse wie das Neutron, so würden die Neutronen nach dem Stoß zur Ruhe kommen (Fall 3.). Das entspricht dem gewünschten Effekt. Ein solches abbremsendes Teilchen findet man im Wasserstoffatom, dessen Kern nur aus einem Proton besteht. Proton und Neutron besitzen nahezu die gleiche Masse (vgl. Anhang F). Deshalb verwendet man in manchen Kernreaktoren Wasser als Moderator.

Bei den oben besprochenen Beispielen handelte es sich immer um elastische Stöße, bei denen die kinetische Energie erhalten blieb. Bei einem unelastischen Stoß ist dies nach Definition nicht der Fall. Nach einem unelastischen Stoß ist meistens die kinetische Energie des Systems sehr viel kleiner als vorher, da ein Teil in Reibungswärme oder Verformungsenergie (potentielle Energie) umgewandelt wurde. In Sonderfällen kann allerdings die kinetische Energie des Systems nach dem Stoß auch höher sein als vorher. Dann wurde durch den Stoß potentielle Energie im System freigesetzt und als kinetische Energie an die Stoßpartner abgegeben (Stoß auf eine gespannte Feder). Bei allen unelastischen Stößen gelten aber immer die Erhaltung der Gesamtenergie und die Erhaltung des Gesamtimpulses.

Zum Abschluß unserer Aufzählung wollen wir noch den *vollkommen unelastischen Stoß* erwähnen. Dabei vereinigen sich die Stoßpartner nach dem Stoß zu einem einzigen neuen Körper, der sich mit einer (gemeinsamen) Geschwindigkeit v_e weiterbewegt. Aus dem Impulserhaltungssatz folgt somit

$$m_1 v_{1a} + m_2 v_{2a} = (m_1 + m_2) v_e \,. \tag{10.6}$$

Die Geschwindigkeit nach dem Stoß läßt sich in diesem Fall ohne Benutzung des Energieerhaltungssatzes berechnen.

Beispiel 1

Ein Baseball mit einer Masse von 160 g wird im waagerechten Flug (Geschwindigkeit 27.5 m/s) von einem Baseballschläger getroffen und zurückgeschlagen, so daß er eine Geschwindigkeit von 35.5 m/s in entgegengesetzte Richtung erhält. Welchen Kraftstoß (Impuls) erhielt der Ball?

Da die beim Schlagen wirkende Kraft nicht bekannt ist, kann man das Integral von Gl. 10.2 nicht direkt ausrechnen. Man kann aber folgenden Ansatz für die Impulsänderung machen:

$$\Delta \boldsymbol{p} = \boldsymbol{p}_e - \boldsymbol{p}_a = m\boldsymbol{v}_e - m\boldsymbol{v}_a = m(\boldsymbol{v}_e - \boldsymbol{v}_a) \,.$$

Mit den gegebenen Zahlenwerten erhalten wir

$$\Delta p = 160\,\text{g}\,(-35.5 - 27.5)\,\text{m/s} = -10\,\text{kg m/s} \,.$$

Der Ball hat während des Treffens einen Kraftstoß von -10 N s erhalten; das Minuszeichen gibt an, daß er dabei die Richtung umgekehrt hat.

Aus dem Wert von -10 N s kann man nicht die Kraft errechnen, da die Dauer des Kontaktes zwischen Ball und Stock unbekannt ist. Wir nehmen eine Zeit von 1 ms an. Die mittlere Stoßkraft beträgt somit

$$\bar{F} = \frac{\Delta p}{\Delta t} = \frac{-10\,\text{N s}}{1\,\text{ms}} = -10\,\text{kN} \,.$$

Welchen Einfluß hat die Schwerkraft auf die Bewegung des Balles während der Stoßzeit von 1 ms?

Beispiel 2

(a) Um wieviel wird die kinetische Energie eines Neutrons (Masse m_1) bei einem zentralen Stoß mit einem ruhenden Atomkern (Masse m_2) herabgesetzt?

Das Neutron hat vor dem Stoß eine kinetische Energie von $E_{ka} = \frac{1}{2} m_1 v_{1a}^2$ und nach dem Stoß von $E_{ke} = \frac{1}{2} m_1 v_{1e}^2$. Die relative Änderung beträgt mithin

$$\frac{E_{ka} - E_{ke}}{E_{ka}} = \frac{v_{1a}^2 - v_{1e}^2}{v_{1a}^2} = 1 - \frac{v_{1e}^2}{v_{1a}^2} \,.$$

Da für den Stoß (Fall 2. von Seite 235) die Gl. 10.5d gilt, erhalten wir

$$v_{1e} = \left(\frac{m_1 - m_2}{m_1 + m_2}\right) v_{1a}$$

und

$$\frac{E_{ka} - E_{ke}}{E_{ka}} = 1 - \left(\frac{m_1 - m_2}{m_1 + m_2}\right)^2 = \frac{4 m_1 m_2}{(m_1 + m_2)^2} \,.$$

(b) Man bestimme die relative Abnahme der kinetischen Energie eines Neutrons, wenn es mit einem Blei-, einem Kohlenstoff- bzw. einem Wasserstoffkern zentral zusammenstößt. Hierfür benötigen wir die Massen der entsprechenden Atome. Für das Verhältnis der entsprechenden Kernmasse zur Neutronenmasse m_2/m_1 gelten die Werte 206 (Blei), 12 (Kohlenstoff) und 1 (Wasserstoff). Damit ergibt sich bei einem Stoß
mit Blei

$$\frac{E_{ka} - E_{ka}}{E_{ka}} = \frac{4 \times 206}{207^2} = 0.02 \qquad \text{bzw. } 2\,\%\,,$$

mit Kohlenstoff

$$\frac{4 \times 12}{13^2} = 0.28 \qquad \text{bzw. } 28\,\%\,,$$

mit Wasserstoff

$$\frac{4 \times 1}{2^2} = 1 \qquad \text{bzw. } 100\,\%\,.$$

Man erkennt hieraus, daß sich Paraffin, welches sehr viele Wasserstoffatome enthält, für die Abbremsung schneller Neutronen sehr viel besser eignet als Blei.

Beispiel 3

Das ballistische Pendel. Mit Hilfe eines ballistischen Pendels kann man die Geschwindigkeit kleiner Projektile bestimmen. Das Pendel besteht aus einem an zwei Schnüren aufgehängten Holzklotz großer Masse M (Abb. 10.6). Das Projektil mit der unbekannten Geschwindigkeit v_a wird waagerecht in den ruhenden Holzklotz hineingeschossen, so daß es im Klotz steckenbleibt. Da die Stoßdauer (die Zeit, in der das Projektil zum Stillstand kommt) gegenüber der Schwingungsdauer des Pendels sehr kurz ist, hat sich das Pendel während des Einschlags kaum bewegt. Das bedeutet,

Abb. 10.6 Zu Beispiel 3. Das ballistische Pendel. Ein Holzblock der Masse M hängt an zwei Fäden und wird durch ein einschlagendes Projektil der Masse m um einen bestimmten Betrag y angehoben.

daß der Holzblock während des Stoßes waagerecht hängenbleibt und damit während des Stoßes keine äußeren waagerechten Kräfte auf das System (Klotz und Projektil) wirken. Damit bleibt die waagerechte Komponente des Impulses erhalten. Nach dem Stoß ist die Geschwindigkeit des Holzklotzes (einschließlich Projektil) allerdings sehr viel geringer als die des Projektils vor dem Stoß.
Vor dem Stoß besaß das Projektil den Impuls $p = mv_a$ und der Klotz den Impuls Null. Nach dem Stoß besitzt das System den Impuls $(m + M)v_e$. Der Impulserhaltungssatz lautet also

$$mv_a = (m + M)v_e .$$

Nach dem Zusammenstoß schwingt der Holzklotz aufgrund des übertragenen Impulses bis zu einer bestimmten Höhe y aus. In diesem Punkt ist die gesamte kinetische Energie des Systems in potentielle Energie umgewandelt. Für das Ausschwingen kann man den Energieerhaltungssatz anwenden:

$$\tfrac{1}{2}(m + M)v_e^2 = (m + M)gy .$$

Löst man die obere Gleichung nach v_a auf und setzt den Wert in die untere Gleichung ein, so erhält man

$$v_a = \frac{m + M}{m}\sqrt{2gy} .$$

Aus den bekannten Massen m und M und der gemessenen Höhe y kann man nun die Geschwindigkeit v_a des Projektils errechnen.
Der Energieerhaltungssatz liefert für den gesamten Stoßvorgang die Beziehung

$$\frac{\tfrac{1}{2}(m + M)v_e^2}{\tfrac{1}{2}mv_a^2} = \frac{m}{m + M} .$$

Wenn das Projektil eine Masse von 5 g hätte und der Klotz eine von 2 kg, so wäre $m/(m + M) \approx 2.5 \times 10^{-3}$, d. h. nur 2.5‰ der ursprünglichen Bewegungsenergie bliebe nach dem Stoß als kinetische Energie erhalten. Der Rest von über 99 % wäre in Wärme und Verformungsenergie umgewandelt worden.

Da sowohl bei einem elastischen als auch bei einem unelastischen Stoß der Gesamtimpuls des Systems erhalten bleibt (es ändert sich nur die Verteilung des Impulses auf die Stoßpartner), ändert sich bei einem Stoß auch nicht die Geschwindigkeit des Massenmittelpunktes des Systems. Nach Gl. 9.15 kann der Impuls als $\boldsymbol{P} = (m_1 + m_2)\,\boldsymbol{v}_S$ geschrieben werden. Wenn keine äußeren Kräfte am System angreifen, bleibt der Gesamtimpuls erhalten, und der Massenmittelpunkt bewegt sich mit gleichförmiger Geschwindigkeit $\boldsymbol{v}_S$ weiter.

Wählen wir ein Bezugssystem, das mit dem Massenmittelpunkt des Systems fest verknüpft ist, so wird $\boldsymbol{v}_S = 0$ und auch $\boldsymbol{P} = 0$. Damit ergeben sich in der Beschreibung der Bewegung des Systems erhebliche Vereinfachungen. In der Kernphysik ist es üblich, nur solche Bezugssysteme zu wählen, denn für alle Arten von Stößen werden damit die Komponenten des Gesamtimpulses in allen drei Raumrichtungen Null.

Als Beispiel wollen wir den zentralen elastischen Stoß zwischen zwei Teilchen m_1 und m_2 betrachten. m_2 befinde sich in Ruhe, also $v_{2a} = 0$, und es sei $m_2 = 3m_1$. Der Gesamtimpuls des Systems entspricht somit dem Impuls des Teilchens m_1 vor dem Stoß. Es gilt:

$$m_1 v_{1a} = (m_1 + m_2)v_S$$

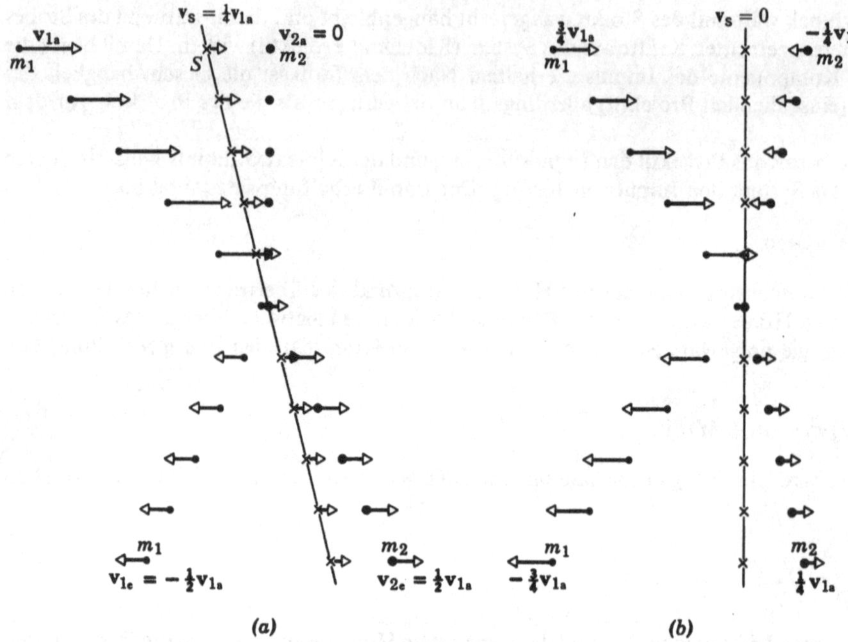

Abb. 10.7 Zwei elastisch zusammenstoßende Teilchen. (a) Der Stoßvorgang im Bezugssystem des Labors. (b) Der Stoßvorgang im Bezugssystem des Massenmittelpunktes beider Teilchen.

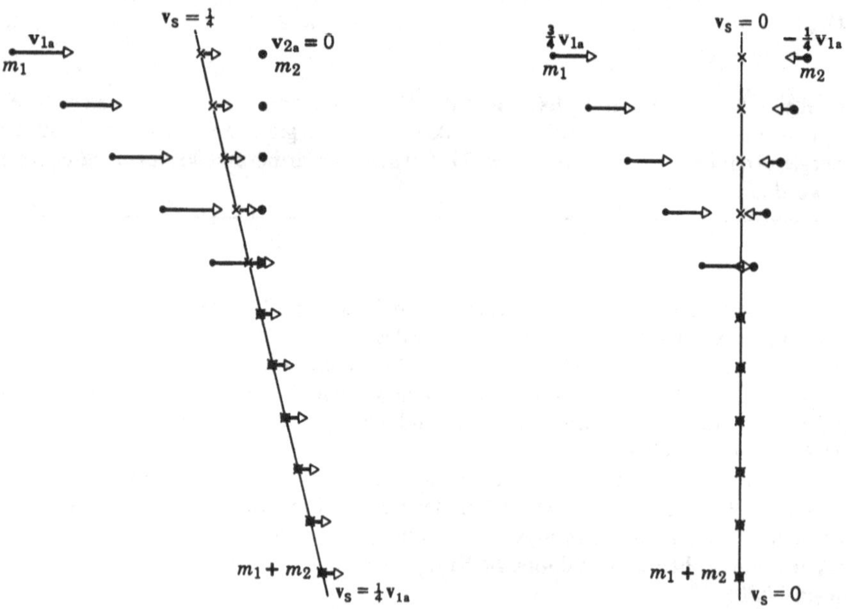

Abb. 10.8 Vollkommen unelastischer Stoß zwischen zwei Teilchen. (a) Der Stoßvorgang im Laborsystem. (b) Der Stoßvorgang im Massenmittelpunkt-Bezugssystem. Die Bewegungen vor dem Stoß sind in beiden Bezugssystemen mit denen eines elastischen Stoßes (Abb. 10.7) identisch.

oder

$$v_S = \left(\frac{m_1}{m_1 + m_2}\right) v_{1a} = \tfrac{1}{4} v_{1a}\,.$$

Nach dem Stoß besitzt m_1 die Geschwindigkeit $v_{1e} = -\frac{1}{2}v_{1a}$ und m_2 die Geschwindigkeit $v_{2e} = \frac{1}{2}v_{1a}$. Beide Teilchen bewegen sich nach dem Stoß mit der halben Geschwindigkeit, die m_1 vor dem Stoß besaß. In Abb. 10.7a sind einige Phasen dieses Stoßes gezeigt (in gleichen Zeitabständen aufgenommen), wie sie von einem Beobachter im Laborsystem gesehen werden.
In Abb. 10.7b ist der gleiche Stoßvorgang aus der Sicht eines Beobachters gezeigt, der sich im Massenmittelpunkt des Systems mit $v_S = 0$ befindet. Man erkennt hier deutlich die Symmetrie der Teilchenbewegung. Das von links kommende Teilchen hat relativ zum Massenmittelpunkt eine Geschwindigkeit von $\frac{3}{4}v_{1a}$ (wobei v_{1a} die Geschwindigkeit im Laborsystem ist) und kehrt auch mit dem gleichen Betrag der Geschwindigkeit wieder zurück. Das von rechts kommende Teilchen hat relativ zum Massenmittelpunkt eine Geschwindigkeit von $\frac{1}{4}v_{1a}$ und kehrt auch mit gleichem Geschwindigkeitsbetrag wieder zurück.

Bei einem vollkommen unelastischen Stoß bewegen sich die beiden Stoßpartner nach dem Stoß als eine einheitliche Masse längs der Bahn des Massenmittelpunktes weiter. In Abb. 10.8 sind wieder aufeinanderfolgende Phasen eines vollkommen unelastischen Stoßes im Laborsystem und im Massenmittelpunkt-Bezugssystem gezeichnet. Die Momentaufnahmen gleich denen der Abb. 10.7 bis zu dem Zeitpunkt des Zusammenstoßes; nach dem Stoß bewegen sich die Stoßpartner wie der Massenmittelpunkt.

10.5 Das „wahre“ Maß der Kraft?

Die unterschiedlichen Bedeutungen von kinetischer Energie und Impuls sowie deren Beziehung zur Kraft waren bis in das späte 18. Jahrhundert hinein unverstanden. Man diskutierte damals darüber, ob die kinetische Energie oder der Impuls das „wahre“ Maß für die auf einen Körper wirkenden Kraft sei. Descartes argumentierte, daß bei einer Wechselwirkung zwischen Körpern nichts anderes als nur ein Impuls von einem Körper auf einen anderen übertragen werden könne, da der Gesamtimpuls des Universums konstant bleiben müsse. Das wahre Maß für die Auswirkung einer Kraft sei also die Impulsänderung, die die Kraft während einer Zeit hervorrufe. Leibniz ging gegen diese Ansicht mit dem Argument vor, daß das wahre Maß für eine Kraftwirkung nur die Änderung der kinetischen Energie sein könne (*vis viva* = lebendige Kraft).

In seinen Abhandlungen über die Mechanik (1743) bezeichnete d'Alembert (1717–1783) die Diskussion über das wahre Maß der Kraft als unnötig, da sie nur aus einer unterschiedlichen Terminologie entspringe. Eigentlich könne man nur eine Anhäufung der Auswirkung einer Kraft messen. Diese Anhäufung könne man entweder über der Zeit durchführen, also ein Integral $\int F\mathrm{d}t$ bilden, woraus sich eine Änderung des Impulses ergebe, oder man könne die Anhäufung über dem Raum vornehmen, also ein Integral $\int F\mathrm{d}x$ bilden, woraus sich eine Änderung der kinetischen Energie ergebe. Beide Wege seien, obwohl verschieden, nützlich und physikalisch erlaubt. Welchen Weg man zu wählen habe, hänge nur davon ab, nach was man frage und welcher Weg der bequemere sei. Tatsächlich haben auch wir bei der Besprechung unserer Beispiele häufig beide Wege beschritten (vgl. Frage 23).

In moderner Betrachtungsweise sucht man nach invarianten Größen der Bewegung. Die Kraft selber wird ganz außer acht gelassen. Die Frage, ob die kinetische Energie oder der Impuls die geeignetere Größe zur Beschreibung einer Bewegung sei, wird gegenstandslos, da es keine physikalische Größe „Bewegung“ gibt. Beide Größen, Energie wie Impuls, sind invariante Größen, da in einem isolierten System sowohl die Gesamtenergie des Systems als auch der Gesamtimpuls – über alle Teile des Systems gemessen – zeitlich konstant sind. Es kann zwar ein Austausch von Energie bzw. Impuls zwischen den einzelnen Teilen des Systems stattfinden, die jeweilige Summe bleibt aber stets erhalten.

10.6 Schiefer Stoß

Die in vorangegangenen Abschnitten beschriebenen Stoßvorgänge fanden immer nur in einer Dimension statt, da sich die Stoßpartner nur auf ein und derselben Geraden bewegten, wenn auch in entgegengesetzter Richtung. Außerdem fiel diese Gerade immer mit der Verbindungslinie der Massenmittelpunkte der beteiligten Körper zusammen. Es handelte sich um einen geraden Stoß. Die meisten Zusammenstöße in unserer Umwelt sind aber nicht gerade, sondern schief, da sich die Stoßpartner in unterschiedlichen Richtungen bewegen, unter irgendeinem Winkel aufeinandertreffen und beim Stoß mehr oder weniger seitlich abgelenkt werden. Ein derartiger schiefer Stoß kann nicht mehr nur in einer Dimension stattfinden, sondern in einer Ebene oder im Raum. Man denke zum Beispiel an zwei Billardkugeln, die unter einem Winkel zusammenstoßen, oder an einen Luftballon, der von einem Kind immer wieder gegen die Decke oder eine Wand gestoßen wird.

Bei einem schiefen Stoß gelingt es nicht mehr, nur mit Hilfe des Impulserhaltungssatzes aus den Anfangsbedingungen die Bewegung der Stoßpartner nach dem Stoß zu berechnen (Ausnahme: der vollkommen unelastische Stoß). Schon bei einem sehr einfachen schiefen Stoß, einem elastischen Stoß zwischen zwei Teilchen in der Ebene, treten vier unbekannte Größen auf, nämlich jeweils zwei Geschwindigkeitskomponenten und zwei Impulskomponenten der Bewegung nach dem Stoß. Zwischen diesen vier Unbekannten bestehen nur drei unabhängige Beziehungen, der Erhaltungssatz der kinetischen Energie und der Erhaltungssatz für jede Komponente des Gesamtimpulses. Die gegebenen Anfangsbedingungen reichen hier also nicht zur Lösung des Problems aus.

Wir wollen den Stoß eines Teilchens behandeln, das sich mit hoher Geschwindigkeit auf ein anderes ruhendes Teilchen hinbewegt. Die Annahme, daß das zweite Teilchen ruhen soll, stellt keine Einschränkung des Problems dar, da man ja jederzeit ein Bezugssystem in den Massenmittelpunkt eines Körpers legen kann, so daß der Körper in diesem Bezugssystem (vor dem Stoß) ruht. In der Kernphysik werden oft Stoßversuche* zwischen Elementarteilchen und Atomen durchgeführt, indem beschleunigte Kernteilchen auf ein im Laborsystem ruhendes Target geschossen werden. Wegen der Erhaltung des Impulses findet die Bewegung in einer Ebene statt, die durch die Ablenkbahnen der Stoßpartner gegeben ist. Meistens verläuft die Bewegung des stoßenden Teilchens vor dem Stoß nicht längs der Verbindungslinie der Massenmittelpunkte der Teilchen. Die bei der Wechselwirkung auftretenden Kräfte können elektromagnetischer Natur sein, aber auch Gravitations- oder Kernkräfte sein. Wie schon in Abschn. 10.1 erwähnt, brauchen sich die Teilchen nicht einmal zu berühren, denn die starken Kräfte mit sehr kurzer Reichweite lenken die Teilchen innerhalb sehr kurzer Zeit von ihrer ursprünglichen Bahn ab.

* Da es sich bei diesen Experimenten immer um eine Vielzahl von stoßenden Teilchen handelt, die nach dem Stoß aus ihrer ursprünglichen Bahn abgelenkt werden, spricht man nicht mehr von Stoßversuchen, sondern von Streuversuchen. Der Ablenkwinkel heißt *Streuwinkel*.

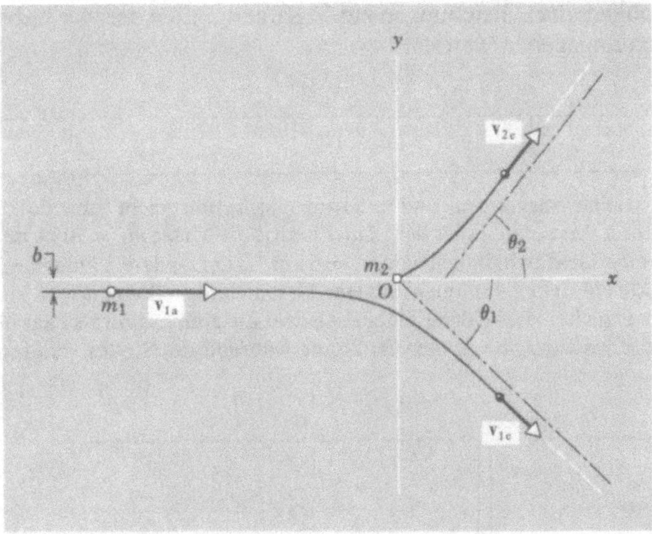

Abb. 10.9 Ein Stoß (Streuung) zwischen atomaren Teilchen. Die offenen Kreise markieren die Positionen der Teilchen vor dem Stoß, die gefüllten Kreise nach dem Stoß. m_2 ruhte vor dem Stoß. Der Stoßparameter b gibt den Abstand der Bahn des einfallenden Teilchens m_1 vom Ort des ruhenden Teilchens m_2 an, wenn m_1 ungehindert weiterfliegen würde.

In Abb. 10.9 ist ein solches Stoßexperiment skizziert. Eine wichtige Rolle spielt der sogenannte *Stoßparameter b*, der den kleinsten Abstand des Targets von der anfänglichen Bahn des stoßenden Teilchens angibt, also den Abstand darstellt, in dem das stoßende Teilchen weiterfliegen würde, wenn keine Wechselwirkung eintreten würde. Der Stoßparameter sagt etwas über die Direktheit des Stoßes aus, d. h. wie genau das stoßende Teilchen auf das Target gerichtet ist. Bei einem Stoßparameter von $b = 0$ würde ein zentraler Stoß stattfinden.

Die Bewegungsrichtung der einfallenden Teilchen ist nach dem Stoß um einen Winkel θ_1 gegen die Einfallsrichtung geändert, und das vor dem Stoß ruhende Targetteilchen wird nach dem Stoß unter einem Winkel θ_2 gegen die Einfallsrichtung weggestoßen. Wendet man den Impulserhaltungssatz an, so erhält man für die x-Komponente die Beziehung

$$m_1 v_{1a} = m_1 v_{1e} \cos\theta_1 + m_2 v_{2e} \cos\theta_2$$

und für die y-Komponente

$$0 = m_1 v_{1e} \sin\theta_1 - m_2 v_{2e} \sin\theta_2 \,.$$

Falls der Stoß elastisch erfolgt, bleibt auch noch die kinetische Energie des Systems erhalten. Daraus ergibt sich die Beziehung

$$\tfrac{1}{2} m_1 v_{1a}^2 = \tfrac{1}{2} m_1 v_{1e}^2 + \tfrac{1}{2} m_2 v_{2e}^2 \,.$$

Bei Kenntnis von m_1, m_2 und v_{1a} stehen zur Bestimmung der vier Unbekannten v_{1e}, v_{2e},

θ_1 und θ_2 also nur die obigen drei Gleichungen zur Verfügung. Eine der vier unbekannten Größen müßte noch angegeben werden.

Beispiel 4

Zwei Schlittschuhläufer stoßen zusammen und umarmen sich, um nicht umzufallen. Die Abb. 10.10 soll diese Situation skizzieren. Einer der Läufer besitzt die Masse $m_1 = 70$ kg und hatte vor dem Zusammenstoß eine Geschwindigkeit von $v_1 = 6$ km/h; der andere Läufer besitzt die Masse $m_2 = 50$ kg und hatte vor dem Zusammenstoß eine Geschwindigkeit von $v_2 = 8$ km/h. (a) Mit welcher Geschwindigkeit gleiten die beiden Läufer nach dem Zusammenstoß als Paar über das Eis? (b) Wieviel der kinetischen Energie vor dem Stoß ging während des Stoßes verloren?

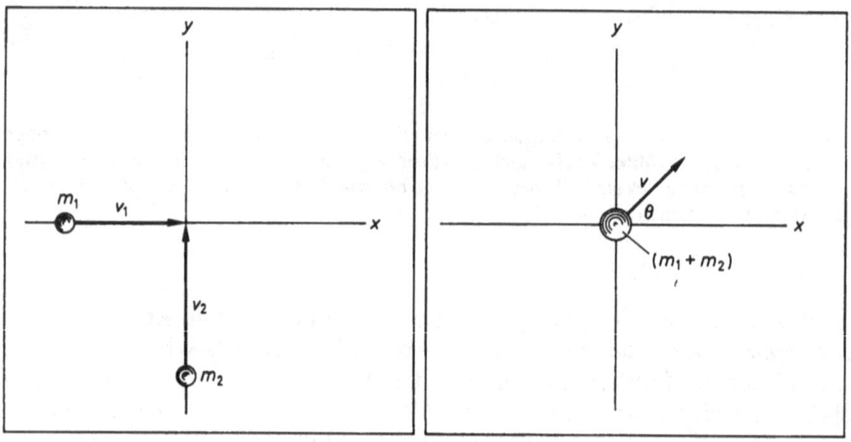

(a) (b)

Abb. 10.10 Zu Beispiel 4. (a) Die Situation vor dem Stoß. (b) Die Situation nach dem Stoß.

(a) Abb. 10.10a stellt die Situation vor dem Stoß dar, Abb. 10.10b diejenige nach dem Stoß. Da keine äußeren Kräfte auf die Läufer einwirken, gilt der Impulserhaltungssatz. Wir betrachten die Impulse einzeln in x-Richtung und in y-Richtung. Für die x-Komponente gilt

$$m_1 v_1 = (m_1 + m_2) v \cos\theta,$$

und für die y-Komponente gilt

$$m_2 v_2 = (m_1 + m_2) v \sin\theta.$$

Aus beiden Beziehungen ergibt sich durch Division:

$$\tan\theta = \frac{m_2 v_2}{m_1 v_1} = \frac{(50\,\text{kg})(8.0\,\text{km/h})}{(70\,\text{kg})(6.0\,\text{km/h})} = 0.95 \qquad \text{oder} \qquad \theta = 43°.$$

Die sich umarmenden Läufer gleiten unter einem Winkel von 43° gegen ihre ursprüngliche Richtung weiter.

Lösen wir unsere Gleichung für die y-Komponente nach v auf, erhalten wir

$$v = \frac{m_2 v_2}{(m_1 + m_2)\sin\theta}$$
$$= \frac{(50\,\text{kg})(8.0\,\text{km/h})}{(70\,\text{kg} + 50\,\text{kg})\sin 43°} = 4.9\,\text{km/h}\,.$$

Das Läuferpaar hat nach dem Zusammenprall eine gemeinsame Geschwindigkeit von 4.9 km/h.

(b) Die kinetische Energie der Läufer vor dem Zusammenstoß war

$$E_a = \tfrac{1}{2}m_1 v_1^2 + \tfrac{1}{2}m_2 v_2^2$$
$$= \tfrac{1}{2}(70\,\text{kg})(6.0\,\text{km/h})^2 + \tfrac{1}{2}(50\,\text{kg})(8.0\,\text{km/h})^2$$
$$= \left(2860\,\frac{\text{kg km}^2}{\text{h}^2}\right)\left(\frac{1\,\text{h}}{3600\,\text{s}}\right)^2\left(\frac{10^3\,\text{m}}{1\,\text{km}}\right)^2 = 220\,\text{J}\,.$$

Die Bewegungsenergie der Läufer nach dem Zusammenprall ist

$$E_e = \tfrac{1}{2}(m_1 + m_2)v^2$$
$$= \tfrac{1}{2}(70\,\text{kg} + 50\,\text{kg})(4.9\,\text{km/h})^2$$
$$= \left(1440\,\frac{\text{kg km}^2}{\text{h}^2}\right)\left(\frac{1\,\text{h}}{3600\,\text{s}}\right)^2\left(\frac{10^3\,\text{m}}{1\,\text{km}}\right)^2 = 110\,\text{J}\,.$$

Man erhält daraus einen Verlust von

$$\frac{E_a - E_e}{E_a} = \frac{220\,\text{J} - 110\,\text{J}}{220\,\text{J}} = \frac{1}{2}\,.$$

Das heißt, 50 % der anfänglichen Bewegungsenergie der Läufer geht beim Zusammenstoß verloren. Wo bleibt diese Energie?

Beispiel 5

Ein Gasmolekül stößt mit einer Geschwindigkeit von 300 m/s elastisch mit einem anderen Gasmolekül gleicher Masse zusammen. Nach dem Zusammenprall fliegt das erste Molekül unter einem Ablenkwinkel von 30° gegen seine anfängliche Bahn weiter. Man bestimme die Geschwindigkeit der beiden Moleküle nach dem Stoß und den Rückstoßwinkel des zweiten Moleküls.

Dieses Beispiel entspricht genau dem in Abb. 10.9 gezeigten Stoß. Wir können die dort verwendeten Gleichungen direkt übernehmen. Es sind $m_1 = m_2$, $v_{1a} = 300\,\text{m/s}$ und $\theta_1 = 30°$.

Wir erhalten

$$v_{1a} = v_{1e}\cos\theta_1 + v_{2e}\cos\theta_2\,,$$
$$v_{1e}\sin\theta_1 = v_{2e}\sin\theta_2$$

und

$$v_{1a}^2 = v_{1e}^2 + v_{2e}^2\,.$$

Zu bestimmen sind die drei Größen v_{1e}, v_{2e} und θ_2, wofür uns die obigen drei Gleichungen zur Verfügung stehen. Wir quadrieren die erste und zweite und addieren sie. Unter Benutzung von $\sin^2\theta + \cos^2\theta = 1$ erhalten wir

$$v_{1a}^2 + v_{1e}^2 - 2v_{1a}v_{1e}\cos\theta_1 = v_{2e}^2\,.$$

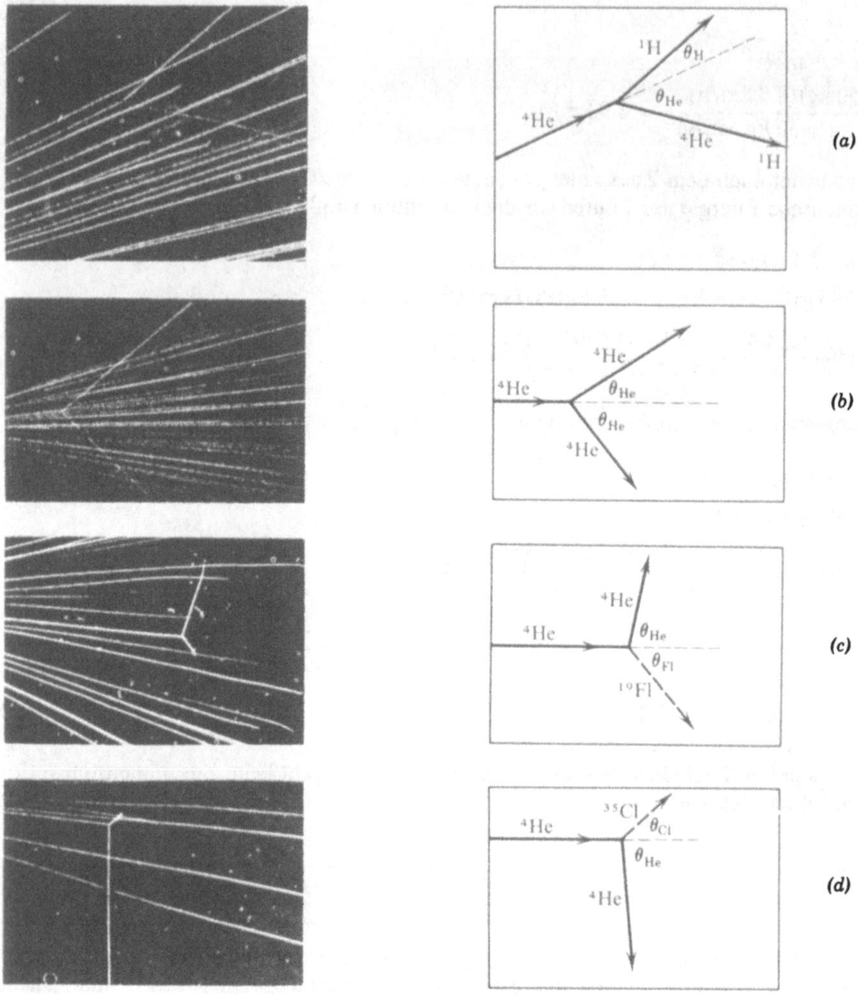

Abb. 10.11 Nebelkammeraufnahmen von α-Strahlen, die an Kernen verschiedener Massen gestreut wurden. In den rechten Abbildungen sind die Bahnen der Stoßpartner nach dem Stoß noch einmal gezeichnet worden. (a) Ein Wasserstoffkern (Proton) als Target. (b) Ein Heliumkern (α-Teilchen) als Target. (c) Ein Fluorkern als Target. (d) Ein Chlorkern als Target. Da die Bahnen der Teilchen nicht in der Ebene der Photographie liegen, kann man aus den Aufnahmen nicht ohne weiteres die Streu- bzw. Rückstoßwinkel entnehmen.

Diese Beziehung für v_{2e}^2 setzen wir in die dritte obige Gleichung ein und erhalten

$$2v_{1e}^2 = 2v_{1a}v_{1e}\cos\theta_1$$

bzw.

$$v_{1e} = v_{1a}\cos\theta_1 = (300\,\text{m/s})(\cos 30°)$$

oder

$$v_{1e} = 260\,\text{m/s}\,.$$

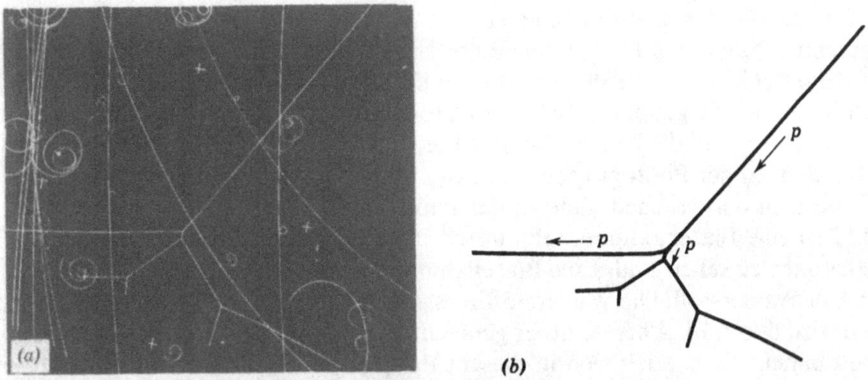

Abb. 10.12 (a) Eine Blasenkammeraufnahme vier aufeinanderfolgender Stöße zwischen Protonen. Die Stöße werden eingeleitet durch ein energiereiches Proton, das oben rechts in die Blasenkammer eintritt. Die Spiralbahnen gehören zu energiearmen Elektronen. Die anderen Bahnen stammen von verschiedenen Mesonen. Die Protonenbahnen nach den Stößen verlaufen immer rechtwinklig, wie man stereoskopischen Aufnahmen entnehmen kann. (b) Die Bahnen der Protonen sind noch einmal deutlich nachgezeichnet.

Schließlich ergibt sich mit den gegebenen Zahlenwerten aus der dritten Gleichung:

$$v_{2e}^2 = v_{1a}^2 - v_{1e}^2 = (300\,\text{m/s})^2 - (260\,\text{m/s})^2$$

bzw.

$$v_{2e} = 150\,\text{m/s}\,.$$

Die beiden Geschwindigkeiten v_{1e} und v_{2e} werden in die zweite obige Gleichung eingesetzt

$$\sin\theta_2 = \left(\frac{v_{1e}}{v_{2e}}\right)\sin\theta_1 = (260/150)(\sin 30°) = 0.866$$

bzw.

$$\theta_2 = 60°\,.$$

Nach dem Stoß fliegen beide Gasmoleküle unter einem rechten Winkel voneinander ($\theta_1 + \theta_2 = 90°$) weg, so wie in Abb. 10.9 gezeigt ist.

Man kann allgemein zeigen, daß bei einem elastischen Stoß zwischen gleich großen Massen, von denen eine ruhte, sich beide Stoßpartner nach dem Stoß unter einem rechten Winkel voneinander entfernen.

Die Abb. 10.11 zeigt Photographien von vier verschiedenen Streuexperimenten, die in einer Wilson-Nebelkammer aufgenommen wurden*. Die Bahn der Teilchen wurde durch kleine Tröpfchen sichtbar gemacht, die sich auf der Spur geladener Teilchen in einer Kammer mit übersättigtem Wasser- oder Alkoholdampf bilden. In allen vier Fällen

* 1927 erhielt der englische Physiker C. T. R. Wilson für die Erfindung der Nebelkammer den Nobelpreis. Wilson entdeckte diese Methode, als er bei meteorologischen Untersuchungen im schottischen Hochland in einem Labor eine bestimmte atmosphärische Erscheinung herstellen wollte.

handelt es sich um α-Teilchen, die auf einen ruhenden Kern verschiedener Masse treffen. Mit zunehmender Masse (a) bis (d) der Targetkerne nehmen die Streuwinkel der α-Teilchen und die Rückstoßwinkel der getroffenen Kerne zu (vgl. Aufgabe 42). Im Experiment (b) ist auch das Target ein α-Teilchen (^{4}He-Kern). Stereoskopische Aufnahmen zeigen, daß in diesem Fall die beiden Stoßpartner stets im rechten Winkel voneinander abgelenkt werden. In der Photographie von Abb. 10.11b ist das nicht genau zu erkennen, da die Bahnen der Teilchen nicht in der Papierebene liegen.

Abb. 10.12 ist eine Blasenkammeraufnahme*, in der vier aufeinanderfolgende Stöße zwischen Protonen zu sehen sind. Eine Blasenkammer ist mit einer überhitzten Flüssigkeit gefüllt, hier Wasserstoff. Die Wasserstoffkerne dienen zugleich als Targets. Die Bahn der Teilchen wird durch Bläschen sichtbar gemacht, die sich auf der Spur der ionisierenden Teilchen bilden. Es handelt sich in diesem Beispiel um elastische Stöße zwischen gleich großen Massen, so daß die Stoßpartner nach dem Zusammenstoß unter einem rechten Winkel davonfliegen. Die Aufnahme von Abb. 10.12 kann natürlich nur eine Projektion der räumlichen Bahnen wiedergeben.

10.7 Der Wirkungsquerschnitt

Man muß sich darüber klar sein, daß man bei einem Streuversuch mit atomaren und subatomaren Teilchen die Bahn des einfallenden Teilchens und den Ort des Targets nie ganz genau messen kann. Auch der in Abschn. 10.6 eingeführte Stoßparameter b (Abb. 10.9) kann nur in gewissen Grenzen angegeben werden. In der Praxis kann man nur mit statistischen Methoden vorgehen. Wenn ein Strahl von α-Teilchen auf eine dünne Folie trifft, so findet eine Vielzahl voneinander unabhängiger Zusammenstöße zwischen α-Teilchen und Kernen des Targetmaterials statt. Der Stoßparameter eines individuellen Stoßes kann nicht mehr angegeben werden.

Man muß sich die Situation etwa so vorstellen, als ob jemand wahllos (zum Beispiel bei Nacht) Bälle auf eine entfernte Wand der Fläche A wirft und versucht, dabei Teller der Fläche σ zu treffen, die an der Wand in statistischer Verteilung, aber nicht überlappend aufgehängt sind. Wie groß ist die Trefferrate, wenn q die Zahl der aufgehängten Teller ist und R_0 die Wurffrequenz, also die Zahl der auf die Wand geworfenen Teller geteilt durch die Zeit? Sehen wir einen Treffer als ein zufälliges Ereignis an, so ist die Wahrscheinlichkeit für ein Zusammentreffen von Ball und Teller durch den Quotienten aus der Fläche aller Teller σq und der Gesamtfläche A der Wand gegeben. Die Zahl der getroffenen Teller geteilt durch die Zeit (Trefferrate) beträgt also

$$R = R_0(\sigma q/A)\,. \tag{10.7a}$$

Aus dieser Formel kann man R, aber auch die Fläche σ des Targets ausrechnen,

$$\sigma = RA/R_0 q\,, \tag{10.7b}$$

* 1960 erhielt der amerikanische Physiker D. Glaser den Nobelpreis für die Erfindung der Blasenkammer.Es wird behauptet, daß ihm die Idee dazu kam, als er die aufsteigenden Blasen in einem mit Bier gefüllten Glas beobachtete.

wenn die jeweils anderen Größen bekannt sind. σ wird *Wirkungsquerschnitt* des Stoßvorganges genannt.

Man kann den Begriff Treffer auch noch spezifischer fassen. Man kann zum Beispiel nach der Wahrscheinlichkeit fragen, mit der ein Teller beim Treffen in genau fünf Teile zerbricht. Die zugehörige Trefferrate R_5 wird sicherlich sehr viel kleiner als die totale Trefferrate R sein, die ja überhaupt alle Treffer umfaßt. Der zugehörige Wirkungsquerschnitt ergibt sich analog zu Gl. 10.7b als

$$\sigma_5 = R_5 A / R_0 q \,. \tag{10.8}$$

Man kann selbstverständlich auch nach ganz anderen Ereignissen fragen, etwa danach, ob ein Teller getroffen wird und eines der Bruchstücke genau halb so groß wie der Teller ist oder ob eines der Bruchstücke genau senkrecht nach oben fliegt usw. Für jedes dieser Ereignisse kann man einen bestimmten Wirkungsquerschnitt σ_x bzw. eine Trefferrate R_x angeben. Die so definierten Wirkungsquerschnitte stellen nur fiktive Größen dar und haben nicht unbedingt etwas mit der geometrischen Ausdehnung des Targets und des stoßenden Teilchens zu tun, also mit dem eigentlichen Stoßquerschnitt. Sie stellen nur ein Maß für die Wahrscheinlichkeit des Eintretens bestimmter Ereignisse dar. Trotzdem ist der Wirkungsquerschnitt eine nützliche Größe, weil er einen bestimmten Vorgang beschreibt und nicht von Einzelheiten der experimentellen Anordnung abhängt. Für den Wirkungsquerschnitt von Gl. 10.8 würde man immer denselben Wert erhalten unabhängig von der Größe der Wandfläche A und der Anzahl q der Teller und der Wurfrate R_0 der Bälle.

Bei kernphysikalischen Versuchen werden Targets mit Kernteilchen bombardiert, und die Rate irgendeines Ereignisses wird experimentell ermittelt, so daß man diesem Ereignis einen Wirkungsquerschnitt zuschreiben kann. Als Beispiel wollen wir die Wechselwirkung von Deuteronen (^{2}H, Abkürzung d) mit Goldatomen (^{197}Au) betrachten. Die Deuteronen werden auf eine kinetische Energie von 30 MeV beschleunigt und dann auf eine dünne Goldfolie gelenkt. Es können daraufhin sehr viel Ereignisse eintreten, zum Beispiel (1) eine elastische Streuung der Deuteronen in Vorwärtsrichtung, (2) eine elastische Streuung der Deuteronen in Rückwärtsrichtung, (3) eine unelastische Streuung der Deuteronen in Vorwärtsrichtung in einem Winkelbereich zwischen 30° und 60°, (4) die Kernreaktion $\mathrm{d} + {}^{197}\mathrm{Au} \rightarrow \mathrm{p} + {}^{198}\mathrm{Au}$ oder (5) die Kernreaktion $\mathrm{d} + {}^{197}\mathrm{Au} \rightarrow \mathrm{n} + {}^{198}\mathrm{Hg}$.

Jedes dieser Ereignisse besitzt seinen eigenen Wirkungsquerschnitt σ_x, aus dem man bei Kenntnis einiger experimenteller Details auch die Trefferrate R_x bestimmen kann. Der Sinn solcher Stoß- bzw. Streuexperimente ist es, Näheres über die Natur der Kernkräfte zu erfahren.

In unserem Beispiel sei A die dem einfallenden Strahl ausgesetzte Fläche der Goldfolie und x ihre Dicke. Ist n die Teilchenzahldichte der Targets in der Folie, so beträgt die Gesamtzahl der Targets, die dem Deuteronen-Strahl ausgesetzt ist, nAx. Ist σ die effektive Fläche für ein bestimmtes Stoßereignis, also der Wirkungsquerschnitt, so ergibt sich nach Gl. 10.7a:

$$\frac{R_x}{R_0} = \frac{(nAx\sigma_x)}{A}$$

oder

$$R_x = R_0 n x \sigma_x \,. \tag{10.9}$$

Durch Messen von R_x, R_0, n und x kann man aus Gl. 10.9 den Wirkungsquerschnitt σ bestimmen. Die Wirkungsquerschnitte vieler Kernreaktionen liegen in der Größenordnung von 10^{-28} m^2. Deswegen hat man dieser Größe einen eigenen Namen gegeben, das *Barn* mit der Abkürzung b.
Der Wirkungsquerschnitt für ein- und dieselbe Kernreaktion hängt von der Energie des einfallenden Teilchens ab und kann für bestimmte Energien außerordentlich hohe Werte annehmen. In einem Energiediagramm des Wirkungsquerschnitts treten dann mehrere Spitzen auf (Abb. 10.13). Ein solches Maximum bedeutet, daß es bei einer bestimmten Energie des einfallenden Teilchens eine sehr viel größere Wahrscheinlichkeit für das Eintreten der Reaktion gibt als bei einer niedrigeren oder höheren Energie. In Anlehnung an ähnliche Erscheinungen bei Schwingungsvorgängen (Abschn. 15.10) spricht man dann von einer Resonanz, und der zugehörige Wirkungsquerschnitt wird *Resonanzquerschnitt* genannt.

In Abb. 10.13 ist ein Beispiel für die Energieabhängigkeit eines Wirkungsquerschnitts gezeigt. Ein kollimierter (parallel ausgerichteter) Strahl von Neutronen der kinetischen Energie E_k fällt auf eine dünne Cadmiumfolie. Ein Teil der Neutronen tritt mit den Cadmiumkernen in Wechselwirkung, ein anderer Teil tritt ungehindert als paralleler Strahl wieder aus. Der in Abb. 10.13 angegebene Wirkungsquerschnitt ist der totale Wirkungsquerschnitt, d. h. er bezieht sich auf alle Reaktionen und Prozesse, durch die

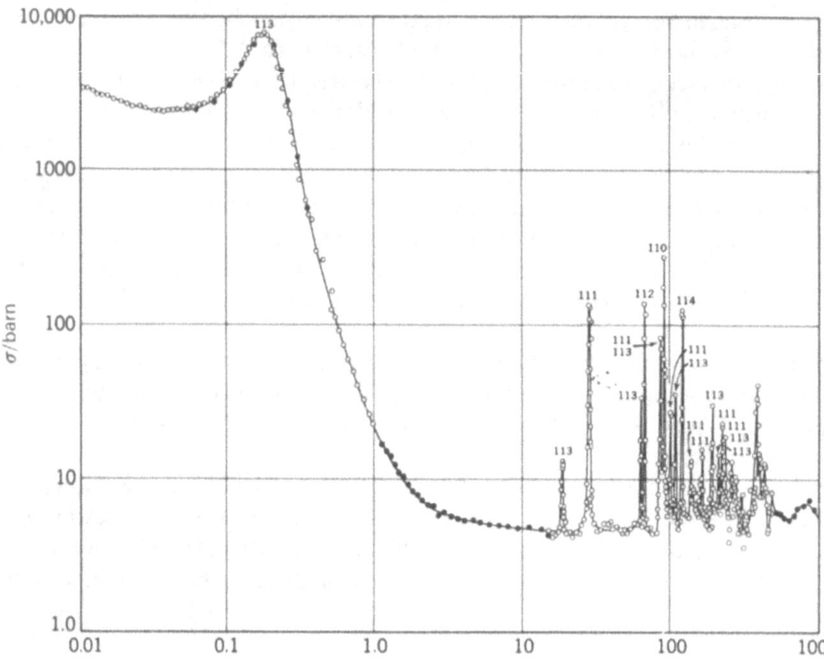

Abb. 10.13 Der Wirkungsquerschnitt als Funktion der Energie der einfallenden Teilchen. Es handelt sich hier um die Abschwächung eines kollimierten Strahles von Neutronen beim Durchgang durch eine dünne Cadmiumfolie.

Neutronen aus dem einfallenden Strahl herausgefiltert werden und nicht mehr in dem durchgehenden kollimierten Strahl enthalten sind. Solche Prozesse sind Absorption, elastische und unelastische Stöße.
Die Zahlen über den Spitzen der Kurve geben das jeweilige Isotop des Cadmiums an, das mit den Neutronen der entsprechenden Energie in Wechselwirkung tritt. Um das herauszufinden, mußten allerdings separate Experimente mit Folien verschiedener Isotope des Cadmiums durchgeführt werden. Die höchste Spitze (man beachte den doppeltlogarithmischen Maßstab der Abbildung!) wird bei einer Neutronenenergie von 0.17 eV erreicht. Die zugehörige Kernreaktion läuft nach dem Schema

$$^{113}\mathrm{Cd} + \mathrm{n} \rightarrow {}^{114}\mathrm{Cd} + \gamma$$

ab. Bei dieser Reaktion entsteht γ-Strahlung. Diese Reaktion besitzt einen enorm hohen Wirkungsquerschnitt von 7.6×10^{-25} m^2 (7600 barn) und ist für das außerordentlich hohe Absorptionsvermögen des Cadmiums für langsame Neutronen verantwortlich.

Beispiel 6

(a) In den Jahren 1909/1910 führten H. Geiger und E. Marsden, Mitarbeiter von E. Rutherford an der Universität Manchester, eine Reihe von klassischen Streuexperimenten mit α-Strahlen durch, mit denen bewiesen wurde, daß ein Atom aus einem positiv geladenen Kern mit einer äußeren Elektronenhülle besteht und nicht aus einer Kugel mit einer gleichmäßig verteilten positiven und negativen Ladung (Atommodell von Thomson).

Als Geschosse dienten die von einem Poloniumpräparat ausgesandten α-Strahlen. Mittels zweier Kollimatorschlitze wurde ein paralleler Strahl von α-Teilchen ausgeblendet und senkrecht auf eine 0.4 μm dünne Goldfolie gerichtet. Die meisten α-Teilchen wurden in Vorwärtsrichtung gestreut. Eine geringe Anzahl, nämlich eines unter 6.17×10^4, wurde jedoch ohne merklichen Geschwindigkeitsverlust nach rückwärts gestreut (Ablenkwinkel größer als 90°). Wie groß ist der Wirkungsquerschnitt für diese Rückwärtsstreuung, wenn die Dichte der Goldatome in der Folie $5.9 \times 10^{28}/\mathrm{m}^3$ beträgt? (Vgl. Abb. 10.14)

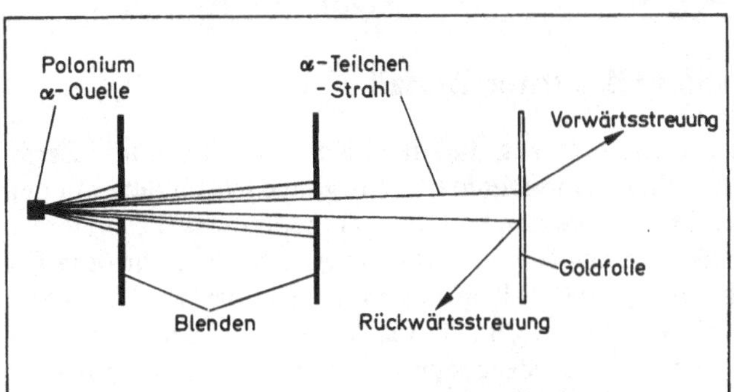

Abb. 10.14 Zu Beispiel 6. Versuchsaufbau des Streuexperimentes mit α-Strahlen von Geiger und Marsden.

Aus Gl. 10.9 erhalten wir für den Anteil der Rückwärtsstreuung

$$\frac{R}{R_0} = nx\sigma$$

oder

$$(5.9 \times 10^{28}/\mathrm{m}^3)(4.0 \times 10^{-7}\ \mathrm{m})\sigma = 1/(6.17 \times 10^4)\,.$$

Daraus ergibt sich ein Wirkungsquerschnitt von

$$\sigma = 6.9 \times 10^{-28}\ \mathrm{m}^2 = 6.9\ \mathrm{barn}\,.$$

(b) Rutherford schloß aus den Ergebnissen dieser Streuversuche, daß eine Rückwärtsstreuung von α-Teilchen nicht von den Elektronen verursacht werden könne, da die Masse von Elektronen viel zu gering sei, um die viel massereicheren α-Teilchen ablenken zu können, geschweige denn nach rückwärts streuen zu können. Nach den Stoßgesetzen müßte die Masse des Stoßpartners (des Targets) viel größer als die des α-Teilchens sein. Rutherford stellte daraufhin sein Atommodell vor, bei dem ein positiv geladener massereicher Kern von einer fast masselosen Hülle von negativ geladenen Elektronen umgeben ist.

Man nehme an, daß der Wirkungsquerschnitt für die Rückwärtsstreuung annähernd der Querschnittsfläche entspricht, die der Kern eines Goldatoms für einen direkten Stoß darstellen würde. Wie groß ist die effektive Größe des Kerns eines Goldatoms?

Wir bezeichnen mit r den zugehörigen effektiven Radius des Kerns und erhalten aus der Querschnittsfläche

$$\sigma = \pi r^2$$

den Radius zu

$$r^2 = \sigma/\pi = 6.9 \times 10^{-28}\ \mathrm{m}^2/\pi$$

bzw.

$$r = 1.5 \times 10^{-14}\ \mathrm{m}\,.$$

Dieser Wert entspricht tatsächlich annähernd dem Radius eines Goldatomkerns. Der Radius des gesamten Goldatoms ist etwa 10000mal größer, nämlich 1.5×10^{-10} m. Man erkennt aus diesen Größenverhältnissen, daß fast die gesamte Masse des Goldatoms in dem winzigen Kern konzentriert ist, der nur $1/10^{12}$ des Gesamtvolumens einnimmt.

10.8 Kernreaktionen und radioaktiver Zerfall

In Abschn. 10.1 hatten wir schon bemerkt, daß auch Kernreaktionen und Zerfallsprozesse, obwohl bei ihnen eigentlich keine echten Stoßvorgänge stattfinden, mit den Stoßgesetzen der Mechanik beschrieben werden können. Das bedeutet insbesondere, daß die Erhaltungssätze der Energie und des Impulses für die Abschnitte „vor dem Ereignis" und „nach dem Ereignis" gültig sind. Allerdings muß man bei der Betrachtung der Energie die Gesamtenergie berücksichtigen, da die kinetische Energie für sich allein keine Erhaltungsgröße darstellt. Im vorliegenden Abschnitt wollen wir nur solche Beispiele vorstellen, bei denen die auftretenden Geschwindigkeiten sehr viel kleiner als die Vakuumlichtgeschwindigkeit sind, so daß man nicht die relativistischen Beziehungen für den Impuls und die Energie anwenden muß.

Beispiel 7

Kernreaktionen. Ein dünner Film, der eine Fluorverbindung (^{19}F) enthält, wird mit Protonen (p) beschossen, die in einem Van-de-Graaff-Generator auf eine kinetische Energie von 1.85 MeV beschleunigt wurden. Einige der Protonen reagieren mit den Fluorkernen nach folgendem Schema

$$^{19}F + p \rightarrow {}^{16}O + \alpha .$$

Die entstehenden α-Teilchen fliegen mit einer Geschwindigkeit von 1.95×10^7 m/s im rechten Winkel zum einfallenden Strahl zur Seite (Abb. 10.15). Was kann man über die Reaktion aussagen, wenn man den Impulserhaltungssatz und den Energieerhaltungssatz anwendet? Folgende Daten seien gegeben:

$$m_p = 1.01\,\mathrm{u} \qquad m_O = 16.0\,\mathrm{u}$$
$$m_F = 19.0\,\mathrm{u} \qquad m_\alpha = 4.00\,\mathrm{u}\,.$$

$1\,\mathrm{u} = 1.66 \times 10^{-27}$ kg stellt die vereinheitlichte atomare Masseneinheit dar. Wir legen den Ursprung des Bezugssystems in den ruhenden Fluorkern und die x-Achse in Richtung des einfallenden Protonenstrahls. Der Impulserhaltungssatz gilt sowohl für die x-Komponente als auch für die y-Komponente. Aus Abb. 10.15 entnimmt man für die x-Komponente

$$m_p v_p = m_O v_O \cos\theta \tag{10.10}$$

und für die y-Komponente

$$0 = m_\alpha v_\alpha - m_O v_O \sin\theta\,. \tag{10.11}$$

Für die Energieerhaltung machen wir den Ansatz

$$Q + \tfrac{1}{2} m_p v_p^2 = \tfrac{1}{2} m_O v_O^2 + \tfrac{1}{2} m_\alpha v_\alpha^2\,, \tag{10.12}$$

wobei Q der noch unbekannte Energieanteil ist, der während der Reaktion in kinetische Energie umgewandelt wird, denn offenbar ist die Summe der kinetischen Energien nach dem Vorgang größer als vorher. Q wird einfach *Q-Wert* genannt und gibt die Änderung der Bindungsenergien an, also die Reaktionsenergie. Die durch Q angegebene Energie kann nur aus den unterschiedlichen Ruheenergien der Teilchen vor und nach der Reaktion stammen. Das heißt, sie wird nach Ab-

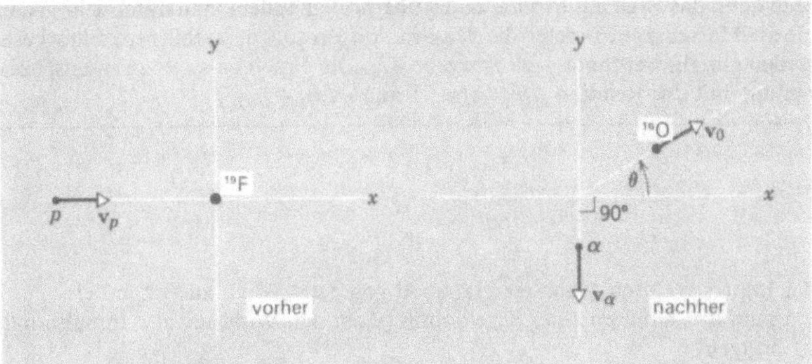

Abb. 10.15 Zu Beispiel 7. Die Kernreaktion p + $^{19}F \rightarrow \alpha + {}^{16}O$ im Laborsystem.

schn. 9.9 als $E = \Delta mc^2$ angegeben. Falls Q positiv ist, wie erwartet wird, müßte die Summe der Ruheenergien nach der Reaktion etwas kleiner als vorher sein. Es gilt

$$\begin{aligned} Q &= \Delta mc^2 \\ &= [(m_p + m_F) - (m_\alpha + m_O)]\, c^2 . \end{aligned} \tag{10.13}$$

Die Gleichungen 10.12 und 10.13 stellen zwei unabhängige Beziehungen für Q dar. In den drei Gleichungen für die Erhaltungsgrößen (Gl. 10.10, Gl. 10.11 und Gl. 10.12) sind die drei Unbekannten v_O, θ und Q enthalten. Wir eliminieren aus den beiden ersten Gleichungen zunächst Q, indem wir die Gleichungen quadrieren und addieren. Unter Benutzung der trigonometrischen Relation $\sin^2\theta + \cos^2\theta = 1$ erhalten wir dann

$$m_p^2 v_p^2 + m_\alpha^2 v_\alpha^2 = m_O^2 v_O^2 .$$

Aus dieser Gleichung und Gl. 10.12 eliminieren wir v_O und erhalten

$$Q = E_\alpha(1 + m_\alpha/m_O) - E_p(1 - m_p/m_O) . \tag{10.14}$$

Da die kinetische Energie $E_p = \frac{1}{2} m_p v_p^2 = 1.85$ MeV der Protonen bekannt ist und die kinetische Energie der α-Teilchen nach

$$\begin{aligned} E_\alpha &= \tfrac{1}{2} m_\alpha v_\alpha^2 \\ &= \tfrac{1}{2}(4.00\ \mathrm{u})(1.66 \times 10^{-27}\ \mathrm{kg/u})(1.95 \times 10^7\ \mathrm{m/s})^2 \\ &= (1.26 \times 10^{-12}\ \mathrm{J})(1\ \mathrm{MeV}/1.60 \times 10^{-13}\ \mathrm{J}) = 7.88\ \mathrm{MeV} \end{aligned}$$

errechnet werden kann, ergibt sich nun aus Gl. 10.14

$$Q = (7.88\ \mathrm{MeV})(1 + 4.00/16.0) - (1.85\ \mathrm{MeV})(1 - 1.01/16.0) = 8.13\ \mathrm{MeV} .$$

Wir haben damit nur unter Zuhilfenahme des Energie- und Impulserhaltungssatzes und ohne jede Annahme über den ^{16}O-Kern den Q-Wert errechnet. Aus Gl. 10.10 und Gl. 10.11 könnte man noch den Rückstoßwinkel θ und die Geschwindigkeit v_O des ^{16}O-Kerns berechnen.

Der Wert von Q stellt schon eine bedeutende Information über die Reaktion dar, denn aus Gl. 10.13 kann man den Massendefekt Δm zu

$$\begin{aligned} \Delta m &= Q/c^2 \\ &= (8.13\ \mathrm{MeV} \times 1.60 \times 10^{-13}\ \mathrm{J/MeV})/(3.00 \times 10^8\ \mathrm{m/s})^2 \\ &= (1.44 \times 10^{-29}\ \mathrm{kg})(1\ \mathrm{u}/1.66 \times 10^{-27}\ \mathrm{kg}) = 0.00873\ \mathrm{u} \end{aligned}$$

ermitteln. Man kann das Ergebnis experimentell überprüfen, indem man durch sehr genaue Messungen in einem Massenspektrometer die Massen von Protonen, α-Teilchen, Fluorkernen und Sauerstoffkernen einzeln bestimmt (vgl. Aufgabe 47). Die Ergebnisse stehen in ausgezeichneter Übereinstimmung mit der Relation $\Delta m = [(m_p + m_F) - (m_\alpha + m_O)]$.

Fragen

1. Bleibt der Impuls erhalten, wenn ein Handball von einer Wand zurückprallt?
2. Wie kann man das Kreuzen eines Segelbootes gegen den Wind mit der Impulserhaltung in Einklang bringen?
3. Stimmt es, daß die Beschleunigung eines Baseballs nach dem Schlag nicht davon abhängt, wer ihn geschlagen hat?

4. Viele Sicherheitsmaßnahmen am Auto, z. B. ein gepolstertes Armaturenbrett oder ein knickbares Lenkrad, sind so ausgelegt, daß bei einem Unfall möglichst geringe Impulse auf die Wageninsassen übertragen werden. Man erkläre das mit Hilfe des Impulssatzes.
5. Es wird gesagt, daß ein professioneller Golfspieler den Ball so abschlagen kann, daß die Spitze des Golfschlägers und damit auch anfänglich der Ball eine Geschwindigkeit bis zu 220 km/h erreichen kann. Weiter wird behauptet, (a) daß die Anfangsgeschwindigkeit des Balls nur um etwa 2% erhöht würde, wenn man statt des Schlägers das Empire State Building mit der gleichen Geschwindigkeit zum Abschlagen nehmen könnte, und (b) daß Störungen wie Kameraklicken oder Niesen die Geschwindigkeit des Golfballes nicht mehr beeinflussen können, sobald der Golfspieler beim Abschlag erst einmal mit dem Abwärtsschwung des Schlägers begonnen hat. Kann man diese Behauptungen mit physikalischen Argumenten unterstützen?
6. Turbinenschaufeln sind fast immer etwas gebogen und nicht ganz eben, so daß ein Flüssigkeits- oder Gasstrom, der auf die Schaufeln trifft, U-förmig umgelenkt wird. Man überzeuge sich selbst von dieser Bewegung und erkläre dann, warum die gebogene Form der Schaufeln günstiger als die ebene ist.
7. Den Gln. 10.3 und 10.4 entnimmt man, daß $v_{1a} = v_{1e}$ und $v_{2a} = v_{2e}$ offenbar auch Lösungen des Gleichungssystems sind. Was bedeutet das physikalisch?
8. Man betrachte den geraden elastischen Stoß zwischen einem Körper *A*, der sich auf einen ruhenden Körper *B* zubewegt. Wie groß müßte die Masse *B* im Vergleich zur Masse *A* sein, damit der Körper *B* nach dem Stoß (a) mit einer möglichst großen Geschwindigkeit, (b) mit einem möglichst großen Impuls und (c) mit einer möglichst großen kinetischen Energie zurückprallt?
9. Ein Fußballspieler steht auf dem Fußballfeld und will gerade einen ihm zugespielten Ball annehmen, als er von einem gegnerischen Spieler angerempelt und festgehalten wird. Es handelt sich hier sicherlich um einen unelastischen Stoß, bei dem aber der Impuls erhalten bleibt. Im Bezugssystem des Feldes gab es vor dem Zusammenprall eindeutig einen Impuls, aber nach dem Zusammenprall scheint kein Impuls mehr vorhanden zu sein. Gilt der Impulserhaltungssatz hier doch nicht?
10. Stahl ist elastischer als Gummi. Was bedeutet diese Aussage?
11. Zwei weiche Lehmkugeln gleicher Masse treffen mit der gleichen Geschwindigkeit zentral aufeinander und bleiben zusammengeklumpt liegen. Die kinetische Energie bleibt bei diesem Vorgang sicher nicht erhalten. Wo ist sie geblieben? Bleibt der Impuls erhalten?
12. Man diskutiere die Möglichkeit, daß alle Stöße elastisch wären, wenn man die inneren Bewegungen der Atome berücksichtigen könnte.
13. Im Physikunterricht wird gelehrt, daß die kinetische Energie bei einem vollkommen unelastischen Stoß nicht erhalten bleibt. Ein Student beobachtet nun, daß bei einer Explosion die kinetische Energie offenbar auch nicht erhalten bleibt, und schließt daraus, daß ein vollkommen unelastischer Stoß nur der umgekehrte Vorgang einer Explosion sei. Stimmt das, oder darf man diesen Schluß nicht ziehen?
14. Eine Sanduhr wird während des Durchrinnens des Sandes vom oberen in den unteren Behälter auf einer empfindlichen Waage gewogen. Nachdem der obere Behälter leer ist, wird sie noch einmal gewogen. Gibt die Waage beide Male den gleichen Wert an? Man begründe seine Antwort.
15. Man gebe eine plausible Erklärung dafür ab, warum ein Karatesportler ein Brett oder einen Ziegelstein durchschlagen kann.
16. In welchem der folgenden Fälle bleibt der Impuls (der kursiv gekennzeichneten Objekte) annähernd erhalten? (a) Ein im Vakuum frei fallender *Ball*, (b) ein *Auto*, das mit konstanter Geschwindigkeit durch eine Kurve fährt, (c) ein *Gummiball*, der von dem Fußboden abprallt, (d) *zwei Bälle*, die rechtwinklig zusammenstoßen, (e) ein *Geschoß* und das *Gewehr*, aus dem es von einem Mann abgefeuert wird.
17. Kann es bei einem Zusammenstoß von nur zwei Teilchen Bewegungen in drei Raumrichtungen geben?

18. In einem Bezugssystem, das im Massenmittelpunkt zweier zusammenstoßender Körper liegt, seien die Impulse beider Körper vor und nach dem Stoß gleich groß, aber entgegengesetzt gerichtet. Muß in diesem Fall notwendigerweise die Richtung der Relativbewegung vor und nach dem Stoß dieselbe sein? Unter welchen Bedingungen würde die Geschwindigkeit der Körper nach dem Stoß größer oder kleiner sein bzw. gleich bleiben?
19. Was bedeutet es, wenn man bei einem Stoß zwischen atomaren und subatomaren Teilchen von Berührung spricht?
20. Kann der Wirkungsquerschnitt eines Stoßes zweier Teilchen einen endlichen Wert haben, wenn die Wechselwirkung zwischen den Teilchen eine unendlich große Reichweite hat, zum Beispiel die gegenseitige Massenanziehung? Kann eine solche Wechselwirkung überhaupt zu einem Stoß im Sinne von Abschn. 10.1 führen?
21. Warum stellt der in Beispiel 5 ermittelte Radius des Goldkerns nur eine Näherung dar?
22. Könnte man *prinzipiell* den Wirkungsquerschnitt für einen Stoß bestimmen, wenn jeweils nur ein einfallendes Teilchen und ein Targetteilchen zur Verfügung stehen? Wenn ja, ist die Bestimmung auch *praktisch* durchführbar?
23. Der Impulserhaltungssatz gilt für alle Stöße unabhängig davon, ob auch noch die kinetische Energie erhalten bleibt oder nicht. Gilt auch der umgekehrte Schluß, daß immer dann der Impuls erhalten bleibt, wenn die kinetische Energie erhalten bleibt?

Aufgaben

Abschnitt 10.2

1. Ein Ball der Masse m prallt zum Zeitpunkt t mit der Geschwindigkeit v senkrecht auf eine Wand und springt mit unverminderter Geschwindigkeit zurück. Welche mittlere Kraft übte der Ball auf die Wand aus?
Antwort: $2mv/t$.
2. Ein Wasserstrahl trifft mit der Geschwindigkeit u auf eine konkav gewölbte Turbinenschaufel, wird umgelenkt und strömt mit der Geschwindigkeit $-u$ weiter (Abb. 10.16). Welche Kraft übt das Wasser auf die Schaufel aus, wenn es mit einem konstanten Massenstrom q_m durch die Turbine fließt?

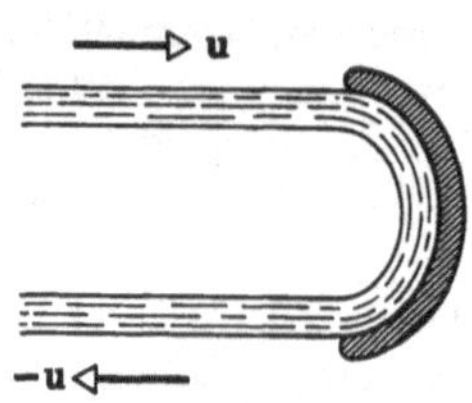

Abb. 10.16 Zu Aufgabe 2

3. Ein 150 g schwerer Ball trifft mit einer Geschwindigkeit von 40 m/s auf den Stock eines Schlagballspielers und wird mit einer Geschwindigkeit von 60 m/s zurückgeschlagen. Welche mittlere Kraft wurde vom Stock auf den Ball ausgeübt, wenn der Schlag 5 ms dauerte?
Antwort: 3600 N.
4. Ein 1 kg schwerer Ball trifft mit einer Geschwindigkeit von 25 m/s senkrecht nach unten auf den Boden und prallt mit einer Geschwindigkeit von 10 m/s zurück. (a) Welcher Impuls wurde während des Aufpralls auf den Ball übertragen? (b) Wie groß war die mittlere Stoßkraft, wenn der Ball 20 ms lang mit dem Boden in Berührung war?

5. Ein Billardstock überträgt in 10 ms eine Kraft von 50 N auf eine 200 g schwere Billardkugel. Welche Geschwindigkeit erreicht die Billardkugel?
   Antwort: 2.5 m/s.
6. Eine Krocketkugel von 500 g wird von einem Krockethammer getroffen und erfährt dabei die in Abb. 10.17 gezeigte Stoßkraft. Welche Geschwindigkeit hat die Kugel erreicht, wenn die Kraft gerade wieder auf Null abgeklungen ist?

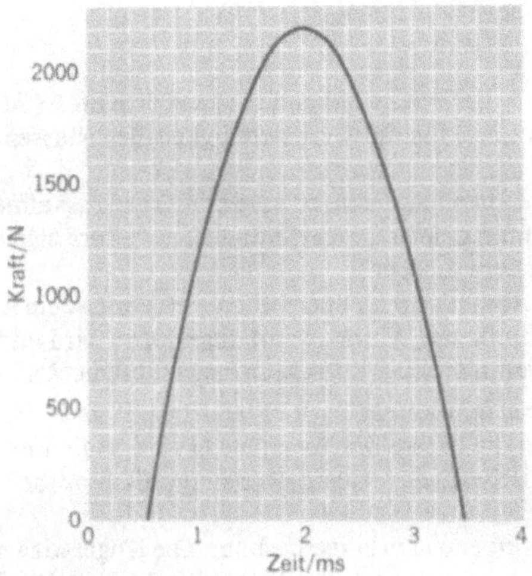

Abb. 10.17 Zu Aufgabe 6

7. Auf einen 10 kg schweren Körper wirkt eine Kraft, die in 4 s gleichmäßig von Null auf 50 N ansteigt. Welche Geschwindigkeit erreicht der Körper, wenn er sich zu Beginn in Ruhe befand?
   Antwort: 10 m/s.
8. Ein Golfball wird so geschlagen, daß er unter einem Winkel von 30° gegen die Waagerechte mit einer Anfangsgeschwindigkeit von 50 m/s davonfliegt. Der Ball ist 25 g schwer, Ball und Schläger waren 10 ms lang in Kontakt. (a) Welcher Impuls wurde auf den Ball übertragen? (b) Welcher Impuls wurde auf den Schläger übertragen? (c) Welche Kraft übte der Schläger auf den Ball aus? (d) Welche Arbeit wurde an dem Ball verrichtet?
9. Aus einem Wasserschlauch wird mit einem Volumendurchfluß von 300 cm^3/s und einer Geschwindigkeit von 5 m/s Wasser an eine Wand gespritzt. Welche durchschnittliche Kraft wird auf die Wand ausgeübt? Das Wasser soll nicht von der Wand zurückspritzen. Die Dichte von Wasser ist 1 g/cm^3.
   Antwort: 1.5 N.
10. Zwei Raumkapseln sind mit einer Rakete ins All befördert worden und werden nun durch eine zwischen ihnen angebrachte Sprengladung voneinander getrennt. Die Massen der Kapseln seien 1200 kg und 1800 kg, der bei der Sprengung übertragene Kraftstoß sei 600 N s. Mit welcher relativen Geschwindigkeit driften die beiden Raumkapseln auseinander?

Abschnitt 10.4

11. Ein 10 g schweres Projektil trifft auf ein 2 kg schweres ballistisches Pendel und bleibt darin stecken. Der Massenmittelpunkt des Pendels erreicht daraufhin eine senkrechte Höhe von 12 cm. Man bestimme die Geschwindigkeit des Projektils.
    Antwort: 310 m/s.

12. Ein 6 kg schwerer Kastenschlitten gleitet mit einer Geschwindigkeit von 9 m/s übers Eis, als senkrecht von oben ein 12 kg schweres Paket in den Schlitten fällt. Welche Bewegung beschreibt der Schlitten daraufhin?
13. (a) Man zeige, daß sich bei einem geraden elastischen Stoß zweier Teilchen mit den Massen m_1 und m_2 und den Anfangsgeschwindigkeiten v_{1a} und v_{2a} der Massenmittelpunkt mit einer Geschwindigkeit von

$$v_S = \left(\frac{m_1}{m_1 + m_2}\right) v_{1a} + \left(\frac{m_2}{m_1 + m_2}\right) v_{2a}$$

bewegt. (b) Man benutze die Beziehungen für die Geschwindigkeiten nach dem Stoß (Gl. 10.5a und Gl. 10.5b), um dasselbe Ergebnis wie oben für die Geschwindigkeit des Massenmittelpunktes nach dem Stoß zu erhalten.
14. Ein 2 kg schwerer Körper stößt elastisch mit einem anderen, ruhenden Körper zusammen und bewegt sich dann mit einem Viertel seiner anfänglichen Geschwindigkeit in der ursprünglichen Richtung weiter. Welche Masse hat der andere Körper?
15. Bei älteren Modellen von hinterladenden automatischen Feuerwaffen wird der Lademechanismus dadurch ausgelöst, daß der Rohrverschluß beim Abschuß zurückgestoßen wird und dabei eine Feder um eine bestimmte Länge d zusammendrückt. (a) Man zeige, daß die Anfangsgeschwindigkeit v eines Geschosses der Masse m mindestens $d\sqrt{kM/m}$ betragen muß, damit der Ladevorgang ausgelöst werden kann. M sei die Masse des Verschlusses und k die Federkonstante. (b) Inwiefern kann dieser automatische Ladevorgang überhaupt als Stoß betrachtet werden?
16. Eine Stahlkugel von 0.45 kg Masse hängt an einer 69 cm langen Schnur. Die Kugel wird um 90° ausgelenkt und losgelassen (Abb. 10.8). In ihrer untersten Position stößt die Kugel auf einen 2.3 kg schweren Stahlblock, der auf einer reibungsfreien Unterlage liegt. Der Stoß ist elastisch. Man bestimme (a) die Geschwindigkeit der Kugel und (b) die Geschwindigkeit des Blockes kurz nach dem Stoß.

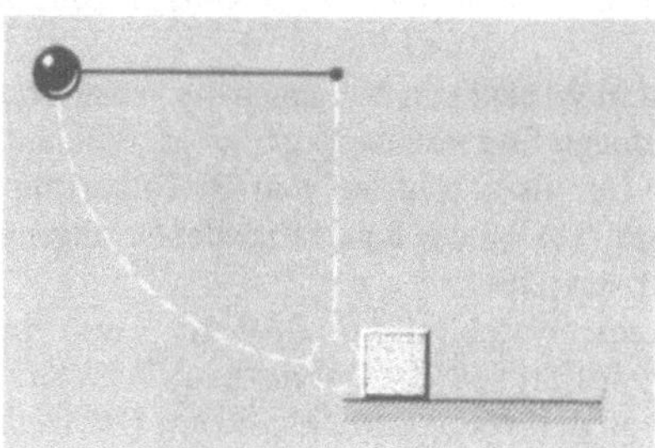

Abb. 10.18 Zu Aufgabe 16

17. Ein Projektil von 4.5 g wird waagerecht in einen Holzblock (1.8 kg) geschossen, der auf einer waagerechten Unterlage ruht. Die Gleitreibungszahl zwischen Block und Unterlage sei 0.2. Das Projektil bleibt im Holz stecken und der Holzblock rutscht um 1.8 m auf der Unterlage weiter. Welche Geschwindigkeit hatte das Projektil?
Antwort: 1100 m/s.
18. Zwei gleich lange Pendel seien so angeordnet, wie in Abb. 10.19 gezeigt ist. Das erste Pendel wird losgelassen, die Masse m_1 stößt vollkommen unelastisch auf die Masse m_2. Die Massen der Aufhängefäden seien vernachlässigt. Welche senkrechte Höhe erreicht der Massenmittelpunkt des Systems nach dem Stoß?

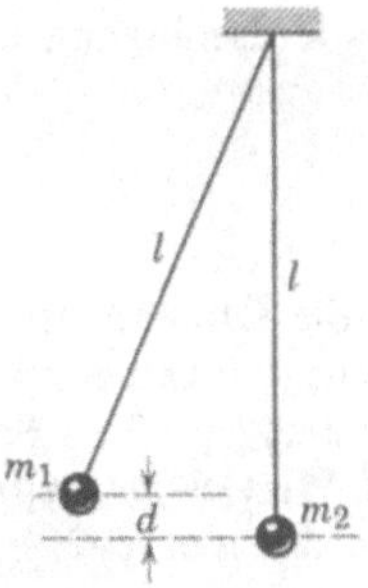

Abb. 10.19 Zu Aufgabe 18

19. Zwei Teilchen, von denen eines doppelt so schwer wie das andere ist und zwischen denen sich eine gespannte Feder befindet, werden festgehalten. Die potentielle Energie der gespannten Feder sei 60 J. Welche kinetische Energie bekommt jedes der Teilchen, wenn sie losgelassen werden?
Antwort: Das schwerere 20 J, das leichtere 40 J.
20. Ein 29 t schwerer Güterwaggon stößt mit einer Geschwindigkeit von 1.5 m/s auf einen 22 t schweren mit der Geschwindigkeit 0.9 m/s vor ihm herrollenden Waggon und kuppelt an diesen an. (a) Welche Geschwindigkeiten haben die Waggons nach dem Stoß? Wieviel der kinetischen Energie geht beim Ankuppeln der Waggons verloren? (b) Falls die Waggons nicht kuppeln, handelt es sich um einen elastischen Stoß, und die Waggons trennen sich nach dem Stoß wieder. Welche Geschwindigkeiten hätten sie dann?
21. Ein Elektron stößt mit einem ruhenden Wasserstoffatom elastisch zusammen. Es handelt sich um einen geraden Stoß, da die Bewegungen vor und nach dem Stoß auf derselben Geraden stattfinden. Wieviel der kinetischen Energie des Elektrons wird auf das Wasserstoffatom übertragen? Ein Wasserstoffatom ist 1840mal schwerer als ein Elektron.
Antwort: 0.22%.
22. Ein Block der Masse $m_1 = 100$ kg liegt auf einer reibungsfreien Tischplatte, die mit einer Seite direkt an eine Wand grenzt (Abb. 10.20). Ein anderer Block der Masse m_2 wird zwischen den ersten Block und die Wand gelegt und mit einer Geschwindigkeit v_{2a} auf den ersten Block zubewegt. Alle Stöße seien elastisch, und die Wand habe eine unendlich große Masse. Man bestimme die Masse m_2, bei der beide Blöcke dieselbe Geschwindigkeit bekommen, nachdem m_2 einmal mit m_1 und einmal mit der Wand zusammengestoßen ist.

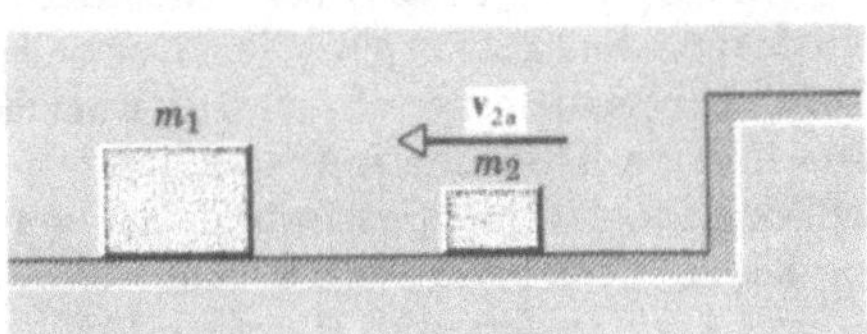

Abb. 10.20 Zu Aufgabe 22

23. Ein Elektron der Masse m stößt zentral mit einem ruhenden Atom der Masse M zusammen. Nach dem Stoß ist ein bestimmter Teil E an Energie intern im Atom als potentielle Energie gespeichert worden. Welche Geschwindigkeit v_0 muß das Elektron mindestens haben? Hinweis: Die Erhaltungssätze liefern eine quadratische Gleichung für die Geschwindigkeit v des Elektrons nach dem Stoß und eine quadratische Gleichung für die Geschwindigkeit V des

Atoms nach dem Stoß. Die Mindestgeschwindigkeit v_0 erhält man aus der Bedingung, daß der Wurzelausdruck in der Lösung reell sein muß.

Antwort: $v_0 = \left(2E\frac{M+m}{Mm}\right)^{1/2}$.

24. Ein Ball der Masse m fliegt mit der Geschwindigkeit v_i genau in die Öffnung der in der Abb. 10.21 gezeigten Wurfmaschine. Diese besitzt eine Masse M und liegt auf einer reibungsfreien Unterlage. Der Ball bleibt in der Position der maximal zusammengepreßten Feder in dem Rohr liegen. Es treten keine Energieverluste durch Reibung auf. Wieviel der ursprünglichen kinetischen Energie des Balls ist in der gepreßten Feder gespeichert worden?

Abb. 10.21 Zu Aufgabe 24

25. Eine leere Schachtel wird auf eine Waage gelegt, die dann auf Null justiert wird. Nun werden aus einer Höhe h über dem Boden der Schachtel Kieselsteine der Masse m mit einer Rate R (Anzahl durch Zeit) in die Schachtel gefüllt. Unter der Annahme, daß die Stöße zwischen Kieselsteinen und Schachtel vollkommen unelastisch sind, bestimme man die Anzeige der Waage zum Zeitpunkt t nach Beginn des Einfüllens. Es seien $R = 100/\text{s}$, $h = 760$ cm, $m = 4.5$ g und $t = 10$ s.
Antwort: 5 kg.
26. Eine Waage ist auf Null einjustiert. Nun fallen Teilchen der Masse 110 g mit einer Rate von 32/s aus einer Höhe von 2.7 m auf die Waagschale und prallen elastisch zurück. Welches Gewicht zeigt die Waage an?
27. Die Masse m_1 stößt frontal und vollkommen unelastisch mit der ruhenden Masse m_2 zusammen. Welche kinetische Energie hat das System (a) vor dem Stoß und (b) nach dem Stoß? (c) Wieviel der ursprünglichen kinetischen Energie wurde in Wärme umgewandelt? (d) Man betrachte den Stoß in einem Bezugssystem, das im Massenmittelpunkt der Stoßpartner liegt, so daß $v'_{1a} = v_{1a} - v_S$ und $v'_{2a} = -v_S$ gilt, v_S ist die Geschwindigkeit des Massenmittelpunktes. Man wiederhole die Aufgaben (a), (b) und (c) und benutze das neue Bezugssystem. Wird in beiden Fällen gleich viel mechanische Energie in Wärme umgewandelt?
Antwort: (a) $m_1 v_{1a}^2/2$; (b) $m_1^2 v_{1a}^2/2(m_1+m_2)$; (c) $m_2/(m_1+m_2)$;
(*d*) $m_1 m_2 v_{1a}^2/2(m_1+m_2)$, Null, 100%, ja.
28. Ein Aufzug bewegt sich mit einer Geschwindigkeit von 1.83 m/s nach oben. Als er nach 18.3 m vom obersten Stockwerk entfernt ist, wird von dort ein Ball auf ihn geworfen. Der Ball springt elastisch zurück. (a) Welche Höhe kann der Ball relativ zum obersten Stockwerk erreichen? (b) Man führe die gleiche Rechnung für einen nach unten fahrenden Aufzug durch.
29. Ein Block der Masse $m_1 = 2$ kg bewegt sich reibungsfrei mit einer Geschwindigkeit von 10 m/s über eine waagerechte Tischplatte. Direkt vor diesem Block bewegt sich ein anderer Block der Masse $m_2 = 5$ kg mit einer Geschwindigkeit von 3 m/s in derselben Richtung (Abb. 10.22).

Abb. 10.22 Zu Aufgabe 29

An der Rückseite des zweiten Blocks ist eine Spiralfeder (Federkonstante $k = 1120\ \mathrm{N/m}$) befestigt. Wie weit wird die Feder maximal zusammengepreßt, wenn die beiden Blöcke aufeinanderstoßen? Die Feder kann seitlich nicht ausweichen und soll dem Hookeschen Gesetz gehorchen.
Antwort: 25 cm.

30. *Zu Abb. 10.23.* Die beiden rechten Massen befinden sich in Ruhe und haben einen kleinen Abstand voneinander. Die linke Masse bewegt sich mit der Geschwindigkeit v_0 auf die rechten Massen zu. Es kommt zu mehreren elastischen Stößen. (a) Man zeige, daß sich für $M \leq m$ zwei Stöße ereignen. Man bestimme alle Geschwindigkeiten nach den Stößen. (b) Man zeige, daß sich für $M > m$ drei Stöße ereignen. Man bestimme die Geschwindigkeiten nach den Stößen.
31. Es sei das Massensystem von Abb. 10.23 gegeben, doch sollen sich auch unelastische Stöße ereignen können. Außerdem habe die mittlere Masse einen anderen Wert m'. Man zeige, daß für eine maximale Übertragung der kinetischen Energie von m auf M die mittlere Masse einen Wert von $m' = \sqrt{mM}$ haben muß, d. h. gleich dem geometrischen Mittel der benachbarten Massen sein muß.

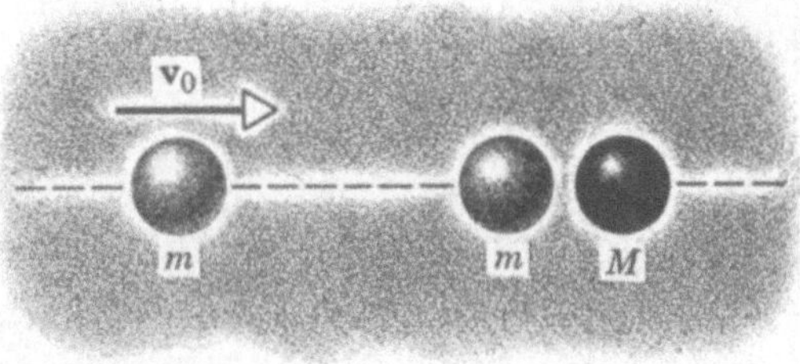

Abb. 10.23 Zu Aufgabe 30 und 31

Abschnitt 10.6

32. Ein Fahrzeug *A* (Masse 409 kg) und ein Fahrzeug *B* (Masse 545 kg) fahren westwärts bzw. südwärts aufeinander zu und stoßen zusammen. Unmittelbar vor dem Zusammenstoß hatte *A* eine Geschwindigkeit von 64 km/h und *B* eine von 97 km/h. Mit welcher Geschwindigkeit und in welche Richtung fahren die verkeilten Fahrzeuge nach dem Stoß weiter?
33. Zwei Bälle *A* und *B* verschiedener Massen treffen aufeinander. *A* ruhte, und *B* hatte die Geschwindigkeit v. Nach dem Stoß hat *B* die Geschwindigkeit $v/2$ und rollt unter einem rechten Winkel zu seiner ursprünglichen Bahn weiter. (a) In welche Richtung bewegt sich *A* nach dem Stoß? (b) Kann man nun auch noch die Geschwindigkeit von *A* bestimmen?
Antwort: (a) Unter einem Winkel von 117° zur Bahn von *B*; (b) nein.
34. Eine Billardkugel trifft mit der Geschwindigkeit von 2.2 m/s streifend auf eine gleich schwere andere Billardkugel. Nach dem Stoß bewegt sich die eine Kugel mit der Geschwindigkeit von 1.1 m/s unter einem Winkel von 60° gegen die ursprüngliche Bahn der stoßenden Kugel weiter. (a) Man bestimme die Geschwindigkeit der anderen Kugel. (b) Kann der Stoß bei den gegebenen Daten unelastisch gewesen sein?
35. Ein α-Teilchen trifft auf einen ruhenden Sauerstoffkern. Das α-Teilchen wird um 64° gestreut, der Sauerstoffkern wird unter einem Winkel von 51° zur Bahnrichtung nach hinten zurückgestoßen. In welchem Verhältnis stehen die Geschwindigkeiten der Teilchen nach dem Stoß? Der Sauerstoffkern hat eine viermal größere Masse als das α-Teilchen.
Antwort: 3.46.
36. Ein Deuteron besteht aus einem Neutron und einem Proton und hat eine Masse von 3.4×10^{-24} g. In einem Zyklotron wird es auf eine Geschwindigkeit von 10^9 cm/s gebracht und auf ein anderes, ruhendes Deuteron gelenkt. (a) Falls die beiden Deuteronen gerade zusam-

menstoßen, kann sich aus ihnen ein Heliumkern bilden. Man bestimme die Geschwindigkeit dieses Kerns. (b) Der entstandene Heliumkern ist nicht beständig, sondern zerfällt nach kurzer Zeit in ein Neutron der Masse 1.7×10^{-24} g und ein Heliumisotop der Masse 5.1×10^{-24} g. Man bestimme den Betrag und die Richtung der Geschwindigkeit des Heliumisotops, wenn das Neutron mit einer Geschwindigkeit von 5×10^8 cm/s im rechten Winkel zur Bahn des ursprünglich einfallenden Deuterons abgestoßen wird.

37. Ein ruhender Kern zerfällt in drei Teilchen. Zwei Teilchen können nachgewiesen werden; ihre Geschwindigkeiten und Massen sind in Abb. 10.24 angegeben. (a) Welchen Impuls besaß das dritte Teilchen, von dem nur die Masse von 12×10^{-27} kg bekannt ist? (b) Wieviel Energie wurde während des Zerfalls freigesetzt?
Antwort: (a) $(-1.0\,\boldsymbol{i} + 0.64\,\boldsymbol{j}) \times 10^{-19}$ Ns; (b) 1.1×10^{-12} J.

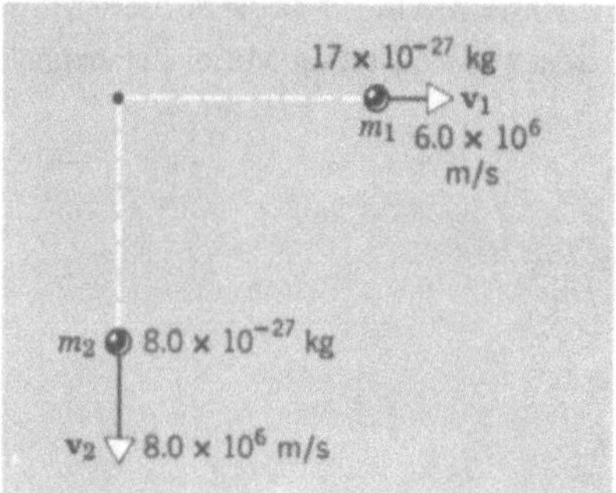

Abb. 10.24 Zu Aufgabe 37

38. Im Jahre 1932 konnte J. Chadwick in Cambridge die Existenz und einige Eigenschaften des Neutrons mit der in Abb. 10.25 skizzierten Anordnung nachweisen. Er bekam 1935 für diese Entdeckung den Nobelpreis. Eine evakuierte Kammer enthielt ein radioaktives Poloniumpräparat, welches α-Strahlen aussandte. Die α-Teilchen fielen auf einen Berylliumblock und lösten eine Reaktion aus, bei der Neutronen entstanden (α-Teilchen und Beryllium vereinigen sich zu einem radioaktiven Isotop, das in stabilen Kohlenstoff und Neutronen zerfällt). Der Berylliumblock emittierte nun Neutronen, die die Kammer verließen und auf einen Paraffinblock $[(CH_2)_n]$ fielen, wo sie Wasserstoffkerne freisetzten. Diese traten in eine Ionisationskammer ein und wurden dort registriert. Insgesamt (bezüglich des Neutrons) fand also nur ein elastischer Stoß statt, bei dem ein Teil des Impulses des Neutrons auf einen Wasserstoffkern übertragen wurde. Es seien m_n und v_n die Masse und die Geschwindigkeit des Neutrons, m_H und v_H die Masse und die Geschwindigkeit des Wasserstoffkerns. (a) Man gebe eine Beziehung für die maximal mögliche Geschwindigkeit v_H des Wasserstoffkerns an. Hinweis: Wird bei einem geraden oder einem streifenden Stoß mehr Energie übertragen? (b) Chadwick versuchte in seinen Experimenten, die Masse des neuen Teilchens zu bestimmen. In dem Ergebnis von (a) treten aber zwei Unbekannte auf, nämlich v_n und m_n (v_H kann in der Ionisationskammer gemessen werden). Um die Unbekannte v_n zu eliminieren, ersetzte er den Paraffinblock durch einen Polycyanblock $[(CN)_n]$. Die einfallenden Neutronen wurden an den Stickstoffkernen elastisch gestreut. Das Ergebnis von (a) blieb bestehen, wenn man v_H durch v_N und m_H durch m_n ersetzte. Da v_H und v_N in getrennten Experimenten bestimmt werden konnten, war es nun möglich, v_n zu eliminieren und damit m_n zu berechnen. Chadwicks Ergebnisse waren:

$$v_H = 3.3 \times 10^9 \text{ cm/s}, \qquad \text{und} \qquad v_N = 0.47 \times 10^9 \text{ cm/s}.$$

Wie groß ist nun m_n? Wie verträgt sich dieser Wert mit dem heute gültigen Wert von $m_n = 1.00867$ u? Es sei $m_H = 1$ u und $m_N = 14$ u.

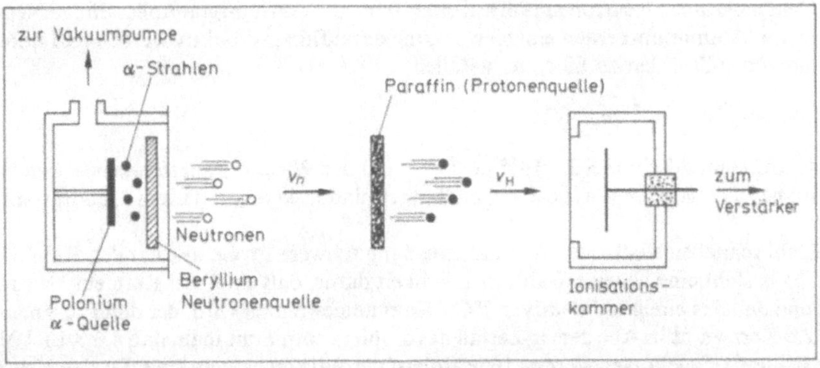

Abb. 10.25 Zu Aufgabe 38. Versuchsaufbau zum Nachweis des Neutrons.

39. Ein Ball trifft mit einer Geschwindigkeit von 10 m/s auf zwei andere Bälle der gleichen Masse (s. Abb. 10.26). Die Bewegungen sollen reibungsfrei verlaufen. Man bestimme die Geschwindigkeit aller drei Bälle nach dem Stoß. Hinweis: Die Richtungen der Bälle 2 und 3 kann man über die Impulse gewinnen, die sie beim Stoß empfangen.
Antwort: $\boldsymbol{v}_2$ und $\boldsymbol{v}_3$ haben einen Betrag von 6.9 m/s, und ihre Richtung bildet mit $\boldsymbol{v}_0$ einen Winkel von 30°; $\boldsymbol{v}_1$ hat einen Betrag von 2 m/s und ist $\boldsymbol{v}_0$ entgegengerichtet.

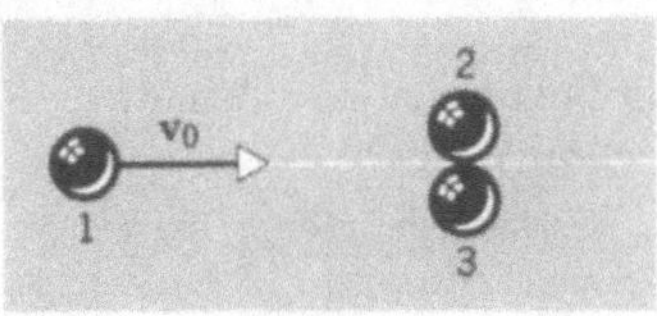

Abb. 10.26 Zu Aufgabe 39

40. Nach einem vollkommen unelastischen Stoß zwischen zwei Körpern mit der gleichen Masse und dem gleichen Geschwindigkeitsbetrag bewegt sich der Doppelkörper mit der halben Anfangsgeschwindigkeit weiter. Man bestimme den Winkel, unter dem sich die beiden Körper getroffen haben.
41. Man zeige, daß ein langsames Neutron, das unter einem Winkel von 90° an einem ruhenden Deuteron in einem Behälter mit schwerem Wasser gestreut wurde, zwei Drittel seiner anfänglichen kinetischen Energie an das Deuteron verloren hat.
42. Man zeige, daß bei einem elastischen Stoß zwischen einem Teilchen der Masse m_1 und einem ruhenden Teilchen der Masse m_2 (a) der maximal mögliche Streuwinkel θ_m für m_1 im Falle $m_1 > m_2$ durch $\cos^2\theta_m = 1 - m_2^2/m_1^2$ mit $0 \le \theta_m \le \frac{\pi}{2}$ gegeben ist, (b) im Falle $m_1 = m_2$ aber $\theta_1 + \theta_2 = \pi/2$ gilt und (c) im Falle $m_1 < m_2$ hingegen θ_1 alle Werte zwischen 0 und π annehmen kann.

Abschnitt 10.7

43. Eine Kugel mit dem Radius r_1 stößt gegen eine andere Kugel mit dem Radius r_2. Wie groß ist der Wirkungsquerschnitt für einen Stoß, bei dem sich beide Kugeln berühren?
Anwort: $\pi(r_1 + r_2)^2$.

44. Ein Strahl langsamer Neutronen fällt auf eine 10 μm dicke Aluminiumfolie. Einige Neutronen werden von Aluminiumkernen eingefangen, die daraufhin radioaktiv werden und unter Aussendung von α-Strahlen zu Silicium zerfallen:

$$n + {}^{27}\mathrm{Al} \rightarrow {}^{28}\mathrm{Al} \rightarrow {}^{28}\mathrm{Si} + \beta^- .$$

Die Neutronenflußdichte sei $3 \times 10^{16}\ \mathrm{m^{-2}\,s^{-1}}$ und der Wirkungsquerschnitt für den Neutroneneinfang 0.23 barn. Wie viele Umwandlungen finden je Sekunde und Quadratzentimeter statt?

45. Ein Strahl schneller Neutronen fällt auf eine 5 mg schwere Probe des stabilen Kupferisotops ^{65}Cu. Es besteht eine gewisse Wahrscheinlichkeit dafür, daß ein ^{65}Cu-Kern ein Neutron einfängt und dabei in einen radioaktiven ^{66}Cu-Kern umgewandelt wird, der dann zu einem stabilen ^{66}Zn-Kern zerfällt. Aus dem α-Zerfall des Kupfers entnimmt man, daß 4.6×10^{11} Neutronen je Sekunde eingefangen wurden. Wie groß ist der Wirkungsquerschnitt für den Neutroneneinfang? Die Neutronenflußdichte betrage $1.1 \times 10^{18}\ \mathrm{m^{-2}\,s^{1}}$.
Antwort: 90 barn ($9 \times 10^{-27}\ \mathrm{m^2}$).

46. In einer dicken Folie liegen sehr viele Schichten von Targetteilchen hintereinander, so daß die Zahl der Teilchen, die eine bestimmte Schicht erreichen, von der Zahl der schon in den oberen Schichten gestreuten Teilchen abhängt. Es sei $-\mathrm{d}N$ die Zahl der bereits in den oberen Schichten gestreuten Teilchen und N die Zahl der Teilchen, die die Tiefe s der Folie erreichen. Man zeige, daß

$$-\frac{\mathrm{d}N}{N} = n\sigma\,\mathrm{d}s \qquad \text{und} \qquad N = N_0 \mathrm{e}^{-n\sigma s}$$

gilt, wobei N_0 die Gesamtzahl der Teilchen ist, die auf die Folie fallen ($s = 0$), und n die Zahl der gestreuten Teilchen geteilt durch das Volumen (Teilchenzahldichte).

Abschnitt 10.8

47. Die Massen der an der Kernreaktion

$$p + {}^{19}\mathrm{F} \rightarrow \alpha + {}^{16}\mathrm{O}$$

beteiligten Teilchen wurden in einem Massenspektrometer zu

$$m_p = 1.00783\ \mathrm{u}, \qquad m_\alpha = 4.00260\ \mathrm{u},$$
$$m_F = 1899840\ \mathrm{u}, \qquad m_O = 15.99491\ \mathrm{u}$$

gemessen. Man bestimme den Q-Wert dieser Reaktion und vergleiche ihn mit dem in Beispiel 7 ermittelten Wert.
Antwort: 8.14 MeV.

48. Ein Sigma-Teilchen befindet sich in einem bestimmten Bezugssystem in Ruhe und zerfällt spontan in zwei andere Teilchen nach dem Schema

$$\Sigma^- \rightarrow \pi^- + n .$$

Die Massen der Teilchen in Vielfachen der Elektronenmasse m_e sind

$$m_\Sigma = 2340.5\, m_e, \qquad m_\pi = 273.2\, m_e, \qquad m_n = 1838.65\, m_e .$$

(a) Wieviel kinetische Energie wird in diesem Prozeß erzeugt?
(b) Welches Zerfallsprodukt erhält den größeren Anteil an kinetischer Energie und welches den größeren Impuls?

49. Ein ^{236}Uran-Kern spaltet in zwei Bruchstücke mit den Massen 132 u und 98 u und setzt dabei 192 MeV an Energie frei (Q-Wert). (a) Wieviel der Energie geht in Strahlungsenergie über? (b) Welche Geschwindigkeiten erhalten die Spaltprodukte? (c) Wieviel kinetische Energie erhält jedes Spaltprodukt?
Antwort: (a) 5400 MeV; (b) $v_{132} = 1.09 \times 10^7$ m/s, $v_{98} = 1.47 \times 19^7$ m/s;
(c) $E_{132} = 81.7$ MeV, $E_{98} = 110$ MeV.

11 Die Drehbewegung

11.1 Definition der Drehbewegung

In den vorangegangenen Kapiteln haben wir uns nur mit der fortschreitenden Bewegung von einzelnen Teilchen oder starren Körpern beschäftigt. In der Realität gibt es jedoch keine vollkommen starren Körper. Viele Körper, z. B. Moleküle, Stahlträger oder Planeten, sind aber so starr, daß man bei vielen Fragestellungen ihre Verbiegungen, Verdrillungen oder Schwingungen vernachlässigen kann. Nach Kapitel 3 führt ein Körper dann eine reine Translationsbewegung aus, wenn alle Punkte des Körpers in einer bestimmten Zeit die gleiche Verschiebung erfahren.

Im vorliegenden Kapitel wollen wir nur die reine Drehbewegung bzw. Rotation eines Körpers behandeln. Auch hier werden wir uns der Einfachheit halber nur mit einzelnen Teilchen bzw. starren Körpern beschäftigen und die Rotationsbewegung eines Teilchensystems (z. B. Sonnensystem) oder eines verformbaren Körpers (z. B. eine Flüssigkeit in einem rotierenden Becher) nicht behandeln. Wir werden außerdem nur solche Drehbewegungen betrachten, die um eine Achse erfolgen, welche im Bezugssystem des Beobachters fest verankert bleibt.

Die Abb. 11.1 soll eine solche Drehbewegung eines starren Körpers um eine feste Achse demonstrieren. Die Drehachse verläuft in der z-Achse des Bezugssystems. Wir wählen willkürlich einen Punkt P des Körpers aus, dessen Position durch den Ortsvektor $\boldsymbol{r}$ angegeben wird. *Ein Körper führt dann eine reine Drehbewegung (Rotation) aus, wenn sich alle Punkte des Körpers auf konzentrischen Kreisbahnen bewegen, deren Mittelpunkte auf einer Geraden liegen, der sogenannten Drehachse oder Rotationsachse.* Fällt man von jedem Punkt des Körpers das Lot auf die Drehachse, so überstreicht jedes dieser Lote in

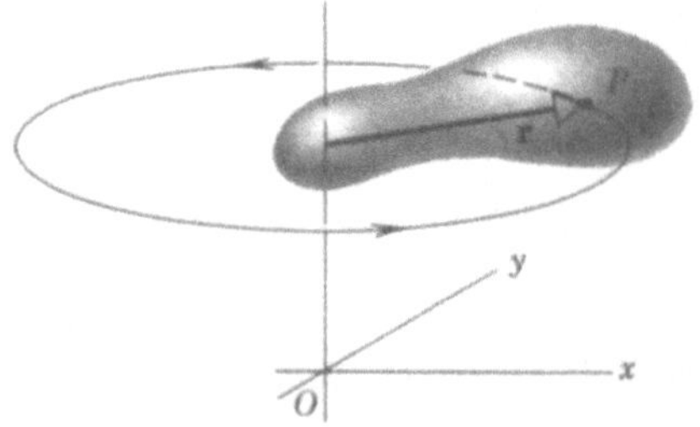

Abb. 11.1 Ein starrer Körper rotiert um eine feste Achse, die z-Achse. Jeder Punkt des Körpers beschreibt eine Kreisbahn um die Drehachse.

einer bestimmten Zeit den gleichen Winkel. Man kann mithin eine reine Drehbewegung eines starren Körpers dadurch beschreiben, daß man die Bewegung nur eines Punktes dieses Körpers (wie z. B. den Punkt P in der Abbildung) betrachtet. Eine Ausnahme bilden trivialerweise solche Punkte, die auf der Drehachse selbst liegen.
Meistens bewegt sich ein starrer Körper so, daß er nicht nur eine reine Rotationsbewegung ausführt, sondern zusätzlich noch eine Translationsbewegung. Bei der reinen Translation kann man den Körper durch die Koordinaten x, y, z eines seiner Punkte (z. B. des Massenmittelpunktes) in einem Bezugssystem lokalisieren. Kommt eine Drehbewegung hinzu, benötigt man drei weitere Koordinaten, etwa drei Winkel, die die Orientierung des Körpers im Bezugssystem angeben. In der Abb. 11.2 (s. auch Abb. 9.1) ist ein Körper gezeigt, der sowohl eine Translations- als auch eine Rotationsbewegung ausführt. Um die Position des Körpers anzugeben, muß man nicht nur die Lage des Punktes O in der x,y-Ebene des Laborsystems kennen, sondern auch noch die Orientierung des mit dem Körper verknüpften x',y'-Bezugssystems in dem Laborsystem bestimmen.

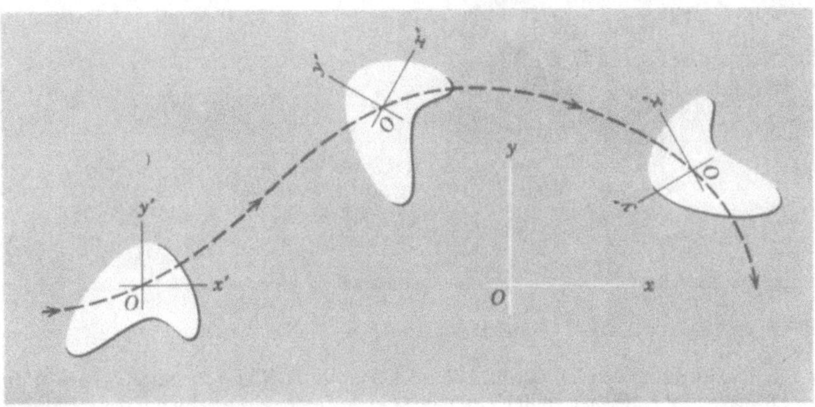

Abb. 11.2 Ein starrer Körper führt gleichzeitig eine Translations- und eine Drehbewegung im x,y-Bezugssystem aus. Das mit dem Körper fest verbundene x',y'-Bezugssystem ändert während der Bewegung seine Orientierung bezüglich des x,y-Systems. Man vergleiche diese Bewegung mit denen in Abb. 3.1 und Abb. 9.1. Es handelt sich hier um einen Sonderfall, da die Translationsbewegung nur in einer Ebene (x,y-Ebene) und die Rotationsbewegung um eine feststehende Achse (z'-Achse) erfolgt.

In Kapitel 9 konnten wir uns die Beschreibung einer Translation dadurch erleichtern, daß wir uns die gesamte Masse eines starren Körpers in seinem Massenmittelpunkt konzentriert dachten. Die Resultierende aus allen äußeren an dem Körper angreifenden Kräften wirkte dann nur im Massenmittelpunkt des Körpers. Die durch die Kräfte verursachte Beschleunigung des Körpers war durch Gl. 9.10 zu $\boldsymbol{F}_a = M\boldsymbol{a}_S$ gegeben. Diese Erleichterung bleibt auch bei einer kombinierten Translations- und Rotationsbewegung bestehen, so daß man zusätzlich nur noch die Drehbewegung erfassen muß. Deshalb wollen wir zunächst nur die reine Rotationsbewegung untersuchen.

Wir kehren zu der Rotationsbewegung in Abb. 11.1 zurück. Die Beschreibung von Bewegungen fällt in das Aufgabengebiet der Kinematik. Sie muß die Variablen der Drehbewegung definieren und zwischen ihnen Beziehungen aufstellen. Dann muß die

Drehbewegung aus den Eigenschaften des Körpers und seiner Umgebung erklärt werden, um die Ursachen einer solchen Bewegung zu ergründen. Dieser zweite Schritt gehört zu den Aufgaben der Dynamik und soll in den Kapiteln 12 und 13 erfolgen.

11.2 Die Variablen der Drehbewegung

Wir wollen durch den Punkt P des Körpers in Abb. 11.1 rechtwinklig zur z-Achse eine Ebene legen. Diese Ebene schneidet den Körper und enthält die Kreisbahn des Punktes P, die in Abb. 11.3 in Draufsicht gezeigt ist.

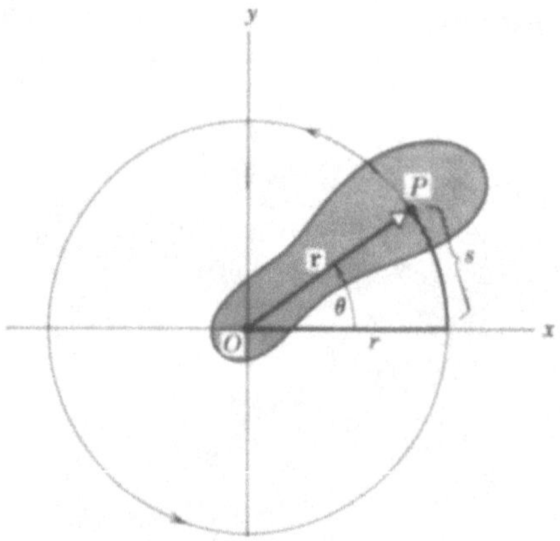

Abb. 11.3 Ein Schnitt durch den Körper in Abb. 11.1. Der Punkt P des starren Körpers ist durch den Ortsvektor $\boldsymbol{r}$ festgelegt. P rotiert gegen den Uhrzeigersinn auf einer Kreisbahn mit dem Radius r um den Ursprung O.

Wenn der Ort auch nur eines Punktes des Körpers in unserem Bezugssystem festliegt, so ist der Ort des gesamten rotierenden Körpers in diesem Bezugssystem bekannt. Daher genügt es, die Bewegung nur dieses Punktes auf dem Kreis zu betrachten. Damit reduziert sich die Bewegung auf ein zweidimensionales Problem.
Im folgenden wollen wir nicht die kartesischen Koordinaten x, y (und z) zur Ortsbestimmung benutzen, sondern die Polarkoordinaten r und θ. Eine Rotation gegen den Uhrzeigersinn soll ein positives Vorzeichen erhalten, eine Rotation im Uhrzeigersinn ein negatives (Diese Vorzeichen sind willkürlich vereinbart worden). Weiterhin ist es vorteilhaft, den *Drehwinkel* θ nicht in Grad (°) zu messen, sondern in der Einheit Radiant (rad), die die Dimension 1 besitzt. Der Betrag des Winkels ist dann (vgl. Abb. 11.3) nach der Beziehung

$$\theta = s/r \tag{11.1a}$$

als Verhältnisgröße von Kreisbogen s zu Radius r bestimmt.

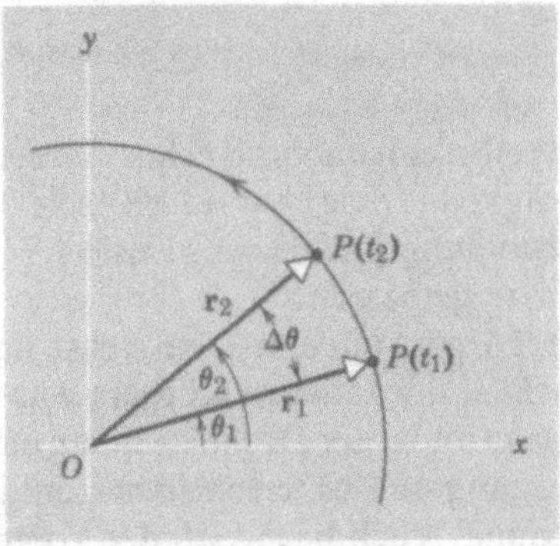

Abb. 11.4 Der zu dem Punkt P des Körpers in Abb. 11.1 bzw. Abb. 11.3 gezogene Fahrstrahl OP überstreicht in einem Zeitintervall $\Delta t = t_2 - t_1$ einen Winkel von $\Delta\theta = \theta_1 - \theta_2$.

Der in der Abbildung dargestellte Körper drehe sich gegen den Uhrzeigersinn. Zur Zeit t_1 ist die Position des Punktes P durch den Winkel θ_1 gekennzeichnet, zur Zeit t_2 durch θ_2. In Abb. 11.4 ist diese Situation noch einmal vergrößert herausgezeichnet worden. Während eines Zeitintervalls $\Delta t = t_2 - t_1$ hat sich der Winkel um $\Delta\theta = \theta_2 - \theta_1$ verändert. Die *mittlere Winkelgeschwindigkeit* $\overline{\omega}$ wird als

$$\overline{\omega} = \frac{\theta_2 - \theta_1}{t_2 - t_1} = \frac{\Delta\theta}{\Delta t}$$

definiert. Die *momentane Winkelgeschwindigkeit* ω ergibt sich im Grenzfall, wenn Δt gegen Null geht, zu

$$\omega = \lim_{\Delta t \to 0} \frac{\Delta\theta}{\Delta t} = \frac{d\theta}{dt}. \qquad (11.1\,b)$$

Bei einem starren Körper werden alle Radiusvektoren, die auf der Drehachse senkrecht stehen und zu den einzelnen Punkten des Körpers gehen, in der gleichen Zeit den gleichen Winkel zurückgelegt haben, so daß die Winkelgeschwindigkeiten aller Punkte des starren Körpers um diese Achse gleich sind. Die Winkelgeschwindigkeit ist somit eine für den rotierenden Körper charakteristische Größe. Die Winkelgeschwindigkeit hat die Dimension T^{-1} und wird in rad/s oder in der Technik als Anzahl der Umdrehungen durch Sekunde oder durch Minute (*Drehzahl*) angegeben.

Ist die Winkelgeschwindigkeit konstant, so spricht man von einer *gleichförmigen Drehbewegung*. Ist sie nicht konstant, besitzt der rotierende Körper eine Winkelbeschleunigung. Wenn die zu den Zeiten t_1 und t_2 gehörenden Winkelgeschwindigkeiten ω_1 und ω_2 sind, wird die *mittlere Winkelbeschleunigung* zu

$$\bar{\alpha} = \frac{\omega_2 - \omega_1}{t_2 - t_1} = \frac{\Delta\omega}{\Delta t}$$

definiert.

Die *momentane Winkelbeschleunigung* ergibt sich im Grenzfall mit $\Delta t \to 0$, also

$$\alpha = \lim_{\Delta t \to 0} \frac{\Delta\omega}{\Delta t} = \frac{d\omega}{dt}. \tag{11.2}$$

Da alle Punkte des starren Körpers dieselbe Winkelbeschleunigung erfahren, stellt die Winkelbeschleunigung α wie die Winkelgeschwindigkeit ω eine charakteristische Größe des rotierenden Körpers dar. Die Winkelbeschleunigung hat die Dimension T^{-2}, sie wird in den Einheiten rad/s^2 oder $Umdrehungen/s^2$ gemessen.

Die Rotation eines Teilchens oder eines starren Körpers um eine feste Achse hat eine formale Ähnlichkeit mit der Translation eines Teilchens oder starren Körpers längs einer festgelegten Geraden. Die kinematischen Größen θ, ω und α der Drehbewegung entsprechen den Größen s, v und a der Translationsbewegung und unterscheiden sich dimensionsmäßig von diesen nur um den Faktor der Länge. Auch bezüglich der Vorzeichen gibt es bei beiden Bewegungen nur zwei Möglichkeiten, nämlich entweder in Vorwärts- oder in Rückwärtsrichtung auf der Geraden bzw. entweder im Uhrzeigersinn oder gegen den Uhrzeigersinn um eine Drehachse.

Betrachtet man allerdings eine Translationsbewegung längs einer krummlinigen Bahn im Raum, so repräsentieren die Größen s, v und a nur die skalaren Komponenten der Vektoren $\boldsymbol{s}$, $\boldsymbol{v}$ und $\boldsymbol{a}$. In Abschn. 11.4 werden wir erörtern, ob und wie den Größen θ, ω und α bei der Drehbewegung ein Vektorcharakter zukommt.

11.3 Die gleichmäßig beschleunigte Drehbewegung

Die einfachste fortschreitende Bewegung eines Körpers auf einer Geraden ist die gleichförmige Bewegung, die durch die Bedingung $a = 0$ gegeben ist. Die nächsteinfachere Bewegung ist die gleichmäßig beschleunigte Bewegung, die durch die Bedingung $a = \text{const.}$ gegeben ist. Für diese Arten der Translationsbewegungen hatten wir in Tabelle 3.1 vier Beziehungen zwischen den kinematischen Variablen und der Zeit t gefunden.

Bei der Drehung eines Körpers um eine feste Achse stellt die gleichförmige Drehbewegung, die durch die Bedingung $\alpha = 0$ gegeben ist, die einfachste Art der Bewegung dar. Die nächsteinfachere Drehbewegung ist die gleichmäßig beschleunigte Drehbewegung, die durch die Bedingung $\alpha = \text{const.}$ gegeben ist. Wie bei der Translationsbewegung kann man auch bei der Rotationsbewegung vier Gleichungen zwischen den kinematischen Größen und der Zeit t finden. Man kann diese Beziehungen entweder auf die gleiche

Tabelle 11.1 Vergleich zwischen der gleichmäßig beschleunigten Translationsbewegung (in einer festgelegten Richtung) und der gleichmäßig beschleunigten Rotationsbewegung (um eine feste Achse)

Translationsbewegung		Rotationsbewegung	
$v = v_0 + at$	(3.12)	$\omega = \omega_0 + \alpha t$	(11.3)
$x = \frac{v_0 + v}{2} t$	(3.14)	$\theta = \frac{\omega_0 + \omega}{2} t$	(11.4)
$x = v_0 t + \frac{1}{2} a t^2$	(3.15)	$\theta = \omega_0 t + \frac{1}{2} \alpha t^2$	(11.5)
$v^2 = v_0^2 + 2ax$	(3.16)	$\omega^2 = \omega_0^2 + 2\alpha\theta$	(11.6)

Weise wie in Abschn. 3.8 gewinnen, oder man kann sie erhalten, indem man anstelle des Weges den Drehwinkel θ, anstelle der Geschwindigkeit v die Winkelgeschwindigkeit ω und anstelle der Beschleunigung a die Winkelbeschleunigung α setzt.

In Tab. 11.1 sind beide Gruppen von Beziehungen noch einmal nebeneinander aufgeführt. Einfachheitshalber hat man dafür die Anfangsbedingungen $x_0 = 0$ bzw. $\theta_0 = 0$ gewählt. Man prüfe diese Beziehungen anhand der Dimensionen nach und betrachte insbesondere auch die Vorzeichenmöglichkeiten und ihre Bedeutung.

Beispiel 1

Ein Mühlstein dreht sich mit einer konstanten Winkelbeschleunigung von $\alpha = 3\ \mathrm{rad/s^2}$. Zur Zeit $t = 0$ verlief die Linie OP genau waagerecht (Abb. 11.5). (a) Man bestimme den Winkel θ, den die Linie OP nach 2 s überstrichen hat. (b) Man bestimme die Winkelgeschwindigkeit nach 2 s.

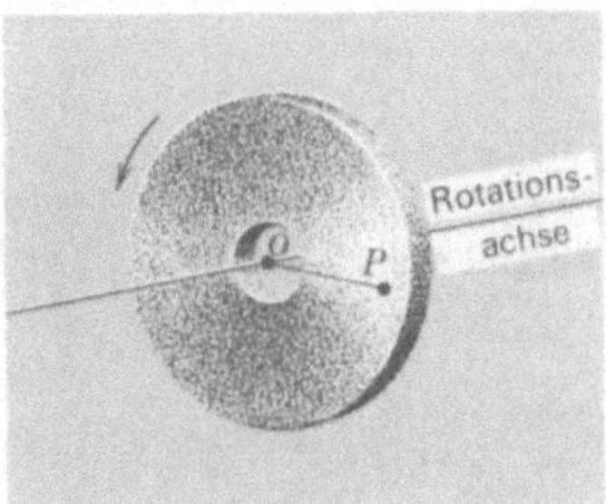

Abb. 11.5 Zu Beispiel 1. Ein Mühlstein dreht sich um eine Achse durch O, die im Bezugssystem des Beobachters fest verankert ist.

(a) Wir benutzen die Gl. 11.5 aus Tab. 11.1,

$$\theta = \omega_0 t + \tfrac{1}{2}\alpha t^2$$

und setzen die Anfangswerte $\omega(t = 0) = \omega_0 = 0$ und $\alpha = 3\ \mathrm{rad/s^2}$ sowie $t = 2$ s ein:

$$\theta = (0)(2.0\ \mathrm{s}) + \tfrac{1}{2}(3.0\ \mathrm{rad/s^2})(2.0\ \mathrm{s})^2 = 6.0\ \mathrm{rad} \mathrel{\hat{=}} 0.95\ \text{Umdrehungen}$$

(b) Nunmehr benutzen wir Gl. 11.3 aus Tab. 11.1,

$$\omega = \omega_0 + \alpha t\,,$$

und setzen wiederum die Anfangswerte ein. Wir erhalten

$$\omega = 0 + (3.0\ \mathrm{rad/s^2})(2.0\ \mathrm{s}) = 6.0\ \mathrm{rad/s}\,.$$

Zur Überprüfung der Ergebnisse setzen wir die errechneten Werte in die Gl. 11.6 ein. Es ergibt sich:

$$\omega^2 = \omega_0^2 + 2\alpha\theta\,,$$
$$\omega^2 = 0 + (2)(3.0\ \mathrm{rad/s^2})(6.0\ \mathrm{rad}) = 36\ \mathrm{rad^2/s^2}\,,$$
$$\omega = 6.0\ \mathrm{rad/s}\,.$$

Beispiel 2

Man leite die Beziehung $\omega = \omega_0 + \alpha t$ für die gleichmäßig beschleunigte Drehbewegung her.
(a) Aus der Definition der Winkelbeschleunigung (Gl. 11.2),

$$\alpha = \frac{d\omega}{dt},$$

erhalten wir

$$\alpha\, dt = d\omega$$

und daraus durch Integration

$$\int \alpha\, dt = \int d\omega .$$

Da bei einer gleichmäßig beschleunigten Drehung α eine Konstante ist, können wir sie vor das Integral ziehen:

$$\alpha \int dt = \int d\omega .$$

Mit den Integrationsgrenzen ω_0 bei $t = 0$ und ω bei $t = t$ ergibt sich

$$\alpha \int_0^t dt = \int_{\omega_0}^{\omega} d\omega .$$

Man erhält:

$$\alpha t = \omega - \omega_0$$

bzw.

$$\omega = \omega_0 + \alpha t .$$

(b) Man kann dasselbe Ergebnis erhalten, wenn man davon ausgeht, daß bei einer konstanten Winkelbeschleunigung die momentane und die mittlere Winkelbeschleunigung identisch sind. Für die mittlere Winkelbeschleunigung galt

$$\bar{\alpha} = \frac{\omega - \omega_0}{t - t_0} .$$

Es gilt jetzt $\alpha = \bar{\alpha} = \text{const.}$ Für $t_0 = 0$ ergibt sich somit:

$$\alpha = \frac{\omega - \omega_0}{t}$$

bzw.

$$\omega = \omega_0 + \alpha t .$$

Man vergleiche diese Beziehung mit der entsprechenden Beziehung für die Translationsbewegung (Gl. 3.12 in Abschn. 3.8).

11.4 Vektoreigenschaften der kinematischen Größen der Drehbewegung

Die kinematischen Größen der Translationsbewegung: Verschiebung, Geschwindigkeit und Beschleunigung, waren von uns als Vektoren eingeführt worden und konnten nur bei der eindimensionalen Bewegung (auf einer Geraden) als Skalare betrachtet werden. Zur Beschreibung der reinen Drehbewegung verwendeten wir bis jetzt die skalaren Größen θ, ω und α. Dabei beschränkten wir uns auf die Rotation um eine feste Achse. Wenn sich die Richtung der Drehachse jedoch zeitlich ändert, stellt sich notwendigerweise die Frage, ob und wie auch die kinematischen Größen der Drehbewegung als Vektoren aufzufassen sind.

Wir wollen mit dem Drehwinkel θ beginnen. Der Betrag der Winkelverschiebung eines rotierenden Körpers ist durch den Winkel gegeben, den der Körper bei der Rotation um eine Achse überstreicht. Diese Winkel addieren sich nicht vektoriell. Wir demonstrieren dies an einem Buch, das anfänglich auf einer waagerechten Tischplatte liegt und dann zwei Drehungen unterworfen wird. Zuerst wird es um den Winkel $\theta_1 = 90°$ im Uhrzeigersinn (von oben gesehen) um eine senkrechte Achse durch den Mittelpunkt des Buches gedreht und dann um den Winkel $\theta_2 = 90°$ im Uhrzeigersinn von Süden gesehen um eine Nord-Süd-Achse, die parallel zur Tischplatte durch den Mittelpunkt des Buches geht. Beide Drehungen sind einzeln für sich im mittleren Teil der Abb. 11.6a gezeigt. Führt man die beiden Drehungen in verschiedener Reihenfolge durch, so ergeben sich die in der Abb. 11.6a rechts gezeigten Orientierungen des Buches auf dem Tisch. Da diese nicht identisch sind, kann die Addition der beiden Winkeländerungen nicht vektoriell sein; bei einer Vektoraddition müßte $\boldsymbol{\theta}_1 + \boldsymbol{\theta}_2 = \boldsymbol{\theta}_2 + \boldsymbol{\theta}_1$ gelten.

Um sicher zu sein, daß das auch bei anderen Drehwinkeln so ist, führen wir die Drehungen mit einer jeweiligen Änderung von nur 45° statt 90° durch. Auch hierbei ergibt sich bei verschiedener Reihenfolge der Drehungen nicht das gleiche Ergebnis; der Unterschied ist allerdings bei weitem nicht so kraß (Abb. 11.6b). Wird der Drehwinkel noch kleiner (Abb. 11.6c), so wird auch der Unterschied im Endergebnis kleiner. Bei infinitesimal kleinen Drehwinkeln ergibt sich schließlich bei einer verschiedenen Aufeinanderfolge der Drehungen kein Unterschied mehr. Infinitesimal kleine Drehwinkel sind also Vektoren.

Alle Größen, die durch infinitesimal kleine Winkel definiert werden, können daher ebenfalls Vektoren sein. Dies gilt z. B. für die momentane Winkelgeschwindigkeit $\boldsymbol{\omega} = \mathrm{d}\boldsymbol{\theta}/\mathrm{d}t$, denn $\mathrm{d}\boldsymbol{\theta}$ ist ein Vektor und $\mathrm{d}t$ ein Skalar.

Die Winkelgeschwindigkeit $\boldsymbol{\omega}$ ist somit ein Vektor. In Abb. 11.7 ist die Winkelgeschwindigkeit $\boldsymbol{\omega}$ eines rotierenden starren Körpers bzw. eines rotierenden Teilchens P als Pfeil auf der Drehachse eingezeichnet. Die Länge des Pfeils entspricht dem Betrag der Winkelgeschwindigkeit. Der Drehsinn der Rotation bestimmt die Richtung des Pfeiles. Durch Vereinbarung legt man die Richtung des Vektors $\boldsymbol{\omega}$ über die Rechte-Hand-Regel fest. Umgreift die rechte Hand die Drehachse so, daß die gekrümmten Finger in die Drehrichtung zeigen, so gibt der ausgestreckte Daumen die Richtung der Winkelgeschwindigkeit an. Für die Rotation in Abb. 11.7 zeigt $\boldsymbol{\omega}$ in die positive z-Richtung. Bei der Drehbewegung in Abb. 11.3 kommt $\boldsymbol{\omega}$ aus der Papierebene heraus, da die Bewegung gegen den Uhrzeigersinn verläuft; bei einem Schallplattenspieler deutet die Winkelgeschwindigkeit nach unten. Man beachte, daß sich bei einer Rotationsbewegung kein Teil des Körpers in Richtung der Winkelgeschwindigkeit bewegt!

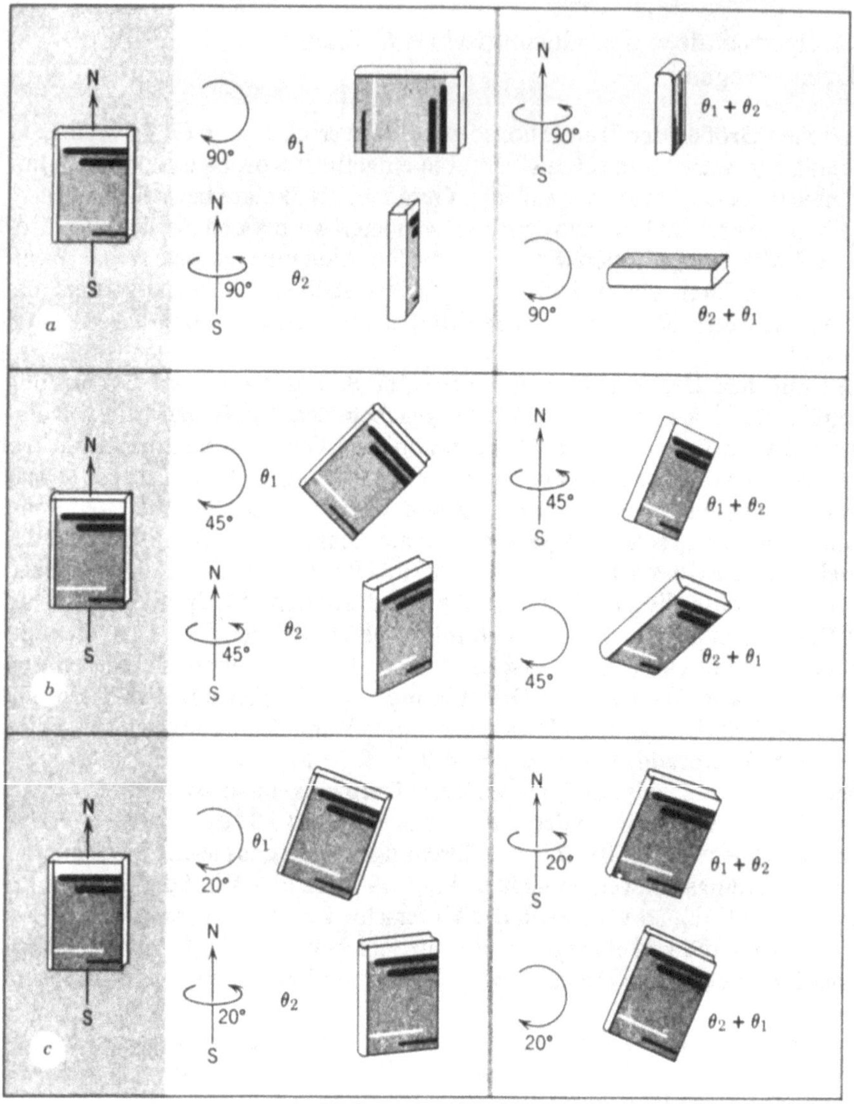

Abb. 11.6 Zwei Drehungen eines Buches um zwei verschiedene Achsen in vertauschter Reihenfolge. (a) Ganz links (grau unterlegt) ist jeweils die Ausgangsstellung des Buches gezeigt. In der Mitte wird im oberen Teil eine Drehbewegung (θ_1) im Uhrzeigersinn um eine Achse durchgeführt, die auf der Zeichenebene senkrecht steht; im unteren Teil wird eine Drehbewegung (θ_2) um eine Nord-Süd-Achse (Norden ist in der Abbildung oben, Süden unten) durchgeführt, die parallel zur Zeichenebene durch die Mitte des Buches geht. In der rechten Spalte der Abbildung sind die beiden Drehungen hintereinander in der Reihenfolge $\theta_1 + \theta_2$ (oberer Teil) und in der Reihenfolge $\theta_2 + \theta_1$ (unterer Teil) durchgeführt worden. Es ergeben sich verschiedene Orientierungen des Buches bei der Durchführung der Drehbewegungen. Die Addition endlicher Drehwinkel ist nicht kommutativ, da $\theta_1 + \theta_2 \neq \theta_2 + \theta_1$ gilt. Beide Drehwinkel betrugen hier jeweils 90°. (b) Die gleichen Drehungen wie in (a), aber die Drehwinkel betragen jeweils nur 45°. Die beiden Endorientierungen unterscheiden sich nicht mehr so stark wie in (a). (c) Die gleichen Drehungen wie in (a) und (b), aber die Drehwinkel betragen hier nur noch jeweils 20°. Die beiden Endorientierungen sind schon fast gleich. Mit kleiner werdenden Drehwinkeln $\theta_1 \to 0$ und $\theta_2 \to 0$, ergeben sich identische Endorientierungen. Infinitesimal kleine Drehwinkel können kommutativ addiert werden. Sie können als Vektoren betrachtet werden.

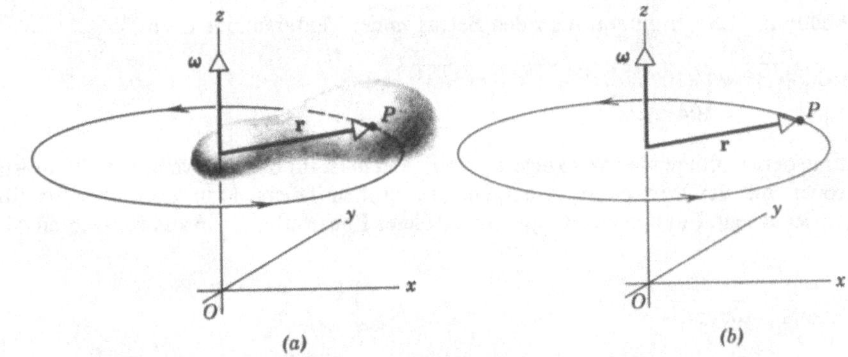

Abb. 11.7 Die Darstellung der Winkelgeschwindigkeit als Vektor bei der Rotation (a) eines starren Körpers und (b) eines Punktes um eine feste Achse z.

Wir erkennen nach dieser ausführlichen Erörterung der Winkelgeschwindigkeit, daß auch die Winkelbeschleunigung $\boldsymbol{\alpha} = \mathrm{d}\boldsymbol{\omega}/\mathrm{d}t$ ein Vektor ist, da $\mathrm{d}\boldsymbol{\omega}$ ein Vektor und $\mathrm{d}t$ ein Skalar ist. Zur deutlichen Unterscheidung von anderen, *polaren* Vektoren nennt man solche Vektoren wie $\boldsymbol{\omega}$ und $\boldsymbol{\alpha}$, die einen Drehsinn um eine Achse angeben, *axiale Vektoren* (vgl. auch Ergänzungen II).

Beispiel 3

Eine runde Scheibe dreht sich mit der Winkelgeschwindigkeit $\omega_1 = 100$ rad/s um eine waagerechte Achse durch ihren Mittelpunkt (Abb. 11.8). Die Achse ist in zwei Ständern gelagert. Das gesamte Gestell steht auf einem waagerechten Teller, der sich mit einer Winkelgeschwindigkeit von $\omega_2 = 30$ rad/s um eine senkrechte Achse durch seinen Mittelpunkt dreht. Welche Drehbewegung der kleinen Scheibe nimmt ein Beobachter außerhalb der Anordnung wahr?
Die kleine runde Scheibe auf dem Ständer vollführt eine Bewegung, die von zwei Winkelgeschwindigkeiten bestimmt ist. Wir können die resultierende Bewegung durch Vektoraddition der Winkelgeschwindigkeiten gewinnen (s. Abb. 11.8b). Die Drehachse, in der $\boldsymbol{\omega}_2$ liegt, steht für den Beobachter fest im Raum, während die Drehachse, in der $\boldsymbol{\omega}_1$ liegt, mit $\boldsymbol{\omega}_2$ rotiert.

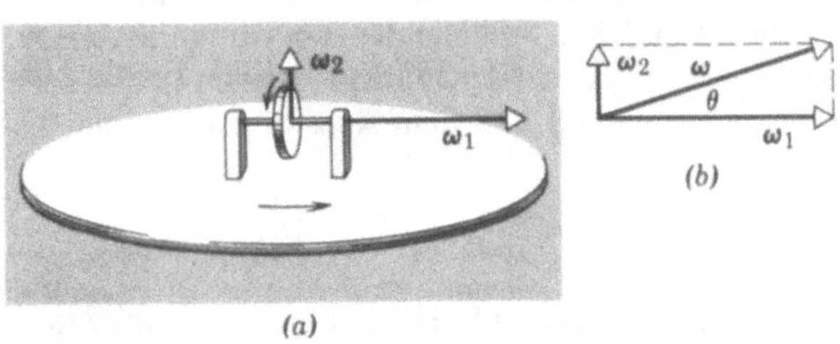

Abb. 11.8 Zu Beispiel 3. (a) Eine mit der Winkelgeschwindigkeit ω_1 rotierende Scheibe, deren Drehachse in einem Ständer gelagert ist, welcher wiederum auf einer Scheibe fixiert ist, die mit der Winkelgeschwindigkeit ω_2 um eine Achse durch ihren Mittelpunkt rotiert. (b) Beide Winkelgeschwindigkeiten können vektoriell addiert werden.

Der Abbildung 11.8b entnimmt man den Betrag ω der Vektorsumme $\boldsymbol{\omega}$ zu

$$\omega = \sqrt{\omega_1^2 + \omega_2^2} = \sqrt{(100\,\mathrm{rad/s})^2 + (30.0\,\mathrm{rad/s})^2} = 104\,\mathrm{rad/s}\,.$$

Die Richtung der resultierenden Winkelgeschwindigkeit $\boldsymbol{\omega}$ ist für den Beobachter nicht konstant, sondern rotiert mit der Winkelgeschwindigkeit des großen Tellers. Man kann aber die Ebene angeben, in der ω liegt. Für den Neigungswinkel θ dieser Ebene erhält man aus der rechten Abbildung

$$\tan\theta = \frac{\omega_2}{\omega_1} = \frac{30\,\mathrm{rad/s}}{100\,\mathrm{rad/s}} = 0.33$$

bzw.

$$\theta = 16.7^\circ\,.$$

Die Bewegung der kleinen Scheibe ist also eine Rotation um eine Achse, die gegen die Waagerechte um 16.7° geneigt ist und eine Winkelgeschwindigkeit von 104 rad/s hat. Wie würde sich die Bewegung der kleinen Scheibe ändern, wenn der große Teller oder die Scheibe selbst anders herum rotieren würden?

11.5 Die Kreisbewegung in skalarer Darstellung

In den Abschnitten 4.4 und 4.5 hatten wir schon einmal die Kreisbewegung eines Teilchens als krummlinige Bewegung in einer Ebene behandelt. Rotiert ein starrer Körper um eine feste Achse, so bewegt sich jeder Punkt des Körpers auf einer Kreisbahn. Man kann die Bewegung eines Teilchens eines starren Körpers also entweder mit den kinematischen Größen der Translations- oder denen der Rotationsbewegung beschreiben. Zwischen beiden Beschreibungsweisen müssen Verknüpfungsgleichungen bestehen, die uns erlauben, die Bewegungsgesetze ineinander überzuführen.

Wir greifen uns willkürlich einen Punkt P des rotierenden starren Körpers heraus. Dieser Punkt habe von der Drehachse den Abstand r, der dem Radius des Kreises entspricht, auf dem der Punkt P während der Rotation des Körpers umläuft. Der Radius überstreicht dabei den Drehwinkel θ (Abb. 11.9).

In die Rotationsachse legen wir die z-Achse eines kartesischen Koordinatensystems. Die Kreisbahn des Punktes P liegt damit in der x,y-Ebene des Koordinatensystems. Dreht sich der Körper um den Winkel θ, so bewegt sich der Punkt P um den Bogen s auf seiner Kreisbahn weiter. Zwischen dem Drehwinkel und dem Kreisbogen besteht die Beziehung

$$s = \theta r\,. \tag{11.7}$$

Wir differenzieren beide Seiten nach der Zeit und erhalten bei Berücksichtigung von $r = \mathrm{const.}$ die Beziehung

$$\frac{\mathrm{d}s}{\mathrm{d}t} = \frac{\mathrm{d}\theta}{\mathrm{d}t}\,r\,.$$

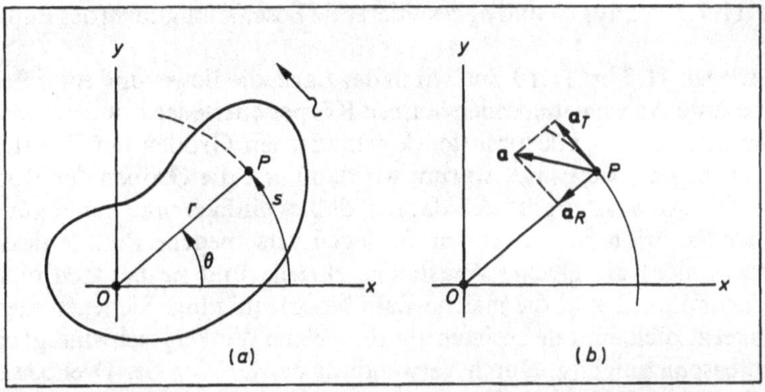

Abb. 11.9 (a) Ein starrer Körper rotiert um eine feste Achse, die durch den Ursprung O des Koordinatensystems geht. Der Punkt P durchläuft den Bogen s, der dem Zentriwinkel θ entspricht. (b) Zerlegung der Beschleunigung $\boldsymbol{a}$ des rotierenden Punktes P in eine tangentiale $\boldsymbol{a}_T$ und radiale $\boldsymbol{a}_R$ Komponente.

Da $\mathrm{d}s/\mathrm{d}t$ der Betrag der (linearen) Momentangeschwindigkeit, also die Bahngeschwindigkeit v des Punktes, ist und $\mathrm{d}\theta/\mathrm{d}t$ die Winkelgeschwindigkeit ω des Punktes, können wir diese Beziehung auch als

$$v = \omega r \tag{11.8}$$

schreiben. Gl. 11.8 gibt den Zusammenhang zwischen dem Betrag der Geschwindigkeit $\boldsymbol{v}$ der Translationsbewegung und der Geschwindigkeit ω der Rotationsbewegung wieder. Bei einer Kreisbewegung ist die Bahngeschwindigkeit durch das Produkt aus Winkelgeschwindigkeit ω und dem Abstand r des Punktes von der Drehachse gegeben.

Wir differenzieren beide Seiten von Gl. 11.8 nochmals nach der Zeit und erhalten unter Berücksichtigung, daß r eine Konstante ist,

$$\frac{\mathrm{d}v}{\mathrm{d}t} = \frac{\mathrm{d}\omega}{\mathrm{d}t} r .$$

Da $\mathrm{d}v/\mathrm{d}t$ die Komponente in Bahnrichtung bzw. die Tangentialkomponente a_T der Beschleunigung angibt (Abschn. 4.5) und $\mathrm{d}\omega/\mathrm{d}t$ die Winkelbeschleunigung α des Teilchens darstellt, kann man die obige Beziehung auch als

$$a_T = \alpha r \tag{11.9}$$

schreiben. Der Betrag der Tangentialbeschleunigung (Bahnbeschleunigung) eines Teilchens auf einer Kreisbahn kann als Produkt aus seiner Winkelbeschleunigung α und seinem Abstand r von der Drehachse angegeben werden.

In Abschn. 4.4 hatten wir für die Radialkomponente der Beschleunigung (Normalbeschleunigung) eines Teilchens auf einer Kreisbahn den Wert v^2/r (Gl. 4.9) gefunden. Unter Verwendung von Gl. 11.8 wird nun daraus

$$a_R = \frac{v^2}{r} = \omega^2 r . \tag{11.10}$$

In Teil b der Abb. 11.9 ist die aus $\boldsymbol{a}_T$ und $\boldsymbol{a}_R$ resultierende Beschleunigung $\boldsymbol{a}$ des Punktes P gezeigt.

Mit den Beziehungen 11.7 bis 11.10 sind wir in der Lage, die Bewegung eines Punktes auf einem um eine feste Achse rotierenden starren Körper entweder mit den kinematischen Größen der Translation oder mit den kinematischen Größen der Rotation zu beschrieben. Es erhebt sich die Frage, warum wir dann erst die Größen der Rotation eingeführt haben. Die Antwort ergibt sich daraus, daß es einfach manchmal günstiger ist, die Größen der Rotation zu verwenden. So legen verschiedene Punkte desselben rotierenden Körpers nicht die gleiche Wegstrecke zurück, und sie besitzen nicht die gleiche Bahngeschwindigkeit und die gleiche Bahnbeschleunigung. Sie legen aber den gleichen Drehwinkel zurück, und sie besitzen alle die gleiche Winkelgeschwindigkeit und die gleiche Winkelbeschleunigung. Durch Verwendung der Größen der Drehbewegung wird die Beschreibung der Bewegung des gesamten starren Körpers wesentlich erleichtert.

Beispiel 4

Der Radius des Mühlsteines von Beispiel 1 sei 50 cm. Man bestimme (a) die Bahngeschwindigkeit, (b) die Bahnbeschleunigung und (c) die Zentripetalbeschleunigung eines Punktes auf dem äußersten Rand des Mühlsteines nach 2 s.

Aus den gegebenen Daten ($\alpha = 3\ \text{rad/s}^2$, $\omega = 6\ \text{rad/s}$, $r = 0.5\ \text{m}$ und $t = 2\ \text{s}$) erhält man

(a) $v = \omega r = (6.0\ \text{rad/s})(0.50\ \text{m}) = 3.0\ \text{m/s}$,

(b) $a_T = \alpha r = (3.0\ \text{rad/s}^2)(0.50\ \text{m}) = 3.0\ \text{m/s}^2$,

(c) $a_R = v^2/r = \omega^2 r = (6.0\ \text{rad/s})^2(0.50\ \text{m}) = 18\ \text{m/s}^2$.

(d) Welche Werte ergeben sich für einen Punkt, der den halben Abstand vom Mittelpunkt wie der Rand hat?

Die Winkelgrößen bleiben für diesen Punkt dieselben, also $\alpha = 3.0\ \text{rad/s}^2$ und $\omega = 6.0\ \text{rad/s}$, während sich für die Bahngrößen die Werte $v = 1.5\ \text{m/s}$ und $a_T = 0.75\ \text{m/s}^2$ und $a_R = 9.0\ \text{m/s}^2$ ergeben.

11.6 Die Kreisbewegung in vektorieller Darstellung

Im vorangegangenen Abschnitt haben wir alle Beziehungen der Kreisbewegung in skalaren Größen angegeben. Wir wollen jetzt versuchen, entsprechend dem Vorgehen in Abschn. 4.5 diese Bewegung durch Verwendung der vektoriellen Größen der Translation und der Rotation darzustellen. Auch jetzt wollen wir uns nur auf Drehbewegungen um eine feste Achse beschränken. In Abb. 11.10a ist ein Teilchen P zu den Zeiten t und $t + \Delta t$ gezeigt, das um eine feste Achse rotiert. Es bewegt sich auf einer Kreisbahn mit dem konstanten Radius r und besitzt irgendeine Winkelgeschwindigkeit ω und irgendeine Winkelbeschleunigung α, die sich mit der Rotationsbewegung des Teilchens ändern können. Die Beschränkung auf einen konstanten Radius kann in vektorieller Form durch

$$\boldsymbol{r} = \boldsymbol{u}_r r \qquad (11.11)$$

angegeben werden, wobei $\boldsymbol{u}_r$ der Einheitsvektor in Richtung von $\boldsymbol{r}$ ist.

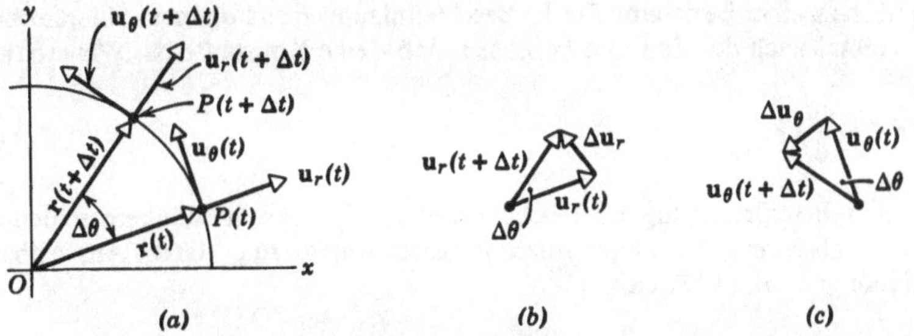

Abb. 11.10 (a) Der Punkt P durchläuft im Zeitintervall Δt einen Drehwinkel $\Delta\theta$. Die Einheitsvektoren $\boldsymbol{u}_r$ und $\boldsymbol{u}_\theta$ des polaren Koordinatensystems sind in der jeweiligen Position des Punktes angegeben. (b) Die Änderung des Einheitsvektors $\boldsymbol{u}_r$ bei der Drehbewegung von P. Mit $\Delta\theta \to 0$ dreht sich $\boldsymbol{u}_\theta$ in die Richtung von $\boldsymbol{u}_\theta$. (c) Die Änderung des Einheitsvektors $\boldsymbol{u}_\theta$ bei der Drehbewegung von P. Mit $\Delta\theta \to 0$ dreht sich $\boldsymbol{u}_\theta$ in die Richtung von $-\boldsymbol{u}_r$.

Wir differenzieren Gl. 11.11 und berücksichtigen, daß r eine Konstante ist ($\boldsymbol{u}_r$ und $\boldsymbol{r}$ sind keine Konstanten!):

$$\frac{\mathrm{d}\boldsymbol{r}}{\mathrm{d}t} = \frac{\mathrm{d}\boldsymbol{u}_r}{\mathrm{d}t} r \,. \tag{11.12}$$

Der Ausdruck $\mathrm{d}\boldsymbol{r}/\mathrm{d}t$ ist die Bahngeschwindigkeit $\boldsymbol{v}$ des Teilchens. Um die Bedeutung des Differentialquotienten $\mathrm{d}\boldsymbol{u}_r/\mathrm{d}t$ besser verstehen zu können, ist in Abb. 11.10b der Einheitsvektor $\boldsymbol{u}_r$ für zwei verschiedene Positionen des Teilchens P gezeichnet worden. Der Differenz $\Delta\boldsymbol{u}_r$ entspricht ein Drehwinkel $\Delta\theta$. Für den Betrag dieser Differenz kann man also ansetzen:

$$\Delta u_r = (1)\Delta\theta \,,$$

wobei der Faktor (1) daran erinnern soll, daß die beiden Einheitsvektoren in Abb. 11.10b die Länge 1 besitzen. Die obige Beziehung ist natürlich nur eine Näherung, da der Bogen des vom Winkel $\Delta\theta$ aufgespannten Kreissektors nur dann durch die Sehne $\Delta\boldsymbol{u}_r$ ersetzt werden kann, wenn der Winkel $\Delta\theta$ klein genug ist. Die Richtung des Vektors $\Delta\boldsymbol{u}_r$ ist durch den Einheitsvektor $\boldsymbol{u}_\theta$ gegeben, wie er in Abb. 11.10a eingezeichnet ist. Mit $\Delta\theta \to 0$ zeigt $\Delta\boldsymbol{u}_r$ genau in die Richtung von $\boldsymbol{u}_\theta$. Man erhält also

$$\Delta\boldsymbol{u}_r \approx \boldsymbol{u}_\theta \Delta\theta \,.$$

Im Grenzfall, wenn das Zeitintervall Δt infinitesimal klein wird, erhalten wir für den Differentialquotienten $\mathrm{d}\boldsymbol{u}_r/\mathrm{d}t$ somit

$$\frac{\mathrm{d}\boldsymbol{u}_r}{\mathrm{d}t} = \boldsymbol{u}_\theta \frac{\mathrm{d}\theta}{\mathrm{d}t} = \boldsymbol{u}_\theta \omega \,. \tag{11.13}$$

Setzen wir dieses Ergebnis in Gl. 11.12 ein, ergibt sich

$$\boldsymbol{v} = \boldsymbol{u}_\theta \omega r \,. \tag{11.14a}$$

In skalarer Schreibweise lautet diese Beziehung

$$v = \omega r \,, \tag{11.14b}$$

so wie wir sie schon im vorigen Abschnitt (Gl. 11.8) gefunden hatten.

Um nun auch noch zu einer Beziehung für die Beschleunigungen zu kommen, differenzieren wir Gl. 11.14a noch einmal nach der Zeit und beachten, daß r eine Konstante ist. Wir erhalten

$$\frac{\mathrm{d}\boldsymbol{v}}{\mathrm{d}t} = \boldsymbol{u}_\theta \frac{\mathrm{d}\omega}{\mathrm{d}t} r + \omega \frac{\mathrm{d}\boldsymbol{u}_\theta}{\mathrm{d}t} r . \tag{11.15}$$

$\mathrm{d}\boldsymbol{v}/\mathrm{d}t = \boldsymbol{a}$ ist die Bahnbeschleunigung des Teilchens und $\mathrm{d}\omega/\mathrm{d}t = \alpha$ seine Winkelbeschleunigung. Es sollte uns nun möglich sein, den Differentialquotienten $\mathrm{d}\boldsymbol{u}_\theta/\mathrm{d}t$ zu erklären. Aus Abb. 11.10c findet man mit Hilfe von Gl. 11.13, daß

$$\frac{\mathrm{d}\boldsymbol{u}_\theta}{\mathrm{d}t} = -\boldsymbol{u}_r \omega \tag{11.16}$$

gilt. Das Minuszeichen kommt dadurch zustande, daß $\boldsymbol{u}_\theta$ mit $\Delta t \to 0$ radial nach innen zeigt, also dem Einheitsvektor $\boldsymbol{u}_r$ entgegengerichtet ist.

Setzen wir Gl. 11.16 in Gl. 11.15 ein, erhalten wir

$$\boldsymbol{a} = \boldsymbol{u}_\theta \alpha r - \boldsymbol{u}_r \omega^2 r . \tag{11.17}$$

Aus Abschn. 4.5 wissen wir, daß die Beschleunigung eine radiale (oder zentripetale oder normale) Komponente $\boldsymbol{a}_\mathrm{R}$ und eine tangentiale Komponente $\boldsymbol{a}_\mathrm{T}$ besitzt. Ihre Beträge erhält man aus Gl. 11.17 zu

$$a_\mathrm{T} = \alpha r \tag{11.18a}$$

und (bei Benutzung von Gl. 11.14b) zu

$$a_\mathrm{R} = \omega^2 r = \frac{v^2}{r} . \tag{11.18b}$$

Auch diese letzte Beziehung hatten wir schon in Abschn. 4.4 hergeleitet. In den Ergänzungen I werden wir für den allgemeinen Fall, das heißt nicht nur für eine Kreisbewegung, die Beziehungen zwischen kinematischen Größen der Translationsbewegung und der Rotationsbewegung angeben. Die Gl. 11.14a und die Gl. 11.17 sind nur Spezialfälle der dort hergeleiteten Beziehungen.

Die eben genannten Beziehungen stellen eine Verknüpfung zwischen den vektoriellen Größen der Rotation und den skalaren Größen der Translation dar. Kann man nicht auch beide Gruppen von Größen in Vektorform miteinander verknüpfen? Das könnte insbesondere dann nützlich sein, wenn man nicht nur Rotationen um eine feste Achse betrachtet.

In Abb. 11.11 sind alle kinematischen Vektorgrößen, die für ein rotierendes Teilchen in Frage kommen, dargestellt. Die Größen der Rotationsbewegung liegen auf der Drehachse und weisen in die Richtung, wie sie durch die Rechte-Hand-Regel gegeben ist. Wir setzen einfach – und wollen das auch nachprüfen – folgende Beziehungen an:

$$\boldsymbol{v} = \boldsymbol{\omega} \times \boldsymbol{r} \tag{11.19}$$

und

$$\boldsymbol{a} = \boldsymbol{a}_\mathrm{T} + \boldsymbol{a}_\mathrm{R} \tag{11.20a}$$

mit

$$\boldsymbol{a}_\mathrm{T} = \boldsymbol{\alpha} \times \boldsymbol{r} \qquad \text{und} \qquad \boldsymbol{a}_\mathrm{R} = \boldsymbol{\omega} \times \boldsymbol{v} . \tag{11.20b}$$

In Abschn. 2.4 haben wir das Vektorprodukt $\boldsymbol{c} = \boldsymbol{a} \times \boldsymbol{b}$ eingeführt. Der resultierende Vektor $\boldsymbol{c}$ hat einen Betrag von $ab \cdot \sin\varphi$, wenn φ der von den beiden Vektoren $\boldsymbol{a}$ und $\boldsymbol{b}$ eingeschlossene Winkel ist. Wir wenden das auf die Gl. 11.19 und Gl. 11.20 an und erkennen aus Abb. 11.11, daß die

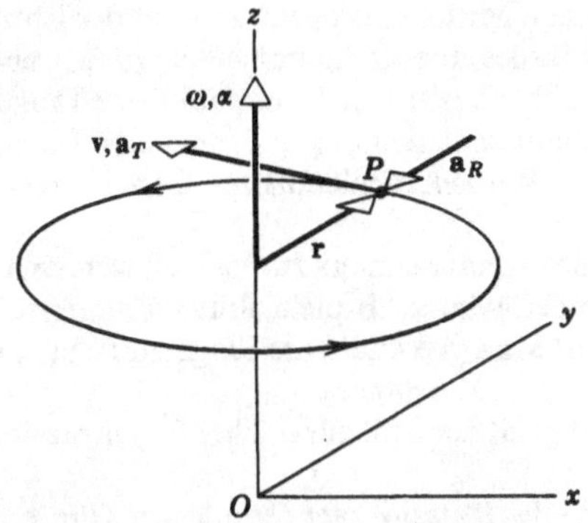

Abb. 11.11 Die Richtungen der Vektoren, die bei einer Drehbewegung eines Teilchens um eine feste Achse auftreten.

Vektorpaare $\boldsymbol{\omega}$ und $\boldsymbol{r}$, $\boldsymbol{\omega}$ und $\boldsymbol{v}$ bzw. $\boldsymbol{\alpha}$ und $\boldsymbol{r}$ aufeinander senkrecht stehen. Aus Gl. 11.19 folgt also

$$v = \omega r \sin 90° = \omega r\,,$$

eine Beziehung, die wir bereits als Gl. 11.14b gefunden haben. Aus Gl. 11.20b folgt:

$$a_R = \omega v = \omega(\omega r) = \omega^2 r$$

und

$$a_T = \alpha r\,.$$

Diese Beziehungen kennen wir bereits als Gl. 11.18a und Gl. 11.18b.

Wir überprüfen noch die Richtungen der durch Gl. 11.19 und Gl. 11.20b gegebenen Größen. In Abb. 2.12 waren die Richtungen der Vektoren bei einem Vektorprodukt definiert worden. Wir wenden die dort angegebene Regel auf die Abb. 11.11 an und sehen leicht, daß die Richtungen der Vektoren $\boldsymbol{v}$, $\boldsymbol{a}_T$ und $\boldsymbol{a}_R$ korrekt wiedergegeben sind.

Fragen

1. In Abschn. 11.1 hatten wir festgestellt, daß zur Angabe der Lage eines starren Körpers in einem Bezugssystem sechs Variable nötig sind. Mit wie vielen Variablen ist die Lage des in Abb. 11.1 gezeigten Körpers in der x,y-Ebene bestimmt? Wenn es weniger als sechs sind, erkläre man warum.
2. Ein unregelmäßig geformter Körper rotiere frei um seinen Massenmittelpunkt, der im Ursprung eines Bezugssystems liege. Wie kann man die Orientierung des Körpers angeben?
3. Könnte man die Winkelgrößen θ, ω und α auch in Grad statt in Radiant angeben?
4. Man erkläre, warum die Winkelangabe in Radiant mit allen Einheitensystemen verträglich ist. Gilt das auch für die Angabe in Grad?
5. Das Tachometer eines Autos ist so geeicht, daß seine Anzeige der Winkelgeschwindigkeit der Räder proportional ist. Muß man die Tachoangabe korrigieren, wenn man Winterreifen aufzieht?
6. Wie könnte man eine einfache Beziehung zwischen den Winkelgeschwindigkeiten eines ineinandergreifenden Zahnradpaares angeben?

7. Ein Rad dreht sich um eine Achse, die durch seinen Mittelpunkt geht und auf der Ebene des Rads senkrecht steht. Besitzt ein Randpunkt des Rades eine Radialbeschleunigung, wenn sich das Rad mit konstanter Winkelgeschwindigkeit dreht? Besitzt der Randpunkt eine Tangentialbeschleunigung? Besitzt der Randpunkt eine Radialbeschleunigung und/oder eine Tangentialbeschleunigung, wenn sich das Rad mit konstanter Winkelbeschleunigung dreht? Ändern sich die Beträge dieser Beschleunigungen?
8. Man bestimme die Wegstrecke, die der Saphir eines Tonabnehmers zurücklegt, wenn man eine 30-cm-Langspielplatte mit $33\frac{1}{3}$ Umdrehungen in der Minute abspielt. Braucht man noch eine weitere Information zur Beantwortung der Frage? Man diskutiere die Frage im Bezugssystem (a) des Zuhörers, (b) der Schallplatte und (c) des Tonabnehmers.
9. Man beschreibe den Vektor der Winkelgeschwindigkeit der Erde für (a) ihre Eigenrotation und (b) ihren Umlauf um die Sonne.
10. Es ist üblich, die Vektoren der Drehbewegung in die Rotationsachse zu legen. Gibt es einen Grund, warum sie nicht nur parallel zur Rotationsachse, sondern irgendwo anders liegen könnten? Man erinnere sich daran, daß man einen polaren Vektor, zum Beispiel die Geschwindigkeit, längs seiner Richtung oder auch seitlich parallel verschieben kann, ohne daß sich sein Wert dadurch ändert.
11. In einer Zentrifuge werden in einer Flüssigkeit suspendierte Teilchen abgetrennt, wenn sich ihre Dichte von der der Flüssigkeit unterscheidet. Auf welchem dynamischen Prinzip beruht dieses Trennverfahren? Man betrachte die Bewegung der Teilchen und die der Flüssigkeit im Labor-Bezugssystem und im mitrotierenden Bezugssystem.
12. *Ein Kunstschütze steht im Mittelpunkt eines Karussells und schießt auf ein Ziel, das an einem Pfosten am Rande des Karussells hängt. Wie muß der Schütze, wenn überhaupt, beim Zielen die (konstante) Winkelgeschwindigkeit des Karussells berücksichtigen? Ändert sich etwas, wenn Schütze und Ziel ihre Plätze tauschen?
13. *Ein Kind steht im Abstand r_0 vom Mittelpunkt auf einem Karussell, das sich mit konstanter Winkelgeschwindigkeit ω dreht. Plötzlich läßt es seine Eistüte fallen. Man beschreibe die Bewegung der Eistüte im Bezugssystem (a) eines Beobachters außerhalb des Karussells und (b) des Kindes auf dem sich drehenden Karussell. Reibungskräfte seien vernachlässigt.
14. *Ein Mann steht auf einem rotierenden Karussell und stößt mit dem Fuß eine Zigarettenschachtel radial nach außen. Wie sieht die Bewegung der Schachtel aus der Sicht eines Beobachters (a) auf dem Karussell und (b) außerhalb des Karussells aus? Reibungskräfte seien vernachlässigt.

Aufgaben

Abschnitt 11.2

1. Wie groß ist die Winkelgeschwindigkeit (a) des Sekundenzeigers und (b) des Minutenzeigers einer Uhr?
   Antwort: (a) 0.1 rad/s: (b) 1.7×10^{-3} rad/s.
2. Eine Schallplatte dreht sich mit $33\frac{1}{3}$ Umdrehungen in der Minute auf einem Plattenteller. Welche Bahngeschwindigkeit hat ein Punkt der Platte am Tonabnehmer (Saphir) (a) zu Beginn und (b) am Ende des Abspielens? Der Saphir habe zu diesen Zeiten von der Drehachse einen Abstand von 15 cm bzw. 7.4 cm.
3. *Bestimmung der Lichtgeschwindigkeit nach Fizeau (1849)* (s. Abb. 11.12). Von einer Lichtquelle S fällt ein Lichtstrahl durch die Linse L_1, wird von dem halbdurchlässigen Spiegel M_1 abge-

* Vergl. Ergänzungen I.

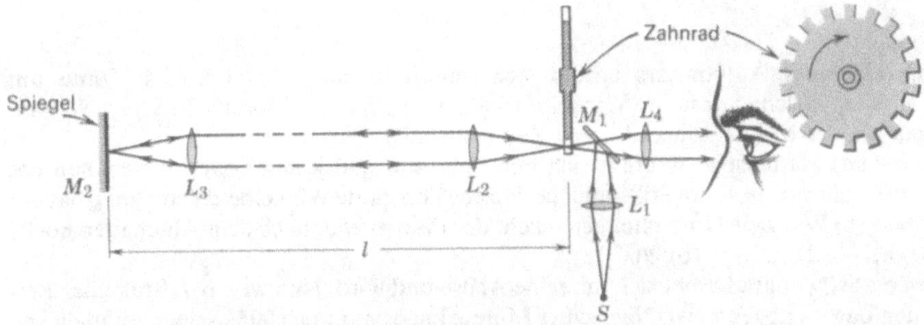

Abb. 11.12 Zu Aufgabe 3. Der Versuchsaufbau von Fizeau zur Bestimmung der Lichtgeschwindigkeit.

lenkt, geht durch einen Schlitz des großen, rotierenden Zahnrades, trifft auf den weit entfernten Spiegel M_2, wird reflektiert, läuft den gleichen Weg zurück und trifft gerade durch den nächsten Schlitz des Zahnrades. Ein Teil des Lichtes geht durch M_1 hindurch und kann von einem Beobachter registriert werden. Das Zahnrad habe einen Durchmesser von 5 cm und 500 Zähne. Bei einem Abstand des Zahnrades vom Spiegel M_2 von $l = 500$ m wurde eine Lichtgeschwindigkeit von 3×10^5 km/s gemessen. (a) Mit welcher konstanten Winkelgeschwindigkeit drehte sich das Zahnrad? (b) Welche Bahngeschwindigkeit hatte ein Zahn des Rades?
Antwort: (a) 3.8×10^3 rad/s; (b) 190 m/s.

4. Ein Flugzeugpropeller von 3 m Durchmesser rotiert mit 2000 U/min, wodurch das Flugzeug eine Grundgeschwindigkeit von 480 km/h erhält. Welche Bahngeschwindigkeit hat die Propellerspitze (a) aus der Sicht des Piloten und (b) aus der Sicht eines Beobachters auf der Erde?
5. Der Ort des Randpunktes eines rotierenden Rades sei durch die Funktion $\theta = 4t - 3t^2 + t^3$ gegeben. θ sei in rad und t in s gemessen. Welche mittlere Beschleunigung besitzt der Randpunkt während des Zeitintervalls zwischen $t = 2$ s und $t = 4$ s?
Antwort: 12 rad/s^2.
6. Der vom Schwungrad eines Generators durchlaufende Drehwinkel sei durch die Gleichung $\theta = at + bt^3 - ct^4$ gegeben; a, b und c sind Konstanten. Welche Winkelbeschleunigung besitzt das Rad?
7. Ein Rad dreht sich mit der Winkelbeschleunigung $\alpha = 4at^3 - 3bt^2$. a und b sind Konstanten. Man gebe (a) die Winkelgeschwindigkeit und (b) den vom Rad zurückgelegten Drehwinkel als Funktion der Zeit an, wenn die anfängliche Winkelgeschwindigkeit ω_0 betrug.
Anworten: (a) $\omega_0 + at^4 - bt^3$; (b) $\theta_0 + \omega_0 t + at^5/5 - bt^4/4$.
8. Ein Planet P bewegt sich auf einer kreisförmigen Umlaufbahn um die Sonne als Mittelpunkt. Die Planetenbahn und die Erdumlaufbahn seien komplanar und konzentrisch. Planet und Erde haben dieselbe Umlaufrichtung, ihre Umlaufzeiten sind T_P und T_E mit $T_P > T_E$; T_S sei die zur Erde relative Umlaufzeit des Planeten um die Sonne. Man zeige, daß $1/T_S = 1/T_E - 1/T_P$ gilt.
9. Als Sonnentag wird die Zeit zwischen zwei aufeinanderfolgenden Kulminationen der Sonne auf einer bestimmten geographischen Länge bezeichnet. Diese Zeit entspricht also einer vollständigen Umdrehung der Erde um sich selbst bezüglich der Sonne. Einem siderischen Tag entspricht eine vollständige Umdrehung der Erde um sich selbst bezüglich eines Fixsternes, d. h. der Zeit zwischen zwei aufeinanderfolgenden Kulminationen des Fixsternes in einer bestimmten Richtung, auch Frühlings-Tagundnachtgleiche genannt. (a) Man zeige, daß es im Jahr genau einen (mittleren) Sonnentag weniger als (mittlere) siderische Tage gibt. (b) Wie lang ist ein (mittlerer) siderischer Tag, wenn der (mittlere) Sonnentag 24 Stunden dauert?
Antwort: 4 min kürzer.

Abschnitt 11.3

10. Die Drehzahl eines Automotors erhöht sich innerhalb von 12 s von 1200 U/min auf 3000 U/min. (a) Welche konstante Winkelbeschleunigung hat der Motor? (b) Wie viele Umdrehungen hat der Motor während dieser Zeit gemacht?
11. Der Teller eines Plattenspielers dreht sich mit 78 U/min und kommt nach Abschalten des Motors innerhalb von 30 s zum Stillstand. (a) Welche konstante Winkelbeschleunigung hat der Teller dabei? (b) Wie viele Umdrehungen macht der Plattenteller nach dem Abschalten noch? *Antwort:* (a) $-0.27\ \mathrm{rad/s^2}$; (b) 20.
12. Ein schweres Schwungrad dreht sich um seine Achse und wird dann wegen auftretender Reibung in den Lagern abgebremst. Nach einer Minute hat es nur noch 90% seiner anfänglichen Winkelgeschwindigkeit ω_0. Unter der Annahme gleichbleibender Reibungskräfte bestimme man die Winkelgeschwindigkeit nach der zweiten Minute.
13. Die Drehzahl eines Hubschrauberrotors erniedrigt sich innerhalb einer Minute von 300 U/min auf 225 U/min. (a) Man bestimme die mittlere Winkelbeschleunigung während dieser Minute. (b) Unter der Annahme, daß diese Beschleunigung gleichbleibt, bestimme man die Zeit bis zum Stillstand des Rotors. (c) Wie viele Umdrehungen macht der Rotor noch während dieser Zeit? *Antwort:* (a) $-0.13\ \mathrm{rad/s^2}$; (b) 4 min; (c) 340.
14. Ein Rad dreht sich mit einer konstanten Winkelbeschleunigung von $3\ \mathrm{rad/s^2}$. Während eines Zeitintervalls von 4 s legt es einen Drehwinkel von 120 rad zurück. Unter der Annahme, daß sich das Rad anfänglich in Ruhe befand, bestimme man die Zeitspanne der Drehbewegung bis zu dem 4-s-Intervall.
15. Eine runde Scheibe beginnt aus der Ruhe heraus mit einer konstanten Winkelbeschleunigung um eine feste Achse zu rotieren. Irgendwann dreht sie sich mit 10 U/s. Nach weiteren 60 Umdrehungen beträgt die Winkelgeschwindigkeit 15 U/s. Man bestimme (a) die Winkelbeschleunigung, (b) die für die 60 Umdrehungen benötigte Zeit, (c) die Zeit bis zum Erreichen der Winkelgeschwindigkeit von 10 U/s und (d) die Gesamtzahl der Umdrehungen bis zum Erreichen von 10 U/s.
Antwort: (a) $1.04\ \mathrm{U/s^2}$; (b) 4.8 s; (c) 9.6 s; (d) 48.
16. Ein Schwungrad macht 40 Umdrehungen und bremst bei einer Winkelgeschwindigkeit von 1.5 rad/s bis zum Stillstand ab. Unter der Annahme einer konstanten Winkelbeschleunigung bestimme man (a) die Abbremszeit und (b) die Winkelbeschleunigung. (c) Wie lange brauchte das Schwungrad für die ersten 20 der 40 Umdrehungen?
17. Ein Auto besitzt eine Geschwindigkeit von 97 km/h; seine Reifendurchmesser sind 76 cm. (a) Welche Winkelgeschwindigkeit haben die Räder? (b) Das Auto wird während 30 Radumdrehungen gleichförmig bis zum Stillstand abgebremst. Welche Winkelbeschleunigungen haben dabei die Räder? (c) Welche Strecke legt das Auto während des Bremsens zurück? *Antwort:* (a) 71 rad/s; (b) $-13\ \mathrm{rad/s^2}$; (c) 72 m.
18. Die Bewegung eines Körpers in der x,y-Ebene sei durch $x = R\cos\omega t$ und $y = R\sin\omega t$ gegeben. R und ω seien Konstanten. (a) Man bestimme die Gleichung der Bahnkurve, indem man t aus den beiden Beziehungen eliminiert. Welche Kurve ergibt sich? (b) Man differenziere die beiden gegebenen Gleichungen nach der Zeit und bestimme die Geschwindigkeitskomponenten v_x und v_y. Welchen Betrag und welche Richtung hat die Geschwindigkeit $\boldsymbol{v}$ des Körpers? Man beschreibe die Bewegung. (c) Man differenziere v_x und v_y nach der Zeit und bestimme den Betrag und die Richtung der resultierenden Beschleunigung.
19. Ein Rad A mit dem Radius $r_A = 10$ cm wird über einen Riemen B von einem Rad C mit dem Radius $r_C = 25$ cm angetrieben (Abb. 11.13). Das Rad A erreicht aus dem Stillstand heraus eine konstante Winkelbeschleunigung von $\pi/2\ \mathrm{rad/s^2}$. Welche Zeit verstreicht, bis das Rad eine Drehzahl von 100 U/min erreicht hat? Der Riemenantrieb soll keinen Schlupf haben. *Antwort:* 17 s.

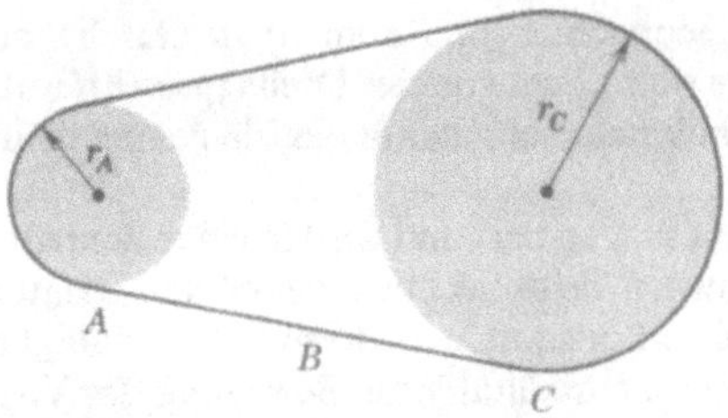

Abb. 11.13 Zu Aufgabe 19.

Abschnitt 11.5

20. (a) Wie groß ist die Winkelgeschwindigkeit eines Ortes auf dem nördlichen Breitenkreis von 45° um die Erdachse? (b) Welche Bahngeschwindigkeit hat dieser Ort? (c) In welchem Verhältnis stehen diese Geschwindigkeiten zu denen eines Ortes auf dem Äquator?
21. Die Erde beschreibt eine nahezu kreisförmige Umlaufbahn um die Sonne. (a) Welche Winkelgeschwindigkeit besitzt die Erde (als Massenpunkt) auf ihrer Umlaufbahn, und (b) welche mittlere Bahngeschwindigkeit hat sie? (c) Welche Beschleunigung besitzt die Erde relativ zur Sonne?
Antwort: (a) 2×10^{-7} rad/s; (b) 30 km/s; (c) 6×10^{-3} m/s^2.
22. Welche Winkelgeschwindigkeit besitzt ein Auto, wenn es mit 48 km/h auf einem Kreis von 110 m Radius fährt?
23. Welche Beschleunigung besitzt ein Randpunkt einer 30-cm-Schallplatte, die mit $33\frac{1}{3}$ U/min abgespielt wird?
Antwort: 1.8 m/s^2.
24. In welchem Verhältnis steht die Beschleunigung, die ein Ort auf dem Äquator durch die Eigendrehung der Erde erfährt, zu der Beschleunigung, die die Erde als Ganzes durch ihre (kreisförmige) Bahnbewegung um die Sonne hat?
25. Das Schwungrad einer Dampfmaschine hat eine konstante Drehzahl von 150 U/min. Nach dem Absperren des Dampfes läßt die Drehzahl wegen der Reibung in den Lagern und wegen des Luftwiderstandes nach und erreicht nach 2.2 Stunden den Wert Null. (a) Welche mittlere Winkelbeschleunigung hatte das Schwungrad? (b) Wie viele Umdrehungen vollführte das Schwungrad noch, bevor es zum Stillstand kam? (c) Welche Tangentialbeschleunigung (Bahnbeschleunigung) besaß ein Punkt auf dem Schwungrad, der 50 cm von der Drehachse entfernt ist, als das Rad noch eine Drehzahl von 75 U/min hatte? (d) Wie groß ist der Betrag der gesamten Bahnbeschleunigung des Punktes von (c)?
Antwort: (a) -2×10^{-3} rad/s^2; (b) 10^4 Umdrehungen; (c) -1 mm/s^2; (d) 31 m/s^2.
26. Ein starrer Körper beginnt aus dem Stillstand heraus, mit einer konstanten Winkelbeschleunigung α um eine feste Achse zu rotieren. Man betrachte einen Punkt im Abstand r von der Drehachse. Man gebe (a) die Radialbeschleunigung und (b) die Tangentialbeschleunigung des Punktes als Funktion von α, r und t an. (c) Welchen Drehwinkel hat der Punkt insgesamt zurückgelegt, wenn zu einer bestimmten Zeit die Tangentialbeschleunigung mit der resultierenden Beschleunigung einen Winkel von 60° bildet?

Abschnitt 11.6

27. Man leite die Gl. 11.20 durch Differenzieren von Gl. 11.19 her.
28. *Eine 80 mg schwere Fliege sitzt auf einer Schallplatte (Radius 16 cm), die mit $33\frac{1}{3}$ U/min abgespielt wird. Die Fliege krabbelt mit einer konstanten Geschwindigkeit von 1.6 cm/s radial

* Vgl. Ergänzungen I.

nach außen. Man bestimme aus der Sicht eines Beobachters im Raum (a) die Geschwindigkeit und (b) die Beschleunigung der Fliege, wenn sie sich 12 cm von der Drehachse entfernt befindet. (c) Wie groß muß die Haftreibungszahl mindestens sein, damit die Fliege ohne Rutschen bis an den Rand der Platte gelangt?

29. *Ein 0.1 μg schweres Virus ist in einer Flüssigkeit suspendiert und wird in einer Zentrifuge mit 55000 U/min abzentrifugiert. Zu einem bestimmten Zeitpunkt befindet es sich genau 6.5 cm von der Rotationsachse entfernt und wird mit einer konstanten relativen Geschwindigkeit von 2 mm/s radial nach außen getrieben. Man diskutiere qualitativ die Bewegung des Virus und gebe die Beträge und die Richtungen aller Beschleunigungen in einem Bezugssystem an, das (a) in der Zentrifuge mitrotiert und (b) mit dem Labor fest verbunden ist.

12 Drehmoment, Drehimpuls und Trägheitsmoment

12.1 Einführung

In Kapitel 11 hatten wir uns mit den Bewegungsgrößen der Drehbewegung auseinandergesetzt, also die Kinematik der Rotation besprochen. In diesem Kapitel wollen wir uns mit der Dynamik der Drehbewegung befassen. Wie alle anderen Systeme sind auch rotierende Systeme meistens aus vielen Einzelteilchen zusammengesetzt, auf die man einzeln die Gesetze der klassischen Physik anwenden kann. Daher sollte das Studium der Dynamik der Drehbewegung keine grundsätzlich neuen physikalischen Voraussetzungen verlangen. Beim Vergleich der kinematischen Größen der Translations- und der Rotationsbewegung hatten wir schon große Ähnlichkeiten festgestellt, denn anstelle der Größen s, v und a der Translationsbewegung traten bei der Rotation die Größen θ, ω und α. Trotzdem ist es für den Augenblick vorteilhafter, das Konzept der Translationsbewegung noch einmal in einer anderen Form zu behandeln, als wir es bisher getan hatten.

In Kapitel 11 hatten wir nur solche Drehbewegungen betrachtet, die ein fester Körper um eine Achse vollführt, welche in einem Bezugssystem fest verankert war. Jetzt wollen wir uns zunächst auf das einfache Beispiel eines einzelnen Teilchens beschränken. Später werden wir dann auch Systeme von vielen Teilchen und starre Körper hinzunehmen, die um eine feste Achse rotieren. In Kapitel 13 schließlich wollen wir auch Rotationen starrer Körper um Achsen beschreiben, die nicht mehr fest mit einem Inertialsystem verknüpft sind.

12.2 Drehmoment an einem Teilchen

Bei der Translationsbewegung hatten wir der linearen Beschleunigung eines Körpers immer eine Kraft zugeordnet. Welche physikalische Größe ist dann entsprechend der Winkelbeschleunigung eines Körpers zuzuordnen? Eine Kraft allein kann es sicher nicht sein, denn wenn man zum Beispiel auf eine Drehtür eine Kraft ausübt, so kann diese sehr verschiedene Winkelbeschleunigungen hervorrufen, je nachdem wo die Kraft angreift und in welche Richtung sie wirkt.

Wirkt die Kraft nämlich direkt an den Türscharnieren, so erhält die Tür keine Winkelbeschleunigung. Wirkt sie jedoch an der Außenkante der Tür und senkrecht auf die Türfläche, so ruft die Kraft eine maximale Winkelbeschleunigung hervor.

Es ist das *Drehmoment*, das man bei der Beschreibung der Drehbewegung eines Körpers als Analogon zur Kraft bei der Translationsbewegung einführt. Wir wollen zunächst das Drehmoment für den speziellen Fall eines einzelnen Teilchens in einem Iner-

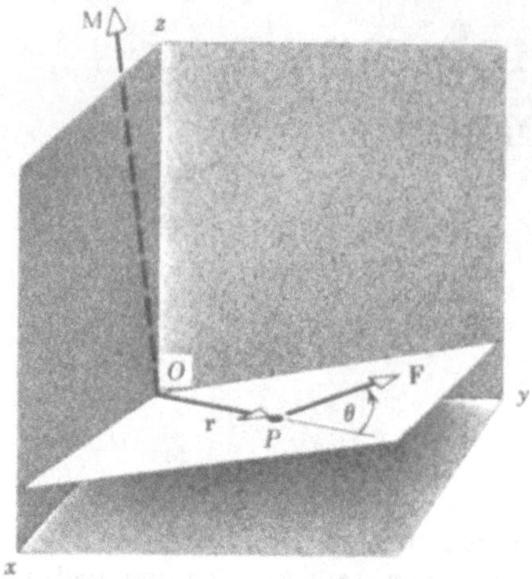

Abb. 12.1 An einem Teilchen P, das sich im Abstand $\boldsymbol{r}$ vom Ursprung O befindet, greift eine Kraft $\boldsymbol{F}$ an. Die Kraft $\boldsymbol{F}$ und der Ortsvektor $\boldsymbol{r}$ bilden einen Winkel θ. Die Kraft ruft an dem Teilchen ein Drehmoment $\boldsymbol{M}$ um die Drehachse durch O hervor. Das Drehmoment steht auf der von $\boldsymbol{F}$ und $\boldsymbol{r}$ gebildeten Ebene senkrecht. Für die Richtungen der Vektoren $\boldsymbol{F}, \boldsymbol{r}$ und $\boldsymbol{M}$ gilt die Rechte-Hand-Regel für ein Vektorprodukt.

tialsystem definieren. Das Drehmoment von Teilchensystemen und das des starren Körpers wird später besprochen. Immer aber wird das Drehmoment direkt mit einer Winkelbeschleunigung verknüpft sein.

Wir sehen uns das Teilchen P in Abb. 12.1 an, dessen Position in einem Inertialsystem mit dem Ursprung O durch den Ortsvektor $\boldsymbol{r}$ angegeben wird. Greift an dem Teilchen eine Kraft $\boldsymbol{F}$ an, so ruft diese ein Drehmoment $\boldsymbol{M}$ hervor, das durch das Vektorprodukt

$$\boldsymbol{M} = \boldsymbol{r} \times \boldsymbol{F} \tag{12.1}$$

definiert ist und sich auf den Ursprung O bezieht.

Das Drehmoment ist ein Vektor, dessen Betrag durch

$$M = rF \sin \theta \tag{12.2a}$$

gegeben, und dessen Richtung durch die Rechte-Hand-Regel für ein Vektorprodukt eindeutig festgelegt ist. Der Vektor $\boldsymbol{M}$ steht auf der von $\boldsymbol{F}$ und $\boldsymbol{r}$ aufgespannten Ebene senkrecht.

Aus der Definition von Gl. 12.1 ergibt sich unmittelbar die Dimension des Drehmomentes zu ML^2T^{-2}, also die einer Arbeit. Trotzdem sind Drehmoment und Arbeit völlig verschiedene physikalische Größen und dürfen nicht miteinander verwechselt werden. So ist das Drehmoment ein Vektor, die Arbeit aber ein Skalar.

Weiterhin erkennt man aus Gl. 12.1, daß das durch eine Kraft an einem Teilchen hervorgerufene Drehmoment nicht nur vom Betrag der Kraft und deren Richtung, sondern auch vom Angriffspunkt abhängt, d.h. von dessen relativer Lage zum Ursprung O, die durch den Ortsvektor $\boldsymbol{r}$ gegeben ist. Befindet sich ein Teilchen direkt im Ursprung O, so geht die Wirkungslinie der Kraft durch O, und das Drehmoment wird Null.

Man kann den Betrag des Drehmomentes von Gl. 12.2a auch in folgenden beiden Formen angeben (vgl. Abb. 12.2a):

$$M = (r \sin\theta) F = F r_\perp \tag{12.2b}$$

oder

$$M = r(F \sin\theta) = r F_\perp\,, \tag{12.2c}$$

wobei $r_\perp = r\sin\theta$ die Komponente von $\boldsymbol{r}$ senkrecht zur Wirkungslinie der Kraft ist und $F_\perp = F\sin\theta$ die Kraftkomponente senkrecht zu $\boldsymbol{r}$ darstellt. Das Drehmoment wird manchmal auch *Drehkraft* oder *Kraftmoment* genannt, während der senkrechte Abstand $r_\perp$ der Wirkungslinie der Kraft vom Ursprung (Wirkabstand) als *Kraftarm* bezeichnet wird. Die Gl. 12.2c macht klar, daß nur die zu $\boldsymbol{r}$ senkrechte Kraftkomponente zum Drehmoment beiträgt. Ist insbesondere der Winkel zwischen Kraft und Ortsvektor 0° oder 180°, so ist $\sin\theta = 0$, und es ergibt sich keine zu $\boldsymbol{r}$ senkrechte Kraftkomponente, bzw. der Kraftarm $r_\perp$ wird Null. Aus beiden Gleichungen 12.2b und 12.2c ergibt sich dann das Drehmoment zu Null.

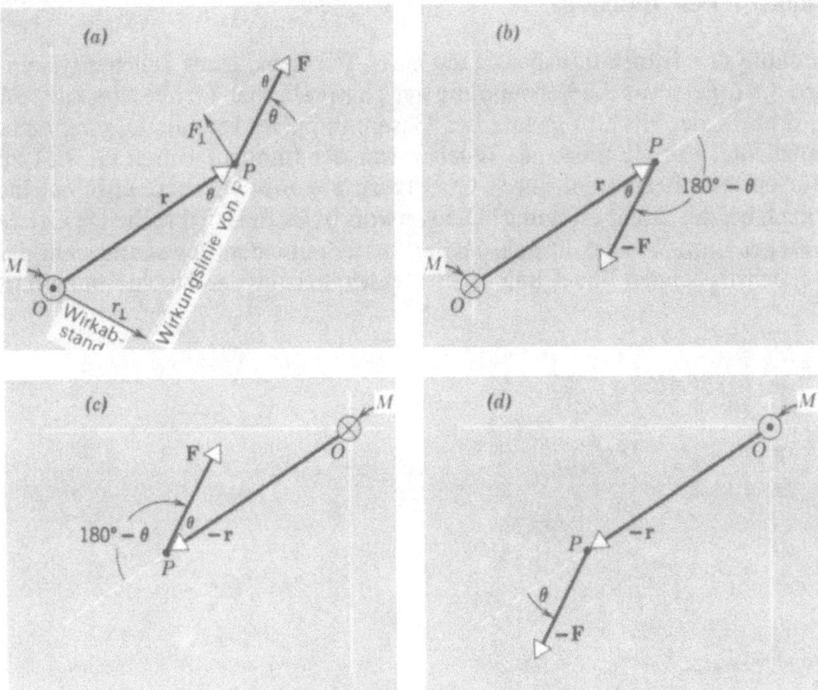

Abb. 12.2 In allen vier Fällen liegt die von $\boldsymbol{F}$ und $\boldsymbol{r}$ gebildete Ebene in der Zeichenebene. Die Richtung des Drehmomentes ist durch die Zeichen ⊙ (rechtwinklig aus der Zeichenebene heraus) und ⊗ (rechtwinklig in die Zeichenebene hinein) angegeben. (a) Der Betrag eines Drehmomentes $\boldsymbol{M}$ wird durch das Produkt $F \cdot r_\perp$ oder $r \cdot F_\perp$ bestimmt. (b) Wird die Richtung der angreifenden Kraft umgekehrt, so kehrt sich auch die Richtung des erzeugten Drehmomentes um, der Betrag bleibt der gleiche. (c) Wird die Richtung von $\boldsymbol{r}$ umgekehrt, so kehrt sich auch die Richtung des erzeugten Drehmomentes um, der Betrag bleibt der gleiche. (d) Werden die Richtung der Kraft und die Richtung von $\boldsymbol{r}$ umgekehrt, so bleiben Richtung und Betrag des erzeugten Drehmomentes erhalten.

Kehrt man die Richtung der an einem Teilchen angreifenden Kraft um (Abb. 12.2b), so bleibt der Betrag des sich ergebenden Drehmoments gleich, aber die Richtung von $\boldsymbol{M}$ kehrt sich um. Gleiches gilt bei einer Richtungsumkehr des Ortsvektors $\boldsymbol{r}$ (Abb. 12.2c), d.h. wenn das Teilchen auf der anderen Seite des Drehpunktes liegt, genau gegenüber seiner ursprünglichen Position.
Wird sowohl die Richtung von $\boldsymbol{F}$ als auch die von $\boldsymbol{r}$ umgekehrt (Abb. 12.2d), so verändern sich weder Betrag noch Richtung des entstehenden Drehmomentes. Diese Betrachtungen ergeben sich mathematisch (1) aus der trigonometrischen Beziehung $\sin\theta = \sin(180° - \theta)$, so daß in Gl. 12.2a der Betrag gleich bleibt, (2) aus der Vektorbeziehung $(-\boldsymbol{r}) \times \boldsymbol{F} = \boldsymbol{r} \times (-\boldsymbol{F}) = -\boldsymbol{M}$, so daß sich in Abb. 12.2b und 12.2c die Richtung des Drehmomentes umkehrt, und (3) aus der Vektorbeziehung $(-\boldsymbol{r}) \times (-\boldsymbol{F}) = \boldsymbol{M}$, so daß in Abb. 12.2d das Drehmoment ungeändert bleibt. Man kann die in Abb. 12.2 gezeigten Drehmomente leicht selbst mit der Rechte-Hand-Regel für ein Vektorprodukt nachprüfen.

12.3 Drehimpuls eines Teilchens

Bei der Behandlung der Translationsbewegung eines Teilchens, eines Teilchensystems oder eines starren Körpers war die Verwendung der physikalischen Größe „*Impuls*" oft sehr hilfreich, da z.B. der Erhaltungssatz des Gesamtimpulses erst die Lösung eines Problems ermöglichte. Für ein einzelnes Teilchen war der Impuls $\boldsymbol{p}$ durch Gl. 9.11 zu $\boldsymbol{p} = m\boldsymbol{v}$ und für ein Teilchensystem durch Gl. 9.15 zu $\boldsymbol{p} = m\boldsymbol{v}_S$ gegeben. Gibt es eine solche Größe auch bei der Drehbewegung? Die Antwort ist ja; die entsprechende Größe wird *Drehimpuls* genannt. Wie der Impuls bei der fortschreitenden Bewegung stellt der Drehimpuls bei der drehenden Bewegung oft eine Erleichterung der Beschreibung dar.

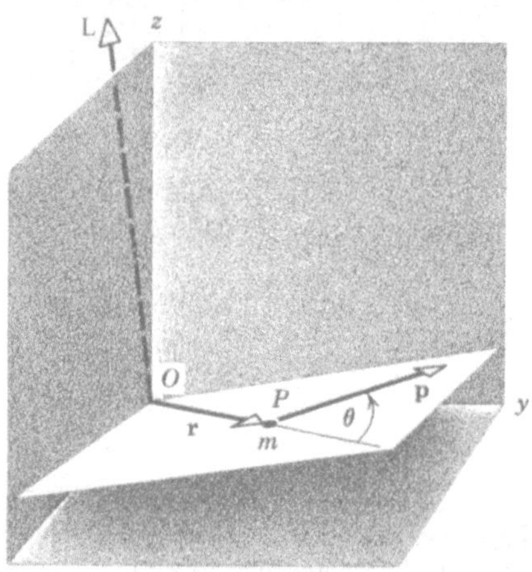

Abb. 12.3 Besitzt ein Teilchen der Masse m im Punkt P einen Impuls $\boldsymbol{p}$, der mit dem Ortsvektor $\boldsymbol{r}$ des Teilchens einen Winkel θ bildet, so ergibt sich für das Teilchen ein Drehimpuls $\boldsymbol{L}$ um eine Drehachse durch O, der auf der von $\boldsymbol{r}$ und $\boldsymbol{p}$ aufgespannten Ebene senkrecht steht. Für die Richtungen der Vektoren $\boldsymbol{r}, \boldsymbol{p}$ und $\boldsymbol{L}$ gilt die Rechte-Hand-Regel.

Wir betrachten wiederum ein einzelnes Teilchen der Masse m in einem Inertialsystem (Abb. 12.3). Die Lage des Teilchens in dem Bezugssystem ist durch den Ortsvektor $\boldsymbol{r}$ bestimmt. Außerdem soll das Teilchen einen Impuls $\boldsymbol{p}$ besitzen. Der Drehimpuls $\boldsymbol{L}$ ist durch das Vektorprodukt

$$\boldsymbol{L} = \boldsymbol{r} \times \boldsymbol{p} \tag{12.3}$$

definiert und bezieht sich auf den Ursprung O. Die Angabe des Urspungs bzw. der Drehachse ist unbedingt erforderlich, da ja der Abstand des Teilchens vom Ursprung, also der Ortsvektor $\boldsymbol{r}$, in die Formel für den Drehimpuls eingeht.

Der Drehimpuls ist ein Vektor, dessen Betrag durch

$$L = rp\sin\theta \tag{12.4a}$$

gegeben ist, wobei θ der von $\boldsymbol{r}$ und $\boldsymbol{p}$ eingeschlossene Winkel ist. Die Richtung des Drehimpulses ist durch die Rechte-Hand-Regel für ein Vektorprodukt eindeutig bestimmt. Er steht immer auf der vom Ortsvektor und vom Impuls gebildeten Ebene senkrecht.

Der Betrag des Drehimpulses (Gl. 12.4a) kann auch in den folgenden beiden Formen angegeben werden:

$$L = (r\sin\theta)p = pr_\perp \tag{12.4b}$$

oder

$$L = r(p\sin\theta) = rp_\perp\,, \tag{12.4c}$$

wobei $r_\perp = r\sin\theta$ die Komponente von $\boldsymbol{r}$ senkrecht zur Wirkungslinie des Impulses $\boldsymbol{p}$ ist und $p_\perp = p\sin\theta$ die Impulskomponente senkrecht zu $\boldsymbol{r}$ ist. Der Drehimpuls wird manchmal auch *Impulsmoment* oder *Drall* genannt. Die Dimension des Drehimpulses ist $\mathrm{ML^2T^{-1}}$. Aus Gl. 12.4c ist erkennbar, daß nur die zu $\boldsymbol{r}$ senkrechte Impulskomponente zum Drehimpuls beiträgt. Wenn insbesondere der vom Ortsvektor $\boldsymbol{r}$ und dem Impuls $\boldsymbol{p}$ eingeschlossene Winkel 0° oder 180° beträgt, ergibt sich keine zu $\boldsymbol{r}$ senkrechte Impulskomponente, da $p_\perp = p\sin\theta = 0$ gilt, und es ergibt sich auch keine zur Wirkungslinie des Impulses senkrechte Komponente von $\boldsymbol{r}$, da $r_\perp = r\sin\theta = 0$ gilt. In diesem Fall wird nach Gl. 12.4b und 12.4c der Drehimpuls zu Null.

Bei der Translationsbewegung kennen wir den Zusammenhang zwischen Kraft und Impuls, nämlich die Gl. 9.12, $\boldsymbol{F} = \mathrm{d}(m\boldsymbol{v})/\mathrm{d}t = \mathrm{d}\boldsymbol{p}/\mathrm{d}t$. In Abschn. 12.2 und in diesem Abschnitt haben wir die der Kraft $\boldsymbol{F}$ und dem Impuls $\boldsymbol{p}$ entsprechenden Größen der Drehbewegung durch vektorielle Multiplikation von $\boldsymbol{F}$ und $\boldsymbol{p}$ mit dem Ortsvektor $\boldsymbol{r}$ erhalten. Wir führen nun auch mit der eben genannten Beziehung eine Multiplikation mit $\boldsymbol{r}$ durch und erhalten

$$\boldsymbol{r} \times \boldsymbol{F} = \boldsymbol{r} \times \frac{\mathrm{d}\boldsymbol{p}}{\mathrm{d}t}$$

bzw.

$$\boldsymbol{M} = \boldsymbol{r} \times \frac{\mathrm{d}\boldsymbol{p}}{\mathrm{d}t}\,. \tag{12.5}$$

Wir wollen die rechte Seite durch einen anderen Ausdruck ersetzen, den wir aus Gl. 12.3

herleiten, indem wir diese Gleichung nach der Zeit differenzieren:

$$\frac{\mathrm{d}\boldsymbol{L}}{\mathrm{d}t} = \frac{\mathrm{d}}{\mathrm{d}t}(\boldsymbol{r} \times \boldsymbol{p}) .$$

Die Ableitung eines Vektorproduktes wird so durchgeführt wie bei einem Skalarprodukt, nur daß die Reihenfolge der Glieder eingehalten werden muß. Es ergibt sich damit

$$\frac{\mathrm{d}\boldsymbol{L}}{\mathrm{d}t} = \frac{\mathrm{d}\boldsymbol{r}}{\mathrm{d}t} \times \boldsymbol{p} + \boldsymbol{r} \times \frac{\mathrm{d}\boldsymbol{p}}{\mathrm{d}t} .$$

Da $\mathrm{d}\boldsymbol{r}$ die während des Zeitintervalls $\mathrm{d}t$ erfolgte Verschiebung des Teilchens ist, stellt $\mathrm{d}\boldsymbol{r}/\mathrm{d}t$ die Momentangeschwindigkeit $\boldsymbol{v}$ des Teilchens dar. Unter Verwendung von $\boldsymbol{p} = m\boldsymbol{v}$ (Gl. 9.11) ergibt sich also

$$\frac{\mathrm{d}\boldsymbol{L}}{\mathrm{d}t} = (\boldsymbol{v} \times m\boldsymbol{v}) + \boldsymbol{r} \times \frac{\mathrm{d}\boldsymbol{p}}{\mathrm{d}t} .$$

Nun ist $\boldsymbol{v} \times m\boldsymbol{v} = 0$, da das Vektorprodukt zweier paralleler Vektoren Null ist. Es verbleibt somit

$$\frac{\mathrm{d}\boldsymbol{L}}{\mathrm{d}t} = \boldsymbol{r} \times \frac{\mathrm{d}\boldsymbol{p}}{\mathrm{d}t} . \tag{12.6}$$

Ein Vergleich von Gl. 12.5 und Gl. 12.6 ergibt

$$\boldsymbol{M} = \frac{\mathrm{d}\boldsymbol{L}}{\mathrm{d}t} . \tag{12.7}$$

Die zeitliche Änderung des Drehimpulses eines Teilchens *ist gleich dem angreifenden Drehmoment* (Drehimpulssatz). Diese Aussage stellt das Analogon zu Gl. 9.12 dar, die die Aussage enthielt, daß die zeitliche Änderung des Impulses eines Teilchens gleich der angreifenden Kraft ist, also $\boldsymbol{F} = \mathrm{d}\boldsymbol{p}/\mathrm{d}t$.

Gl. 12.7 ist eine Vektorgleichung, die man auch in skalarer Form für jede der drei Komponenten angeben kann:

$$M_x = \frac{\mathrm{d}L_x}{\mathrm{d}t}, \qquad M_y = \frac{\mathrm{d}L_y}{\mathrm{d}t}, \qquad M_z = \frac{\mathrm{d}L_z}{\mathrm{d}t} . \tag{12.8}$$

Beispiel 1

Ein Teilchen der Masse m wird aus dem Ruhezustand heraus (in Abb. 12.4 bei a) losgelassen. Es fällt parallel zur y-Achse senkrecht nach unten. (a) Welches Drehmoment bezüglich des Ursprungs O wirkt zur Zeit t auf das Teilchen? (b) Man bestimme den Drehimpuls des Teilchens bezüglich des Ursprungs O zur Zeit t. (c) Man zeige, daß für das fallende Teilchen die Gl. 12.7, $M = dL/\mathrm{d}t$, gilt.

(a) Nach Gl. 12.2a ergibt sich der Betrag des Drehmomentes zu

$$M = rF \sin \theta .$$

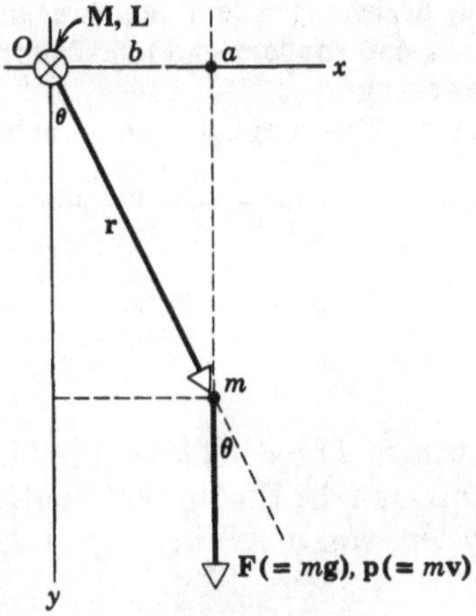

Abb. 12.4 Zu Beispiel 1. Ein Teilchen der Masse m fällt senkrecht von a nach unten. Das Teilchen besitzt ein Drehmoment $\boldsymbol{M}$ und einen Drehimpuls $\boldsymbol{L}$ um eine Drehachse durch O. Die Vektoren $\boldsymbol{M}$ und $\boldsymbol{L}$ gehen senkrecht in die Zeichenebene hinein, wie durch das Zeichen ⊗ angedeutet ist.

Da in unserem Beispiel $r \sin\theta = b$ ist und die Kraft durch die Schwerkraft $F = mg$ gegeben ist, erhält man

$$M = mgb = \text{const.}$$

Das Drehmoment ist einfach das Produkt aus Kraft mg und Kraftarm b. Nach der Rechte-Hand-Regel deutet das Drehmoment senkrecht in die Zeichenebene hinein.

(b) Der Betrag des Drehimpulses ist nach Gl. 12.4a zu

$$L = rp \sin\theta$$

gegeben. Da in unserem Beispiel $r \sin\theta = b$ gilt, und der Impuls $p = mv = m(gt)$ ist, erhält man

$$L = mgbt\,.$$

Nach der Rechte-Hand-Regel deutet der Drehimpuls senkrecht in die Zeichenebene hinein. Drehmoment und Drehimpuls sind parallele Vektoren; die zeitliche Änderung des Drehimpulses äußert sich also nur im Betrag, aber nicht in der Richtung.

(c) Da, wie eben betont, $\boldsymbol{M}$ und $\boldsymbol{L}$ parallel verlaufen, kann man Gl. 12.7 in Skalarform als

$$M = \frac{\mathrm{d}L}{\mathrm{d}t}$$

verwenden. Die Ergebnisse von (a) und (b) werden eingesetzt, und man erhält

$$mgb = \frac{\mathrm{d}}{\mathrm{d}t}(mgbt) = mgb\,.$$

Gl. 12.7 ist also tatsächlich für das fallende Teilchen erfüllt. Setzt man in die Gleichung für gt die Geschwindigkeit v ein und kürzt b, so erhält man

$$mg = \frac{\mathrm{d}}{\mathrm{d}t}(mv)\,.$$

Mit $F = mg$ und $p = mv$ ergibt sich die bekannte Beziehung $F = \mathrm{d}p/\mathrm{d}t$.

Wie schon zu Beginn dieses Kapitels erwartet, stellen die Beziehungen der Drehbewegung, hier $\boldsymbol{M} = \mathrm{d}\boldsymbol{L}/\mathrm{d}t$, keine grundsätzlich neuen Postulate der Physik dar, sondern sind nur Umformulierungen der Newtonschen Mechanik für die Rotationsbewegung.

Man beachte, daß die Beträge für M und L von der Wahl des Ursprungs, d. h. von b, abhängen. Für den Sonderfall $b = 0$ werden $M = 0$ und $L = 0$.

12.4 Drehimpuls eines Teilchensystems

Wir wenden uns nun einem System von vielen Teilchen zu. Um den Gesamtdrehimpuls des Systems um einen Drehpunkt zu berechnen, muß man die Einzeldrehimpulse aller beteiligten Teilchen vektoriell addieren. Für ein System von n Teilchen ergibt das

$$\boldsymbol{L} = \boldsymbol{L}_1 + \boldsymbol{L}_2 + \ldots \boldsymbol{L}_n = \sum_{i=1}^{i=n} \boldsymbol{L}_i .$$

Mit fortschreitender Zeit wird sich der Gesamtdrehimpuls eines Teilchensystems um einen gegebenen Drehpunkt – bislang war das immer der Ursprung des Inertialsystems – sicher ändern. Diese Änderung kann entweder von Drehmomenten hervorgerufen werden, die durch innere Kräfte zwischen den Teilchen verursacht werden, oder durch Drehmomente, die durch äußere Kräfte an den Teilchen erzeugt werden.

Wenn das dritte Newtonsche Axiom in seiner strengen Form gilt, wenn also die Kräfte zwischen zwei beliebigen Punkten nicht nur gleich groß und entgegengesetzt sind, sondern auch noch auf der Verbindungslinie der Teilchen wirken, so muß die Summe aller inneren Drehmomente Null sein, da schon das von jedem einzelnen inneren Aktions-Reaktions-Kräftepaar erzeugte Drehmoment Null ist.

Die inneren Kräfte tragen also nicht zu einer Änderung des Drehimpulses bei. Es verbleiben nur die äußeren Drehmomente mit

$$\boldsymbol{M}_\mathrm{a} = \frac{\mathrm{d}\boldsymbol{L}}{\mathrm{d}t} . \tag{12.9}$$

$\boldsymbol{M}_\mathrm{a}$ soll die Summe aller äußeren Drehmomente sein, die an dem Teilchensystem angreifen. Gl. 12.9 lautet in Worten: *Die zeitliche Änderung des Gesamtdrehimpulses eines Teilchensystems um den Ursprung eines Inertialsystems ist gleich der Summe der an dem System angreifenden äußeren Drehmomente.*

Gl. 12.9 ist eine Verallgemeinerung von Gl. 12.7, die nur für ein einzelnes Teilchen galt. Bei einem einzelnen Teilchen gibt es keine inneren Kräfte und keine inneren Drehmomente. Gl. 12.9 gilt sowohl für Systeme, bei denen sich die Teilchen relativ zueinander bewegen, als auch für Systeme, bei denen die Teilchen feste räumliche Beziehungen zueinander behalten, so wie in einem starren Körper.

Gl. 12.9 ist das Analogon zu Gl. 9.17,

$$\boldsymbol{F}_\mathrm{a} = \frac{\mathrm{d}\boldsymbol{p}}{\mathrm{d}t} , \tag{9.17}$$

welche für die Translation eines Teilchensystems die Aussage enthielt, daß die resultierende äußere Kraft auf ein Teilchensystem gleich der zeitlichen Änderung des Gesamtimpulses des Systems ist.

Bei der Herleitung von Gl. 12.9 wurden die Vektoren $\boldsymbol{M}$ und $\boldsymbol{L}$ bezüglich des Ursprungs des Inertialsystems als Drehpunkt gemessen. Gilt diese Gleichung auch noch, wenn man die Vektoren bezüglich eines beliebigen anderen Drehpunktes (z. B. eines der Teilchen) mißt? Dieser Bezugspunkt wird bei der Translation, Rotation und Formänderung des Teilchensystems im allgemeinen eine sehr komplizierte Bewegung ausführen, so daß Gl. 12.9 nicht mehr gilt. Eine Ausnahme bildet nur der Massenmittelpunkt des Systems, obwohl dieser in dem Inertialsystem nicht fest fixiert sein muß*. Man kann daher die Bewegung eines Teilchensystems allein durch die Translationsbewegung des Massenmittelpunktes (Gl. 9.17) und durch die Rotationsbewegung (Gl. 12.9) um den Massenmittelpunkt beschreiben.

12.5 Rotationsenergie und Trägheitsmoment

Wir wollen uns nun der Drehbewegung eines speziellen Teilchensystems zuwenden, dem *starren Körper*. In einem starren Körper behalten die Einzelteile (relativ zueinander) dieselben Positionen bei. Der starre Körper soll zunächst nur um eine feste Achse** rotieren. Später werden wir auch allgemeinere Systeme und Drehbewegungen behandeln.

Wir betrachten den Körper in Abb. 11.1, der mit einer Winkelgeschwindigkeit ω um eine feste Achse in dem gewählten Bezugssystem rotiert. Jedes Teilchen des Körpers besitzt eine bestimmte kinetische Energie. Ein Teilchen mit der Masse m und dem Abstand r von der Drehachse läuft bei einer Winkelgeschwindigkeit ω mit der Bahngeschwindigkeit $v = \omega r$ (Gl. 11.8) auf einer Kreisbahn um die Drehachse. Seine kinetische Energie ist $\frac{1}{2}mv^2 = \frac{1}{2}mr^2\omega^2$. Die gesamte kinetische Energie des Körpers ist die Summe der Einzelenergien aller Teilchen.

In einem rotierenden starren Körper besitzen alle Teilchen dieselbe Winkelgeschwindigkeit ω, aber verschiedene Abstände r_i von der Drehachse. Die gesamte kinetische Energie ergibt sich somit zu

$$E_k = \tfrac{1}{2}(m_1 r_1^2 + m_2 r_2^2 + \ldots)\omega^2 = \tfrac{1}{2}(\Sigma m_i r_i^2)\omega^2 .$$

Die Summe $\Sigma m_i r_i^2$ wird mit J abgekürzt,

$$J = \Sigma m_i r_i^2 , \qquad (12.10)$$

* Vgl. Aufgabe 10.

** In Abschn. 12.4 wurde schon betont, daß man die allgemeine Bewegung eines Teilchensystems in die Translationsbewegung des Massenmittelpunktes des Systems und die Rotationsbewegung des Systems um den Massenmittelpunkt aufteilen kann. Die Ausführungen in diesem Abschnitt beziehen sich auch auf Rotationen um Achsen, die nicht fest in einem Inertialsystem fixiert sind, solange (1) die Drehachse durch den Massenmittelpunkt geht und (2) sich die Richtung dieser Achse im Raum nicht ändert, d. h. die Drehachsen müssen zu verschiedenen Zeiten parallel sein. Auch wenn wir oft nur von einer festen Achse sprechen, schließen wir im folgenden diese spezielle sich bewegende Achse durch den Massenmittelpunkt mit ein.

und *Massenträgheitsmoment**, kurz Trägheitsmoment, oder Drehmasse des Körpers bezüglich der Drehachse genannt. Die Angabe der Drehachse ist unbedingt erforderlich, denn das Trägheitsmoment eines Körpers hängt von der Lage der Drehachse und von der Form des Körpers bzw. der Massenverteilung bezüglich der Drehachse ab. Das Trägheitsmoment hat die Dimension ML^2 und wird in $kg\,m^2$ gemessen. Das Trägheitsmoment ist weder ein Vektor noch ein Skalar, sondern es ist ein Tensor**.

Die kinetische Energie eines rotierenden Körpers, die Rotationsenergie, kann somit als

$$E_k = \tfrac{1}{2} J \omega^2 \qquad (12.11)$$

angegeben werden. Diese Beziehung ist ein Analogon zu Gl. 7.12, $E_k = \frac{1}{2}mv^2$, die die kinetische Energie eines Körpers bei einer Translationsbewegung wiedergibt. Wir erkennen, daß das Trägheitsmoment J der Rotationsbewegung der trägen Masse m bei der Translationsbewegung entspricht.

Es besteht jedoch ein wesentlicher Unterschied zwischen der Masse m und dem Trägheitsmoment J. Die Masse eines Körpers hängt nicht vom Ort ab, das Trägheitsmoment eines Körpers hängt aber von der Lage der Drehachse ab.

Die durch Gl. 12.11 angegebene Rotationsenergie stellt nur die Summe der normalen kinetischen Energie aller Teilchen bei einer Translationsbewegung dar. Sie ist also keineswegs eine neue Energieform, sondern gibt die kinetische Energie in den Größen der Drehbewegung wieder.

Man erkennt aus Gl. 12.10 und Gl. 12.11, daß die Rotationsenergie eines Körpers bei einer bestimmten Winkelgeschwindigkeit nicht nur von der Masse des Körpers, sondern auch von der Art der Massenverteilung um die Drehachse abhängt. Die in Abb. 12.5 skizzierten Versuche sollen dies verdeutlichen. Es sind drei identische Aluminiumstäbe gezeigt, an denen drei verschieden geformte Massen m aus Blei angebracht sind. Im Experiment (a) ist die Masse fast über die gesamte Länge des Stabes verteilt und sehr dicht um den Stab befestigt, so daß die Abstände r_i (Gl. 12.10) der Teilchen der Masse m relativ klein sind.

Im Experiment (b) ist die Masse so angebracht, daß der mittlere Abstand der Teilchen von m größer als bei (a) ist. Im Experiment (c) hat die Masse die Form eines Schwungrades, und der mittlere Abstand der Massenteilchen wird noch größer als bei (b).

Alle drei Stäbe werden nun in Drehung versetzt, bis sie die gleiche Winkelgeschwindigkeit ω erreicht haben. Aus der Erfahrung wissen wir, daß dafür im Fall (a) relativ wenig Arbeit, im Fall (b) mehr Arbeit und im Fall (c) noch mehr Arbeit erforderlich ist. Auf diese Weise könnte man bei einer verdeckten Anordnung der Massen herausfinden, welche Masse an welchem Stab befestigt ist. Da die an den Stäben verrichtete Arbeit der erreichten kinetischen Energie $\frac{1}{2}J\omega^2$ der Stäbe entspricht, erhält man die Reihung $E_a < E_b < E_c$ bzw. die Reihung $J_a < J_b < J_c$. Genau dieses Resultat würde sich auch aus der Gl. 12.10 ergeben. In Abschn. 12.6 werden wir sehen, daß das Trägheitsmoment J ein

* Das Massenträgheitsmoment stellt ein Massenmoment 2. Ordnung dar (vgl. die Fußnote auf S. 201). Es gibt außerdem noch Flächenträgheitsmomente, die als $\Sigma A_i r_i^2$ angegeben werden und in der Festigkeitslehre von Bedeutung sind.

** Tensoren sind Größen, zu deren Festlegung mehr als drei Zahlenangaben nötig sind. Neben dem Trägheitsmoment sind z. B. auch die elastischen Spannungen und Deformationen, die Permittivität und die Suszeptibilität Tensoren (vgl. S. 25).

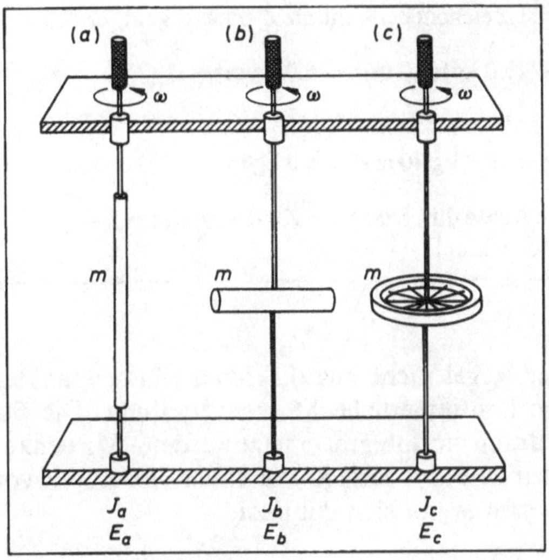

Abb. 12.5 Ein Experiment, das die Abhängigkeit des Trägheitsmomentes von der Massenverteilung um die Drehachse demonstriert. Es gilt $J_a < J_b < J_c$, obwohl alle drei Körper die gleiche Masse m besitzen.

Maß für den Widerstand (Trägheit) ist, den ein Körper einer Änderung seiner Drehbewegung um eine Achse entgegensetzt (daher auch die Bezeichnung Drehmasse), so wie die träge Masse m ein Maß für den Widerstand ist, den ein Körper einer Änderung seiner Translationsbewegung entgegensetzt.

Beispiel 2

Wir betrachten die Hantel in Abb. 12.6, die aus zwei Kugeln von je 5 kg besteht, die über einen sehr dünnen starren Stab miteinander verbunden sind. Die Kugeln sollen als punktförmige Massen angesehen werden; die Masse des Verbindungsstabes sei vernachlässigbar klein. Man bestimme das Trägheitsmoment der Hantel (a) um eine Achse, die senkrecht zum Verbindungsstab durch dessen Mittelpunkt bei C geht, und (b) um eine Achse, die senkrecht zum Verbindungsstab durch eine der Kugeln geht.

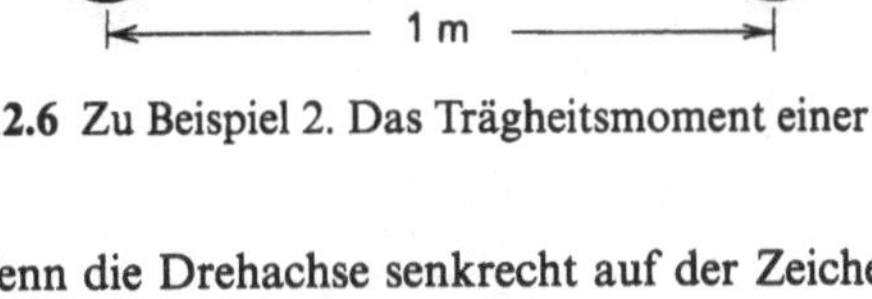

Abb. 12.6 Zu Beispiel 2. Das Trägheitsmoment einer Hantel um verschiedene Achsen.

(a) Wenn die Drehachse senkrecht auf der Zeichenebene bei C steht, ergibt sich

$$J_C = \Sigma m_i r_i^2 = m_A r_A^2 + m_B r_B^2$$
$$= (5.0\,\text{kg})(0.50\,\text{m})^2 + (5.0\,\text{kg})(0.50\,\text{m})^2 = 2.5\,\text{kg}\,\text{m}^2\,.$$

(b) Wenn die Drehachse senkrecht auf der Zeichenebene durch A oder B geht, ergibt sich

$$J_A = m_A r_A^2 + m_B r_B^2 = (5.0\,\mathrm{kg})(0\,\mathrm{m})^2 + (5.0\,\mathrm{kg})(1.0\,\mathrm{m})^2 = 5.0\,\mathrm{kg\,m^2}$$

bzw.

$$J_B = m_A r_A^2 + m_B r_B^2 = (5.0\,\mathrm{kg})(1.0\,\mathrm{m})^2 + (5.0\,\mathrm{kg})(0\,\mathrm{m})^2 = 5.0\,\mathrm{kg\,m^2}\,.$$

Das Trägheitsmoment der Hantel um eine Achse durch eine der Kugeln ist doppelt so groß wie das um eine Achse durch den Mittelpunkt der Hantel.

Ein starrer Körper ist jedoch in der Regel nicht aus diskreten Massenpunkten zusammengesetzt, sondern besitzt eine kontinuierliche Massenverteilung. Die Summe $J = \Sigma m_i r_i^2$ von Gl. 12.10 muß dann durch ein Integral ersetzt werden. Wir denken uns den Körper infinitesimale Massenelemente $\mathrm{d}m$ zerlegt, die einen Abstand r von der Drehachse haben. Das Trägheitsmoment ergibt sich dann zu

$$J = \int r^2\,\mathrm{d}m\,, \tag{12.12}$$

wobei sich das Integral über den gesamten Körper erstreckt. Es läßt sich immer dann leicht berechnen, wenn es sich um einen Körper von einfacher geometrischer Gestalt handelt und man die Drehachse in eine Symmetrieachse legt. Für unregelmäßig geformte Körper kann das Integral hingegen nur schwer bestimmt werden.

Wir wollen nun für den Hohlzylinder von Abb. 12.7 das Trägheitsmoment um die Zylinderachse berechnen. Der Hohlzylinder ist durch seine Länge L sowie den Innenradius R_1 und den Außenradius R_2 definiert. Wir setzen eine homogene Dichte ϱ des Materials voraus. Als Massenelement suchen wir uns eine dünne Zylinderschicht vom Radius r und der Dicke $\mathrm{d}r$ aus; die Schicht erstreckt sich über die gesamte Länge L des

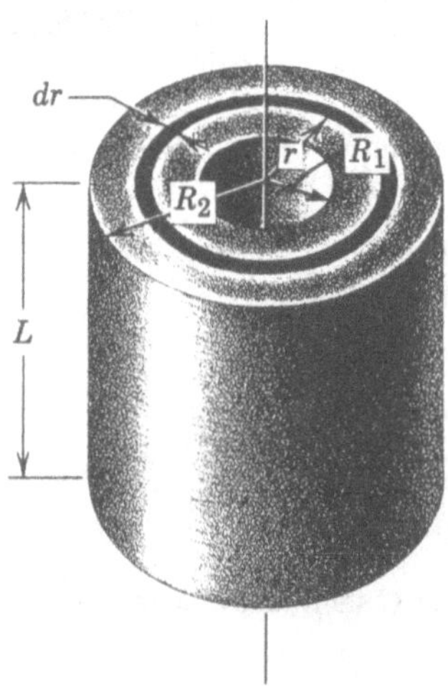

Abb. 12.7 Zur Berechnung des Trägheitsmomentes eines Hohlzylinders.

Zylinders, so wie in Abb. 12.7 angegeben ist. Wenn das Volumen dV dieses Elementes durch

$$dV = (2\pi r dr) L$$

angegeben wird, besitzt das Massenelement dm einen Wert von

$$dm = \varrho dV$$

bzw.

$$dm = 2\pi L \varrho r dr .$$

Wir wenden nun die Gl. 12.12 an und setzen dm ein:

$$J = \int r^2 dm = 2\pi L \int_{R_1}^{R_2} \varrho r^3 dr .$$

Da wir eine einheitliche Dichte voraussetzten, können wir ϱ vor das Integralzeichen ziehen und erhalten

$$J = 2\pi L \varrho \int_{R_1}^{R_2} r^3 dr = 2\pi L \varrho \frac{R_2^4 - R_1^4}{4} = \varrho \pi (R_2^2 - R_1^2) L \frac{R_2^2 + R_1^2}{2} .$$

Der Ausdruck $\pi(R_2^2 - R_1^2)L$ vor dem Bruch entspricht gerade dem Volumen V des Hohlzylinders, so daß sich mit $m = \varrho V$ die Masse m des Hohlzylinders zu

$$m = \varrho \pi (R_2^2 - R_1^2) L$$

ergibt. Insgesamt erhält man somit das Trägheitsmoment eines Hohlzylinders um seine Achse zu

$$J = \tfrac{1}{2} m (R_1^2 + R_2^2) .$$

Bei einem Vollzylinder ist der innere Radius Null, so daß das Trägheitsmoment zu

$$J = \tfrac{1}{2} m R^2$$

wird.

Ein großer Reifen kann als kurzer, dünnwandiger Hohlzylinder angesehen werden. Falls die Reifenstärke gegenüber dem Durchmesser klein ist, gilt

$$R_1 \approx R_2 \approx R,$$

und das Trägheitsmoment um die Mittelachse wird zu

$$J = m R^2 .$$

Das letzte Resultat ist verständlich, da jeder Massenpunkt des Reifens ungefähr denselben Abstand R vom Mittelpunkt hat. Bei einem Vollzylinder oder einer Kreisscheibe gleicher Masse m hingegen muß das Trägheitsmoment kleiner als mR^2 sein, da die meisten Massenelemente einen kleineren Abstand als R von der Drehachse haben.

Tabelle 12.1 Trägheitsmomente einiger regelmäßiger Körper um verschiedene Achsen

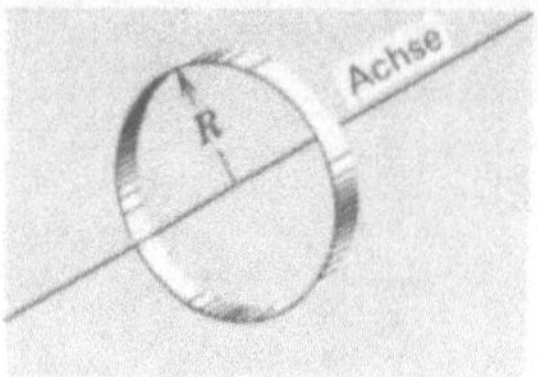

$J = mR^2$

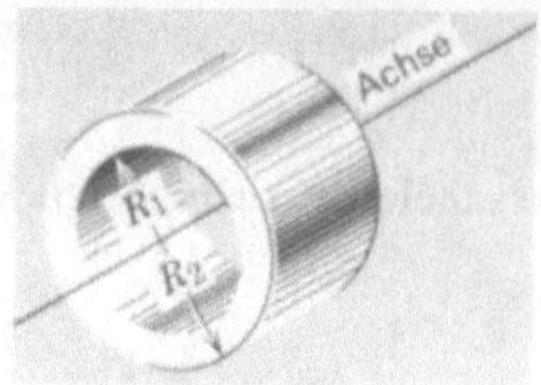

$J = \frac{m}{2}(R_1{}^2 + R_2{}^2)$

b

(a) Reifen um die Zylinderachse,
(b) Hohlzylinder um die Zylinderachse,

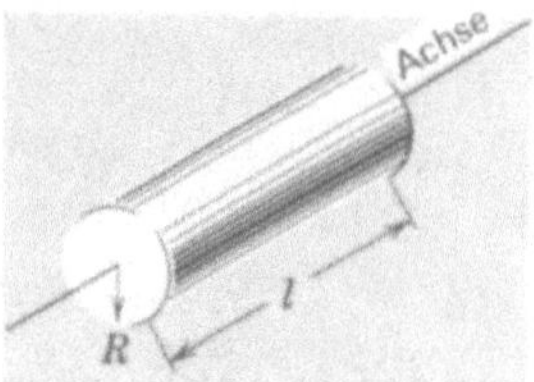

$J = \frac{mR^2}{2}$

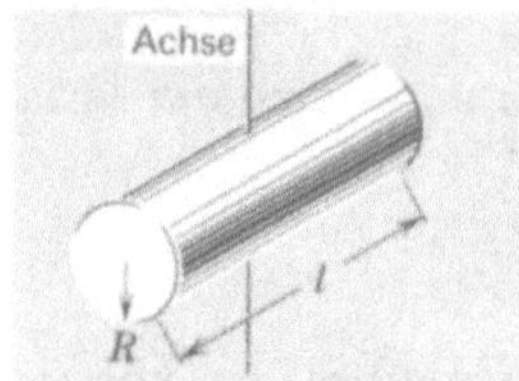

$J = \frac{mR^2}{4} + \frac{ml^2}{12}$

d

(c) Vollzylinder um die Zylinderachse,
(d) Vollzylinder (oder Scheibe) um einen Durchmesser durch die Zylindermitte,

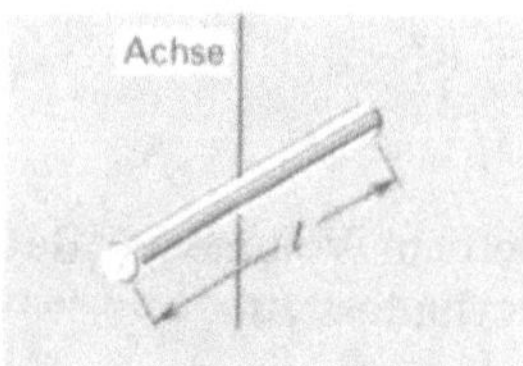

$J = \frac{ml^2}{12}$

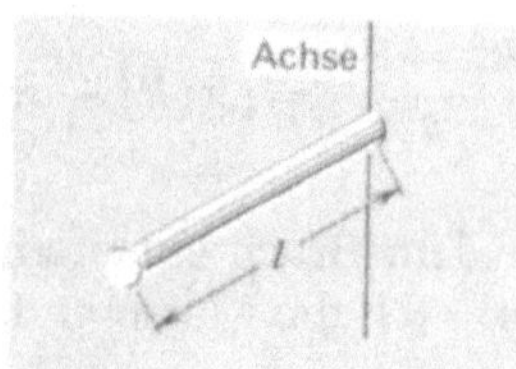

$J = \frac{ml^2}{3}$

f

(e) dünner Stab um eine zum Stab senkrechte Achse durch den Mittelpunkt,
(f) dünner Stab um eine zum Stab senkrechte Achse durch ein Ende,

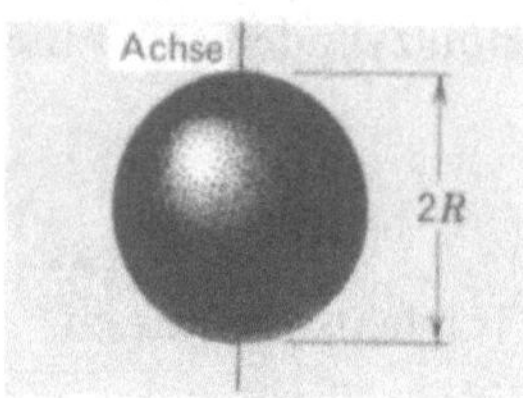

$J = \frac{2mR^2}{5}$

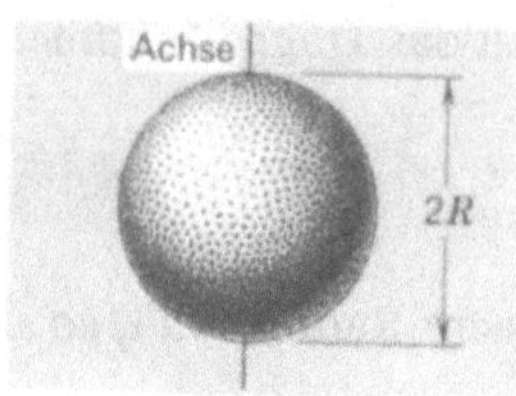

$J = \frac{2mR^2}{3}$

h

(g) Vollkugel um einen Durchmesser,
(h) dünnwandige Hohlkugel um einen Durchmesser

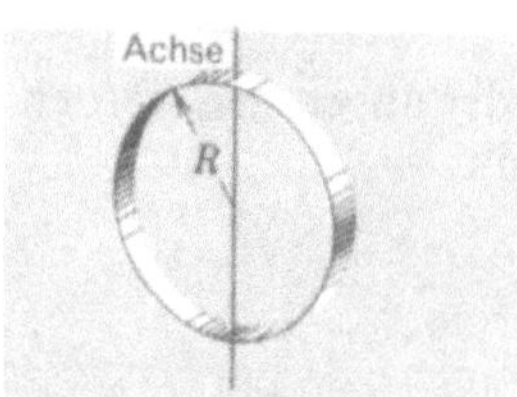

$J = \frac{mR^2}{2}$

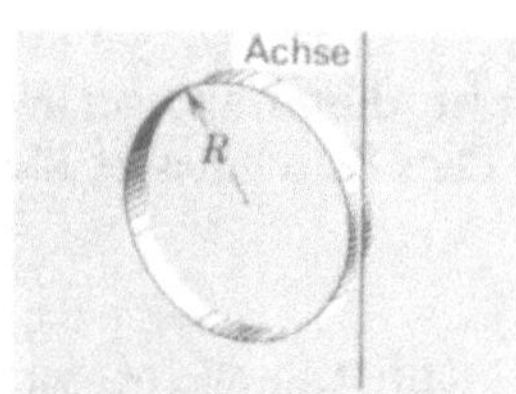

$J = \frac{3mR^2}{2}$

j

(i) Reifen um einen Durchmesser,
(j) Reifen um eine Tangente an den Reifen.

In Tab. 12.1 sind die Trägheitsmomente einiger symmetrischer Körper um bestimmte Achsen aufgelistet. Man kann die angegebenen Werte selber herleiten, wenn man so vorgeht, wie wir es bei dem Hohlzylinder demonstriert haben. Man unterscheidet manchmal (nur bei flächenhaften Körpern) zwischen einem *äquatorialen*, wenn die Drehachse in der Ebene des Körpers liegt, und einem *polaren Trägheitsmoment*, wenn die Drehachse senkrecht auf dieser Ebene steht (vgl. Tab. 12.1). m ist jeweils die Gesamtmasse des Körpers.

Trägheitsmomente lassen sich dann leicht berechnen, wenn die Drehachse durch den Schwerpunkt (Massenmittelpunkt) des Körpers geht, weil der Schwerpunkt regelmäßig geformter Körper in einer Symmetrieebene oder auf einer Symmetrieachse des Körpers liegt. Häufig ist es jedoch erforderlich, das Trägheitsmoment bezüglich einer anderen Achse zu bestimmen. Diese Berechnung kann mit dem *Satz von Steiner* durchgeführt werden: Kennt man das Trägheitsmoment J um eine Achse durch den Schwerpunkt S, so kann man das Trägheitsmoment um eine dazu parallele Achse im Abstand h vom Schwerpunkt nach

$$J = J_S + mh^2 \tag{12.13}$$

berechnen.

Wir wollen den Steinerschen Satz herleiten. Hierzu betrachten wir einen beliebig geformten Körper, dessen Querschnitt in Abb. 12.8 gezeigt ist.
Der Schwerpunkt S des Körpers liegt in der x,y-Ebene des Koordinatensystems und ist durch x_S und y_S festgelegt. Die Drehachse durch S steht senkrecht auf der Zeichenebene, ebenso eine Drehachse durch den Punkt P mit den Koordinaten $x_S + a$ und $y_S + b$. Die Achsen haben damit einen Abstand von $h = \sqrt{a^2 + b^2}$. Irgendein Massenelement m_i hat somit von der Drehachse durch S den Abstand $\sqrt{x_i^2 + y_i^2}$ und von der Drehachse durch P den Abstand $\sqrt{(x_i - a)^2 + (y_i - b)^2}$. Nach Gl. 12.10 ergibt sich für das Trägheitsmoment des Körpers um die Achse durch P

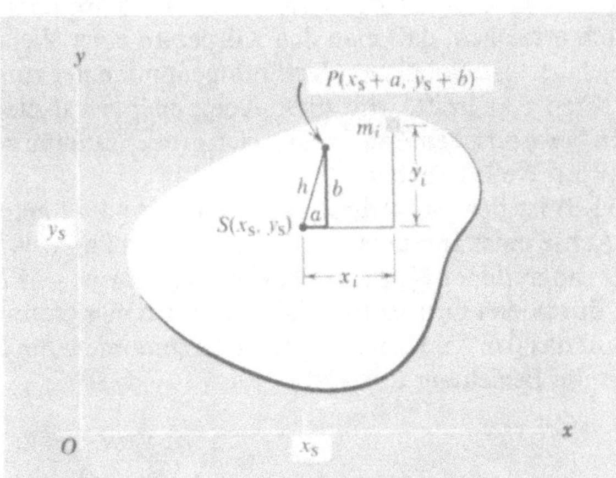

Abb. 12.8 Der Satz von Steiner. Kennt man das Trägheitsmoment um eine Achse durch den Massenmittelpunkt S (Schwerpunkt), so kann man das Trägheitsmoment um eine parallele Achse durch einen beliebigen anderen Punkt berechnen.

$$J = \Sigma m_i[(x_i - a)^2 + (y_i - b)^2]$$
$$= \Sigma m_i(x_i^2 + y_i^2) - 2a\Sigma m_i x_i - 2b\Sigma m_i y_i + (a^2 + b^2)\Sigma m_i\,.$$

Da für den Massenmittelpunkt aber (vgl. S. 200 unten)

$$\Sigma m_i r_i = 0 \quad \text{bzw.} \quad \Sigma m_i x_i = 0 \quad \text{und} \quad \Sigma m_i y_i = 0$$

gilt, werden die beiden mittleren Summanden zu Null.

In der verbleibenden Summe ist der erste Summand das Trägheitsmoment des Körpers um eine Achse durch den Schwerpunkt, und der zweite Summand ist $(a^2 + b^2)\Sigma m_i = h^2 m$. Es ergibt sich also $J = J_S + mh^2$.

Mit Hilfe des Steinerschen Satzes kann man einige der in Tabelle 12.1 angegebenen Trägheitsmomente aus anderen herleiten. So ergeben sich zum Beispiel (f) aus (e) und (j) aus (i). Den Satz von Steiner kann man besonders bei einer kombinierten Translations- und Rotationsbewegung mit Erfolg anwenden.

12.6 Die Drehbewegung des starren Körpers

Nachdem wir das Trägheitsmoment des starren Körpers besprochen haben, wollen wir das Drehmoment des starren Körpers behandeln, um dann die Drehbewegung um eine feste Achse in einem Inertialsystem zu beschreiben.

Zunächst stellen wir uns vor, daß an irgendeinem Masseteilchen des Körpers ein Drehmoment $\boldsymbol{M}$ angreift. Da in einem starren Körper alle Teilchen ihre gegenseitige Lage beibehalten, wirkt das angreifende Drehmoment auch auf alle anderen Teilchen, also auf den Körper als Ganzes. Im allgemeinen wird das Drehmoment nicht längs der Drehachse liegen, um die der Körper frei rotieren kann. Wir haben daher nur die Komponente des Drehmomentes zu berücksichtigen, die längs der Drehachse verläuft*, denn nur diese Komponente kann den Körper in Drehung versetzen. Rechtwinklig zur Drehachse wirkende Komponenten von Drehmomenten versuchen die Drehachse zu kippen. Das schließen wir aber aus, da wir eine im Inertialsystem fixierte Achse annehmen. Praktisch kann man das dadurch erreichen, daß man den Körper an einer Welle befestigt, die an beiden Enden fest gelagert ist. Sobald ein Drehmoment mit einer zur Achse senkrechten Komponente am Körper angreift, wird diese Komponente auf die Lager übertragen, die nach dem dritten Newtonschen Axiom ein gleich großes Drehmoment in entgegengesetzter Richtung auf die Welle ausüben.

In Abb. 12.9 (vgl. auch Abb. 11.3) ist der Querschnitt eines unregelmäßig geformten Körpers gezeigt, der um die z-Achse eines Inertialsystems frei rotieren kann. Wir nehmen eine im Punkt P des Körpers angreifende Kraft an, die in der x,y-Ebene wirken soll. Die Position des Punktes P ist durch den Ortsvektor $\boldsymbol{r}$ bestimmt. Da es sich um einen starren Körper handeln soll, greift das von der Kraft $\boldsymbol{F}$ erzeugte Drehmoment am gesamten Körper an und kann durch die Beziehung (Gl. 12.1)

$$\boldsymbol{M} = \boldsymbol{r} \times \boldsymbol{F}$$

* Da das Drehmoment und auch andere Größen der Drehbewegung (axiale) Vektoren sind, kann man wie bei anderen Vektoren von einer Komponente in irgendeiner Richtung sprechen (vgl. Ergänzungen II).

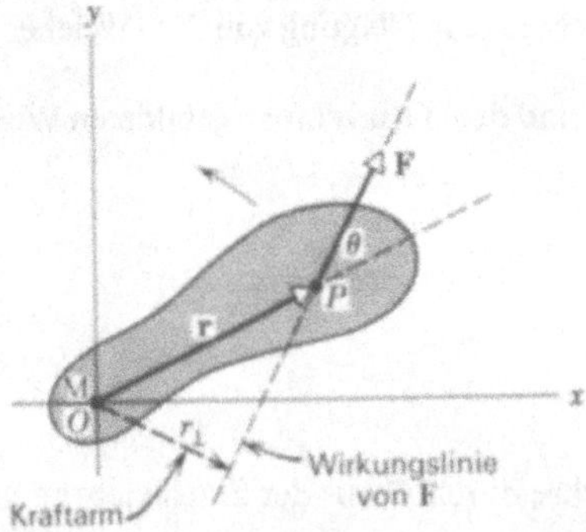

Abb. 12.9 Querschnitt durch einen starren Körper, der sich um eine Achse durch O drehen kann. Am Punkt P des Körpers greift eine Kraft $\boldsymbol{F}$ an und erzeugt ein Drehmoment $\boldsymbol{M} = \boldsymbol{r} \times \boldsymbol{F}$ um eine senkrecht aus der Zeichenebene bei O herauskommende Achse. Das Drehmoment $\boldsymbol{M}$ verläuft in Drehachsenrichtung.

beschrieben werden. Da $\boldsymbol{r}$ und $\boldsymbol{F}$ in der x,y-Ebene verlaufen, liegt das Drehmoment $\boldsymbol{M}$ in der z-Achse und zeigt aus der Zeichenebene heraus. Lägen $\boldsymbol{r}$ und $\boldsymbol{F}$ nicht in der x,y-Ebene, so verliefe $\boldsymbol{M}$ nicht längs der z-Achse, also in der Drehachse, und man hätte nur die Komponente von $\boldsymbol{M}$ in z-Richtung zu berücksichtigen. Der Betrag des Drehmomentes ist nach Gl. 12.2 zu

$$M = rF \sin\theta$$

gegeben.

Beispiel 3

Das Rad eines Eisenbahnwaggons kann sich um eine Achse durch seinen Mittelpunkt O frei drehen (Abb. 12.10). Im Punkt P auf einer Radspeiche im Abstand $r = 30$ cm vom Drehpunkt greift eine in der Radebene liegende Kraft von 45 N unter einem Winkel von 45° gegen die Waage-

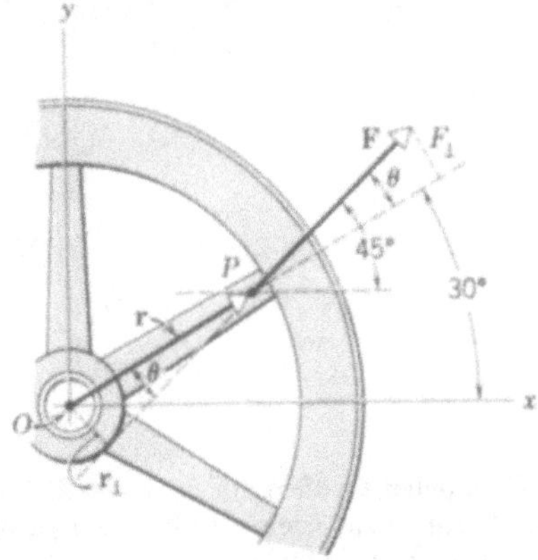

Abb. 12.10 Zu Beispiel 3. Drehmoment an einem Rad.

rechte an. Die Speiche OP hat gegenüber der Waagerechten eine Neigung von 30°. Welches Drehmoment erfährt das Rad?
Aus der Abbildung entnimmt man den von der Kraft $\boldsymbol{F}$ und dem Ortsvektor $\boldsymbol{r}$ gebildeten Winkel zu

$$\theta = 45° - 30° = 15° .$$

Das Drehmoment hat damit einen Betrag von

$$\begin{aligned} M &= rF \sin\theta \\ &= (0.3\,\mathrm{m})(45\,\mathrm{N})(\sin 15°) = 3.5\,\mathrm{Nm} . \end{aligned}$$

Das Drehmoment ist ein Vektor, der längs der Radachse durch O aus der Zeichenebene herauskommt.

Welche Beziehung besteht zwischen dem Drehmoment, das auf einen Körper wirkt, und der Winkelbeschleunigung, die der Körper bei der Drehung erhält? Während eines infinitesimal kleinen Zeitintervalls $\mathrm{d}t$ dreht sich der Körper um einen Winkel $\mathrm{d}\theta$ weiter. Da wir schon in Abschn. 11.1 festgestellt hatten, daß zur Beschreibung der Drehbewegung eines starren Körpers um eine feste Achse die Betrachtung nur eines einzigen Punktes auf dem Körper genügt, wählen wir uns in Abb. 12.9 den Punkt P aus. In Abb. 12.11 sind alle zu dem Punkt P gehörigen Größen noch einmal deutlich herausgezeichnet worden.
Während sich der Körper in der Zeit $\mathrm{d}t$ um einen Winkel $\mathrm{d}\theta$ weitergedreht hat, legte der Punkt P auf seiner Kreisbahn vom Radius r um O ein infinitesimales Bogenstück $\mathrm{d}s$ zurück. Zwischen Bogen und Winkel besteht die Beziehung

$$\mathrm{d}s = r\mathrm{d}\theta .$$

Für diese Bewegung hatte die Kraft F eine Arbeit $\mathrm{d}W$ von

$$\mathrm{d}W = \boldsymbol{F} \cdot \mathrm{d}\boldsymbol{s} = F\cos\phi\,\mathrm{d}s = (F\cos\phi)(r\mathrm{d}\theta)$$

zu leisten, wobei $F\cos\phi$ die Kraftkomponente in Richtung von $\mathrm{d}s$ ist.

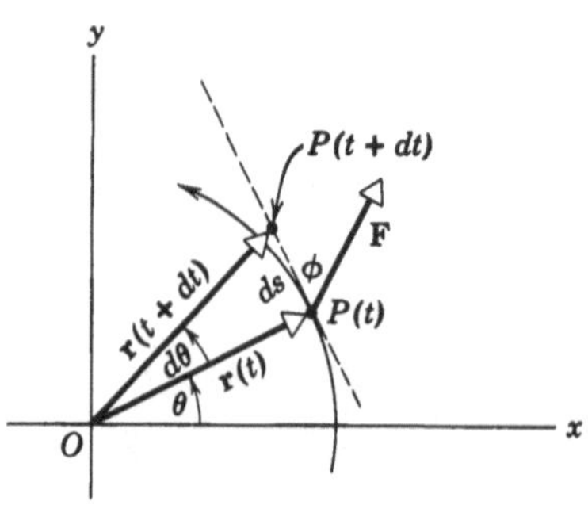

Abb. 12.11 Die bei einer Drehbewegung auftretenden differentiellen Größen. Im Zeitintervall $\mathrm{d}t$ legt ein Punkt P eines rotierenden, starren Körpers einen Bogen $\mathrm{d}s$ auf einem Kreis vom Radius r zurück. Im selben Intervall $\mathrm{d}t$ hat sich der Punkt P und damit der gesamte Körper um einen Winkel $\mathrm{d}\theta$ weitergedreht.

Der Ausdruck $(F \cos \phi)\, r$ ist der Betrag des am Körper angreifenden momentanen Drehmomentes um eine Achse, die durch O geht und auf der Zeichenebene senkrecht steht. Es gilt also

$$\mathrm{d}W = M\,\mathrm{d}\theta\,. \tag{12.14}$$

Diese bei der Drehung eines starren Körpers um eine feste Achse geleistete Arbeit ist der Beziehung $\mathrm{d}W = F\mathrm{d}x$ äquivalent, also der Arbeit, die von einer Kraft F bei einer Translationsbewegung längs einer Geraden an einem Körper geleistet wird.

Dividiert man Gl. 12.14 durch $\mathrm{d}t$, so erhält man die momentane Leistung:

$$\frac{\mathrm{d}W}{\mathrm{d}t} = M\frac{\mathrm{d}\theta}{\mathrm{d}t}$$

bzw.

$$P = M\omega\,.$$

Der Ausdruck $P = M\omega$ bei der Drehbewegung eines starren Körpers um eine feste Achse ist zur Form $P = Fv$ bei der (eindimensionalen) Translationsbewegung analog.

Greifen nun an dem starren Körper mehrere Kräfte $\boldsymbol{F}_1, \boldsymbol{F}_2$ usw. an, die alle in derselben Ebene senkrecht zur Rotationsachse wirken, so leisten die Kräfte bei der Drehung des Körpers eine Arbeit von insgesamt

$$\begin{aligned}\mathrm{d}W &= F_1 \cos\phi_1 r_1 \mathrm{d}\theta + F_2 \cos\phi_2 r_2 \mathrm{d}\theta + \ldots,\\ &= (M_1 + M_2 + \ldots)\mathrm{d}\theta = M\mathrm{d}\theta\,.\end{aligned}$$

M ist die Komponente des Gesamtdrehmomentes in Richtung der Achse durch O. Bei der Summierung der von den verschiedenen Kräften erzeugten Drehmomente müssen diese mit dem Vorzeichen versehen werden, das sie hätten, wenn sie nur allein an dem Körper angreifen würden. Üblicherweise nennt man das Drehmoment positiv, falls es eine Drehung des Körpers entgegen dem Uhrzeigersinn hervorruft und man entlang der Drehachse in Richtung des Drehimpulsvektors blickt (nach der Rechte-Hand-Regel zeigen Zeigefinger und Mittelfinger in die Drehrichtung, wenn der Daumen in Richtung des Drehmomentes zeigt).

In einem starren Körper findet keine innere Bewegung der Masseteilchen statt, denn diese verbleiben relativ zueinander immer in der gleichen Lage. Der gesamte Körper bewegt sich als eine Einheit. Daher entspricht die an einem Körper verrichtete Leistung dem Zuwachs an kinetischer Energie. Es muß also die oben angegebene Leistung

$$\frac{\mathrm{d}W}{\mathrm{d}t} = M\frac{\mathrm{d}\theta}{\mathrm{d}t} = M\omega \tag{12.15}$$

der zeitlichen Änderung der kinetischen Energie E_k (Gl. 12.11)

$$\frac{\mathrm{d}}{\mathrm{d}t}\left(\tfrac{1}{2}J\omega^2\right)$$

entsprechen. Da das Trägheitsmoment J bei der Rotation eines starren Körpers um eine feste Achse konstant bleibt, kann man J vor den Differentialausdruck ziehen und erhält

$$\frac{d}{dt}(\tfrac{1}{2}J\omega^2) = \tfrac{1}{2}J\frac{d}{dt}(\omega^2) = J\omega\frac{d\omega}{dt} = J\omega\alpha\,. \tag{12.16}$$

Aus den rechten Seiten von Gl. 12.15 und Gl. 12.16 entnimmt man

$$M\omega = J\alpha\omega$$

bzw.

$$M = J\alpha\,. \tag{12.17}$$

Die bei einer Drehbewegung auftretenden Größen Drehmoment M, Winkelgeschwindigkeit ω und Winkelbeschleunigung α verlaufen bei einer Rotation des starren Körpers um eine feste Achse alle in dieser Achse, wenn auch mit unterschiedlichem Richtungssinn. Bei einer Translationsbewegung eines Körpers wäre die entsprechende Situation durch eine Bewegung auf einer Geraden gegeben, bei der die Kraft $\boldsymbol{F}$, die Geschwindigkeit $\boldsymbol{v}$ und die Beschleunigung $\boldsymbol{a}$ längs derselben Geraden verlaufen.

Die eben angesprochenen sechs Größen sind alle Vektoren, die aber nur zwei Richtungen einnehmen können, die ihnen durch die feste Achse bzw. die Gerade vorgegeben sind. Bezeichnet man die beiden Richtungsmöglichkeiten mit + und −, so kann man diese Größen wie Skalare behandeln und nur ihre Beträge betrachten.

Mit Gl. 12.17 haben wir also nur einfach die Newtonsche Bewegungsgleichung $F = ma$, eine für die Beschreibung einer geradlinigen Bewegung geeignete Form des zweiten Newtonschen Axioms, in eine andere Form überführt, die für die Beschreibung einer Drehbewegung um eine feste Achse geeigneter ist. Das deutet darauf hin, daß wir das Drehmoment mit der Winkelbeschleunigung eines Körpers um eine feste Achse genauso verknüpfen können wie die Kraft mit der linearen Beschleunigung bei einer fortschreitenden Bewegung. Das Trägheitsmoment J ist ein Maß für den Widerstand eines Körper, den er einer Änderung seiner Drehbewegung entgegensetzt, so wie die (träge) Masse m eines Körpers ein Maß für den Widerstand ist, den ein Körper einer Änderung seiner Translationsbewegung entgegensetzt. In Tab. 12.2 sind die wichtigsten

Tabelle 12.2 Gegenüberstellung von Translations- und Rotationsbewegung

Translation		Rotation um eine Achse	
Weg	s	Winkel	θ
Geschwindigkeit	$v = \dfrac{ds}{dt}$	Winkelgeschwindigkeit	$\omega = \dfrac{d\theta}{dt}$
Beschleunigung	$a = \dfrac{dv}{dt}$	Winkelbeschleunigung	$\alpha = \dfrac{d\omega}{dt}$
Masse (Trägheit)	m	Trägheitsmoment	J
Kraft	$F = ma$	Drehmoment	$M = J\alpha$
Arbeit	$W = \int F\,ds$	Arbeit	$W = \int M\,d\theta$
Translationsenergie	$E = \frac{1}{2}mv^2$	Rotationsenergie	$E = \frac{1}{2}J\omega^2$
Leistung	$P = Fv$	Leistung	$P = M\omega$
Impuls	$p = mv$	Drehimpuls	$L = J\omega$

Größen und Beziehungen der geradlinigen Bewegung und der Drehbewegung gegenübergestellt.
Die Rotation eines starren Körpers um eine feste Achse stellt noch nicht die allgemeinste Art einer Drehbewegung dar, denn es könnte sich die Drehachse selbst noch bewegen, und der Körper könnte zusätzlich noch seine äußere Form während der Bewegung verändern. Für diese allgemeinen Fälle gilt die Gl. 12.17, $M = J\alpha$, nicht mehr, wohl aber noch die Gl. 12.9, $\boldsymbol{M} = \mathrm{d}\boldsymbol{L}/\mathrm{d}t$.

In Kapitel 13 werden wir auf eine solche allgemeinere Drehbewegung näher eingehen.

Beispiel 4

Eine homogene runde Scheibe mit dem Radius R und der Masse m_S ist in ihrem Mittelpunkt auf einer Achse befestigt, die sich in zwei Lagern reibungsfrei drehen kann (Abb. 12.12). Über den Rand der Scheibe ist ein leichtes Tau gewickelt, an dessen unterem Ende eine konstante Zugkraft $\boldsymbol{T}$ nach unten wirkt. Man bestimme die Winkelbeschleunigung des Rades sowie die Bahnbeschleunigung eines Punktes auf dem Rand der Scheibe.

Die konstante Kraft $\boldsymbol{T}$ im Tau erzeugt an der Scheibe ein Drehmoment, das nach Gl. 12.1 $M = TR$ beträgt. Das Trägheitsmoment der Scheibe ist nach Beispiel (c) von Tab. 12.1 zu $J = \frac{1}{2} m_S R^2$ gegeben. Beide Werte setzen wir in Gl. 12.17

$$M = J\alpha$$

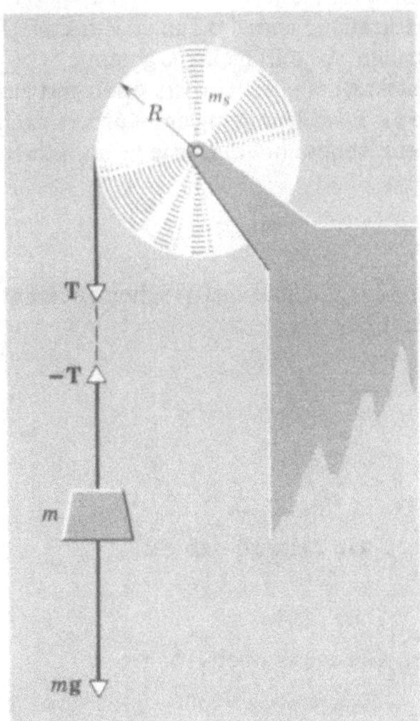

Abb. 12.12 Zu Beispiel 4 und Beispiel 5. An einer Rolle greift über ein Tau eine konstante, nach unten gerichtete Kraft $\boldsymbol{T}$ an. In Beispiel 5 wird die Kraft $\boldsymbol{T}$ durch eine angehängte Masse m repräsentiert.

ein und erhalten

$$TR = \tfrac{1}{2} m_S R^2 \alpha$$

bzw.

$$\alpha = \frac{2T}{m_S R}.$$

Die Masse der Scheibe sei $m_S = 2.5$ kg, ihr Radius $R = 20$ cm und die Zugkraft im Tau $T = 5$ N. Mit diesen Zahlenwerten ergibt sich für die Winkelbeschleunigung

$$\alpha = \frac{(2)(5.0\ \mathrm{N})}{(2.50\ \mathrm{kg})(0.20\ \mathrm{m})} = 20\ \mathrm{rad/s^2}$$

und für die Bahnbeschleunigung eines Randpunktes der Scheibe

$$a = R\alpha = (20\ \mathrm{rad/s^2})(0.20\ \mathrm{m}) = 4.0\ \mathrm{m/s^2}.$$

Beispiel 5

In der Anordnung von Beispiel 4 sei nun an dem Tau ein Körper der Masse m angehängt. Wie groß ist die Winkelbeschleunigung der Scheibe, und welche Bahnbeschleunigung erhält ein Punkt auf dem Rand der Scheibe?

Würde die Scheibe festgehalten, so würde die Schwerkraft mg über das Tau als Zugkraft T an der Scheibe angreifen. Wird die Scheibe aber nicht festgehalten, so greift nicht die gesamte Schwerkraft mg über das Tau an der Scheibe an, denn die Gewichtskraft mg des Körpers verringert sich beim beschleunigten Absenken um den Betrag ma, wenn a die Beschleunigung des Körpers nach unten ist. Mit derselben Beschleunigung bewegt sich auch ein Randpunkt der Scheibe auf seiner Kreisbahn. Die Zugkraft T in dem Tau beträgt also nur

$$T = mg - ma.$$

Das resultierende Drehmoment ist wiederum durch $M = TR$ und das Trägheitsmoment durch $J = \frac{1}{2} m_S R^2$ gegeben. Setzen wir diese Werte in Gl. 12.17

$$M = J\alpha$$

ein, so erhalten wir wieder

$$TR = \tfrac{1}{2} m_S R^2 \alpha.$$

Aus der bekannten Beziehung $a = R\alpha$ (Gl. 11.9) setzen wir α ein, so daß wir

$$2T = m_S a$$

erhalten. Aus dieser letzten Gleichung und der ersten Gleichung oben erhalten wir

$$a = \left(\frac{2m}{m_S + 2m}\right) g$$

und

$$T = \left(\frac{m_S m}{m_S + 2m}\right) g \, .$$

Setzen wir wieder die Zahlenwerte aus Beispiel 4 ein, $m_S = 2.5$ kg und $R = 20$ cm, und nehmen die Gewichtskraft der angehängten Masse mit 5 N an, so ergibt sich

$$a = \frac{2mg}{m_S + 2m} = \frac{(2)(5.0\,\mathrm{N})}{(2.50\,\mathrm{kg}) + 2(5/9.8)\,\mathrm{kg}} = 2.85\,\mathrm{m/s^2}$$

und

$$\alpha = \frac{a}{R} = \frac{(2.85\,\mathrm{m/s^2})}{0.20\,\mathrm{m}} = 14.3\,\mathrm{rad/s^2} \, .$$

Man beachte, daß die Beschleunigungen bei einem angehängten Gewicht von 5 N geringer sind als bei einer konstant wirkenden Zugkraft von 5 N (Beispiel 4). Das rührt daher, daß die Zugkraft im Tau, die an der Scheibe das Drehmoment hervorruft, kleiner als 5 N ist, nämlich

$$T = \frac{m_S mg}{m_S + 2m} = \frac{(2.50\,\mathrm{kg})(5.0\,\mathrm{N})}{(2.50 + 1.0)\,\mathrm{kg}} = 3.6\,\mathrm{N} \, .$$

Beispiel 6

Angenommen, die Scheibe von Beispiel 5 befinde sich anfänglich in Ruhe. Man bestimme die Arbeit, die an der Scheibe innerhalb der ersten 2 Sekunden verrichtet wird. Um welchen Betrag nimmt die kinetische Energie der Scheibe zu?

Da das Drehmoment konstant ist, ist nach Gl. 12.17 auch die Winkelbeschleunigung der Scheibe konstant. Aus Gl. 11.5 erhält man den nach einer Zeit t zurückgelegten Drehwinkel zu

$$\theta = \omega_0 t + \tfrac{1}{2}\alpha t^2 \, .$$

Mit den Zahlenwerten $\omega_0 = 0$, $\alpha = 14.3\,\mathrm{rad/s^2}$ und $t = 2$ s ergibt sich somit

$$\theta = 0 + (\tfrac{1}{2})(14.3\,\mathrm{rad/s^2})(2.0\,\mathrm{s})^2 = 28.6\,\mathrm{rad} \, .$$

Bei einem konstanten Drehmoment ergibt sich die bei der Drehung geleistete Arbeit einfach aus den beiden Winkelstellungen zu Beginn und am Ende der Arbeitsleistung, also

$$W = M(\theta_2 - \theta_1) \, ,$$

wobei $M = TR = (3.6\,\mathrm{N})(0.2\,\mathrm{m}) = 0.72\,\mathrm{Nm}$
und

$$\theta_2 - \theta_1 = \theta = 28.6\,\mathrm{rad}$$

betragen. Die Arbeit ergibt sich damit zu

$$W = (0.72\,\mathrm{Nm})(28.6\,\mathrm{rad}) = 20.5\,\mathrm{J} \, .$$

Diesen Betrag nimmt die Scheibe als kinetische Energie auf, wenn sie aus dem Ruhezustand heraus bis auf die Winkelgeschwindigkeit ω beschleunigt wird. Die Rotationsenergie ist nach Gl. 12.11

$$\tfrac{1}{2} J\omega^2 = \tfrac{1}{2}(\tfrac{1}{2} m_S R^2)\omega^2 \, .$$

Zusammen mit Gl. 11.3,

$$\omega = \omega_0 + \alpha t\,,$$

und den gegebenen Werten $\omega_0 = 0, \quad t = 2\,\text{s}, \quad \alpha = 14.3\,\text{rad/s}^2$

erhält man

$$\omega = 0 + (14.3\,\text{rad/s}^2)(2\,\text{s}) = 28.6\,\text{rad/s}\,.$$

Diesen Wert setzen wir in die Formel für die Rotationsenergie ein und erhalten

$$\tfrac{1}{2}J\omega^2 = \tfrac{1}{4}(2.5\,\text{kg})(0.2\,\text{m})^2\,(28.6\,\text{rad/s})^2 = 20.5\,\text{J}\,.$$

Das ist der gleiche Wert, den wir schon für die Arbeit ermittelten.

Beispiel 7

Man zeige, daß für die Bewegung des Systems von Beispiel 5 der Energieerhaltungssatz gilt.

Die am System angreifende resultierende Kraft ist durch die Schwerkraft des angehängten Körpers gegeben. Die Schwerkraft ist eine konservative Kraft. Beim Niedersinken verliert der angehängte Körper mit zunehmendem Abstand y von seiner Ausgangsposition eine potentielle Energie von

$$E_p = mgy\,.$$

Gleichzeitig erhält die Masse eine Translationsenergie und die Scheibe eine Rotationsenergie; die kinetische Energie des Systems setzt sich aus beiden zusammen:

$$\tfrac{1}{2}mv^2 + \tfrac{1}{2}J\omega^2\,,$$

wobei v die Geschwindigkeit des fallenden Körpers ist. Bei einer Erhaltung der Energie muß der Verlust an potentieller Energie gleich dem Gewinn an kinetischer Energie sein, also

$$mgy = \tfrac{1}{2}mv^2 + \tfrac{1}{2}J\omega^2$$

gelten. Für die Fallbewegung des Körpers gilt $v^2 = 2ay$, wobei die Beschleunigung nach Beispiel 5 zu $a = 2mg/(m_S + 2m)$ bekannt ist. Für die linke Seite der Energieerhaltungsgleichung folgt damit

$$mgy = \frac{mgv^2}{2a} = \tfrac{1}{2}mv^2\left(\frac{g}{a}\right) = \tfrac{1}{2}mv^2\left(\frac{m_S + 2m}{2m}\right) = \tfrac{1}{4}(m_S + 2m)v^2\,.$$

Andererseits wissen wir, daß $\omega = v/R$ (Gl. 11.8) und $J = \frac{1}{2}m_S R^2$ (Beispiel 4) gilt. Setzen wir diese Ergebnisse in die rechte Seite der Energieerhaltungsgleichung ein, so erhalten wir

$$\tfrac{1}{2}mv^2 + \tfrac{1}{2}J\omega^2 = \tfrac{1}{2}mv^2 + \tfrac{1}{2}(\tfrac{1}{2}m_S R^2)(v^2/R^2) = \tfrac{1}{4}(m_S + 2m)v^2\,.$$

Da linke und rechte Seite der Energieerhaltungsgleichung übereinstimmen, bleibt die mechanische Energie des Systems erhalten.

Beispiel 8

Man leite die Beziehung $L = J\omega$ in Tabelle 12.2 für den Drehimpuls L eines starren Körpers her, der um eine feste Achse rotiert.

Aus Gleichung 12.17, $M = J\alpha$, und aus der Definitionsgleichung für die Winkelbeschleunigung $\alpha = \mathrm{d}\omega/\mathrm{d}t$ (Gl. 11.2) ergibt sich unmittelbar

$$M = J\alpha = J\frac{\mathrm{d}\omega}{\mathrm{d}t} = \frac{\mathrm{d}(J\omega)}{\mathrm{d}t}.$$

Da bei einem starren Körper das Trägheitsmoment J konstant ist, durften wir J in den Differentialquotienten hineinziehen.

Weiterhin gilt nach Gl. 12.9 $\boldsymbol{M}_a = \mathrm{d}\boldsymbol{L}/\mathrm{d}t$. Für die Komponenten der Vektoren $\boldsymbol{L}$ und $\boldsymbol{M}$ längs der Drehachse gilt die skalare Beziehung

$$M = \frac{\mathrm{d}L}{\mathrm{d}t}.$$

Ein Vergleich mit der oberen Gleichung für M liefert uns die geforderte Beziehung

$$L = J\omega. \tag{12.18}$$

So wie Gl. 12.17, $M = J\alpha$, gilt diese skalare Beziehung nur für die Rotation eines starren Körpers um eine feste Achse. L ist die Drehimpulskomponente von $\boldsymbol{L}$ in Richtung der Achse, um die sich der Körper dreht. Das Trägheitsmoment J muß sich auf dieselbe Achse beziehen.

Gl. 12.18 gibt eine Beziehung zwischen dem Drehimpuls eines starren Körpers, dem Trägheitsmoment J und der Winkelgeschwindigkeit ω um eine feste Achse an und stellt das Analogon zu Gl. 9.15 dar, die den Impuls eines starren Körpers mit der Masse m und der Geschwindigkeit v bei einer Translationsbewegung angibt.

12.7 Der rollende Körper

Als einfaches Beispiel einer Kombination von fortschreitender und drehender Bewegung wollen wir einen rollenden Körper betrachten. Ein solcher Körper rotiert um eine feste Achse, bewegt sich aber gleichzeitig noch vorwärts. Es ist aber auch möglich, die Bewegung eines rollenden Körpers als reine Drehbewegung zu behandeln. Wir wollen beide Möglichkeiten näher erörtern.

Es sei der Zylinder in Abb. 12.13 gegeben, der auf einer festen Unterlage rollt, aber nicht rutschen soll. Dadurch berührt er ständig über die aus der Zeichenebene bei P senkrecht herauskommenden Geraden die Unterlage. Diese Berührungslinie wird *momentane Drehachse* genannt. Die Bahngeschwindigkeit jedes Punktes des Zylinders ist senkrecht zu der direkten Verbindungslinie zwischen diesem Punkt und der momentanen Drehachse gerichtet und hat einen Betrag, der dem Abstand proportional ist. Diese Beschreibung entspricht genau der Darstellung, daß sich der Zylinder zu diesem betreffenden Zeitpunkt um eine feste Achse durch P mit der Winkelgeschwindigkeit ω dreht. Man kann daher sagen, daß der Zylinder zu jedem gegebenen Zeitpunkt nur eine Drehbewegung ausführt. Seine kinetische Energie ist durch

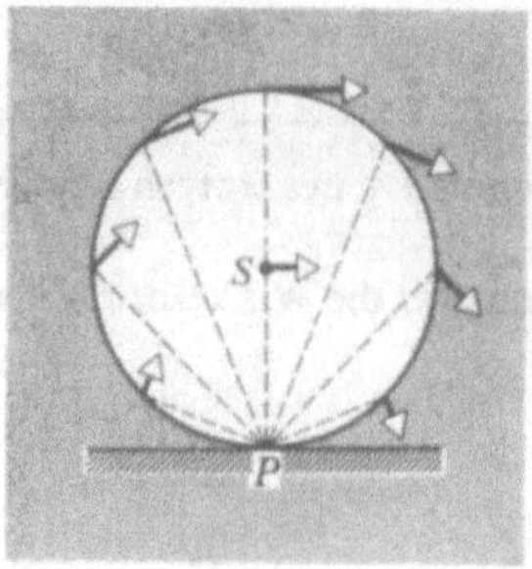

Abb. 12.13 Ein rollender Körper rotiert zu jedem Zeitpunkt der Bewegung um eine auf der Zeichenebene senkrechte Achse durch den Berührungspunkt P (momentane Drehachse).

$$E_k = \tfrac{1}{2} J_P \omega^2 \tag{12.19}$$

bestimmt, wobei J_P das Trägheitsmoment des Zylinders um die momentane Drehachse durch P ist.

Wir wenden nun den Satz von Steiner (Gl. 12.13),

$$J_P = J_S + m R^2 ,$$

an, wobei J_S das Trägheitsmoment des Zylinders mit der Masse m und dem Radius R um eine Achse durch den Massenmittelpunkt S des Zylinders ist, die parallel zur momentanen Drehachse verläuft. Aus Gl. 12.19 wird somit

$$E_k = \tfrac{1}{2} J_S \omega^2 + \tfrac{1}{2} m R^2 \omega^2 . \tag{12.20}$$

Der Ausdruck ωR ist die Bahngeschwindigkeit v_S des Massenmittelpunktes relativ zu P. Damit wird Gl. 12.20 zu

$$E_k = \tfrac{1}{2} J_S \omega^2 + \tfrac{1}{2} m v_S^2 . \tag{12.21}$$

Die Bahngeschwindigkeit v_S des Massenmittelpunktes relativ zu P ist genauso groß wie die Bahngeschwindigkeit von P relativ zum Massenmittelpunkt S. Die gleiche Feststellung gilt dann für die Winkelgeschwindigkeit ω.

Von P aus gesehen bewegt sich der Massenmittelpunkt mit einer Winkelgeschwindigkeit ω um die momentane Drehachse, und von S aus gesehen bewegt sich der Punkt P mit einer Winkelgeschwindigkeit ω um die Zylinderachse durch S. Das bedeutet nun, daß jede Bezugslinie durch den Zylinder (parallel zur Zylinderachse) in der gleichen Zeit denselben Drehwinkel zurücklegt, unabhängig davon, ob man sie aus dem Bezugssystem der Unterlage oder aus einem Bezugssystem des rollenden Zylinders betrachtet. Man kann die Gl. 12.21, die wir aus einer reinen Drehbewegung hergeleitet haben, auch folgendermaßen interpretieren: Der Anteil $\frac{1}{2} J_S \omega^2$ gibt die kinetische Energie des Zylinders an, wenn er nur eine Rotation um eine Achse durch seinen Massenmittelpunkt ausführen würde; der Ausdruck $\frac{1}{2} m v_S^2$ gibt die kinetische Energie des Zylinders wieder, wenn er nur eine Translationsbewegung mit der Geschwindigkeit v_S ausführen würde. Man beachte, daß die momentane Drehachse in keinem der Bezugssysteme festgelegt ist. Tatsächlich gilt Gl. 12.21 für jeden starren Körper, der sich vorwärtsbewegt und um eine

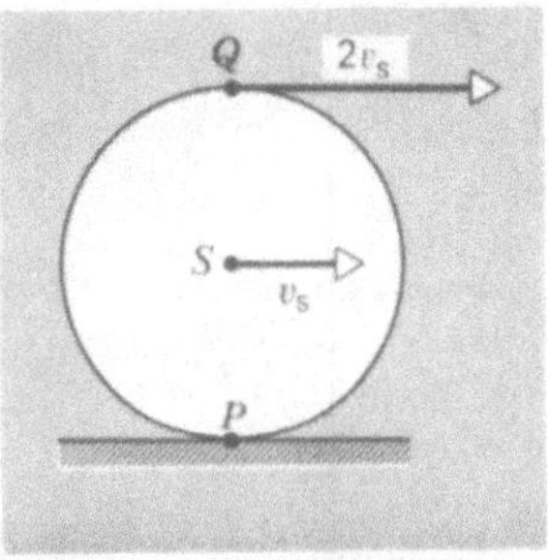

Abb. 12.14 Bei einem rollenden Körper haben der oberste Punkt Q und der Massenmittelpunkt (Schwerpunkt) S dieselbe Winkelgeschwindigkeit um die momentane Drehachse durch P. Wegen des doppelten Abstandes von P besitzt Q die doppelte Bahngeschwindigkeit von S.

Achse rollt, die senkrecht zu der Vorwärtsbewegung verläuft. Die Rollbewegung auf der Unterlage ist völlig unerheblich.

Die aus der Translation des Massenmittelpunktes und der Rotation um eine Achse durch den Massenmittelpunkt zusammengesetzte Bewegung eines rollenden Körpers ist einer reinen Rotation mit derselben Winkelgeschwindigkeit um eine Achse durch den Berührungspunkt zwischen Körper und Unterlage äquivalent.

Um dieses Ergebnis zu verdeutlichen, wollen wir mehrere Punkte des rollenden Zylinders zu einem bestimmten Zeitpunkt betrachten. Abb. 12.14 zeigt einen um eine Achse durch P rotierenden Zylinder. Wenn sich aus der Sicht eines Beobachters auf der Unterlage der Massenmittelpunkt S mit der Bahngeschwindigkeit v_S bewegt, besitzt der Punkt S damit eine momentane Winkelgeschwindigkeit $\omega = v_S/R$ um eine Achse durch P. Der oberste Punkt Q auf dem Zylinder hat die gleiche Winkelgeschwindigkeit und eine Bahngeschwindigkeit von $\omega 2R = 2v_S$. Der Berührungspunkt P hingegen ruht in diesem Augenblick.

Abb. 12.15 zeigt einen Zylinder, der sich sowohl vorwärts bewegt (Abb. 12.15a) als auch um die Zylinderachse durch S dreht (Abb. 12.15b). Bezüglich der Translation besitzen alle Punkte des Zylinders dieselbe Geschwindigkeit v_S (Abb. 12.15a). Bezüglich der Rotation befindet sich S als Drehpunkt in Ruhe, während der oberste Punkt Q eine Bahngeschwindigkeit ωR in die positive x-Richtung und der unterste Punkt P eine Bahngeschwindigkeit von ωR in die negative x-Richtung besitzt (Abb. 12.15b). Fassen wir beide Bewegungen zusammen, so erhalten wir unter Benutzung der Beziehung $\omega = v_S/R$

für Punkt Q $$v = v_S + \omega R = v_S + \frac{v_S}{R} R = 2v_S\,,$$

für Punkt S $$v = v_S + 0 = v_S\,,$$

für Punkt P $$v = v_S - \omega R = v_S - \frac{v_S}{R} R = 0\,.$$

Dieses Ergebnis, das in der Abb. 12.15c zusammengefaßt ist, entspricht genau dem, das wir bei der Betrachtung des rollenden Zylinders mit reiner Rotationsbewegung erhielten (Abb. 12.14).

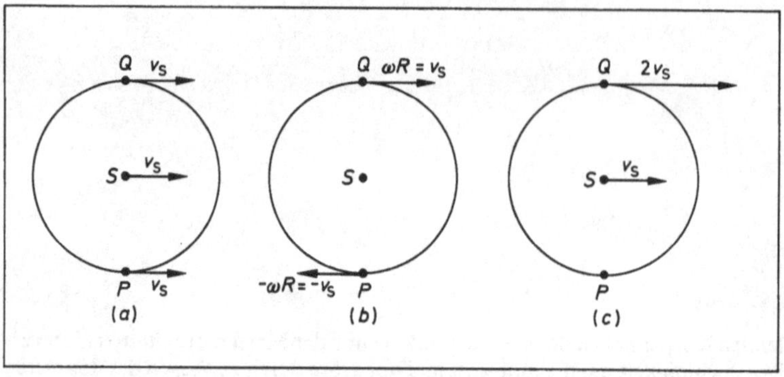

Abb. 12.15 Die aus einer Translation (a) und einer Rotation (b) zusammengesetzte Rollbewegung. (a) Bei der reinen Translationsbewegung besitzen alle Punkte dieselbe Geschwindigkeit v_S. (b) Bei einer reinen Rotationsbewegung um eine Achse durch S bewegen sich gegenüberliegende Punkte mit entgegengesetzter Geschwindigkeit. (c) Die bei (a) und (b) auftretenden Vektoren werden bei einer kombinierten Translations-Rotations-Bewegung einfach addiert.

Beispiel 9

Ein Vollzylinder mit der Masse m und dem Radius R rollt eine schiefe Ebene hinab, ohne zu rutschen. Welche Geschwindigkeit besitzt der Schwerpunkt des Zylinders, wenn er das Ende der schiefen Ebene erreicht hat?

In Abb. 12.16 ist der rollende Zylinder abgebildet. Wir verwenden den Energieerhaltungssatz zur Lösung. Anfangs befindet sich der Zylinder in der Höhe h über dem Boden im Ruhezustand. Beim Hinabrollen verliert er beständig an potentieller Energie, bis er schließlich am Ende der schiefen Ebene seine gesamte potentielle Energie von mgh in kinetische Energie umgewandelt hat. Diese setzt sich aus der Translationsenergie und der Rotationsenergie zusammen, also

$$\tfrac{1}{2}mv^2 + \tfrac{1}{2}J_S\omega^2 ,$$

wobei v die Geschwindigkeit des Schwerpunktes und ω die Winkelgeschwindigkeit des Zylinders um eine Achse durch den Schwerpunkt S ist. Der Energieerhaltungssatz lautet

$$mgh = \tfrac{1}{2}J_S\omega^2 + \tfrac{1}{2}mv^2 .$$

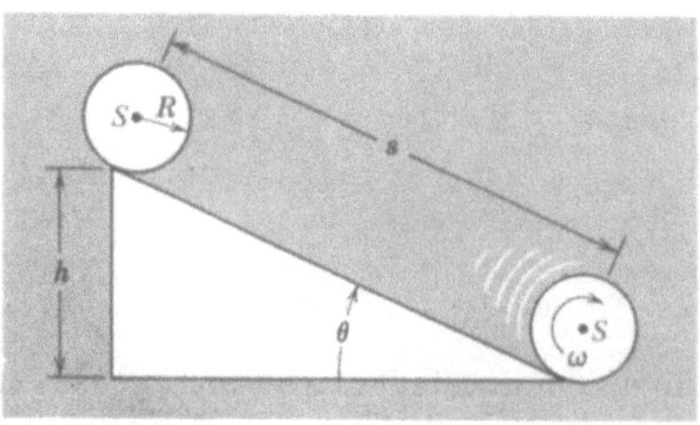

Abb. 12.16 Zu Beispiel 9. Ein Zylinder rollt eine schiefe Ebene hinab.

Da

$$J_S = \tfrac{1}{2} m R^2 \qquad \text{und} \qquad \omega = \frac{v}{R}$$

gelten, wie wir schon aus Beispiel 4 und Gl. 11.8 wissen, erhalten wir

$$mgh = \tfrac{1}{2}(\tfrac{1}{2} m R^2)\left(\frac{v}{R}\right)^2 + \tfrac{1}{2} m v^2 = (\tfrac{1}{4} + \tfrac{1}{2}) m v^2$$

bzw.

$$v^2 = \tfrac{4}{3} gh \qquad \text{oder} \qquad v = \sqrt{\tfrac{4}{3} gh}\,.$$

Wäre der Zylinder auf der schiefen Ebene reibungsfrei heruntergerutscht, so hätte er eine Geschwindigkeit von $v = \sqrt{2gh}$ erreicht. Beim Rollen erreicht er nur eine geringere Geschwindigkeit, da ein Teil der potentiellen Energie nicht in Translationsenergie, sondern in Rotationsenergie umgesetzt wurde, was beim Rutschen nicht der Fall ist. Ein rollender Zylinder braucht außerdem eine längere Zeit, um die Länge s der schiefen Ebene zurückzulegen, als ein rutschender Zylinder. Beide Zylinder besitzen am Ende der schiefen Ebene den gleichen Betrag an kinetischer Energie, denn der rollende Zylinder wird auf dem Boden weiterrollen, während der rutschende Zylinder beim Vorwärtsrutschen nicht rotiert.
Man beachte, daß zum Rollen eine gewisse Reibung zwischen Zylinder und Unterlage notwendig ist. Reibungskräfte sind, wie wir wissen, aber immer dissipativ, daß heißt, sie wandeln kinetische Energie in Wärme um. Wieso darf man trotzdem auf diese Bewegung den Energieerhaltungssatz anwenden?

Beispiel 10

Es sei dieselbe Aufgabe wie in Beispiel 9 gestellt, man verwende aber nicht den Energieerhaltungssatz zur Lösung.

Wir betrachten alle an dem Zylinder angreifenden Kräfte (Abb. 12.17). Am Massenmittelpunkt* S des Zylinders greift die Gewichtskraft mg an, die senkrecht nach unten gerichtet ist; N ist die von der schiefen Ebene auf den Zylinder ausgeübte Lagerkraft in Normalenrichtung; f ist die Haftreibungskraft, die an der momentanen Drehachse ansetzt, also an der Berührungslinie des Zylinders mit der Unterlage, und gegen die Bewegungsrichtung des Zylinders wirkt.

Die Translationsbewegung eines Körpers wird durch alle am Körper angreifenden äußeren Kräfte verursacht. Nach der Newtonschen Bewegungsgleichung $F = ma$ erhalten wir für die Bewegung senkrecht zur schiefen Ebene

$$N - mg\cos\theta = 0\,,$$

für die Bewegung parallel zur schiefen Ebene

$$mg\sin\theta - f = ma\,.$$

Die Rotationsbewegung eines Körpers um eine Achse durch den Massenmittelpunkt wird durch alle an dem Körper angreifenden äußeren Drehmomente bestimmt. Es gilt

$$M = J_S \alpha\,.$$

* Wir nehmen stillschweigend an, daß die Gewichtskraft eines Körpers am Schwerpunkt (Massenmittelpunkt) angreift. In Abschn. 9.2 hatten wir dies für eine Translationsbewegung bestätigt. In Abschn. 14.3 werden wir dies auch für eine Rotationsbewegung rechtfertigen.

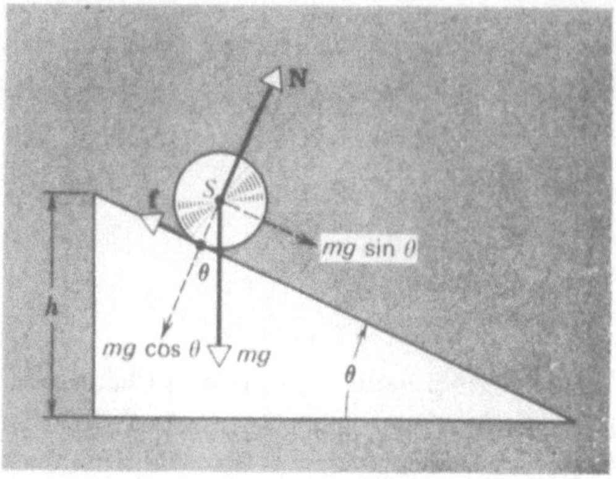

Abb. 12.17 Zu Beispiel 10. Die an einem rollenden Zylinder angreifenden äußeren Kräfte.

Da die Normalkraft N und die Gewichtskraft mg durch den Massenmittelpunkt hindurchgehen, können sie kein Drehmoment am Zylinder erzeugen. Die Reibungskraft f hingegen besitzt einen Kraftarm R und kann ein Drehmoment von

$$M = fR = J_S \alpha$$

erzeugen. Da wie in den vorangegangenen Beispielen für einen Zylinder

$$J_S = \tfrac{1}{2} m R^2 \qquad \text{und} \qquad \alpha = \frac{a}{R}$$

gelten, ergibt sich

$$f = J_S \frac{\alpha}{R} = m \frac{a}{2} .$$

Diesen Wert können wir in die Gleichung für die Translationsbewegung längs der schiefen Ebene einsetzen und erhalten

$$a = \tfrac{2}{3} g \sin\theta .$$

Die Beschleunigung eines auf einer schiefen Ebene rollenden Zylinders ist kleiner als die eines rutschenden Zylinders ($a = g \sin\theta$). Diese Aussage gilt für jeden Zeitpunkt des Rollens. Der Massenmittelpunkt (Schwerpunkt) bewegt sich mit konstanter Beschleunigung. Die am Ende der schiefen Ebene erreichte Geschwindigkeit ist (s sei der Weg)

$$v^2 = 2as ,$$

so daß man bei Einsetzen des Wertes von a für die Geschwindigkeit

$$v^2 = 2(\tfrac{2}{3} g \sin\theta) s = \tfrac{4}{3} g \frac{h}{s} s = \tfrac{4}{3} g h$$

bzw.

$$v = \sqrt{\tfrac{4}{3} g h} .$$

erhält.

Wir erhalten somit in diesem Beispiel die gleichen Ergebnisse wie bei dem energetischen Lösungsansatz von Beispiel 9. Wie wir gesehen haben, ist die Lösung bei Benutzung des Energieerhaltungssatzes wesentlich einfacher. Will man aber die Kräfte N oder f bestimmen, so kommt man damit nicht zum Ziel.

Wir können noch den Mindestbetrag der Reibungskraft f berechnen, der für eine Rollbewegung erforderlich ist. In die obere Gleichung $f = m(a/2)$ setzen wir die Beschleunigung ein und bekommen

$$f = m\frac{a}{2} = \frac{m}{2}\tfrac{2}{3}g\sin\theta = \tfrac{1}{3}mg\sin\theta\,.$$

Was würde passieren, wenn f kleiner wäre?

Beispiel 11

Eine Kugel und ein Zylinder mit der gleichen Masse und dem gleichem Radius rollen aus dem Ruhezustand heraus dieselbe schiefe Ebene hinunter. Welcher Körper kommt zuerst am unteren Ende der schiefen Ebene an?

Das Trägheitsmoment einer Kugel um eine Achse durch ihren Mittelpunkt ist nach Tab. 12.1 zu $J_S = \frac{2}{5}mR^2$ gegeben. Wir benutzen die Beziehungen von Beispiel 10 für die Translationsbewegung längs der schiefen Ebene,

$$mg\sin\theta - f = ma\,,$$

und für die Rotationsbewegung um eine Achse durch S

$$fR = J_S\alpha = \tfrac{2}{5}mR^2\frac{a}{R}\,,$$

woraus für die Kugel folgt:

$$f = \tfrac{2}{5}ma \qquad \text{und} \qquad a = \tfrac{5}{7}g\sin\theta\,.$$

Für den Zylinder hatten wir schon in Beispiel 10 den Wert

$$a = \tfrac{2}{3}g\sin\theta$$

gefunden.

Die Kugel besitzt also zu jedem Zeitpunkt des Rollens eine größere Beschleunigung als der Zylinder mit der gleichen Masse und dem gleichen Radius. Wenn beide Körper zur gleichen Zeit am oberen Ende der schiefen Ebene losgelassen werden, kommt die Kugel eher am unteren Ende an als der Zylinder.

Man überlege sich auch die Antworten zu folgenden Fragen: Welcher Körper besitzt am unteren Ende der schiefen Ebene die größere Rotationsenergie und welcher Körper die größere Bewegungsenergie? In die Ergebnisse ging nicht die Masse und nicht der Radius ein. Wie kann man dann Zylinder und/oder Kugeln mit verschiedenen Massen und Radien untereinander vergleichen?

Beispiel 12

Ein homogener Vollzylinder mit der Masse m und dem Radius r erhält eine anfängliche Winkelgeschwindigkeit ω_0 und wird dann auf eine ebene Unterlage geworfen, wo er zu rollen beginnt (Abb. 12.18). Die Gleitreibungszahl zwischen Zylinder und Unterlage sei μ. Der Zylinder rutscht

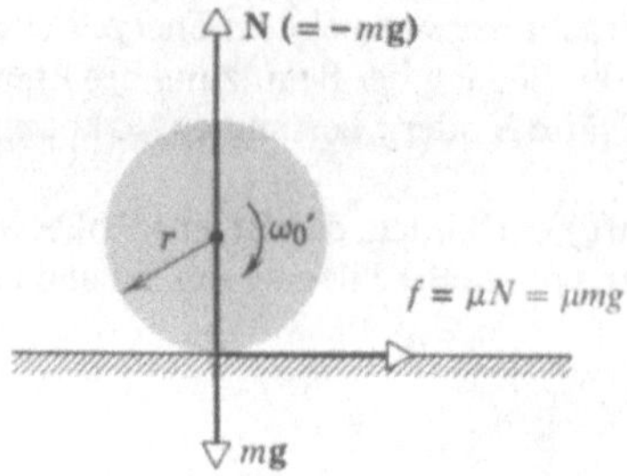

Abb. 12.18 Zu Beispiel 12.

beim Aufsetzen zunächst etwas durch, beginnt aber nach einer Zeit t zu rollen. (a) Welche Geschwindigkeit v hat der Zylinder zur Zeit t? (b) Wie groß ist t?

(a) In Abb. 12.18 sind die auftretenden Kräfte eingezeichnet. Da alle äußeren Kräfte konstant sind, ist auch die Beschleunigung a des Zylinders konstant; es gilt

$$F = ma = m\frac{v_e - v_a}{t - 0}.$$

$v_a = 0$ ist die Anfangsgeschwindigkeit und $v_e = v$ die Geschwindigkeit zur Zeit t, wenn der Zylinder zu rollen beginnt. Andererseits tritt als einzige resultierende äußere Kraft f auf, so daß gilt

$$\mu mg = m\frac{v}{t}. \tag{12.22}$$

Auch die Winkelbeschleunigung α um die Achse durch den Massenmittelpunkt ist konstant (warum?), so daß für das die Rotation hervorrufende Drehmoment

$$M = J\alpha = J\frac{\omega_e - \omega_a}{t - 0}$$

gilt. $\omega_a = \omega_0$ ist die anfängliche Winkelgeschwindigkeit und $\omega_e = v/r$ die Winkelgeschwindigkeit zur Zeit t.
Das Drehmoment ist durch die Reibungskraft $f = \mu mg$ zu

$$M = \mu mgr = (\tfrac{1}{2}mr^2)\left(\frac{\omega_0 - v/r}{t}\right) \tag{12.23}$$

gegeben.

Eliminiert man t aus Gl. 12.23 und Gl. 12.22 und löst nach v auf, so erhält man

$$v = \tfrac{1}{3}\omega_0 r.$$

v hängt nicht von m, g oder μ ab. Was passiert, wenn eine dieser Größen Null wird?

(b) Man setzt den Wert für v in die Gl. 12.22 ein und erhält

$$t = \frac{\omega_0 r}{3\mu g}.$$

In dem vorliegenden Beispiel bleiben weder die mechanische Energie noch der Impuls und der Drehimpuls des Systems erhalten. Die Änderungen von Impuls und Drehimpuls sind aber über die sie verursachende Reibungskraft direkt miteinander verknüpft.

Fragen

1. Welche Dimension hat der Drehimpuls? Gibt es eine Erklärung dafür, daß sie Energie mal Zeit ist?
2. Ist ein Vektorprodukt notwendigerweise ein axialer Vektor? (Vgl. Ergänzungen II).
3. Kann man sich bei der Bestimmung des Trägheitsmoments eines Körpers die Masse des Körpers im Massenmittelpunkt konzentriert vorstellen?
4. Um welche Drehachse besitzt ein Würfel das kleinste Trägheitsmoment?
5. Zwei Kreisscheiben aus verschiedenen Metallen haben die gleiche Masse und die gleiche Dicke. Welche Scheibe hat das größere Trägheitsmoment um eine Achse durch den Massenmittelpunkt?
6. Es soll das Trägheitsmoment eines unregelmäßig geformten Körpers bestimmt werden. Das Integral $\int r^2\,dm$ kann jedoch mathematisch nur schwer gelöst werden. Wie könnte man das Trägheitsmoment experimentell ermitteln?
7. Es sind fünf starre Körper gegeben, deren Querschnitte in Abb. 12.19 gezeigt sind. Die Querschnitte haben gleiche Durchmesser bzw. Höhen. Die Drehachsen gehen senkrecht durch die Querschnitte durch die eingezeichneten Mittelpunkte. Alle Körper haben die gleiche Masse. Welcher Körper hat das größte und welcher das kleinste Trägheitsmoment?

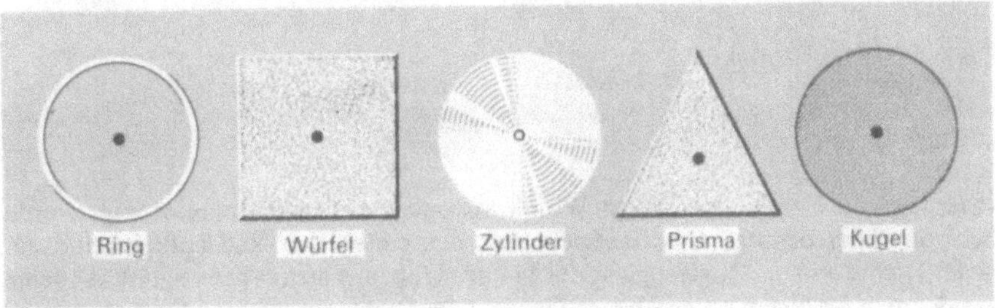

Abb. 12.19 Zu Frage 7

8. In Abb. 12.20a ist ein Metermaß gezeigt, das zu einer Hälfte aus Holz und zur anderen Hälfte aus Stahl gefertigt ist. Das Metermaß wird am Ende des Holzteiles bei O drehbar aufgehängt, am Ende des Stahlteiles wirkt im Punkt a eine Kraft $\boldsymbol{F}$. In Abb. 12.20b ist dasselbe Metermaß gezeigt, nur daß es jetzt am Stahlende bei O' drehbar aufgehängt ist und am Holzende bei a' die Kraft $\boldsymbol{F}$ wirkt. Erhält das Metermaß in beiden Fällen die gleiche Winkelbeschleunigung? Man begründe seine Antworten.

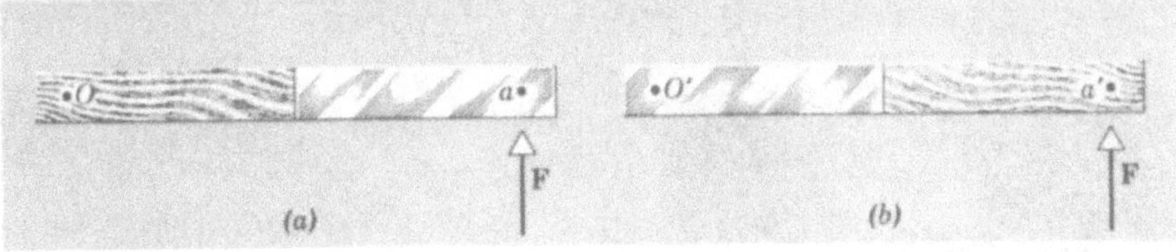

Abb. 12.20 Zu Frage 8

9. Man kann ein rohes Ei von einem gekochten Ei unterscheiden, indem man es auf einer Tischplatte in Drehung versetzt. Wie funktioniert das? Wenn man ein rotierendes, rohes Ei mit den Fingern stoppt und sofort wieder losläßt, dreht es sich von allein weiter. Warum?
10. Das Drehmoment hat dieselbe Dimension wie die Arbeit oder die Energie. Ist ein Drehmoment deswegen eine Arbeit oder eine Energie?
11. Man kommentiere folgende Behauptungen über das Skilaufen: (a) Beim Abfahrtslauf braucht

man Skier, die sich nicht leicht drehen. (b) Beim Slalomlauf braucht man Skier, die sich leicht drehen. (c) Das Trägheitsmoment von Abfahrtsskiern sollte daher größer sein als das von Slalomskiern.

12. Wie kann ein Skiläufer auf seine Skier ein Drehmoment übertragen, um abzubremsen oder eine Wendung zu machen, wenn sein Schwerpunkt über dem Mittelpunkt der Skier liegt und zwischen Skier und Schnee nur eine geringe Reibungskraft auftritt.
13. Gelten die in Beispiel 5 hergeleiteten Beziehungen für die Zugkraft T und die Bahnbeschleunigung a auch für die Sonderfälle $g = 0$, $m = 0$, $m_S = 0$ und $m \to \infty$, $m_S \to \infty$?
14. Der Gesamtdrehimpuls eines Teilchensystems hängt nicht von der Relativbewegung der Teilchen zum Massenmittelpunkt ab. Gilt eine ähnliche Aussage auch für die kinetische Energie eines Teilchensystems?
15. Eine zylindrische Rolle wird aus der Ruhelage heraus mit einem Brett der Länge l um eine Strecke $l/2$ vorwärtsgerollt (Abb. 12.21). Die Rolle soll nicht rutschen. Wo befindet sich das Brett nachher? Wie weit ist der Mann gelaufen, der das Brett gehalten hat?

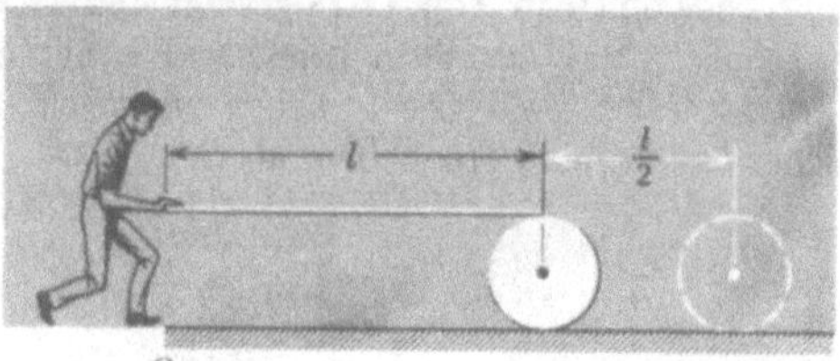

Abb. 12.21 Zu Frage 15

16. Zur Speicherung von Energie, die durch Windkraft oder Sonnenstrahlung erzeugt wurde, werden Schwungräder benutzt. Der Energiebetrag, den ein solches Rad aufnehmen kann, hängt von der Dichte und der Zugfestigkeit des Materials ab, aus dem es gefertigt ist. Andererseits verwendet man bei einem vorgegebenen Gewicht des Rades ein solches Material, das eine möglichst geringe Dichte und hohe Zugfestigkeit besitzt. Man erkläre das.
17. Eine massive Holzkugel rollt zwei verschiedene schiefe Ebenen hinunter, die zwar die gleiche Höhe, aber verschiedene Steigung haben. Hat die Holzkugel am Ende der schiefen Ebene in beiden Fällen die gleiche Geschwindigkeit? Braucht sie verschiedene Zeiten für das Hinabrollen? Wenn ja, erkläre man warum.
18. In Abb. 12.22 ist eine Hantel gezeigt, die auf einer schiefen Kante ohne zu rutschen hinabrollt. Die Gewichtsscheiben an den Seiten der Hantel ragen über die Kante herab. Am unteren Ende angekommen berühren zuerst die seitlichen Scheiben den ebenen Boden, worauf die Hantel mit erheblich größerer Geschwindigkeit weiterrollt. Man erkläre den Bewegungsablauf möglichst genau.

Abb. 12.22 Zu Frage 18

19. Um einen Baum zu fällen, schlägt man zuerst mit der Axt eine Kerbe in diejenige Seite des Stammes, auf die der Baum niederfallen soll. Warum? Ist es daher empfehlenswert, sich genau auf die gegenüberliegende Seite des Baumes zu stellen, um nicht beim Niederstürzen getroffen zu werden?
20. Eine gerade Stange steht senkrecht auf dem Eis. Es soll keine Reibung vorhanden sein. Welchen Weg nimmt der Schwerpunkt der Stange beim Fallen?
21. Eine Jo-Jo-Rolle steht aufgerichtet auf einer Tischplatte (Abb. 12.23). Wohin bewegt sich die Rolle, wenn an der Schnur eine Kraft $\boldsymbol{F}_1$ in waagerechter Richtung zieht, wenn eine Kraft $\boldsymbol{F}_2$ zieht, deren Wirkungslinie durch den Berührungspunkt der Rolle mit der Tischplatte geht, und wenn eine Kraft $\boldsymbol{F}_3$ in senkrechter Richtung nach oben zieht?

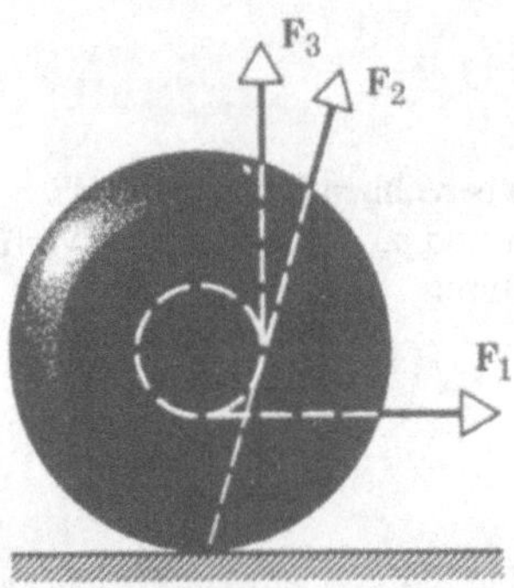

Abb. 12.23 Zu Frage 21

22. Zwei Leute beobachten die Räder eines Autos, das mit konstanter Geschwindigkeit an ihnen vorbeifährt. Einer der beiden sagt zum anderen: „Der obere Rand des Rades bewegt sich doppelt so schnell wie die Achse. Der unter Rand des Rades bewegt sich überhaupt nicht.“ Man diskutiere diese Behauptungen.

Aufgaben

Abschnitt 12.2

1. (a) Man bestimme das Drehmoment $\boldsymbol{M} = \boldsymbol{r} \times \boldsymbol{F}$ aus $\boldsymbol{r} = x\boldsymbol{i} + y\boldsymbol{j} + z\boldsymbol{k}$ und $\boldsymbol{F} = F_x\boldsymbol{i} + F_y\boldsymbol{j} + F_z\boldsymbol{k}$. (b) Man zeige, daß $\boldsymbol{M}$ keine Komponente in der von $\boldsymbol{F}$ und $\boldsymbol{r}$ aufgespannten Ebene besitzt.
Antwort: (a) $(yF_z - zF_y)\boldsymbol{i} + (zF_x - xF_z)\boldsymbol{j} + (xF_y - yF_x)\boldsymbol{k}$.
2. Man zeige, daß der Drehimpuls eines Teilchens um einen beliebigen Drehpunkt konstant bleibt, wenn es sich mit konstanter Geschwindigkeit bewegt.

Abschnitt 12.3

3. Ein Teilchen P der Masse 2 kg besitzt eine Geschwindigkeit $\boldsymbol{v}$ und ist in einem Koordinatensystem durch den Ortsvektor $\boldsymbol{r}$ bestimmt (Abb. 12.24). Auf das Teilchen wirkt eine Kraft $\boldsymbol{F}$. Die drei Vektoren $\boldsymbol{r}$, $\boldsymbol{F}$ und $\boldsymbol{v}$ seien komplanar; es sei $r = 3$ m, $v = 4$ m/s und $F = 2$ N. Man berechne (a) den Drehimpuls des Teilchens und (b) das auf das Teilchen ausgeübte Drehmoment. Welche Richtung haben Drehimpuls und Drehmoment?
Antwort: (a) 12 kg m^2/s, senkrecht aus der Zeichenebene heraus; (b) 3 Nm, senkrecht aus der Zeichenebene heraus.

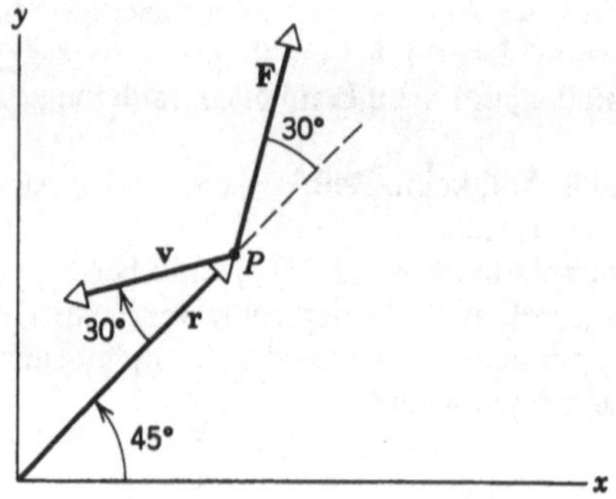

Abb. 12.24 Zu Aufgabe 3

4. Nach Gl. 12.4a kann man den Drehimpuls eines Teilchens berechnen, wenn r, p und θ bekannt sind. Manchmal stehen nur die Komponenten x, y, z von $\boldsymbol{r}$ und p_x, p_y, p_z von $\boldsymbol{p}$ zur Verfügung. (a) Man zeige, daß die Drehimpulskomponenten dann durch

$$L_x = yp_z - zp_y\,,$$
$$L_y = zp_x - xp_z\,,$$
$$L_z = xp_y - yp_x$$

gegeben sind. (b) Man zeige, daß der Drehimpuls nur eine Komponente in z-Richtung hat, wenn sich das Teilchen in der x,y-Ebene bewegt.

5. (a) Man gebe die Vektoren $\boldsymbol{F}$ und $\boldsymbol{r}$ von Beispiel 1 und Beispiel 3 in Koordinatendarstellung an und bestimme das Drehmoment $\boldsymbol{M}$. (b) Man gebe die Vektoren $\boldsymbol{p}$ und $\boldsymbol{r}$ von Beispiel 1 in Koordinatendarstellung an und bestimme den Drehimpuls $\boldsymbol{L}$.
Antwort: (a) $\boldsymbol{M} = +mgb\boldsymbol{k}$, $\boldsymbol{r} = +3.5\,\boldsymbol{k}$; (b) $\boldsymbol{L} = +mgbt\boldsymbol{k}$.

Abschnitt 12.4

6. In Abb. 12.25 sind die Angriffspunkte und die Wirkungslinien zweier Kräfte gezeigt, die an einem starren Körper angreifen, der um O drehbar aufgehängt ist. Man bestimme Betrag und Richtung des resultierenden Drehmomentes, das der Körper erfährt, wenn alle Vektoren in der Zeichenebene liegen.

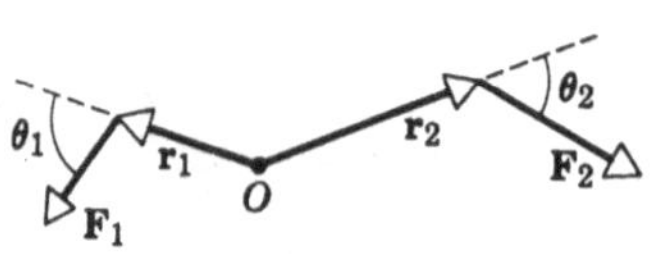

Abb. 12.25 Zu Aufgabe 6

7. Zwei Teilchen der Massen m bewegen sich mit der Geschwindigkeit v in entgegengesetzter Richtung auf zwei Parallelen im Abstand d aneinander vorbei. Man zeige, daß der Drehimpuls L des Zweiteilchensystems unabhängig von der Wahl des Drehpunktes ist.
8. Drei Teilchen der Massen m sind hintereinander im gleichen Abstand l an einem dünnen Faden befestigt und rotieren gemeinsam mit einer Winkelgeschwindigkeit ω um eine Achse durch O (Abb. 12.26), so daß sie immer auf einer geraden Linie liegen. (a) Welches Trägheitsmoment hat das Dreiteilchensystem um den Drehpunkt O? (b) Welchen Drehimpuls besitzt das mittlere Teilchen? (c) Welchen Gesamtdrehimpuls hat das Dreiteilchensystem? Man gebe die Ergebnisse als Funktionen von m, L und ω an.

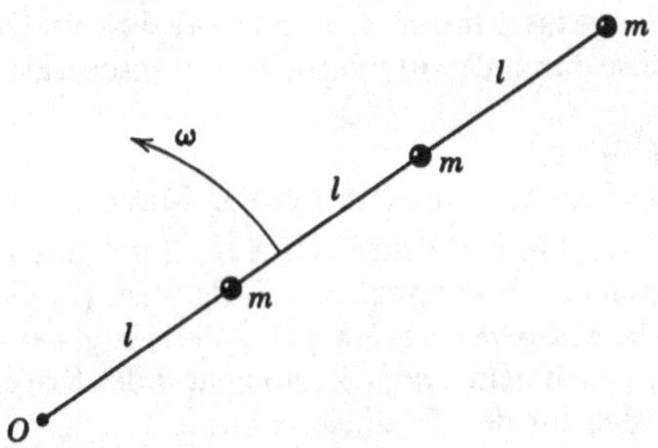

Abb. 12.26 Zu Aufgabe 8 und 13

9. Man leite mit dem dritten Newtonschen Axiom her, daß die Summe der inneren Drehmomente eines Teilchensystems Null ist.
10. *Verknüpfung zwischen dem resultierenden äußeren Drehmoment eines Teilchensystems und seinem Drehimpuls um eine Achse durch den Massenmittelpunkt.* In einem Inertialsystem sei der Massenmittelpunkt eines Teilchensystems durch den Ortsvektor $\boldsymbol{r}_S$ und ein Teilchen der Masse m_i durch den Ortsvektor $\boldsymbol{r}_i$ festgelegt (Abb. 12.27). Damit ergibt sich $\boldsymbol{r}_i' = \boldsymbol{r}_i - \boldsymbol{r}_S$. Der Gesamtdrehimpuls des Systems relativ zum Mittelpunkt S ist durch $\boldsymbol{L}' = \Sigma\ \boldsymbol{r}_i' \times \boldsymbol{p}_i'$ mit $\boldsymbol{p}_i' = m_i \mathrm{d}\boldsymbol{r}_i'/\mathrm{d}t$ gegeben. (a) Man zeige, daß $\boldsymbol{p}_i' = m_i \mathrm{d}\boldsymbol{r}_i/\mathrm{d}t - m_i \mathrm{d}\boldsymbol{r}_S/\mathrm{d}t = \boldsymbol{p}_i - m_i \boldsymbol{v}_S$ gilt. (b) Man zeige, daß $\mathrm{d}\boldsymbol{L}'/\mathrm{d}t = \Sigma \boldsymbol{r}_i' \times \mathrm{d}\boldsymbol{p}_i'/\mathrm{d}t$ gilt. (c) Aus den Ergebnissen von (a) und (b) zeige man mit Hilfe des dritten Newtonschen Axioms und der Definition für den Massenmittelpunkt (Abschn. 9.1), daß $\boldsymbol{M}_\mathrm{a}' = \mathrm{d}\boldsymbol{L}'/\mathrm{d}t$ ist. $\boldsymbol{M}_\mathrm{a}'$ ist die Summe aller äußeren am System angreifenden Drehmomente um eine Achse durch den Massenmittelpunkt.

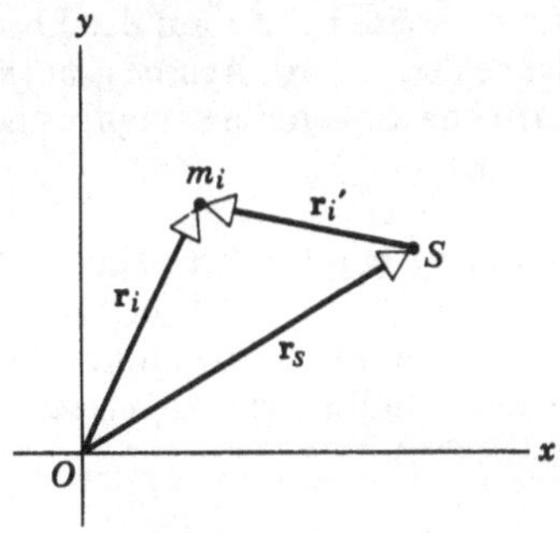

Abb. 12.27 Zu Aufgabe 10

Abschnitt 12.5

11. Man nehme den Erdball als eine Kugel von homogener Dichte an. (a) Welche Rotationsenergie besitzt die Erde? Der Erdradius sei 6.4×10^3 km, und die Erdmasse sei 6×10^{24} kg. (b) Angenommen, man könnte die Rotationsenergie nutzbar machen, wie lange könnte man dann jeden Bewohner der Erde (5.2×10^9) mit einer Leistung von 1 kW versorgen?
Antwort: (a) 2.6×10^{29} J; (b) 1,6 Milliarden Jahre.
12. Ein Sauerstoffmolekül hat eine Masse von 5.3×10^{-26} kg und ein Trägheitsmoment von 1.94×10^{-46} kg m^2 um eine Achse, die im Mittelpunkt auf der Verbindungslinie der beiden Sauerstoffatome senkrecht steht. Ein solches Molekül hat in einem Gas eine Geschwindigkeit von 500 m/s, und seine kinetische Rotationsenergie beträgt zwei Drittel seiner kinetischen Translationsenergie. Welche mittlere Winkelgeschwindigkeit besitzt das Sauerstoffmolekül?

13. Die Fäden in Abb. 12.26 seien durch starre Stäbe der Massen M ersetzt. (a) Welches Gesamtträgheitsmoment hat das System um eine Achse durch O? (b) Welche Rotationsenergie besitzt das System?
Antwort: (a) $14ml^2 + 9Ml^2$, (b) $(7m + 9M/2)l^2\omega^2$.
14. (a) Man zeige, daß die Rotationsbewegung eines Vollzylinders mit der Masse m und dem Radius r der eines dünnen Reifens mit der Masse m und dem Radius $r/\sqrt{2}$ um eine auf den Querschnitten senkrecht stehende Achse durch den Mittelpunkt äquivalent ist. (b) Den Abstand (von der Drehachse), in dem man sich die Masse m eines Körpers so vereinigt denkt, daß das Trägheitsmoment der vereinigten Masse gleich dem Trägheitsmoment J des Körpers ist, nennt man den *Trägheitsradius*. Man zeige, daß für den Trägheitsradius k

$$k = \sqrt{J/m}$$

gilt. Das ist der allgemeine Ausdruck für den Radius eines „äquivalenten" Reifens, siehe (a).
15. Ein dünner Stab der Masse m und der Länge l ist an einem Ende frei beweglich aufgehängt. Er wird seitwärts ausgelenkt und um eine waagerechte Achse durch seine unterste Position mit der Winkelgeschwindigkeit ω in Rotationen versetzt. Wie hoch hebt sich der Massenmittelpunkt des Stabes über seine unterste Position bei der Rotation? Reibung und Luftwiderstand seien vernachlässigt.
Antwort: $l^2\omega^2/6g$.
16. (a) Man zeige, daß für das Trägheitsmoment eines dünnen Stabes der Länge l um eine Achse, die senkrecht zur Längsachse durch den Mittelpunkt geht, $J = \frac{1}{12}ml^2$ gilt (Tabelle 12.1e). (b) Mit Hilfe des Steinerschen Satzes zeige man, daß das Trägheitsmoment eines dünnen Stabes der Länge l um eine Achse, die durch einen seiner Endpunkte geht und auf seiner Längsachse senkrecht steht, durch $J = \frac{1}{3}ml^2$ gegeben ist (Tabelle 12.1f).
17. (a) Man zeige, daß die Summe der Trägheitsmomente eines scheibenförmigen Körpers um zwei senkrecht aufeinanderstehende Achsen in der Ebene des Körpers (*äquatoriale Trägheitsmomente*) gleich dem Trägheitsmoment des Körpers um eine Achse ist, die auf der Ebene des Körpers senkrecht steht und durch den Schnittpunkt der beiden anderen Achsen geht (*polares Trägheitsmoment*). (b) Man bestimme mit Hilfe dieses Satzes das äquatoriale Trägheitsmoment einer Kreisscheibe um eine Drehachse durch den Mittelpunkt.
Antwort: (b) $mr^2/4$.
18. Man zeige, daß das Trägheitsmoment einer rechteckigen Platte mit den Seitenlängen a und b um eine zur Platte senkrechten Achse durch den Mittelpunkt $\frac{1}{12}m(a^2 + b^2)$ beträgt.
19. Ein starres Metermaß wird mit einem Ende auf dem Boden stehend senkrecht hochgehalten und dann losgelassen. Das den Boden berührende Ende soll nicht rutschen. Man bestimme die Geschwindigkeit des oberen Endes beim Erreichen des Bodens.
Antwort: 5.4 m/s.
20. Ein langer Schornstein knickt an seiner Basis ein und fällt um. Man gebe (a) die radiale und (b) die tangentiale Beschleunigung des obersten Punktes des Schornsteins als Funktion des Winkels α an, den der fallende Schornstein mit dem Erdboden bildet. (c) Kann die resultierende Bahnbeschleunigung größer als g sein? (d) Der Schornstein zerbricht während des Falles. Wie kommt das?

Abschnitt 12.6

21. Ein Automotor hat bei 1800 Umdrehungen in der Minute eine Leistung von 75 kW. Welches Drehmoment überträgt er?
Antwort: 400 N m.
22. Man berechne (a) das Drehmoment, (b) die Energie und (c) die mittlere Leistung, die erforderlich sind, um die Erde innerhalb eines Tages aus der Ruhe heraus in ihre tatsächliche Eigendrehung zu versetzen.

23. Am Rand einer Seilrolle mit einem Trägheitsmoment von 1×10^4 g cm^2 und einem Radius von 10 cm greift eine Kraft tangential an, die sich mit der Zeit nach der Funktion $F = 0.5t + 0.3t^2$ ändert. F wird in N und t in s gemessen. Man bestimme die Winkelgeschwindigkeit der Rolle nach 3 s, wenn sie anfänglich in Ruhe war.
Antwort: 500 rad/s.
24. Ein Rad mit der Masse m und dem Trägheitsradius k dreht sich um eine feste Achse durch die Radnabe. Die Radnabe hat den Radius a und schleift nur in ihrem obersten Punkt an der Drehachse. Die Reibungszahl sei μ. Das Rad erhält die Winkelgeschwindigkeit ω und wird dann sich selbst überlassen. Man nehme eine konstante Verzögerung an. Man bestimme (a) die Zeit und (b) die Anzahl der Umdrehungen bis zum Stillstand des Rades.
25. An beiden Enden eines gleichmäßigen Stahlstabs von 120 cm Länge und 6.4 kg Masse ist eine Kugel von 1.06 kg Masse befestigt. Der Stab kann nur in einer waagerechten Ebene um eine Achse rotieren, die senkrecht zu seiner Ausdehnung durch den Mittelpunkt geht. Zu einem bestimmten Zeitpunkt macht der Stab 39 Umdrehungen in der Sekunde. Wegen Reibungen an der Achse kommt der Stab nach 32 s zur Ruhe; die Reibungskraft sei konstant. Man bestimme (a) die Winkelbeschleunigung des Rades, (b) das von der Reibungskraft verursachte (bremsende) Drehmoment, (c) die von der Reibungskraft geleistete Gesamtarbeit und (d) die während der 32 Sekunden vollbrachten Umdrehungen des Rades. (e) Das bremsende Drehmoment sei nicht konstant. Welche der in (a) bis (d) berechneten Größen können trotzdem ohne weitere Annahmen bestimmt werden? Wie groß sind sie?
Antwort: (a) -7.67 rad/s^2; (b) -11.7 Nm; (c) 45.8 kJ; (d) 624 Umdrehungen; (e) nur die Arbeit, 45.8 kJ.
26. Der Drehimpuls eines Schwungrades mit einem Trägheitsmoment von 0.125 kg m^2 nimmt innerhalb von 1.5 s von 3 auf 2 kg m^2/s ab. (a) Wie groß ist das auf das Schwungrad ausgeübte mittlere Drehmoment während der 1.5 s? (b) Wie viele Umdrehungen macht das Rad in den 1.5 s, wenn man eine gleichförmig beschleunigte Drehbewegung annimmt? (c) Wieviel Arbeit wurde während der 1.5 s geleistet? (d) Welche mittlere Leistung wurde erbracht?
27. In dem Beispiel der Atwoodschen Fallmaschine in Abb. 5.8 soll der eine Block 500 g und der andere 460 g wiegen. Die Seilrolle soll einen Radius von 5 cm besitzen und horizontal reibungsfrei gelagert sein. Wenn der schwerere Block losgelassen wird, legt er in 5 s eine Strecke von 75 cm zurück. Wie groß ist das Trägheitsmoment der Seilrolle?
Antwort: 0.014 kg m^2.
28. Eine Kugelschale rotiert reibungsfrei um eine senkrechte Achse (Abb. 12.28). Um dem Äquator der Kugelschale liegt ein leichtes Band. Das Band wird über eine Rolle geführt und mit einem kleinen Körper der Masse m belastet. Welche Geschwindigkeit hat der Körper, wenn er losgelassen wird und eine Strecke h zurückgelegt hat?

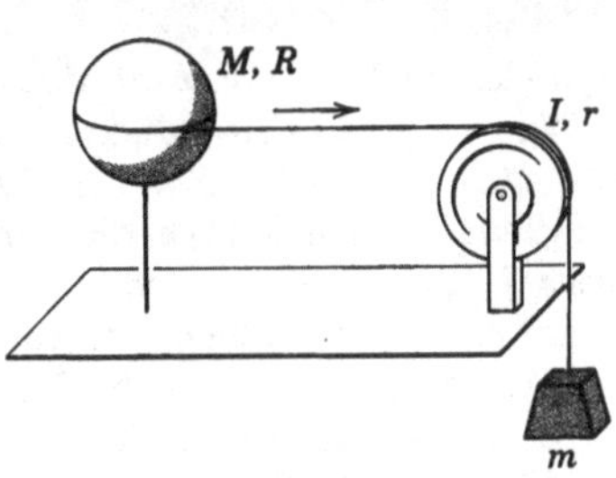

Abb. 12.28 Zu Aufgabe 28

29. Ein Block A mit 2.7 kg Masse wird auf eine schiefe Ebene gelegt, die um 30° gegen die Waagerechte geneigt ist. An dem Block wird eine Schnur befestigt, über eine an dem oberen Ende der schiefen Ebene angebrachte Rolle geführt und mit einem Block B von 0.9 kg Masse belastet.

Die Rolle hat einen Radius von 10 cm. Die Reibungszahl zwischen Block und schiefer Ebene ist 0.1. Man bestimme (a) die Beschleunigung des senkrecht hängenden Blocks und (b) die Zugkraft in der Schnur auf jeder Seite der Rolle.
Antwort: (a) $5.8\ \mathrm{m/s^2}$; (b) $F_A = 34$ N, $F_B = 31$ N.

Abschnitt 12.7

30. Ein Reifen von 6 m Durchmesser und 150 kg Masse rollt auf einer ebenen Fläche mit einer Geschwindigkeit seines Massenmittelpunktes von 0.15 m/s. Wieviel Arbeit muß man aufbringen, um den Reifen anzuhalten?
31. Ein Auto hat eine Masse von 1700 kg. In 10 s beschleunigt es von Null auf 40 km/h. Jedes der Räder hat eine Masse von 32 kg und einen Trägheitsradius (Aufgabe 14) von 30 cm. Man bestimme am Ende des 10-s-Intervalls (a) die Rotationsenergie eines Rades um seine Achse, (b) die gesamte kinetische Energie eines Rades und (c) die gesamte kinetische Energie des Autos.
Antwort: (a) 0.99 kJ; (b) 3 kJ; (c) 110 kJ.
32. Man zeige, daß ein Zylinder auf einer schiefen Ebene mit dem Neigungswinkel α rutscht, falls die Reibungszahl kleiner als $\frac{1}{3}\tan\alpha$ ist.
33. Eine 3 m lange Leiter lehnt unter einem Winkel von 30° gegen eine Wand. Wo verläuft die Drehachse, wenn die Leiter rutscht?
Antwort: 1.5 m von der Wand entfernt in $1.5\sqrt{3}$ m Höhe.
34. Eine Kugel beginnt mit einer Geschwindigkeit von 4.9 m/s eine um 30° gegen die Waagerechte geneigte schiefe Ebene hinaufzurollen. (a) Wie weit rollt sie hinauf? (b) Wie lange dauert es, bis sie wieder am Boden anlangt?
35. Ein rotationssymmetrischer Körper mit der Masse m und dem Radius r rollt ohne zu rutschen mit der Geschwindigkeit v über eine ebene Fläche. Dann rollt er einen Abhang bis zu einer Höhe $h = 3v^2/4g$ hinauf. (a) Welches Trägheitsmoment hat der Körper? (b) Um welchen Körper handelt es sich?
Antwort: (a) $\frac{1}{2}mr^2$; (b) um einen Vollzylinder.
36. Eine kleine Kugel mit der Masse m und dem Radius r rollt ohne zu rutschen auf der Innenseite einer großen, nach oben offenen Halbkugelschale mit dem Radius R. Der Startpunkt liegt nahe dem obersten Rand der Halbkugelschale. (a) Welche kinetische Energie besitzt die kleine Kugel, wenn sie am Boden der Schale ankommt? Wieviel davon ist Rotationsenergie und wieviel Translationsenergie? (b) Welche Normalkräfte übt die Kugel auf die Kugelschale am Boden aus?
37. Eine Kreisscheibe mit dem Radius r und der Masse m liegt flach auf einer waagerechten reibungsfreien Fläche. Eine Kraft $\boldsymbol{F}$ greift tangential über eine um den Rand der Scheibe gewickelte Schnur an. Welche Translations- und Rotationsbewegung führt die Scheibe aus?
Antwort: $\alpha = 2F/mr$, $a = F/m$.
38. Ein Band von vernachlässigbarer Masse ist um einen Zylinder mit der Masse m und den Radius r gewickelt. Das Band wird senkrecht nach oben mit einer solchen Geschwindigkeit gezogen, daß der Zylinder beim Abrollen des Bandes gerade nicht nach unten fällt. (a) Welche Zugkraft überträgt das Band? (b) Welche Arbeit wurde an dem Zylinder verrichtet, bis er die Winkelgeschwindigkeit ω erreichte? (c) Wieviel Band ist in dieser Zeit abgerollt worden?
39. Es sei ein Zylinder mit der Länge l, dem Radius r und dem Gewicht W gegeben. Um jedes Ende des Zylinders ist eine Schnur gewickelt, welche an der Decke befestigt ist (Abb. 12.29). Der Zylinder liegt genau waagerecht. Dann wird er losgelassen. Man bestimme (a) die Zugspannung in jeder Schnur beim Abwickeln und (b) die Beschleunigung des Zylinders beim Fallen.
Antwort: (a) $W/6$; (b) $\frac{2}{3}g$.
40. Eine homogene Kugel beginnt aus der Ruhelage heraus vom höchsten Punkt des in Abb. 12.30 gezeigten Abhanges ohne zu rutschen hinabzurollen. Über die rechte Kante bei A fällt sie auf eine waagerechte Fläche hinunter. Es seien $H = 62$ m und $h = 19.5$ m. Man bestimme den Abstand des Aufschlagpunktes von der Kante bei A.

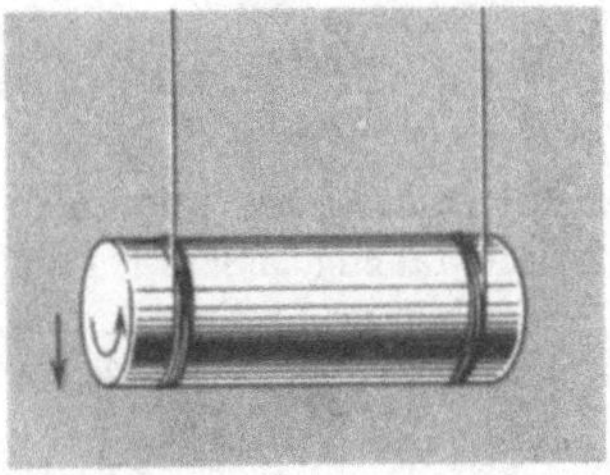

Abb. 12.29 Zu Aufgabe 39

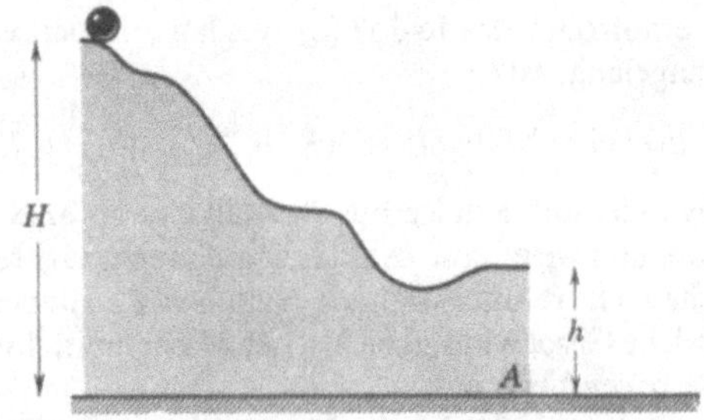

Abb. 12.30 Zu Aufgabe 40

41. Ein flexibles Band der Länge l wird eng zusammengerollt. Das eine Ende wird auf der Oberfläche einer steilen schiefen Ebene mit dem Neigungswinkel θ befestigt. Nun wird das Band losgelassen und entrollt sich daraufhin längs der schiefen Ebene (Abb. 12.31). Man zeige, daß sich das Band in der Zeit $t = \sqrt{3l/g \sin\theta}$ vollständig entrollt hat.

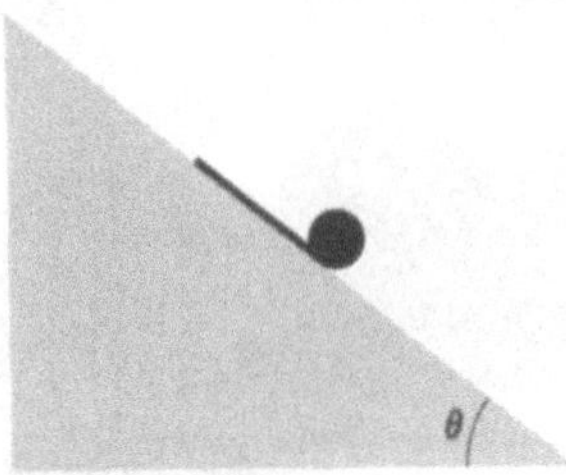

Abb. 12.31 Zu Frage 41

42. Eine kleine Murmel mit der Masse m und dem Radius r rollt ohne zu rutschen die in Abb. 12.32 gezeigte Loopingbahn hinunter. Der Startpunkt liegt irgendwo auf der geraden Anlaufstrecke. (a) Aus welcher senkrechten Höhe muß die Murmel mindestens starten, um gerade den obersten Punkt des Loopings mit dem Radius R zu erreichen? Es sei $R \gg r$. (b) Welche horizontale Kraftkomponente wirkt auf die Murmel im Punkt Q, wenn die Starthöhe $6R$ betrug?

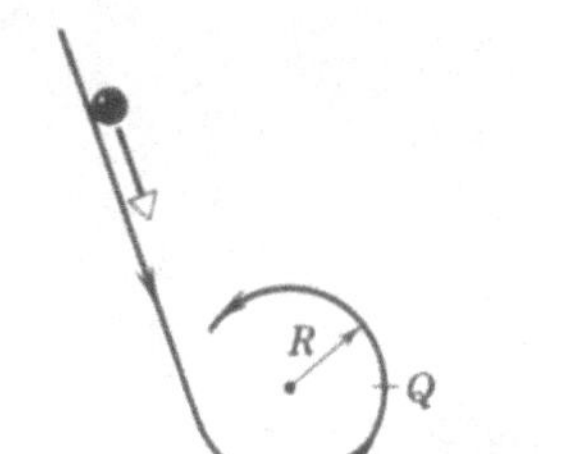

Abb. 12.32 Zu Aufgabe 42

43. Ein Jo-Jo besteht aus zwei gleichen Kreisscheiben mit dem Radius R und der gemeinsamen Masse m und einem kleinen Verbindungsstab mit einem geringen Durchmesser von $2r$. Eine Schnur der Länge $(L + R)$ wird mehrere Male um den Verbindungsstab gewickelt und ihr Ende von dem Spieler senkrecht nach oben gehalten. Dann wird die Jo-Jo-Rolle losgelassen. (a) Welche Zugkraft herrscht in der Schnur beim Abrollen und welche Zugkraft beim anschließen-

den Wiederaufrollen des Jo-Jo? (b) Wie lange dauert es, bis das Jo-Jo wieder in der Hand des Spielers angelangt ist?

Antwort: (a) beide Male $mgR^2/(R^2+2r^2)$; (b) $\frac{2}{r}\sqrt{L(2r^2+R^2)/g}$.

44. Ein Vollzylinder mit dem Radius R erhält eine anfängliche Winkelgeschwindigkeit ω um seine Längsachse und wird dann senkrecht auf eine waagerechte Tischplatte fallengelassen. Da die Tischfläche nicht reibungsfrei ist, beginnt der Zylinder zuerst zu rutschen und schließlich zu rollen. Welche Geschwindigkeit hat der Massenmittelpunkt des Zylinders in dem Zeitpunkt, in dem er zu rollen beginnt?
45. Ein Vollzylinder mit der Masse 23 kg und dem Radius 7.6 cm liegt auf einer schiefen Ebene. Um den Zylinder ist ein leichtes, dünnes Band gewickelt. Das Band führt parallel zur schiefen Ebene und über eine leichte, feststehende Rolle am oberen Ende dieser Ebene. Am Ende des Bandes hängt ein Körper der Masse 4.5 kg. Die Steigung der schiefen Ebene beträgt 30° (Abb. 12.33). Man bestimme (a) die Beschleunigung des Zylinders beim Hinabrollen und (b) die Zugkraft in dem Band. Der Zylinder soll nicht rutschen.

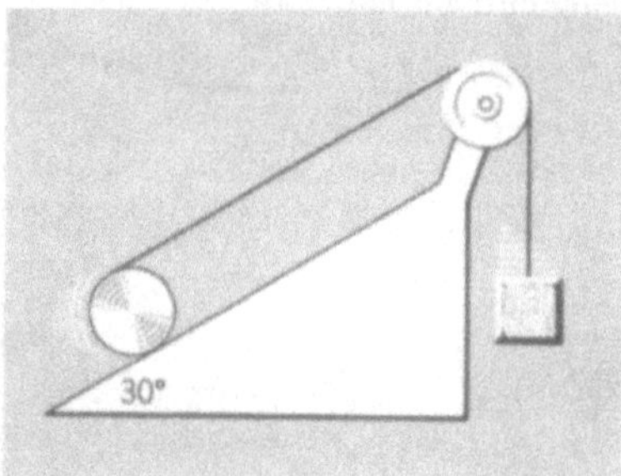

Abb. 12.33 Zu Aufgabe 45

46. Eine Billardkugel mit der Masse m und dem Radius r wird von einem Billardstock zentral gestoßen (Abb. 12.34) und erhält dabei die Anfangsgeschwindigkeit v_0. Die Reibungszahl zwischen Tischfläche und Billardkugel sei μ. Wie weit rutscht die Billardkugel?

Abb. 12.34 Zu Aufgabe 46

13 Erhaltung des Drehimpulses

13.1 Einführung

In Kapitel 12 hatten wir uns mit der Dynamik der Drehbewegung um eine feste Achse beschäftigt. Für die Beschreibung der Drehbewegung des starren Körpers reichte die skalare Gleichung 12.17, $M = J\alpha$, aus, weil wir nur die Komponenten des Drehmomentes berücksichtigten, die längs der festen Drehachse lagen.

In diesem Kapitel wollen wir die Rotationsbewegung eines starren Körpers um eine Achse behandeln, die nicht mehr in einem Inertialsystem fest fixiert ist, sondern ihre Richtung während der Bewegung des Körpers ändert. Zur Beschreibung solcher Drehbewegungen um eine freie Achse benötigen wir den Drehimpulssatz in seiner vektoriellen Form,

$$\boldsymbol{M} = \frac{\mathrm{d}\boldsymbol{L}}{\mathrm{d}t}, \tag{12.9}$$

wobei wir diesmal den Index „a“ an $\boldsymbol{M}$ weglassen.

Es gilt aber weiterhin, daß das innere Gesamtdrehmoment des starren Körpers verschwindet, solange das dritte Newtonschen Axiom in seiner strengen Form (Abschn. 12.4) gilt. $\boldsymbol{M}$ stellt also das resultierende äußere Drehmoment dar. Im Gegensatz zu den im vorherigen Kapitel besprochenen Beispielen sollen aber nunmehr auch Drehmomente bzw. Drehmomentkomponenten berücksichtigt werden, die senkrecht zur Drehachse angreifen.

Schließlich wollen wir auch Systeme behandeln, an denen keine äußeren Drehmomente angreifen. Bei derartigen Systemen gilt der Erhaltungssatz des Drehimpulses.

13.2 Der Kreisel

In Abb. 13.1a ist ein Kinderkreisel gezeigt, der sich um seine Symmetrieachse, die sogenannte *Figurenachse* des Kreisels, dreht und dessen Spitze im Ursprung O eines Inertialsystems gelagert ist. Aus der Erfahrung wissen wir, daß die Figurenachse eines solchen schnell rotierenden Kreisels nicht fest im Raum stehen bleibt, sondern sich um eine senkrechte Achse dreht und dabei einen Kegelmantel beschreibt. Diese Bewegung des Kreisels nennt man *Präzession*.

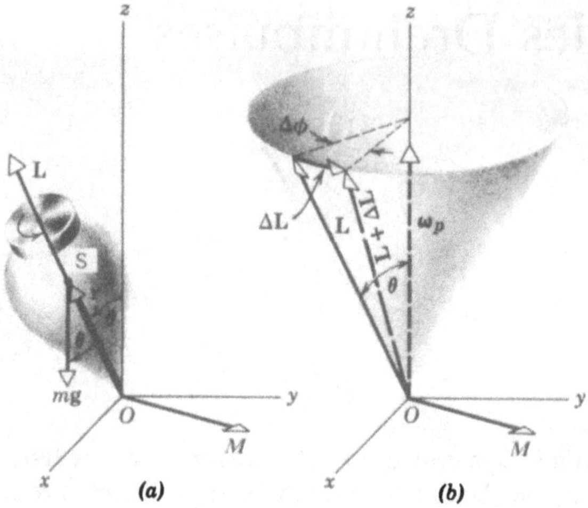

Abb. 13.1 Ein Kinderkreisel. (a) Der Drehimpuls $\boldsymbol{L}$, die Schwerkraft $m\boldsymbol{g}$ und der Ortsvektor $\boldsymbol{r}$ des Schwerpunkts des Kreisels. (b) Der durch die Präzessionsbewegung der Figurenachse beschriebene Kegelmantel. Die Winkelgeschwindigkeit ω_P der Präzessionsbewegung deutet senkrecht nach oben.

Wir wollen versuchen, diese Bewegung mit den uns zur Verfügung stehenden Gesetzen der Mechanik zu beschreiben und insbesondere die Winkelgeschwindigkeit ω_P des präzedierenden Kreisels um die z-Achse zu bestimmen. Der Kreisel in Abb. 13.1 a drehe sich mit der Winkelgeschwindigkeit $\boldsymbol{\omega}$ um seine Figurenachse und besitze den Drehimpuls $\boldsymbol{L}$ um diese Achse*. Die Figurenachse sei um einen Winkel θ gegen die Senkrechte gekippt.

Auf den Kreisel werden zwei äußere Kräfte ausgeübt. Diese sind die Stützkraft im Auflagepunkt O der Spitze und die Schwerkraft $m\boldsymbol{g}$, die im Massenmittelpunkt (Schwerpunkt) des Kreisels senkrecht nach unten wirkt. Die Stützkraft in O kann kein Drehmoment um die Figurenachse hervorrufen, da kein Kraftarm $r_\perp$ (Gl. 12.2 b) vorhanden ist. Die Gewichtskraft $m\boldsymbol{g}$ jedoch übt das Drehmoment

$$\boldsymbol{M} = \boldsymbol{r} \times \mathrm{F} = \boldsymbol{r} \times m\boldsymbol{g}$$

auf den Kreisel aus, wobei $\boldsymbol{r}$ der Ortsvektor des Schwerpunktes des Kreisels ist. In Abb. 13.1 ist die Richtung dieses Drehmomentes entsprechend der Rechte-Hand-Regel eingezeichnet worden. Ebenso wie $\boldsymbol{r}$ und $\boldsymbol{L}$ rotiert auch $\boldsymbol{M}$ mit der Winkelgeschwindigkeit ω_P des präzedierenden Kreisels um die Richtung der das Drehmoment erzeugenden Kraft, also um eine senkrechte Achse durch O.

Wir wissen, daß ein Drehmoment, das an einem starren Körper angreift, eine Änderung des Drehimpulses herbeiführt:

* Der Vektor $\boldsymbol{\omega}$ zeigt immer längs der festen Rotationsachse eines rotierenden Körpers, der Vektor $\boldsymbol{L}$ im allgemeinen aber nicht (vgl. Abschn. 13.3). Ist ein Körper jedoch bezüglich der Rotationsachse symmetrisch, so zeigen sowohl $\boldsymbol{\omega}$ als auch $\boldsymbol{L}$ längs dieser Symmetrieachse, wenn diese fest steht. Man kann hier annehmen, daß $\boldsymbol{\omega}$ und $\boldsymbol{L}$ in Abb. 13.1 a koaxial verlaufen, solange $\omega \gg \omega_P$ ist, d. h. solange die Präzession so langsam verläuft, daß sich die Richtungsänderung der Figurenachse kaum bemerkbar macht.

$$\boldsymbol{M} = \mathrm{d}\boldsymbol{L}/\mathrm{d}t\,. \tag{12.9}$$

Der Vektor $\boldsymbol{L}$ kann dabei sowohl seinen Betrag als auch seine Richtung ändern. Nach Gl. 12.9 muß die Änderung $\mathrm{d}\boldsymbol{L}$ in die gleiche Richtung wie das Drehmoment zeigen. Da aber nach Abb. 13.1 a $\boldsymbol{M}$ und $\boldsymbol{L}$ einen rechten Winkel bilden, muß auch die Änderung $\mathrm{d}\boldsymbol{L}$ mit $\boldsymbol{L}$ einen rechten Winkel bilden.

Wir wollen den Kreisel während eines kleinen Zeitintervalls Δt verfolgen. Während dieser Zeit ändert sich $\boldsymbol{L}$ nach Gl. 12.9 um

$$\Delta\boldsymbol{L} = \boldsymbol{M}\Delta t\,. \tag{13.1}$$

In Abb. 13.1 b ist die Änderung $\Delta\boldsymbol{L}$ senkrecht zu $\boldsymbol{L}$ und zu $\boldsymbol{M}$ eingezeichnet worden. Außerdem ist der von der präzedierenden Figurenachse beschriebene Kegelmantel angedeutet worden.

Nach dem Zeitintervall Δt besitzt der Kreisel einen Drehimpuls von $\boldsymbol{L} + \Delta\boldsymbol{L}$. Da der Betrag von $\Delta\boldsymbol{L}$ sehr klein sein soll, wird sich der Betrag des neuen Drehimpulses kaum von dem Betrag L des vorherigen Drehimpulses unterscheiden, aber er besitzt eine andere Richtung. Dadurch beschreibt die Pfeilspitze des Drehimpulsvektors mit fortschreitender Zeit eine Kreisbewegung in einer waagerechten Ebene (Abb. 13.1 b). Da in unserem Fall der Drehimpuls immer längs der Rotationsachse weist, führt der Kreisel selbst auch eine solche Bewegung aus, er präzediert.

Aus Abb. 13.1 b entnimmt man die Winkelgeschwindigkeit der Präzession zu

$$\omega_\mathrm{P} = \Delta\phi/\Delta t\,.$$

Da nun $\Delta L \ll L$ gilt, erhalten wir für den in Abb. 13.1 b gestrichelt gezeichneten Radius des Kegelrandes den Wert $L\sin\theta$ und für den zurückgelegten Drehwinkel

$$\Delta\phi \approx \Delta L/L\sin\theta = M\Delta t/L\sin\theta\,,$$

wobei wir ΔL aus Gl. 13.1 eingesetzt haben. Für ω_P ergibt sich damit

$$\omega_\mathrm{P} = \Delta\phi/\Delta t = M/L\sin\theta\,. \tag{13.2a}$$

Andererseits entnimmt man aus Abb. 13.1 a die Beziehung

$$M = rmg\sin(180° - \theta) = rmg\sin\theta\,,$$

womit wir schließlich

$$\omega_\mathrm{P} = mgr/L \tag{13.2b}$$

erhalten.

Die Präzessionswinkelgeschwindigkeit ist von der Neigung (Winkel θ) des rotierenden Kreisels unabhängig. Sie ist umgekehrt proportional zum Betrag des Drehimpulses, d. h. bei einem großen Drehimpuls ist die Präzessionsgeschwindigkeit klein und umgekehrt.

Der Zusammenhang kann auch in vektorieller Schreibweise angegeben werden. Zunächst stellen wir Gl. 13.2a um,

$$M = \omega_\mathrm{P} L\sin\theta\,.$$

Der Vektor ω_P weist senkrecht nach oben (Abb. 13.1 b). θ ist der von ω_P und L eingeschlossene Winkel. Also stellt diese Beziehung den Betrag des Vektorproduktes von ω_P und L mit

$$M = \omega_P \times L \tag{13.3}$$

dar. Das ist die allgemeine Beziehung zwischen der Winkelgeschwindigkeit der Präzessionsbewegung, dem Drehmoment und dem Drehimpuls des Kreisels um seine Rotationsachse. Die Gl. 13.2b kann man direkt aus Gl. 13.3 herleiten. Anhand von Abb. 13.1 b kann man sich auch von den korrekten Richtungen der in Gl. 13.3 auftretenden Vektoren überzeugen.

Beispiel 1

Eine Studentin hält die Achse eines Fahrrades, dessen Felge mit Gewichten beschwert wurde, waagerecht in der Hand (Abb. 13.2). Das Rad soll sich sehr schnell drehen. Die Studentin bekommt die Anweisung, die Achse schnell (in der Zeit Δt) um einen Winkel $\Delta\theta$ zu kippen (Abb. 13.2 b) und dabei die Achse stets in derselben senkrechten Ebene zu halten. Welche Drehmomente muß die Studentin auf das Rad übertragen, um diesen Anweisungen Folge leisten zu können?

Die Studentin merkt sehr deutlich in ihrem Handgelenk, daß sie ein Drehmoment ausüben muß, nur um die Achse in waagerechter Richtung zu halten. Dieses Drehmoment ist nötig, um den Kippeffekt der Schwerkraft, die am Massenmittelpunkt des Rades angreift, auszugleichen. Das Drehmoment hat eine Richtung längs einer waagerechten Achse, die aus der Zeichenebene senkrecht herauskommt. Dieses Drehmoment muß auch dann auf das Rad ausgeübt werden, wenn es sich nicht dreht.

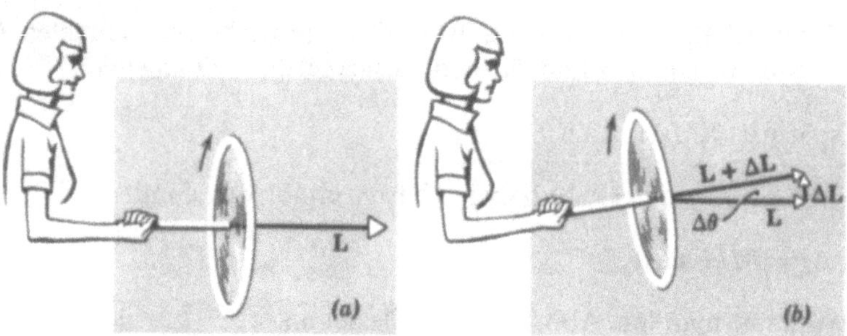

Abb. 13.2 Ein Vorlesungsversuch. (a) Eine Studentin hält die Achse eines schweren, schnell rotierenden Rades in einer Hand und (b) versucht, die Achse aus der Waagerechten um einen Winkel $\Delta\theta$ aufzurichten.

Wenn die Studentin die Achse des rotierenden Rades nach oben kippt, weicht das Rad nach rechts aus, so daß die Achse nicht mehr in derselben senkrechten Ebene gehalten werden kann. Jedesmal wenn versucht wird, die Radachse aufzurichten, muß ein Drehmoment (um eine nahezu senkrechte Achse) aufgewendet werden mit dem Ziel, die Radachse nach links zu richten, um deren Rechtsausweichen auszugleichen.

Beim Kippen der Achse ändert sich während des kleinen Zeitintervalls Δt der Drehimpuls des rotierenden Rades um ΔL, wie in Abb. 13.2b gezeigt ist. Nach Gl. 12.9 ist hierzu ein mittleres Drehmoment

$$\overline{M} = \Delta L / \Delta t$$

aufzubringen, dessen Betrag durch

$$\overline{M} = \Delta L / \Delta t = L \sin \Delta\theta / \Delta t$$

gegeben ist. Wenn der Winkel $\Delta\theta$ in Abb. 13.2b nicht zu groß ist, zeigt das mittlere Drehmoment wie die Drehimpulsänderung fast senkrecht nach oben. Würde sich das Rad nicht drehen, so würde das Drehmoment das Rad tatsächlich nach links verdrehen. Bei einem rotierenden Rad gleicht das Drehmoment nur die beim Hochkippen der Radachse auftretende Ausweichbewegung des Rades nach rechts aus.

Den eben geschilderten Versuch sollte jeder Student einmal selbst durchführen, um den Zusammenhang zwischen den Vektoren $\boldsymbol{L}$, $\Delta\boldsymbol{L}$ und $\boldsymbol{M}$ durch die Belastung in den Händen „spüren" zu können.

Zu dem Drehimpulsversuch von Abb. 13.2 gibt es einen analogen Impulsversuch, bei dem eine Person ein schweres Gewicht an einem Strick mit konstanter Geschwindigkeit in einer waagerechten Kreisbahn herumschleudert. Hierbei muß die Person in einem Zeitintervall Δt die Richtung des Impulses $\boldsymbol{p}$ des Gewichtes ändern, während der Betrag von $\boldsymbol{p}$ gleich bleibt. Das geschieht dadurch, daß eine Kraft in Richtung von $\Delta\boldsymbol{p}$ (also rechtwinklig zu $\boldsymbol{p}$) aufgebracht wird, d.h. radial nach innen. Bei dem Drehimpulsversuch von Abb. 13.3 muß in dem Zeitinterval Δt die Richtung von $\boldsymbol{L}$ geändert werden, während der Betrag von $\boldsymbol{L}$ gleich bleibt. Das geschieht dadurch, daß ein Drehmoment in Richtung von $\Delta\boldsymbol{L}$ (also rechtwinklig zu $\boldsymbol{L}$) aufgebracht wird, d.h. senkrecht nach oben.

13.3 Drehimpuls und Winkelgeschwindigkeit

In diesem Abschnitt wollen wir eine Beziehung zwischen dem Drehimpuls und der Winkelgeschwindigkeit eines rotierenden Teilchens bzw. Körpers um eine in einem Inertialsystem feste Achse suchen.

Zunächst betrachten wir nur ein einzelnes Teilchen der Masse m, das sich mit der Bahngeschwindigkeit v auf einer Kreisbahn um die z-Achse des Inertialsystems dreht (Abb. 13.3). Die Winkelgeschwindigkeit $\boldsymbol{\omega}$ des Teilchens ist nach oben gerichtet und verläuft längs der z-Achse. Der Drehimpuls $\boldsymbol{L}$ bezüglich des Ursprungs O des Inertialsystems beträgt nach Gl. 12.3

$$\boldsymbol{L} = \boldsymbol{r} \times \boldsymbol{p}\,.$$

Der Drehimpuls $\boldsymbol{L}$ steht auf der vom Ortsvektor $\boldsymbol{r}$ und Impuls $\boldsymbol{p}$ aufgespannten Ebene senkrecht, ist also nicht parallel zu $\boldsymbol{\omega}$ gerichtet. Allerdings kann man $\boldsymbol{L}$ in die Komponente $\boldsymbol{L}_z$, welche parallel zu $\boldsymbol{\omega}$ verläuft, und die Komponente $\boldsymbol{L}_\perp$, welche senkrecht zu $\boldsymbol{\omega}$ verläuft, zerlegen. Würden wir den Ursprung des Inertialsystems in die Bahnebene des rotierenden Teilchens legen, so würde $\boldsymbol{L}$ in die Richtung von $\boldsymbol{\omega}$ fallen.

Es scheint überraschend, daß $\boldsymbol{L}$ und $\boldsymbol{\omega}$ nicht parallel zueinander verlaufen. Trotzdem steht das in völliger Übereinstimmung mit dem Drehimpulssatz $\boldsymbol{M} = \mathrm{d}\boldsymbol{L}/\mathrm{d}t$. Auf der Kreisbahn des Teilchens ändert der Vektor $\boldsymbol{L}$ kontinuierlich seine Richtung, aber nicht seinen Betrag. Die gleiche Änderung hatten wir schon beim Drehimpuls des Kreisels von Abb. 13.1 kennengelernt. Lesen wir die Gleichung $\boldsymbol{M} = \mathrm{d}\boldsymbol{L}/\mathrm{d}t$ von rechts nach links, so heißt dies, daß bei einer nicht verschwindenden zeitlichen Änderung des Drehimpulses $\boldsymbol{L}$ ein Drehmoment $\boldsymbol{M}$ um den Ursprung O vorhanden sein muß, das auf das rotierende Teilchen übertragen wird.

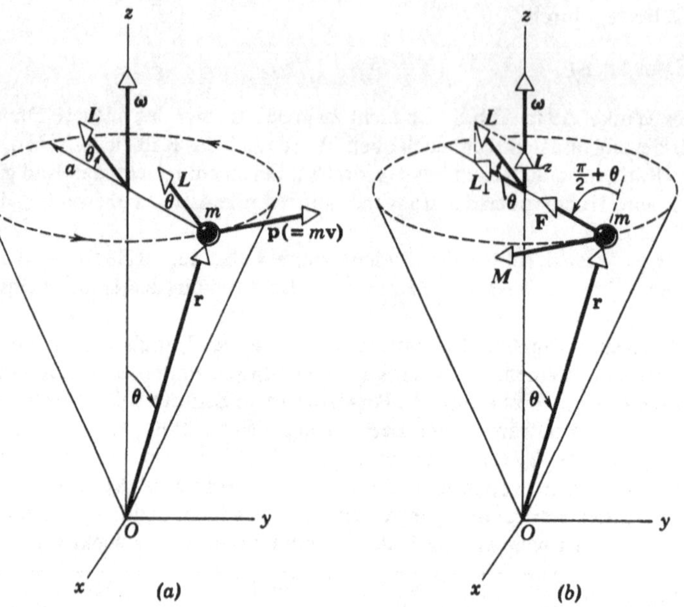

Abb. 13.3 Drehmoment und Drehimpuls eines auf einer Kreisbahn umlaufenden Teilchens. (a) Das Teilchen läuft mit der Geschwindigkeit v auf dem Kreis mit dem Radius a um die z-Achse eines Inertialsystems. Der Drehimpuls $\boldsymbol{L}$ um den Ursprung O als Drehpunkt ($\boldsymbol{L} = \boldsymbol{r} \times \boldsymbol{p}$) ist eingezeichnet. (b) Dasselbe Teilchen. Es sind hier die Komponenten von $\boldsymbol{L}$ und die am Teilchen angreifende Zentripetalkraft $\boldsymbol{F}$ sowie das daraus resultierende Drehmoment eingezeichnet.

Ein solches Drehmoment ist tatsächlich vorhanden, denn es wirkt auf das rotierende Teilchen eine Zentripetalkraft $\boldsymbol{F}$ (Abb. 13.3b), die man sich als Zugkraft in einem Faden vorstellen kann, die das Teilchen an die z-Achse bindet. Nach Gl. 12.1 können wir das durch die Zugkraft $\boldsymbol{F}$ erzeugte Drehmoment zu

$$\boldsymbol{M} = \boldsymbol{r} \times \boldsymbol{F} \tag{12.1}$$

angeben. Das Drehmoment $\boldsymbol{M}$ greift tangential an der Umlaufbahn des Teilchens an (rechtwinklig auf der von $\boldsymbol{F}$ und $\boldsymbol{r}$ aufgespannten Ebene), und seine Richtung ist durch die Rechte-Hand-Regel so bestimmt, wie in Abb. 13.3b gezeigt ist.

Beispiel 2

Man zeige, daß für das rotierende Teilchen von Abb. 13.3 die Beziehung $\boldsymbol{M} = \mathrm{d}\boldsymbol{L}/\mathrm{d}t$ gilt. Wir führen den Beweis in drei Teilen durch.

(a) Auf das kreisende Teilchen wirkt wegen der Zentripetalkraft $\boldsymbol{F}$ nach Gl. 12.1 ein Drehmoment

$$\boldsymbol{M} = \boldsymbol{r} \times \boldsymbol{F},$$

das tangential an die Kreisbahn (Radius a) verläuft und senkrecht auf der von den Vektoren $\boldsymbol{F}$ und $\boldsymbol{r}$ aufgespannten Ebene steht. Der Betrag M des Drehmomentes ist durch das Produkt der

Beträge r und F sowie dem Sinus des von r und F eingeschlossenen Winkels gegeben. Dieser Winkel ist Supplementwinkel des Winkels $(90° - \theta)$ bei m in dem aus der z-Achse, dem Ortsvektor $\boldsymbol{r}$ und der Verlängerung von $\boldsymbol{F}$ gebildeten rechtwinkligen Dreieck (Abb. 13.3b). Es gilt also für M

$$M = rF \sin[180° - (90° - \theta)] = rF \cos\theta .$$

Die Zentripetalkraft F ersetzen wir nach Gl. 11.10 durch $F = ma_R = m\,\omega^2 R$. R ist der Radius, der in unserem Beispiel durch $a = r \sin\theta$ gegeben ist. Damit erhalten wir

$$\begin{aligned} M &= r(m\omega^2 R)\cos\theta = r(m\omega^2 r \sin\theta)\cos\theta \\ &= mr^2\omega^2 \sin\theta \cos\theta . \end{aligned}$$

(b) Das rotierende Teilchen besitzt einen Drehimpuls (Gl. 12.3) von

$$\boldsymbol{L} = \boldsymbol{r} \times \boldsymbol{p} ,$$

wobei der Impuls $\boldsymbol{p} = m\boldsymbol{v}$ tangential an die Kreisbahn in Richtung der Bahngeschwindigkeit $\boldsymbol{v}$ zeigt und $\boldsymbol{L}$ rechtwinklig auf der von den Vektoren $\boldsymbol{r}$ und $\boldsymbol{v}$ aufgespannten Ebene steht, also nach der Rechte-Hand-Regel nach innen auf die Drehachse weist.

Der Betrag von L ist durch das Produkt der Beträge mv und r sowie dem Sinus des eingeschlossenen Winkels gegeben. Dieser Winkel ist nach Abb. 13.3a gerade 90°. Es gilt also

$$L = rp \sin 90° = rmv(1) .$$

Für die Bahngeschwindigkeit v setzen wir nach Gl. 11.8 $v = \omega R$ ein, wobei der Radius R in unserem Beispiel $a = r \sin\theta$ beträgt. Es gilt also

$$\begin{aligned} L = rmv &= rm\omega R \\ &= rm\omega r \sin\theta \\ &= mr^2\omega \sin\theta . \end{aligned}$$

(c) Ein Vergleich der Ergebnisse von (a) und (b) ergibt, daß L bis auf den Faktor $\omega\cos\theta$ mit M übereinstimmt. Wir ersetzen noch $\cos\theta$ durch $\sin(90° - \theta)$ und erhalten

$$M = L\omega \cos\theta = L\omega \sin(90° - \theta) .$$

M entspricht dem Betrag des von den Vektoren $\boldsymbol{\omega}$ und $\boldsymbol{L}$ gebildeten Kreuzproduktes, also von

$$\boldsymbol{M} = \boldsymbol{\omega} \times \boldsymbol{L} .$$

Man kann der Abb. 13.3 unschwer entnehmen, daß $\boldsymbol{M}$ tatsächlich auf der von $\boldsymbol{L}$ und $\boldsymbol{\omega}$ aufgespannten Ebene senkrecht steht und diese den Winkel $90° - \theta$ bilden.

Wir haben somit unser Problem auf den präzedierenden Kreisel von Abschn. 13.2 zurückgeführt, für den (Gl. 13.3) $\boldsymbol{M} = \boldsymbol{\omega}_P \times \boldsymbol{L}$ galt. Dort hatten wir diese Beziehung aber gerade aus dem Drehimpulssatz in der Form $\boldsymbol{M} = \mathrm{d}\boldsymbol{L}/\mathrm{d}t$ abgeleitet, die zu Gl. 13.3 äquivalent ist.

Weiter oben hatten wir schon festgestellt, daß es eine Komponente $\boldsymbol{L}_z$ des Drehimpulses $\boldsymbol{L}$ gibt, die in der Richtung von $\boldsymbol{\omega}$ liegt. Welche Beziehung besteht zwischen beiden? In Beispiel 2 haben wir den Betrag des Drehimpulses zu

$$L = mr^2\omega \sin\theta$$

berechnet. Für die Komponente L_z ergibt sich nach Abb. 13.3 b ein Betrag von

$$L_z = L \sin\theta = m\omega^2 r^2 \sin^2\theta = ma^2\,\omega. \tag{13.4}$$

Da weiterhin ma^2 gerade das Trägheitsmoment J des Teilchens m in bezug auf die z-Achse ist, wird L_z zu

$$L_z = J\omega. \tag{13.5}$$

Diese Beziehung kann man mit der Gleichung $L = J\omega$ (Gl. 12.18) vergleichen, die bei einem rotierenden, starren Körper den Drehimpuls mit der Winkelgeschwindigkeit verknüpft. Im Falle des um eine feste Achse rotierenden, starren Körpers gilt die Vektorgleichung $\boldsymbol{L} = J\boldsymbol{\omega}$. Im Falle des Teilchens in Abb. 13.3 gilt diese Vektorgleichung nicht, da $\boldsymbol{L}$ und $\boldsymbol{\omega}$ nicht parallel sind. Nur bezüglich der Komponente $\boldsymbol{L}_z$ gilt $\boldsymbol{L}_z = J\boldsymbol{\omega}$.

Wir erweitern unser System von Abb. 13.3 und fügen ein zweites Teilchen der Masse m hinzu, das auf derselben Kreisbahn mit derselben Geschwindigkeit um die z-Achse rotiert, aber dem ersten Teilchen gerade immer gegenübersteht (Abb. 13.4). Der Drehimpuls $\boldsymbol{L}_2$ des zweiten Teilchens um den Drehpunkt O hat denselben Betrag wie $\boldsymbol{L}_1$ und bildet denselben Winkel $(90° - \theta)$ mit der z-Achse. $\boldsymbol{L}_1$ und $\boldsymbol{L}_2$ (und $\boldsymbol{\omega}$) liegen in einer Ebene und bilden miteinander einen Winkel von $(180° - 2\theta)$.

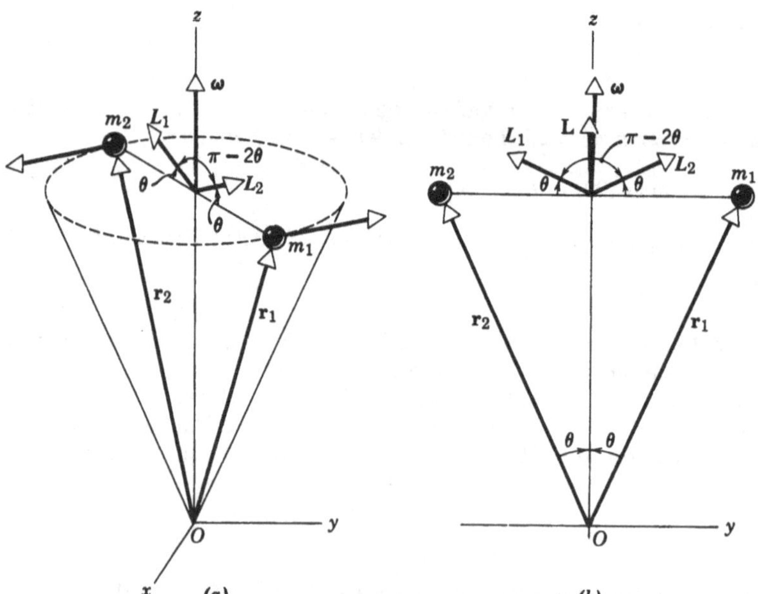

Abb. 13.4 Zwei auf einer Kreisbahn umlaufende Teilchen. (a) Die Teilchen stehen sich diametral gegenüber, ihre Drehimpulse bilden mit der Rotationsachse gleiche Winkel. (b) Der Gesamtdrehimpuls des Zweiteilchensystems $\boldsymbol{L} = \boldsymbol{L}_1 + \boldsymbol{L}_2$ zeigt längs der Rotationsachse in die Richtung der Winkelgeschwindigkeit $\boldsymbol{\omega}$.

Der Gesamtdrehimpuls eines Teilchensystems ist durch die Vektorsumme der Einzeldrehimpulse gegeben (Abschn. 12.4); in unserem Beispiel gilt also $\boldsymbol{L} = \boldsymbol{L}_1 + \boldsymbol{L}_2$. Der resultierende Drehimpuls $\boldsymbol{L}$ (Abb. 13.4b) weist in die Richtung der z-Achse (in der auch $\boldsymbol{\omega}$ liegt) und hat einen konstanten Betrag.

Das gilt unabhängig von der Lage des Ursprungs auf der z-Achse. Wenn $\boldsymbol{L}$ sowohl in Richtung als auch Betrag konstant ist, kann keine Änderung $\mathrm{d}\boldsymbol{L}/\mathrm{d}t$ auftreten, was wiederum nach Gl. 12.9 bedeutet, daß kein Drehmoment $\boldsymbol{M}$ auftritt. Man kann sich anhand der Abb. 13.3b und 13.4a davon überzeugen, daß sich die beiden durch die Zentripetalkräfte an den Teilchen erzeugten Drehmomente aufheben.

Im vorliegenden Fall des Zweiteilchensystems haben die Vektoren $\boldsymbol{L}$ und $\boldsymbol{\omega}$ nur deshalb die gleiche Richtung, weil die beiden Teilchen gleiche Masse haben und sich diametral, im gleichen Abstand von der Drehachse, gegenüberstehen.

Wie erweitern nun unser System zu einem starren Körper, der bezüglich der Rotationsachse symmetrisch aufgebaut sein soll. Es existiert damit zu jedem Masseteilchen des Körpers ein identisches anderes Masseteilchen, welches diametral gegenüberliegt und denselben Abstand von der Rotationsachse besitzt. Für alle diese Massenpaare sind $\boldsymbol{L}$ und $\boldsymbol{\omega}$ parallel. (Das gilt zum Beispiel mit Ausnahme der Fälle (f) und (j) für alle in Tabelle 12.1 gezeigten Körper.)

Man kann für einen symmetrischen starren Körper die Gl. 12.18 in vektorieller Form angeben:

$$\boldsymbol{L} = J\boldsymbol{\omega}\,. \tag{13.6}$$

Um es noch einmal deutlich zu sagen: Wenn $\boldsymbol{L}$ den Gesamtdrehimpuls repräsentiert, gilt die Gl. 13.6 nur, wenn der Körper bezüglich der festen Rotationsachse symmetrisch ist*.

Wenn $\boldsymbol{L}$ jedoch nur einen Drehimpuls oder eine Drehimpulskomponente in Richtung der Rotationsachse darstellt, so sind Gl. 13.6 und Gl. 12.8 äquivalent, und sie gelten für jeden, auch unsymmetrischen Körper, der sich um eine feste Achse dreht.

Beispiel 3

Man bestimme die Beschleunigung des fallenden Körpers in Beispiel 5 von Kapitel 12 mit Hilfe der Gleichung $\boldsymbol{M} = \mathrm{d}\boldsymbol{L}/\mathrm{d}t$.

Auf das System von Abb. 12.12 (Scheibe der Masse m_S und angehängte Masse m) wirkt nur die abwärts gerichtete Gewichtskraft, die ein Drehmoment des Systems um die Achse der Rolle erzeugen kann. Wir legen daher den Ursprung des Inertialsystems in diesen Drehpunkt.

* Diese Symmetrieforderung haben wir hier etwas vereinfacht. Jeder starre Körper besitzt durch seinen Schwerpunkt drei zueinander senkrechte Achsen, die *Hauptträgheitsachsen* (der Name deshalb, weil die Trägheitsmomente des Körpers um diese Achsen Extremwerte annehmen, nämlich Minimum, Maximum und Sattelwert), bezüglich denen $\boldsymbol{L}$ und $\boldsymbol{\omega}$ immer dieselbe Richtung haben, also $\boldsymbol{L} = J\boldsymbol{\omega}$ gilt. Bei einem rotationssymmetrischen Körper ist die Figurenachse immer eine Hauptträgheitsachse, ebenso alle zu ihr senkrechten Achsen, die durch den Schwerpunkt gehen. Im allgemeinen haben jedoch $\boldsymbol{L}$ und $\boldsymbol{\omega}$ für alle Achsen, die nicht Hauptträgheitsachsen sind, verschiedene Richtungen (vgl. zum Beispiel A. Sommerfeld, Vorlesungen über theoretische Physik, Band 1, Mechanik, viertes Kapitel, Akademische Verlagsgesellschaft, Leipzig 1964).

Zu einem beliebigen Zeitpunkt besitzt das System einen Gesamtdrehimpuls von

$$L = J\omega + (mv)R\,,$$

der sich aus dem Drehimpuls der Scheibe $J\omega$ um den Ursprung und dem Drehimpuls $Rp = (mv)R$ der fallenden Masse um den Ursprung zusammensetzt. Beide Einzeldrehimpulse haben dieselbe Richtung und weisen rechtwinklig aus der Zeichenebene von Abb. 12.12 heraus.

Mit $\boldsymbol{M} = \mathrm{d}\boldsymbol{L}/\mathrm{d}t$ wird aus diesem Ansatz

$$\begin{aligned}(mg)R &= \frac{\mathrm{d}}{\mathrm{d}t}(J\omega + mvR)\\ &= J(\mathrm{d}\omega/\mathrm{d}t) + mR(\mathrm{d}v/\mathrm{d}t)\\ &= J\alpha + mRa\,.\end{aligned}$$

Da die Beschleunigung a durch αR und das Trägheitsmoment J durch $\frac{1}{2}m_S R^2$ gegeben ist, wird die obige Gleichung zu

$$mgR = (\tfrac{1}{2}m_S R^2)\left(\frac{a}{R}\right) + mRa$$

bzw.

$$a = \frac{2mg}{m_S + 2m}\,.$$

Beispiel 4

Ein einfaches Beispiel für einen rotierenden Körper, der nicht symmetrisch zur Rotationsachse aufgebaut ist, stellt eine langgestreckte Hantel dar, deren masseloser Verbindungsstab unter einem Winkel θ zur feststehenden Rotationsachse liegt (Abb. 13.5). Wenn die Hantel mit der konstanten Winkelgeschwindigkeit ω um die Achse rotiert, liegt der Vektor $\boldsymbol{\omega}$ in der Drehachse. Aus der Erfahrung wissen wir, daß ein solches rotierendes System nicht balanciert ist, also nicht sehr stabil ist, und bei hoher Winkelgeschwindigkeit zur Seite ausbricht, wenn es bei C nicht fest gelagert ist. Die rotierende Hantel zeigt die Tendenz, sich unter einem Winkel von $\theta = 90°$ gegen die Drehachse einzustellen, weil das System dann bezüglich der Rotationsachse symmetrisch ist.

(a) Man zeige, daß in dem in Abb. 13.5 gezeigten unsymmetrischen Fall $\boldsymbol{\omega}$ und $\boldsymbol{L}$ nicht parallel sind.

Jede der beiden Massen der Hantel besitzt um den Drehpunkt O einen Drehimpuls von $\boldsymbol{r} \times \boldsymbol{p}$. Zu dem in der Abbildung gezeigten Zeitpunkt bewegt sich die obere Masse gerade rechtwinklig in die Zeichenebene hinein, die untere Masse gerade rechtwinklig aus der Zeichenebene heraus. Die Impulse der beiden Massen sind gleich groß, aber entgegengerichtet; gleiches gilt für die Ortsvektoren $\boldsymbol{r}$ der Massen, wenn in C der Ursprung des Koordinatensystems liegt. Nach der Rechte-Hand-Regel ergibt sich für jede der Massen mit $\boldsymbol{L}_1 = \boldsymbol{r} \times \boldsymbol{p}$ und $\boldsymbol{L}_2 = (-\boldsymbol{r}) \times (-\boldsymbol{p}) = \boldsymbol{r} \times \boldsymbol{p}$ derselbe Einzeldrehimpuls. Der Gesamtdrehimpuls als Summe beider Einzeldrehimpulse liegt in der Zeichenebene, senkrecht zum Verbindungsstab der Massen. $\boldsymbol{L}$ und $\boldsymbol{\omega}$ sind in diesem Zeitpunkt nicht parallel. Aber auch wenn die Hantel weiterrotiert, wird der Gesamtdrehimpuls immer unter demselben Winkel zur feststehenden Rotationsachse und damit zu $\boldsymbol{\omega}$ liegen. Der Betrag von $\boldsymbol{L}$ bleibt konstant.

(b) Die unterschiedlichen Richtungen von $\boldsymbol{L}$ und $\boldsymbol{\omega}$ in unserem Beispiel stehen völlig im Einklang mit der Gleichung $\boldsymbol{M} = \mathrm{d}\boldsymbol{L}/\mathrm{d}t$. Wir haben schon in Abschn. 13.2 (Kreisel) und in Beispiel 1 (rotierendes Rad) gesehen, daß ein um eine feste Achse rotierender Drehimpulsvektor konstanten Betra-

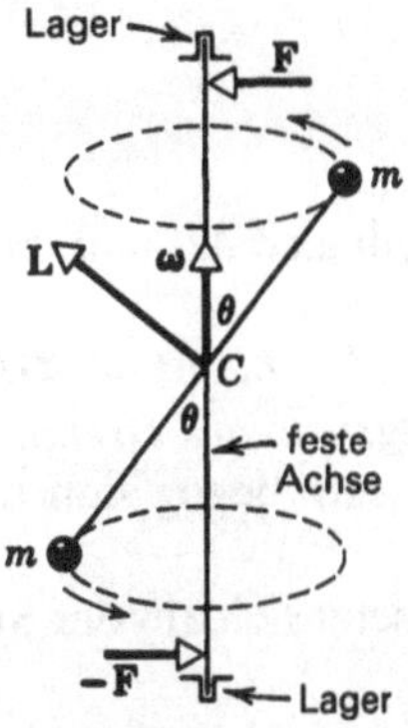

Abb. 13.5 Zu Beispiel 4. Eine unsymmetrische Kreiselbewegung.

ges mit einem Drehmoment verknüpft ist, das auf der von $\boldsymbol{L}$ und $\boldsymbol{\omega}$ aufgespannten Ebene senkrecht steht. In Abb. 13.5 ist diese Ebene durch die Zeichenebene gegeben. Wo tritt hier ein Drehmoment auf, und wodurch wird es hervorgerufen?

Es entsteht hier ein Drehmoment, weil in den Lagern der Rotationsachse wegen der unausgeglichenen Belastung seitwärts gerichtete Lagerkräfte auftreten, die über die starre Achse auf die Hantel übertragen werden. Zu dem in der Abbildung gezeigten Zeitpunkt drängt die obere Masse nach rechts auswärts. Dadurch wird die Rotationsachse im oberen Lager nach rechts gedrückt. Das Lager übt daraufhin eine Gegenkraft $\boldsymbol{F}$ nach links auf die Rotationsachse aus. In genau der gleichen Weise drängt die untere Masse der Hantel nach links, woraufhin von dem unteren Lager eine Gegenkraft $-\boldsymbol{F}$ nach rechts über die Rotationsachse auf die Hantel übertragen wird. Als Resultat dieses Kräftepaares tritt um den Befestigungspunkt C ein Drehmoment auf, welches rechtwinklig aus der Zeichenebene herauskommt und damit rechtwinklig auf der von $\boldsymbol{\omega}$ und $\boldsymbol{L}$ aufgespannten Ebene steht. Dieses Drehmoment ist dann für die Änderung des Drehimpulses in diese Richtung verantwortlich.

Wenn die Hantel weiterrotiert, rotiert auch das Kräftepaar $\boldsymbol{F}$ und $-\boldsymbol{F}$ weiter. Es wird also dauernd ein Drehmoment rechtwinklig zu der von $\boldsymbol{\omega}$ und $\boldsymbol{L}$ aufgespannten Ebene ausgeübt. In den beiden Lagern der Rotationsachse treten also Belastungsschwankungen auf, die aufgefangen werden müssen. Bei einer symmetrischen Rotation treten solche Schwankungen nicht auf.

Die in Rotationsachsen und deren Lagern auftretenden Kräfte können bei Maschinen mit schnell rotierenden Teilen, wie Elektromotoren und Turbinenrotoren, ein ernstes Problem sein. Obwohl die bewegten Teile solcher Maschinen symmetrisch konstruiert sind, können schon kleine Schwankungen und Unregelmäßigkeiten bei der Fertigung zu einem Flattern führen, und durch die große Beanspruchung der Lager werden Funktion und Haltbarkeit erheblich herabgesetzt. Man kann die Rotationssymmetrie der rotierenden Teile nachträglich durch Hinzufügen oder Entfernen von Material korrigieren, so wie es beim Auswuchten von Autoreifen mit Bleigewichten geschieht.

13.4 Erhaltung des Drehimpulses

In Kapitel 12 hatten wir gefunden, daß die zeitliche Änderung des Gesamtdrehimpulses eines Teilchensystems um einen festen Punkt eines Inertialsystems (oder des Massenmittelpunktes des Systems) gleich dem am System angreifenden resultierenden äußeren

Drehmoment ist, also

$$\boldsymbol{M}_a = \mathrm{d}\boldsymbol{L}/\mathrm{d}t\,. \tag{12.9}$$

Wir nehmen an, es greifen keine äußeren Drehmomente an, es gilt also $\boldsymbol{M}_a = 0$. Hieraus ergibt sich sofort $\mathrm{d}\boldsymbol{L}/\mathrm{d}t = 0$ bzw. $\boldsymbol{L} = \text{const.}$

Wenn die Resultierende aller äußeren Drehmomente verschwindet, bleibt der Gesamtdrehimpuls des Systems konstant. Diese Aussage wird *Erhaltungssatz des Drehimpulses* oder zweiter Impulssatz genannt. (Der erste Impulserhaltungssatz bezog sich auf die Erhaltung des Impulses, vgl. Abschn. 9.5.)

Der Gesamtdrehimpuls eines Teilchensystems aus n Teilchen setzt sich aus der Summe der Einzeldrehimpulse der Teilchen nach

$$\boldsymbol{L} = \boldsymbol{L}_1 + \boldsymbol{L}_2 + \ldots + \boldsymbol{L}_n$$

zusammen. Wenn keine äußeren Drehmomente an dem System angreifen, gilt also

$$\boldsymbol{L} = \text{const.} = \boldsymbol{L}_0\,, \tag{13.7}$$

wobei der Index 0 daraufhin weisen soll, daß $\boldsymbol{L}$ konstant ist. Die Drehimpulse $\boldsymbol{L}_i$ der einzelnen Teilchen brauchen nicht konstant zu sein, nur ihre vektorielle Summe $\boldsymbol{L}$ besitzt diese Eigenschaft. Der Drehimpuls ist ein Vektor, so daß Gl. 13.7 in einer Komponentendarstellung drei skalare Gleichungen ergibt. Die Erhaltung des Drehimpulses liefert uns somit drei unabhängige Bedingungen für die Beschreibung einer Bewegung.

Bei einem starren Körper, der sich um eine feste Achse dreht (zum Beispiel die z-Achse), gilt nach Gl. 12.18

$$\boldsymbol{L}_z = J\boldsymbol{\omega}\,, \tag{13.6a}$$

wenn $\boldsymbol{L}_z$ die Komponente des Drehimpulses längs der Rotationsachse ist und sich das Trägheitsmoment J auf dieselbe Achse bezieht. Das Trägheitsmoment eines rotierenden Körpers kann sich bei einer anderen Anordnung der Masse um die Rotationsachse verändern. Wenn keine äußeren Drehmomente angreifen, bleibt $\boldsymbol{L}_z$ konstant. Daher muß sich bei einer Änderung von J notwendigerweise die Winkelgeschwindigkeit ändern, damit Gl. 13.6 weiterhin erfüllt ist. In diesem Fall (Änderung von J) ergibt der Drehimpulserhaltungssatz

$$J\omega = J_0\omega_0 = \text{const.} \tag{13.8}$$

Diese Aussage gilt nicht nur für die Rotation um eine feste Achse, sondern auch für eine Achse durch den Massenmittelpunkt des Systems, wenn diese sich zwar bewegt, aber während der Bewegung des Körpers ihre Richtung im Raum beibehält (vgl. Fußnote auf S. 295).

Viele akrobatischen Übungen von Kunstturnern, Turmspringern und Eiskunstläufern beruhen auf diesem Prinzip. Da das Trägheitsmoment J vom Quadrat des Abstandes der Körperteile (Gl. 12.10) von der Rotationsachse abhängt, besteht für einen Sportler in einem weiten Bereich die Möglichkeit, das Trägheitsmoment durch Verändern der Körperhaltung, d. h. durch Ausstrecken und Zusammenrollen, zu variieren. Beobachten wir zum Beispiel den Kunstspringer von Abb. 13.6. Beim Abheben vom Sprungbrett

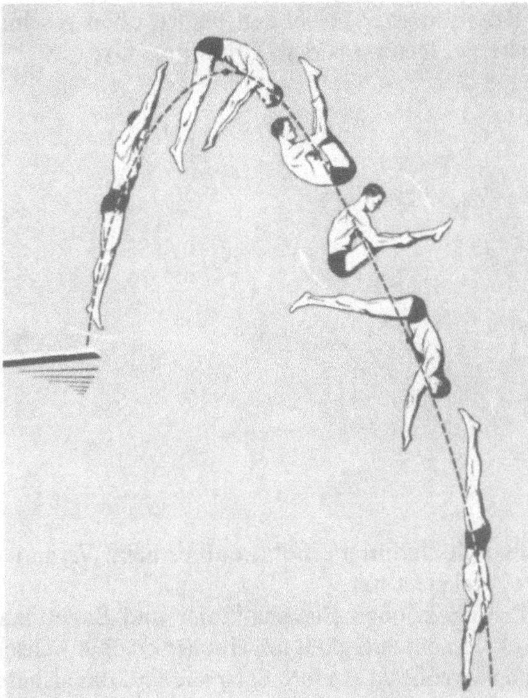

Abb. 13.6 Ein Turmspringer beim eineinhalbfachen Salto. Der Springer verläßt das Brett mit ausgestreckten Armen und Beinen und besitzt eine bestimmte Absprunggeschwindigkeit ω_0. Da während des Sprunges an seinem Schwerpunkt keine äußeren Drehmomente angreifen, bleibt sein Drehimpuls $L = J\omega$ konstant. Wenn der Springer jedoch Arme und Beine an den Körper heranzieht, vermindert sich sein Trägheitsmoment J und damit erhöht sich nach (Gl. 13.8) seine Winkelgeschwindigkeit. Streckt er zum Schluß die Arme und Beine wieder aus, so erhält er seine ursprüngliche Winkelgeschwindigkeit zurück.

besitzt er eine bestimmte Winkelgeschwindigkeit ω_0 um eine waagerechte Achse durch seinen Schwerpunkt, so daß er bei gleicher Körperhaltung nur eine halbe Umdrehung, d. h. mit dem Kopf zuerst, bis zum Eintauchen in das Wasser erreichen würde. Wenn er aber einen ganzen oder einen eineinhalbfachen Salto springen will, muß er seine Winkelgeschwindigkeit verdreifachen.

Während des Sprunges wirken keine anderen Kräfte außer der Schwerkraft. Diese jedoch kann kein Drehmoment um die Drehachse durch den Schwerpunkt hervorrufen, da sie selbst am Schwerpunkt angreift. Der Drehimpuls bleibt für den Springer während der Bewegung nach $J_0\omega_0 = J\omega$ erhalten. Es besteht also nur noch die Möglichkeit, das Trägheitsmoment zu verändern, um die Winkelgeschwindigkeit zu erhöhen. Für einen eineinhalbfachen Salto muß die Winkelgeschwindigkeit verdreifacht werden, $\omega = 3\,\omega_0$, und das Trägheitsmoment gedrittelt werden, $J = \frac{1}{3}J_0$. Wie wir wissen, kann das durch Anlegen der Arme und Beine an den Körper erreicht werden. Durch Training kann der Springer seine Absprunggeschwindigkeit (Erhöhen von ω_0) und seine Körperhaltung (Verringern von J) verbessern, so daß er noch mehr Umdrehungen während des Sprunges vollenden kann.

Es ist erwähnenswert, daß die Rotationsenergie bei den beiden oben geschilderten Sprüngen durchaus nicht die gleiche ist. Denn aus dem Erhaltungssatz

$$J_0 \omega_0 = J\omega$$

folgt mit

$$J = \tfrac{1}{3} J_0 \qquad \text{und} \qquad \omega = 3\omega_0$$

für die Rotationsenergie $\frac{1}{2} J\omega^2$:

$$E_{k,0} = \tfrac{1}{2} J_0 \omega_0^2$$

und

$$E_k = \tfrac{1}{2}(\tfrac{1}{3} J_0)(3\omega_0)^2 = \tfrac{3}{2} J_0 \omega_0^2$$

bzw.

$$E_{k,0} < E_k .$$

Der Springer hat seine Rotationsenergie dadurch erhöht, daß er beim Verändern der Körperhaltung an sich selbst Arbeit geleistet hat.

Nach dem eben geschilderten Prinzip können Eiskunstläufer und Ballettänzer Pirouetten drehen, indem sie ihre Winkelgeschwindigkeit um eine senkrechte Achse durch Anlegen oder Hochheben der Arme vergrößern. Andere Beispiele sind das sichere Landen einer Katze oder eines Eichhörnchens nach einem Sprung mit Hilfe ihres Schwanzes als zusätzlichem, aber nützlichem Anhängsel.

Beispiel 5

Eine kleine Masse m hängt an einer sehr leichten Schnur, die durch ein Rohr gezogen ist (Abb. 13.7). Eine Person hält das Rohr in einer Hand und die Schnur unterhalb des Rohres in der anderen Hand. Nun wird die Masse an der Schnur in Drehungen versetzt, bis sie auf einer waagerechten Kreisbahn vom Radius r_1 eine Bahngeschwindigkeit von v_1 erreicht hat. Die Schnur wird nun während des Kreisens nach unten durch das Rohr gezogen, so daß sich der Radius auf r_2 verkleinert. Welche Bahngeschwindigkeit v_2 und welche Winkelgeschwindigkeit ω_2 besitzt die Masse auf ihrer neuen Kreisbahn?

Das Herunterziehen der Schnur durch das Rohr wirkt auf die Masse als Radialkraft nach innen. Es wird durch diese Kraft aber kein Drehmoment um den Drehpunkt erzeugt, da die Kraft selbst durch diesen Punkt geht. Damit kann sich auch der Drehimpuls der Masse nicht ändern ($\boldsymbol{M} = \mathrm{d}\boldsymbol{L}/\mathrm{d}t$). Aus dem Drehimpulserhaltungssatz

$$L_1 = L_2$$

bzw.

$$mv_1 r_1 = mv_2 r_2$$

ergibt sich

$$v_2 = v_1 \left(\frac{r_1}{r_2}\right).$$

Da $r_1 > r_2$ gilt, ist $v_2 > v_1$; die Bahngeschwindigkeit hat sich erhöht.

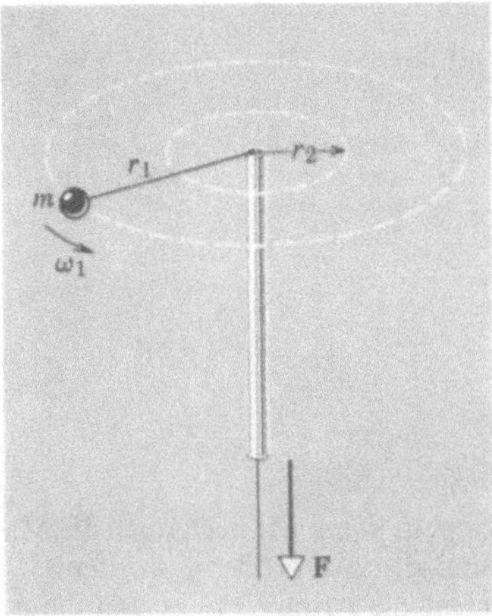

Abb. 13.7 Zu Beispiel 5. Der Radius eines auf einer Kreisbahn umlaufenden Teilchens kann durch eine Kraft $\boldsymbol{F}$ vermindert werden.

Für die Winkelgeschwindigkeit erhält man mit $v = \omega r$ aus dem Drehimpulserhaltungssatz

$$mr_1^2\omega_1 = mr_2^2\omega_2$$

bzw.

$$\omega_2 = \left(\frac{r_1}{r_2}\right)^2 \omega_1 \,.$$

Auch die Winkelgeschwindigkeit hat sich erhöht, und zwar sogar stärker als die Bahngeschwindigkeit (vgl. Aufgabe 31). Welche Rolle spielte die Gewichtskraft in diesem Beispiel?

Beispiel 6

Ein Student sitzt auf einem Drehschemel und hält an den ausgestreckten Armen je ein Gewichtsstück von 3 kg. Der Drehschemel wird in Drehungen versetzt, bis er eine Winkelgeschwindigkeit von 30 Umdrehungen in der Minute besitzt. Reibungskräfte seien vernachlässigt, sie können also keine Drehmomente erzeugen.

Wir nehmen die Arme des auf dem Schemel sitzenden Studenten als masselos an, so daß die Änderung des Trägheitsmomentes wirklich nur auf die Gewichte beschränkt bleibt, die aus einem Abstand von 1 m auf einen Abstand von 0.2 m an die Rotationsachse herangezogen werden können. Das Trägheitsmoment des Studenten sei 5 kg m^2. Man bestimme die Winkelgeschwindigkeit des Schemels einschließlich Person.

Als einzige äußere Kraft wirkt die Gewichtskraft am Schwerpunkt des Systems. Sie kann daher kein Drehmoment um die Rotationsachse hervorrufen. Der Drehimpuls des Systems bleibt konstant. Es gilt

$$J_0\omega_0 = J\omega \,.$$

Das Trägheitsmoment setzt sich aus dem Trägheitsmoment des Studenten und dem Trägheitsmoment der Gewichte zusammen:

$$J = J_S + J_G .$$

Mit den gegebenen Zahlenwerten erhalten wir

$$J_0 = 5\,\text{kg m}^2 + 2 \times 3\,\text{kg}\,(1\,\text{m})^2 = 11\,\text{kg m}^2$$

und

$$J = 5\,\text{kg m}^2 + 2 \times 3\,\text{kg}\,(0.2\,\text{m})^2 = 5.24\,\text{kg m}^2 .$$

Für die Winkelgeschwindigkeit ergibt sich somit

$$\omega = \frac{J_0}{J}\omega_0 = \frac{11}{5.24}(0.5) = 1.05\ \text{Umdrehungen/s} .$$

Die Winkelgeschwindigkeit hat sich also ungefähr verdoppelt. Wenn wir auch noch die Masse der Arme berücksichtigt hätten, wäre die Winkelgeschwindigkeit noch größer geworden.

Bleibt die kinetische Energie dieselbe, wenn der Student die Arme einzieht und dann wieder ausstreckt? Welchen Einfluß haben Reibungskräfte?

Beispiel 7

Wir wollen kurz ein klassisches Experiment zur Drehimpulserhaltung besprechen, das in jeder Physikvorlesung demonstriert wird.

Die auf dem Drehschemel von Beispiel 6 sitzende Person habe nun das schon in Beispiel 1 erwähnte rotierende Rad in den Händen. Das Rad dreht sich dieses Mal aber mit der Winkelgeschwindigkeit ω_0 um seine Achse, die senkrecht steht. Die Person und der Drehschemel ruhen. Die Person soll nun die Rotationsrichtung des Rades umkehren.

Das System soll aus Person plus Drehschemel plus Rad bestehen. Der anfängliche Gesamtdrehimpuls des Systems ist $J_0\omega_0$, da nur das rotierende Rad zum Drehimpuls beiträgt. J_0 ist das Trägheitsmoment des Rades und ω_0 seine Winkelgeschwindigkeit, die in Abb. 13.8a senkrecht nach oben zeigt.

Die Person versucht nun, die Achse des Rades um einen Winkel θ zu kippen. (Hierfür muß sie, wie wir aus Beispiel 1 wissen, ein Drehmoment aufwenden, welches aber ein inneres Drehmoment ist, da wir die Person in das System einbezogen haben.) Da kein äußeres Drehmoment auf das System einwirkt, muß der Drehimpuls, hier in senkrechter Richtung, erhalten bleiben. Nach dem Kippen der Radachse um den Winkel θ trägt das rotierende Rad nur noch eine Drehimpulskomponente von $J_0\omega_0\cos\theta$ zum Gesamtdrehimpuls bei (Abb. 13.8b). Da der Drehimpuls aber erhalten bleibt, muß der fehlende Betrag zum Gesamtdrehimpuls von der Person und dem Drehschemel geliefert werden. Der Betrag dieses zusätzlichen vertikalen Drehimpulses ergibt sich zu

$$J_P\omega_P = J_0\omega_0 - J_0\omega_0\cos\theta .$$

J_P soll das Trägheitsmoment von Person und Schemel und ω_P ihre Winkelgeschwindigkeit um die senkrechte Achse sein.

Dreht die Person die Radachse noch weiter, und zwar um 180°, da sie ja die Rotationsrichtung des Rades umkehren soll, so liefern Person und Drehschemel insgesamt einen zusätzlichen Drehimpuls um die senkrechte Achse von $2J_0\omega_0$. Der anfängliche Gesamtdrehimpuls von $J_0\omega_0$ bleibt dabei immer erhalten, wie man aus Abb. 13.8c entnimmt.

Wie sieht dieser Vorgang aus der Sicht des Drehimpulses des Rades aus? Wenn die Person die Radachse kippt, übt sie dauernd kleine Drehmomentstöße auf das Rad aus, die mit ebenso großen Gegendrehmomentstößen (das Ausweichen nach rechts in Beispiel 1) beantwortet werden. Durch

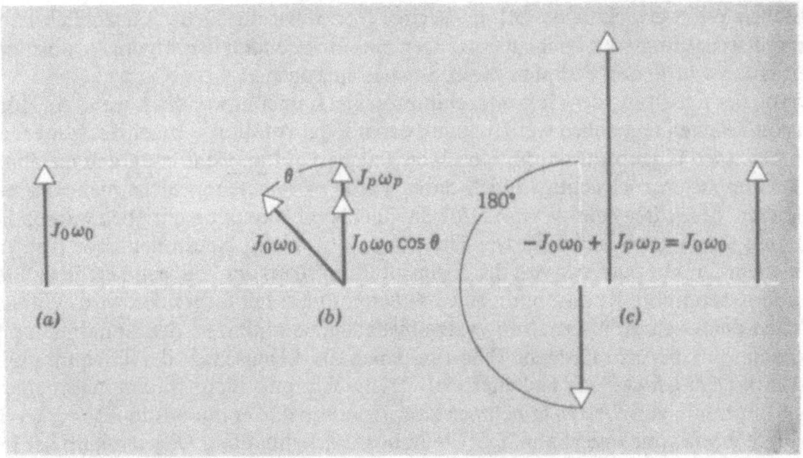

Abb. 13.8 Zu Beispiel 7. (a) Der anfängliche Drehimpuls des Systems. (b) Das rotierende Rad wurde um den Winkel θ gekippt. da an dem System in senkrechter Richtung kein äußeres Drehmoment wirkte, muß der Drehimpuls in dieser Richtung erhalten bleiben. Der fehlende Drehimpulsbetrag von $(1 - \cos\theta)J_0\omega_0$ wird von der Rotation des Drehschemels plus Person geliefert. (c) Die Achse des rotierenden Rades wurde um 180° gedreht. Der Drehimpulsbeitrag von Drehschemel plus Person ist $2J_0\omega_0$.

die vertikale Komponente dieser Reaktion erhalten Person und Schemel einen Drehimpuls um eine senkrechte Achse. Da der zusätzliche Drehimpuls von Person und Schemel immer in die Richtung des anfänglichen Impulses zeigt, drehen sich Person und Schemel immer in derselben Drehrichtung um die senkrechte Achse, nämlich in der, die das rotierende Rad zu Beginn des Versuches hatte.

Wird die Radachse zwischenzeitlich unter einem Winkel θ zur Senkrechten festgehalten, so präzediert das Rad um die Senkrechte, so wie der Kreisel in Abb. 13.1. Dann muß jedoch wie bei dem Kreisel dauernd ein waagerechtes Drehmoment, das auf der von der Senkrechten und der Radachse gebildeten Ebene senkrecht steht, von der Person aufgebracht werden.

Die genaue mathematische Beschreibung der Bewegung dieses Systems beruht nur auf der Anwendung des Drehimpulssatzes in der Form $\boldsymbol{M} = \mathrm{d}\boldsymbol{L}/\mathrm{d}t$ unter Berücksichtigung des Vektorcharakters der auftretenden Größen. Es wird als Übung empfohlen, das im einzelnen durchzuführen!

13.5 Einige weitergehende Aspekte zur Drehimpulserhaltung

Die Erhaltung des Drehimpulses gilt sowohl im Bereich der Atomphysik und Kernphysik als auch im makroskopischen Bereich und in der Himmelsmechanik. Die Newtonsche Mechanik hingegen gilt nicht mehr im atomaren und subatomaren Bereich. Sollte das Prinzip von der Drehimpulserhaltung von einer allgemeineren Gültigkeit sein als die Newtonschen Axiome? Haben wir bei der Ableitung des Drehimpulserhaltungssatzes strengere Anforderungen angenommen, als nötig waren? Wir erinnern uns, daß wir bei der Besprechung des Gesamtdrehimpulses innere Drehmomente nicht berücksichtigt hatten, da sich diese aufgrund des dritten Newtonschen Axioms paarweise aufhoben. Hierzu war nicht nur erforderlich, daß Kräfte und Gegenkräfte zwischen zwei Teilchen gleich groß und entgegengerichtet waren (das ist die weniger strenge Formulierung des dritten Newtonschen Axioms), sondern daß sie auch noch in der Richtung der Verbindungslinie beider Teilchen liegen sollten (strenge Formulierung des dritten Newtonschen Axioms). Bei einigen elektromagnetischen Wechselwirkungen gilt die strenge Formulierung nicht. Tatsächlich kann man den Drehimpulserhaltungssatz auch mit weniger einschneidenden Bedingungen ableiten. Eine weitere Vertiefung würde den Rahmen dieses Buches sprengen.

Der Satz von der Erhaltung des Gesamtdrehimpulses ist immer anwendbar, wenn ein Körper als ein System von Teilchen angesehen werden kann, deren Eigenrotation vernachlässigt werden darf. Sie ist auch bei einer Eigenrotation der einzelnen Teilchen gültig, wenn man den mit ihnen verknüpften Drehimpuls berücksichtigt Doch dann würde es sich schon nicht mehr um einfache Teilchen handeln, deren Bewegungen mit Hilfe der Teilchendynamik beschrieben werden können.

Atomare und subatomare Teilchen, wie Elektronen, Protonen, Neutronen usw. (vgl. Anhang F), besitzen einen Drehimpuls, der von der Eigenrotation (*Spin*) der Teilchen herrührt, und einen Drehimpuls, der durch ihre Rotation um einen äußeren Punkt hervorgerufen wird. Will man auf solche Teilchen den Drehimpulserhaltungssatz anwenden, so muß man den Spindrehimpuls und den Bahndrehimpuls berücksichtigen. Eine fundamentale Eigenschaft der Drehimpulse dieser Teilchen ist ihre *Quantelung*. Das bedeutet, daß der Drehimpuls nicht wie im makroskopischen Bereich ein Kontinuum von Werten annehmen kann, sondern daß er nur bestimmte vorgeschriebene, also diskrete Werte annehmen kann. Der Drehimpuls ist gequantelt. Damit nimmt der Drehimpuls eine zentrale Rolle bei der Beschreibung von Elementarteilchen und ihren Reaktionen ein (vgl. Aufgabe 9 und 10). In späteren Kapiteln des Buches werden wir uns noch näher damit befassen.

Auch bei Teilchensystemen größerer Dimensionen, zum Beispiel dem Planetensystem der Sonne oder anderen Sternsystemen, kann man die durch die Eigendrehung der Himmelskörper hervorgerufenen Drehimpulse nicht vernachlässigen. Der Drehimpulserhaltungssatz gilt in solchen Massensystemen auch nur dann, wenn sowohl der Drehimpuls der Eigenrotation als auch der Drehimpuls der Bahnbewegung berücksichtigt werden. So können zum Beispiel Gezeitenkräfte Teilbeträge eines „Eigen"-Drehimpulses in einen Bahndrehimpuls überführen. Die Erhaltung des Gesamtdrehimpulses spielt eine Schlüsselrolle bei der Aufstellung von Entstehungstheorien des Sonnensystems oder bei der Erklärung der Vorgänge in kollabierenden Riesensternen.

Die Grundlage solcher Theorien, sowohl im atomaren als im astronomischen Bereich, ist ein Additionstheorem für Drehimpulse (Aufgabe 15). Der Gesamtdrehimpuls eines Systems bezüglich des Ursprungs eines Inertialsystems ergibt sich durch Addition des Drehimpulses bezüglich des Massenmittelpunktes (Eigendrehimpuls) und des Drehimpulses des Massenmittelpunktes bezüglich des Ursprungs (Bahndrehimpuls).

Die Erhaltungssätze der Gesamtenergie, des Impulses und des Drehimpulses stellen Fundamente der Physik dar, die in allen modernen Theorien Geltung besitzen.

13.6 Dynamik der Rotationsbewegung – eine Übersicht

Die Beschreibung von Rotationsbewegungen ist verglichen mit der der Translationsbewegung ungleich komplizierter und kann in diesem Buch bei weitem nicht erschöpfend dargestellt werden. Es scheint daher ratsam, die wichtigsten Gleichungen der Rotationsbewegung tabellarisch zusammenzufassen. Dies ist in Tabelle 12.2 auf S. 306 für die kinematischen Größen geschehen, wo ein Vergleich entsprechender Größen und Beziehungen der Translationsbewegung und der Rotationsbewegung vorgenommen wurde; in Tabelle 13.1 werden nun die Beziehungen zwischen den kinematischen Größen der Rotationsbewegung angegeben und kommentiert.

Tabelle 13.1 Einige Beziehungen zwischen den dynamischen Größen der Drehbewegung

Gl.	Beziehung	Bemerkungen
		1. Definitionsgleichungen
12.1	$\boldsymbol{M} = \boldsymbol{r} \times \boldsymbol{F}$	Durch eine Kraft $\boldsymbol{F}$ hervorgerufenes Drehmoment eines Teilchens um den Drehpunkt O.
	$\boldsymbol{M}_a = \Sigma\, \boldsymbol{M}_i = \Sigma\, (\boldsymbol{r}_i \times \boldsymbol{F}_i)$	Resultierendes, äußeres Drehmoment eines Teilchensystems um den Drehpunkt O.
12.3	$\boldsymbol{L} = \boldsymbol{r} \times \boldsymbol{p}$	Drehimpuls eines Teilchens um den Drehpunkt O.
	$\boldsymbol{L} = \Sigma\, \boldsymbol{L}_i = \Sigma\, (\boldsymbol{r}_i \times \boldsymbol{p}_i)$	Drehimpuls eines Teilchensystems um den Drehpunkt O.
		2. Allgemein gültige Gleichungen
12.7	$\boldsymbol{M} = \frac{\mathrm{d}\boldsymbol{L}}{\mathrm{d}t}$	Die Bewegungsgleichung eines einzelnen Teilchens, auf das ein Drehmoment wirkt. Gilt nur, wenn sich $\boldsymbol{L}$ und $\boldsymbol{M}$ auf einen im Inertialsystem festgelegten Drehpunkt O beziehen. Entspricht der Gl. 9.12 $\boldsymbol{F} = \mathrm{d}\boldsymbol{p}/\mathrm{d}t$ der Translationsbewegung.
12.9	$\boldsymbol{M}_a = \frac{\mathrm{d}\boldsymbol{L}}{\mathrm{d}t}$	Die Bewegungsleichung eines Teilchensystems, auf das ein resultierendes äußeres Drehmoment wirkt. Gilt nur, wenn sich $\boldsymbol{M}_a$ und $\boldsymbol{L}$ (a) auf einen im Inertialsystem festgelegten Drehpunkt O oder (b) auf den Massenmittelpunkt des Systems beziehen.
		3. Gleichungen für einen starren Körper, der um eine im Inertialsystem festgelegte Achse rotiert (vgl. Fußnote auf S. 337)
12.17	$M = J\alpha$	α und J müssen in derselben Achse liegen; M muß der Betrag der Komponente von $\boldsymbol{M}_a$ in Richtung dieser Achse sein. Entspricht der Gleichung $F = ma$ der geradlinigen Bewegung.
12.18	$L = J\omega$	ω und J müssen in derselben Achse liegen; L muß der Betrag der Komponente des Gesamtdrehimpulses in Richtung dieser Achse sein. Entspricht der Gleichung $p = mv$ der geradlinigen Bewegung.

Fragen

1. In diesem Buch sind bislang sehr viele Vektorgrößen behandelt worden. Dazu gehören der Ort (Ortsvektor), die Verschiebung, die Geschwindigkeit, die Beschleunigung, die Kraft, der Impuls, der Drehimpuls. Welche Größen sind von der Wahl des Ursprungs des Bezugssystems unabhängig?
2. (a) Warum wird durch einfaches Hochkippen der Radachse in Beispiel 1 das rotierende Rad nach rechts verschoben? (b) Inwieweit würde der Versuch in Beispiel 1 verändert, wenn die Person am Boden eines Raumschiffs verankert wäre, das sich in einem gravitationsfreien Bereich des Alls befindet?

3. Der Kreisel in Abb. 13.1 fiele um, wenn er nicht rotierte. Der Kreisel präzediert, wenn sein Spindrehimpuls groß ist verglichen mit der vom angreifenden Drehmoment erzeugten Änderung des Drehimpulses, wenn er also sehr schnell rotiert. Wie bewegt sich der Kreisel, wenn seine Rotationsgeschwindigkeit dazwischen liegt und er sich nur langsam dreht?
4. Ein „Umspringkreisel" hat auf einer Seite eine kugelförmige Oberfläche von großem Radius und auf der anderen Seite einen kurzen Stiel, auf dem er kreiseln kann. Wenn man ihn auf der flachen Seite in Rotationen versetzt, springt er von allein auf die spitze Seite über und rotiert weiter. Wie kann man sich dieses Verhalten erklären? Man kann einen ähnlichen Versuch auch mit einem hartgekochten Ei durchführen. Man muß das Ei auf einer nicht zu glatten Unterfläche auf die Seite legen und in sehr schnelle Rotationen versetzen. Nach einer Weile richtet sich das Ei auf und rotiert auf der Spitze, meistens auf der stumpfen Seite, manchmal aber auch auf der spitzen. Man muß eine Seite des Eies markieren, um das beobachten zu können.
5. Der Physiker R. W. Wood war für seine Scherze bekannt. Er befestigte ein schnell rotierendes Schwungrad in einem Koffer und beauftragte einen Gepäckträger, ihm den Koffer nachzutragen. Was passierte mit dem Koffer, als Wood unverhofft eine Rechtswendung um eine Hausecke machte? Man erkläre den Vorgang unter Verwendung der Gleichung $\boldsymbol{M} = \mathrm{d}\boldsymbol{L}/\mathrm{d}t$.
6. Ein einmotoriges Flugzeug muß getrimmt werden, damit es bei unterschiedlicher Seitenbelastung waagerecht fliegen kann. Das geschieht dadurch, daß die Ruder-Null-Stellung durch Aufstellen des einen und Abstellen des anderen Querruders korrigiert wird. Warum ist das Trimmen erforderlich? Ist es unter normalen Umständen auch bei einer zweimotorigen Maschine notwendig?
7. Der Propeller eines Flugzeuges rotiere von hinten gesehen im Uhrzeigersinn. Zum Hochziehen der Maschine nach einem Sturzflug entschließt sich der Pilot, im Tiefpunkt des Sturzfluges das linke Ruder zu betätigen, um die Maschine halten zu können. Man erkläre dieses Manöver.
8. Warum benutzt ein Seilkünstler eine lange Querstange zum Balancieren?
9. In welche Richtung dreht man seinen Körper, wenn man auf einer schmalen Eisenbahnschiene entlanggeht, das Gleichgewicht verliert und nach rechts zu fallen droht?
10. Man beschreibe mit Hilfe der Gleichung $\boldsymbol{M} = \mathrm{d}\boldsymbol{L}/\mathrm{d}t$ die Vorgänge an einem Rad eines Zuges, der schnell durch eine Kurve fährt.
11. Wie kann man die Stabilität eines Fahrrades beim Fahren erklären?
12. Man erkläre mit Hilfe des Drehimpulses und des Trägheitsmomentes, wie man sich auf einer Schaukel aus dem Ruhezustand heraus hochschaukeln kann.
13. Um eine Billardkugel vom Radius R ohne Rutschen von Anfang an zum Rollen zu bringen, darf man mit dem Billardstock nicht zentral stoßen, d.h. man muß die Kugel nicht in einer Höhe R über der Tischplatte treffen, sondern in einer Höhe $\frac{2}{5}R$ über dem Mittelpunkt. Warum?
14. Wenn ein Baseball auf eine bestimmte Stelle des Schlägers trifft, spürt der Spieler einen schmerzhaften Stoß in der Hand, und der Schläger kann sogar zerbrechen (vgl. Beispiel 5 auf S. 407). Wie kann das geschehen?
15. Ein zylindrischer Stab steht senkrecht auf einer reibungsfreien Unterlage und wird am unteren Ende waagerecht angeblasen. Man beschreibe die Bewegung des Massenmittelpunktes und des oberen Endes des Stabes.

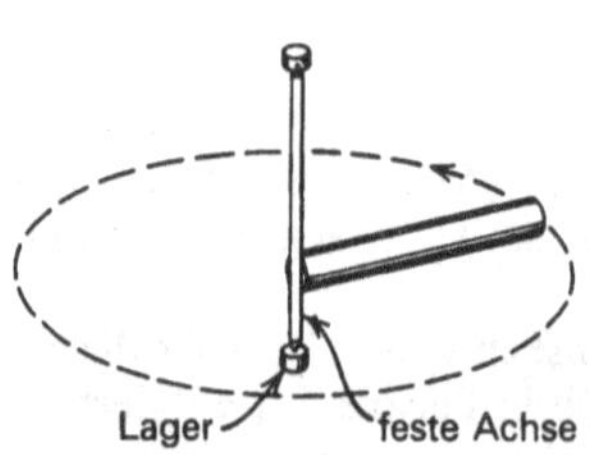

Abb. 13.9 Zu Frage 16

16. Ein Zylinder rotiert mit der Winkelgeschwindigkeit ω um eine Achse, die durch eines seiner Enden geht (Abb. 13.9). Man wähle einen geeigneten Ursprung eines Koordinatensystems und gebe die Richtungen von $\boldsymbol{L}$ und ω an. Verlaufen sie parallel? Spielen Symmetrieeigenschaften eine Rolle?
17. Ein eiförmiger Ball, wie er beim American Football benutzt wird, fliegt taumelnd durch die Luft. Bleibt der Drehimpuls um den Massenmittelpunkt des Balles erhalten? Ändern sich Richtung oder Betrag der Winkelgeschwindigkeit um eine feste Achse im Raum oder um eine feste Achse im Ball?
18. In Kapitel 1 wurde das Abschmelzen der polaren Eiskappen als mögliche Ursache für die Veränderung der täglichen Erdrotationen genannt. Man erkläre, warum.
19. Viele große Flüsse fließen zum Äquator und transportieren dabei riesige Mengen an Sedimenten in Richtung zum Meer. Welchen Einfluß könnte das auf die Eigenrotation der Erde haben?
20. Ein Mann sitzt auf einem Drehschemel, der sich mit der Winkelgeschwindigkeit ω um eine senkrechte Achse dreht. In den ausgestreckten Händen hält er zwei gleich große Massen. Ohne die Arme zu bewegen, läßt er beide Massen fallen. Ändert sich daraufhin die Winkelgeschwindigkeit? Bleibt der Drehimpuls erhalten?
21. Erhält die kleine Masse m in Beispiel 5 ihre ursprüngliche Geschwindigkeit zurück, wenn man die Schnur plötzlich wieder losläßt? Was geschieht, wenn man wiederholt die Schnur verlängert und ruckartig wieder losläßt? Man erkläre den Vorgang unter Benutzung des Energiesatzes und der Bewegungsgleichungen für die Drehbewegung.
22. Auf einem runden Drehtisch (Abb. 13.10) rotiert mit konstanter Winkelgeschwindigkeit ein Behälter um eine senkrechte Achse. Es sollen keine Drehmomente und keine Reibungskräfte auftreten. Der Boden des Behälters ist mit Eis bedeckt, das während des Rotierens langsam schmilzt. Das Schmelzwasser kann aus dem Behälter nicht auslaufen. Ändert sich die Winkelgeschwindigkeit der Anordnung während des Schmelzens, bleibt sie gleich?

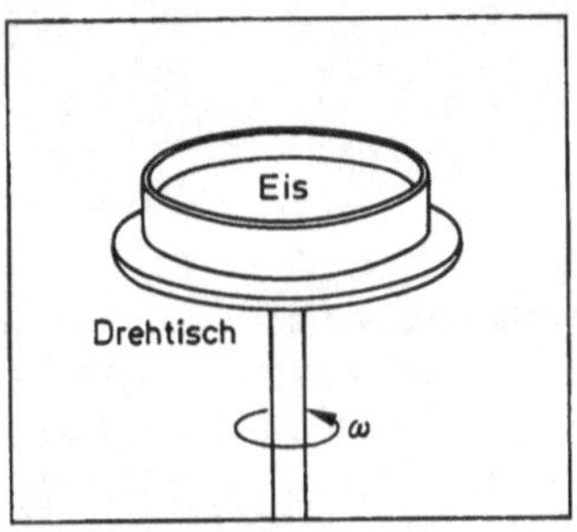

Abb. 13.10 Zu Frage 22

Aufgaben

Abschnitt 13.1

1. Das Zeitintegral über ein Drehmoment wird *Drehstoß* genannt (vgl. Abschn. 10.2 bezüglich des Kraftstoßes). Aus der Beziehung $\boldsymbol{M} = \mathrm{d}\boldsymbol{L}/\mathrm{d}t$ leite man her, daß der Drehstoß der Änderung des Drehimpulses entspricht.

Abschnitt 13.2

2. Ein Kreisel rotiert mit 30 Hz um eine gegen die Senkrechte um 30° geneigte Achse. Die Masse des Kreisels ist 0.5 kg, sein Trägheitsmoment beträgt 0.5 g m^2, der Massenmittelpunkt befindet

sich 4 cm oberhalb der Kreiselspitze. Von oben gesehen rotiert der Kreisel im Uhrzeigersinn. Welchen Betrag und welche Richtung hat die Präzessionswinkelgeschwindigkeit des Kreisels?

3. Ein *Gyroskop* bestehe aus einer rotierenden Kreisscheibe von 10 cm Durchmesser, die in der Mitte einer 12 cm langen Welle so gelagert ist, daß sie frei rotieren und präzedieren kann. Man bestimme die Präzessionsfrequenz (Präzessionswinkelgeschwindigkeit), wenn die Gyroskopwelle waagerecht liegt und an einem Ende unterstützt wird. Die Umdrehungsfrequenz der Kreisscheibe sei 1000 Umdrehungen/Minute.
Antwort: 43 U/min (4.5 rad/s).
4. Das Gyroskop von Aufgabe 3 wird so verändert, daß an dem freien Ende der Welle ein kleines Gewicht befestigt wird. Man bestimme die Winkelgeschwindigkeit der Präzessionsbewegung als Funktion des Verhältnisses von zusätzlicher Masse zur Masse der Gyroskopscheibe.

Abschnitt 13.3

5. Man gehe von der Gl. 11.20b, $\boldsymbol{a}_R = \boldsymbol{\omega} \times \boldsymbol{v}$, für die Kreisbewegung eines Teilchens aus und zeige, daß die die Kreisbewegung verursachende Kraft durch $\boldsymbol{F} = \boldsymbol{\omega} \times \boldsymbol{p}$ gegeben ist. Man vergleiche dieses Ergebnis mit Gl. 13.3 $\boldsymbol{M} = \boldsymbol{\omega}_P \times \boldsymbol{L}$, und erkläre, warum man die Präzessionsbewegung eines rotierenden Kreisels als Analogon der gleichförmigen Kreisbewegung ansehen kann.
6. Zwei Räder A und B sind mit einem Riementrieb verbunden (Abb. 13.11). Der Radius von B ist dreimal größer als der von A. In welchem Verhältnis stehen die Trägheitsmomente J_A/J_B, wenn (a) beide Räder denselben Drehimpuls und (b) beide Räder dieselbe Rotationsenergie besitzen?

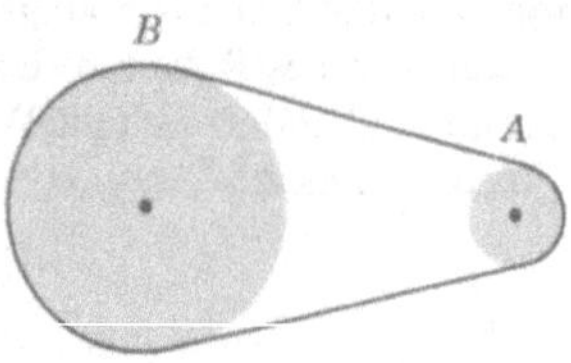

Abb. 13.11 Zu Aufgabe 6

7. Man zeige, daß $\boldsymbol{L} = J\boldsymbol{\omega}$ für das Zweiteilchensystem von Abb. 13.4 gilt.
8. Abb. 13.12 zeigt den Schnitt durch einen um die z-Achse rotationssymmetrischen Körper. Der Ursprung des Koordinatensystems liegt im Massenmittelpunkt des Körpers. Man zeige durch Aufsummieren der Drehimpulse aller Massenelemente m_i des Körpers, daß $\boldsymbol{L} = J\boldsymbol{\omega}$ gilt. $\boldsymbol{L}$ ist der Gesamtdrehimpuls.

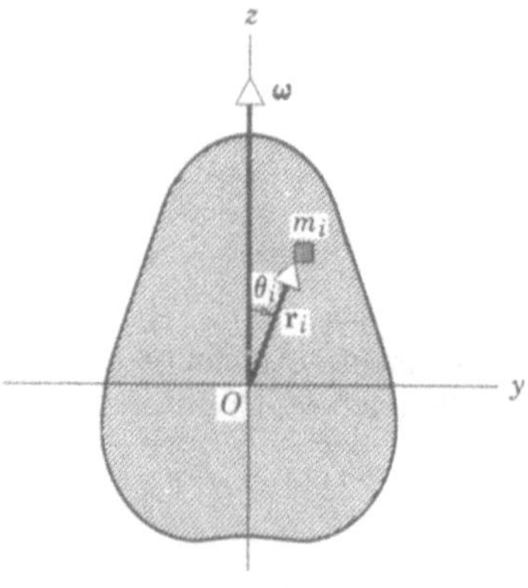

Abb. 13.12 Zu Aufgabe 8

9. (a) In einem Wasserstoffatom bewege sich ein Elektron auf einer kreisförmigen Umlaufbahn um ein Proton. Die auf das Elektron wirkende Zentripetalkraft sei durch die elektrische Anziehungskraft $e^2/4\pi\varepsilon_0 r^2$ gegeben, wobei e die elektrische Elementarladung, r der Bahnradius des Elektrons und ε_0 eine Konstante ist. Man zeige, daß der Bahnradius r durch

$$r = \frac{e^2}{4\pi\varepsilon_0 m v^2}$$

bestimmt ist, wenn m die Masse des Elektrons und v seine Bahngeschwindigkeit ist. (b) Der Bahndrehimpuls eines Elektrons ist gequantelt. Er kann nur ganzzahlige Vielfache von $h/2\pi$ annehmen, wobei die Konstante h die *Planck-Konstante* (*Plancksches Wirkungsquantum*) ist. Man zeige, daß die einzig möglichen Umlaufbahnen durch die Radien

$$r = \frac{nh}{2\pi m v}$$

gegeben sind. (c) Man eliminiere aus den beiden Gleichungen v und zeige, daß die Bedingungen aus (a) und aus (b) für r nur von den Radien

$$r = \frac{n^2 \varepsilon_0 h^2}{\pi m e^2}$$

erfüllt werden. Die erlaubten Bahnradien eines Elektrons sind zum Quadrat der ganzen Zahlen $n = 1, 2, \ldots$ proportional. Für den kleinsten Radius mit $n = 1$ ergibt sich der Wert $r = 0.528 \times 10^{-10}$ m.

10. Im Jahre 1923 postulierte Niels Bohr, daß der Drehimpuls jedes rotierenden mechanischen Systems mit dem Trägheitsmoment J nur Werte annehmen kann, die Vielfache von $h/2\pi = 1.054 \times 10^{-34}$ Js sind, also

$$L = J\omega = n\frac{h}{2\pi}.$$

(n kann auch den Wert Null annehmen). Man spricht dann von einer Quantelung des Drehimpulses. (a) Man zeige, daß unter dieser Annahme auch die kinetische Energie gequantelt ist. (b) Man betrachte den sogenannten *starren Rotator*, das ist eine punktförmige Masse, die in einer Kreisbahn vom Radius R um einen Drehpunkt rotiert. Welche Winkelgeschwindigkeit hat der Rotator nach dem Bohrschen Postulat? Welche kinetische Energie kann er annehmen? (c) Man zeichne ein Energieniveauschema, das zeigt, wie sich die Niveauabstände mit steigendem n ändern (Abb. 13.13). Manche zweiatomigen Moleküle lassen sich nach dem Modell des starren Rotators beschreiben.

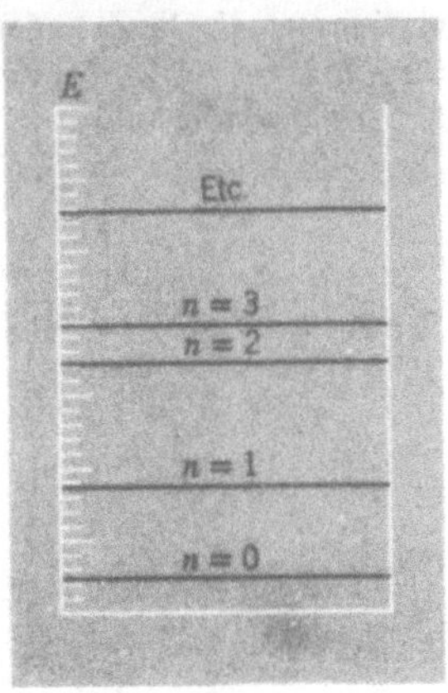

Abb. 13.13 Zu Aufgabe 10

11. Unter Benutzung der in Anhang C und D dieses Buches gegebenen Daten bestimme man (a) den Eigendrehimpuls und (b) den Bahndrehimpuls der Erde.
Antwort: (a) 7.1×10^{33} kg m²/s; (b) 2.7×10^{40} kg m²/s.
12. Ein 1.2 m langer Stab der Masse 4.4 kg liegt auf einer reibungsfreien waagerechten Fläche. Er wird rechtwinklig von einem horizontal gerichteten Kraftstoß von 13 N s an einer Stelle angestoßen, die sich 46 cm von seinem Mittelpunkt entfernt befindet. Man gebe die Bewegung des Stabes an.
13. Wie wir wissen, dreht sich der Mond so um die Erde, daß man immer nur dieselbe Seite sieht. (a) Welcher Zusammenhang besteht zwischen dem Eigendrehimpuls L_S und dem Bahndrehimpuls L_B des Mondes um die Erde? (b) Um wieviel müßte sich der Eigendrehimpuls des Mondes ändern, damit man während eines Mondumlaufes alle Seiten des Mondes zu Gesicht bekäme?
Antwort: (a) $L_S/L_B = \frac{2}{5}(R_M/R_{E-M})$, wenn R_M der Mondradius und R_{E-M} der Abstand Mond–Erde ist; (b) um $+\frac{1}{2}$ oder $-\frac{1}{2}$ des jetzigen Wertes.
14. Ein Zylinder rollt eine Ebene hinunter, die gegen die Waagerechte um den Winkel θ geneigt ist. Unter Anwendung von Gl. 12.9, $\boldsymbol{M} = \mathrm{d}\boldsymbol{L}/\mathrm{d}t$, zeige man, daß die Beschleunigung des Massenmittelpunktes $\frac{2}{3} g \sin\theta$ beträgt. Man vergleiche diesen Lösungsweg mit dem von Beispiel 10 in Kapitel 12.
15. *Beziehung zwischen dem Gesamtdrehimpuls eines Teilchensystems und dem Bahn- und Spindrehimpuls.* Der Gesamtdrehimpuls eines Teilchensystems bezüglich des Ursprungs O eines Inertialsystems ist durch $\boldsymbol{L} = \Sigma \boldsymbol{r}_i \times \boldsymbol{p}_i$ gegeben, wenn sich $\boldsymbol{r}_i$ und $\boldsymbol{p}_i$ auf den Ursprung O beziehen. (a) Man benutze die Beziehungen $\boldsymbol{r}_i = \boldsymbol{r}_S + \boldsymbol{r}'_i$ und $\boldsymbol{p}_i = m_i \boldsymbol{v}_S + \boldsymbol{p}'_i$ von Aufgabe 10 in Kapitel 12 und stelle $\boldsymbol{L}$ als Funktion von $\boldsymbol{r}'_i$ und $\boldsymbol{p}'_i$ dar. (b) Man leite unter Benutzung der Definition des Massenmittelpunktes (Abschn. 9.1) und des Drehimpulses um den Massenmittelpunkt als Drehpunkt (Aufgabe 10 in Kapitel 12) die Beziehung $\boldsymbol{L} = \boldsymbol{L}' + \boldsymbol{r}_S \times m\,\boldsymbol{v}_S$ her. (c) Man erkläre, warum man dieses Resultat so interpretieren kann, als ob der Gesamtdrehimpuls die Summe aus dem Spindrehimpuls (Drehimpuls um den Massenmittelpunkt) und dem Bahndrehimpuls (Drehimpuls des Massenmittelpunktes um den Ursprung O) ist.
16. Ein dünnes rechteckiges Blech mit den Seitenlängen a und b rotiere mit konstanter Winkelgeschwindigkeit um eine seiner Diagonalen, die in einem Inertialsystem festliegen soll. Man bestimme den Betrag und die Richtung des Drehimpulses $\boldsymbol{L}$ um den Massenmittelpunkt als Drehpunkt.
17. Es sei die Situation von Abb. 13.14 gegeben. Der Zylinder befindet sich anfänglich in Ruhe. Der Block mit der Masse M bewegt sich reibungsfrei über eine Fläche mit der Geschwindigkeit v_1 nach rechts über den Zylinder hinweg und gelangt in die gestrichelt gezeichnete Position. Bei der ersten Berührung mit dem Zylinder rutscht der Block noch, doch die Reibung zwischen ihm und dem Zylinder ist so groß, daß das Rutschen aufhört, bevor der Block sich vollends vom Zylinder löst. Der Zylinder habe den Radius R und das Trägheitsmoment J. Die Zylinderachse liege fest. Man bestimme die Geschwindigkeit v_2 des Blocks als Funktion von v_1, M, J und R. Hinweis: Man benutze die Beziehung zwischen Kraftstoß und Impulsänderung.
Antwort: $v_1/(1 + J/M R^2)$.

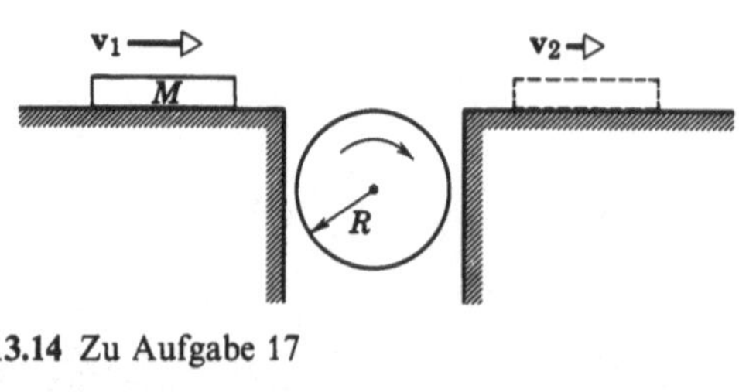

Abb. 13.14 Zu Aufgabe 17

18. Ein Stab der Länge l und der Masse M liegt auf einer reibungsfreien Tischfläche. Ein Hockey-Puck der Masse m stößt mit der Geschwindigkeit v elastisch mit dem Stab zusammen, so wie in Abb. 13.15 gezeigt ist. (a) Welche physikalischen Größen bleiben bei dem Stoß erhalten? (b) Wie groß muß m sein, damit der Puck nach dem Stoß sofort zum Stillstand kommt?

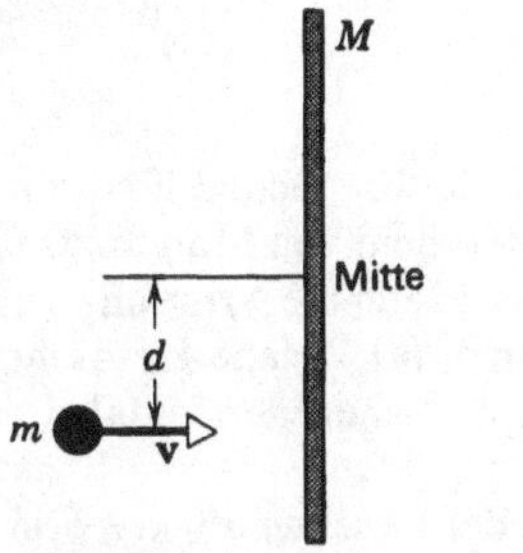

Abb. 13.15 Zu Aufgabe 18

19. Ein Stab der Länge $2L$ hängt vertikal herab. In welchem Punkt unterhalb der Aufhängung muß man den Stab anstoßen, damit er zu schwingen beginnt, ohne daß an seinem Aufhängepunkt anfänglich eine horizontale Reaktionskraft auftritt?
Antwort: $4L/3$.
20. Zwei Zylinder mit den Radien R_1 und R_2 und den Trägheitsmomenten J_1 und J_2 drehen sich um feste Achsen, die aus der Zeichenebene von Abb. 13.16 senkrecht herauskommen. Der große Zylinder 1 dreht sich anfänglich mit der Winkelgeschwindigkeit ω_0. Der kleine Zylinder 2 bewegt sich geradlinig nach rechts, bis er auf den großen Zylinder trifft und nach anfänglichem Durchrutschen wegen der Reibungskräfte zwischen den Zylindern in Rotation versetzt wird. Beide Zylinder rotieren mit der gleichen Winkelgeschwindigkeit in unterschiedlichem Drehsinn. (a) Man gebe die Winkelgeschwindigkeit ω_2 des kleinen Zylinders als Funktion von J_1, J_2, R_1, R_2 und ω_0 an. (b) Bleibt der Gesamtdrehimpuls in diesem Beispiel erhalten?

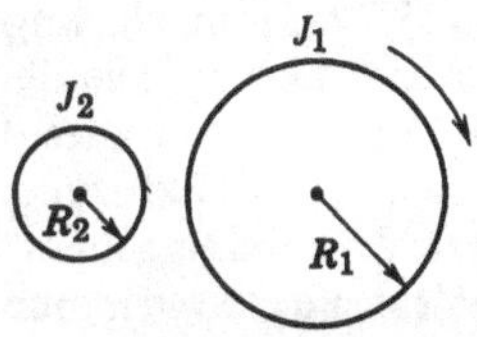

Abb. 13.16 Zu Aufgabe 20

21. Eine ruhende Billardkugel mit dem Radius R erhält mit dem Billardstock einen kurzen Kraftstoß in einer Höhe h oberhalb ihres Schwerpunktes (Abb. 13.17) und erhält eine Anfangsgeschwindigkeit v_0. Wegen ihres Vorwärtsdralls erhöht sich die Geschwindigkeit auf $\frac{9}{7}v_0$. Man zeige, daß für diesen Fall die Höhe einen Wert von $h = \frac{4}{5}R$ haben muß.

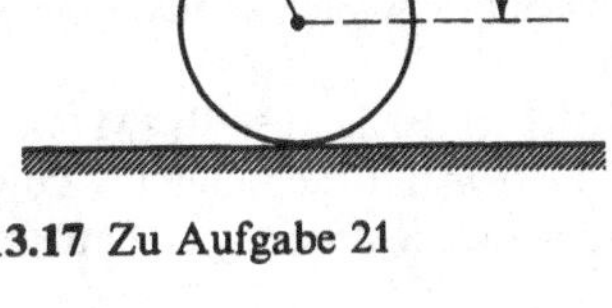

Abb. 13.17 Zu Aufgabe 21

22. Man stelle sich vor, daß die Kraft $\boldsymbol{F}$ in Aufgabe 21 unterhalb des Schwerpunktes angreift. (a) Man zeige, daß bei diesem Rückwärtsdrall der Kugel nur für $h = R$ die anfängliche Geschwindigkeit v_0 der Kugel auf Null zurückgeht, bevor sie zu rollen beginnt. (b) Man zeige, daß es nicht möglich ist, der Billardkugel eine Rückwärtsgeschwindigkeit (nach rechts in Abb. 13.17) zu geben, wenn die Kraft $\boldsymbol{F}$ keine senkrecht nach unten gerichtete Komponente besitzt.

Abschnitt 13.4

23. Ein Mann steht auf einer reibungsfreien Plattform, die sich mit der Frequenz 1 Hz dreht. In den ausgestreckten Händen hält er je ein Gewicht. Das Trägheitsmoment von Mann plus Gewichten plus Plattform beträgt in dieser Stellung 6 kg m^2. Wenn der Mann die Arme an den Körper heranzieht, vermindert sich das Trägheitsmoment auf 2 kg m^2. (a) Welche Umdrehungsfrequenz hat die Plattform nun? (b) Um wieviel hat sich die kinetische Energie dabei erhöht?
Antwort: (a) 3 Hz; (b) um den Faktor 3.
24. Zwei Schlittschuhläufer von je 50 kg Masse gleiten jeder mit der Geschwindigkeit von 10 m/s auf parallelen Bahnen im Abstand von 3 m aneinander vorbei. Der eine von ihnen trägt eine 3 m lange Latte, die der zweite beim Vorbeifahren erfaßt. Reibungskräfte seien vernachlässigt. (a) Man beschreibe quantitativ die Bewegung des durch die Latte verbundenen Läuferpaares. (b) Beide Läufer ziehen sich an der Latte vor, so daß sich ihr Abstand auf 1 m verringert. Welche Bewegung vollführen sie? (c) Man vergleiche die kinetische Energie des Läuferpaares von (a) und (b). Woher kommt die Änderung?
25. Ein Rad dreht sich mit der Umdrehungsfrequenz von 800 U/min um eine Achse, deren Masse vernachlässigbar sei. Auf dieselbe Achse wird ohne Zeitverzögerung ein zweites, stillstehendes Rad mit dem doppeltem Trägheitsmoment des ersten angeflanscht. (a) Wie groß ist die Winkelgeschwindigkeit des Doppelrades? (b) Man berechne die Änderung der Rotationsenergie nach dem Anflanschen.
Antwort: (a) 267 U/min; (b) 2/3 weniger als vorher.
26. Das Rad eines Fahrrades habe einen Durchmesser von 70 cm. Die Nabe und die Speichen seien masselos, so daß die gesamte Masse von 3.8 kg in den schmalen Felgen des Rades liegt. Das Rad rotiert ohne Reibung um seine Achse. Ein Mann steht auf einer reibungsfrei drehbaren Plattform und hält das Rad mit der Achse senkrecht nach oben über seinen Kopf. Von oben gesehen dreht sich das Rad mit einer Winkelgeschwindigkeit von 57.7 rad/s im Uhrzeigersinn. Das Trägheitsmoment von Plattform plus Mann plus Rad beträgt 2.1 kg m^2. Die Plattform steht anfänglich still. (a) Der Mann stoppt mit einer Hand die Drehung des Rades. Welche Winkelgeschwindigkeit (Betrag und Richtung) besitzt das System nun? Das Experiment wird wiederholt, es wird aber jetzt in die Achse des Rades ein Reibungswiderstand eingebaut, so daß das Rad allmählich von allein zum Stillstand kommt. Wie verhält sich das System nun? Man gebe möglichst viele Informationen über das System.
27. Der Rotor eines Elektromotors besitzt ein Trägheitsmoment von $J = 2 \times 10^{-3}$ kg m^2 um seine Drehachse. Er wird parallel zur Längsachse einer Raumsonde montiert, die ein Trägheitsmoment von 12 kg m^2 um diese Achse besitzt. Wie viele Umdrehungen des Motors sind nötig, um die Sonde um einen Winkel von 30° um ihre Achse zu drehen?
Antwort: 500 Umdrehungen.
28. In einem Vorlesungsversuch wird auf ein reibungsfrei drehbares Rad mit der Masse M und dem Radius R eine elektrische Spielzeugeisenbahn aufgebaut. Die Schienen werden im Kreis auf der Felge des Rades verlegt. Eine Lokomotive der Masse m wird auf die Schienen gesetzt, und der Strom wird eingeschaltet. Die Lok erreicht eine konstante Geschwindigkeit v relativ zu den Schienen. Welche Winkelgeschwindigkeit erreicht das Rad, auf dem die Eisenbahn aufgebaut ist? (Die Massen der Radspeichen seien vernachlässigt.)
29. Ein Mädchen (Masse M) steht auf dem Rand eines stillstehenden Karussells (Masse $10\,M$, Radius R, Trägheitsmoment J). Es wirft einen Stein der Masse m mit einer Geschwindigkeit v (relativ zur Erde) in waagerechter Richtung und tangential zum Karussell nach außen. Rei-

bungskräfte seien vernachlässigt. (a) Welche Winkelgeschwindigkeit erreicht das Karussell? (b) Mit welcher Bahngeschwindigkeit wird das Mädchen nach dem Wurf auf dem Karussell bewegt?
Antwort: (a) $mvR/(J+MR^2)$; (b) $vmR^2/(J+MR^2)$.

30. Auf einem Spielplatz steht ein kleines Karussell von 2.4 m Durchmesser und 180 kg Masse. Der Trägheitsradius (vgl. Aufgabe 14 in Kapitel 12) ist 91 cm. Ein Kind von 44 kg Masse rennt mit einer Geschwindigkeit von 3 m/s tangential auf die Karussellplattform zu und springt auf. Man bestimme die Winkelgeschwindigkeit des Karussells. (Das Karussell stand anfänglich still, Reibungskräfte seien vernachlässigt.)
31. Eine flache Kreisscheibe mit der Masse M und dem Radius R rotiert mit der Winkelgeschwindigkeit ω_0 um eine waagerechte Achse durch ihren Mittelpunkt (Abb. 13.18). (a) Welche kinetische Energie und welchen Drehimpuls besitzt die Scheibe? (b) Aus der Scheibe bricht ein kleines Stückchen Material der Masse m heraus und fliegt senkrecht nach oben weg. Welche Höhe erreicht das Bruchstück? (c) Welche Winkelgeschwindigkeit, welchen Drehimpuls und welche kinetische Energie besitzt die Scheibe ohne Bruchstück?
Antwort: (a) $MR^2\omega_0^2/4$, $MR^2\omega_0/2$; (b) $R^2\omega_0^2/2\,g$; (c) $\omega_0, (M/2-m)R^2\omega_0$, $(M/2-m)R^2\omega_0^2/2$.

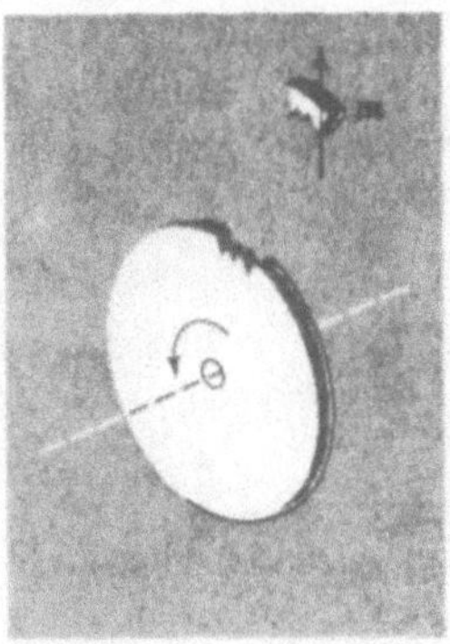

Abb. 13.18 Zu Aufgabe 31

32. Eine Fliege der Masse m krabbelt mit der Geschwindigkeit v (relativ zur Erde) gegen den Uhrzeigersinn auf dem Rand einer waagerecht liegenden Drehscheibe mit dem Radius R und dem Trägheitsmoment J entlang. Die Scheibe dreht sich mit der Winkelgeschwindigkeit ω reibungsfrei im Uhrzeigersinn. Die Fliege stößt unverhofft auf ein Zuckerkrümelchen und stoppt. Reibungskräfte seien vernachlässigt. (a) Welche Winkelgeschwindigkeit hat die Drehscheibe nach dem Anhalten der Fliege? (b) Bleibt die Energie erhalten?
33. Man vergleiche die kinetischen Energien der Masse m von Beispiel 5 in zwei unterschiedlichen Kreisbahnen. Man benutze den Energiesatz und berücksichtige die Arbeiten, die geleistet werden.

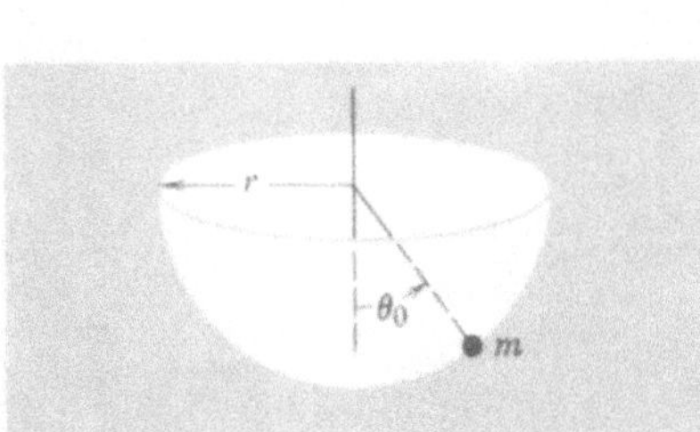

Abb. 13.19 Zu Aufgabe 34

34. Ein Teilchen der Masse m wird in das Innere einer ruhenden, glatten, halbkugelförmigen Schale mit dem Radius r waagerecht hineingeschossen (Abb. 13.19). Welche Anfangsgeschwindigkeit v_0 muß das Teilchen haben, um gerade den oberen Rand der Schale zu erreichen? Man gebe v_0 als Funktion der Anfangsposition θ_0 des Teilchens an. Hinweis: Man benutze die Erhaltungssätze.

35. In einer waagerecht verlaufenden kreisförmigen Rinne mit dem Durchmesser R liegen zwei kleine Bälle der Massen m und M, die sich in der Rinne reibungsfrei bewegen können. Die Bälle sind miteinander durch einen Faden verbunden; zwischen den Bällen ist eine gespannte masselose Schraubenfeder eingeklemmt (Abb. 13.20). (a) Der Faden wird durchgeschnitten, so daß die Feder die beiden Bälle in entgegengesetzte Richtungen auseinandertreibt. Sie selbst bleibt zurück. Wo treffen die Bälle in der Rinne aufeinander? Man gebe den Ort als Funktion des zurückgelegten Drehwinkels von M an. (b) Wann findet der Zusammenstoß der Bälle nach dem Zerschneiden des Fadens statt? Die potentielle Energie der Feder war E_0. (c) Angenommen, der Zusammenstoß war zentral und vollkommen elastisch, wo treffen die Bälle ein zweites Mal aufeinander?

Antwort: (a) $2\pi m/(m+M)$ rad; (b) $\sqrt{2\pi^2 mMR^2/(m+M)E_0}$; (c) am Startpunkt.

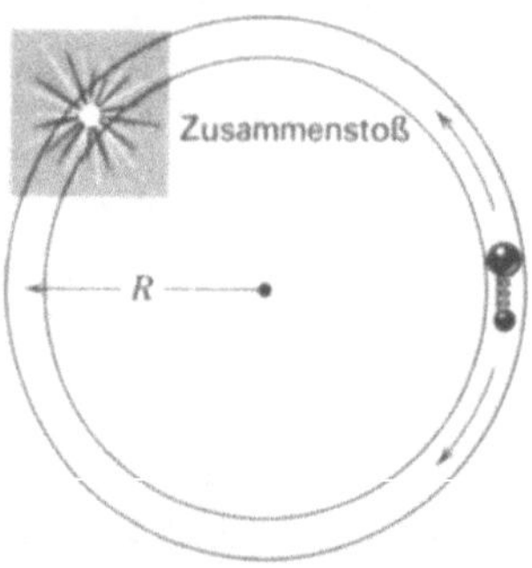

Abb. 13.20 Zu Aufgabe 35

14 Gleichgewicht starrer Körper

14.1 Der starre Körper

Die Pfeiler einer Hängebrücke müssen so stabil sein, daß sie nicht unter dem Gewicht der Brücke und der Fahrzeuge zusammenbrechen; das Fahrgestell eines Flugzeuges darf auch bei einer unsanften Landung nicht einknicken; die Zinken einer Gabel sollen sich beim Schneiden eines zähen Fleischstückes nicht verbiegen. Diese Beispiele sollen veranschaulichen, daß man sich schon bei der Konstruktion von Bauwerken, Maschinenteilen und Werkzeugen, also starrer Körper, sicher sein muß, daß diese Körper auch noch unter der vorgesehenen Belastung starr bleiben.

Ein Ingenieur muß sich zunächst fragen, welche Kräfte und Drehmomente vermutlich an einem zu konstruierenden Körper auftreten werden, und dann, ob der Körper bei der vorgesehenen Form und dem verarbeiteten Material dieser Belastung auch standhalten kann. Uns soll hier nur die erste Fragestellung interessieren, während die zweite mehr in das Aufgabengebiet der Ingenieurwissenschaften fällt. Deshalb wollen wir uns in dem vorliegenden Kapitel nur mit dem starren Körper an sich und seinen Gleichgewichtsbedingungen beschäftigen.

14.2 Gleichgewicht eines starren Körpers

Bei den Beispielen in Abschn. 14.1, also dem Brückenpfeiler, dem Fahrgestell und der Gabel, hatten wir stillschweigend vorausgesetzt, daß sich der starre Körper im Gleichgewicht befindet. Wir definieren: Ein starrer Körper befindet sich dann im *mechanischen Gleichgewicht*, wenn er weder eine beschleunigte fortschreitende (translatorische) noch eine drehende (rotatorische) Bewegung ausführt. Das bedeutet, daß sowohl die lineare Beschleunigung $\boldsymbol{a}_S$ des Massenmittelpunktes des Körpers als auch die Winkelbeschleunigung $\boldsymbol{\alpha}$ des Körpers um eine beliebige feste Achse Null sein muß. Beide Beschleunigungen werden in einem Inertialsystem gemessen.

Diese Definition setzt nicht einen ruhenden Körper voraus. Der starre Körper kann sich gegenüber einem Beobachter durchaus gleichförmig bewegen, aber eben nicht beschleunigt. Der Massenmittelpunkt des Körpers darf also eine konstante Geschwindigkeit $\boldsymbol{v}_S$ besitzen, und der Körper kann auch mit konstanter Winkelgeschwindigkeit $\boldsymbol{\omega}$ um irgendeine Achse rotieren. Und doch befindet er sich im mechanischen Gleichgewicht. Ruht der Körper tatsächlich ($\boldsymbol{v}_S = 0$ und $\boldsymbol{\omega} = 0$), so befindet er sich in einem *statischen Gleichgewicht*. Wir wollen uns einfachheitshalber nur mit dem statischen Gleichgewicht befassen. Denn bezüglich der Kräfte und Drehmomente ist es unerheblich, in welcher Art von Gleichgewicht sich der starre Körper befindet. Man kann nämlich jedes nichtstatische Gleichgewicht in ein statisches Gleichgewicht überführen, indem man ein geeignetes anderes Bezugssystem auswählt.

Die fortschreitende Bewegung eines starren Körpers der Masse m wird durch Gl. 9.10 bestimmt:

$$\boldsymbol{F}_\mathrm{a} = m\boldsymbol{a}_\mathrm{S} ,$$

wobei $\boldsymbol{F}_\mathrm{a}$ die Summe aller an dem Körper angreifenden äußeren Kräfte ist. Da nach Definition des Gleichgewichtes $\boldsymbol{a}_\mathrm{S} = 0$ gilt, kann man mit Hilfe der obigen Gleichung die Gleichgewichtsbedingung folgendermaßen formulieren: *Die vektorielle Summe aller an einem starren Körper angreifenden äußeren Kräfte ist im Gleichgewicht Null.*

Man kann also schreiben:

$$\boldsymbol{F} = \boldsymbol{F}_1 + \boldsymbol{F}_2 + \ldots = 0 . \tag{14.1}$$

In einer Komponentendarstellung lautet diese Beziehung:

$$\begin{aligned} F_x &= F_{1x} + F_{2x} + \ldots = 0 , \\ F_y &= F_{1y} + F_{2y} + \ldots = 0 , \\ F_z &= F_{1z} + F_{2z} + \ldots = 0 . \end{aligned} \tag{14.2}$$

Im Gleichgewicht sind also die Summen der Kraftkomponenten längs dreier aufeinander senkrecht stehender Richtungen Null.

Betrachten wir nun die Gleichgewichtsbedingung bezüglich einer Drehbewegung, also $\boldsymbol{\alpha} = 0$. Zwischen der Winkelbeschleunigung und dem Trägheitsmoment J eines Körpers um eine Achse gilt $M = J\alpha$ (Gl. 12.17). Man kann die Gleichgewichtsbedingung also folgendermaßen formulieren: *Die vektorielle Summe aller auf einen starren Körper wirkenden äußeren Drehmomente ist im Gleichgewicht Null.* Man kann dann schreiben:

$$\boldsymbol{M} = \boldsymbol{M}_1 + \boldsymbol{M}_2 + \ldots = 0 \tag{14.3}$$

bzw. in Komponentendarstellung

$$\begin{aligned} M_x &= M_{1x} + M_{2x} + \ldots = 0 , \\ M_y &= M_{1y} + M_{2y} + \ldots = 0, \\ M_z &= M_{1z} + M_{2z} + \ldots = 0 . \end{aligned} \tag{14.4}$$

Im Gleichgewicht sind die Summen der Drehmomentkomponenten längs dreier aufeinander senkrecht stehender Richtungen Null.

Das Gesamtdrehmoment von Gl. 14.3, dessen Betrag im Fall des Gleichgewichtes Null sein muß, ist bezüglich irgendeines Zentrums O definiert. Die Komponenten M_x, M_y und M_z in Gl. 14.4 sind skalare Größen und beziehen sich auf drei senkrecht aufeinander stehende Achsen mit dem Koordinatenursprung O. Es spielt dabei keine Rolle, wie diese drei Achsen im Raum liegen, denn wenn ein Vektor (das Gesamtdrehmoment) Null ist, müssen auch die skalaren Komponenten immer Null sein, unabhängig von der Orientierung des Koordinatensystems im Raum. Die Wahl des Ursprungs ist tatsächlich belanglos. Erfüllt nämlich ein Körper die erste Gleichgewichtsbedingung

(s. o.) und gilt $M = 0$ bezüglich irgendeines bestimmten Drehpunktes O, so ist das Gesamtdrehmoment auch bezüglich jedes anderen Drehpunktes in dem betrachteten Bezugssystem Null. Die zweite Bedingung der am Anfang dieses Abschnitts gegebenen Definition für das Vorliegen eines mechanischen Gleichgewichtes ist also schon dann erfüllt, wenn man für einen Körper mit $a_S = 0$ zeigen kann, daß (a) das Drehmoment bezüglich eines beliebigen Bezugspunktes Null ist (Gl. 14.3) oder (b) die Summen der Komponenten des Drehmomentes in irgendeinem rechtwinkligen Koordinatensystem Null sind (Gl. 14.4).

Wir wollen das nun beweisen. Wir betrachten einen starren Körper, für den die Gleichgewichtsbedingung von Gl. 14.1, also $F = F_1 + F_2 + \ldots = 0$, gilt. Diese Kräfte sind in Abb. 14.1 als Vektorpfeile eingezeichnet. Sie haben alle verschiedene Richtungen und Beträge und greifen an verschiedenen Punkten des Körpers an. Diese Punkte sind durch Ortsvektoren r bestimmt, die im Ursprung des Koordinatensystems beginnen. Wir zeigen nun, daß das Gesamtdrehmoment um eine Achse durch einen beliebigen Punkt dann Null ist, wenn das Gesamtdrehmoment um eine Achse durch einen anderen Punkt, hier den Ursprung O, Null ist. Wir suchen uns einen Drehpunkt P, dessen Position durch den Ortsvektor r_P angegeben wird. Vom Punkt P aus ist der Angriffspunkt der Kraft F_1 durch den Vektor $r_1 - r_P$ festgelegt.

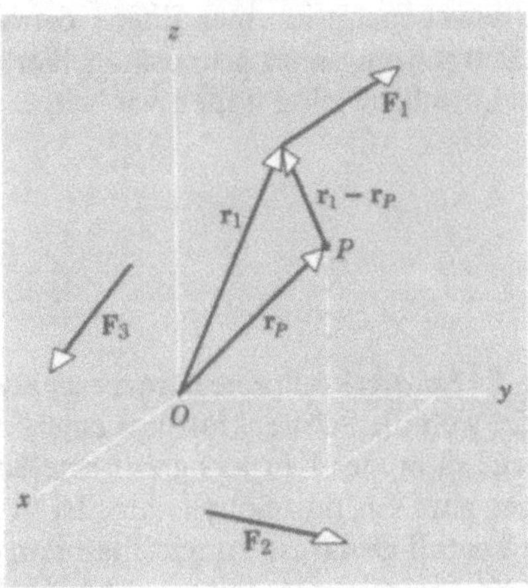

Abb. 14.1 An einem (nichtgezeigten) Körper greifen drei Kräfte F_1, F_2 und F_3 an. Die Angriffspunkte der Kräfte sind durch die Ortsvektoren r_1, r_2 und r_3 gekennzeichnet. Ist das durch die Kräfte hervorgerufene Gesamtdrehmoment um eine Achse durch O Null, so ist auch das Gesamtdrehmoment um eine Achse durch P Null.

Das Gesamtdrehmoment um eine Achse durch O ergibt sich nach Gl. 12.1 zu

$$M_O = r_1 \times F_1 + r_2 \times F_2 + \ldots + r_n \times F_n .$$

Das Gesamtdrehmoment um eine Achse durch P beträgt somit

$$M_P = (r_1 - r_P) \times F_1 + (r_2 - r_P) \times F_2 + \ldots + (r_n - r_P) \times F_n .$$

Diese Gleichung kann man umordnen zu

$$M_P = [r_1 \times F_1 + r_2 \times F_2 + \ldots + r_n \times F_n] - [r_P \times (F_1 + F_2 + \ldots + F_n)] .$$

Da der Körper nach unserer Voraussetzung die erste Gleichgewichtsbedingung (bezüglich der Translationsbewegung) bereits erfüllte, $\boldsymbol{F} = \boldsymbol{F}_1 + \boldsymbol{F}_2 + \ldots = 0$, fällt die zweite eckige Klammer in der letzten Gleichung fort und übrig bleibt

$$\boldsymbol{M}_P = \boldsymbol{M}_O .$$

Diese Beziehung gilt mithin auch für den Fall des Gleichgewichtes mit $\boldsymbol{M}_P = 0 = \boldsymbol{M}_O$.

Zusammenfassend kann man feststellen, daß es sechs verschiedene unabhängige Bedingungen für die Kräfte gibt, wenn sich ein Körper im mechanischen Gleichgewicht befindet, und zwar die jeweils drei Beziehungen in Gl. 14.2 und Gl. 14.4. Jede dieser Bedingungen bezieht sich auf einen der sechs Freiheitsgrade, die ein starrer freibeweglicher Körper im Raum hat. Er kann sich nämlich längs der drei Achsen eines räumlichen Achsenkreuzes verschieben (translatorische Freiheitsgrade) und außerdem noch um diese drei Achsen drehen (rotatorische Freiheitsgrade).

Bei vielen Problemen liegen alle Kräfte in einer Ebene, so daß sich die Zahl der Gleichgewichtsbedingungen auf drei reduziert. Zwei entsprechen der Translationsbewegung in der Ebene, und die dritte entspricht der Rotation um eine Achse, die senkrecht auf der Ebene steht.

Um den Rechenaufwand bei unseren Beispielen zu begrenzen und damit die Übersicht zu erleichtern, wollen wir im folgenden nur Bewegungen in einer Ebene betrachten. Dabei bleibt die Allgemeingültigkeit unserer Betrachtung aber grundsätzlich erhalten. Eine Beschränkung auf statische mechanische Gleichgewichte hatten wir schon zu Beginn dieses Abschnitts vereinbart.

14.3 Der Schwerpunkt

Bei der Bewegung eines starren Körpers spielt die Schwerkraft eine herausragende Rolle. Bei einem nicht punktförmigen Körper setzt sich die Schwerkraft aus einer Summe vieler Kräfte zusammen. An jedem Massenelement m_i des Körpers greift eine Schwerkraft vom Betrag $m_i \boldsymbol{g}$ an und zieht den Körper zum Erdmittelpunkt hin. Ist in einem Gebiet auf der Erde die Fallbeschleunigung $\boldsymbol{g}$ überall gleich, so spricht man von einem *homogenen Gravitationsfeld* (Schwerefeld). Ist ein ausgedehnter (also nicht punktförmiger) Körper einem solchen homogenen Schwerefeld ausgesetzt, so ist die Fallbeschleunigung $\boldsymbol{g}$ für jedes Masseteilchen m_i gleich groß und besitzt die gleiche Richtung, d. h. die Gewichtskräfte verlaufen parallel. Man kann zeigen, daß in diesem Fall die vielen einzelnen Gewichtskräfte durch eine einzige Gewichtskraft $m\boldsymbol{g}$ ersetzt werden können, die genau im Massenmittelpunkt des Körpers angreift. Dabei geht man so vor, daß man alle nach unten gerichteten, an den einzelnen Massenelementen angreifenden Schwerkräfte durch eine einzige nach oben gerichtete Gegenkraft $\boldsymbol{F} = -m\boldsymbol{g}$ kompensiert, die genau im Massenmittelpunkt angesetzt wird.

Wir wollen diesen Beweis nachvollziehen und betrachten hierzu die Abb. 14.2. Aus den n Massenelementen eines starren Körpers seien die beiden Elemente m_1 und m_2 herausgegriffen. In einem Punkt O des Körpers, in den wir den Ursprung des Koordinatensystems gelegt haben, soll eine Kraft $\boldsymbol{F} = -m\boldsymbol{g}$ angreifen, die nach oben weist. Es ist nun zu beweisen, daß sich der Körper genau dann im mechanischen Gleichgewicht befindet, wenn der Punkt O den Massenmittelpunkt des Körpers repräsentiert. Die erste

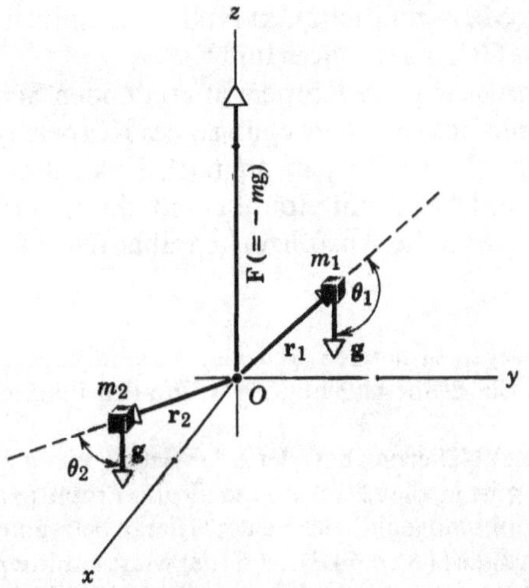

Abb. 14.2 Ein unregelmäßig geformter starrer Körper (grau schattiert) wird in n Massenelement zerlegt, von denen nur m_1 und m_2 gezeigt sind. Falls sich der Körper in einem homogenen Gravitationsfeld befindet, kann der Körper durch eine einzige, nach oben gerichtete Kraft $\boldsymbol{F} = -m\boldsymbol{g}$, die im Massenmittelpunkt des Körpers angreift, im mechanischen Gleichgewicht gehalten werden.

Bedingung für ein mechanisches Gleichgewicht (Gl. 14.1) unseres Körpers ist schon erfüllt, da wir ja vorausgesetzt haben, daß die Kraft $\boldsymbol{F}$ die Schwerkraft $m\boldsymbol{g}$ kompensieren soll. Also gilt

$$\boldsymbol{F} + m_1\boldsymbol{g} + m_2\boldsymbol{g} + \ldots + m_n\boldsymbol{g} = 0$$

bzw.

$$\boldsymbol{F} = -(m_1 + m_2 + \ldots + m_n)\boldsymbol{g} = -m\boldsymbol{g} .$$

Wir müssen nun nur noch zeigen, daß das Gesamtdrehmoment um eine beliebige Achse durch den Körper Null ist. Wir wählen eine Drehachse durch O. Wie wir nun aus Abb. 14.2 unschwer erkennen, gibt es kein Drehmoment um diese Achse durch O, das auf den Körper wirken könnte, denn der Hebelarm von $\boldsymbol{F}$ ist Null. Die auf die Massenelemente wirkenden Schwerkräfte verursachen um die Achse O ein Drehmoment von

$$\begin{aligned}\boldsymbol{M} &= \boldsymbol{r}_1 \times m_1\boldsymbol{g} + \boldsymbol{r}_2 \times m_2\boldsymbol{g} + \ldots + \boldsymbol{r}_n \times m_n\boldsymbol{g} \\ &= m_1\boldsymbol{r}_1 \times \boldsymbol{g} + m_2\boldsymbol{r}_2 \times \boldsymbol{g} + \ldots + m_n\boldsymbol{r}_n \times \boldsymbol{g} .\end{aligned}$$

Wir klammern $\boldsymbol{g}$ aus und erhalten

$$\begin{aligned}\boldsymbol{M} &= (m_1\boldsymbol{r}_1 + m_2\boldsymbol{r}_2 + \ldots + m_n\boldsymbol{r}_n) \times \boldsymbol{g} \\ &= \left(\sum_1^n m_i\boldsymbol{r}_i\right) \times \boldsymbol{g} .\end{aligned}$$

Falls in O der Massenmittelpunkt liegt, wird die Summe Null und das Gesamtdrehmoment auch. Wir stellen fest, daß das von den Gewichtskräften auf einen Körper ausgeübte Drehmoment um eine Achse durch seinen Massenmittelpunkt Null ist. Damit ist auch die zweite Bedingung für ein mechanisches Gleichgewicht erfüllt*.

Die an den einzelnen Massenelementen eines starren Körpers angreifenden Schwerkräfte wirken bei einer Translations- und einer Rotationsbewegung eines Körpers so wie eine einzige Kraft $m\boldsymbol{g}$, die am Massenmittelpunkt des Körpers angreift. Sie stellt also die *Gewichtskraft* (Gewicht) des Körpers dar. Der Massenmittelpunkt heißt daher auch der *Schwerpunkt* des Körpers. Man vergleiche hierzu die Ausführungen über den Massenmittelpunkt in Abschn. 9.1 und 9.2.

Massenmittelpunkt und Schwerpunkt fallen deswegen zusammen, weil wir ein homogenes Schwerefeld der Erde angenommen haben, das heißt, die Erdbeschleunigung ist in allen Punkten des Körpers gleich groß.

Diese Annahme stellt nur eine (wenn auch gute) Näherung dar, denn der Betrag von $\boldsymbol{g}$ ändert sich mit dem Abstand vom Erdmittelpunkt, und $\boldsymbol{g}$ ist in allen Punkten radial zum Erdmittelpunkt gerichtet (Kapitel 16). Welchen Einfluß hat diese Inhomogenität des Feldes? Hierzu betrachten wir einen langen Stab, der gegen die Waagerechte geneigt ist (Abb. 14.3). M sei der Massenmittelpunkt des Stabes. Der Schwerpunkt eines Körpers liegt dort, wo die resultierende Schwerkraft angreift. Dort müßte auch eine gleich große, aber entgegengesetzt gerichtete Kraft angreifen, um den Körper im Gleichgewicht zu halten. Da das Gravitationsfeld inhomogen ist, ist g am Ort der Masse m_1 kleiner als am Ort der Masse m_n. Der Ort, an dem eine die Schwerkraft kompensierende Kraft angreifen müßte, liegt also nicht im Massenmittelpunkt M, sondern etwas tiefer in S. Wäre die Neigung des Stabes eine andere, so würde auch der Schwerpunkt S anders liegen. Man sieht daraus, daß der Schwerpunkt eines Körpers im Falle eines inhomogenen Gravitationsfeldes nicht zur Charakterisierung des Gleichgewichtes oder der Bewegung eines Körpers geeignet ist.

Da wir uns im Labor und im täglichen Leben aber fast ausschließlich mit Körpern beschäftigen, deren Ausmaße gegenüber der Entfernung, über die sich die Fallbeschleunigung $\boldsymbol{g}$ meßbar ändert, vernachlässigbar klein sind, dürfen wir ein homogenes Erdschwerefeld voraussetzen. Massenmittelpunkt und Schwerpunkt fallen dann bei allen

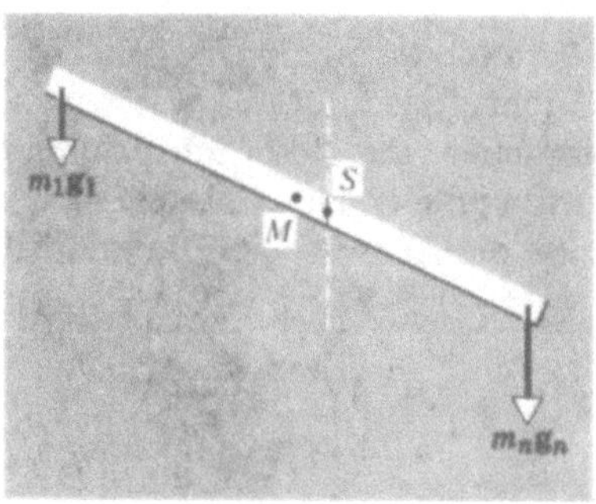

Abb. 14.3 In einem inhomogenen Gravitationsfeld fallen der Massenmittelpunkt M und der Schwerpunkt S eines Körpers nicht zusammen.

* Einen Körper kann man beliebig aufhängen, und doch wird sich bezüglich der Rotation eine Gleichgewichtslage einstellen (Abb. 14.4). Der Schwerpunkt des Körpers ist aber der einzige Punkt, in dem sich ein in allen beliebigen Orientierungen aufgehängter Körper bezüglich der Rotation im Gleichgewicht befindet.

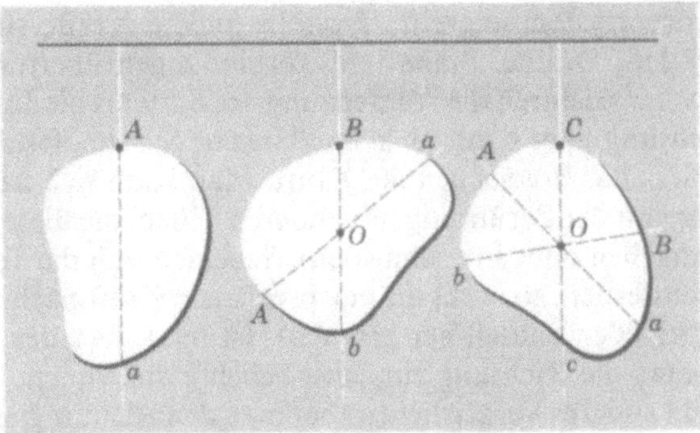

Abb. 14.4 Experimentelle Bestimmung des Schwerpunktes eines unregelmäßig geformten Körpers. Da der Schwerpunkt immer senkrecht unter dem Aufhängepunkt liegt, gibt der Schnittpunkt O der Schwerlinien Aa, Bb und Cc den Ort des Schwerpunktes an.

Körpern zusammen. Diese Tatsache kann man sich zunutze machen, um den Schwerpunkt unregelmäßig geformter Körper experimentell zu ermitteln. Wir demonstrieren dies an einer dünnen Scheibe von unregelmäßiger Form (Abb. 14.4). Wir hängen die Scheibe mit einem Faden in irgendeinem Punkt in Randnähe auf. Die Scheibe wird zunächst pendeln, aber schließlich zur Ruhe kommen. Der Schwerpunkt des Körpers liegt dann lotrecht unterhalb des Aufhängepunktes auf der Schwerlinie Aa, denn nur unter dieser Bedingung kompensiert sich das von der Schwerkraft hervorgerufene Drehmoment mit dem von der Zugkraft im Faden hervorgerufenen Drehmoment. Die Schwerlinie Aa wird nun auf der Scheibe eingezeichnet. Dann wird die Scheibe an einem anderen randnahen Punkt aufgehängt. Nach Erreichen des Gleichgewichtes muß der Schwerpunkt wiederum lotrecht unterhalb des Aufhängepunktes auf der Schwerlinie Bb liegen. Auch diese Linie wird auf der Scheibe markiert. Der einzige Punkt, der sowohl auf der Linie Aa als auch auf der Linie Bb liegt, ist der Schnittpunkt O. Er stellt den Schwerpunkt der Scheibe dar. Zur Sicherheit kann man das Verfahren ein drittes Mal durchführen. Auch dann muß die Schwerlinie Cc durch den Schnittpunkt O gehen. Da wir uns in einem homogenen Erdschwerefeld befinden, ist der so ermittelte Schwerpunkt auch der Massenmittelpunkt des Körpers.

14.4 Beispiele für mechanische Gleichgewichte

Um ein Gleichgewicht feststellen zu können, muß man prüfen, ob die beiden Bedingungen in Gl. 14.1 und Gl. 14.3 erfüllt sind. Hierbei kann man nach folgendem Arbeitsplan vorgehen.

1. Zunächst wird um das System eine imaginäre Grenze gezogen, damit man eine Übersicht darüber gewinnt, was zu dem Körper oder dem System von Körpern gehört und was nicht. Wir nehmen also eine Abgrenzung oder Isolierung des Systems vor.

2. Dann zeichnet man alle äußeren Kräfte als Vektorpfeile, die durch ihre Länge, ihre Lage und ihren Anfangspunkt den Betrag, die Richtung und den Angriffspunkt der Kraft markieren. Als *äußere* Kraft gilt jede Kraft, die von außerhalb der unter 1. vorge-

nommenen Abgrenzung am Körpersystem angreift. Typische äußere Kräfte sind die Schwerkraft und alle durch Fäden, Drähte, Stäbe und Verbindungen übertragenen Zug-, Druck- und Stützkräfte, wenn sie durch die Abgrenzung des Systems hindurchgehen. Meistens kann man die Richtung einer Kraft, d. h. ihre Lage im System, feststellen, aber nicht den Richtungssinn, d. h. das Vorzeichen der Kraft. Man kann sich dadurch helfen, daß man sich den Körper von der Berührung mit anderen Teilen, die diese Kraft übertragen, befreit denkt (Freimachen oder Freischneiden). Scheinen sich die Teile an diesem Schnitt voneinander zu entfernen, so wirkt die entsprechende Kraft nach außen (immer vom betrachteten Körper oder Bauteil her gesehen). Ist man über den Richtungssinn im Zweifel, so kann man die Richtung zunächst beliebig annehmen. Ergibt sich später bei der Berechnung ein anderes Vorzeichen, so hat man den Richtungssinn zu Anfang falsch angenommen. Bei dem geschilderten Verfahren werden nur äußere Kräfte berücksichtigt; alle inneren Kräfte heben sich paarweise auf.

3. Der nächste Schritt besteht im Auswählen des Koordinatensystems. Man wählt dieses so, daß die Komponentenzerlegung der auftretenden äußeren Kräfte möglichst einfach wird. Dann erst wird die Gl. 14.2 angewendet, um die Gleichgewichtsbedingung zu überprüfen. Meistens bietet sich ein geeignetes Koordinatensystem eindeutig an.

4. Schließlich wählt man ein geeignetes Koordinatensystem aus, in dem man die äußeren Drehmomente bequem zerlegen kann. Dann erst wird Gl. 14.4 angewendet. Dieses Koordinatensystem muß nicht mit dem übereinstimmen, das man sich unter 3. für die Zerlegung der Kräfte ausgesucht hat. Man wählt sich jedesmal das aus, welches den geringsten Rechenaufwand erfordert. Angenommen, es treten zwei gleich große, aber entgegengesetzt gerichtete Kräfte auf (Kräftepaar), so wird man eine Achse seines Koordinatensystems durch den Angriffspunkt der beiden Kräfte legen, rechtwinklig zu der von den beiden Kräften aufgespannten Ebene. Das resultierende Drehmoment um diese Achse ist dann Null. Auch bei der Berechnung des Gesamtdrehmomentes werden nur äußere Drehmomente berücksichtigt, da sich alle inneren paarweise aufheben.

Im folgenden wollen wir einige Beispiele mit Hilfe des eben besprochenen Arbeitsplans analysieren.

Beispiel 1

(a) Ein Stahllineal (Gewicht 4 N, Länge 1 m) wird mit seinen Enden auf zwei Waagen gelegt (Abb. 14.5). Welche Gewichte zeigen die Waagen an?

Die Abgrenzung des Systems ist einfach, es besteht nur aus dem Stahllineal. Auf dieses wirken von außen die Gewichtskraft $\boldsymbol{W}$ im Schwerpunkt nach unten und die beiden Stützkräfte $\boldsymbol{F}_1$ und $\boldsymbol{F}_2$ an den Enden des Lineals nach oben. In Teil a der Abbildung sind diese Kräfte durch Pfeile dargestellt. Nach dem dritten Newtonschen Axiom sind die von den Waagen auf den daraufliegenden Körper ausgeübten Kräfte genauso groß wie die Kraft, die der Körper auf die Waagen ausübt, ihr aber entgegengesetzt. Um die Anzeigen der Waagen berechnen zu können, muß man also die Beträge von $\boldsymbol{F}_1$ und $\boldsymbol{F}_2$ kennen.

Für ein Gleichgewicht muß gelten (Gl. 14.1):

$$\boldsymbol{F}_1 + \boldsymbol{F}_2 + \boldsymbol{W} = 0 .$$

Da alle Kräfte vertikal verlaufen, wählen wir das Koordinatensystem so aus, daß eine seiner Achsen vertikal verläuft, zum Beispiel die y-Achse. Damit ergeben sich Kraftkomponenten nur in

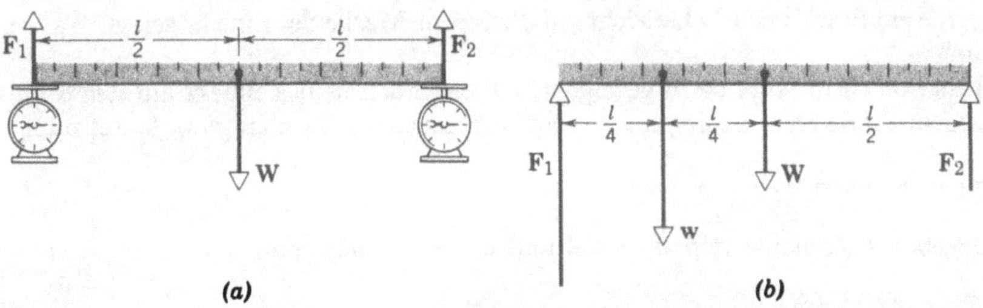

Abb. 14.5 Zu Beispiel 1. (a) Ein Stahllineal ruht mit seinen Enden auf zwei Waagen. (b) Ein zusätzliches Gewicht *w* wird auf die 25-cm-Marke des 1 m langen Lineals gelegt.

einer Richtung längs der *y*-Achse:

$$F_1 + F_2 - 4\,\mathrm{N} = 0\,.$$

Bei Vorliegen eines Gleichgewichtes muß auch noch das Gesamtdrehmoment um jede Achse Null sein. Nach Gl. 14.4 müssen dann alle Summen der Komponenten des Drehmomentes einzeln Null sein. Aus Abb. 14.5a ist ersichtlich, daß innerhalb der Ebene, in der die Kräfte wirken, keine Achse für ein Drehmoment liegen kann. Es verbleibt nur eine Achse, die auf dieser Ebene senkrecht steht. Wir wählen die Achse so, daß sie genau durch den Schwerpunkt des Stabes geht, und wählen ihre Richtung so, daß eine Rotation im Uhrzeigersinn positiv und eine gegen den Uhrzeigersinn negativ zu rechnen ist. Aus Gl. 14.4 folgt dann unter Benutzung der bekannten Gl. 12.1 – jetzt nur noch für eine Komponente –

$$F_1\left(\frac{l}{2}\right) - F_2\left(\frac{l}{2}\right) + W(0) = 0\,,$$

bzw.

$$F_1 - F_2 = 0\,.$$

Zusammen mit der Gleichgewichtsbedingung für die Kräfte ($F_1 + F_2 - 4\,\mathrm{N} = 0$) ergeben sich

$$F_1 + F_2 = 2F_1 = 2F_2 = 4\,\mathrm{N}$$

und

$$F_1 = F_2 = 2\,\mathrm{N}\,.$$

Jede der Waagen zeigt eine Gewichtskraft von 2 N an.

Natürlich hätten wir dasselbe Ergebnis erhalten, wenn wir die Drehachse nicht durch den Schwerpunkt des Stabes gelegt hätten, sondern durch einen Endpunkt. Für das Drehmoment um eine Achse durch das rechte Ende des Stahlstabes ergibt sich nämlich:

$$F_1(l) - W\left(\frac{l}{2}\right) + F_2(0) = 0$$

bzw.

$$F_1 = \frac{W}{2} = \frac{4\,\mathrm{N}}{2} = 2\,\mathrm{N}\,.$$

Mit der obigen Beziehung $F_1 + F_2 - 4\,\mathrm{N} = 0$ erhält man

$$F_1 + F_2 = 4\,\mathrm{N} \qquad \text{und} \qquad F_2 = 2\,\mathrm{N}\,.$$

(b) Jetzt werde ein Block von 6N Gewicht auf die 25-cm-Marke des Lineals gelegt. Was zeigen die Waagen an?

Diese Situation ist in Abb. 14.5b gezeigt. Die Gewichtskraft des Blocks auf den Stahlstab sei durch $\boldsymbol{w}$ gegeben. Die erste Bedingung für ein mechanisches Gleichgewicht lautet nun

$$F_1 + F_2 - W - w = 0 .$$

Mit den gegebenen Zahlenwerten $W = 4\,\mathrm{N}$ und $w = 6\,\mathrm{N}$ erhält man

$$F_1 + F_2 = 10\,\mathrm{N} .$$

Zur Bestimmung des resultierenden Drehmomentes wählen wir eine Achse durch das linke Ende des Stabes, senkrecht aus der Zeichenebene heraus. Die Gleichgewichtsbedingung lautet

$$w\left(\frac{l}{2}\right) + W\left(\frac{l}{2}\right) - F_2(l) = 0 .$$

Mit den gegebenen Zahlenwerten für W und w folgt

$$F_2 = 3.5\,\mathrm{N} .$$

Setzt man diesen Wert in die erste Gleichgewichtsbedingung ein, so erhält man

$$F_1 + 3.5\,\mathrm{N} = 10\,\mathrm{N}$$

und

$$F_1 = 6.5\,\mathrm{N} .$$

Die linke Waage zeigt also 6.5N, die rechte 3.5N an.

Warum erhält man in diesem Beispiel nur zwei Bedingungen für die Kräfte und nicht drei, wie man erwarten sollte, wenn alle Kräfte in derselben Ebene liegen?

Beispiel 2

(a) Eine 18 m lange Leiter mit einem Eigengewicht von 400 N wird an die Wand gelehnt, so daß das obere Ende der Leiter 15 m über dem Boden steht (Abb. 14.6). Der Schwerpunkt der Leiter befindet sich dann gerade auf einem Drittel dieser Höhe a. Ein Mann von 700 N Gewicht steht in halber Höhe auf der Leiter. Welche Kräfte übt das System (Mann und Leiter) auf die Wand und auf den Boden aus? Die Wand sei reibungsfrei, d.h. das obere Ende der Leiter übt nur eine waagerechte Kraft auf die Wand aus; der Fußboden sei nicht reibungsfrei, es können also von der Leiter Kräfte in senkrechter und in waagerechter Richtung auf den Boden ausgeübt werden.

Die auftretenden äußeren Kräfte sind in Abb. 14.6 als Pfeile eingezeichnet. $\boldsymbol{W}$ ist die Gewichtskraft des Mannes und $\boldsymbol{w}$ die Gewichtskraft der Leiter. Vom Boden wird auf die Leiter eine Stützkraft $\boldsymbol{F}_1$ ausgeübt, deren horizontale Komponente durch $\boldsymbol{F}_{1\mathrm{h}}$ und deren vertikale Komponente durch $\boldsymbol{F}_{1\mathrm{v}}$ gegeben ist. Letztere tritt auf, da zwischen Leiter und Fußboden eine Reibung besteht. Die Wand übt auf die Leiter eine Stützkraft $\boldsymbol{F}_2$ aus, die (nur) normal zur Wandfläche verläuft, weil wegen des reibungslosen Kontaktes zwischen Wand und Leiter keine senkrechten Kraftkomponenten auftreten können. Folgende Daten sind uns bislang gegeben:

$$W = 700\,\mathrm{N}, \qquad w = 400\,\mathrm{N},$$
$$a = 15\,\mathrm{m} \quad \text{und} \quad c = 18\,\mathrm{m} .$$

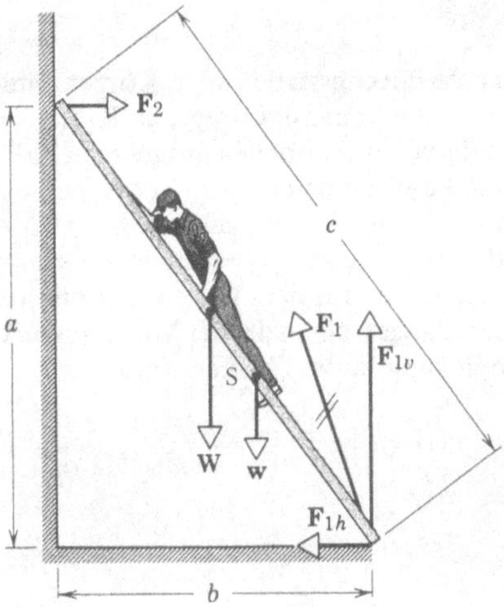

Abb. 14.6 Zu Beispiel 2. Kräfte, die an einer an eine Wand angelehnten Leiter angreifen.

Aus der Geometrie der Anordnung folgt für den Abstand b ein Wert von 10 m. Die Verlängerungslinie der Gewichtskraft $\boldsymbol{W}$ schneidet die Strecke b bei $b/2$, und die Verlängerungslinie der Gewichtskraft $\boldsymbol{w}$ schneidet die Strecke bei $\frac{2}{3}b$ (von der Wand aus gemessen). Man prüfe diese Angaben in dem rechtwinkligen Dreieck mit den Seiten a, b und c nach!

Wir wählen uns nun ein rechtwinkliges Koordinatensystem so aus, daß der Nullpunkt in der Ecke zwischen Wand und Fußboden liegt, daß die x-Achse längs des Bodens verläuft und daß die y-Achse längs der Wand nach oben zeigt. Die Bedingung für ein Gleichgewicht der äußeren Kräfte am System lautet nach Gl. 14.2 in Komponentendarstellung

$$F_2 - F_{1h} = 0$$

und

$$F_{1v} - W - w = 0\,.$$

Als Achse für das Drehmoment wählen wir eine zur Zeichenebene senkrechte Achse durch den Auflagepunkt der Leiter auf dem Fußboden. Die Bedingung für ein Gleichgewicht der äußeren Drehmomente am System lautet nach Gl. 14.4 in Komponentendarstellung

$$F_2(a) - W\left(\frac{b}{2}\right) - w\left(\frac{b}{3}\right) = 0\,.$$

Nach Einsetzen der gegebenen Werte erhält man aus den beiden Gleichgewichtsbedingungen

$$F_2(15\,\mathrm{m}) - (700\,\mathrm{N})\left(\frac{10}{2}\,\mathrm{m}\right) - (400\,\mathrm{N})\left(\frac{10}{3}\,\mathrm{m}\right) = 0$$

mit

$$F_2 = 322\,\mathrm{N}$$

und

$$F_{1h} = F_2 = 322\,\mathrm{N}$$

sowie

$$F_{1v} = 700\,\mathrm{N} + 400\,\mathrm{N} = 1100\,\mathrm{N}\,.$$

Nach dem dritten Newtonschen Axiom treten an der Berührungsstelle zweier Körper immer zwei Kräfte auf. Die von der Wand und vom Fußboden auf die Leiter übertragenen Kräfte sind also genauso groß wie die von der Leiter auf die Wand und auf den Fußboden ausgeübten Kräfte, nur mit entgegengesetzter Richtung. Die Normalkraft auf die Wand beträgt also 322 N, und die Kraft der Leiter auf den Fußboden beträgt 1100 N nach unten und 322 N nach rechts.
(b) Die Haftreibungszahl zwischen Fußboden und Leiter betrage $\mu_H = 0.4$. Wie weit darf der Mann auf der Leiter nach oben steigen, ohne daß die Leiter auf dem Boden wegrutscht?

Die relative Höhe (prozentualer Anteil an der Gesamtlänge), bis zu der der Mann hinaufklettern darf, sei durch x bezeichnet. Die Gleichgewichtsbedingung lautet für die Kräfte

$$F_2 - F_{1h} = 0$$

und

$$F_{1v} - W - w = 0\,.$$

Für die Drehmomente lautet sie

$$F_2 a - Wbx - w\left(\frac{b}{3}\right) = 0\,.$$

Setzen wir die gegebenen Zahlenwerte ein, ergibt sich:

$$F_2(15\,\mathrm{m}) - (700\,\mathrm{N})(10\,\mathrm{m})x - (400\,\mathrm{N})\left(\frac{10}{3}\mathrm{m}\right) = 0$$

und

$$F_2 = (467x + 89)\,\mathrm{N}\,.$$

Daraus folgt für die horizontale Kraftkomponente

$$F_{1h} = (467x + 89)\,\mathrm{N}\,.$$

Die vertikale Kraftkomponente hat sich nicht geändert, sie beträgt wie im Fall (a)

$$F_{1v} = 1100\,\mathrm{N}\,.$$

Die maximale Kraft bei einer Haftreibung ist damit durch

$$F_{1h} = \mu_H F_{1v} = (0.4)(1100\,\mathrm{N}) = 440\,\mathrm{N}$$

gegeben. Setzt man dies in die zweitletzte Gleichung ein, erhält man

$$F_{1h} = (467x + 89)\,\mathrm{N} = 440\,\mathrm{N}$$

und schließlich

$$x = \frac{351}{467} = 0.75\,,$$

$$x(18\,\mathrm{m}) = 0.75(18\,\mathrm{m}) = 13.5\,\mathrm{m}\,.$$

Der Mann darf die Leiter also um 13.5 m hinaufklettern, ohne daß diese auf dem Boden weggleitet.

In unserem Beispiel haben wir die Leiter als ein eindimensionales Gebilde betrachtet, das mit der Wand und dem Fußboden nur je einen Berührungspunkt besitzt. Man überlege sich, wie weit wir dadurch unser System eingeschränkt haben. Man führe die Betrachtung zum Beispiel mit je zwei Berührungspunkten durch.

Auf Seite 371 unten werden wir darauf zurückkommen, warum wir zwischen Leiter und Fußboden eine reibungsbehaftete, zwischen Leiter und Wand aber eine reibungsfreie Berührung angenommen haben.

Beispiel 3

Ein Balken wird mit einem Drehgelenk an einer Wand befestigt und über ein Tau am anderen Ende so gespannt, daß er unter einem Gewicht w, das an diesem Ende angehängt wird, mit der Waagerechten einen Winkel von 30° bildet (Abb. 14.7). Der Balken habe eine Länge l und ein Gewicht W. Der Abstand zwischen dem Lagerpunkt des Balkens und dem Befestigungspunkt des Taues an der Wand sei d. Man bestimme die Zugkraft im Tau und die Stützkraft, die das Drehgelenk auf den Balken überträgt. In Abb. 14.7 sind alle auftretenden Kräfte durch Pfeile dargestellt. Da das Tau mit der Waagerechten einen kleinen Winkel α bildet, setzt sich die Zugkraft $\boldsymbol{T}$ im Tau aus einer horizontalen Komponente $\boldsymbol{T}_h$ und einer vertikalen Komponente $\boldsymbol{T}_v$ zusammen. Die vom Drehgelenk auf den Balken übertragene Stützkraft $\boldsymbol{F}$ setzt sich ebenfalls aus einer horizontalen und einer vertikalen Komponente zusammen.

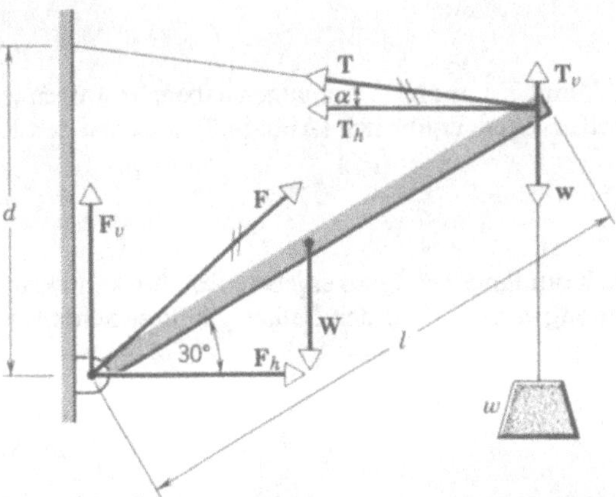

Abb. 14.7 Zu Beispiel 3. Kräfte, die an einem Balken angreifen, der mit seinem unteren Ende an einer Wand schwenkbar befestigt ist und am oberen Ende durch ein Drahtseil gehalten wird.

Wir wählen das Koordinatensystem so, daß die y-Achse längs der Wand nach oben verläuft und der Nullpunkt im Drehgelenk liegt. Die ersten Bedingungen für ein mechanisches Gleichgewicht lauten somit

$$F_v + T_v - W - w = 0$$

und

$$F_h - T_h = 0\,.$$

Für die Bestimmung des Gesamtdrehmomentes wählen wir eine Drehachse, die im Endpunkt des Balkens liegt, wo das zusätzliche Gewicht w angehängt ist. (Warum nicht im Drehgelenk?) Die Gleichgewichtsbedingung für das Drehmoment lautet

$$F_v(l\cos 30°) - F_h(l\sin 30°) - \frac{W(l\cos 30°)}{2} = 0\,.$$

Es seien folgende Zahlenwerte gegeben:

$$W = 60\,\text{N}, \qquad w = 40\,\text{N}, \qquad l = 3.0\,\text{m}, \qquad d = 2.0\,\text{m}\,.$$

Damit wird die Gleichgewichtsbedingung für die Kräfte zu

$$F_v + T_v - 60\,\text{N} - 40\,\text{N} = 0$$

mit (1)

$$F_v + T_v = 100\,\text{N}$$

und (2)

$$F_h = T_h\,.$$

Die Gleichgewichtsbedingung für das Drehmoment wird mit den gegebenen Werten zu

$$F_v(3)(0.866) = F_h(1.5) + (60)(1.5)(0.866)$$

bzw. (3)

$$F_v = F_h(5.0/8.66) + 30\,\text{N}\,.$$

Da wir für die vier Unbekannten F_h, F_v, T_h und T_v nur drei Gleichungen haben, benötigen wir noch eine vierte Beziehung zwischen den Größen. Diese ergibt sich (Abb. 14.7) zwischen den Komponenten der Zugkraft $\boldsymbol{T}$ mit

$$T_v = T_h \tan\alpha\,,$$

denn $\boldsymbol{T}_v$ und $\boldsymbol{T}_h$ müssen eine resultierende Kraft längs des Taues ergeben. Das Tau kann keine Kraft übertragen, die schief zu seiner Ausdehnung verläuft. Für den Balken gilt diese Schlußfolgerung nicht!

Aus der Abbildung entnimmt man

$$\tan\alpha = \frac{d - l\sin 30°}{l\cos 30°} = \frac{1}{5.2}\,,$$

so daß man die Beziehung (4)

$$T_v = \frac{T_h}{5.2}$$

erhält. Das Gleichungssystem (1) bis (4) kann nun gelöst werden. Aus (1) und (4) ergibt sich

$$F_v = 100\,\text{N} - T_h/5.2\,.$$

Aus (2) und (3) ergibt sich

$$F_v = T_h(5.0/8.66) + 30\,\text{N}\,.$$

Schließlich erhält man durch Gleichsetzen der Beziehungen

$$T_h = 91.0\,\text{N} \qquad \text{und} \qquad F_v = 82.5\,\text{N}\,.$$

Einsetzen in (2) liefert

$$F_h = 91.0\,\mathrm{N}\,,$$

und Einsetzen in (1) liefert

$$T_v = 17.5\,\mathrm{N}\,.$$

Die Zugkraft im Tau wird damit zu

$$T = \sqrt{T_h^2 + T_v^2} = 92.7\,\mathrm{N}\,.$$

Das bedeutet, daß das Drehgelenk an der Wand auf den Balken eine waagerechte Kraft von 91 N und eine senkrechte Kraft von 82.5 N ausübt.

Die eben besprochenen Beispiele haben wir so ausgesucht, daß die Zahl der unbekannten äußeren Kräfte gleich der Zahl der unabhängigen Gleichungen war. Liegen alle Kräfte in einer Ebene, so haben wir nur drei (skalare) Gleichgewichtsbedingungen, nämlich zwei für die translatorische Bewegung in der Ebene und eine für die Drehbewegung um eine beliebige senkrecht auf der Ebene stehende Achse. In Beispiel 2 (a) traten bereits drei unbekannte Kraftkomponenten auf. Wenn wir in diesem Beispiel auch noch die Einschränkung fallen lassen, daß sich Leiter und Wand reibungsfrei berühren, erhöhen wir die Anzahl auf vier. Diese sind die Komponenten der vertikalen und horizontalen Kraft zwischen Leiter und Boden. Da wir aber nur drei Beziehungen zwischen den Kräften zur Verfügung haben, können wir dieses Problem mathematisch nicht eindeutig lösen. Dies ist erst möglich, wenn wir eine weitere unabhängige Beziehung zwischen den unbekannten Kraftkomponenten finden.

Ein Beispiel, bei dem eine große Anzahl unbekannter Kräfte auftritt, also ein unbestimmbares System vorliegt, stellt ein Auto dar. Will man bei einem Auto die Kräfte bestimmen, die der Untergrund auf die vier Reifen beim Fahren oder im Stillstand ausübt, und nimmt man an, daß diese vier Kräfte senkrecht zum Erdboden verlaufen, so hat man es mit vier skalaren Unbekannten zu tun. Alle anderen Kräfte, wie das Gewicht des Wagens und der Personen, verlaufen ohnehin senkrecht zum Erdboden. Bei diesem Problem stehen uns nur drei unabhängige Gleichungen zur Verfügung, von denen sich eine auf die Translationsbewegung längs der Senkrechten bezieht (alle Kräfte wirken senkrecht zum Boden) und sich zwei auf die möglichen Rotationsbewegungen um zwei aufeinander senkrecht stehende Achsen in einer waagerechten Ebene beziehen. Der Gleichgewichtszustand des Autos kann also mathematisch nicht bestimmt werden. Ein ähnliches unlösbares Beispiel ist ein vierbeiniger Tisch, der auf dem Fußboden steht.

Da es aber selbstverständlich zu jedem realen physikalischen Problem eine eindeutige Lösung gibt, muß man außer den Gleichgewichtsbedingungen noch andere physikalische Bedingungen suchen, um weitere unabhängige Beziehungen zwischen den Kräften aufstellen zu können. Die Schwierigkeiten lösen sich zum Beispiel dann auf, wenn man die Bedingung „starr“ für einen Körper näher betrachtet. Tatsächlich sind Körper niemals ideal starr, sondern werden durch äußere Kräfte etwas deformiert. So werden die Autoreifen durch das Gewicht ein wenig platt gedrückt, ja selbst der Straßenbelag wird deformiert. Mit Hilfe der Gesetze aus der Elastizitätslehre lassen sich somit neue Beziehungen zwischen den auftretenden Kräften gewinnen. In der Praxis können auf diese Weise fast alle auftretenden statischen Probleme gelöst werden.

14.5 Gleichgewichtsarten in einem Gravitationsfeld

In Kapitel 8 hatten wir gesehen, daß die Gravitationskraft eine konservative Kraft ist. Für eine konservative Kraft $\boldsymbol{F}$ kann man stets eine Potentialfunktion $E_p(x, y, z)$ finden, für die

$$F_x = -\frac{\partial E_p}{\partial x}, \qquad F_y = -\frac{\partial E_p}{\partial y}, \qquad F_z = -\frac{\partial E_p}{\partial z}$$

gilt. Ist in irgendeinem Punkt $\partial E_p/\partial x = 0$, so bedeutet das, daß ein Teilchen die Gleichgewichtsbedingung (Gl. 14.2) für eine Komponente erfüllt (translatorisches Gleichgewicht längs der x-Richtung), denn es ist in x-Richtung keiner Kraft ($F_x = 0$) unterworfen.

Entsprechendes gilt für die anderen Komponenten $\partial E_p/\partial y$ und $\partial E_p/\partial z$. Die Ableitungen von E_p werden immer dort Null, wo E_p ein Maximum oder ein Minimum besitzt oder wo es bezüglich einer Koordinate konstant bleibt.

Im Falle eines Minimums befindet sich das Teilchen in einem *stabilen Gleichgewicht*. Jede Auslenkung aus dieser Gleichgewichtslage ruft eine rücktreibende Kraft hervor, die das Teilchen in die Gleichgewichtslage zurückbringt. Man kann es auch anders ausdrücken: Um einen Körper aus einer stabilen Gleichgewichtslage zu verschieben, muß von einer äußeren Kraft eine Arbeit geleistet werden. Dadurch erhöht sich die potentielle Energie des Körpers.

Nimmt die potentielle Energie ein Maximum an, so befindet sich das Teilchen in einem *labilen Gleichgewicht*. Jede Auslenkung aus dieser Gleichgewichtslage ruft eine Kraft hervor, die das Teilchen noch weiter von der Gleichgewichtslage entfernt. In diesem Fall muß von einer äußeren Kraft keine Arbeit geleistet werden, um das Teilchen zu verschieben. Die Arbeit wird von der (inneren) konservativen Kraft geleistet. Dadurch erniedrigt sich die potentielle Energie des Teilchens.

Ist die potentielle Energie des Teilchens konstant, so befindet es sich in einem *indifferenten Gleichgewicht*. Bei einer Verschiebung aus dem Gleichgewicht erfährt das Teilchen weder eine Rückstellkraft noch eine Abstoßungskraft. Seine potentielle Energie bleibt gleich.

Man beachte, daß die Gleichgewichtsarten bezüglich der Raumkoordinaten nicht dieselben sein müssen. So kann sich ein Teilchen bei einer Verschiebung in eine Richtung zwar stabil verhalten, d.h. es wird in die Gleichgewichtslage zurückgetrieben, bei einer Verschiebung in eine andere Richtung kann es sich aber labil verhalten, d.h. sich noch weiter von der Gleichgewichtslage entfernen. Ein fallender Ball ist ein Beispiel hierfür. In Abb. 14.8 wird ein solches Gleichgewicht durch einen Sattelpunkt auf der Potentialfläche dargestellt.

Die bisherigen Betrachtungen bezogen sich auf eine punktförmige Masse, die Translationsbewegungen ausführen konnte. Wie sieht ein Gleichgewicht bei einem starren Körper aus, der eine gewisse räumliche Ausdehnung besitzt und auch noch Rotationsbewegungen ausführen kann? Die räumliche Ausdehnung des Körpers bringt überhaupt keine zusätzlichen Schwierigkeiten mit sich, da man sich in einem homogenen Gravitationsfeld (Erdfeld) vorstellen kann, daß alle Schwerkräfte zu einer einzigen Kraft vereinigt sind und an einem Punkt, dem Schwerpunkt, angreifen. Das gilt bei allen Translationsbewegungen und allen Rotationsbewegungen. Ein starrer Körper kann also als punktförmige Masse aufgefaßt werden, die sich im Schwerpunkt des Körpers befindet.

Wir wollen das an einem Beispiel demonstrieren (Abb. 14.9). In Teil (a) der Abbildung ist ein Würfel gezeigt, der mit einer Seitenfläche auf einer waagerechten Tischplatte liegt. Der Schwerpunkt C des Würfels ist der Schnittpunkt der Raumdiagonalen. Eine horizontale Kraft $\boldsymbol{F}$ greift an dem Würfel an und versucht, ihn über eine Kante zu drehen, ohne daß er wegrutscht. Der Schwerpunkt C des Würfels wird dabei gehoben, und es wird an dem Würfel eine Arbeit verrichtet, da sich dessen potentielle Energie erhöht. Läßt die Kraft nach, so fällt der Würfel in seine Ausgangslage zurück, und der gerade erzielte Gewinn an potentieller Energie wird in Bewegungsenergie umgewandelt. Der Würfel hatte sich also in einem stabilen Gleichgewicht befunden, in das er nun zurückgetrieben wurde. Die Bewegung des Schwerpunktes bei dem eben geschilderten Vorgang ist in der Abbildung gestrichelt eingezeichnet. Es wird deutlich, daß die potentielle Energie des

Schwerpunktes, und damit des starren Körpers, im Gleichgewicht ein Minimum besitzt. Wir stellen fest: Ein starrer Körper befindet sich in einem stabilen Gleichgewicht, wenn eine angreifende Kraft den Schwerpunkt des Körpers anheben, aber nicht absenken kann.

Wird der Würfel so weit um eine Kante gedreht, daß er ausbalanciert auf der Kante liegenbleibt (Abb. 14.9b), so befindet er sich wiederum in einem Gleichgewicht. Diese Gleichgewichtslage ist aber labil. Bei der geringsten Einwirkung einer horizontalen Kraft fällt der Würfel sofort um. Der Schwerpunkt verfolgt dabei die gestrichelte Bahn. Ein Teilchen von der Masse des Würfels am Ort des Schwerpunkts besäße zu Beginn eine maximale potentielle Energie, die sich nach dem Umkip-

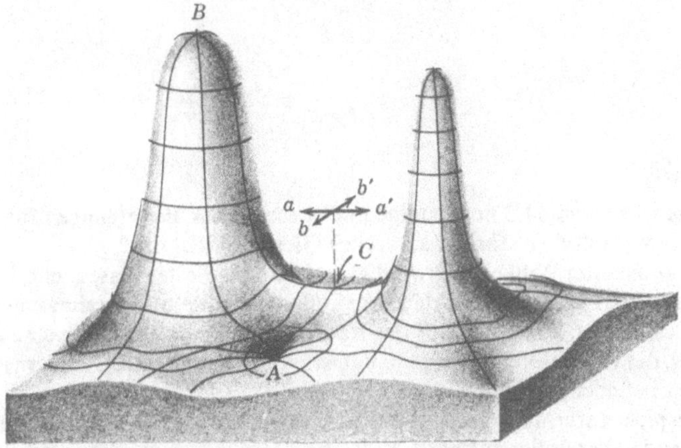

Abb. 14.8 Eine Potentialfläche. Ein Teilchen in *A, B* oder *C* befindet sich im Ruhezustand, denn eine Tangentialebene an diese Punkte verläuft waagerecht. Das Teilchen befindet sich in allen drei Fällen in einem Gleichgewicht. Wird das Teilchen aus *A* geringfügig verschoben, so strebt es nach *A* zurück. *A* gibt eine stabile Gleichgewichtslage an. Wird das Teilchen aus *B* geringfügig verchoben, so entfernt es sich immer weiter von *B*. *B* gibt eine labile Gleichgewichtslage an. Wird das Teilchen geringfügig aus *C* in Richtung der Linie *aa'* verschoben, so kehrt es nach *C* zurück; wird es aber geringfügig aus *C* in Richtung der Linie *bb'* verschoben, so entfernt es sich immer weiter von *C*. Der Punkt *C* ist ein sogenannter Sattelpunkt. Das indifferente Gleichgewicht ist in der Abbildung nicht gezeigt. Das Teilchen müßte sich auf einer waagerechten Ebene befinden.

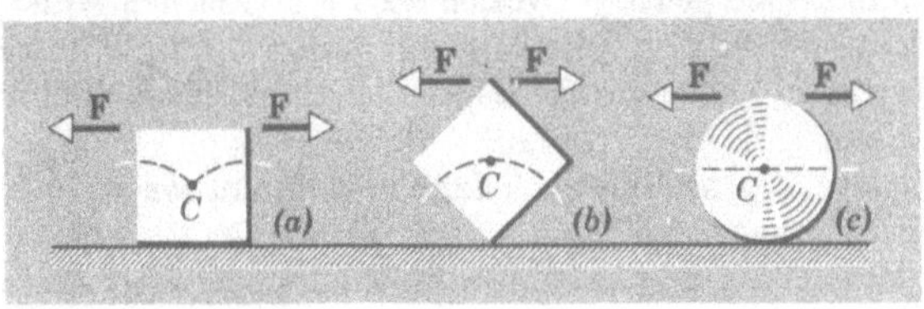

Abb. 14.9 Gleichgewicht eines starren Körpers. (a) Ein Würfel, der auf einer Seite liegt, befindet sich in einem stabilen Gleichgewicht, da sich die Lage des Schwerpunktes *C* erhöht, wenn der Würfel von einer horizontalen Kraft ***F*** gekippt wird. (b) Ein Würfel der auf einer Kante steht, befindet sich in einem labilen Gleichgewicht, da sich die Lage seines Schwerpunktes erniedrigt, wenn er von einer horizontalen Kraft gekippt wird. (c) Ein Kreiszylinder, der auf der Seite liegt, befindet sich in einem indifferenten Gleichgewicht, da sich die Lage des Schwerpunktes weder erhöht noch erniedrigt, wenn der Zylinder von einer horizontalen Kraft gerollt wird. Man vergleiche die hier gegebenen Definitionen der Gleichgewichte mit denen von Abb. 14.8. Wie hängen die Kriterien miteinander zusammen?

pen verringert hätte. Wir stellen fest: Ein starrer Körper befindet sich in einem labilen Gleichgewicht, wenn eine angreifende Kraft den Schwerpunkt des Körpers senken kann.

Das indifferente Gleichgewicht eines starren Körpers ist in Teil (c) der Abb. 14.9 durch einen Kreiszylinder dargestellt. Zunächst befindet sich der Kreiszylinder im Ruhezustand, also in einem Gleichgewicht. Greift jetzt eine horizontale Kraft an, wird der Zylinder rollen. Sein Schwerpunkt verfolgt dabei die gestrichelte horizontale Bahn. Er verändert dabei seine Höhenlage überhaupt nicht. Die potentielle Energie des Körpers bleibt bei einer Verschiebung konstant. Wir stellen fest: Ein starrer Körper befindet sich in einem indifferenten Gleichgewicht, wenn eine angreifende Kraft den Schwerpunkt des Körpers weder anheben noch absenken kann.

Wann befindet sich ein hängender starrer Körper in einem stabilen, labilen oder indifferenten Gleichgewicht?

Fragen

1. Stellen die Gleichungen 14.1 und 14.3 notwendige und hinreichende Bedingungen für (a) ein mechanisches Gleichgewicht und (b) für ein statisches Gleichgewicht dar?
2. Ein Rad, das sich mit konstanter Winkelgeschwindigkeit ω um eine feste Achse dreht, befindet sich in einem mechanischen Gleichgewicht, da keine äußeren Kräfte und Drehmomente angreifen. Die Masseteilchen aber, aus denen sich das Rad zusammensetzt, erfahren eine Zentripetalbeschleunigung $\boldsymbol{a}$, die auf die Drehachse gerichtet ist. Wieso kann sich das Rad im mechanischen Gleichgewicht befinden, wenn $\boldsymbol{a} \neq 0$ gilt?
3. Man zähle einige Beispiele dafür auf, daß sich ein Körper nicht im Gleichgewicht befindet, obwohl die Resultierende aller äußeren Kräfte Null ist.
4. Für einen Körper sei die Resultierende aller äußeren Kräfte nicht Null. Gilt dann trotzdem noch, daß das Drehmoment um eine Achse durch einen beliebigen Punkt Null ist, wenn nur das Drehmoment um eine Achse durch einen anderen Punkt Null ist?
5. Reißt eine Hängematte bei Gebrauch eher, wenn sie schlaff zwischen zwei Bäumen aufgehängt ist, oder eher, wenn sie straff zwischen den Bäumen gespannt ist und nur ein bißchen durchhängt? Man begründe seine Antwort.
6. *Zu Abb. 14.6.* Rutscht eine an die Wand gelehnte Leiter eher weg, wenn der Mann ganz unten oder ganz oben auf der Leiter steht? Man begründe seine Antwort.
7. *Zu Abb. 14.6.* Würde man aus den bekannten Gesetzen über die Reibung eine neue Bedingung für die in Beispiel 2 noch vernachlässigte vertikale Kraftkomponente zwischen Leiter und Wand erhalten, wenn man doch eine Reibung zwischen ihnen annähme?
9. Ein Bild wird mit zwei Fäden an die Wand gehängt. Welche Richtung (welchen Winkel gegen die Senkrechte) müssen die Fäden haben, damit die Zugkraft in ihnen möglichst klein ist? Wieso kann überhaupt (bei gegebener Masse des Bildes) bei jeder beliebigen Richtung der Fäden ein Gleichgewicht herrschen?
10. Wie kann man mit einer Federwaage Gegenstände auch dann noch genau wiegen, wenn diese schwerer als die Höchstanzeige der Waage sind?
11. Fallen der Massenmittelpunkt und der Schwerpunkt eines Gebäudes oder eines Sees zusammen? Unter welchen Umständen wird das Nichtzusammenfallen von Massenmittelpunkt und Schwerpunkt eines Körpers erst bedeutsam?
12. Wirft man einen starren Körper ohne Drehung in die Luft, so bekommt er auch während des Fluges keinen Drall, solange Reibungskräfte vernachlässigbar sind. Was sagt dieses Verhalten über den Ort des Schwerpunktes des Körpers aus?
13. Durch Betrachtung der auftretenden Kräfte und Drehmomente erkläre man, warum sich ein Baum bei starkem Wind im Gleichgewicht befindet?
14. Gibt es wirklich starre Körper?

15. Man sitzt auf dem Fahrersitz in einem parkenden Auto. Es wird einem gesagt, daß die vom Untergrund auf die vier Reifen ausgeübten Stützkräfte alle verschieden sind. Ist diese Behauptung richtig oder falsch? Welche physikalischen Faktoren spielen bei der Überlegung eine Rolle?
16. Ein Quader, dessen Seiten im Verhältnis 1:2:3 stehen, liegt waagerecht auf einer Tischplatte. Auf welcher Seite liegt er, wenn sein Gleichgewicht am stabilsten ist? Oder spielt es keine Rolle, auf welcher Seite er liegt?
17. Ein Virus, das in einem mit einer Flüssigkeit gefüllten Röhrchen zentrifugiert wird, befindet sich aus der Sicht eines Beobachters in einer gleichförmigen Kreisbewegung (d.h. in einer beschleunigten Bewegung). Für einen in der Zentrifuge mitbewegten Beobachter führt das Virus eine unbeschleunigte Bewegung aus. Wieso befindet sich das Virus für den zweiten Beobachter im Gleichgewicht, aber nicht für den ersten Beobachter?

Aufgaben

Abschnitt 14.2

1. Man zeige, daß für den Fall eines im Gleichgewicht stehenden Körpers, an dem nur drei Kräfte auftreten, diese drei Kräfte komplanar sind und sich ihre Wirkungslinien in einem Punkt oder im Unendlichen schneiden.
2. Eine homogene Kugel mit dem Gewicht w und dem Radius r ist mit einer Schnur an einer Wand befestigt (Abb. 14.10). Der Schwerpunkt liegt um die Strecke L unterhalb des Aufhängepunktes. Zwischen Kugel und Wand tritt keine Reibung auf. Wie groß ist (a) die Zugkraft in der Schnur und (b) die von der Wand auf die Kugel ausgeübte Stützkraft?

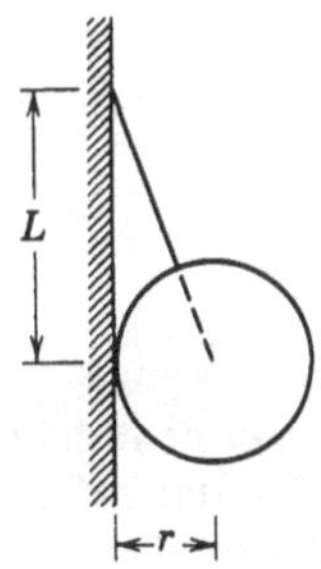

Abb. 14.10 Zu Aufgabe 2

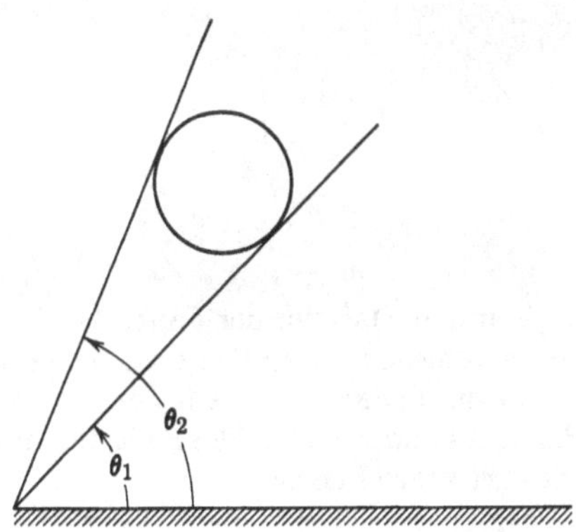

Abb. 14.11 Zu Aufgabe 3

3. Eine homogene Kugel mit dem Gewicht w ist zwischen zwei um die Winkel θ_1 und θ_2 gegen die Waagerechte geneigten Ebenen eingeklemmt (Abb. 14.11). Zwischen Kugel und Ebenen soll keine Reibung auftreten. (a) Man bestimme die Kräfte (Betrag und Richtung), die von den Ebenen auf die Kugel übertragen werden. (b) Was ändert sich grundsätzlich, wenn doch Reibungskräfte auftreten?
Antwort: (a) $F_1 = w \sin\theta_2 / \sin(\theta_2 - \theta_1)$, $F_2 = w \sin\theta_1 / \sin(\theta_2 - \theta_1)$, normal auf die Ebenen.

4. Zwei identische, glatte Kugeln mit einem Einzelgewicht von W liegen übereinander in einem rechteckigen Behälter, so wie in Abb. 14.12 gezeigt. (a) Man bestimme die von der Behälterwand auf die Kugeln ausgeübten Kräfte als Funktion von W. (b) Man bestimme die Kräfte, die die Kugeln aufeinander ausüben, wenn die Verbindungslinie ihrer Schwerpunkte einen Winkel von 45° mit der Waagerechten bildet.

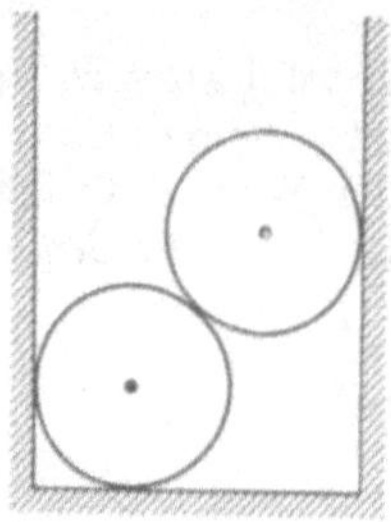

Abb. 14.12 Zu Aufgabe 4

5. Eine Kette mit dem Gewicht W ist zwischen zwei gleich hohen Punkten A und B aufgehängt (Abb. 14.13). (a) Man bestimme Betrag und Richtung der von der Kette auf die Aufhängepunkte A und B übertragenen Zugkräfte. (b) Man bestimme die Zugkraft im tiefsten Punkt der Kette.

Antwort: (*a*) $\frac{W}{2\sin\theta}$, tangential zur Kette; (b) $\frac{1}{2}W\cot\theta$.

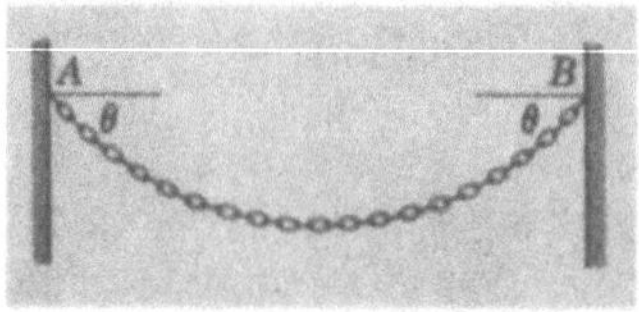

Abb. 14.13 Zu Aufgabe 5

Abschnitt 14.3

6. Ein ungleichmäßig geformter Stab mit der Länge $l = 6.1$ m und dem Gewicht W hängt mit seinen Enden an zwei verschieden langen Fäden zwischen zwei Wänden. Der Stab befindet sich im Gleichgewicht, und die Fäden bilden mit den Wänden die Randwinkel $\theta = 36.9°$ und $\phi = 53.1°$. In welchem Abstand x vom linken Ende des Stabes befindet sich der Schwerpunkt? Die Masse der Fäden sei vernachlässigt.

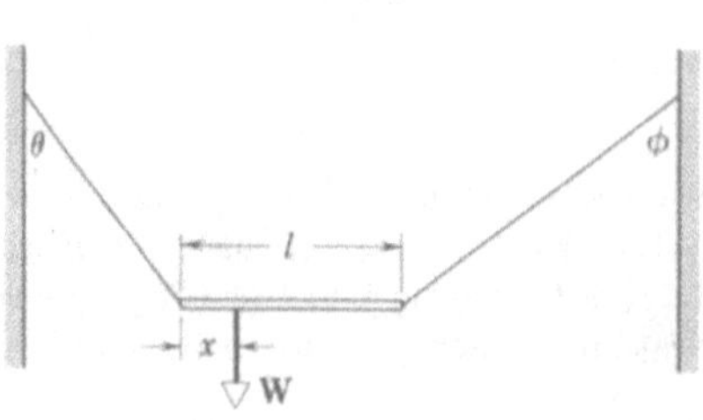

Abb. 14.14 Zu Aufgabe 6

7. Aus einer kreisförmigen Scheibe mit dem Radius R wird auf halber Strecke des Radius ein kreisförmiges Loch mit dem Radius r ausgeschnitten. Wo liegt der Schwerpunkt der gelochten großen Scheibe?
Antwort: Auf der Verlängerungslinie beider Mittelpunkte, um $Rr^2/2(R^2 - r^2)$ jenseits des Scheibenmittelpunktes.

Abschnitt 14.4

8. Drei Leute tragen einen Balken. Ein Mann trägt am vorderen Ende des Balkens, die beiden anderen tragen den Balken zwischen sich auf einer masselosen Querstange. Die Last des Balkens soll gleichmäßig auf alle drei Männer verteilt sein. Wo muß sich der Auflagepunkt für die Querstange befinden?
9. Ein Mann versucht, seinen im Straßengraben steckengebliebenen Wagen herauszuziehen (Abb. 14.15). Er bindet das eine Ende eines Seils an der vorderen Stoßstange und das andere Ende an einem Telegrafenmast fest, der 18.3 m weiter steht. Der Mann drückt in der Mitte des Seils mit einer Kraft von 556 N seitwärts, so daß sich der Seilmittelpunkt um 30.5 cm verschiebt. Welche Zugkraft überträgt das Seil auf die Stoßstange? (Das Seil dehnt sich natürlich beim Ziehen etwas aus.)

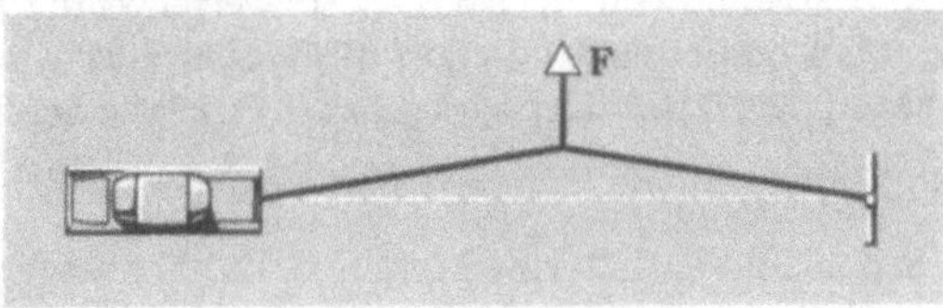

Abb. 14.15 Zu Aufgabe 9

10. Auf ein Winkeleisen wirken drei Kräfte $\boldsymbol{F}_1$, $\boldsymbol{F}_2$ und $\boldsymbol{F}_3$ ein, so wie in Abb. 14.16 gezeigt ist. Das Winkeleisen soll durch eine vierte Kraft $\boldsymbol{F}$, die im Punkt P angreift, ins Gleichgewicht gebracht werden. Es seien $a = 2$ m, $b = 3$ m, $c = 1$ m, $F_1 = 20$ N, $F_2 = 10$ N und $F_3 = 5$ N. Man bestimme (a) die vertikale Komponente F_v, (b) die horizontale Komponente F_h der vierten Kraft und (c) den Abstand d.

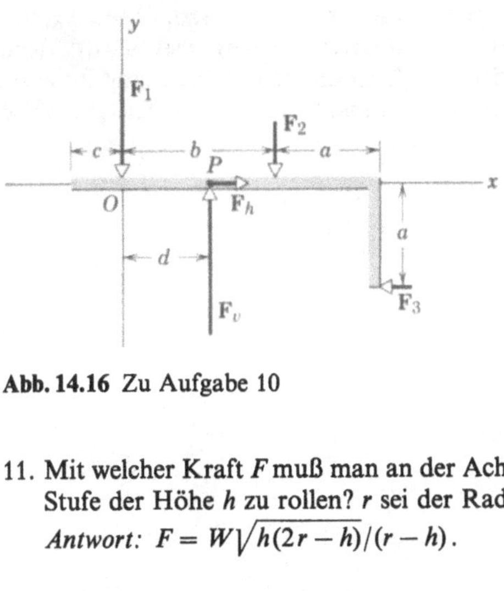

Abb. 14.16 Zu Aufgabe 10

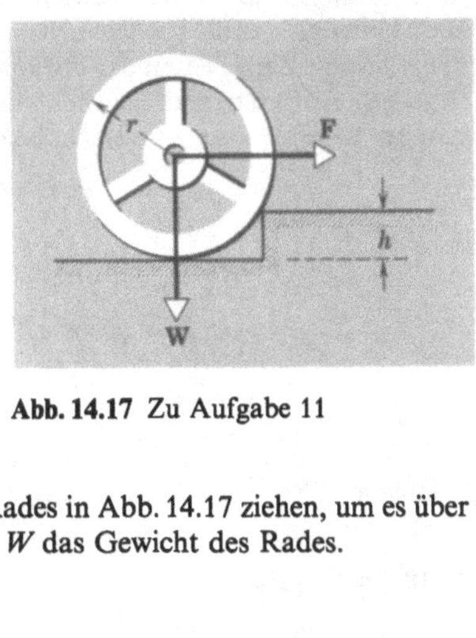

Abb. 14.17 Zu Aufgabe 11

11. Mit welcher Kraft F muß man an der Achse des Rades in Abb. 14.17 ziehen, um es über eine Stufe der Höhe h zu rollen? r sei der Radius und W das Gewicht des Rades.
Antwort: $F = W\sqrt{h(2r-h)}/(r-h)$.

12. Die Klappe einer quadratischen Dachluke hat eine Seitenlänge von 91 cm und wiegt 11 kg. Eine Seite der Klappe ist mit einem Scharnier am Rahmen befestigt, die gegenüberliegende Seite mit einem Riegel. Der Schwerpunkt der Klappe liegt 10 cm vom Mittelpunkt entfernt in Richtung des Scharniers. Welche Lagerkräfte wirken (a) auf das Scharnier und (b) auf den Riegel?
13. Eine Meßlatte von 1 m Länge liegt mit ihrer 50-cm-Marke auf einer Schneide und befindet sich dabei im Gleichgewicht. Wird auf die 12-cm-Marke eine Münze von 10 g Masse gelegt, so muß die Meßlatte bei 45.5 cm auf die Schneide gelegt werden, damit sie wieder ins Gleichgewicht kommt. Wie groß ist die Masse der Meßlatte? Man kann das Ergebnis leicht experimentell nachprüfen.
Antwort: 74.4 g.
14. Jemand baut eine Waage, bei der ein starrer Stab in einem Punkt, der nicht sein Schwerpunkt ist, drehbar aufgehängt wird. Die Waage wird ausbalanciert, indem in die Waagschalen am Ende des Stabes verschieden große Gewichte gelegt werden. Mit dieser Waage soll eine unbekannte Masse m bestimmt werden. Diese wird dazu in die linke Waagschale gelegt und durch eine bekannte Masse m_1 in der rechten Schale ausbalanciert. Dann wird die unbekannte Masse m in die rechte Waagschale gelegt und durch eine bekannte Masse m_2 in der linken Waagschale ausbalanciert. Man zeige, daß $m = \sqrt{m_1 m_2}$ gilt.
15. Ein Auto wiegt 1360 kg und hat einen Achsstand von 305 cm. Der Schwerpunkt des Wagens liegt 178 cm hinter der Vorderachse. Man bestimme (a) die auf die Vorderräder wirkenden (gleich großen) Stützkräfte und (b) die auf die Hinterräder wirkenden Stützkräfte des Bodens, auf dem das Auto steht.
Antwort: (a) 2780 N; (b) 3890 N.
16. Eine würfelförmige Kiste von 1.2 m Seitenlänge enthält eine Maschine. Der Schwerpunkt der beladenen Kiste liegt 30.5 cm oberhalb des geometrischen Mittelpunktes der Kiste. Die Kiste steht auf einer schrägen Rampe, deren Neigung θ gegen den Untergrund verstellbar ist. Wird die Neigung erhöht, so beginnt die Kiste bei einem Winkel θ_1 zu rutschen oder sogar umzukippen. Was passiert mit der Kiste, wenn die Haftreibungszahl (a) 0.6 und (b) 0.7 beträgt? Man gebe für beide Fälle den Winkel θ_1 an.
17. Ein Türblatt von 2.1 m Höhe, 91 cm Breite und 27 kg Masse hängt in zwei Türangeln, die einen Abstand von 30 cm von der unteren bzw. oberen Türkante haben und gleich belastet sind. Der Schwerpunkt der Tür befinde sich im geometrischen Mittelpunkt. Welche horizontalen und vertikalen Stützkräfte werden von den Türangeln auf die Tür übertragen?
Antwort: 130 N vertikal, 80 N horizontal.
18. Vier Ziegelsteine der Länge l werden, so wie in Abb. 14.18 gezeigt, versetzt übereinander gestapelt. Man zeige, daß die größte noch im Gleichgewicht stehende Versetzung erreicht wird, wenn (a) der oberste Ziegel gegen den darunter liegenden um $l/2$ verschoben ist, (b) der zweitoberste Ziegel gegen den darunter liegenden um $l/4$ verschoben ist und (c) der drittoberste gegen den darunter liegenden um $l/6$ verschoben ist.

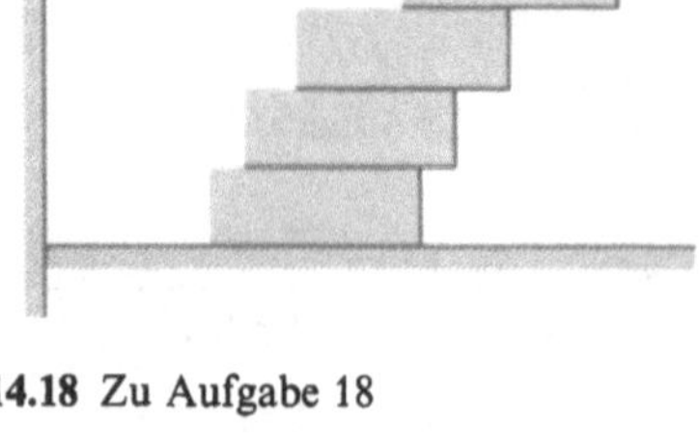

Abb. 14.18 Zu Aufgabe 18

19. Der Schwenkarm S in Abb. 14.19 befindet sich im Gleichgewicht, wenn an seinem Ende ein Gewicht von 230 kg hängt. Der Schwenkarm selbst wiegt 45 kg. Man bestimme (a) die Zugkraft T in dem Tau und (b) die Unterstützungskraft im Drehpunkt P.
Antwort: (a) 6800 N; (b) 5900 N horizontal und 6100 N vertikal.

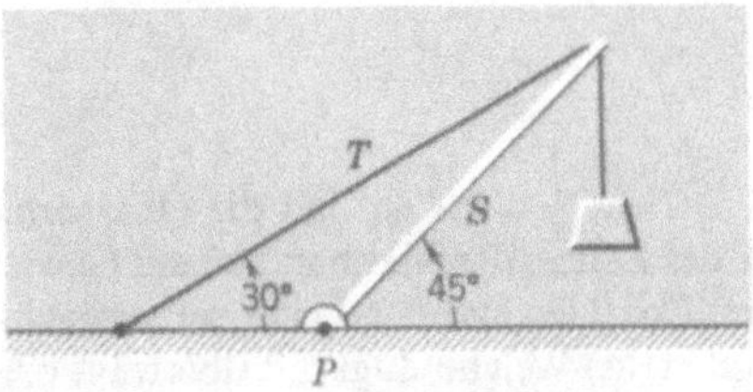

Abb. 14.19 Zu Aufgabe 19

20. Ein 6 m langes und 445 N schweres Brett ist unter einem Winkel θ an eine 3 m hohe Mauer gelehnt (Abb. 14.20). An der Berührungsstelle zwischen Brett und Mauer tritt keine Reibung auf. Der Schwerpunkt des Brettes liegt genau in der Mitte. Das Brett bleibt im Gleichgewicht stehen, solange $\theta \geq 70°$ gilt, rutscht aber unten weg, wenn $\theta < 70°$ gilt. (a) Man fertige eine Lageskizze aller an dem System angreifenden Kräfte an. (b) Wie groß ist die Haftreibungszahl zwischen Brett und Boden?

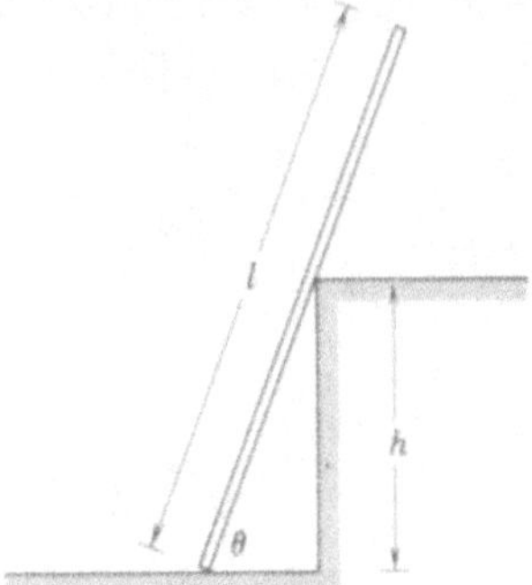

Abb. 14.20 Zu Aufgabe 20

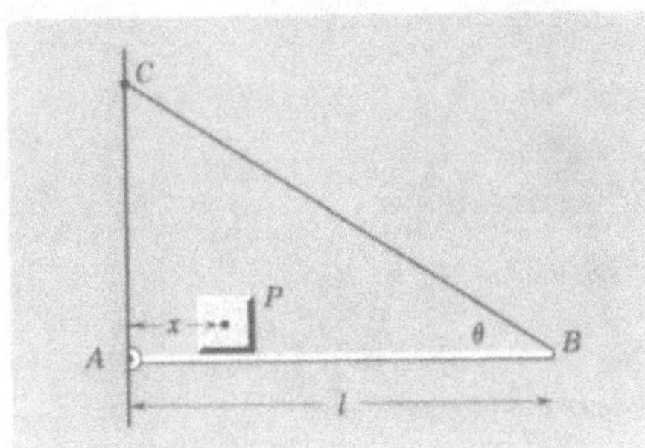

Abb. 14.21 Zu Aufgabe 21

21. Ein dünner Stab AB der Länge l und von vernachlässigbarem Gewicht ist mit einem Ende mittels eines Drehgelenkes an einer Wand befestigt und wird am anderen Ende von einem Draht BC in der Waagerechten gehalten, so wie in Abb. 14.21 gezeigt ist. Längs des Stabes kann ein Gewicht W verschoben werden. Die Position des Schwerpunkts P des Gewichtes sei durch den Abstand x von der Wand gegeben. Man bestimme (a) die Zugkraft T in dem Draht als Funktion von x, (b) die horizontale und (c) die vertikale Komponente der vom Drehgelenk A auf den Stab ausgeübten Stützkraft.
Antwort: (a) $Wx/(l \sin \theta)$; (b) $Wx/(l \tan \theta)$; (c) $W(1 - x/l)$.

22. Eine homogene Kugel mit dem Radius r und dem Gewicht $\boldsymbol{W}$ gleitet an einer horizontalen Schnur gezogen über eine Fläche (Abb. 14.22). (a) Man zeige, daß die Höhe h des Angriffspunktes der Zugkraft $\boldsymbol{P}$ durch $h = r(l - \mu W/P)$ gegeben ist. μ sei die Gleitreibungszahl. (b) Man zeige, daß sich die Kugel bei dieser Bewegung nicht im Gleichgewicht befindet. Stehen die Drehmomente im Gleichgewicht? (c) Würde die Kugel bezüglich der Translationsbewegung und der Rotationsbewegung im Gleichgewicht stehen, wenn man eine andere Höhe h oder eine andere Kraft $\boldsymbol{P}$ wählen würde?

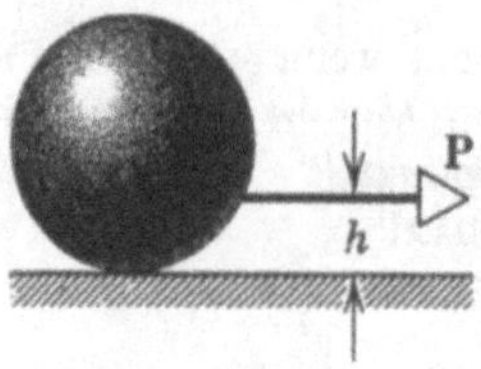

Abb. 14.22 Zu Aufgabe 22

23. Für die in Abb. 14.23 gezeigte Stufenleiter sei $AC = CE = 2.4$ m, und die Querverbindung $BD = 0.76$ m befinde sich genau in halber Höhe der Leiter; der Mann mit einem Gewicht von 854 N sei die Leiter um 1.8 m entlanggeklettert. Das Gewicht der Leiter sei vernachlässigt, ebenso die Reibung zwischen Leiter und Fußboden. (a) Welche Zugkraft überträgt die Querverbindung BD? (b) Welche Stützkraft übt der Fußboden auf die Leiter aus? Hinweis: Man gehe schrittweise vor und denke sich Teile der Leiter freigeschnitten (vergleiche den Arbeitsplan von S. 363/364) und wende die Gleichgewichtskriterien an.
Antwort: (a) 209 N; (b) $F_A = 534$ N, $F_E = 320$ N.

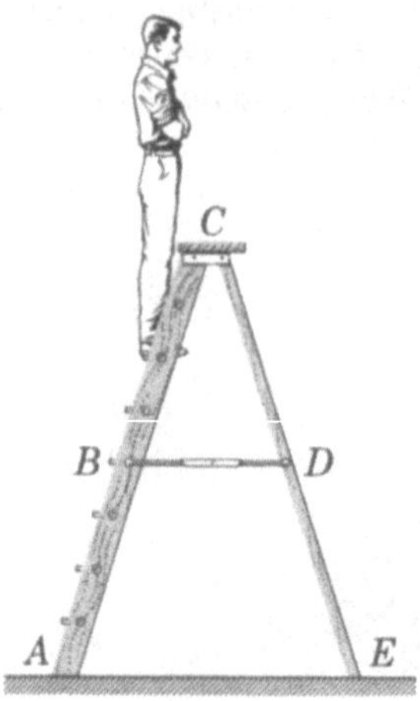

Abb. 14.23 Zu Aufgabe 23

24. Eine würfelförmige Kiste ist mit Sand gefüllt und wiegt 890 N. Die Kiste soll durch waagerechtes Ziehen über ihre obere Kante „gerollt" werden. (a) Welche Kraft und (b) welche Haftreibungszahl sind hierzu mindestens erforderlich? (c) Gibt es eine bessere Methode, um die Kiste zu „rollen"? Wie groß wäre dann die erforderliche Kraft?

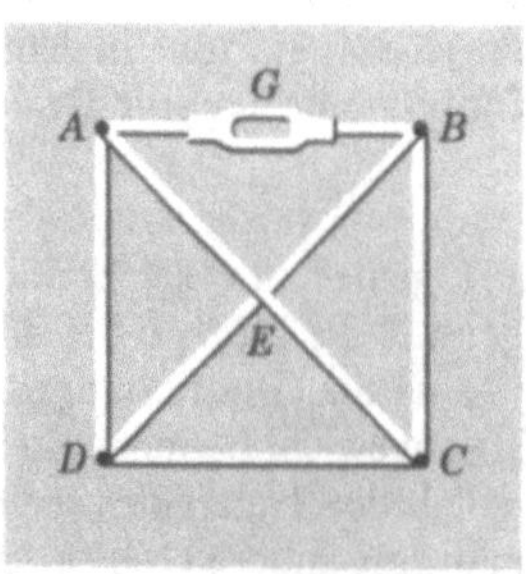

Abb. 14.24 Zu Aufgabe 25

25. Bei dem in Abb. 14.24 gezeigten quadratischen Rahmengestell kann in der Strebe AB mittels eines Spannschlosses die Zugkraft F erzeugt werden. Welche Kräfte treten in den anderen Streben auf? Die Diagonalstreben AC und BD seien im Punkt E nicht miteinander verbunden. Durch geeignete Symmetriebetrachtungen kann man sich die Lösung vereinfachen.
Antwort: In den Streben AD, BC und DC treten die Zugkräfte F auf, in den Diagonalstreben die Druckkräfte $\sqrt{2}F$.
26. Ein ähnliches Problem wie das von Abb. 14.18. Identische Ziegelsteine sollen mit möglichst großer Versetzung aufeinandergelegt werden. Das wird erreicht, wenn der Schwerpunkt des obersten Ziegels direkt über der Seitenkante des darunterliegenden Ziegels liegt, wenn weiterhin der gemeinsame Schwerpunkt der beiden oberen Ziegel direkt über der Kante des drittobersten Ziegels liegt, und so weiter. (a) Man begründe dieses Verfahren. (b) Man zeige, daß man dieses Verfahren nach unten fortsetzen kann und dabei eine beliebige (absolute) Versetzung erreichen kann*. (c) Man ändere das Verfahren derart ab, daß man die Ziegel jedesmal um einen konstanten Betrag versetzt, z. B. um ein $1/n$ der Ziegellänge. Wieviel Ziegel kann man jetzt stapeln, ohne daß die Treppe umstürzt? Man überprüfe das Ergebnis für $n = 1$, $n = 2$ und $n = \infty$.

Abschnitt 14.5

27. Eine runde Schale mit dem Krümmungsradius r ruht auf einer rauhen waagerechten Unterlage. Man zeige, daß sich die Schale nur so lange in einem stabilen Gleichgewicht befindet, wie der Schwerpunkt eines in die Schale gelegten Gegenstandes nicht höher als r über dem Auflagepunkt der Schale liegt.
28. Ein homogener Würfel mit der Seitenlänge a wird auf eine Zylinderoberfläche mit dem Radius r gelegt (Abb. 14.25). Man zeige, daß sich der Würfel nur dann in einem stabilen Gleichgewicht befindet, wenn $r > a/2$ gilt. Die Reibung sei so groß, daß der Würfel nicht rutschen kann.

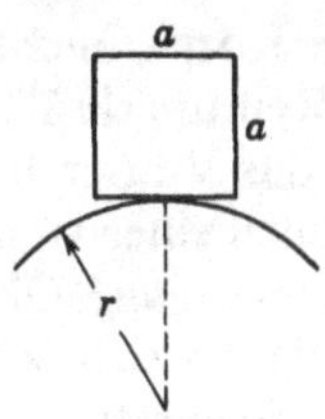

Abb. 14.25 Zu Aufgabe 28

* Dieses Verfahren ist von M. Gardner in Scientific American, November 1964, Seite 128, beschrieben worden. Man kann z. B. mit 52 Spielkarten, wobei die erste Karte mit einer Tischkante abschließt, eine maximale Versetzung von über $^9/_4$ Kartenlängen erreichen!

15 Schwingungen

15.1 Allgemeines zu Schwingungen

Jede Bewegung, die sich in gleichen Zeitabschnitten wiederholt, wird *periodisch* genannt. Kann insbesondere bei einer periodischen Bewegung diese durch eine Sinus- oder Kosinusfunktion beschrieben werden, z. B. mit $x(t) = A \cos(\omega t + \varphi)$ wie in Gl. 15.8, so heißt diese Bewegung *harmonisch*.

Bewegt sich ein Teilchen bei einer periodischen Bewegung immer nur auf demselben Weg hin und her, so schwingt es. Neben der Bezeichnung *Schwingung* werden auch noch die Ausdrücke *Oszillation* und, vornehmlich für Festkörper, *Vibration* benutzt. In unserer Welt finden überall und zu jeder Zeit Schwingungsvorgänge statt. Sie treten bei jedem Wägevorgang auf, beim Lauf mechanischer Uhren, beim Spielen einer Violine, bei federnd befestigten Gegenständen, in Atomen und Molekülen von Festkörpern, bei der Schallausbreitung und bei der Fortpflanzung des Lichtes.

Bei vielen Schwingungen aber bewegt sich das Teilchen oder der Körper nicht zwischen denselben Grenzen hin und her. Es treten in der Realität stets Reibungskräfte auf, die der Schwingung dauernd Bewegungsenergie entziehen. So läßt das Vibrieren einer Violinsaite schon nach kurzer Zeit nach, und ein Pendel hört auch nach einer Weile auf zu schwingen. In solchen Fällen spricht man von einer *gedämpften Schwingung*. Obwohl man Dämpfungseffekte grundsätzlich nicht vermeiden kann, ist es möglich, dem schwingenden System Energie zuzuführen, so daß die Reibungsverluste kompensiert werden. Bei einem Uhrwerk wird der schwingenden Unruh oder dem schwingenden Pendel durch eine aufgezogene Feder oder ein nach unten ziehendes Gewicht dauernd äußere Energie zugeführt, so daß die ursprüngliche Schwingung beibehalten wird.

Wie wir schon bei der Aufzählung von Schwingungen erwähnt haben, sind nicht nur mechanische Systeme zu Schwingungen fähig. Radiowellen, Mikrowellen und Licht stellen oszillierende elektrische und magnetische Felder dar. In einem abgestimmten Stromkreis eines Radios oder in einem geschlossenen metallischen Hohlraum können ebenfalls elektromagnetische Schwingungen erzeugt werden. Zwischen mechanischen und elektromagnetischen Schwingungen besteht eine große Ähnlichkeit, denn sie können durch dieselben mathematischen Gleichungen beschrieben werden.

Zur Beschreibung einer Schwingung sind einige physikalische Größen notwendig, die wir kurz erläutern wollen.

Als *Schwingungsdauer* oder *Periodendauer T* wird diejenige Zeit bezeichnet, die für einen vollständigen Schwingungsvorgang des Systems benötigt wird, d.h. wenn das System einen Zyklus oder eine vollständige Schwingung vollführt hat und wieder in seinen Ausgangszustand zurückgekehrt ist.

Die *Frequenz* ν gibt die Anzahl von Schwingungen geteilt durch die Zeit an. Sie entspricht dem Kehrwert der Periodendauer:

$$\nu = 1/T. \tag{15.1}$$

Die SI-Einheit der Frequenz ist das Hertz, Abkürzung Hz*.

Die Verschiebung eines schwingenden Teilchens aus der Ruhelage bzw. aus seinem Gleichgewicht heißt *Auslenkung* (oder *Elongation*). In der Gleichgewichtslage wirken keine Kräfte auf das Teilchen.

Nach diesen Definitionen wollen wir ein Teilchen betrachten, welches sich auf einer Geraden zwischen zwei festen Punkten hin- und herbewegt. Sowohl Betrag wie Richtung seiner Auslenkung $\boldsymbol{x}$ verändern sich periodisch. Ebenso verändern sich Betrag und Richtung seiner Geschwindigkeit $\boldsymbol{v}$ und seiner Beschleunigung $\boldsymbol{a}$. Entsprechend der Beziehung $\boldsymbol{F} = m\boldsymbol{a}$ muß auch die auf das Teilchen wirkende Kraft periodisch variieren.

Es handelt sich hier um eine Kraft, die sowohl ihre Richtung als auch ihren Betrag zeitlich ändert. Bislang hatten wir außer den konstanten Kräften in den ersten Kapiteln dieses Buches nur Kräfte kennengelernt, die durch eine konstante Richtung und einen veränderlichen Betrag gekennzeichnet waren (z. B. die Stoßkraft in Abschn. 10.1) oder durch einen konstanten Betrag, aber veränderliche Richtung (z. B. die Zentripetalkraft in Abschn. 6.3).

Wie verhält es sich mit der Energie bei einer periodischen Schwingung? Beim Durchgang durch die Gleichgewichtslage besitzt die potentielle Energie des schwingenden Systems ein Minimum. Bei einem Pendel ist sie durch die tiefste Position des Pendelgewichtes auf seinem Weg gegeben. Dort hat die potentielle Energie des Pendels ihren kleinsten Wert. Die Abb. 15.1 gibt die Abhängigkeit der potentiellen Energie und der auf ein schwingendes Teilchen wirkenden Kraft von der Auslenkung x des Teilchens aus der Ruhelage an.

In Teil (a) der Abbildung sind die Vektoren gezeigt, die bei der Schwingung eines Teilchens der Masse m zwischen den Grenzen x_1 und x_2 um die Ruhelage O auftreten. In Teil (b) ist die Abhängigkeit der potentiellen Energie von der Auslenkung x aufgetragen. Man sieht, daß die potentielle Energie bei O ein Minimum hat und nach beiden Seiten ansteigt. Nach Gl. 8.7 kann man aus diesem Verlauf durch Differenzieren die auf das Teilchen wirkende Kraft F erhalten:

$$F = -\frac{dE_p}{dx}. \tag{8.7}$$

In Teil (c) der Abbildung ist diese Funktion graphisch dargestellt. In der Gleichgewichtslage wirkt keine Kraft auf das schwingende Teilchen. Befindet es sich links von O, so wirkt eine nach rechts gerichtete Kraft (positiver Wert), befindet es sich rechts von O, so wirkt eine nach links gerichtete Kraft (negativer Wert). Es handelt sich immer um eine *rücktreibende Kraft*, das heißt, die Kraft versucht, das Teilchen in seine Gleichgewichtslage zurückzubringen. Die in dieser Schwingung auftretende Gleichgewichtslage ist also stabil.

Die mechanische Gesamtenergie des Teilchens setzt sich aus der kinetischen E_k und der potentiellen Energie E_p zusammen:

$$E = E_k + E_p. \tag{15.2}$$

* Diese Einheit wurde nach Heinrich Hertz (1857–1894) benannt, der die von Maxwell theoretisch vorhergesagte Existenz elektromagnetischer Wellen als erster experimentell nachweisen konnte.

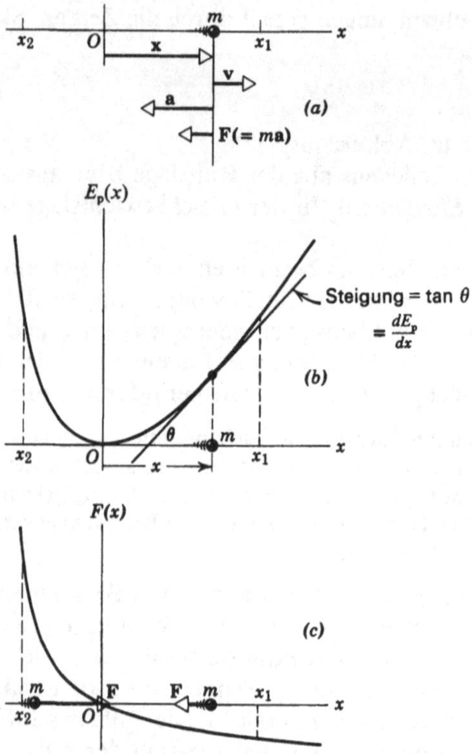

Abb. 15.1 (a) Ein Teilchen der Masse m schwingt zwischen den Positionen x_1 und x_2 periodisch hin und her. O markiert die Gleichgewichtslage. (b) Verlauf der potentiellen Energie $E_p(x)$ des Teilchens über der Auslenkung x. Im Punkt x wirkt auf das Teilchen eine Kraft $F = -\,\mathrm{d}E_p/\mathrm{d}x$. (c) Verlauf der auf das Teilchen wirkenden Kraft $F(x)$ über der Auslenkung x des Teilchens. Die Kraft ist immer auf die Gleichgewichtslage des Teilchens gerichtet.

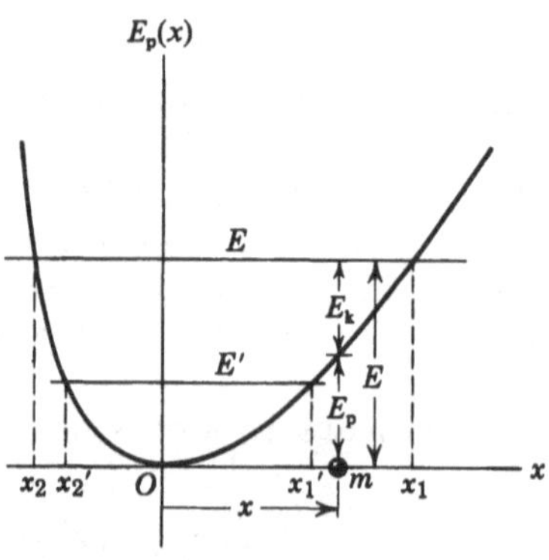

Abb. 15.2 Die Potentialkurve des schwingenden Teilchens von Abb. 15.1a. Wenn die Summe aus kinetischer und potentieller Energie $E = E_p + E_k$ auf den Wert E' begrenzt ist, kann das Teilchen nur zwischen den Positionen x_1' und x_2' hin- und herschwingen.

Die Summe der Energien bleibt konstant, solange keine nichtkonservativen Kräfte, zum Beispiel Reibungskräfte, auf das Teilchen wirken.

In Abb. 15.2 sind die verschiedenen Energien für das periodisch schwingende Teilchen von Abb. 15.1 über der Auslenkung x aufgetragen. Für jede Position des Teilchens ist Gl. 15.2 erfüllt. Man kann der Kurve weiterhin entnehmen, daß das Teilchen nicht über die Auslenkungen x_1 bzw. x_2 hinaus schwingen kann, da dort seine potentielle Energie größer als seine Gesamtenergie wäre, d.h. seine kinetische Energie negativ sein müßte. Trotz gleicher Bedingungen, d.h. bei gleichem vorgegebenen Verlauf der potentiellen Energie $E_p(x)$, kann ein Teilchen einen verschieden großen Betrag der Gesamtenergie haben. Der Betrag der Gesamtenergie wird durch die Anfangsbedingungen bestimmt, d.h. sie hängt davon ab, wie das Teilchen anfänglich in Bewegung gesetzt wurde. So könnte dasselbe Teilchen zum Beispiel bei einer Gesamtenergie E' nur zwischen den Auslenkungen x'_1 und x'_2 hin- und herschwingen.

15.2 Der harmonische Oszillator

Wir wollen wiederum ein Teilchen der Masse m betrachten, welches periodisch um seine Gleichgewichtslage schwingt (Abb. 15.3a). Dieses Mal geben wir aber einen bestimmten Verlauf der potentiellen Energie vor (Abb. 15.3b), nämlich

$$E_p(x) = \tfrac{1}{2}kx^2 \,. \tag{15.3}$$

k soll ein Konstante sein. Nach Gl. 8.7 können wir auch in diesem Fall die Kraft bestimmen, die auf das Teilchen wirkt. Ihr Verlauf ist durch die Funktion

$$F(x) = -\frac{\mathrm{d}E_p}{\mathrm{d}x} = -\mathrm{d}(\tfrac{1}{2}kx^2)/\mathrm{d}x = -kx \tag{15.4}$$

gegeben und in Abb. 15.3c graphisch dargestellt.

Wenn auf ein Teilchen eine Kraft wirkt, wie sie durch Gl. 15.4 gegeben ist, dann vollführt das Teilchen eine periodische Bewegung, die *harmonisch* genannt wird. Die Beziehung besagt, daß die auf das Teilchen wirkende Kraft zur Auslenkung des Teilchens proportional und ihr entgegengerichtet ist. Bei einer harmonischen Schwingung sind die maximalen Auslenkungen aus der Gleichgewichtslage nach beiden Seiten gleich groß. Für die allgemeinere Bewegung Abb. 15.1 ist das nicht der Fall, obwohl auch diese Schwingung periodisch ist. Der Betrag der maximalen Auslenkung heißt *Amplitude*.

Bei der potentiellen Energie in Gl. 15.3 handelt es sich um das Beispiel einer idealen elastischen Schraubenfeder, wie wir sie in Abschn. 8.4 beschrieben hatten. Dort hatte sich für die potentielle Energie einer idealen (masselosen) Feder, die um eine Strecke x gedehnt oder zusammengedrückt war, gerade ein Wert von $\frac{1}{2}kx^2$ ergeben. Weiterhin wurde dort eine ideale Feder so definiert, daß die von ihr im ausgelenkten (gedehnten oder gestauchten) Zustand ausgeübte Kraft durch $F(x) = -kx$ angegeben wird und daß ihre Masse vernachlässigt werden kann. Die Konstante k wurde Federkonstante oder Richtgröße genannt.

Wenn nun ein Körper der Masse m an einer idealen Feder befestigt wird und sich auf einer reibungsfreien Unterlage waagerecht bewegen kann, so stellt dieses System ein

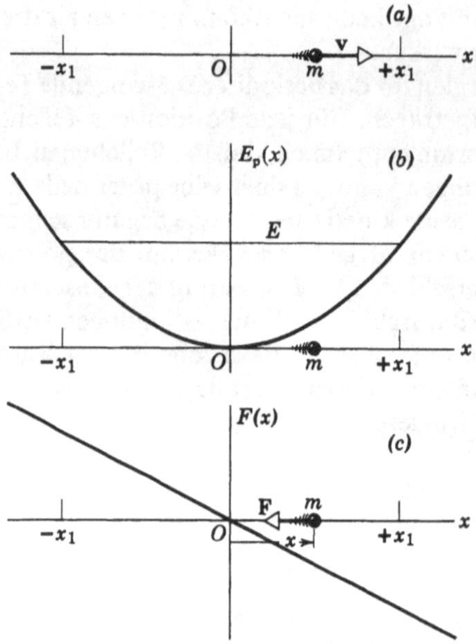

Abb. 15.3 (a) Ein Teilchen der Masse m führt eine harmonische Bewegung zwischen den Punkten $+x_1$ und $-x_1$ aus. O gibt die Gleichgewichtslage an. (b) Verlauf der potentiellen Energie $E_p(x)$ über der Auslenkung x des Teilchens; die mechanische Gesamtenergie $E_p + E_k$ wird durch die Ordinate E angegeben. (c) Die auf das Teilchen wirkende Kraft F als Funktion von x. Man vergleiche diese Abbildung sorgfältig mit Abb. 15.1, welche die Situation für eine allgemeine periodische Schwingung wiedergibt. In Abb. 15.3 handelt es sich um eine harmonische Schwingung.

Beispiel für einen linearen *harmonischen Oszillator* dar. Der Körper vollführt eine harmonische Schwingung (Abb. 15.4). In der Gleichgewichtslage wirkt sicher keine Kraft auf den Körper. Sobald der Körper aus der Ruhelage nach links verschoben wird, übt die zusammengepreßte Feder eine Kraft nach rechts aus; sobald der Körper aus der Ruhelage nach rechts verschoben wird, übt die gedehnte Feder eine Kraft nach links auf den Körper aus. Die Federkraft wirkt also immer auf die Gleichgewichtslage hin, d.h. rücktreibend mit $F = -kx$. Die Bedingung 15.4 für eine harmonische Bewegung ist also erfüllt.

Auch eine harmonische Schwingung unterliegt selbstverständlich den Newtonschen Axiomen. Aus dem zweiten Newtonschen Axiom $F = ma$ ergibt sich mit $F = -kx$ und $a = \mathrm{d}v/\mathrm{d}t = \mathrm{d}^2x/\mathrm{d}t^2$:

$$-kx = m\frac{\mathrm{d}^2x}{\mathrm{d}t^2}$$

bzw.

$$\frac{\mathrm{d}^2x}{\mathrm{d}t^2} + \frac{k}{m}x = 0\,. \tag{15.5}$$

Die *Bewegungsgleichung* Gl. 15.5 stellt eine Differentialgleichung dar, deren Lösung $x(t)$

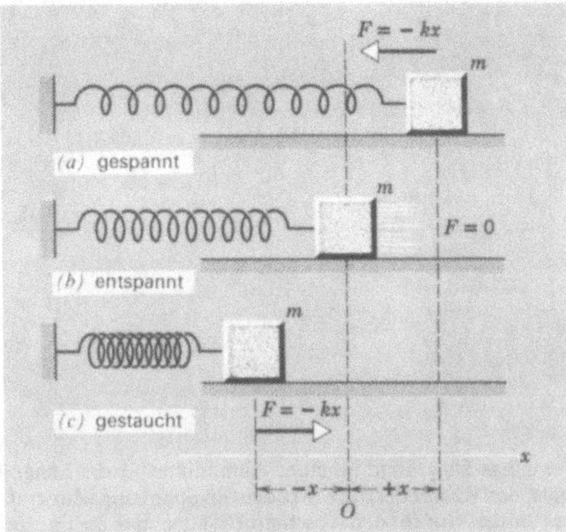

Abb. 15.4 Ein harmonischer Oszillator. Er besteht hier aus einer Masse m, die an einer (masselosen) Schraubenfeder hängt und reibungsfrei über die Unterlage gleiten kann. F gibt in den jeweiligen Situationen die von der Feder auf das Teilchen ausgeübte Kraft an. k ist die Federkonstante.

durch Integration gewonnen wird. Im nächsten Abschnitt wollen wir dies durchführen und die Bewegung des Körpers im einzelnen beschreiben.

Der harmonische Oszillator spielt in der Physik eine wichtige Rolle, da viele mechanische Schwingungen, vor allem Vibrationen von festen Körpern, mathematisch durch die Bewegungsgleichung 15.5 beschrieben werden können. Da bei solchen Schwingungen oft nur kleine Auslenkungen auftreten, können sie in guter Näherung auf eine harmonische Schwingung oder auf eine Kombination aus mehreren harmonischen Schwingungen zurückgeführt werden. Bei diesem Vorgehen betrachtet man nur kleine Auslenkungen x um die Gleichgewichtslage (in Abb. 15.1 der Ursprung O), so daß der Verlauf der Kraftkurve $F(x)$ als linear angenommen werden kann. Für eine kleine Auslenkung x gilt dann das lineare Kraftgesetz $F = -kx$ der harmonischen Bewegung. Oder anders ausgedrückt, durch die Beschränkung auf sehr kleine Auslenkungen ersetzen wir die Kurve der potentiellen Energie von Abb. 15.1b durch die der potentiellen Energie einer harmonischen Schwingung, also durch die Parabel $E_p = \frac{1}{2}kx^2$ in Abb. 15.3b.

Die Bewegungsgleichung für einen harmonischen Oszillator (Gl. 15.5) taucht bei der mathematischen Beschreibung vieler akustischer, optischer, elektrischer und atomphysikalischer Vorgänge wieder auf.

Die Gl. 15.4, $F = -kx$, ist als empirische Beziehung in der Elastizitätstheorie schon seit langem bekannt. Sie wird als *Hookesches Gesetz* bezeichnet (Gl. 7.7, Gl. 8.3, Gl. 15.21 und Seite 531 unten), welches in dieser Form einen Sonderfall eines allgemeinen Gesetzes über die Dehnungsfähigkeit elastischer Körper darstellt*. Bei nicht zu

* Robert Hooke (1635–1703) hatte im Jahre 1676 sein Gesetz in der Form „*ceiiinosssttuv*“ als lateinisches Buchstabenrätsel angegeben. Erst zwei Jahre später entschlüsselte er es als „*ut tensio sic vis*“. Das heißt wörtlich übersetzt „wie die Dehnung, so die Kraft“ oder freier „die Dehnung ist zur Kraft proportional“.

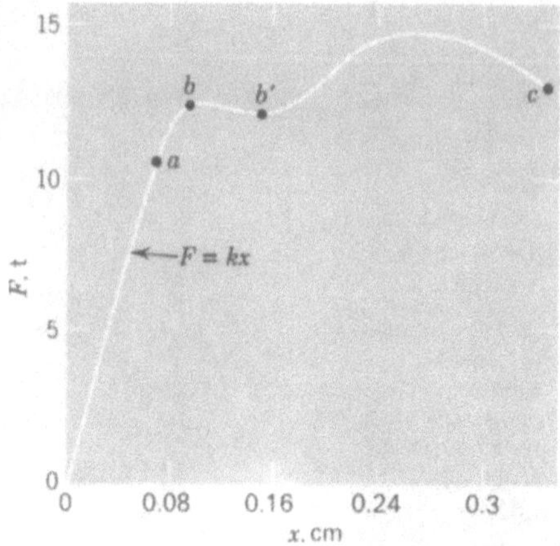

Abb. 15.5 Ein typisches Spannungs-Dehnungs-Diagramm für einen Aluminiumstab der Länge 30.5 cm und des Querschnitts 6.45 cm^2. Gezeigt ist der Verlauf der aufzuwendenden Spannung (Zugkraft F über der erzielten Auslenkung (Dehnung) des Stabes. Nur für den Abschnitt Oa kann man ein lineares Kraftgesetz mit $F = kx$ finden. Oberhalb dieses Abschnitts ist das Diagramm nicht mehr linear. Bei einer Dehnung des Stabes über den Punkt b hinaus (Elastizitätsgrenze) erhält der Körper auch bei Nachlassen der Kraft seine ursprüngliche Länge nicht mehr zurück. Zwischen den Punkten b und b' nimmt die Länge des Stabes zu, obwohl die Kraft konstant bleibt; der Körper fließt wie eine viskose Flüssigkeit. Der Körper kann nicht über den Punkt c hinaus gedehnt werden, ohne zu reißen. In der Beziehung $F = kx$ taucht kein Minuszeichen auf, da die Dehnung in die gleiche Richtung geht wie die Kraft.

starken Dehnungen kann dieses Gesetz auf Federn und andere elastische Festkörper, ja sogar auf Flüssigkeiten angewendet werden. Wird der Körper allerdings über eine bestimmte Grenze (*Elastizitätsgrenze*) hinaus gedehnt, so nimmt er auch bei Nachlassen der Dehnungskraft seine ursprüngliche Gestalt nicht mehr an (Abb. 15.5). Das Hookesche Gesetz gilt bei vielen Körpern bis nahe an die Elastizitätsgrenze heran. Wegen der linearen Beziehung zwischen Dehnung und verformender Kraft wird der Gültigkeitsbereich des Hookesche Gesetzes auch *Proportionalitätsbereich* genannt. Oberhalb der Elastizitätsgrenze hängt die für eine Dehnung aufzuwendende Kraft (Zugkraft oder Spannung) nicht mehr nur von der potentiellen Energie des Körpers ab, sondern auch von der Geschwindigkeit des Dehnens, der Vorbehandlung des Materials und anderen Faktoren.

Innerhalb des Proportionalitätsbereiches eines eindimensional gedehnten Körpers gelten also für die Kraft und die potentielle Energie dieselben Beziehungen wie für einen harmonischen Oszillator. Wenn man den gedehnten Körper losläßt, müßte er harmonisch schwingen. Tatsächlich verlaufen alle mechanischen Schwingungen, die nur kleine Amplituden haben, also im Proportionalitätsbereich der Dehnung liegen, harmonisch. Findet in einem Festkörper eine Vibration in allen drei Dimensionen statt, so ergibt sich bei ihrer Beschreibung eine Kombination aus einfachen harmonischen Schwingungen.

Auf diese Weise können die Bewegungen einer schwingenden Saite oder Membran, Schallschwingungen, Schwingungen von Atomen in einem Festkörper sowie elektrische und akustische Schwingungen in einem Hohlkörper mathematisch wie ein System harmonischer Oszillatoren behandelt werden.

15.3 Bewegungsgleichung der harmonischen Schwingung

Wir gehen daran, die Bewegungsgleichung (Gl. 15.5) für den harmonischen Oszillator zu lösen. Die Gleichung lautete

$$\frac{d^2 x}{dt^2} + \frac{k}{m} x = 0 . \tag{15.6}$$

Um es noch einmal deutlich herauszustellen, diese Gleichung gilt für alle Systeme der Masse m, die unter der Wirkung der Kraft $F = -kx$ stehen. Bei einer Schraubenfeder wird k als Federkonstante bezeichnet, da sie ein Maß für die Steifheit der Feder ist. Bei anderen schwingenden Systemen repräsentiert die Konstante k andere charakteristische Eigenschaften des Systems. Für uns soll jedoch das System Schraubenfeder-Masse (z. B. Abb. 15.4) weiterhin als Prototyp eines harmonischen Oszillators dienen.

Gl. 15.6 stellt eine Differentialgleichung dar, die eine Beziehung zwischen der Funktion $x(t)$ und ihrer zweiten Ableitung $d^2 x/dt^2$ angibt. Gesucht wird eine Funktion $x(t)$, die die Gl. 15.6 erfüllt. Zunächst stellen wir die Differentialgleichung geringfügig um und erhalten

$$\frac{d^2 x}{dt^2} = -\left(\frac{k}{m}\right) x . \tag{15.7}$$

Hieraus erkennt man sofort, daß die Funktion $x(t)$ bis auf den Faktor $-(k/m)$ ihrer zweiten Ableitung gleich ist. Eine solche Bedingung erfüllen die Sinusfunktionen und die Kosinusfunktionen*. Für diese gilt nämlich:

$$\frac{d}{dt} \cos t = -\sin t \qquad \text{und} \qquad \frac{d^2}{dt^2} \cos t = -\frac{d}{dt} \sin t = -\cos t .$$

Diese Eigenschaft bleibt auch erhalten, wenn vor der Sinusfunktion bzw. Kosinusfunktion eine Konstante steht. Damit stellt aber auch

$$x = A \cos(\omega t + \varphi) \tag{15.8}$$

eine Lösung von Gl. 15.7 dar. Es ist nämlich

$$\cos(\omega t + \varphi) = \cos\varphi \cos\omega t - \sin\varphi \sin\omega t = a \cos\omega t + b \sin\omega t , \tag{15.8a}$$

und die Linearkombination von Sinus- und Kosinusfunktion ist ebenfalls Lösung der Differentialgleichung. Mit der in Gl. 15.8a gegebenen Funktion haben wir die allgemeine Lösung für die Differentialgleichung 15.7 gefunden. Allerdings sind die Konstanten A, ω und φ noch unbestimmt. Zu ihrer Ermittlung differenzieren wir Gl. 15.8 zweimal nach der Zeit:

$$\frac{dx}{dt} = -\omega A \sin(\omega \mathrm{t} + \varphi) , \tag{15.8b}$$

$$\frac{d^2 x}{dt^2} = -\omega^2 A \cos(\omega t + \varphi) . \tag{15.8c}$$

* Eine harmonische Bewegung ist nicht nur periodisch, sondern auch beschränkt. Nur die Sinus- bzw. Kosinusfunktion sowie Kombinationen aus ihnen besitzen diese beiden Eigenschaften.

Die zweite Ableitung und die ursprüngliche Funktion von Gl. 15.8 setzen wir in die Differentialgleichung 15.7 ein:

$$-\omega^2 A \cos(\omega t + \varphi) = -\frac{k}{m} A \cos(\omega t + \varphi),$$

und sehen, daß wir die Konstante ω so wählen müssen, daß

$$\omega^2 = \frac{k}{m}. \tag{15.9}$$

Unter dieser Voraussetzung stellt Gl. 15.8 tatsächlich eine Lösung der Bewegungsgleichung 15.7 des harmonischen Oszillators dar.

Die verbleibenden Konstanten A und φ sind weiterhin unbestimmt. Wir erkennen, daß unendlich viele Lösungen möglich sind, die sich nur durch verschiedene A und φ unterscheiden.

A und φ hängen von den *Anfangsbedingungen* ab, d. h. von den Bedingungen, unter denen die harmonische Schwingung in Gang gebracht wurde. Die Gemeinsamkeit der Lösungsschar besteht in demselben ω. Welche physikalische Bedeutung hat ω? Zur Beantwortung gehen wir etwas formal vor, indem wir einfach unsere Lösungsfunktion um $2\pi/\omega$ zeitlich verschieben. Es ergibt sich dann

$$\begin{aligned} x &= A \cos[\omega(t + 2\pi/\omega) + \varphi], \\ &= A \cos(\omega t + 2\pi - \varphi), \\ &= A \cos(\omega t + \varphi). \end{aligned}$$

Wir erhalten damit den Ausdruck für unsere ursprüngliche Funktion. Das bedeutet, daß sich die Funktion jeweils nach einer Zeit von $2\pi/\omega$ wiederholt. ω stellt also bis auf den Faktor 2π die Periodendauer der Bewegung mit

$$T = \frac{2\pi}{\omega} = 2\pi \sqrt{\frac{m}{k}} \tag{15.10}$$

dar. Hierbei haben wir die Beziehung (15.9) benutzt. Die Lösungsschar (15.8) besitzt ein und dieselbe Periodendauer, die durch die Masse m des schwingenden Körpers und die Richtgröße k (im behandelten Beispiel die Federkonstante) bestimmt ist. Nach Gl. 15.1 ergibt sich damit für die Frequenz der Schwingung die Beziehung:

$$\nu = \frac{1}{T} = \frac{\omega}{2\pi} = \frac{1}{2\pi} \sqrt{\frac{k}{m}} \tag{15.11}$$

bzw.

$$\omega = 2\pi\nu = \frac{2\pi}{T}. \tag{15.12}$$

Die Größe ω wird *Kreis-* oder *Winkelfrequenz* genannt. Da sie sich von der Frequenz ν nur um einen Faktor 2π unterscheidet, hat sie die Dimension einer reziproken Zeit und wird in rad/s gemessen. In Abschn. 15.6 werden wir der Größe ω noch eine geometrische Bedeutung zuweisen können.

Die Konstante A hat eine sehr einfache physikalische Bedeutung. Da die Kosinusfunktion nur Werte zwischen $+1$ und -1 annehmen kann, wird die maximale Auslenkung x eines harmonisch schwingenden Teilchens im wesentlichen durch A bestimmt. Im Extremfall kann sie $+A$ oder $-A$ betragen. A stellt also die schon in Abschn. 15.2 erwähnte Amplitude der Schwingung dar. Die Lösungsschar Gl. 15.8 des harmonischen Oszillators hat also dieselbe Frequenz bzw. Periode, aber unterschiedliche Amplituden A. Anders ausgedrückt heißt das, daß die Frequenz einer harmonischen Schwingung nicht von der Amplitude der Schwingung abhängt.

Nun müssen wir noch die physikalische Bedeutung für die Konstante φ finden. Die Größe $(\omega t + \varphi)$ stellt die *Phase* der Schwingung dar. Sie gibt den augenblicklichen Zustand der Schwingungen wieder. φ wird *Phasenkonstante* oder Nullphasenwinkel genannt. Zwei Schwingungen gleicher Frequenz und gleicher Ampliude können sich immer noch durch ihre Phasenkonstante unterscheiden. Das bedeutet, daß sie zu einer bestimmten Zeit t (z.B. bei $t = 0$) nicht den gleichen Schwingungszustand besitzen, sondern gegeneinander verschoben sind. Beträgt ihre Phasenverschiebung zum Beispiel $-\pi/2 \mathrel{\hat{=}} 90°$, so wird die eine Schwingung durch

$$x = A \cos \omega t$$

und die andere durch

$$x = A \cos(\omega t + \varphi) = A \cos(\omega t - 90°) = A \sin \omega t$$

beschrieben. Teilchen dieser beiden Schwingungssysteme haben zur Zeit t also durchaus verschiedene Auslenkungen. Bei einer Phasenkonstante von $\varphi = 0$ wird zur Zeit $t = 0$ das Maximum der Auslenkung erreicht, denn es gilt dann $x = A \cos \omega t = A$. Bei anderen Phasenkonstanten hat die Schwingung zur Zeit $t = 0$ andere Auslenkungen. Wir erkennen nun, daß die Konstanten φ und A durch die Bedingungen bestimmt werden, die zur Zeit $t = 0$ vorliegen, also von der Position des Teilchens und seiner Geschwindigkeit. Daher spricht man von *Anfangsbedingungen* der Bewegung. Sobald das Teilchen erst einmal harmonisch schwingt, führt es diese Schwingung mit gleichbleibender Amplitude, Frequenz und Phasenkonstante weiter, solange keine anderen Kräfte das System stören.

Zur Veranschaulichung der bei der harmonischen Schwingung auftretenden Konstanten A, ω und φ sind in Abb. 15.6 einige verschiedene Schwingungsformen graphisch dargestellt, die alle der Gl. 15.8 genügen. Im Teil (a) der Abbildung sind zwei Schwingungen derselben Amplitude und Frequenz, aber mit verschiedenen Phasenkonstanten ($\varphi = 0°$ und $\varphi = 45°$) gezeigt. Im Teil (b) sind dann zwei Schwingungen derselben Frequenz und Phasenkonstante, aber mit verschiedenen Amplituden (A und $2A$) abgebildet. In Teil (c) schließlich sind zwei Schwingungen derselben Amplitude und Phasenkonstante, aber mit verschiedenen Frequenzen (ν und $\nu/2$) dargestellt. Wenn man die Abbildungen genau studiert, gewinnt man eine anschauliche Vorstellung von dem Einfluß der verschiedenen Parameter auf die Form der Schwingung.

Die durch die Abbildung vermittelten Unterschiede der Schwingungsformen führen selbstverständlich auch zu Unterschieden bei den bei der Schwingung auftretenden kinematischen Größen, also bei der Auslenkung, der Geschwindigkeit und der Beschleunigung des schwingenden Teilchens. In Abb. 15.7 sind diese Größen, also $x(t)$, $v = \mathrm{d}x/\mathrm{d}t$ und $a = \mathrm{d}v/\mathrm{d}t = \mathrm{d}^2x/\mathrm{d}t^2$, für die Schwingung I von Abb. 15.6 dargestellt. Die zugehö-

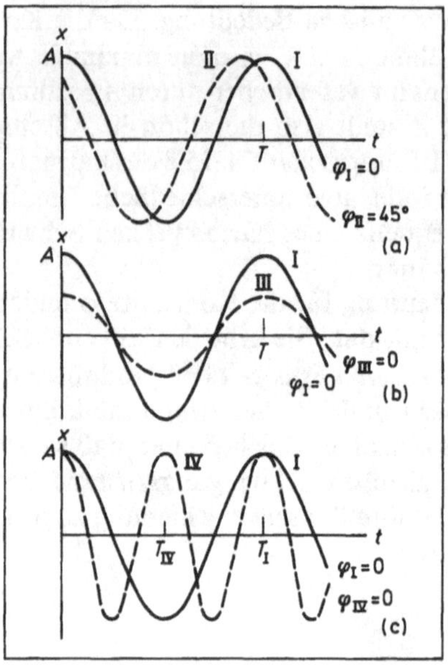

Abb. 15.6 Verschiedene Lösungsfunktionen der Bewegungsgleichung des harmonischen Oszillators. (a) Zwei Lösungen mit der gleichen Amplitude und Periodendauer, aber einem Phasenunterschied von 45°. (b) Zwei Lösungen mit der gleichen Periodendauer und Phasenkonstante, aber die Amplituden unterscheiden sich um den Faktor 2. (c) Zwei Lösungen mit der gleichen Amplitude und Phasenkonstante, aber die Periodendauern unterscheiden sich um den Faktor 2.

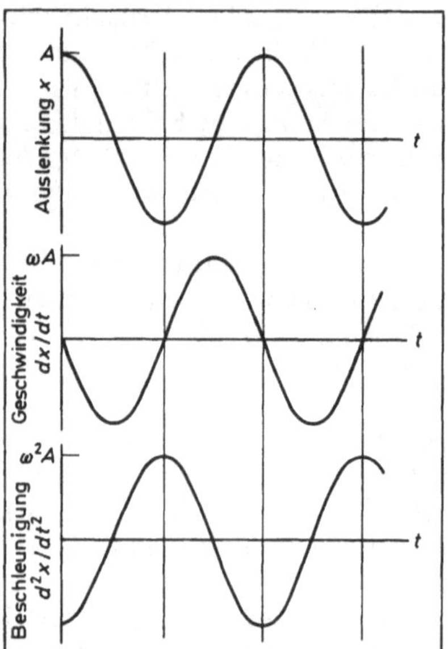

Abb. 15.7 Zeitlicher Verlauf der Beträge der Auslenkung x, der Geschwindigkeit v und der Beschleunigung a bei der harmonischen Schwingung. Da die Auslenkung zur Zeit $t = 0$ maximal ist, hat die Phasenkonstante den Wert Null (Gl. 15.8).

rigen Gleichungen lauten

$$\begin{aligned} x &= A\cos(\omega t+\varphi)\,, \\ v &= \frac{\mathrm{d}x}{\mathrm{d}t} = -\omega A\sin(\omega t+\varphi)\,, \\ a &= \frac{\mathrm{d}v}{\mathrm{d}t} = -\omega^2 A\cos(\omega t+\varphi)\,. \end{aligned} \tag{15.13}$$

In den gezeichneten Beispielen wurde die Phasenkonstante φ zu Null angenommen. Man erkennt leicht, daß die maximalen Beträge für die Auslenkung A, für die Geschwindigkeit ωA und für die Beschleunigung $\omega^2 A$ sind.

Diese Maxima fallen zeitlich nicht zusammen. Wenn die Auslenkung des Teilchens ihren maximalen Betrag (Amplitude) erreicht, ist der Betrag der Geschwindigkeit gerade Null, da sie im Umkehrpunkt der Schwingung gerade ihre Richtung wechselt. Der Betrag der zugehörigen Beschleunigung erreicht sein Maximum im Umkehrpunkt. Wie die rücktreibende Kraft (da $F = ma = -kx$ gilt) ist auch die Beschleunigung der Auslenkung entgegengerichtet. Geht das Teilchen gerade durch seine Gleichgewichtslage, ist also seine Auslenkung Null, so ist der Betrag der Geschwindigkeit maximal, der der

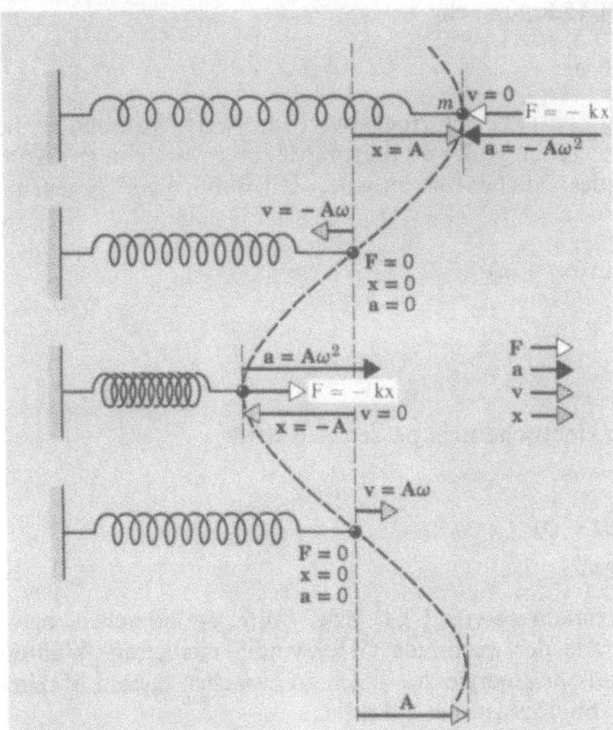

Abb. 15.8 Die bei der harmonischen Schwingung eines Teilchens der Masse m wirkenden Vektoren: Kraft, Auslenkung, Geschwindigkeit und Beschleunigung. Man vergleiche diese Abbildung sorgfältig mit Abb. 15.7.

Beschleunigung aber Null. Immer wenn das Teilchen auf die Gleichgewichtslage hinschwingt, nimmt seine Geschwindigkeit zu. Immer wenn das Teilchen aus der Ruhelage kommend auf seine Umkehrpunkte zuschwingt, nimmt seine Geschwindigkeit ab.

In Abb. 15.8 sind die Vektoren $\boldsymbol{x}$, $\boldsymbol{v}$ und $\boldsymbol{a}$ in vier verschiedenen Schwingungsphasen eines Feder-Masse-Systems als Beispiel für einen harmonischen Oszillator dargestellt.

15.4 Energiebilanz bei harmonischen Schwingungen

Aus Abschn. 15.1 (Gl. 15.2) wissen wir, daß bei periodischen Schwingungen der Energieerhaltungssatz gilt. Reibungskräfte waren znächst noch ausgeschlossen. Wir wollen die Energieerhaltung am Beispiel der harmonischen Schwingung

$$x = A\cos(\omega t + \varphi) \tag{15.8}$$

zeigen.

Für die potentielle Energie hatten wir in Gl. 15.3 den Ausdruck

$$E_p = \tfrac{1}{2}kx^2$$

angegeben, woraus mit Gl. 15.8 nunmehr

$$E_p = \tfrac{1}{2}kA^2\cos^2(\omega t + \varphi) \tag{15.14}$$

folgt. Die potentielle Energie besitzt einen Höchstwert von $\frac{1}{2}kA^2$. Während der Schwingung kann sie nur Werte zwischen Null und diesem Maximum annehmen (Abb. 15.9).

Die kinetische Energie des Teilchens ist zu jeder Zeit durch $\frac{1}{2}mv^2$ gegeben. Unter Benutzung von

$$v = \mathrm{d}x/\mathrm{d}t = -\omega A\sin(\omega t + \varphi)$$

und

$$\omega^2 = k/m$$

erhalten wir damit für die kinetische Energie den Ausdruck

$$\begin{aligned} E_k &= \tfrac{1}{2}mv^2 \\ &= \tfrac{1}{2}m\omega^2A^2\sin^2(\omega t + \varphi) \\ &= \tfrac{1}{2}kA^2\sin^2(\omega t + \varphi)\,. \end{aligned} \tag{15.15}$$

Sie kann somit einen Maximalwert von $\frac{1}{2}kA^2$ bzw. $\frac{1}{2}m(\omega A)^2$ erreichen, denn nach Abschn. 15.3 war ωA gerade der maximale Geschwindigkeitsbetrag. Während der Schwingung kann die kinetische Energie des Teilchens zwischen diesem Maximalwert und Null schwanken. In Abb. 15.9 ist dies skizziert.

Da sich die mechanische Energie (Gesamtenergie) nur aus potentieller und kinetischer Energie zusammensetzt, können wir Gl. 15.14 und Gl. 15.15 einfach addieren:

$$E = E_k + E_p = \tfrac{1}{2}kA^2\sin^2(\omega t + \varphi) + \tfrac{1}{2}kA^2\cos^2(\omega t + \varphi) = \tfrac{1}{2}kA^2\,. \tag{15.16}$$

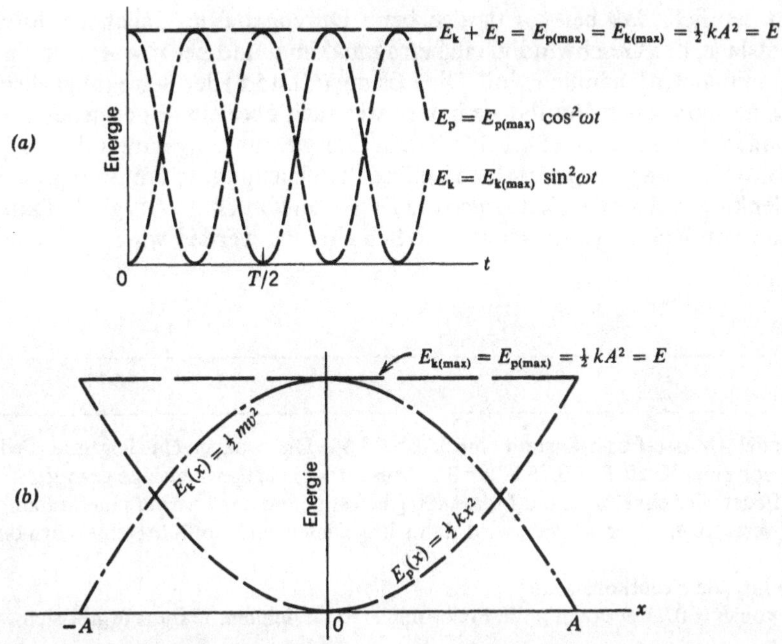

Abb. 15.9 Energiediagramme bei einer harmonischen Bewegung. (a) zeitlicher Verlauf der potentiellen Energie E_p (---), der kinetischen Energie E_k (· - · - · - ·) und der Summe $E = E_p + E_k$ (—). (b) Dieselben Energien als Funktionen der Auslenkung x aus der Gleichgewichtslage. Man vergleiche diese Darstellungen mit Abb. 8.4.

In dem Ausdruck $\frac{1}{2}kA^2$ kommt keine zeitabhängige Größe mehr vor. Die Summe aus potentieller und kinetischer Energie ist also während des gesamten Schwingungsvorganges konstant. Zum Zeitpunkt der maximalen Auslenkung tritt nur potentielle Energie auf, zum Zeitpunkt des Gleichgewichtsdurchganges nur kinetische Energie. Zu allen übrigen Zeitpunkten setzt sich die Gesamtenergie aus beiden Energieformen zusammen (s. Abb. 15.9). Die Aussage von Gl. 15.16 ist also: *Die Gesamtenergie* (Summe aus kinetischer und potentieller Energie) *eines harmonisch schwingenden Teilchens ist zum Quadrat der Schwingungsamplitude proportional.* Aus Abb. 15.9a ist ersichtlich, daß die mittlere kinetische Energie der Schwingung (über eine Periodendauer gemittelt) genau der mittleren potentiellen Energie entspricht und einen Betrag von $\frac{1}{2}(\frac{1}{2}kA^2)$ aufweist.

Gl. 15.16 kann man noch etwas allgemeiner als

$$E_k + E_p = \tfrac{1}{2}mv^2 + \tfrac{1}{2}kx^2 = \tfrac{1}{2}kA^2 \qquad (15.17)$$

schreiben. Daraus ergibt sich für v:

$$v^2 = (k/m)(A^2 - x^2)$$

bzw.

$$v = \frac{dx}{dt} = \pm\sqrt{\frac{k}{m}(A^2 - x^2)}\,. \qquad (15.18)$$

Hieraus wird deutlich, daß bei $x = 0$, also beim Durchgang des Teilchens durch die Gleichgewichtslage, der Geschwindigkeitsbetrag maximal und bei $x = A$, also im Umkehrpunkt, minimal wird, nämlich Null. Die Lösung (Gl. 15.8) der Bewegungsgleichung (Gl. 15.7) des harmonischen Oszillators hätten wir auch über eine Energiebetrachtung gewinnen können. Beginnt man nämlich mit dem Energieerhaltungssatz (Gl. 15.17), löst nach v auf (Gl. 15.18) und integriert diese Differentialgleichung, so erhält man den Verlauf der Auslenkung x über der Zeit t, also die Funktion von Gl. 15.8 (vgl. Aufgabe 29).

Den Einfluß von Reibungskräften auf die Schwingung werden wir in Abschn. 15.9 behandeln.

Beispiel 1

Das Federpendel (Masse-Feder-System von Abb. 15.4). Die waagerecht liegende Feder in Abb. 15.4 soll von einer Kraft $F = 0.75$ N um 3 cm aus ihrer Gleichgewichtslage gezogen werden. Am Ende der Feder wird ein Körper der Masse 400 g befestigt und um 4 cm auf einer reibungsfreien Unterlage verschoben. Der Körper wird dann losgelassen und vollführt eine harmonische Schwingung.

(a) Wie groß ist die Federkonstante?

Eine Kraft von $F = 0.75$ N vermag die Feder um 3 cm zu dehnen. Daraus ergibt sich

$$k = \frac{F}{x} = \frac{0.75\,\mathrm{N}}{3\,\mathrm{cm}} = 0.25\,\frac{\mathrm{N}}{\mathrm{cm}}\,.$$

Warum geht man nicht von $F = -kx$ aus?

(b) Welche Kraft übt die gedehnte Feder auf den an ihr befestigten Körper bei einer Auslenkung von 4 cm aus?

Nach Gl. 15.4 gilt

$$F = -kx = -\left(0.25\,\frac{\mathrm{N}}{\mathrm{cm}}\right)(4\,\mathrm{cm}) = -1\,\mathrm{N}\,.$$

Das Minuszeichen gibt an, daß die Kraft gegen die Auslenkung gerichtet ist.

(c) Welche Periodendauer hat die Schwingung?

Nach Gl. 15.10 gilt

$$T = 2\pi\sqrt{\frac{m}{k}} = 2\pi\sqrt{\frac{400\,\mathrm{g}}{0.25\,\mathrm{N/cm}}}$$
$$= 2\pi\sqrt{\frac{400\,\mathrm{g}}{0.25\,\mathrm{kg}\,(100)/\mathrm{s}^2}} = 2\pi\sqrt{0.016\,\mathrm{s}^2} = 0.79\,\mathrm{s}\,.$$

Für die Frequenz $\nu = 1/T$ ergibt sich somit 1.3 Hz und für die Kreisfrequenz $\omega = 2\pi\nu = 8$ rad/s.

(d) Welche Amplitude besitzt die Schwingung?

Da der Energieerhaltungssatz auch für den Zeitpunkt $t = 0$ gilt, zu dem das Teilchen gerade losgelassen wurde und noch keine kinetische Energie besaß, muß es zur Zeit $t = 0$ seine maximale potentielle Energie besessen haben. Diese ist durch die maximale Auslenkung von 4 cm gegeben, also $A = 4$ cm.

(e) Welchen maximalen Betrag erreicht die Geschwindigkeit des Körpers?

Nach Gl. 15.13 gilt

$$v_{\max} = \omega A = \frac{2\pi}{T} A$$
$$= \frac{2\pi}{0.79\,\mathrm{s}} (4\,\mathrm{cm}) = 31.8 \frac{\mathrm{cm}}{\mathrm{s}}\,.$$

Die Maximalgeschwindigkeit wird beim Durchgang durch die Gleichgewichtslage bei $x = 0$ erreicht, und zwar zweimal in jedem Schwingungszyklus mit jeweils entgegengesetzter Richtung.

(f) Welchen maximalen Betrag erreicht die Beschleunigung des Körpers?

Aus Gl. 15.13 ergibt sich

$$a_{\max} = \omega^2 A = \frac{k}{m} A$$
$$= \frac{0.25\,\mathrm{N/cm}}{400\,\mathrm{g}} (4\,\mathrm{cm})$$
$$= 250 \frac{\mathrm{cm}}{\mathrm{s}^2}\,.$$

Dieser maximale Beschleunigungsbetrag wird während einer Schwingungsperiode zweimal erreicht, nämlich an den Umkehrpunkten $x = +A$ mit $a = -2.5\,\mathrm{m/s^2}$ und $x = -A$ mit $a = +2.5\,\mathrm{m/s^2}$.

(g) Wie groß waren die Beträge von Geschwindigkeit, Beschleunigung, kinetischer und potentieller Energie des Teilchens, als es sich nach dem Loslassen gerade auf halber Strecke zwischen dem Startpunkt und seiner Gleichgewichtslage befand?

Für diese Position des Teilchens gilt $x = A/2$. Nach G. 15.18 erhält man für die Geschwindigkeit einen Betrag von

$$v = -\frac{2\pi}{T} \sqrt{A^2 - x^2}$$
$$= -\frac{2\pi}{0.79\,\mathrm{s}} \sqrt{(4\,\mathrm{cm})^2 - (2\,\mathrm{cm}^2)} = 27.6 \frac{\mathrm{cm}}{\mathrm{s}}\,.$$

Für den Betrag der Beschleunigung machen wir den Ansatz

$$a = \frac{F}{m} = -\frac{kx}{m}$$
$$= -\frac{(0.25\,\mathrm{N/cm})(2\,\mathrm{cm})}{400\,\mathrm{g}} = -1.25 \frac{\mathrm{m}}{\mathrm{s}^2}\,.$$

Die kinetische Energie ergibt sich nach Gl. 15.17 zu

$$E_k = \frac{m}{2} v^2 = \frac{400\,\mathrm{g}}{2} \left(0.276 \frac{\mathrm{m}}{\mathrm{s}}\right)^2$$
$$= 15.2 \frac{\mathrm{g\,m^2}}{\mathrm{s}^2} = 0.015\,\mathrm{Nm} = 15\,\mathrm{mJ}\,.$$

Die potentielle Energie ergibt sich ebenfalls nach Gl. 15.17. Sie beträgt

$$E_p = \tfrac{1}{2} k x^2 = \tfrac{1}{2} \left(0.25 \frac{\mathrm{N}}{\mathrm{cm}}\right) (2\,\mathrm{cm})^2 = 0.5\,\mathrm{N\,cm} = 5\,\mathrm{mJ}\,.$$

(h) Welche mechanische Gesamtenergie besitzt das schwingende System? Da der Energieerhaltungssatz gilt, können wir die Beträge der kinetischen und der potentiellen Energie an irgendeiner Stelle x oder zu irgendeiner Zeit t addieren. Wir nehmen hierfür die Werte von (g), wählen also die Auslenkung $x = A/2$,

$$E = E_k + E_p = 15\,\mathrm{mJ} + 5\,\mathrm{mJ} = 20\,\mathrm{mJ}\,.$$

Im Punkt $x = A$ gilt

$$\begin{aligned} E_p(\max) &= \tfrac{1}{2}kA^2 \\ &= \tfrac{1}{2}\left(0.25\,\frac{\mathrm{N}}{\mathrm{cm}}\right)(4\,\mathrm{cm})^2 = 2\,\mathrm{N\,cm} = 20\,\mathrm{mJ}\,. \end{aligned}$$

Im Punkt $x = 0$ gilt

$$\begin{aligned} E = E_k(\max) &= \tfrac{1}{2}mv_{\max}^2 \\ &= \tfrac{1}{2}(400\,\mathrm{g})\left(0.32\,\frac{\mathrm{m}}{\mathrm{s}}\right)^2 = 20\,\mathrm{g}\,\frac{\mathrm{m}^2}{\mathrm{s}^2} = 20\,\mathrm{mJ}\,, \end{aligned}$$

wobei wir den maximalen Geschwindigkeitsbetrag aus (e) entnahmen.

(i) Man gebe die Funktion für den zeitlichen Verlauf der Auslenkung $x(t)$ an. Allgemein gilt hierfür die Gl. 15.8, also

$$x = A\cos(\omega t + \varphi)\,.$$

Die Konstanten erhalten wir aus den vorangegangenen Berechnungen. Aus (d) folgt $A = 4$ cm und aus (c) folgt $\omega = 8$ rad/s. Damit lautet die Funktion

$$x = 4\cos(8t + \varphi)\,.$$

Es bleibt noch die Phasenkonstante φ zu bestimmen. Da sie zu jeder Zeit denselben Wert hat, wählen wir uns den Startpunkt mit $t = 0$ und $x = 4$ cm aus. Damit erhalten wir

$$x = 4\cos(0 + \varphi) = 4\,.$$
$$\cos\varphi = 0\,.$$
$$\varphi = 0\,.$$

Insgesamt lautet diese Funktion nun

$$x = 4\cos 8t\,,$$

wobei x in cm und t in s gemessen wird.

15.5 Einige Beispiele für harmonische Schwingungen

In diesem Abschnitt wollen wir einige physikalische Systeme besprechen, die harmonische Schwingungen ausführen können.

Das ebene mathematische Pendel (Fadenpendel). Ein Fadenpendel besteht aus einem idealisierten Körper, nämlich einer punktförmigen Masse, die an einem masselosen nicht dehnbaren Faden hängt. Da es so etwas in Wirklichkeit nicht gibt, wird dieses

Fadenpendel „mathematisch" genannt. Wenn das Pendel seitwärts ausgelenkt und losgelassen wird, schwingt es unter der Wirkung der Schwerkraft in einer vertikalen Ebene. Wir wollen die Schwingungsdauer des Fadenpendels bestimmen.

In Abb. 15.10 ist das Pendel zu irgendeinem Zeitpunkt seiner Schwingung gezeigt. Es bildet mit der Senkrechten einen Winkel θ. Auf die Masse m wirken sowohl die Schwerkraft $\boldsymbol{mg}$ als auch die Zugkraft $\boldsymbol{T}$ des Fadens, der sie festhält. Zur Beschreibung der Bewegung von m wählen wir uns ein Koordinatensystem derart, daß die eine Achse tangential zur Bewegung und die andere auf dem Radius, also im Aufhängefaden, liegt. Wir zerlegen nun die Schwerkraft mg in eine tangentiale Komponente $mg\sin\theta$ und eine radiale Komponente $mg\cos\theta$. Die radiale Kraftkomponente verleiht der Masse die nötige Zentripetalbeschleunigung, damit sie sich auf dem Kreisbogen bewegen kann. Die tangentiale Kraftkomponente ist die Rückholkraft, die die Masse in ihre Gleichgewichtslage zurückzieht, sobald sie ausgelenkt ist. Die rücktreibende Kraft ist also

$$F = -mg\sin\theta\,.$$

Man beachte, daß die Rückstellkraft nicht proportional zur Winkelauslenkung selbst ist, sondern zum Sinus des Winkels. Diese Bewegung kann also nicht harmonisch sein. Wenn der Auslenkwinkel allerdings nur klein ist, so unterscheidet sich der Sinus des Winkels kaum vom Argument*,

$$\sin\theta \approx \theta\,,$$

und man erhält

$$F = -mg\theta = -mg\frac{x}{l} = -\left(\frac{mg}{l}\right)x\,.$$

Hierin ist $x = l\theta$ die Auslenkung längs des Bogens, und für kleine Winkel ergibt sich eine fast geradlinige Bahn.

Für kleine Auslenkungen kann man also annehmen, daß die rücktreibende Kraft zur Auslenkung proportional und ihr entgegengesetzt ist. Damit ist die Bedingung (Gl. 15.4) für das Vorliegen einer harmonischen Bewegung gegeben. Die Konstante mg/l repräsentiert im vorliegenden Beispiel die Konstante k in $F = -kx$. Man überzeuge sich davon, daß k und mg/l die gleiche Dimension besitzen! Die Periodendauer der harmonischen Schwingung des Fadenpendels beträgt somit

$$T = 2\pi\sqrt{\frac{m}{k}} = 2\pi\sqrt{\frac{m}{mg/l}} \quad \text{bzw.} \quad T = 2\pi\sqrt{\frac{l}{g}}\,. \tag{15.19}$$

* Zum Beispiel:

θ	$\sin\theta$	Differenz
0° = 0.00000 rad	0.00000	0.00 %
2° = 0.03491 rad	0.03490	0.03 %
5° = 0.08727 rad	0.08716	0.13 %
10° = 0.17453 rad	0.17365	0.50 %
15° = 0.26180 rad	0.25882	1.14 %

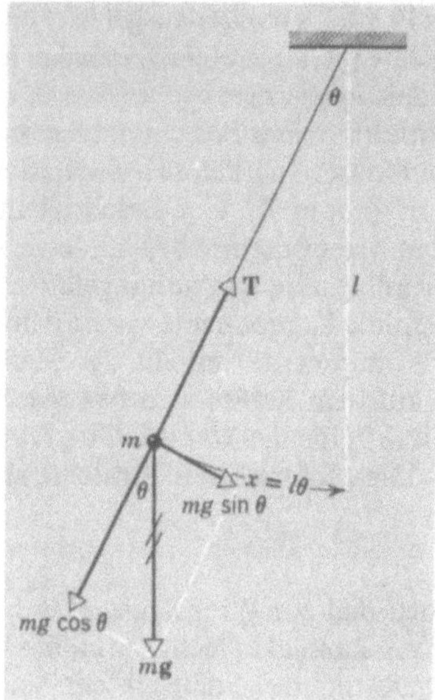

Abb. 15.10 Kraftzerlegung bei der Schwingung eines ebenen mathematischen Pendels (Fadenpendel, Schwerependel). Die auf das Pendel wirkende Kraft setzt sich aus der Spannkraft $\boldsymbol{T}$ im (masselosen) Faden und der Gewichtskraft $\boldsymbol{mg}$ der Masse m zusammen. Die Gewichtskraft wird in eine radiale und eine tangentiale Komponente zerlegt.

Das gilt allerdings nur unter der Voraussetzung kleiner Auslenkungen. Man beachte, daß die Schwingungsdauer nicht von der Masse des Pendelgewichtes abhängt!

Im allgemeinen Fall einer Pendelschwingung, wenn also die Beschränkung auf kleine Auslenkungen nicht gilt, kann man die Periodendauer als

$$T = 2\pi \sqrt{\frac{l}{g}} \left(1 + \frac{1}{2^2} \sin^2 \frac{\theta_m}{2} + \frac{1}{2^2} \frac{3^3}{4^2} \sin^4 \frac{\theta_m}{2} + \ldots\right) \tag{15.20}$$

darstellen. θ_m bedeutet hier den maximal möglichen Winkelausschlag, alle folgenden Glieder der Reihe werden immer kleiner. Die Periodendauer kann um so genauer bestimmt werden, je mehr Glieder der Reihe man berücksichtigt. Bei einem maximalen Winkel von 15°, also einem Winkel von 30° zwischen den beiden Umkehrpunkten, unterscheidet sich die nach Gl. 15.19 berechnete Periodendauer von der nach der Gl. 15.20 berechneten nur um 0.5%.

Da die Schwingungsdauer eines Fadenpendels praktisch nicht von der Amplitude der Schwingung abhängt, eignet es sich sehr gut als Zeitgeber. Denn auch wenn Reibungskräfte die Amplitude dauernd verkleinern, bleibt die Schwingungsdauer fast unverändert. Bei einer Pendeluhr werden die Reibungsverluste automatisch durch eine von der Ankerhemmung gesteuerte Energiezufuhr mittels eines Zahnrades ausgeglichen. Diese Art von Pendeluhr wurde von Christian Huygens (1629–1695) erfunden.

Das Fadenpendel ist auch sehr gut zur Bestimmung der Fallbeschleunigung g geeignet. Man braucht nämlich nur die Größe l und T zu bestimmen und erhält nach Gl. 15.19 die Fallbeschleunigung, ohne einen Fallversuch durchführen zu müssen.

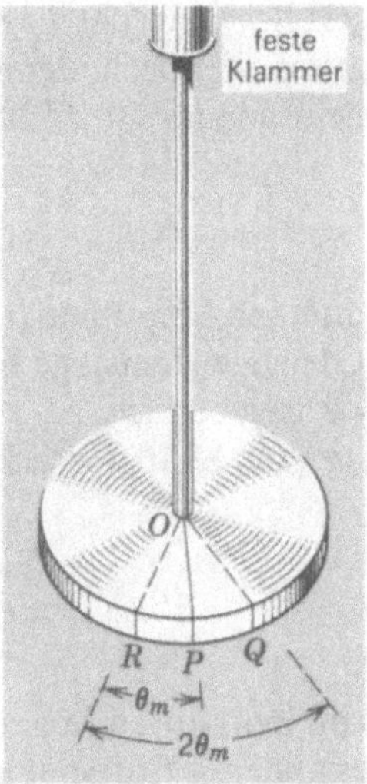

Abb. 15.11 Das Torsionspendel. Der Fahrstrahl *OP* schwingt zwischen *Q* und *R* hin und her und überstreicht dabei einen Winkel von $2\theta_m$. θ_m ist die Amplitude der Drehschwingung.

Das Torsionspendel. In Abb. 15.11 ist eine Scheibe gezeigt, die in ihrem Schwerpunkt starr an einem Draht befestigt ist. Der Draht ist an seinem oberen Ende an einem Gestell befestigt. Wenn die Scheibe in einer waagerechten Ebene verdreht und wieder losgelassen wird, führt sie Drehschwingungen aus. Wegen seiner Elastizität übt der verdrillte Aufhängedraht ein Drehmoment M auf die Scheibe aus, das sie in ihre ursprüngliche Lage zurückzudrehen versucht. Es handelt sich hier um eine typische Rückstellkraft. Für nicht zu große Verdrillungen gilt das Hookesche Gesetz, das heißt, das Drehmoment M ist zum Drehwinkel θ proportional

$$M = -D'\theta \,. \tag{15.21}$$

Die Konstante D' wird *Winkelrichtgröße* oder Drehfederkonstante genannt; sie hängt von den Materialeigenschaften und den geometrischen Dimensionen des Drahtes ab. Das Minuszeichen gibt uns wieder an, daß das Drehmoment der Verdrehung (Drehwinkel θ) entgegengerichtet ist. Gl. 15.21 erfüllt also die Bedingung für eine harmonische Bewegung.

Die zugehörige Bewegungsgleichung lautet (vgl. Gl. 12.17)

$$M = J\alpha = J\frac{\mathrm{d}\omega}{\mathrm{d}t} = J\frac{\mathrm{d}^2\theta}{\mathrm{d}t^2}\,.$$

Unter Einbeziehung von Gl. 15.21 wird daraus:

$$-D'\theta = J\frac{\mathrm{d}^2\theta}{\mathrm{d}t^2}$$

bzw.

$$\frac{\mathrm{d}^2\theta}{\mathrm{d}t} = -\left(\frac{D'}{J}\right)\theta\,. \tag{15.22}$$

Es fällt sofort die Ähnlichkeit mit der Bewegungsgleichung (Gl. 15.7) für den harmonischen Oszillator auf. Die beiden Gleichungen sind mathematisch identisch, denn es ist nur θ gegen x, J gegen m und D' gegen k vertauscht. In Anlehnung an Gl. 15.8 lautet damit die Lösung der Differentialgleichung Gl. 15.22

$$\theta = \theta_m \cos(\omega t + \varphi)\,. \tag{15.23}$$

Die Drehschwingung stellt also eine harmonische Bewegung mit der Amplitude θ_m (maximaler Drehwinkel) dar. Die Schwingung erfolgt um eine Gleichgewichtslage herum, die in Abb. 15.11 durch die Linie OP bzw. den Winkel $\theta = 0$ gegeben ist.

Die Periodendauer der Schwingung erhält man in Analogie zu Gl. 15.10 durch Einsetzen der der Drehschwingung entsprechenden Symbole zu

$$T = 2\pi\sqrt{\frac{J}{D'}}\,. \tag{15.24}$$

Falls die Drehfederkonstante D' des Drahtes bekannt ist, kann man durch Messen der Periodendauer das Trägheitsmoment J der Scheibe (bzw. eines anderen Körpers) um die Rotationsachse bestimmen. Wenn andererseits das Trägheitsmoment bekannt ist, kann man wiederum durch Messen der Periodendauer die Winkelrichtgröße eines Drahtes bestimmen.

Die Wirkungsweise vieler Meßinstrumente beruht auf Torsionsschwingungen. Die im nächsten Kapitel beschriebene Drehwaage von Cavendish (Abb. 16.4) stellt ein Torsionspendel dar, ebenso die Unruh einer Taschenuhr.

Beispiel 2

Ein dünner, 10 cm langer Stab der Masse 100 g hängt an einem Draht, der an seinem Schwerpunkt starr befestigt ist. Der Draht wurde verdreht und wieder losgelassen, so daß der Stab Drehschwingungen ausführte. Die Schwingungsdauer wurde zu 2 s gemessen. Wird der dünne Stab durch einen flachen Körper ersetzt, der die Form eines gleichseitigen Dreiecks besitzt, und ebenfalls genau in seinem Schwerpunkt aufgehängt, so beträgt die Schwingungsdauer 6 s. Wie groß ist das Trägheitsmoment des Dreiecks um die Achse des Drahtes?

Nach Tabelle 12.1 ist das Trägheitsmoment des Stabes

$$\begin{aligned} J_{\text{Stab}} &= \frac{Ml^2}{12} \\ &= \frac{(100\text{ g})(10\text{ cm})^2}{12} = 8.3 \times 10^{-5}\text{ kg m}^2\,. \end{aligned}$$

Weiterhin gilt nach Gl. 15.24 für den Stab

$$T_{\text{Stab}} = 2\pi\sqrt{\frac{J_{\text{Stab}}}{D'}}$$

und für das Dreieck

$$T_{\text{Dreieck}} = 2\pi\sqrt{\frac{J_{\text{Dreieck}}}{D'}}\,.$$

Daraus folgt

$$J_{\text{Dreieck}} = J_{\text{Stab}} \left(\frac{T_{\text{Dreieck}}}{T_{\text{Stab}}} \right)^2 .$$

Mit dem oben ermittelten Wert für J_{Stab} und den gegebenen Schwingungsdauern erhält man

$$J_{\text{Dreieck}} = 8.3 \times 10^{-5}\,\text{kg m}^2 \left(\frac{6\,\text{s}}{2\,\text{s}} \right)^2 = 7.5 \times 10^{-4}\,\text{kg m}^2 .$$

Das physikalische Pendel. Jeder Körper, der in einer vertikalen Ebene um eine Achse schwingt, die durch ihn hindurch geht, heißt physikalisches oder physisches Pendel. Ein physikalisches Pendel stellt also eine Verallgemeinerung eines mathematischen Pendel dar. Jedes tatsächlich existierende Pendel kann nur ein physikalisches Pendel sein.

In Abb. 15.12 ist ein physikalisches Pendel gezeigt. Es hat ungefähr die Form einer Schuhsohle und kann in einer vertikalen Ebene schwingen. Die Drehachse durchbohrt die Scheibe. Reibungskräfte seien vernachlässigt. Die Scheibe wird nun um einen Winkel θ aus ihrer Gleichgewichtslage herausgedreht und losgelassen, so daß sie schwingt. Am Schwerpunkt S der Scheibe greift die Schwerkraft $m\boldsymbol{g}$ an, wobei m die Masse der Scheibe ist. Diese Kraft ruft nach Gl. 12.1 ($\boldsymbol{M} = \boldsymbol{r} \times \boldsymbol{F}$) ein Drehmoment $\boldsymbol{M}$ hervor, das durch

$$M = -mgd \sin\theta$$

gegeben ist. Das Drehmoment ist der Verdrehung (Winkel θ) entgegengesetzt und versucht, die Scheibe in die Ruhelage zurückzuziehen. Das Drehmoment ist nicht zum

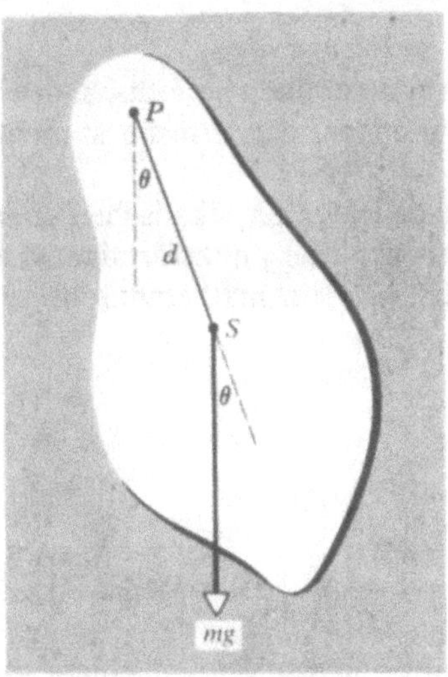

Abb. 15.12 Das physikalische oder physische Pendel. Der schuhsohlenähnliche Körper ist im Punkt P drehbar aufgehängt und aus seiner Gleichgewichtslage (wenn der Schwerpunkt S genau senkrecht unter dem Drehpunkt P liegt) um einen Winkel θ ausgelenkt. Die Gewichtskraft mg sorgt für das rücktreibende Drehmoment.

Winkel θ, sondern zu $\sin\theta$ proportional. Die Schwingung des Körpers ist also nicht harmonisch. Nur für den Fall kleiner Auslenkungen, wenn man also $\sin\theta \approx \theta$ setzen kann, erhält man die Beziehung

$$M = -mgd\theta$$

bzw.

$$M = -D'\theta\,,$$

wobei wir die Abkürzung

$$D' = mgd$$

benutzten. Da für das auf das physikalische Pendel wirkende Drehmoment, wie bei dem Torsionspendel, nach Gl. 12.17

$$M = J\frac{\mathrm{d}^2\theta}{\mathrm{d}t^2} = J\alpha$$

gilt, erhält man als Bewegungsgleichung die Beziehung

$$\frac{\mathrm{d}^2\theta}{\mathrm{d}t^2} = \frac{M}{J} = -\frac{D'}{J}\theta\,.$$

Die Schwingungsdauer des mit kleiner Amplitude schwingenden physikalischen Pendels beträgt somit

$$T = 2\pi\sqrt{\frac{J}{D'}} = 2\pi\sqrt{\frac{J}{mgd}}\,. \tag{15.25}$$

Bei größeren Amplituden schwingt das Pendel zwar immer noch periodisch, doch stellt diese Schwingung dann keine harmonische Bewegung mehr dar, d. h. sie ist nicht mehr rein sinusförmig.

Die vorangegangene Beschreibung gilt für jedes beliebige physikalische Pendel und jeden beliebigen Drehpunkt. Als Sonderfall wollen wir eine punktförmige Masse an einem gewichtslosen Faden der Länge l betrachten, also ein mathematisches Pendel. Dafür gilt:

$$J = ml^2 \qquad \text{und} \qquad d = l$$

und somit

$$T = 2\pi\sqrt{\frac{J}{mgd}} = 2\pi\sqrt{\frac{l}{g}}\,.$$

Aus den Formeln für das physikalische Pendel ergibt sich also tatsächlich die schon in Gl. 15.19 abgeleitete Beziehung für das mathematische Pendel.

Wie das Torsionspendel kann auch jedes andere physikalische Pendel zur Bestimmung des Trägheitsmomentes eines Körpers benutzt werden. Löst man Gl. 15.25 nach J auf, so erhält man

$$J = \frac{T^2 mgd}{4\pi^2}. \tag{15.26}$$

Auf der rechten Seite stehen nur direkt meßbare Größen. Zur Ermittlung von d muß der Schwerpunkt des Körpers bekannt sein. Er kann nach der in Abb. 14.4 geschilderten Methode bestimmt werden. Ansonsten braucht man den Körper nur noch um eine ihn durchbohrende Achse (außer durch den Schwerpunkt) pendeln zu lassen und die Schwingungsdauer zu messen.

Beispiel 3

Man bestimme die Länge eines mathematischen Pendels, welches die gleiche Schwingungsdauer wie ein gegebenes physikalisches Pendel hat.

Aus den beiden Beziehungen für die Schwingungsdauer (Gl. 15.19 und Gl. 15.25) der beiden Pendel folgt:

$$T = 2\pi \sqrt{\frac{l}{g}} = 2\pi \sqrt{\frac{J}{mgd}}$$

bzw.

$$l = \frac{J}{md}. \tag{15.27}$$

Diese Länge heißt *reduzierte Pendellänge* des physikalischen Pendels. Man kann sich die Masse eines physikalischen Pendels in einem Punkt konzentriert vorstellen, der vom Drehpunkt der Schwingung den Abstand $l = J/md$ besitzt, ohne daß sich die Schwingungsdauer dadurch verändern würde. Dieser Punkt wird *Schwingungsmittelpunkt* des physikalischen Pendels genannt. Man beachte, daß die Lage des Schwingungsmittelpunktes von der Lage des Drehpunktes abhängt.

Beispiel 4

Eine kreisförmige Platte wird an ihrem Rand drehbar aufgehängt (Abb. 15.13), so daß sie nach einer Auslenkung mit kleiner Amplitude schwingen kann. Man bestimme die Schwingungsdauer und die reduzierte Pendellänge.

Da das Trägheitsmoment einer runden Scheibe um eine Achse durch ihren Mittelpunkt $\frac{1}{2}mr^2$ beträgt (Tabelle 12.1), ist das Trägheitsmoment dieser Scheibe um eine Achse, die durch den Rand der Platte geht, nach dem Steinerschen Satz (Gl. 12.13) gleich

$$J = \tfrac{1}{2}mr^2 + mr^2 = \tfrac{3}{2}mr^2 .$$

Da für unser Beispiel $d = r$ gilt, beträgt die Schwingungsdauer

$$T = 2\pi \sqrt{\frac{J}{mgr}} = 2\pi \sqrt{\frac{3\,mr^2}{2\,mgr}} = 2\pi \sqrt{\frac{3}{2}\frac{r}{g}}.$$

Ein mathematisches Pendel der gleichen Schwingungsdauer müßte eine Länge von

$$l = \frac{J}{mr} = \frac{3}{2}r$$

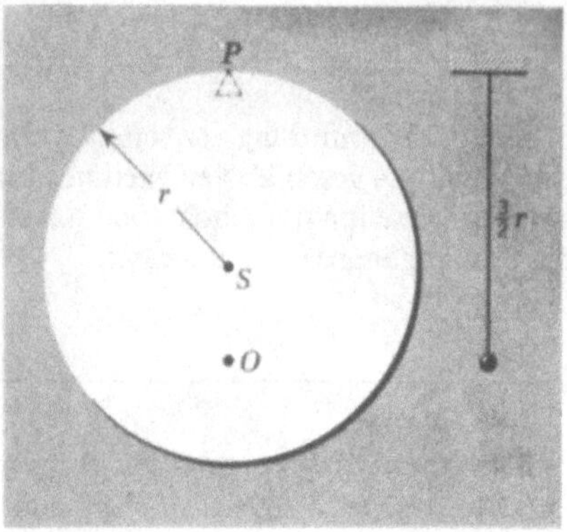

Abb. 15.13 Zu Beispiel 4. Links: Ein physikalisches Pendel, bestehend aus einer Kreisscheibe, die im Randpunkt P drehbar aufgehängt ist. S ist der Schwerpunkt und O der Schwingungsmittelpunkt dieses Pendels. Rechts: Ein mathematisches Pendel derselben Periodendauer.

haben, d. h. Dreiviertel des Plattendurchmessers. Der Schwingungsmittelpunkt O der Platte befindet sich also im Abstand $\frac{3}{2}r$ unterhalb des Drehpunktes P.

Würden wir die Platte an einem anderen Punkt drehbar aufhängen, zum Beispiel auf halber Strecke zwischen Rand und Punkt O, so erhielten wir $J = \frac{3}{4}mr^2$ und $d = r/2$. Die Schwingungsdauer wäre dann ebenfalls

$$T = 2\pi\sqrt{\frac{3}{2}\frac{r}{g}}\,.$$

Die Schwingungsdauer eines physikalischen Pendels bleibt unverändert, wenn man es in seinem Schwingungsmittelpunkt drehbar aufhängt. Dann wird nämlich der Schwingungsmittelpunkt O zum Drehpunkt und der alte Drehpunkt P zum neuen Schwingungsmittelpunkt.

Welche Schwingungsdauer hätte unser Pendel, wenn man den Mittelpunkt der Platte zum Drehpunkt machte?

Beispiel 5

Der Schwingungsmittelpunkt eines physikalischen Pendels zeigt noch eine weitere Besonderheit. Wenn eine Stoßkraft (horizontal in der Schwingungsebene) auf den Schwingungsmittelpunkt O einwirkt, kann man am Drehpunkt P keine Wirkung feststellen. Man prüfe dies an einer Kraft F nach, die im Punkt O der Abb. 15.13 nach links gerichtet ist. Das Pendel befinde sich anfänglich im Ruhezustand.

Es handelt sich hier um eine aus Translation und Rotation zusammengesetzte Bewegung (Abschn. 12.7). Der Translationseffekt allein verschiebt den Punkt P mit einer Beschleunigung

$$a_{\text{links}} = \frac{F}{m}$$

nach links. Der Rotationseffekt allein ruft um den Punkt S eine Winkelbeschleunigung von

$$\alpha = \frac{M}{J} = (F)(\tfrac{1}{2}r)(\tfrac{1}{2}mr^2) = \frac{F}{mr}$$

im Uhrzeigersinn hervor. Aufgrund dieser Winkelbeschleunigung bewegt sich der Punkt aber mit einer Beschleunigung

$$a_{\text{rechts}} = \alpha r = \left(\frac{F}{mr}\right) r = \frac{F}{m}$$

nach rechts. Wie wir sehen, erfährt der Punkt P zwei Beschleunigungen $a_{\text{links}} = -a_{\text{rechts}} = F/m$, die sich gegenseitig aufheben.

Wegen des eben geschilderten Effektes (besser Nicht-Effekt!) heißt der Schwingungsmittelpunkt auch *Stoßmittelpunkt*. Schlagballspieler müssen üben, den Ball immer mit dem Stoßmittelpunkt ihres Schlägers zu treffen. Andernfalls kann der Aufprall dem Spieler einen schmerzhaften Schlag in der Hand versetzen und den Schläger verziehen.

Beispiel 6

Die in Abb. 15.13 gezeigte Platte habe einen Durchmesser von 10.2 cm und schwinge mit einer Periodendauer von 0.784 s um den Punkt P. Man berechne daraus die Erdbeschleunigung g.

Aus Beispiel 4 folgt für die Schwingungsdauer $T = 2\pi\sqrt{\frac{3}{2}r/g}$ bzw. $g = \dfrac{6\pi^2 r}{T^2}$ oder $g = \dfrac{6\pi^2\, 0.102}{(0.784)^2}\ \text{m/s}^2 = 9.82\ \text{m/s}^2$.

15.6 Zusammenhang zwischen Kreisbewegung und harmonischer Bewegung

Wir wollen nun den Zusammenhang zwischen einer harmonischen Schwingung längs einer Geraden und einer gleichförmigen Kreisbewegung untersuchen. Wir werden sehen, daß uns dadurch das Verständnis für die harmonische Bewegung sehr erleichtert wird. Außerdem wird uns eine einfache geometrische Deutung der Kreisfrequenz ω und der Phasenkonstanten φ vermittelt. Die gleichförmige Kreisbewegung ist ein Beispiel für eine zusammengesetzte harmonische Bewegung, die uns bei der Wellenbewegung immer wieder begegnen wird.

In Abb. 15.14 ist die Kreisbewegung schematisch dargestellt. Der Punkt Q soll auf einem Kreis vom Radius A mit einer konstanten Winkelgeschwindigkeit ω (gemessen in rad/s) umlaufen. In den Mittelpunkt des Kreises legen wir den Ursprung unseres Koordinatensystems. P stellt die Projektion des umlaufenden Punktes auf die x-Achse dar. Beim Umlauf von Q bewegt sich der Projektionspunkt P längs der x-Achse auf dem waagerechten Durchmesser immer hin und her. Die Auslenkung von P stellt also immer gerade die x-Komponente des umlaufenden Punktes Q dar und die Geschwindigkeit von P die x-Komponente der Geschwindigkeit von Q.

Zur Zeit $t = 0$ sei der vom Leitstrahl OQ mit der x-Achse gebildete Winkel φ. Zu irgendeinem späteren Zeitpunkt t beträgt der Winkel $(\omega t + \varphi)$, denn der Punkt Q läuft mit gleichbleibender Winkelgeschwindigkeit um. Aus Abb. 15.14 liest man für die x-Koordinate von Q die einfache geometrische Beziehung

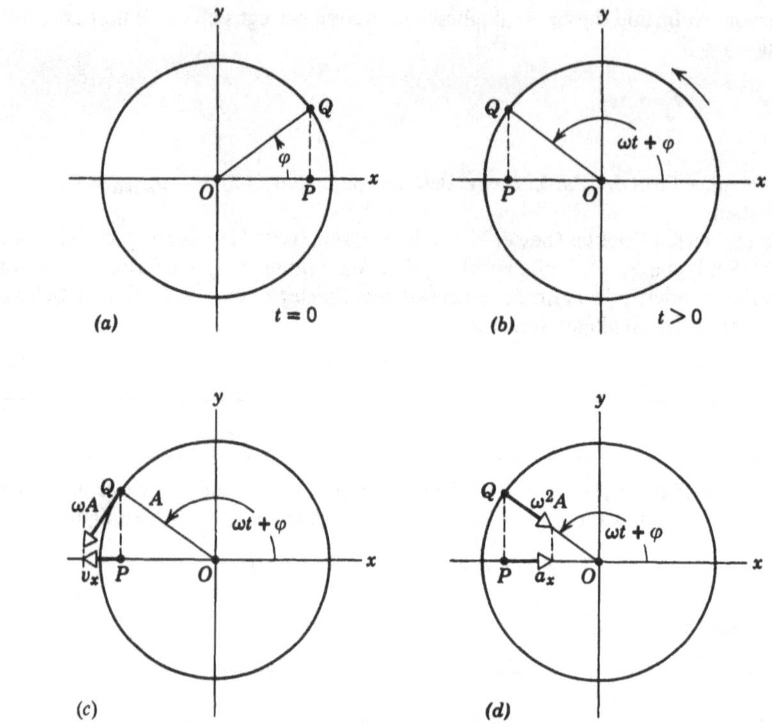

Abb. 15.14 Beziehung zwischen der gleichförmigen Kreisbewegung und der harmonischen Schwingung. Der Punkt Q bewegt sich gleichförmig auf einem Kreis mit dem Radius A; P vollführt auf der Projektionsgeraden (x-Achse) eine harmonische Schwingung. Q bewegt sich mit der konstanten Winkelgeschwindigkeit ω, der Punkt P besitzt die Kreisfrequenz ω. (a) Die x-Komponente des Punktes Q entspricht der Auslenkung von P. Zur Zeit $t = 0$ bildet der Fahrstrahl des Punktes Q mit der x-Achse einen Winkel φ; er stellt die Phasenkonstante der Schwingung des Punktes P dar. (b) Die Position des Punktes Q und der Projektion P zu einem späteren Zeitpunkt t. (c) Die x-Komponente der Geschwindigkeit des Punktes Q entspricht der Geschwindigkeit des Punktes P. (d) Die x-Komponente der Beschleunigung des Punktes Q entspricht immer der Beschleunigung des Punktes P.

$$x = A\cos(\omega t + \varphi) \tag{15.28}$$

ab. Diese Beziehung stimmt mit der Funktion (Gl. 15.8) des harmonischen Oszillators überein. Der Projektionspunkt P vollführt also eine harmonische Bewegung längs der x-Achse. Man kann daher die harmonische Bewegung durch die Projektion einer gleichförmigen Kreisbewegung auf den Durchmesser beschreiben. Im einzelnen ergeben sich dabei folgende Verknüpfungen zwischen den beiden Bewegungen. Die Kreisfrequenz ω der harmonischen Schwingung entspricht dem Betrag der Winkelgeschwindigkeit ω des auf dem Kreis umlaufenden Punktes. Die Frequenz einer harmonischen Schwingung ν gibt also die Anzahl der Umdrehungen des Punktes auf dem Kreis geteilt durch die Zeit an; es gilt $\omega = 2\pi\nu$. Die von dem Punkt für eine vollständige Umdrehung benötigte Zeit entspricht genau der Schwingungsdauer T der harmonischen Schwingung; es gilt $T = 2\pi/\omega$ bzw. $\omega = 2\pi/T$. Der vom Fahrstrahl OQ des umlaufenden Punktes mit der x-Achse gebildete Winkel $(\omega t + \varphi)$ entspricht der Phase der harmonischen Schwingung (vgl. Teil b, c und d der Abb. 15.14). Zur Zeit $t = 0$ (Teil a der Abb. 15.14) ist dieser Winkel φ und gibt andererseits die Phasenkonstante der harmonischen Schwingung an. Der Radius A der vom Punkt Q beschriebenen Kreisbahn entspricht der maximalen Auslenkung der harmonischen Schwingung, also ihrer Amplitude.

Kommen wir nun zu den kinematischen Größen der Bewegung. Der Massenpunkt Q läuft mit konstanter Bahngeschwindigkeit $v = \omega A$ um den Kreis. Die zugehörige x-Komponente (Teil c der Abb. 15.14) beträgt

$$v_x = -\omega A \sin(\omega t + \varphi)\,.$$

Diese Komponente hat ein negatives Vorzeichen, wenn sich der Punkt Q und sein Projektionspunkt P nach links bewegen (oberer Halbkreis), und ein positives Vorzeichen, wenn sich beide Punkte nach rechts bewegen (unterer Halbkreis). In den Schnittpunkten des Kreises mit der x-Achse verschwindet die x-Komponente der Bahngeschwindigkeit in Übereinstimmung mit dem Verschwinden des Sinuswertes des Winkels $(\omega t + \varphi)$ bei 0 bzw. π, also an den Umkehrpunkten der harmonischen Schwingung.

Bei einer gleichförmigen Kreisbewegung tritt immer eine Beschleunigung auf, die radial nach innen gerichtet ist. Sie hat einen Betrag von $a = \omega^2 A$. Der Projektionspunkt P besitzt damit eine Beschleunigung (Teil d der Abb. 15.14) von

$$a_x = -\omega^2 A \cos(\omega t + \varphi)\,.$$

Sie ist mit der Beschleunigung eines harmonisch schwingenden Teilchens (Gl. 15.13) identisch. In den Schnittpunkten der Kreisbahn mit der y-Achse, wenn $(\omega t + \varphi)$ zu $\frac{1}{2}\pi$ oder $\frac{3}{2}\pi$ wird, erreicht a_x sein Minimum in Übereinstimmung mit dem Verhalten eines harmonisch schwingenden Teilchens beim Durchlaufen der Gleichgewichtslage.

Insgesamt findet man also tatsächlich eine völlige Äquivalenz zwischen der Projektion einer gleichförmigen Kreisbewegung und einer harmonischen Schwingung. Hätten wir eine andere senkrechte Projektion des umlaufenden Punktes Q vorgenommen, so hätten wir ebenfalls eine harmonische Schwingung des Projektionspunktes beobachtet. Nehmen wir beispielsweise die Projektion auf die y-Achse vor. Wir erhalten dann für das Zeitverhalten der Auslenkung die Beziehung

$$y = A \sin(\omega t + \varphi)\,. \tag{15.29}$$

Auch diese Gleichung stellt die Lösung der Bewegungsgleichung einer harmonischen Schwingung dar. Sie unterscheidet sich von Gl. 15.28 nur durch einen Phasenunterschied von $\pi/2$. Ersetzt man nämlich in Gl. 15.28 φ durch $(\varphi + \pi/2)$, so erhält man $\cos(\omega t + \varphi + \pi/2) = \sin(\omega t + \varphi)$.

Wir sehen, daß die Projektion der Kreisbewegung auf jeden beliebigen Durchmesser eine harmonische Schwingung auf diesem Durchmesser ergibt.

Nach dieser Erkenntnis vermuten wir, daß man in Umkehrung der Vorgehensweise eine Kreisbewegung als Kombination aus zwei harmonischen Schwingungen zusammensetzen kann. Die beiden Schwingungen haben die gleiche Amplitude und die gleiche Frequenz und finden auf zwei Geraden statt, die aufeinander senkrecht stehen (z. B. x-Achse und y-Achse). Das bedeutet, daß die beiden Schwingungen einen Phasenunterschied von $90° = \pi/2$ besitzen. Oder anders ausgedrückt, hat eine Schwingung gerade ihre maximale Auslenkung erreicht, so erreicht die andere Schwingung gerade ihre

Gleichgewichtslage. Die beiden Schwingungen werden durch Gl. 15.28 und Gl. 15.29 mathematisch beschrieben. Kombinieren wir sie, so gilt

$$r = \sqrt{x^2 + y^2} = A\,.$$

Für die Geschwindigkeit v und die Beschleunigung a ergibt sich entsprechend:

$$v = \sqrt{v_x^2 + v_y^2} = \omega A$$

bzw.

$$a = \sqrt{a_x^2 + a_y^2} = \omega^2 A\,.$$

Wie man leicht (rechte Seiten der Gleichungen) erkennt, ergeben sich tatsächlich die für eine gleichförmige Kreisbewegung gültigen Werte.

Ähnlich wie hier bei der Kreisbewegung werden wir im folgenden auch kompliziertere Bewegungen als Kombinationen harmonischer Schwingungen darstellen können.

Beispiel 7

In Beispiel 1 hatten wir einen Körper betrachtet, der eine harmonische Schwingung in waagerechter Richtung durchführte. Für seine Auslenkung galt

$$x = 4\cos 8t\,.$$

x war in cm und t in s gemessen worden.

(a) Man betrachte diese Schwingung als Projektion einer Kreisbewegung. Welchen Radius hat der Kreis, und wie groß ist die Winkelgeschwindigkeit der Kreisbewegung?

Nach Gl. 15.28 lautet die Beziehung für die x-Komponente der Kreisbewegung

$$x = A\cos(\omega t + \varphi)\,.$$

Ein Vergleich ergibt für den Radius $A = 4$ cm und für die Winkelgeschwindigkeit $\omega = 8$ rad/s. Zur Zeit $t = 0$ bildete der Fahrstrahl mit der x-Achse einen Winkel von $\varphi = 0$.

(b) Aus der Kreisbewegung bestimme man die Zeit, die der harmonisch schwingende Körper brauchte, um aus seiner Startposition bis auf den halben Abstand an die Gleichgewichtslage heranzukommen.

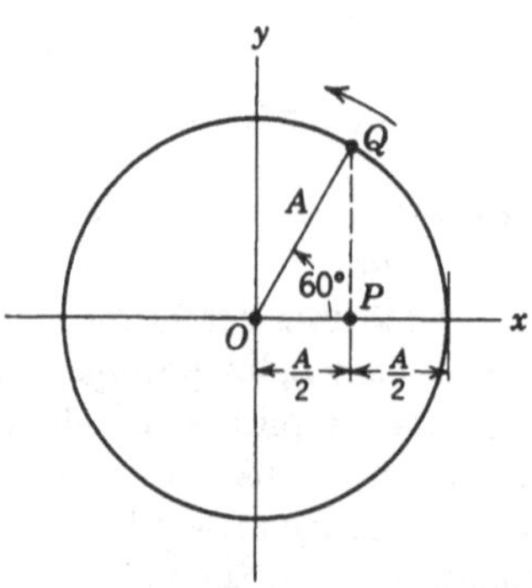

Abb. 15.15 Zu Beispiel 7. Die Bewegung der Punkte Q und P von Abb. 15.14 für $\omega t = 60°$.

Aus der Abb. 15.15 erkennt man, daß dieser halbe Abstand einem Phasenwinkel von 60° entspricht. Bei einer konstanten Winkelgeschwindigkeit von 8 rad/s ergibt sich somit:

$$t = \frac{60°}{\omega} = \frac{\pi/3\ \text{rad}}{8\ \text{rad/s}} = \frac{\pi}{24}\,\text{s} = 0.13\ \text{s}\,.$$

Man erhält diese Zeit auch direkt aus der Funktion $x(t)$. Für $x = A/2 = 2\ \text{cm}$ gilt:

$$x = 4\cos 8t\,, \qquad 2 = 4\cos 8t\,, \qquad \cos 8t = \tfrac{1}{2}\,.$$

Einem Kosinuswert von $^1/_2$ entspricht ein Winkel von 60° oder $\pi/3$. Damit ergibt sich:

$$8t = \frac{\pi}{3} \qquad \text{bzw.} \qquad t = \frac{\pi}{24}\,\text{s} = 0.13\ \text{s}\,.$$

15.7 Zusammensetzung harmonischer Schwingungen

Oft werden zwei harmonische Schwingungen, deren Schwingungsebenen senkrecht aufeinander stehen, zu einer Schwingung zusammengesetzt. Wie sieht die resultierende Schwingung aus?

Wir betrachten zwei harmonische Schwingungen, die die gleiche Frequenz, aber verschiedene Amplituden und Phasenkonstanten haben. Der Ansatz lautet somit

$$x = A_x \cos(\omega t + \varphi_x)\,,$$
$$y = A_y \cos(\omega t + \varphi_y)\,. \tag{15.30}$$

Wären die beiden Phasenkonstanten gleich, $\varphi_x = \varphi_y = \varphi$, so ergäbe sich als Resultat eine geradlinige Schwingung. Wenn man nämlich aus den beiden Gleichungen

$$x = A_x \cos(\omega t + \varphi) \qquad \text{und} \qquad y = A_y \cos(\omega t + \varphi)$$

t eliminiert, erhält man

$$y = (A_y/A_x)x\,.$$

Die letzte Beziehung stellt die Gleichung einer Geraden mit der Steigung A_y/A_x dar. In Teil a und b der Abb. 15.16 sind zwei solche geradlinigen Schwingungen für die Steigungen $A_y/A_x = 1$ und $A_y/A_x = 2$ gezeigt. Die Auslenkungen einer solchen Schwingung in die x-Richtung und in die y-Richtung erreichen gleichzeitig ihre Maxima und gleichzeitig ihre Minima, d.h. sie sind in Phase.

Sind die Phasenkonstanten der beiden unabhängigen Schwingungen aber verschieden, so ergibt sich als Resultat keine geradlinige Bewegung mehr. Beträgt nämlich zum Beispiel der Phasenunterschied $\pi/2$, so wird die Auslenkung der resultierenden Schwingung in x-Richtung ihr Maximum erreichen, wenn die Auslenkung in y-Richtung gerade Null ist, und umgekehrt. Im Falle gleich großer Amplituden der Schwingungskomponenten und eines Phasenunterschiedes von $\pi/2$ resultiert eine kreisförmige Schwingung, bei ungleichen Amplituden eine ellipsenförmige. In Teil c und d der Abb. 15.16 sind

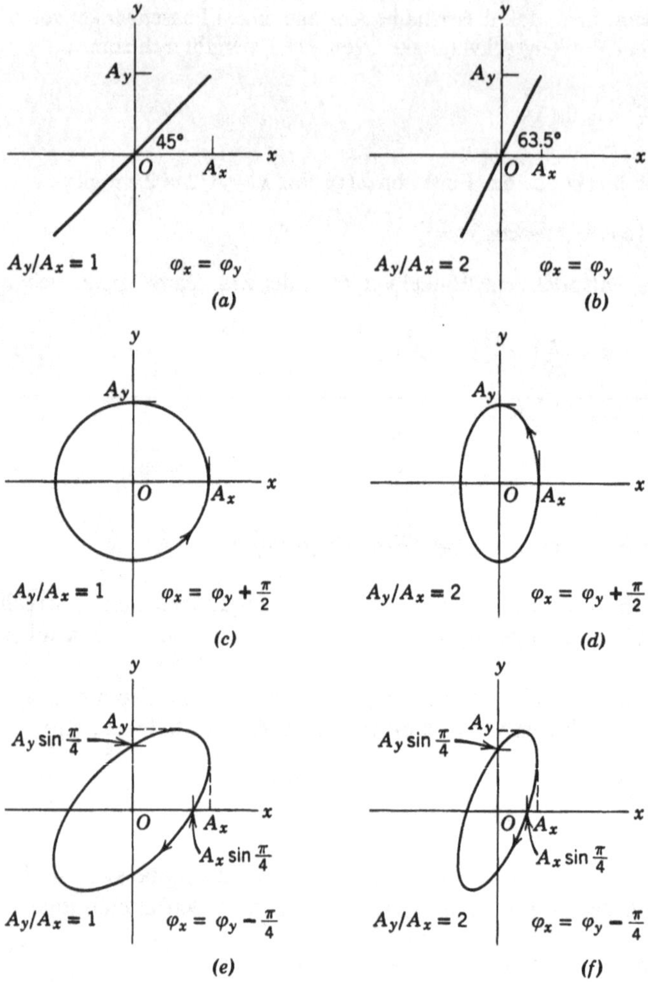

Abb. 15.16 Eine harmonische Bewegung in zwei Dimensionen. Sie setzt sich aus zwei senkrecht zueinander verlaufenden harmonischen Schwingungen zusammen. (a) Die Teilschwingungen haben gleich große Amplituden und gleiche Phasenkonstanten. (b) Die Amplitude der einen Teilschwingung ist doppelt so groß wie die der anderen. Die Phasenkonstanten sind gleich. (c) Die Amplituden der Teilschwingungen sind gleich groß, aber eine Teilschwingung (auf der x-Achse) eilt der anderen um 90° voraus. (d) Die Amplitude einer Teilschwingung ist doppelt so groß wie die der anderen. Der Phasenunterschied zwischen beiden Schwingungen beträgt 90°. (e) Die Teilschwingungen haben gleich große Amplituden; eine Schwingung (auf der x-Achse) hinkt der anderen um 45° nach. (f) Die Amplitude einer Teilschwingung ist doppelt so groß wie die der anderen. Der Phasenunterschied beträgt $-45°$.

solche Schwingungen angegeben. Bei anderen Phasenunterschieden erhält man Ellipsen, die um den Ursprung des Koordinatensystems gedreht sind.

Bei jeder beliebigen Überlagerung harmonischer Schwingungen der gleichen Frequenz und rechtwinklig aufeinander stehender Schwingungsrichtungen ergibt sich als Resultat eine elliptische Schwingung. Der Kreis und die Gerade sind dabei als Grenzfälle einer Ellipse eingeschlossen. Diese Aussage kann man mathematisch ableiten, indem man t aus den Gln. 15.30 eliminiert. Als Resultat ergibt sich eine Ellipsengleichung*. Die Form der Ellipse wird vom Amplitudenverhältnis A_y/A_x und der Phasendifferenz $\varphi_x - \varphi_y$ bestimmt. Je nach Vorzeichen der Phasendifferenz verläuft die elliptische Schwingung im Uhrzeigersinn oder gegen ihn.

Mit Hilfe eines Elektronenstrahloszillographen kann man zum Beispiel zwei sich zeitlich harmonisch verändernde elektrische Spannungen (sinusförmige Wechselfelder) zusammensetzen. Elektronen, die diesen beiden Feldern ausgesetzt sind, vollführen auf dem Oszillographenschirm sichtbare elliptische Schwingungen. Man kann solche zusammengesetzten Schwingungen auch mit einem Pendel darstellen, welches so aufgehängt ist, daß es nicht nur in einer Ebene schwingen kann.

Kombinationen aus harmonischen Schwingungen, deren Schwingungsrichtungen senkrecht aufeinander stehen, spielen eine Rolle beim polarisierten Licht und in Wechselstromkreisen.

Überlagerungen harmonischer Schwingungen derselben Frequenz und *derselben Richtung* sind bei der Untersuchung der Beugung und Interferenz von Schall, Licht und elektromagnetischer Strahlung von besonderem Interesse. Hierauf werden wir später eingehen.

Werden schließlich harmonische Schwingungen verschiedener Frequenzen und senkrecht aufeinander stehender Schwingungsrichtungen zusammengesetzt, so können sich sehr komplizierte Schwingungsformen ergeben, die nur dann periodisch sind, wenn die Frequenzen im Verhältnis ganzer Zahlen stehen (*Lissajous-Figuren*, Aufgabe 49). Haben die zusammenzusetzenden Schwingungen verschiedener Frequenzen die gleiche Schwingungsrichtung, so können stehende Figuren erzeugt werden, wie sie bei der Entstehung von Tönen in Musikinstrumenten auftreten (Kapitel 20).

15.8 Schwingungen von Zweikörper-Systemen

Der harmonische Oszillator in Abb. 15.4 besteht nur aus einer einzigen Masse m, die an einer Feder hängt. Die masselose Feder ist mit ihrem anderen Ende an einer starren Wand befestigt. Die Wand ist wiederum fest mit der Erde verankert, so daß es sich bei dieser Anordnung eigentlich um ein Zweikörper-System (Erde–Masse m) handelt, welches durch eine Feder miteinander verbunden ist. Die Erdmasse ist gegenüber der Masse m unendlich groß. Sie befindet sich in dem verwendeten Inertialsystem (vgl. Abschn. 16.12) in Ruhe, so daß die Längenänderung der Feder nur der Auslenkung der Masse m entspricht. Für dieses System haben wir die potentielle Energie (Abb. 15.3b) als eine Funktion definiert, die nur von der Auslenkung x der Masse m abhängt. Diese Definition ist der Annahme äquivalent, daß ein Ende der Feder mit einer unendlich großen Masse verbunden ist. Die Dehnung der Feder ist dann nur auf die Bewegung der kleinen Masse m zurückzuführen.

In der Natur treten aber sehr oft gleichzeitige Schwingungen zweier gekoppelter Körper auf, deren Massen größenordnungsmäßig vergleichbar sind, d. h. keiner der Körper hat eine unendlich große Masse. Wir müssen dann die Bewegung beider Körper in einem geeigneten Inertialsystem berücksichtigen. Als Beispiele seien hier die zweiatomigen Moleküle H_2, CO und HCl genannt, die längs ihrer Symmetrieachsen schwingen können. Die Bindungskräfte, die diese Moleküle zusammenhalten, sind zwar elektromagnetischer Natur, doch wir können sie uns durchaus auch als kleine masselose Federn vorstellen.

* Hierzu muß man zum Beispiel zuerst die erste Gleichung mit A_y und die zweite Gleichung mit A_x multiplizieren, dann beide Gleichungen quadrieren und schließlich addieren.

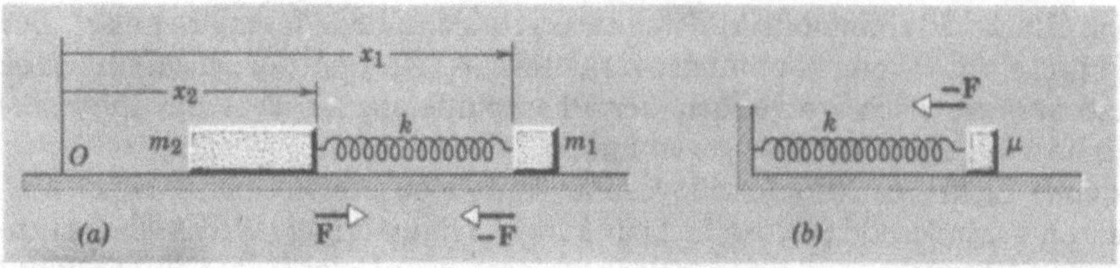

Abb. 15.17 Harmonische Schwingung eines Zweikörper-Systems. (a) Zwei Körper der Massen m_1 und m_2 sind durch eine masselose Feder (Federkonstante k) verbunden. (b) Ein einzelner Körper der Masse μ (reduzierte Masse des Zweikörper-Systems) ist an der Feder von (a) befestigt, die mit dem anderen Ende an einer starren Wand befestigt ist.

Bei einem Zweikörper-Oszillator ist nun überraschend, daß man durch eine geringfügig andere Betrachtungsweise (durch Einführung der *reduzierten Masse*) die Schwingung der beiden Körper durch genau dieselben Beziehungen beschreiben kann, wie wir sie schon bei dem Einkörper-Oszillator von Abb. 15.4 gefunden hatten. Wie ist das möglich?

In Abb. 15.17a sind zwei Körper der Massen m_1 und m_2 gegeben, die durch eine masselos angenommene Feder der Federkonstanten k miteinander verbunden sind und die sich auf einer waagerechten Ebene reibungsfrei bewegen können. Die Endpunkte der Feder sind durch die Ortskoordinaten x_1 und x_2 gekennzeichnet, so daß die Längenänderung der Feder immer durch

$$x = (x_1 - x_2) - l \tag{15.31}$$

gegeben ist, wobei l die Länge der Feder im kräftefreien Zustand ist, d. h. wenn sie nicht belastet ist.

Bei der in der Abb. 15.17a angenommenen Situation ist die Feder gedehnt, d. h. es gilt $x > 0$. Weiterhin ist die Kraft $\boldsymbol{F}$ gezeigt, die die Feder auf die Masse m_2 ausübt, und die Kraft $-\boldsymbol{F}$, die die Feder auf die Masse m_1 ausübt. Die beiden Kräfte haben denselben Betrag $F = kx$ und sind einander entgegengerichtet.

Wir wenden das zweite Newtonsche Axiom $ma = F$ auf die beiden Massen m_1 und m_2 an und erhalten

$$m_1 \frac{d^2 x_1}{dt^2} = -kx$$

bzw.

$$m_2 \frac{d^2 x_2}{dt^2} = +kx\,.$$

Die erste Gleichung multiplizieren wir mit m_2, die zweite Gleichung mit m_1. Dann subtrahieren wir sie und erhalten

$$m_1 m_2 \frac{d^2 x_1}{dt^2} - m_1 m_2 \frac{d^2 x_2}{dt^2} = -m_2 kx - m_1 kx$$

bzw.

$$\frac{m_1 m_2}{m_1 + m_2} \frac{d^2}{dt^2}(x_1 - x_2) = -kx\,. \tag{15.32}$$

Den Bruch auf der linken Seite, der die Dimension einer Masse hat, bezeichnen wir als *reduzierte Masse* μ:

$$\mu = \frac{m_1 m_2}{m_1 + m_2}\,. \tag{15.33}$$

In dem Differentialausdruck von Gl. 15.32 ersetzen wir $(x_1 - x_2)$ durch die Beziehung 15.31 und erhalten aus der Gl. 15.32, da die Konstante l beim Differenzieren wegfällt, die Beziehung

$$\frac{\mathrm{d}^2 x}{\mathrm{d}t^2} + \frac{k}{\mu} x = 0 \,. \tag{15.34}$$

Diese Gleichung ist mit Gl. 15.5 identisch, die wir als Bewegungsgleichung für die Schwingung eines einzelnen Körpers erhielten. Der Unterschied besteht darin, daß in Gl. 15.34 x die *relative* Verschiebung der beiden Körper aus ihrer Ruhelage (Gl. 15.31) bedeutet und nicht die absolute Verschiebung nur eines Körpers aus seiner Ruhelage und daß in Gl. 15.34 μ die reduzierte Masse des Körperpaares angibt und nicht nur die Masse eines Körpers.

Wir ordnen die Gl. 15.33 noch etwas um zu

$$\mu = m_1 \frac{m_2}{m_1 + m_2} = m_2 \frac{m_1}{m_1 + m_2}$$

bzw.

$$\frac{1}{\mu} = \frac{1}{m_1} + \frac{1}{m_2}$$

und erkennen, daß bei Vorliegen endlicher Massen die reduzierte Masse μ immer *kleiner* als jede der Einzelmassen m_1 und m_2 ist. Daher rührt die Bezeichnung „reduziert". Aus der Bewegungsgleichung 15.34 erhält man ähnlich wie bei der Behandlung von Gl. 15.6

$$\nu = \frac{1}{2\pi}\sqrt{\frac{k}{\mu}} \qquad \text{und} \qquad T = 2\pi\sqrt{\frac{\mu}{k}} \,. \tag{15.35}$$

Aus diesen Ausdrücken wird klar, daß das Zweikörper-System von Abb. 15.17a dieselbe Schwingungsdauer und dieselbe Frequenz besitzt wie ein einzelner Körper der Masse μ, der an einer an einer festen Wand befestigten Feder hängt, so wie es in Abb. 15.17b gezeigt ist. Beide Schwingungen sind äquivalent. Ein Teilchen bewegt sich gegenüber dem anderen so, als ob das andere fest fixiert wäre und es selbst die Masse μ besäße. Das Konzept von der reduzierten Masse wird bei den verschiedensten physikalischen Problemen angewandt.

Wir können Gl. 15.34 lösen. Wir gehen so wie in Abschn. 15.3 vor und erhalten

$$x = A\cos(\omega t + \varphi)\,,$$
$$v = \mathrm{d}x/\mathrm{d}t = -\omega A \sin(\omega t + \varphi)$$

und

$$a = \mathrm{d}v/\mathrm{d}t = -\omega^2 A\cos(\omega t + \varphi)\,,$$

welche mit den Gleichungen 15.13 übereinstimmen. Hier geben aber x, v und a die relativen Größen der beiden Körper 1 und 2 an, also

$$x = (x_1 - x_2) - l\,,$$
$$v = \mathrm{d}x/\mathrm{d}t = v_1 - v_2 \tag{15.36}$$

und

$$a = \mathrm{d}v/\mathrm{d}t = a_1 - a_2\,.$$

Die potentielle Energie eines harmonisch schwingenden Zweikörper-Systems wird dann analog als $E_p(x) = \frac{1}{2}kx^2$ angegeben. Da x von der Position beider Körper abhängt, erkennt man sehr deutlich, daß die potentielle Energie ein Merkmal des gesamten Systems ist und nicht das eines einzelnen Körpers.

Viele in der Realität vorkommende Zweikörper-Oszillatoren schwingen zwar periodisch, aber nicht harmonisch (rein sinusförmig); die Kurven ihrer potentiellen Energie, wie die eines zweiatomigen Moleküls in Abb. 8.7a, sind keine Parabeln. Bei kleinen Amplituden schwingen sie aber harmonisch um ihre Gleichgewichtslage. Man beachte jedoch, daß das in der Abb. 8.7 angegebene x eine andere Bedeutung hat als das x in diesem Abschnitt; es stellt dort den tatsächlichen Abstand der Teilchen dar und nicht wie in Gl. 15.36 die Differenz zwischen dem tatsächlichen Abstand und dem Abstand von der Gleichgewichtslage. Das bedeutet, daß die Position des stabilen Gleichgewichts von Abb. 8.7a nicht der Position $x = 0$ von Abb. 15.2 entspricht, sondern bei $x = \sqrt[6]{2a/b}$ liegt. Diese Verschiebung hat keine tiefere Bedeutung, sie entspricht nur einer Verschiebung des Nullpunktes des Koordinatensystems.

15.9 Gedämpfte harmonische Schwingung

Bislang haben wir nur freie Schwingungen betrachtet, da wir Reibungskräfte immer ausgeschlossen haben. Würden keine Reibungskräfte auftreten, müßte ein Pendel unendlich lange schwingen. Tatsächlich beobachtet man aber, daß die Amplitude jeder Schwingung allmählich auf Null abnimmt. Man sagt dann, die Schwingung werde durch Reibungskräfte gedämpft. Die Dämpfung wird oft durch den Luftwiderstand oder Reibung in den Lagern hervorgerufen. Häufig sind die Reibungskräfte der Geschwindigkeit des sich bewegenden Körpers proportional, aber immer ihr entgegengesetzt. In Abb. 15.18 ist ein System gezeigt, welches eine *gedämpfte harmonische Schwingung* ausführen kann.

Wir stellen die Bewegungsgleichung der gedämpften harmonischen Schwingung auf. Die die Bewegung verursachende Kraft $F = ma$ ist sowohl durch die rücktreibende Kraft $+ka$ (k sei die Richt-

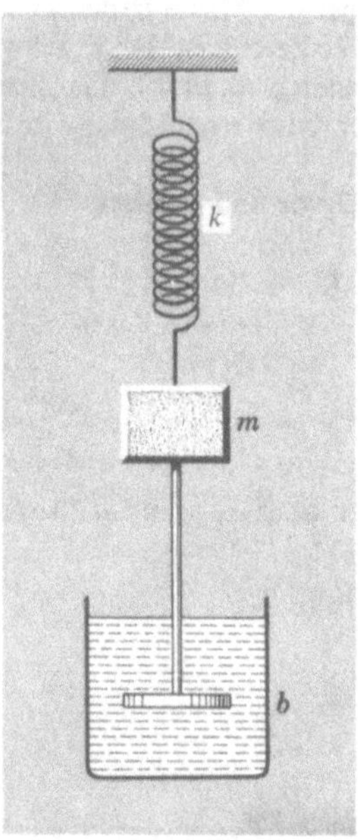

Abb. 15.18 Gedämpfter harmonischer Oszillator. An der Masse m hängt noch eine Scheibe, die in Wasser getaucht ist. Das Wasser übt eine Reibungskraft $-b\mathrm{d}x/\mathrm{d}t$ auf die schwingende Masse aus. Von der Feder wird die Rückstellkraft kx ausgeübt.

größe) als auch durch die Reibungskraft $-b(\mathrm{d}x/\mathrm{d}t)$ gegeben; b soll eine Konstante sein, die experimentell ermittelt werden muß. Es gilt:

$$F = ma$$

bzw.

$$-kx - b\frac{\mathrm{d}x}{\mathrm{d}t} = m\frac{\mathrm{d}^2 x}{\mathrm{d}t^2}$$

oder

$$m\frac{\mathrm{d}^2 x}{\mathrm{d}t^2} + b\frac{\mathrm{d}x}{\mathrm{d}t} + kx = 0\,. \tag{15.37}$$

Bei nicht zu starker Dämpfung, d. h. wenn b nicht zu groß ist, kann die Differentialgleichung 15.37 durch folgenden Ansatz gelöst werden:

$$x = A\,\mathrm{e}^{-bt/2m}\cos(\omega' t + \varphi) \tag{15.38}$$

mit

$$\omega' = 2\pi\nu' = \sqrt{\frac{k}{m} - \left(\frac{b}{2m}\right)^2}\,. \tag{15.39}$$

Wir können das durch Einsetzen von Gl. 15.38 in die Differentialgleichung nachprüfen. In Abb. 15.19 ist der zeitliche Verlauf der Amplitude einer gedämpften Schwingung gezeigt.

Aus den Gleichungen 15.38 und 25.39 kann man folgendes schließen: Bei Vorliegen einer Dämpfung wird die Frequenz einer harmonischen Schwingung kleiner und die Schwingungsdauer größer. Das ist plausibel, denn die Reibungskräfte verlangsamen die Schwingung. Außerdem wird aber auch die Amplitude der Schwingung gedämpft, d. h. sie nimmt beständig ab. Ein Maß für die Dämpfung ist die *Abklingzeit* τ, das ist diejenige Zeit, in der die Amplitude bis auf $1/\mathrm{e}$ ihres Anfangswertes abgenommen hat. Aus dem Ansatz von Gl. 15.38 erhält man die Abklingzeit zu $\tau = 2m/b$. Der Kehrwert von τ, $1/\tau = \delta$, wird *Abklingkoeffizient* (*Dämpfungsfaktor*) genannt. Für $\delta = 0$ besitzt die Amplitude den konstanten Wert A, die Schwingung verläuft ungedämpft. Die Abklingzeit ist in diesem Fall unendlich groß.

Bei sehr starker Dämpfung, wenn b sehr groß ist, stellt Gl. 15.38 keine Lösung der Bewegungsgleichung der gedämpften Schwingung mehr dar. In diesem Fall ist die Schwingung nicht einmal mehr periodisch. Das bedeutet, daß sich die ausgelenkte Masse nur noch auf ihre Gleichgewichtslage

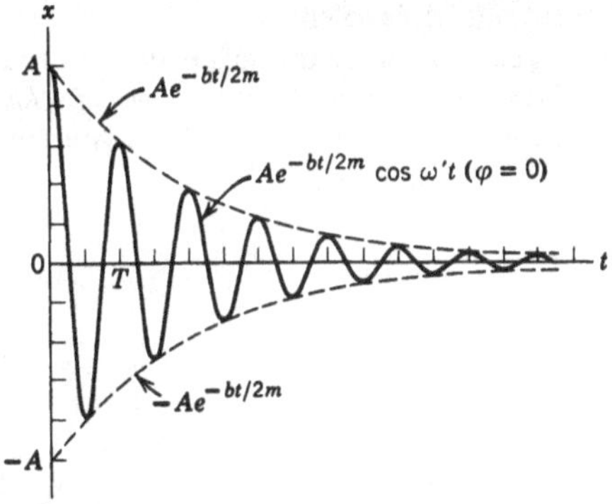

Abb. 15.19 Zeitlicher Verlauf der Amplitude bei einer gedämpften harmonischen Schwingung. Die Amplitude nimmt exponentiell von A auf Null ab.

hinbewegt, aber nicht mehr darüber hinausschwingt. Dieses Verhalten wird *aperiodischer Grenzfall* genannt. Er wird bei Meßinstrumenten mit schwingenden Systemen durchaus angestrebt.

Bei der gedämpften Schwingung gilt nicht mehr die Gl. 15.17 für die Energie, denn es wird dauernd Bewegungsenergie in Reibungswärme umgewandelt.

15.10 Erzwungene Schwingungen, Resonanz

Die bisher besprochenen Schwingungen führte das schwingende System immer selbständig und allein aus. Wurde ein Körper ausgelenkt und losgelassen, so vollführte er aus sich heraus eine gedämpfte oder ungedämpfte Schwingung, die von außen (außer von der Reibung) nicht weiter beeinflußt wurde. Für das Federpendel betrug die Eigenfrequenz einer solchen Eigenschwingung

$$\omega = 2\pi\nu = \sqrt{\frac{k}{m}} \qquad (15.11), (15.12)$$

für den ungedämpften Fall und

$$\omega' = 2\pi\nu' = \sqrt{\frac{k}{m} - \left(\frac{b}{2m}\right)^2} \qquad (15.39)$$

für den gedämpften Fall.

Ganz anders verhält sich ein Körper, wenn er unter der Wirkung einer äußeren periodischen Kraft steht. Dann kann er nicht mehr frei mit einer seiner Eigenfrequenzen schwingen, sondern muß eine erzwungene Schwingung ausführen. Wir kennen alle das Beispiel der schwingenden Brücke, wenn schwere Lastkraftwagen darüberfahren, die Vibration von Motorgehäusen oder das Klirren von Gläsern im Schrank, wenn ein starker Motor in der Nähe des Hauses läuft. Alle diese Schwingungen sind erzwungen und erfolgen mit einer Frequenz, die nicht der Eigenfrequenz des schwingenden Systems entspricht, sondern der der erzeugenden Kraft. Bei der Übertragung der Energie vom Erreger auf den schwingenden Körper kommt es wesentlich auf die Art der Kopplung und auf das Verhältnis der Erregerfrequenz zu der Eigenfrequenz des Körpers an. So können schon kleine Impulse im richtigen Takt eine erzwungene Schwingung mit hoher Amplitude hervorrufen. Ein schaukelndes Kind zum Beispiel muß seine Beine zum richtigen Zeitpunkt hochwerfen, wenn es große Amplituden erreichen will.

Erzwungene Schwingungen spielen in der Technik und in der Physik eine große Rolle. Sie treten immer dort auf, wo periodische Kräfte vorhanden sind, d. h. bei allen laufenden Maschinen, in Wechselstromkreisen und in schwingenden Atomen und Molekülen.

Wir wollen die Bewegungsgleichung einer erzwungenen Schwingung aufstellen. Zu der zurücktreibenden Kraft $-kx$ und der Reibungskraft $-b\,\mathrm{d}x/\mathrm{d}t$ tritt nun noch eine *periodische äußere Kraft*. Diese wollen wir einfachheitshalber mit $F_\mathrm{m}\cos\omega'' t$ ansetzen. F_m soll die Amplitude der Erregerkraft sein und $\omega'' = 2\pi\nu''$ ihre Kreisfrequenz.

Aus dem Ansatz $F = ma$ erhalten wir

$$-kx - b\frac{\mathrm{d}x}{\mathrm{d}t} + F_\mathrm{m}\cos\omega'' t = m\frac{\mathrm{d}^2x}{\mathrm{d}t^2}$$

bzw.

$$m\frac{\mathrm{d}^2x}{\mathrm{d}t^2} + b\frac{\mathrm{d}x}{\mathrm{d}t} + kx = F_\mathrm{m}\cos\omega'' t\,. \qquad (15.40)$$

Ohne mathematische Herleitung geben wir die stationäre Lösung

$$x = \frac{F_m}{G} \sin(\omega'' t - \varphi) \tag{15.41}$$

dieser Differentialgleichung an. Es bedeuten

$$G = \sqrt{m^2(\omega''^2 - \omega^2)^2 + b^2 \omega''^2} \tag{15.42}$$

und

$$\cos\varphi = \frac{b\omega''}{G}. \tag{15.43}$$

Anhand dieser Gleichungen wollen wir den Verlauf einer erzwungenen Schwingung näher betrachten.

Aus Gl. 15.41 ist ersichtlich, daß die erzwungene Schwingung mit der Frequenz ω'' der erregenden (periodischen) Kraft erfolgt und nicht mit der Eigenfrequenz ω des schwingenden Systems. Weiterhin handelt es sich offenbar um eine ungedämpfte Schwingung (obwohl eine Reibungskraft vorhanden ist!), da sich die Amplitude nicht mit der Zeit verändert.

Wir nehmen den einfachen Fall an, daß keine Dämpfung vorhanden ist, daß also $b = 0$ gilt. Nach Gl. 15.42 hat die Größe G dann einen Betrag von $|m(\omega''^2 - \omega^2)|$. Dieser Betrag ist um so größer, je mehr sich die Erregerfrequenz ω'' von der Eigenfrequenz ω des Systems unterscheidet. Die Amplitude F_m/G der erzwungenen Schwingung wird dann um so kleiner. Andererseits, je mehr sich die Erregerfrequenz der Eigenfrequenz annähert, um so größer wird die Amplitude der erzwungenen Schwingung sein. Der Grenzfall ist erreicht, wenn $\omega'' = \omega$ gilt. Dann wird $G = 0$, $\cos\varphi$ zu $\pi/2$, und für die Amplitude gilt $F_m/G \to \infty$. Da in Wirklichkeit immer kleine Dämpfungen auftreten, wird die Amplitude aber praktisch nie unendlich groß werden.

Trotzdem gibt es auch dann ($b \neq 0$) eine bestimmte, charakteristische Frequenz ω'' des Erregers, bei der die Amplitude ein Maximum erreicht. Dieser Fall wird *Resonanz** genannt. Die Resonanzfrequenz ω'' liegt um so näher an der Eigenfrequenz des Systems, je kleiner (Gl. 15.39) die Dämpfung b ist.

Um den Einfluß der Dämpfung auf die Amplitude der erzwungenen Schwingung zu verdeutlichen, ist in Abb. 15.20 eine Schar von Resonanzkurven gezeigt, die sich nur durch ihren Dämpfungsfaktor unterscheiden. Als *Resonanzkurve* wird die Abhängigkeit der Amplitude der erzwungenen Schwingung von der Erregerfrequenz bezeichnet, die meistens nicht als absoluter Wert aufgetragen wird, sondern als relative Größe ω''/ω. ω ist die Eigenfrequenz des schwingenden Systems.

Wir betrachten zuerst die Kurve (a) in Abb. 15.20. Eine unendlich hohe Amplitude kann offensichtlich nur im Resonanzfall bei fehlender Dämpfung ($b = 0$) auftreten. In diesem Fall kann die äußere Kraft dauernd im richtigen Takt und ohne Verluste Energie auf das schwingende System übertragen. Da, wie schon oben erwähnt, in der Realität aber immer Dämpfungseffekte auftreten, wird tatsächlich nie eine unendlich hohe Amplitude erreicht, aber doch eine hohe, wie die Kurve mit $b = m\omega/2$ zeigt. Bei solchen Amplituden kann der Elastizitätsbereich des schwingenden Systems überschritten werden. Das Hookesche Gesetz gilt nicht mehr, und die Schwingung wird nicht mehr von der Gl. 15.40 beschrieben. Bei realen Schwingungssystemen kann es dabei zur *Resonanzkatastrophe* kommen, bei der das System zerstört wird. In Abb. 15.21 sind zwei zufällig aufgenommene Fotos einer solchen Katastrophe gezeigt. Die Kurven (b) und (c) von Abb. 15.20 verdeutlichen, wie sich eine zunehmende Dämpfung auf die Amplitude und auf die Resonanzfre-

* Die hier definierte Resonanz tritt auf, wenn die erzwungene Schwingung eine maximale Amplitude aufweist (*Amplitudenresonanz*). Es tritt ebenfalls eine Resonanz auf, wenn die größtmögliche Energie vom Erreger auf das schwingende System übertragen wird bzw. wenn die Geschwindigkeit des ausgelenkten Teilchens maximal ist (*Energieresonanz*). Diese Definitionen sind nicht äquivalent (vgl. Aufgabe 55), da die beiden Resonanzen bei verschiedenen Erregerfrequenzen auftreten.

quenz auswirkt. Die Maxima der Resonanzkurven werden zunehmend geringer und zu kleineren Frequenzen verschoben.

Man kann eine konstante Kraft als Grenzfall einer periodischen Kraft mit $\omega'' = 0 = \omega''/\omega$ ansehen. Ein schwingungsfähiges System kann von dieser Kraft um $x = F/k$ ausgelenkt werden. Aus Abb. 15.20 ist ersichtlich, daß eine periodische Kraft das System während einer Schwingung zu viel höheren Amplituden anregen kann als eine konstante Kraft gleich großen Betrages.

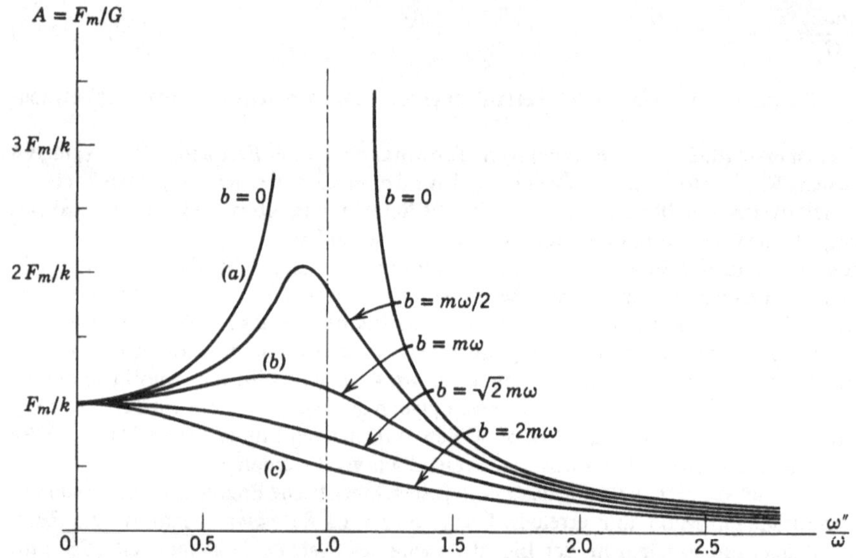

Abb. 15.20 Resonanzkurven einer erzwungenen, gedämpften, harmonischen Schwingung. Auf der Ordinate ist die Amplitude und auf der Abszisse das Verhältnis von Erregerfrequenz zu Eigenfrequenz des schwingenden Systems ω''/ω aufgetragen. Die Kurven unterscheiden sich nur durch die Dämpfung b der Oszillatoren. Das Maximum der Resonanzkurve (Amplitudenresonanz) wandert mit abnehmender Dämpfung b immer näher an die gestrichelte Senkrechte bei $\omega''/\omega = 1$ heran. Dort liegen die Maxima der kinetischen Energien der Oszillatoren (Energieresonanz).

Abb. 15.21 Eine Resonanzkatastrophe. Im November 1940 stürzte die Tacoma Narrows Brücke bei Puget Sound in Washington/USA schon vier Monate nach ihrer Fertigstellung ein, weil ein nicht einmal besonders heftiger Sturm die Brücke in Schwingungen versetzte, die sich zu einer Resonanz aufschaukelten.

Fragen

1. Man gebe einige Beispiele für periodische Bewegungen an. Warum gibt es nur wenige Beispiele für exakte harmonische Schwingungen?
2. Gartentore werden oft mit einer Schraubenfeder versehen, die das Tor nach dem Öffnen von allein wieder schließt. Im Normalzustand der Feder liegen die Windungen eng aufeinander und können nur durch eine Kraft auseinandergezogen werden. Gehorcht eine solche Feder dem Hookeschen Gesetz?
3. Gehorchen ein Sprungbrett, ein Trampolin oder eine aus Blei gefertigte Schraubenfeder dem Hookeschen Gesetz wenigstens annähernd?
4. An einer Feder mit der Federkonstanten k schwingt eine Masse m. Die Feder wird genau in der Mitte zersägt, die Masse an eine der Hälften gehängt und wieder in Schwingungen versetzt. In welchem Verhältnis steht die Frequenz der Schwingung vor der Teilung der Feder zu der Frequenz nach der Teilung?
5. Eine Feder habe eine Federkonstante k. An die Feder wird ein Gewicht gehängt, sie dehnt sich innerhalb des Elastizitätsbereichs und kommt zur Ruhe. Hat sie für Verschiebungen aus dieser neuen Gleichgewichtslage immer noch dieselbe Federkonstante?
6. Ein Block sei an einer Feder befestigt. Man zeige, daß man ohne Kenntnis der Masse des Blocks und der Federkonstanten die Schwingungsdauer dieses Pendels ermitteln kann, indem man nur die Auslenkung der Feder unter der Belastung durch den Blocks mißt.
7. Jede Feder besitzt auch eine Masse. Man erkläre, wie sich die Beziehungen für die Schwingungsdauer eines Federpendels dadurch ändern, daß man die Masse der Feder berücksichtigt.
8. Kann man einen Oszillator konstruieren, der selbst bei kleinen Amplituden keine harmonische Schwingung vollführt? Oder anders gefragt, gibt es auch bei genügend kleinen Auslenkungen nichtlineare rücktreibende Kräfte?
9. Wie verändern sich folgende Größen eines harmonischen Oszillators bei einer Verdoppelung der Amplitude: Periodendauer, Federkonstante, Gesamtenergie, maximaler Betrag der Geschwindigkeit und der Beschleunigung?
10. Welche Veränderung müßte man an einem harmonischen Oszillator vornehmen, um die Maximalgeschwindigkeit der schwingenden Masse zu verdoppeln?
11. Nach Abb. 15.9 findet bei der Schwingung eines Federpendels ein dauernder Wechsel zwischen kinetischer und potentieller Energie des Systems statt, wobei die Summe erhalten bleibt. Es sei ein Körper gegeben, der zwischen zwei Federn schwingen kann, so wie in Abb. 15.23 gezeigt ist. Es wird folgendes behauptet: „Wenn der Körper gerade an seinem Umkehrpunkt angelangt ist, ist der Geschwindigkeitsbetrag Null, d.h. $E_k = 0$. Anschließend, wenn er sich auf seine Gleichgewichtslage zubewegt, steigt seine kinetische Energie wieder an. Gleichzeitig erhöht sich aber die potentielle Energie beider Federn entsprechend $E_p = \frac{1}{2}kx^2$ (Gl. 8.11), da sich die Auslenkungen x für beide Federn ändern und das Vorzeichen keine Rolle spielt. Es nehmen also sowohl E_k als auch E_p zu; die Summe beider ist also nicht konstant". Wo steckt in der Überlegung der Fehler?
12. Jemand steht auf einer Personenwaage, welche auf einer Platte steht, die wiederum von einer Feder getragen wird. Die gesamte Anordnung schwingt harmonisch in senkrechter Richtung. Wie verändert sich die Anzeige der Waage während der Schwingung?
13. Könnte man jemals ein mathematisches Pendel realisieren?
14. Könnte man mittels der Pendeleigenschaften die Standards für die Masse, die Länge und die Zeit definieren?
15. Man zeige, daß nach Gl. 15.20 die Periodendauer für eine Auslenkung von $\theta_m = 180°$ unendlich groß wird. Ist das vernünftig?
16. Man beantworte die Frage, ob ein Pendel, das mit großer Amplitude schwingt, eine längere oder eine kürzere Schwingungsdauer besitzt als ein Pendel, das mit kleiner Amplitude schwingt. Man betrachte Grenzfälle.

17. Wie verändert sich die Frequenz einer schwingenden Schaukel, wenn sie langsam ausschwingt?
18. Wie verändert sich die Schwingungsdauer eines Pendels, wenn sein Drehpunkt (a) mit der Beschleunigung a horizontal, (b) mit der Beschleunigung a vertikal aufwärts und (c) mit einer Beschleunigung $a < g$ vertikal abwärts bewegt wird? Welche dieser Bedingungen entspricht der Situation eines Pendels, das in einem Wagen aufgehängt ist, der eine schiefe Ebene hinabrollt?
19. Warum kann man das Trägheitsmoment J eines Körpers bezüglich einer Achse, die durch den Schwerpunkt des Körpers geht, nicht nach Gl. 15.26 berechnen? Oder kann man Gl. 15.26 doch anwenden? Wie könnte man J bezüglich dieser Achse mittels einer Pendelbewegung bestimmen?
20. Eine hohle Kugel wird durch ein kleines Loch mit Wasser gefüllt und an einem langen Faden schwingend aufgehängt. Das Loch befindet sich unten an der Hohlkugel, so daß das Wasser langsam ausfließt. Man beobachtet, daß die Schwingungsdauer zunächst zu- und dann wieder abnimmt. Wie kann man diesen Vorgang erklären?
21. (a) Wegen der Masse m des Fadens ist die Periodendauer eines Fadenpendels (mit angehängter Masse M) größer als die eines (idealen) mathematischen Pendels. Warum ist das so? (b) Obwohl durch die Masse m des Fadens die Periodendauer verlängert wird, hat ein genauso langes Pendel ohne angehängte Masse M eine kürzere Periodendauer als das mathematische Pendel. Wie erklärt sich das?
22. Zwei Pendel bestehen aus einer an einer leichten Stange hängenden runden Scheibe. Bei einem der Pendel ist die Stange starr mit der Scheibe verbunden, bei dem anderen Pendel befindet sich in der Verbindung ein Kugellager, so daß sich die Scheibe frei drehen kann. Beide Pendel werden aufgehängt und gleich weit ausgelenkt. Welches Pendel hat die größere Schwingungsdauer? Warum?
23. Ändert sich die Frequenz eines Torsionspendels, eines mathematischen Pendels, eines Federpendels oder eines physikalischen Pendels, wenn sie auf den Mond gebracht werden?
24. Wie kann man ein Pendel zur Darstellung einer Sinuskurve verwenden?
25. Aus welchen harmonischen Schwingungen könnte man eine Schwingung zusammensetzen, die die Form einer 8 hat?
26. Gibt es zwischen der makroskopischen Beziehung zwischen Kraft F und Auslenkung x einer Feder und der gleichen Beziehung auf molekularer Ebene irgendeinen Zusammenhang?
27. (a) Unter welchen Bedinungen ist die reduzierte Masse eines Zweikörper-Systems genauso groß wie eine der beiden Massen? (b) Wie groß ist die reduzierte Masse eines Systems aus zwei gleich großen Massen? (c) Stellen (a) und (b) die Extremwerte der reduzierten Masse dar?
28. Warum wird bei Maschinen oft eine Dämpfung bewußt vorgesehen? Man nenne Beispiele.
29. Man zähle einige Beispiele aus dem täglichen Leben auf, bei denen Resonanz eine wichtige Rolle spielt.
30. Die vom Mond hervorgerufenen Gezeiten der Ozeane sind bedeutender als die von der Sonne hervorgerufenen (vgl. Aufgabe 18 aus Kapitel 16). In der Erdatmosphäre gibt es ebenfalls Gezeiten, doch dort verhält es sich gerade umgekehrt. Warum? Hinweis: Die Erdatmosphäre schwingt mit einer natürlichen Periodendauer von etwa 12 h. Man berücksichtige Resonanzeffekte.

Aufgaben

Abschnitt 15.3

1. Ein Block der Masse 4 kg dehnt eine Feder um 16 cm aus ihrer Gleichgewichtslage. Der Block wird durch einen Körper der Masse 0.5 kg ersetzt und dann in Schwingungen versetzt. Wie groß ist die Schwingungsdauer?
Antwort: 0.28 s.

2. Eine Masse von 2 kg hängt an einer Feder. Durch eine zusätzliche Masse von 300 g wird die Feder um weitere 2 cm gedehnt. Mit welcher Periodendauer schwingt die Feder, wenn der 300-g-Körper wieder entfernt wird?
3. Die Skala einer Federwaage ist 10 cm lang und zeigt Gewichte zwischen 0 und 140 N an. An die Federwaage wird ein Paket gehängt, welches daraufhin mit einer Frequenz von 2 Hz schwingt. Wie schwer ist das Paket?
Antwort: 85 N.
4. Ein Auto kann als eine Masse angesehen werden, die auf einer Feder montiert ist und vertikale Schwingungen ausführt. Die Federung eines bestimmten Autos ist so konstruiert, daß es mit einer Frequenz von 3 Hz schwingt. (a) Wie groß ist die Federkonstante, wenn das Auto 14.24 kN wiegt. (b) Mit welcher Frequenz schwingt das Auto, wenn 5 Personen à 712 N in das Auto steigen?
5. (a) Man zeige, daß die allgemeinen Beziehungen für die Periodendauer und die Frequenz einer harmonischen Bewegung auf einer Geraden lauten:

$$T = 2\pi\sqrt{-\frac{x}{a}} \qquad \text{und} \qquad v = \frac{1}{2\pi}\sqrt{-\frac{a}{x}}.$$

(b) Man zeige, daß die allgemeinen Beziehungen für die Periodendauer und die Frequenz einer harmonischen Drehbewegung

$$T = 2\pi\sqrt{-\frac{\theta}{\alpha}} \qquad \text{und} \qquad v = \frac{1}{2\pi}\sqrt{-\frac{\alpha}{\theta}}$$

lauten.
6. Das Ende einer Feder schwingt mit einer Periode von 2 s, wenn eine Masse m angehängt ist. Wird die Masse um 2 kg erhöht, schwingt die Feder mit einer Periodendauer von 3 s. Wie groß ist m?
7. Ein Teilchen führt eine lineare harmonische Schwingung mit einer Frequenz von 0.25 Hz aus. Zur Zeit $t = 0$ hat es eine Auslenkung von $x = 0.37$ cm und die Geschwindigkeit Null. Man bestimme (a) die Periodendauer, (b) die Kreisfrequenz, (c) die Amplitude, (d) die Auslenkung zur Zeit t, (e) die Geschwindigkeit zur Zeit t, (f) die maximale Geschwindigkeit, (g) die maximale Beschleunigung, (h) die Auslenkung zur Zeit $t = 3$ s und (i) die Geschwindigkeit zur Zeit $t = 3$ s.
Antwort: (a) 4 s; (b) $\pi/2$ rad/s; (c) 0.37 cm; (d) $0.37\cos(\pi t/2)$ cm; (e) $-0.58\sin(\pi t/2)$ cm/s; (f) 0.58 cm/s; (g) 0.91 cm/s^2; (h) Null; (i) 0.58 cm/s.
8. Ein kleiner Körper von 0.1 kg Masse führt eine harmonische Schwingung mit einer Amplitude von 1 m und einer Periodendauer von 0.2 s aus. (a) Welche maximale Kraft wirkt auf ihn? (b) Man bestimme die Federkonstante.
9. Bei Zimmertemperatur schwingen die Atome in einem Festkörper mit einer Frequenz von ca. 10^{13} Hz. Man stelle sich vor, die Atome wären untereinander mit Federn verbunden. In einem Stückchen Silber schwinge 1 Atom mit der oben genannten Frequenz, alle anderen befinden sich in Ruhe. Wie groß ist die Federkonstante einer solchen atomar kleinen Feder? Ein Mol Silber wiegt 108 g und enthält 6.02×10^{23} Atome. Die Atome in dem Silberstückchen sollen nur mit dem jeweils nächsten Nachbarn wechselwirken.
Antwort: 710 N/m.
10. Auf einem Stempel, der vertikal mit einer Periodendauer von 1 s harmonisch schwingt, liegt ein Block. (a) Bei welcher Amplitude wird der Block beim Schwingen herunterfallen? (b) Der Stempel schwinge mit einer Amplitude von 5 cm. Mit welcher Frequenz darf der Stempel höchstens schwingen, damit der Block nicht herunterfällt?
11. Auf einer waagerecht liegenden Platte liegt ein Block. Die Platte schwingt harmonisch in waagerechter Richtung mit der Frequenz 2 Hz. Die Haftreibungszahl zwischen Block und

Platte sei 0.5. Wie groß darf die Amplitude der Schwingung höchstens sein, damit der Block nicht von der Platte rutscht?
Antwort: 3.1 cm.

12. Eine Stimmgabel schwingt harmonisch mit einer Frequenz von 1 kHz. Am Ende der Zinke der Stimmgabel mißt man eine Amplitude von 0.4 mm. (a) Man bestimme die maximale Geschwindigkeit und Beschleunigung des Zinkenendes. (b) Man gebe die Lage des Zinkenendes als Funktion der Zeit an. Zur Zeit $t = 0$ befand es sich in der Gleichgewichtslage.
13. Ein Körper schwingt harmonisch nach der Funktion $x = 6{,}0 \cos(3\pi t + \pi/3)$. x sei in m, t in s und die Winkel in rad gemessen. Wie groß sind (a) die Auslenkung, (b) die Geschwindigkeit, (c) die Beschleunigung und (d) die Phase der Schwingung zur Zeit $t = 2$ s? Wie groß sind (e) die Frequenz und (f) die Periodendauer der Schwingung?
Antwort: (a) 3 m; (b) -49 m/s; (c) -270 m/s^2; (d) 20 rad; (e) 1.5 Hz; (f) 0.67 s.
14. Ein Lautsprecher erzeugt mittels einer schwingenden Membran Schallwellen. Die Amplitude der Membran sei auf 1 µm beschränkt. Bei welchen Frequenzen werden Beschleunigungen hervorgerufen, die größer als g sind?
15. Zwei Teilchen führen auf derselben Geraden harmonische Schwingungen der gleichen Amplitude und der gleichen Frequenz aus. Sie begegnen sich jedesmal (mit entgegengesetzter Richtung), wenn ihre Auslenkung der halben Amplitude entspricht. Welchen Phasenunterschied haben die Schwingungen?
Antwort: 120°.
16. Zwei Teilchen führen auf demselben Geradenabschnitt der Länge A harmonische Schwingungen aus. Die Schwingungen haben die gleiche Periodendauer von 1.5 s, unterscheiden sich aber in der Phase um 30°. (a) Welchen Abstand haben die Teilchen (in Einheiten von A) 0.5 s nachdem das nachhinkende Teilchen den Umkehrpunkt seiner Auslenkung verlassen hat? (b) Schwingen die beiden Teilchen zu dieser Zeit in gleicher Richtung, aufeinander zu oder voneinander weg?
17. Eine masselose Feder mit der Federkonstanten $k = 7$ N/m wird halbiert. (a) Welche Federkonstanten haben die Hälften? (b) Es wird ein Block der Masse m an beiden Federn aufgehängt, so wie in Abb. 15.22 gezeigt ist. Wie groß ist die Masse des Blocks, wenn das System mit einer Frequenz von 3 Hz schwingt?
Antworten: (a) 14 N/m; (b) 79 g.

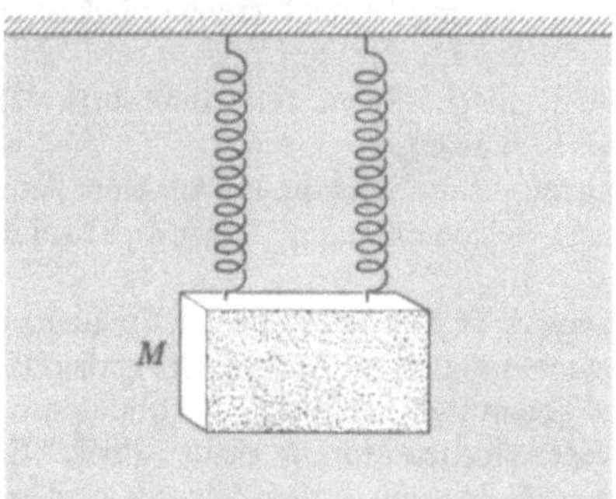

Abb. 15.22 Zu Aufgabe 17

18. Gegeben ist eine Schraubenfeder der Länge l und der Federkonstanten k. Die Feder wird in zwei Stücke der Längen l_1 und l_2 mit $l_1 = nl_2$ geteilt. n sei eine ganze Zahl. Wie groß sind die Federkonstanten der beiden Federstücke? Man überprüfe das Ergebnis für $n = 1$ und $n = \infty$.
19. Ein Block der Masse m wird zwischen zwei Federn befestigt, die mit ihrem anderen Ende an einer festen Wand fixiert sind (Abb. 15.23). Man zeige, daß das System mit einer Frequenz von

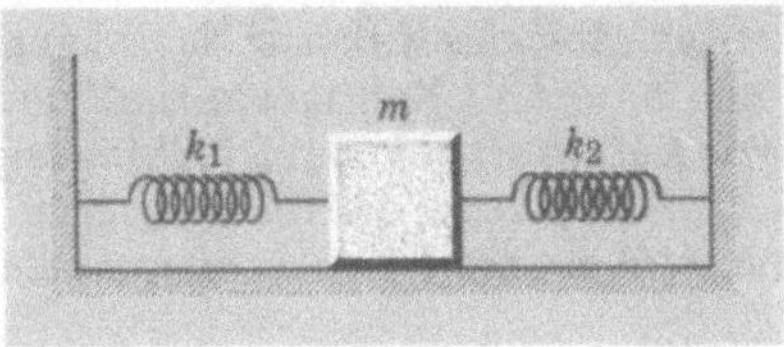

Abb. 15.23 Zu Aufgabe 19

$$\nu = \frac{1}{2\pi}\sqrt{\frac{k_1 + k_2}{m}}$$

schwingt. (Ein entsprechendes elektrisches System bestünde aus zwei hintereinandergeschalteten Kondensatoren.)

20. Es werden 2 gleiche Massen und 3 gleiche Federn so hintereinander befestigt, wie in Abb. 15.24 gezeigt ist. (a) x_1 und x_2 seien die Auslenkungen der beiden Massen 1 und 2 aus ihren Gleichgewichtslagen. Man zeige, daß die Bewegungsgleichungen durch

$$m\frac{\mathrm{d}^2 x_1}{\mathrm{d}t^2} = k(x_2 - 2x_1)$$

und

$$m\frac{\mathrm{d}^2 x_2}{\mathrm{d}t^2} = k(x_1 - 2x_2).$$

gegeben sind. (b) Man bestimme die Frequenz der Schwingung unter der Annahme, daß $x_1 = A\sin\omega t$ und $x_2 = A_2 \sin\omega t$ Lösungen der Differentialgleichungen sind.

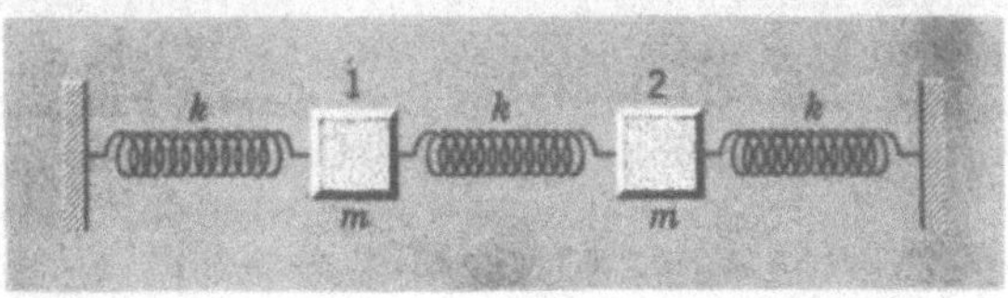

Abb. 15.24 Zu Aufgabe 20

21. Die Schraubenfeder in dem Schraubenfeder-Masse-System von Abb. 15.4 bestehe aus zwei hintereinandergehängten Federn mit den Federkonstanten k_1 und k_2 (s. Abb. 15.25). Man zeige, daß das System mit einer Frequenz von

$$\nu = \frac{1}{2\pi}\sqrt{\frac{k_1 k_2}{(k_1 + k_2)m}}$$

schwingt. (Ein entsprechendes elektrisches System bestünde aus zwei parallelgeschalteten Kondensatoren.)

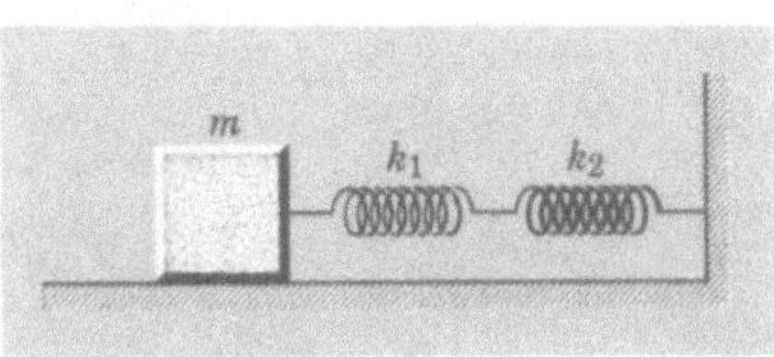

Abb. 15.25 Zu Aufgabe 21

22. Die zwischen den beiden Partnern eines zweiatomigen Moleküls wirkende Kraft kann durch $F = -a/r^2 + b/r^3$ angegeben werden, wobei a und b positive Konstanten sind, und r der Abstand der Atome ist. Man zeichne den Verlauf von F über r graphisch auf. (a) Man zeige, daß in der Gleichgewichtslage der Abstand b/a beträgt. (b) Man zeige, daß für kleine Schwingungen um die Gleichgewichtslage die Federkonstante a^4/b^3 beträgt. (c) Man bestimme die Periodendauer der Schwingung.

Abschnitt 15.4

23. An einer an der Decke hängenden masselosen Feder mit der Federkonstanten $k = 19$ N/m wird ein Körper der Masse 0.2 kg befestigt. (a) Wie weit hängt die Feder durch? Wie groß ist (b) die Frequenz und (c) die Amplitude der harmonischen Schwingung, die der Körper ausführt, wenn man ihn auslenkt und wieder losläßt?
Antwort: (a) 0.21 m; (b) 1.6 Hz; (c) 0.11 m.
24. Ein schwingendes Schraubenfeder-Masse-System besitzt eine Gesamtenergie von 1 J und eine Amplitude von 0.1 m; die Masse hat eine maximale Geschwindigkeit von 1 m/s. Man bestimme (a) die Federkonstante, (b) die Masse und (c) die Frequenz der Schwingung.
25. (a) Welcher Anteil der Gesamtenergie einer harmonischen Schwingung entfällt bei einer Auslenkung, die halb so groß wie die Amplitude ist, auf die kinetische Energie und wieviel auf die potentielle Energie? (b) Bei welcher Auslenkung sind kinetische und potentielle Energie gleich groß?
Antwort: (a) $\frac{3}{4}:\frac{1}{4}$; (b) $A/\sqrt{2}$.
26. (a) Es werde das zeitliche Mittel über eine Periodendauer einer harmonischen Schwingung genommen (Abb. 15.9a). Man zeige, daß die mittlere kinetische Energie genauso groß wie die mittlere potentielle Energie ist und $\frac{1}{4}kA^2$ beträgt. (b) Es werde das örtliche Mittel über eine Periodendauer dieser Schwingung genommen (Abb. 15.9b). Man zeige, daß die mittlere kinetische Energie $\frac{1}{3}kA^2$ und die mittlere potentielle Energie $\frac{1}{6}kA^2$ betragen. (c) Warum unterscheiden sich die Mittelwerte in (a) und (b)?
27. *Federpendel in einem homogenen Gravitationsfeld* (Abb. 15.26). Eine Masse m hängt an einer masselosen Feder mit der Federkonstanten k in einem homogenen Gravitationsfeld. (a) Die Position der unbelasteten Feder sei durch $x = 0$ gekennzeichnet. Man zeige, daß die Position der mit der Masse m statisch belasteten Feder durch $x = mg/k$ gegeben ist. (b) Man zeige, daß die Bewegungsgleichung des Pendels durch

$$m\frac{d^2x}{dt^2} + kx = mg$$

gegeben ist und daß $x = A\cos(\omega t + \varphi) + mg/k$ mit $\omega = \sqrt{k/m}$ eine Lösung darstellt. (c) Man zeige, daß das Federpendel in einem homogenen Gravitationsfeld dieselben Werte für ω, v, a, ν und T besitzt wie ein Federpendel, das sich nicht in einem Gravitationsfeld befindet, aber dessen Gleichgewichtslage nach $x = mg/k$ verschoben ist. (d) Man zeige, daß man durch

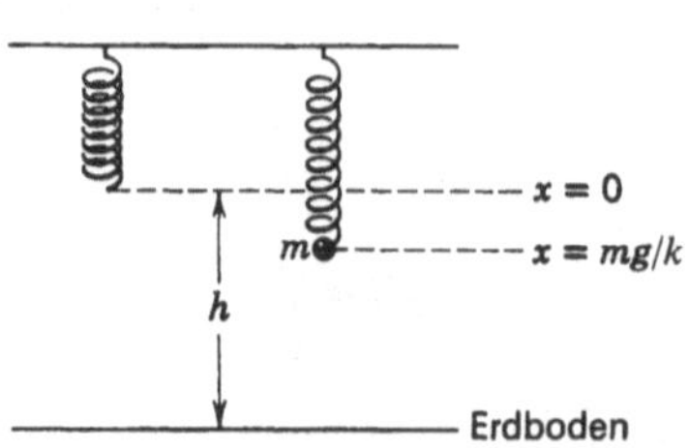

Abb. 15.26 Zu Aufgabe 27

Differenzieren des Energieerhaltungssatzes $\frac{1}{2}mv^2 + \frac{1}{2}kx^2 + mg(h-x) = \text{const.}$ nach der Zeit die in (b) gegebene Bewegungsgleichung erhält. (e) Man zeige, daß die Hälfte des Verlustes an potentieller Gravitationsenergie beim Fallen der Masse $x = 0$ nach $x = mg/k$ in elastische potentielle Energie und die andere Hälfte in kinetische Energie umgewandelt wird. (f) Man betrachte das schwingende Pendel bei der statischen Gleichgewichtsposition bei $x = mg/k$. Man bestimme in getrennten Rechnungen die Änderung der potentiellen Gravitationsenergie und die Änderung der potentiellen elastischen Energie, wenn sich die Masse durch eine Auslenkung A aufwärts bewegt und wenn sie sich durch eine Auslenkung A abwärts bewegt. Man zeige, daß sich in beiden Fällen die gesamte potentielle Energie um $\frac{1}{2}kA^2$ ändert. Aus den Ergebnissen von (c) und (f) erkennt man, daß man ein homogenes Gravitationsfeld bei der Bestimmung der Bewegung dadurch eliminieren kann, daß man den Bezugspunkt einfach von $x = 0$ nach $x_0 = x - mg/k = 0$ verschiebt. Die Funktion für die potentielle Energie lautet dann $E_p(x_0) = \frac{1}{2}kx_0^2 + \text{const.}$ und stellt dieselbe Parabel wie vorher die Funktion $E_p(x) = \frac{1}{2}kx^2$ dar (Abb. 15.9b).

28. An einer Feder mit der Federkonstanten $k = 5.26$ N/cm hängt ein Block von 35.6 N Gewicht. Ein Projektil von 0.445 N Gewicht wird mit einer Geschwindigkeit von 152.4 m/s von unten in den Block geschossen, wo es stecken bleibt. (a) Welche Amplitude hat die daraufhin einsetzende harmonische Schwingung? (b) Wieviel der anfänglichen kinetischen Energie des Projektils wird im Oszillator gespeichert? Geht bei dem gesamten Vorgang Energie verloren?
29. Man leite mit Hilfe des Energieerhaltungssatzes (Gl. 15.17) und durch Integration der Gleichung 15.18 die Funktion $x(t)$ her (Gl. 15.8).
30. Ein massiver Zylinder der Masse M sei so an einer Feder mit der Federkonstanten $k = 3$ N/m befestigt, daß er auf einer horizontalen Ebene rollen kann, ohne zu rutschen (Abb. 15.27). Das System werde um 0.25 m ausgelenkt und losgelassen. Man bestimme (a) die kinetische Energie der Translationsbewegung des Zylinders und (b) die kinetische Energie der Rotationsbewegung des Zylinders, wenn er durch die Gleichgewichtslage des Systems rollt. (c) Man zeige, daß der Schwerpunkt des Zylinders eine harmonische Bewegung mit einer Periodendauer von $T = 2\pi\sqrt{3M/2k}$ ausführt.

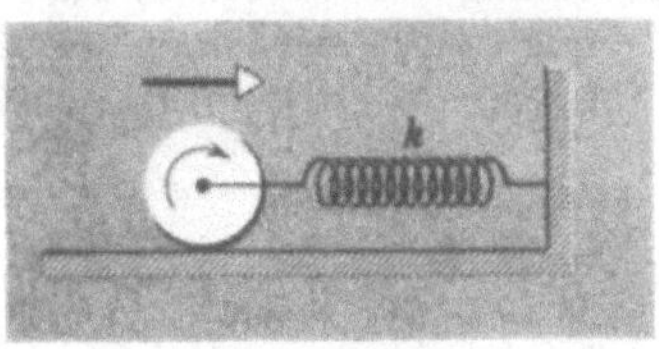

Abb. 15.27 Zu Aufgabe 30

31. Die Masse m_1 einer Feder sei gegenüber der Masse m_2 eines angehängten Körpers sehr klein, aber nicht vernachlässigbar. Man zeige, daß das System mit einer Periodendauer von $T = 2\pi\sqrt{(m_2 + m_1/3)/k}$ schwingt. Hinweis: Die Bedingung $m_1 \ll m_2$ ist der Annahme äquivalent, daß die Dehnung der Feder proportional zu ihrer Länge erfolgt.

Abschnitt 15.5

32. Wie lang ist ein mathematisches Pendel, wenn es an einem Ort auf der Erde, wo die Fallbeschleunigung 9.817 m/s² beträgt, mit einer Periode von 1 s schwingt?
33. Ein mathematisches Pendel der Länge $l = 1$ m vollführt an irgendeinem Ort auf der Erde 100 Schwingungen in 204 s. Wie groß ist die Erdbeschleunigung an diesem Ort?
Antwort: 9.49 m/s².

34. Eine Vollkugel von 2 kg Masse und einem Durchmesser von 30 cm hängt an einem Draht mit einer Winkelrichtgröße von 6×10^{-3} N m/rad. Mit welcher Periodendauer kann die Kugel kleine Schwingungen ausführen?
35. Ein Reifen mit 0.61 m Durchmesser und einem Gewicht von 36.4 N wird auf einen horizontal eingeschlagenen Nagel gehängt und in Schwingungen versetzt. (a) Mit welcher Frequenz schwingt der Reifen? (b) Wie lang ist ein mathematisches Pendel, das mit gleicher Periodendauer wie der Reifen schwingt?
Antwort: (a) 0.45 Hz; (b) 1.22 m.
36. Man bestimme die größte Amplitude, mit der ein mathematisches Pendel schwingen kann, wenn die Periodendauer noch mit einer Genauigkeit von 1% mit der nach Gl. 15.19 bestimmten Periodendauer übereinstimmen soll.
37. Ein langer Stab der Länge l und der Masse m kann sich in einer waagerechten Ebene um eine senkrechte Achse durch seinen Schwerpunkt frei drehen (Abb. 15.28). Ein Ende des Stabes wird mit einer Feder der Federkonstanten k an einer Wand waagerecht verbunden. Mit welcher Frequenz führt der Stab Schwingungen aus, wenn er etwas ausgelenkt wird?
Antwort: $2\pi\sqrt{m/3k}$.

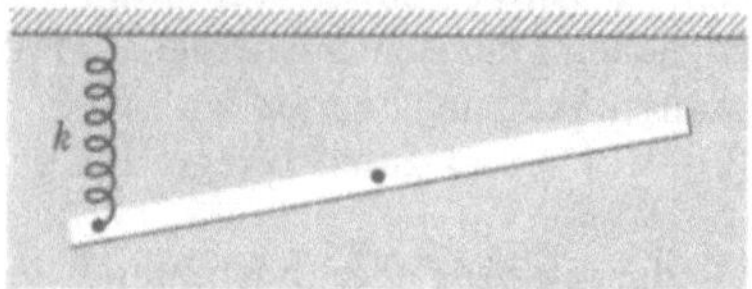

Abb. 15.28 Zu Aufgabe 37

38. Die Unruh einer Taschenuhr schwingt mit einer Kreisfrequenz von π rad und einer Periodendauer von 0.5 s. Man bestimme (a) die maximale Winkelgeschwindigkeit der Unruh, wenn sie gerade um $\pi/2$ rad ausgelenkt ist, und (b) die Winkelbeschleunigung bei einer Auslenkung von $\pi/4$ rad.
39. (a) Mit welcher Frequenz schwingt ein 2 m langes mathematisches Pendel? (b) Mit welcher Frequenz schwingt es, wenn es in einem Aufzug hängt, der mit 2 m/s² nach oben beschleunigt wird? Es seien nur kleine Amplituden angenommen. (c) Mit welcher Frequenz schwingt es während des freien Falls?
Antwort: (a) 0.35 Hz; (b) 0.39 Hz; (c) Null.
40. In einem Auto, das mit einer konstanten Geschwindigkeit v auf einem Kreis mit dem Radius R fährt, befindet sich ein mathematisches Pendel der Länge l und der Masse m. Mit welcher Frequenz schwingt das Pendel, wenn man nur kleine Schwingungen in radialer Richtung annimmt?
41. Man zeige, daß für das physikalische Pendel in Abb. 15.12 der Schwingungsmittelpunkt mit dem Stoßmittelpunkt zusammenfällt (vgl. Beispiel 4 und 5).
42. Ein langer, dünner Stab der Länge l und der Masse m wird in einem Punkt, der im Abstand d oberhalb der Schwerpunktes liegt, frei drehbar aufgehängt und in Schwingungen versetzt. (a) Man gebe die Periodendauer als Funktion von d, l, m und g an. (b) Man zeige, daß die Schwingungsdauer ein Minimum hat, wenn $d = l/\sqrt{12} = 0.289\,l$ gilt.
43. An einem waagerecht eingeschlagenen Nagel wird eine runde Metallplatte von 1 m Durchmesser frei drehbar aufgehängt. Der Abstand zwischen Aufhängepunkt und Schwerpunkt sei l. (a) Wie groß ist l, wenn die Platte mit einer Periodendauer von 1.7 s schwingt? (b) Wie groß müßte l sein, damit die Platte mit einer möglichst kleinen Periode schwingt?
Antwort: (a) 30 cm und 42 cm; (b) 35 cm.
44. (a) Man zeige, daß die maximale Zugkraft im Aufhängefaden eines mathematischen Pendels bei Schwingungen mit kleiner Amplitude θ_m gerade $mg(1 + \theta_m^2)$ beträgt. Bei welcher Auslenkung des Pendels ist die Zugkraft am größten?

Abschnitt 15.7

45. In einem Oszillographen werden Elektronen von zwei senkrecht zueinander verlaufenden elektrischen Feldern abgelenkt. Die Position des Elektrons sei durch $x = A \cos \omega t$ und $y = A \cos(\omega t + \varphi_y)$ gegeben. Man beschreibe die Bahn des Elektrons und gebe die Bahngleichung für (a) $\varphi_y = 0$, (b) $\varphi_y = 30°$ und (c) $\varphi_y = 90°$ an.
Antwort: (a) Die Geraden $y = \pm x$; (b) die Ellipse $y^2 - \sqrt{3}xy + x^2 = A^2/4$; (c) der Kreis $x^2 + y^2 = A^2$.
46. Man skizziere die Bahn eines Teilchens, die in der x,y-Ebene durch die Gleichungen $x = A \cos(\omega t - \pi/2)$ und $y = 2A \cos(\omega t)$ gegeben ist.
47. Die in Abb. 15.29 gezeigte Figur ist aus den beiden harmonischen Schwingungen $x = A_x \cos \omega_x t$ und $y = A_y \cos(\omega_y t + \varphi_y)$ zusammengesetzt. (a) Wie groß ist das Amplitudenverhältnis A_x/A_y? (b) Wie groß ist das Verhältnis der Kreisfrequenzen ω_x/ω_y? (c) Wie groß ist φ_y?
Antwort: (a) 1; (b) 1/2; (c) $\pm\frac{1}{2}\pi$.

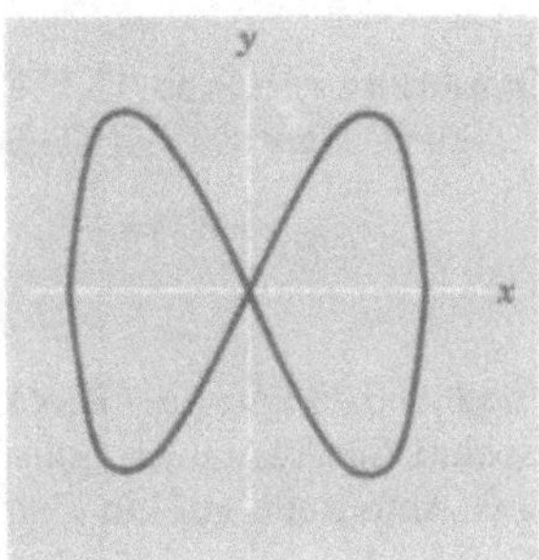

Abb. 15.29 Zu Aufgabe 47

48. Ein Teilchen bewegt sich längs der Bahn $\boldsymbol{r} = \boldsymbol{i} A \cos \omega t + \boldsymbol{j} A \cos 3\omega t$ in der x,y-Ebene. (a) Man skizziere die Bahn. (b) Man gebe den Drehimpuls des Teilchens als Funktion der Zeit an. Man bestimme (c) die auf das Teilchen wirkende Kraft, (d) seine potentielle Energie und (e) seine Gesamtenergie als Funktionen der Zeit. (f) Handelt es sich um eine periodische Bewegung? Wenn ja, wie groß ist die Periodendauer?
49. *Lissajous-Figuren.* Bei der Zusammensetzung rechtwinklig zueinander schwingender harmonischer Bewegungen müssen die Frequenzen nicht, wie in Gl. 15.30 angenommen, gleich sein, sondern können verschieden sein, z. B. $x = A_x \cos(\omega_x t + \varphi_x)$ und $y = A_y \cos(\omega_y t + \varphi_y)$. Als Resultat ergeben sich dann keine elliptische Bahnen, sondern sogenannte Lissajous-Figuren, die nach Antoine Lissajous (1822–1880) benannt sind, der sie als erster 1857 beschrieb. (a) Wenn ω_x/ω_y rational ist, d. h. wenn die Winkelfrequenzen im Verhältnis ganzer Zahlen stehen, ergeben sich geschlossene Kurven, und der Vorgang ist periodisch. Man zeichne für die Amplituden $A_x = A_y$ und die Phasenkonstanten $\varphi_x = \varphi_y$ die Lissajous-Figuren, wenn das Verhältnis der Winkelfrequenzen $^1/_2$, $^1/_3$ und $^2/_3$ beträgt. (b) Man zeige, daß bei einem rationalen Verhältnis ω_x/ω_y die Form der Lissajous-Figur vom Phasenunterschied $(\varphi_x - \varphi_y)$ abhängt. Man skizziere die Figuren für einen Phasenunterschied von 0, $\pi/4$ und $\pi/2$ rad. (c) Ist das Verhältnis ω_x/ω_y nicht rational, so ergeben sich offene Kurven. Man überzeuge sich davon, daß nach langer Zeit das die Kurve beschreibende Teilchen durch jeden Punkt der Ebene geht, die von den Geraden $x = \pm A_x$ und $y = \pm A_y$ begrenzt ist. Durch denselben Punkt der Ebene geht das Teilchen jedesmal mit einer anderen Geschwindigkeit. Einfachheitshalber nehme man $\varphi_x = 0$ an.

Abschnitt 15.8

50. (a) Welche reduzierte Masse besitzen die zweiatomigen Moleküle O_2, HCl und CO? Man gebe die Massen in der atomaren Masseneinheit u an. Es ist $1\,u = 1.66 \times 10^{-27}$ kg; das Wasserstoffatom hat ungefähr die Masse 1 u. (b) Ein HCl-Molekül schwingt mit einer Frequenz von $\nu = 8.7 \times 10^{13}$ Hz. Welche „effektive" Federkonstante hätte eine die beiden Atome zusammenhaltende Feder? Ist diese atomar kleine Feder im Vergleich zu einer normalen Feder hart oder weich?
51. (a) Man zeige, daß mit $m_2 \to \infty$ in Gl. 15.33 μ in m_1 übergeht. (b) Man zeige, daß bei der Schwingung einer an einer Feder befestigten Masse m_1 sich die Frequenz erhöht bzw. die Periodendauer verkürzt, wenn die Feder mit ihrem anderen Ende nicht an einer Wand von unendlich hoher Masse, sondern an einer Wand mit $m_2 < \infty$ befestigt ist. Man vergleiche das Ergebnis mit dem Fall (a). (c) Für den Fall $m_1 = m_2$ schwingt das System so, als ob die Feder halbiert wäre und jede Masse für sich allein in der Mitte um den Schwerpunkt des Systems schwingen würde.
52. Für das System in Abb. 15.17a seien $k = 250$ N/m, $m_1 = 1$ kg und $m_2 = 3$ kg. (a) Mit welcher Frequenz schwingt das System? (b) In welchem Verhältnis stehen die kinetischen Energien der beiden Massen?
53. Man zeige, daß die kinetische Energie des Zweikörper-Oszillators von Abb. 15.17a durch $E_k = \frac{1}{2}\mu v^2$ gegeben ist. $v = v_1 - v_2$ ist die relative Geschwindigkeit. Hinweis: Für die Schwingung des Systems gilt der Impulserhaltungssatz.

Abschnitt 15.9

54. Für das System in Abb. 15.8 seien $m = 1.5$ kg, $k = 8$ N/m und $b = 0.23$ kg/s. Der Block werde um 12 cm nach unten ausgelenkt und losgelassen. Man berechne die Anzahl der Schwingungen, die der Block innerhalb der Zeit ausführt, in der seine Amplitude auf ein Drittel des Anfangswertes gesunken ist.

Abschnitt 15.10

55. Es sei die Lösungsfunktion von Gl. 15.41 gegeben. Man gebe die Funktion für die Geschwindigkeit $v = \mathrm{d}x/\mathrm{d}t$ an. Man zeige, daß für die Geschwindigkeitsamplitude die Funktion $v_m = F_m/[(m\omega'' - k/\omega'')^2 + b^2]^{1/2}$ gilt. Man kann alle Gleichungen von Abschn. 15.10 auch auf elektrische Schwingungssysteme anwenden, bei denen elektrische Widerstände R, Induktivitäten L und Kondensatoren C mit einer Wechselspannungsquelle $U = U_m \cos \omega'' t$ hintereinandergeschaltet sind. Es entsprechen sich b, m, k, F_m, x, v mit $R, L, 1/C, U_m, Q, I$.

16 Gravitation

16.1 Historische Bemerkungen

Schon seit dem Zeitalter der Griechen beschäftigte man sich mit zwei in der Natur vorkommenden Erscheinungen. Es waren: 1. Die Eigenschaft von Gegenständen, auf den Erdboden zu fallen, wenn sie losgelassen werden. 2. Die Bewegungen der Planeten, der Sonne und des Mondes am Himmel. Damals glaubte man, beide Probleme seien grundsätzlich verschiedener Natur. Es ist das Verdienst Newtons, der auf den Erkenntnissen von Vorgängern aufbaute, daß beide Phänomene als verschiedene Aspekte ein und desselben Problems und daher mit denselben Gesetzen beschrieben werden konnten.

Im Jahre 1665 wurde der dreiundzwanzigjährige Student Isaac Newton (1643–1727) in seine Heimat nach Lincolnshire entlassen, da die Universität Cambridge wegen der herrschenden Pest geschlossen wurde. Etwa 50 Jahre später schrieb er „...in demselben Jahr (also 1665) begann ich mir vorzustellen, daß sich die Schwerkraft bis zur Umlaufbahn des Mondes ausstrecken könnte... und ich verglich die Kraft, die den Mond auf seiner Bahn hielt, mit der Schwerkraft auf der Erdoberfläche und fand, daß sie einander sehr ähnlich seien."

Newtons Jugendfreund William Stukeley beschrieb, wie Newton während einer Teepause erzählte, daß ihm bei einer ähnlichen Gelegenheit unter Apfelbäumen sitzend die Idee von der Gravitation gekommen war. „Mitten in einer beschaulichen Stimmung wurde sie durch den Fall eines Apfels hervorgerufen... und Newton begann nach und nach diese Eigenschaft der Gravitation auf die Bewegung der Erde und der Himmelskörper zu übertragen." (Vgl. Abb. 16.1)

Man kann heute die Beschleunigung des Mondes in Richtung zur Erde aus seiner Umlaufzeit und dem Radius seiner Umlaufbahn berechnen. Es ergibt sich ein Wert von $0.00273\ m/s^2$ (vgl. Beispiel 4 in Kapitel 4).

Dieser Wert ist etwa 3600 mal kleiner als die Fallbeschleunigung g, also als die Gravitationsbeschleunigung auf der Erdoberfläche. Newton suchte sich diesen Unterschied durch das 3. Keplersche Gesetz (vgl. Aufgabe 25) zu erklären und nahm an, daß die Beschleunigung eines fallenden Körpers umgekehrt proportional zu seinem Abstand von der Erde sei.

Damit erhebt sich sofort die Frage, was mit „Abstand von der Erde" gemeint ist. Newton kam schließlich dazu, daß jedes einzelne Teilchen der Erde zu der Gravitationswirkung der Erde beitragen müsse, und machte daraufhin die kühne Annahme, daß man sich die gesamte Masse der Erde als in ihrem Mittelpunkt konzentriert vorstellen könne (vgl. Abschnitt 16.6).

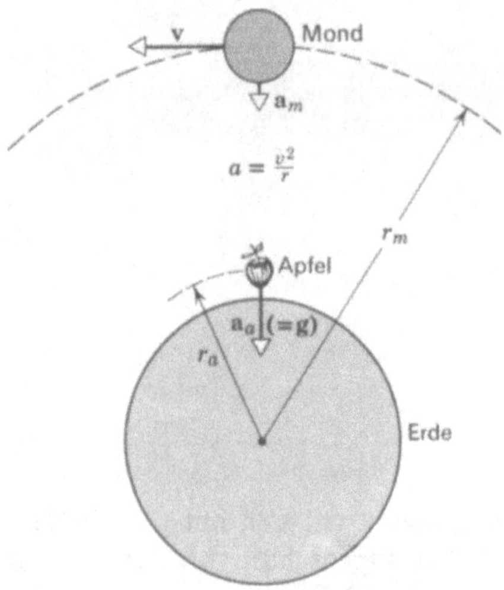

Abb. 16.1 Sowohl der Mond als auch ein Apfel werden zum Mittelpunkt der Erde hin beschleunigt. Ihre unterschiedlichen Bewegungen kommen dadurch zustande, daß der Mond eine Bahngeschwindigkeit v besitzt, der Apfel aber nicht.

Bezüglich der Sonne kann man die Erde als einen Massenpunkt ansehen, bezüglich eines Apfels, der sich nur einige Meter über der Erdoberfläche befindet, ist diese Annahme nicht offensichtlich. Machen wir sie trotzdem, so beträgt die Entfernung eines fallenden Körpers vom Zentrum der Anziehung gerade einen Erdradius, also etwa 6400 km. Der Mond hat einen Abstand von 384000 km von der Erde. Der Kehrwert des Quadrates des Verhältnisses dieser beiden Entfernungen beträgt $(6400/384000)^2$ oder 1/3600, entspricht also gerade dem oben genannten Verhältnis der Beschleunigungen, die Mond und Apfel in Richtung zur Erde erfahren.

Newton veröffentlichte seine Erkenntnisse erst 1687 in seinem Werk „*Philosophiae naturalis principia mathematica*", auch kurz „*Principia*" genannt, also erst 22 Jahre nach seiner ursprünglichen Idee. Wenn wir von dem Apfel-Erde-Beispiel einmal absehen, gab es bei dem gesamten Problem noch eine Unsicherheit, nämlich die Festlegung der Länge des Erdradius. Newton hielt seine Ergebnisse immer sehr lange zurück, denn er war scheu und introspektiv und haßte Kontroversen. Bertrand Russell schrieb über ihn: „Wenn er mit den Widerständen hätte kämpfen müssen, mit denen sich Galileo auseinandersetzte, so wäre wahrscheinlich nie eine einzige Zeile veröffentlicht worden." Tatsächlich war es Edmund Halley (1656–1742), der Entdecker des gleichnamigen Kometen, der Newton immer wieder zur Veröffentlichung der „*Principia*" drängte. Der Mathematiker Augustus De Morgan schrieb über Halley: „„... nach allem menschlichen Dafürhalten wäre ohne ihn das Werk nicht erdacht worden, und wenn schon erdacht, dann nicht geschrieben worden, und wenn schon geschrieben, dann nicht veröffentlicht worden."

In den „*Principia*" behandelte Newton nicht nur das Apfel-Erde- und das Mond-Erde-Problem, sondern er dehnte das Gravitationsgesetz auf alle Körper aus, wie wir gleich sehen werden.

Es gibt insgesamt drei sich überschneidende Problemkreise, innerhalb derer man die

Gravitation behandeln kann. 1. Die Massenanziehung zwischen den Körpern auf der Erde. Die Kraft zwischen zwei Bowlingkugeln kann zwar mit empfindlichen Meßmethoden erfaßt werden, aber sie kann nicht mit unseren üblichen Sinnen wahrgenommen werden. 2. Die Anziehungskraft der Erde auf uns und andere Körper. Sie ist ein beherrschendes Merkmal unseres Lebens, dem wir nur durch außergewöhnliche Maßnahmen entgehen können. Bei der Planung von Weltraumforschungsprogrammen spielt die Gravitation eine zentrale Rolle. 3. Während der kosmischen Evolution, also der Entwicklung unseres Sonnensystems, der Sterne und der Galaxien, stellt die Gravitation die bestimmende Kraft dar.

Den ersten ernsthaften Versuch, die Kinematik des Sonnensystems zu erklären, kennen wir von den Griechen. Claudius Ptolemäus (ca. 100–170) entwickelte ein geozentrisches System, die *Ptolemäische Welt*, in der die Erde im Zentrum still stand und sich die Planeten sowie Mond und Sonne um die Erde auf Kreisbahnen herumbewegten. Das stellte sicher keine überraschende Schlußfolgerung dar, denn die Erde ist für die Menschen nun einmal der reale Lebensraum.

Shakespeare spricht von ihr als „...dieses feste Gefüge, die Erde...“. Noch heute verwendet man bei der astronomischen Navigation ein geozentrisches Bezugssystem, und im Sprachgebrauch kennt man Ausdrücke wie „Sonnenuntergang“, die sich nur in diesem Bezugssystem verstehen lassen.

Mit einfachen Umlaufbahnen um die Erde konnten die beobachteten komplizierten

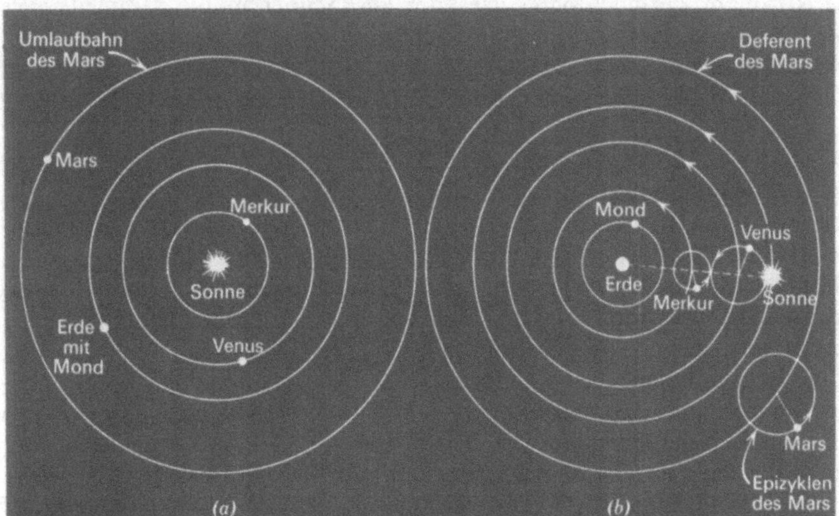

Abb. 16.2 (a) Das Kopernikanische Planetensystem. Die Planeten ziehen kreisförmige Bahnen um die Sonne als Zentrum. (b) Das Ptolemäische Planetensystem. Die Planeten, die Sonne und der Mond vollführen Umlaufbahnen um die Erde als Zentrum. Beide Forscher mußten weitreichende geometrische Annahmen machen, um die beobachteten, komplizierten Bewegungen der Planeten zu erklären. Im System (b) z. B. muß Mars kreisförmige Epizyklen um einen imaginären Mittelpunkt vollführen, welcher ebenfalls auf einer gedachten Kreisbahn (sog. Deferent) um die Erde zieht. Die nach der Kopernikanischen Theorie erklärte Marsbahn (ebenfalls kompliziert), ist in der Abbildung nicht gezeigt. Der wesentliche Unterschied zwischen beiden Systemen sind die verschiedenen Himmelskörper als Mittelpunkte.

Bahnen der Planeten nicht erklärt werden. Deshalb mußte Ptolemäus das Konzept der Epizyklen erfinden. Die Epizyklentheorie nimmt an, daß sich ein Planet auf einer Kreisbahn, der vollendetsten geometrischen Figur, um ein gedachtes Zentrum bewegt, welches selbst wiederum eine Kreisbahn, den Deferenten, um die Erde als Zentrum beschreibt (vgl. Abb. 16.2b). Darüberhinaus mußte er noch auf einige andere geometrische Annahmen zurückgreifen, um die zentrale Stellung der Erde in dem Kreissystem der Planeten erhalten zu können. Heute wissen wir, daß die Planeten keine Kreise, sondern Ellipsen um die Sonne beschreiben.

Im 16. Jahrhundert schlug dann Kopernikus (1473–1543) ein heliozentrisches System vor, die *Kopernikanische Planetentheorie*, in welcher die Sonne den Mittelpunkt bildete und die Erde wie auch alle anderen Planeten exzentrische Kreisbahnen um die Sonne vollführten (vgl. Abb. 16.2a). Das Kopernikanische System war offensichtlich sehr viel einfacher aufgebaut als das Ptolemäische und hätte daher sofort Anerkennung finden müssen. Das war aber nicht so. Auch Kopernikus glaubte immer noch an die Besonderheit von Kreisbahnen und mußte Epizyklen und andere geometrische Hilfskonstruktionen annehmen, um die beobachteten Bewegungen einordnen zu können. In Abb. 16.2a sind diese allerdings nicht eingezeichnet worden. Dadurch aber, daß Kopernikus die Sonne in den Mittelpunkt des Planetensystems stellte, ergaben sich viel natürlichere Beschreibungen der Planetenbahnen. Damit legte er ein unentbehrliches Fundament, auf dem noch unsere heutigen Ansichten vom Sonnensystem basieren.

Der Streit über die Richtigkeit der beiden Theorien spornte die Astronomen an, noch genauere Meßdaten über die Himmelskörper zu liefern. Tycho Brahe (1546–1601), der letzte große Astronom, der noch ohne Teleskop* auskommen mußte, sammelte viele solcher Daten. Sein Assistent und späterer Nachfolger Johannes Kepler (1571–1630) wertete diese 20 Jahre lang aus und fand dabei bemerkenswerte Regelmäßigkeiten im Gang der Planeten. Kepler faßte seine Ergebnisse in drei Gesetzen (*Keplersche Gesetze*) zusammen:

1. Alle Planeten bewegen sich auf elliptischen Bahnen, wobei die Sonne in einem der Brennpunkte der Ellipse steht.
2. Die Verbindungslinie zwischen einem Planeten und der Sonne (der sogenannte Fahrstrahl) überstreicht in gleichen Zeiten gleiche Flächen (Flächensatz).
3. Die Quadrate der Umlaufzeiten verschiedener Planeten um die Sonne verhalten sich wie die dritten Potenzen ihrer mittleren Entfernungen von der Sonne.

Keplers Gesetze wurden zu den besten Stützen der Kopernikanischen Planetentheorie. Sie zeigten, mit welcher bestechenden Einfachheit die Planetenbewegungen zu beschreiben waren, wenn man nur die Sonne als Zentrum wählte. Leider waren die Keplerschen Gesetze nur empirisch gefunden worden; sie konnten die Planetenbewegungen zwar beschreiben, aber keine theoretische Erklärung für die Ursache der Bewegungen geben. Kepler hatte noch nicht eine Kraft als Ursache erkannt, denn der physikalische Begriff der Kraft war zu damaliger Zeit noch sehr verschwommen. Für Newton stellte es daher einen großen Triumph dar, daß aus seinem Gravitationsgesetz die Keplerschen Gesetze

* Das erste wissenschaftlich brauchbare Teleskop wurde 1609 von Galilei gebaut. Damit gelang es ihm, die inneren Monde des Jupiters und die Phasenwechsel der Venus zu entdecken. Galilei war ein strenger Verfechter der Kopernikanischen Lehre und benutzte seine Entdeckungen zu ihrer Untermauerung. Newton erfand ebenfalls, allerdings eher so nebenher, ein Teleskop (Reflektor oder Spiegelteleskop).

abgeleitet werden konnten. Das Gravitationsgesetz forderte, daß jeder Planet von der Sonne mit einer Kraft angezogen wurde, die proportional zur Planetenmasse und umgekehrt proportional zum Quadrat des Abstandes von der Sonne ist.

Auf diese Weise gelang es Newton, sowohl die Bewegungen der Planeten in unserem Sonnensystem als auch die Bewegung eines auf die Erdoberfläche fallenden Körpers durch ein einziges physikalisches Gesetz zu beschreiben. Die bislang getrennten Bereiche der irdischen Mechanik und der Himmelsmechanik mündeten damit in eine einzige Theorie* ein. die wissenschaftliche Leistung der Kopernikanischen Arbeiten liegt darin, daß seine heliozentrische Theorie den Weg hierzu eröffnete. Mit der Annahme, daß die Erde rotiert und sich zusätzlich noch um die Sonne bewegt, konnten nunmehr so unterschiedliche Phänomene wie die scheinbare tägliche und jährliche Bewegung der Sterne, die Abplattung des Erdkörpers, der Verlauf der Passatwinde und viele andere Beobachtungen gedeutet werden. Im geozentrischen Weltbild hätte man diese Phänomene niemals miteinander in Verbindung bringen können.

Es ist aufschlußreich, auf die Entwicklung unseres Verständnisses von den Bewegungen im Sonnensystem mit den in Kapitel 5, Seite 85 beschriebenen Mitteln der klassischen Mechanik zurückzublicken. Historisch gesehen gab es vier wesentliche Durchbrüche:

1. Kopernikus behauptete, daß nicht die Erde, sondern die Sonne im Mittelpunkt des Planetensystems stehe. Heute würde man sagen, daß er ein neues Bezugssystem (die Sonne im Mittelpunkt) schuf, welches geeigneter als das alte Bezugssystem (Erde im Mittelpunkt) zur Beschreibung der Bewegungen innerhalb des Sonnensystems war. Darüberhinaus ist das neue Bezugssystem bezüglich der Sonne fixiert, rotiert aber nicht mit und stellt damit ein Inertialsystem dar. Das gilt nicht für das auf die umlaufende Erde bezogene Ptolemäische System.
2. Tycho Brahe sammelte viele exakte Meßdaten über die Planetenbewegungen, wie man sie von der Erde aus beobachtete. Damit schuf er die Voraussetzung für eine experimentelle Überprüfung der beiden Theorien.
3. Kepler leitete nach der Auswertung von Brahes Daten drei einfache empirische Gesetze der Himmelsmechanik ab. Mit ihnen konnte er innerhalb der Kopernikanischen Planetentheorie die Planetenbewegungen in einfacher Form darstellen.
4. Newton entdeckte allgemeine Bewegungsgleichungen für mechanische Systeme und konnte insbesondere ein Gravitationsgesetz aufstellen, das auch auf die Planetenbewegungen angewendet werden konnte.

Zusammenfassend kann man sagen, daß in einem Zeitraum von 200 Jahren (1) ein Bezugssystem, (2) exakte kinematische Daten, (3) empirische Gesetze der Himmelsmechanik sowie (4) die allgemeinen Bewegungsgesetze der Mechanik und ein Kraftgesetz für die Planetenbewegungen aufgestellt wurden.

16.2 Das allgemeine Gravitationsgesetz

Auf der Verbindungslinie zwischen zwei Massen m_1 und m_2, die sich im Abstand r gegenüberstehen, wirkt eine Anziehungskraft F der Größe

$$F = G\frac{m_1 m_2}{r^2}. \tag{16.1}$$

* Newtons Arbeiten waren sicher durch die Leistungen anderer Forscher, wie Galilei, Kepler, Hooke und Halley, beeinflußt worden.

G wird als *Gravitationskonstante* bezeichnet. Sie hat für alle Massenpaarungen denselben Wert und ist von der Art der Masse unabhängig, d.h. sie ist universell.

Die obige Aussage (16.1) stellt das *Newtonsche Gravitationsgesetz* dar. Es ist wichtig, sogleich auf einige Merkmale dieses Gesetzes einzugehen, um seine Bedeutung klar zu erkennen.

Die Gravitationskräfte zwischen zwei Körpern stellen ein Paar von Aktions- und Reaktionskräften dar. Der eine Körper übt eine Kraft auf den zweiten Körper längs der Verbindungslinie in Richtung auf sich selbst aus (Anziehung). Genauso übt der zweite Körper eine Anziehungskraft in eine Richtung auf den ersten Körper aus. Beide Kräfte haben denselben Betrag, aber entgegengesetzte Richtungen.

Die (universelle) Gravitationskonstante G darf nicht mit der Fallbeschleunigung g verwechselt werden, die die Beschleunigung eines Körpers auf die Erdoberfläche hin als Folge der Erdanziehung angibt. Die Konstante G hat die Dimension $L^3/(M\,T^2)$ und ist ein Skalar; $\boldsymbol{g}$ hat die Dimension L/T^2 und ist ein Vektor. Außerdem ist $\boldsymbol{g}$ keineswegs konstant und auch nicht universell!

Bei der Einführung des Kraftbegriffes in Kapitel 5 hatten wir betont, daß die auf ein Teilchen wirkende Kraft in einfacher Weise mit meßbaren Eigenschaften des Teilchens und seiner Umgebung verknüpft sein müsse. Das Gravitationsgesetz ist eine solche einfache Beziehung. Die Konstante G muß durch Experimente ermittelt werden. Sobald man G für ein gegebenes Paar von Massenkörpern bestimmt hat, kann man ihren Wert in das Gravitationsgesetz einsetzen und die Anziehungskraft zwischen irgendwelchen anderen Massen bestimmen. Weiterhin darf man nicht übersehen, daß sich Gl. 16.1 nur auf Massenpunkte bezieht. Wenn man also die Anziehungskraft zwischen ausgedehnten Körpern, wie etwa zwischen Erde und Mond, berechnen will, muß man sich jeden der beiden Körper aus vielen Teilchen zusammengesetzt denken und dann die Wechselwirkung zwischen allen diesen Teilchen bestimmen. Dies kann nur über eine Integration ausgeführt werden und war einer der Gründe für Newton, die Infinitesimalrechnung zu entwickeln. Natürlich stellt es lediglich eine Näherung dar, wenn man bei der Berechnung der Gravitationswirkung die Masse eines Körpers im Massenmittelpunkt konzentriert annimmt. Nur für kugelsymmetrische Körper ist diese Annahme richtig. Trotzdem werden wir davon häufig Gebrauch machen und uns in Abschn. 16.6 näher damit auseinandersetzen.

Das Gravitationsgesetz schließt die Voraussetzung ein, daß die Gravitationskraft zwischen zwei Teilchen nicht von der Anwesenheit anderer Körper oder den Eigenschaften des dazwischenliegenden Raumes abhängt. Die Richtigkeit dieser Annahme hängt von der Richtigkeit der Schlußfolgerungen ab, die man aus dem Gesetz zieht. Bislang konnten sie es nur bestätigen. Insbesondere gibt es wohl keine „Gravitationsabschirmung".

Man kann das Gravitationsgesetz auch in Vektordarstellung angeben. $\boldsymbol{r}_{12}$ sei der Verbindungsvektor und zeige von der Masse m_1 auf die Masse m_2, so wie es in Abb. 16.3a gezeichnet ist. Die Gravitationskraft $\boldsymbol{F}_{21}$, die m_1 auf m_2 ausübt, wird in Richtung und Betrag durch

$$\boldsymbol{F}_{21} = -G\frac{m_1 m_2}{r_{12}^{\ 3}}\boldsymbol{r}_{12} \tag{16.2a}$$

angegeben. Das Minuszeichen gibt an, daß $\boldsymbol{F}_{21}$ die entgegengesetzte Richtung wie $\boldsymbol{r}_{12}$ hat. Das bedeutet, daß $\boldsymbol{F}_{21}$ für m_2 eine Anziehungskraft darstellt: m_2 wird von m_1 angezogen (Abb. 16.3). Wenn man Gl. 16.2a in der Form $\boldsymbol{F}_{21} = -(G\,m_1 m_2/r_{12}^{\ 2})\,(\boldsymbol{r}_{12}/r_{12})$ schreibt, sieht man, daß die

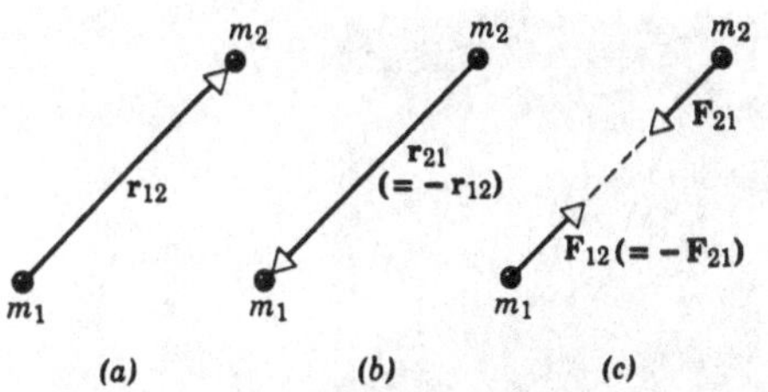

Abb. 16.3 Die vom m_1 auf m_2 ausgeübte Kraft $\boldsymbol{F}_{21}$ hat die entgegengesetzte Richtung wie der die Massen verbindende Vektor $\boldsymbol{r}_{12}$. Die von m_2 auf m_1 ausgeübte Kraft $\boldsymbol{F}_{12}$ hat die zu $\boldsymbol{r}_{21}$ entgegengesetzte Richtung. Da $\boldsymbol{F}_{21} = -\boldsymbol{F}_{12}$ gilt, bilden die Kräfte ein Aktions-Reaktions-Paar.

Kraft von dem Kehrwert des Abstandsquadrates abhängt. Der Verbindungsvektor $\boldsymbol{r}_{12}$ geteilt durch seinen Betrag, $\boldsymbol{r}_{12}/r_{12}$, stellt einen Einheitsvektor $\boldsymbol{u}_r$ in Richtung der Verbindungslinie der Massen dar. Gibt man diese Beziehung in Skalarform an, so kürzt sich r_{12} im Zähler gegen r_{12} im Nenner, und man erhält die Gl. 16.1.

Die von m_2 auf m_1 ausgeübte Kraft beträgt

$$\boldsymbol{F}_{12} = -G\frac{m_2 m_1}{r_{21}^{\ 3}}\boldsymbol{r}_{21}. \tag{16.2b}$$

Man beachte, daß $\boldsymbol{r}_{12} = -\boldsymbol{r}_{21}$ (Abb. 16.3a, b) gilt und sich deshalb $\boldsymbol{F}_{12} = -\boldsymbol{F}_{21}$ ergibt (Abb. 16.3c). Die auf die beiden Körper wirkenden Gravitationskräfte bilden ein Paar von Aktions- und Reaktionskräften.

16.3 Die Gravitationskonstante G

Will man den Wert von G bestimmen, so muß man die Anziehungskraft zwischen zwei bekannten Massen messen. Die erste bekanntgewordene Messung wurde von Lord Cavendish um 1798 durchgeführt, wesentlich genauere Messungen dann von Poynting und Boy im 19. Jahrhundert. Der zur Zeit gültige Wert von G beträgt

$$G = 6.6726 \times 10^{-11}\ \mathrm{N\,m^2/kg^2},$$

wobei die Genauigkeit mit $5 \times 10^{-15}\ \mathrm{N\,m^2/kg^2}$ angegeben wird.

Experimentell kann man die Konstante G zum Beispiel aus der maximalen Ablenkung des Lichtstrahls in der Anordnung in Abb. 16.4 berechnen. Zwei kleine Kugeln gleicher Massen m sind an den Enden eines dünnen Stäbchens befestigt. Diese kleine starre Hantel hängt ausbalanciert an einem Quarzfaden. Zwei große Kugeln gleicher Massen M werden auf verschiedenen Seiten in die Nähe der kleinen Kugeln gebracht. In der eingezeichneten Stellung AB werden die kleinen Kugeln nach dem Gravitationsgesetz von den großen Kugeln angezogen, und die Hantel m, m erfährt ein Drehmoment gegen den Uhrzeigersinn. Befinden sich die großen Kugeln in der Stellung $A'B'$, so dreht sich die Anordnung der kleinen Kugeln im Uhrzeigersinn. Der Aufhängefaden wird bei der Drehung verdrillt, und der Spiegel dreht sich ein wenig. Der zugehörige Drehwinkel kann durch die Ablenkung eines Lichtstrahls auf einer Skala abgelesen werden. Sind die Massen, ihre Abstände und die Winkelrichtgröße des Quarzfadens bekannt, kann man

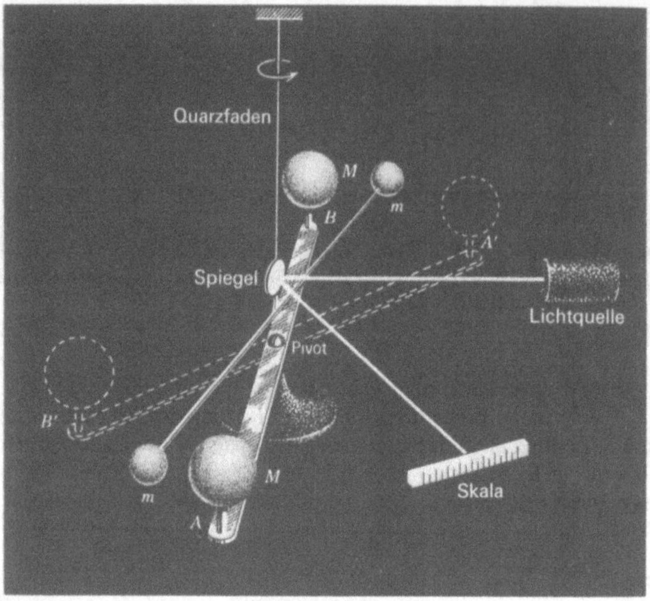

Abb. 16.4 Die Drehwaage von Cavendish wurde zur experimentellen Überprüfung des Newtonschen Gravitationsgesetzes benutzt. Zwei Massen m, m sind durch einen dünnen Stab verbunden und hängen an einem Quarzfaden, an dem ein kleiner Spiegel befestigt ist. Die beiden Massen M, M sind durch einen feststehenden Träger verbunden. Jede Drehung des Massenpaares m, m kann durch die Ablenkung eines auf dem Spiegel reflektierten Lichtstrahls auf einer Meßskala beobachtet werden.

aus dem gemessenen Ablenkwinkel G berechnen. Da die Anziehungskraft sehr klein ist, darf die Winkelrichtgröße des Fadens nur einen extrem kleinen Wert haben. In Beispiel 1 wird eine Rechnung zu dem beschriebenen Versuch durchgeführt.

Die Massen bei der Drehwaage von Abb. 16.4 stellen natürlich keine Massenpunkte dar. Da sie aber kugelsymmetrische Gestalt haben, wirken sie so, als ob die gesamte Masse im Mittelpunkt vereinigt wäre (vgl. Abschnitt 16.6).

Wegen des kleinen Wertes von G können die Anziehungskräfte von Körpern untereinander auf der Erde vernachlässigt werden. Zum Beispiel ziehen sich zwei kugelförmige Körper von je 100 kg im Abstand von 1 m (von den Mittelpunkten) nur mit einer Kraft von

$$F = \frac{Gm_1m_2}{r^2} = \frac{(6.67\times10^{-11})\times(100)\times(100)}{(1.0)^2}\,\mathrm{N} = 6.7\times10^{-7}\,\mathrm{N}$$

an. Die Durchführung des Versuchs von Cavendish ist also durchaus heikel. Trotzdem wird er in fast jeder physikalischen Einführungsvorlesung im Hörsaal oder im Labor vorgeführt.

Die (relativ) große Gravitationskraft der Erde auf andere Körper kommt durch die enorm große Masse der Erde zustande. Mit Hilfe der im Versuch von Cavendish ermittelten Gravitationskonstanten G kann man die Masse der Erde errechnen. Man sagt, Cavendish sei wohl der erste gewesen, der die Erde „gewogen" habe. Wir betrachten die Erde der Masse M_e und einen Körper der Masse m. Die Massenanziehungskraft ist sowohl durch

$$F = mg$$

als auch durch

$$F = \frac{GmM_e}{R_e^2}$$

gegeben. Dabei ist R_e der mittlere Erdradius, also der Abstand der beiden Massenmittelpunkte, und g die Fallbeschleunigung. Aus beiden Beziehungen erhält man

$$M_e = \frac{g\,R_e^2}{G} = \frac{(9.80\ \mathrm{m/s^2})(6.37 \times 10^6\ \mathrm{m})^2}{6.67 \times 10^{-11}\ \mathrm{Nm^2/kg^2}} = 5.97 \times 10^{24}\ \mathrm{kg}.$$

Teilt man die Gesamtmasse der Erde durch ihr Volumen, so erhält man die mittlere Dichte. Sie beträgt 5.5 g/cm³, ist also 5.5mal höher als die des Wassers. Die mittlere Dichte des Gesteins auf der Erdoberfläche ist wesentlich niedriger. Man schließt daraus, daß das Erdinnere Material von sehr großer Dichte enthalten muß. Aus dem Versuch mit der Drehwaage von Cavendish erfährt man also einiges über die Beschaffenheit unserer Erde (vgl. Frage 7 und Aufgabe 16).

Beispiel 1

Die Massen m der kleinen Kugeln in Abb. 16.4 betragen 10 g, und der Verbindungsstab habe eine Länge von 50 cm. Die Periodendauer der Torsionsschwingung des Quarzfadens sei zu 769 s gemessen worden. Es werden nunmehr zwei große Massen von jeweils 10 kg so neben jede kleine Kugel gesetzt, daß eine maximale Verdrehung hervorgerufen wird. Der Ablenkwinkel des kleinen Stabes (Spiegel) sei 3.96×10^{-3} rad. Die Abstände der Mittelpunkte der kleinen Massen von den großen Massen seien 10 cm. Man berechne die Gravitationskonstante G.

Die Periodendauer der Drehschwingung ist nach Gl. 15.24 zu

$$T = 2\pi \sqrt{\frac{J}{D'}}$$

gegeben. Für die Hantel mit den kleinen Kugeln beträgt das Trägheitsmoment (unter Vernachlässigung des Verbindungsstabes)

$$J = \Sigma\, mr^2 = (10.0\ \mathrm{g})(25.0\ \mathrm{cm})^2 + (10.0\ \mathrm{g})(25.0\ \mathrm{cm})^2 = 1.25 \times 10^{-3}\ \mathrm{kg\ m^2}.$$

Mit dem vorgegebenen Wert von $T = 396$ s erhält man damit die Winkelrichtgröße D' zu

$$D' = \frac{4\pi^2 J}{T^2} = \frac{(4\pi^2)(1.25 \times 10^{-3}\ \mathrm{kg\ m^2})}{(769\ \mathrm{s})^2} = 8.34 \times 10^{-8}\ \mathrm{kg\ m^2/s^2}.$$

Zwischen dem Drehmoment M und dem gemessenen Winkel θ besteht andererseits (Gl. 15.21) die Beziehung $M = D'\theta$, woraus man M berechnen kann.

Das Drehmoment wird natürlich durch die beiden Gravitationskräfte zwischen jeweils einer kleinen und großen Kugel hervorgerufen, also zweimal

$$F = \frac{Gm_1m_2}{r^2}.$$

(Damit keine Verwirrungen zwischen den Symbolen M für die große Masse und M für das Drehmoment auftreten, sollen die Massen mit m_1 und m_2 bezeichnet werden.) Das Drehmoment M wird dann am größten sein, wenn die Verbindungslinie zwischen den großen Massen und die Verbindungslinie zwischen den kleinen Massen einen rechten Winkel bilden.

Da der Hebelarm, an dem die Kräfte ansetzen, jeweils die halbe Länge des Stabes hat, ergibt sich als Drehmoment

$$M = 2\frac{Gm_1m_2}{r^2}\frac{l}{2}.$$

Mit

$$M = D'\,\theta$$

folgt für die Gravitationskonstante

$$G = \frac{D'\theta r^2}{m_1m_2l} = \frac{(8.34\times10^{-8}\,\mathrm{kg\,m^2/s^2})(3.96\times10^{-3}\,\mathrm{rad})(0.100\,\mathrm{m})^2}{(10.0\,\mathrm{kg})(0.0100\,\mathrm{kg})(0.500\,\mathrm{m})} = 6.63\times10^{-11}\,\mathrm{Nm^2/kg^2}.$$

Dieser Wert liegt (nur) 1 % unterhalb des zur Zeit meßbaren genauesten Wertes von G. Worauf ist diese Abweichung zurückzuführen?

16.4 Träge Masse und schwere Masse

Die Gravitationskraft auf einen Körper ist proportional zu seiner Masse, wie man der Gl. 16.1 entnehmen kann. Aus diesem Grund ordnen wir gewöhnlich die Gravitationstheorie in die Mechanik ein, die Theorien anderer Kräfte (elektromagnetische Kräfte, Kernkräfte) aber nicht.

Wegen der Proportionalität zwischen Kraft und Masse können wir die Masse eines Körpers aus der auf sie wirkenden Gravitationskraft bestimmen. Experimentell wird dies mit Hilfe einer Federwaage oder durch Vergleich der Anziehungskräfte einer unbekannten Masse und einer Standardmasse auf einer Balkenwaage durchgeführt. Mit anderen Worten, wir können die Masse eines Körpers durch Wägen ermitteln. Das stellt sicherlich ein sehr viel einfacheres und bequemeres Verfahren dar als das durch die ursprüngliche Definition der Masse (Abschnitt 5.4) angegebene. Messen diese beiden Methoden aber wirklich ein und dieselbe Eigenschaft eines Körpers? Das Wort „*Masse*" wird nämlich für zwei sehr verschiedene Eigenschaften eines Körpers benutzt. Wenn man zum Beispiel einen Klotz auf einer nahezu reibungsfreien Unterlage aus dem Ruhezustand heraus verschieben will, muß man sich erheblich anstrengen. Der Klotz ist nämlich träge und neigt dazu, im Ruhezustand zu verharren. Wenn er andererseits erst einmal in Bewegung ist, neigt er dazu, diesen Bewegungszustand beizubehalten. Mit Gravitation hat das nichts zu tun, denn es erfordert den gleichen Aufwand, diese Manipulationen im schwerelosen Raum durchzuführen. Es ist einfach die Masse des Klotzes, welche eine Arbeit erfordert, um den Bewegungszustand zu ändern. Es handelt sich hier um genau die Art von Masse, welche in der Dynamik bei der Behandlung des Gesetzes $\boldsymbol{F} = m\,\boldsymbol{a}$ auftauchte. Diese Masse wird *träge Masse* genannt. Nunmehr besprechen wir ein anderes Experiment mit demselben Klotz. Man muß sich zum Beispiel anstrengen, um diesen Klotz über dem Erdboden in der Luft zu halten. Wenn man ihn nicht abstützt, wird er beschleunigt zu Boden fallen. Die zum Halten des Klotzes erforderliche Kraft ist genauso groß wie die Anziehungskraft zwischen Klotz und Erde. Die träge Masse spielt hierbei überhaupt keine

Rolle. Nur die Eigenschaft von massebehafteten Körpern, sich gegenseitig anzuziehen, ist ausschlaggebend. Die Erdanziehungskraft ist durch

$$F = G\frac{m' M_e}{R_e^2}$$

gegeben, wobei m' die *schwere Masse* des Klotzes sein soll. Sind nun schwere Masse und träge Masse desselben Körpers gleich groß? Dazu müssen wir etwas weiter ausholen.

Wir betrachten zwei Teilchen A und B mit den schweren Massen m_A' und m_B', die beide von einem dritten Teilchen C der Masse m_C' angezogen werden. Das dritte Teilchen C habe von den beiden anderen jeweils einen Abstand von r. Die von C auf A ausgeübte Gravitationskraft ist

$$F_{AC} = G\frac{m_A' m_C'}{r^2}.$$

Die von C auf B ausgeübte Gravitationskraft ist

$$F_{BC} = G\frac{m_B' m_C'}{r^2}.$$

Das Verhältnis der Gravitationskräfte von C auf A und B entspricht damit dem Verhältnis der schweren Massen:

$$\frac{F_{AC}}{F_{BC}} = \frac{m_A'}{m_B'}.$$

Nehmen wir an, der dritte Körper C sei die Erde. Dann stellen F_{AC} und F_{BC} die Gewichte (genauer Gewichtskräfte) der Körper A und B dar, also

$$\frac{W_A}{W_B} = \frac{m_A'}{m_B'}.$$

Das Gravitationsgesetz enthält also die Aussage, daß die Gewichte (Gewichtskräfte) verschiedener Körper in demselben Ort auf der Erde proportional zu ihren schweren Massen sind.

Durch irgendein Bewegungsexperiment, zum Beispiel mit der Feder in Abschn. 5.4, bestimmen wir nunmehr die trägen Massen m_A und m_B der Teilchen A und B. Hinterher lassen wir die beiden Teilchen aus einer bestimmten Höhe zur Erde fallen und messen ihre Beschleunigungen. Wir werden beobachten, daß Gegenstände verschiedener träger Masse aufgrund der Erdanziehung mit derselben Beschleunigung g herunterfallen. Da die Erdanziehung auf diese Körper aber ihrem Gewicht (Gewichtskraft) entspricht, kann man die Newtonsche Bewegungsgleichung anwenden:

$$W_A = m_A g,$$
$$W_B = m_B g,$$
$$\frac{W_A}{W_B} = \frac{m_A}{m_B}.$$

Mit anderen Worten, die Gewichte (Gewichtskräfte) verschiedener Körper in demselben Ort auf der Erde sind proportional zu ihren trägen Massen. Wir erhalten somit das Ergebnis, daß träge Masse und schwere Masse zumindest zueinander proportional sind. Tatsächlich scheinen sie sogar identisch zu sein.

Newton hatte ein Experiment ersonnen, um diese Identität nachzuweisen. Gehen wir die Herleitung der Formel für die Schwingungsdauer eines Pendels (für kleine Auslenkungen) in Abschn. 15.5 noch einmal durch, so erhalten wir zunächst:

$$T = 2\pi \sqrt{\frac{ml}{m'g}},$$

wobei m die träge Masse des Pendelgewichtes und m' die schwere Masse des Gewichtes sind. $m'g$ ist mithin die Anziehungskraft der Erde auf das Gewicht. Nur unter der Voraussetzung, daß m und m' gleich sind, ergibt sich die Beziehung

$$T = 2\pi \sqrt{\frac{l}{g}}.$$

Newton konstruierte nun ein Pendelgewicht in Form einer Kugelschale. In den Hohlraum der Schale legte er nacheinander verschiedene Materialien, achtete aber stets mit einer Waage auf gleiches Gewicht der Materialien. Das Ergebnis war, daß die Kraft auf das Pendel bei gleicher Auslenkung immer gleich groß war. Da die äußere Form des Pendelgewichtes gleich blieb, war auch der Luftwiderstand auf das schwingende Pendel stets derselbe. Irgendwelche Unterschiede in der Beschleunigung des Pendels, also in der Periodendauer, hätten daher nur auf unterschiedliche träge Massen der Materialien in der Kugelschale zurückgeführt werden können. Newton ermittelte aber in allen Versuchen dieselbe Schwingungsdauer, nämlich $T = 2\pi\sqrt{l/g}$. Damit war für Newton der Beweis erbracht, daß träge Masse und schwere Masse identisch sind.

Im Jahre 1909 konstruierte Eötvös (1884–1919) einen Versuchsaufbau, mit dem er Abweichungen der Gravitationskraft bis auf 5×10^{-9} hätte messen können. Innerhalb dieser Genauigkeit gab es aber keine Abweichungen zwischen der trägen und der schweren Masse von Körpern. Mit einer verfeinerten Apparatur konnten R.H. Dicke und seine Mitarbeiter 1964 bei einer hundertfach besseren Genauigkeit kein anderes Ergebnis erzielen.

Im Rahmen der klassischen Physik war die Gleichheit von schwerer und träger Masse zwar bemerkenswert, aber sie wurde mehr als ein Zufall angesehen. Heute hält man diese Äquivalenz hingegen für einen Schlüssel zu einem tieferen Verständnis der Gravitation (vgl. Abschn. 16.13); so war sie mit ausschlaggebend für die Entwicklung der allgemeinen Relativitätstheorie.

16.5 Örtliche Fallbeschleunigung

Bislang haben wir immer so getan, als wäre die Fallbeschleunigung g eine Konstante. Aus dem Newtonschen Gravitationsgesetz ergibt sich hingegen, daß g vom Abstand der Erdoberfläche vom Erdmittelpunkt, also von der Höhenlage, abhängen muß. Bei dem Apfel-Mond-Erde-Problem in Abschn. 16.1 haben wir dies schon erwähnt. Wir wollen nunmehr die Änderung von g betrachten, wenn wir uns von der Erdoberfläche entfernen. Aus Gl. 16.1,

$$F = G\frac{m_1 m_2}{r^2}, \tag{16.1}$$

erhalten wir durch Differenzieren nach r

$$\mathrm{d}F = -2\frac{G m_1 m_2}{r^3}\,\mathrm{d}r.$$

Aus beiden Beziehungen ergibt sich

$$\frac{dF}{F} = -2\frac{dr}{r}.$$

Die relative Änderung von F entspricht der zweifachen relativen Änderung von r. Das Minuszeichen gibt an, daß die Kraft mit zunehmendem Abstand abnimmt. Wenn m_1 die Erdmasse und m_2 die Masse eines Körpers sind, ergibt sich für die Schwerkraft auf m_2 ein Wert von

$$F = m_2 g$$

in Richtung auf den Erdmittelpunkt hin. Differenzieren ergibt

$$dF = m_2 dg.$$

Aus beiden Gleichungen zusammen erhält man

$$\frac{dF}{F} = \frac{dg}{g} = -2\frac{dr}{r}. \tag{16.3}$$

Wenn man sich mithin 16 km oberhalb der Erdoberfläche befindet, hat sich r um 1/400, also von 6400 km auf 6416 km, geändert* und g um − (1/200), also von 9.8 m/s² auf 9.75 m/s². Man sieht, daß g in Bereichen gleicher geographischer Breite in der Nähe der Erdoberfläche nahezu konstant ist. In größeren Höhen, in denen etwa Satelliten oder der Mond um die Erde kreisen, nimmt g aber stark ab (s. Tab. 16.1).

Tabelle 16.1 Abhängigkeit der Fallbeschleunigung g von der Höhe (geographische Breite 45°)

Höhe in km	g in m/s²	Höhe in km	g in m/s²
0	9.806	32	9.71
1	9.803	100	9.60
4	9.794	500	8.53
8	9.782	1000*	7.41
16	9.757	380000**	0.00271

* Typische Höhe einer Satellitenumlaufbahn
** Radius der Mondumlaufbahn

Messungen von g stellen eine wichtige Informationsquelle über die Form der Erde dar. Gewöhnlich betrachtet man nicht die Erde selbst, sondern einen imaginären Erdkörper, das *Geoid.* Über den Ozeanen fällt die Oberfläche des Geoids mit der tatsächlichen mittleren Wasseroberfläche zusammen. Über den Kontinenten aber stellt die Oberfläche des Geoids eine kontinuierliche Fortsetzung der Ozeanfläche dar. Im Prinzip könnte man die Oberfläche des Geoids auf den Kontinen-

* Als differentielle Beziehung gilt Gl. 16.3 streng. Man kann aber dr durch Δr ersetzen und erhält, solange $\Delta r/r$ klein bleibt, eine brauchbare Näherung für Δg.

ten dadurch finden, daß man auf Meeresniveau kleine Kanäle gräbt und die mittlere Wasserhöhe feststellt. Das Geoid repräsentiert eine Oberfläche konstanten Gravitationspotentials. Die Schnur eines Senkbleis steht überall auf dem Geoid senkrecht.

Die alten Griechen stellten sich die Erde noch als Kugel vor. Eratosthenes (276–194 v.Chr.?) bestimmte den Erdradius zu 7400 km; der tatsächliche mittlere Erdradius beträgt 6371 km. Später erkannte man, daß das Geoid keine Kugel, sondern ein Rotationsellipsoid sein müsse, welches an den Polen abgeplattet und am Äquator ausgewölbt ist. Der Erdradius ist am Äquator tatsächlich 21 km größer als an den Polen. Die Abplattung des Erdkörpers kommt durch Zentrifugalkräfte an der sich drehenden und nicht ganz starren Erde zustande. Die Oberfläche des Geoids ist nicht genau ellipsoidförmig, sondern verläuft unter Gesteinsmassen oberhalb und über den Ozeanen unterhalb der Ellipsoidoberfläche.

Da der Äquator vom Erdmittelpunkt weiter entfernt ist als die Pole, muß die Erdbeschleunigung vom Äquator (geographische Breite 0°) zu den Polen (geographische Breite 90°) stetig zunehmen. In Tabelle 16.2 sind die Werte von g für einige geographische Breiten angegeben. Wie wir in Beispiel 2 sehen werden, ist etwa die Hälfte dieser Zunahme auf einen anderen Effekt, nämlich die Erdrotation, zurückzuführen. Wenn sich die Erde schnell genug drehen würde, könnten Objekte auf der Erdoberfläche am Äquator gewichtslos werden. Damit würde auch $g = W/m$ zu Null werden. Für alle niedrigeren Rotationsgeschwindigkeiten hat g einen bestimmten, nicht verschwindenden Wert, der allerdings niedriger als der Wert ist, den g in demselben Punkt für eine nicht rotierende Erde hätte.

Tabelle 16.2 Abhängigkeit der Fallbeschleunigung g von der geographischen Breite (auf Meeresniveau)

Breitengrad	g in m/s^2	Breitengrad	g in m/s^2
0°	9.78039	50°	9.81071
10°	9.78195	60°	9.81918
20°	9.78641	70°	9.82608
30°	9.79329	80°	9.83059
40°	9.80171	90°	9.83217

1959 wurde aus dem tatsächlichen Verlauf der Bahn des künstlichen Satelliten Vanguard, dessen Umlaufbahn auf der Basis von g-Werten eines ellipsoidförmigen Geoids berechnet wurde, auf eine Abweichung von dieser Körperform geschlossen. Offenbar wird das Geoid nicht durch ein Rotationsellipsoid angenähert, sondern besser durch einen birnenförmigen Körper, dessen schmaleres Ende auf der nördlichen Halbkugel liegt und das Rotationsellipsoid um etwa 15 m überragt. Die Bewegung eines Satelliten wird zu jeder Zeit und überall von dem tatsächlichen Wert von g an dieser Stelle bestimmt. Deshalb stellt ein künstlicher Satellit ein geeignetes Meßinstrument dar, mit dem die Werte von g nahe der Erdoberfläche bestimmt werden können, und aus denen man auf die Gestalt und Zusammensetzung der Erde schließen kann.

Beispiel 2

Der Einfluß der Erdrotation auf die Fallbeschleunigung. Abb. 16.5 zeigt einen Blick auf die Erde direkt auf den Nordpol. In vergrößerter Darstellung ist ein Körper der Masse m gezeigt, der über dem Äquator an einer Federwaage hängt. Auf den Körper wirken die aufwärts gerichtete Kraft w

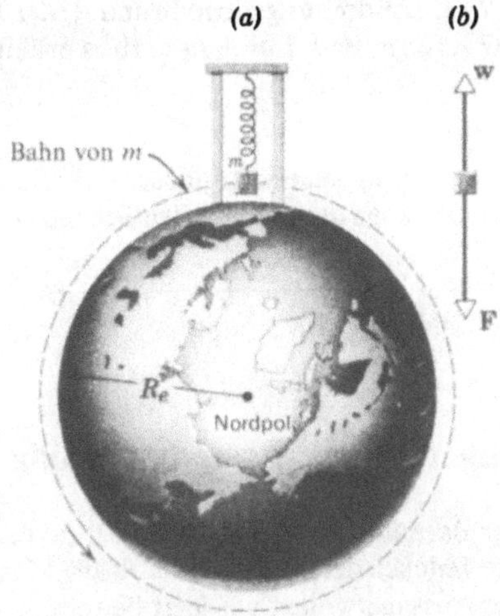

Abb. 16.5 Zu Beispiel 2. Der Einfluß der Erdrotation auf das Gewicht (genauer Gewichtskraft) eines Körpers, welches mit einer Federwaage bestimmt wird.

der Feder, die offenbar der Gewichtskraft des Körpers entspricht, und die abwärts gerichtete Kraft der Erdanziehung $F = G\,m\,M_e/R_e$. Der Körper befindet sich nicht im Gleichgewicht, da er durch die rotierende Erde eine Zentripetalbeschleunigung a_R erfährt. Es muß also eine resultierende Kraft existieren, die auf den Körper in Richtung des Erdmittelpunktes wirkt. Die Erdanziehung F (tatsächliches Gewicht) muß daher größer als die Aufwärtskraft w (scheinbares Gewicht) der Feder sein. Aus dem zweiten Newtonschen Axiom erhält man für diese Bedingung

$$F - w = ma_R$$

oder

$$\frac{GM_e m}{R_e^2} - mg = ma_R$$

bzw.

$$g = \frac{GM_e}{R_e^2} - a_R \quad \text{(am Äquator).}$$

An den Polen gilt $a_R = 0$, also

$$g = \frac{GM_e}{R_e^2} \quad \text{(am Pol).}$$

Diesen Wert von g würden wir überall messen (im Falle einer kugelförmigen Erde), wenn die Erde nicht rotieren würde.

Tatsächlich ist die Zentripetalbeschleunigung, außer am Äquator, nicht auf den Erdmittelpunkt gerichtet. Sie ist vielmehr auf jeder geographischen Breite rechtwinklig auf die Rotationsachse der Erde gerichtet. Es ergibt sich somit ein zweidimensionales Problem. Ein Sonderfall liegt am Äquator vor. Dort ist

$$a_R = \omega^2 R_e = \left(\frac{2\pi}{T}\right)^2 R_e = \frac{4\pi^2 R_e}{T^2},$$

wobei ω die Winkelgeschwindigkeit der Erddrehung, T die Umdrehungsperiode und R_e der Erdradius sind. Mit den bekannten Werten von $R_e = 6.37 \times 10^6$ m und $T = 8.64 \times 10^4$ s erhält man

$$a_R = 0.0336 \text{ m/s}^2.$$

Ein Blick auf Tab. 16.2 läßt erkennen, daß diese Beschleunigung ausreicht, um schon mehr als die Hälfte der Differenz der verschiedenen Werte von g auf extremen geographischen Breiten zu erklären.

16.6 Gravitationswirkung einer kugelsymmetrischen Massenverteilung

Wir haben schon in den vorangegangenen Abschnitten darauf hingewiesen, daß die Gravitationswirkung eines kugelsymmetrischen Körpers auf andere Teilchen dergestalt ist, als ob alle Masse des Körpers in seinem Mittelpunkt vereinigt wäre. Diese Aussage wollen wir jetzt beweisen.

Hierzu betrachten wir eine Kugelschale von einheitlicher Dichte (Abb. 16.6). Die Dicke t der Schale soll klein gegenüber ihrem Radius r sein. Welche Gravitationswirkung übt diese Kugelschale auf ein Teilchen der Masse m im Punkt P aus?

Wir gehen davon aus, daß jedes Masseteilchen der Schale in Richtung auf P eine Anziehungskraft ausübt, die proportional zu seiner Masse und umgekehrt proportional zum Quadrat seines Abstandes von P ist. Wenn wir dann die Kräfte aller Masseteilchen der Schale addieren, erhalten wir eine resultierende Kraft auf m.

Ein kleines Massenelement bei A zieht die Masse m mit einer Kraft $\boldsymbol{F}_1$ an. Ein Element gleicher Masse bei B, also gegenüber von A und in der gleichen Entfernung zu P wie A, zieht die Masse m mit der Kraft $\boldsymbol{F}_2$ an. Beide Kräfte addieren sich zu $\boldsymbol{F}_1 + \boldsymbol{F}_2$. Die senkrechten Komponenten der beiden Kräfte heben sich gegenseitig auf, die waagerechten Komponenten, $F_1 \cos\alpha$ und $F_2 \cos\alpha$, sind von gleichem Betrag. Wir zerlegen nun die Kugelschale in lauter solche sich gegenüberliegende Massenpaare. Wir sehen dann sofort, daß sich alle Querkräfte (Komponenten senkrecht auf R)

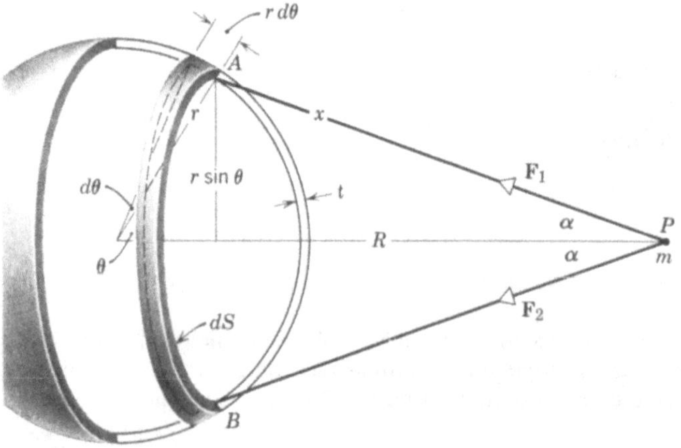

Abb. 16.6 Massenanziehung zwischen einem ringförmigen Ausschnitt dS aus einer massebehafteten Kugelschale und einem Teilchen m bei P

paarweise aufheben. Ein Massenelement in der oberen Hälfte der Kugelschale übt auf m eine Kraft mit einer abwärts gerichteten Komponente aus, und auf der gegenüberliegenden, unteren Hälfte der Kugelschale gibt es hierzu ein Massenelement, welches auf m eine Kraft ausübt, die eine nach oben gerichtete Komponente gleichen Betrages besitzt. Diese Kräfte heben sich gegenseitig auf. Es genügt also, nur die waagerechten Komponenten der Kräfte zu berücksichtigen.

Wir betrachten nun einen schmalen ringförmigen Ausschnitt $\mathrm{d}S$ der Kugelschale. Sein Radius ist $r \sin\theta$, sein Umfang $2\pi r \sin\theta$, seine Breite $r\,\mathrm{d}\theta$ und seine Stärke t. Das Volumen des Ringes beträgt somit

$$\mathrm{d}V = 2\pi t r^2 \sin\theta \,\mathrm{d}\theta.$$

Mittels der Dichte ϱ des Materials ergibt sich für den Ring eine Masse von

$$\mathrm{d}M = \varrho\,\mathrm{d}V = 2\pi t \varrho r^2 \sin\theta\,\mathrm{d}\theta.$$

Die von der Masse $\mathrm{d}M$ des Rings auf m ausgeübte Anziehungskraft ergibt sich zu

$$\begin{aligned}\mathrm{d}F &= G\frac{m\,\mathrm{d}M}{x^2}\cos\alpha \\ &= 2\pi G t \varrho m r^2 \frac{\sin\theta\,\mathrm{d}\theta}{x^2}\cos\alpha. \end{aligned} \tag{16.4}$$

Zwischen den Variablen x, α und θ besteht nach Abb. 16.6 die geometrische Beziehung

$$\cos\alpha = \frac{R - r\cos\theta}{x}. \tag{16.5}$$

Aus dem Kosinussatz,

$$x^2 = R^2 + r^2 - 2Rr\cos\theta, \tag{16.6}$$

erhalten wir

$$r\cos\theta = \frac{R^2 + r^2 - x^2}{2R}. \tag{16.7}$$

Durch Differenzieren von Gl. 16.6 folgt:

$$2x\,\mathrm{d}x = 2Rr\sin\theta\,\mathrm{d}\theta$$

bzw.

$$\sin\theta\,\mathrm{d}\theta = \frac{x}{Rr}\,\mathrm{d}x. \tag{16.8}$$

Zunächst wird Gl. 16.7 in Gl. 16.5 und diese dann in Gl. 16.8 eingesetzt. Damit haben wir α und θ eliminiert und erhalten für die von $\mathrm{d}S$ auf m ausgeübte Kraft die Beziehung

$$\mathrm{d}F = \frac{\pi G t \varrho m r}{R^2}\left(\frac{R^2 - r^2}{x^2} + 1\right)\mathrm{d}x.$$

Wir wollen jetzt die gesamte Kugelschale in solche Ringe einteilen und die von ihnen auf m ausgeübten Kräfte addieren. Mathematisch bedeutet das eine Integration über die gesamte Kugelschale, wobei sich die Variable x von $R - r$ bis $R + r$ erstreckt. Dafür ergibt sich die Beziehung

$$\int_{R-r}^{R+r} \left(\frac{R^2 - r^2}{x^2} + 1\right) dx = 4r.$$

Für die Kraft F folgt

$$F = \int_{R-r}^{R+r} dF = G\frac{(4\pi r^2 \varrho t)m}{R^2} = G\frac{Mm}{r^2}, \tag{16.9}$$

wobei wir für die Gesamtmasse $(4\pi r^2 t\varrho)$ der Kugelschale das Symbol M gesetzt haben. Wir erhalten also genau die Kraft, mit der sich zwei Massenpunkte der Massen M und m im Abstand R voneinander anziehen. Damit haben wir bestätigt, daß man für eine kugelsymmetrische Massenverteilung die gesamte Masse als im Mittelpunkt der Verteilung vereinigt annehmen darf.

Eine massive (volle) Kugel kann man sich aus vielen konzentrischen Kugelschalen zusammengesetzt denken. Wenn jede dieser Kugelschalen überall die gleiche Dichte besitzt, gilt die obige Aussage auch für eine massive Kugel, selbst wenn die verschiedenen Kugelschalen verschiedene Dichten besitzen. Körper wie die Erde, der Mond oder andere Gestirne kann man also bei Gravitationsberechnungen durchaus als Massenpunkte behandeln, da sie annähernd Kugelgestalt besitzen.

Man beachte aber, daß wir diese Aussagen nur für kugelförmige Körper mit konstanter Dichte oder radialsymmetrischer Dichteverteilung aufrechterhalten dürfen.

In diesem Zusammenhang ist es interessant, nach der Größe der Kraft zu fragen, die eine Kugelschale auf ein Teilchen im Inneren der Schale ausübt. Diese Kraft ist Null! Um das nachzuprüfen, sehen wir uns die Abb. 16.7 an, in der eine Masse m innerhalb einer Kugelschale gezeigt ist. Die Bezeichnungen sind wie in Abb. 16.6 gewählt, nur daß jetzt $R < r$ gilt. Damit ergeben sich als Integrationsgrenzen $r - R$ und $r + R$. Für das Integral erhalten wir also

$$\int_{r-R}^{R+r} \left(\frac{R^2 - r^2}{x^2} + 1\right) dx = 0,$$

so daß nach Gl. 16.9 die Kraft F zu Null wird.

Dieses Ergebnis ist nicht offensichtlich, aber doch plausibel. Die Massenpaare auf gegenüberliegenden Seiten der Kugelschale üben jetzt auf m Kräfte mit entgegengesetzten Vorzeichen aus. Die

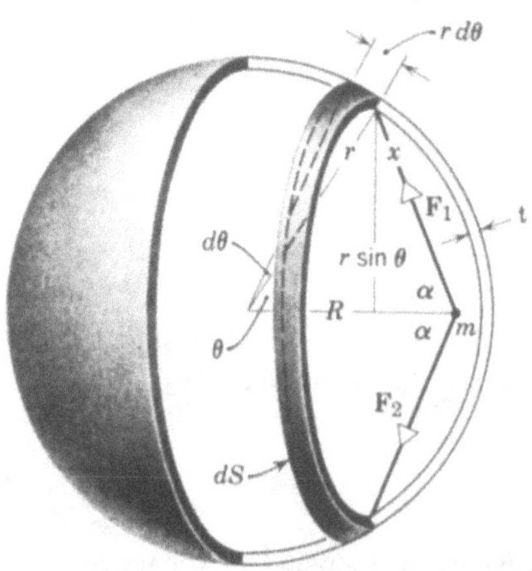

Abb. 16.7 Massenanziehung zwischen dem ringförmigen Ausschnitt dS aus einer Kugelschale und einem im Inneren der Kugel liegenden Masseteilchen m

totale Aufhebung aller Kräfte ergibt sich aus der Abhängigkeit vom Kehrwert des Abstandsquadrates zwischen zwei Masseteilchen (vgl. Aufgabe 18). Wichtige Folgerungen aus diesem Beispiel werden wir im Bereich der Elektrizität kennenlernen, denn dort hängt die elektrische Kraft zwischen zwei geladenen Teilchen ebenfalls vom Kehrwert des Abstandsquadrates ab.

Eine andere interessante Folgerung aus dem Gravitationsgesetz ist, daß die von der Erde auf einen Körper ausgeübte Anziehungskraft abnimmt, je tiefer dieser Körper in die Erde eindringt. Da Masseteilchen der Erde außerhalb dieses eingedrungenen Körpers keine Gravitationskraft ausüben, muß die Anziehungskraft im Mittelpunkt der Erde Null sein. Daraus folgt, daß g auf der Erdoberfläche ein Maximum haben muß und nach oben und unten gleichmäßig abnehmen muß. Das gilt nur unter der Annahme einer konstanten Dichte der Erde. Könnte man sich aber nicht auch eine kugelsymmetrische Verteilung der Erdmasse vorstellen, die die gleiche Folgerung zuließe? (Vgl. Aufgabe 16)

Beispiel 3

Es sei ein Tunnel durch die Erde längs eines Durchmessers gegraben, so wie in Abb. 16.8 gezeigt ist.

(a) Man zeige, daß ein durch den Tunnel fallendes Teilchen der Masse m eine harmonische Bewegung vollführt. Man vernachlässige alle Reibungseffekte und nehme eine einheitliche Dichte für die Erde an.

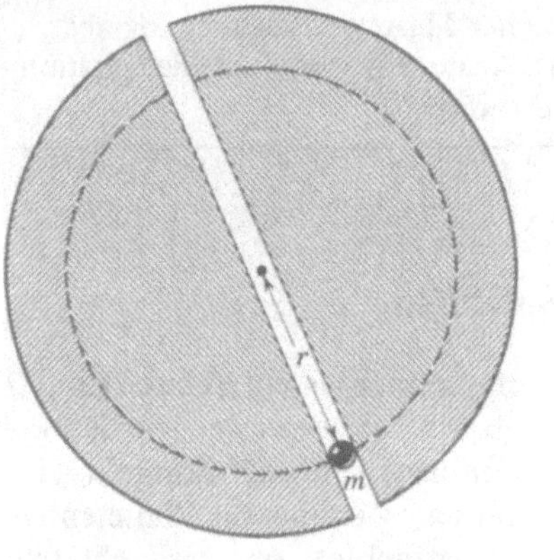

Abb. 16.8 Zu Beispiel 3. Ein Masseteilchen m bewegt sich in einem Tunnel durch die Erdkugel

Die auf das Teilchen im Abstand r vom Erdmittelpunkt von der Erde ausgeübte Anziehungskraft rührt ausschließlich von den Teilchen der Erdmasse her, die unterhalb von r liegen. Die darüberliegende Schale übt keine Anziehung aus. Da nach Annahme die Erde eine einheitliche Dichte haben soll, beträgt ihre Masse innerhalb des Bereiches r

$$M' = \varrho V' = \varrho \frac{4\pi r^3}{3}$$

und kann so behandelt werden, als ob diese Masse im Erdmittelpunkt vereinigt wäre. Damit ergibt sich für die Anziehungskraft

$$F = \frac{-GM'm}{r^2}.$$

Das Minuszeichen gibt an, daß die Kraft auf das Teilchen m zum Mittelpunkt der Erde gerichtet ist.

Aus den beiden obigen Gleichungen wird M' eliminiert, und man erhält

$$F = -G\frac{(\varrho 4\pi r^3)m}{3r^2} = -(G\varrho\frac{4\pi m}{3})\,r = -kr,$$

wobei der Klammerausdruck $(G\varrho 4\pi m/3)$ mit k abgekürzt wurde. Die Anziehungskraft auf m ist also proportional zum Abstand des Teilchens vom Erdmittelpunkt und dem Abstandsvektor entgegengerichtet. Genau das sind die Bedingungen für eine harmonische Bewegung (Gl. 15.4).

(b) Wie lange würde es dauern, wenn man durch diesen Tunnel Post von einer Seite der Erde zur anderen befördern würde?

Die Schwingungsdauer der harmonischen Bewegung ist durch Gl. 15.10 gegeben,

$$T = 2\pi\sqrt{\frac{m}{k}} = 2\pi\sqrt{\frac{3m}{G\varrho 4\pi m}} = \sqrt{\frac{3\pi}{G\varrho}}.$$

Mit den Zahlenwerten $\varrho = 5.51\times 10^3\ \mathrm{kg/m^3}$ und $G = 6.67\times 10^{-11}\ \mathrm{N\,m^2/kg^2}$ erhält man

$$T = \sqrt{\frac{3\pi}{G\varrho}} = \sqrt{\frac{3\pi}{(6.67\times 10^{-11})(5.51\times 10^3)}}\,\mathrm{s} = 5050\,\mathrm{s} = 84.2\,\mathrm{min}.$$

Die Beförderungszeit von einem Ende des Tunnels zum anderen beträgt eine halbe Schwingungsdauer, also 42 Minuten. Diese Zeit hängt nicht von der Masse der Postsendung ab!

Tatsächlich aber besitzt die Erde keine einheitliche Dichte. Wie würde sich die Situation ändern, wenn ϱ nicht konstant, sondern eine Funktion von r wäre?

16.7 Bahnbewegung von Planeten und Satelliten

Die Bewegungen von Himmelskörpern in unserem Sonnensystem können mit Hilfe der Bewegungsgleichungen und des Gravitationsgesetzes beschrieben werden. Schon Kepler stellte fest (S. 434), daß alle Planeten elliptische Bahnen – mit der Sonne in einem der Brennpunkte – beschreiben. Man kann aber schon sehr viel über die Planetenbewegungen lernen, wenn man nur kreisförmige Bahnen betrachtet. Wir vernachlässigen die Wechselwirkungen der Planeten untereinander und betrachten nur die Anziehung zwischen Sonne und Planet. Diese Bedingungen liegen auch der Bewegung eines Satelliten (natürlich oder künstlich) zugrunde.

Es seien zwei kugelförmige Körper der Massen m und M gegeben, die sich unter der gegenseitigen Gravitationsanziehung auf Kreisbahnen bewegen (Abb. 16.9). Der Schwerpunkt dieses Massensystems aus zwei Körpern liegt auf der Verbindungslinie bei S, und es gilt $m\,r = M\,R$. Wenn keine anderen Kräfte wirken, wird sich der Massenmittelpunkt in Ruhe befinden. Wir wählen ihn deshalb zum Nullpunkt unseres Bezugssystems. Der große Körper M bewegt sich auf einer Bahn mit konstantem Radius R, der kleine Körper auf einer Bahn mit konstantem Radius r. Beide Massen bewegen sich mit derselben Winkelgeschwindigkeit ω. Hierzu muß die jeweilige Gravitationskraft den beiden Körpern eine Zentripetalbeschleunigung verleihen. Da Gravitationskräfte immer ein Paar von Aktions- und Reaktionskräften darstellen, müssen die Zentripetalkräfte gleich groß, aber einander entgegengerichtet sein. Das heißt, $m\omega^2 r$, der Betrag der

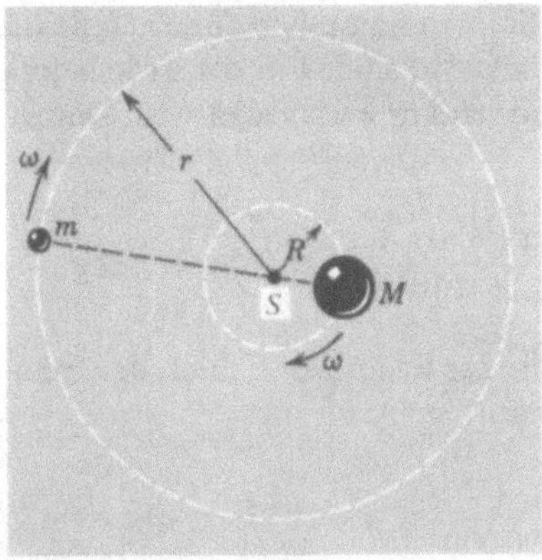

Abb. 16.9 Zwei Körper bewegen sich mit derselben Winkelgeschwindigkeit ω auf Umlaufbahnen um den gemeinsamen Massenmittelpunkt, weil jeder unter der Gravitationswirkung des anderen steht.

Zentripetalkraft von M auf m, und $M\omega^2 R$, der Betrag der Zentripetalkraft von m auf M, müssen gleich sein. Diese Gleichheit folgt natürlich sofort aus der obigen Bedingung $m\,r = M\,R$. In unserem Fall besteht die weitere Bedingung, daß die auf jeden der beiden Körper wirkende Gravitationskraft der jeweiligen Zentripetalkraft entsprechen muß, damit die Körper auf ihrer Bahn gehalten werden. Es gilt also

$$\frac{GMm}{(R+r)^2} = m\omega^2 r. \tag{16.10}$$

Falls einer der beiden Körper sehr viel schwerer als der andere ist (wie etwa bei der Sonne und einem Planeten), so muß sein Abstand vom gemeinsamen Mittelpunkt sehr viel kleiner als der des leichteren Körpers sein. Wir nehmen den Grenzfall an, daß R gegenüber r vernachlässigt werden kann. Aus Gl. 16.10 wird unter dieser Voraussetzung

$$GM_s = \omega^2 r^3,$$

wobei M_s die Sonnenmasse sein soll. Wir drücken noch die Winkelgeschwindigkeit mittels $\omega = 2\pi/T$ durch die Umlaufzeit T aus und erhalten

$$GM_s = \frac{4\pi^2 r^3}{T^2}. \tag{16.11}$$

Gl. 16.11 stellt eine der Grundgleichungen der Planetenbewegung dar und gilt auch für elliptische Bahnen, wenn man für r die große Halbachse der Ellipse einsetzt.

Man erkennt unmittelbar, daß Gl. 16.11 das dritte Keplersche Gesetz für den Fall einer Kreisbahn repräsentiert. Durch Umstellung erhält man nämlich

$$T^2 = \frac{4\pi^2}{GM_s} r^3.$$

Man beachte, daß die Masse des Planeten m in dieser Formel überhaupt nicht vorkommt. Der Ausdruck $4\pi^2/G\,M_s$ stellt für alle Planeten eine Konstante dar.

Mit Hilfe der Gl. 16.11 kann man auch die Sonnenmasse berechnen, falls die Umlaufzeit T und der Bahnradius r eines Planeten bekannt sind. Für die Erde betragen sie $T = 365$ Tage $= 3.15 \times 10^7$ s und $r = 150$ Millionen km $= 1.5 \times 10^{11}$ m. Damit ergibt sich für die Masse der Sonne

$$M_s = \frac{4\pi^2 r^3}{GT^2} = \frac{(4\pi^2)(1.5 \times 10^{11}\ \mathrm{m})^3}{(6.67 \times 10^{-11}\ \mathrm{Nm^2/kg^2})(3.15 \times 10^7\ \mathrm{s})^2} \approx 2.0 \times 10^{30}\ \mathrm{kg}.$$

Die Masse der Sonne ist 300000mal größer als die der Erde. Der Fehler, den man durch die Vernachlässigung von R gegen r macht, beläuft sich auf

$$R = \frac{m}{M} r = \frac{1}{300000} r \approx 500\ \mathrm{km};\ \frac{R}{r} = \frac{1}{300000} \approx 3 \times 10^{-6}.$$

Auf ähnliche Weise kann man aus der Umlaufzeit des Mondes und seinem Bahnradius die Masse der Erde berechnen (vgl. Aufgabe 22).

Andererseits kann man bei bekannter Sonnenmasse M_s und bekannter Umlaufzeit T eines Planeten den Radius seiner Umlaufbahn ermitteln. Da die Umlaufzeit leicht und relativ genau aus astronomischen Beobachtungen bestimmt werden kann, stellt dieses Verfahren eine ziemlich genaue Methode dar.

Gl. 16.11 kann auch auf die Bewegungen von künstlichen Satelliten angewendet werden. Man braucht nur die Sonnenmasse M_s durch die Erdmasse M_e zu ersetzen.

Das 2. Keplersche Gesetz (S. 434) gilt natürlich auch für kreisförmige Umlaufbahnen. Bei diesen sind ω und r konstant, so daß trivialerweise vom Fahrstrahl in gleichen Zeiten gleiche Flächen überstrichen werden. Für andere Umlaufbahnen hingegen sind r und ω variabel. Diesen Fall wollen wir betrachten.

In Abb. 16.10 ist ein Teilchen (ein Komet) gezeigt, das sich auf einer Bahn um ein Massenzentrum C (die Sonne) bewegt. Die von dem Fahrstrahl in einem kleinen Zeitintervall Δt überstrichene Fläche ist in der Abbildung schraffiert gezeichnet. Bis auf die kleine dreieckähnliche Fläche am Ende des Fahrstrahles kann die überstrichene Fläche als $\frac{1}{2}(r\omega\,\Delta t)(r)$ angegeben werden ($\frac{1}{2}$ mal Grundlinie mal Höhe). Im Grenzfall $\Delta t \to 0$ verschwindet das bei der Berechnung fehlende Stückchen Fläche schneller als das große

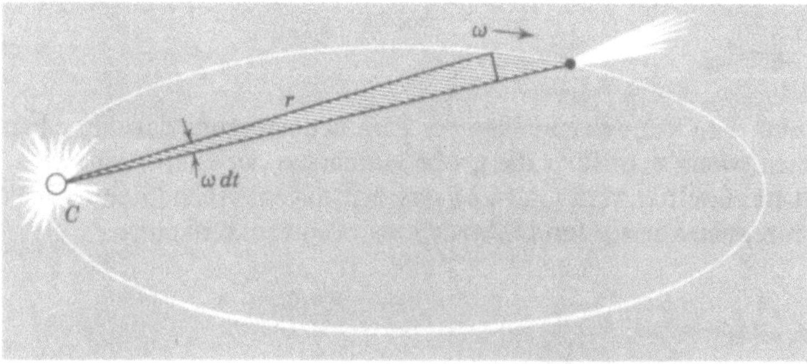

Abb. 16.10 Ein Komet bewegt sich auf einer elliptischen Bahn, in deren Brennpunkt C die Sonne steht. Während der Zeit dt überstreicht der Fahrstrahl zwischen Sonne und Komet einen Winkel von $d\theta = \omega dt$.

Dreieck. Man erhält damit für die in der Zeiteinheit überstrichene Fläche

$$\lim_{\Delta t \to 0} \frac{\frac{1}{2}(r\omega\, \Delta t)(r)}{\Delta t} = \tfrac{1}{2}\omega r^2.$$

Da $mr^2\omega$ den Drehimpuls des Teilchens angibt, ist das zweite Keplersche Gesetz äquivalent zu der Aussage, daß der Drehimpuls eines Planeten auf seiner Bahn um die Sonne konstant bleibt.

Der Drehimpuls des um C rotierenden Teilchens kann nicht durch eine Kraft geändert werden, die auf den Mittelpunkt C gerichtet ist. Daher ist das zweite Keplersche Gesetz für jede Zentralkraft gültig, d. h. für jede auf das Teilchen ausgeübte Kraft mit Richtung auf die Sonne. Die genauen Bedingungen für eine solche Kraft, d. h. ob sie vom Abstand oder von anderen Eigenschaften des Körpers abhängt, gehen nicht in das Gesetz ein. Das erste Keplersche Gesetz fordert hingegen eine Gravitationskraft, welche vom Kehrwert des Quadrates des Abstandes zweier Körper abhängt, also proportional zu $1/r^2$ ist. Nur unter dieser Bedingung kann eine Kraft die Planeten auf Ellipsen halten, in deren einem Brennpunkt die Sonne steht.

Beispiel 4

Ein Planet laufe in einem elliptischen Orbital mit der Exzentrizität ε um die Sonne (Abb. 16.11). Man bestimme das Verhältnis zwischen der Zeit, die der Planet für die rechte Ellipsenhälfte DB benötigt, die der Sonne näher steht als die andere Hälfte (d. h. zwischen den Endpunkten D und B der kleinen Achse), und der Zeit, die der Planet für einen vollen Umlauf benötigt.

Nach dem ersten Keplerschen Gesetz steht die Sonne in einem der beiden Brennpunkte der Ellipse. Die Exzentrizität der in Abb. 16.11 gezeichneten Ellipse ist sehr viel größer als die der tatsächlichen Planetenbahnen. Der Abstand der Brennpunkte F (die Brennwerte) vom Mittelpunkt C heißt lineare Exzentrizität e und die Größe $\varepsilon = e/a$ numerische Exzentrizität. Für einen Kreis gilt $e = \varepsilon = 0$.

Die Umlaufzeit des Planeten sei T, die Laufzeit auf der der Sonne näherliegenden Ellipsenhälfte zwischen B und D sei t, die Fläche der Ellipse sei A, die vom Fahrstrahl während der Zeit t überstrichene Fläche sei A', und die weiße Dreiecksfläche DFB sei A''. Nach dem zweiten Keplerschen Gesetz ergibt sich somit

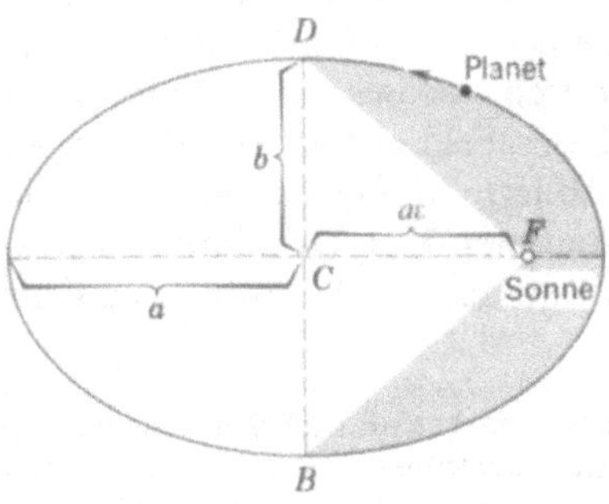

Abb. 16.11 Zu Beispiel 4. Ein Planet zieht auf einer elliptischen Bahn um die Sonne.

$$\frac{A}{T} = \frac{A'}{t}.$$

Mit $A' = \frac{1}{2}A - A''$ erhält man daraus

$$\frac{t}{T} = \frac{A'}{A} = \frac{\frac{1}{2}A - A''}{A} = \frac{1}{2} - \frac{A''}{A} = \frac{1}{2} - \frac{\frac{1}{2}(2b)(a\varepsilon)}{\pi ab}$$

bzw.

$$\frac{t}{T} = \frac{1}{2} - \frac{\varepsilon}{\pi}.$$

Für eine Kreisbahn ($\varepsilon = 0$) würde man $(t/T) = \frac{1}{2}$ erhalten. Warum ist bei einer Ellipse dieses Verhältnis kleiner als $\frac{1}{2}$?

Das Newtonsche Gravitationsgesetz und die Newtonsche Bewegungsgleichung finden ihre volle Bestätigung bei astronomischen Beobachtungen*. Wir haben in unseren Beispielen die Planetenbewegungen um die Sonne immer nur als ein Zweikörperproblem aufgefaßt. Die Eigenbewegungen der Sonne haben wir vernachlässigt, da die Sonnenmasse sehr viel größer als jede Planetenmasse ist. Dadurch reduzierte sich die Berechnung auf die Bewegung eines Körpers um ein Kraftzentrum. Bei genaueren Berechnungen muß man nicht nur die Sonnenbewegung berücksichtigen (Aufgabe 28), sondern darüberhinaus auch noch die Wechselwirkungen der Planeten und Monde unter sich. Es handelt sich dabei um ein mathematisch kompliziertes Vielkörperproblem, welches mit Näherungsmethoden recht gut gelöst werden kann. Die damit erzielten Ergebnisse decken sich ausgezeichnet mit den tatsächlichen Beobachtungen der Planetenbewegung.

16.8 Das Gravitationsfeld

Eine grundlegende Tatsache der Gravitation ist, daß zwei Massen Kräfte aufeinander ausüben. Man kann das als eine direkte Wechselwirkung zwischen zwei Masseteilchen ansehen und als *Fernwirkung* bezeichnen, denn es muß zwischen den wechselwirkenden Teilchen keine Berührung stattfinden. Andererseits kann man die Massenanziehung aber auch aus dem Blickwinkel einer Feldtheorie betrachten. In diesem Bild verändert ein Masseteilchen den Raum derart, daß man von der Anwesenheit eines *Gravitationsfeldes* spricht. Dieses Feld wirkt auf andere Massen, indem es auf sie Anziehungskräfte ausübt. Nach unserem Verständnis spielt das Feld nur eine vermittelnde Rolle zwischen den Massen. Im Rahmen der Feldtheorie ergeben sich bei der Gravitation zunächst zwei Fragen. Wie berechnet man das Feld, welches durch eine bestimmte Massenverteilung erzeugt wird, und wie groß ist die Kraft, die dieses Feld auf andere Massen ausübt?

Als Beispiel betrachten wir die Erde als eine isolierte Masse, die ein Gravitationsfeld hervorruft. Bringt man einen anderen massebehafteten Körper in ihre Nähe, so wirkt auf ihn eine Kraft, welche in jedem Punkt des Raumes um die Erde einen definierten

* Die große Achse der elliptischen Merkurbahn rotiert etwas stärker, als nach den Newtonschen Gesetzen bei Einbeziehung der Wechselwirkungen der Planeten berechnet wird (diese sogenannte *Periheldrehung* kann auch bei anderen Planeten beobachtet werden). Diese Abweichung wird im Rahmen der allgemeinen Relativitätstheorie erklärt.

Betrag, nämlich mg, und eine definierte Richtung hat, nämlich genau auf den Erdmittelpunkt hin. Man kann also jedem Punkt nahe der Erde einen Vektor $\boldsymbol{g}$ zuordnen, der der Beschleunigung entspricht, die ein Körper erhielte, wenn er in diesem Punkt losgelassen würde. $\boldsymbol{g}$ wird *Gravitationsfeldstärke* genannt. Da nun

$$\boldsymbol{g} = \frac{\boldsymbol{F}}{m} \tag{16.12}$$

gilt, kann man die Gravitationsfeldstärke in einem Punkt als Gravitationskraft geteilt durch die Masse definieren*. Die Kraft des Feldes in irgendeinem Punkt des Raumes berechnet sich dann einfach als Produkt aus $\boldsymbol{g}$ und Masse m des in diesem Punkt befindlichen Teilchens.

Das Gravitationsfeld ist ein Beispiel für ein *Vektorfeld*, da jedem Punkt des Raumes ein Vektor, hier $\boldsymbol{g}$, zugeordnet ist. Andererseits gibt es auch *Skalarfelder*, zum Beispiel ein Temperaturfeld in einem wärmeleitenden Festkörper. Das von einer vorgegebenen Massenverteilung erzeugte Gravitationsfeld ist außerdem noch stationär, da es sich zeitlich nicht ändert.

Das Feldkonzept ist insbesondere für das Verständnis elektromagnetischer Kräfte zwischen bewegten elektrischen Ladungen geeignet, da es gegenüber dem Fernwirkungskonzept prinzipielle und praktische Vorteile mit sich bringt. Zu Newtons Zeiten kannte man es noch nicht, es wurde erst viel später von Faraday anläßlich der Entwicklung des Elektromagnetismus aufgestellt. Die Gravitation selber wurde erst im Rahmen der allgemeinen Relativitätstheorie als Feldtheorie behandelt. An dieser Stelle sollte nur der Feldbegriff ein erstes Mal vorgestellt werden, damit sich Leserin und Leser frühzeitig an dieses wichtige physikalische Konzept gewöhnen.

Beispiel 5

In Kapitel 15 hatten wir die Schwingungsdauer eines Pendels mit $T = 2\pi\sqrt{l/g}$ angegeben. Welche längste Schwingungsdauer hat ein Pendel in der Nähe der Erdoberfläche, wenn man berücksichtigt, daß das Gravitationsfeld der Erde über große Entfernungen gesehen nicht homogen ist?

Obwohl die Beziehung $T = 2\pi\sqrt{l/g}$ nicht für (örtlich) veränderliche g gilt, vermittelt sie doch den Eindruck, als ob sich die Länge des Pendels mit g ändern müsse. Wir nehmen einmal ein unendlich langes Pendel an. Das Pendelgewicht würde sich dann auf einem Kreisbogen mit dem Radius ∞ bewegen, d. h. längs einer Geraden, so wie in Abb. 16.12 gezeigt ist. Das Gravitationsfeld der Erde ist überall radial zum Erdmittelpunkt gerichtet. Damit hätte $\boldsymbol{g}$ längs der Bahn des Pendelgewichtes überall eine andere Richtung. Weiterhin nehmen wir an, daß die Auslenkung des

* Nach Gl. 16.12 wird g als Gravitationskraft geteilt durch die Masse definiert; in einem Punkt P in der Entfernung R vom Mittelpunkt einer kugelsymmetrischen Masse M beträgt sie GM/R^2. Dieses g unterscheidet sich von dem g, welches in den Tab. 16.1 und 16.2 aufgeführt ist, dadurch (siehe Beispiel 2), daß die Zentripetalbeschleunigung eines um die Erde kreisenden Körpers bereits berücksichtigt ist. Das in den Tabellen angegebene g stellt also schon eine Art „*effektives* g" dar. In einem die Erde umkreisenden Satelliten wäre dieses „*effektive* g" Null, wie man bei den Fernsehübertragungen aus Satelliten sehen konnte. Das rührt daher, daß die Größe GM/R^2 aus Beispiel 2 genau der Beschleunigung a_R in diesem Beispiel entspricht. Das Gravitationsfeld GM/R^2 am Ort eines Satelliten ist aber nicht Null!

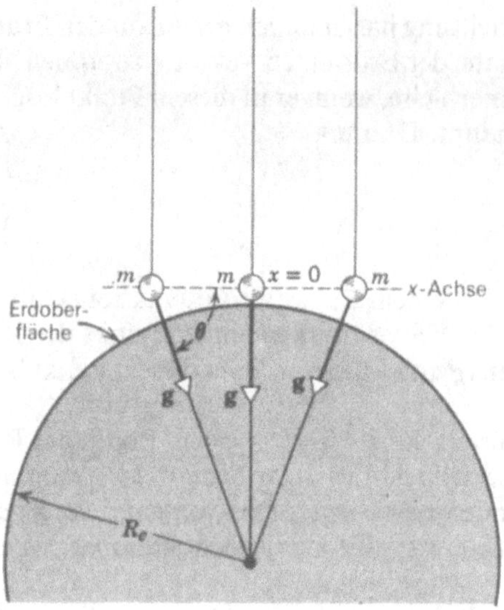

Abb. 16.12 Zu Beispiel 5. Ein einfaches Pendel, welches im Unendlichen aufgehängt ist.

Pendels gegenüber dem Erdradius vernachlässigbar klein ist. Das bedeutet, daß das Pendelgewicht der Masse m überall auf seiner Bahn denselben Abstand R vom Erdmittelpunkt hätte.

Die Kraft auf das Pendel beträgt somit

$$F = \frac{GM_e m}{R_e^2} = mg$$

und ist auf den Erdmittelpunkt gerichtet. M_e soll die Erdmasse sein. Die Komponente F_x dieser Kraft längs der Bewegungsrichtung des Pendelgewichtes ist

$$F_x = F\cos\theta = -F\frac{x}{R_e} = -\frac{GM_e m}{R_e^3}x.$$

Das Minuszeichen gibt an, daß diese Kraft F_x entgegen der Auslenkung aus $x = 0$ weist. Dafür kann man auch

$$F_x = -kx,$$

schreiben, wenn man die Abkürzung $k = GM_e m/R_e^3$ einführt.

Für die Schwingungsdauer eines harmonischen Oszillators gilt $T = 2\pi\sqrt{m/k}$ oder

$$T = 2\pi\sqrt{\frac{m}{k}} = 2\pi\sqrt{\frac{m}{GM_e m/R_e^3}} = 2\pi\sqrt{\frac{R_e}{GM_e/R_e^2}} = 2\pi\sqrt{\frac{R_e}{g}},$$

denn an der Erdoberfläche gilt $g = GM_e/R_e^2$. Setzt man die bekannten Werte $R_e = 6.37 \times 10^6$ m und $g = 9.8$ m/s^2 ein, so erhält man für die längste Schwingungsdauer einen Wert von 84.3 Minuten (vgl. Frage 37).

16.9 Potentielle Energie im Gravitationsfeld

Schon in Kapitel 8 haben wir über die potentielle Energie eines Teilchens der Masse m und der Erde der Masse M gesprochen. Dabei haben wir allerdings nur den Sonderfall betrachtet, daß sich das Teilchen nahe der Erdoberfläche befindet. Daher konnten wir für alle möglichen Positionen des Teilchens eine konstante Kraft annehmen. Nunmehr wollen wir den allgemeineren Fall betrachten, bei dem die Entfernung zwischen Teilchen und Erde sehr viel größer ist, also z. B. größer als der Erdradius.

Die Gl. 8.5b, umgeformt in

$$E_p = E_b - E_a = -W_{ab}, \tag{8.5b}$$

gibt die Änderung der potentiellen Energie irgendeines Systems an, wenn es unter der Wirkung einer konservativen Kraft (z. B. Gravitationskraft) aus dem Zustand a in den Zustand b versetzt wird. W_{ab} gibt die bei der Veränderung des Systems von der konservativen Kraft geleistete Arbeit an.

Die potentielle Energie des Systems in irgendeiner Anordnung b beträgt nach Gl. 8.5b

$$E_b = -W_{ab} + E_a. \tag{16.13}$$

Um der Größe E_b einen Zahlenwert zuzuschreiben, müssen wir zuvor der potentiellen Energie des Systems im Zustand a irgendeinen Wert zuordnen. Üblicherweise wählt man hierfür den Wert Null.

In Kapitel 8 hatten wir ein Bezugssystem gewählt, in dem das Teilchen auf der Erdoberfläche ruhte. Dieser Position hatten wir eine potentielle Energie von $E_a = 0$ zugesprochen. Wenn sich das Teilchen nun in einer Höhe y über der Erdoberfläche befindet, besitzt es nach Gl. 16.13 eine potentielle Energie $E_b = E_p$ von

$$E_p = -W_{ab} + 0 = -(-mg)(y) = mgy.$$

Die Gravitationskraft, eine konservative Kraft, ist nach unten gerichtet und hat einen Betrag von $-mg$; die Verschiebung des Teilchens von $+y$ aus dem Nullpunkt ist nach oben gerichtet. Daher ergeben sich die verschiedenen Vorzeichen dieser Größen.

Bei der Behandlung des allgemeinen Falls, für den nicht mehr die Bedingung $y \ll R_e$ (R_e = Erdradius) gilt, ist es angebracht, eine Bezugskonfiguration zu wählen, in der das Teilchen und die Erde unendlich weit voneinander entfernt sind. Für diese Anordnung setzen wir dann die potentielle Energie des Systems zu Null an. Damit ergibt sich auch die Anziehungskraft zu Null. Eine ähnliche Vereinbarung hatten wir schon bei der Feder getroffen, indem wir ihr die potentielle Energie Null zusprachen, wenn sie entspannt war, also keine Kraft auf sie wirkte.

Wenn sich das Teilchen der Masse m in einer Entfernung r vom Erdmittelpunkt befindet, beträgt nach Gl. 16.13 die potentielle Energie des Teilchen-Erde-Systems

$$E_p(r) = -W_{\infty r} + 0, \tag{16.14}$$

wobei $W_{\infty r}$ diejenige Arbeit ist, die eine konservative Kraft (also die Gravitationskraft) an dem Teilchen verrichten muß, um es aus dem Unendlichen bis auf eine Entfernung r an die Erde (gerechnet vom Erdmittelpunkt) heranzubringen. Einfachheitshalber nehmen wir zunächst an, das Teilchen bewege sich längs einer Geraden auf den Erdmittelpunkt zu. Die Gravitationskraft $F(r)$ auf das Teilchen beträgt $-GMm/r^2$, solange $r \geq R$ gilt; das Minuszeichen gibt eine Anziehung zum Erdmittelpunkt an. Nach Gl. 16.14 ergibt sich die potentielle Energie $E_p(r)$ zu

$$
\begin{aligned}
E_p(r) &= -W_{\infty r} \\
&= -\int_\infty^r F(r)\mathrm{d}r \\
&= -\int_\infty^r \left(-\frac{GMm}{r^2}\right)\mathrm{d}r = -\frac{GMm}{r}\bigg|_\infty^r \\
&= -\frac{GMm}{r}. \qquad (16.15)
\end{aligned}
$$

Hierin bedeutet das Minuszeichen eine negative potentielle Energie für jeden endlichen Abstand r; nur bei einem unendlich großen Abstand wird sie, wie verabredet, Null. Mit kleiner werdendem Abstand wird die potentielle Energie ebenfalls kleiner. Dies entspricht der anziehenden Wirkung der Gravitation. Wird das Teilchen aus dem Unendlichen an die Erde herangebracht, ist die an ihm verrichtete Arbeit $W_{\infty r}$ positiv; nach Gl. 16.14 muß $E_p(r)$ dann negativ sein.

Die Gl. 16.15 gilt für alle möglichen Wege, auf denen das Teilchen der Erde genähert werden kann, also nicht nur für eine Gerade. Wir weisen das nach, indem wir einen beliebigen Weg in sehr viele infinitesimal kleine Wegstrecken aufteilen, welche abwechselnd entlang einem Radius und rechtwinklig zum Radius, also treppenförmig, verlaufen (Abb. 16.13). Auf den zum Radius rechtwinklig verlaufenden Strecken, z. B. auf dem Abschnitt AB, wird keine Arbeit geleistet, denn auf dieser Strecke ist die Kraft senkrecht zur Verschiebung des Teilchens gerichtet.

Die Arbeitsbeiträge längs der radialen Strecken, z. B. auf dem Abschnitt BC, sind nicht Null. Sie addieren sich zu der Arbeit, die längs der direkten Verbindung zwischen Teilchen und Erdmittelpunkt geleistet werden muß, also auf dem Radius BE. Es ergibt sich somit die Aussage, daß die Arbeit, die zur Verschiebung eines Teilchens in einem Gravitationsfeld nötig ist, vom Weg unabhängig ist. Die Gravitationskraft ist also wirklich eine *konservative Kraft*.

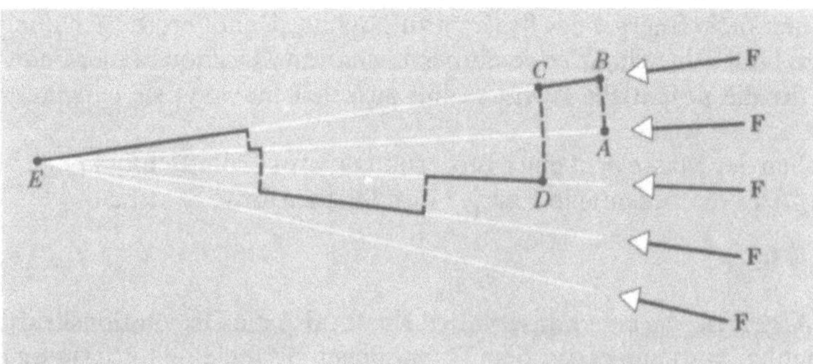

Abb. 16.13 Die Arbeit, die aufgewendet werden muß, um eine Masse von A nach E zu verschieben, ist vom Weg unabhängig.

Aus Gl. 16.15 erkennt man, daß die potentielle Energie der Massen m und M charakteristisch für das System $M + m$ ist. Sie stellt eine Eigenschaft des Systems aus beiden Massen dar, aber nicht eine der einzelnen Körper. Die potentielle Energie ändert sich, sobald sich m oder M verschieben, da sich jede Masse im Gravitationsfeld der anderen Masse befindet. Es ist daher nicht sinnvoll, einen Teil der Energie der einen Masse und einen anderen Teil der anderen Masse zuzuschreiben. Trotzdem spricht man oft von der potentiellen Energie nur eines Körpers der Masse m, wenn sich dieser im Gravitationsfeld einer anderen, viel größeren Masse M befindet (z. B. Stein und Erde oder Planet und Sonne). Der Grund für diese Sprechweise ist der, daß bei einer Umwandlung der potentiellen Energie eines Systems in kinetische Energie des Systems der massenärmere Körper eine sehr viel größere kinetische Energie erhält als der massenreichere. Die Sonne hat zum Beispiel eine so viel größere Masse als ein Planet, daß sie bei einer Veränderung des Systems Sonne-Planet kaum kinetische Energie erhält. Gleiches gilt auch für den Fall eines Steines auf die Erdoberfläche.

Aus der potentiellen Energie eines Massensystems kann man die Gravitationskraft berechnen. Bei einer kugelsymmetrischen Funktion für die potentielle Energie gilt nach Gl. 8.7

$$F = -\frac{dE_p}{dr} = -\frac{d}{2r}\left(-\frac{GMm}{r}\right) = -\frac{GMm}{r^2}. \tag{16.16}$$

Hier gibt das Minuszeichen wiederum an, daß es sich um eine Anziehungskraft handelt, die radial auf den Erdmittelpunkt gerichtet ist, also dem Ortsvektor (Radiusvektor) $\boldsymbol{r}$ entgegengerichtet ist.

Man kann der Gravitation auch ein Skalarfeld zuordnen. Hierzu definieren wir zunächst ein *Gravitationspotential* V, welches die potentielle Energie eines Körpers in einem Gravitationsfeld geteilt durch seine Masse darstellt. Für einen kugelsymmetrischen Körper der Masse M gilt dann

$$V = \frac{E_p(r)}{m} = -\frac{GM}{r}. \tag{16.17}$$

Zu jedem Punkt des Raumes um die Masse M gibt es somit einen Wert des Gravitationspotentials V. Da das Potential eine skalare Größe ist, handelt es sich hierbei um ein *Skalarfeld*. Um die Kraft zu berechnen, die dieses Skalarfeld auf ein Teilchen der Masse m ausübt, genügt es, die Ableitung $-\,dV/dr$ zu bilden und mit der Masse m zu multiplizieren. Damit ergeben sich für die Kraft der Betrag $-\,m\,(dV/dr)$ und eine Richtung, die auf den Mittelpunkt der Masse M weist.

Beispiel 6

Fluchtgeschwindigkeit. Nach Gl. 16.15 kann man die potentielle Energie eines Teilchens der Masse m auf der Erdoberfläche im Gravitationsfeld der Erde angeben. Sie beträgt $E_p(R_e) = -\,GM_e m/R_e$. Um das Teilchen von der Erdoberfläche in eine unendlich große Entfernung zu bringen, ist eine Arbeit von $GM_e m/R_e$ bzw. ca. 6×10^7 J/kg erforderlich. Wenn man einem Flugkörper eine noch größere Energie verleiht und wenn man den Luftwiderstand vernachlässigt, kann er das Schwerefeld der Erde verlassen. Beim Entweichen von der Erde wird die kinetische Energie des Flugkörpers immer kleiner, aber seine potentielle Energie nimmt dauernd zu. Die Geschwindigkeit wird aber niemals Null. Die zum Entweichen von der Erde notwendige Anfangsgeschwindigkeit, die sogenannte Fluchtgeschwindigkeit v_0, ergibt sich aus

$$\tfrac{1}{2}mv_0^2 = \frac{GM_e m}{R_e}$$

zu

$$v_0 = \sqrt{\frac{2GM_e}{R_e}} = 11.2\,\text{km/s}.$$

Erhält ein Körper diese Geschwindigkeit, so reicht sie zum Verlassen der Erde aus. Bei kleineren Anfangsgeschwindigkeiten kehrt der Körper zurück, denn in irgendeiner endlichen Entfernung von der Erde wird seine kinetische Energie Null, und der Körper beginnt wieder auf die Erde zurückzufallen*.

Leichte Moleküle in der höheren Erdatmosphäre können durch thermische Bewegung (Stöße) so hohe kinetische Energien erlangen, daß sie die Erdatmosphäre verlassen. So ist Wasserstoff, welcher in früheren Zeiten auf der Erde entstanden war, inzwischen aus der Erdatmosphäre verschwunden. Helium entweicht noch heute mit konstanter Rate aus der Atmosphäre, jedoch wird das meiste davon durch radioaktiven Zerfall in der Erdkruste nachgeliefert. Auf der Sonne ist die Fluchtgeschwindigkeit für Wasserstoff viel zu hoch, so daß dort kein Gas entweichen kann. Auf dem Mond hingegen ist die Fluchtgeschwindigkeit so gering, daß es dort überhaupt keine Atmosphäre mehr gibt (vgl. Aufgabe 30).

16.10 Potentielle Energie von Vielteilchensystemen

Für zwei Teilchen im Abstand r voneinander beträgt die potentielle Energie nach Gl. 16.14

$$E_p(r) = -W_{\infty r}, \tag{16.14}$$

wobei $W_{\infty r}$ die *von* der Gravitationskraft zu leistende Arbeit ist, um die Teilchen von einer unendlichen Entfernung bis auf r aufeinanderzuzubewegen. Man kann $E_p(r)$ aber auch anders interpretieren.

Wir stellen uns vor, wir würden die Gravitationskraft dauernd durch eine andere, *äußere* Kraft gerade aufheben. Diese Kraft soll immer den gleichen Betrag, aber die entgegengesetzte Richtung wie die Gravitationskraft besitzen. Die von der neuen, äußeren Kraft zu leistende Arbeit für eine Annäherung eines Teilchens aus dem Unendlichen bis auf die Entfernung r beträgt wiederum $-W_{\infty r}$, weil die Verschiebungen gleich groß, aber die Kräfte entgegengesetzt gleich sind. Mit dieser Vorstellung können wir Gl. 16.14 folgendermaßen interpretieren: *Die potentielle Energie eines Systems von Teilchen entspricht genau der Arbeit, die von einer äußeren Kraft geleistet werden muß, um die Teilchen aus einer vorher verabredeten Standardanordnung in die jetzige Konfiguration zu bringen.*

Wenn man mithin einen Stein der Masse m um eine Strecke y über die Erdoberfläche hebt, wirkt man selbst beim Hochheben wie eine solche äußere Kraft und leistet die

* Wir haben die Gravitationskräfte vernachlässigt, die von anderen Körpern außer der Erde auf das Teilchen ausgeübt werden. Bei genügend großem Abstand von der Erde üben aber auch der Mond, die Planeten und die Sonne nicht zu vernachlässigende Anziehungskräfte aus. Aus dem Zweikörperproblem wird damit ein Vielkörperproblem. So kann ein von der Erde entwichener Körper von einem anderen Himmelskörper eingefangen werden.

Arbeit $+mgy$, um das Zweiteilchensystem Erde-Stein in seiner nunmehr getrennten Anordnung herzustellen. Diese Arbeit entspricht genau der potentiellen Energie, die das System nach der Trennung besitzt. Andererseits ist die Arbeit, die von einer äußeren Kraft zu leisten ist, um die beiden Körper aus einer unendlichen Entfernung auf die Entfernung r anzunähern, negativ, da die äußere Kraft die beiden Körper wegen ihrer gegenseitigen Anziehung zurückhalten muß.

Diese Betrachtungen gelten sinngemäß auch für Systeme mit mehr als zwei Teilchen. Wir stellen uns z. B. drei Körper der Massen m_1, m_2 und m_3 vor, die alle unendlich weit voneinander entfernt sind. Welche Arbeit muß von einer äußeren Kraft geleistet werden, um diese drei Körper bis auf bestimmte endliche Abstände zueinanderzubringen (vgl. Abb. 16.14)?

Hierzu wollen wir schrittweise vorgehen. Zuerst soll die Masse m_2 der Masse m_1 bis auf einen Abstand r_{12} genähert werden. Die gegen die Gravitationskraft (von m_1 auf m_2) aufzubringende Arbeit beträgt $-Gm_1m_2/r_{12}$. Danach wird die Masse m_3 aus dem Unendlichen bis auf eine Entfernung r_{13} an m_1 und auf r_{23} an m_2 herangebracht. Die dabei gegen die Gravitationskraft von m_1 auf m_3 aufzuwendende Arbeit ist $-Gm_1m_3/r_{13}$, und die gegen die Gravitationskraft von m_2 auf m_3 zu leistende Arbeit ist $-Gm_2m_3/r_{23}$. Die Summe aller drei von der äußeren Kraft zu verrichtenden Arbeiten entspricht gerade der gesamten potentiellen Energie des Systems, nämlich

$$-\left(\frac{Gm_1m_2}{r_{12}}+\frac{Gm_1m_3}{r_{13}}+\frac{Gm_2m_3}{r_{23}}\right).$$

Das gleiche Ergebnis hätten wir auch erzielt, wenn wir nicht m_2 und m_3 auf m_1 zubewegt hätten, sondern m_1 und m_2 auf m_3 oder m_3 und m_1 auf m_2. Es kommt bei dieser Ableitung also nicht auf die Wegführung an, sondern auf die letztlich erlangte Konfiguration der drei Teilchen. Die potentielle Energie hängt offensichtlich von dem Gesamtsystem aller Teilchen ab und ist keine Eigenschaft der einzelnen Partner. Wenn wir das System in der Zusammenstellung, wie sie in Abb. 16.14 gezeigt ist, wieder in Einzelkörper trennen wollten, müßten wir eine Arbeit von

$$+\left(\frac{Gm_1m_2}{r_{12}}+\frac{Gm_1m_3}{r_{13}}+\frac{Gm_2m_3}{r_{23}}\right)$$

aufbringen. Man kann diese Energie als eine Art Bindungsenergie verstehen, die die Massen in eben dieser Konfiguration zusammenhält.

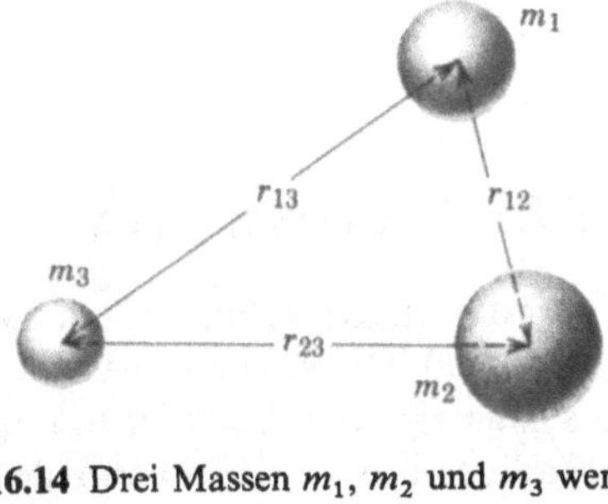

Abb. 16.14 Drei Massen m_1, m_2 und m_3 werden aus dem Unendlichen aufeinander zubewegt.

So, wie man einer zusammengepreßten oder auseinandergezogenen Feder eine potentielle Energie zuspricht, kann man auch der Konfiguration eines Systems von Masseteilchen, welches von Gravitationskräften zusammengehalten wird, eine potentielle Gravitationsenergie zusprechen. Man kann sich vorstellen, daß in dem einen Beispiel die (elastische) potentielle Energie eines Teilchens in der gespannten Feder und in dem anderen Beispiel die potentielle (Gravitations-)Energie im Gravitationsfeld der Massenkonfiguration gespeichert ist. Eine Änderung der Anordnung, sowohl der Feder als auch des Massensystems, bedeutet eine Änderung der potentiellen Energie.

Eine ähnliche Betrachtung wird uns später bei der Behandlung der elektrischen und magnetischen Kräfte und der Kernkräfte hilfreich sein. Energiebetrachtungen werden in der Physik sehr häufig vorgenommen. Sie haben gegenüber dynamischen Betrachtungen den Vorteil, daß sie nur skalare Größen benötigen und keine Vektoroperationen erfordern. Wenn die tatsächlichen Kräfte nicht bekannt sind, wie es bei kernphysikalischen Problemen meistens der Fall ist, stellt eine Energiebetrachtung den einzigen Weg zu einer Lösung dar.

Beispiel 7

„Bindungsenergie“. Wie groß ist die potentielle Energie des Systems Erde-Sonne? Oder laxer gefragt, mit welcher Energie wird die Erde und die Sonne zusammengehalten? Wir vernachlässigen die Einwirkungen der anderen Himmelskörper. Einfachheitshalber nehmen wir eine kreisförmige Umlaufbahn der Erde um die Sonne an. Um die Erde aus einer unendlich weiten Entfernung der Sonne bis auf einen Abstand r_{es} zu nähern, ist eine Arbeit von

$$-G\frac{M_s M_e}{r_{es}} \approx -5.0 \times 10^{33}\ \mathrm{J}$$

erforderlich.

Wir verwendeten hierbei die bekannten Werte $M_s \approx 330000\ M_e$ mit $M_e = 6 \times 10^{24}$ kg und $r_{es} = 150 \times 10^6$ km. Das Minuszeichen gibt die anziehende Eigenschaft der Kraft an, d. h. diese Arbeit wird von der Gravitationskraft geleistet. Der gleiche Arbeitsbetrag wäre andererseits von einer äußeren Kraft aufzubringen, wenn die beiden Himmelskörper aus einem Zustand völliger Ruhe wieder auseinandergezogen werden müßten. Die kinetische Energie, die die Erde auf ihrer Umlaufbahn um die Sonne besitzt, ist nur halb so groß wie die potentielle Energie des Systems Erde-Sonne. Folglich ist auch nur die halbe Arbeit zu leisten, um das (unbewegte) System zu trennen. Unter der Annahme, daß sich das System Erde-Sonne nach der Trennung in Ruhe befindet, beträgt die tatsächliche „Bindungsenergie“ also nur 2.5×10^{33} J.

Wie wirkt sich die Anwesenheit des Mondes und der anderen Planeten auf die potentielle Energie des Systems Erde-Sonne aus?

16.11 Energiebetrachtung bei Planeten- und Satellitenbewegungen

Wir betrachten wiederum die Bewegung eines Körpers der Masse m (Planet oder Satellit) um einen größeren Körper der Masse M (Sonne oder Erde). Der sehr viel massereichere Körper M soll sich in einem Bezugssystem (Inertialsystem) in Ruhe befinden, der massearmere Körper m beschreibe eine Kreisbahn vom Radius r um M. Die potentielle Energie dieses Systems beträgt

$$E_p(r) = -\frac{GMm}{r}.$$

Wenn die Masse M ruht, beträgt die kinetische Energie des Systems

$$E_k(r) = \tfrac{1}{2}m\omega^2 r^2.$$

Aus der vor Gl. 16.11 stehenden Beziehung erhalten wir unmittelbar

$$\omega^2 r^2 = \frac{GM}{r}$$

und damit die kinetische Energie zu

$$E_k = \frac{1}{2}\frac{GMm}{r}.$$

Die Gesamtenergie unseres Systems ergibt sich damit zu

$$E = E_p + E_k = \frac{1}{2}\frac{GMm}{r} - \frac{GMm}{r} = -\frac{GMm}{2r}. \tag{16.18}$$

Diese Energie bleibt konstant und ist negativ. Nun kann aber eine kinetische Energie nicht negativ werden; nach Gl. 16.18 kann sie allenfalls gegen Null gehen, wenn der Abstand der beiden Körper unendlich groß wird. Andererseits ist die potentielle Energie immer negativ; sie kann allenfalls gegen Null gehen, wenn der Abstand der Körper unendlich groß wird (Das ist von uns so vereinbart worden!). Eine negative Gesamtenergie bedeutet mithin, daß es sich hier um ein stabiles System handelt, in dem der Planet m jederzeit an die anziehende Masse M gebunden ist und niemals aus diesem Gravitationsfeld entweichen kann (Abb. 16.15).

Auch im Falle elliptischer Umlaufbahnen, bei denen r und ω veränderlich sind, ist die Gesamtenergie negativ und konstant. Sie ist konstant, weil die Gravitationskraft konservativ ist. Bei einer Planetenbewegung sind also sowohl der Gesamtdrehimpuls als auch die Gesamtenergie konstant. Diese Größen werden daher manchmal auch als *Konstanten der Bewegung* bezeichnet. Die tatsächliche Umlaufbahn eines Planeten kann man mit Hilfe dieser beiden Erhaltungssätze aus den Bewegungsgleichungen und aus dem Gravitationsgesetz berechnen, indem man einfach die Variable t eliminiert. Als Ergebnis erhält man elliptische Orbitale.

In den Anfängen der Atomtheorie, z. B. bei der Aufstellung des Bohrschen Wasserstoffmodells, wurden die eben genannten mechanischen Gesetze benutzt, um die Bahn eines Elektrons um einen Atomkern zu berechnen. Gleichermaßen wurden sie für die Bestimmung von nicht geschlossenen Bahnen (positive Gesamtenergie) herangezogen, so z. B. die der α-Teilchen bei den Rutherfordschen Streuversuchen. Zentralkräften, insbesondere solchen, die vom Kehrwert des Abstandsquadrates abhängen, begegnet man in der Physik immer wieder.

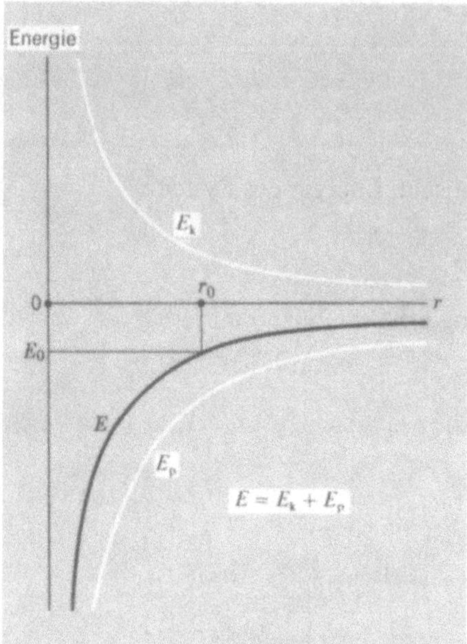

Abb. 16.15 Verlauf von kinetischer Energie E_k, potentieller Energie E_p und Gesamtenergie E als Funktion des Abstandes r für einen Planeten auf einer kreisförmigen Bahn um die Sonne. Ein Planet mit der Gesamtenergie $E_0 < 0$ bleibt auf einer Bahn vom Radius r_0. Je weiter der Planet von der Sonne entfernt ist, um so größer (d. h. weniger negativ) ist seine Gesamtenergie E. Um aus dem Kraftfeld herauszukommen und trotzdem im Unendlichen noch eine kinetische Energie zu haben, ist eine positive Gesamtenergie nötig.

16.12 Die Erde als Inertialsystem

Bei der Besprechung der Experimente, die uns zu den Definitionen der fundamentalen Größen der Physik wie Masse und Kraft führten, hatten wir Bezugssysteme zu wählen, relativ zu denen die Beschleunigungen gemessen werden. Wären die Bezugssysteme selber regellos beschleunigt worden, hätten wir sicher keine korrekten Messungen der Beschleunigungen durchführen können. Die so besprochenen Experimente wurden in einem Labor durchgeführt, also in einem Bezugssystem, das mit der Erde fest verbunden war. Die Erde stellt aber kein ruhendes System dar. Schon in den vorangegangenen Abschnitten haben wir zum Beispiel den Einfluß der Eigenrotation der Erde auf physikalische Messungen besprochen. Welche zusätzliche Wirkung haben eventuell die Bewegung der Erde um die Sonne oder die Bewegung anderer kosmischer Körper?

Bezüglich der Sonne hat die Erde eine (Zentripetal-)Beschleunigung von $\omega^2 r \approx 6 \times 10^{-3}$ m/s^2. Trotz ihres kleinen Betrages sollte diese Beschleunigung grundsätzlich einen Einfluß auf physikalische Experimente haben, zumindest auf solche, bei denen nur kleine Kräfte auftreten. Das allgemeine Gravitationsgesetz – allgemein, weil es nicht nur für die Erdanziehung, sondern für jede Massenanziehung beliebiger Körper gilt, – verneint dies, denn nicht nur die Erde allein, sondern auch alle anderen Massen, also alle Meßgeräte und alle Meßobjekte, werden gleichermaßen beschleunigt, also praktisch mit $\omega^2 r$.

Welchen Fehler machen wir aber, wenn wir die Bahnbeschleunigung der Erde vernachlässigen? Aus $\omega^2 r$ ergibt sich mit der Abkürzung $k = GM_s$ (siehe Text nach Gl. 16.10) für die Beschleunigung der Erde gegenüber der Sonne der Ausdruck k/r^2. Wir betrachten nun einen Körper auf der sonnenabgewandten Seite der Erde, der also einen möglichst großen Abstand vom Zentrum der Sonne hat. Wir stellen uns vor, wir würden ihn mit einer Federwaage wägen. Dann beträgt der Teil der Beschleunigung gegenüber der Sonne, der auf die Massenanziehung der Sonne zurückzuführen ist,

$$\frac{k}{(r+r_0)^2} = \frac{k}{r^2}\left(1 - \frac{2r_0}{r} + \ldots + \text{kleinere Glieder}\right).$$

Hierbei ist r_0 der Erdradius. Die Differenz zwischen der Beschleunigung der Erde bezüglich der Sonne, also k/r^2, und der Beschleunigung der Apparatur bezüglich der Sonne, also obiger Ausdruck, beträgt weniger als $(k/r^2)(2r_0/r)$. Da $(2r_0/r)$ ungefähr 10^{-4} ist, beträgt die Differenz weniger als 10^{-4} der Erdbeschleunigung ($k/r^2 \approx 6 \times 10^{-3}$ m/s^2), insgesamt also weniger als 10^{-6} m/s^2. Die relative Beschleunigung von Körper und Erde aufgrund der Sonnenanziehung, 10^{-6} m/s^2, ist also nur ein Zehnmillionstel der Beschleunigung, die der Körper aufgrund der Erdanziehung von 10 m/s^2 erfährt. Der Einfluß des Mondes liegt in der gleichen Größenordnung. Das heißt, nur wenn wir unbedingt mit einer besseren Genauigkeit als 10^{-7} messen wollen, müssen wir die Beschleunigung unseres mit der Erde verhafteten Bezugssystems berücksichtigen. Für alle praktischen Anwendungen jedoch kann die Erde als Inertialsystem angenommen werden.

16.13 Das Äquivalenzprinzip

Wir betrachten folgende zwei Bezugssysteme: (1) Ein Inertialsystem S, welches also nicht beschleunigt wird, in dem aber ein konstantes Gravitationsfeld herrscht; (2) ein Bezugssystem S', welches gegenüber einem anderen Inertialsystem konstant beschleunigt wird, in dem aber kein Gravitationsfeld herrscht. In seiner allgemeinen Relativitätstheorie zeigte Einstein, daß diese beiden Systeme S und S' physikalisch völlig gleichwertig sind. In beiden Systemen unter gleichen Bedingungen ausgeführte Experimente ergeben dieselben Resultate. Diese Aussage nennt man das *Äquivalenzprinzip*.

Als Beispiel nehmen wir ein Raumschiff, welches sich in einem Inertialsystem mit homogenem Gravitationsfeld, also etwa auf der Erde, im Ruhezustand befindet. Läßt man innerhalb des Raumschiffs einen Körper los, so fällt er mit einer bestimmten Beschleunigung, hier $\boldsymbol{g}$, zu Boden. Im Raumschiff ruhende Körper, z. B. ein angeschnallter Astronaut oder ein Paket, welches an einer Federwaage an der Decke hängt, erfahren eine Kraft, welche vom Sitz oder der Feder ausgeübt wird und sie festhält, d.h. welche der Gewichtskraft entgegengerichtet ist.

Das Raumschiff werde nun mit einer Rakete in den fernen Weltraum befördert, wo keinerlei Gravitationsfelder mehr herrschen. Die Beschleunigung des Raumschiffes gegenüber der Erde betrage gerade $\boldsymbol{a} = -\boldsymbol{g}$. Das Raumschiff stellt nun unser Bezugssystem S' dar und die Erde das Bezugssystem S. Innerhalb des Raumschiffs herrschen jetzt Bedingungen, wie sie zuvor in dem auf der Erdoberfläche ruhenden Raumschiff herrschten. Denn ein im Raumschiff losgelassener Apfel wird relativ zum Raumschiff mit einer Beschleunigung $\boldsymbol{g}$ nach unten fallen.

Tatsächlich bewegen sich jedoch alle nicht festgehaltenen, also kräftefreien Körper im Raumschiff S' gegenüber dem Inertialsystem S auf der Erde mit konstanter Geschwindigkeit. Sie fallen daher alle relativ zum Raumschiff S' mit derselben Beschleunigung $\boldsymbol{g}$. Alle im Raumschiff ruhenden Körper, also der sitzende Astronaut und das an der Decke hängende Paket, erfahren Kräfte, die sie gegen die Richtung der Beschleunigung festhalten. Sie sind nicht von den Kräften zu unterscheiden, von denen sie vorher in dem auf der Erde ruhenden Raumschiff gegen die Schwerkraft festgehalten wurden.

Die Schlußfolgerung aus dieser Betrachtung ist damit folgende: Wenn der Astronaut nicht weiß, daß sich sein Raumschiff von der Erde S mit der Beschleunigung $-\boldsymbol{g}$ fortbewegt, so könnte er glauben, er befände sich immer noch in einem Gravitationsfeld, dessen Anziehungskraft den im

Raumschiff S' losgelassenen Apfel mit $\boldsymbol{g}$ zum Boden beschleunigt und gegen dessen Anziehung eine Gegenkraft ihn auf seinem Sitz und das Paket an der Decke festhält. Der Astronaut kann also keine Unterschiede zwischen seiner Situation im ruhenden Raumschiff S auf der Erde und seiner Situation im beschleunigten Raumschiff S' weit weg von der Erde feststellen. Die beiden Situationen sind ununterscheidbar, sie sind völlig aquivalent.

Aufgrund dieses Äquivalenzprinzips, so betonte Einstein, könne man nicht mehr von einer absoluten Beschleunigung eines Bezugssystems sprechen, sondern nur noch von einer relativen Beschleunigung. Die spezielle Relativitätstheorie behauptete schon früher, daß es keine absolute Geschwindigkeit eines Bezugssysstems geben könne, sondern nur eine relative Geschwindigkeit. Aus dem Äquivalenzprinzip ergibt sich außerdem noch die Gleichheit von träger und schwerer Masse. Alle kräftefreien Körper bewegen sich relativ zu einem Inertialsystem mit konstanter Geschwindigkeit, unabhängig vom Betrag ihrer trägen Masse. Relativ zu einem beschleunigten Bezugssystem besitzen sie alle dieselbe Beschleunigung. Daher müssen nach dem Äquivalenzprinzip, da die Systeme S und S' gleichwertig sind, alle Körper in einem homogenen Gravitationsfeld mit derselben Beschleunigung fallen.

Aus der bisherigen Betrachtung schließen wir, daß offenbar ein homogenes Gravitationsfeld durch ein „Beschleunigungsfeld" vorgetäuscht werden kann. Tatsächlich kann man durch mathematische Operationen ein homogenes Gravitationsfeld wegtransformieren, indem man es in ein Bezugssystem überführt, welches in Feldrichtung beschleunigt wird. Der Betrag der Beschleunigung muß nur genauso groß sein wie die Gravitationsbeschleunigung. In diesem neuen Bezugssystem ist ein Teilchen, dessen Bewegung vorher der Schwerkraft unterlag, nunmehr kräftefrei. Als Beispiel stellen wir uns in einem künstlichen Erdsatelliten einen Astronauten vor, der einen Apfel losläßt. Der Apfel wird relativ zum Satelliten nicht herunterfallen, und der Astronaut selbst ist kräftefrei, d. h. er wird nicht von Stützkräften (gegen die Gravitation) auf seinem Sitz festgehalten, sondern er fühlt sich schwerelos.

Gravitationsfelder, auch das der Erde, sind aber im allgemeinen nicht homogen, so daß man sie nicht einfach durch ein anderes Bezugssystem ersetzen kann, das relativ zu der die Gravitation bewirkenden Masse beschleunigt wird. Hierzu müßte man vielmehr ein Bezugssystem einrichten, das in jedem Punkt des Raumes verschieden stark beschleunigt wird.

Fragen

1. Die modernen Beobachtungsmethoden der Astronomie und der Navigation beruhen auf dem geozentrischen (Ptolemäischen) Weltsystem, in dem sich der Himmel dreht und nicht die Erde. Ist das falsch? Wenn nicht, durch welche Kriterien werden die Systeme (Kopernikanisch bzw. Ptolemäisch) geprägt? Bei welchen Gelegenheiten könnte man das heliozentrische (Kopernikanische) System benutzen?
2. Warum fällt ein schwerer Körper nicht schneller als ein leichter? Die Gravitationskraft ist doch der Masse eines Körpers proportional!
3. Wie ändert sich das Gewicht (Gewichtskraft) eines Körpers während seines Weges von der Erde zum Mond? Ändert sich seine Masse?
4. Einem auf der Erde frei aufgehängten Körper wird mit einem Hammer ein Schlag in waagerechter Richtung versetzt. Der gleiche Vorgang findet auf dem Mond statt. Welches Verhältnis besteht zwischen den waagerechten Beschleunigungen der beiden Körper nach dem Schlag?
5. Wiegt ein Körper am Äquator genausoviel wie an den Polen? Welcher Unterschied besteht zwischen Masse und Gewicht?
6. Wie groß ist ungefähr die Anziehungskraft zwischen einem Mann und einer Frau, wenn sie 10 m auseinander stehen bzw. wenn sie miteinander tanzen?
7. Wie beeinflußt die hohe Dichte der Erde in ihrem Kern die Abhängigkeit von g mit der Höhenlage? Man vergleiche diese Abhängigkeit mit der einer homogenen Dichteverteilung.

8. Wegen der Auswölbung der Erde am Äquator liegt die Quelle des Mississippi, obwohl sie sich über dem Meeresniveau befindet, näher am Erdmittelpunkt als die Mündung. Wie kann der Mississippi bergauf fließen?
9. Aufgrund der Erdrotation ist der Erdkörper ein abgeplattetes Sphäroid. Ist deswegen ein Breitengrad am Pol breiter oder schmaler als am Äquator?
10. Warum kann man bei der Auswertung einer Erdsatellitenumlaufbahn mehr über die Gestalt der Erde erfahren als durch die Beobachtung der Mondbewegung?
11. Wie kann man die Masse des Mondes bestimmen?
12. Es sei eine Uhr durch eine schwingende Feder und eine andere durch ein Pendel realisiert. Beide werden auf den Mars transportiert. Zeigen die Uhren dort die gleiche Zeit wie auf der Erde an? Zeigen sie beide überhaupt dieselbe Zeit an? Die Marsmasse ist etwa 1/10 der Erdmasse, der Marsradius ist etwa halb so groß wie der Erdradius.
13. Aus Beobachtungen der Sonnenbewegung findet man mit Hilfe des zweiten Keplerschen Gesetzes, daß die Erde im Winter (auf der Nordhalbkugel) der Sonne näher steht als im Sommer. Warum ist es dann im Winter (auf der Nordhalbkugel) kälter als im Sommer?
14. Müssen nach dem Gravitationsgesetz die Planeten unseres Sonnensystems wirklich die Umlaufbahnen haben, die sie tatsächlich vollführen? Könnten Planeten eines sonnenähnlichen Sterns andere Bahnen als die unserer Planeten haben? Man betrachte Faktoren, die die Bahnen beeinflussen könnten.
15. Welche Beziehung besteht zwischen der Bahngeschwindigkeit eines Planeten und dem Radius seiner (kreisförmig angenommenen) Umlaufbahn?
16. Die Anziehungskraft der Sonne auf den Mond ist etwa doppelt so groß wie die der Erde. Warum bleibt der Mond trotzdem auf einer Umlaufbahn um die Erde? Er könnte ihr doch während einer Sonnenfinsternis entweichen?
17. Warum ist der folgende Gedankengang nicht richtig? Die Sonne zieht alle Körper auf der Erde an. Wenn die Sonne um Mitternacht auf der anderen Seite der Erde steht, zieht sie einen Körper auf der diesseitigen Oberfläche der Erde in der gleichen Richtung wie die Erde an. Wenn die Sonne mittags direkt über der diesseitigen Erdoberfläche steht, zieht sie einen Körper in der der Erdanziehung entgegengesetzten Richtung an. Daher sollten alle Gegenstände nachts schwerer sein als am Tage.
18. Durch die Gravitationskräfte von Mond und Sonne werden auf der Erde die Gezeiten verursacht. Dabei ist der Effekt der Sonne etwa halb so groß wie der des Mondes. Die direkte Anziehungskraft der Sonne auf die Erde ist aber 175mal größer als die des Mondes auf die Erde. Warum verursacht trotzdem der Mond größere Gezeiten?
19. Die vom Mond hervorgerufenen Gezeitenströmungen verursachen wegen der Reibung ein Abbremsen der Erdrotation. Damit verringert sich der Drehimpuls der Erde. Wie verändert sich dabei die Bewegung des Mondes, wenn man an die Erhaltung des Drehimpulses denkt? Spielen die Sonne und die von der Sonne hervorgerufenen Gezeiten dabei eine Rolle?
20. Ist die Geamtenergie des Sonnensystems konstant? Sein Gesamtdrehimpuls? Man begründe die Antworten.
21. Man diskutiere, wie sich die Schwingungsdauer eines mathematischen Pendels ändert, wenn seine Anordnung mit einer Rakete von der Erde in eine stabile Erdumlaufbahn gebracht wird.
22. Benötigt eine Rakete tatsächlich die in Beispiel 6 errechnete Anfangsgeschwindigkeit von 11.2 km/s, um der Erdanziehung zu entkommen?
23. Auf der Erdoberfläche ruhende Körper vollführen in 24 Stunden eine kreisförmige Bahn. Kann man dabei von einer Umlaufbahn wie bei einem Satelliten sprechen? Warum nicht? Wie lange müßte ein Tag dauern, damit sie in eine wirkliche Umlaufbahn gelangten?
24. Aus einem künstlichen Erdsatelliten wird eine Last abgesetzt. Unter Vernachlässigung des Luftwiderstandes bestimme man, ob die Last auf der Erdoberfläche aufschlägt. Wenn ja, bestimme man den Aufschlagpunkt. Liegt er vor, unter oder hinter der Position des Satelliten zum Zeitpunkt des Aufschlagens oder vielleicht direkt unter der Position des Satelliten zum Zeitpunkt des Abwurfes?

25. Kann ein künstlicher Satellit durch Abschießen aus einer großen Kanone von der Erdoberfläche aus in eine Umlaufbahn gebracht werden? Technische Schwierigkeiten und der Luftwiderstand seien vernachlässigt.
26. Kann ein Satellit eine stabile Umlaufbahn erreichen, deren Ebene nicht durch den Erdmittelpunkt geht?
27. Ein Wissenschaftler beobachtet zwei Satelliten auf ihren kreisförmigen Umlaufbahnen in einer äquatorialen Ebene. Ein Satellit läuft von West nach Ost, der andere von Ost nach West um die Erde. Stellt der Beobachter auf der Erde unterschiedliche Umlaufzeiten der Satelliten fest?
28. Nachdem Sputnik I erfolgreich in eine Umlaufbahn gebracht worden war, wurde behauptet, er kehre niemals auf die Erde zurück, sondern würde eines Tages in der Atmosphäre verbrennen. Warum verbrannte er nicht schon beim Hochschießen?
29. Erfahren Astronauten beim Start in eine Umlaufbahn oder bei der Rückkehr auf die Erde eine höhere Beschleunigung?
30. Ein Satellit kann „nach unten" beschleunigen, wenn er durch Reibung einen Teil seiner Gesamtenergie verliert, eine niedrigere Umlaufbahn einnimmt und damit eine höhere kinetische Energie besitzt. Man erkläre dies.
31. Ein Erdsatellit befindet sich in einer kreisförmigen Umlaufbahn. Wie ändert sich sein Orbital, wenn eine seiner Steuerraketen kurz gezündet wird, und zwar (a) in Richtung der Erde, (b) weg von der Erde, (c) vorwärts, in Bewegungsrichtung, (d) rückwärts, entgegen der Bewegungsrichtung, und (e) rechtwinklig zur Ebene der Umlaufbahn?
32. Auf welche Schwierigkeiten stößt man in einem Raumschiff beim Gehen, beim Springen und beim Trinken?
33. Bei den Fernseh-Liveübertragungen aus Raumkapseln sieht man, wie Gegenstände schwerelos durch die Kabine schweben. Man stelle sich vor, ein Astronaut klammere sich an der Kabinenwand fest und gebe mit aller Kraft einer Bowlingkugel einen Fußtritt. Wird er sich dabei den Zeh verstauchen?
34. Wenn man einen Planeten bei gleichbleibender Dichte größer machen könnte, würde seine Anziehungskraft auf andere Körper auf seiner Oberfläche größer werden, da seine Masse zugenommen hätte. Andererseits würde seine Anziehungskraft kleiner werden, da sich der Abstand zwischen dem Körper und dem Planetenmittelpunkt vergrößert hätte. Welcher Effekt überwiegt?
35. Wie verhält sich das Gravitationspotential im Innern einer Hohlkugel zu dem auf der Oberfläche? Wie groß ist die Gravitationsfeldstärke im Innern?
36. Ein Stein wird genau längs der Mittellinie in einen senkrechten Bergwerksschacht geworfen. Der Luftwiderstand werde vernachlässigt, aber nicht die Erdrotation. Fällt der Stein längs der Mittellinie weiter, oder welche andere Bewegung vollführt er?
37. Ohne Rechnung erkläre man, warum folgende vier Zeiten (84 Minuten) gleich sind (die Erde habe eine homogene Dichteverteilung): (a) Die Umlaufzeit eines Satelliten ganz knapp über der Erdoberfläche, (b) die Periodendauer einer Postsendung in einem Tunnel quer durch die Erde wie in Beispiel 3, (c) die Schwingungsdauer eines mathematischen Pendels, das die Länge eines Erdradius besitzt und sich in einem homogenen Schwerefeld der Stärke 9.8 N/kg befindet, und (d) die Schwingungsdauer eines unendlich langen mathematischen Pendels im Schwerefeld der Erde.
38. Im Verständnis der Fernwirkungstheorie muß beim Auftreten einer Gravitationskraft sofort eine Wirkung folgen. Moderne Gravitationstheorien sagen, daß sich die Gravitation nur mit einer endlichen Geschwindigkeit ausbreitet. Bei der Erweiterung der klassischen Physik im Rahmen der allgemeinen Relativitätstheorie müßte dies berücksichtigt werden. Welche Folgerungen aus der klassischen Physik würden sich dabei ändern?
39. Kann man die Gravitation eher als eine Scheinkraft ansehen, die durch die Beschleunigung eines Bezugssystems relativ zu einem Inertialsystem hervorgerufen wird, oder stellt sie eher eine reale Kraft dar?

Aufgaben

Abschnitt 16.2

1. Wie weit entfernt von der Erde muß ein Körper auf der Verbindungslinie zwischen Erde und Sonne sein, damit sich die beiden Gravitationskräfte gerade aufheben? Die Sonne ist etwa 1.5×10^8 km von der Erde entfernt, sie hat eine Masse von 3.24×10^5 Erdmassen.
   Antwort: 2.6×10^5 km.

Abschnitt 16.3

2. Welcher prozentuale Unterschied der relativen Beschleunigungen der Erde zur Sonne ergibt sich zwischen der Konstellation einer totalen Sonnenfinsternis und der Konstellation, bei der sich die Erde genau zwischen Sonne und Mond befindet?

Abschnitt 16.5

3. In welcher Höhe über der Erde beträgt die Fallbeschleunigung nur noch 4.9 m/s^2? Die Masse der Erde ist 6×10^{24} kg, ihr mittlerer Radius 6.4×10^6 m.
   Antwort: 2.6×10^6 m.
4. Wie groß ist die Schwingungsdauer eines Sekundenpendels (auf der Erde 2 s; früher bezeichnete man nur einen Hin- oder Hergang eines Pendels als Schwingungsdauer, daher der Name) auf dem Mond? Die Mondmasse beträgt 7.35×10^{22} kg, der Mondradius 1720 km.
5. Bestimmte Neutronensterne (Sterne extrem hoher Dichte) drehen sich vermutlich einmal in der Sekunde um sich selbst. Welche Masse müßte ein Neutronenstern von 20 km Radius haben, damit Objekte auf seiner Oberfläche angezogen würden und nicht durch die schnelle Rotation davongeschleudert würden?
   Antwort: 4.7×10^{24} kg.
6. Auf die Abhängigkeit der Fallbeschleunigung vom geographischen Ort auf der Erde wurde man aufmerksam, als im Jahre 1672 Jean Richter eine Pendeluhr aus Paris nach Cayenne in Französisch-Guayana mitnahm. Er stellte ein tägliches Nachgehen der Uhr von 2.5 Minuten fest. Wie groß ist g in Cayenne, wenn für Paris $g = 9.81 \text{ m/s}^2$ gilt?
7. Welche Schwingungsdauer hat ein Pendel am Südpol, wenn es am Äquator eine Schwingungsdauer von 1 s hat?
   Antwort: 0.9974 s.
8. Zwei gleiche Massen hängen an verschieden langen Fäden am Balken einer Waage (Abb. 16.16). Die Waage steht auf der Erdoberfläche, die Massen der Fäden seien vernachlässigbar klein. (a)

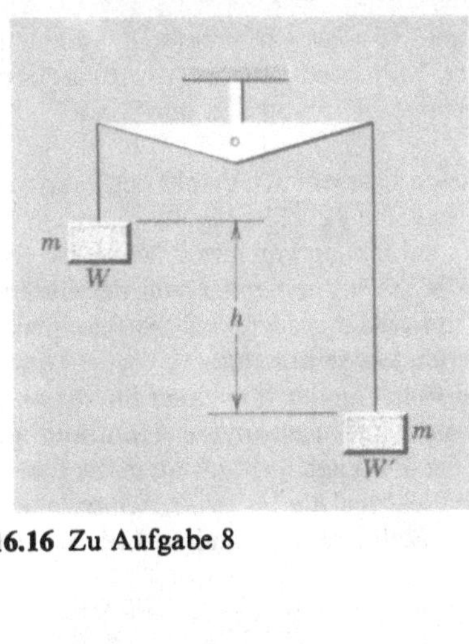

Abb. 16.16 Zu Aufgabe 8

Man zeige, daß der Wägefehler, der aus den verschiedenen Abständen der Massen zum Erdmittelpunkt resultiert, durch $W' - W = 8\pi G\varrho mh/3$ gegeben ist. $\varrho = 5.5\,\mathrm{g/cm^3}$ sei die mittlere Dichte der Erde. (b) Welchen Längenunterschied müßten die Fäden haben, damit der Wägefehler gerade 10^{-6} beträgt?

9. Ein Wissenschaftler macht im Indischen Ozean genau am Äquator eine Präzisionsbestimmung von g, indem er die Schwingungsdauer eines Pendels mißt. Aus Stabilitätsgründen werden die Messungen in einem getauchten U-Boot durchgeführt. Dabei ergeben sich geringfügige Unterschiede für g, je nachdem, ob das Boot während des Experiments in östlicher oder westlicher Richtung durch den Meßort fährt. Die Fahrgeschwindigkeit beträgt in beiden Fällen 16 km/h. Man erkläre den Unterschied und berechne den relativen Fehler $\Delta g/g$.
Antwort: 6.6×10^{-5}.
10. Ein Gegenstand hängt an einer Federwaage auf einem Schiff, welches mit einer Geschwindigkeit v längs des Äquators segelt. (a) Man zeige, daß an der Waage eine Gewichtskraft von $W_0(1 \pm 2\omega v/g)$ abgelesen wird, wobei ω die Winkelgeschwindigkeit der Erde und W_0 das von der Waage bei Stillstand des Schiffs angezeigte Gewicht sind. (b) Was bedeutet das Zeichen $\pm$?

Abschnitt 16.6

11. In Abb. 16.17 sind zwei homogene konzentrische Kugelschalen der Massen M_1 und M_2 gezeigt. Man bestimme die auf ein Teilchen der Masse m wirkende Kraft, wenn sich das Teilchen (a) bei $r = a$, (b) bei $r = b$ und (c) bei $r = c$ befindet.
Antwort: (a) $G(M_1 + M_2)m/a^2$; (b) GM_1m/b^2; (c) Null.

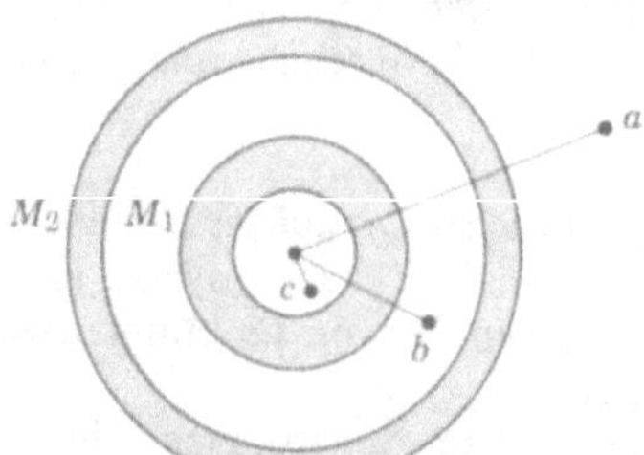

Abb. 16.17 Zu Aufgabe 11

12. Mit welcher Geschwindigkeit würde eine Postsendung den Erdmittelpunkt passieren, wenn sie durch den Tunnel von Beispiel 3 befördert würde?
13. Die Sonne (Masse 2×10^{30} kg) läuft in einem Abstand von 2.4×10^{20} m um das Zentrum der Milchstraße. Die Umlaufzeit beträgt 2.5×10^8 Jahre. Man bestimme die Anzahl der Sterne in der Milchstraße unter der Annahme einer kreisförmigen Umlaufbahn der Sonne.
Antwort: 6.5×10^{10}.
14. Man betrachte ein Inertialsystem, dessen Nullpunkt im Massenmittelpunkt des Paares „Erde-fallender Gegenstand" fixiert sei. (a) Man zeige, daß die Beschleunigung jedes der beiden beteiligten Körper auf den Massenmittelpunkt hin unabhängig von seiner Masse ist. (b) Man zeige, daß die relative Beschleunigung der beiden Massen zueinander von der Summe der beiden Massen abhängt. (c) Daraufhin diskutiere man die Aussage, daß die Beschleunigung eines auf die Erde fallenden Körpers nicht von seiner Masse abhängt.
15. Die folgende Aufgabe stammt aus der „Olympiade 1946" an der Moskauer Staatsuniversität (vgl. Abb. 16.18). In eine Bleikugel vom Radius R wird ein kugelförmiger Hohlraum gefräst, dessen Oberfläche sowohl durch den Mittelpunkt der Bleikugel geht als auch die Oberfläche der Bleikugel berührt. Vor dem Aushöhlen hatte die Bleikugel die Masse M. Mit welcher Kraft zieht nach dem Gravitationsgesetz die ausgehöhlte Bleikugel eine andere kleine Kugel der

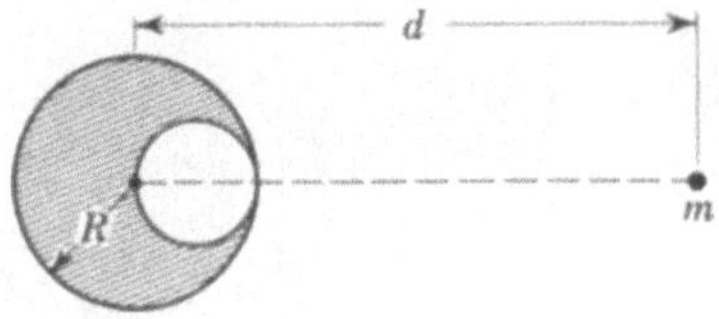

Abb. 16.18 Zu Aufgabe 15

Masse m, die sich im Abstand d vom Mittelpunkt der Bleikugel in der gezeigten Position befindet, an?

Antwort: $\frac{GmM}{d^2}\left[1-\frac{1}{8(1-R/2d)^2}\right]$.

16. Die Abhängigkeit der Fallbeschleunigung g von der Tiefe innerhalb der Erdkugel ist in folgender Tabelle gegeben. Der Radius der Erde beträgt 6400 km.

Tiefe in km	g in m/s²	Tiefe in km	g in m/s²
0	9.82	1400	9.88
33	9.85	1600	9.86
100	9.89	1800	9.85
200	9.92	2000	9.86
300	9.95	2200	9.90
413	9.98	2400	9.98
600	10.01	2600	10.09
800	9.99	2800	10.26
1000	9.95	2900	10.37
1200	9.91	4000	8.00

Im Erdkern (tiefer als 2900 km) nehmen die g-Werte monoton (nicht linear) von 10.37 m/s² auf Null ab. Die tatsächliche Abhängigkeit unterhalb von 4000 km ist unbekannt. (a) Man trage qualitativ im Bereich 0 bis 6400 km (Tiefe) g gegen r auf. r sei der Abstand vom Erdmittelpunkt. (b) Wie müßte sich aufgrund der in der Tabelle gegebenen Werte von g die Dichte der Erde von der Oberfläche bis zum Mittelpunkt hin verändern? (c) Auf der Erdoberfläche sei die Dichte $\varrho = 1$ (tatsächlich beträgt sie im Mittel 3 g/cm³). Man trage qualitativ ϱ über r auf. (Man nehme an, daß ϱ und g kugelsymmetrisch verteilt seien.)

17. (a) Man zeige, daß der Fall eines Körpers durch einen Tunnel, welcher längs einer Sehne verläuft und nicht längs eines Durchmessers (Beispiel 3), eine harmonische Bewegung darstellt. Die Erde habe eine einheitliche Dichteverteilung. (b) Man bestimme die Schwingungsdauer des Körpers. (c) Erhält der in (a) fallende Körper dieselbe maximale Geschwindigkeit wie der in dem Tunnel von Beispiel 3?
Antwort: (b) 84 Minuten; (c) nein.

18. Innerhalb einer Kugelschale befinde sich im Punkt P ein Teilchen der Masse m (Abb. 16.19). Die Kugelschale habe überall die gleiche Stärke und die gleiche Dichte. Man denke sich einen schmalen Doppelkegel durch die Kugelschale derart gelegt, daß die Kegelspitze im Punkt P liegt und der Kegel aus der Kugeloberfläche die Flächen dA_1 und dA_2 ausschneidet. (a) Man zeige, daß die von den ausgeschnittenen Flächenstücken auf das Teilchen m bei P ausgeübte resultierende Gravitationskraft Null ist. (b) Man zeige, daß die von der gesamten Kugelschale auf ein Teilchen, das sich irgendwo im Inneren der Kugelschale befindet, ausgeübte resultierende Gravitationskraft Null ist. (Diese Methode wurde schon von Newton angewendet.)

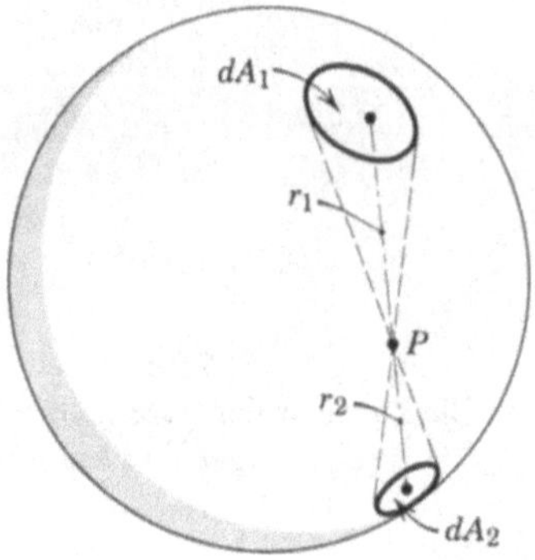

Abb. 16.19 Zu Aufgabe 18

19. (a) Kann ein Satellit in eine Erdumlaufbahn gebracht werden, in der er die gleiche Winkelgeschwindigkeit wie die Erde besitzt, d. h. in der er immer über demselben Ort auf der Erde steht? (b) Welchen Radius hätte die Umlaufbahn eines solchen geostationären Satelliten?
Antwort: (a) Ja, die Umlaufbahn müßte in einer äquatorialen Ebene liegen. (b) 42000 km.
20. (a) Mit welcher horizontalen Geschwindigkeit müßte ein Satellit in 160 km Höhe abgeschossen werden, damit er eine kreisförmige Bahn um die Erde erreicht? Der Erdradius ist 6400 km. (b) Welche Umlaufzeit hat der Satellit auf dieser Bahn?
21. Der Mars hat einen 1.52mal größeren Abstand von der Sonne als die Erde. Welche Umlaufzeit hat der Mars um die Sonne?
Antwort: 1.87 Jahre.
22. Aus der Umlaufzeit des Mondes um die Erde ($T = 27.3$ Tage) und dem Radius seiner Umlaufbahn ($r = 3.85 \times 10^5$ km) berechne man die Erdmasse.
23. (a) Satellit A befindet sich in einer kreisförmigen Umlaufbahn mit dem Radius R um die Erde. Satellit B umkreist die Erde auf einer Bahn mit dem Radius $4R$. Man berechne das Verhältnis der Umlaufzeiten T_A/T_B. (b) Auf der Erde schwingen ein Pendel und eine an einer Schraubenfeder hängende Masse (Federpendel) annähernd mit der gleichen Frequenz. Wie verhalten sich die Frequenzen, wenn beide Pendel zuerst in den Satelliten A und dann in den Satelliten B gebracht werden?
Antwort: (a) $T_B/T_B = 1/8$; (b) Die Frequenz des Pendels ist Null, die des Federpendels bleibt unverändert.
24. Ein Satellit ist in eine kreisförmige Erdumlaufbahn gebracht worden. Wie hängen folgende Größen des Satelliten vom Radius der Umlaufbahn ab? (a) Umlaufzeit, (b) kinetische Energie, (c) Drehimpuls, (d) Geschwindigkeit.
25. Wie konnte Newton mit Hilfe des dritten Keplerschen Gesetzes herausfinden, daß die den Mond auf seiner (kreisförmig angenommenen) Erdumlaufbahn haltende Kraft vom Kehrwert des Quadrates des Mondabstandes vom Erdmittelpunkt abhängt?
26. Ein Satellit habe auf seiner elliptischen Umlaufbahn um die Erde einen erdnächsten Abstand von 300 km (von der Erdoberfläche gerechnet) und einen erdfernsten Abstand von 2000 km. In welchem Verhältnis stehen die Bahngeschwindigkeiten des Satelliten in diesen beiden Positionen?
27. Drei identische Körper der Massen M liegen in den Ecken eines gleichseitigen Dreiecks der Seitenlänge L. Mit welcher Geschwindigkeit laufen sie unter der gegenseitigen Gravitationswirkung auf dem Umkreis des Dreiecks um, wobei sie weiterhin die Ecken des gleichseitigen Dreiecks bilden?
Antwort: $\sqrt{GM/L}$.
28. (a) Man zeige, daß man das Zweikörperproblem von Abschnitt 16.7 auf ein Einkörperproblem zurückführen kann, wenn man die in Abschnitt 15.8 besprochene reduzierte Masse

$\mu = mM/(m + M)$ einführt. Durch die Verwendung von μ anstelle von m tun wir so, als ob M der Ursprung unseres Inertialsystems wäre. Die relative Bewegung von m zu M bleibt dieselbe. (b) Man zeige, daß die in Abschn. 16.7 angenommene Vernachlässigung von R gegen r äquivalent zu der Annahme ist, daß μ der Masse m entspricht. (c) Man vergleiche μ für das System Erde-Sonne mit der Erdmasse und μ für das System Erde-Mond mit der Mondmasse. (d) Wie ändern sich die Beziehungen in Abschn. 16.7, wenn man die reduzierte Masse des Zweikörpersystems anstelle von m einführt?

Abschnitt 16.9

29. Der Mars hat einen mittleren Durchmesser von 6900 km und die Erde von 13000 km. Die Masse des Mars beträgt 0.11 Erdmassen. (a) In welchem Verhältnis stehen die mittleren Dichten von Erde und Mars? (b) Wie groß ist g auf dem Mars? (c) Wie groß müßte die Fluchtgeschwindigkeit auf dem Mars sein?
Antwort: (a) $\varrho_M = 0.73\,\varrho_E$; (b) 3.7 m/s²; (c) 5.0 km/s.
30. (a) Man zeige, daß ein Molekül nur dann aus der Atmosphäre eines Planeten entweichen kann, wenn für seine Geschwindigkeit v die Bedingung $v^2 > 2\,GM/r$ erfüllt ist. M ist die Masse des Planeten und r der Abstand des Moleküls vom Mittelpunkt des Planeten. Man bestimme die Fluchtgeschwindigkeit für ein Molekül in 1000 km Höhe (b) über der Erdoberfläche und (c) über der Marsoberfläche.
31. Es wird angenommen, daß ein ausgebrannter Stern schließlich bis auf seinen Gravitationsradius kollabiert. Um ein Teilchen der Masse m_0 aus diesem Abstand vom Sternmittelpunkt in eine unendliche Entfernung zu verschieben, ist eine Arbeit erforderlich, die gerade der Ruheenergie von m_0c^2 des Teilchens entspricht. Man zeige, daß der Gravitationsradius der Sonne GM_s/c^2 beträgt. Man gebe den Gravitationsradius in Einheiten des heutigen Sonnenradius an.
Antwort: $2 \times 10^{-6}\,R_s$.
32. Man zeige, daß die Fluchtgeschwindigkeit von der Sonne in einem Abstand, der dem Abstand der Erde von der Sonne entspricht, $\sqrt{2}$ mal größer als die Bahngeschwindigkeit der Erde auf ihrer (kreisförmig angenommenen) Umlaufbahn ist.
33. Von der Erdoberfläche wird ein Flugkörper mit einer Anfangsgeschwindigkeit von 10 km/s senkrecht nach oben abgeschossen. Unter Vernachlässigung des Luftwiderstandes berechne man die maximale Flughöhe des Flugkörpers. Der Erdradius ist 6400 km.
Antwort: 2.6×10^4 km.
34. Eine Rakete wird auf der Erdoberfläche auf eine Geschwindigkeit von $v = 2\sqrt{gR_e}$ beschleunigt und steigt dann nach oben. (a) Man zeige, daß die Rakete aus dem Bereich der Erdanziehung entweicht. (b) Man zeige, daß die Rakete sehr weit weg von der Erde eine Geschwindigkeit von $V = \sqrt{2gR_e}$ besitzt.
35. In der Physik ist schon häufiger über die Existenz von Teilchen mit negativer Masse spekuliert worden. In den physikalischen Formeln müßte dann einfach $+m$ durch $-m$ ersetzt werden. Es seien zwei Teilchen der Massen $+m$ und $-m$ in einem Abstand d gegeben. (a) Welche Kraft wirkt auf jedes der Teilchen, und (b) welche Beschleunigung erhält jedes der Teilchen? Man beschreibe die möglichen Bewegungen der Teilchen unter der Voraussetzung, daß sie sich anfänglich in Ruhe befanden. Man zeige, daß die erwarteten Bewegungen nicht die Erhaltungssätze des Drehimpulses und der Energie verletzen. Bis heute konnten Teilchen mit negativer Masse experimentell nicht nachgewiesen werden.
Antwort: (a) Nach dem Newtonschen Gravitationsgesetz handelt es sich um eine Abstoßungskraft. (b) Nach dem zweiten Newtonschen Axiom deuten die beiden Beschleunigungen in dieselbe Richtung, nämlich von der negativen Masse zu der positiven Masse.
36. Eine Kugel mit der Masse M und dem Radius a enthält einen konzentrischen kugelförmigen Hohlraum mit dem Radius b, so wie in Abb. 16.20 gezeigt ist. (a) Man skizziere den Verlauf der Gravitationskraft F, die die Masse M auf ein Teilchen der Masse m ausübt, als Funktion des Abstandes r im Bereich $0 \le r \le \infty$. Insbesondere berücksichtige man die Punkte $r = 0$, $r = b$,

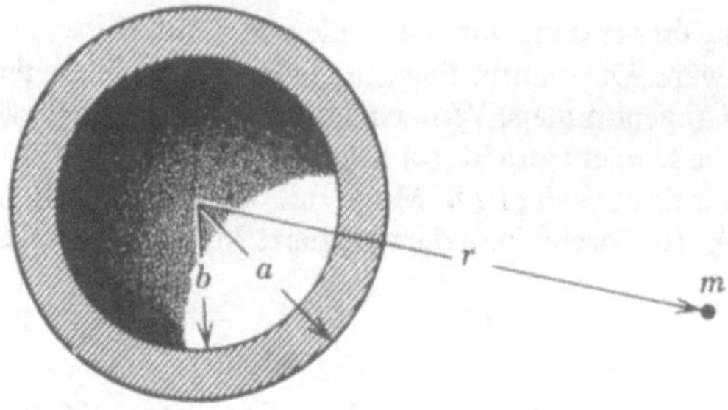

Abb. 16.20 Zu Aufgabe 36

$r = a$ und $r = \infty$. (b) Man skizziere den zugehörigen Verlauf der potentiellen Energie $E_p(r)$ des Systems. (c) Wie erhält man aus den beiden Kurven (a) und (b) den Verlauf der Feldstärke und des Potentials des von der Kugel hervorgerufenen Gravitationsfeldes?

37. Zwei unendlich weit voneinander entfernte Massen m und M befinden sich anfänglich in Ruhe. Man zeige, daß sie sich aufgrund der Massenanziehung zu jedem Zeitpunkt mit der relativen Geschwindigkeit $\sqrt{2G(M+m)/d}$ aufeinander zu bewegen. d ist der momentane Abstand.
38. Wie lange braucht ein Komet auf seiner parabolischen Bahn, um – von der Sonne aus gesehen – von seiner sonnennächsten Position einen Winkel von 90° zurückzulegen? Der sonnennächste Abstand entspreche gerade dem Radius der (kreisförmig angenommenen) Bahn der Erde um die Sonne. (Hinweis: Vgl. Beispiel 4 und Aufgabe 32)

Abschnitt 16.10

39. Ein Doppelstern bestehe aus zwei Massen von je 3×10^{30} kg, die in einem Abstand von 10^{11} m um ihren gemeinsamen Schwerpunkt rotieren. (a) Welche (gemeinsame) Winkelgeschwindigkeit haben die Sterne? (b) Angenommen, ein Meteorit geht genau durch den Schwerpunkt, wobei er die Ebene, in der sich die Sterne bewegen, rechtwinklig kreuzt, welche Geschwindigkeit muß der Meteorit dann mindestens besitzen, damit er aus dem Gravitationsfeld des Doppelsterns wieder entweichen kann?
Antwort: (a) 2×10^{-7} rad/s; (b) 90 km/s.
40. Zwei Massen von 800 kg und 600 kg haben einen Abstand von 25 cm. (a) Welche Gravitationsfeldstärke herrscht in einem Punkt, der von der 800-kg-Masse einen Abstand von 20 cm und von der 600-kg-Masse einen Abstand von 15 cm hat? (b) Wie groß ist das Gravitationspotential in diesem Punkt?
41. Zwei Massen von 800 g und 200 g haben einen Abstand von 12 cm. (a) Welche Gravitationskraft wirkt auf ein Objekt von 1 g, das auf der Verbindungslinie zwischen den beiden großen Massen liegt und von der 200-g-Masse einen Abstand von 4 cm hat? (b) Welches Gravitationspotential besteht in diesem Punkt? (c) Welche Arbeit wird benötigt, um das Objekt auf der Verbindungslinie der großen Massen bis auf 4 cm an die 800-g-Masse heranzubringen?
Antwort: (a) Null; (b) -10 pJ/g; (c) -0.5 pJ.
42. Bei einem interstellaren Flug muß ein Raumschiff sowohl die Anziehungskraft der Sonne wie die der Erde überwinden. (a) Welche Gesamtenergie muß ein 1000-Tonnen-Raumschiff besitzen, damit es sich aus einer Umlaufbahn in 480 km Höhe über der Erdoberfläche aus dem Schwerefeld des Systems Erde-Sonne lösen kann? Alle anderen Himmelskörper seien vernachlässigt. (b) Welcher Teil dieser Energie ist zum Entweichen aus dem Feld der Sonne erforderlich?
43. (a) Man gebe eine Beziehung für die potentielle Energie eines Körpers der Masse m im Gravitationsfeld der Erde und des Mondes an. M_e sei die Erdmase, M_m die Mondmasse, R der Abstand des Körpers vom Erdmittelpunkt und r der Abstand vom Mondmittelpunkt. (b) Wo zwischen Mond und Erde heben sich die Gravitationskräfte gerade auf? Wie groß sind das Gravitations-

potential und die Gravitationsfeldstärke (c) auf der Erdoberfläche und (d) auf der Mondoberfläche?
Antwort: (a) $-Gm(M_e/R + M_m/r)$; (b) 3.4×10^8 m von der Erde entfernt; (c) -63 MJ/kg und 9.8 m/s^2; (d) -3.9 MJ/kg und 1.6 m/s^2.

Abschnitt 16.11

44. Zwei Satelliten A und B mit der gleichen Masse m umrunden die Erde in kreisförmigen Orbitalen mit dem gleichen Radius r. Sie haben aber entgegengesetzte Richtungen und stoßen daher aufeinander (vgl. Abb. 16.21). (a) Man gebe die gesamte mechanische Energie $E_A + E_B$ des Systems Satellitenpaar-Erde vor der Kollision als Funktion von G, M_e, m und r an. (b) Unter der Voraussetzung eines vollständig unelastischen Stoßes (d. h. die Satelliten bilden ein Wrack der Masse $2m$) gebe man die gesamte mechanische Energie nach der Kollision an. (c) Welche Bewegung vollführt das Wrack nach dem Zusammenstoß?

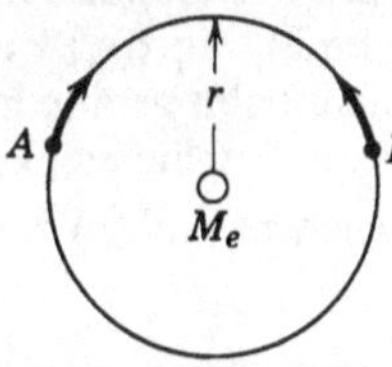

Abb. 16.21 Zu Aufgabe 44

45. Der Erdradius beträgt etwa 6400 km. (a) Benötigt man mehr Energie, um einen Satelliten in eine Höhe von (a) $\frac{1}{4} \times 6400$ km, (b) $\frac{1}{2} \times 6400$ km und (c) $\frac{3}{4} \times 6400$ km zu transportieren als ihn von dort in eine Umlaufbahn zu bringen?
Antwort: (a) Nein; (b) nein; (c) ja.
46. Zwei Satelliten A und B der Masse $m = 15$ kg sollen in eine annähernd kreisförmige Erdumlaufbahn gebracht werden. Satellit A soll in einer Höhe von 6400 km und Satellit B in 19 200 km Höhe umlaufen. Der Erdradius ist $R_e = 6400$ km (vgl. Abb. 16.22). (a) In welchem Verhältnis stehen die potentiellen Energien der Satelliten auf ihren Bahnen? Man bestimme die Energien, indem man die Satelliten aus ihren Bahnen in eine unendlich weite Entfernung von der Erde bringt. (b) In welchem Verhältnis stehen die kinetischen Energien der Satelliten? (c) Welcher Satellit hat die höhere Gesamtenergie? Wie groß ist sie?

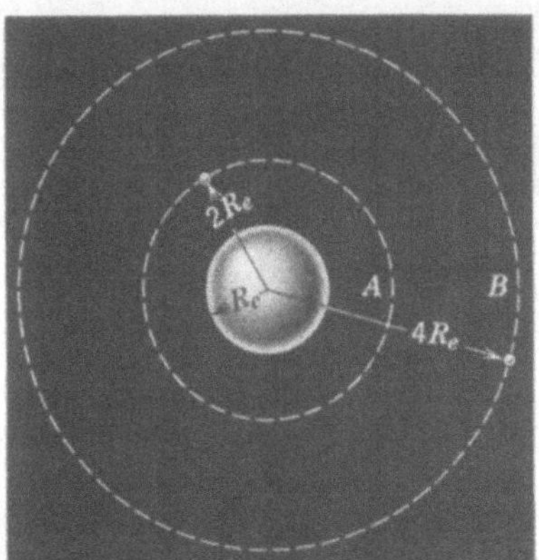

Abb. 16.22 Zu Aufgabe 46

47. Ein Sternenpaar rotiert um den gemeinsamen Schwerpunkt. Einer der Sterne hat die Masse m, der andere die doppelte Masse $M = 2m$. Die Mittelpunkte der Sterne haben den Abstand d, der gegenüber ihren Durchmessern sehr groß ist. (a) Man leite eine Beziehung für die Umlaufzeit der Sterne um ihren gemeinsamen Schwerpunkt als Funktion von d, m und G her. (b) Man bestimme das Verhältnis der Drehimpulse L_m/L_M der beiden Sterne bezüglich ihres gemeinsamen Schwerpunktes. (c) Man bestimme das Verhältnis der kinetischen Energien E_m/E_M der beiden Sterne.
Antwort: (a) $2\pi d^{3/2}/\sqrt{3Gm}$; (b) 2; (c) 2.
48. Ein Satellit von 220 kg Masse bewegt sich anfänglich auf einer annähernd kreisförmigen Umlaufbahn in 640 km Höhe über der Erdoberfläche. (a) Welche Geschwindigkeit hat er? (b) Welche Umlaufzeit hat er? (c) Wegen technischer Mängel verliert der Satellit pro Umlauf ungefähr 1.4×10^5 J an mechanischer Energie. Unter der Annahme, daß es sich bei der Flugbahn um einen Kreis mit langsam abnehmendem Radius handelt, bestimme man den Abstand von der Erde, die Geschwindigkeit und die Umlaufzeit des Satelliten nach 1500 Umdrehungen. (d) Wie groß ist die durchschnittliche abbremsende Kraft? (e) Bleibt der Drehimpuls erhalten?
49. Auf ein Teilchen der Masse m wirkt eine anziehende Zentralkraft vom Betrag k/r^2; k ist eine Konstante. Das Teilchen befindet sich auf seiner geschlossenen Umlaufbahn gerade in einer extremen Position, in der es einen Abstand a vom Kraftzentrum und eine Geschwindigkeit von $\sqrt{k/2ma}$ besitzt. Man bestimme (a) die andere Extremstellung des Teilchens und (b) die zu (a) gehörige Geschwindigkeit.
Antwort: (b) $3\sqrt{k/2ma}$.

Abschnitt 16.12

50. *Foucaultsches Pendel.* 1851 führte Foucault in Paris öffentlich ein Experiment mit einem Pendel vor, welches aus einem an einem 67 m langen Faden aufgehängten, 28 kg schweren Gewicht bestand, das in jeder Richtung frei schwingen konnte. War das Pendel einmal in Schwingungen versetzt, so drehte sich die Schwingungsebene langsam gegenüber der auf dem Fußboden gekennzeichneten anfänglichen Schwingungsrichtung, obwohl die Zugkraft im Faden und die Schwerkraft der Erde in einer senkrechten Ebene verliefen. (a) Man zeige, daß die Drehung der Schwingungsebene deshalb auftritt, weil die Erde kein Inertialsystem ist. (b) Man zeige, daß die Periodendauer für die Rotation eines Foucaultschen Pendels auf der geographischen Breite θ durch $(24/\sin\theta)$ Std. gegeben ist. (c) Wie sieht die Drehung der Schwingungsebene an den Polen ($\theta = 90°$) und am Äquator ($\theta = 0$) aus?

17 Statik der Flüssigkeiten und Gase

17.1 Flüssiger und gasförmiger Zustand

Üblicherweise unterteilt man die Materie in feste, flüssige und gasförmige Stoffe. Eine solche Einteilung ist nicht immer eindeutig. Manche Flüssigkeiten, so zum Beispiel Glas oder Pech, fließen so langsam, daß sie sich während der Dauer eines physikalischen Experimentes durchaus wie ein Festkörper verhalten. Ebenso kann man ein Plasma, ein hochionisiertes Gas, nicht ohne weiteres in die obige Einteilung einfügen. Der Plasmazustand wird häufig als vierter Zustand der Materie bezeichnet, um ihn von dem festen, flüssigen und gasförmigen Zustand zu unterscheiden. Selbst der Unterschied zwischen einem Gas und einer Flüssigkeit ist nicht immer deutlich erkennbar, denn durch geeignete Änderungen von Druck und Temperatur ist es möglich, eine Flüssigkeit ohne Siedevorgang und ohne Erscheinen einer Grenzfläche in ein Gas überzuführen (zum Beispiel Wasser in Dampf). Sowohl die Dichte als auch die Viskosität verändern sich während dieses Vorganges stetig*. Im folgenden Kapitel soll jedoch von derartigen Sonderfällen abgesehen werden. Nur solche Eigenschaften der Flüssigkeiten und Gase sollen behandelt werden, die aus ihrem Fließ- und Deformationsvermögen entspringen. Stoffe im flüssigen und gasförmigen Zustand zählen zu den deformierbaren Stoffen und werden wegen ihres Fließvermögens *Fluide* genannt. Trotz offensichtlicher Unterschiede zwischen Gasen und Flüssigkeiten unter normalen Drücken ergeben sich für ihr statisches und dynamisches Verhalten dieselben grundlegenden Gesetze.

Für Festkörper von definierter Größe und Gestalt hatten wir die Mechanik der starren Körper entwickelt und diese mit Hilfe der Gesetze der Elastizität auf nicht vollkommen starre Körper angewendet. Da nun Flüssigkeiten und Gase ihre Form sehr leicht ändern, Gase sogar das Volumen des sie umgebenden Gefäßes vollständig einnehmen, müssen wir bei der Anwendung der Gesetze der Mechanik auf diese beiden Zustandsformen einen anderen Weg einschlagen. Auch dieser basiert natürlich auf den Newtonschen Bewegungsgleichungen und entsprechenden Kraftgesetzen, nur empfiehlt es sich, sie in einer anderen Formulierung anzuwenden.

* Das ist nur möglich durch Anwendung von Drücken oberhalb des kritischen Punktes, der für Wasser bei 218 atm = 22.08 MPa liegt.

17.2 Druck und Dichte

Wirkt auf die Oberfläche eines Gases oder einer Flüssigkeit eine Kraft, so hat diese eine andere Wirkung als bei Festkörpern. Bei festen Stoffen gibt es keinerlei Einschränkung bezüglich der Richtung der Kraft, bei Fluiden hingegen muß die Kraft stets rechtwinklig zur Oberfläche gerichtet sein. Bei einer Tangentialkraft würden die einzelnen Schichten des Mediums einfach übereinander hinweggleiten, da sie einer solchen Kraft nahezu keinen Widerstand entgegensetzen. Gerade dieses Unvermögen gibt den Flüssigkeiten und Gasen ihre charakteristischen Eigenschaften, nämlich ihre Gestalt leicht ändern und fließen zu können.

Es ist somit angebracht, die auf ein Fluid wirkende Kraft durch den *Druck* p anzugeben, der als Verhältnis des Betrages der *Normal*komponente der Kraft zum Betrag der Fläche definiert wird. Ein Druck wird auf die feste Umwandung oder durch beliebige Querschnitte eines Fluids stets *rechtwinklig* übertragen. Der Druck ist eine skalare Größe. Die SI-Einheit des Druckes ist das *Pascal* mit der Abkürzung Pa, 1 Pa = 1 N/m. Die Einheit wurde nach dem französischen Gelehrten Blaise Pascal (1623–1662) benannt (vgl. Abschnitt 17.4). Andere, noch gebräuchliche Einheiten sind das *Bar*, die *physikalische Atmosphäre* atm, die *technische Atmosphäre* at und die Höhe einer *Quecksilbersäule* mmHg oder cmHg. Die Umrechnungsfaktoren sind der Tabelle im Anhang G zu entnehmen.

Herrscht in einer Flüssigkeit oder einem Gas ein Druck, so wird eine Kraft auf jede angrenzende Fläche ausgeübt. Wir betrachten ein abgegrenztes Volumen eines solchen Stoffes (Abb. 17.1) und stellen ein Oberflächenelement durch einen Vektor $\boldsymbol{S}$ dar, dessen Betrag der Fläche des betrachteten Elements und dessen Richtung der nach außen gerichteten Normalen auf das Flächenelement entspricht.

Die vom Medium auf das Flächenelement ausgeübte Kraft ist dann

$$\boldsymbol{F} = p\boldsymbol{S}.$$

Da $\boldsymbol{F}$ und $\boldsymbol{S}$ die gleiche Richtung haben, kann der Druck als

$$p = \frac{F}{S}$$

Abb. 17.1 Ein Oberflächenelement S wird durch einen Vektor $\boldsymbol{S}$ dargestellt, dessen Betrag der Fläche S des Elementes und dessen Richtung der Normalen auf das Flächenelement entspricht.

angegeben werden. Wir nehmen dabei an, daß das Flächenelement $\mathbf{S}$ genügend klein ist und der oben definierte Druck damit unabhängig von der Größe des Elements ist. Von Punkt zu Punkt kann der Druck auf der Oberfläche verschieden sein.

Die Dichte ϱ (Masse durch Volumen) eines homogenen Mediums kann von verschiedenen Faktoren wie Temperatur und Druck abhängen. Bei Flüssigkeiten ändert sich die Dichte über weite Bereiche des Druckes und der Temperatur nur wenig, und wir können sie für die augenblickliche Betrachtung als konstant ansehen (siehe hierzu die Werte für Wasser in Tab. 17.1).

Die Dichte eines Gases hingegen ist stark abhängig von Druck- und Temperaturschwankungen (siehe hierzu die Werte für Luft in Tab. 17.1. Diese Tabelle gibt die Werte einiger natürlich vorkommender Drücke an. Man beachte die Spannweite der angegebenen Werte von 38 Größenordnungen!).

Tabelle 17.1 Dichten einiger Stoffe und Körper, angegeben in kg/m^3

Interstellarer Raum		$10^{-18}-10^{-21}$
bestes künstlich herstellbares Vakuum		$\approx 10^{-17}$
Wasserstoff:	bei 0 °C und 1 atm*	9.0×10^{-2}
Luft:	bei 0 °C und 1 atm*	1.3
	bei 100 °C und 1 atm*	0.95
	bei 0 °C und 50 atm*	6.5
Styropor		$\approx 1 \times 10^2$
Eis		0.92×10^3
Wasser:	bei 0 °C und 1 atm*	1.000×10^3
	bei 100 °C und 1 atm*	0.958×10^3
	bei 0 °C und 50 atm*	1.002×10^3
Aluminium		2.7×10^3
Quecksilber		1.36×10^4
Platin		2.14×10^4
Die Erde:	mittlere Dichte	5.52×10^3
	Dichte des Kerns	9.5×10^3
	Dichte der Kruste	2.8×10^3
Die Sonne:	mittlere Dichte	1.4×10^3
	Dichte im Zentrum	$\approx 1.6 \times 10^5$
Weißer Zwerg (im Zentrum)		10^8-10^{15}
Kern eines Uranatoms		$\approx 10^{17}$

* 1 atm entspricht 101.325 kPa.

17.3 Druck in ruhenden Flüssigkeiten und Gasen

Befindet sich eine Flüssigkeit oder ein Gas im Gleichgewicht, so gilt das auch für jede beliebige Teilmenge. Wir betrachten ein kleines Volumenelement eines solchen Mediums. Es soll die Gestalt einer dünnen zylindrischen Scheibe haben und sich im Abstand y oberhalb einer willkürlichen Bezugsebene befinden, so wie in Abb. 17.2a dargestellt.

Die Dicke der Scheibe sei dy, jede der beiden Oberflächen habe den Betrag A, die

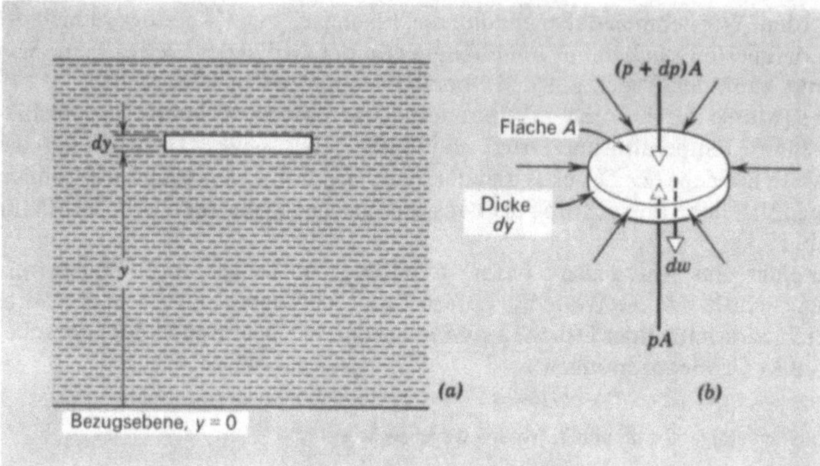

Abb. 17.2 Der statische Kompressionsdruck. (a) Ein kleines Volumenelement in einer Flüssigkeit. (b) Die auf das Volumenelement wirkenden Kräfte.

Masse sei ϱA dy und das Gewicht $\varrho g A$ dy. Die vom umgebenden Medium auf das Volumenelement ausgeübten Kräfte sind in jedem Punkt senkrecht zu den Oberflächen gerichtet (Abb. 17.2b).

Die horizontalen Kräfte werden nur vom Druck des Mediums hervorgerufen, der von allen Seiten symmetrisch in einer horizontalen Ebene durch y wirkt, also überall gleich groß ist. Die resultierende Horizontalkraft ist damit Null, und das Volumenelement erfährt keine Beschleunigung in irgendeiner horizontalen Richtung.

Auch in vertikaler Richtung erfährt das betrachtete Element keine Beschleunigung, denn auch die resultierende Vertikalkraft ist Null. Allerdings rühren die vertikalen Kräfte nicht nur vom Druck des Mediums auf die Flächen des Volumenelementes her, sondern werden auch noch von seinem Gewicht bestimmt. Wenn p der Druck auf die untere Fläche ist und $p + \mathrm{d}p$ der Druck auf die obere Fläche, so ergeben sich eine Aufwärtskraft von pA (ausgeübt auf die untere Fläche) und eine Abwärtskraft von $(p + \mathrm{d}p)A$ (ausgeübt auf die obere Fläche) zuzüglich der Gewichtskraft dw des Volumenelementes. Für das sich im vertikalen Gleichgewicht befindliche Element gilt also:

$$pA = (p + \mathrm{d}p)A + \mathrm{d}w = (p + \mathrm{d}p)A + \varrho g A \,\mathrm{d}y$$

und somit

$$\frac{\mathrm{d}p}{\mathrm{d}y} = -\varrho g. \tag{17.1}$$

Für eine Flüssigkeit im statischen Gleichgewicht gibt diese Gleichung die Abhängigkeit des Druckes von der Höhe über einer Bezugsebene an. Mit zunehmender Höhe (positives dy) nimmt der Druck ab (negatives dp). Die Ursache für diese Druckänderung ist das Gewicht des zwischen den beiden Stellen mit dem Abstand dy liegenden Volumenelements.

Die Größe ϱg wurde früher *spezifisches Gewicht* oder auch *Wichte* genannt und stellt das Gewicht geteilt durch das Volumen dar*. Für Wasser beträgt sie 9800 N/m^3.

Wenn nun p_1 der Druck in der Höhe y_1 und p_2 der Druck in der Höhe y_2 über irgendeiner Bezugsebene sind, ergibt die Integration von Gl. 17.1.

$$\int_{p_1}^{p_2} \mathrm{d}p = -\int_{y_1}^{y_2} \varrho g \, \mathrm{d}y$$

bzw.

$$p_2 - p_1 = -\int_{y_1}^{y_2} \varrho g \, \mathrm{d}y. \tag{17.2}$$

Flüssigkeiten sind nahezu inkompressibel; man kann ihre Dichten in der Praxis als konstant annehmen. Darüberhinaus sind die Unterschiede der absoluten Höhenlage selten so groß, daß eine Änderung von g berücksichtigt werden müßte. Wir können also auch g als Konstante annehmen und erhalten für eine homogene Flüssigkeit

$$p_2 - p_1 = -\varrho g(y_2 - y_1). \tag{17.3}$$

Befindet sich eine Flüssigkeitsmenge in einem offenen Gefäß, so bietet sich die Oberfläche als Bezugsebene an (s. Abb. 17.3). Dadurch wird y_2 zur Höhe der Oberfläche über dem Untergrund und der zugehörige Druck p_2 stellt den Druck der Erdatmosphäre, also den Luftdruck p_0 dar. Für irgendeinen Punkt in der Höhe y_1 mit dem Druck p gilt dann:

$$p_0 - p = -\varrho g(y_2 - y_1).$$

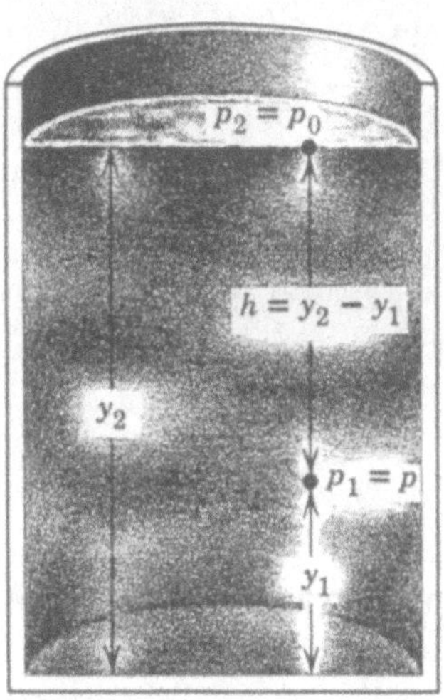

Abb. 17.3 Der Schweredruck. Eine Flüssigkeit in einem oben offenen Behälter.

* Nach DIN 1306 wird empfohlen, diese Begriffe nicht mehr zu verwenden, da das spezifische Gewicht im Gegensatz zur Dichte eine vom geographischen Ort abhängige Größe ist.

Da aber $y_2 - y_1$ gerade die Tiefe h unterhalb der Oberfläche darstellt, kann man auch schreiben:

$$p = p_0 + \varrho g h. \tag{17.4}$$

Diese Beziehung zeigt, daß der Druck in der gleichen Tiefe überall derselbe ist.

Verglichen mit anderen Stoffen ist die Dichte ϱ von Gasen verhältnismäßig klein, so daß die Druckunterschiede zwischen zwei Punkten vernachlässigt werden können (vgl. Gl. 17.3).

Der Druck in einem gasgefüllten Gefäß ist daher überall gleich groß. Das gilt jedoch nicht für sehr große Höhendifferenzen. Der Luftdruck zum Beispiel ändert sich beträchtlich mit der Höhenlage. In einem solchen Fall ändert sich ϱ mit der Höhe, so daß ϱ als Funktion von y bekannt sein muß, bevor man Gl. 17.2 anwenden kann.

Beispiel 1

Näherungsweise kann man sich eine Formel für die Abhängigkeit des Luftdruckes von der Höhe verschaffen, wenn man eine Proportionalität zwischen Dichte ϱ und Druck p annimmt. Das träfe sogar exakt zu, wenn die Lufttemperatur in jeder Höhe gleich wäre. Unter der weiteren Annahme, daß die Abhängigkeit von g von der Höhe vernachlässigbar ist, gilt nach Gl. 17.1 für die Änderung des Druckes p mit der Höhe y über Meeresniveau

$$\frac{\mathrm{d}p}{dy} = -\varrho g.$$

Nach Annahme soll ϱ proportional zu p sein, also gilt

$$\frac{\varrho}{\varrho_0} = \frac{p}{p_0},$$

wobei ϱ_0 und p_0 die bekannten Werte für die Dichte und den Druck auf Meeresniveau sind. Eingesetzt in die erste Gleichung ergibt sich damit:

$$\frac{\mathrm{d}p}{\mathrm{d}y} = -g\varrho_0 \frac{p}{p_0}$$

oder umgestellt

$$\frac{\mathrm{d}p}{p} = -\frac{g\varrho_0}{p_0}\,\mathrm{d}y.$$

Integration dieser Beziehung zwischen den Grenzen p_0 bei $y = 0$ (Meeresniveau) und p in der Höhe y (oberhalb des Meeresniveaus) liefert

$$\ln\frac{p}{p_0} = -\frac{g\varrho_0}{p_0}\,y$$

bzw.

$$p = p_0 \mathrm{e}^{-g(\varrho_0/p_0)y}.$$

Wenn man den Exponenten $g\,\frac{\varrho_0}{p_0}$ noch mit a bezeichnet, so erhält man schließlich

$$p = p_0 e^{-ay}.$$

Bei Vorgabe der Zahlenwerte

$$g = 9.80\,\mathrm{m/s^2},\ \varrho_0 = 1.20\,\mathrm{kg/m^3}\ (\text{bei } 20\,°\mathrm{C}),$$
$$p_0 = 1.01\times 10^5\,\mathrm{N/m^2} = 1.01\times 10^5\,\mathrm{Pa}$$

ergibt sich

$$g\,\frac{\varrho_0}{p_0} = 1.16\times 10^{-4}\,\mathrm{m^{-1}} = 0.116\,\mathrm{km^{-1}}$$

und der Faktor a wird zu $a = 0.116\,\mathrm{km^{-1}}$.

Wir haben gesehen, daß die unteren Schichten einer Flüssigkeit wegen deren Inkompressibilität durch das Gewicht der darüberliegenden Flüssigkeit kaum zusammengepreßt werden und die Dichte ϱ deshalb überall praktisch konstant ist. In Gasen hingegen ist auch bei gleicher Temperatur die Dichte ϱ in jeder einzelnen Schicht proportional zum Druck in dieser Schicht. Die Abhängigkeit des Druckes von der Höhenlage ist für ein Gas also eine andere als für Flüssigkeiten. Dies wird in der Abb. 17.4 für Wasser und für Luft verdeutlicht.

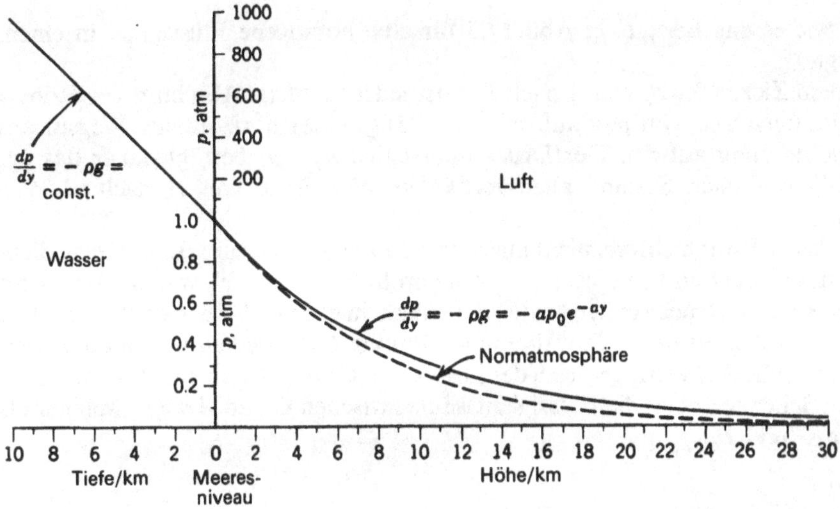

Abb. 17.4 Zu Beispiel 1. Die Abnahme des Luftdrucks mit der Höhe über dem Erdboden (Kurve rechts von der Ordinate) und die Zunahme des Wasserdrucks mit der Tiefe unter dem Wasserspiegel (Kurve links von der Ordinate). Beide Darstellungen gelten für einen Luftdruck von 1 atm (1.01325×10^5 Pa) auf Meereshöhe. Der Druck für die Bereiche oberhalb und unterhalb der Meereshöhe ist auf der Ordinate in verschiedenen Maßstäben aufgetragen! Die gestrichelte Kurve berücksichtigt die Abhängigkeit von g von der Höhenlage und die Abhängigkeit des Druckes von der Temperatur.

Gl. 17.3 zeigt den Zusammenhang zwischen den Drücken in zwei verschiedenen Punkten eines Fluids, wobei die Form des umgebenden Gefäßes überhaupt keine Rolle spielt. Unabhängig von der Gestalt des Gefäßes können immer zwei Punkte innerhalb des Mediums durch eine Bahn aus horizontalen und vertikalen Teilschritten verbunden

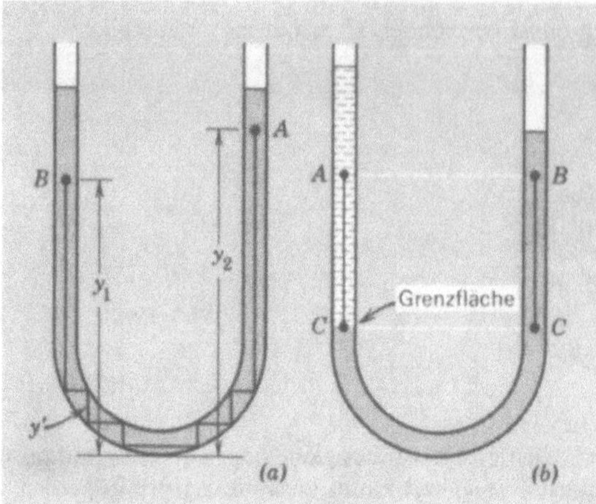

Abb. 17.5 (a) Die Druckdifferenz zwischen zwei Punkten A und B in einer homogenen Flüssigkeit hängt von der Höhendifferenz der Punkte $y_2 - y_1$ ab. (b) In zwei Punkten A und B auf gleicher Höhe können verschiedene Drücke herrschen, wenn die Dichten der Medien in den beiden Punkten verschieden sind.

werden, so wie es das Beispiel in Abb. 17.5 für eine homogene Flüssigkeit in einem U-Rohr zeigt.

Entlang dem Zickzackweg von A nach B weist jeder vertikale Abschnitt der Höhe y einen Druckunterschied von $\varrho g y$ auf, während längs eines horizontalen Wegstückes keine Druckänderung auftritt. Der Druckunterschied $p_B - p_A$ beträgt daher das ϱg-fache der algebraischen Summe aller vertikalen Wegstücke von A nach B, also $\varrho g(y_2 - y_1)$.

Enthielte das U-Rohr mehrere, nicht mischbare Flüssigkeiten, zum Beispiel eine dichte im rechten Schenkel und eine weniger dichte im linken Schenkel, wie in Abb. 17.5b gezeigt ist, so sind die Drücke in den beiden Schenkeln in gleicher Höhe verschieden. Der Druck in A ist größer als der in B, während die Punkte C demselben Druck ausgesetzt sind. Im linken Schenkel verringert sich der Druck von C nach A weniger als von C nach B im rechten Schenkel, denn die Flüssigkeitssäule zwischen C und A wiegt weniger als die zwischen C und B.

Beispiel 2

Ein U-Rohr sei teilweise mit Wasser gefüllt. In einen der beiden Schenkel wird eine andere Flüssigkeit gegossen, die sich nicht mit Wasser mischt, bis die Oberfläche um den Betrag d höher steht als das Wasser im anderen Schenkel. Dessen Meniskus hat sich während des Eingießens um den Betrag l gehoben (Abb. 17.6).

Die Punkte C befinden sich in beiden Schenkeln auf gleicher Höhe und in demselben Medium. Es herrscht dort gleicher Druck. Der Druckabfall von beiden Punkten C zu den darüberliegenden Flüssigkeitsspiegeln, die beide unter Atmosphärendruck stehen, ist gleich groß.

Der Druckabfall auf der Wasserseite ist $\varrho_W g 2l$. Der Faktor 2 ergibt sich daraus, daß die Oberfläche im linken Schenkel während des Einfüllens der zweiten Flüssigkeit um den Betrag l gesunken und im rechten Schenkel um l gestiegen ist. Der Druckabfall auf der Nichtwasserseite beträgt

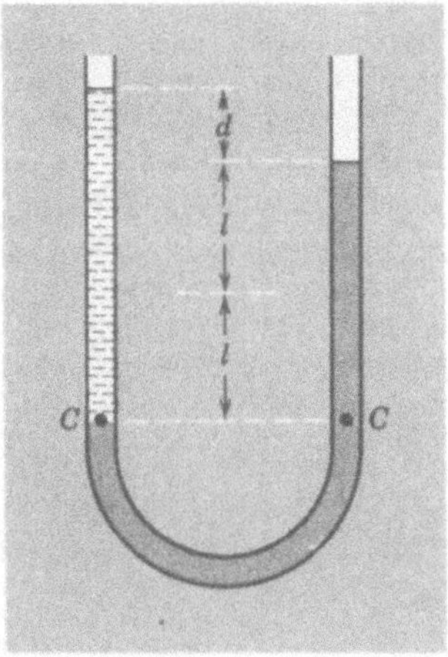

Abb. 17.6 Zu Beispiel 2

$\varrho g(d+2l)$, wobei ϱ die Dichte der unbekannten Flüssigkeit ist. Wegen des gleichen Druckabfalls auf beiden Seiten muß also

$$\varrho_W g 2l = \varrho g(d+2l)$$

oder

$$\frac{\varrho}{\varrho_W} = \frac{2l}{(2l+d)}$$

gelten.

Das Verhältnis der Dichte eines Stoffes zu der Dichte eines anderen Stoffes (als Bezugsstoff wird meistens Wasser genommen) nennt man die relative Dichte oder das Dichteverhältnis.

17.4 Pascalsches Prinzip und Archimedisches Prinzip

Die Abb. 17.7 zeigt eine Flüssigkeit in einem Zylinder, der mit einem beweglichen Kolben abgeschlossen ist. Über diesen kann ein äußerer Druck p auf die Flüssigkeit ausgeübt werden. Der Druck p in einem beliebigen Punkt P im Abstand h von der Oberfläche ist nach Gl. 17.4 zu

$$p = p_0 + \varrho g h$$

gegeben. Erhöht man den äußeren Druck um einen Betrag Δp_0 (der gegenüber p_0 nicht klein zu sein braucht), so wird wegen der Inkompressibilität von Flüssigkeiten die Dichte ϱ während des Hineindrückens des Kolbens praktisch konstant bleiben. Aus obiger Gleichung liest man ab, daß sich damit auch der Gesamtdruck im Punkt P um den Betrag Δp_0 erhöht hat. Dieses Ergebnis wurde schon von Blaise Pascal (s. S. 478) gefunden und wird daher *Pascalsches Prinzip* genannt. Meistens wird es folgendermaßen formuliert: Wirkt auf eine allseits eingeschlossene Flüssigkeit (oder ein Gas) ein Druck

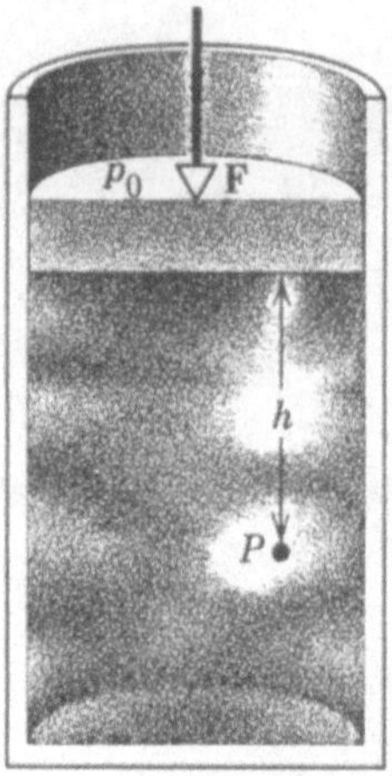

Abb. 17.7 Auf ein Fluid in einem Zylinder wird über einen Stempel ein Druck ausgeübt. Der Druck in jedem beliebigen Punkt P hängt nicht nur von dem Gewicht des Fluids über dem Punkt P ab, sondern auch von der Kraft, die der Stempel ausübt.

ein, so breitet sich dieser mit gleicher Stärke allseitig aus (*hydrostatischer Druck*) und wirkt ebenso stark auf die Wandung des Gefäßes ein. Dieses Prinzip gilt auch für eine Flüssigkeit, die nicht der Schwerkraft unterworfen ist, d. h. für die der Schweredruck ϱgh in obiger Gleichung zu Null wird. In diesem Fall herrscht in der Flüssigkeit und an den Begrenzungsflächen überall der gleiche hydrostatische Druck.

Die Pascalsche Aussage ergibt sich zwanglos aus den Gesetzen der Mechanik von Flüssigkeiten und Gasen, und sie ist daher kein unabhängiges Prinzip.

Obwohl man Flüssigkeiten oft als inkompressibel bezeichnet, kann man sie tatsächlich doch ein wenig komprimieren. Das bedeutet, daß eine an irgendeiner Stelle erzeugte Druckänderung sich wie eine Welle durch die Flüssigkeit mit Schallgeschwindigkeit ausbreitet. Sobald diese Störung verebbt ist und sich wieder ein Gleichgewicht eingestellt hat, ist das Pascalsche Prinzip wieder gültig. Das Prinzip gilt ebenfalls für Gase, wenn auch nur mit Vorbehalt, da in einem eingeschlossenen Gas als Folge einer Druckerhöhung durchaus größere Volumenänderungen auftreten können.

Eine andere Folgerung aus den Gesetzen der Mechanik ruhender Fluide stellt das *Archimedische Prinzip* dar. Wenn ein Körper teilweise oder vollständig in eine Flüssigkeit oder ein Gas eintaucht, so übt das Medium auf jeden Teil des mit ihm in Berührung stehenden Körpers einen Druck aus. Der Druck wird um so größer, je tiefer der Körper eingetaucht ist. Die Resultierende aller auftretenden Kräfte ist eine aufwärts gerichtete Kraft, der sogenannte *Auftrieb*. Die Größe und die Richtung der Kraft kann man leicht bestimmen.

Die Kraft auf die Oberfläche eines eingetauchten Körpers hängt sicher nicht von seiner Materialbeschaffenheit ab. Nehmen wir einmal an, der Körper, soweit er jedenfalls eingetaucht ist, sei durch ein gleiches Volumen des Mediums ersetzt, in dem er gerade schwimmt. Dieser Teil des Mediums erfährt nunmehr den Druck, dem vorher der Körper ausgesetzt war (Abb. 17.8). Trotzdem wird er in Ruhe verharren, denn die resultierende Aufwärtskraft entspricht gerade der Gewichtskraft dieses Mediumanteiles; sie muß senkrecht nach oben gerichtet sein und durch den Schwerpunkt des Mediumantei-

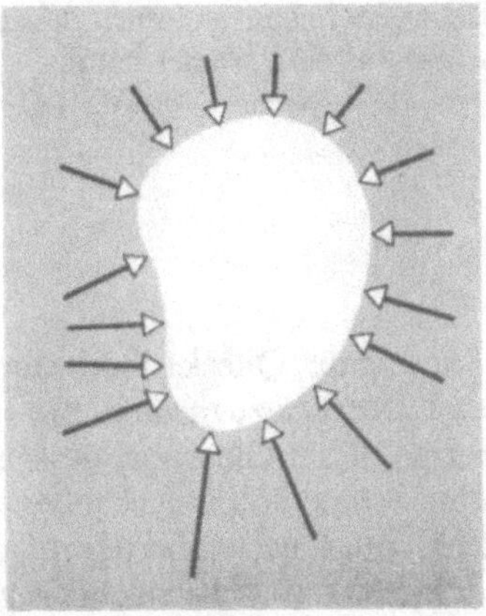

Abb. 17.8 Zum Archimedischen Prinzip. Das Medium übt auf den eingetauchten Körper allseitig Kräfte aus.

les gehen. Hieraus leitet sich nun das Archimedische Prinzip her: Ein vollständig oder teilweise in eine Flüssigkeit oder ein Gas eingetauchter Körper wird mit einer Kraft nach oben getrieben, die genau dem Gewicht der vom Körper verdrängten Flüssigkeit (oder des Gases) entspricht. Wir betonen nochmals, daß die Auftriebskraft senkrecht nach oben wirkt und vom Schwerpunkt des vom Körper verdrängten Flüssigkeitsvolumens (Gasvolumens) ausgeht. Der Angriffspunkt der Auftriebskraft des eingetauchten Körpers wird *Auftriebsmittelpunkt* genannt. Dieser ist also nicht mit dem Schwerpunkt des Körpers identisch!

Beispiel 3

Wieviel des Volumens V_E eines schwimmenden Eisberges ist oberhalb der Wasserlinie zu sehen? Die Dichte von Eis ist $\varrho_E = 0.92\,\mathrm{g/cm^3}$ und die von Seewasser $\varrho_W = 1.03\,\mathrm{g/cm^3}$.

Das Gewicht des Eisberges beträgt

$$W_E = \varrho_E V_E g.$$

Das Gewicht des verdrängten Seewassers mit dem Volumen V_W entspricht dem Auftrieb des Eisberges:

$$F_A = \varrho_W V_W g.$$

Da sich der schwimmende Eisberg im Gleichgewicht befindet, sind Auftriebskraft und Gewichtskraft gleich groß, so daß

$$\varrho_W V_W g = \varrho_E V_E g$$

und

$$\frac{V_W}{V_E} = \frac{\varrho_E}{\varrho_W} = \frac{0.92}{1.03} = 0.89$$

gelten. Das Volumen des verdrängten Wassers V_W entspricht gerade dem Volumen des untergetauchten Teils des Eisberges, und nur der Rest von 11 % ragt aus dem Wasser heraus.

17.5 Messen des Druckes

Evangelista Torricelli (1608–1647) schuf mit der Erfindung des Quecksilberbarometers im Jahre 1643 eine Methode, um den atmosphärischen Luftdruck zu messen. Ein solches Barometer besteht aus einem langen mit Quecksilber gefüllten Glasrohr, dessen eines Ende verschlossen ist und dessen anderes Ende in eine Schale voll Quecksilber taucht (Abb. 17.9). Der Raum über der Quecksilbersäule enthält nur Quecksilberdampf, dessen Druck unter gewöhnlichen Laborbedingungen so gering ist, daß er vernachlässigt werden darf. Der atmosphärische Druck p_0 läßt sich nach Gl. 17.4 als

$$p_0 = \varrho g h$$

angeben.

Viele Geräte zur Druckmessung beziehen sich auf den atmosphärischen Druck als Vergleichsdruck. Sie messen den sogenannten *Manometerdruck*, nämlich die Differenz zwischen dem zu messenden Druck und dem äußeren Luftdruck. Den tatsächlichen Druck in einem Punkt eines Mediums nennt man den *absoluten Druck*. Der Manometer-

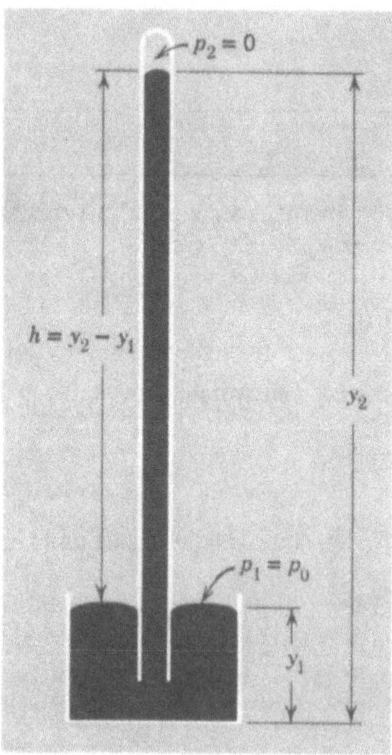

Abb. 17.9 Das Barometer von Torricelli

druck gibt nur den Druck oberhalb oder unterhalb des atmosphärischen Druckes an. Der Druck der Atmosphäre an irgendeiner Stelle ist gleich dem Gewicht einer Luftsäule, die sich von dem betreffenden Punkt bis zum oberen Ende der Atmosphäre erstreckt, geteilt durch die Größe der Querschnittsfläche der Säule. Der Luftdruck nimmt also mit der Höhe ab. Da die Atmosphäre nicht ruht, treten zeitliche und räumliche Schwankungen des Luftdruckes auf. Auf Meereshöhe wird ein Barometer eine Quecksilbersäule von 76 cm Höhe aufweisen, deren Höhe aber Veränderungen des Luftdruckes unterworfen ist. Man nennt den Druck, der eine Quecksilbersäule von genau 76 cm bei 0 °C bei der Normfallbeschleunigung von $g_n = 9.80665\ \mathrm{m/s^2}$ hält, eine *physikalische Atmosphäre*, Abkürzung atm. Die Dichte von Quecksilber bei dieser Temperatur beträgt $13.595\ \mathrm{g/cm^3}$. Daraus errechnet man nach obiger Formel

$$\begin{aligned} 1\ \mathrm{atm} &= (13.5950\ \mathrm{g/cm^3})(980.665\ \mathrm{cm/s^2})(76.00\ \mathrm{cm}) \\ &= 1.013 \times 10^5\ \mathrm{N/m^2} = 1.013 \times 10^5\ \mathrm{Pa}. \end{aligned}$$

Leider wird noch heute der Druck häufig in Längeneinheiten einer Quecksilbersäule angegeben, also in mmHg oder in cmHg. Wie wir wissen, stellt der Druck jedoch eine Kraft auf eine Fläche dar und keineswegs eine Länge.

In Briefen an seinen Freund Michelangelo Ricci in Rom schilderte Torricelli 1644 seine Experimente mit einem Quecksilberbarometer. Er schrieb, daß es nicht seine eigentliche Absicht war, in seinen Versuchen ein Vakuum herzustellen, sondern vielmehr ein Instrument zu bauen, das die Schwankungen der Luft angebe, nämlich das eine Mal schwerer und dichter zu sein und das andere Mal leichter und dünner. In Frankreich erfuhr Blaise Pascal von diesen italienischen Experimenten und folgerte, daß eine Quecksilbersäule, wenn sie wirklich nur vom Luftdruck getragen werde, in größeren Höhen kürzer sein müsse. Das prüfte er auf einem Kirchturm in Paris nach, wünschte aber noch weitere, aussagekräftigere Untersuchungen. Er schrieb an seinen Schwager und bat ihn, den Versuch auf dem Puy de Dôme, einem hohen Berg in der Auvergne, nachzuvollziehen. Als Resultat ergab sich dabei immerhin ein Unterschied von 7.5 cm zwischen den Höhen der gemessenen Quecksilbersäulen. Das versetzte ihn in „Erstaunen und Bewunderung". Pascal entwickelte daraufhin ein eigenes Barometer, welches aus einem 14 m hohen, mit Rotwein gefüllten Glasrohr bestand.

Die überwiegende Bedeutung dieser Experimente zu jener Zeit war die Tatsache, daß es möglich war, einen vollkommen evakuierten Raum herzustellen. Aristoteles hatte gelehrt, daß ein Vakuum nicht existieren könne, und auch Descartes war noch dieser Meinung. Über 2000 Jahre lang sprachen Philosophen von einem Abscheu der Natur vor einem Vakuum, dem ‚*horror vacui*'. Die Natur, so sagte man, verhindere das Entstehen eines Vakuums, indem alle Dinge in der unmittelbaren Nähe ergriffen würden und den evakuierten Raum umgehend wieder aufzufüllen versuchten. Daher erwartete man bei den gegenwärtigen Experimenten, daß das Quecksilber oder der Wein das umgedrehte Glasrohr wieder ausfüllen würden. Die Experimente von Torricelli und Pascal hingegen zeigten den Menschen, daß der Natur in dieser Beziehung durchaus Grenzen gesetzt waren. Diese Erkenntnisse stellten damals eine Sensation dar. Das weitere Bemühen um die Herstellung von Vakua wurde entscheidend unterstützt durch die Entwicklung von Pumpen durch Otto von Guericke um 1650 in Deutschland und durch Robert Boyle um 1660 in England. Obwohl diese Pumpen noch sehr einfach konstruiert waren, stellten sie eine nützliche Hilfe beim Experimentieren dar. Mittels einer Pumpe und eines Glasrohres konnte so ein Experimentierraum geschaffen werden, in dem die Eigenschaften von Wärme, Licht, Schall und später auch von Elektrizität und Magnetismus in einer sich verdünnenden Atmosphäre untersucht werden konnten. Obwohl wir auch heute ein Gefäß nicht restlos evakuieren können, befreite das Experiment von Torricelli die Wissenschaft schon im 17. Jahrhundert von dem Schreckgespenst des ‚*horror vacui*' und spornte sie an, noch bessere Vakua herzustellen.

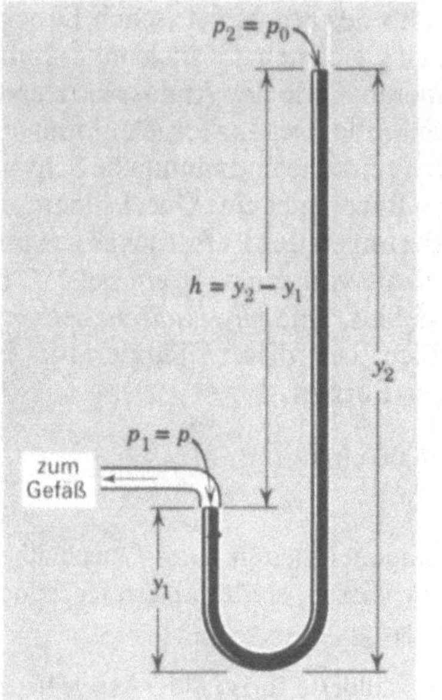

Abb. 17.10 Ein Flüssigkeitsmanometer in Form eines offenen U-Rohres

Es ist bemerkenswert, daß innerhalb weniger Jahrzehnte des 17. Jahrhunderts nicht weniger als sechs bedeutende Instrumente erfunden wurden, nämlich das Barometer, die Luftpumpe, die Pendeluhr, das Teleskop, das Mikroskop und das Thermometer.

Abb. 17.10 zeigt ein Flüssigkeitsmanometer. Es besteht aus einem mit einer Flüssigkeit gefüllten U-förmigen Rohr. Ein Ende des Rohres ist zur Atmosphäre hin offen, das andere Ende ist mit dem zu messenden System verbunden. Aus Gl. 17.4 erhält man

$$p - p_0 = \varrho g h.$$

Der Manometerdruck $p - p_0$ ist also proportional zu der Höhendifferenz der beiden Flüssigkeitssäulen im U-Rohr. Will man mit dieser Anordnung ein Gas unter hohem Druck messen, verwendet man eine dichte Flüssigkeit wie Quecksilber, bei niedrigen Gasdrücken dagegen eine Wasserfüllung.

Beispiel 4

Ein Quecksilbermanometer (Abb. 17.10) ist mit einem Gasbehälter verbunden. Die Quecksilbersäule steht in der rechten Seite des Manometers um 39 cm höher als in der linken Seite. Auf einem Barometer können wir für den Luftdruck einen Wert von 75 cmHg ablesen. Wie hoch ist der absolute Druck im Gasbehälter in den Einheiten cmHg, atm, Pa und kp/m^2?

Der zu messende Gasdruck lastet auf der Oberfläche der linken Quecksilbersäule und ist genauso groß wie der Druck in der rechten Säule auf gleicher Höhe. Der setzt sich zusammen aus dem atmosphärischen Luftdruck (75 cmHg) und dem Schweredruck der darüberstehenden 39 cm langen Quecksilbersäule, insgesamt also 114 cmHg bei Annahme von Normalbedingungen. Der absolute Druck des Gases in dem Behälter beträgt mithin

$$114\,\text{cmHg} = (114/76)\,\text{atm} = 1.50\,\text{atm} = 1.52\times10^5\,\text{Pa}$$
$$= 0.10197\,(1.52\times10^5)\,\text{kp/m}^2 = 15.5\,\text{Mp/m}^2.$$

Wie hoch ist der Manometerdruck?

Fragen

1. Man schätze die mittlere Dichte des menschlichen Körpers ab. Wie kann man die Dichte exakt bestimmen? Man greife dabei auf die Ausführungen des vorangegangenen Kapitels zurück.
2. Bettlägerige Kranke liegen sich weniger schnell wund, wenn sie anstelle einer gewöhnlichen Matratze ein Wasserbett benutzen. Welche Erklärung gibt es dafür?
3. (a) Zwei Körper (zum Beispiel Bälle) haben die gleiche Größe, aber unterschiedliche Dichten. Wenn beide aus gleicher Höhe gleichzeitig losgelassen werden, wird der schwerere Körper zuerst den Boden erreichen. Warum? Der Luftwiderstand sei für beide Körper gleich groß. (b) Zwei Körper (zum Beispiel Regentropfen) haben die gleiche Form und die gleiche Dichte, aber unterschiedliche Größen. Welcher der beiden Körper wird schneller fallen, wenn der Luftwiderstand proportional zur Fallgeschwindigkeit ist?
4. In jedes der drei Gefäße in Abb. 17.11, die die gleiche Grundfläche besitzen, wird Wasser bis zum gleichen Füllstand eingegossen. Wenn der Bodendruck in allen Gefäßen gleich groß ist, so ist auch die Kraftwirkung auf die Grundflächen gleich groß. Warum haben die gefüllten Gefäße dann aber unterschiedliche Gewichte? Dieses sich offenbar widersprechende Ergebnis ist als ‚*hydrostatisches Paradoxon*' bekannt.

Abb. 17.11 Zu Frage 4

5. Kann ein Bergsteiger bis auf eine Höhe klettern, in der der Luftdruck nur noch halb so groß ist wie auf Meereshöhe?
6. (a) Ein Eiswürfel schwimmt in einem Wasserglas. Steigt der Wasserspiegel, wenn das Eis schmilzt? (b) Enthielte der Eiswürfel ein Stückchen Blei, so würde der Wasserspiegel im Glas beim Schmelzen sinken. Warum?
7. Wenn man eine Zitronenscheibe in eine Tasse Tee gibt, sinkt die Zitrone zunächst zu Boden. Später schwimmt sie obenauf. Welche Erklärung gibt es für dieses Verhalten?
8. Gilt das Archimedische Prinzip auch in einem Gefäß, das frei fällt, oder in einem Satelliten in einer Umlaufbahn? Erklärung?
9. Ein kugelförmiger Korken schwimmt halb untergetaucht in einer Teekanne, die sich auf der Erde im Ruhezustand befindet. Wird der Kork in der Kanne an Bord eines im Weltall fliegenden Raumschiffes auch noch schwimmen? Sinkt er nieder? Wie verhält er sich auf der Oberfläche des Jupiters?
10. Zwei Hohlkörper von gleichem Gewicht und Volumen sowie gleicher Gestalt unterscheiden sich nur dadurch, daß der eine am Boden eine Öffnung aufweist, während der andere geschlos-

sen ist. Beide Körper werden nun gleich tief in Wasser eingetaucht. Sind die dafür erforderlichen Arbeiten verschieden? Wenn ja, warum, und für welchen Körper ist weniger Arbeit erforderlich?

11. Ein Ball schwimmt auf der Wasseroberfläche in einem offenen Behälter. Wird der Ball weiterhin auf gleicher Höhe schwimmen, wird er tiefer eintauchen oder höher steigen, wenn der Behälter geschlossen und die Luft (a) abgepumpt und (b) komprimiert wird?
12. Warum steigt ein aufgeblasener Ballon nur bis zu einer ganz bestimmten Höhe auf, während ein U-Boot, wenn es angefangen hat zu sinken und sich selbst überlassen bliebe, bis auf den Grund des Meeres sinken würde?
13. Wie kann ein U-Boot abtauchen, aufsteigen oder in gleicher Tiefe schweben? Bewegen sich Fische nach demselben Prinzip?
14. Eine Plastiktüte hat unter normalen Luftdruckbedingungen im leeren zusammengelegten Zustand das gleiche Gewicht wie im aufgeblähten, mit Luft gefüllten Zustand. Warum? Wäre das auch im Vakuum so?
15. Ein leckgeschlagenes Trampschiff, das gerade noch fähig ist, in der Nordsee zu schwimmen, fährt die Elbemündung aufwärts in Richtung eines Hamburger Docks. Warum wird das Schiff sinken, bevor es ankommt?
16. Befindet sich ein schwimmender Körper wirklich nur dann in einem stabilen Gleichgewicht, wenn sein Auftriebsmittelpunkt oberhalb seines Schwerpunktes liegt? Man erkläre das an einigen Beispielen.
17. Warum haben Indianer in ihren Kanus keine Sitze?
18. Warum kentern sinkende Schiffe häufig, bevor sie untergehen?
19. Wie in Beispiel 3 gezeigt wurde, sind 89 % eines schwimmenden Eisberges verdeckt unterhalb der Wasserlinie. Gelegentlich kentern Eisberge, was verheerende Folgen für in der Nähe befindliche Schiffe haben kann. Wie kann es überhaupt zum Kentern kommen, wenn sich doch der größte Teil der Masse unter Wasser befindet?
20. Ein mit Eisenschrott beladener Lastkahn wartet in einer Kanalschleuse. Was könnte man am Wasserstand der Schleusenkammer beobachten, wenn der Schrott über Bord geworfen würde?
21. Ein Eimer voll Wasser hängt an einer Federwaage. Ändert sich die Anzeige der Waage, wenn ein Stückchen Eisen an einem Faden von oben in das Wasser getaucht wird? Was würde beim Eintauchen eines Korken passieren?
22. Aufrecht in einen See hineingestoßene Baumstämme schlagen bald um und schwimmen waagerecht weiter. Warum?
23. Warum schwimmt ein Holzstock normalerweise waagerecht, wenn er an einem Ende aber genügend belastet wird, dagegen senkrecht (vgl. Aufgabe 30)?
24. Ein fester Zylinder steht auf dem Boden eines Gefäßes. Gießt man nun eine Flüssigkeit in den Behälter, so fließt nichts davon unter den Zylinder und dieser bleibt fest auf dem Boden stehen. Wirkt auf den Zylinder etwa keine Auftriebskraft?
25. Wie groß ist ungefähr die Auftriebskraft, die die Luftatmosphäre auf einen Menschen ausübt?
26. Trotz vieler praktischer Schwierigkeiten ist es grundsätzlich möglich, einen Ozeanriesen in wenigen Hektolitern Wasser schwimmen zu lassen. Wie würde man am besten vorgehen?
27. Übt das Tiefseewasser im Marianengraben (11 000 m Tiefe) im Prinzip einen größeren oder einen geringeren Auftrieb aus als Oberflächenwasser?
28. Bergsteiger benutzen zur Höhenbestimmung ein Aneroidbarometer. Wieso geht das, wenn doch bekanntlich der Luftdruck an einem Standort nicht konstant ist?
29. Was ist an der folgenden Aussage falsch? Der Luftdruck beträgt 753 mmHg, wenn die Atmosphäre eine Quecksilbersäule von 753 mm Länge in einem Barometer zu tragen vermag.
30. Welchen Einfluß hat der innere Durchmesser eines Barometerrohres auf die Anzeige?
31. Bei einem Flüssigkeitsmanometer hat einer der beiden Schenkel den doppelten Durchmesser des anderen. Auf welche Weise beeinflußt das die Anzeige? Macht es etwas aus, welches der beiden Rohrenden mit dem zu messenden Gefäß verbunden ist?
32. Wie kann ein Arzt den Blutdruck messen?

33. Flüssigkeitsbehälter werden beim Lufttransport in großer Höhe manchmal undicht. Warum? Spielt es eine Rolle, ob die Behälter richtig herum stehen, mit der Oberseite oben? Würde sich etwas ändern, wenn die Behälter vollständig gefüllt wären?
34. Ein Quecksilberbarometer hat beim Normdruck (1 atm) auf der Erdoberfläche eine Säulenhöhe von 76 cm. Wie groß wäre die Höhe der Säule in einem Satelliten auf einer Erdumlaufbahn?
35. Ein Eimer Wasser steht auf einer glatten Ebene, die um den Winkel α gegen die Horizontale geneigt ist. Wie groß ist im Gleichgewicht die Neigung der Wasseroberfläche gegen die Horizontale, (a) wenn der Eimer ruht, $a = 0$ und $v = 0$, (b) wenn der Eimer mit konstanter Geschwindigkeit die Ebene hinabrutscht, $a = 0$ und $v =$ konstant, (c) wenn der Eimer ohne Reibungswiderstand hinunterrutscht, $a =$ konstant? Was geschähe, wenn die Ebene nicht plan, sondern gewölbt wäre, so daß a nicht konstant wäre?
36. Ein mit Wasser gefülltes U-Rohr rotiert um eine vertikale Achse, die durch die Mitte eines der beiden Schenkel geht. In einem Schenkel sinkt dabei der Wasserspiegel, im anderen steigt er an. Man gebe eine ausführliche Erklärung hierzu (vgl. Aufgabe 18).
37. Wie kann der Druck eine skalare Größe sein, wenn durch ihn Kräfte, also vektorielle Größen, hervorgerufen werden können?
38. Ein dünnwandiges Rohr kann bersten, wenn ein Druckunterschied zwischen innen und außen besteht. Das Rohr platzt eher, wenn der Überdruck außen herrscht. Warum ist das so?
39. Im diesem Kapitel haben wir Flüssigkeiten unter Kompression betrachtet. Gibt es auch das Gegenteil, kann man Flüssigkeiten dehnen? Wenn ja, würden sie unter genügend hoher Zugspannung wie feste Körper zerreißen?

Aufgaben

Abschnitt 17.2

1. Wie hoch ist der Druckanstieg in der Injektionsflüssigkeit einer Spritze, wenn die Krankenschwester eine Kraft von 42 N auf den Kolben der Spritze (Durchmesser 1.1 cm) ausübt? *Antwort:* 1.1×10^5 Pa.
2. Ein luftdichter evakuierter Kasten ist auf der Unterseite mit einem Deckel der Fläche 77 cm^2 verschlossen. Wie groß war der Unterdruck in dem Kasten, wenn bei einem atmosphärischen Luftdruck von 1035 kPa der Deckel durch ein Gewicht von 50 kg abgerissen wurde?
3. Im Jahre 1654 führte Otto von Guericke, Bürgermeister von Magdeburg und Erfinder der Luftpumpe, vor dem Reichstag in Regensburg einen Versuch vor, bei dem er zwei aufeinandergepreßte und luftleer gepumpte Halbkugeln aus Metall durch je ein Gespann von 8 Pferden an jeder Halbkugel auseinanderreißen ließ.
(a) Man zeige, daß eine Kraft von $F = \pi R^2 P$ zum Auseinanderreißen nötig ist. Dabei sei R der äußere Radius der Halbkugeln und P die Differenz der Drücke außerhalb und innerhalb der Kugel (Abb. 17.12). (b) Mit welcher Kraft müßten die Kugeln auseinandergezogen werden,

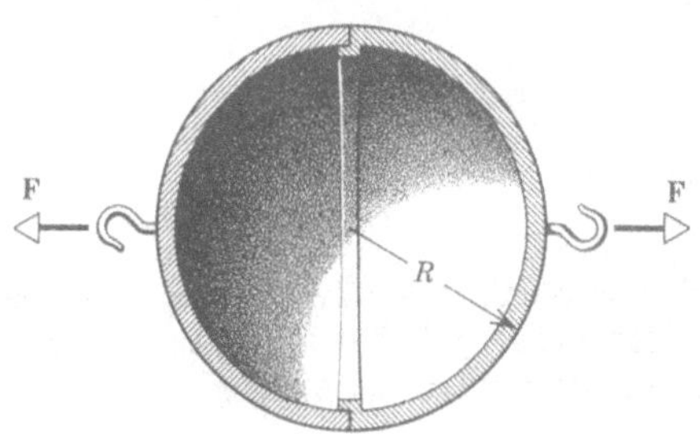

Abb. 17.12 Zu Aufgabe 3

wenn $R = 30$ cm und der innere Druck 0.1 atm wäre? (c) Warum benutzte Guericke bei seiner Demonstration zwei Gespanne? Hätte nicht ein Gespann gereicht?

Abschnitt 17.3

4. Welcher Druck herrscht im Ozean in 150 m Tiefe? Die relative Dichte von Meerwasser ist 1.03 und der Luftdruck auf Meereshöhe 1 bar.
5. Wie groß ist der Unterschied zwischen dem Blutdruck im Gehirn und im Fuß eines 1.83 m großen Menschen? Die mittlere Dichte des Blutes sei 1.06×10^3 kg/m³.
Antwort: 1.9×10^4 Pa.
6. Angenommen, die menschliche Lunge könnte gegen einen Druckunterschied von wenigstens einem Zwanzigstel des Normdruckes (1.013325×10^5 Pa) arbeiten. Wie tief unter der Wasseroberfläche könnte dann ein Taucher mit einem Schnorchel noch schwimmen?
7. Wie groß ist der Luftdruck in einer Höhe von 16 km über dem Meeresspiegel?
Antwort: 1.6×10^4 Pa.
8. (a) Man zeige, daß die Höhe H, in der der Atmosphärendruck nur noch $1/e$ des Luftdrucks des Meeresniveaus beträgt, die Gesamthöhe einer Atmosphäre wiedergibt, die überall die gleiche Dichte hat – nämlich die Dichte der Erdatmosphäre auf Meeresniveau – und die den gleichen Druck auf die Erdoberfläche ausübt wie die tatsächliche Erdatmosphäre (Skalenhöhe).
(b) Man zeige, daß die Skalenhöhe der Erdatmosphäre 8.62 km ist (vgl. Beispiel 1).
9. Wie hoch wäre die Erdatmosphäre, (a) wenn die Dichte der Luft überall konstant wäre, (b) wenn die Dichte der Luft linear mit der Höhe bis auf den Wert Null abnähme? Die Dichte von Luft auf Meereshöhe ist 1.3 kg/m³.
Antwort: (a) 8 km; (b) 16 km.
10. Ein Schwimmbecken habe die Maße 25 m × 10 m × 2.5 m und sei mit Wasser gefüllt. (a) Wie groß ist der Schweredruck auf die Bodenfläche, und wie groß sind die Seitendrücke? (b) Muß man den atmosphärischen Druck berücksichtigen, wenn man die Belastbarkeit der Beckenwände berechnen will?
11. Ein U-Rohr sei teilweise mit Quecksilber gefüllt. Wie hoch steigt die Quecksilbersäule in einem Schenkel, wenn auf der anderen Seite soviel Wasser eingefüllt wird, daß dessen Oberfläche 13.6 cm über dem Quecksilbermeniskus steht?
Antwort: 0.5 cm.
12. Wie in Abb. 17.13 gezeigt, steht hinter einem Abschlußdamm der Länge W eine Wasserfront der Höhe D. (a) Wie groß ist die durch den Wasserdruck ausgeübte resultierende horizontale Kraftkomponente auf den Damm? (b) Wie groß ist das Drehmoment, das der Wasserdruck auf den Damm um eine Linie parallel zum Damm durch den Punkt O ausübt?

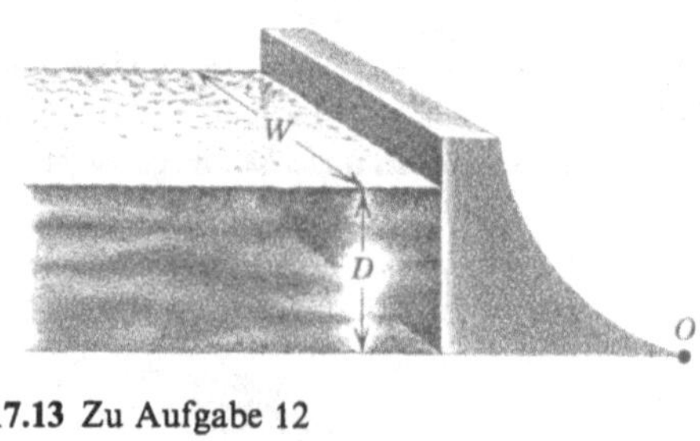

Abb. 17.13 Zu Aufgabe 12

13. Drei nicht miteinander mischbare Flüssigkeiten werden in einen Zylinder gegossen. Die Volumina und Dichten seien 0.5 l und 2.6 g/cm³, 0.25 l und 1.0 g/cm³, 0.4 l und 0.8 g/cm³. Wie groß ist die Gesamtkraft auf den Boden des Gefäßes unter Vernachlässigung des Atmosphärendruckes?
Antwort: 18 N.

14. Zwei identische Gefäße mit der Grundfläche A werden mit einer Flüssigkeit der Dichte ϱ bis zur Höhe h_1 bzw. h_2 gefüllt. Welche Arbeit wird verrichtet, wenn die Gefäße verbunden werden und sich die Flüssigkeitssäulen ausgleichen?
15. (a) Ein Behälter mit einer Flüssigkeit werde senkrecht nach oben beschleunigt. Man zeige, daß die Abhängigkeit des Druckes von der Tiefe h in der Flüssigkeit durch

$$p = \varrho h\,(g + a)$$

gegeben ist, wenn ϱ die Dichte der Flüssigkeit ist und a die Beschleunigung. (b) Man zeige, daß bei einer Beschleunigung nach unten

$$p = \varrho h(g - a)$$

gilt. (c) Wie sieht das Ganze im freien Fall aus?
16. (a) Man betrachte eine Flüssigkeitsmenge in einem Behälter, der horizontal beschleunigt wird. Bei einer solchen Bewegung fällt der Flüssigkeitsspiegel an der Vorderfront und steigt an der Rückfront des Behälters. Man zeige, daß die Flüssigkeitsoberfläche um den Winkel α mit $\tan\alpha = a/g$ gegen die Horizontale geneigt ist, wenn a die horizontale Beschleunigung und g die Fallbeschleunigung ist. (b) Wie ändert sich der Druck in der Flüssigkeit mit der vertikalen Tiefe h unter der Oberfläche?
17. Die Berührungsfläche zwischen zwei ruhenden nicht miteinander mischbaren Flüssigkeiten unterschiedlicher Dichte ist eine waagerechte Ebene. Man erkläre dieses Verhalten daraus, (a) daß im stabilen Gleichgewicht die potentielle Energie eines Systems ein Minimum besitzt, (b) daß in jeder der beiden Flüssigkeiten der Druck in zwei Punkten auf derselben waagerechten Ebene der gleiche ist.
18. In einem zylindrischen Gefäß rotiert eine Flüssigkeit mit konstanter Winkelgeschwindigkeit ω um die zentrale Achse. Man zeige, (a) daß sich der Druck in der Flüssigkeit in radialer Richtung nach folgender Beziehung ändert:

$$\frac{dp}{dr} = \varrho\omega^2 r,$$

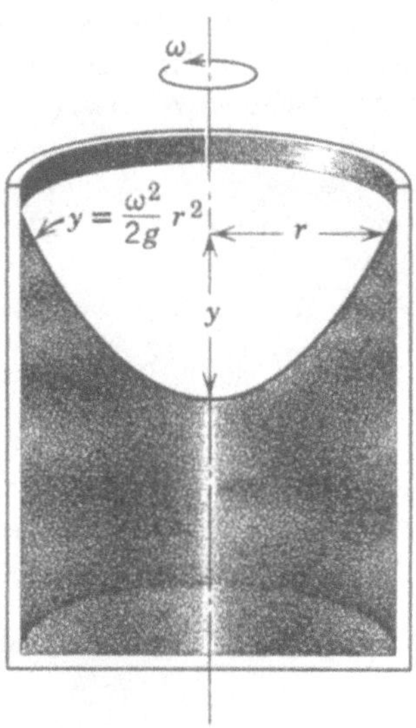

Abb. 17.14 Zu Aufgabe 18

(b) daß der Druck in einem beliebigen Punkt durch

$$p = p_c + \tfrac{1}{2}\varrho\omega^2 r^2$$

gegeben ist, wobei $p = p_c$ der Druck an der Achse ($r = 0$) ist, (c) daß die Flüssigkeitsoberfläche ein Paraboloid darstellt (Abb. 17.14) und ein senkrechter Schnitt durch das Paraboloid folgende Schnittkurve ergibt: $y = \omega^2 r^2/2g$,
(d) daß sich der Druck mit der Tiefe h nach $\mathrm{d}p = \varrho g\,\mathrm{d}h$ ändert.

Abschnitt 17.4

19. In einer hydraulischen Presse wird ein Stempel von kleinem Querschnitt a benutzt (Abb. 17.15), um eine kleine Kraft f auf eine eingeschlossene Flüssigkeit auszuüben, die den daraus resultierenden Druck auf einen großen Stempel des Querschnittes A überträgt. (a) Welche Kraft F erfährt der größere Stempel? (b) Der kleine Stempel habe einen Durchmesser von 5 cm und der größere von 50 cm. Mit welcher Gewichtskraft muß man auf den kleinen Stempel drücken, um auf der anderen Seite ein Gewicht von 2 Tonnen heben zu können? *Antwort:* (a) fA/a; (b) 20 kg.

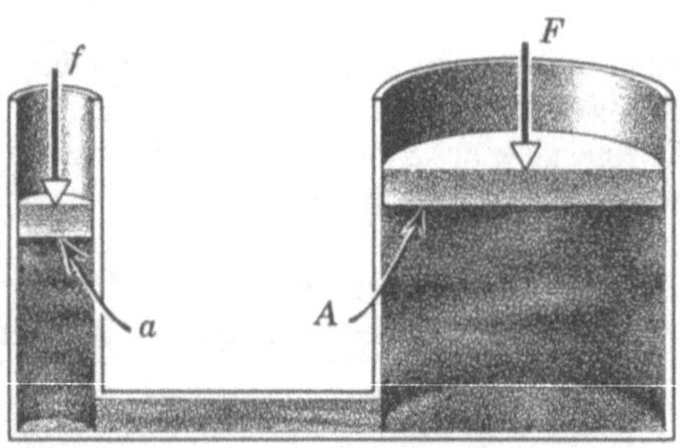

Abb. 17.15 Zu Aufgabe 19

20. Ein Würfel (Masse im Vakuum $W = 500$ kg, Seitenlänge $L = 50$ cm) ist an einem Seil hängend in ein offenes Gefäß voll Wasser der Dichte $\varrho = 1\ \mathrm{g/cm^3}$ eingetaucht (siehe Abb. 17.16). (a) Man gebe die Gesamtkraft an, die von Wasser und Atmosphäre auf die obere Fläche des Würfels ausgeübt wird. (b) Welche Kraft wirkt auf die untere Fläche des Würfels? (c) Welcher Zugspannung ist das Seil ausgesetzt?

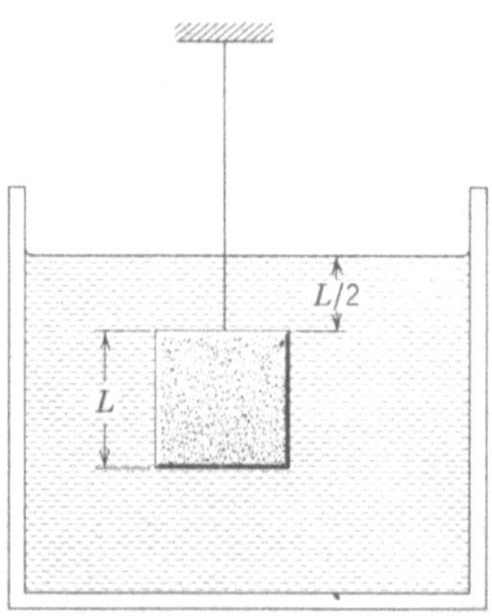

Abb. 17.16 Zu Aufgabe 20

21. (a) Wie groß müßte die Fläche einer im Wasser schwimmenden Eisscholle von 30 cm Dicke sein, damit sie ein Auto von 1100 kg Masse tragen könnte? (b) Ist der Standort des Autos auf der Scholle von Bedeutung?
Antwort: (a) 46 m^2; (b) ja.
22. Drei Jungen von gleicher Masse $W = 40$ kg bauen ein Floß aus Baumstämmen von 2 m Länge und 30 cm Durchmesser. Wieviele Baumstämme müssen sie zusammenbinden, damit sie das Floß trägt? Die Dichte von Holz sei 0.8 g/cm^3.
23. Ein Holzklotz schwimmt derart im Wasser, daß gerade zwei Drittel seines Volumens untergetaucht sind. In Öl wären sogar 90 % des Volumens eingetaucht. (a) Welche Dichte hat das Holz? (b) Welche Dichte hat das Öl?
Antwort: (a) 6.7×10^2 kg/m^3; (b) 7.4×10^2 kg/m^3.
24. Ein im Wasser schwimmender Holzklotz habe eine Dichte von 0.8 g/cm^3 und eine Masse von 3.67 kg. Er soll solange mit Blei beladen werden, bis noch 10 % seines Volumens über der Wasserlinie sichtbar sind. Wieviel Blei (Dichte 1.13×10^4 kg/m^3) kann man aufladen, (a) wenn das Blei obenauf gelegt wird, (b) wenn das Blei an der Unterseite des Klotzes befestigt wird?
25. Die Dichte von Luft sei 0.0012 g/cm^3 und die Dichte von Messinggewichten 8.0 g/cm^3. Welchen prozentualen Fehler macht man beim Wägen einer Probe mit der Masse m und der Dichte ϱ auf einer Balkenwaage, wenn man den Auftrieb in Luft vernachlässigt?
Antwort: $0.12\,(1/\varrho - 1/8)$.
26. Eine leere, kugelförmige Eisenschale schwimmt fast ganz untergetaucht im Wasser. Wie groß ist der Innendurchmesser der Schale, wenn der Außendurchmesser 60 cm beträgt und die Dichte von Eisen 7.8 g/cm^3?
27. Ein Eisengußstück mit vielen Hohlräumen wiegt in Luft 27 kg und in Wasser 18 kg. Welches Volumen nehmen die Hohlräume im Gußstück ein? Die Dichte von Eisen ist 7.8 g/cm^3.
Antwort: 5.5 dm^3.
28. Ein Würfel schwimmt in einer quecksilbergefüllten Schale. Ein Viertel seines Volumens ist untergetaucht. (a) Wieviel seines Volumens bleibt weiterhin in Quecksilber eingetaucht, wenn soviel Wasser obenauf gegossen wird, daß die Oberfläche des Würfels bedeckt ist? (b) Spielt die Form des schwimmenden Körpers überhaupt eine Rolle?
29. Ein U-Rohr ist mit einer homogenen Flüssigkeit gefüllt. Auf einer Seite wird die Flüssigkeit mit einem Stempel kurz hinuntergedrückt und dann sich selbst überlassen, so daß die Flüssigkeitsspiegel in beiden Schenkeln des U-Rohres zu oszillieren beginnen. Man zeige, daß die Periodendauer $\pi\sqrt{2L/g}$ beträgt, wobei L die Gesamtlänge der Flüssigkeit in dem Rohr ist.
30. Ein zylindrischer Holzstamm wird an einem Ende mit Blei beschwert, so daß er, wie in Abb. 17.17 gezeigt ist, aufrecht im Wasser schwimmt. Dann wird der Stamm in vertikale Schwingungen versetzt. Die Länge des eingetauchten Teiles des Stammes sei $l = 2.5$ m. (a) Man zeige, daß es sich um eine einfache harmonische Schwingung handelt. (b) Wie groß ist die Periodendauer der Schwingung? Die Dämpfung der Bewegung im Wasser werde vernachlässigt.

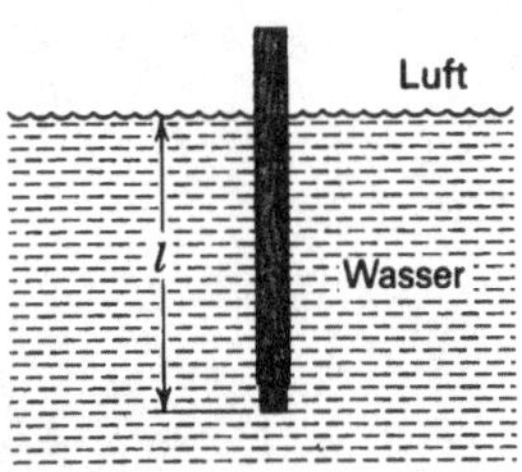

Abb. 17.17 Zu Aufgabe 30

31. Eine lange Holzlatte von gleichförmigem quadratischen Querschnitt schwimmt entweder mit zwei ihrer Seiten parallel zur Wasseroberfläche oder aber auf einer Kante mit allen vier Seiten um 45° gegen die Wasseroberfläche geneigt. Welche dieser Schwimmlagen nimmt die Latte ein, wenn ihre Dichte 0.2 bzw. 0.5 bzw. 0.8 g/cm³ beträgt?
32. In einem ruhenden mit Flüssigkeit gefüllten Gefäß halte ein Seil einen festen Körper schwebend unter der Oberfläche (Abb. 17.18). Die Zugkraft in dem Seil sei T_0, und die Dichte der Flüssigkeit sei größer als die des Körpers. Man zeige, daß bei einer senkrechten Beschleunigung a nach oben die Zugkraft durch $T = T_0\,(1 + a/g)$ gegeben ist.

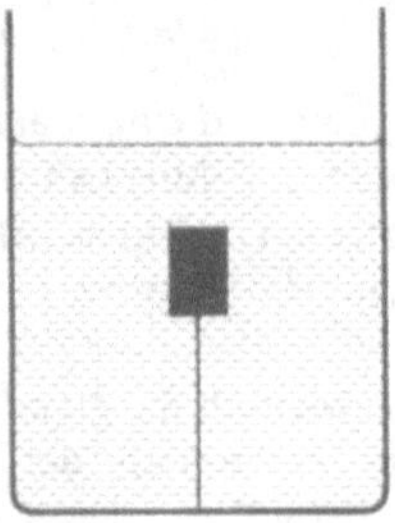

Abb. 17.18 Zu Aufgabe 32

18 Dynamik der Flüssigkeiten und Gase

18.1 Allgemeines über strömende Flüssigkeiten und Gase

Man kann die Bewegung eines strömenden Fluids dadurch beschreiben, daß man das strömende Medium in infinitesimale Volumenelemente zerlegt und dann die Bewegung jedes dieser Elemente einzeln verfolgt. Das wäre ein ungeheurer Arbeitsaufwand. Man müßte allen Elementen Koordinaten x, y, z zuordnen und diese als Funktionen der Zeit angeben. Ein Element, das zur Zeit t_0 bei x_0, y_0, z_0 gewesen war, würde zur Zeit t durch die Funktionen $x(x_0, y_0, z_0, t_0, t)$, $y(x_0, y_0, z_0, t_0, t)$, $z(x_0, y_0, z_0, t_0, t)$ bestimmt sein, die dann in ihrer Gesamtheit die Bewegung des Fluids wiedergäben. Dieses Verfahren wäre eine direkte Fortführung des Konzeptes der Teilchenmechanik. Es wurde von Joseph Louis de Lagrange (1736–1813) entwickelt.

Es gibt aber auch eine andere Möglichkeit, die für die meisten Zwecke viel besser geeignet ist. Eine solche wurde von Leonhard Euler (1707–1783) entwickelt. Mit dessen Methode verzichtet man darauf, die Vorgeschichte jedes einzelnen Mediumelementes angeben zu wollen, und versucht statt dessen, die Dichte und die Geschwindigkeit des Mediums in jedem Punkt des Raumes und zu jeder Zeit anzugeben. Dieses Verfahren wollen wir im folgenden anwenden. Wir beschreiben also die Bewegung einer Flüssigkeit oder eines Gases durch Angabe der Dichte $\varrho\,(x, y, z)$ und der Geschwindigkeit $\boldsymbol{v}\,(x, y, z)$ zur Zeit t. Damit richten wir unser Augenmerk mehr auf das Ereignis in einem bestimmten Punkt zu einer bestimmten Zeit als auf das Schicksal eines bestimmten Mediumelementes. Jede Größe, die den Zustand des Fluids beschreibt, so zum Beispiel der Druck p, hat in jedem Raumpunkt und zu jedem Zeitpunkt einen bestimmten Wert. Obwohl diese Art, die Bewegung eines strömenden Fluids zu beschreiben, eher den Punkt im Raum in den Vordergrund stellt als ein Element des Mediums selbst, können wir die Bewegung eines solchen Elementes nicht ganz aus den Augen verlieren, zumindest nicht für einen kürzeren Zeitabschnitt $\mathrm{d}t$. Denn letztlich sind es doch die Mediumteilchen und nicht die Raumpunkte, auf die die Gesetze der Mechanik angewendet werden. Um das Wesen dieses Vorgehens besser verstehen zu können, werden wir uns zunächst mit einigen allgemeinen Eigenschaften strömender Materie beschäftigen.

1. Die Strömung von Flüssigkeiten oder Gasen kann *stationär* oder *instationär* sein. Wenn die Geschwindigkeit $\boldsymbol{v}$ an jedem Ort zeitlich konstant ist, spricht man von einer stationären Strömung. Das bedeutet, daß in einer stationären Strömung an einem bestimmten Ort die Geschwindigkeiten aller vorbeiströmenden Teilchen dieselben sind. An irgendeiner anderen Stelle mag die Geschwindigkeit eines Teilchens eine andere sein, aber alle Teilchen, die diese zweite Stelle passieren, verhalten sich genauso wie das erste Teilchen. Solche Bedingungen kann man bei niedrigen Strömungsgeschwindigkeiten

Abb. 18.1 Ein kleines, frei schwimmendes Schaufelrad in einer strömenden Flüssigkeit. Wenn sich das Schaufelrad dreht, handelt es sich um ein Strömungsfeld mit Wirbeln. Andernfalls handelt es sich um ein wirbelfreies Feld.

vorfinden, wie in einem ruhig dahinfließenden Gewässer. Bei instationären Strömungen, wie in einer Flutwelle, sind die Geschwindigkeiten von der Zeit abhängig. In Stromschnellen und Wasserfällen sind die Geschwindigkeiten räumlich und zeitlich regellos.

2. Eine Strömung kann *wirbelbehaftet* sein, oder sie kann *wirbelfrei* sein. Wenn eine Flüssigkeit nirgends eine Winkelgeschwindigkeit um irgendwelche Punkte aufweist, nennt man die Bewegung wirbelfrei. Ein strömendes Fluid, das ein kleines Schaufelrad mitführt (Abb. 18.1), bewegt sich wirbelfrei, wenn das Schaufelrad keine Rotationen ausführt. Wenn es sich dreht, handelt es sich um eine Strömung mit Rotationsbewegungen. Dazu gehören auch Wirbelbewegungen, wie die in einem Strudel.

3. Das Medium einer Strömung kann *kompressibel* oder *inkompressibel* sein. Flüssigkeiten sind meistens inkompressibel, Gase dagegen sehr kompressibel. Bei manchen Strömungsvorgängen von Gasen ändern diese aber ihre Dichte nur unwesentlich, und die Strömung verläuft praktisch inkompressibel. Bei Unterschallflügen in Luft ist zum Beispiel die Bewegung der Luft relativ zu den Tragflächen die eines inkompressiblen Mediums. In solchen Fällen ist die Dichte ϱ eine Konstante, unabhängig vom Ort x, y, z und unabhängig von der Zeit t. Die mathematische Beschreibung der Strömung wird dann sehr vereinfacht.

4. Schließlich kann eine Strömung *viskos* oder *nichtviskos* verlaufen. Die Viskosität einer strömenden Flüssigkeit oder eines strömenden Gases ist vergleichbar mit der Reibung bei der Bewegung eines starren Körpers. Die Viskosität spielt eine große Rolle bei der Verwendung von Schmierstoffen, manchmal braucht sie jedoch nicht berücksichtigt zu werden. Durch die Viskosität eines Fluids treten Tangentialkräfte zwischen benachbarten sich bewegenden Schichten auf, die zum Verlust mechanischer Energie führen.

Im folgenden wollen wir uns vornehmlich auf stationäre wirbelfreie Strömungen von nichtviskosen und inkompressiblen Medien beschränken. Damit ergibt sich eine mathematische Vereinfachung der Sachverhalte. Wir laufen allerdings Gefahr, so viele Vereinfachungen zu machen, daß wir es gar nicht mehr mit einem realen Gas oder einer realen Flüssigkeit zu tun haben*. Im übrigen ist es sicher schwer zu entscheiden, ob eine gewisse Eigenschaft, wie zum Beispiel die Viskosität, in einem bestimmten Fall vernachlässigt werden darf oder nicht. Wie auch immer, auf jeden Fall findet die von uns gewählte einfache, aber eingeschränkte Betrachtungsweise überall in der Praxis Anwendung.

* Der Mathematiker John von Neumann (1903–1957), sprach in diesem Zusammenhang von „trockenem Wasser“.

18.2 Stromlinien

In einer stationären Strömung ist in einem gegebenen Punkt des Fluids die Geschwindigkeit $\boldsymbol{v}$ zeitlich konstant. Betrachten wir in Abb. 18.2 den Punkt P innerhalb eines strömenden Mediums. Wenn sich $\boldsymbol{v}$ in P nicht mit der Zeit ändert, werden alle Teilchen (jede genügend kleine Teilmenge), die P erreichen, mit derselben Geschwindigkeit in dieselbe Richtung weiterströmen. Dasselbe gilt für die Punkte Q und R. Wenn wir den Weg eines Teilchens verfolgen, so wie in Abb. 18.2 geschehen, dann wird jedes von P aus nachfolgende Teilchens denselben Weg nehmen. Eine solche Bahn wird *Stromlinie* genannt. Sie verläuft in jedem Punkt parallel zur Richtung der Geschwindigkeit des strömenden Teilchens.

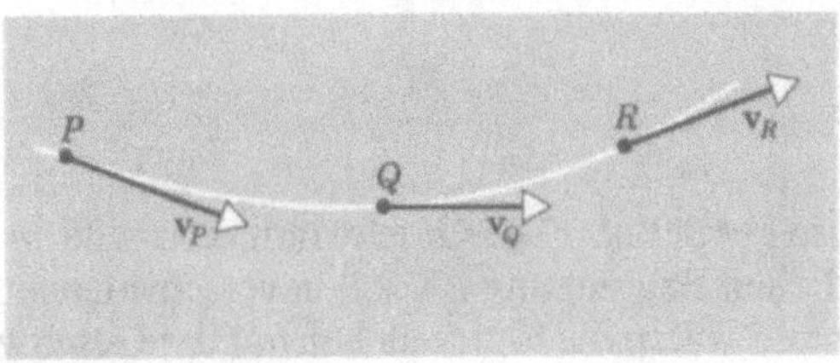

Abb. 18.2 Ein Fluidteilchen bewegt sich längs einer Stromlinie durch die Punkte P, Q und R. In einer stationären Strömung werden sich alle Teilchen, die durch P strömen, ebenfalls längs der gezeigten Stromlinie bewegen.

Stromlinien können sich nicht kreuzen, denn in einem Kreuzungspunkt könnten Flüssigkeits- oder Gasteilchen in verschiedene Richtungen weiterströmen; damit würde es sich nicht mehr um eine stationäre Strömung handeln. Bei einer stationären Strömung ist der Verlauf der Stromlinien immer zeitlich konstant*.

Im Prinzip kann man durch jeden Punkt des strömenden Mediums eine Stromlinie ziehen. Wir betrachten eine stationäre Strömung und wählen eine begrenzte Zahl von Stromlinien aus, die zusammen ein Bündel bilden, wie in Abb. 18.3 gezeigt. Dieses schlauchartige Gebilde nennt man eine *Stromröhre*. Die Begrenzung (Wandung) einer solchen Röhre besteht aus lauter Stromlinien und verläuft überall parallel zur Richtung der Geschwindigkeit der Teilchen. Aus einer Stromröhre tritt seitlich kein Medium aus, daher kann man sie wie ein materielles Rohr betrachten. Das Fluid, das an einem Ende in die Röhre eintritt, muß diese am anderen Ende auch wieder verlassen.

* Die Stromlinien in einem strömenden Medium werden derart gezogen, daß in jedem Punkt des Fluids die Richtung der augenblicklichen Geschwindigkeit $\boldsymbol{v}$ eines Teilchens die Tangente an diese Stromlinie ist. In instationären Strömungen ändert sich das Bild der Stromlinien dauernd, und die Bahn eines individuellen Teilchens fällt nicht mit einer Stromlinie zu irgendeinem Zeitpunkt zusammen. Die Stromlinien und die Bahnlinien eines Teilchens berühren sich nur in dem Punkt, in dem sich das Teilchen zur fraglichen Zeit gerade aufhält. Nur bei einer stationären Strömung gibt eine Stromlinie auch die Bahn eines Einzelteilchens wieder.

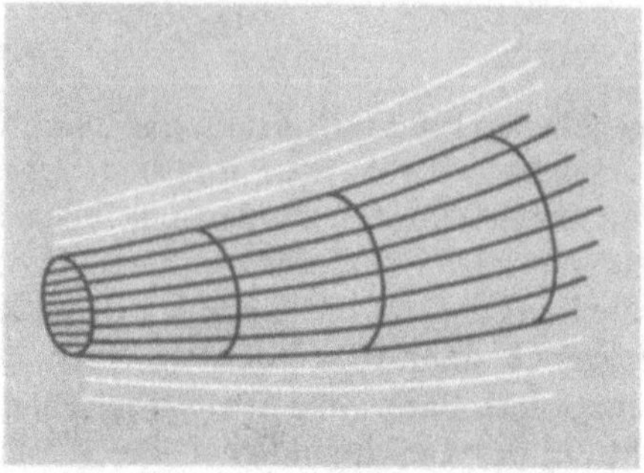

Abb. 18.3 Eine Stromröhre setzt sich aus einem Bündel von Stromlinien zusammen.

18.3 Die Kontinuitätsgleichung

In Abb. 18.4 ist eine dünne Stromröhre gezeichnet. Die Geschwindigkeit innerhalb der Röhre, die überall parallel zu der seitlichen Begrenzung ist, soll in verschiedenen Punkten verschiedene Werte haben. Im Punkt P sollen die Fluidteilchen mit der Geschwindigkeit v_1 strömen, im Punkt Q mit v_2. Die Querschnittsflächen der Röhre in den Punkten P und Q seien A_1 und A_2. In einem kleinen Zeitintervall Δt bewegt sich ein Fluidelement um eine Strecke $v\Delta t$ weiter. Die Masse Δm_1, die durch die Fläche A_1 in der Zeit Δt strömt, ist annähernd durch

$$\Delta m_1 = \varrho_1 A_1 v_1 \, \Delta t$$

gegeben, und der *Massenstrom* $\Delta m_1/\Delta t$ beträgt annähernd $\varrho_1 A_1 v_1$. Δt muß so klein gewählt werden, daß sich während dieses Zeitintervalles über die zurückgelegte Strecke weder v noch A wesentlich ändern. Im Grenzfall $\Delta t \to 0$ erhält man die exakten Beziehungen

$$\text{Massenstrom bei } P = \varrho_1 A_1 v_1,$$

und

$$\text{Massenstrom bei } Q = \varrho_2 A_2 v_2,$$

wobei ϱ_1 und ϱ_2 die Dichten des Fluids bei P und Q sind. Da keine Masse die Röhre

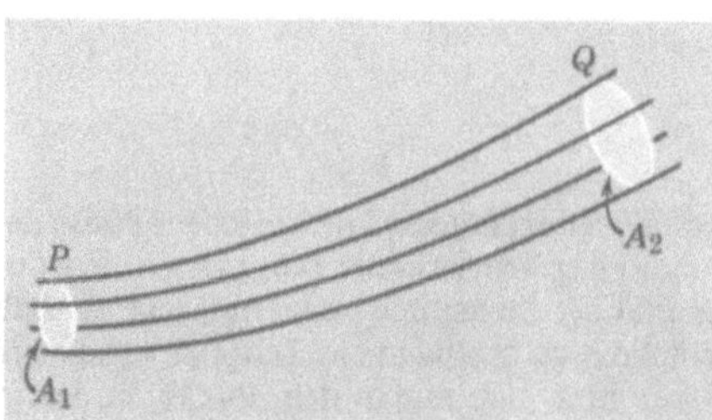

Abb. 18.4 Zur Kontinuitätsgleichung

seitlich verläßt und auch keine Quellen oder Senken existieren sollen, in denen Masse entsteht oder verschwindet, muß die durch jede Querschnittsfläche strömende zeitbezogene Masse gleich groß sein. Der Massenstrom bei P ist also genau so groß wie der bei Q:

$$\varrho_1 A_1 v_1 = \varrho_2 A_2 v_2$$

oder

$$\varrho A v = \text{const.} \tag{18.1}$$

Dieses Ergebnis stellt in der Strömungslehre das Gesetz der Massenerhaltung dar.

Bleibt die Gl. 18.1 auch noch gültig, wenn (a) die Strömung instationär ist, (b) die Strömung wirbelbehaftet ist, (c) das strömende Medium inkompressibel ist oder (d) das strömende Medium viskos ist?

Die Masse muß auch im allgemeinen Fall erhalten bleiben, wenn Quellen oder Senken vorhanden sind oder wenn die Dichte sowohl vom Ort als auch von der Zeit abhängt. Die entsprechende Gleichung, *Kontinuitätsgleichung* genannt, lautet

$$\frac{\partial(\varrho v_x)}{\partial x} + \frac{\partial(\varrho v_y)}{\partial y} + \frac{\partial(\varrho v_z)}{\partial z} + \frac{\partial \varrho}{\partial t} = q, \tag{18.2}$$

wobei v_x, v_y, v_z die Geschwindigkeitskomponenten sind. Wie die Dichte ändert sich auch die Geschwindigkeit mit dem Ort und mit der Zeit*.

Wenn man ein kleines Volumenelement aus einem solchen Fluid betrachtet, kann man folgendes zeigen:

1. Die Summe der ersten drei Glieder von Gl. 18.2 stellt den Nettoabfluß der Masse aus dem Volumenelement dar.
2. Der vierte Summand gibt den Zufluß der Masse in das Volumenelement wieder.
3. Das Glied q auf der rechten Seite repräsentiert die Quelldichte, d.h. den durch eine Quelle bedingten Zufluß an Masse (q positiv) geteilt durch das Volumen bzw. den durch eine Senke bedingten Abfluß (q negativ) an Masse geteilt durch das Volumen.

Mit dieser Erläuterung der einzelnen Terme wird deutlich, daß Gl. 18.2 eine Massenerhaltung in einer strömenden Flüssigkeit oder einem strömenden Gas beschreibt. Stimmen auch die Dimensionen in der Gleichung?

Im Falle $q = 0$ gibt es keine Quellen oder Senken. Wenn dann die Summe der ersten drei Terme von Gl. 18.2 negativ ist, handelt es sich um einen Nettozufluß von Masse in das Volumenelement. Die Masse des Volumenelementes muß dauernd zunehmen. Das stimmt völlig mit Gl. 18.2 überein, weil dann ($q = 0$) das Glied $\partial\varrho/\partial t$ positiv sein muß. Das aber bedeutet natürlich, daß ϱ mit der Zeit ansteigt und folglich die Masse im Volumenelement zunimmt.

Handelt es sich um ein inkompressibles Fluid, wie von nun an vorausgesetzt werden soll, so ist $\varrho_1 = \varrho_2$, und Gl. 18.1 vereinfacht sich zu

$$A_1 v_1 = A_2 v_2$$

bzw.

$$A v = \text{const.} \tag{18.3}$$

* Da diese vier Größen Funktionen von mehreren Variablen sind, werden in Gl. 18.2 partielle Ableitungen verwendet.

Das Produkt Av hat die Einheit m^3/s und stellt das Flüssigkeitsvolumen geteilt durch die Zeit dar, das durch die Fläche A strömt. Es wird daher auch *Volumenstrom* (früher *Stromstärke*) genannt. In Gl. 18.3 steckt die Aussage, daß in einem stationär strömenden inkompressiblen Medium die Strömungsgeschwindigkeit umgekehrt proportional zum Querschnitt ist. Je enger der Querschnitt ist, um so größer ist die Geschwindigkeit. Weil das Produkt Av entlang einer Stromröhre konstant bleibt, kann man nun etwas mehr über ein Stromlinienbild aussagen. In einem engen Teil der Röhre sind die Stromlinien dichter zusammengerückt als in einem weiten Teil. Mit schwindendem Abstand der Stromlinien strömt das Medium schneller. Man kann also sagen, daß weit auseinanderliegende Stromlinien Bereiche niedriger Geschwindigkeit und eng zusammenliegende Stromlinien Bereiche hoher Geschwindigkeit anzeigen.

Ein weiteres interessantes Ergebnis erhält man, wenn man die Newtonsche Bewegungsgleichung auf die Strömung eines Mediums anwendet. Betrachten wir nochmals die Abb. 18.4. Ein Fluidteilchen im Punkt P mit der Geschwindigkeit v_1 muß sich auf dem Weg nach Q verlangsamen, um die kleinere Geschwindigkeit v_2 im Punkt Q zu erreichen. Das Fluid wird also von P nach Q verlangsamt. Eine Verzögerung kann durch Druckunterschiede zwischen P und Q oder durch Gravitationswirkung hervorgerufen werden. In einer waagerechten Stromröhre wird sich die Gravitation allerdings nicht ändern, so daß in einer stationären, waagerecht verlaufenden Strömung der Druck dort am größten sein wird, wo die Geschwindigkeit am niedrigsten ist.

Wer war nicht schon einmal inmitten einer Menschentraube, die sich durch eine enge Türöffnung hindurchzwängte! Am Rande einer solchen Menge ist die Querschnittsfläche groß, der Druck groß, aber die Vorwärtsbewegung ziemlich langsam. In der Türenge dagegen ist der Druck geringer und die Geschwindigkeit des Vorrückens erheblich größer. Diese eigentümliche Strömung einer Menschenmenge verläuft kompressibel, viskos und manchmal auch turbulent mit einigen Wirbeln.

18.4 Die Bernoulli-Gleichung*

Die Bernoulli-Gleichung stellt einen Grundpfeiler der Strömungslehre dar. Wie alle anderen Gesetze der Mechanik der Flüssigkeiten und Gase repräsentiert sie aber kein neues Prinzip, sondern kann aus den grundlegenden Newtonschen Gleichungen der Mechanik abgeleitet werden. Es bietet sich an, die Gleichung aus dem Energiesatz (siehe Abschn. 7.5) zu entwickeln, denn sie stellt den Energieerhaltungssatz für strömende Medien dar.

Wir betrachten ein nichtviskoses inkompressibles Fluid während einer stationären Strömung durch ein Rohr (Abb. 18.5). Der schraffierte Rohrteil auf der linken Seite der Abbildung habe den einheitlichen Querschnitt A_1 und liege waagerecht in der Höhe y_1 über einer Bezugsebene. Nach rechts hin erweitert sich das Rohr, steigt an und geht in einen zweiten waagerechten Rohrabschnitt in der Höhe y_2 und mit dem Querschnitt A_2

* Benannt nach Daniel Bernoulli (1700–1782). Er kommt aus einer Schweizer Familie, die ursprünglich aus Antwerpen stammte. Zu dieser Familie gehörten noch einige andere bekannte Wissenschaftler, aber Daniel Bernoulli ist wohl der berühmteste von ihnen.

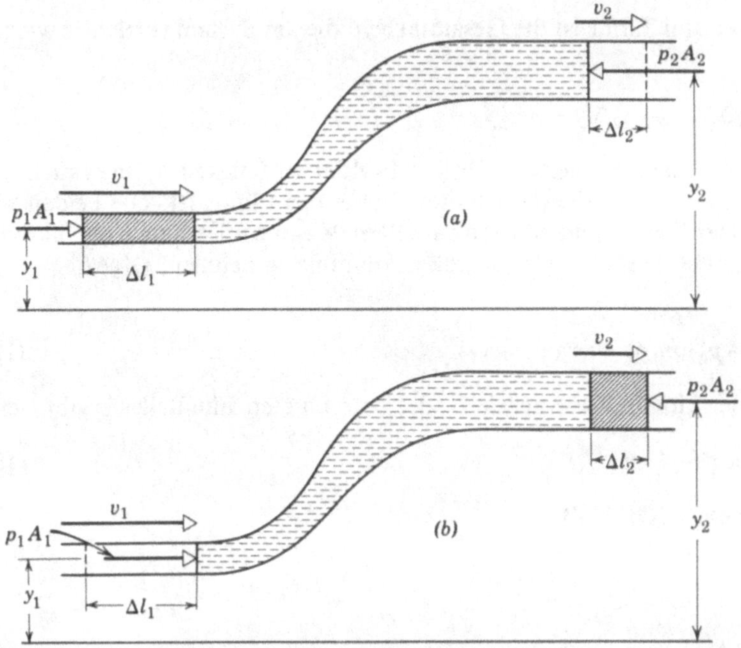

Abb. 18.5 Zur Bernoulli-Gleichung. Ein bestimmtes Volumen eines Fluids (stark schraffiert) bewegt sich durch eine Röhre von der Position (a) in die Position (b).

über. Wir wollen uns nunmehr nur auf den schräg und den waagerecht schraffierten Teil des Fluids beschränken und ihn unser „System“ nennen. Es soll sich aus der Situation links (Abb. 18.5a) in die Situation rechts (Abb. 18.5b) bewegen. In allen Punkten des linken, engen Rohrteiles soll der Druck p_1 und die Geschwindigkeit v_1 sein, in allen Punkten des rechten, weiten Rohrteiles p_2 und v_2.

Der Energiesatz (Gl. 7.14) besagt: *Die von einer Kraft an einem System geleistete Arbeit ist gleich der Änderung der kinetischen Energie des Systems.* Wenn wir durch Viskosität bedingte Kräfte ausschließen, verrichten außer der Schwerkraft nur die durch den Druck hervorgerufenen Kräfte an dem System in Abb. 18.5 eine Arbeit. Sie wirken an beiden Enden des Systems und betragen $p_1 A_1$ und $p_2 A_2$. Das Resultat der beim Strömen verrichteten Arbeit besteht darin, daß ein bestimmter Anteil des Fluids, repräsentiert durch die schräg schraffierte Fläche, aus der Höhe y_1 in die Höhe y_2 gehoben wird. Der restliche Teil des Fluids, repräsentiert durch die waagerecht schraffierte Fläche, bleibt unverändert.

Die von den Kräften am System verrichtete Arbeit W ermitteln wir so:

1. Die von der Kraft $p_1 A_1$ geleistete Arbeit ist $p_1 A_1 \Delta l_1$.
2. Die von der Kraft $p_2 A_2$ geleistete Arbeit ist $-p_2 A_2 \Delta l_2$. Man beachte, daß diese Arbeit negativ ist, d.h. sie wird vom System geleistet.
3. Die durch die Gravitationskraft verursachte Arbeit am System besteht darin, das schräg schraffierte Fluid von der Höhe y_1 auf die Höhe y_2 zu heben. Sie beträgt $-mg(y_2 - y_1)$, wobei m die Masse des Fluids ist, die in beiden schräg schraffierten Teilen gleich groß ist. Auch diese Arbeit ist negativ, da sie vom System gegen die Schwerkraft geleistet wird.

Die Summe dieser drei Terme ist die Gesamtarbeit, die am System verrichtet wurde. Es gilt also

$$W = p_1 A_1 \Delta l_1 - p_2 A_2 \Delta l_2 - mg(y_2 - y_1).$$

Da $A_1 \Delta l_1$ ($= A_2 \Delta l_2$) das Volumen des schräg schraffierten Teiles ist, kann es auch als m/ϱ dargestellt werden, wobei ϱ die (konstante) Dichte des Fluids ist. Die beiden schräg schraffierten Teile sollten gleiche Massen enthalten. Wenn wir jetzt noch ein inkompressibles Fluid voraussetzen, also gleich große Volumina annehmen, ($A_1 \Delta l_1 = A_2 \Delta l_2$), erhalten wir

$$W = (p_1 - p_2)(m/\varrho) - mg(y_2 - y_1). \tag{18.4a}$$

Die Änderung der kinetischen Energie E_k des betrachteten Fluidteiles ergibt sich zu

$$\Delta E_k = \tfrac{1}{2} m v_2^2 - \tfrac{1}{2} m v_1^2. \tag{18.4b}$$

Aus dem Energiesatz (Gl. 7.14)

$$W = \Delta E_k$$

wird hier

$$(p_1 - p_2)(m/\varrho) - mg(y_2 - y_1) = \tfrac{1}{2} m v_2^2 - \tfrac{1}{2} m v_1^2 \tag{18.5a}$$

und nach Umordnung

$$p_1 + \tfrac{1}{2} \varrho v_1^2 + \varrho g y_1 = p_2 + \tfrac{1}{2} \varrho v_2^2 + \varrho g y_2. \tag{18.5b}$$

Da sich die Indizes 1 und 2 auf irgendwelche Positionen entlang der Röhre beziehen, kann man sie weglassen und stattdessen schreiben:

$$p + \tfrac{1}{2} \varrho v^2 + \varrho g y = \text{const.} \tag{18.6}$$

Die Gl. 18.6 ist die *Bernoulli-Gleichung*. Sie gilt für stationäre Strömungen eines nichtviskosen inkompressiblen Mediums. Sie wurde erstmals 1783 von Daniel Bernoulli in seiner *Hydrodynamica* veröffentlicht.

Die Bernoulli-Gleichung kann im strengen Sinn nur auf stationäre Strömungen angewendet werden, da die auftretenden Größen nur entlang einer Stromlinie ermittelt werden können. In unserer Abbildung (Abb. 18.5) verläuft die Stromlinie entlang der Achse des Rohres. Im Falle einer wirbelfreien Strömung kann gezeigt werden (s. Aufgabe 25 für einen Spezialfall), daß die Konstante in Gl. 18.6 für alle Stromlinien dieselbe ist.

In einem nichtviskosen inkompressiblen Fluid kann man die Temperatur nicht durch mechanische Manipulationen ändern. Die Bernoulli-Gleichung gilt daher auch nur für isotherme Prozesse. Es ist jedoch möglich, in einem nichtviskosen, aber kompressiblen Fluid die Temperatur entsprechend zu ändern. Wir können die Bernoulli-Gleichung dann auch auf kompressible Fluide anwenden, indem wir auf der linken Seite der Gl. 18.6 einen Term u anfügen, der die innere Energie des Fluids geteilt durch das Volumen repräsentiert. Die Werte von u (wie auch die des Druckes p) hängen von der Temperatur ab.

Im Falle eines viskosen Fluids können Reibungskräfte auftreten, so daß ein Teil der geleisteten Arbeit, der bei nichtviskosen Fluiden als Änderung der kinetischen Energie auftritt, nun als Wärme erscheint. Gl. 18.5a erweitert sich damit zu

$$(p_1 - p_2)(m/\varrho) - mg(y_2 - y_1) = \tfrac{1}{2}mv_2^2 - \tfrac{1}{2}mv_1^2 + Q,$$

worin Q die im Fluid während des Strömens von 1 nach 2 erzeugte Wärme angibt. In der Praxis kann die Bernoulli-Gleichung durch Hinzufügen empirischer Korrekturen modifiziert werden, die die Umwandlung von mechanischer Energie in thermische Energie berücksichtigen. Ist jedoch die Wand des Rohres glatt und sein Durchmesser groß im Vergleich zu seiner Länge, und handelt es sich außerdem noch um ein dünnflüssiges Medium, welches nur langsam strömt, kann die entstehende Wärme vernachlässigt werden.

So wie die Statik eines Teilchens nur ein Sonderfall der Teilchendynamik ist, stellt auch die Statik der Fluide nur einen Sonderfall der Dynamik solcher Medien dar. Es überrascht daher nicht, daß die Abhängigkeit des Druckes von der Höhe, so wie wir sie für ruhende Medien gefunden hatten (Abschn. 17.3), als Sonderfall in der Bernoulli-Gleichung enthalten ist. Bei einem ruhenden Medium ist nämlich $v_1 = v_2 = 0$, und Gl. 18.5b wird zu

$$p_1 + \varrho g y_1 = p_2 + \varrho g y_2$$

oder

$$p_2 - p_1 = -\varrho g(y_2 - y_1).$$

Das ist gerade die Gl. 17.3.

In Gl. 18.6 haben alle Terme die Dimension eines Druckes (man prüfe das nach!). Der Druck $p + \varrho g y$, der auch im statischen Fall ($v = 0$) auftritt, heißt *statischer Druck*, die Größe $\frac{1}{2}\varrho v^2$ heißt *(hydro)dynamischer Druck* oder *Staudruck*.

18.5 Anwendungen der Bernoulli-Gleichung und der Kontinuitätsgleichung

Mit Hilfe der Bernoulli-Gleichung kann man die Geschwindigkeit strömender Medien durch Druckmessung bestimmen. Die Vorgehensweise ist gemeinhin folgende: Die Kontinuitätsgleichung sagt aus, daß sich die Geschwindigkeit eines strömenden Mediums an einer Engstelle erhöht; die Bernoulli-Gleichung sagt aus, daß dann der Druck dort fallen muß, denn für eine waagerechte Röhre ist $1/2\varrho v^2 + p$ eine Konstante; wenn v ansteigt – das Medium sei inkompressibel – muß p abfallen. Dieses Ergebnis hatten wir bereits in Abschn. 18.3 aus rein dynamischen Überlegungen gewonnen.

Die Venturi-Düse

Hierbei handelt es sich um ein in eine Rohrleitung eingefügtes Reduzierstück, das den Querschnitt des Rohres verringert. Mit einer Venturi-Düse wird die Strömungsgeschwindigkeit von Flüssigkeiten und Gasen in Rohrleitungen gemessen. Eine Flüssigkeit (Abb. 18.6) der Dichte ϱ strömt durch die Rohrleitung vom Querschnitt A. An der Engstelle ist der Querschnitt auf a reduziert. Dort wird ein Manometer angeschlossen, dessen Füllung zum Beispiel aus Quecksilber der Dichte ϱ' besteht. Wenn man für die Punkte 1 und 2 die Bernoulli-Gleichung und die Kontinuitätsgleichung aufstellt, kann

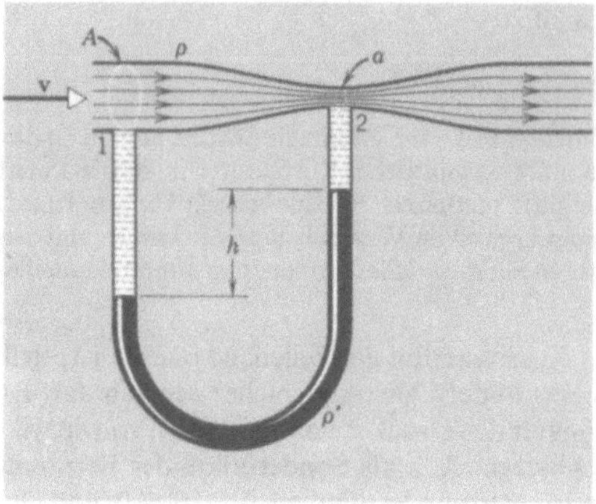

Abb. 18.6 Die Venturi-Düse. Sie wird zur Bestimmung der Strömungsgeschwindigkeit einer Flüssigkeit oder eines Gases benutzt.

man die Geschwindigkeit v im Punkt 1 zu

$$v = a\sqrt{\frac{2(\varrho' - \varrho)gh}{\varrho(A^2 - a^2)}}$$

bestimmen. Für den Volumenstrom $\dot{V}$, also für das transportierte Flüssigkeitsvolumen geteilt durch die Zeit, ergibt sich sofort

$$\dot{V} = vA.$$

Das Prandtl-Rohr

Dieses Gerät (Abb. 18.7) wird zur Messung der Strömungsgeschwindigkeit von Gasen benutzt. Es ist eine Sonde, die in den zu messenden Gasstrom gehalten wird. Das Gas dringt in den mittleren Kanal bei b ein, streicht aber auch außen an den Öffnungen a vorbei. Diese liegen parallel zur Strömungsrichtung und sind weit genug zurückgesetzt,

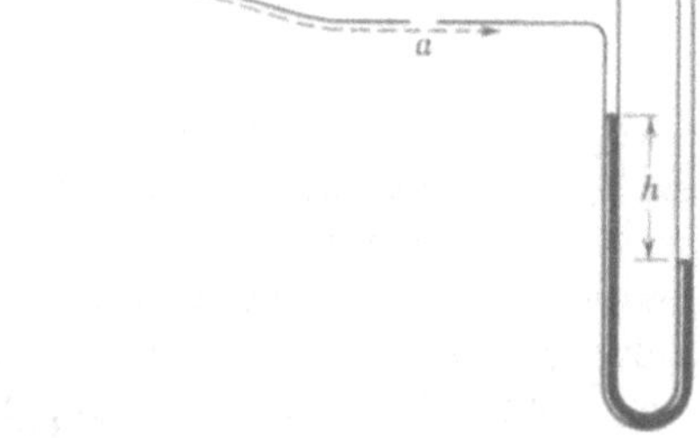

Abb. 18.7 Ein Prandtl-Rohr

so daß dort die Geschwindigkeit und der Druck des Gases den Werten der freien Strömung entsprechen. Die Öffnungen sind mit dem linken Schenkel des Rohres verbunden. Dort herrscht der statische Druck p_a. Die Öffnung des rechten Schenkels ist senkrecht gegen den Gasstrom gerichtet. Im Punkt b kommt das Gas zur Ruhe, seine Geschwindigkeit ist Null. Der Druck an diesem Punkt p_b ist der *Staudruck*. Unter Verwendung der Bernoulli-Gleichung erhält man

$$p_a + \tfrac{1}{2}\varrho v^2 = p_b,$$

wobei p_b größer als p_a ist, so wie in Abb. 18.7 gezeigt.

Wenn h die Höhendifferenz zwischen den Flüssigkeitsspiegeln im Manometerrohr und ϱ' die Dichte der verwendeten Flüssigkeit ist, erhält man

$$p_a + \varrho' g h = p_b.$$

Werden beide Gleichungen zusammengefaßt, ergibt sich

$$\tfrac{1}{2}\varrho v^2 = \varrho' g h$$

bzw.

$$v = \sqrt{\frac{2gh\varrho'}{\varrho}}$$

für die Geschwindigkeit des strömenden Gases. Man kann das Prandtl-Rohr so kalibrieren, daß v direkt ablesbar ist. Es findet dann z. B. als Windgeschwindigkeitsmesser Verwendung.

Dynamischer Auftrieb

Bewegt sich ein Körper in einem ihn umströmenden Medium, z. B. ein Flugzeugflügel oder die Rotorblätter eines Hubschraubers in der Luft, so wirkt auf den Körper eine Kraft, die man dynamischen Auftrieb nennt. Der *dynamische Auftrieb* darf nicht mit dem *statischen Auftrieb* verwechselt werden. Letzterer ist die Auftriebskraft auf einen Ballon oder einen schwimmenden Eisberg nach dem Archimedischen Prinzip (Abschn. 17.4).

Die Abb. 18.8 zeigt ein Stromlinienbild um einen Tragflügel (genauer Flügelquerschnitt) eines Flugzeuges. Der Ursprung unseres Bezugssystems soll im Flugzeug liegen, so wie bei einem Versuch in einem Windkanal. Die Luft soll sich von rechts nach links am Flügel vorbeibewegen.

Durch den Anstellwinkel des Flügels wird die Luft nach unten gedrückt, der Flügel übt mithin eine Kraft auf die Luft aus. Nach dem dritten Newtonschen Axiom erzeugt diese Abwärtskraft als Reaktion eine Aufwärtskraft $\boldsymbol{F}$, den Auftrieb, den die zusammengedrückte Luft auf den Flügel ausübt.

Das Stromlinienbild spiegelt diesen Sachverhalt wieder. Oberhalb des Flügels (Punkt 1) liegen die Stromlinien enger beieinander als unterhalb des Flügels (Punkt 2). Also ist $\boldsymbol{v}_1 > \boldsymbol{v}_2$ und nach dem Bernoullischen Prinzip ist folglich $p_1 < p_2$; dies muß auch so sein, wenn dort ein Auftrieb herrschen soll.

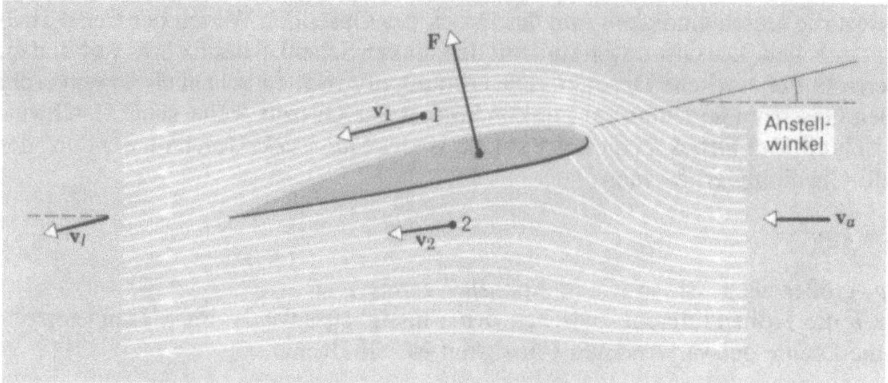

Abb. 18.8 Stromlinien um einen Tragflügel. Die Geschwindigkeit $\boldsymbol{v}_a$ der anströmenden Luft ist horizontal gerichtet. Die Geschwindigkeit der abströmenden Luft $\boldsymbol{v}_l$ hat dagegen eine Abwärtskomponente, denn der Tragflügel lenkt die Luft nach unten um. Entsprechend dem dritten Newtonschen Axiom muß auf den Flügel dann eine Aufwärtskraft $\boldsymbol{F}$ wirken.

Schub auf eine Rakete

Im letzten Beispiel wollen wir den Schub berechnen, der durch ausströmende Treibgase auf eine Rakete ausgeübt wird. Wir stellen uns einen zylindrischen Behälter mit dem Querschnitt A vor (Abb. 18.9), der mit Gas der Dichte ϱ bis zu einem Druck p gefüllt sei. Am Boden des Gefäßes soll sich eine kleine Mündungsöffnung der Fläche A_0 befinden. Mit welcher Geschwindigkeit v_0 wird das Gas aus dem Mündungsloch ausströmen?

Nach Gl. 18.5b stellen wir die Bernoulli-Gleichung wie folgt auf:

$$p_1 - p_2 = \varrho g(y_2 - y_1) + \tfrac{1}{2}\varrho(v_2{}^2 - v_1{}^2).$$

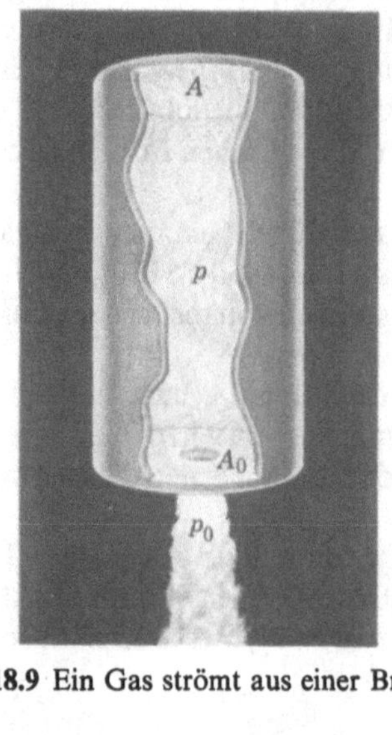

Abb. 18.9 Ein Gas strömt aus einer Brennkammer aus.

Da die Dichte von Gasen gewöhnlich sehr klein ist, können wir die Druckabhängigkeit von der Höhe in dem Behälter unberücksichtigt lassen (vgl. Abschn. 17.3). Wenn p der Druck des Gases im Behälter (p_1) und p_2 der Außendruck (p_0) ist, erhalten wir daher:

$$p - p_0 = \tfrac{1}{2}\varrho({v_0}^2 - v^2)$$

oder

$${v_0}^2 = \frac{2(p - p_0)}{\varrho} + v^2; \tag{18.7}$$

dabei ist v die Geschwindigkeit des Gases innerhalb des Behälters und v_0 die Ausströmgeschwindigkeit durch das Mündungsloch. Obwohl ein Gas kompressibel ist und die Strömung turbulent werden kann, wollen wir das Ausströmen als stationär und nicht zu schnell betrachten sowie das Gas als inkompressibel annehmen.

Weiterhin setzen wir einen konstanten Massenstrom voraus (in einem Raketenantrieb ist das gegeben, wenn die Masse des ausströmenden Gases gleich der Masse des aus dem Brennstoff erzeugten Gases ist) und eine konstante Dichte. Dann gilt

$$Av = A_0 v_0.$$

Wenn die Mündungsöffnung klein genug ist, $A_0 \ll A$, wird auch $v_0 \gg v$, und wir können v^2 gegenüber ${v_0}^2$ in Gl. 18.7 vernachlässigen. Für die Ausströmgeschwindigkeit erhält man so

$$v_0 = \sqrt{\frac{2(p - p_0)}{\varrho}}. \tag{18.8}$$

Falls unser Gasbehälter die Brennkammer einer Rakete darstellt, so wirkt auf die Rakete (Abschn. 9.7) ein Schub $v_0\,\mathrm{d}M/\mathrm{d}t$. Die in dem Zeitintervall $\mathrm{d}t$ ausströmende Masse ist $\mathrm{d}M = \varrho A_0 v_0\,\mathrm{d}t$, so daß

$$v_0 \frac{\mathrm{d}M}{\mathrm{d}t} = v_0 \varrho A_0 v_0 = \varrho A_0 {v_0}^2$$

gilt. Zusammen mit Gl. 18.8 ergibt sich damit eine Schubkraft

$$F = 2A_0(p - p_0). \tag{18.9}$$

18.6 Impulserhaltung in strömenden Gasen und Flüssigkeiten

In der Newtonschen Mechanik der Massenpunkte werden die Erhaltungssätze des Impulses und des Drehimpulses unmittelbar mit dem dritten Newtonschen Axiom abgeleitet. Die inneren Kräfte und Drehmomente heben sich auf Grund dieses Axiomes gegenseitig auf, nur die äußeren Kräfte und Drehmomente tragen zu den Impulsen bei. Bei Flüssigkeiten und Gasen entsprechen den inneren Kräften die Drücke im Fluid, denn das Konzept des Drucks beinhaltet implizit das dritte Newtonsche Axiom. Die durch den Druck auf jedes Flächenelement in eine Richtung ausgeübte Kraft ist entgegengesetzt gleich derjenigen Kraft, die auf dasselbe Flächenelement aus der entgegengesetzten Richtung wirkt. Jede dieser beiden Kräfte greift an derselben Stelle an, nämlich an demselben Oberflächenelement, und sie liegen auf derselben Wirkungslinie. Also werden sich bei Fluiden in den Gleichungen für die zeitliche Änderung des Impulses und des Drehimpulses die inneren Drücke aufheben. Daraus schließen wir, daß die zeitliche Änderung des gesamten Impulses in einem Volumen V eines Fluids gleich der Summe der einwirkenden *äußeren* Kräfte ist. Ebenso ist die zeitliche Änderung des Drehimpulses in einem Volumen V eines Fluids gleich dem einwirkenden *äußeren* Gesamtdrehmoment. Daraus folgen die Erhaltungssätze für Impuls und Drehimpuls.

18.7 Strömungsfelder

In Kapitel 16 haben wir gelernt, wie man mit Hilfe eines Feldes die Gravitationskräfte in der Nähe einer Massenanordnung beschreiben kann. Jedem Punkt eines Feldes wurde ein Vektor $\boldsymbol{g}$ zugeordnet, der die auf die Masse bezogene Gravitationskraft angibt. Man kann aber auch jedem Punkt des Raumes eine skalare Größe zuordnen, das Gravitationspotential V. Wir denken uns jetzt eine Folge von Äquipotentialflächen so, daß sich das Potential beim Übergang von einer Fläche zur nächsten um einen konstanten Betrag unterscheidet. Dann ist die Gravitationskraft in einem Punkt längs einer senkrecht zur Äquipotentialfläche durch diesen Punkt gehenden (Kraft-)Linie gerichtet und ihr Betrag ist durch die (räumliche) Änderung des Potentials in dieser Richtung bestimmt. Zeichnen wir in dieser Weise die Kraftlinien, so erhalten wir ein anschauliches Bild, wie eine Masse den Raum beeinflußt.

Auch in der Fluiddynamik können wir die Vorgänge mit dem Feldbegriff beschreiben. Ein Strömungsfeld ist im allgemeinen ein Vektorfeld. Wir ordnen jedem Punkt des Raumes einen Vektor zu, die Strömungsgeschwindigkeit $\boldsymbol{v}$. Das Feld ist stationär, wenn es sich um eine stationäre Strömung handelt. Trotzdem kann ein einzelnes Fluidteilchen noch eine veränderliche Geschwindigkeit aufweisen, wenn es sich im Feld zu einem anderen Ort fortbewegt. Das Feld bestimmt die Eigenschaften des Raumes, aus denen wir das Verhalten des Teilchens herleiten. Ist die Strömung sowohl wirbelfrei als auch stationär, nennen wir sie eine *Potentialströmung*. Die Strömungsgeschwindigkeit $\boldsymbol{v}$ gehört dann zu einem Geschwindigkeitspotential Φ, so wie bei der Gravitation $\boldsymbol{g}$ einem Gravitationspotential V entsprach. Wenn wir nun Flächen mit gleichem Geschwindigkeitspotential einzeichnen, können wir aus diesen Flächen $\boldsymbol{v}$ bestimmen, so wie wir $\boldsymbol{g}$ bestimmt haben. Das Feld einer Potentialströmung ist zu einem konservativen Kraftfeld analog.

Ein strömendes Medium kann man immer in einzelne Stromröhren aufteilen. Im Fall einer stationären Strömung bleibt deren Form unverändert, ebenso wie das in ihr enthaltene Fluid, der Stromfaden, erhalten bleibt. Die Richtung der Strömungsgeschwindigkeit innerhalb einer Stromröhre verläuft parallel zu ihrer Wand, und der Betrag der Geschwindigkeit ist umgekehrt proportional zur Querschnittsfläche. (Gl. 18.1). Wir wollen die Querschnitte so wählen, daß die Proportionalitätskonstante für alle Röhren dieselbe ist; nach Möglichkeit sollte sie sogar Eins sein. Das heißt, der Volumenstrom (Stromstärke) ist in allen Stromröhren gleich groß, nämlich auch Eins. Dann kann der Betrag der Strömungsgeschwindigkeit aus den Querschnittsflächen der Stromröhren bestimmt werden. Es gibt noch eine andere Möglichkeit, die Geschwindigkeiten zu bestimmen. Hierbei legt man eine Einheitsfläche senkrecht zur Richtung der Strömungsgeschwindigkeit in die Stromröhre und zieht so viele Stromlinien durch sie hindurch, wie dem Betrag der Geschwindigkeit in diesem Punkt entspricht.

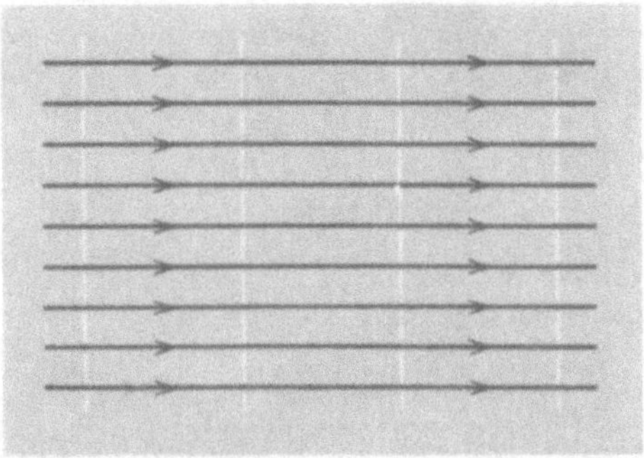

Abb. 18.10 Stromlinien (dunkle, waagerechte Linien) und Flächen gleichen Geschwindigkeitspotentials (helle, senkrechte Linien) in einem homogenen Strömungsfeld.

Wir wollen jetzt einige Beispiele für Strömungsfelder kennenlernen. Wir beschränken uns einfachheitshalber auf zweidimensionale Fälle. Dann ist die Strömungsgeschwindigkeit in allen Punkten eines Lotes auf die Zeichenebene die gleiche.

In Abb. 18.10 ist ein *homogenes Strömungsfeld* (Parallelströmung) gezeichnet. Alle Stromlinien verlaufen parallel, und die Strömungsgeschwindigkeit $\boldsymbol{v}$ ist überall gleich groß. Weiter oben haben wir zwei verschiedene Möglichkeiten zur Bestimmung der relativen Größe der Strömungsgeschwindigkeit aus dem Stromlinienbild besprochen: (a) aus den Querschnitten der Stromröhren und (b) aus den Abständen zwischen den Linien gleichen Geschwindigkeitspotentials. Die letzte Methode kann man nur auf stationäre und wirbelfreie Strömungen anwenden. Bei solchen Strömungen zeichnen wir die Linien gleichen Geschwindigkeitspotentials gestrichelt ein.

In Abb. 18.11 ist das Feld eines Fluids gezeigt, das gleichförmig rotiert, weil v proportional zu r ist (vgl. Aufgabe 18 in Kapitel 17). Es handelt sich um eine *Drehströmung* bzw. *Wirbelströmung*. In Abb. 18.12 ist das Feld einer *Zirkulationsströmung* gezeigt, bei der die Strömungsgeschwindigkeit v proportional zu $1/r$ ist (vgl. Aufgabe 29).

Man beachte, daß beide Strömungsfelder durch kreisförmige Stromlinien dargestellt werden, obwohl es sich um grundsätzlich verschiedene Strömungen handelt. Offensichtlich geben die Formen der Stromlinien allein nicht alle Informationen wieder, sondern die Abstände zwischen ihnen sind ebenfalls wichtige Anhaltspunkte.

Abb. 18.13 stellt das *Strömungsfeld einer Quelle* dar. Alle Stromlinien sind radial nach außen gerichtet. Die Quelle selbst liegt längs einer Geraden durch den Mittelpunkt, die senkrecht auf der Zeichenebene steht; sie erzeugt in jeder Sekunde eine Masse Q. Das Strömungsfeld um eine lineare Senke sieht genauso aus, nur die Richtung der Strömung ist entgegengesetzt, nämlich radial nach innen gerichtet.

Wenn eine lineare Quelle und eine lineare Senke mit derselben Stärke Q bzw. $-Q$ nebeneinander liegen, ergibt sich für das gemeinsame Feld das Bild einer *linearen Dipolströmung*, wie es in Abb. 18.14 gezeigt ist. Später werden wir weitere Vektorfelder in der Elektrostatik, Magnetostatik und Elektrodynamik kennenlernen. Das homogene Feld der Abb. 18.10 entspricht dem elektrischen Feld eines Plattenkondensators, das Quellen- bzw. Senkenfeld der Abb. 18.13 dem elektrischen Feld eines Zylinderkondensators oder eines geraden Drahtes mit positiver bzw. negativer Ladung und das lineare Dipolfeld der Abb. 18.14 dem Feld zweier paralleler Drähte mit unterschiedlicher Ladung. In allen diesen Fällen handelt es sich um Potentialströmungen, und die elektrischen Felder sind konservativ.

Das homogene Feld in Abb. 18.10 entspricht zum Beispiel auch dem magnetischen Feld in einer

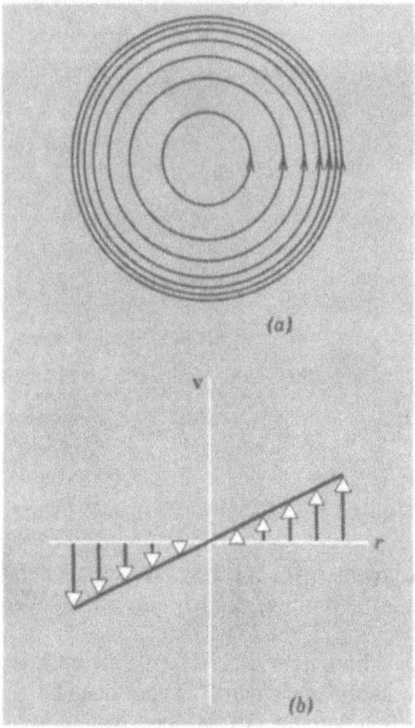

Abb. 18.11 (a) Strömungsfeld einer Drehströmung (Wirbelströmung). (b) Die Abhängigkeit der Strömungsgeschwindigkeit vom Abstand r von der Mittelachse.

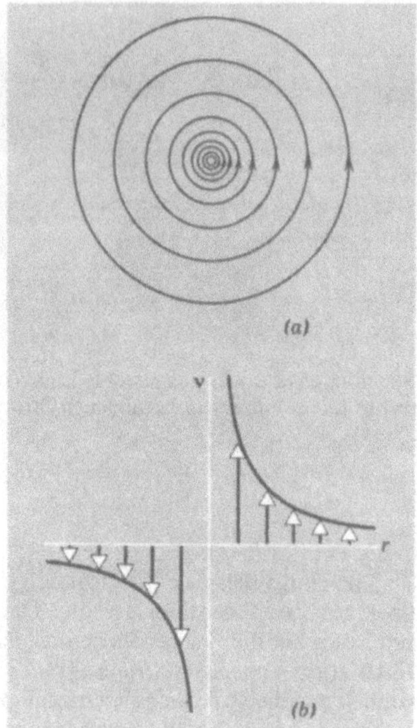

Abb. 18.12 (a) Zirkulationsströmung. (b) Radiale Abnahme der Strömungsgeschwindigkeit von der Mitte nach außen.

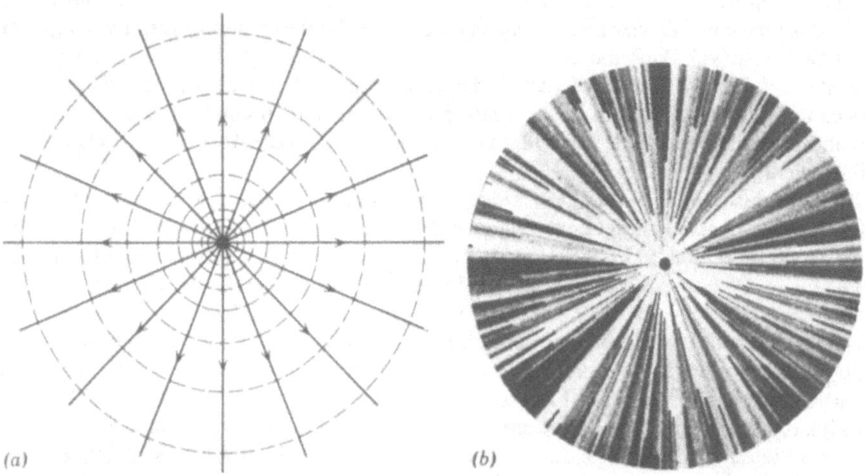

Abb. 18.13 (a) Querschnitt durch das Strömungsfeld einer linearen Quelle. (b) Photographische Aufnahme der Strömungsverteilung. Wasser aus dem zentralen Loch strömt zwischen einer horizontalen Glasplatte und einer horizontalen Gipsplatte zu den Seiten weg. Die Gipsplatte ist mit Kaliumpermanganatkristallen belegt, die sich im Wasser auflösen und eine sichtbare, violette Spur hinterlassen. (Aus: W. E. Rogers „Introduction to Electric Fields", Mc Graw-Hill Book Co, 1954.)

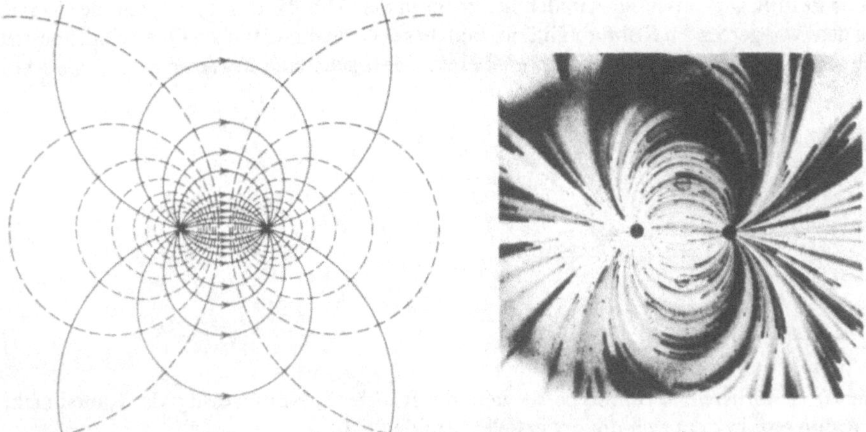

(a) (b)

Abb. 18.14 (a) Strömungsfeld eins linearen Dipols. Auf der linken Seite des Dipols befindet sich die Quelle, auf der rechten Seite die Senke. (b) Eine photographische Aufnahme eines Querschnitts durch das Dipol-Strömungsfeld. (Aus: W. E. Rogers „Introduction to Electric Fields“, Mc Graw-Hill Book Co, 1954.)

Spule. Das Strömungsfeld von Abb. 18.12 sieht genauso aus wie das magnetische Feld um einen stromdurchflossenen, geraden Draht.

Wegen dieser Analogien zwischen den Strömungsfeldern sich bewegender Materie und den elektromagnetischen Feldern kann man häufig an Stelle einer schwierigen mathematischen Rechnung Messungen an einer elektrischen Anordnung machen, um den Verlauf eines Strömungsfeldes zu ermitteln.

Im vorliegenden Kapitel haben wir gesehen, daß die grundlegenden Vorstellungen über Felder und Erhaltungssätze in vielen Gebieten der Physik angewendet werden. Wir werden ihnen also noch häufiger begegnen.

Fragen

1. Man gebe eine kurze Erklärung sowie ein Beispiel zu folgenden Begriffen: (a) stationäre Strömung; (b) instationäre Strömung; (c) Strömung mit Wirbeln; (d) wirbelfreie Strömung; (e) Strömung eines kompressiblen Mediums; (f) Strömung eines inkompressiblen Mediums; (g) Strömung eines viskosen Mediums; (h) Strömung eines nichtviskosen Mediums.
2. Kann man eine Haftreibungszahl für zwei aneinandergrenzende Flächen angeben, von denen eine die Oberfläche einer Flüssigkeit ist?
3. Eine Flüssigkeit fließt ruhiger und schneller aus einer Dose heraus, wenn man statt eines Loches zwei Löcher hineinbohrt. Warum?
4. Man zähle alle Annahmen auf, die bei der Ableitung der Bernoulli-Gleichung gemacht werden müssen (Gl. 18.6).
5. Man beschreibe alle Kräfte, die auf ein Flüssigkeits- oder Gaselement wirken, wenn es durch ein Rohr mit ungleichmäßigem Querschnitt strömt.
6. Bei einem Vorlesungsversuch wird ein Tischtennisball inmitten eines vertikalen Luftstromes schwebend gehalten. Handelt es sich dabei um ein stabiles, instabiles oder indifferentes Gleichgewicht?

7. Die Höhe des Flüssigkeitsstandes in den Steigrohren der Abb. 18.15 zeigt an, daß der Druck entlang dem waagerechten Rohr abfällt, obwohl dieses einen einheitlichen Querschnitt besitzt und die strömende Flüssigkeit inkompressibel ist. Man gebe eine Erklärung.

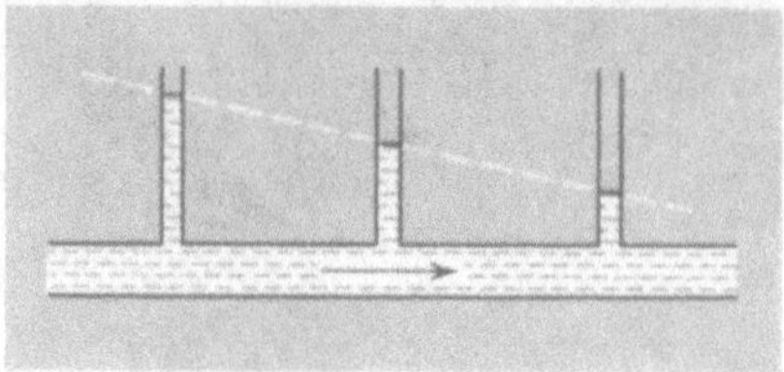

Abb. 18.15 Zu Frage 7

8. Je länger ein Schornstein ist, um so besser zieht der Rauch ab. Warum dringt der Rauch nicht in den Raum ein, in dem sich die Feuerstelle befindet?
9. (a) Wie kann ein Spieler einen Baseball in einem Linksbogen oder einem Rechtsbogen werfen? Kann man die Bernoulli-Gleichung auf einen solchen sich drehenden Ball anwenden? (b) Warum ist es einfacher, einen Bogen mit einem Tennisball als mit einem Baseball zu werfen?
10. Man kann einen Bogen nicht nur mit einem rauhen Ball, sondern auch mit einem glatten Ball werfen. Dieser wird aber einen Bogen zur anderen Seite beschreiben. Warum?
11. Zwei nebeneinander in dieselbe Richtung fahrende Ruderboote oder Autos ziehen sich gegenseitig an. Man erkläre dieses Phänomen mit Hilfe der Bernoulli-Gleichung.
12. Welche Belastungskräfte durch Luftbewegungen müssen beim Bau von Wolkenkratzern beachtet werden? Durch welche Maßnahmen wird dies berücksichtigt?
13. Kann die Wirkung eines Fallschirms, den freien Fall zu bremsen, mit der Bernoulli-Gleichung erklärt werden?
14. Eine Flüssigkeit fließt durch ein waagerechtes Rohr, das an einer Stelle eine Verengung aufweist. Sowohl an der weiten als auch an der engen Stelle sind senkrechte Rohrmanometer angebracht. Wird die Flüssigkeit in den Manometern steigen oder fallen, wenn das Ende des Rohres durch einen Hahn verschlossen wird?
15. Ein aus einem Hahn ausfließender Wasserstrahl wird beim Fallen immer schmaler. Warum?
16. In einem vertikalen Rohr fließt Wasser in einem stetigen Strahl abwärts, während ein freifallender Wasserstrahl sich in einzelne Tropfen auflöst. Warum ist das so?
17. Wie funktioniert die Druckspülung in einem WC?
18. Warum erreicht ein aus großer Höhe herabfallender Gegenstand eine konstante Endgeschwindigkeit?
19. Die Bernoulli-Gleichung (Gl. 18.6) stellt den Energieerhaltungssatz für die Bewegung von Flüssigkeiten und Gasen dar. Man betrachte das Venturi-Rohr (Abb. 18.6). Kann man einen formalen Zusammenhang zu den Energieumwandlungen sehen, die stattfinden, wenn ein Wagen in einer Achterbahn in das Tal hinunterrast und auf der anderen Seite eine Steigung wieder hinaufrollt?
20. Manchmal kann man beobachten, wie Leute einen Briefumschlag öffnen, indem sie eine Seite aufreißen und dann auf diese Öffnung blasen. Spielt hierbei die Bernoulli-Gleichung eine Rolle?
21. Ist es für ein Flugzeug günstiger, gegen den Wind oder mit dem Wind zu starten? Wie ist es bei der Landung?
22. Hängt der Druckunterschied zwischen Unter- und Oberseite eines Flugzeugflügels von der Flughöhe ab?
23. Sich auf einem Flugzeugflügel abscheidendes Eis kann dessen Form so verändern, daß der Auftrieb erheblich gemindert wird. Warum?
24. Warum kann ein Flugzeug auch auf dem Rücken fliegen?

25. Ein Flugzeugingenieur behauptet, einen Hubschrauber konstruieren zu können, der eine weiche Landung ohne Erzeugung von Abwind vollführen könne. Ist das möglich? Wenn ja, warum?
26. Die typische Bananenform der meisten Bumerangs hat kaum etwas mit ihrer Eigenschaft zu tun, nach dem Wurf zurückzukehren. Das entscheidende Merkmal ist vielmehr der Querschnitt der Flügelarme, die wie das Flügelprofil eines Flugzeuges auf der einen Seite konvexer sein müssen als auf der anderen. Kann man das erklären?
27. Was befähigt einen Vogel zu segeln?
28. Warum erscheint in Gl. 18.9 der Faktor 2 und nicht 1? Man erwartet doch, daß der Schub einfach das Produkt aus Druckdifferenz und Fläche $A_0\ (p-p_0)$ ist.
29. Die zerstörende Wirkung eines Taifuns ist im Zentrum größer als an seinen Rändern. Warum?
30. Wenn der Stöpsel aus einer gefüllten Badewanne herausgezogen wird, fließt das Wasser unter Strudelbildung aus. Die Winkelgeschwindigkeit eines Flüssigkeitselementes um eine vertikale Achse durch die Ausflußöffnung ist in der Nähe der Öffnung am größten. Man gebe dafür eine Erklärung.
31. Ist es wahr, daß auf der Nordhalbkugel der Erde das Wasser mit einem Wirbel entgegen dem Uhrzeigersinn aus der Badewanne fließt, auf der Südhalbkugel aber mit einem Wirbel im Uhrzeigersinn? Wenn ja, warum ist das so?
32. Je länger das Surfbrett und je seichter das Gewässer ist, um so weiter gleitet ein Surfer über die Wasseroberfläche. Stimmt das?
33. Beim Ausgießen aus einer Teekanne zeigt Tee die unangenehme Eigenart, an der Unterseite der Tülle entlangzurinnen. Kann man sich das erklären?
34. Präriehunde leben in großen Rudeln in weitverzweigten Höhlensystemen unter der Erde. Um ein Ersticken zu vermeiden, legen sie ein Belüftungssystem an, indem sie über manchen Bauausgängen konische Erdhügel errichten. Wie funktioniert dieses Belüftungssystem? Man denke dabei an die Bernoulli-Gleichung (Gl. 18.6) und beachte, daß wegen auftretender Reibungskräfte die Windgeschwindigkeit direkt über der Grasnarbe geringer ist als einige Zentimeter darüber.
35. Man zeige mit Hilfe des Schaufelrades in Abb. 18.1, welche der Strömungen in Abb. 18.10 bis Abb. 18.14 wirbelfrei sind.
36. Bei einer stationären Strömung ist der Geschwindigkeitsvektor überall konstant. Kann dann überhaupt eine beschleunigte Bewegung eines Mediumteilchens stattfinden? Man diskutiere das.

Aufgaben

Abschnitt 18.3

1. Ein Gartenschlauch mit einem inneren Durchmesser von 2 cm wird an einen Rasensprenger angeschlossen, der 24 Bohrungen von 1 mm Durchmesser aufweist. Mit welcher Geschwindigkeit strömt das Wasser aus den Düsen des Sprengers, wenn das Wasser im Schlauch mit 1 m/s fließt?
   Antwort: 16.7 m/s.
2. Wieviel Arbeit wird geleistet, wenn $1.4\ \mathrm{m}^3$ Wasser durch ein 13 mm starkes Rohr gepreßt werden und die Druckdifferenz zwischen den Rohrenden 1×10^5 Pa beträgt?
3. Aus einem Hahn (Öffnungsdurchmesser d) fließt kontinuierlich Wasser mit einer Geschwindigkeit v_0 aus. Man bestimme den Durchmesser des Wasserstrahles in der Tiefe h unterhalb des Hahnes. Der Luftwiderstand und Tropfenbildung sollen vernachlässigt werden.
   Antwort: $d\left[\dfrac{v_0}{\sqrt{v_0^2+2gh}}\right]^{1/2}$.

4. Aus einem überschwemmten Keller wird mittels eines Schlauches von 1 cm Durchmesser stetig Wasser mit einer Geschwindigkeit von 5 m/s herausgepumpt. Der Auslaß des Schlauches liegt 3 m höher als der Wasserspiegel. Welche Leistung erbringt die Pumpe?

Abschnitt 18.4

5. An das Ende eines Rohres ist eine Scheibe *DD* angeflanscht (Abb. 18.16). Wenn Luft durch das Rohr geblasen wird, wird die Scheibe *CC* angesaugt. *A* sei die Fläche und v die Geschwindigkeit dieser Scheibe, ihr Gewicht werde vernachlässigt. Man bestimme die resultierende Aufwärtskraft auf die Scheibe *CC*.
Antwort: $\frac{1}{2}\varrho v^2 A$, wobei ϱ die Luftdichte ist.

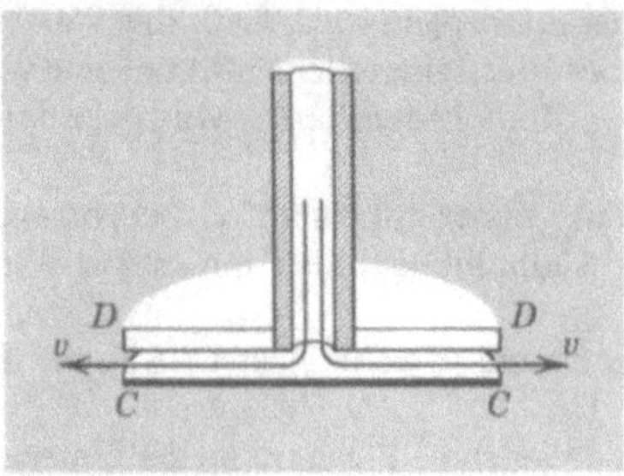

Abb. 18.16 Zu Aufgabe 5

6. In einer waagerecht verlaufenden Öl-Pipeline mit konstantem Querschnitt fällt auf einer Strecke von 300 m der Druck um 30 kPa ab. Wie groß ist die Energieänderung bezogen auf 1 m der Öl-Pipeline und bezogen auf 1 m³ Öl?
7. Die Abb. 18.17 zeigt, wie eine Flüssigkeit aus einer Öffnung eines großen Tanks fließt. Die Austrittsöffnung liegt im Abstand h unterhalb des Flüssigkeitsspiegels im Tank. (a) Man wende die Bernoulli-Gleichung auf die Stromlinie durch die Punkte 1, 2, und 3 an und zeige, daß für die Ausströmgeschwindigkeit die Beziehung

$$v = \sqrt{2gh}$$

gilt. Diese Gleichung ist bekannt als das *Torricelli-Gesetz*. (b) Wie hoch stiege der Flüssigkeitsstrahl, wenn die Austrittsöffnung senkrecht nach oben gebogen wäre? (c) Welche Rolle spielen Viskosität und Turbulenz beim Ausfließen?
Antwort: (b) bis zur Höhe h.

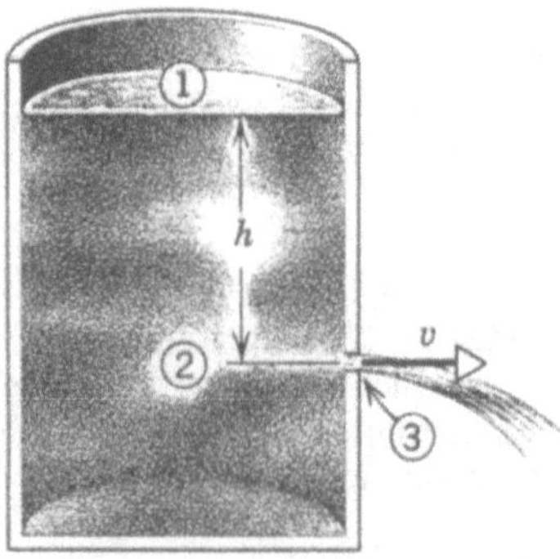

Abb. 18.17 Zu Aufgabe 7

8. Ein Tank ist mit Wasser bis zur Höhe H gefüllt. Im Abstand h unterhalb der Oberfläche ist ein Loch in die Wand gebohrt (Abb. 18.18). (a) Man zeige, daß für die Entfernung x der Auftreffstelle des ausfließenden Wassers $x = 2\sqrt{h(H-h)}$ gilt. (b) In welcher Tiefe müßte man ein weiteres Loch bohren, damit der Wasserstrahl aus diesem Loch dieselbe Reichweite wie der erste hat?

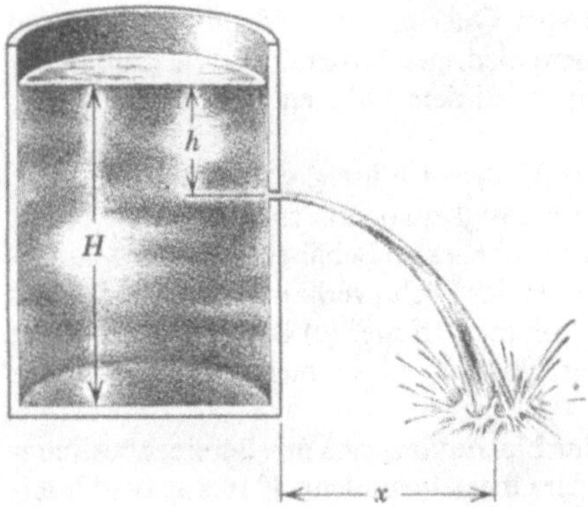

Abb. 18.18 Zu Aufgabe 8

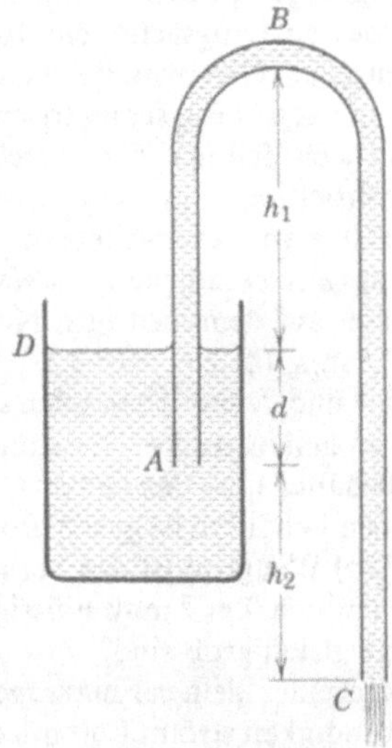

Abb. 18.19 Zu Aufgabe 12

9. Der Wasserpegel in einem Steigrohr steht um H über der Bodenfläche. (a) In welcher Tiefe h muß man ein Loch in das Rohr bohren, damit der ausfließende Wasserstrahl die maximale Auftreffweite auf dem Boden erreicht? (b) Wie groß ist diese Weite?
Antwort: (a) $H/2$; (b) H.
10. (a) Man betrachte den Tragflügel eines Flugzeuges. An der Vorderkante staut sich die Luft, während sie über die Oberfläche mit der Geschwindigkeit v hinwegströmt. Der Druck an der Vorderkante sei der Atmosphärendruck. Man suche den größtmöglichen Wert für v in dem Stromlinienverlauf. Man benutze die Bernoulli-Gleichung und nehme die Luft mit der Dichte $\varrho = 1.2 \times 10^{-3}$ g/cm^3 als inkompressibel an. (b) Wie groß ist v im Vergleich zur Schallgeschwindigkeit? Kann man den Unterschied erklären? Hängen die beiden Größen irgendwie miteinander zusammen?
11. Wie hoch wird der Höhenunterschied der Wasserspiegel in einem U-Rohr sein, wenn jemand Luft mit einer Geschwindigkeit von 15 m/s über das obere Ende eines der Schenkel bläst? Die Dichte von Luft sei 1.2 kg/m^3.
Antwort: 1.4 cm.
12. Einen Behälter, der nicht gekippt werden darf, kann man mit einem Siphon entleeren. Abb. 18.19 zeigt das Funktionsprinzip. Das Siphonrohr muß nur zu Anfang völlig gefüllt werden, dann fließt die Flüssigkeit von allein aus, bis ihr Niveau die Höhe des Siphoneingangs bei A erreicht hat. Die Flüssigkeit sei nicht viskos und habe die Dichte ϱ. (a) Mit welcher Geschwindigkeit fließt die Flüssigkeit bei C aus? (b) Wie groß ist der Druck in der Flüssigkeit im höchsten Punkt B? (c) Bis zu welcher maximalen Höhe h kann ein Siphon Wasser heben?

Abschnitt 18.5

13. Ein Prandtl-Rohr wird auf einem Flugzeugflügel befestigt, um die Geschwindigkeit des Flugzeuges relativ zur Luft zu messen. Das Rohr enthält Alkohol als Manometerflüssigkeit. Die

Lufttemperatur sei 0 °C und die Dichte des Alkohols 0.81×10^3 kg/m³. Wie groß ist die relative Geschwindigkeit des Flugzeuges, wenn man am Manometer eine Höhendifferenz von 26 cm abliest?
Antwort: 200 km/h.

14. Torpedomodelle werden manchmal in einem wasserdurchströmten waagerechten Rohr getestet, so wie Flugzeuge in einem Windkanal. Man nehme ein rundes Rohr von 25 cm Durchmesser an, in dessen Längsachse ein Torpedo von 5 cm Durchmesser angeordnet sei. Das Wasser soll mit einer Geschwindigkeit von 2.5 m/s am Torpedo vorbeiströmen. (a) Welche Geschwindigkeit hat das Wasser im freien Teil des Rohres? (b) Wie groß ist die Druckdifferenz zwischen dem freien Teil und dem durch den Torpedo verengten Teil des Rohres?
15. Durch eine Rohrleitung von 4 cm² Querschnitt fließt Wasser mit 5 m/s. Die Leitung fällt allmählich um 10 m ab und erweitert sich dabei auf einen Querschnitt von 8 cm². (a) Wie groß ist die Strömungsgeschwindigkeit des Wassers auf dem niedrigen Niveau? (b) Wie groß ist der Druck im Wasser auf dem niedrigen Niveau, wenn er auf dem höheren 1.5×10^5 Pa war?
Antwort: (a) 2.5 m/s; (b) 2.6×10^5 Pa.
16. Zwei Behälter, 1 und 2, sind oben offen und mit verschiedenen Flüssigkeiten gefüllt. In jeden Behälter wird seitlich in gleicher Tiefe unterhalb der Flüssigkeitsoberfläche ein Loch gebohrt. Das Loch im Behälter 1 hat den halben Querschnitt des Loches im Behälter 2. (a) Der Massenabfluß aus beiden Behältern ist gleich groß. Wie groß ist das Dichteverhältnis ϱ_1/ϱ_2 der beiden Flüssigkeiten? (b) Wie groß ist das Verhältnis der Volumenströme? (c) Bis zu welcher Höhe über dem Loch in Behälter 2 muß Flüssigkeit nachgefüllt oder entnommen werden, damit die Volumenströme gleich groß sind?
17. Die beiden Flügel eines kleinen Flugzeuges haben eine Fläche von je 9.3 m². Bei einer bestimmten Luftgeschwindigkeit strömt Luft mit 49 m/s an der Oberseite und mit 40 m/s an der Unterseite der Flügel vorbei. Wie schwer ist das Flugzeug? Man nehme an, daß die Fluggeschwindigkeit konstant sei und der dynamische Auftrieb auf Rumpf und Heckteil des Flugzeuges klein sei; die Dichte der Luft betrage 1.2 kg/m³. Man diskutiere den Auftrieb des Flugzeugs bei gleichbleibender Luftgeschwindigkeit, (a) wenn das Flugzeug in gleicher Höhe weiterfliegt, (b) wenn es in einen Steigflug von 15° übergeht, (c) wenn es einen Sinkflug von 15° ausführt.
Antwort: 8900 N. Der Auftrieb ist in allen drei Fällen gleich.
18. Die Luftströmung längs der Unterseite eines Flugzeugflügels sei 105 m/s; das Flugzeug erfahre einen Auftrieb von 1000 Pa; die Dichte der Luft sei 1.2 kg/m³. Wie groß ist die Luftgeschwindigkeit auf der Oberseite des Flügels?
19. In die Krümmung eines symmetrischen U-Rohres ist ein Diaphragma eingelegt, das Flüssigkeit von links nach rechts durchläßt, aber nicht umgekehrt (Abb. 18.20). In die Schenkel werden verschiedene Flüssigkeiten bis zu unterschiedlichen Höhen eingefüllt. (a) Man zeige, daß die Anwendung der Bernoulli-Gleichung auf Punkt 1 und 3 zu einem Widerspruch führt. (b) Warum kann hier das Prinzip von Bernoulli nicht angewendet werden (Hinweis: Handelt es sich um eine stationäre Strömung?).

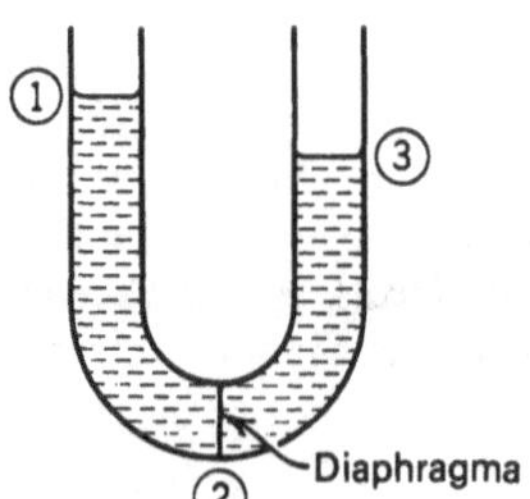

Abb. 18.20 Zu Aufgabe 19

20. Es soll die Ausströmgeschwindigkeit v_0 einer Flüssigkeit aus der Öffnung eines Behälters unter Berücksichtigung der Sinkgeschwindigkeit v des Flüssigkeitsspiegels bestimmt werden. Folgende Ableitung soll nachvollzogen werden. (a) Aus der Bernoulli-Gleichung erhält man:

$$v_0{}^2 = v^2 + 2gh.$$

(b) Man kann die gesamte Anordnung als eine große Stromröhre auffassen und erhält bei Anwendung der Kontinuitätsgleichung das Verhältnis v/v_0. In die obere Gleichung eingesetzt ergibt das

$$v_0 = \sqrt{2gh/[1-(A_0/A)^2]},$$

wobei A die obere Querschnittsfläche der Röhre darstellt, also die Oberfläche der Flüssigkeit, und A_0 die Querschnittsfläche an der Austrittsöffnung. (c) Wenn die Austrittsöffnung gegenüber der Oberfläche klein genug ist, erhält man für die Ausflußgeschwindigkeit:

$$v_0 \approx \sqrt{2gh}\,[1+\tfrac{1}{2}(A_0/A)^2].$$

21. Man zeige, daß bei Anwendung der Bernoulli-Gleichung und der Kontinuitätsgleichung auf die Punkte 1 und 2 in Abb. 18.6 die Einströmgeschwindigkeit v folgendermaßen bestimmt werden kann:

$$v = a\sqrt{\frac{2(\varrho'-\varrho)gh}{\varrho(A^2-a^2)}}.$$

22. Ein Venturi-Rohr habe einen Durchmesser von 25 cm, an der engsten Stelle der Düse betrage der Durchmesser 12.5 cm. Man bestimme den Volumenstrom, wenn der Wasserdruck im Rohr 50 kPa und in der Düse 40 kPa beträgt.

23. Man betrachte das Venturi-Rohr in Abb. 18.6, aber ohne angeschlossene Manometer. Die Querschnittsfläche sei $A = 5a$; der Druck bei A sei 2 atm. (a) Man bestimme die Werte v bei A und v' bei a unter der Annahme von $p' = 0$ bei a. (b) Man bestimme den Volumenstrom, wenn bei A der Durchmesser 5 cm beträgt. (Wenn der Druck p' bei a gegen Null strebt, tritt eine sogenannte *Kavitation* auf. Das Wasser verdampft in kleinen Blasen.)
Antwort: (a) 20 m/s; (b) 8×10^{-3} m^3/s.

Abschnitt 18.6

24. (a) Ein Medium der Dichte ϱ und der Geschwindigkeit v_1 strömt übergangslos aus einem engen Rohr mit dem Querschnitts a_1 in ein weites Rohr mit dem wesentlich größeren Querschnitt a_2 (Abb. 18.21). Dabei mischt sich der einströmende Strahl mit dem Medium im weiten Rohr und fließt dann mit der gleichförmigen mittleren Geschwindigkeit v_2 weiter. Ohne auf die Einzel-

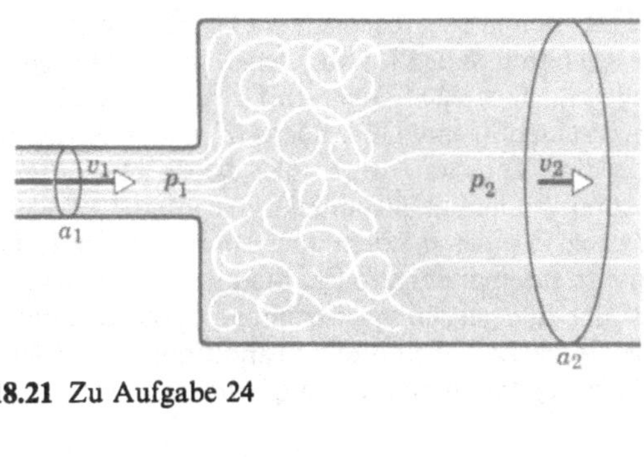

Abb. 18.21 Zu Aufgabe 24

heiten bei der Durchmischung einzugehen, kann man zeigen, daß der durch das Mischen verursachte Druckanstieg durch folgende Beziehung gegeben ist:

$$p_2 - p_1 = \varrho v_2(v_1 - v_2).$$

Bei der Herleitung benutze man die Sätze über die Impulserhaltung. (b) Aus der Bernoulli-Gleichung leite man ab, daß sich im Falle eines sich allmählich erweiternden Rohres folgender Druckanstieg ergibt:

$$p_2 - p_1 = \tfrac{1}{2}\varrho(v_1{}^2 - v_2{}^2).$$

(c) Warum ist im Falle der abrupten Rohrerweiterung der Druckanstieg geringer? Kann man eine Analogie zu einem elastischen und unelastischen Stoß eines Teilchens ziehen?

Abschnitt 18.7

25. Man zeige, daß die Konstante in der Bernoulli-Gleichung (Gl. 18.6) im Falle einer stationären wirbelfreien Strömung (Abb. 18.10) für alle Stromlinien dieselbe ist.
26. Ein Kraftfeld ist konservativ, wenn $\oint \boldsymbol{F} d\boldsymbol{s} = 0$ gilt. Der Kreis in dem Integrationssymbol bedeutet, daß die Integration über eine geschlossene Kurve durchzuführen ist. Eine Strömung ist dann eine Potentialströmung (also wirbelfrei), wenn $\oint \boldsymbol{v} d\boldsymbol{s} = 0$ für jeden geschlossenen Weg im Feld gilt. Mit Hilfe dieses Kriteriums zeige man, daß die Felder der Abb. 18.10 und 18.13 zu einer Potentialströmung gehören.
27. In Abb. 18.22 ist das sogenannte *Poiseuillesche Strömungsfeld* gezeichnet. Die Abstände zwischen den Stromlinien zeigen an, daß senkrecht zur Strömungsrichtung ein Geschwindigkeitsgradient besteht, obwohl die Strömung geradlinig verläuft. Man zeige, daß diese Strömung Wirbel hat.

Abb. 18.22 Zu Aufgabe 27

28. In stark gekrümmten Strömungen treten Zentrifugalkräfte auf. Man betrachte ein Element einer Flüssigkeit oder eines Gases, welches sich in der Ebene mit der Geschwindigkeit v längs einer stark gekrümmten Stromlinie bewegt (Abb. 18.23). (a) Man zeige, daß $dp/dr = \varrho v^2/r$ gilt, daß sich der Druck also um den Betrag $\varrho v^2/r$ über eine Länge von 1 m ändert, wenn man von der konkaven Seite zu der konvexen Seite einer Stromlinie wandert. (b) Unter Benutzung der Bernoulli-Gleichung zeige man, daß vr eine Konstante ist, so daß die Geschwindigkeit bei Annäherung an den Krümmungsmittelpunkt zunimmt. Stromlinien, die in einer geraden Röhre gleichmäßigen Abstand haben, werden in einer gekrümmten Röhre auf der Innenseite zusammengedrängt und an der Außenseite auseinandergezogen. Man vergleiche diese Aufgabe mit Aufgabe 18 aus Kapitel 17, bei der eine gekrümmte Strömung durch Rotation eines Behälters erzeugt wurde. Dort war die Geschwindigkeit direkt proportional zu r, hier ist sie umgekehrt proportional zu r. (c) Man zeige, daß diese Strömung wirbelfrei ist.

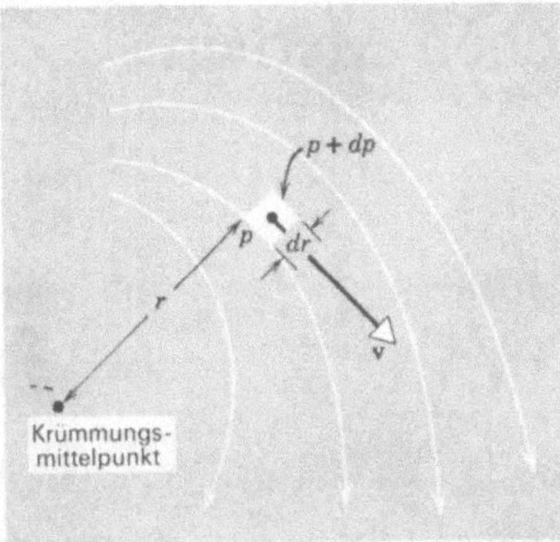

Abb. 18.23 Zu Aufgabe 28

29. Vor der Aufstellung der Newtonschen Gravitationstheorie war ein von Descartes stammendes Modell der Planetenbewegung allgemein anerkannt. In diesem Modell waren die Planeten in einem Wirbel von Ätherteilchen gefangen und wurden von diesen um die Sonne als Zentrum herumgeschleppt. Newton zeigte, daß diese Wirbeltheorie einigen Beobachtungen widersprach: (a) Die Geschwindigkeit eines Ätherteilchens in einem Wirbel ist umgekehrt proportional zum Abstand von der Sonne. (b) Die Periodendauer der Umlaufbewegung eines solchen Teilchens ist proportional zum Quadrat des Abstandes von der Sonne. (c) Dieses Resultat steht im Widerspruch zum dritten Keplerschen Gesetz. Man beweise (a), (b) und (c).

19 Wellen in elastischen Medien

19.1 Mechanische Wellen

Wellenbewegungen treten in fast allen Bereichen der Physik auf. Sehr vertraut sind uns vor allem Wasserwellen; aber auch Schallwellen, Lichtwellen, Radiowellen und andere elektromagnetische Wellen kennt jeder von uns. Ein besonderes Gebiet der Physik, das sich mit der Mechanik von Atomen und subatomaren Teilchen beschäftigt, wird sogar Wellenmechanik genannt. Ohne Zweifel sind das Verhalten und die Eigenschaften von Wellen von großer Bedeutung.

In diesem und im nächsten Kapitel beschränken wir uns auf Wellen in elastischen oder deformierbaren Medien. Solche Wellen, zu denen auch die gewöhnlichen Schallwellen zählen, nennt man *mechanische* oder *elastische Wellen*. Sie entstehen durch die Verschiebung eines Massenelements eines elastischen Mediums aus der Ruhelage mit darauffolgender Oszillation um diese Ruhelage. Wegen der Elastizität des Materials wird die Störung auch auf benachbarte Bereiche übertragen und als Welle im Medium fortgeleitet. Das Medium als Ganzes bewegt sich dabei nicht mit der Welle voran; nur die einzelnen Elemente des Mediums schwingen in einem sehr beschränkten Bereich um die Gleichgewichtslage. Bei Wasserwellen zum Beispiel sieht man an schwebenden Gegenständen, etwa einem Korken, daß die tatsächliche Bewegung des Wassers nur leicht auf und ab oder vor und zurück erfolgt. Trotzdem schreitet die Wasserwelle stetig über die Oberfläche fort, und wenn sie einen Gegenstand erreicht, versetzt sie ihn in Bewegung und überträgt Energie auf ihn. Auf diese Weise kann Energie über beträchtliche Entfernungen transportiert werden. Sie wird durch die kinetische und potentielle Energie der schwingenden Masseteilchen dargestellt. Übertragen wird die Energie immer nur von einem Mediumelement auf das nächstliegende und nicht durch eine weiträumige Bewegung von Materie. Mechanische Wellen sind dadurch gekennzeichnet, daß eine Störungsausbreitung durch die Materie Energie transportiert, ohne daß eine entsprechende Massenbewegung des Mediums stattfindet.

Zur Übertragung einer mechanischen Welle ist ein materielles Medium erforderlich, während zur Übertragung von elektromagnetischen Wellen keine Materie notwendig ist. Licht zum Beispiel kommt von den Sternen durch das nahezu vollkommene Vakuum des Weltalls zu uns auf die Erde. Es sind die Trägheit und die Elastizität der Materie, die die Geschwindigkeit der Wellenausbreitung im Medium bestimmen, wie wir in Abschn. 19.5 sehen werden. Alle materiellen Medien, wie Luft, Wasser oder Stahl haben solche Eigenschaften und können daher mechanische Wellen übertragen. Wegen der Elastizität wirken auf jedes aus der Ruhelage ausgelenkte Mediumelement rücktreibende Kräfte; die Trägheit der Masse bestimmt, wie empfindlich und wie schnell das Element auf diese

Kräfte reagiert. Beide Faktoren zusammen bestimmen damit die Fortpflanzungsgeschwindigkeit der Welle.

19.2 Verschiedene Arten von Wellen

Wenn wir Wasserwellen, Lichtwellen und Schallwellen als Beispiele für Wellenbewegungen anführen, so klassifizieren wir die Wellen nach ihren äußeren Erscheinungsformen. Man kann aber auch anders vorgehen.

Man kann eine Einteilung der verschiedenen Arten von mechanischen Wellen nach der Bewegung der Massenelemente bezüglich der Ausbreitungsrichtung der Welle vornehmen. Erfolgt die Bewegung der Mediumteilchen, die die Welle fortleiten, senkrecht zur Ausbreitungsrichtung, handelt es sich um eine *transversale Welle*. Wenn ein einseitig eingespanntes Seil am anderen Ende seitlich hin- und herbewegt wird, wandert eine transversale Welle das Seil entlang. Die Störung breitet sich längs des Seiles aus, die Seilteilchen aber schwingen rechtwinklig dazu (Abb. 19.1 a).

Lichtwellen sind keine mechanischen Wellen. Die sich ausbreitende Störung ist keine Materieschwingung, sondern ein schwingendes elektromagnetisches Feld (Kap. 41). Da das elektrische Feld und das magnetische Feld rechtwinklig zur Ausbreitungsrichtung schwingen, handelt es sich auch bei der Lichtausbreitung um transversale Wellen.

Erfolgt die Bewegung der die Welle fortleitenden Teilchen längs der Ausbreitungsrichtung der Welle, so handelt es sich um eine *longitudinale Welle*. Wenn eine einseitig eingespannte Schraubenfeder am freien Ende schnell ge- und entspannt wird, wandert eine longitudinale Welle die Feder entlang; die Windungen der Feder schwingen vor und zurück in Richtung der Störungsausbreitung (Abb. 19.1 b). Die Schallausbreitung in Gasen erfolgt durch longitudinale Wellen, wie wir in Kap. 20 näher diskutieren werden.

Es gibt aber auch Wellen, die nicht ausschließlich transversal oder longitudinal sind. Bei Oberflächenwellen im Wasser zum Beispiel bewegen sich die Wasserteilchen sowohl auf und ab als auch vor und zurück. Sie verfolgen eine elliptische Bahn, wenn eine Welle über sie hinweggeht.

Entsprechend der Anzahl der Raumrichtungen, in die die Energie transportiert wird, können Wellen auch als *eindimensional*, *zweidimensional* oder *dreidimensional* klassifiziert werden. Eine Wellenbewegung entlang einem Seil oder einer Schraubenfeder (Abb. 19.1 b) ist eindimensional. Oberflächenwellen oder Kräuselungen auf dem Wasser, wie sie beim Einwerfen eines Kieselsteines entstehen, stellen zweidimensionale Wellen dar. Schallwellen und Lichtwellen breiten sich von der Quelle radial in alle Raumrichtungen aus, sie stellen daher dreidimensionale Wellen dar.

Wellen können auch noch nach dem Verhalten der Masseteilchen während der Wellenausbreitung unterschieden werden. So kann man zum Beispiel einen Bewegungsimpuls auf einem gespannten Seil entlanglaufen lassen, indem man das freie Ende des Seils einmal kurz seitlich auslenkt. Jedes Seilteilchen befindet sich in Ruhe, bis der *Wellenstoß* es erreicht, dann vollführt es eine kurze Pulsschwingung und kommt wieder zur Ruhe. Falls man die seitliche Stoßbewegung wiederholt (Abb. 19.1 a), erzeugt man eine Folge solcher Pulse entlang dem Seil. Es bildet sich ein *Wellenzug* aus. Bei einer regelmäßigen Bewegung wird schließlich eine *periodische Welle* entstehen, bei der jedes Teilchen auf dem Seil eine periodische Schwingung ausführt. Der einfachste Fall einer periodischen Welle ist eine *harmonische Welle*, bei der jedes Teilchen harmonisch schwingt.

Bei einem dreidimensionalen Wellenstoß kann man durch alle Punkte, die zur gleichen Zeit erreicht werden, die also die gleiche Störung erfahren, eine Fläche zeichnen. Zeitlich bewegt sich diese Fläche so, wie der Puls fortschreitet. Für alle nachfolgenden Pulse kann man ähnliche Flächen konstruieren. Man kann dieses Verfahren verallgemeinern

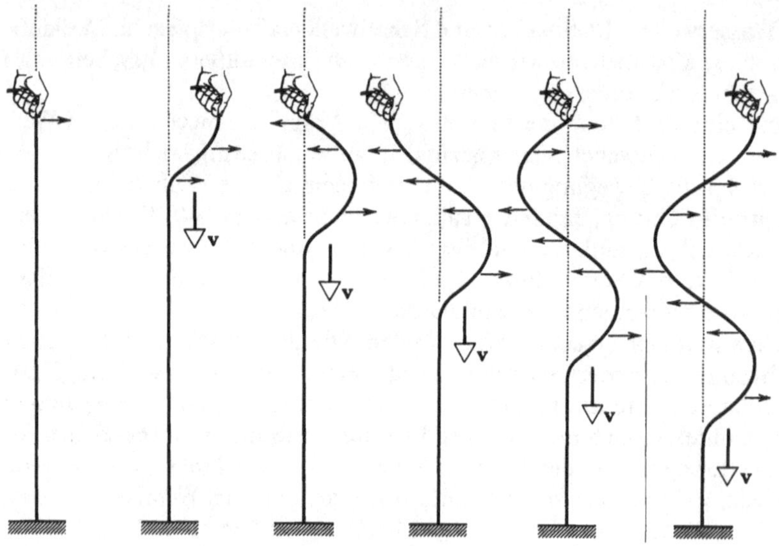

(a)

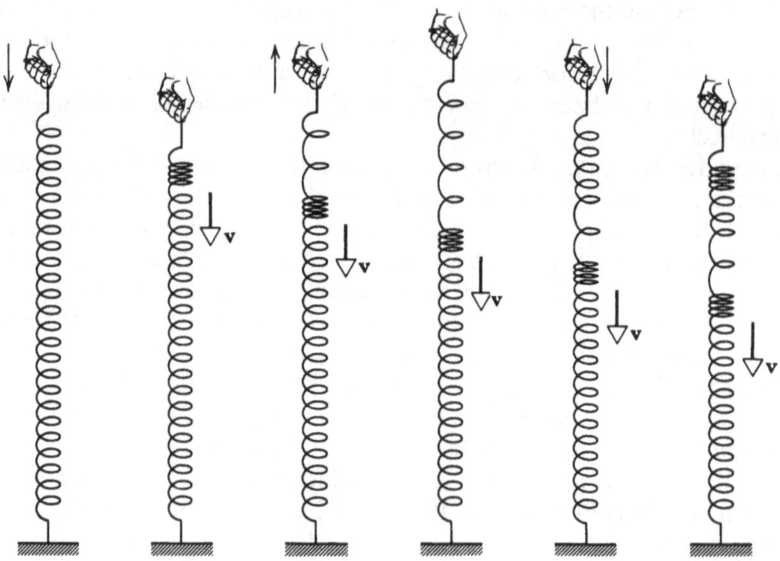

(b)

Abb. 19.1 (a) In einer transversalen Welle schwingen die Teilchen des Mediums (hier ein gespanntes Seil) rechtwinklig zur Fortpflanzungsrichtung der Welle. (b) In einer longitudinalen Welle schwingen die Mediumteilchen (hier eine gespannte Feder) in der Fortpflanzungsrichtung der Welle.

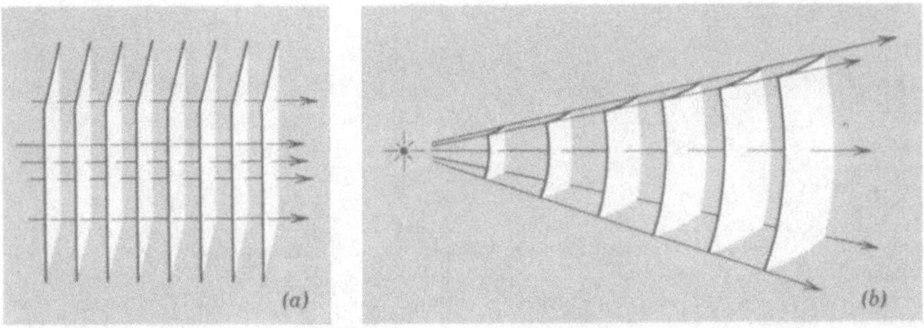

Abb. 19.2 Zur Erklärung der Wellenfläche. (a) Eine ebene Welle. Die weißen Ebenen stellen Wellenflächen dar, die einen Abstand von genau einer Wellenlänge haben. (b) Eine Kugelwelle. Die Wellenflächen stellen Kugelschalen im Abstand einer Wellenlänge dar. In großer Entfernung von der Quelle kann man kleine Ausschnitte aus der Wellenfläche als Plan ansehen.

und auf eine periodische Welle anwenden, indem man eine Fläche konstruiert, auf der alle Punkte gleicher Phase liegen. Diese Fläche nennt man *Wellenfläche*. Im Falle eines homogenen isotropen Mediums erfolgt die Ausbreitung der Welle senkrecht zur Wellenfläche. Eine Linie senkrecht zur Wellenfläche nennt man *Wellennormale* oder manchmal auch *Strahl*. Die Wellennormale gibt die Richtung der Wellenausbreitung an.

Wellenflächen können sehr verschieden geformt sein. Wenn sich die Störungen nur in eine Richtung ausbreiten, ergibt sich eine *ebene Welle*. Bei ihr sind Wellenflächen Ebenen, und die Normalen sind parallele Geraden (Abb. 19.2a). Eine andere einfache Form einer Welle ist eine *Kugelwelle*, bei der sich eine Störung von einer Punktquelle in alle Richtungen ausbreitet. Die Wellenflächen einer Kugelwelle stellen Kugelflächen dar, und die Wellennormalen sind Radien dieser Kugeln (Abb. 19.2b). In großer Entfernung von der Punktstörung sind die Wellenflächen nur noch schwach gekrümmt, und man kann einen kleinen Ausschnitt der Fläche als eben ansehen. Neben ebenen Wellen und Kugelwellen gibt es noch alle möglichen anderen Formen. Wir werden bei Bedarf in anderen Bereichen der Physik darauf zurückkommen.

In diesem Kapitel werden wir noch sehr oft die Transversalwelle längs eines Seiles als Beispiel benutzen, um allgemeine Eigenschaften von Wellen zu veranschaulichen. Im nächsten Kapitel werden wir daraus Folgerungen für die Schallwellen ziehen, die allerdings longitudinal sind. Später werden wir auch die Eigenschaften nichtmechanischer Wellen, zum Beispiel Lichtwellen, kennenlernen.

19.3 Fortschreitende Wellen

Wir betrachten ein in x-Richtung gespanntes Seil, entlang dem eine transversale Welle fortschreitet. Zu einem Zeitpunkt $t = 0$ kann die Form des Seiles durch

$$y = f(x) \quad \text{für} \quad t = 0 \tag{19.1}$$

angegeben werden, wobei y die transversale Verschiebung (Auslenkung) des Seiles an der Stelle x ist. In Abb. 19.3 a ist eine mögliche Wellenform (ein *Wellenberg* oder ein *Puls*)

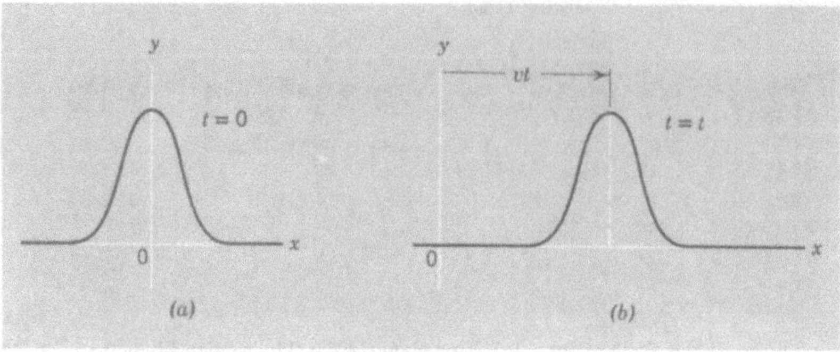

Abb. 19.3 Zur Entstehung einer mit der Geschwindigkeit v fortschreitenden Welle, hier an einem einzelnen Wellenberg demonstriert. (a) Die Form eines Seils zur Zeit $t = 0$. (b) Zu einer späteren Zeit ist der Wellenberg an der Stelle $x = vt$ angelangt.

zur Zeit $t = 0$ gezeichnet. Aus Beobachtungen weiß man, daß eine solche Welle ohne Veränderung ihrer Gestalt das Seil entlangwandert (wenn die inneren Reibungsverluste klein genug sind). Zu einem späteren Zeitpunkt t wird der Puls um die Strecke vt nach rechts gewandert sein, wenn v seine konstante Ausbreitungsgeschwindigkeit war. Die Welle wird nunmehr durch die Gleichung

$$y = f(x - vt) \quad \text{mit} \quad t = t \tag{19.2}$$

beschrieben.

Diese Gleichung repräsentiert die gleiche Welle im Punkt $x = vt$ zur Zeit t wie die im Punkt $x = 0$ zur Zeit $t = 0$ (Abb. 19.3b). Deshalb beschreibt Gl. 19.2 ganz allgemein eine *nach rechts wandernde* Welle irgendeiner Form. Um die spezielle Form der Welle wiederzugeben, bedarf es einer genauen Angabe der Funktion f*.

Wir werden uns diese Gleichung etwas genauer anschauen. Wollen wir eine bestimmte Stelle der Welle (bzw. der Phase) zeitlich verfolgen, so betrachten wir in der Gleichung einen bestimmten Wert y (z. B. das Maximum in Abb. 19.3). Mathematisch bedeutet das, daß wir bei einem bestimmten festen Wert für $(x - vt)$ die zeitliche Veränderung von x betrachten. Man sieht unmittelbar, daß x mit wachsendem t auch größer werden muß, damit $(x - vt)$ denselben festen Wert behält. Gl. 19.2 repräsentiert also tatsächlich eine nach rechts laufende Welle (zunehmendes x mit zunehmendem t). Für eine *nach links laufende* Welle müßte man

$$y = f(x + vt) \tag{19.3}$$

schreiben, denn für eine bestimmte feste Phase $(x + vt)$ nimmt x mit wachsenden t ab. Die Geschwindigkeit einer bestimmten Phase in einer Welle kann man nun leicht angeben. Es soll für eine fortschreitende Welle

$$x - vt = \text{const.}$$

* Mit „y als Funktion von $(x - vt)$" ist gemeint, daß die Variablen x und t nur in der Kombination $x - vt$ auftreten. So sind $\sin k(x - vt)$, $\log (x - vt)$ und $(x - vt)^3$ Funktionen von $x - vt$, aber nicht $x^2 - vt^2$.

gelten. Die zeitliche Ableitung ergibt sodann

$$\frac{\mathrm{d}x}{\mathrm{d}t} - v = 0 \text{ oder } \frac{\mathrm{d}x}{\mathrm{d}t} = v. \tag{19.4}$$

v ist die *Phasengeschwindigkeit* der Welle. Für eine nach links laufende Welle erhält man auf die gleiche Weise $-v$ für die Phasengeschwindigkeit*.

Der allgemeinen Gleichung für eine Welle (Gl. 19.2) kann man noch etwas weiteres entnehmen. Für einen festen Zeitpunkt t liefert sie y als Funktion von x. Diese Funktion stellt eine Kurve dar, die die gegenwärtige Gestalt des Seils wiedergibt. Man erhält also eine Momentaufnahme der Welle zum Zeitpunkt t. Konzentriert man sich andererseits auf einen bestimmten Ort auf dem Seil, also auf ein festes x, so liefert die Gleichung y als Funktion von t. Diese Funktion beschreibt dann das zeitliche Verhalten der Verschiebung an der Stelle x.

Das gilt für eine transversale wie für eine longitudinale Welle. Ein Beispiel hierfür stellt ein langes, gerades und mit Gas gefülltes Rohr dar, dessen Längsachse in x-Richtung liegt und in dem als Puls eine Druckänderung entlangwandert. Dieselbe Betrachtung wie oben führt uns zu einer Gleichung, die die gleiche Form wie Gl. 19.2 hat, die aber jetzt die Abhängigkeit des Druckes von der Zeit für alle Punkte innerhalb des Rohres angibt (vgl. Abschn. 20.3).

Wir wollen uns nun mit einer ganz speziellen Wellenform befassen, über deren Bedeutung wir uns bald klar werden. An einem Seil laufe ein Wellenzug entlang, der zur Zeit $t = 0$ durch folgende Gleichung angegeben werde,

$$y = \hat{y} \sin \frac{2\pi}{\lambda} x. \tag{19.5}$$

Es handelt sich hierbei also um eine sinusförmige Welle (Abb. 19.4). Die maximale Auslenkung aus der Ruhelage, $\hat{y}$, ist die *Amplitude* der Sinuskurve. Der Wert der seitlichen Verschiebung y ist für die Abszissen x, $x + \lambda$, $x + 2\lambda$, usw. gleich. Die Größe λ wird *Wellenlänge* genannt und repräsentiert den Abstand zwischen benachbarten Punkten gleicher Phase. Mit fortschreitender Zeit wandert die Welle mit der Phasengeschwindigkeit v nach rechts. Für die Gleichung dieser Welle ergibt sich zur Zeit t

$$y = \hat{y} \sin \frac{2\pi}{\lambda} (x - vt). \tag{19.6}$$

Diese Gleichung ist von der Form, wie sie für eine sich ausbreitende Welle gefordert wurde (Gl. 19.2).

Die *Periodendauer* T ist diejenige Zeit, die die Welle zum Zurücklegen der Strecke λ benötigt, also

$$\lambda = vT. \tag{19.7}$$

* Bei Störungen, die durch eine Gruppe von Wellen beschrieben werden, kann die Energie mit einer anderen als der Phasengeschwindigkeit transportiert werden. Diese *Gruppengeschwindigkeit* werden wir in Kap. 41 im Zusammenhang mit elektromagnetischen Wellen besprechen. Vorläufig befassen wir uns immer nur mit der Phasengeschwindigkeit einer Welle.

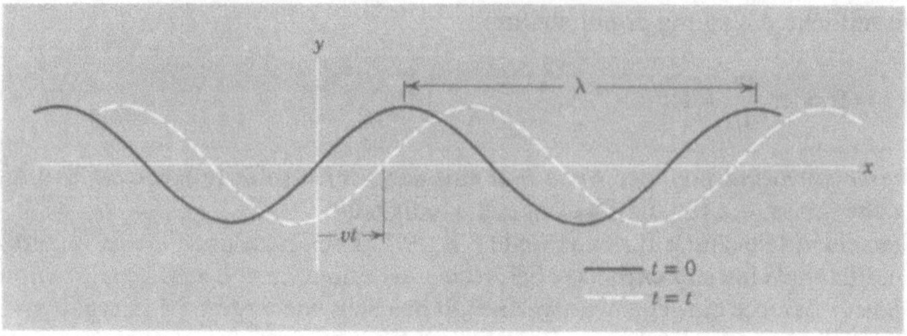

Abb. 19.4 Das Fortschreiten einer sinusförmigen Welle. Zur Zeit $t = 0$ kann die Form des Seils durch $y = \hat{y} \sin 2\pi x/\lambda$ (durchgezogene Kurve) beschrieben werden. Zu einer späteren Zeit hat sich die Welle um ein Stück $x = vt$ nach rechts bewegt, und die Form des Seils kann durch $y = \hat{y} \sin 2\pi(x - vt)/\lambda$ beschrieben werden.

Wenn man diese Beziehung in Gl. 19.6 einsetzt, ergibt sich

$$y = \hat{y} \sin 2\pi\left(\frac{x}{\lambda} - \frac{t}{T}\right). \tag{19.8}$$

Hieraus ist erkennbar, daß y zu einem bestimmten Zeitpunkt t an den Stellen x, $x + \lambda$, $x + 2\lambda$, usw. denselben Wert annimmt. Genauso ist ersichtlich, daß y an einer bestimmten Stelle x zu den Zeiten t, $t + T$, $t + 2T$, usw. dieselbe Auslenkung erreicht.

Gl. 19.8 erhält eine kompaktere Form, wenn man noch zwei weitere Größen definiert, nämlich die *Kreiswellenzahl* k und die *Kreisfrequenz* bzw. Winkelfrequenz ω (vgl. Gl. 15.12), die durch folgende Beziehungen gegeben sind:

$$k = \frac{2\pi}{\lambda} \text{ und } \omega = \frac{2\pi}{T}. \tag{19.9}$$

Mit diesen Größen erhält man für eine nach rechts laufende Sinuswelle die Gleichung

$$y = \hat{y} \sin (kx - \omega t). \tag{19.10a}$$

Für eine nach links laufende Sinuswelle (negative x-Richtung) gilt entsprechend

$$y = \hat{y} \sin (kx + \omega t). \tag{19.10b}$$

Aus einem Vergleich der Gl. 19.7 mit Gl. 19.9 ergibt sich die Phasengeschwindigkeit nunmehr zu

$$v = \frac{\lambda}{T} = \frac{\omega}{k}. \tag{19.11}$$

In den Gleichungen 19.10a und 19.10b wurde angenommen, daß die Auslenkung y an der Stelle $x = 0$ zur Zeit $t = 0$ auch Null sei. Das braucht nicht so zu sein. Der allgemeine Ausdruck für einen sinusförmigen Wellenzug ist

$$y = \hat{y} \sin (kx - \omega t - \varphi),$$

wobei φ die *Phasenkonstante* darstellt. Für $\varphi = -90°$ ist die Auslenkung bei $x = 0$ zur Zeit $t = 0$ dann $\hat{y}$. In diesem speziellen Fall ist

$$y = \hat{y} \cos (kx - \omega t),$$

denn die Kosinusfunktion ist gegenüber der Sinusfunktion gerade um 90° versetzt.

Betrachten wir eine bestimmte Stelle auf unserem Seil, zum Beispiel $x = \pi/k$, so kann man für die Auslenkung

$$y = y \sin (\omega t + \varphi)$$

schreiben*. Das ist der Ausdruck für eine einfache harmonische Bewegung (Gl. 15.29). Jeder beliebige Punkt auf dem Seil führt eine harmonische Schwingung um seine Gleichgewichtslage aus, sobald die Welle an dieser Stelle über das Seil hinwegläuft.

19.4 Das Superpositionsprinzip

Es ist eine Erfahrungstatsache, daß sich bei vielen Wellenarten zwei oder mehrere Wellen durchqueren können, ohne sich gegenseitig in ihrer Ausbreitung zu stören. Das voneinander unabhängige Fortschreiten bedeutet, daß die Verschiebung eines Mediumteilchens zu jeder Zeit einfach die Summe der Verschiebungen ist, die das Teilchen durch jede Welle einzeln erfahren würde. Dieses Verfahren der Vektoraddition der Teilchenverschiebungen nennt man *Superposition*. Bei einem Radio zum Beispiel empfängt die Antenne Wellen verschiedener Frequenzen; die elektrischen Ströme, die durch die Superposition aller dieser Wellen erzeugt werden, sind sehr komplex. Trotzdem kann man einen bestimmten Sender empfangen, und das Empfangssignal ist dasjenige, das man auch bei Abwesenheit aller anderen Sender empfangen würde. Ähnlich verhält es sich mit dem Schall. Wir können die Töne eines bestimmten Instrumentes in einem Orchester heraushören, obwohl die unser Ohr erreichenden Schallwellen des gesamten Orchesters sehr komplex sind.

Das Superpositionsprinzip für Wellen in deformierbaren Medien gilt immer dann, wenn zwischen der Verschiebung der Teilchen und den Rückholkräften eine einfache Proportionalität besteht. Mathematisch wird das durch eine lineare Gleichung wiedergegeben. Für elektromagnetische Wellen gilt das Superpositionsprinzip, weil bei ihnen zwischen dem elektrischen und dem magnetischen Feld eine lineare Beziehung besteht.

Das Prinzip der Superposition scheint so selbstverständlich zu sein, daß man sich wirklich einmal verdeutlichen muß, unter welchen Umständen es nicht gilt. Es versagt, wenn die Gleichung der Wellenbewegung nicht linear ist. Praktisch ist das dann der Fall, wenn die Störungen verhältnismäßig groß sind, so daß die üblichen linearen Gesetze der Mechanik nicht mehr zutreffen. Zum Beispiel gilt außerhalb der Elastizitätsgrenze nicht mehr die lineare Gleichung des Hookeschen Gesetzes $F = -kx$.

Auch im Bereich der Akustik kennt man nichtlineare Abhängigkeiten. Bei sehr heftigen Explosionen werden Stoßwellen ausgelöst. Obwohl es sich dabei um longitudinale elastische Schallwel-

* Man benutze die Beziehung $\sin (\pi - \alpha) = \sin \alpha$.

len in Luft handelt, breiten sie sich anders als normale Schallwellen aus; die Gleichung für die Ausbreitung ist nämlich von quadratischer Form, und die lineare Superposition verschiedener Wellen gilt nicht mehr. Beim Auftreten zweier sehr lauter Töne hört das menschliche Ohr mehr als nur die zwei einzelnen Laute. Wer sich mit Hi-Fi-Geräten auskennt, weiß, daß zwischen zwei Tönen eine Intermodulationsverzerrung auftreten kann (bekannt als *Verzerrungsfaktor*), wenn das Gerät die beiden Töne nicht linear koppeln kann. Die Verzerrung wird um so stärker, je größer die Amplituden sind. Ein anderes einsichtiges Beispiel stellen kleine Wasserwellen dar. Solche Kräuselwellen laufen zwar unabhängig von anderen Wellen über eine sanfte Dünung, aber nicht über eine Brandungswelle.

Die physikalische Bedeutung des Superpositionsprinzips besteht darin, daß es mit seiner Hilfe gelingt, eine komplexe Wellenbewegung als Zusammenwirken mehrerer einfacher Wellen darzustellen. Wie der französische Mathematiker J. Fourier (1786–1830) gezeigt

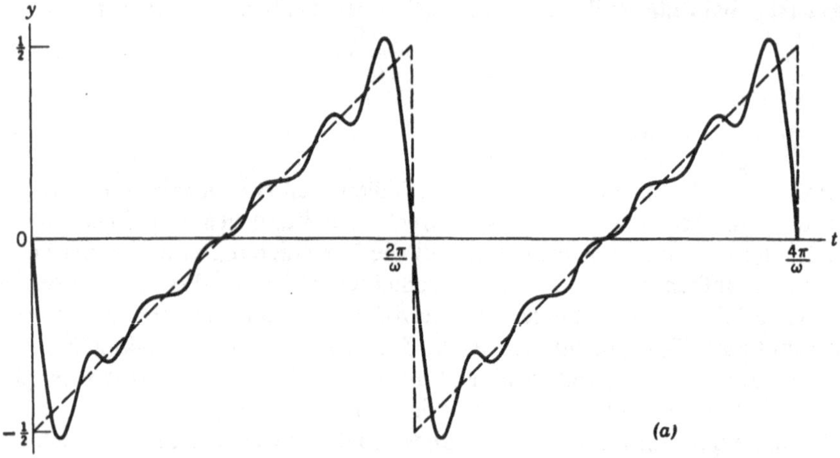

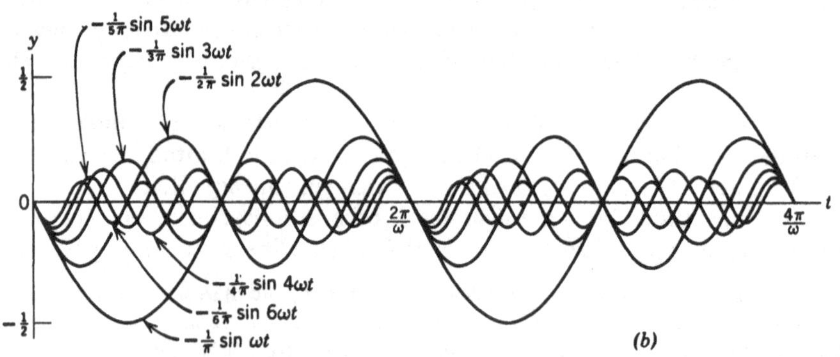

Abb. 19.5 Überlagerung von Wellen. (a) Die gestrichelte Kurve stellt eine sägezahnförmige Welle dar, wie sie oft in elektronischen Schaltungen erzeugt wird. Sie kann für $0 < t < 2\ \pi/\omega$ durch $y(t) = (\omega/2\pi)t - \frac{1}{2}$ und für $2\pi/\omega < t < 4\pi/\omega$ durch $y(t) = (\omega 2\pi)t - \frac{3}{2}$ usw. dargestellt werden. Die Fourier-Reihe dieser Funktion lautet $y(t) = -\frac{1}{\pi}\sin \omega t - \frac{1}{2\pi}\sin 2\omega t - \frac{1}{3\pi}\sin 3\omega t - \ldots$. Die durchgezogene Kurve ist die Annäherung an die Sägezahnkurve, wenn nur die ersten sechs Glieder der Fourier-Reihe berücksichtigt werden. Die Näherung wird um so besser, je mehr Glieder der Reihe berücksichtigt werden. (b) Hier sind die Einzelkurven der ersten sechs Glieder der in (a) benutzten Fourier-Reihe abgebildet.

hat, braucht man nur einfache harmonische Wellen zu überlagern, um die allgemeine Form einer periodischen Welle aufzustellen. Fourier bewies, daß jede beliebige periodische Bewegung als eine Kombination harmonischer Schwingungen dargestellt werden kann. Wenn $y(t)$ die Bewegung Quelle von Wellen mit der Periodendauer T beschreibt, so kann man $y(t)$ wie folgt zusammensetzen:

$$y(t) = A_0 + A_1 \sin \omega t + A_2 \sin 2\omega t + A_3 \sin 3\omega t + \ldots \\ + B_1 \cos \omega t + B_2 \cos 2\omega t + B_3 \cos 3\omega t + \ldots,$$

wobei $\omega = 2\pi/T$ gilt. Diesen Ausdruck nennt man eine *Fourier-Reihe*. Die Faktoren A und B sind Konstanten, die für eine bestimmte periodische Bewegung $y(t)$ feste Werte haben (vgl. Abb. 19.5). Verläuft die Bewegung nicht periodisch, wie bei einem einzelnen Puls, so wird die Summe durch ein Integral ersetzt, das *Fourier-Integral*. Jede Bewegung einer Quelle von Wellen kann also über harmonische Bewegungen dargestellt werden. Da aber gerade die Bewegung der Quelle die Wellen erzeugt, ist es nicht verwunderlich, daß auch die Welle selbst durch eine Kombination von harmonischen Wellen zusammensetzbar ist. Hierin liegt die besondere Bedeutung der einfachen harmonischen Schwingung.

Wenn das Hookesche Gesetz nicht mehr gilt, kann ein an einem Seilende erzeugter Puls seine Form ändern, wenn er das Seil entlangläuft. Obwohl sich dabei jede teilnehmende harmonische Welle ohne Formänderung fortbewegt, ist doch für jede Frequenz (oder Wellenlänge) die Geschwindigkeit der Einzelwelle verschieden. Dieses Verhalten heißt *Dispersion*; das Medium wirkt auf die entsprechende Welle dispergierend (zerstreuend). Aus diesem Grund kann sich die Form des Pulses ändern, und seine Geschwindigkeit kann von seiner anfänglichen Form abhängen. Keine Dispersion tritt bei mechanischen Wellen auf einem idealen (vollkommen elastischen) gespannten Seil und bei elektromagnetischen Wellen (einschließlich Licht) im Vakuum auf, wohl aber bei Ozeanwellen oder Lichtwellen, wenn diese durch ein transparentes Material, wie Glas, hindurchgehen.

Die Form einer Welle kann auch durch Verluste von mechanischer Energie an das Medium oder die Umgebung verändert werden, zum Beispiel durch Luftwiderstand, Viskosität oder innere Reibung. Dadurch verringert sich die Amplitude der Welle, und sie schwächt sich allmählich ab. Vorläufig wollen wir jedoch annehmen, daß weder Dispersion noch Energieverluste auftreten.

19.5 Ausbreitungsgeschwindigkeit einer Welle

Wenn die Eigenschaften eines Mediums bekannt sind, sollte man nach den Newtonschen Axiomen der Mechanik die Ausbreitungsgeschwindigkeit einer Welle berechnen können. In diesem Kapitel richten wir unser Augenmerk wieder auf die Transversalwelle auf einem gespannten Seil; in Ergänzungen III wird gezeigt, wie man ganz allgemein die Ausbreitungsgeschwindigkeit einer solchen Welle berechnen kann. Hier betrachten wir zwei andere Vorgehensweisen. Eine davon beruht auf einer Dimensionsbetrachtung, die andere stellt eine etwas weniger allgemeine, mechanische Analyse einer Welle auf einem gespannten Seil dar.

In Abschn. 19.1 hatten wir bereits auf die Abhängigkeit der Ausbreitungsgeschwindigkeit von der Elastizität des Mediums und seiner Trägheit hingewiesen. In einem gespannten Seil ist die Elastizität durch die Zugspannung F des Seiles selbst gegeben. Je größer der Zug an einem Seilelement ist, um so größer werden auch die elastischen

Rückstellkräfte sein. Die Trägheitseigenschaft wird durch die längenbezogene Masse m_L des Seiles bestimmt. Wenn nun die Geschwindigkeit v der Welle nur von F und von m_L abhängt, sollte man durch eine Dimensionsbetrachtung auch v herleiten können. Mit den Dimensionen M für die Masse, L für die Länge und T für die Zeit ist die Dimension von F gegeben durch MLT^{-2} und die von m_L durch ML^{-1}. Man kann diese beiden Dimensionen nur dann zu der Dimension einer Geschwindigkeit LT^{-1} zusammenstellen, wenn man die Quadratwurzel aus F/m_L ansetzt. Das heißt, F/m_L hat die Dimension L^2T^{-2}, und $\sqrt{F/m_L}$ die Dimension LT^{-1}, also die einer Geschwindigkeit. Mit einer solchen Betrachtung kann man natürlich keine dimensionslosen Größen ermitteln, so daß das Ergebnis

$$v = \sqrt{\frac{F}{m_L}} \tag{19.12}$$

mehr oder weniger vollständig sein kann. Wir können nur aussagen, daß die Ausbreitungsgeschwindigkeit der Welle gleich einem Produkt aus einer dimensionslosen Konstante und $\sqrt{F/m_L}$ ist. Den Wert der Konstanten kann man durch mechanische Analyse des Problems oder durch ein Experiment bestimmen. Man erhält dann den Wert 1 für sie und hat gezeigt, daß Gl. 19.12 wirklich korrekt ist, so wie wir sie angegeben haben.

Wir wollen den Ausdruck für die Geschwindigkeit eines Pulses in einem gespannten Seil herleiten. In Abb. 19.6 soll ein Puls, hier ein Wellenberg, von rechts nach links mit der Geschwindigkeit v über ein gespanntes Seil laufen. Man kann sich aber auch das ganze Seil von links nach rechts wandernd vorstellen. Der Wellenberg bliebe dann fest im Raum stehen, und die Elemente des Seils würden nacheinander durch den Wellenberg wandern.

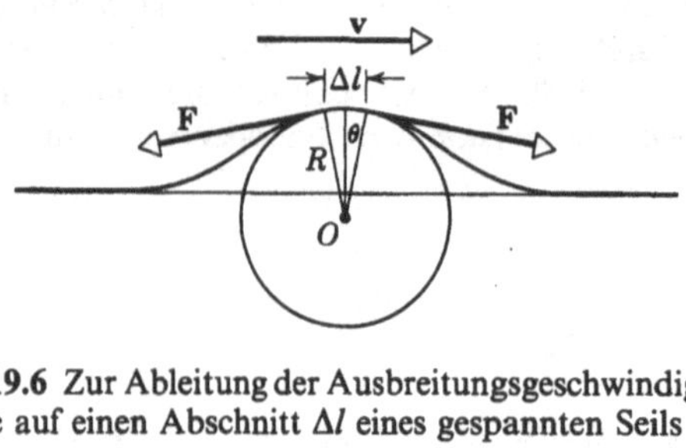

Abb. 19.6 Zur Ableitung der Ausbreitungsgeschwindigkeit einer Welle. Berücksichtigt werden alle Kräfte, die auf einen Abschnitt Δl eines gespannten Seils wirken.

Anstatt unser Bezugssystem in die festen Wände zu legen, zwischen denen das Seil gespannt ist, wählen wir uns ein Bezugssystem, das sich gegenüber dem ersten System gleichförmig bewegt. Da die Newtonsche Gleichung nur Beschleunigungen enthält, nicht aber Geschwindigkeiten, gilt sie in beiden Bezugssystemen. Wir haben uns nur das geeignetere ausgesucht.

Wir greifen uns aus dem Wellenberg einen kleinen Ausschnitt der Länge Δl heraus. Es ist ein kleiner Bogen aus einem Kreis mit dem Radius R. Wenn m_L der Massenbelag (Masse geteilt durch Länge) des Seils ist, stellt $m_L \Delta l$ die Masse des Seilelementes dar. Die Spannung F im Seil ist eine tangentiale Zugkraft an beiden Enden des kleinen Kreisbogens. Die Horizontalkomponenten heben sich gegenseitig auf, die Vertikalkomponenten sind jeweils $F \sin \theta$. Die gesamte Vertikalkraft ist dann $2F \sin \theta$. Da der Winkel sehr klein ist, kann man $\sin \theta \approx \theta$ setzen und erhält für die Kraft

$$2F\sin\theta = 2F\theta = 2F\frac{(\Delta l/2)}{R} = F\frac{\Delta l}{R}.$$

Das ist die Kraft, die den Seilelementen eine Zentripetalbeschleunigung in Richtung O vermittelt. Andererseits wirkt auf ein Element der Masse $m_L\Delta l$, das sich auf der Kreisbahn R mit der Geschwindigkeit v bewegt, die Zentripetalkraft $m_L\Delta l v^2/R$ (vgl. Abschn. 6.3). Die tangentiale Geschwindigkeit des Masseteilchens auf dem Kreisbogen ist horizontal gerichtet und stellt gerade die Geschwindigkeit des Pulses dar. Aus den beiden Ausdrücken für die Zentripetalkraft erhält man

$$F\frac{\Delta l}{R} = m_L\frac{\Delta l\, v^2}{R}$$

oder

$$v = \sqrt{\frac{F}{m_L}}.$$

Wäre die Amplitude des Pulses sehr groß gegenüber der Länge des Seiles, so hätten wir die Näherung $\sin\theta = \theta$ nicht machen dürfen. Außerdem wäre die Zugkraft F im Seil durch den Puls geändert worden, während wir gerade angenommen hatten, daß F den durch die ursprüngliche Spannung des Seils gegebenen Wert beibehielt. Ähnlich wie bei der Superposition gilt unsere obige Ableitung nur für relativ kleine seitliche Auslenkungen des Seils, wie sie in der Praxis meistens vorkommen. Wir stellen fest, daß die Geschwindigkeit von der Form der Welle überhaupt nicht abhängt, denn über diese haben wir keine speziellen Annahmen getroffen.

Die Frequenz einer Welle ist natürlicherweise durch die Frequenz der Quelle gegeben. Die Geschwindigkeit hingegen ist, wie wir eben gesehen haben, durch die Eigenschaften des übertragenden Mediums bestimmt. Wenn also Frequenz und Geschwindigkeit einmal feststehen, so ist auch die Wellenlänge λ festgelegt. Aus Gl. 19.7 erhält man mit $\nu = 1/T$

$$\lambda = \frac{v}{\nu}. \tag{19.13}$$

Beispiel 1

Eine transversale sinusförmige Welle wird an einem Ende eines langen, horizontal gespannten Seils mittels eines Stabes erzeugt, der das Seilende um 0.5 cm auf- und abbewegt. Die Bewegung erfolgt kontinuierlich und wiederholt sich 120mal in der Sekunde.

(a) Man berechne Geschwindigkeit, Amplitude, Frequenz und Wellenlänge dieser Welle, wenn das Seil einen Massenbelag von 0.25 kg/m hat und unter einer Zugkraft von 90 N gehalten wird.

Das Seilende bewegt sich zunächst aus der Ruhelage um 0.25 cm nach oben, dann kehrt es wieder zurück und bewegt sich um die gleiche Strecke nach unten. Die Amplitude $\hat{y}$ beträgt also 0.25 cm. Da sich die Bewegung in jeder Sekunde 120mal wiederholt, beträgt die Frequenz 120 Schwingungen durch Sekunde oder 120 Hz. Die Ausbreitungsgeschwindigkeit der Welle ist durch $v = \sqrt{F/m_L}$ gegeben. Mit den vorgegebenen Werten $F = 90$ N und $m_L = 0.25$ kg/m ergibt sich somit

$$v = \sqrt{\frac{90\ \mathrm{N}}{0.25\ \mathrm{kg/m}}} = 19\ \mathrm{m/s}.$$

Die Wellenlänge ist durch $\lambda = v/\nu$ bestimmt. Mit den gegebenen Werten folgt

$$\lambda = \frac{19\,\mathrm{m/s}}{120\,\mathrm{Hz}} = 16\,\mathrm{cm}.$$

(b) Zur Zeit $t = 0$ soll das Ende des Seils bei $x = 0$ liegen und noch nicht aus der Ruhelage ausgelenkt sein, also $y = 0$ gelten. Man stelle die Gleichung der in die positive x-Richtung laufenden Welle auf.

Die allgemeine Gleichung für eine transversale sinusförmige Welle war (vgl. S. 531 oben)

$$y = \hat{y} \sin(kx - \omega t - \varphi).$$

Mit den gegebenen Anfangsbedingungen wird hieraus

$$0 = \hat{y} \sin(-\varphi),$$

d. h., daß die Phasenkonstante φ gleich Null gesetzt werden kann. Ganzzahlige Vielfache von π für die Phase ergäben dasselbe Resultat. Die Gleichung für die Welle lautet dann:

$$y = \hat{y} \sin(kx - \omega t),$$

und mit den bereits ermittelten Werten

$$\hat{y} = 0.25\,\mathrm{cm},$$

$$\lambda = 16\,\mathrm{cm} \text{ und } k = \frac{2\pi}{\lambda} = \frac{2\pi}{16\,\mathrm{cm}} = 0.39\,\mathrm{cm}^{-1},$$

$$v = 19\,\mathrm{m/s} = 1900\,\mathrm{cm/s} \text{ und } \omega = vk = (1900\,\mathrm{cm/s})(0.39\,\mathrm{cm}^{-1}) = 740\,\mathrm{s}^{-1} = 740\,\mathrm{Hz}$$

erhalten wir

$$y = 0.25 \sin(0.39x - 740\,t),$$

wobei x und y in Zentimetern und t in Sekunden gemessen werden.

Beispiel 2

Wenn die obige Welle das Seil entlangwandert, bewegt sich jedes Massenelement des Seils rechtwinklig zur Ausbreitungsrichtung der Welle auf und ab. Man bestimme die Geschwindigkeit und die Beschleunigung eines Seilelementes, das sich 62 cm vom Ende des Seils entfernt befindet.

Die allgemeine Form ist wieder durch

$$y = \hat{y} \sin(kx - \omega t) = \hat{y} \sin k(x - vt)$$

gegeben. v stellt die konstante horizontale Ausbreitungsgeschwindigkeit des Wellenzuges dar. Hier soll aber die Geschwindigkeit eines Seilelementes gesucht werden, über das die Welle hinwegzieht. Diese Geschwindigkeit ist weder konstant noch horizontal. Tatsächlich bewegt sich das Element vertikal, also in y-Richtung. Seine Geschwindigkeit sei u. Um u herzuleiten, suchen wir uns ein bestimmtes Element an der Position x heraus (damit wird x in der Gleichung zu einer Konstanten) und fragen nach der zeitlichen Veränderung der Verschiebung y. Mit x als Konstante erhalten wir

$$u = \frac{\partial y}{\partial t} = -\hat{y}\,\omega \cos(kx - \omega t).$$

Die partielle Ableitung $\partial y/\partial t$ besagt, daß y eigentlich eine Funktion von x und von t ist. Hier wird aber x als konstant angenommen, und t bleibt als einzige Variable übrig.

Die Beschleunigung a des Elementes ergibt sich damit zu

$$a = \frac{\partial^2 y}{\partial t^2} = \frac{\partial u}{\partial t} = -\hat{y}\omega^2 \sin(kx - \omega t) = -\omega^2 y.$$

Diese Beziehung sagt aus, daß jedes Element, über das die transversale sinusförmige Welle hinwegläuft, tatsächlich harmonisch schwingt, denn die Beschleunigung a ist zu jeder Zeit zu der Auslenkung proportional und ihr entgegengerichtet.

Für ein bestimmtes Seilelement bei $x = 62$ cm folgt mit den Werten aus Beispiel 1 ($\hat{y} = 0.25$ cm, $k = 0.39\ \text{cm}^{-1}$, $\omega = 740\ \text{s}^{-1}$) durch Einsetzen in die Beziehung

$$u = -\hat{y}v \cos(kx - \omega t)$$

die Vertikalgeschwindigkeit zu

$$u = -0.25\,(740) \cos[(0.39)(62) - (740)t] = -185 \cos(24 - 740\,t).$$

Für die Beschleunigung $a = -\omega^2 y$ folgt

$$a = -(740)^2\, 0.25 \sin[(0.39)(62) - (740)\,t] = -13.7 \times 10^4 \sin(24 - 740\,t),$$

wobei t in s, v in cm/s und a in cm/s^2 gemessen werden. Man beschreibe die Bewegung eines Elementes zur Zeit $t = 4$ s.

19.6 Leistung und Intensität einer Welle

In Abb. 19.7 haben wir das Element eines gespannten Seils an der Position x zu einem Zeitpunkt t herausgezeichnet. Die transversale Komponente der Zugkraft im Seil, die durch das Element links von x auf das Element rechts von x ausgeübt wird, ist

$$F_{\text{trans}} = -F\frac{\partial y}{\partial x}.$$

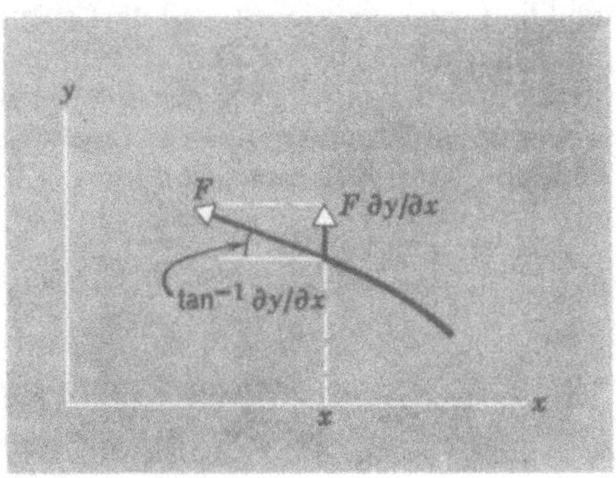

Abb. 19.7 Die transversale Komponente der Zugkraft $\boldsymbol{F}$ (Querspannung) in einem Seil ist in jedem Punkt x gleich $F\,(\partial y/\partial x)$.

$\boldsymbol{F}$ ist die Zugkraft im Seil und $\partial y/\partial x$ der Tangens des Winkels, den $\boldsymbol{F}$ mit der Horizontalen zur Zeit t bildet. Wegen der angenommenen kleinen Auslenkung wird auch der Winkel klein sein, und es gilt $\sin\alpha \approx \tan\alpha$.

Die transversale Kraft weist in die Richtung zunehmender y-Werte; sie ist positiv, da die Steigung der Kraft $\boldsymbol{F}$ negativ ist. Die transversale Geschwindigkeit des Elementes bei x, welche positiv oder negativ sein kann, ist $\partial y/\partial t$. Die durch die Kraft bei x erbrachte Leistung – bzw. die dort in die positive x-Richtung transportierte Energie geteilt durch die Zeit (vgl. Abschn. 7.7) – ist durch

$$P = F_{\text{trans}}\, u = \left(-F\frac{\partial y}{\partial x}\right)\frac{\partial y}{\partial t}$$

gegeben. Unter der Annahme einer sinusförmigen Welle

$$y = \hat{y}\sin(kx - \omega t)$$

ergibt sich die Steigung bei x zu

$$\frac{\partial y}{\partial x} = k\hat{y}\cos(kx - \omega t),\ [t = \text{const.}],$$

und die transversale Kraft zu

$$-F\frac{\partial y}{\partial x} = -Fk\hat{y}\cos(kx - \omega t).$$

Die transversale Geschwindigkeit des herausgegriffenen Elementes bei x ist

$$u = \frac{\partial y}{\partial t} = -\omega\hat{y}\cos(kx - \omega t),\ [x = \text{const.}].$$

Schließlich ergibt sich für die Leistung

$$\begin{aligned} P &= (-Fk\hat{y})(-\omega\hat{y})\cos^2(kx - \omega t) \\ &= \hat{y}^2 k\omega F\cos^2(kx - \omega t). \end{aligned}$$

Man beachte, daß die Leistung P nicht konstant ist, denn die Leistungsaufnahme oszilliert. Während die Energie entlang dem Seil transportiert wird, wird sie in jedem Element des Seils als Kombination von kinetischer Energie der Bewegung und potentieller Energie der Deformation gespeichert. Die Sachlage ist ähnlich der in einem Wechselstromkreis. Dort wird die Energie sowohl in einem Kondensator als auch in einer Induktionsspule gespeichert, und die Leistungsaufnahme oszilliert. In einem Seil wird die Energie durch innere Reibung und durch Dämpfungseffekte in Wärmeenergie umgewandelt; in einem Stromkreis wird die Energie in einem Widerstand in Joulesche Wärme umgesetzt. Die von einem Seil oder einem Stromkreis aufgenommene Leistung wird häufig über eine Periode der Bewegung gemittelt. Dieser Mittelwert ist durch

$$\bar{P} = \frac{1}{T}\int_t^{t+T} P\,\mathrm{d}t$$

gegeben. T ist die Periodendauer der Wellenbewegung. Da aber der über eine Periode gemittelte Wert von $\sin^2\alpha$ bzw. $\cos^2\alpha$ genau 1/2 ist, ergibt sich

$$\bar{P} = \tfrac{1}{2}\hat{y}^2 k\omega F = 2\pi^2\hat{y}^2\nu^2\frac{F}{v}.$$

$\bar{P}$ hängt also nicht mehr von x oder t ab. Wenn man noch den Ausdruck $\sqrt{F/m_L}$ für die Ausbreitungsgeschwindigkeit v der Welle in dem Seil berücksichtigt, erhält man schließlich

$$\bar{P} = 2\pi^2\hat{y}^2\nu^2 m_L v.$$

Die Energieübertragungsrate hängt damit vom Quadrat der Amplitude und vom Quadrat der Frequenz ab. Diese Tatsache gilt für alle Arten von Wellen.

Man vergewissere sich, daß im Fall einer in die negative x-Richtung laufenden Welle dasselbe Ergebnis, nur mit negativem Vorzeichen, erzielt würde. Auch dann würde die Welle Energie in die Ausbreitungsrichtung transportieren.

Bei einer dreidimensionalen Welle, etwa einer durch eine Punktquelle erzeugten Lichtwelle oder Schallwelle, spricht man treffender von der *Intensität* der Welle (oder *Leistungsbedeckung*). Die Intensität wird definiert als der Quotient aus Leistung und der senkrecht zur Ausbreitungsrichtung stehenden Fläche. Auch die Intensität ist immer zum Quadrat der Amplitude proportional.

Breitet sich eine Welle in einem Medium aus, so kann Energie absorbiert werden. In einem viskosen Medium, wie Sirup oder Blei, schwächen sich mechanische Wellen wegen der Energieverluste durch innere Reibung rasch ab. In den meisten uns interessierenden Fällen kann die Absorption allerdings vernachlässigt werden. Wir werden also auch weiterhin in diesem Kapitel von Energieverlusten absehen, ungeachtet der Entfernung, die eine Welle zurücklegt.

Beispiel 3

Von einer Punktquelle konstanter Leistung P sollen Kugelwellen ausgehen, so wie in Abb. 19.8 angedeutet wird. Wie hängt die Intensität der Welle von der Entfernung von der Quelle ab? Das Medium soll isotrop sein; die Quelle strahlt gleichmäßig in alle Richtungen aus, d.h. die Welle ist kugelsymmetrisch.

Die Intensität der dreidimensionalen Welle ist die durch eine senkrecht zur Ausbreitungsrichtung stehenden Fläche übertragene Leistung. Wenn sich eine Wellenfront aus der Entfernung r_1 vom Mittelpunkt auf die Entfernung r_2 ausbreitet, vergrößert sich ihre Oberfläche von $4\pi r_1{}^2$ auf $4\pi r_2{}^2$. Falls keine Energie verlorengeht, ist die von der Welle transportierte Energie geteilt durch die Zeit konstant, nämlich gleich P. Es gilt also

$$P = 4\pi r_1{}^2 I_1 = 4\pi r_2{}^2 I_2,$$

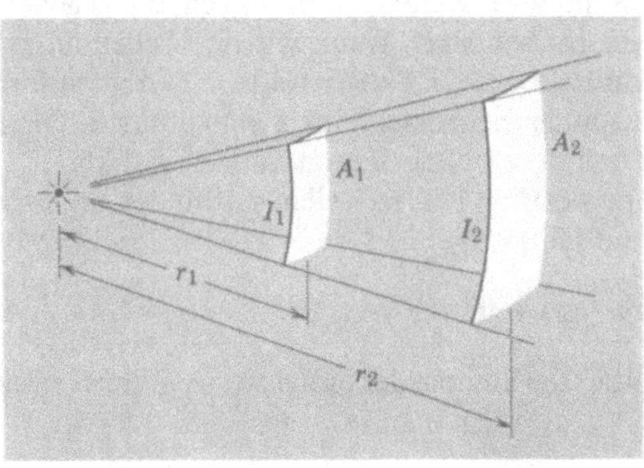

Abb. 19.8 Zu Beispiel 3. Wellenfronten einer Kugelwelle.

wobei I_1 und I_2 die Intensitäten bei r_1 und r_2 sind. Es ergibt sich damit

$$\frac{I_1}{I_2} = \frac{r_2^2}{r_1^2}.$$

Die Intensität einer Welle nimmt mit dem Quadrat des Abstandes von der Quelle ab. Da die Intensität andererseits proportional zum Quadrat der Amplitude ist, muß die Amplitude umgekehrt proportional zum Abstand sein.

19.7 Interferenz von Wellen

Interferenz entsteht bei der ungestörten Überlagerung mehrerer Wellenzüge. Wir betrachten zwei Wellen gleicher Frequenz und Amplitude, die sich mit derselben Geschwindigkeit in dieselbe Richtung $(+x)$ ausbreiten. Zwischen beiden bestehe eine Phasendifferenz φ. Die Gleichungen für die beiden Wellen lauten

$$y_1 = \hat{y} \sin(kx - \omega t - \varphi) \tag{19.14}$$

und

$$y_2 = \hat{y} \sin(kx - \omega t). \tag{19.15}$$

Wir schreiben die erste Gleichung in zwei äquivalente Formen um:

$$y_1 = \hat{y} \sin\left[k\left(x - \frac{\varphi}{k}\right) - \omega t\right] \tag{19.14a}$$

und

$$y_1 = \hat{y} \sin\left[kx - \omega\left(t + \frac{\varphi}{\omega}\right)\right]. \tag{19.14b}$$

Wenn wir eine Momentaufnahme zur Zeit t machen, so vermitteln uns Gl. 19.14a und Gl. 19.15 den Eindruck, als ob wir es mit zwei Wellen zu tun haben, die gegeneinander um den konstanten Abstand φ/k verschoben sind. Wenn wir die Wellen an einer bestimmten Stelle x betrachten, so vermitteln uns Gl. 19.14b und Gl. 19.15 den Eindruck, daß es sich um zwei Wellen mit konstanter Zeitverschiebung φ/ω handelt. Die Bedeutung der Phasenverschiebung wird uns durch diese Betrachtungen viel klarer.

Unter der Annahme, daß eine Superposition beider Wellen stattfindet, ergibt sich für die resultierende Welle (Gl. 19.14 und Gl. 19.15)

$$y = y_1 + y_2 = \hat{y}\,[\sin(kx - \omega t - \varphi) + \sin(kx - \omega t)].$$

Aus den trigonometrischen Formeln für die Summe der Sinus zweier Winkel entnehmen wir die Beziehung

$$\sin B + \sin C = 2 \sin \tfrac{1}{2}(B + C) \cos \tfrac{1}{2}(C - B), \tag{19.16}$$

die wir in der Gleichung für die Welle anwenden. Sie wird dadurch zu

$$\begin{aligned} y &= \hat{y}\left[2\sin\left(kx - \omega t - \frac{\varphi}{2}\right)\cos\frac{\varphi}{2}\right] \\ &= \left(2\hat{y}\cos\frac{\varphi}{2}\right)\sin\left(kx - \omega t - \frac{\varphi}{2}\right). \end{aligned} \tag{19.17}$$

Als resultierende Welle ergibt sich eine neue Welle mit derselben Frequenz, aber der Amplitude $2\hat{y}\cos(\varphi/2)$. Wenn die Phasenverschiebung φ klein (klein gegenüber 180°) wird, so wird die resultierende Amplitude wegen $\cos(\varphi/2) \approx \cos 0° = 1$ gegen den Wert $2\hat{y}$ streben. Falls φ exakt Null ist, haben die Wellen überall dieselbe Phase. Es fallen die Berge und die Täler einer Welle genau auf die Berge und Täler der anderen Welle, die beiden Wellen sind deckungsgleich. Die resultierende Amplitude hat den doppelten Wert der Amplitude jeder Einzelwelle. Falls die Phasendifferenz jedoch genau 180° beträgt, wird die resultierende Amplitude Null, weil $\cos(180°/2) = \cos 90° = 0$ gilt. Dann fallen die Berge der einen Welle genau auf die Täler der anderen Welle und umgekehrt. Die Wellen löschen sich gegenseitig aus.

In Abb. 19.9a ist die Superposition zweier Wellen von nahezu gleicher Phase gezeichnet (φ sehr klein) und in Abb. 19.9b die zweier Wellen von fast entgegengesetzter Phase ($\varphi \approx 180°$). Es ist zu bemerken, daß in beiden Abbildungen in allen Punkten x die algebraische Summe der Ordinaten der dünn eingezeichneten Einzelwellen gleich der Ordinate der dick eingezeichneten, resultierenden Welle ist! Die Summe zweier Wellen kann also sehr verschiedene Werte annehmen, je nachdem welche Phasenbeziehung zwischen den Komponenten besteht.

Auf jeden Fall wird aber die resultierende Welle auch sinusförmig sein, selbst wenn die Amplituden der Einzelwellen verschieden sein sollten. Die Abb. 19.10 gibt die Superposition zweier Sinuswellen derselben Frequenz und derselben Ausbreitungsgeschwindigkeit, aber unterschiedlicher Amplituden wieder. Die resultierende Amplitude hängt von der Phasenverschiebung ab, die in der Abbildung zu Null gewählt wurde. Wenn man eine der beiden Wellen gegen die andere seitwärts verschiebt, also die Phasendifferenz ändert, so erhält man eine kleinere resultierende Amplitude. Diese wird bei einer Phasenverschiebung von 180° am kleinsten.

Die resultierende Welle bleibt aber immer sinusförmig. Bei der Superposition von beliebig vielen Sinuswellen gleicher Frequenz und Ausbreitungsgeschwindigkeit ergibt sich das gleiche Ergebnis. Die Resultierende wird immer eine konstante Amplitude aufweisen, weil sich alle beteiligten Einzelwellen (die Resultierende natürlich auch) mit der gleichen Geschwindigkeit ausbreiten und damit die gleiche relative Lage zueinander behalten. Man kann sich den tatsächlichen Vorgang veranschaulichen, wenn man sich alle Wellen in Abb. 19.9 und 19.10 mit derselben Geschwindigkeit nach rechts fortschreitend denkt.

Im Experiment oder auch in der Natur beobachtet man Interferenzen von Wellen, die von derselben Quelle ausgehen (oder von verschiedenen Quellen mit fester Phasenbeziehung zueinander), aber unterschiedliche Wege zurückgelegt haben. Dadurch erreichen die Wellen die Stelle, an der die Interferenz stattfindet, mit unterschiedlicher Phase. Die Verschiebung ihrer Phase läßt sich aus den zurückgelegten Wegen bzw. aus der Wegdifferenz oder dem *Gangunterschied* $\varphi/k = (\varphi/2\pi)\lambda$ bestimmen. Beträgt dieser $0, \lambda, 2\lambda, 3\lambda,$

usw., so war $\varphi = 0, 2\pi, 4\pi$ usw., und die Wellen verstärken sich maximal. Für Gangunterschiede von $\frac{1}{2}\lambda, \frac{3}{2}\lambda, \frac{5}{2}\lambda$, usw. war $\varphi = \pi, 3\pi, 5\pi$, usw. und die Wellen interferieren destruktiv. Darauf werden wir später noch genauer eingehen.

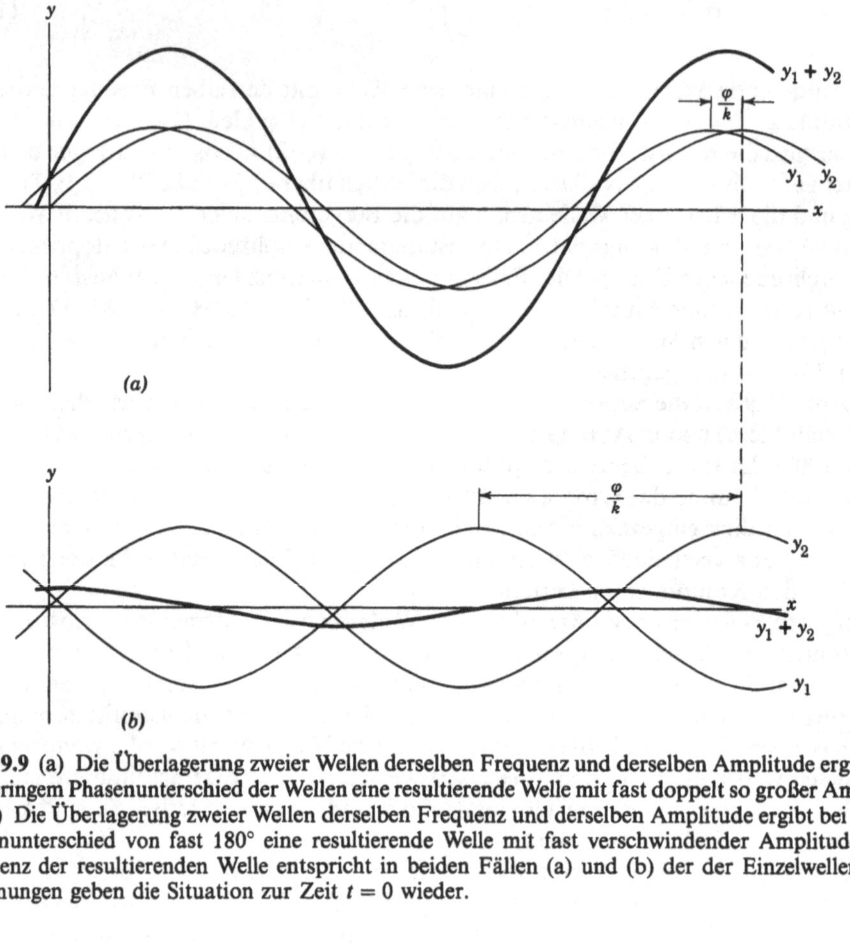

Abb. 19.9 (a) Die Überlagerung zweier Wellen derselben Frequenz und derselben Amplitude ergibt bei nur geringem Phasenunterschied der Wellen eine resultierende Welle mit fast doppelt so großer Amplitude. (b) Die Überlagerung zweier Wellen derselben Frequenz und derselben Amplitude ergibt bei einem Phasenunterschied von fast 180° eine resultierende Welle mit fast verschwindender Amplitude. Die Frequenz der resultierenden Welle entspricht in beiden Fällen (a) und (b) der der Einzelwellen. Die Zeichnungen geben die Situation zur Zeit $t = 0$ wieder.

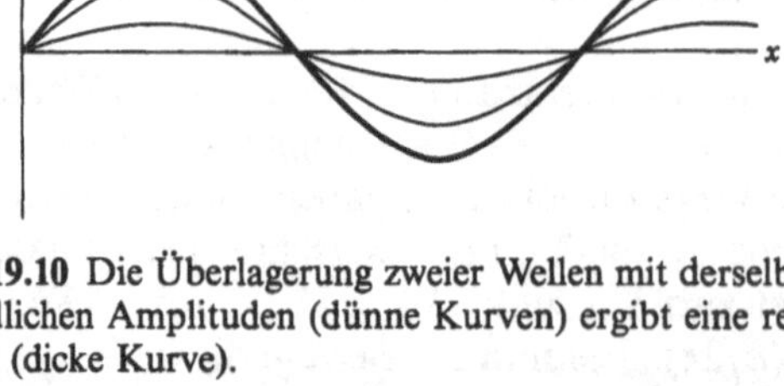

Abb. 19.10 Die Überlagerung zweier Wellen mit derselben Frequenz und derselben Phase, aber unterschiedlichen Amplituden (dünne Kurven) ergibt eine resultierende Welle mit derselben Frequenz und Phase (dicke Kurve).

19.8 Überlagerung von Wellen verschiedener Frequenz

Bislang haben wir nur harmonische Wellen betrachtet, bei denen die Auslenkung zu einem bestimmten Zeitpunkt immer eine Sinuskurve ergab. Wir haben gesehen, daß die Superposition beliebig vieler solcher Wellen wieder eine harmonische Welle ergab, wenn die Frequenzen und die Ausbreitungsgeschwindigkeiten gleich waren. Die Amplituden und Phasen durften verschieden sein. Bringt man nun Wellen mit *unterschiedlicher* Frequenz zur Überlagerung, erfolgt die Bewegung eines Elementes nicht mehr harmonisch, und die Gestalt der Welle ist auch nicht mehr sinusförmig. Wir können hier diese Wellen nur qualitativ behandeln. Eine analytische Betrachtung solcher Wellen werden wir nachholen, wenn wir gelegentlich auf physikalische Effekte stoßen, die auf derartige Wellen zurückzuführen sind. Wir sehen uns nur die graphische Überlagerung zweier Wellen mit gleicher Ausbreitungsgeschwindigkeit, aber verschiedenen Frequenzen, Amplituden und Phasen an.

In Abb. 19.11 a und b sind zwei Wellen derselben Amplitude addiert, deren Frequenzen sich wie 3 : 1 verhalten. Der Unterschied zwischen (a) und (b) besteht darin, daß die Phasenbeziehung der beiden Wellen verändert ist. Damit hat sich die Form der resultierenden Welle erheblich geändert. Im Falle von Schallwellen würde unser Trommelfell in der Art vibrieren, wie es die resultierenden Wellen anzeigen. Trotzdem würden wir aber immer die zwei ursprünglichen Frequenzen heraushören, unabhängig von deren Phasenbeziehungen. Entspräche die resultierende Welle einer Lichtwelle, würde unser Auge immer denselben Mischeffekt aus 2 Farben sehen, unabhängig von der Phasenbeziehung der Einzelwellen.

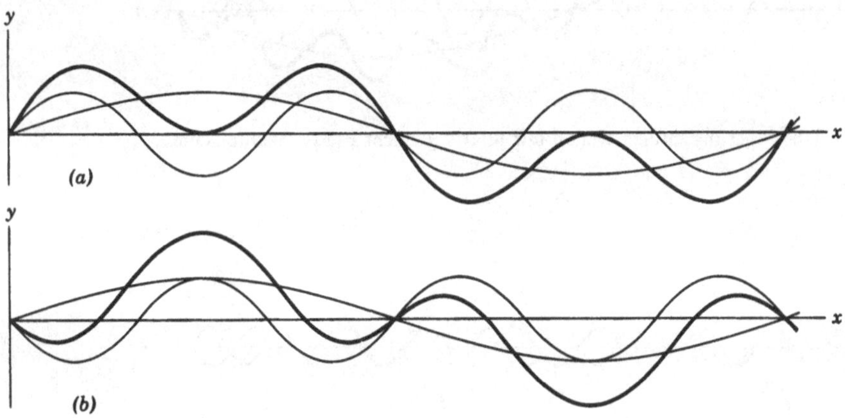

Abb. 19.11 Die Überlagerung zweier Wellen mit dem Frequenzverhältnis 3 : 1 (dünn gezeichnete Kurven) ergibt eine resultierende Welle (dick gezeichnete Kurven), deren Form von der Phasenverschiebung der Einzelwellen abhängt. (a) und (b) stellen zwei verschiedene Phasenbeziehungen der Einzelwellen dar.

In Abb. 19.12 sind drei Wellen unterschiedlicher Frequenzen und unterschiedlicher Amplituden überlagert worden. Die Überlagerungswelle unterscheidet sich deutlich von einer einfachen harmonischen Welle. In dieser Form ähnelt sie einer Schallwelle, wie sie in musikalischen Instrumenten erzeugt wird.

Abb. 19.13 zeigt die Interferenz einer Welle sehr hoher Frequenz mit einer Welle sehr niedriger Frequenz. Beide Frequenzen sind in der resultierenden Welle deutlich wiederzuerkennen.

In Abb. 19.14 ist die Überlagerung zweier Wellen mit nahezu gleicher Frequenz gezeichnet. Die resultierende Welle besteht aus Gruppen, die in der Akustik als *Schwebung* bekannt sind.

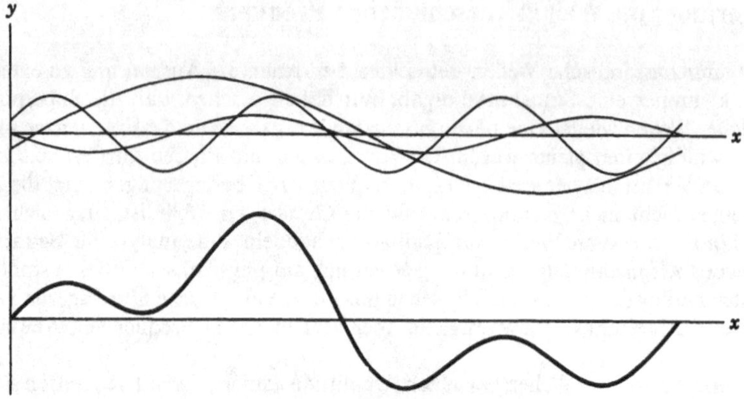

Abb. 19.12 Die Überlagerung dreier Wellen verschiedener Frequenzen ergibt eine komplexe Wellenform (untere Kurve).

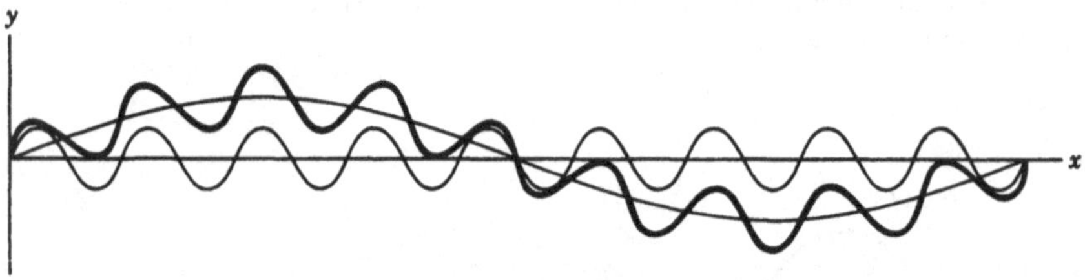

Abb. 19.13 Die Überlagerung zweier Wellen mit relativ großem Frequenzunterschied.

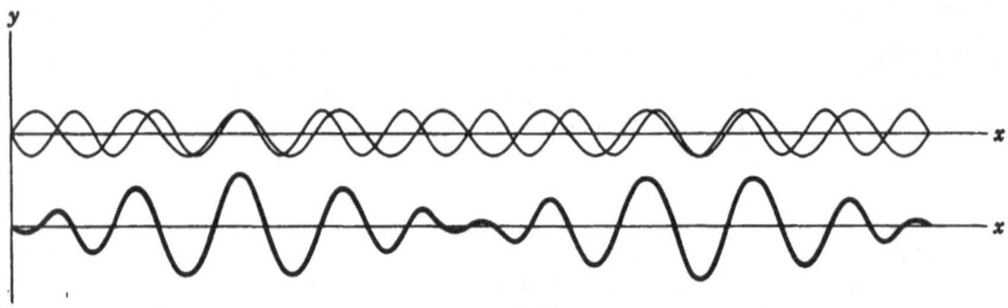

Abb. 19.14 Die Überlagerung zweier Wellen von nahezu gleicher Frequenz ergibt als resultierende Welle eine Schwebung (vgl. Kap. 20).

In allen genannten Beispielen wurde die Resultierende durch einfache Addition der Auslenkung der Einzelwellen unter der Voraussetzung gebildet, daß das Prinzip der ungestörten Superposition gilt. Da sich alle Einzelwellen mit derselben Geschwindigkeit ausbreiten, bewegt sich auch die resultierende Welle mit dieser Geschwindigkeit fort. Mit einem Oszillographen (Kap. 27) kann man sehr einfach demonstrieren, wie eine beliebige Welle in harmonische Wellen zerlegt und durch sie wieder zusammengesetzt werden kann.

19.9 Stehende Wellen

Wenn Wellen über einen eindimensionalen Körper endlicher Länge hinweglaufen, wie etwa über ein durch zwei Klammern straff gehaltenes Seil oder eine Saite, so werden die Wellen an den Grenzen des Körpers, also den beiden Klammern, reflektiert. Jede dieser Reflexionen erzeugt eine neue Welle, die in entgegengesetzter Richtung über das Seil zurückwandert. Die reflektierten Wellen interferieren mit den ursprünglichen Wellen nach dem Superpositionsprinzip.

Es sollen zwei Wellen derselben Frequenz, Ausbreitungsgeschwindigkeit und Amplitude in entgegengesetzter Richtung über eine Saite wandern. Die beiden Wellen können durch die nachfolgenden Gleichungen beschrieben werden:

$$y_1 = \hat{y} \sin (kx - \omega t),$$

$$y_2 = \hat{y} \sin (kx + \omega t).$$

Die Gleichung der resultierenden Welle ergibt sich zu

$$y = y_1 + y_2 = \hat{y} \sin (kx - \omega t) + \hat{y} \sin (kx + \omega t) \tag{19.18a}$$

bzw. unter Berücksichtigung der trigonometrischen Beziehung Gl. 19.16 zu

$$y = 2\hat{y} \sin kx \cos \omega t. \tag{19.18b}$$

Diese Gleichung stellt eine *stehende Welle* dar*. Man verdeutliche sich, daß ein Teilchen an irgendeinem beliebigen Ort x eine einfache harmonische Bewegung vollführt und daß überhaupt alle Teilchen mit derselben Frequenz schwingen. Bei einer fortschreitenden Welle auf einem Seil schwingt jedes Teilchen auch mit der gleichen Amplitude. Das besondere Merkmal einer stehenden Welle besteht darin, daß die Amplitude für verschiedene Elemente (Teilchen) nicht mehr die gleiche, sondern von Ort zu Ort verschieden ist**. Wenn wir uns die Amplitude ($2\,\hat{y} \sin kx$) anschauen, so erkennen wir, daß sie ihren Maximalwert von $2\,\hat{y}$ an den Stellen

$$kx = \frac{\pi}{2}, \frac{3\pi}{2}, \frac{5\pi}{2}, \dots$$

bzw. bei

$$x = \frac{\lambda}{4}, \frac{3\lambda}{4}, \frac{5\lambda}{4}, \dots$$

erreicht. Diese Stellen werden *Schwingungsbäuche* genannt; ihr Abstand beträgt jeweils eine halbe Wellenlänge. Die Amplitude erreicht ihren Minimalwert von Null an den Stellen

* Stehende Wellen können auch in einem endlichen zwei- oder dreidimensionalen Körper auftreten; vgl. Kap. 20 und Kap. 38.

** Zwei in entgegengesetzter Richtung laufende Wellen auf einem Seil geben bei der Superposition auch dann noch eine stehende Welle, wenn ihre Amplituden unterschiedlich sind. Hier wurden nur Wellen mit gleicher Amplitude betrachtet; vgl. jedoch Aufgabe 29.

$$kx = \pi, 2\pi, 3\pi, \ldots$$

bzw. bei

$$x = \frac{\lambda}{2}, \lambda, \frac{3\lambda}{2}, 2\lambda, \ldots$$

Diese Stellen nennt man *Schwingungsknoten*; sie liegen ebenfalls jeweils um eine halbe Wellenlänge auseinander. Der Abstand zwischen einem Schwingungsbauch und dem folgenden Schwingungsknoten beträgt mithin eine viertel Wellenlänge.

Es leuchtet ohne weiteres ein, daß bei einer stehenden Welle auf einem Seil keine Energie nach rechts oder links transportiert wird, denn die Energie kann nicht über die Knoten hinwegfließen, die sich ja dauernd in Ruhe befinden. Daraus schließt man, daß die Energie auf dem Seil „stehen" muß, obwohl sie natürlich dauernd zwischen den Formen der kinetischen Energie der Schwingung und der potentiellen Energie wechselt. Trotzdem nennt man eine solche Bewegung eine Welle, da man sie sich eben als Superposition zweier in entgegengesetzte Richtung wandernder Wellen vorstellen kann (Gl. 19.18 a). Genauso gut kann man sich die Bewegung als eine Schwingung des Seils im Ganzen vorstellen (Gl. 19.18 b), denn jedes Element schwingt harmonisch mit einer Kreisfrequenz ω und einer vom Ort abhängigen Amplitude. Jedes kleine Massenelement des Seiles besitzt eine Trägheit und eine Elastizität. Daher kann das schwingende Seil als Ganzes wie eine Serie von gekoppelten Pendeln betrachtet werden. Ein schwingendes Seil kann also im Prinzip als ein Federpendel angesehen werden, bloß daß ein Federpendel nur mit einer Eigenfrequenz schwingt, ein Seil aber sehr viele Eigenfrequenzen hat (Abschn. 19.10).

In Abb. 19.15 ist im Teil 3 das Bild einer stehenden Welle zu vier verschiedenen Zeiten (a), (b), (c) und (d) gezeichnet, die alle um ein Viertel einer Periodendauer auseinanderliegen. Für die gleichen Zeitintervalle sind in den oberen Teilen 2 und 1 die sich ausbreitenden Wellen, eine in die positive x-Richtung und die andere in die negative x-Richtung, gezeichnet. Diese überlagern sich zu der stehenden Welle in Teil 3. Stehende Wellen treten auch bei sich überlagernden elektromagnetischen oder akustischen Wellen auf.

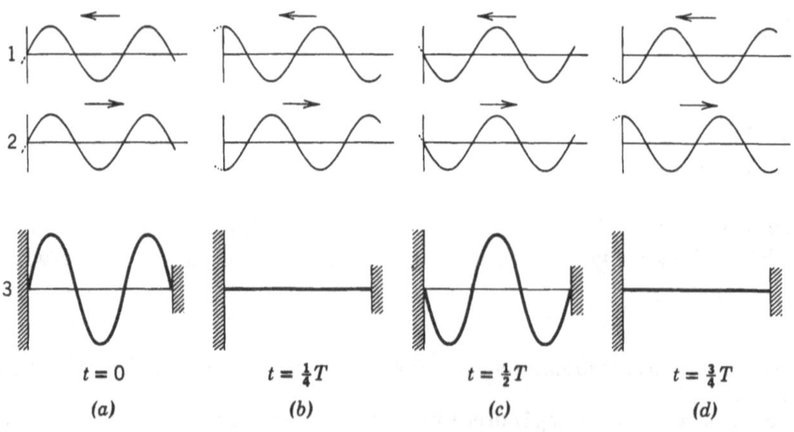

Abb. 19.15 Zur Entstehung einer stehenden Welle. 1 und 2 sind zwei nach links bzw. nach rechts laufende Wellen gleicher Frequenz. Sie überlagern sich zu einer stehenden Welle 3.

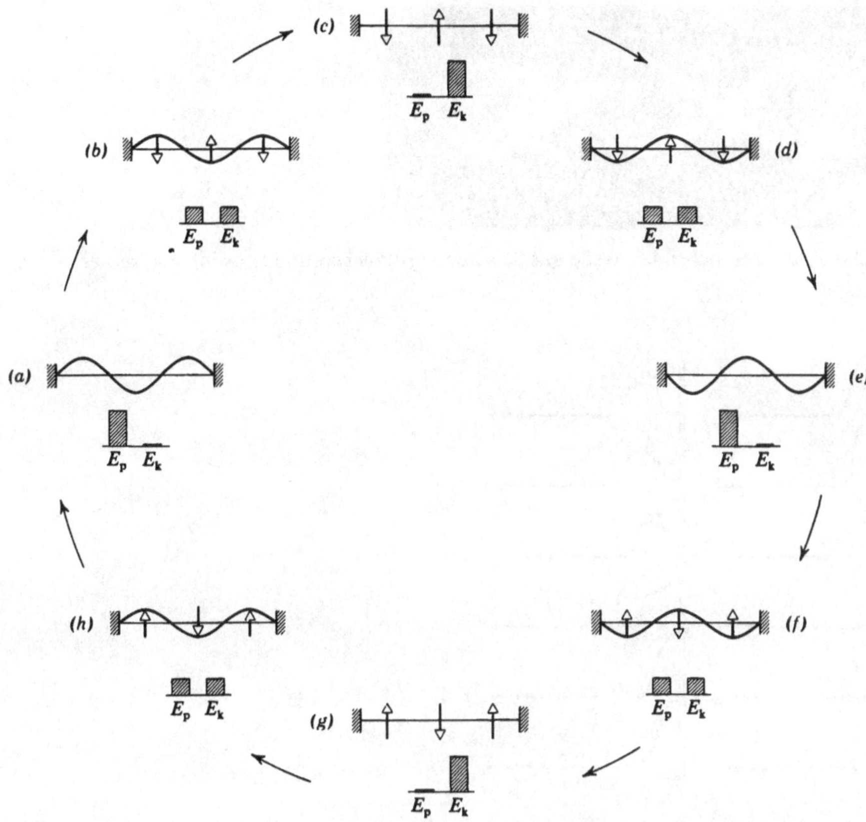

Abb. 19.16 Die verschiedenen Phasen einer stehenden Welle auf einem gespannten Seil während einer vollen Periodendauer. (a) Das Seil befindet sich momentan in Ruhe: Die gesamte Energie des Systems besteht aus potentieller Energie der elastischen Verformung, die durch die maximale seitliche Verschiebung der Seilelemente entsteht. (b) Eine Achtelperiode später. Das Seil schwingt seitwärts aus. Die weißen Pfeile zeigen die Bewegungsrichtung der Seilelemente an. Die Energie des Systems verteilt sich gleichmäßig auf potentielle und kinetische Energie. (c) Das Seil ist nicht ausgelenkt, aber die Seilelemente besitzen ihre größte Geschwindigkeit. Die gesamte Energie besteht aus kinetischer Energie. Die Verschiebung dauert an, bis die anfängliche Situation (a) wieder erreicht ist.

In Abb. 19.16 ist der zeitliche Ablauf der Energieumwandlung zwischen der Bewegungsenergie E_k und der Deformationsenergie E_p während einer Schwingungsperiode einer Seilwelle skizziert. Man kann dieses Schema unmittelbar mit dem Ablauf bei der Schwingung eines Federpendels (Abb. 8.4) vergleichen. Saiten schwingen manchmal so schnell, daß man mit dem Auge nur ein verschwommenes Bild der äußeren Umhüllung der stehenden Welle wahrnimmt (Abb. 19.17).

Wir wiederholen: Die Superposition einer einfallenden Welle und der ihr entgegengerichteten reflektierten Welle ergibt eine stehende Welle. Den Vorgang der Reflexion wollen wir uns nunmehr etwas genauer ansehen. Angenommen, ein Puls wandert längs eines gespannten, an einem Ende fixierten Seils, so wie in Abb. 19.18 a wiedergegeben. Gelangt der Puls an das feste Ende, so wird er auf die Halterung eine Aufwärtskraft ausüben. Da die Halterung fest und starr sein soll, kann sie sich nicht bewegen und muß

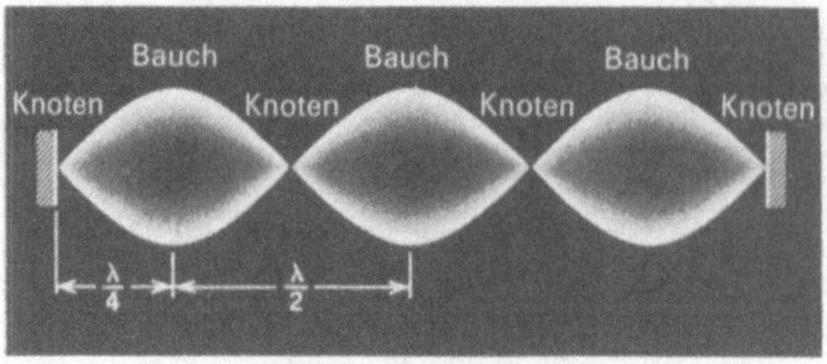

Abb. 19.17 Das Bild einer stehenden Welle mit Schwingungsbäuchen und Schwingungsknoten

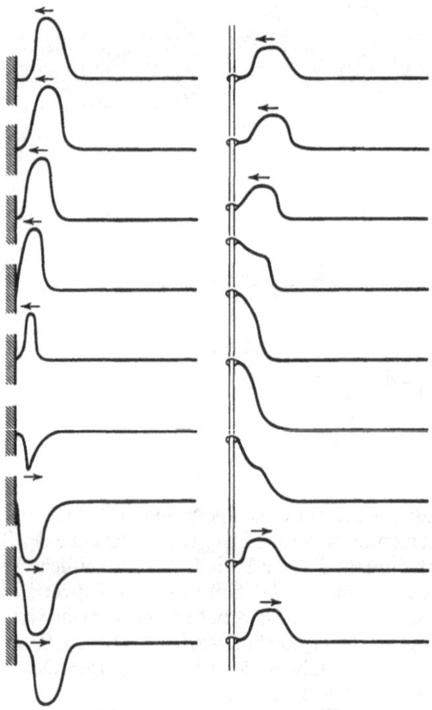

(a) (b)

Abb. 19.18 Reflexion einer Welle (a) am festen Ende und (b) am losen Ende. In (a) wird ein Wellenberg als Wellental reflektiert, das bedeutet einen Phasensprung von 180°, in (b) ein Wellenberg als Wellenberg reflektiert, das bedeutet keine Phasenverschiebung.

nach dem dritten Newtonschen Axiom eine gleich große, aber entgegengerichtete Kraft an das Seil zurückgeben. Durch diese Reaktion wird am festen Ende ein Puls erzeugt, der auf dem Seil zurückläuft. Der auf die Halterung gerichtete einfallende Puls ist reflektiert worden. Der reflektierte Puls hat jedoch eine entgegengesetzte Verschiebung, das heißt, aus einem „Pulsberg" ist ein „Pulstal" geworden. Wenn nun ein ganzer Wellenzug das Seil entlangläuft und am festen Ende reflektiert wird, geschieht hierbei das gleiche. Da sich für jeden Punkt auf dem Seil die Auslenkung aus der Summe der Auslenkungen von einfallender und reflektierter Welle zusammensetzt, muß das auch für den festen Endpunkt gelten. Beide Wellen müssen sich dort auslöschen. Die Phase der am festen Ende reflektierten Welle ist daher um 180° gegenüber der Phase der einfallenden Welle verschoben. Man sagt dann, daß *die Welle bei der Reflexion am festen Ende einen Phasensprung von* 180° *oder* π *erleidet.*

Was geschieht aber bei der Reflexion einer Welle an einem freien Ende, wo das Seil durchaus eine transversale Bewegung ausführen kann? Man kann ein freies Ende dadurch realisieren, daß man das Seilende mittels eines sich reibungsfrei bewegenden Ringes an einer langen Querstange befestigt, oder, wie wir noch später sehen werden, durch Anbinden an ein anderes langes, leichtes Seil. Kommt der Puls am freien Ende an, so übt er auch auf das endständige Seilelement eine Kraft aus. Das Element wird beschleunigt (wie alle anderen Elemente des Seils beim Vorüberlaufen des Pulses auch). Seine Trägheit führt das Teilchen über die Gleichgewichtslage hinaus, es schießt über und übt dabei auf das Seil eine Zugkraft aus. Dadurch wird ein Puls erzeugt, der auf dem Seil zurückläuft, es findet also am freien Ende ebenfalls eine Reflexion statt. Wie alle anderen Elemente des Seiles hat auch das freie Ende die maximale Auslenkung erfahren. Eine einfallende und ihre reflektierte Welle müssen daher am freien Ende zu einer maximalen Amplitude interferieren. Das bedeutet, daß die Wellen am freien Ende in Phase schwingen (Abb. 19.18b). Man sagt auch, daß *eine Welle an einem freien Ende ohne Phasensprung reflektiert wird.*

Eine stehende Welle auf einem Seil wird am festen Ende stets einen Schwingungsknoten (Abb. 19.18a) und am freien Ende stets einen Schwingungsbauch aufweisen (Abb. 19.18b). Wir werden in den nächsten Kapiteln bei der Besprechung der Schallwellen und der elektromagnetischen Wellen ähnliche Wellenerscheinungen wiederfinden.

Bei der obigen Betrachtung haben wir an der Grenze zwischen den verschiedenen Medien, also am Seilende, eine *Totalreflexion* vorausgesetzt. In Wirklichkeit tritt an der Grenze nur eine *teilweise Reflexion* auf, denn ein Teil der Welle dringt in das zweite Medium ein. Wenn ein Seil also nicht an einer festen Wand, sondern an einem anderen Seil befestigt ist, wird die einfallende Welle an der Verbindungsstelle teils reflektiert und teils transmittiert. Das heißt, die Welle wird teilweise auf das andere Seil übertragen. Die Amplitude der reflektierten Welle wird geringer als die der einfallenden Welle sein, denn die auf das dünne Seil übertragene Welle trägt einen Teil der Energie mit sich fort. Hat das zweite Seil eine höhere Dichte als das erste, wird die an der Grenzfläche reflektierte Welle einen Phasensprung von 180° erleiden, doch wird sich an der Grenze kein Schwingungsknoten bilden, da die Amplitude der reflektierten Welle kleiner als die der einfallenden Welle ist. Der Endpunkt wird sich also bewegen können, und auf diese Weise gelangt ein Teil der Energie auf das zweite Seil. Hat das zweite Seil hingegen eine kleinere Dichte als das erste, erfolgt eine teilweise Reflexion ohne Phasensprung, und wiederum wird Energie auf das andere Seil übertragen. Eine gute Methode, ein freies Ende zu realisieren, ist das Anbinden des Seils an ein anderes, sehr leichtes und sehr langes Seil. Dann ist die übertragene Energie gering, trotzdem wird das erste Seil einigermaßen straff gehalten. Es ist interessant, daß sich die auf das zweite Seil übertragene Welle mit einer anderen Geschwindigkeit ausbreitet als die einfallende Welle. Die Spannung ist in beiden Seilen zwar dieselbe, aber die Dichten sind unterschiedlich. Da die Ausbreitungsgeschwindigkeit einer elastischen Welle durch $v = \sqrt{F/m_L}$ gegeben ist, wird die Welle in einem dichteren Medium (Seil) langsamer wandern. Die Frequenzen der einfallenden, der reflektierten und der übertragenen Wellen sind allerdings gleich. Daraus folgt, daß Wellen gleicher Frequenz, aber unterschiedlicher Ausbreitungsgeschwindigkeit nach der Beziehung $\lambda = v/\nu$ verschiedene Wellenlängen besitzen. In dem Seil mit höherer Dichte ist v kleiner, also auch die Wellenlänge kürzer. Diese Erscheinung, nämlich die Änderung der Wellenlänge beim Übergang einer Welle in ein anderes Medium, wird uns noch häufiger bei den Lichtwellen beschäftigen.

19.10 Resonanz

Ein schwingungsfähiges System wird immer dann mit einer relativ großen Amplitude schwingen, wenn es durch eine periodische Folge von Impulsen angeregt wird, deren Frequenz gleich oder nahezu gleich einer der Eigenfrequenzen des Systems ist. Dieses Verhalten nennt man *Resonanz* (vgl. Abschn. 15.10).

Wir betrachten wieder ein Seil, das an beiden Enden fixiert ist. Es können auf dem Seil Schwingungen oder auch stehende Wellen erzeugt werden. Die einzige Voraussetzung soll das Auftreten von Schwingungsknoten an den Enden sein. Zwischen den Enden können beliebig viele oder auch gar keine weiteren Knoten liegen. Da der Abstand zweier Schwingungsknoten $\lambda/2$ beträgt, muß auf einem Seil der Länge l ein ganzzahliges Vielfaches der halben Wellenlänge untergebracht sein, also ist

$$\frac{n\lambda}{2} = l$$

bzw.

$$\lambda = \frac{2l}{n}, \; n = 1, 2, 3, \ldots$$

Andererseits gilt $\lambda = v/\nu$ und $v = \sqrt{F/m_L}$, so daß die Eigenfrequenzen des Systems durch

$$\nu = \frac{n}{2l}\sqrt{\frac{F}{m_L}}, \; n = 1, 2, 3, \ldots \tag{19.19}$$

gegeben sind.

Wird das Seil zum Schwingen gebracht und sich dann selbst überlassen, so werden die Schwingungen allmählich abklingen und verebben. Die Bewegungen werden wegen einer Energieabgabe an die elastischen Endhalterungen und wegen des Luftwiderstandes gedämpft. Durch eine Anregungskraft können wir jedoch Energie wieder zuführen. Entspricht die Anregungsfrequenz nahezu einer der Eigenfrequenzen des Systems*, so wird das Seil bei dieser Frequenz mit großer Amplitude schwingen. Da ein Seil eine große Zahl von Eigenfrequenzen besitzt, kann eine Resonanz daher bei sehr vielen Frequenzen auftreten. Ein Federpendel dagegen hat nur eine einzige Resonanzfrequenz.

Der Unterschied kommt dadurch zustande, daß bei einem Federpendel die Trägheit nur in einem Teil des Systems konzentriert ist, nämlich in der an der Schraubenfeder hängenden Masse, während die Elastizität auf ein anderes Teil des Systems beschränkt ist, nämlich auf die Feder. Bei einem derartigen System sind die Schwingungselemente, Trägheit und Elastizität, konzentriert und voneinander getrennt.

Ein gespanntes Seil besitzt dagegen verteilte Schwingungselemente, da jedes materielle Teilchen des Seils sowohl träge als auch elastische Eigenschaften hat. Die schwingende Schraubenfeder besitzt nur eine Möglichkeit, die Energie zwischen ihrer kinetischen Form und ihrer potentiellen Form auszutauschen. Die kinetische Energie ist mit der schwingenden Masse verhaftet, die potentielle Energie aber mit der deformierten Feder. In einem straffen Seil hingegen sind massenbehaftete (Trägheit) und federähnliche (Elastizität) Elemente überall auf dem Seil zu finden. Es gibt daher eine Vielzahl von Mög-

* vgl. Seite 418 und 546

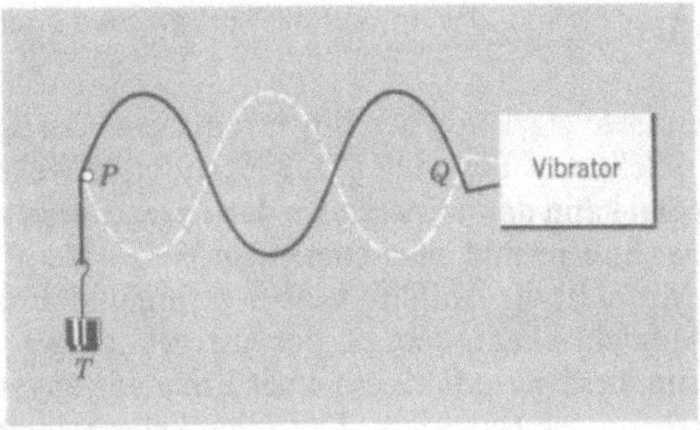

Abb. 19.19 Auf einem Seil wird durch eine äußere Kraft (Schwingungsgeber) eine Schwingung erzeugt, die einer der Eigenschwingungen des Seils entspricht.

lichkeiten, bei einem Schwingungsvorgang Energie zwischen kinetischer und potentieller Form auszutauschen, nämlich so viele, wie nach Gl. 19.19 erlaubt sind.

Eine Resonanzschwingung auf einem Seil wird oft folgendermaßen demonstriert. An ein Ende des Seils wird ein Gewicht gehängt und an einem Seil über eine Rolle geführt, während das andere Ende an einem Schwingungserreger befestigt wird (Abb. 19.19). Transversale Vibrationen des Erregers rufen auf dem Seil eine Welle hervor, die am festen Ende reflektiert wird. Die Frequenz der Welle stimmt mit der Frequenz des Erregers überein. Am festen Ende P wird man einen Schwingungsknoten beobachten, am anderen Ende Q aber nicht, denn dieses bewegt sich. Durch Austauschen des angehängten Gewichts kann man die Wellenlänge verändern. Unterschiedliche Gewichte erzeugen nämlich unterschiedliche Zugkräfte im Seil. Diese wirken sich unmittelbar auf die Ausbreitungsgeschwindigkeit aus, welche nach $\lambda = v/\nu$ bei fester Frequenz die Wellenlänge bestimmt. Immer wenn sich beim Ändern des Gewichtes die Wellenlänge einem der Werte $2l/n$ nähert (l sei die Länge des Seils), ergibt sich eine stehende Welle mit großer Amplitude. Das Seil befindet sich dann im Zustand einer seiner Eigenschwingungen oder es befindet sich in Resonanz mit dem Erreger. Dieser muß am Seil Arbeit verrichten, um die Schwingung gegen die Dämpfungsverluste aufrechtzuerhalten. Die Amplituden können maximal nur so groß werden, bis die gesamte Energieabgabe des Erregers zum Ausgleich der Dämpfungsverluste aufgewendet wird. Am Ende Q befindet sich kein exakter Schwingungsknoten, das Seil hat dort die Amplitude der Auslenkung des Erregers. Diese ist im allgemeinen gegenüber der Seillänge klein.

Wegen der Dämpfung entspricht auch die Resonanzfrequenz nicht genau einer Eigenfrequenz des Seils. An einem Ende des Seils befindet sich ein Schwingungsknoten, am anderen Ende nur nahezu ein Schwingungsknoten. Dazwischen gibt es Stellen, die auch fast einen Knoten darstellen, weil ihre Amplituden sehr klein sind. Strenggenommen dürfen dort gar keine exakten Schwingungsknoten auftreten, denn es muß ja vom Erreger aus über sie hinweg Energie fließen. Diese Sachlage entspricht dem Resonanzverhalten eines gedämpften harmonischen Oszillators mit Erregungskraft, wie sie in Abschn. 15.10 diskutiert wurde. Dort entsprach die Resonanzfrequenz auch nur beinahe einer Eigenfrequenz des Systems, deshalb war die Amplitude zwar sehr groß, hatte aber einen endlichen Betrag. Träte keine Dämpfung auf, so entspräche die Resonanzfrequenz genau einer Eigenfrequenz. Dann stiege die Amplitude immer weiter an, solange von außen Energie zugeführt würde. Das System geriete somit aus dem Gültigkeitsbereich des Hookeschen Gesetzes, das nur kleine Auslenkungen erlaubt, und würde letztlich zerreißen (*Resonanzkatastrophe*). Das kann sogar trotz Dämpfung stattfinden, wenn diese zu klein ist oder die Anregungskraft sehr groß ist (vgl. Abb. 15.21!).

Unterscheidet sich die Erregerfrequenz sehr stark von den Eigenfrequenzen des Systems (Gl. 19.19), so bewegt sich die an P reflektierte und nach Q zurücklaufende Welle nicht mehr mit dem Erreger in Phase. Das Seil kann dann Energie an den Erreger abgeben, so wie es von ihm Energie empfängt. Das äußere Bild einer stehenden Welle „steht" dann nicht mehr, sondern es wackelt. Im Mittel ist die Amplitude aber gering und nicht sehr verschieden von der des Erregers. Ähnliches kann man an der unregelmäßigen Bewegung einer Schaukel beobachten, wenn diese periodisch mit einer Frequenz angestoßen wird, die nicht einer ihrer Eigenschwingungen entspricht. Die Schaukel schwingt dann nicht besonders weit aus.

Ein schwingendes Seil empfängt im Resonanzzustand vom Erreger die höchstmögliche Energie. Bei einem Radio findet ein ähnlicher Vorgang statt. Bei der Sendersuche wird durch einen Skalenknopf (z.B. ein Drehkondensator) eine Eigenfrequenz des Schwingkreises im Empfangsteil des Radios auf die Frequenz der vom Sender ausgestrahlten Radiowelle abgestimmt. Der Empfängerschwingkreis steht dann in Resonanz mit den übertragenen Wellen und absorbiert eine höchstmögliche Energie aus ihnen. Andere Resonanzphänomene werden wir noch in der Akustik, beim Elektromagnetismus, in der Optik sowie in der Atom- und Kernphysik kennenlernen. Auch bei diesen Systemen wird im Falle der Resonanz eine höchstmögliche Energie übertragen, außerhalb der Resonanz jedoch wenig oder gar keine.

Beispiel 4

In dem Beispiel, das wir oben betrachtet hatten, habe der Erreger eine Frequenz von $\nu = 20$ Hz, das Seil habe eine Länge von $l = 7.3$ m und einen Massenbelag von $m_L = 7.47 \times 10^{-3}$ kg/m. Die Zugkraft im Seil kann durch Herunterziehen des Seilendes über die Rolle verändert werden. Mit dieser Anordnung soll die Resonanz derart demonstriert werden, daß zunächst nur ein Schwingungsbauch auf dem gesamten Seil steht, dann zwei, usw. welche Kräfte müssen hierzu am Seilende aufgewendet werden?

Bei Resonanz gilt

$$\nu = \frac{n}{2l}\sqrt{\frac{\mathrm{F}}{m_L}}.$$

Daraus ergibt sich für die Kraft

$$F = \frac{4l^2\nu^2 m_L}{n^2}.$$

Zur Erzeugung eines Schwingungsbauchs, also $n = 1$, wird die Kraft zu

$$F_1 = 4\,(7.3\,\mathrm{m})^2\,(20\,\mathrm{s}^{-1})^2\,(7.47 \times 10^{-3}\,\mathrm{kg/m}) = 640\,\mathrm{N}.$$

Für zwei Schwingungsbäuche, $n = 2$, braucht man

$$F_2 = \frac{F_1}{4} = 160\,\mathrm{N},$$

und entsprechend für drei und vier Schwingungsbäuche

$$F_3 = \frac{F_1}{3^2} = 71\ \mathrm{N}$$

$$F_4 = \frac{F_1}{4^2} = 40\ \mathrm{N}.$$

Man braucht also nur allmählich am festen Seilende mit der Kraft nachzulassen und durchläuft dann nacheinander alle Resonanzschwingungen mit 1, 2, 3 oder mehr Schwingungsbäuchen auf dem Seil. Obwohl die Resonanzfrequenz in diesem Versuch immer dieselbe ist, nehmen die Ausbreitungsgeschwindigkeit und die Wellenlänge bei den Resonanzen im entsprechenden Verhältnis ab.

Sind die berechneten Zugkräfte immer noch richtig, wenn eine Dämpfung vorhanden ist?

Hielte man die Zugkraft konstant, so wäre die Ausbreitungsgeschwindigkeit vorgegeben. Ergäben sich unter diesen Umständen mehr als eine Resonanzschwingung, wenn man die Frequenzen der Erregung änderte?

Fragen

1. Wie kann man experimentell nachprüfen, ob eine Wellenausbreitung tatsächlich mit einem Energietransport verknüpft ist?
2. Energie kann sowohl durch Teilchen als auch durch Wellen übertragen werden. Wie könnte man zwischen beiden Möglichkeiten experimentell unterscheiden?
3. Kann man eine Wellenbewegung erzeugen, bei der die Teilchen des Mediums in einer harmonischen Kreisbewegung schwingen? Wenn ja, gebe man eine Erklärung und Beschreibung eines solchen Vorgangs.
4. Sind Torsionswellen transversal oder longitudinal? Könnte man sie als Superposition zweier transversaler oder longitudinaler Wellen auffassen?
5. Wie kann man ebene Wellen und wie Kugelwellen erzeugen?
6. Die folgenden Funktionen sind von der Form $f(x+vt)$:

   $$y = A(x-vt), \quad y = A(x+vt)^2,$$
   $$y = A\sqrt{x-vt}, \quad y = A\ln(x+vt).$$

   Warum sind diese Funktionen für die Beschreibung von Wellen nicht brauchbar?
7. Kann man auf einem Seil eine Welle erzeugen, die an irgendeiner Stelle eine Diskontinuität aufweist, z. B. einen Knick hat?
8. Wie verändern sich die Intensität und Amplitude einer Welle auf der Wasseroberfläche mit der Entfernung von ihrem Ursprung?
9. Das quadratische Entfernungsgesetz (Beispiel 3 auf S. 539) ist für die Abnahme der Schallintensität mit der Entfernung nicht exakt gültig. Warum nicht?
10. Behindern sich zwei Wellen in ihrer Ausbreitung, wenn sie interferieren?
11. Tritt bei der Interferenz ein Energieverlust auf?
12. Warum kann man beim Überlagern von Lichtstrahlen aus zwei Taschenlampen keine Interferenz beobachten?
13. Wie man in Abb. 19.15 sieht, ergibt sich bei einer stehenden Welle auf einem gespannten Seil zweimal pro Periodendauer das Bild einer Geraden, so als ob das Seil sich überhaupt nicht bewegte. Man diskutiere dieses Verhalten unter dem Gesichtspunkt der Energieerhaltung.

14. Ergeben sich stehende Wellen, wenn zwei Wellen, die sich nur in ihrer Amplitude unterscheiden, in entgegengesetzter Richtung durch ein Medium wandern und interferieren? (s. Aufgabe 29.)
15. Energieverluste durch teilweise Reflexionen an Diskontinuitäten längs des Ausbreitungsweges einer Welle können vermindert werden, indem dort eine *Widerstandsanpassung* vorgenommen wird. So kann man mit einem Megaphon die Luftsäule in Mund und Hals an die Luft außerhalb des Mundes anpassen. Man beschreibe andere Beispiele und erkläre, wie sich dadurch Reflexionsverluste verhindern lassen.
16. Man betrachte eine stehende Welle auf einem Seil als Überlagerung sich ausbreitender Wellen und erkläre aufgrund des Prinzips der ungestörten Superposition, warum es bei der in Abb. 19.19 dargestellten Resonanz keine echten Schwingungsknoten gibt, auch nicht am festen Ende. (Hinweis: Man berücksichtige Dämpfungseffekte.)
17. Mit Vorrichtungen wie der in Abb. 19.19 werden stehende Wellen auf einem Seil erzeugt. Wird das Seil mit einer Leuchtröhre beleuchtet, die an derselben Steckdose angeschlossen ist wie der Wellenerreger, so kann man an dem schwingenden Seil eine eigenartige Farberscheinung in transversaler Richtung wahrnehmen. Gibt es dafür eine Erklärung? Welche?
18. Bei der Betrachtung von transversalen Seilwellen haben wir nur Auslenkungen in einer Ebene, der x,y-Ebene, diskutiert. Wenn alle Auslenkungen einer Welle in einer Ebene liegen, heißt die Welle *linear polarisiert*. Kann es Auslenkungen auch in einer anderen als dieser Ebene geben? Falls ja, können zwei verschiedene linear polarisierte Wellen miteinander kombiniert werden? Welches Aussehen hätte eine solche Welle?
19. Eine Welle überträgt Energie. Überträgt sie auch Impuls? Kann sie Drehimpuls übertragen? (vgl. Frage 18.)

Aufgaben

Abschnitt 19.3

1. Die Ausbreitungsgeschwindigkeit elektromagnetischer Wellen im Vakuum ist 3×10^8 m/s. (a) Die Wellenlängen des sichtbaren Lichts reichen von ca. 4×10^{-7} m im Violetten bis zu ca. 7×10^{-7} m im Roten. Welchem Frequenzbereich entspricht das? (b) Der Frequenzbereich für Kurzwellenübertragung (z. B. FM-Radio und VHF-Fernsehen) erstreckt sich von 1.5 MHz bis 300 MHz. Welchen Wellenlängen entspricht das? (c) Röntgenstrahlen gehören auch zu den elektromagnetischen Wellen. Der zugehörige Wellenlängenbereich reicht von ca. 5 nm bis ca. 1×10^{-2} nm. Welchem Frequenzbereich entspricht das?
Antwort: (a) 400 THz bis 800 THz; (b) 1 m bis 200 m; (c) 6×10^4 THz bis 3×10^7 THz.
2. Man zeige, daß die Gleichung $y = \hat{y} \sin(kx - \omega t)$ auch in folgenden Formen ausgedrückt werden kann:

$$y = \hat{y} \sin k(x - vt), \quad y = \hat{y} \sin 2\pi\left(\frac{x}{\lambda} - vt\right),$$

$$y = \hat{y} \sin \omega\left(\frac{x}{v} - t\right), \quad y = \hat{y} \sin 2\pi\left(\frac{x}{\lambda} + \frac{t}{T}\right).$$

3. Eine transversale Welle längs eines sehr langen Seils kann mit der Gleichung $y = 6 \sin(0.02\,\pi x + 4t)$ beschrieben werden, wobei x und y in cm und t in s gemessen seien. Man bestimme (a) die Amplitude, (b) die Wellenlänge, (c) die Frequenz, (d) die Ausbreitungsgeschwindigkeit, (e) die Ausbreitungsrichtung der Welle und (f) die maximale transversale Geschwindigkeit eines Teilchens auf dem Seil.
Antwort: (a) 6 cm; (b) 100 cm; (c) 2 Hz; (d) 200 m/s; (e) negative x-Richtung; (f) 75 cm/s.

4. Über ein Seil wandert eine sinusförmige Welle. Ein bestimmter Punkt auf dem Seil benötigt 0.17 s, um von seiner maximalen Auslenkung in die Ruhelage zurückzukehren. Wie groß sind (a) die Periodendauer und (b) die Frequenz der Welle? (c) Wie groß ist die Ausbreitungsgeschwindigkeit der Welle, wenn sie eine Wellenlänge von 1.4 m besitzt?
5. Eine Welle der Frequenz 500 Hz breitet sich mit der Geschwindigkeit 350 m/s aus. (a) Welchen Abstand haben zwei Punkte mit der Phasendifferenz von 60°? (b) Wie groß ist an einem bestimmten Ort die Phasendifferenz zweier Auslenkungen, die mit einem Zeitunterschied von 10 ms erreicht werden?
Antwort: (a) 12 cm; (b) 180°.
6. Man stelle die Gleichung für eine in die negative x-Richtung laufende Welle mit der Amplitude 1 cm, der Frequenz 550 Hz und der Geschwindigkeit 330 m/s auf.
7. (a) Von einem Schwingungsgeber wird kontinuierlich eine longitudinale sinusförmige Welle entlang einer Schraubenfeder erzeugt. Die Erregerfrequenz ist 25 Hz, der Abstand zweier Schraubenwindungen 24 cm. Wie groß ist die Ausbreitungsgeschwindigkeit der Welle? (b) Man stelle die Gleichung für die Welle auf, wenn die maximale longitudinale Auslenkung eines Federteilchens 3 mm ist und die Welle in die negative x-Richtung läuft. Die Erregungsquelle liege bei $x = 0$, und die Auslenkung sei zur Zeit $t = 0$ auch $x = 0$; x und y sollen in cm und t in s gemessen werden.
Antwort: (a) 6 m/s; (b) $y = 0.3 \sin(0.26x + 160t)$.
8. Wie groß ist die Ausbreitungsgeschwindigkeit einer transversalen Welle auf einer Schnur von 2 m Länge und 60 g Gewicht unter einer Zugkraft von 500 N?
9. Der Massenbelag eines schwingenden Seils sei 1.3×10^{-4} kg/m. Eine über das Seil wandernde Transversalwelle werde durch die Gleichung $y = 0.021 \sin(x + 30t)$ beschrieben (x und y in cm und t in s gemessen). Wie groß ist die Zugspannung im Seil?
Antwort: 0.12 N.
10. Eine sinusförmige Welle wandert mit einer Geschwindigkeit von 80 cm/s über ein Seil. Es wurde beobachtet, daß sich die Auslenkungen der Teilchen auf dem Seil bei $x = 10$ cm mit der Zeit nach $y = 5 \sin(1-4t)$ verändern. Der Massenbelag des Seils sei 4 g/cm, y werde in cm und t in s gemessen. (a) Wie groß ist die Frequenz? (b) Wie groß ist die Wellenlänge? (c) Man gebe die allgemeine Gleichung für die transversale Verschiebung eines Teilchens als Funktion des Ortes und der Zeit an. (d) Man bestimme die Zugkraft im Seil.
11. Eine harmonische Transversalwelle wandert auf einem Seil in die negative x-Richtung. In Abb. 19.20 ist eine Momentaufnahme der Auslenkung zur Zeit $t = 0$ gezeigt. Die Zugkraft im Seil soll 3.6 N und der Massenbelag 25 g/m betragen. Man bestimme für die Welle: (a) die Amplitude, (b) die Wellenlänge, (c) die Ausbreitungsgeschwindigkeit, (d) die Periodendauer

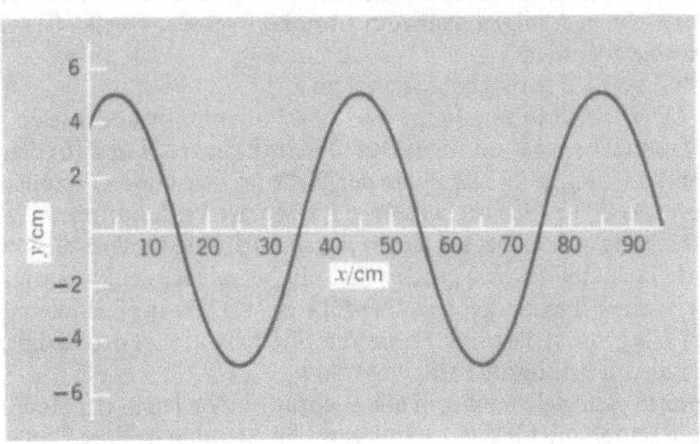

Abb. 19.20 Zu Aufgabe 11

und (e) die maximale Geschwindigkeit eines Teilchens auf dem Seil. (f) Man gebe die Gleichung für diese Welle an, wenn x und y in cm und t in s gemessen werden.
Antwort: (a) 5 cm; (b) 40 cm; (c) 12 m/s; (d) 0.033 s; (e) 9.4 m/s; (f) $5 \sin(0.16x + 190t + 0.93)$.

12. Man prüfe nach, daß in einem Punkt x eines schwingenden Seils die Steigung stets gleich dem Zahlenwert des Verhältnisses aus Teilchengeschwindigkeit und Ausbreitungsgeschwindigkeit der Welle ist.
13. Ein kreisförmiger Seilring rotiere im Uhrzeigersinn (Abb. 19.21). Der Vorgang spiele sich in der Schwerelosigkeit ab. Die Tangentialgeschwindigkeit (Bahngeschwindigkeit) sei v_0. Man bestimme die Ausbreitungsgeschwindigkeit der auf dem Seil wandernden Wellen. (Anmerkung: Der Radius und der Massenbelag des Rings spielen keine Rolle.)
Antwort: v_0.

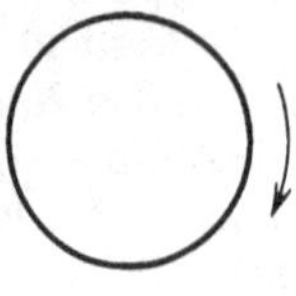

Abb. 19.21 Zu Aufgabe 13

14. Eine Schnur der Masse m und der Länge L hängt von der Decke herab. (a) Man zeige, daß die Ausbreitungsgeschwindigkeit einer Transversalwelle auf dieser Schnur eine Funktion von y ist, dem Abstand vom unteren Ende, und durch $v = \sqrt{gy}$ gegeben ist. (b) Man zeige, daß die Laufzeit der Welle über die gesamte Länge L durch $t = 2\sqrt{L/g}$ gegeben ist. (c) Spielt bei (a) und (b) die tatsächliche Masse überhaupt eine Rolle?

Abschnitt 19.6

15. Von einer 1 Watt starken Quelle werden Kugelwellen in ein isotropes nichtabsorbierendes Medium ausgesandt. Wie groß ist die Intensität der Welle in 1 m Abstand von der Quelle?
Antwort: 80 mW/m^2.
16. (a) Man zeige, daß die Intensität I einer Welle das Produkt aus der Energiedichte u (Energie durch Volumen) und der Ausbreitungsgeschwindigkeit v einer Wellenstörung darstellt. (b) Radiowellen pflanzen sich mit einer Geschwindigkeit von 3×10^8 m/s fort. Man bestimme die Energiedichte einer Welle in 480 km Entfernung von einem 50-kW-Sender. Die Wellen sollen kugelförmig in einem isotropen Medium angenommen werden.
17. Eine lineare Quelle sendet Zylinderwellen in ein Medium aus. Man bestimme (a) die Intensität und (b) die Amplitude der Welle in Abhängigkeit vom Abstand r von der Quelle. Es soll keine Energie im Medium absorbiert werden.
Antwort: (a) I proportional zu r^{-1}; (b) y proportional zu $r^{-1/2}$.
18. Für eine fortschreitende Welle, wie sie in den Beispielen 1 und 2 quantitativ beschrieben wurde, bestimme man (a) den Maximalwert der transversalen Geschwindigkeit u und (b) den Maximalwert der transversalen Kraft F_{trans}. (c) Die Phase der Welle war als $(kx\text{-}\omega t)$ definiert. Man zeige, daß die beiden Werte aus (a) und (b) bei denselben Phasen der Welle auftreten. Wie groß ist die transversale Verschiebung y des Seils bei diesen Phasen? (d) Wie groß ist die maximale über das Seil transportierte Leistung? (e) Wie groß ist die transversale Auslenkung y unter den Bedingungen, die bei (d) zu einer maximalen Leistung führten? (f) Wie groß ist die minimale übertragene Leistung? (g) Wie groß ist die transversale Verschiebung y unter den Bedingungen, die bei (f) zu einer minimalen Leistungsübertragung führten?
19. Von einer Punktquelle breiten sich gleichmäßig in alle Richtungen Wellen in ein Medium aus. (a) Man prüfe die folgende Beziehung für die Auslenkung y im Medium in einer Entfernung r von der Quelle:

$$y = \frac{Y}{r} \sin k(r - vt).$$

Man betrachte die Ausbreitungsgeschwindigkeit, die Ausbreitungsrichtung, die Periodizität und die Intensität der Welle. (b) Welche Dimension hat die Konstante Y?
Antwort: (b) L^2.

Abschnitt 19.7

20. Zwei sinusförmige Bewegungen mit gleicher Frequenz und gleicher Ausbreitungsrichtung, aber mit den Amplituden 3 cm und 4 cm und mit der Phasendifferenz $\pi/2$ sollen sich überlagern. Wie groß ist die Amplitude der resultierenden Bewegung?
21. Auf der Erde befinden sich in einem Abstand d voneinander ein Sender S sowie ein Empfänger D für Hochfrequenzwellen. Es wurde beobachtet, daß eine direkt von S ausgehende Welle mit der gleichen von S ausgehenden und dann an einer horizontalen Atmosphärenschicht in der Höhe H reflektierten Welle bei D in Phase ist (Abb. 19.22). An der reflektierenden Schicht sind der Einfallswinkel und der Reflexionswinkel für die Welle gleich. Liegt die reflektierende Schicht um den Betrag h höher als vorher, so wird bei D kein Signal mehr empfangen. Man bestimme die Abhängigkeit der Wellenlänge λ von d, h und H. Eine Absorption der Welle in der Atmosphäre soll ausgeschlossen werden.
Antwort: $\lambda = 2\sqrt{4(H+h)^2 + d^2} - 2\sqrt{4H^2 + d^2}$.

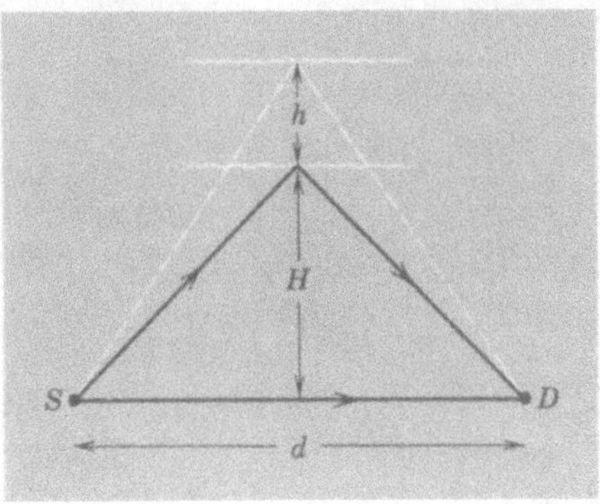

Abb. 19.22 Zu Aufgabe 21

22. Die Frequenzen von vier sich überlagernden Sinuswellen stehen im Verhältnis 1 : 2 : 3 : 4 und die Amplituden im Verhältnis $1 : \frac{1}{2} : \frac{1}{3} : \frac{1}{4}$. Zur Zeit $t = 0$ sollen an der Stelle $x = 0$ die erste und dritte Welle gegen die zweite und vierte Welle um 180° phasenverschoben sein. Man zeichne die resultierende Welle und diskutiere ihre Eigenschaften.
23. Zwei Pulse wandern auf einem Seil in entgegengesetzter Richtung, so wie in Abb. 19.23 gezeigt. (a) Man zeichne für die Wanderungsgeschwindigkeit 2 m/s und einen Pulsabstand von 6 cm das Bild der Wellen nach 5, 10, 15, 20, 25 ms. (b) Was ist nach 15 ms mit der Energie geschehen?
Antwort: (b) Obwohl nach 15 ms die Verschiebung Null ist, gibt es von Null verschiedene transversale Geschwindigkeiten. Es treten nur kinetische Energien auf.

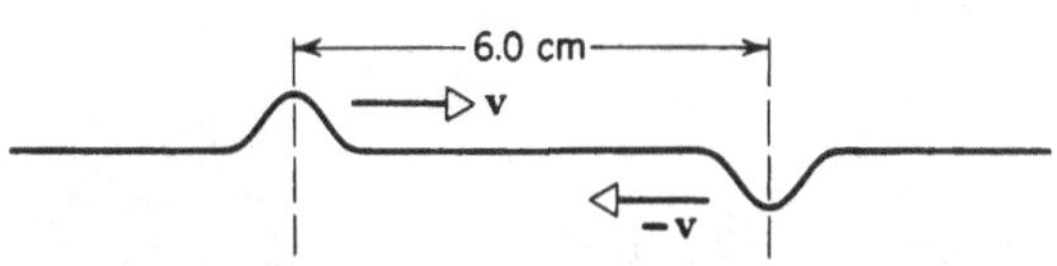

Abb. 19.23 Zu Aufgabe 23

24. Drei sinusförmige Wellen mit gleicher Periodendauer, aber Amplituden, die sich wie $1 : \frac{1}{2} : \frac{1}{3}$ verhalten, und mit Phasenverschiebungen von 0, $\pi/2$ bzw. π überlagern sich. Wie sieht die resultierende Welle aus?
25. Von zwei Punktquellen S_1 und S_2 (Abb. 19.24) werden Wellen derselben Frequenz und Amplitude ausgesandt. An den Quellen sind die Wellen in Phase. Man betrachte nun solche Punkte P, für die die Entfernungen r_1 und r_2 von den Quellen „nahezu gleich" sind (das gilt dann, wenn die Entfernungen groß gegenüber dem Abstand der Quellen voneinander sind). (a) Man zeige, daß die Superposition der beiden Wellen eine resultierende Welle ergibt, deren Amplitude sich mit der Position von P nach

$$\frac{2Y}{r} \cos \frac{k}{2} (r_1 - r_2)$$

ändert; es sei $r = (r_1 + r_2)/2$. (b) Man zeige, daß eine vollständige Auslöschung der beiden Wellen erfolgt, wenn die Bedingung $r_1 - r_2 = (n + \frac{1}{2})\,\lambda$ gilt (ganzzahlige n), während eine maximale Verstärkung bei $r_1 - r_2 = n\lambda$ erfolgt. Der geometrische Ort aller Punkte, für welche die Differenz der Entfernungen von zwei festen Punkten konstant ist, ist eine Hyperbel. Die beiden festen Punkte stellen die Brennpunkte der Hyperbel dar. Für jedes n ergibt sich also eine Hyperbel, auf der eine völlige Auslöschung der beiden Wellen stattfindet, und eine Hyperbel, auf der eine maximale Verstärkung stattfindet. In Punkten, die nahe bei den Quellen liegen, sind die Entfernungen r_1 und r_2 nicht mehr „nahezu gleich", so daß die Amplituden verschieden sind. Die Wellen löschen sich nur noch zum Teil aus.

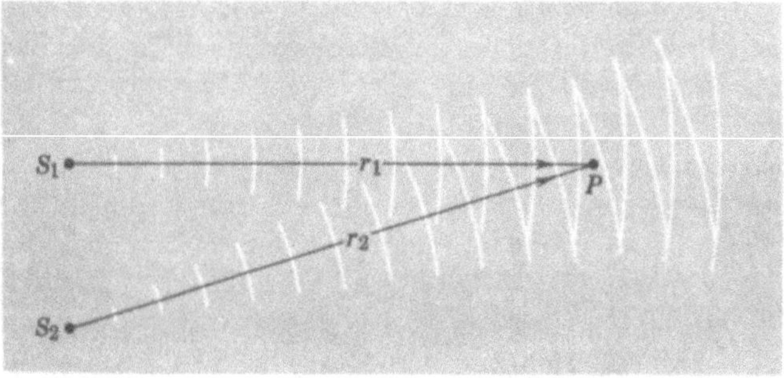

Abb. 19.24 Zu Aufgabe 25

Abschnitt 19.9.

26. Die Gleichung für eine Transversalwelle auf einem Seil sei

$$y = 10 \cos (0.0079x - 13t - 0.89),$$

wobei x und y in cm und t in s gemessen seien. Man gebe die Gleichung für diejenige Welle an, die sich mit der oben angegebenen Welle zu einer stehenden Welle auf einem Seil überlagert.
27. Ein Seil schwingt entsprechend der Gleichung

$$y = 0.5 \sin \frac{\pi x}{3} \cos 40\pi t,$$

wobei x und y in cm und t in s gemessen seien. (a) Wie groß sind die Amplituden und Ausbreitungsgeschwindigkeiten der Einzelwellen, deren Superposition die obige Welle ergeben? (b)

Wie groß sind die Abstände der Schwingungsknoten? (c) Welche Geschwindigkeit hat ein Teilchen auf dem Seil an der Stelle $x = 1.5$ cm zur Zeit $t = \frac{9}{8}$ s?
Antwort: (a) 0.25 cm, 120 cm/s; (b) 3 cm; (c) Null.

28. Zwei sinusförmige Transversalwellen breiten sich in entgegengesetzter Richtung auf einem Seil aus. Jede von ihnen hat eine Amplitude von 0.3 cm und eine Wellenlänge von 6 cm. Die Ausbreitungsgeschwindigkeit einer transversalen Welle auf diesem Seil ist 1.5 m/s. Man zeichne das Bild des Seils in den Zeitpunkten $t = 0, 5, 10, 15, 20$ ms.
29. Wenn eine sich ausbreitende Welle nur teilweise an der Grenze zu einem anderen Medium reflektiert wird, ergeben sich als Folge einer Superposition zweier Wellen verschiedener Amplituden A_i und A_r und entgegengesetzter Ausbreitungsrichtung stehende Wellen, deren äußere Begrenzung in Abb. 19.25 dargestellt ist. Der *Welligkeitsfaktor* s ist definiert als $(A_i + A_r)/(A_i - A_r) = A_{max}/A_{min}$ und der *Reflexionsgrad* r als das Verhältnis der mittleren Leistung der reflektierten Welle zur mittleren Leistung der einfallenden Welle. (a) Man zeige, daß bei einer vollständigen Reflexion s unendlich groß wird, bei einer fehlenden Reflexion aber 1 wird. (b) Man zeige, daß der Welligkeitsfaktor für Stellen kurz vor der Begrenzung der beiden Medien gerade den Reflexionsgrad an der Grenze wiedergibt, nämlich $r = (s-1)^2/(s+1)^2$.

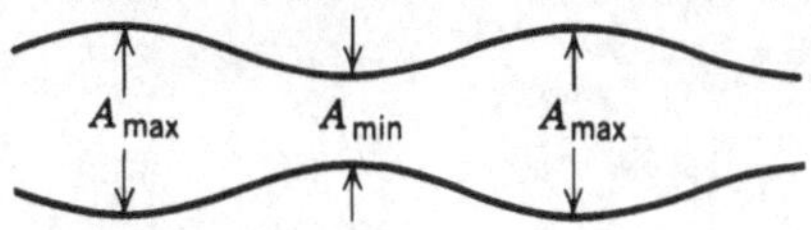

Abb. 19.25 Zu Aufgabe 29

30. Zwei Seile mit den Massenbelägen m_1 und m_2 werden an der Stelle $x = 0$ verknotet und durch eine Kraft F gestrafft. Die Welle $y = A \sin k_1 (x - v_1 t)$ auf dem Seil 1 wird an dem Knoten teils auf das Seil 2 übertragen, teils aber reflektiert. Die zugehörigen Wellen seien durch $B \sin k_2 (x - v_2 t)$ und $C \sin k_1 (x + v_1 t)$ beschrieben. (a) Unter der Annahme, daß $k_2 v_2 = k_1 v_1 = \omega$ gilt und daß die durch die einfallende und reflektierte Welle verursachten Verschiebungen des Knotens gleich sind, beweise man die Beziehung $A = B + C$. (b) Beide Seile haben am Knoten die gleiche Steigung (warum?), d.h. dy/dx auf Seil 1 ist gleich dy/dx auf Seil 2; man zeige, daß
$$C = A\frac{(k_2 - k_1)}{(k_2 + k_1)} = A\frac{v_1 - v_2}{v_1 + v_2}.$$
Kann C auch negativ werden? Wenn ja, unter welchen Bedingungen?
31. Eine stehende Welle sei durch Überlagerung zweier in entgegengesetzter Richtung laufender, aber sonst identischer Wellen entstanden. Man zeige, daß der Energiegehalt in einem Bereich zwischen zwei Schwingungsknoten den Wert $2\pi^2 m_L \hat{y}^2 v\nu$ hat.

Abschnitt 19.10

32. In einem Laborexperiment zur Demonstration stehender Wellen wird ein 90 cm langes Seil an der Zinke einer Stimmgabel befestigt, die durch einen elektrischen Erreger angetrieben mit 60 Hz in einer Ebene senkrecht zur Seilausdehnung schwingt. Das Seil wiegt 44 g. (a) Welches Gewicht muß man an das andere Seilende hängen, damit auf dem Seil 4 Schwingungsbäuche zu sehen sind? (b) Was geschieht, wenn die Stimmgabel gedreht wird und parallel zur Seilrichtung schwingt?
33. Auf einem beidseitig eingespannten Seil werden mit einer schwingenden Stimmgabel stehende Wellen erzeugt. Die Stimmgabel schwingt mit 600 Hz, die Ausbreitungsgeschwindigkeit der Welle auf dem Seil ist 400 m/s, und die Amplitude der Welle beträgt 2 mm. (a) Wie lang ist das Seil ? (b) Man gebe die Gleichung für die Verschiebung y des Seils als Funktion der Position x und der Zeit t an. x und y sollen in cm und t in s gemessen werden.
Antwort: (a) 1.3 m; (b) $2 \times 10^{-3} \sin 9.4x \cos 3800t$.

34. Ein Aluminiumdraht mit der Länge $l = 60$ cm und dem Querschnitt 10^{-2} cm^2 wird mit einem Stahldraht gleichen Querschnitts verbunden. Der gesamte Draht wird dann mit einer Masse von 10 kg gespannt, so wie in Abb. 19.26 gezeigt ist. Die Länge des Stahldrahtes von der Rolle bis zur Verbindungsstelle ist $l = 86.6$ cm. Durch einen Erreger variabler Frequenz werden auf dem Draht stehende Wellen erzeugt. (a) Welches ist die niedrigste Frequenz, mit der eine stehende Welle erzeugt werden kann, die gerade an der Verbindungsstelle der Drähte einen Schwingungsknoten aufweist? (b) Wie viele Knoten ergeben sich bei dieser Frequenz auf dem Seil (die beiden Knoten an den Enden nicht mitgezählt)? Die Dichte von Aluminium ist 2.6 g/cm^3, die von Stahl 7.8 g/cm^3.

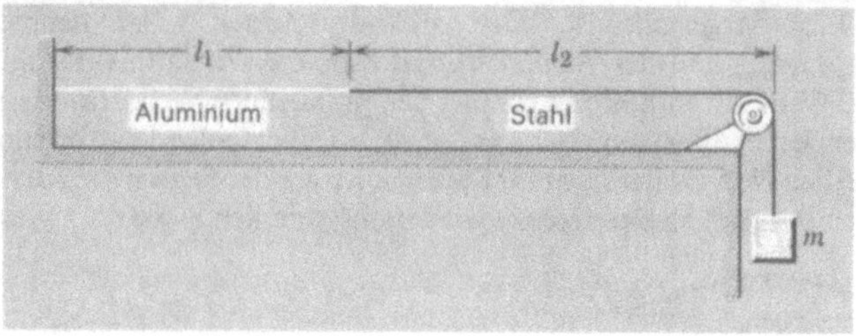

Abb. 19.26 Zu Aufgabe 34

20 Schallwellen

20.1 Hörbarer Schall, Ultraschall, Infraschall

Schallwellen sind longitudinale mechanische Wellen; sie können sich in festen Körpern, in Flüssigkeiten und in Gasen ausbreiten. Die die Schallwellen tragenden Materieteilchen schwingen in Richtung der Wellenausbreitung. Schallwellen können in einem sehr weiten Frequenzbereich erzeugt werden. Der *hörbare Schall*, also der Schall, der das menschliche Ohr anregt und im Gehirn einen Höreindruck vermittelt, erstreckt sich von ungefähr 20 Hz (untere Grenze des Hörbereichs) bis ungefähr 20 kHz (obere Hörgrenze). Eine longitudinale mechanische Welle mit einer Frequenz unterhalb des Hörbereichs heißt *Infraschallwelle*; liegt die Frequenz oberhalb des Hörbereichs, so handelt es sich um eine *Ultraschallwelle*.

Infraschall wird gewöhnlich von ausgedehnten Quellen ausgesandt, z. B. bei Windbewegungen oder Erdbeben. Hochfrequente Ultraschallwellen können durch elastische Schwingungen von Quarzkristallen hervorgerufen werden, wenn sie durch ein äußeres elektrisches Wechselfeld in Resonanzschwingungen versetzt werden (Piezoelektrischer Effekt). Auf diese Weise kann man Ultraschallfrequenzen bis zu 6×10^8 Hz erzeugen. Die zugehörige Wellenlänge in Luft beträgt dann 5×10^{-5} cm und entspricht damit der Wellenlänge von sichtbarem Licht.

Hörbarer Schall entsteht durch das Schwingen von Saiten oder Bändern (Violine, menschliche Stimmbänder), von Luftsäulen (Orgel, Klarinette) und von Platten oder Membranen (Xylophon, Lautsprecher, Trommel). Die schwingenden Elemente pressen dabei abwechselnd die Luft bei ihrer Vorwärtsbewegung zusammen und entspannen sie bei ihrer Rückwärtsbewegung wieder. Die Luft überträgt dann diese Störungen von ihrem Ursprung als Welle nach außen. Sobald sie auf das Trommelfell des Ohres stoßen, erwecken sie eine Hörempfindung. Wenn die Schallwelle annähernd periodisch ist oder sie sich aus annähernd periodischen Komponenten zusammensetzt, wird der Höreindruck als angenehm empfunden (die Intensität darf nicht zu groß sein), wie etwa bei musikalischen *Klängen*. Nichtperiodische Schallwellen erzeugen nur ein Geräusch in unserem Ohr. Ein *Geräusch* kann sich zwar auch aus verschiedenen periodischen Wellen zusammensetzen, doch ist die Anzahl der beteiligten Komponenten zu groß, so daß es sich insgesamt nicht mehr um einen periodischen Vorgang handelt.

Im vorliegenden Kapitel 20 werden wir die Eigenschaften von longitudinalen mechanischen Wellen kennenlernen, wobei uns die Schallwellen als besonderes Beispiel dienen werden.

20.2 Ausbreitung von longitudinalen Wellen

Wenn keine Hindernisse vorhanden sind, breitet sich eine Schallwelle von der Schallquelle nach allen Richtungen gleichmäßig aus. Es ist einfacher, die Ausbreitung erst einmal nur in einer Dimension zu betrachten. Deshalb behandeln wir zunächst die Fortpflanzung von longitudinalen Wellen in einem Rohr.

In Abb. 20.1 wird ein langes Rohr gezeigt, das mit einem kompressiblen Medium (Flüssigkeit oder Gas) gefüllt ist und das an einem Ende mit einem beweglichen Kolben verschlossen ist. Die eingezeichneten senkrechten Striche teilen das Medium in dünne Schichten ein, die jeweils gleiche Massen von Medium enthalten. Liegen die Striche eng beieinander, handelt es sich also um einen Bereich mit relativ großem Druck und großer Dichte; liegen die Striche weit auseinander, herrschen in diesem Bereich nur ein geringer Druck und eine geringe Dichte. Wir sehen das Medium als kontinuierlich an und vernachlässigen dabei, daß es sich um Moleküle in einer dauernden Zufallsbewegung handelt.

Drückt man nun den Stempel (Abb. 20.1) vom Ende her in das Rohr hinein, so wird das unmittelbar davorliegende Medium zusammengepreßt, und sowohl Druck als auch Dichte steigen über die Werte an, die sie vor der Störung besaßen. Die zusammengedrückte Mediumschicht gibt den Druck an die Nachbarschicht weiter und preßt diese zusammen. Auf diese Weise wandert der Überdruck wie ein Puls das Rohr entlang. Zieht man hingegen den Stempel zurück, so wird die an den Stempel angrenzende Mediumschicht gedehnt. Druck und Dichte fallen unter die Werte, die diese Schicht im ungestörten Zustand aufwies. Auch dieser Unterdruck wird an die Nachbarschicht weitergegeben; diese dehnt sich aus und wird verdünnt. Jetzt wandert ein Unterdruck (bzw. eine Verdünnung) wie ein Puls das Rohr entlang. Solche Pulse ähneln den transversalen Pulsen auf einem Seil, nur daß die schwingenden Mediumteilchen in Ausbreitungsrichtung der Welle verschoben werden (longitudinal, entlang dem Rohr), anstatt rechtwinklig zur Ausbreitungsrichtung (transversal).

Zieht man den Stempel schließlich periodisch vor und zurück, so bewegt sich eine

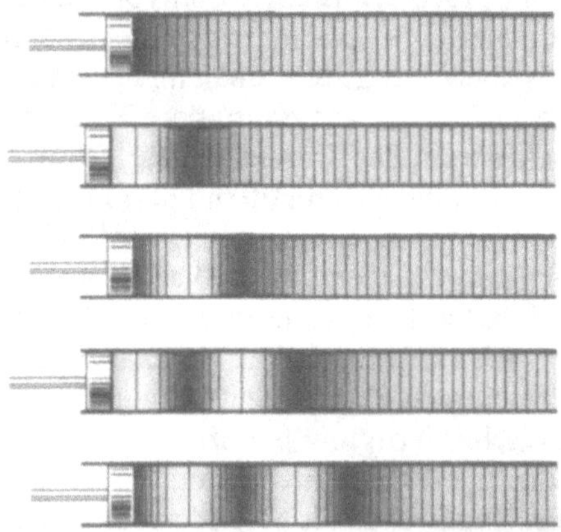

Abb. 20.1 In einem luftgefüllten Rohr werden durch einen vibrierenden Stempel Schallwellen erzeugt. Die eingezeichneten, senkrechten Striche teilen das kompressible Medium in Schichten gleicher Masse ein.

kontinuierliche Serie von Verdichtungen und Verdünnungen (bzw. Überdrücken und Unterdrücken) durch das Rohr (Abb. 20.1). Wie bei den Transversalwellen auf einem Seil (vgl. Abschn. 19.5) sollte man mit der Newtonschen Bewegungsgleichung die Ausbreitungsgeschwindigkeit einer longitudinalen Welle durch die elastischen und trägen Eigenschaften des Mediums bestimmen können.

Zunächst nehmen wir einmal an, daß das Rohr unendlich lang ist und deswegen am offenen Ende keine Reflexionen auftreten können. Wie bei dem Seil in Abb. 19.6 wollen wir keine ausgedehnte Welle betrachten, sondern nur einen einfachen Puls, den wir durch ein schnelles, kurzes Hineinstoßen des Stempels erzeugen können. Die Abb. 20.2 zeigt, wie ein solcher Verdichtungspuls mit der Geschwindigkeit v von links nach rechts durch das Rohr läuft. Einfachheitshalber hat dieser Puls eine scharf abgetrennte Vorder- und Rückseite sowie eine einheitliche Dichte und einheitlichen Druck im Inneren. Als wir die Bewegung eines transversalen Pulses auf einem Seil behandelten, hatten wir aus Bequemlichkeit ein Bezugssystem gewählt, in dem der Puls stationär blieb. So wollen wir auch hier verfahren. In Abb. 20.2 soll also die sich ausbreitende Verdichtung im Bezugssystem verharren, während das Medium von rechts nach links mit der Geschwindigkeit v durch sie hindurchströmt.

Wir wollen jetzt das Mediumelement zwischen den beiden Linien bei P während des Strömens verfolgen (Abb. 20.2). Es bewegt sich mit der Geschwindigkeit v vom Punkt P weg, bis es den Verdichtungsbereich bei Q erreicht. Sobald es in diese Zone eintritt, erfährt es einen Druckunterschied Δp zwischen seiner Stirnseite und seiner Rückseite. Das Element wird zusammengepreßt und abgebremst, so daß es sich mit einer langsameren Geschwindigkeit $v + \Delta v$ (Δv ist negativ) durch die Überdruckzone hindurchbewegt. Schließlich tritt es auf der linken Seite wieder heraus und dehnt sich zu seinem ursprünglichen Volumen aus. Es erfährt dabei wiederum einen Druckunterschied Δp an seiner Vorder- und Rückseite, wodurch es auf seine ursprüngliche Geschwindigkeit v beschleunigt wird. Im Punkt R wandert das Mediumelement also wieder wie bei P mit der Geschwindigkeit v durch das Rohr.

Wir wenden nun die Newtonsche Gleichung auf das Mediumelement an, wenn es in die Verdichtungszone eintritt. Die während des Eintretens wirkende Kraft ist nach Abb. 20.2 nach rechts gerichtet und beträgt

$$F = (p + \Delta p)A - pA = \Delta pA,$$

wobei A die Querschnittsfläche des Rohres ist.

Die Länge des Mediumelementes bei P ist durch $v\Delta t$ gegeben, sein Volumen beläuft sich damit auf $vA\Delta t$ und seine Masse auf $\varrho_0 vA\Delta t$, wenn ϱ_0 die Dichte des Mediums außerhalb des Verdichtungsbereiches ist. Die Verzögerung a, die das Element beim Eintritt erfährt, ist $-\Delta v/\Delta t$; da Δv verabredungsgemäß negativ ist, wird a positiv und weist nach rechts, so wie in Abb. 20.2 gezeich-

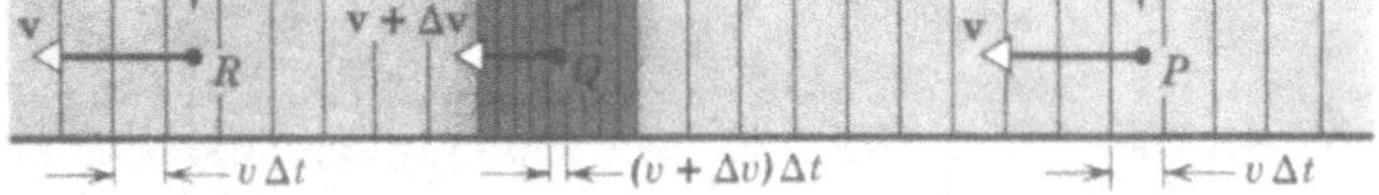

Abb. 20.2 Ein Verdichtungspuls wandert in einem gasgefüllten Rohr entlang. In einem Bezugssystem, in dem sich das nichtschwingende Gas in Ruhe befindet, wandert dieser Puls mit der Geschwindigkeit v von links nach rechts. In einem Bezugssystem, in dem sich der Puls in Ruhe befindet, strömt das Gas mit der Geschwindigkeit v von rechts nach links durch das Rohr. Dadurch wird Δv negativ. In der Abbildung ist der zweite Fall gezeigt.

net. Aus dem zweiten Newtonschen Axiom,

$$F = ma,$$

ergibt sich:

$$\Delta pA = (\varrho_0 vA\Delta t)\frac{-\Delta v}{\Delta t}$$

bzw. nach Umformung

$$\varrho_0 v^2 = \frac{-\Delta p}{\Delta v/v}.$$

Das Medium, das bei P ein Volumen von $V = Av\Delta t$ einnimmt, wird in der Verdichtungszone um $A(\Delta v)\Delta t = \Delta V$ zusammengepreßt. Somit gilt

$$\frac{\Delta V}{V} = \frac{A\Delta v\Delta t}{Av\Delta t} = \frac{\Delta v}{v},$$

und bei Einsetzen in die darüberstehende Gleichung erhält man

$$\varrho_0 v^2 = \frac{-\Delta p}{\Delta V/V}.$$

Das Verhältnis einer Druckänderung Δp, der ein Körper ausgesetzt wird, zu der dadurch bewirkten relativen Volumenänderung $-\Delta V/V$ wird *Kompressionsmodul* K genannt, d. h., es ist $K = -V\Delta p/\Delta V$. K ist positiv, weil eine Druckerhöhung immer eine Volumenverminderung bewirkt. Die Geschwindigkeit des longitudinalen Pulses im Medium ergibt sich damit zu

$$v = \sqrt{K/\varrho_0}. \tag{20.1}$$

Die Gl. 20.1 gilt nicht nur für einen rechteckigen Puls, wie wir ihn in Abb. 20.2 angenommen haben, sondern für beliebig geformte Pulse und auch für einen ausgedehnten Wellenzug. Man muß sich bewußt machen, daß die Geschwindigkeit einer Welle durch die Eigenschaften des Mediums bestimmt ist, in dem sie sich ausbreitet. Diese Eigenschaften sind gegeben durch die elastische Größe K und die Trägheitsgröße ϱ_0. In Tabelle 20.1 werden die Ausbreitungsgeschwindigkeiten von Schallwellen in verschiedenen Materialien angegeben.

Wenn das Medium ein Gas ist, kann man K durch den Druck p_0 ausdrücken. Für eine Schallwelle in einem Gas gilt

$$v = \sqrt{\varkappa p_0/\varrho_0},$$

wobei $\varkappa$ das Verhältnis der spezifischen Wärmekapazitäten für Gase darstellt und eine Konstante ist (vgl. Kapitel 23).

Breitet sich eine Welle in einem Festkörper aus, zum Beispiel in einem dünnen Stab, so wird der Kompressionsmodul K durch den Elastizitätsmodul ersetzt (in der englischen Literatur oft als *Youngscher Modul* bezeichnet). Wenn ein fester Körper gedehnt wird, setzt er nämlich, anders als eine Flüssigkeit, den Tangential- oder Scherkräften einen

Tabelle 20.1 Schallgeschwindigkeiten in verschiedenen Medien

Medium	Temperatur in °C	Geschwindigkeit in m/s
Luft	0	331.3
Wasserstoff	0	1286
Sauerstoff	0	317.2
Wasser	15	1450
Blei	20	1230
Aluminium	20	5100
Kupfer	20	3560
Eisen	20	5130
Extreme Werte		
Granit	–	6000
Gummi	0	54

elastischen Widerstand entgegen, so daß die Ausbreitungsgeschwindigkeit longitudinaler Wellen sowohl von dem Kompressionsmodul als auch von dem Schermodul bzw. Torsionsmodul abhängt.

20.3 Fortschreitende longitudinale Wellen

Wir richten unser Augenmerk noch einmal auf die Abb. 20.1, in der sich eine kontinuierliche Aufeinanderfolge von Verdichtungen und Verdünnungen eines Gases in einem Rohr ausbreitet. Beim Vorüberziehen dieses Wellenzuges schwingt jedes Volumenelement des Mediums um seine Gleichgewichtslage. Die Verschiebungen erfolgen vor und zurück entlang der Richtung oder Ausbreitungsrichtung der Welle. Die Verschiebung eines solchen Volumenelementes (oder einer Mediumschicht) aus der Gleichgewichtslage bei x soll wiederum, wie bereits bei den transversalen Seilwellen, durch y angegeben werden. Selbstverständlich aber soll hier die Verschiebung y in der Ausbreitungsrichtung erfolgen, während sie bei einer transversalen Welle rechtwinklig dazu stattfindet. Eine sich nach rechts ausbreitende Welle kann dann durch

$$y = f(x - vt)$$

dargestellt werden.

Für den Sonderfall einer harmonischen Schwingung erhält die Wellengleichung folgende Form:

$$y = \hat{y} \quad \cos\frac{2\pi}{\lambda}(x - vt).$$

In dieser Gleichung bedeuten: v die Ausbreitungsgeschwindigkeit der longitudinalen Welle, $\hat{y}$ die Amplitude und λ die Wellenlänge; y gibt die Auslenkung irgendeines Teilchens aus seiner Gleichgewichtslage am Ort x zur Zeit t an. Wie in Abschn. 19.3

(Gl. 19.6 und Gl. 19.10a) können wir die Gleichung in einer anderen Form angeben:

$$y = \hat{y} \quad \cos(kx - \omega t). \tag{20.2}$$

Bei einer Schallwelle ist es angebracht, nicht die tatsächlichen Auslenkungen der die Welle tragenden Mediumteilchen zu betrachten, sondern die durch sie verursachten Druckänderungen anzugeben. Aus der Beziehung

$$K = -\frac{\Delta p}{\Delta V/V}$$

erhält man

$$\Delta p = -K\frac{\Delta V}{V}.$$

So wie y die Verschiebung aus der Gleichgewichtslage bei x ist, soll p nunmehr die *Abweichung* von dem Wert des Drucks im ungestörten Zustand p_0 sein, d. h. Δp wird durch p ersetzt:

$$p = -K\frac{\Delta V}{V}.$$

Wenn eine Mediumschicht bei dem Druck p_0 eine Dicke von Δx und einen Querschnitt von A hat, so nimmt sie ein Volumen von $V = A\Delta x$ ein. Bei einer Druckänderung wird das Volumen um $A\Delta y$ verändert, wenn Δy die Dickenänderung der Schicht während dieses Vorgangs darstellt. Somit erhält man

$$p = -K\frac{\Delta V}{V} = -K\frac{A\Delta x}{A\Delta y}.$$

Läßt man nun Δx gegen Null gehen, d. h. die Mediumschicht schrumpft zu einer infinitesimal kleinen Dicke zusammen, kann man für die Druckänderung

$$p = -K\frac{\partial y}{\partial x} \tag{20.3}$$

schreiben. Wir haben dabei die Zeichen für eine partielle Ableitung benutzt, da y eine Funktion von x und von t ist. In unserer Betrachtung wird die Zeit t als konstant angenommen. Im Falle einer harmonischen Schwingung der Mediumteilchen erhält man aus Gl. 20.2

$$\frac{\partial y}{\partial x} = -k\hat{y}\sin(kx - \omega t)$$

und aus Gl. 20.3

$$p = Kk\hat{y}\sin(kx - \omega t). \tag{20.4}$$

Die Druckänderung verläuft also an jeder Stelle x ebenfalls harmonisch.

Wegen $v = \sqrt{K/\varrho_0}$ kann man Gl. 20.4 auch als

$$p = [k\varrho_0 v^2 \hat{y}] \sin (kx - \omega t)$$

schreiben. Wir erinnern uns, daß p die Abweichung des Druckes von seinem ungestörten Ruhewert p_0 bedeutete. Der Ausdruck in der eckigen Klammer gibt die maximale Abweichung des Druckes wieder und wird *Druckamplitude* oder genauer *Schallwechseldruckamplitude* genannt. Wenn wir diese mit P bezeichnen, ergibt sich

$$p = P \sin (kx - \omega t) \tag{20.5}$$

mit der Abkürzung

$$P = k\varrho_0 v^2 \hat{y}. \tag{20.6}$$

Eine Schallwelle kann somit sowohl als die Auslenkung von Teilchen (Gl. 20.2) als auch als die Änderung eines Druckes in einem Medium (Gl. 20.5) angesehen werden. Wenn die erstere als eine Kosinusfunktion wiedergegeben wird, muß die zweite als Sinusfunktion angegeben werden, und umgekehrt. Sie sind daher um 90° phasenverschoben. Wenn die Verschiebung eines Teilchens irgendwo ein Minimum oder ein Maximum erreicht, wird die Druckabweichung an dieser Stelle gerade Null sein; und wenn sich ein Teilchen irgendwo gerade durch seine Ruhelage bewegt, wird an dieser Stelle maximaler Unterdruck oder maximaler Überdruck herrschen. Gl. 20.6 zeigt den Zusammenhang zwischen der Druckamplitude (maximale Abweichung des Druckes vom Ruhewert) und der Verschiebungsamplitude (maximale Verschiebung eines Teilchens aus seiner Ruhelage). Man überzeuge sich davon, daß auf beiden Seiten von Gl. 20.6 die Dimensionen übereinstimmen. In welchen Einheiten muß also die Druckamplitude angegeben werden?

Die Intensität einer Welle ist zum Quadrat der Verschiebungsamplitude proportional (vgl. Abschn. 19.6). Wir haben oben festgestellt, daß bei Schallwellen die Druckamplitude zur Verschiebungsamplitude proportional ist, also ist die Intensität einer Schallwelle zum Quadrat der Druckamplitude proportional. Die Frequenz der Welle tritt in dem Ausdruck nicht explizit auf (vgl. Aufgabe 14). Man kann demnach die Intensitäten von Tönen unterschiedlicher Frequenz durch eine Druckmessung vergleichen. In der Praxis verfährt man tatsächlich meistens so, wohingegen es sehr schwierig ist, eine Verschiebungsamplitude zu messen, wie man an folgendem Beispiel sehen wird.

Beispiel 1

(a) Die maximale Druckschwankung P, die das Ohr noch aushalten kann, beträgt etwa 28 Pa. Der normale Atmosphärendruck beträgt etwa 100 kPa. Man bestimme die zugehörige maximale Auslenkung $\hat{y}$ einer Schallwelle der Frequenz 1 kHz in Luft.

Aus Gl. 20.6 erhält man

$$\hat{y} = \frac{P}{k\varrho_0 v^2}.$$

Aus Tab. 20.1 entnimmt man $v = 331$ m/s, so daß man für k folgenden Wert bekommt:

$$k = \frac{2\pi}{\lambda} = \frac{2\pi\nu}{v} = \frac{2\pi \times 10^3}{331} \text{m}^{-1} = 19 \text{m}^{-1}.$$

Die Dichte ϱ_0 von Luft sei 1.22 kg/m³. Mit dem angegebenen Wert von 28 Pa erhält man somit

$$\hat{y} = \frac{28}{(19)(1.22)(331)^2} \text{m} = 1.1 \times 10^{-5} \text{m}.$$

Die Verschiebungsamplitude für den *lautesten* noch erträglichen Ton beträgt also nur 10^{-5} m.
(b) Für den schwächsten Ton der Frequenz 1 kHz, den das Ohr noch wahrnehmen kann, beträgt die Druckamplitude 20 µPa. Wie groß ist die zugehörige Verschiebungsamplitude?

Auf die gleiche Weise wie unter (a) finden wir für die Verschiebungsamplitude einen Wert von

$$\hat{y} \approx 8 \times 10^{-12} \text{m} \approx 10^{-11} \text{m}.$$

Diese Auslenkung ist kleiner als der Radius eines Atoms, der nur etwa 10^{-10} m beträgt. Wie kann das Ohr auf solch kleine Verschiebungen reagieren?

Bei unseren Herleitungen haben wir die molekulare Struktur der Materie überhaupt nicht berücksichtigt, sondern das die Welle tragende Medium als kontinuierlich angesehen. Bei Gasen nun sind die Molekülzwischenräume groß gegenüber den Moleküldurchmessern. Außerdem bewegen sich die Moleküle regellos umher. Die durch eine Schallwelle erzeugten Schwingungen werden sich daher der thermischen Zufallsbewegung überlagern. Ein Impuls kann erst dann von einem Molekül auf ein anderes übertragen werden, wenn der Zwischenraum zwischen ihnen zurückgelegt worden ist und die beiden Moleküle zusammenstoßen. Kann unter diesen Umständen die Schallgeschwindigkeit überhaupt größer als die mittlere Geschwindigkeit der Moleküle sein?

20.4 Stehende longitudinale Wellen

Wenn sich eine longitudinale Welle in einem gasgefüllten Rohr ausbreitet, so wird sie an den Rohrenden reflektiert, ähnlich wie eine transversale Welle auf einem gespannten Seil an den Enden reflektiert wird. Durch Interferenz der in entgegengesetzter Richtung laufenden Wellen (einfallende und reflektierte Welle) entsteht so eine stehende longitudinale Welle.

Wird ein Ende des Rohrs verschlossen, so verschiebt sich die Phase der reflektierten Welle um 180° gegen die der einfallenden Welle, weil die Auslenkung eines kleinen Volumenelementes am geschlossenen Ende immer Null sein muß. An einem verschlossenen Ende befindet sich also immer ein Verschiebungsknoten. An einem offenen Ende dagegen können sich die Mediumelemente immer frei bewegen. Eine Reflexion am offenen Ende hängt von der Weite der Öffnung ab. Ist diese im Vergleich zur Wellenlänge klein, so wie bei den meisten Musikinstrumenten, dann wird die reflektierte Welle mit der einfallenden Welle nahezu in Phase sein. In der Nähe dieses offenen Endes wird sich ein Verschiebungsbauch ausbilden. Da die effektive Länge einer Luftsäule nicht so genau bestimmt ist wie die eines gespannten und an beiden Seiten befestigten Seils, wird der Schwingungsbauch nur „ungefähr", d.h. nahe am Ende des Rohres liegen.

Man kann stehende longitudinale Wellen sehr eindrucksvoll mit der in Abb. 20.3 gezeigten Anordnung demonstrieren. Ein Generator S für longitudinale Wellen, etwa

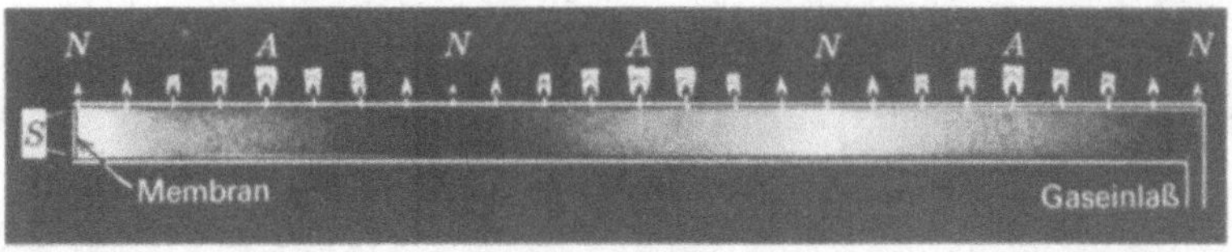

Abb. 20.3 In einem mit einem brennbaren Gas gefüllten Rohr werden stehende Wellen durch die Höhe der Flämmchen an verschiedenen Stellen des Rohres sichtbar gemacht. *A* und *N* markieren die Verschiebungsbäuche und die Verschiebungsknoten.

der Lautsprecher eines Tonfrequenzgenerators, versetzt eine bewegliche Membran an einem Ende eines Rohres in Schwingungen. Am anderen Ende des Rohres wird ein brennbares Gas zugeführt, das durch in regelmäßigen Abständen angebrachte Löcher wieder ausströmt. Zündet man das ausströmende Gas an, erhält man eine Reihe von Flämmchen über den Löchern. Wird die Frequenz des Generators so lange verändert, bis sich die schwingende Gassäule in Resonanz befindet, so ist die Amplitude der stehenden Welle besonders groß. Die Schwingungsbäuche sind an besonders hohen und breiten Flämmchen erkennbar, während die Schwingungsknoten an den sehr kleinen Flämmchen auszumachen sind. Wird die Frequenz noch weiter erhöht, so werden noch weitere Resonanzzustände erreicht. Die Eigenfrequenzen einer schwingenden Gassäule sind durch die effektive Länge der Säule und durch die Ausbreitungsgeschwindigkeit der Welle festgelegt. Im Resonanzfall beträgt die Wellenlänge den doppelten Abstand benachbarter Schwingungsbäuche (oder Schwingungsknoten). Kennt man dann noch die zugehörige Frequenz des Generators, ergibt sich die Geschwindigkeit der Welle zu $v = \nu\lambda$. In der Praxis kann man die Ausbreitungsgeschwindigkeit einer Welle mit verschiedenen Methoden genau bestimmen (vgl. Aufgabe 21 und Beispiel 2).

In Abb. 20.3 beziehen sich die Knoten *N* und Bäuche *A* auf die Verschiebung von Mediumteilchen in der stehenden Welle. In einem Verschiebungsknoten herrscht eine maximale Abweichung des Druckes von seinem Mittelwert. Ein Verschiebungsknoten deckt sich also immer mit einem Druckbauch, während sich ein Verschiebungsbauch mit einem Druckknoten deckt, weil dort der Druck zeitlich konstant bleibt.

Das kann man einsehen, wenn man bedenkt, daß zwei kleine Volumenelemente des Mediums auf verschiedenen Seiten eines Verschiebungsknotens mit entgegengesetzter Phase schwingen. Wenn sie sich annähern, steigt somit der Druck im Knoten, und wenn sie sich voneinander entfernen, nimmt der Druck ab. Auf verschiedenen Seiten eines Verschiebungsbauches hingegen schwingen zwei kleine Volumenelemente in Phase; es findet daher keine Veränderung des Drucks statt.

20.5 Schwingende Systeme und Schallquellen

Wird eine an beiden Enden eingespannte Saite angestrichen, so laufen transversale Schwingungen auf der Saite entlang; an den Enden werden sie reflektiert, und es entsteht eine stehende Welle auf der Saite. Hierdurch werden die Eigenschwingungen der Saite angeregt. Diese werden auf die umgebende Luft übertragen und als longitudinale Welle weitergeleitet. Treffen sie auf das Trommelfell des Ohres, rufen sie den Eindruck eines musikalischen Tons hervor.

Abb. 20.4 Die vier ersten Eigenschwingungen einer an beiden Enden eingespannten Saite.

In Abschn. 19.10 hatten wir gefunden, daß ein an beiden Enden fixiertes Seil (oder eine Saite) der Länge l mit folgenden Frequenzen schwingen kann:

$$\nu_n = \frac{n}{2l}v = \frac{n}{2l}\sqrt{\frac{F}{m_L}}, \quad n = 1, 2, 3, \ldots \tag{20.7}$$

v ist die Ausbreitungsgeschwindigkeit aller transversalen Wellen auf der Saite, deren Superposition die Schwingungen der Saite hervorruft; v ist unabhängig von der Frequenz. Bei bestimmten Frequenzen werden auf der Saite ganzzahlige Vielfache n von Schwingungsbäuchen auftreten (Abb. 20.4).

Die Schwingung mit der niedrigsten Frequenz, der *Grundfrequenz* $\nu_1 = \sqrt{F/m_L}/2l$, nennt man die Grundschwingung. Die anderen Schwingungen sind die Oberschwingungen, welche im Ohr die *Obertöne* erzeugen. Obertöne, deren Schwingungsfrequenzen ganze Vielfache der Grundfrequenz betragen, bilden eine harmonische Serie, die *Obertonreihe*. Die Grundfrequenz ν_1 bestimmt den Grundton bzw. die erste harmonische Schwingung, die Frequenz $2\nu_1$ den ersten Oberton bzw. die zweite harmonische Oberschwingung und so weiter.

Ist eine Saite anfänglich schon so ausgelenkt, daß diese Form gerade einer möglichen harmonischen Schwingung entspricht, dann wird die Saite beim Loslassen auch mit dieser einzelnen Frequenz schwingen. Solche Anfangsbedingungen werden gewöhnlich durch das Anzupfen oder Anstreichen der Saite gegeben. Dabei werden nicht nur eine Schwingung, sondern auch mehrere Oberschwingungen angeregt. Das ergibt eine Superposition mehrerer Eigenschwingungen; die tatsächliche Verschiebung eines Teilchens auf der Saite ist dann die Summe mehrerer Schwingungen mit verschiedenen Amplituden (vgl. Abb. 19.12). Die damit erzeugten Druckschwankungen der Luft werden auf unser Ohr übertragen und rufen als Nettoeffekt einen einzigen Höreindruck hervor, der für das betreffende Streichinstrument charakteristisch ist. Die Qualität des Höreindruckes eines von einem Instrument erzeugten „Tons“, die *Klangfarbe*, wird außer durch den Grundton durch die Zahl der der Obertöne und deren Intensität bestimmt. In Abb. 20.5 sind das Frequenzspektrum und die zugehörigen Schwingungsformen für die Klänge einer Violine und eines Klaviers wiedergegeben.

Eine Orgelpfeife ist ein einfaches Beispiel für die Schallerzeugung mittels einer schwingenden Luftsäule. Wenn beide Seiten der Pfeife offen sind, kann durch Anblasen eines in das Rohr hineinragenden Stegs eine stehende Welle erregt werden. Die Luftsäule kann in

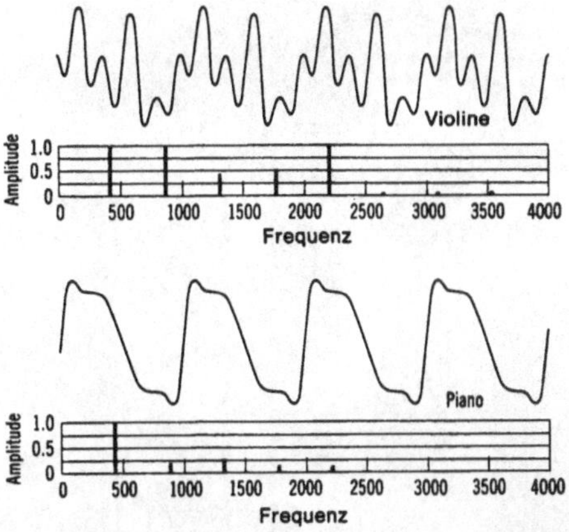

Abb. 20.5 Wellenform und Frequenzspektrum der Violine und des Klaviers. Die Grundfrequenz beträgt in beiden Fällen 440 Hz (Kammerton a). In den beiden Spektren sind nur jeweils vier Periodendauern gezeigt. Das Frequenzspektrum gibt die relativen Amplituden der verschiedenen Oberschwingungen der Welle wieder. Bei der Violine fallen die lauten Obertöne auf, insbesonders der fünfte.

Resonanz mit ihren Eigenfrequenzen

$$\nu_n = \frac{n}{2l}v, \quad n = 1, 2, 3, \ldots$$

schwingen. Dabei ist v wiederum die Ausbreitungsgeschwindigkeit der longitudinalen Wellen in der Luftsäule, deren Superposition die Luft zum Schwingen bringt. n stellt die Anzahl der halben Wellenlängen auf der Luftsäule mit der Länge l dar. Wie bei einer angestrichenen Saite werden auch in einer Pfeife der Grundton und die Obertöne gleichzeitig angeregt.

Bei einer offenen Pfeife befindet sich im Falle der Erregung mit der Grundfrequenz an jedem Ende (näherungsweise dort) der Pfeife ein Schwingungsbauch und in der Mitte ein Schwingungsknoten (Abb. 20.6a). Die anderen Bilder der Abb. 20.6a zeigen noch drei weitere Obertöne, nämlich die zweite, dritte und vierte harmonische Oberschwingung. Die Grundfrequenz beträgt $v/2l$, und die Oberschwingungen haben ganzzahlige Vielfache dieser Frequenz.

In einer gedackten Pfeife (oberes Ende geschlossen) befindet sich am geschlossenen Ende ein Knoten. Abb. 20.6b gibt die Schwingungsformen dazu wieder. Hier beträgt die Grundfrequenz (näherungsweise) $v/4l$, also nur die Hälfte der Grundfrequenz der offenen Pfeife. Es treten nur solche Obertöne auf, deren Schwingungen am geschlossenen Ende einen Verschiebungsknoten und am offenen Ende (näherungsweise dort) einen Verschiebungsbauch besitzen.

Wie man aus Abb. 20.6b erkennt, fehlen also die zweite, vierte, usw. harmonische Oberschwingung. Es treten in einer gedackten Pfeife nur die Grundschwingung und ihre ungeradzahligen Vielfachen als harmonische Schwingungen auf. Schallempfindungen für Klänge aus einer offenen und einer gedackten Pfeife sind daher unterschiedlich.

Weitere Schallquellen sind schwingende Stäbe, Platten und Membranen. Wir betrachten beispielsweise eine gespannte, aber dehnbare Membran, z. B. das Fell einer Trommel. Wenn dieses angeschlagen wird, breitet sich eine flächenhafte Störung (Verwölbung des

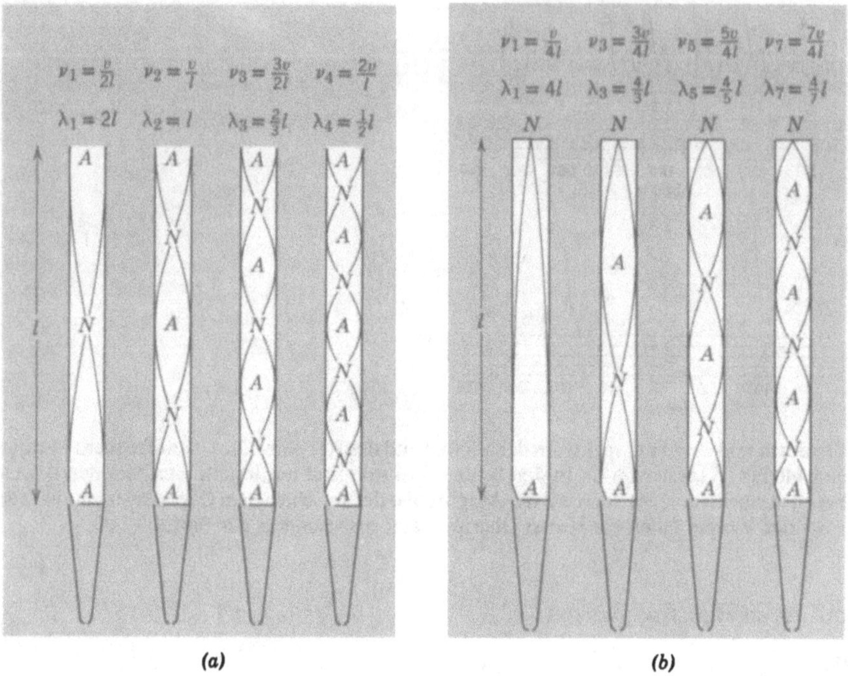

Abb. 20.6 (a) Die ersten vier Eigenschwingungen einer offenen Orgelpfeife. *N* und *A* markieren die Stellen von Verschiebungsbäuchen und Verschiebungsknoten der stehenden Welle. Man beachte, daß die Pfeife an beiden Enden offen ist. (b) Die ersten vier Eigenschwingungen einer gedackten Orgelpfeife. Das obere Ende der Pfeife ist geschlossen. Man beachte, daß bei den Eigenschwingungen keine geradzahligen Vielfachen der Grundfrequenz auftreten.

Fells) nach allen Seiten aus und wird mehrmals am Trommelrand reflektiert. Wird eine Stelle des Fells periodisch angeschlagen, so breitet sich ein kontinuierlicher Wellenzug über das Trommelfell aus. Wie im eindimensionalen Fall bei einer Saite, so werden auch auf dem zweidimensionalen Fell der Trommel stehende Wellen erzeugt. Jede einzelne dieser stehenden Wellen entspricht einer Eigenfrequenz der Trommel. Auch hier wird im Resonanzfall die Schwingung mit der niedrigsten Frequenz als Grundschwingung bezeichnet, und die anderen sind die Oberschwingungen. Auch bei der Erregung des gespannten Fells einer Trommel treten gewöhnlich neben der Grundschwingung gleichzeitig noch Oberschwingungen auf. Alle zusammen erzeugen in der umgebenden Luft eine Schallwelle.

Die Knoten einer schwingenden (flächenhaften) Membran liegen auf einer Linie und nicht, wie bei einer Saite, in einem Punkt. Da die Umgrenzung einer Membran ein fester Rahmen ist, muß der Rand der Membran eine Knotenlinie sein. In Abb. 20.7 sind für eine kreisförmige eingespannte Membran einige mögliche Schwingungsformen und Knotenlinien dargestellt. Die Eigenfrequenz jeder Schwingungsform ist als Vielfaches der Grundfrequenz angegeben. Danach sind die Oberschwingungen keine harmonischen Schwingungen, denn ihre Frequenzen sind nicht ganzzahlige Vielfache von ν_1. Auch in Schwingung versetzte Stäbe weisen nicht-harmonische Eigenfrequenzen auf. Stäbe und Platten finden daher als Musikinstrumente nur einen begrenzten Einsatz.

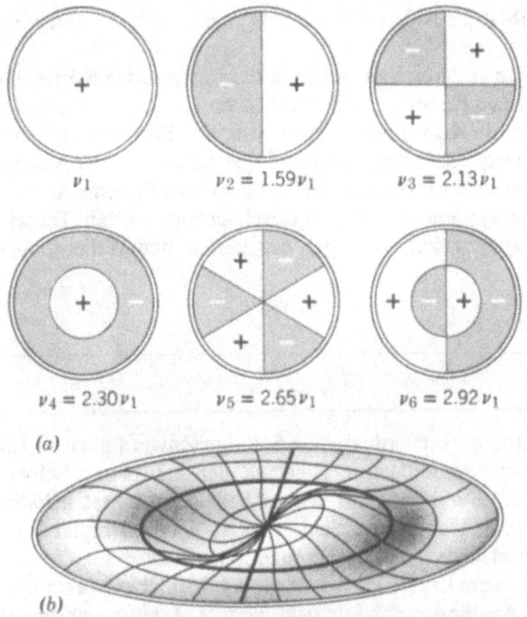

Abb. 20.7 (a) Die ersten sechs Eigenschwingungen eines allseitig eingespannten Fells einer Trommel. Die Striche geben die Orte der Schwingungsknoten an. Der Rand des Fells ist immer eine Knotenlinie. Die Zeichen + und − geben entgegengesetzte Verschiebungen der schwingenden Trommelfellteilchen an. Wenn zu einem bestimmten Zeitpunkt die (+)-Bereiche nach oben schwingen, schwingen die (−)-Bereiche nach unten. Die Frequenzen der Eigenschwingungen sind keine ganzzahligen Vielfachen der Grundfrequenz, wie bei einer Pfeife oder einer Saite. (b) Eine räumliche Darstellung der sechsten Eigenschwingung des Fells. Die Verschiebung der Trommelfellbereiche sind übertrieben dargestellt.

Ganz allgemein kann man sagen, daß alle elastischen Körper bei gegebenen Begrenzungen nur mit einer bestimmten Zahl von Frequenzen frei schwingen können. Diese werden als *Eigenfrequenzen* bezeichnet, weil sie für das schwingende System und die gegebenen Bedingungen charakteristisch sind. Die Eigenfrequenzen bilden im allgemeinen keine harmonische Reihe, auch wenn manche von ihnen im Verhältnis ganzer Zahlen stehen können. In allen diesen Fällen ergeben sich stehende Wellen, d. h. bestimmte Bereiche des schwingenden Körpers bleiben die ganze Zeit über in Ruhe. Bei zweidimensionalen Körpern bilden Schwingungsknoten Linien oder Kurven, bei dreidimensionalen Körpern Flächen.

Wir erinnern uns, daß eine stehende Welle auf einer Saite (oder einem Seil) durch folgende Gleichung (Gl. 19.18 b) beschrieben werden kann:

$$y = 2\hat{y} \cos 2\pi\nu t \sin \frac{2\pi x}{\lambda}.$$

Sie gilt für eine beidseitig fixierte Saite ($y = 0$ bei $x = 0$ und bei $x = n\lambda/2$). Das Bild der Saite ist zu jeder Zeit durch die Gleichung

$$y = C \sin \frac{2\pi x}{\lambda} = C \sin \frac{n\pi x}{l} \qquad (t = \text{const.})$$

gegeben, wobei C einen räumlich konstanten „Skalenfaktor" darstellt, dessen Wert sich mit der Zeit ändert; l ist die Länge der Saite und n eine ganze Zahl, die die entsprechende Oberschwingung bezeichnet. Die Funktion sin $(2\pi x/\lambda)$ gibt die Position des Schwingungsknotens an und wird als die *Eigenfunktion* der Saite bezeichnet.

Genauso sind auch für einen beliebigen anderen elastischen und schwingenden Körper die Knoten durch die sogenannten Eigenfunktionen bestimmt. Gewöhnlich sind die Eigenfunktionen nicht sinusförmig, aber sie werden für bestimmte Koordinatenwerte Null. Die Bestimmung von Eigenfunktionen und den zugehörigen Eigenfrequenzen stellt eine wichtige Aufgabe in der Atom-, Kern- und Festkörperphysik dar, denn sie charakterisieren das Verhalten solcher Systeme. In der Quantenmechanik ist sie für mikroskopische Systeme erfolgreich durchgeführt worden. Dabei weisen die Ergebnisse eine auffallende Analogie zu den Aussagen der klassischen Wellentheorie über makroskopische Systeme auf.

Beispiel 2

In Abb. 20.8 ist eine einfache Anordnung gezeigt, mit der die Schallgeschwindigkeit in Luft aufgrund einer Resonanzmessung bestimmt werden kann. Eine mit der Frequenz ν schwingende Stimmgabel wird an das offene Ende eines teilweise mit Wasser gefüllten Rohres gehalten. Die Länge der Luftsäule im Rohr kann durch Heben und Senken eines Wasserbehälters verändert werden. Wenn man nun den Wasserspiegel langsam vom oberen, offenen Ende des Rohres absenkt, erreicht bei einem bestimmten Abstand a vom Ende die Lautstärke ein deutliches Maximum. Senkt man den Spiegel weiter, werden bei den Abständen d, $2d$, $3d$ usw. weitere Maxima wahrgenommen. Wie groß ist die Schallgeschwindigkeit?

Die Maxima werden immer dann erreicht, wenn die Luftsäule in Resonanz mit der Stimmgabel schwingt. Da die Luftsäule an einem Ende nach oben offen schwingt, am anderen Ende aber an das Wasser grenzt, muß die im Resonanzzustand erregte stehende Welle an der Wasseroberfläche einen

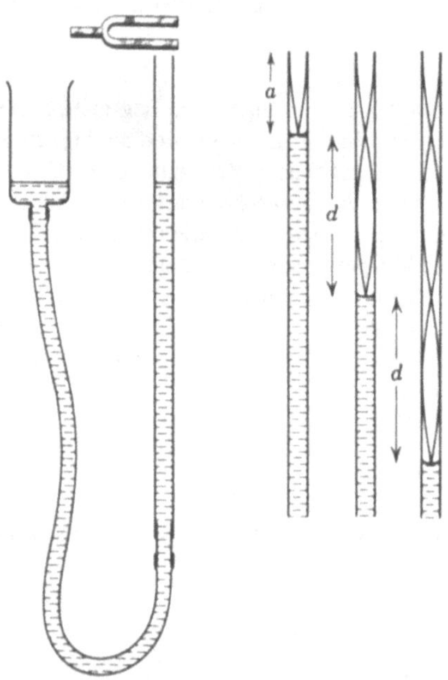

Abb. 20.8 Zu Beispiel 2. Messung der Schallgeschwindigkeit in Luft. Das Niveau der Wassersäule im Rohr kann durch Heben oder Senken des Wasserreservoirs (links) eingestellt werden.

Schwingungsknoten und in der Nähe des offenen Endes einen Schwingungsbauch aufweisen. Da die Frequenz der Stimmgabel vorgegeben ist, kann eine Resonanz nur bei einer bestimmten Wellenlänge auftreten, die durch

$$\lambda = \frac{v}{\nu}$$

gegeben ist. Der Abstand d zwischen den aufeinanderfolgenden Resonanzen entspricht daher dem Abstand benachbarter Schwingungsknoten (Abb. 20.8). Also gilt:

$$d = \frac{\lambda}{2} \qquad \text{bzw.} \qquad \lambda = 2d.$$

Aus beiden Gleichungen erhält man:

$$2d = \frac{v}{\nu} \qquad \text{bzw.} \qquad v = 2d\nu.$$

Bei einem solchen Experiment mit der Frequenz $\nu = 1080\,\text{Hz}$ sei für d ein Wert von 15.3 cm gemessen worden. Es gilt also

$$\lambda = 2d = 30.6\,\text{cm}$$

und

$$v = \nu\lambda = (1080)(0.306)\text{m/s} = 330\,\text{m/s}.$$

Welche Bedeutung hat die Strecke a? Könnte man mit der Anordnung auch die Schallgeschwindigkeit in anderen Gasen als Luft messen?

20.6 Schwebungen

Wenn zwei Wellen derselben Frequenz aufeinander zulaufen, wird durch Interferenz eine stehende Welle entstehen. Man kann diese Welle dadurch beschreiben, daß man die Schwingungsamplituden als Funktion des Ortes aufträgt, so wie in Abb. 20.4 gezeigt ist. Ein solches Bild veranschaulicht die *räumliche Interferenz* von Wellen.

Das Prinzip der ungestörten Superposition liefert uns aber auch ein anderes Bild, nämlich die *zeitliche Interferenz* von Wellen. Diese tritt auf, wenn sich zwei Wellen mit geringfügig unterschiedlicher Frequenz in die gleiche Richtung ausbreiten. Bei Schallwellen wäre das der Fall, wenn man z. B. zwei nebeneinanderliegende Klaviertasten gleichzeitig anschlagen würde.

Wir betrachten einen Punkt im Raum, durch den zwei solche Wellen hindurchgehen sollen. In Abb. 20.9a sind für diesen Punkt die Verschiebungen der Luftteilchen, die durch die beiden Wellen dort einzeln hervorgerufen werden, als Funktion der Zeit gezeichnet. Im vorliegenden Fall haben wir gleiche Amplituden für die Wellen angenommen, das muß aber nicht so sein. Die resultierende Schwingung ist die Summe aus den einzelnen Schwingungen und wird in Abb. 20.9b als Funktion der Zeit gezeigt. Die Amplitude der resultierenden Welle in dem betrachteten Punkt ist demnach keine Kon-

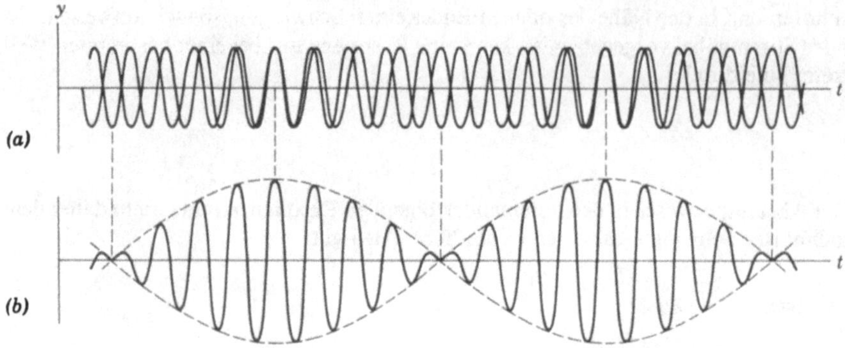

Abb. 20.9 Schwebungen. Zwei Wellen mit geringem Frequenzunterschied (a) überlagern sich zu einer resultierenden Welle (b), deren Amplitude (gestrichelte Kurven) sich mit der Zeit periodisch ändert. Man vergleiche hierzu auch Abb. 19.14, in der eine Schwebung als Funktion des Ortes gezeigt ist.

stante, sondern ändert sich mit der Zeit. Bei einer Schallwelle würde das ein periodisches An- und Abschwellen der Lautstärke bedeuten; dieses Phänomen wird *Schwebung* genannt. Zwei Saiten kann man auf dieselbe Frequenz abstimmen, indem man beide anschlägt, aber eine von ihnen so lange spannt, bis die Schwebung verschwindet.

Die durch die Welle in dem betrachteten Raumpunkt verursachte Verschiebung sei

$$y_1 = \hat{y} \cos 2\pi\nu_1 t,$$

und die durch die andere Welle (mit gleicher Amplitude) verursachte Verschiebung sei

$$y_2 = \hat{y} \cos 2\pi\nu_2 t.$$

Nach dem Superpositionsprinzip gilt für die resultierende Verschiebung

$$y = y_1 + y_2 = \hat{y}(\cos 2\pi\nu_1 t + \cos 2\pi\nu_2 t).$$

Nutzt man die trigonometrische Beziehung

$$\cos a + \cos b = 2 \cos \frac{a-b}{2} \cos \frac{a+b}{2},$$

so kann man die resultierende Verschiebung folgendermaßen darstellen:

$$y = \left[2\hat{y} \cos 2\pi \left(\frac{\nu_1 - \nu_2}{2}\right) t\right] \cos 2\pi \left(\frac{\nu_1 + \nu_2}{2}\right) t. \tag{20.8}$$

Man kann ihr also eine Frequenz von

$$\bar{\nu} = \frac{\nu_1 + \nu_2}{2}$$

zuschreiben, die der mittleren Frequenz beider Einzelwellen entspricht, und eine Amplitude, die durch den Ausdruck in der eckigen Klammer wiedergegeben wird. Die Amplitude selbst ändert sich mit einer Frequenz von

$$\nu_{amp} = \frac{\nu_1 - \nu_2}{2}.$$

Wenn sich nun ν_1 und ν_2 nur wenig voneinander unterscheiden, ist ν_{amp} sehr klein, und die Amplitude ändert sich nur langsam. Dieses Phänomen erinnert an Amplitudenmodulation beim Radioempfang im Mittelwellen- und Langwellenbereich (Seitenbänder).

Die maximale Amplitude bei einer Schwebung tritt immer dann auf, wenn

$$\cos 2\pi\left(\frac{\nu_1 - \nu_2}{2}\right)t$$

den Wert + 1 oder − 1 annimmt. Da *jeder* dieser Werte einmal in jeder Periode erreicht wird, ist die Schwebungsfrequenz gleich $\nu_1 - \nu_2$ oder 2 ν_{amp}. Schwebungen können nur bis zu einer Frequenz von etwa 7 Hz vom menschlichen Ohr getrennt wahrgenommen werden.

20.7 Der Doppler-Effekt

Nähert sich ein Mensch einer Schallquelle, so hört er einen höheren Ton (eine höhere Frequenz), als wenn er sich nicht bewegen würde. Entfernt er sich umgekehrt von der Schallquelle, so nimmt er den Ton tiefer wahr, als wenn er stillstehen würde. Gleiches gilt, wenn sich nicht der Beobachter, sondern die Schallquelle auf den Beobachter zu- oder wegbewegt. Das Pfeifen einer Lokomotive klingt immer höher, wenn sie sich nähert, und tiefer, wenn sie sich wieder entfernt.

Der Österreicher Christian Johann Doppler (1803–1853) machte im Jahre 1842 in einem Aufsatz darauf aufmerksam, daß sich die Farbe eines leuchtenden Körpers bei einer relativen Bewegung zwischen Körper und Beobachter verändern müsse. Dieses Phänomen, der *Doppler-Effekt*, gilt allgemein für alle Wellen. Doppler stellte fest, daß dieser Effekt auch für Schallquellen gelten müsse. Hierzu wurde 1845 von Buys-Ballot in Holland ein Experiment durchgeführt, bei dem er einen offenen Wagen mit mehreren Trompetern darauf von einer Lokomotive an sich vorbeiziehen ließ.

Wir wollen jetzt den akustischen Doppler-Effekt etwas näher untersuchen. Hierzu betrachten wir den einfachen Fall, daß sich Schallquelle und Beobachter nur auf ihrer direkten Verbindungslinie bewegen können. Wir wollen weiterhin ein Bezugssystem wählen, das sich in dem Medium, das den Schall trägt, in Ruhe befindet. Die Abb. 20.10 zeigt hierzu bei S eine Schallquelle, die im Bezugssystem ruht, und bei O einen Zuhörer, der sich mit der Geschwindigkeit v_0 auf die Quelle zubewegt. Die Kreise stellen die durch das Medium wandernden Wellenfronten im Abstand von einer Wellenlänge dar. Befände sich der Zuhörer in Ruhe, so würde er vt/λ Wellen in der Zeit t empfangen, wenn v die Schallgeschwindigkeit im Medium und λ die Wellenlänge sind.

Da sich der Zuhörer aber mit der Geschwindigkeit v_0 auf die Schallquelle zubewegt, empfängt er v_0t/λ Wellen zusätzlich in dieser Zeit. Der Zuhörer hört diese Wellen mit einer Frequenz von

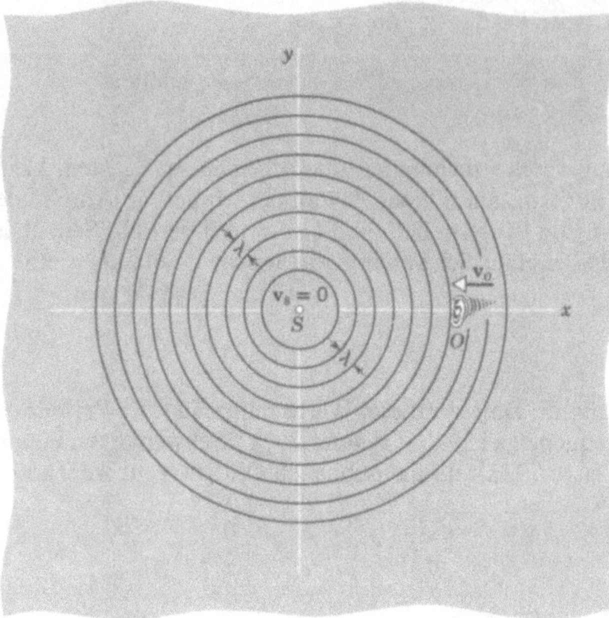

Abb. 20.10 Der Doppler-Effekt. Ein Beobachter (Ohr) bewegt sich auf die ruhende Schallquelle zu.

$$\nu' = \frac{vt/\lambda + v_0 t/\lambda}{t} = \frac{v + v_0}{\lambda} = \frac{v + v_0}{v/\nu}$$

oder

$$\nu' = \nu \frac{v + v_0}{v} = \nu\left(1 + \frac{v_0}{v}\right). \tag{20.9a}$$

Diese Frequenz ist also durch die Summe der Frequenz ν der Quelle und dem Zuwachs $\nu(v_0/v)$ gegeben, welcher durch die Bewegung des Beobachters zustande kommt. Bewegt sich der Zuhörer von der Schallquelle fort, so nimmt er den Ton mit einer um $\nu(v_0/v)$ verminderten Frequenz wahr. Die entspricht gerade der Anzahl von Wellen, die das Ohr des Zuhörers wegen dessen Fortbewegung nicht mehr erreichen. Dann gilt

$$\nu' = \nu\left(\frac{v - v_0}{v}\right) = \nu\left(1 - \frac{v_0}{v}\right). \tag{20.9b}$$

Zusammengefaßt ergibt sich also für eine *ruhende Schallquelle* und einen *sich bewegenden Beobachter* eine Frequenz von

$$\nu' = \nu\left(\frac{v \pm v_0}{v}\right), \tag{20.9}$$

wobei das Pluszeichen für eine Bewegung auf die Quelle hin und das Minuszeichen für eine Bewegung von der Quelle fort gilt. Die Änderung der Frequenz des von der Quelle

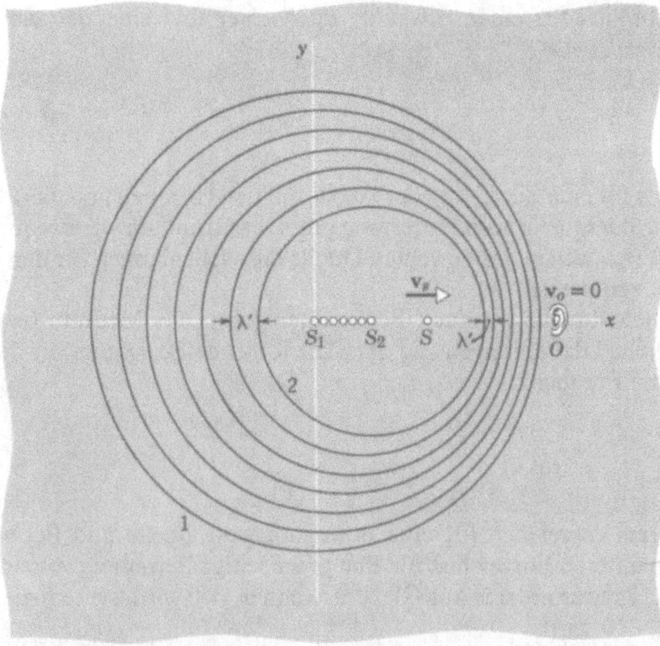

Abb. 20.11 Der Doppler-Effekt. Eine Schallquelle S bewegt sich auf den ruhenden Beobachter zu. Die Wellenfront 1 wurde von der Schallquelle ausgesandt, als sie sich bei S_1 befand, die Wellenfront 2, als sie sich bei S_2 befand. Die Abbildung zeigt eine Momentaufnahme, als sich die Quelle in S befand.

ausgesandten Tons rührt daher, daß der Zuhörer zeitlich mehr oder weniger Wellen empfängt, wenn er sich durch das schalltragende Medium bewegt, als wenn er sich nicht bewegen würde.

Bewegt sich umgekehrt die Schallquelle durch das Medium auf den ruhenden Beobachter zu, so verkürzen sich die Wellenlängen (Abb. 20.11), denn die Quelle folgt ihren eigenen Wellen nach, und damit folgen die Wellenberge enger aufeinander. Ist die Frequenz der Schallquelle ν und ihre Geschwindigkeit v_S, so legt die Quelle während jeder Periodendauer eine Entfernung von v_S/ν zurück und die Wellenlänge jeder von ihr ausgesandten Welle verkürzt sich für den Beobachter um genau diesen Betrag. Die Wellenlänge des den Beobachter erreichenden Schalls ist also nicht $\lambda = v/\nu$, sondern $\lambda' = v/\nu - v_S/\nu$.

Für den Beobachter hat sich die Tonfrequenz erhöht und beträgt

$$\nu' = \frac{v}{\lambda'} = \frac{v}{(v - v_S)/\nu} = \nu\left(\frac{v}{v - v_S}\right). \tag{20.10a}$$

Bewegt sich die Schallquelle vom Beobachter fort, so ist die Wellenlänge der ausgesandten Wellen um v_S/ν größer als λ, und der Beobachter empfängt sie mit einer verminderten Frequenz von

$$\nu' = \frac{v}{(v + v_S)/\nu} = \nu\left(\frac{v}{v + v_S}\right). \tag{20.10b}$$

Zusammengefaßt ergibt sich für einen *ruhenden Beobachter* und eine *sich durch das Medium bewegende Schallquelle*

$$\nu' = \nu\left(\frac{v}{v \mp v_S}\right), \tag{20.10}$$

wobei das Minuszeichen für eine Bewegung der Quelle auf den Hörer zu und das Pluszeichen für eine Bewegung der Quelle vom Hörer weg gilt. Der Grund für die Frequenzänderung liegt darin, daß sich wegen der bewegten Quelle die Wellenlängen für den Beobachter verkürzen bzw. verlängern.

Wenn sich sowohl Schallquelle als auch Beobachter gegen das Medium bewegen, erhält man durch ähnliche Überlegungen wie oben die folgende Beziehung für die vom Beobachter empfangene Frequenz:

$$\nu' = \nu\left(\frac{v \pm v_0}{v \mp v_S}\right), \tag{20.11}$$

wobei die jeweils oberen Vorzeichen für eine Bewegung von Quelle und Beobachter aufeinander zu und die unteren Vorzeichen für eine gegenseitige Bewegung voneinander weg gelten. Die Gl. 20.11 reduziert sich auf Gl. 20.9, wenn $v_S = 0$ wird, sie reduziert sich auf Gl. 20.10, wenn $v_0 = 0$ wird.

Wird eine auf einem Resonanzkasten aufsitzende und schwingende Stimmgabel schnell auf eine Wand zubewegt, so kann man zwei Töne mit verschiedenen Frequenzen hören. Der eine dieser Töne kommt direkt von der sich bewegenden Stimmgabel her und verringert sich wegen der Fortbewegung in der Tonhöhe. Der andere Ton rührt von der an der Wand reflektierten Welle her und erhöht sich in seiner Tonlage, weil sich die Schallquelle auf sie zubewegt. Die Überlagerung beider Wellen führt zu Schwebungen.

Der Doppler-Effekt spielt auch eine wichtige Rolle bei Lichtquellen. Da die Lichtgeschwindigkeit bekanntlich sehr hoch ist, kann ein Doppler-Effekt nur beobachtet werden, wenn sich die Quelle sehr schnell bewegt. Solche Geschwindigkeiten treten nur bei astronomischen oder atomaren Lichtquellen auf. Der astronomische Doppler-Effekt besteht in einer Wellenlängenverschiebung zwischen dem Licht, das von den Elementen auf fernen, bewegten Himmelskörpern ausgesandt wird, und dem Licht, das bei den gleichen Elementen auf der Erde beobachtet wird (vgl. Kapitel 42). Eine leicht beobachtbare Folge des Doppler-Effekts ist die Frequenzverbreiterung bei der Strahlung, die von heißen Gasen ausgeht. Die in dem Gas befindlichen Atome und Moleküle bewegen sich gegenüber dem Meßinstrument regellos mit unterschiedlichen Geschwindigkeiten in unterschiedliche Richtungen. Nach Gl. 20.10 ergeben sich damit viele verschiedene Frequenzen.

Die Formeln für den Doppler-Effekt sind jedoch für Licht und für Schall verschieden. Beim Schall bestimmt nicht unmittelbar die relative Bewegung zwischen Quelle und Beobachter die Frequenzänderung. Selbst wenn die relativen Bewegungen gleich groß wären, also $v_0 = v_S$, so erhielten wir nach den Gl. 20.9a und 20.10a verschiedene Eregebnisse. Der Unterschied kommt zustande, weil v_0 und v_S relativ zum ruhenden Medium gemessen werden, in dem sich die Schallwelle ausbreitet. Das Medium bestimmt aber auch ihre Ausbreitungsgeschwindigkeit. Licht hingegen benötigt zur Ausbreitung kein Medium, und die Geschwindigkeit des Lichts ist, relativ zum Beobachter und auch relativ zur Lichtquelle gemessen, immer dieselbe, nämlich c, und dies unabhängig von der Relativbewegung zwischen Quelle und Beobachter (vgl. Anhang V). Beim Doppler-Effekt des Lichts kann daher nur die relative Bewegung zwischen Quelle und Beobachter eine Rolle spielen. Obwohl die Formeln für den Doppler-Effekt für Lichtwellen (Kapitel 42) anders sind als für Schallwellen, ist der Effekt qualitativ derselbe. Man kann Gl. 20.10 in guter Näherung auch auf Licht anwenden, wenn v_S die Relativgeschwindigkeit zwischen Quelle und Beobachter darstellt und klein gegenüber der Lichtgeschwindigkeit ist.

Beispiel 3

Man zeige, daß die Gl. 20.9 und Gl. 20.10 praktisch identisch sind, wenn die Geschwindigkeiten der Quelle und des Beobachters klein gegenüber der Schallgeschwindigkeit sind.

Es sei $v_0 = v_S = u$; u stelle also die Geschwindigkeit der Quelle oder des Beobachters dar. Aus Gl. 20.9 wird dann

$$\nu' = \nu\left(1 \pm \frac{u}{v}\right).$$

Aus Gl. 20.10 wird mit der gleichen Annahme:

$$\nu' = \nu\left(\frac{v}{v \mp u}\right)$$

oder nach Umordnung

$$\nu' = \nu\left(\frac{1}{1 \mp u/v}\right).$$

Die Klammer wird in eine Binomialreihe entwickelt:

$$\left(\frac{1}{1 \mp u/v}\right) = \left(1 \mp \frac{u}{v}\right)^{-1} = 1 \pm \frac{u}{v} + \left(\frac{u}{v}\right)^2 \pm \ldots$$

Wenn nun nach Annahme u gegenüber der Schallgeschwindigkeit v klein ist, so nehmen $(u/v)^2$ und auch die Glieder mit höheren Potenzen einen sehr kleinen, vernachlässigbaren Wert an, so daß sich der Klammerausdruck als

$$\left(\frac{1}{1 \mp u/v}\right) \approx 1 \pm \frac{u}{v}$$

darstellt.

Die Gl. 20.10 reduziert sich damit auf den Ausdruck

$$\nu' \approx \nu\left(1 \pm \frac{u}{v}\right),$$

der genau der obigen Gl. 20.9 entspricht.

Für ein Zahlenbeispiel seien folgende Werte gegeben: $u = 117.5$ km/h und die Schallgeschwindigkeit in Luft mit $v = 1175$ km/h. Wenn sich nun die Quelle mit der Geschwindigkeit $v_S = u = 117.5$ km/h auf den ruhenden Beobachter zubewegt, so wird dieser nach Gl. 20.10 folgende Frequenz hören:

$$\nu' = \nu\left(\frac{v}{v - v_S}\right) = \nu\left(\frac{1175}{1175 - 117.5}\right)$$

oder

$$\frac{\nu'}{\nu} = 1.11.$$

Bewegt sich aber der Beobachter mit der Geschwindigkeit $v_0 = u = 117.5$ km/h auf die ruhende Quelle zu, so wird er nach Gl. 20.9 folgende Frequenz hören:

$$\nu' = \nu\left(\frac{v + v_0}{v}\right) = \nu\left(\frac{1175 + 117.5}{1175}\right)$$

oder

$$\frac{\nu'}{\nu} = 1.10.$$

Wenn also $u/v = 1/10$ gilt, so beträgt der Unterschied zwischen der Frequenz, die ein Beobachter hört, wenn er sich auf die Quelle zubewegt, zu der Frequenz, die ein Beobachter hört, wenn sich die Quelle auf ihn zubewegt, nur ein Prozent. Die relative Bewegung ist aber in beiden Fällen die gleiche!

Falls v_0 oder v_S die gleiche Größenordnung wie die Schallgeschwindigkeit v erreichen, müssen die oben genannten Formeln für den Doppler-Effekt modifiziert werden. Ein Grund dafür liegt darin, daß die lineare Beziehung zwischen der Auslenkung eines Masseteilchens und seiner rücktreibenden Kraft (Hookesches Gesetz) in dem Medium nicht mehr gilt.

Die Ausbreitungsgeschwindigkeit der Welle entspricht dann nicht mehr der Phasengeschwindigkeit; die Wellenform ändert sich mit der Zeit. Außerdem treten bei solchen Geschwindigkeiten noch Bewegungskomponenten senkrecht zur direkten Verbindungslinie zwischen Quelle und Beobachter auf. Auch diese Bewegungsanteile tragen zum Doppler-Effekt bei. Wenn v_0 und v_S sogar höher als v werden, gelten die Formeln überhaupt nicht mehr; für $v_S > v$ läuft die Quelle in ihrer Bewegungsrichtung ihren eigenen Wellen voraus; für $v_0 > v$ würden im Falle einer Bewegung des Beobachters von der Quelle fort die Wellen den Beobachter niemals erreichen.

Es gibt viele Beispiele, bei denen sich die Quelle mit einer größeren als der Phasengeschwindigkeit der Welle durch das Medium bewegt. In diesen Fällen nimmt die Wellenfront die Form eines Kegels an, in dessen Spitze sich die Quelle befindet. Beispiele hierfür sind die Bugwelle eines Schnellbootes und die Kopfwelle eines Flugzeugs oder Projektils, das mit Überschallgeschwindigkeit durch die Luft fliegt. Die Čerenkov-Strahlung besteht aus emittierten Lichtwellen von geladenen Teilchen, die sich mit einer höheren Geschwindigkeit als der Phasengeschwindigkeit durch ein Medium bewegen.

In Abb. 20.12 sind Kugelwellen gezeigt, die von der bewegten Quelle S in verschiedenen Positionen ihrer bisherigen Bahn ausgesandt wurden. Zum gegebenen Zeitpunkt ist der Radius jeder dieser Kugelhüllen durch das Produkt aus der Geschwindigkeit v der Welle und der Zeit t gegeben, die seit der Entstehung der Welle verstrichen ist, als die Quelle sich noch im Mittelpunkt der Kugelwelle befand. Die Einhüllende dieser Wellen bildet einen Kegel, den Machschen Kegel, dessen halber Öffnungswinkel durch

$$\sin\theta = \frac{v}{v_S}$$

gegeben ist. Das Verhältnis $v_S/v = Ma$ wird in der Aerodynamik als *Mach-Zahl* bezeichnet. Fliegt ein Flugzeug genau mit Schallgeschwindigkeit, so fliegt es mit 1 Mach.

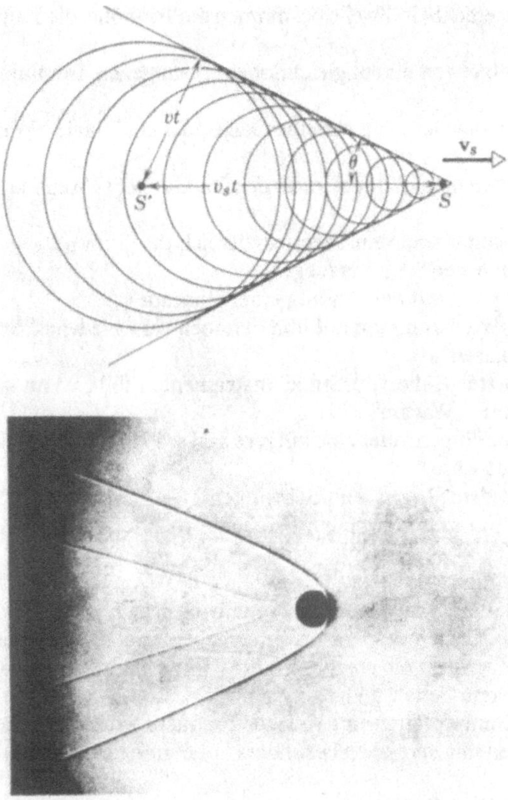

Abb. 20.12 Machscher Kegel. Oben: Eine Reihe von Wellenfronten gehen von einem Projektil aus, das sich mit Überschallgeschwindigkeit vorwärtsbewegt. Die Wellenfronten sind kugelförmig und werden von einer kegelförmigen Kopfwelle eingehüllt. Man vergleiche hierzu Abb. 20.11. Unten: Photographie eines überschallschnellen Projektiles.

Fragen

1. Man zähle einige Ultraschall- und Infraschallquellen auf.
2. Mit Ultraschall kann man innere Strukturen eines menschlichen Körpers darstellen. Man kann mit Ultraschall zum Beispiel viel besser eine Flüssigkeit von weichem Gewebe unterscheiden als mit Röntgenstrahlen. Warum? (Vgl. Aufgabe 4)
3. Aufgrund welcher experimentellen Fakten kann man behaupten, daß die Ausbreitungsgeschwindigkeit von Schall für alle Wellenlängen gleich ist?
4. Warum ist die Schallgeschwindigkeit in Blei geringer als in Kupfer?
5. Welche Größe einer Transversalwelle bei einem Seil entspricht der Schallwechseldruckamplitude einer Longitudinalwelle in einem Rohr? Gibt es überhaupt eine solche Größe?
6. Eine Schulglocke wird kurz geläutet. Nach einer Weile hört man sie dann nicht mehr. Man versuche, den Verlauf der Schallwellen und der von ihnen transportierten Energie vom Zeitpunkt ihrer Aussendung bis zu dem Zeitpunkt nachzuvollziehen, zu dem man nichts mehr hört.
7. Wie kann man experimentell die Lage von Schwingungsknoten und -bäuchen auf einem Seil, in einer Luftsäule und auf einer schwingenden Fläche finden?

8. Welche physikalischen Eigenschaften einer Schallwelle bestimmen die Tonhöhe, die Lautstärke und die Reinheit eines Tons?
9. Warum kann man den Ton einer Violine von einem gleichhohen, gesungenen Ton unterscheiden?
10. Klingeln hören sich meistens nicht so angenehm an wie eine Geige oder ein Klavier. Warum ist das so?
11. Hört sich Gesang wirklich besser an, wenn man dabei unter der Dusche steht? Wenn ja, gibt es eine Erklärung dafür?
12. Welche Faktoren bestimmen die Qualität und den Frequenzbereich der Stimme?
13. Wie wird beim Pfeifen mit dem Mund der Schall erzeugt?
14. Wozu dienen die Ventile einer Trompete und der Auszug einer Posaune?
15. Das Waldhorn besitzt keine Ventile. Wie kann man auf ihm dennoch verschiedene Töne spielen? Kann man alle Töne auf ihm blasen?
16. Die Tonhöhe von Blasinstrumenten steigt, die von Streichinstrumenten fällt, wenn sich das Orchester beim Einspielen „aufwärmt". Warum?
17. Würde eine gezupfte Violinenseite eine längere oder eine kürzere Zeit schwingen, wenn sie nicht über einen Resonanzkörper gespannt wäre?
18. Wie bringt man eine Violinsaite mit dem Bogen zum Schwingen?
19. Wie kommen die Töne zustande, wenn man mit einem befeuchteten Finger über den Rand eines Weinglases streicht?
20. Wie wird ein Streichinstrument gestimmt?
21. Ein Rohr kann dadurch als *akustisches Filter* dienen, daß es Schallwellen nicht durchläßt, wenn deren Frequenzen nicht den Eigenfrequenzen des Rohres entsprechen. Ein Beispiel hierfür ist der Schalldämpfer eines Autos. (a) Wie wirkt ein solches Filter? (b) Wie kann man die Grenzfrequenz bestimmen, unterhalb der kein Schall mehr abgeschwächt wird?
22. Zwei Schiffe im Hafen lassen ihre Dampfpfeifen mit gleicher Frequenz ertönen. Kann man dabei eine Interferenz der Schallwellen mit Bereichen besonders hoher und niedriger Intensität erwarten?
23. Können Schallwellen, die von derselben Stimmgabel ausgehen, miteinander interferieren? Warum kann man den Ton einer Stimmgabel in bestimmten Richtungen besser hören als in anderen?
24. Zwei identische Stimmgabeln senden Töne derselben Frequenz aus. Warum kann man Schwebungen wahrnehmen?
25. Eine Schallquelle und ein Beobachter befinden sich in Ruhe, aber das schalltragende Medium bewegt sich relativ zu beiden. Gibt es dann nach dem Doppler-Effekt eine Verschiebung der Frequenz oder der Wellenlänge?
26. Tritt ein akustischer Doppler-Effekt auf, wenn sich die Quelle und/oder der Beobachter rechtwinklig zur direkten Verbindungslinie zwischen beiden bewegen? Wie kann man den Doppler-Effekt bestimmen, wenn die Bewegung nur eine Komponente rechtwinklig zur Verbindungslinie besitzt?
27. Ein Satellit sendet Radiowellen konstanter Frequenz aus. Die Wellen werden auf der Erde empfangen und mit einer Normfrequenz zu einer Schwebung gebracht. Die Schwebungsfrequenz wird nun über einen Lautsprecher wieder ausgestrahlt, so daß man die Satellitensignale hören kann. Was hört man, wenn sich der Satellit nähert, den Empfänger überfliegt und sich wieder entfernt?
28. Man diskutiere die Möglichkeiten, wie man die Akustik eines Konzertsaales verbessern kann.
29. Ein Blitz entlädt in sehr kurzer Zeit eine enorme Energie. Wie wird diese Energie in Schallwellen des Donners umgewandelt, und warum nimmt man diesen Schall häufig als eine Folge von Donnerschlägen wahr?
30. Transversalwellen können polarisiert sein (vgl. Frage 18 in Kapitel 19). Können auch Schallwellen polarisiert sein?
31. Fledermäuse können Objekte (sowohl Größe, Form, Richtung, Entfernung und Bewegung)

anhand der von ihnen ausgesandten, an den Objekten reflektierten und dann wieder empfangenen Ultraschallwellen orten. Man diskutiere dieses Verfahren und versuche, die Wirkungsweise zu erklären.

Aufgaben

Abschnitt 20.2

1. Die niedrigste vom menschlichen Ohr wahrnehmbare Frequenz einer Schallwelle liegt bei etwa 20 Hz, die höchste bei etwa 20 kHz. Welchen Wellenlängen entsprechen diese Frequenzen?
Antwort: 17 m; 1.7 cm.
2. Fledermäuse können Ultraschall erzeugen. Die kürzeste Wellenlänge in Luft beträgt etwa 3.3 mm. Mit welcher höchsten Frequenz können Fledermäuse Ultraschallwellen aussenden?
3. Eine Schallwelle habe eine Frequenz von 440 Hz. Wie groß ist die zugehörige Wellenlänge in (a) Luft und (b) Wasser?
Antwort: (a) 75 cm; (b) 3.3 m.
4. Intensive Ultraschallwellen der Frequenz 10 MHz werden zur Veränderung und Zerstörung von Tumoren in weichem Gewebe benutzt. (a) Wie groß ist die Wellenlänge des Ultraschalls in Luft? (b) Wie groß ist die Wellenlänge in dem Gewebe, wenn dort die Schallgeschwindigkeit 1500 m/s beträgt?
5. (a) Ein kegelförmiger Lautsprecher habe einen Durchmesser von 15.24 cm. Bei welcher Frequenz wird die vom Lautsprecher ausgestrahlte Schallwelle eine Wellenlänge haben, die gleich dem Durchmesser des Lautsprechers ist, das Zehnfache des Durchmessers beträgt und ein Zehntel davon ist? (b) Man bestimme die Frequenzen, wenn der Durchmesser das Doppelte, also 30.48 cm, beträgt. (Bemerkung: Ist die Wellenlänge groß gegenüber dem Durchmesser, so breiten sich die Wellen gleichmäßig in alle Richtungen aus. Wenn die Wellenlänge klein gegenüber dem Durchmesser ist, wird fast alle Energie in die Ausstrahlungsrichtung des Lautsprechers abgestrahlt.
Antwort: (a) 2.2/0.22/22 kHz; (b) 1.1/0.11/11 kHz.
6. Nach einer Faustregel bestimmt man die Entfernung zu einem Gewitter dadurch, daß man die Sekunden zwischen dem Auftreten des Blitzes und dem Auftreten des Donners zählt und diese Zahl durch drei teilt. Der erhaltene Wert gibt die Entfernung in km an. Worauf beruht diese Regel? Wie groß ist der Fehler der Entfernungsbestimmung bei Anwendung dieser Regel?
7. Ein langes Metallrohr der Länge l wird an einem Ende kräftig angeblasen. Am anderen Ende vernimmt ein Beobachter zwei Töne. Der eine stammt von einer Schallwelle, die das Rohr entlanggewandert ist, der andere von einer Schallwelle, die sich durch die Luft ausgebreitet hat. Die Schallgeschwindigkeit in dem Metall sei V, die in Luft sei v. (a) Mit welchem Zeitunterschied hört der Beobachter die beiden Töne? (b) Der Zeitunterschied sei 1 s, und das Rohr sei aus Eisen gefertigt. Wie lang ist es?
Antwort: (a) $l(V-v)/Vv$; (b) 350 m.
8. Zwei Zuschauer in einem großen Fußballstadion sehen zuerst und hören dann, wie ein Ball gestoßen wird. Der eine stellt eine Zeitdifferenz von 0.9 s zwischen diesen beiden Beobachtungen fest, der andere von nur 0.6 s. Die Verbindungslinien zwischen dem Ball und den beiden Zuschauern bilden einen rechten Winkel. (a) Wie weit sind die beiden Zuschauer vom Ball entfernt? (b) Wie weit sind sie voneinander entfernt?
9. Ein Stein wird in einen Brunnen geworfen. Der Aufschlag erfolgt 3 s später. Wie tief ist der Brunnen?
Antwort: 41 m.

Abschnitt 20.3

10. Der Druckverlauf einer sich ausbreitenden Schallwelle wird durch folgende Gleichung gegeben:

$$p = 1.5 \sin \pi(x - 330\,t).$$

x werde in m, t in s und p in Pa gemessen. Man bestimme (a) die Druckamplitude, (b) die Frequenz, (c) die Wellenlänge und (d) die Ausbreitungsgeschwindigkeit der Welle.

11. Zwei Wellen erzeugen in einem Raumpunkt die Druckänderungen

$$p_1 = P \sin 2\pi\nu t,$$
$$p_2 = P \sin 2\pi(\nu t - \varphi).$$

Wie groß ist die Druckamplitude der resultierenden Welle in diesem Punkt für $\varphi = 0$, $\varphi = 1/4$, $\varphi = 1/6$ und $\varphi = 1/8$ Radiant?
Antwort: 2.0/1.41/1.73/1.85 P.

12. In Abb. 20.13 ist ein akustisches Interferometer gezeigt, mit dem man akustische Interferenzen demonstrieren kann. S ist eine Membran, die durch einen Elektromagneten in Schwingungen versetzt werden kann; D ist ein Schallempfänger. Die Rohrlänge SBD kann durch Ausziehen des Rohrbogens verlängert werden, während SAD konstant ist.
Das Interferometerrohr enthalte Luft. Bei einer bestimmten Position des Auszuges B habe die Schallintensität ein Minimum von 100 Einheiten. Bei weiterem Ausziehen steigt die Intensität auf ein Maximum von 900 Einheiten; die zugehörige Position von B sei 1.65 cm von der Minimumposition entfernt. Man bestimme (a) die Schallfrequenz der Quelle und (b) die relative Amplitude bei D für die beiden Wellen, die zu den Extremwerten bei B geführt haben. (c) Wieso können diese beiden Wellen unterschiedliche Amplituden haben, wo sie doch von der gleichen Quelle ausgesandt wurden?

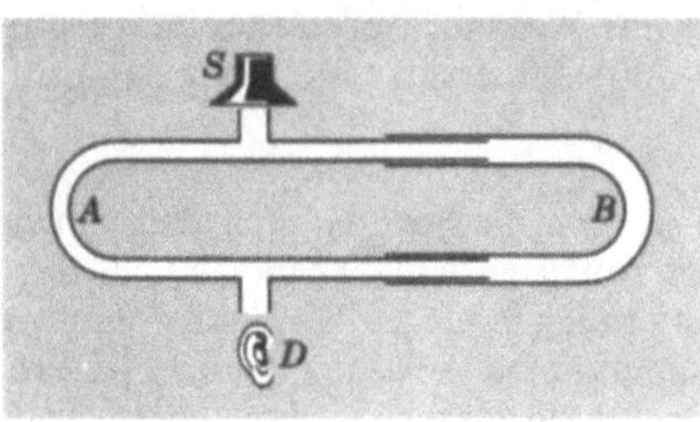

Abb. 20.13 Zu Aufgabe 12

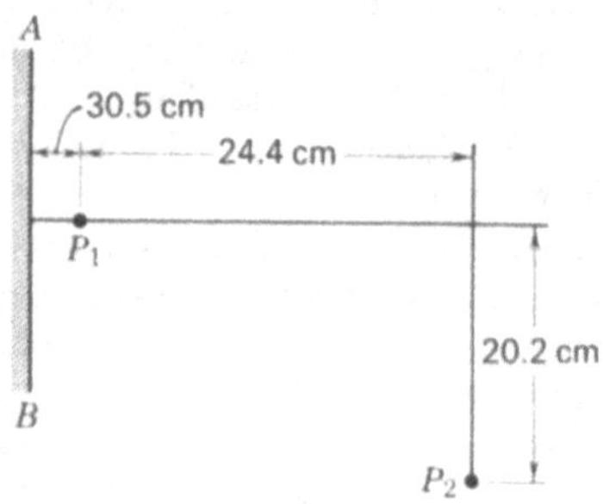

Abb. 20.14 Zu Aufgabe 13

13. *Zu Abbildung 20.14.* Eine kugelförmige Schallquelle bei P_1 kann Schall variabler Frequenz aussenden. Die Quelle ist nahe einer reflektierenden Wand AB plaziert; bei P_2 ist ein Mikrophon angebracht. Man bestimme die beiden Frequenzen, für die bei P_2 ein Maximum der Schallintensität gemessen werden kann. Die Schallgeschwindigkeit in Luft sei 344.5 m/s; die interferierenden Wellen sollen sich parallel ausbreiten.
Antwort: 63 Hz; 126 Hz.

14. Man zeige, daß für die Intensität einer Schallwelle (a)

$$I = \frac{p^2}{2\rho_0 v}$$

gilt, wenn p die Druckamplitude, v die Ausbreitungsgeschwindigkeit und ϱ_0 die Dichte der Luft sind , und (b)

$$I = 2\pi^2 \rho_0 v \hat{y}^2 \nu^2,$$

wenn ν die Frequenz und y die Verschiebungsamplitude sind. (c) Zwei Schallwellen, eine in Luft und eine in Wasser, haben die gleiche Intensität. Wie groß ist das Verhältnis der beiden Druckamplituden? (d) Wie groß ist das Verhältnis der beiden Intensitäten, wenn die Wellen gleiche Druckamplituden haben?

15. Eine Schallwelle der Frequenz 1 kHz breitet sich mit einer Druckamplitude von 10 Pa in Luft aus. Wie groß sind (a) Wellenlänge, (b) Verschiebungsamplitude und (c) maximale Geschwindigkeit der Teilchenverschiebung?
Antwort: (a) 33 cm; (b) 4 µm; (c) 2.5 cm/s.
16. Ein Ton habe eine Frequenz von 300 Hz und eine Intensität von 1 $\mu W/m^2$. Wie groß ist die Verschiebungsamplitude der Mediumteilchen, wenn sich die Schallwelle in Luft ausbreitet?
17. Ein Lautsprecher sendet Schall der Frequenz 2 kHz aus. In einer Entfernung von 6.1 m beträgt die Intensität 0.96 mW/m^2. Der Lautsprecher sendet gleichmäßig in alle Richtungen aus, und es sollen keine Reflexionen auftreten. (a) Wie groß ist die Intensität in 30 m Entfernung? (b) Wie groß ist die Verschiebungsamplitude in 6.1 m Entfernung? (c) Wie groß ist die Drukkamplitude in 6.1 m Entfernung?
Antwort: (a) 40 $\mu W/m^2$; (b) 0.17 µm; (c) 0.88 Pa.
18. Zwei Schallsender im Abstand von 10 m senden Schall derselben Amplitude und derselben Frequenz (300 Hz) aus, aber sie sind um 180° außer Phase. An welchen Punkten auf ihrer Verbindungslinie wird die Abschwächung durch Interferenz maximal sein?
19. In manchen Orchestern sind die Streichinstrumente auf zwei Gruppen links und rechts vom Dirigenten verteilt. Angenommen, zwei Geiger sitzen 8 m voneinander entfernt symmetrisch zum Dirigenten und in einem Abstand von 5 m zu diesem. Jeder Geiger gebe mit seinem Instrument eine Leistung von 0.1 mW ab. Welche Schallintensität nimmt der Dirigent wahr, (a) wenn nur ein Geiger spielt, (b) wenn beide zusammen spielen?
Antwort: 0.32 $\mu W/m^2$; (b) 0.46 $\mu W/m^2$.
20. Zwei Lautsprecher S_1 und S_2 senden synchron und gleichmäßig in alle Richtungen Schall der Frequenz 200 Hz aus. S_1 hat eine Leistung von 1.2 mW und S_2 von 1.8 mW; beide stehen 7 m auseinander. Man betrachte einen Punkt P, der von S_1 4 m und von S_2 3 m entfernt ist. (a) Welche Phasenbeziehung haben die Schallwellen bei P zueinander? Wie groß ist die Schallintensität bei P, (b) wenn nur S_1 eingeschaltet ist, (c) wenn nur S_2 eingeschaltet ist und (d) wenn beide eingeschaltet sind?

Abschnitt 20.5

21. Abb. 20.15 zeigt einen Stab R, der in seiner Mitte gehaltert ist und an einem Ende eine Scheibe trägt, die als Stempel in ein Glasrohr ragt. Dieses enthält eine geringe Menge Korkpulver. Am anderen Ende des Rohres befindet sich ein beweglicher Stempel. Nun wird der Stab in longitudinale Schwingungen versetzt, und der Kolben am anderen Ende wird so lange in das Rohr hineingeschoben, bis das Korkpulver im Inneren ein Muster von aufeinanderfolgenden Knoten und Bäuchen zeigt. Wenn die Erregungsfrequenz des Stabes bekannt ist, kann man durch Ausmessen der Abstände d zwischen aufeinanderfolgenden Knoten die Schallgeschwindigkeit

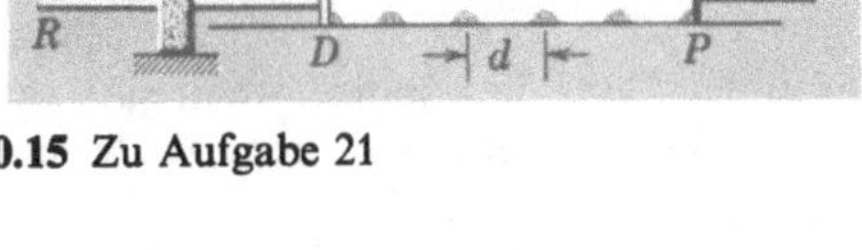

Abb. 20.15 Zu Aufgabe 21

im Rohr bestimmen. Man zeige, daß für die Schallgeschwindigkeit die Beziehung

$$v = 2\nu d$$

gilt. Die obige Anordnung heißt Kundtsches Rohr und dient dazu, die Schallgeschwindigkeit in verschiedenen Gasen zu bestimmen.

22. Mit welcher Kraft muß eine Violinsaite gespannt werden, damit sie auf einen Ton von doppelter Frequenz, d.h. eine Oktave höher, abgestimmt ist?
23. Eine offene Orgelpfeife habe eine Grundfrequenz von 300 Hz. Der erste Oberton einer anderen, gedackten Pfeife habe dieselbe Frequenz wie der erste Oberton der offenen Pfeife. Wie lang sind die Pfeifen?
Antwort: 55 cm und 41 cm.
24. Ein 3 m langes Sprungseil wird gewöhnlich nur mit seiner Grundfrequenz zum Schwingen gebracht. Wie groß ist diese, wenn das Seil 1 kg wiegt und Kinder es mit einer Kraft von 10 N spannen?
25. Eine Violinsaite sei 50 cm lang und habe eine Masse von 2 g. Ohne Fingerauflegen schwingt sie mit 440 Hz, erzeugt also den Kammerton a^1. Wo muß man den Finger auf die Saite legen, um ein c^2 zu spielen (528 Hz)?
Antwort: 8.3 cm von einem Ende entfernt.
26. Eine Cellosaite habe die Länge L. (a) Um welche Länge l muß sie durch Fingeraufsatz verkürzt werden, damit sich ihre Tonhöhe um das Frequenzverhältnis r verändert? (b) Man bestimme l für die Werte $L = 80$ cm und $r = 6/5, 5/4, 4/3, 3/2$.
27. Das Wasserniveau in einem senkrechten Glasrohr von 1 m Länge kann durch einen angeschlossenen Wasserbehälter verändert werden (Abb. 20.8). Eine mit 660 Hz schwingende Stimmgabel wird an das offene Ende des Rohres gehalten. Bei welchen Füllhöhen tritt Resonanz ein?
Antwort: 7/8, 5/8, 3/8, 1/8 m.
28. S sei ein kleiner Lautsprecher, der durch einen Schwingungsgeber und Verstärker zur Abgabe von Schallwellen mit Frequenzen zwischen 1 kHz und 2 kHz angeregt werden kann (Abb. 20.16). D sei ein 45.7 cm langes Stück einer Metallpfeife. (a) Bei welchen Frequenzen treten Resonanzen mit den Lautsprecherwellen auf, wenn die Schallgeschwindigkeit 344.5 m/s beträgt? (b) Man skizziere hierfür die Schwingungsknoten der Verschiebungen der Mediumteilchen. Effekte an den Rohrenden sollen vernachlässigt werden.

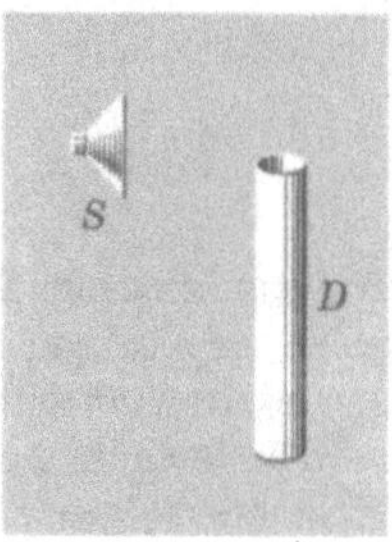

Abb. 20.16 Zu Aufgabe 28

29. Ein wassergefüllter Brunnen mit senkrechten Wänden zeigt bei 7 Hz seine tiefste Resonanz. Die Dichte der Luft sei 1.1 kg/m^3, der Druck 95 kPa und das Verhältnis der spezifischen Wärmekapazitäten 7/5. Wie tief ist der Brunnen?
Antwort: 12 m.
30. Man kann die Schwingungsdauer eines pulsierenden Sterns bestimmen, wenn man annimmt, daß das radiale longitudinale Pulsieren der Grundfrequenz einer stehenden Welle entspricht.

Das heißt, der Radius des Stern verändert sich periodisch, und auf der Oberfläche befindet sich ein Schwingungsbauch der Verschiebung. (a) Befindet sich im Zentrum des Sterns ein Verschiebungsbauch oder ein Verschiebungsknoten? (b) In Analogie zu der offenen Orgelpfeife leite man für die Periodendauer T des Pulsierens die Beziehung

$$T = 4R/v_S$$

her, wobei R der Radius des Sterns in seiner Ruhelage und v_S die mittlere Schallgeschwindigkeit ist. (c) Bei Weißen Zwergen gelten die typischen Werte von 10^{22} Pa für den Druck, 10^{10} kg/m³ für die Dichte, 4/3 für $\varkappa$ und 0.009 Sonnenradien für R. Wie groß ist näherungsweise die Periodendauer der Pulsation eines Weißen Zwerges?

31. Ein Rohr sei 1 m lang und an einem Ende verschlossen. Ein 30 cm langer und 10 g schwerer Draht wird an das offene Ende gehalten und an beiden Seiten gespannt. Der Draht schwinge nun mit seiner Grundfrequenz und versetze die Luft im Rohr in Resonanzschwingungen. Man bestimme (a) die Schwingungsfrequenz der Luftsäule und (b) die Spannkraft des Drahtes.
Antwort: (a) 83 Hz; (b) 82 N.
32. Eine 31.6 cm lange Violinsaite mit einem Massenbelag von 0.65 g/m wird vor einen Lautsprecher gehalten, der durch einen Tongenerator verschiedener Frequenz erregt werden kann. Für die Anregungsfrequenzen zwischen 500 Hz und 1500 Hz kann die Saite nur bei 880 Hz und 1320 Hz zum Schwingen gebracht werden. Wie groß ist die Zugkraft in der Saite?

Abschnitt 20.6

33. Zwei identische Klaviersaiten haben eine Grundfrequenz von 600 Hz, wenn sie mit der gleichen Kraft gespannt werden. Um welchen Betrag muß man die Zugkraft in einer der Saiten erhöhen, um beim Anschlagen beider Saiten eine Schwebungsfrequenz von 6 Hz zu erhalten?
Antwort: 2%.
34. Eine Stimmgabel schwingt mit 384 Hz und erzeugt mit einer anderen Stimmgabel eine Schwebung der Frequenz 3 Hz. Die Schwebungsfrequenz erniedrigt sich, wenn ein kleines Stückchen Wachs auf die Zinke der zweiten Stimmgabel geklebt wird. Mit welcher Frequenz schwingt diese?

Abschnitt 20.7

35. Ein Projektil werde mit 670.7 m/s abgeschossen. Wie groß ist der Öffnungswinkel des Machschen Kegels der Kopfwelle?
Antwort: 30°.
36. Man schätze die Geschwindigkeit des Projektiles auf dem Photo der Abb. 20.12 ab. Die Schallgeschwindigkeit in dem Medium sei 380 m/s.
37. Die Lichtgeschwindigkeit in Wasser beträgt 3/4 der Vakuumlichtgeschwindigkeit. Ein Strahl schneller Elektronen aus einem Betatron erzeugt im Wasser eine Čerenkov-Strahlung mit einem Machschen Kegel mit einem Öffnungswinkel von 120°. Wie groß ist die Geschwindigkeit der Elektronen im Wasser?
Antwort: 2.6×10^8 m/s.
38. Ein Düsenflugzeug fliegt mit 1.5 Mach in 5000 m Höhe. (a) Welchen halben Öffnungswinkel hat der zugehörige Machsche Kegel der Kopfwelle? (b) Wie lange nach dem Vorbeiflug wird die Kopfwelle den Erdboden erreichen?
39. Eine Pfeife wird an einer 62 cm langen Schnur mit der Winkelgeschwindigkeit 15 rad/s im Kreis herumgeschleudert und sendet dabei einen Dauerton von 540 Hz aus. Wie groß ist (a) die niedrigste Frequenz und (b) die höchste Frequenz, mit der ein Beobachter in weiter Entfernung das Pfeifen wahrnimmt?
Antworten: (a) 525 Hz; (b) 555 Hz.

40. (a) Kann man so schnell durch rotes Licht hindurchfahren, daß es einem grün erscheint? (b) Wenn ja, würde man ein Strafmandat wegen Schnellfahrens bekommen? Es sei $\lambda = 620$ nm für rotes Licht und $\lambda = 540$ nm für grünes Licht; die Lichtgeschwindigkeit ist 3×10^8 m/s.
41. Eine in einem Käfig herumflatternde Fledermaus orientiert sich mit Hilfe kurzer Ultraschallaute, die sie ausstößt. Die Sendefrequenz sei 39 kHz. Während eines kurzen Sturzfluges gegen eine flache Wand fliegt die Fledermaus mit 1/40 der Schallgeschwindigkeit in Luft. Mit welcher Frequenz empfängt sie die von der Wand reflektierten Ultraschallwellen?
Antwort: mit 41 kHz.
42. Eine Quelle sendet Schall mit 1080 Hz aus und bewegt sich dabei nach rechts mit einer Geschwindigkeit von 33 m/s relativ zum Erdboden. Von rechts nähert sich eine reflektierende Fläche mit einer Geschwindigkeit von 66 m/s relativ zur Erdoberfläche. Die Schallgeschwindigkeit in Luft sei 330 m/s. Man bestimme (a) die Wellenlänge der von der Quelle in die Luft ausgesandten Schallwelle, (b) die Anzahl der Wellen pro Sekunde, die auf die reflektierende Wand treffen, (c) die Geschwindigkeit der reflektierten Wellen und (d) deren Wellenlängen.
43. Eine Sirene sendet Schall mit 1 kHz aus und bewegt sich dabei von einem Beobachter weg mit einer Geschwindigkeit von 10 m/s auf eine Felswand zu. (a) Mit welcher Frequenz hört der Beobachter den direkt von der Quelle kommenden Schall? (b) Mit welcher Frequenz hört er den an der Felswand reflektierten Schall? (c) Kann der Beobachter Schwebungen wahrnehmen? Die Schallgeschwindigkeit sei 330 m/s.
Antwort: (a) 970 Hz; (b) 1030 Hz; (c) Nein, da die Frequenz zu hoch ist.
44. Mikrowellen, die sich auch mit Lichtgeschwindigkeit ausbreiten, werden an einem sich der Quelle nähernden Flugzeug reflektiert. Ausgehende und reflektierte Wellen überlagern sich zu Schwebungen der Frequenz 990 Hz; die Wellenlänge sei 10 cm. Wie groß ist die Geschwindigkeit des anfliegenden Flugzeugs?
45. Verglichen mit Radarmessungen aus dem Stand sind Messungen während einer Bewegung relativ ungenau. (a) Ein Radarmeßwagen befinde sich an einem festen Ort. Man zeige, daß die Differenz $d\nu$ zwischen den Frequenzen der an einem fahrenden Wagen (Geschwindigkeit V) reflektierten und der ausgestrahlten Welle ungefähr durch $d\nu/\nu = 2V/c$ gegeben ist. (b) Eine Radarmeßeinheit befinde sich in einem verfolgenden Fahrzeug der Geschwindigkeit v. Man zeige, daß nunmehr $d\nu/\nu = 2\,(v - V)c$ gilt. Man diskutiere einige Beispiele und bestätige die Aussage im ersten Satz dieser Aufgabe. (c) Insbesonders betrachte man den Fall, daß der Verfolger mit derselben Geschwindigkeit fährt wie der Verfolgte. (d) Macht sich ein Doppler-Effekt bemerkbar?
Antwort: (d) Nein.
46. Die Gl. 20.11 für den Doppler-Effekt erfordert ein im Medium ruhendes Bezugssystem. Wie müßte Gl. 20.11 modifiziert werden, wenn das Bezugssystem auf der Erde fixiert wäre, aber das Medium sich mit der Geschwindigkeit v_m von der Quelle fort und auf den Beobachter zubewegen würde?
47. Ein Mädchen sitzt in der Nähe des offenen Fensters in einem Zug, der mit 10 m/s nach Osten fährt. Der Onkel des Mädchens steht am Bahndamm und beobachtet den wegfahrenden Zug. Die Lokomotive pfeift nun mit einer Frequenz von 500 Hz. Es herrscht Windstille. (a) Mit welcher Frequenz hört der Onkel das Pfeifen? (b) Mit welcher Frequenz hört das Mädchen das Pfeifen? (c) Jetzt beginnt aus Ost ein Wind mit 10 m/s zu wehen. Mit welcher Frequenz hört der Onkel nun das Pfeifen? (d) Welche Frequenz hört das Mädchen nun?
Antwort: (a) 485 Hz; (b) 500 Hz; (c) 486 Hz; (d) 500 Hz.
48. Eine neben der Autobahn stehende Frau pfeift (Tonhöhe 800 Hz), um drei Freundinnen auf sich aufmerksam zu machen. Eine steht 200 m entfernt im Norden, die zweite 200 m entfernt im Osten, die dritte 200 m entfernt im Süden. Eine vierte Freundin fährt im Auto mit 40 m/s nach Westen. Ein Wind weht stetig mit einer Geschwindigkeit von 4 m/s von Süd nach Nord. Mit welchen Frequenzen hören die Frauen das Pfeifen?

21 Temperatur

21.1 Makroskopische und mikroskopische Beschreibung

Wenn wir einen physikalischen Sachverhalt beschreiben, so richten wir gewöhnlich unser Augenmerk nur auf einen bestimmten Teil von Materie, den wir gedanklich von seiner äußeren Umgebung trennen. Einen solchen abgetrennten Teil nennen wir ein *System*. Alles, was nicht dazu gehört, aber trotzdem irgendeinen Bezug zu dem System haben könnte, nennen wir die *Umgebung* des Systems. Das Verhalten des Systems bestimmen wir durch seine Wechselwirkung mit der äußeren Umgebung. Ein System in einer Umgebung könnte zum Beispiel ein Ball in der Luft oder auf der Erde sein; beim freien Fall fragen wir danach, wie die Luft und die Erde die Bewegung eines Balles beeinflussen. Ein anderes System wäre ein Gas in einem Behälter; ein beweglicher Kolben oder ein Bunsen-Brenner wären eine mögliche Umgebung. Bei diesem System könnten wir nach der Wirkung des Stempels oder des Brenners auf das Verhalten des Gases fragen. In allen diesen Fällen müssen wir geeignete Größen suchen, um das System im ganzen beschreiben zu können. Diese Beschreibung nennen wir *makroskopisch*, weil sie das allgemeine Erscheinungsbild darstellt und unter Verwendung von physikalischen Größen erfolgt, die im Labor gemessen werden. Befindet sich unter den beschreibenden Größen auch die Wärme, so bezeichnet man die Gesamtheit der beschreibenden Gesetze und Größen (darunter u. a. Druck, Volumen, Temperatur, innere Energie und Entropie) als *Thermodynamik*. Viele dieser Größen verbinden wir unmittelbar mit einem Sinneseindruck, so etwa den Druck, das Volumen oder die Temperatur.

Man kann ein physikalisches System jedoch auch über eine *mikroskopische* Betrachtungsweise analysieren. Dabei verwendet man solche Größen, die die Atome und Moleküle beschreiben. Dazu gehören deren Geschwindigkeiten, Energien, Massen, Drehmomente und dergleichen. Diese Größen sowie die sie verbindenden Beziehungen bilden die Grundlage der *Statistischen Mechanik*. Mikroskopische Eigenschaften eines Systems können wir nicht unmittelbar mit unseren Sinnen aufnehmen.

Die mikroskopischen und die makroskopischen Größen müssen allerdings für jedes System irgendwie zusammenhängen, denn sie beschreiben ja, wenn auch auf andere Weise, dieselbe physikalische Gegebenheit. Man sollte daher die einen durch die anderen darstellen können. Der Druck eines Gases wird makroskopisch durch Messung mit einem Manometer bestimmt (Abb. 17.10). Mikroskopisch wird der Druck eines Gases durch die mittlere zeitbezogene Impulsdichte erklärt, die die Gasmoleküle auf die Oberfläche der Manometerflüssigkeit übertragen. In Abschn. 23.4 werden wir von dieser Darstellungsweise des Drucks quantitativ Gebrauch machen. Ähnlich kann man auch die Temperatur (Abschn. 23.5) eines Gases zur mittleren kinetischen Translationsenergie der Moleküle in Beziehung setzen.

Wenn man die makroskopischen Größen durch mikroskopische Größen ausdrücken kann, so sollte man auch die Gesetze der Thermodynamik durch Beziehungen aus der Statistischen Mechanik angeben können. Das ist tatsächlich der Fall, wie wir im folgenden noch sehen werden.

Wir beginnen im nächsten Abschnitt zuerst mit einer Betrachtung des Begriffs „Temperatur". Beim weiteren Fortschreiten werden wir dann eine bessere Einsicht in die physikalische Größe „Wärme" gewinnen. Hierbei wird uns die Verknüpfung zwischen Statistischer Mechanik und Thermodynamik, also der mikroskopischen mit der makroskopischen Betrachtungsweise, nützlich sein, ein Verfahren, das in der heutigen Physik in vielen Teilgebieten angestrebt wird.

21.2 Thermisches Gleichgewicht, nullter Hauptsatz der Thermodynamik

Durch Berühren kann man sehr leicht entscheiden, ob ein Körper heiß oder kalt ist. Mit Hilfe des Berührungssinnes kann man verschiedene Körper ordnen und feststellen, daß zum Beispiel A heißer als B und B wiederum heißer als C ist. Man sagt, der Mensch besitze einen Temperatursinn. Vom wissenschaftlichen Standpunkt aus ist dieses Verfahren sehr unbefriedigend, da ein Sinneseindruck sehr subjektiv ist. Schon 1690 hat John Locke mit einem einfach nachzuvollziehenden Experiment die Unzuverlässigkeit des menschlichen Temperatureindrucks demonstriert. Man taucht eine Hand in ein Gefäß mit kaltem Wasser, die andere Hand in ein Gefäß mit warmem Wasser. Nach einer Weile werden beide Hände herausgenommen und in ein Gefäß mit lauwarmem Wasser getaucht. In der ersten Hand verspürt man nun ein Wärmegefühl und in der zweiten Hand ein Kältegefühl, obwohl es sich um dasselbe Wasser mit einheitlicher Temperatur handelt. Der menschliche Temperatursinn ist also unzulänglich, abgesehen davon, daß der Temperaturbereich viel zu klein ist, der damit erfaßt wird. In der Physik braucht man ein objektives, in Zahlen darstellbares Maß für die Temperatur.

Zunächst sollten wir uns über den Begriff der Temperatur klar werden. Betrachten wir einen Körper A, der uns heiß erscheint, und bringen ihn in Kontakt mit einem identischen Körper B, der uns kalt erscheint. Nach einer gewissen Zeit erscheinen uns beide gleich warm. Man sagt, die beiden Körper befinden sich miteinander im *thermischen Gleichgewicht* oder Wärmegleichgewicht. Etwas allgemeiner ausgedrückt bedeutet das, daß das kombinierte System, also wenn beide Körper zu einem Körper vereint sind, sich in einem Zustand des thermischen Gleichgewichts befindet. Ein Nachweis für das erreichte Gleichgewicht wäre ein Test mit einem dritten Körper, etwa einem Thermometer. Diese Erfahrung wird in einem Postulat zusammengefaßt: *Sind zwei Körper A und B jeder für sich mit einem dritten Körper C (z.B. Thermometer) im thermischen Gleichgewicht, so sind A und B auch untereinander im thermischen Gleichgewicht.* Diese Aussage bildet den *nullten Hauptsatz* der Thermodynamik.

Hieraus folgt, daß die Temperatur eines Systems eine Größe darstellt, die in verschiedenen Systemen schließlich denselben Wert annimmt, wenn diese Systeme miteinander in Kontakt gebracht werden. Dieser Schluß würde mit der Vorstellung übereinstimmen, daß die Temperatur angibt, wie heiß oder wie kalt ein Körper ist. Denn soweit unser Temperatursinn ausreicht, machen wir immer wieder die Erfahrung, daß alle Körper gleich warm werden, wenn man sie nur lange genug miteinander in Kontakt läßt. Die

Aussage des nullten Hauptsatzes, nämlich die Transitivität des thermischen Gleichgewichtes, ist zwar einleuchtend, aber nicht zwingend. So mögen zwar zwei Eisenstückchen von einem Magneten angezogen werden, aber sie brauchen sich deswegen noch lange nicht gegenseitig anzuziehen.

Eine vielleicht grundlegendere Formulierung des nullten Hauptsatzes lautet: *Es gibt eine skalare Größe, Temperatur genannt, die eine Eigenschaft aller thermodynamischen Systeme (im Wärmegleichgewicht) darstellt, so daß die Temperaturgleichheit eine notwendige und hinreichende Bedingung für den Zustand des Wärmegleichgewichts ist.* Diese Leseart rechtfertigt den Gebrauch der Temperatur als thermodynamische Variable. Etwas lax ausgedrückt ist die wesentliche Aussage des nullten Hauptsatzes: *Es gibt eine nützliche Größe, die man Temperatur nennt.* Aus diesem Grunde wird oft gesagt, der nullte Hauptsatz postuliere die Temperatur.

21.3 Temperaturmessung

Es gibt viele physikalische Eigenschaften, die sich nach unseren Sinneseindrücken mit der Temperatur verändern. Dazu gehören das Volumen einer Flüssigkeit, die Länge eines Stabes, der elektrische Widerstand eines Drahtes, der Druck eines Gases bei konstantem Volumen, das Volumen eines Gases bei konstantem Druck und die Farbe eines Glühdrahtes. Jede dieser Eigenschaften kann für die Messung der Temperatur benutzt werden, wenn man sich nur erst einmal eine Temperaturskala hierfür geschaffen hat. Eine solche kann man aufstellen, indem man sich zunächst eine geeignete *thermometrische Substanz* und eine geeignete *thermometrische Eigenschaft* dieser Substanz auswählt und dann eine Skala derart definiert, daß man eine Relation zwischen Temperatur und meßbarer thermometrischer Eigenschaft annimmt. Diese Relation sollte stetig und monoton sein. Wenn zum Beispiel die thermometrische Substanz eine Flüssigkeit sein soll, könnte die Länge des Flüssigkeitsfadens die thermometrische Eigenschaft sein, die ein Maß für die Temperatur sein soll; oder es könnte ein Gas in einem Behälter konstanten Volumens die Substanz sein, und der Druck des Gases könnte die thermometrische Eigenschaft sein, die kontinuierlich mit der Temperatur ansteigt. Man muß sich nur darüber im klaren sein, daß jede Auswahl einer thermometrischen Substanz und einer thermometrischen Eigenschaft – einschließlich der angenommenen Relation zur Temperatur – nur eine individuelle Temperaturskala ergibt, deren Meßergebnis nicht notwendigerweise mit dem Ergebnis aus einer anders definierten Skala übereinstimmen muß.

Dieses offensichtliche Durcheinander wird dadurch beseitigt, daß man sich in einer generellen Übereinkunft auf eine bestimmte thermometrische Substanz, eine bestimmte thermometrische Eigenschaft und einen bestimmten funktionellen Zusammenhang zwischen der Messung der physikalischen Eigenschaft und einer allgemein anerkannten Temperaturskala beschränkt. Jede individuell aufgestellte Skala kann dann auf diese universelle Skala bezogen werden, und sie kann mit ihr geeicht werden. Eine solche Skala werden wir in den Abschnitten 21.5 und 25.6 kennenlernen.

Angenommen, wir hätten uns eine Substanz für ein Thermometer ausgesucht, und die Größe X stelle eine physikalische Eigenschaft dar, mit der wir die Temperatur bestimmen wollen. Wir wählen willkürlich die folgende lineare Funktion der Eigenschaft X als die Temperatur T, die das von uns gewählte Thermometer und jedes andere mit ihm im

Wärmegleichgewicht stehende System hat:

$$T(X) = aX. \tag{21.1}$$

a ist eine Konstante, die noch zu bestimmen ist. Durch die Wahl einer linearen Funktion $T(X)$ haben wir dafür gesorgt, daß *gleiche Temperaturdifferenzen* oder Temperaturintervalle auch *gleiche Differenzen in X* entsprechen. Das bedeutet, daß sich zumBeispiel bei einem Quecksilberthermometer die Temperatur jedesmal um denselben festen Betrag ändert, wenn sich der Quecksilberfaden um eine Längeneinheit ändert, und dies unabhängig von der Ausgangstemperatur. Das bedeutet weiterhin, daß sich zwei Temperaturen, die mit dem gleichen Thermometer gemessen wurden, wie die zugehörigen Werte von X verhalten müssen, daß also gilt:

$$\frac{T(X_1)}{T(X_2)} = \frac{X_1}{X_2}.$$

Will man die Konstante a bestimmen, also das Thermometer kalibrieren, so muß man einen Fixpunkt festlegen, bei dem alle Thermometer denselben Wert für die Temperatur angeben. Ein solcher Fixpunkt kann der *Tripelpunkt* des Wassers sein, bei dem Eis, flüssiges Wasser und Wasserdampf im Gleichgewicht nebeneinander existieren. Dieser Zustand kann nur bei einem bestimmten Druck bestehen, und er ist eindeutig (Abb. 21.1). Der Dampfdruck von Wasser beträgt im Tripelpunkt 610.6 Pa. Die Temperatur an diesem Fixpunkt wurde willkürlich auf 273.16 Kelvin (273.16 K = 0.01 °C) festgelegt. Die Einheit der thermodynamischen Temperaturskala oder *Kelvin-Skala* (früher absolute Temperaturskala) wurde folgendermaßen definiert: *Die Einheit 1 Kelvin ist der 273.16te Teil der thermodynamischen Temperatur des Tripelpunktes des Wassers**.

Bezeichnen wir die Werte im Trippelpunkt des Wassers mit dem Index tr, so ergibt sich für die Benutzung irgendeines Thermometers die Beziehung

$$\frac{T(X)}{T(X_{tr})} = \frac{X}{X_{tr}},$$

während für *alle* Thermometer gilt:

$$T(X_{tr}) = 273.16\,\mathrm{K},$$

so daß

$$T(X) = 273.16\,\mathrm{K}\,\frac{X}{X_{tr}}. \tag{21.2}$$

Wenn also die thermometrische Eigenschaft den Wert X hat, ist die zugehörige Temperatur auf einer ausgewählten Skala durch den Wert $T(X)$ gegeben und wird in K gemessen. Hierzu muß man nur die Werte für X und X_{tr} in den rechten Teil der Gleichung einsetzen.

Gl. 21.2 wollen wir für verschiedene Thermometer anwenden. Bei einem Flüssigkeits-

* Der Tripelpunkt wurde dem *Gefrierpunkt* (früher *Eispunkt*) vorgezogen, da er experimentell mit einer zehnfach besseren Genauigkeit dargestellt werden kann als der Gefrierpunkt (bei Wasser heißt der Erstarrungspunkt Gefrierpunkt).

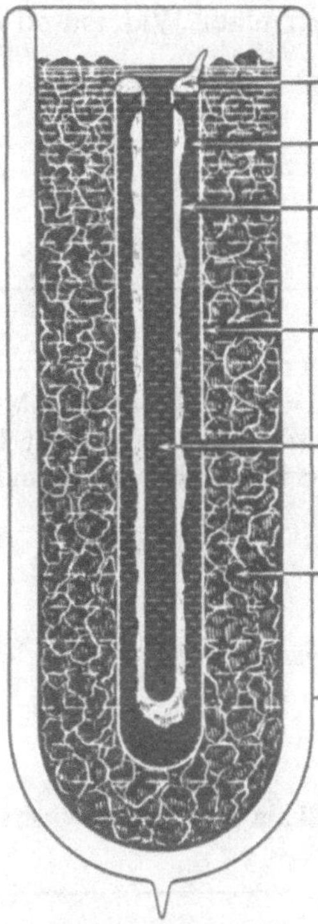

Abb. 21.1 Versuchsanordnung zur Darstellung des Tripelpunktes des Wassers. Das mittlere, schmale Gefäß wird mit reinem Wasser gefüllt, evakuiert und dann zugeschmolzen. Es befindet sich in einem Dewargefäß mit einer Eis-Wasser-Mischung. Der Tripelpunkt ist erreicht, wenn in der mittleren Zelle Eis, Wasser und Wasserdampf im Gleichgewicht vorliegen. Das zu kalibrierende Thermometer wird in das Loch in der Mitte der Zelle eingeführt.

thermometer ist X die Länge L des Flüssigkeitsfadens, und Gl. 21.2 liefert die zugehörige Temperatur

$$T(L) = 273.16\,\mathrm{K}\,\frac{L}{L_{\mathrm{tr}}}.$$

Bei einem Gasthermometer mit konstantem Druck ist X das Volumen V des Gases, und man erhält für die zugehörige Temperatur

$$T(V) = 273.16\,\mathrm{K}\,\frac{V}{V_{\mathrm{tr}}} \quad (p = \mathrm{const.}).$$

Bei einem Gasthermometer mit konstantem Volumen ist X der Druck p des Gases, und man erhält

$$T(p) = 273.16\,\mathrm{K}\,\frac{p}{p_{\mathrm{tr}}} \quad (V = \mathrm{const.}).$$

Bei einem Platin-Widerstandsthermometer stellt X den elektrischen Widerstand R dar, und es gilt

$$T(R) = 273.16\,\text{K}\,\frac{R}{R_{tr}}.$$

Beispiel 1

Ein Platin-Widerstandsthermometer habe einen Widerstand von $R = 90.35\,\Omega$, wenn sein Meßfühler in eine Apparatur zur Darstellung des Tripelpunkts gebracht wird (Abb. 21.1). Welche Temperatur wird nach Gl. 21.2 gemessen, wenn sich der Meßfühler in einem Medium befindet und dabei einen Widerstand von 96.28 Ω hat?

Aus Gl. 21.2 ergibt sich

$$\begin{aligned} T(X) &= 273.16\,\text{K}\,\frac{X}{X_{tr}} \\ &= (273.16\,\text{K})\left(\frac{96.28}{90.35}\right) = 280.6\,\text{K}. \end{aligned}$$

Man beachte wiederum, daß diese Temperatur durch eine eigene Skala (hier ein Pt-Widerstandsthermometer) angezeigt wird.

Es erhebt sich die Frage, ob der Wert der Temperatur eventuell von der Wahl des Thermometers abhängen könnte. Wir haben zwar alle möglichen Temperaturskalen derart definiert, daß ihre Werte im Tripelpunkt des Wassers übereinstimmen, aber gilt diese Übereinstimmung auch noch für andere Punkte? Man müßte also eine Reihe von Messungen mit verschiedenen Thermometern an dem gleichen Körper durchführen, um das zu überprüfen. So etwas hat man tatsächlich getan, und es zeigte sich, daß alle Thermometer verschiedene Werte ergaben. Auch wenn Thermometer der gleichen Bauart benutzt wurden, wie Gasthermometer mit verschiedener Gasfüllung, erhielt man für das gleiche System verschiedene Temperaturangaben.

Man muß also irgendeines der verschiedenen Thermometer auswählen und zu einem Standard erklären, so daß man sich auf *eine* Skala beziehen kann. Hierbei kommt es nicht darauf an, daß sich dieses Thermometer experimentell leicht darstellen läßt, sondern daß sich die durch ein spezielles Thermometer definierte Temperaturskala als eine brauchbare Größe für die Formulierung der physikalischen Gesetze erweist. Die geringsten Abweichungen bei den Temperaturablesungen wurden bei Verwendung verschiedener Gasthermometer mit konstantem Volumen gefunden. Dabei zeigte sich, daß die Abweichungen um so kleiner wurden, je weniger Gas man benutzte, also je geringer auch der Druck war. Es scheint sich hier um ein grundlegendes Verhalten zu handeln.

21.4 Das Gasthermometer mit konstantem Volumen

Wenn das Volumen eines Gases konstant gehalten wird, so erhöht sich mit steigender Temperatur auch der Druck stetig. Diese Eigenschaft wird bei einem Gasthermometer mit konstantem Volumen zur Temperaturmessung ausgenutzt. Der Aufbau eines solchen Gasthermometers ist in Abb. 21.2 dargestellt. Es besteht aus einem gasgefüllten Behälter, der aus Glas, Porzellan, Platin oder einer Platin-Iridium-Legierung hergestellt ist (je nach Temperaturbereich) und über ein Kapillarrohr mit einem Quecksilbermanometer verbunden ist. Der Gasbehälter wird einfach in die zu messende Flüssigkeit oder in das zu messende Medium gehalten. Sein Volumen (Gasbehälter und Kapillare) wird durch Heben oder Senken eines Quecksilbervorratsbehälters (bei R) konstant gehalten, indem die linke Quecksilbersäule auf eine feste Referenzmarke eingestellt wird. Auf der rechten Skala liest man die Höhe der rechten Quecksilbersäule ab, die ein Maß für den Druck im Gasbehälter darstellt. Der Druck im Behälter setzt sich aus dem atmosphärischen Druck und dem Druck der Quecksilbersäule zusammen. Letzterer ist durch das Produkt aus ϱg und der Höhendifferenz der Quecksilbermenisken gegeben. In der Praxis muß man auf eine sehr sorgfältige Ausführung des Gerätes achten und außerdem einige Korrekturen berücksichtigen. Zu diesen gehören (1) die kleine Volumenänderung des Gases wegen der Kontraktion bzw. Expansion des Gasbehälters bei Temperaturänderung und (2) die kleine Druckänderung, die dadurch zustande kommt, daß das Gas in den Kapillaren nicht auch in das zu messende Medium eintaucht. Bei Berücksichtigung aller Korrekturen sei p der zu der Temperatur T gemessene Gasdruck. Die Temperatur wird nach Gl. 21.2 dann vorerst (siehe unten) durch die Beziehung angegeben:

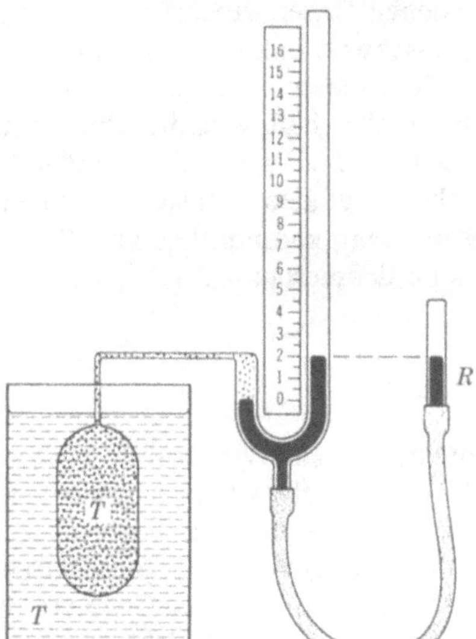

Abb. 21.2 Ein Gasthermometer mit konstantem Volumen. Solange die Quecksilbersäule im linken Schenkel des Manometers unverändert (bei Null) bleibt, ist das Volumen des im Behälter eingeschlossenen Gases konstant. Durch Heben oder Senken des Reservoirs R kann der Meniskus der Quecksilbersäule wieder auf Null gebracht werden.

$$T(p) = 273.16\,\mathrm{K}\,\frac{p}{p_{tr}} \quad (V = \text{const.}). \tag{21.3}$$

Das Gasthermometer mit konstantem Volumen liefert bei einem Gebrauch in der unten beschriebenen Weise die universelle Temperaturskala für das heutige wissenschaftliche Arbeiten.

21.5 Die Temperaturskala des idealen Gases

Im Behälter eines Gasthermometers befinde sich eine bestimmte Menge Gas. Der Behälter sei in ein Wasserbad getaucht, in dem sich Wasser im Zustand des Tripelpunktes befindet. Der zugehörige Druck p_{tr} sei zum Beispiel mit 100 kPa gemessen worden. Nun werde der Behälter in kondensierenden Wasserdampf von 101.325 kPa (1 atm) Druck (Siedepunkt) gebracht, und nach Temperaturausgleich werde das Volumen wieder auf seinen Wert am Tripelpunkt eingestellt. Der nun abgelesene Druck p_{100} wird nach der Formel $T(p_{100}) = 273.16\,\mathrm{K}\,(p_{100}/100\,\mathrm{kPa})$ in eine vorläufige Temperaturangabe umgerechnet. Nunmehr wird ein Teil des Gases aus dem Behälter entfernt, so daß p_{tr} einen geringeren Wert hat, z. B. nur 50 kPa. Im kondensierenden Dampf werde wieder, jetzt natürlich ein anderer Wert p_{50} bestimmt und daraus wiederum nach der bekannten Gleichung die Temperatur $T(p_{50})$ ermittelt. Dieses Verfahren setze man noch einige Male fort, wobei man jedesmal die Gasmenge in dem Behälter verringert. Wenn man schließlich $T(p)$ gegen das zugehörige p_{tr} aufträgt, erhält man für das benutzte Gas eine Bezugskurve, die man bis zum Schnittpunkt mit der Ordinate ($p_{tr} = 0$) extrapolieren kann.

Das obige Verfahren kann man mit verschiedenen Gasen durchführen. Man erhält dann die Kurven der Abb. 21.3. Man erkennt unschwer, daß die Temperaturangaben eines Gasthermometers von der Art des gewählten Gases abhängen. Wenn man die Gasmenge (und damit den Druck) jedoch möglichst klein hält, wird die Abweichung der Temperaturangaben immer kleiner, bis sie im Grenzfall Null ganz verschwindet. Die auf den Wert $p_{tr} \to 0$ extrapolierte Temperaturangabe hängt also offensichtlich nicht mehr von den Eigenschaften des betreffenden Gases ab. Man kann mithin eine *Temperaturskala des idealen Gases* durch folgende Beziehung definieren:

$$T = 273.16\,\mathrm{K} \lim_{p_{tr} \to 0} \left(\frac{p}{p_{tr}}\right) \quad (V = \text{const.}). \tag{21.4}$$

Ein Gasthermometer mit konstantem Volumen, dessen Temperaturangabe durch Gl. 21.4 definiert ist, kann somit als Standard-Thermometer angesehen werden.

Obwohl eine solche Temperaturskala nicht von den besonderen Eigenschaften der einzelnen Gase abhängt, wird sie sehr wohl von den allgemeinen Eigenschaften eines Gases beeinflußt. Wenn man nämlich mit einem Gasthermometer eine Temperatur messen will, so muß bei dieser Temperatur auch ein Gas existieren. Die niedrigste mit einem Gasthermometer meßbare Temperatur liegt bei etwa 1 K. Hierzu benutzt man Helium unter sehr geringem Druck. Temperaturen unter 1 K sind mit einem Gasthermometer also nicht zu verifizieren. Es wäre daher von Vorteil, wenn man eine Temperaturskala fände, die von keiner Substanz abhängig wäre. In Abschn. 25.6 werden wir eine solche

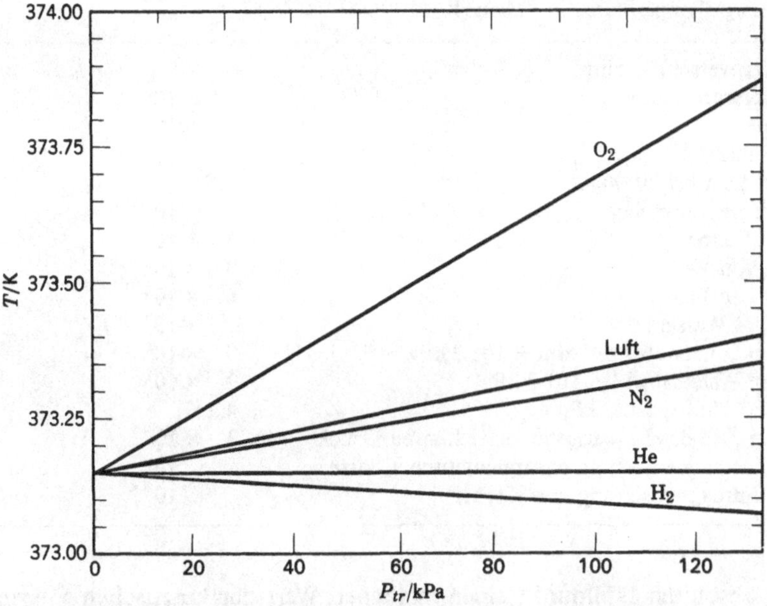

Abb. 21.3 Die Temperaturanzeigen eines Gasthermometers mit konstantem Volumen für kondensierenden Wasserdampf als Funktion des Druckes. Die Anzeigen sind für jedes verwendete Gas anders. Die Unterschiede sind zwar klein, im extremen Fall 0.2%, aber trotzdem meßbar. Bei einer Füllung des Gasthermometers mit Helium ist die Temperaturanzeige fast unabhängig vom Druck. Helium kommt von allen realen Gasen dem idealen Gas am nächsten.

Skala kennenlernen, die (absolute) thermodynamische Temperaturskala oder Kelvin-Skala. Dort werden wir zeigen, daß die Temperaturskala des idealen Gases mit der Kelvin-Skala in dem Bereich übereinstimmt, in dem ein Gasthermometer benutzt werden kann. Aus diesem Grund kann man die Temperaturangaben aus der Skala des idealen Gases mit der Einheit K versehen, so wie wir es bereits getan haben.

Weiterhin werden wir in Abschn. 25.6 zeigen, daß die Kelvin-Skala einen *absoluten Nullpunkt* mit der Temperatur 0 K hat und daß es Temperaturen darunter nicht gibt. Der absolute Nullpunkt konnte trotz vieler Anstrengungen nicht erreicht werden, obwohl es theoretisch möglich ist, ihm beliebig nahe zu kommen*. Auf seine Existenz kann nur durch Extrapolation geschlossen werden. Der Zustand der Materie am absoluten Nullpunkt bedeutet nicht einen Zustand ohne Energie und ohne Bewegung. Es wird oft behauptet, daß am absoluten Nullpunkt keine molekularen Aktionen mehr stattfänden. Das ist falsch, weil man damit ein rein makroskopisches Konzept der Temperatur zu eng auf mikroskopische Dimensionen überträgt. Tatsächlich findet man mit der Annähe-

* Es ist möglich, Systeme mit *negativen Temperaturen* zu definieren. Diese werden dadurch erreicht, daß man die Systeme nicht unter den absoluten Nullpunkt abkühlt, sondern durch einen Übergang über „unendliche Temperaturen" hinaus. D. h. ein System mit negativen Temperaturen ist nicht kälter, sondern heißer als ein System mit unendlich hoher Temperatur. Dieses ist aber nur eine theoretische Festlegung und hat nichts mit den experimentell meßbaren Temperaturen zu tun. Solche überheißen Systeme werden z. B. durch Moleküle in gepumpten, angeregten Lasersystemen repräsentiert. Vgl. hierzu auch die Fußnote auf S. 702.

Tabelle 21.1 Einige Temperaturen in Kelvin (K)

Kohlenstoff-Kernverschmelzung	5×10^8
Helium-Kernverschmelzung	10^8
Kern der Sonne	10^7
Korona der Sonne	10^6
Schockwelle in Luft bei 20 Mach	2.5×10^4
Planetarische Emissionsnebel	10^4
Oberfläche der Sonne	6×10^3
Schmelzpunkt von Wolfram	3.6×10^3
Schmelzpunkt von Blei	6×10^2
Gefrierpunkt des Wassers	2.7×10^2
Siedepunkt von Sauerstoff bei 1 atm = 101.3 kPa	9×10^1
Siedepunkt von Wasserstoff bei 101.3 kPa	2×10^1
Siedepunkt von ^{4}He bei 101.3 kPa	4.2
Siedepunkt von ^{3}He beim niedrigsten erreichbaren Druck	3×10^{-1}
Adiabatische Entmagnetisierung paramagnetischer Salze	10^{-3}
Adiabatische Entmagnetisierung von Kernen	10^{-6}

rung an den absoluten Nullpunkt einen endlichen Wert der kinetischen Energie, die sogenannte *Nullpunktsenergie*. Diese ist nicht Null, sondern stellt nur ein Minimum dar.

In Tab. 21.1 sind die Temperaturen einiger Vorgänge bzw. verschiedener Körper angegeben.

21.6 Die Celsius-Skala und andere Temperaturskalen

Temperaturen werden im täglichen Leben meistens in der *Celsius-Skala* angegeben, in der anglo-amerikanischen Welt auch noch in der *Fahrenheit-Skala*. Beide sind an die Kelvin-Skala angeschlossen, welche im naturwissenschaftlichen Bereich die allein gültige ist. Die Celsius-Skala hat die Einheit Celsius, Symbol °C, welche der Einheit Kelvin, Symbol K, entspricht.

Der Unterschied zwischen beiden besteht nur in einer gegenseitigen Verschiebung der entsprechenden Nullpunkte, denn der Nullpunkt der Celsius-Skala liegt bei 273.15 K. Es gilt somit

$$t/°\mathrm{C} = T/\mathrm{K} - 273.15, \tag{21.5}$$

wobei t die Celsius-Temperatur und T die Kelvin-Temperatur bedeutet. Eine Temperaturdifferenz ΔT kann daher sowohl in °C als auch in K angegeben werden.

Der Tripelpunkt des Wassers liegt mithin bei 273.16 K bzw. bei 0.01 °C. Damit liegt die *Schmelztemperatur* (früher Eispunkt genannt), also die Temperatur, bei der sich Eis und luftgesättigtes Wasser bei 101.325 kPa (1 atm) im Gleichgewicht befinden, bei 0 °C und die *Siedetemperatur* (früher Dampfpunkt genannt), also die Temperatur, bei der sich Wasserdampf und flüssiges Wasser bei einem Druck von 101.325 kPa (1 atm) im Gleichgewicht befinden, bei 100 °C.

Die Fahrenheit-Temperaturskala wird im wissenschaftlichen Bereich überhaupt nicht mehr benutzt, sie ist aber in vielen englischsprechenden Ländern noch gebräuchlich. Die Angabe der Temperatur in Grad Fahrenheit (°F) wird über folgende Beziehung in Grad Celsius umgerechnet:

$$t_F/°F = 32 + \frac{9}{5} t_C/°C,$$

wobei zur Verdeutlichung die Celsiustemperatur mit t_C bezeichnet wurde. Ein Temperaturunterschied von 1 °F entspricht also genau 5/9 °C. Der Schmelzpunkt des Wassers liegt in der Fahrenheit-Skala bei 32 °F, der Siedepunkt bei 212 °F. Früher waren in verschiedenen Ländern noch andere Temperaturskalen gebräuchlich, von denen die bekannteste die in Frankreich benutzte *Réaumur-Skala* ist. In Abb. 21.4 sind einige Skalen zum Vergleich nebeneinandergestellt worden.

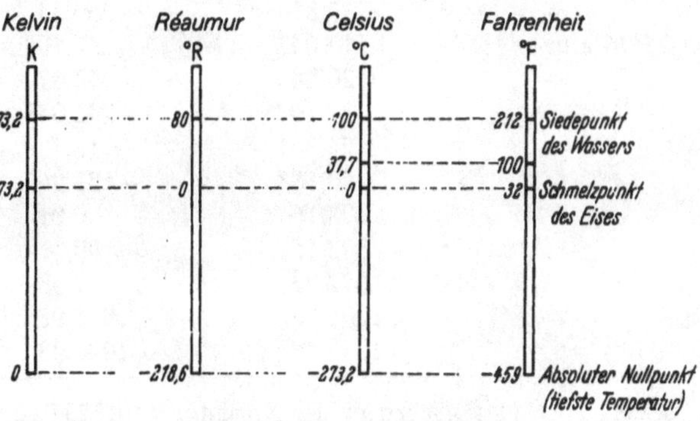

Abb. 21.4 Vergleich verschiedener Temperaturskalen.

21.7 Die Internationale Praktische Temperaturskala (IPTS)

Wir müssen nunmehr die für den Anfänger verwirrend anmutenden Versuche, eine Temperaturskala festzulegen, zusammenfassen. In der Thermometrie ist der Tripelpunkt des Wassers der Standard-Fixpunkt, der nach Definition einen Wert von 273.16 K erhält. Das Gasthermometer mit konstantem Volumen ist das Standard-Thermometer. Die damit erhaltene Temperaturskala wird auf den Fall eines idealen Gases, nämlich auf $p_{tr} \to 0$ extrapoliert und definiert somit die Temperaturskala des idealen Gases mit $T = 273.16\ \text{K} \lim_{p_{tr} \to 0} (p/p_{tr})$. Diese Skala ist mit der (absoluten, thermodynamischen) Kelvin-Skala für den Bereich identisch, in dem man mit Gasthermometern überhaupt messen kann.

Mit einem solchen Standard-Thermometer kann man weitere Fixpunkte gewinnen. In Tab. 21.2 sind einige Fixpunkte aufgeführt, die in der Praxis, wenn auch nicht ganz einfach, verifiziert werden können.

Es wäre mühsam, Temperaturen mit der Temperaturskala des idealen Gases anzugeben, außerdem brächte das keinen praktischen Vorteil. Deshalb wurde eine international verbindliche Temperaturskala aufgestellt, die *Internationale Praktische Temperaturskala*

IPTS, um in der Praxis, z. B. für das Kalibrieren von Meßinstrumenten, einige genau definierte Fixpunkte zur Verfügung zu haben. Außerdem gibt es genaue experimentelle Anweisungen, wie diese Fixpunkte darzustellen sind und mit welchen Normalmeßgeräten zwischen diesen Punkten interpoliert werden darf. Diese Skala weicht also prinzipiell für die Bereiche zwischen den Fixpunkten von der Kelvin-Skala ab, doch ist diese Abweichung in der Praxis vernachlässigbar. Die zur Zeit gültige, im Jahre 1968 vom Internationalen Komitee für Maß und Gewicht (CIPM) neu festgelegte IPTS-68 ist in fast allen Ländern als Standard-Skala zugelassen und umfaßt die in Tab. 21.2 angegebenen 11 Fixpunkte.

Tabelle 21.2 Definierende Fixpunkte der Internationalen Praktischen Temperaturskala IPTS-68*

Fixpunkt	T in K	t in °C
Tripelpunkt von Wasserstoff	13.81	−259.34
Siedepunkt von Wasserstoff bei 25/76 atm	17.042	−256.108
Siedepunkt von Wasserstoff	20.28	−252.87
Siedepunkt von Neon	27.102	−246.048
Tripelpunkt von Sauerstoff	54.361	−218.789
Siedepunkt von Sauerstoff	90.188	−182.962
Tripelpunkt von Wasser**	273.16	0.01
Siedepunkt von Wasser**	373.15	100
Erstarrungspunkt von Zink	692.73	419.58
Erstarrungspunkt von Silber	1235.08	961.93
Erstarrungspunkt von Gold	1337.58	1046.43

* Wenn nicht anders angegeben, beziehen sich alle Angaben auf den Normdruck 101325 Pa bzw. 1 atm

** Wasser mit der Isotopenzusammensetzung von Seewasser

21.8 Thermische Ausdehnung

Bei einer Temperaturänderung beobachtet man gewöhnlich eine Änderung der Größe oder des Zustandes der Materie. Wir wollen uns auf Größenänderungen ohne gleichzeitige Zustandsänderungen beschränken. Wir betrachten einen einfachen kristallinen Festkörper. Die Kräfte zwischen den Atomen kann man sich vereinfacht als durch eine Anordnung von Federn zwischen den Atomen erzeugt vorstellen (Abb. 21.5). Diese „Schraubenfedern“ sind relativ steif (Aufgabe 9 in Kapitel 15) und sehr zahlreich (etwa $10^{22}/\text{cm}^3$), aber trotzdem so beweglich, daß die Atome in einem Festkörper schwingen können. Die Schwingungsamplitude beträgt immerhin etwa 10^{-9} cm, das entspricht einem Zehntel eines Atomdurchmessers, und die Schwingungsfrequenz ist 10^{13} Hz.

Erhöht sich die Temperatur, so vergrößert sich der mittlere Abstand zwischen den Atomen, und der gesamte Festkörper dehnt sich aus. Die Änderung der Länge in irgendeiner der drei Raumrichtungen wird als Längenausdehnung oder lineare Ausdehnung bezeichnet. Die durch eine Temperaturerhöhung ΔT verursachte Änderung einer Länge l soll Δl sein. Aus Experimenten weiß man, daß diese Längenänderung Δl proportional zur Temperaturänderung (wenn ΔT klein genug ist) und zur ursprünglichen Länge l ist.

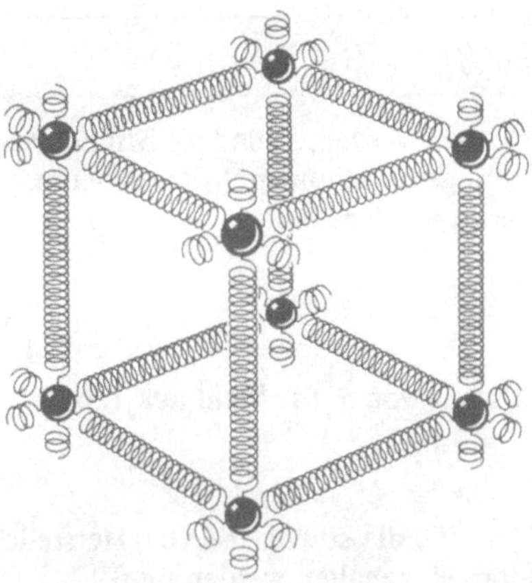

Abb. 21.5 Ein Schraubenfedermodell eines Festkörpers. Die Moleküle werden durch elastische Kräfte zusammengehalten.

Man kann also den Ansatz

$$\Delta l = \alpha_l l \Delta T \tag{21.6}$$

machen, wobei α_l, der *Längenausdehnungskoeffizient* oder *lineare Ausdehnungskoeffizient*, von den Materialeigenschaften abhängt. Durch Umordnen von Gl. 21.6 erhält man

$$\alpha_l = \frac{1}{l}\frac{\Delta l}{\Delta T},$$

so daß α_l die relative Längenänderung bezogen auf die Temperaturänderung bedeutet.

Genau genommen hängt α_l selbst noch von der Temperatur ab (vgl. Aufgabe 13). Diese Abhängigkeit ist jedoch normalerweise gegenüber der Meßgenauigkeit der Temperatur zu vernachlässigen. Man kann α_l praktisch als eine für ein Material charakteristische Konstante annehmen. In Tab. 21.3 sind die mittleren Längenausdehnungskoeffizienten für verschiedene Materialien angegeben; α_l ist immer positiv, d. h. bei einer Temperaturerhöhung findet stets eine Ausdehnung statt. Die Ausdehnung liegt größenordnungsmäßig bei etwa 1 mm für eine Länge von 1 m und eine Temperaturerhöhung von 100 K.

Tabelle 21.3 Mittlere Längenausdehnungskoeffizienten* $\bar{\alpha}_l$

Material	$\bar{\alpha}_l$ in K^{-1}	Material	$\bar{\alpha}_l$ in K^{-1}
Aluminium	23×10^{-6}	Hartgummi	80×10^{-6}
Messing	19×10^{-6}	Eis	51×10^{-6}
Kupfer	17×10^{-6}	Invarstahl	0.7×10^{-6}
Glas	9×10^{-6}	Blei	29×10^{-6}
Hartglas (Pyrex)	3.2×10^{-6}	Stahl	11×10^{-6}

* Für den Bereich 0 °C bis 100 °C; für Eis von −10 °C bis 0 °C

Beispiel 2

Ein Stahlmeßband soll mit einer Längeneinteilung versehen werden, so daß die Millimeterabstände bei einer bestimmten Temperatur bis auf 5×10^{-5} mm genau stimmen. Mit welcher maximalen Temperaturabweichung darf beim Kalibrieren gearbeitet werden?
Mit Gl. 21.6,

$$\Delta l = \alpha_l l \Delta T,$$

erhält man beim Einsetzen der vorgegebenen Daten sowie von $\bar{\alpha}_l$ für Stahl aus Tabelle 21.3

$$5 \times 10^{-5}\,\text{mm} = (11 \times 10^{-6}/°\text{C})(1.0\,\text{mm})\,\Delta T.$$

Es ergibt sich eine Temperaturabweichung von $\Delta T \approx 5°$C, die sowohl bei der Herstellung des Meßbandes als auch später beim Gebrauch des Bandes eingehalten werden muß.

Wenn man das Meßband statt aus gewöhnlichem Stahl aus Invarstahl herstellt (vgl. Tab. 21.3), so darf bei gleicher geforderter Genauigkeit die Temperaturabweichung 75 K betragen; soll aber auch bei Invarstahl eine Temperaturabweichung von nur 5 K eingehalten werden, so erhöht sich die Meßgenauigkeit um eine Größenordnung.

Im mikroskopischen Bereich bedeutet thermische Ausdehnung eine Zunahme der mittleren Abstände zwischen den Atomen. Die Potentialkurve (potentielle Energie aufgetragen gegen die Abstände der Atommittelpunkte) zweier benachbarter Atome in einem kristallinen Festkörper stellt eine asymmetrische Kurve der Form der Abb. 21.6 dar. Wenn die Atome näher zusammenrücken, so daß ihre Abstände kleiner als der Wert in der Gleichgewichtslage r_0 werden, dann treten starke, abstoßende Kräfte auf ($F \sim r^{-3}$). Die Potentialkurve steigt steil an ($F = -\,\mathrm{d}E_p/\mathrm{d}r$). Entfernen sich die Atome weiter voneinander, als ihrer Gleichgewichtslage entspricht, so treten anziehende Kräfte ($F \sim r^{-2}$) auf, die aber schwächer als die Abstoßungskräfte sind, so daß die Potentialkurve mit zunehmendem Abstand ebenfalls, aber flacher, ansteigt.

Bei einer gegebenen Schwingungsenergie ändert sich der Abstand der Atome periodisch zwischen einem Minimal- und einem Maximalwert, wobei der mittlere Abstand jedoch größer als der

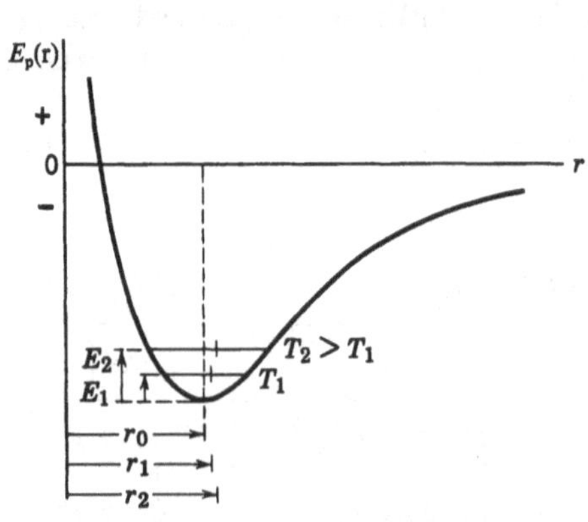

Abb. 21.6 Potentialkurve zweier benachbarter Atome in einem Kristall als Funktion des Kernabstandes r; r_0 ist der Gleichgewichtsabstand. Da die Potentialkurve unsymmetrisch ist, nimmt der mittlere Abstand (r_1, r_2) mit der Temperatur (T_1, T_2) zu. Die mittlere Schwingungsenergie (E_1, E_2) erhöht sich dadurch ebenfalls.

Gleichgewichtsabstand r_0 ist. Das ergibt sich aus der Asymmetrie der Potentialkurve. Bei noch höheren Schwingungsenergien wird der mittlere Abstand immer größer. Dieser Effekt wird dadurch verstärkt, daß sich die mittlere Dauer der Schwingung wegen der längeren Verweilzeit in den Extrempositionen verlängert. Da nun die Schwingungsenergie mit der Temperatur zunimmt, erhöht sich auch der mittlere Abstand zwischen den Atomen mit zunehmender Temperatur, d. h. der Festkörper dehnt sich aus

Wäre die Potentialkurve bezüglich der Gleichgewichtslage symmetrisch, so würde der mittlere Abstand unabhängig von der Größe der Schwingungsamplitude genau dem Gleichgewichtsabstand entsprechen. Die thermische Ausdehnung ist also eine direkte Folge der Asymmetrie der Potentialkurve für einen Festkörper.

Es gibt einige kristalline Stoffe, die sich in bestimmten Temperaturbereichen mit steigender Temperatur zusammenziehen. Wie ist das zu erklären? Die obige Betrachtung für die Schwingungsenergien gilt auch, wenn man nur (oder zumindest vorwiegend) Kompressionsschwingungen, also longitudinale Schwingungen annimmt. Festkörper können jedoch auch Scherschwingungen, also transversale Schwingungen ausführen. Diese ergeben mit steigender Temperatur eine Kontraktion, weil sich die mittleren Abstände der Ebenen, auf denen die Atome liegen, durch die Scherung verringern. Bei manchen Kristalltypen überwiegen in bestimmten Temperaturbereichen die transversalen Schwingungen: dadurch ergeben sich insgesamt negative thermische Ausdehnungskoeffizienten.

Es muß betont werden, daß die hier verwendete mikroskopische Betrachtungsweise nur eine vereinfachte Darstellung eines sehr komplexen Sachverhaltes ist, der nur mit Hilfe der Thermodynamik und der Quantentheorie näher behandelt werden kann.

Bei *isotropen* Festkörpern ist bei einer Temperaturänderung die relative Längenänderung in allen Richtungen dieselbe. Die Ausdehnung ist vergleichbar mit der Vergrößerung einer Photographie, nur daß sie (Abb. 21.7) beim Festkörper dreidimensional ist. Wenn man also eine Platte mit einem Loch darin um ΔT erwärmt, ist die relative Änderung $\Delta l/l = \alpha_l \Delta T$ die gleiche für die Länge, die Dicke, die Flächendiagonale, die Raumdiagonale und den Lochdurchmesser. Jede Linie durch den Körper, ob gerade oder gekrümmt, wird bei einer Temperaturerhöhung um ein Kelvin im Verhältnis α_l verlängert. Wenn man seinen Namen in die Platte ritzt, vergrößert sich auch dieser wie jede andere Linie.

Hat man sich das einmal klargemacht, so kann man leicht einsehen (vgl. Aufgabe 14 und 16), daß die relative Flächenänderung $\Delta A/A$ je Kelvin Temperaturerhöhung bei einem isotropen Körper in guter Näherung $2\alpha_l$ beträgt, so daß insgesamt eine Flächen-

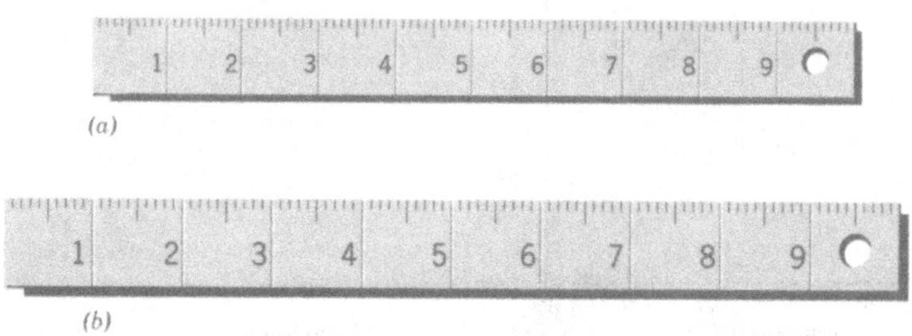

Abb. 21.7 Ein Stahlmaßstab bei zwei verschiedenen Temperaturen. Bei der thermischen Ausdehnung eines Körpers nimmt jede Dimension im gleichen Verhältnis zu, d. h. die Skala, die Zahlen, das Loch und die Dicke des Stabes werden um denselben Faktor größer. Die dargestellte Ausdehnung ist stark übertrieben. Sie würde einer Temperaturerhöhung von 100000 °C entsprechen.

änderung von

$$\Delta A = 2\alpha_l A\,\Delta T$$

auftritt, und daß für eine Volumenänderung eines isotropen Körpers in guter Näherung

$$\Delta V = 3\alpha_l V\,\Delta T$$

gilt. Da die äußere Gestalt von Flüssigkeiten und Gasen nicht bestimmt ist, kann man bei diesen Medien nur eine Volumenänderung angeben. Gase reagieren sehr empfindlich auf Temperatur- und Druckunterschiede, während sich das Volumen von Flüssigkeiten bei Temperaturänderungen nur wenig ändert. Im Fall einer Flüssigkeit gilt für die Volumenänderung die Beziehung

$$\gamma = \frac{1}{V}\frac{\Delta V}{\Delta T}, \tag{21.7}$$

wobei γ, der *Volumenausdehnungskoeffizient* oder der *kubische Ausdehnungskoeffizient*, wiederum praktisch eine Konstante ist. Üblicherweise dehnen sich Flüssigkeiten mit steigender Temperatur aus, wobei ihre Volumenausdehnung etwa zehnmal größer als die von Festkörpern ist.

Wasser zeigt unter den Flüssigkeiten eine Besonderheit. In Abb. 21.8 wird die Ausdehnung von Wasser bei Temperaturerhöhung gezeigt. Oberhalb 4°C dehnt sich Wasser mit steigender Temperatur aus, wenn auch nicht mit einer linearen Abhängigkeit. Unterhalb 4°C bis hin zu 0°C dehnt es sich mit fallender Temperatur ebenfalls aus, anstatt zu kontrahieren, wie man erwarten würde. Ein solches Verhalten zeigen keine anderen Flüssigkeiten, wohl aber gummiähnliche Materialien und bestimmte kristalline Festkörper in manchen Temperaturbereichen. Wegen seines anomalen Verhaltens erreicht die Dichte von Wasser bei 4 °C ihr Maximum von 1 g/cm³ (genauer Wert: 0.999973 g/cm³ bei 3.98 °C); bei allen anderen Temperaturen ist die Dichte geringer. Aus diesem Grunde

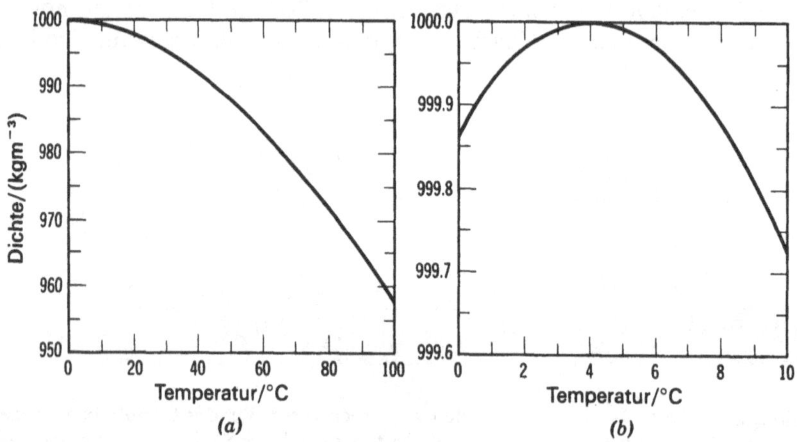

Abb. 21.8 (a) Die Dichte von Wasser bei einer Temperaturänderung unter Atmosphärendruck. (b) Vergrößerung des Bereiches zwischen 0 °C und 10 °C.

gefrieren Seen und Teiche von oben her zu, denn das dichteste Wasser von 4°C sammelt sich auf dem Grund an. Dort können wasserlebende Tiere überwintern, ohne im Eis einzufrieren.

Fragen

1. Wird die Temperatur aufgrund eines mikroskopischen oder eines makroskopischen Konzeptes als physikalische Größe erklärt?
2. Gibt es außer der Temperatur noch andere Größen, die bei der Berührung zweier Systeme die Tendenz zeigen, sich auszugleichen?
3. Man gebe eine plausible Erklärung für folgenden Sachverhalt: Ein Eisstück und ein Thermometer befinden sich in einem evakuierten und isolierten Gefäß, ohne sich zu berühren. Trotzdem fällt das Thermometer allmählich.
4. Kann man in einem Vakuum eine Temperatur messen?
5. Hat der menschliche Temperatursinn auch eine Empfindung für die Richtung der Temperaturänderung? Bedeutet die Empfindung „heißer" auch notwendigerweise eine höhere Temperatur, oder ist das nur eine beliebige Vereinbarung? Celsius hatte ursprünglich den Dampfpunkt von Wasser mit 0°C und den Eispunkt mit 100°C bezeichnet.
6. In Abb. 21.1 ist eine Vorrichtung gezeigt, mit der der Tripelpunkt des Wassers realisiert werden kann. Wie kann man die Vorrichtung so verändern, daß man damit den Gefrierpunkt von Wasser darstellen kann?
7. Wie könnte man die Temperatur (a) der Sonne, (b) der äußeren Erdatmosphäre, (c) eines Insekts, (d) des Mondes, (e) des Ozeangrundes und (e) des flüssigen Heliums messen?
8. Eignen sich alle Gase gleich gut als Füllung eines Gasthermometers mit konstantem Volumen? Welche Eigenschaften sollte ein Gas für diesen Zweck haben?
9. Warum ist Wasser als thermometrische Substanz in einem Flüssigkeitsthermometer nicht geeignet? Ist Quecksilber besser geeignet?
10. Man erkläre, warum der Quecksilberfaden in einem Quecksilberthermometer zunächst absinkt, bevor er steigt, wenn das Thermometer in eine Flamme gehalten wird.
11. Welche Gemeinsamkeit besteht zwischen der Celsius-Skala und der Fahrenheit-Skala?
12. Man diskutiere, ob die Celsius-, die Fahrenheit- oder die Kelvin-Skala eine „Natur-Skala" darstellt.
13. Welche Dimension hat der Längenausdehnungskoeffizient? Ändert sich sein Zahlenwert, wenn man die Temperatur in Grad Fahrenheit statt in Grad Celsius angibt?
14. Eine Metallkugel paßt gerade durch einen Metallring. Wird die Kugel erwärmt, so bleibt sie im Ring stecken. Was geschieht, wenn man nicht die Kugel, sondern den Ring erwärmt?
15. Ein Bimetallstreifen besteht aus zwei aufeinandergenieteten Streifen verschiedener Metalle. Ein solcher Bimetallstreifen wird zur Temperaturkontrolle in Thermostaten verwendet. Wie funktioniert das?
16. Ein Streifen aus Eisen und ein Streifen aus Zink werden zu einem geraden Bimetallstreifen zusammengenietet. Warum krümmt sich der Bimetallstreifen bei Erwärmung immer so, daß das Eisen auf der Innenseite liegt?
17. Wieso kann die Schwingungsdauer einer Pendeluhr bei verschiedenen Temperaturen dadurch konstant gehalten werden, daß am unteren Ende des Pendels eine mit Quecksilber gefüllte Röhre angebracht wird?
18. Warum ziehen sich gummiartige Materialien beim Erwärmen zusammen (vgl. Frage 25 in Kapitel 25)?
19. Warum entspricht die beobachtete Ausdehnung einer Flüssigkeit in einem Kolben nicht genau der wahren Ausdehnung der Flüssigkeit?

20. Warum haben Flüssigkeiten sehr viel größere Volumenausdehnungskoeffizienten als feste Körper?
21. Hängt die Volumenausdehnung eines Körpers bei Temperaturerhöhung davon ab, ob im Körperinneren Hohlräume oder andere Einschlüsse vorhanden sind? Hierzu diskutiere man eine volle und eine hohle Kugel.
22. Welche Schwierigkeiten ergäben sich, wenn man die Temperatur über die Dichte des Wassers definieren wollte?
23. Warum frieren Teiche im Winter von oben nach unten zu?
24. Warum können Wasserrohre bei Frost platzen?
25. Eis schwimmt auf Wasser. Was kann man daraus für die Druckabhängigkeit des Schmelzpunktes von Eis schließen?

Aufgaben

Abschnitt 21.3

1. Bei einem *Widerstandsthermometer* dient der elektrische Widerstand als thermometrische Eigenschaft. Man darf festlegen, daß die zu messende Temperatur proportional zu dem Widerstand ist. Ein solches Widerstandsthermometer zeige einen Widerstand von 90.35 Ω, wenn es in Wasser am Tripelpunkt gehalten wird. Welche Temperatur würde das Thermometer angeben, wenn es in eine andere Umgebung gehalten wird und dabei einen Widerstand von 96.28 Ω anzeigte?
Antwort: 291.1 K.
2. Nach unserer Erfahrung nehmen sowohl kalte als auch warme Körper nach einer Weile die Umgebungstemperatur an. Wenn der Temperaturunterschied ΔT zwischen Körper und Umgebung nicht allzu groß ist, kann man die Rate des Erwärmens bzw. des Abkühlens als annähernd proportional zur Temperaturdifferenz annehmen:

$$\frac{d\Delta T}{dt} = -K\,\Delta T,$$

wobei K eine Konstante darstellt, die den Wärmeübergang charakterisiert. Dieses Gesetz heißt *Newtonsches Abkühlungsgesetz*. Das Minuszeichen steht, weil ΔT mit der Zeit abnimmt. (a) Wovon hängt K ab, und welche Dimension hat es? (b) Zur Zeit $t = 0$ herrsche ein Temperaturunterschied von ΔT_0. Man zeige die folgende Abhängigkeit:

$$\Delta T = \Delta T_0 e^{-Kt}.$$

3. Ein Quecksilberthermometer wird einige Zeit in kochendes Wasser getaucht und dann wieder herausgenommen. Nach verschiedenen Zeiten t liest man folgende Werte der Celsius-Temperatur ϑ ab:

t in s	ϑ in °C	t in s	ϑ in °C	t in s	ϑ in °C	t in s	ϑ in °C
0	98.4	25	65.1	100	50.3	700	26.5
5	76.1	30	63.9	150	43.7	1000	26.1
10	71.1	40	61.6	200	38.8	1400	26.0
15	67.7	50	59.4	300	32.7	2000	26.0
20	66.4	70	55.4	500	27.8	3000	26.0

Man trage K als Funktion der Zeit t auf (vgl. Aufgabe 2). In welchen Bereichen gilt hier das Newtonsche Abkühlungsgesetz?

Abschnitt 21.5

4. Die Siedetemperatur von Wasser auf der Temperaturskala des idealen Gases beträgt 373.15 K. Wie groß ist der Grenzwert des Verhältnisses des Drucks eines Gases am Siedepunkt des Wassers zu seinem Druck am Tripelpunkt des Wassers, wenn das Volumen des Gases konstant gehalten wird?
5. Es sei p_{tr} der Druck in einem Gasthermometer mit konstantem Volumen beim Tripelpunkt des Wassers (273.16 K) und p der Druck bei Zimmertemperatur. Es stehen drei verschiedene Gasthermometer mit konstantem Volumen zur Verfügung. Nr. 1 enthalte Sauerstoff, und p_{tr1} betrage 26.66 kPa; Nr. 2 enthalte ebenfalls Sauerstoff, aber p_{tr2} betrage 53.32 kPa; Nr. 3 enthalte Wasserstoff und p_{tr3} betrage 39.99 kPa. Die drei gemessenen Werte für p bei Zimmertemperatur seien p_1, p_2 und p_3. (a) Ein Näherungswert für die Zimmertemperatur kann nach folgender Beziehung berechnet werden:

$$T_i = 273.16\,\mathrm{K}\,\frac{p_i}{p_{tr,i}}; \quad i = 1, 2, 3.$$

Die folgenden Behauptungen sollen mit „richtig" oder „falsch" beantwortet werden. (1) Mit allen drei Thermometern erhält man den gleichen Wert für T. (2) Die beiden Sauerstoff-Thermometer geben den gleichen Wert, das Wasserstoff-Thermometer einen anderen Wert. (3) Alle drei Thermometer ergeben einen anderen Wert. (b) Angenommen, es ergäben sich drei verschiedene Werte, wie müßte man das Verfahren ändern, damit man drei gleiche Werte erhielte? *Antwort:* (a) (1) falsch; (2) falsch; (3) richtig; (b) man muß den Grenzwert $p_{tr} \to 0$ nehmen.

Abschnitt 21.6

6. (a) Die Temperatur der Sonnenoberfläche beträgt ungefähr 6000 K. Welcher Temperatur entspricht das auf der Celsius-Skala und auf der Fahrenheit-Skala? (b) Wie hoch ist die normale Körpertemperatur des Menschen auf der Fahrenheit-Skala? (c) Grob gesehen betragen die Extremwerte der Temperatur auf der Erde − 50°C und + 50°C. Welchen Kelvin-Temperaturen entspricht das? (d) Man gebe den Siedepunkt von Sauerstoff, − 183°C, in °F an. (e) Bei einer Körpertemperatur von 39°C hat ein Mensch Fieber. Welcher prozentualen Abweichung von der Normaltemperatur entspricht dies in der Kelvin-Skala und in der Celsius-Skala?
7. Bei welcher Temperatur liest man auf den folgenden Skalen dieselben Werte ab? (a) Fahrenheit- und Celsius-Skala, (b) Fahrenheit- und Kelvin-Skala, (c) Celsius- und Kelvin-Skala. *Antwort:* (a) − 40°; (b) 575°; (c) bei keiner.

Abschnitt 21.7

8. Im Temperaturbereich zwischen 0 °C und 660 °C empfiehlt die IPTS ein Platin-Widerstandsthermometer bestimmter Ausführung zum Messen der Temperatur. Dessen Widerstand R ändert sich mit der Temperatur T nach folgender Beziehung:

$$R = R_0(1 + AT_c + BT_c^2).$$

R_0, A und B sind Konstanten, die durch Messungen am Eispunkt (Schmelztemperatur von Eis), am Dampfpunkt (Siedetemperatur von Wasser) und am Schwefelpunkt (Siedetemperatur von Schwefel) bestimmt werden. (a) Man berechne R_0, A und B, wenn am Eispunkt $R = 10\,\Omega$, am Dampfpunkt $R = 13.946\,\Omega$ und am Schwefelpunkt $R = 24.817\,\Omega$ gemessen werden. (b) Man trage R über t im oben angegebenen Temperaturbereich auf.

Abschnitt 21.8

9. Ein Teleskopspiegel aus Pyrexglas habe einen Durchmesser von 508 cm. Die jahreszeitliche Temperatur schwanke zwischen $-10\,°C$ und $+50\,°C$. Man berechne die maximale Änderung des Spiegeldurchmessers.
Antwort: 0.09652 cm.
10. Ein rundes Loch in einer Aluminiumplatte habe bei 0 °C einen Durchmesser von 2.54 cm. Wie groß ist der Durchmesser, wenn die Temperatur auf 100 °C erhöht wird?
11. Bei einer Außentemperatur von 0 °C werden Schienenstränge aus Stahl verlegt. Die Standardlänge der Stränge sei 12 m. Welche Abstände müssen zwischen den Schienenenden freigelassen werden, wenn man im Sommer mit Außentemperaturen bis zu 42 °C rechnen muß?
Antwort: 0.55 cm.
12. Ein Rundstahl habe bei 25 °C einen Durchmesser von 3 cm. Bei der gleichen Temperatur habe ein Messingring einen Innendurchmesser von 2.992 cm. Bei welcher Temperatur würde der Ring gerade über den Rundstahl passen?
13. Wenn der Längenausdehnungskoeffizient nicht als Konstante, sondern als temperaturabhängig betrachtet wird, kann man für die Längenausdehnung folgende Beziehung finden:

$$l \approx l_0 \left[1 + \int_{T_0}^{T} \alpha_l(T)\, \mathrm{d}T \right]$$

wobei l_0 die Länge bei einer Vergleichstemperatur T_0 sein soll. Man leite obige Beziehung her.
14. Die Fläche A einer rechteckigen Platte sei durch ab gegeben (Abb. 21.9). Der Längenausdehnungskoeffizient sei α_l. Nach einer Temperaturerhöhung ΔT hat sich die Seite a um Δa und die Seite b um Δb verlängert. Unter Vernachlässigung des sehr kleinen Wertes $\Delta a \Delta b / ab$ zeige man, daß $\Delta A = 2\alpha_l A \Delta T$ gilt.

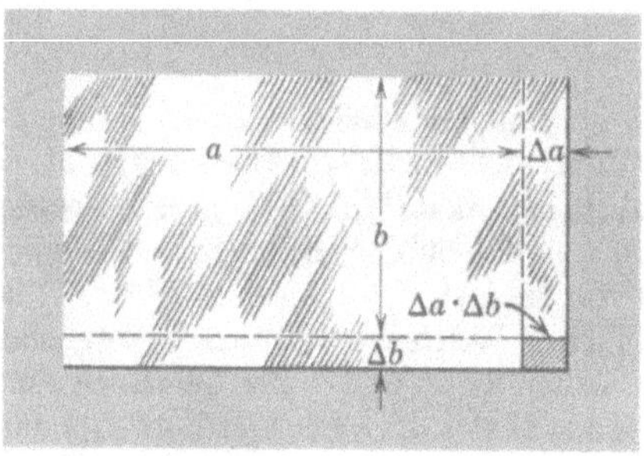

Abb. 21.9 Zu Aufgabe 14

15. Ein Glasfenster habe bei 0 °C die Maße 20 cm × 30 cm. Um wieviel nimmt seine Fläche zu, wenn die Temperatur auf 40 °C steigt?
Antwort: 0.32 cm^2.
16. Unter Vernachlässigung sehr kleiner Werte (so wie bei Aufgabe 14) zeige man, daß die Volumenausdehnung eines Festkörpers bei einer Temperaturerhöhung ΔT durch $\Delta V = 3\alpha_l V \Delta T$ gegeben ist.
17. Man bestimme die Volumenänderung einer Aluminiumkugel vom Durchmesser 10 cm nach der Erwärmung von 0 °C auf 100 °C.
Antwort: 29 cm^3.
18. Wenn eine Kupfermünze um 100 °C erwärmt wird, wächst ihr Durchmesser um 0.18 %. Man bestimme auf zwei Dezimalstellen genau den prozentualen Zuwachs (a) der Fläche der Vorderseite, (b) der Dicke, (c) des Volumens und (d) der Masse der Münze. (e) Wie groß ist der Längenausdehnungskoeffizient?

19. Die Dichte wird als Masse durch Volumen definiert. Wenn das Volumen temperaturabhängig ist, muß es die Dichte auch sein. Man zeige, daß die Änderung der Dichte mit der Temperaturänderung ΔT durch

$$\Delta \varrho = -\gamma \varrho \Delta T$$

gegeben ist, wobei γ der Volumenausdehnungskoeffizient ist. Warum steht in der Gleichung ein Minuszeichen?

20. Man zeige, daß sich die Höhe der Flüssigkeitssäule in einem Barometer bei einer Temperaturänderung ΔT um $\Delta h = \gamma h \Delta T$ ändert. Der Druck werde konstant gehalten; γ sei der Volumenausdehnungskoeffizient.

21. (a) Man zeige, daß die Längendifferenz zweier Stäbe aus verschiedenen Materialien bei allen Temperaturen konstant bleibt, wenn sich ihre Längen umgekehrt proportional zu ihren Längenausdehnungskoeffizienten verhalten. (b) Wie lang müßten ein Stahlstab und ein Messingstab bei 0 °C sein, damit bei allen anderen Temperaturen der Längenunterschied zwischen den beiden Stäben stets 30 cm beträgt?
Antwort: (b) Stahl 71 cm, Messing 41 cm.

22. Man betrachte ein Quecksilberthermometer aus Glas. Die Querschnittsfläche A_0 der Glaskapillare sei konstant; das Volumen des Quecksilbervorrates sei V_0 bei 0 °C und fülle gerade den Vorratsbehälter auf. Man zeige, daß die Länge des Quecksilberfadens in der Kapillare bei der Temperatur t durch

$$l = \frac{V_0}{A_0} (\gamma - 3\alpha_l) t$$

gegeben ist, d. h. proportional zur Temperatur ist. α_l ist der Längenausdehnungskoeffizient von Glas und γ der Volumenausdehnungskoeffizient von Quecksilber.

23. Ein Aluminiumgefäß von 100 ml Volumen sei bei 12 °C randvoll mit Quecksilber gefüllt. Wieviel Quecksilber, wenn überhaupt, wird überlaufen, wenn die Temperatur auf 18 °C steigt? Der Volumenausdehnungskoeffizient von Quecksilber ist 1.8×10^{-4}/°C.
Antwort: 70 mm³.

24. Ein Uhrenpendel aus Invarstahl habe bei 20 °C eine Schwingungsdauer von 0.5 s. Die Uhr soll an einem anderen Ort aufgestellt werden, wo eine Durchschnittstemperatur von 30 °C herrscht. Welche Zeitkorrektur muß nach 30 Tagen (annähernd) durchgeführt werden?

25. (a) Man zeige, daß sich das Trägheitsmoment J eines Festkörpers bei einer Temperaturänderung ΔT um $\Delta J = 2\alpha_l J \Delta T$ ändert. (b) Man zeige, daß die Änderung der Schwingungsperiode t eines physikalischen Pendels mit der Temperatur durch $\Delta t = \frac{1}{2}\alpha_l t \, \Delta T$ gegeben ist.

26. Man betrachte einen homogenen Messingzylinder der Masse 0.5 kg und mit einem Radius von 3 cm. Der Zylinder werde in einem reibungsfreien Kugellager gelagert und in Rotation um seine Achse mit der Winkelgeschwindigkeit 60 rad/s versetzt. (a) Wie groß ist der Drehimpuls des Zylinders, und welche Arbeit wurde bis zum Erreichen der obigen Winkelgeschwindigkeit geleistet? Nunmehr werde der Zylinder ohne mechanische Berührung von 20 °C auf 100 °C erwärmt. Der Längenausdehnungskoeffizient von Messing beträgt 2×10^{-5}/°C. Man gebe die relative Änderung (b) der Winkelgeschwindigkeit, (c) des Drehimpulses und (d) der kinetischen Energie der Drehbewegung an.

27. Ein 1 m langes, vertikales Glasrohr sei zur Hälfte mit einer Flüssigkeit der Temperatur 20 °C gefüllt. Um wieviel ändert sich die Höhe der Flüssigkeitssäule beim Erwärmen auf 30 °C? Der Längenausdehnungskoeffizient von Glas sei 1×10^{-5}/°C und der Volumenausdehnungskoeffizient der Flüssigkeit 4×10^{-5}/°C.
Antwort: + 0.1 mm.

28. Ein Vollzylinder aus Aluminium ist mit einem flexiblen Stahlgurt zwischen zwei Wänden aufgehängt, so wie in Abb. 21.10 gezeigt. Die Achse C des Zylinders soll durch thermische Expansion oder Kontraktion des Zylinders und des Gurtes nicht verschoben werden. Weiterhin soll der Winkel $\theta = 50°$ konstant sein und sich nicht mit der Temperatur ändern. Wie groß ist R bei

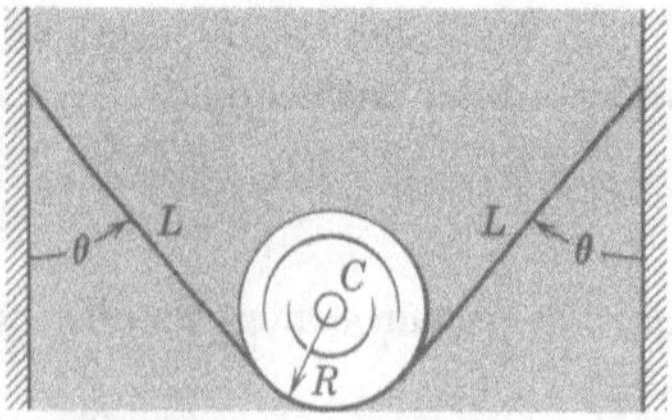

Abb. 21.10 Zu Aufgabe 28

einer Temperatur von 290 K, wenn die Gurtlänge bei dieser Temperatur 2.5 m beträgt? Das Gewicht des Gurtes werde vernachlässigt.

29. Zwei vertikale, mit einer Flüssigkeit gefüllte Glasrohre seien an ihren unteren Enden durch eine horizontale Kapillare verbunden (Abb. 21.11). Das eine Rohr tauche in ein Eisbad von 0 °C, das andere in ein Bad mit heißem Wasser der Temperatur t. Die Höhendifferenz der beiden Flüssigkeitsmenisken sei Δh, die absolute Höhe der Flüssigkeitssäule im Eisbad sei h_0. (a) Man erkläre, wie diese Anordnung, die schon 1816 von Dulong und Petit vorgestellt wurde, zur Bestimmung des wahren Volumenausdehnungskoeffizienten γ einer Flüssigkeit (und nicht nur der Differenz der Volumenausdehnung von Glas und Flüssigkeit) benutzt werden kann. (b) Man bestimme γ für $t = 16$ °C, $h_0 = 126$ cm und $\Delta h = 1.5$ cm.
Antwort: (b) 7.44×10^{-4}/°C.

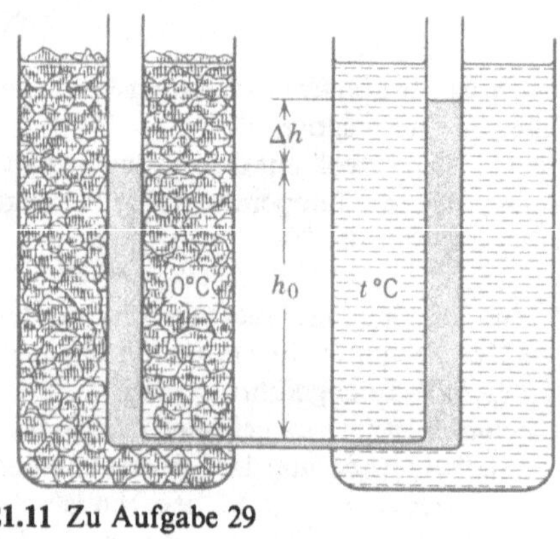

Abb. 21.11 Zu Aufgabe 29

30. Ein Aluminiumwürfel der Kantenlänge 20 cm schwimmt auf Quecksilber. Um wieviel tiefer sinkt der Würfel, wenn die Temperatur von 270 K auf 320 K steigt? Der Volumenausdehnungskoeffizient von Quecksilber ist 1.8×10^{-4}/°C.
31. Die Pfeiler einer großen Hängebrücke stehen 1280 m auseinander (Golden Gate Bridge). Die Tragseile hängen in der Mitte der Brücke bei einer Außentemperatur von 50 °F um 143.3 m durch. Für das Seilmaterial sei $\alpha_l = 6.5 \times 10^{-6}$/°F. Man bestimme (a) die Längenänderung der Seile und (b) die Änderung des Durchhangs, wenn die Außentemperatur von − 20°F auf + 110 °F steigt. Die Brückenpfeiler sollen sich nicht verbiegen, das Seil soll parabolisch durchhängen.
Antwort: (a) 1.1 m; (b) 2 m.
32. Ein mit Quecksilber nahezu ganz gefülltes Glasrohr wird am Ende eines 100 cm langen Eisenpendels angebracht, so daß es parallel zum Pendel steht. Wie hoch muß das Quecksilber im Rohr stehen, damit sich der Schwerpunkt des Pendels nicht mit der Temperatur verschiebt? Der Querschnitt des Glasrohres sei genau so groß wie der des Pendels. Eisen hat eine Dichte von 7.87×10^3 kg/m³ und einen Längenausdehnungskoeffizienten von 12×10^{-6}/°C. Der Volumenausdehnungskoeffizient von Quecksilber ist 18×10^{-5}/°C.

22 Wärme und der erste Hauptsatz der Thermodynamik

22.1 Wärme, eine Energieform

Werden zwei Systeme unterschiedlicher Temperatur miteinander in Berührung gebracht, so gleichen sich die Temperaturen nach einer gewissen Zeit an. Beide Systeme haben dann eine Temperatur, die irgendwo zwischen den beiden anfänglichen Temperaturen liegt. Das ist eine alltägliche Erfahrung. Man hat lange nach einer Erklärung für diesen Vorgang gesucht. Bis Anfang des 19. Jahrhunderts wurde er auf die Existenz einer Art Wärmestoff, dem *caloricum*, zurückgeführt. Ein Körper mit hoher Temperatur sollte mehr caloricum enthalten als ein kälterer Körper. Beim Berühren, so glaubte man, gebe der wärmere Körper einen Teil des Wärmestoffes an den kälteren ab, bis beide gleiche Temperaturen aufwiesen. Mit dem Konzept eines solchen Wärmestoffes konnte man einige Vorgänge plausibel machen, so die Wärmeleitung oder das Mischen zweier Substanzen in einem Kalorimeter. Andererseits konnte die Vorstellung von der Existenz eines Wärmestoffes, dessen Gesamtmenge konstant bleiben sollte, aber vielen experimentellen Tatsachen nicht standhalten. Trotzdem beschreiben wir auch heute noch manche mit der Temperatur zusammenhängenden Erscheinungen derart, daß wir sagen, „irgend etwas" werde von einem Körper höherer Temperatur auf einen Körper tieferer Temperatur übertragen. Dieses „irgend etwas" heißt *Wärme*. Eine nützliche, wenn auch nicht operationale Definition ist folgende: *Wärme ist das, was allein aufgrund eines Temperaturunterschiedes zwischen einem System und seiner Umgebung ausgetauscht wurde.*

Mit der Zeit wurde den Naturwissenschaftlern bewußt, daß Wärme eher eine Form der Energie sein müsse als ein Stoff. Der erste zwingende Befund für diese Annahme wurde von dem Amerikaner Benjamin Thompson (1753–1814), dem späteren Graf Rumford, gegeben. Als er im Jahre 1785 im Münchener Arsenal das Ausbohren von Kanonenrohren überwachte, beobachtete er, daß sich das Wasser, welches zur Kühlung in die Bohrlöcher gefüllt wurde, so stark erhitzte, daß es vollständig verdampfte und deshalb dauernd nachgefüllt werden mußte. Offensichtlich war beim Bohren auf das Wasser Wärmestoff übertragen worden. Die dauernde Nachführung der Wärme wurde damit erklärt, daß bei einer feinen Zerteilung eines Körpers, so wie es beim Bohren der Fall war, der dem Material innewohnende Wärmestoff immer weniger gut gebunden war und daher leichter abgegeben werden konnte. Beim Fortschreiten des Bohrens wurde auf diese Weise immer wieder Wärmestoff frei, der das Kühlwasser verdampfen ließ. Rumford beobachtete weiter, daß das Wasser auch dann noch verdampfte, wenn gar kein Material mehr zerkleinert wurde, weil die Bohrwerkzeuge abgestumpft waren.

Nachdem Rumford in einer Reihe weiterer Experimente alle möglichen Erklärungen für die Wärme erörtert hatte, schrieb er in einem Artikel:

„... wenn man über dieses Phänomen nachdenkt, darf man nicht vergessen, den höchst wichtigen Umstand zu berücksichtigen, daß die Quelle der in diesen Experimenten durch Reibung erzeugten Wärme offensichtlich unerschöpflich ist..., es erscheint mir äußerst schwierig, wenn nicht sogar unmöglich, auch nur irgendeine Erklärung oder Vergleichliches für etwas zu finden, das so angeregt und so übertragen wird wie die Wärme in diesen Experimenten, es sei denn Bewegung."

In dieser Bemerkung liegt der Ausgangspunkt für den Gedanken, daß die mechanische Arbeit die Ursache für die Wärmeentwicklung beim Bohren ist. Klar ausgesprochen wurde dieser Schluß aber erst viel später durch andere Wissenschaftler. Anstelle eines kontinuierlichen Verschwindens der mechanischen Energie und einer kontinuierlichen Erzeugung von Wärme – beides würde nicht einem Erhaltungssatz genügen – wurde nunmehr der Vorgang der Wärmeerzeugung als ein bloßer Übergang der Energie von einer Form in eine andere Form angesehen. Die gesamte Energie bleibt hierbei erhalten.

Heute ist uns die Energieerhaltung eine selbstverständliche Tatsache, doch noch 1850 war das etwas völlig Neuartiges. Selbst Wissenschaftler wie Galilei und Newton verschlossen sich diesem Prinzip. Während der nachfolgenden Jahre führte die Vorstellung von der Energieerhaltung zu einer Vielzahl neuer Entdeckungen. Eine Reihe von Wissenschaftlern gelangten ungefähr zur selben Zeit zu diesem grundlegenden Konzept, doch sie fanden kein Verständnis oder wurden von ihren Kollegen völlig ignoriert. Unter ihnen waren Julius Mayer (1814–1878) und Hermann von Helmholtz (1821–1894) in Deutschland, James Joule (1818–1889) in England und L. A. Colding (1815–1888) in Dänemark*.

Joule wies in Experimenten nach, daß jedesmal eine gleiche „Menge" von Wärme erzeugt wird, wenn man eine bestimmte „Menge" von mechanischer Energie in Wärme umwandelte. Hiermit war die Äquivalenz von Wärme und mechanischer Energie gegeben, beide stellten nur verschiedene Formen der Energie dar.

Helmholtz erkannte als erster, daß nicht nur Wärme und mechanische Energie, sondern auch alle anderen Formen der Energie gleichwertig sind. Es kann kein Teil einer Energieform verschwinden, ohne in in einer anderen Energieform wieder aufzutauchen.

22.2 Wärmemenge und Wärmekapazität

Die Einheit der Wärme Q wird gewöhnlich durch eine bestimmte Änderung in einem Körper während eines bestimmten Prozesses definiert. So wurde früher diejenige Wärmemenge, die 1 g Wasser unter Normdruck (101.325 kPa = 1 atm) von 287.65 K auf 288.65 K erwärmte, 1 *Kalorie* (cal) genannt; der tausendfache Betrag war 1 kcal. Diese

* 40 Jahre nach dem Tode von Sadi Carnot (1796–1832) wurde im Jahre 1878 seine schon 1824 veröffentlichte wissenschaftliche Arbeit „Betrachtungen über die bewegende Kraft des Feuers" wiederentdeckt. Darin wurde klar, daß Carnot schon sehr viel früher als alle anderen Forscher die Erhaltung der Energie postuliert hatte. Es ist bemerkenswert, daß die fünf Wissenschaftler, die zuerst den Energieerhaltungssatz verstanden hatten, sehr jung waren und einer Tätigkeit außerhalb der Physik nachgingen: Mayer (28 Jahre, Mediziner), Helmholtz (32 Jahre, Physiologe), Colding (27 Jahre, Ingenieur), Joule (25 Jahre, Industrieller) und Carnot (32 Jahre, Ingenieur). Rumford war mit einem Alter von 45 Jahren im Vergleich zu diesen Wissenschaftlern schon ein alter Herr.

Einheit ist auch heute noch weithin gebräuchlich. Da man bei der Festlegung von Einheiten jedoch von Stoffeigenschaften unabhängig sein will, wird auch die Einheit der Wärmemenge, da diese eine Form der Energie ist, auf die aus der Mechanik bekannte Energieeinheit *Joule* (J) zurückgeführt. Der Umrechnungsfaktor zwischen beiden Einheiten, das sogenannte *Wärmeäquivalent*, ist durch

$$1 \text{ Kalorie (cal)} = 4.1868 \text{ Joule (J)}$$

gegeben.

Verschiedene Stoffe oder Körper unterscheiden sich durch den Betrag an Energie, der benötigt wird, um ihre Temperatur um einen bestimmten Betrag zu erhöhen. Das Verhältnis von benötigter Wärmeenergie ΔQ zu der entsprechenden Temperaturerhöhung ΔT nennt man die *Wärmekapazität C* des Stoffes (oder Körpers):

$$C = \frac{\Delta Q}{\Delta T}.$$

Die Bezeichnung Wärmekapazität kann insofern mißverständlich sein, als sie den Eindruck erweckt, es handele sich bei ihr um einen Wärmebetrag, den ein Körper zu speichern vermag. Das ist nicht so. Vielmehr ist sie diejenige Wärmemenge, die man dem Körper zuführen muß, damit sich dessen Temperatur um einen bestimmten Betrag, nämlich ΔT, erhöht. Es ist einleuchtend, daß die Wärmekapazität von der Masse des Körpers abhängt. Die auf die Masse des Körpers bezogene Wärmekapazität, die *spezifische Wärmekapazität*, ist für die Materialzusammensetzung des Körpers charakteristisch und durch folgende Definition bestimmt:

$$c = \frac{\Delta Q}{m\,\Delta T}. \tag{22.1}$$

Wir sprechen von der Wärmekapazität eines Pfennigs, aber von der spezifischen Wärmekapazität von Kupfer.

Weder die Wärmekapazität C noch die spezifische Wärmekapazität c sind Konstanten, sondern hängen von der Temperatur ab. Die obige Definition stellt also nur einen Mittelwert für das betreffende Temperaturintervall ΔT dar. Nur im Grenzfall $\Delta T \to 0$ kann man von einer spezifischen Wärmekapazität bei der Temperatur T sprechen.

Die Wärmemenge, die man einem Körper der Masse m und der spezifischen Wärmekapazität c zuführen muß, um seine Temperatur von T_a auf T_e zu erhöhen, ist durch

$$Q = \Sigma \Delta Q = \sum_{T_a}^{T_e} mc\,\Delta T \tag{22.2}$$

gegeben, wobei $\Delta T \ll T_e - T_a$ sein soll. Im Grenzfall lautet diese Beziehung

$$Q = m \int_{T_a}^{T_e} c\,\mathrm{d}T, \tag{22.3}$$

wobei c eine Funktion der Temperatur ist. Bei gewöhnlichen Umgebungstemperaturen kann c über nicht allzu große Temperaturintervalle als konstant angesehen werden. Die Abb. 22.1 zeigt z. B. für Wasser den Verlauf der spezifischen Wärmekapazität über einen

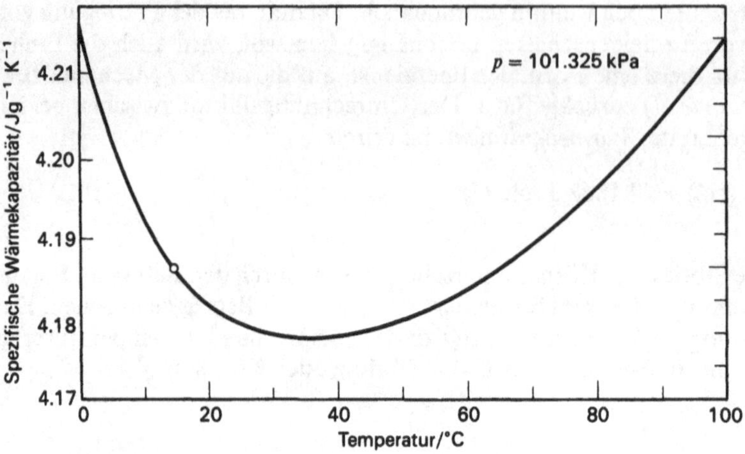

Abb. 22.1 Temperaturabhängigkeit der spezifischen Wärmekapazität von Wasser bei einem Druck von 101.325 kPa (1 atm). Der kleine Kreis auf der Kurve bei 15 °C gibt die Temperatur an, bei der die früher gebräuchliche Wärmeeinheit „Kalorie" definiert war.

Temperaturbereich von 0 °C bis 100 °C. Man erkennt aus der Abbildung, daß c in diesem Bereich um weniger als 1 % von dem üblicherweise für 15 °C angegebenen Wert abweicht. Man erhält solche Kurven, wenn man die zu untersuchende Probe mit einer elektrischen Heizschlange aufwärmt, deren Heizrate genau gemessen werden kann.

Mit Gl. 22.1 ist die spezifische Wärmekapazität noch nicht eindeutig definiert, denn man muß noch die äußeren Bedingungen festlegen, bei denen dem Körper Wärme zugeführt wurde. Wir hatten stillschweigend vorausgesetzt, daß sich die Probe während des Aufheizens unter Atmosphärendruck befindet. Es gibt jedoch auch Bedingungen, unter denen man einen anderen Wert für die spezifische Wärmekapazität findet. Bei einem Vergleich verschiedener Materialien gibt man meistens c_p an, die spezifische Wärmekapazität bei konstantem Druck, oder c_V, die spezifische Wärmekapazität bei konstant gehaltenem Volumen.

In Tab. 22.1 sind die spezifischen Wärmekapazitäten und die molaren Wärmekapazi-

Tabelle 22.1 Wärmekapazitäten verschiedener Stoffe bei Zimmertemperatur und einem Druck von 101.325 kPa (1 atm)

Stoff	spezifische Wärmekapazität c_p in J g^{-1}K^{-1}	molare Masse in g mol^{-1}	molare Wärmekapazität C_p in J mol^{-1}K^{-1}
Aluminium	0.900	27.0	24.4
Kohlenstoff	0.507	12.0	6.11
Kupfer	0.386	63.5	24.5
Blei	0.128	207	26.5
Silber	0.236	108	25.5
Wolfram	0.134	184	24.8
Wasser	4.182	18	75.4

täten für einige feste Stoffe und für Wasser angegeben. Man sieht, daß Wasser eine vergleichsweise hohe Wärmekapazität besitzt.

Beispiel 1

Ein 75 g schwerer Kupferblock wird aus einem Heizofen genommen und in einen Glasbecher getaucht, der 200 g Wasser enthält. Die Wassertemperatur erhöht sich daraufhin von 12 °C auf 27 °C. Welche Temperatur herrschte im Ofen?

Es handelt sich bei diesem Beispiel um zwei Systeme mit verschiedenen Temperaturen, die ein thermisches Gleichgewicht annehmen, wenn sie in Kontakt gebracht werden. Es wird Wärme vom Kupferblock auf das Wasser übertragen; dafür macht man folgenden Ansatz:

$$m_K c_K (T_K - T_e) = (m_G c_G + m_W c_W)(T_e - T_a).$$

Die Indizes bedeuten: *K* Kupfer, G Glas und W Wasser; T_K ist die anfängliche Temperatur des Kupferblocks, T_a die anfängliche Temperatur des Wassers und T_e die Temperatur nach der Gleichgewichtseinstellung. Mit den Werten $c_K = 0.389$ J/(gK), $c_G = 0.50$ J/(gK) und $c_W = 4.187$ J/(gK) erhält man somit

$$T_K = 530\,°\mathrm{C}.$$

Welche theoretischen und praktischen Näherungen wurden bei dieser Rechnung angenommen?

22.3 Molare Wärmekapazität fester Stoffe

Aus der Tab. 22.1 erkennt man, daß die spezifischen Wärmekapazitäten fester Stoffe sehr unterschiedliche Werte haben. Bezieht man jedoch die Wärmekapazität eines Körpers nicht auf die Masse, sondern auf die Anzahl der Atome, so unterscheiden sich die betreffenden Materialien nicht mehr so stark. In Tab. 22.1 ist neben der spezifischen Wärmekapazität deshalb noch die *molare Wärmekapazität* aufgeführt, die sich auf 1 Mol (mol)* des Stoffes bezieht. Schon 1819 wiesen Dulong und Petit darauf hin, daß die molaren Wärmekapazitäten fester Stoffe bis auf wenige Ausnahmen sehr ähnliche Werte aufweisen, nämlich etwa 25 J/(mol K) (*Dulong-Petitsche Regel*). Die molare Wärmekapazität ergibt sich als Produkt aus spezifischer Wärmekapazität und relativer Atommasse (bzw. Molekülmasse). Die Tatsache, daß für viele feste Stoffe der Wärmebetrag, der benötigt wird, um die Temperatur *pro Atom* um 1 K zu erhöhen, der gleiche ist, stellt eine feste Stütze für die Atomtheorie des Materieaufbaus dar.

Tatsächlich nähern sich die molaren Wärmekapazitäten dem Wert Null mit $T \to 0$ K und dem oben genannten Dulong-Petit-Wert mit $T \to \infty$. Da für die Größe der Wärmekapazität offensichtlich nicht die Atomart sondern vielmehr deren Anzahl ausschlaggebend ist, liegt es nahe, daß die Temperaturabhängigkeit der molaren Wärmekapazitäten bei unterschiedlichen Stoffen sehr ähnlich ist. Abb. 22.2 zeigt diese Abhängigkeit für verschiedene Stoffe. Auf der Abszisse ist nicht die Temperatur aufgetragen, sondern die dimensionslose Größe T/θ_D. θ_D ist die *Debye-Temperatur*, eine für jedes Material konstante und charakteristische Größe. Sie beträgt für Blei 88 K und für Kohlenstoff 1860 K. Mit diesen beiden Werten kann man aus Abb. 22.2 entnehmen, daß der gleiche Abszissenwert $T/\theta_D = 0.6$ für Blei zu der absoluten Temperatur 53 K und für Kohlenstoff zu 1120 K

* Siehe Anhang A.

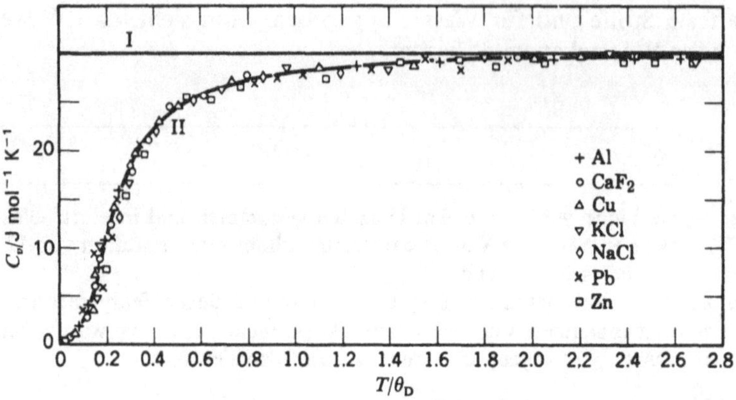

Abb. 22.2 Temperaturabhängigkeit der molaren Wärmekapazitäten für einige ausgewählte Stoffe. Die gerade Linie I repräsentiert die Wärmekapazitäten nach der Dulong-Petitschen Regel, die Kurve II nach der Debye-Theorie.

gehört. Andererseits entspricht die Zimmertemperatur von 300 K für Blei dem Verhältnis $T/\theta_D = 3.4$ und für Kohlenstoff dem Verhältnis $T/\theta_D = 0.16$. Mit diesen T/θ_D-Werten würde Blei nach Abb. 22.2 sehr gut der Dulong-Petitschen Regel entsprechen, Kohlenstoff aber nicht, denn es liegt nicht auf der Geraden I, dem Dulong-Petit-Wert aus dem Jahre 1819. Aus diesem Grund hielt man früher Kohlenstoff für eine Ausnahme. Bei genügend hoher Temperatur nähern sich die molaren Wärmekapazitäten fast aller festen Stoffe dem Wert von 25 J/mol K. Dies entspricht der Annahme, daß jedes Atom im Festkörper unabhängig von den anderen Atomen wie ein klassischer Oszillator schwingt. Die Kurve II folgt aus der Theorie von Debye, die im Jahre 1912 entwickelt wurde. Diese liefert eine charakteristische Temperatur, die Debye-Temperatur θ_D, die direkt mit einer materialspezifischen Schwingungsfrequenz in Beziehung gesetzt werden kann. Mittels quantentheoretischer Rechnungen werden die gekoppelten Schwingungen aller Atome des Festkörpers analysiert und Werte für die Wärmekapazität ermittelt, die als Funktion von T/θ_D für alle Stoffe den gleichen Verlauf ergeben. Die experimentelle Bestätigung (einzelne Punkte in Abb. 22.2) der theoretischen Vorhersage (ausgezogene Kurve II) ist ein glänzender Erfolg der Quantentheorie*.

Die in Abb. 22.2 berücksichtigten Stoffe verhalten sich „normal“, d. h. sie schmelzen und sieden in dem betrachteten Temperaturbereich nicht und ändern auch nicht ihre Kristallstruktur. Messungen der spezifischen Wärmekapazität stellen eine empfindliche Nachweismethode für atomare und molekulare Umgruppierungen in einem Festkörper dar. Die Abb. 22.3 gibt die spezifische Wärmekapazität von Tantal in einem engen Temperaturbereich um 4.39 K wieder. Unterhalb dieser Temperatur hat Tantal fast keinen elektrischen Widerstand, es ist supraleitend; oberhalb der Umwandlungstemperatur hat es einen Widerstand wie ein normales Metall.

* In Abb. 22.2 wurden die C_V-Werte verwendet, während in Tab. 22.1 die C_p-Werte aufgeführt sind. C_V-Werte sind theoretisch leichter zu berechnen, da die thermische Ausdehnung der Probe nicht berücksichtigt werden muß; C_p dagegen (zumindest für feste Stoffe) ist experimentell leichter zu ermitteln. Beide sind durch folgende Beziehung miteinander verknüpft.

$$C_p = C_V + \frac{T\gamma^2}{\kappa\varrho},$$

γ ist der Volumenausdehnungskoeffizient, $\kappa = -\frac{1}{V}\frac{\Delta V}{\Delta p}$ die Kompressibilität und ϱ die Dichte des betreffenden Stoffes. Bei Zimmertemperatur beträgt die Differenz zwischen C_p und C_V für viele feste Stoffe etwa 5%.

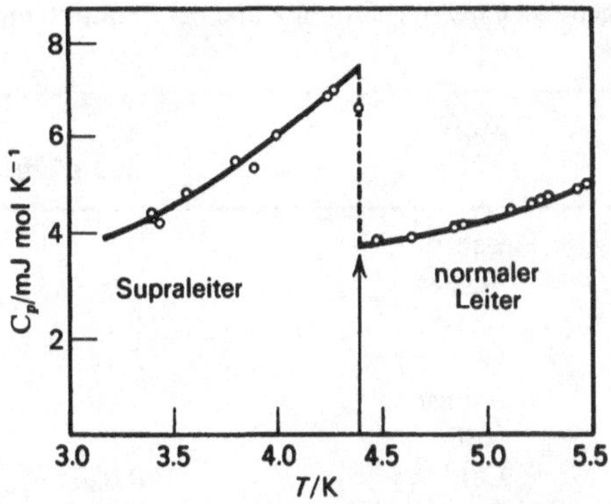

Abb. 22.3 Temperaturabhängigkeit der molaren Wärmekapazität von Tantal nahe der Sprungtemperatur.

22.4 Wärmeleitung

Unter *Wärmeleitung* versteht man eine Energieübertragung zwischen benachbarten Teilen eines Körpers, die durch eine Temperaturdifferenz zwischen diesen Teilen hervorgerufen wird. Man betrachte eine Platte der Fläche A und der Dicke Δx, deren Vorder- und Rückseite auf verschiedenen Temperaturen gehalten werden. Rechtwinklig zu den Oberflächen fließe eine Wärmemenge ΔQ. Experimentell kann man beobachten, daß ΔQ proportional zu dem betrachteten Zeitintervall Δt, zu der Querschnittsfläche A und zu der Temperaturdifferenz ΔT ist. Andererseits ist ΔQ umgekehrt proportional zu der Dicke Δx. Für nicht zu große ΔT und Δx erhält man annähernd die Beziehung

$$\frac{\Delta Q}{\Delta t} \sim A \frac{\Delta T}{\Delta x}. \tag{22.4a}$$

Im Grenzfall ergibt sich für den Wärmefluß oder *Wärmestrom*

$$\Phi = -\lambda A \frac{\mathrm{d}T}{\mathrm{d}x}. \tag{22.4b}$$

Φ stellt die durch die Fläche A transportierte Wärmeenergie geteilt durch die Zeit dar; $\mathrm{d}T/\mathrm{d}x$ ist der Temperaturgradient; λ ist eine Proportionalitätskonstante und wird *Wärmeleitfähigkeit* genannt. Wir wählen als Richtung des Wärmestroms die positive x-Richtung. Damit bei negativem Temperaturgradienten Φ positiv ist, führen wir ein Minuszeichen ein.

Ein Material mit einer hohen Wärmeleitfähigkeit λ nennt man einen guten Wärmeleiter; ein Material mit einer niedrigen Wärmeleitfähigkeit nennt man einen schlechten Wärmeleiter oder einen guten Isolator. λ selbst nimmt mit steigender Temperatur etwas zu, kann in der Praxis jedoch als konstant angenommen werden. Tab. 22.2 gibt eine Aufstellung der Wärmeleitfähigkeiten einiger Stoffe.

Wir wollen nun Gl. 22.4b auf einen Stab der Länge L und des Querschnitts A anwenden. Es soll ein stationärer Zustand bezüglich des Wärmestromes erreicht sein

Tabelle 22.2 Wärmeleitfähigkeit einiger Stoffe (gemessen bei 0 °C für Gase und bei Zimmertemperatur für die anderen Stoffe)

Stoff	λ in $J\,s^{-1}m^{-1}K^{-1}$	Stoff	λ in $J\,s^{-1}m^{-1}K^{-1}$
Silber	410	Beton	0.8
Kupfer	395	Wasser	0.6
Aluminium	200	Kork	0.17
Messing	110	Wasserstoff	0.14
Stahl	46	Asbest	0.08
Blei	35	Holz	0.08
Eis	1.7	Luft	0.024
Glas	0.8	Sauerstoff	0.023

(Abb. 22.4), d. h. in jedem Punkt des Stabs herrscht eine zeitlich unveränderliche Temperatur, und durch jeden Querschnitt des Stabes fließt damit die gleiche Wärmemenge. (Warum?) Da für den Wärmestrom die Gl. 22.4b gilt, andererseits λ und A konstant sind, ergibt sich in allen Querschnittsflächen der gleiche Temperaturgradient dT/dx. Somit liegt ein linearer Abfall der Temperatur längs des Stabes vor, nämlich $-dT/dx = (T_2 - T_1)/L$. Die zeitliche Änderung der Wärmemenge, der Wärmestrom, wird daher durch

$$\frac{dQ}{dt} = \Phi = \lambda A \frac{T_2 - T_1}{L} \tag{22.5}$$

beschrieben. Das Phänomen der Wärmeleitung zeigt ein weiteres Mal, daß Wärme und Temperatur etwas ganz Verschiedenes sind. So fließen in zwei verschiedenen Stäben zwischen den jeweiligen Enden in derselben Zeit verschiedene Wärmemengen trotz gleicher Temperaturdifferenzen.

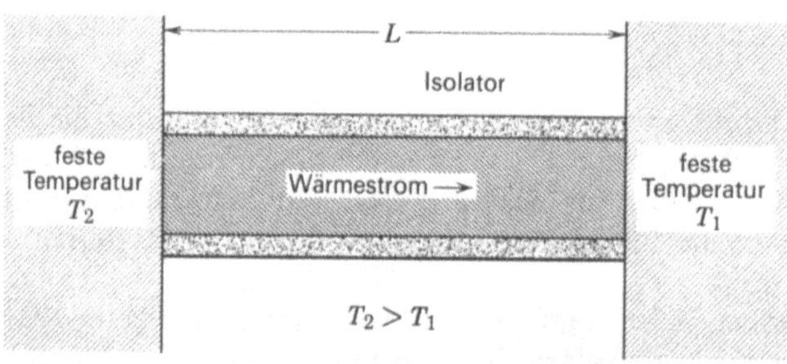

Abb. 22.4 Wärmeleitung durch einen Stab zwischen zwei Körpern unterschiedlicher Temperaturen.

Beispiel 2

Man betrachte eine Scheibe, die aus zwei Schichten verschiedener Wärmeleitfähigkeit (λ_1 und λ_2) und Dicke (L_1 und L_2) zusammengesetzt ist. Man bestimme den Wärmestrom im stationären Zustand mit den Temperaturen T_2 und T_1 an den beiden Oberflächen (Abb. 22.5).

Es sei T_x die Temperatur an der Grenzfläche zwischen den Materialien. Für beide Materialschichten gilt einzeln:

$$\Phi_1 = \lambda_1 A \frac{T_x - T_1}{L_1}$$

und

$$\Phi_2 = \lambda_2 A \frac{T_2 - T_x}{L_2}.$$

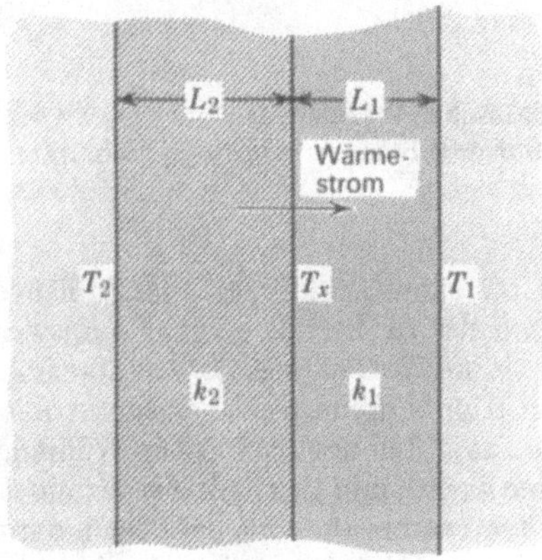

Abb. 22.5 Zu Beispiel 2. Wärmeleitung durch zwei Schichten L_1 und L_2 mit verschiedenen Wärmeleitfähigkeiten.

Im Gleichgewicht gilt $\Phi_1 = \Phi_2 = \Phi$. Damit erhalten wir eine Bestimmungsgleichung für T_x. Setzen wir dieses in eine der oberen Gleichungen ein, so erhalten wir

$$\Phi = \frac{A(T_2 - T_1)}{(L_1/\lambda_1) + (L_2/\lambda_2)}.$$

Für eine Scheibe aus mehreren Schichten gilt entsprechend die Beziehung

$$\Phi = \frac{A(T_2 - T_1)}{\Sigma(L_i/\lambda_i)}.$$

22.5 Das mechanische Wärmeäquivalent

Erst Mitte des 19. Jahrhunderts wurde mit dem Prinzip von der Energieerhaltung die Gleichwertigkeit der Größen Arbeit und Wärme postuliert. Sie sollten nur verschiedene Formen der Energie darstellen, zwischen beiden mußte daher eine definierte Beziehung bestehen, das sogenannte *mechanische Wärmeäquivalent*.

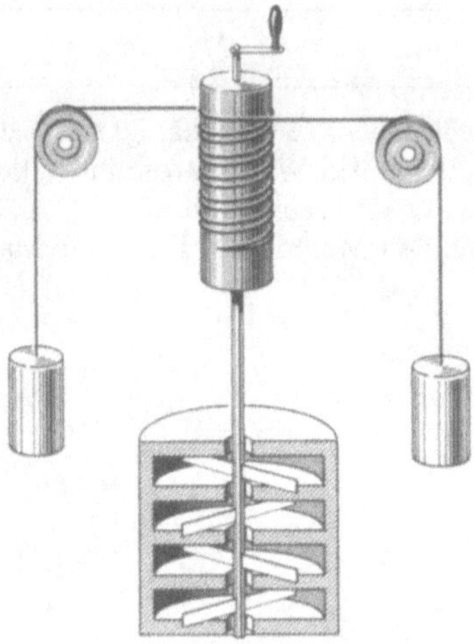

Abb. 22.6 Joulescher Apparat zur Bestimmung des mechanischen Wärmeäquivalents. Die an den Seilen hängenden Gewichte treiben einen Rührer an. Das Wasser in dem Behälter wird durch Reibung erwärmt.

Joule bestimmte 1850 experimentell als erster den Umrechnungsfaktor, also das Zahlenverhältnis zwischen der in Kalorien gemessenen Wärme und der zu ihrer Erzeugung aufgewendeten Arbeit, gemessen in Joule. Er benutzte dazu eine Vorrichtung, bei der fallende Gewichte (mechanische Arbeit) einen Rührer in Rotation versetzten. Der Rührer drehte sich in einem thermisch gut isolierten Behälter voller Wasser und erwärmte dieses durch Reibung (Abb. 22.6). Während eines Arbeitszyklus verrichteten die Gewichte eine bestimmte Arbeit, und gleichzeitig erwärmte sich das Wasser der Masse m um einen Betrag ΔT. Dieselbe Temperaturerhöhung hätte auch durch eine direkt zugeführte Wärmemenge Q erzeugt werden können. Diese ist gegeben durch:

$$Q = mc\,\Delta T.$$

Bei diesem Verfahren gibt man die Arbeit vor, beobachtet die Temperaturänderung ΔT und bestimmt dann Q. Aus zahlreichen Versuchen ergab sich damals als Mittelwert

$$1 \text{ Kalorie (cal)} = 4.1868 \text{ Joule (J)}.$$

Die Wärmeenergie und die mechanische Energie sind gleichwertig (äquivalent) und können ineinander umgerechnet werden. Zu den Umrechnungsfaktoren verschiedener Energieeinheiten vergleiche man die Tabelle G im Anhang.

Heute gibt es keinen Grund mehr, eine eigene Einheit für die Wärme zu definieren (Abschn. 22.2). Trotzdem ist es im alltäglichen Leben wie auch im wissenschaftlichen Bereich noch üblich, Wärmeenergien in cal bzw. kcal anzugeben. Das ist nicht falsch, da diese Einheit über das mechanische Wärmeäquivalent an die SI-Einheit Joule angeschlossen ist, aber aus eben diesem Grund ist die Kalorie auch überflüssig und soll nicht mehr verwendet werden.

Joule entwickelte noch andere Verfahren, um die Äquivalenz zwischen mechanischer Arbeit und Wärme nachzuweisen, so z. B. durch Rühren von Quecksilber, Durchpressen von Wasser durch enge Röhren, Reiben von Eisenringen in einem Quecksilberbad. Man kann sich heute kaum noch vorstellen, welche Bedeutung diese Versuche und deren Ergebnisse damals hatten. Man kann nur den Scharfsinn bewundern, mit dem Joule sich die Experimente ausdachte, und sein experimentelles Geschick respektieren, denn sein damaliges Ergebnis weicht nur um 1 % von dem heute meßbaren Zahlenwert für das mechanische Wärmeäquivalent ab.

22.6 Wärme und Arbeit

Wir haben gesehen, daß Wärme eine Form der Energie ist, die von einem Körper auf einen anderen Körper überströmt, sobald eine Temperaturdifferenz zwischen beiden besteht. Die Vorstellung, Wärme sei irgendetwas Besonderes in einem Körper, wie es die Wärmestofftheorie forderte, widerspricht manchen experimentellen Fakten. Sie wird nur deshalb *Wärme*energie genannt, weil sie aufgrund eines Temperaturgradienten fließt. Wäre die Wärme eine Substanz oder eine bestimmte Art von Energie, die ihre Identität nur bewahrte, solange sie noch im System enthalten ist, so wäre es nicht möglich, Wärme in unbeschränktem Maße aus einem sich nicht ändernden System zu entnehmen. Rumford zeigte jedoch, daß dies sehr wohl möglich ist. Durch kontinuierliche mechanische Arbeit im Jouleschen Apparat (Abb. 22.6) kann man aus dem Wasser, ohne seinen Zustand zu ändern, unbeschränkt Wärme gewinnen, solange man die Apparatur mit einem kälteren System in Berührung bringt, das die Wärme abführt.

In gleicher Weise kann man die Arbeit betrachten. Arbeit ist nicht irgendetwas, was ein System nur in beschränkter Menge enthält, sondern man kann beliebig viel davon in ein System hineinbringen, wie der Joulesche Versuch zeigt. Arbeit, genau wie Wärme, bedeutet eine *Übertragung* von Energie. In der Mechanik ist bei Energieübertragungen immer Arbeit im Spiel, aber nicht die Temperatur. Wenn andererseits Wärmeenergie aufgrund von Temperaturdifferenzen übertragen wird, so kann man Arbeit und Wärme wohl voneinander unterscheiden. Arbeit stellt nämlich Energie dar, die von einem System auf ein anderes System übertragen wird, ohne daß eine Temperaturdifferenz vorliegen muß. Diese Definition stimmt mit unserem früheren Verständnis (Kapitel 8) von dem Begriff der Arbeit überein. In dem Ausdruck $\mathrm{d}W = F\,\mathrm{d}x$ konnte F eine elektrische oder eine magnetische Kraft, eine Gravitationskraft oder irgendeine andere Kraft sein. Der Ausdruck Arbeit (W) umfaßte alle diese Energieübertragungen, nur die Energieübertragung aufgrund einer Temperaturdifferenz hatten wir damals ausdrücklich ausgeschlossen.

Man betrachte den einfachen Vorgang, daß sich zwei Flächen aneinander reiben. Hierbei gibt es keine Beschränkung für die Wärmeenergie, die aus diesem Vorgang gewonnen werden kann, und auch nicht bezüglich der Arbeit, die man in das System hineinstecken kann. Es gibt somit keinen Anlaß, von der „Wärme in dem System" oder von der „Arbeit in dem System" zu sprechen. Die Größen Q und W sind nicht charakteristisch für den (Gleichgewichts-)*Zustand* des Systems, sondern nur für den *thermodynamischen Prozeß*, durch den das System aufgrund einer Wechselwirkung mit der Umgebung von einem (Gleichgewichts-)Zustand in einen anderen gelangt. Nur während des Überganges selbst, also während der Zustandsänderung des Systems, kann man von Arbeit oder Wärme sprechen. Die Größe Q wird der dem System zugeführten oder entzogenen Wärme zugeordnet und die Größe W der von dem oder an dem System verrichteten Arbeit. Den Untersuchungen solcher Prozesse und der Energieänderungen bei der Verrichtung von Arbeit und beim Übergang von Wärme widmet sich die *Thermodynamik*.

Abb. 22.7 soll ein allgemeines Modell für eine thermodynamische Zustandsänderung verdeutlichen. Zu Beginn muß man genau definieren, was das *System* und was seine *Umgebung* sein soll. In der Abbildung haben wir um das System eine geschlossene Oberfläche gelegt, die das System von der Umgebung abgrenzt. In (a) soll das System während seines *Anfangszustandes* mit seiner Umgebung im Gleichgewicht stehen. In (b)

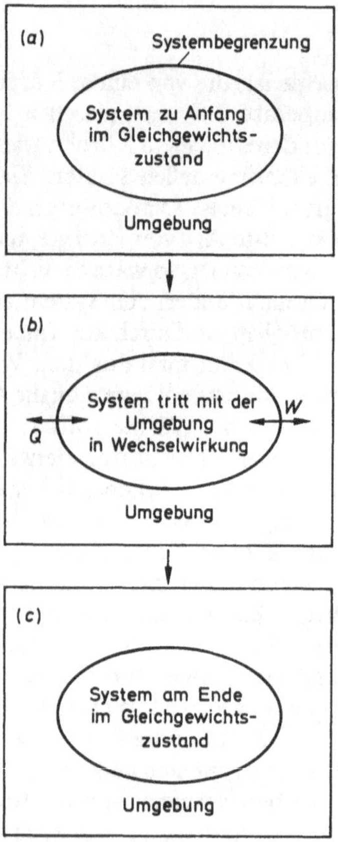

Abb. 22.7 Zur Definition eines thermodynamischen Systems und seiner Umgebung. (a) Ein System im Anfangszustand, wenn es sich noch im Gleichgewicht mit seiner Umgebung befindet. (b) Das System durchläuft einen thermodynamischen Prozeß, währenddem es Wärme Q und/oder Arbeit W mit der Umgebung austauscht. (c) Das System hat wieder einen Gleichgewichtszustand, den Endzustand, erreicht.

soll das System mit seiner Umgebung während eines *thermodynamischen Prozesses* wechselwirken. Dabei können Energien in Form von Wärme und/oder Arbeit in das System hineintreten oder aus ihm heraustreten. Sie werden durch die Pfeile Q und W dargestellt, die durch die Oberfläche des Systems dringen. In (c) soll das System seinen *Endzustand* erreicht haben und mit seiner Umgebung wieder im Gleichgewicht stehen.

Am Beispiel der Abb. 22.8 soll dieses allgemeine Modell erläutert werden. Die Abbildung zeigt eine Vorrichtung, bei der ein fallendes Gewicht einen Generator antreibt, der daraufhin einen elektrischen Strom durch einen Widerstand schickt, der sich in einem mit Wasser gefüllten Gefäß befindet. Das System soll durch den Generator, den elektrischen Stromkreis, das Wasser und den Behälter repräsentiert werden. Die Umgebung wird durch das Gewicht und die Erde repräsentiert. Die Zustandsänderung besteht darin, daß das Gewicht im Gravitationsfeld der Erde um eine Strecke h herunterfällt. Während des Fallens verrichtet die Umgebung (mittels einer Schnur) eine Arbeit W an

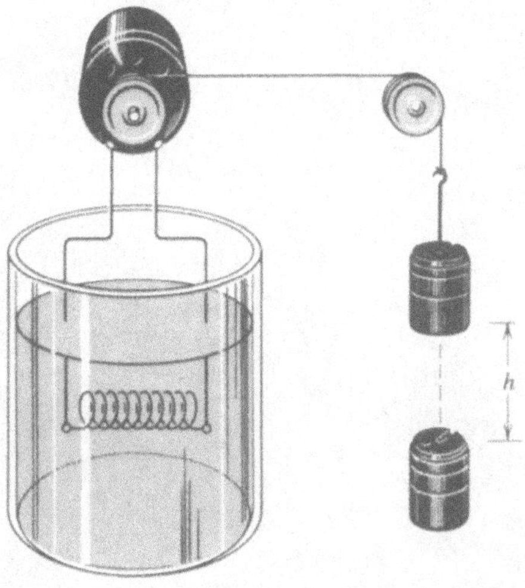

Abb. 22.8 Ein einfaches thermodynamisches System, das bei einer Zustandsänderung mit der Umgebung Wärme und Arbeit austauscht. Ein fallendes Gewicht verrichtet eine Arbeit, indem es einen Generator antreibt. Dadurch fließt ein elektrischer Strom durch den Widerstand und das Wasser im Behälter wird erwärmt.

dem System. Da keine Temperaturunterschiede zwischen Umgebung und System bestehen, ist $Q = 0$, d.h. es wird keine Wärme ausgetauscht.

In unseren thermodynamischen Überlegungen sind wir frei bei der Auswahl des Systems. Wir können das System auch so abgrenzen, daß nur das Wasser und der Behälter dazu gehören. Die Umgebung setzt sich dann aus dem Generator, dem Stromkreis, dem Gewicht und der Erde zusammen. Bei der jetzt vorgenommenen Abgrenzung des Systems existiert eine Temperaturdifferenz, nämlich die zwischen der Umgebung (Widerstand) und dem System (Wasser). Es wird daher während der Zustandsänderung eine Wärmemenge Q in das System hineinfließen. Andererseits wirken jetzt aber keine Kräfte mehr über die Grenzen des Systems hinweg. Daher wird die mechanische Arbeit Null sein, also $W = 0$. Dieses Beispiel macht deutlich, daß man bei einer thermodynamischen Betrachtung zunächst die Grenzen zwischen System und Umgebung eindeutig ziehen muß, bevor man entscheiden kann, ob die Zustandsänderung des Systems durch eine Wärmeübertragung, eine Arbeitsverrichtung oder durch beides zustande gekommen ist. Eine Wärmeübertragung zwischen System und Umgebung tritt nur bei der Existenz eines Temperaturgradienten über der Systemgrenze auf. Ist keine solche Differenz vorhanden, kann die Energieübertragung nur in der Verrichtung von Arbeit bestehen.

Wir wollen jetzt Q und W für eine bestimmte thermodynamische Zustandsänderung berechnen. Unser Beispiel sei ein Gas in einem zylindrischen Behälter, welcher durch einen beweglichen Kolben verschlossen sei (Abb. 22.9). Das System soll nur das Gas umfassen, die Umgebung soll der Stempel und das Wärmereservoir sein, auf dem der Behälter steht. Anfänglich stehe das System mit seiner Umgebung im Gleichgewicht. Der zugehörige Druck sei p_a und das Volumen V_a. Die Behälterwand stellt in unserem Beispiel die Systembegrenzung dar. Über den Boden des Gefäßes kann Wärme ein- und

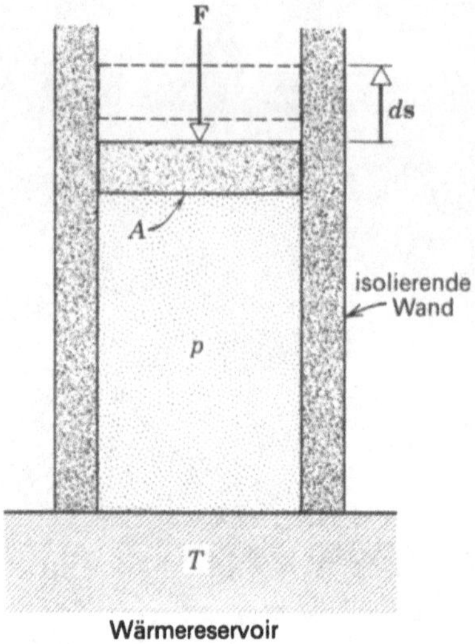

Abb. 22.9 Ein einfaches thermodynamisches System bei dem ein Gas Arbeit gegen das Gewicht eines Stempels verrichtet. Über die Unterseite des Systems kann Wärme an ein Reservoir abgegeben werden oder von ihm aufgenommen werden.

ausfließen, während über den beweglichen Stempel auf der Oberseite Arbeit an dem (oder von dem) System geleistet werden kann, indem das Gas expandiert oder komprimiert wird. Das System soll jetzt mit seiner Umgebung in Wechselwirkung treten, d. h. eine Zustandsänderung soll ablaufen, bei der das System einen neuen Gleichgewichtszustand, den Endzustand erreicht, der durch den Druck p_e und das Volumen V_e gekennzeichnet sein soll.

In Abb. 22.9 wird der Fall gezeigt, daß sich das Gas gegen den Stempel ausdehnt. Die Arbeit, die das Gas bei der Verschiebung um einen infinitesimalen Betrag ds verrichtet, ist durch

$$\mathrm{d}W = \boldsymbol{F}\mathrm{d}s = pA\,\mathrm{d}s = p\,\mathrm{d}V$$

gegeben. dV ist die Volumenzunahme des Gases bei der Expansion. Sicherlich wird der Druck des Gases bei der Ausdehnung nicht konstant bleiben. Die Abhängigkeit des Druckes von der Volumenausdehnung muß bekannt sein, wenn man die geleistete Arbeit berechnen will. Die gesamte Arbeit ist

$$W = \int \mathrm{d}W = \int_{V_a}^{V_e} p\,\mathrm{d}V,$$

wobei über den Bereich der Volumenänderung integriert wird. Ein solches Integral kann man graphisch ermitteln durch Bestimmung der Fläche unter der Kurve eines p,V-Diagramms. In Abb. 22.10 ist dies für einen speziellen Fall dargestellt.

Man kann sich vorstellen, daß es sehr viele verschiedene Möglichkeiten gibt, um ein System von einem bestimmten Anfangszustand in einen bestimmten Endzustand zu führen. Wie in Abb. 22.11 gezeigt, kann man z. B. den Druck während des Schrittes von i

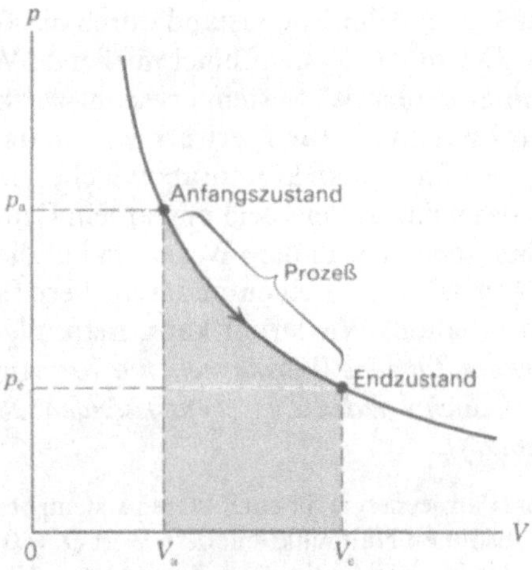

Abb. 22.10 Zustandsänderung eines Systems längs einer Isotherme. Die vom Gas verrichtete Arbeit entspricht der grauen Fläche unter der Kurve.

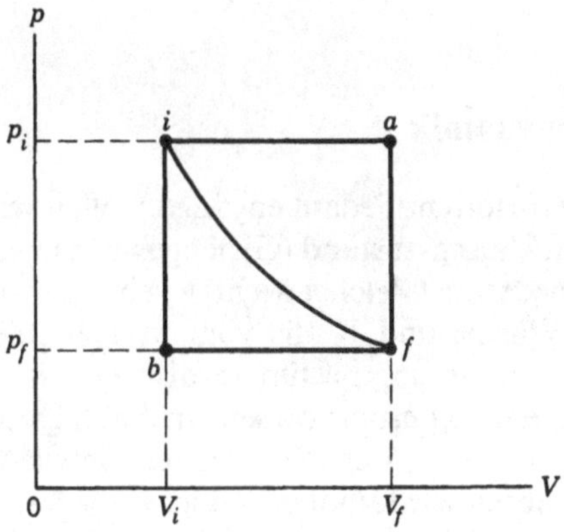

Abb. 22.11 Isobare Zustandsänderung eines Systems. Die vom System verrichtete Arbeit hängt nicht nur vom Anfangs- und Endzustand des Systems, sondern auch noch vom Weg der Zustandsänderung ab.

nach *a* konstant halten, während des nachfolgenden Schrittes von *a* nach *f* aber das Volumen. Die bei der Ausdehnung von *i* nach *a* vom Gas geleistete Arbeit entspräche der Fläche unter der Linie *ia*. Auf dem Weg *af* wird keine Arbeit verrichtet. Eine andere Möglichkeit wäre eine Zustandsänderung längs des Weges *ibf*. In diesem Fall entspräche die Fläche unter der Linie *bf* der vom Gas geleisteten Arbeit, denn von *i* nach *b* wird keine Arbeit verrichtet. Eine dritte Möglichkeit wäre der Ablauf der Zustandsänderung entlang der Kurve *if*. Diesmal wäre die Fläche unter der Kurve von *i* nach *f* ein Maß für die geleistete Arbeit. Man erkennt an den geschilderten Möglichkeiten, daß *die von einem System geleistete Arbeit nicht nur vom Anfangs- und vom Endzustand abhängt, sondern auch von den Zwischenzuständen, also vom Weg, auf dem das System geführt wird.*

Eine ähnliche Betrachtung kann man durchführen, wenn man nicht die Arbeit, sondern den Wärmestrom während einer Zustandsänderung verfolgt. Es sei der Anfangszustand durch die Temperatur T_a und den Druck p_a und der Endzustand durch die Temperatur T_e und den Druck p_e gekennzeichnet. Die in das System hineinfließende Wärme könnte von den Bedingungen abhängen, unter denen das System erwärmt wird. Man könnte es unter konstantem Druck p_a bis zur Endtemperatur T_e erwärmen und dann bei dieser Temperatur den Druck auf den Wert p_e erhöhen, man könnte aber auch zuerst den Druck p_a auf den Enddruck p_e erhöhen und dann das System bei konstantem Druck auf die Endtemperatur T_e erwärmen. Es gibt aber noch viele andere Wege, um auf die Endwerte T_e und p_e zu kommen. Auf jedem Weg wird man einen anderen Wert für den Wärmefluß in das (oder aus dem) System erhalten. Wiederum kann man allgemein feststellen, daß *die vom System gelieferte oder empfangene Wärme nicht nur vom Anfangs- und Endzustand des Systems abhängt, sondern auch von den Zwischenzuständen, also von dem Weg, auf dem die Zustandsänderung abläuft.*

Es ist daher nicht möglich, den Absolutbetrag der Wärmeenergie für ein System in einem bestimmten Zustand anzugeben. Würde man etwa beim absoluten Nullpunkt mit dem Wert $Q = 0$ beginnen, so könnte man nach Aufheizen des Systems bis in einen bestimmten Zustand den Wärmeinhalt des Systems durch das Integral $\int dQ$ bestimmen. Dieser hängt aber von dem Weg ab, auf dem das System in diesen bestimmten Zustand geführt wurde. Man bekäme bei verschiedener Prozeßführung jedesmal einen anderen Wärmeinhalt heraus. Das gleiche gilt auch für die Arbeit.

22.7 Der erste Hauptsatz der Thermodynamik

Die in den vorangegangenen Abschnitten erörterten Gedankengänge wollen wir nun ordnen und zusammenfassen. Ein System im Anfangszustand (Gleichgewicht) a soll auf einem definierten Weg in den Endzustand (wiederum Gleichgewicht) e gebracht werden. Es sei Q die vom System aufgenommene Wärme und W die vom System geleistete Arbeit. Daraufhin werde die gesamte Energieänderung bestimmt, also $Q - W$. Nunmehr beginnen wir erneut und führen das System wiederum von seinem Anfangszustand in den gleichen Endzustand, aber auf einem anderen Weg. Wir bestimmen wieder die Differenz $Q - W$. Sooft wir auch dieses Verfahren wiederholen, wobei wir jedesmal die Zustandsänderung auf einem anderen Weg durchführen, stets wird das Ergebnis für alle durchgeführten Versuche das gleiche sein. Die Größe $Q - W$ hat jedesmal *denselben Wert.* Obwohl Q und W beide vom Weg der Prozeßführung abhängen, gilt dies nicht für $Q - W$. Diese hängt nur vom Anfangszustand und vom Endzustand ab, wobei beide Gleichgewichtszustände sind.

Wir erinnern uns an eine ähnliche Situation aus der Mechanik. Um einen Körper in einem Schwerefeld von einem Punkt a in einen Punkt e zu verschieben (unter Vernachlässigung der Reibung), war eine bestimmte Arbeit erforderlich, die nur von der Lage des Anfangs- und des Endpunktes abhing. Es war völlig unerheblich, auf welchem Weg die Verschiebung vorgenommen wurde. Damals schlossen wir aus dieser Beobachtung, daß es eine Funktion der Ortskoordinaten des Körpers geben müsse, die wir Potentialfunktion nannten. Die Differenz ihrer Werte im Anfangspunkt und Endpunkt entsprach genau der verrichteten Arbeit. Jetzt finden wir in der Thermodynamik eine Größe $Q - W$ eines Systems, die sich ähnlich verhält, wenn das System aus einem Zustand in einen anderen übergeführt wird. Wir nennen diese Funktion die *innere Energie* des Systems.

Wenn Q die dem System durch Wärmetransport zugeführte Energie und W die vom System durch Arbeitsleistung abgegebene Energie sind, so stellt nach Definition $Q - W$ die Änderung der inneren Energie des Systems dar. Diese soll mit dem Buchstaben U bezeichnet werden. Die Änderung der inneren Energie des Systems ist dann der Wert der inneren Energie im Endzustand e, also U_e, abzüglich dem Wert der inneren Energie im Anfangszustand a, also U_a. Diese Größe hat einen bestimmten endlichen Wert, der unabhängig davon ist, wie das System aus dem Zustand a in den Zustand e gelangt ist. Sie heißt deshalb auch *Zustandsgröße*. Wir erhalten also mit

$$U_e - U_a = \Delta U:$$

$$\Delta U = Q - W. \tag{22.6}$$

Wie bei der potentiellen Energie kommt es auch bei der inneren Energie auf die Änderung an. Wenn man für die innere Energie eines Systems, welches sich in einem Standardzustand befindet, einen bestimmten Wert festlegt, so kann man der inneren Energie dieses Systems auch in jedem anderen Zustand einen Wert zuordnen. Gl. 22.6 wird der *erste Hauptsatz der Thermodynamik* genannt. Man muß bei der Anwendung beachten, daß die Wärme Q positiv gerechnet wird, wenn sie dem System zugeführt wird. Andererseits wird die Arbeit W positiv gerechnet, wenn sie von dem System an der Umgebung verrichtet wird!

Wird das System nur einer infinitesimal kleinen Zustandsänderung unterzogen, so wird nur ein infinitesimal kleiner Betrag an Wärme $\mathrm{d}Q$ ausgetauscht und auch nur ein infinitesimal kleiner Betrag an Arbeit $\mathrm{d}W$ verrichtet. Die innere Energie ändert sich daher auch nur um einen infinitesimal kleinen Betrag $\mathrm{d}U$. Der erste Hauptsatz kann deshalb auch in einer differentiellen* Form angegeben werden:

$$\mathrm{d}U = \mathrm{d}Q - \mathrm{d}W. \tag{22.7}$$

Man kann den ersten Hauptsatz in Worten folgendermaßen formulieren: *Jedes thermodynamische System besitzt im Gleichgewichtszustand eine Zustandsgröße U, genannt innere Energie, deren Änderung* d*U während einer infinitesimalen Zustandsänderung durch Gl. 22.7 gegeben ist.* Wir erinnern uns an die Minimalaussage des nullten Hauptsatzes der Thermodynamik (am Ende von Abschn. 21.2): Es gibt eine nützliche thermodynamische Größe, die Temperatur genannt wird. Die wesentliche Aussage des ersten Hauptsatzes ist: *Es gibt eine nützliche thermodynamische Größe, die innere Energie genannt wird.* Der erste Hauptsatz gibt darüber hinaus nach Gl. 22.6 an, wie man die Änderung der inneren Energie messen kann.

Der erste Hauptsatz der Thermodynamik sollte auf jeden Vorgang in der Natur anwendbar sein, sofern er nur zwischen zwei Gleichgewichtszuständen stattfindet. Für die Zustandsänderung selbst ist es unerheblich, ob während des Vorgangs Gleichgewichtszustände durchlaufen werden oder nicht. Der erste Hauptsatz könnte also auch auf die Explosion eines Feuerwerkskörpers in einem isolierten Stahlbehälter angewendet werden. Der erste Hauptsatz der Thermodynamik macht eine sehr allgemeine Aussage, die

* W und Q sind keine Zustandsfunktionen eines Systems, d.h. sie hängen nicht von den Zustandsvariablen des Systems ab. $\mathrm{d}W$ und $\mathrm{d}Q$ sind im mathematischen Sinn keine totalen (auch vollständige oder exakte genannt) Differentiale, sie stellen nur sehr kleine Größen dar. Man bezeichnet diese kleinen Größen häufig als $đQ$ und $đW$ oder δQ und δW. $\mathrm{d}U$ hingegen ist ein totales Differential, da U eine Funktion der Systemvariablen ist.

zwar genau und richtig ist, aber nicht vollständig sein kann. So weiß man nach dem ersten Hauptsatz zwar, daß alle Energie im System erhalten bleibt, aber man weiß nichts darüber, ob ein bestimmter Prozeß tatsächlich stattfinden kann. Solche Informationen liefert erst der zweite Hauptsatz, mit dem die meisten thermodynamischen Probleme umfassender erörtert werden können (Kapitel 25).

22.8 Einige Beispiele zum ersten Hauptsatz der Thermodynamik

In Abschn. 22.6 sahen wir, daß ein expandierendes Gas an seiner Umgebung die Arbeit verrichtet:

$$W = \int p \, \mathrm{d}V,$$

wenn $\mathrm{d}V$ die differentielle Volumenänderung des Gases und p den Druck im Gas darstellen. Wir betrachten den Fall, daß der Druck im Gas konstant bleibt und nur das Volumen von V_a auf V_e geändert wird. Nach obiger Gleichung gilt dann

$$W = \int_{V_a}^{V_e} p \, \mathrm{d}V = p \int_{V_a}^{V_e} \mathrm{d}V = p(V_e - V_a) \quad \text{(konstanter Druck).}$$

Ein solcher Prozeß unter konstantem Druck wird *isobar* genannt. Wenn z. B. Wasser im Kessel einer Dampfmaschine bis zum Siedepunkt aufgeheizt wird, schließlich verdampft und der Dampf dann weiter erhitzt wird, so laufen alle diese Vorgänge bei konstantem Druck ab.

In Abb. 22.12 ist eine isobare Zustandsänderung dargestellt. Das System besteht aus einem wassergefüllten, zylindrischen Behälter. Er wird nach oben durch einen reibungsfrei beweglichen Stempel abgeschlossen, der mit Sand beschwert ist und dadurch einen bestimmten, aber konstanten Druck auf den Zylinderinhalt ausübt. Von unten wird das System mit einem Bunsenbrenner erwärmt, bis ein Teil des Wassers verdampft. Das System dehnt sich dabei sehr langsam (quasistatisch) aus. Der auf den Stempel ausgeübte Druck bleibt dabei konstant und entspricht genau dem von außen wirkenden konstanten Druck. Würde man den Stempel arretieren, oder würde man beim Aufwärmen dauernd Sand hinzufügen, so wäre der Verdampfungsprozeß nicht mehr isobar.

Wir wollen den Vorgang des Siedens etwas näher betrachten. Wir wissen, daß ein Stoff bei einer bestimmten Temperatur und einem bestimmten Druck von der flüssigen Phase in die gasförmige Phase übergehen kann. Bei Wasser geschieht dies bei 100 °C unter Atmosphärendruck. Wenn ein System seine Phase ändern soll, muß man es zunächst auf die entsprechende Umwandlungstemperatur bringen und dann zusätzlich noch Wärme zu- oder abführen, damit die Phasenänderung abläuft. Es soll eine Flüssigkeit der Masse m bei konstantem Druck und konstanter Temperatur in die Dampfphase übergeführt werden. V_F sei das Volumen der Flüssigkeit und V_D das Volumen des Dampfes. Die vom System (Substanz) beim Ausdehnen von V_F auf V_D geleistete Arbeit ist

$$W = p\,(V_D - V_F).$$

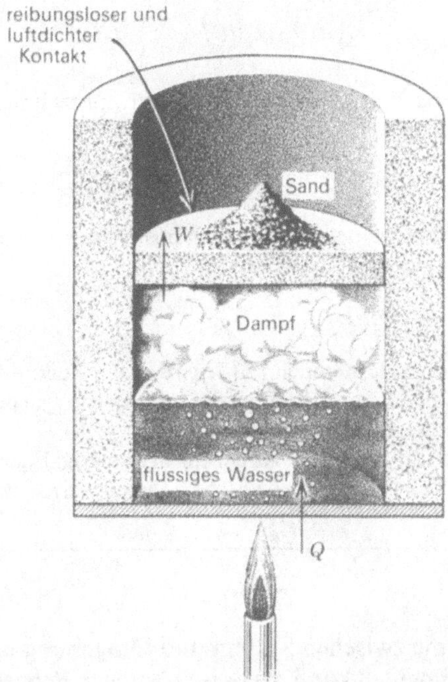

Abb. 22.12 Ein isobarer, thermodynamischer Prozeß, bei dem Wasser unter konstantem Druck siedet. Der Druck wird durch das Gewicht des Sandes und des Stempels und den atmosphärischen Druck bestimmt.

Es sei L_v die *spezifische Verdampfungswärme*, d. h. der Quotient aus derjenigen Wärme, die benötigt wird, um den Übergang einer Menge eines Stoffes aus der flüssigen in die gasförmige Phase bei konstanter Temperatur und konstantem Druck zu ermöglichen, und der Masse dieser Stoffmenge. Die beim Phasenübergang von der Masse m aufgenommene Wärme ist dann

$$Q = mL_v.$$

Aus dem ersten Hauptsatz der Thermodynamik,

$$\Delta U = Q - W,$$

erhalten wir

$$\Delta U = mL_v - p(V_D - V_F)$$

bei Einsetzen unserer obigen Beziehungen.

Beispiel 3

Bei Atmosphärendruck (Normdruck) werden aus 1 g Wasser (also 1 cm³ Wasser) nach dem Verdampfen 1671 cm³ Dampf. Die spezifische Verdampfungswärme von Wasser bei diesem Druck ist 2.257 kJ/g. Für das Verdampfen von 1 g Wasser ist also eine Energie von

$$Q = mL_v = 2257\,\mathrm{J}$$

notwendig.

Dieser Betrag stellt eine dem System zugeführte Wärme dar, ist also positiv zu rechnen. Für die geleistete Arbeit ergibt sich folgender Ansatz:

$$W = p(V_D - V_F) = 101.3\,\mathrm{kPa}\,(1671-1)\,\mathrm{cm}^3 = 170\,\mathrm{J}.$$

Diese Arbeit wird vom System an der Umgebung verrichtet, ist also auch positiv zu rechnen. Für die Änderung der inneren Energie ergibt sich somit eine Zunahme von

$$\Delta U = mL_v - p(V_D - V_F) = 2257\,\mathrm{J} - 170\,\mathrm{J} = 2087\,\mathrm{J}.$$

Nur ein kleiner Teil der dem Wasser zugeführten Energie, nämlich 170 J, wird also in äußere Arbeit umgewandelt, während der größte Teil, nämlich 2087 J, zur Erhöhung der inneren Energie benutzt wird. Dieser Anteil ist zur Trennung der Wassermoleküle voneinander nötig.

Wie groß sind der Anteil der äußeren Arbeit und der Anteil der Änderung der inneren Energie an der Schmelzwärme für 1 g Eis bei 0 °C und Normdruck? Die spezifische Schmelzwärme von Eis beträgt 335 J/g.

Eine Zustandsänderung, bei der keine Wärme zwischen System und Umgebung ausgetauscht wird, nennt man *adiabatisch*. Experimentell kann man einen solchen Prozeß nur annähernd verwirklichen, indem man zum Beispiel das System thermisch sehr gut isoliert oder indem man den Vorgang so schnell ablaufen läßt, daß während dieser Zeit kein Wärmeaustausch stattfindet. Das letztere läßt sich einigermaßen gut durchführen, da der Wärmeausgleich fast immer sehr viel langsamer vor sich geht als andere Prozesse.

Bei einem adiabatischen Prozeß ist also der Wärmeaustausch Q gleich Null, und der erste Hauptsatz reduziert sich auf die Beziehung

$$\Delta U = U_e - U_a = -W.$$

Die innere Energie ändert sich genau um den Betrag an Arbeit, der bei einer adiabatischen Zustandsänderung vom System (positives W) oder am System (negatives W) verrichtet wird. Eine Erhöhung (Verminderung) der inneren Energie bedeutet gewöhnlich eine Erhöhung (Verminderung) der Temperatur des Systems. Da bei der adiabatischen Ausdehnung eines Gases äußere Arbeit vom Gas verrichtet wird, nimmt seine innere Energie ab und damit auch seine Temperatur; ein solcher Vorgang wird zur Erzeugung sehr niedriger Temperaturen ausgenutzt. Den umgekehrten Effekt, eine Erhöhung der Temperatur bei adiabatischer Kompression, kann man beim Aufpumpen eines Fahrradreifens als Erwärmung der Pumpe wahrnehmen.

In Abb. 22.13 ist ein einfacher adiabatischer Vorgang dargestellt. Das System besteht aus einem Gas in einem Zylinder, dessen Wände aus wärmeisolierendem Material gefertigt sind. Daher kann keine Wärme in das System hineinfließen oder aus ihm herausfließen. Die obere Wand des Zylinders ist wiederum ein mit Sand beschwerter, reibungsfrei beweglicher Kolben. Die einzige Wechselwirkung zwischen System und Umgebung kann die Verrichtung von Arbeit sein, wenn das Gas komprimiert wird oder expandiert, d. h. wenn auf der Kolbenoberfläche Sand hinzugefügt oder entfernt wird.

Es gibt sehr viele technisch realisierte adiabatische Prozesse. Dazu gehören die Expan-

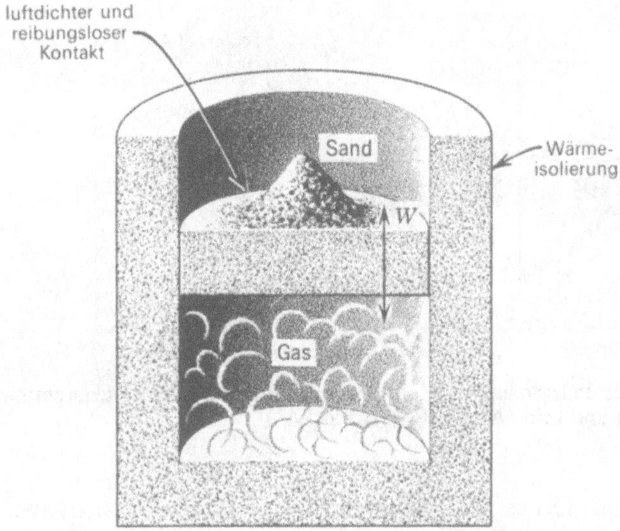

Abb. 22.13 Adiabatische Zustandsänderung eines Systems. Zwischen dem System und der Umgebung findet kein Wärmeaustausch statt. Die Wände des Systems sind thermisch isoliert und das Volumen des Gases kann durch Hinzufügen oder Wegnehmen von Sand adiabatisch verändert werden.

sion von Dampf im Zylinder einer Dampfmaschine, die Expansion heißer Gase in einer Verbrennungsmaschine (Ottomotor) und die Kompression von Luft in einem Dieselmotor oder einem Kompressor. Alle diese Vorgänge gehen so schnell vor sich, daß während des Prozesses nur ein sehr kleiner Wärmebetrag die Systemgrenzen überschreitet. Auch die Verdichtungen und Verdünnungen in einem Gas bei der Ausbreitung von Schallwellen stellen adiabatische Vorgänge dar (Beispiel 6 in Kapitel 23).

Der wichtigste Grund, warum man adiabatische Prozesse so genau untersucht, ist aber, daß die meisten idealen Maschinen auf adiabatischen Zustandsänderungen basieren. Solche Maschinen stellen brauchbare Näherungen für reale Maschinen dar, und man kann an ihnen die Grenzen der Arbeitsfähigkeit studieren. In Kapitel 25 werden wir uns damit noch näher befassen.

Eine theoretisch interessante Zustandsänderung ist die *freie Expansion* (Versuch von Gay-Lussac). Bei ihr handelt es sich um eine adiabatische Expansion, bei der keine Arbeit verrichtet wird. Ein solcher Vorgang kann durch eine Anordnung, wie sie in Abb. 22.14 gezeichnet ist, erreicht werden. Zwei thermisch gut isolierte Behälter sind nur durch ein kleines Rohr verbunden, welches durch einen Hahn verschlossen ist. In einem der Behälter befindet sich ein Gas unter hohem Druck, der andere Behälter ist evakuiert. Wird der Hahn rasch geöffnet, so breitet sich das Gas aus dem ersten Behälter sehr schnell auch in den zweiten Behälter aus. Wegen der thermischen Isolierung der Wände findet kein Wärmeaustausch mit der Umgebung statt. Da die Wände außerdem starr sind, kann auch keine Arbeit verrichtet werden. Es ist demnach $Q = 0$ und $W = 0$ und somit $U_a = U_e$. Die innere Energie des Systems hat sich trotz Änderung des Volumens nicht geändert. Die innere Energie muß vom Volumen unabhängig sein.

Bei der freien Expansion finden Prozesse statt, deren Ablauf wir nicht näher kennen. Nachdem der Hahn geöffnet wurde, wurden von dem System Zwischenzustände ange-

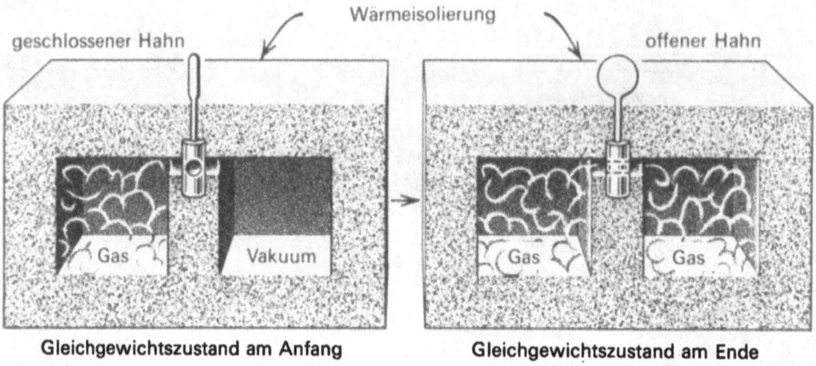

Abb. 22.14 Freie Expansion. Es findet keine Änderung der inneren Energie des Systems statt, da kein Wärmeaustausch Q stattfindet und keine Arbeit W verrichtet wird.

nommen, deren Temperatur, Druck und Volumen für das gesamte System aber nicht einheitlich waren, d.h. es wurden Nichtgleichgewichtszustände durchlaufen. Ein p,V-Diagramm kann man daher nicht aufstellen, da nur der Anfangspunkt und der Endpunkt bekannt sind. Der Versuch von Gay-Lussac stellt ein gutes Beispiel für einen irreversiblen Prozeß dar (vgl. Abschn. 25.2).

Fragen

1. Man verdeutliche an Beispielen den Unterschied zwischen Wärme und Temperatur.
2. (a) Man erkläre das Wesen der Wärmeleitung und der Kalorimetrie mit Hilfe der Wärmestofftheorie (kalorische Theorie). (b) Man gebe einige Erscheinungen der Thermodynamik an, die nicht mit der Existenz eines Wärmestoffes erklärt werden können.
3. Man führe ein Beispiel für einen thermodynamischen Prozeß an, bei dem keine Wärme zwischen System und Umgebung ausgetauscht wird, aber sich die Temperatur des Systems trotzdem ändert.
4. Kann Wärme als eine Form gespeicherter (oder potentieller) Energie angesehen werden? Würde eine derartige Vorstellung der Interpretation widersprechen, daß Wärme die beim Ausgleich einer Temperaturdifferenz übertragene Energie ist?
5. Man wende Gl. 22.1 auf siedendes Wasser an.
6. Es ist nicht ganz einfach, auf dem Gipfel eines hohen Berges Eier zu kochen, weil das Wasser dort schon bei relativ niedriger Temperatur siedet. Auf welche einfache Weise hilft man sich dort oben?
7. Wird ein Ei schneller hart, wenn man es statt in ziehendem Wasser in heftig brodelndem Wasser kocht?
8. Kann man einer Substanz Wärme hinzufügen, ohne daß eine Temperaturerhöhung auftritt? Wenn ja, widerspricht dies der Vorstellung, daß Wärme die bei einem Temperaturausgleich übertragene Energie ist?
9. Warum muß beim Schmelzen von Eis Wärmeenergie zugeführt werden, obwohl doch die Temperatur beim Schmelzen gar nicht steigt?
10. (a) Kann man Eis auf eine Temperatur über 0 °C erwärmen, ohne daß es schmilzt? Warum (nicht)? (b) Kann man Wasser auf eine Temperatur unter 0 °C abkühlen, ohne daß es gefriert? Warum (nicht)?

11. Hilft das Streuen von Sand bei glatter Fahrbahn wirklich? Hängt die Wirksamkeit von der Temperatur ab?
12. Warum kann eine große Wassermasse extreme Temperaturunterschiede ausgleichen? Man denke an die Wirkung des Ozeans auf das Klima einer Küstenregion.
13. Kann man die Wärmekapazität eines kristallinen Festkörpers mit dem Federmodell in Abb. 21.5 und der Potentialkurve in Abb. 21.6 erklären?
14. Kann man die Behauptung widerlegen, daß ein elektrischer Ventilator die Luft nicht nur nicht kühlt, sondern sogar erwärmt?
15. Sowohl bei der Wärmeleitung als auch bei der Wellenausbreitung wird Energie übertragen. Gibt es zwischen diesen Vorgängen prinzipielle Unterschiede?
16. Sind die Temperaturänderungen zweier Körper gleich groß, wenn der wärmere den kälteren aufwärmt? Man gebe ein Beispiel an. Kann man bei dem obigen Vorgang davon sprechen, daß die Temperatur von einem Körper auf den anderen Körper übergeht?
17. Welchen Zusammenhang gibt es zwischen der Wärmekapazität eines Körpers und dem Wärmeeindruck, den er beim Anfassen vermittelt?
18. Ein Holzblock und ein Metallblock haben dieselbe Temperatur. Warum fühlt sich der Metallblock bei einer „kalten" Temperatur kälter und bei einer „warmen" Temperatur wärmer an als der Holzblock? Bei welcher Temperatur fühlen sich beide gleich warm oder kalt an?
19. Warm kleben die Finger an einer metallenen Eisschale fest, wenn diese aus dem Gefrierfach genommen wird?
20. Warum ist an einem kalten Wintertag die Temperatur an der Innenseite einer Hausmauer viel niedriger als die Zimmertemperatur und auf der Außenseite höher als die Außentemperatur?
21. Die physiologische Regelung der Innentemperatur eines Menschen arbeitet nur über einen beschränkten Bereich der Außentemperatur. Wie kann dieser Bereich nach beiden Seiten durch die Bekleidung erweitert werden?
22. Welche Anforderungen sollte man an das Material eines Kochtopfes oder einer Bratpfanne bezüglich der Wärmeleitfähigkeit, der spezifischen Wärmekapazität und des Ausdehnungskoeffizienten stellen?
23. Man erkläre, warum eine Thermoskanne doppelwandig, evakuiert und verspiegelt ist. Man berücksichtige, daß Wärme durch Konvektion, Strahlung und Leitung übertragen werden kann.
24. Die Kabinenheizung in einem Raumschiff sollte eigentlich nicht funktionieren, wenn sich das Raumschiff im All befindet. Man begründe oder widerlege diese Behauptung.
25. In welcher Hinsicht kann man einen gleichmäßigen Wärmestrom mit der Strömung eines inkompressiblen Mediums vergleichen?
26. Stellt das mechanische Wärmeäquivalent eine physikalische Größe dar, oder ist es nur ein Faktor, um Energien von mechanischen Einheiten in thermodynamische Einheiten und umgekehrt umrechnen zu können?
27. Man versuche, folgende Behauptung zu rechtfertigen: Bei dem Jouleschen Versuch zur Bestimmung des mechanischen Wärmeäquivalents ist gar keine Wärme beteiligt.
28. Bleibt die Temperatur in einem isolierten System (keine Wechselwirkung mit der Umgebung) erhalten?
29. Sind Wärme und innere Energie dasselbe? Wenn nein, so nenne man ein Beispiel, bei dem sich die innere Energie eines Systems ändert, ohne daß Wärme durch die Systemgrenzen fließt.
30. Kann man unterscheiden, ob die innere Energie eines Systems durch Wärmeübertragung oder durch Arbeitsverrichtung erhöht wurde?
31. Ist die Temperatur eines Systems bestimmt, wenn Druck und Volumen bekannt sind?
32. Verrichtet ein Gas Arbeit, wenn es sich adiabatisch ausdehnt? Wenn ja, woher kommt die dafür erforderliche Energie?
33. Ein Gas nehme bei dem Druck p_0 und der Temperatur T_0 ein Volumen V_0 ein. Es dehnt sich auf ein Volumen V aus (a) bei konstanter Temperatur bzw. (b) bei konstantem Druck. In welchem Fall ist die verrichtete Arbeit größer?

34. Man diskutiere das Gefrieren von Wasser aus der Sicht des 1. Hauptsatzes der Thermodynamik. Man beachte, daß Eis ein größeres Volumen als dieselbe Masse von Wasser einnimmt.
35. Eine mit Kaffee gefüllte Thermoskanne werde kräftig geschüttelt. Der Kaffee stelle das System dar. (a) Erhöht sich die Temperatur des Systems? (b) Wird dem System Wärme zugeführt? (c) Wird an ihm Arbeit verrichtet? (d) Ändert sich seine innere Energie?
36. Wir wissen, daß die Erhaltung der Energie ein allgemeines Naturgesetz ist. Andererseits fordern die Politiker die Bevölkerung zum Einsparen von Energie auf. Kann also Energie vernichtet werden? Wie sind diese Aussagen in Übereinstimmung zu bringen?

Aufgaben

Abschnitt 22.2

1. Angenommen, die spezifische Wärmekapazität einer Substanz ändere sich mit der Temperatur nach folgender Beziehung

$$c = A + BT^2,$$

worin A und B Konstanten seien und T die Temperatur in °C sei. Man vergleiche die mittlere spezifische Wärmekapazität eines Stoffes in einem Temperaturbereich von $T = 0$ bis $T = T_0$ mit der spezifischen Wärmekapazität dieses Stoffes bei der Temperatur $T = T_0/2$.
Antwort: Die mittlere spezifische Wärmekapazität ist um den Betrag $BT_0^2/12$ größer.
2. Mittels einer Heizschlange werde Wärme mit einer konstanten Rate auf einen Stoff in einem thermisch isolierten Behälter übertragen. Die Temperatur des Stoffes werde als Funktion der Zeit t aufgetragen. (a) Wie kann man daraus die Abhängigkeit der Wärmekapazität des Stoffes von der Temperatur gewinnen? (b) Angenommen in einem gewissen Temperaturbereich sei die Temperatur proportional zu t^3. Wie hängt in diesem Bereich die Wärmekapazität von T ab?
3. Man bestimme die spezifische Wärmekapazität eines Metalles aus folgenden Angaben: Ein Behälter aus diesem Metall wiege 3.63 kg und enthalte 13.6 kg Wasser. Ein 1.81 kg schweres Stück desselben Metalls habe die Temperatur 177 °C und werde in den Behälter geworfen. Dabei erwärmt sich das Wasser auf 18.3 °C.
Antwort: 0.54 J/(g K).
4. Zwei 50 g schwere Eiswürfel werden aus einem Tiefkühlfach der Temperatur − 15° entnommen und unmittelbar darauf in ein Glas geworfen, das 200 g Wasser der Temperatur 25 °C enthält. Welche Temperatur nimmt das Wasser an? Die spezifische Wärmekapazität von Eis ist annähernd 2 J/(g K), und seine spezifische Schmelzwärme beträgt 335 J/g. Der Wärmeverlust an das Glas werde vernachlässigt.
5. Ein Thermometer wiege 55 g und habe eine spezifische Wärmekapazität von 0.84 J/(g K). Es zeige 15 °C an. Es wird vollständig in 300 g Wasser eingetaucht und zeigt darauf eine Temperatur von 44.4 °C an. Welche Temperatur hatte das Wasser vor dem Eintauchen des Thermometers? Wärmeverluste seien vernachlässigt.
Antwort: 45.5 °C.
6. Bei der Temperatur 0 °C habe ein Kupferring einen Durchmesser von 2.54 cm. Eine Aluminiumkugel des Durchmessers 2.545 cm und der Temperatur 100 °C werde auf den Kupferring gelegt (Abb 22.15). Wenn keine Wärmeverluste auftreten, paßt nach einer Weile die Kugel gerade durch den Ring. In welchem Verhältnis stehen die Massen der beiden Körper zueinander?

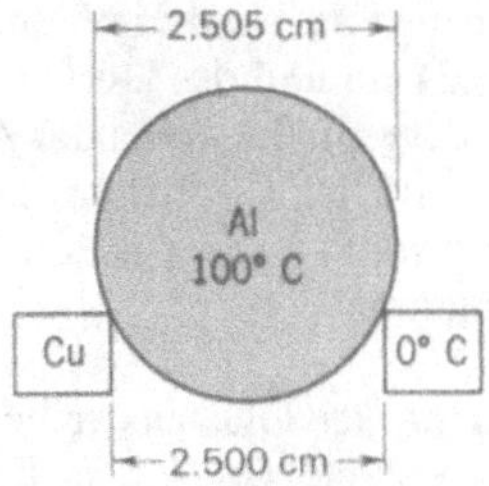

Abb. 22.15 Zu Aufgabe 6

Abschnitt 22.3

7. Man zeige, daß die Anzahl der atomaren Masseneinheiten eines Gramms eines Stoffes gleich der Anzahl der Teilchen eines Mols ist (Avogadro-Konstante).

Abschnitt 22.4

8. Man betrachte die Abb. 22.4. Es sei $L = 25$ cm, $A = 1\ \mathrm{cm}^2$, $T_2 = 125\,°\mathrm{C}$, $T_1 = 0\,°\mathrm{C}$, und der Stab sei aus Kupfer. Nach Einstellung des stationären Zustands bestimme man (a) den Temperaturgradienten, (b) den Wärmestrom und (c) die Temperatur in dem Punkt, der 10 cm vom heißen Ende entfernt ist.
9. Ein zylindrischer Kupferstab sei 1.2 m lang, habe einen Querschnitt von 4.8 cm^2 und sei an der Mantelfläche gegen Wärmeverluste isoliert. Ein Ende des Stabes tauche in ein Eisbad von 0 °C, das andere in siedendes Wasser von 100 °C. (a) Wie groß ist der Wärmestrom durch den Stab? (b) Mit welcher Rate schmilzt das Eis an dem kühleren Ende?
Antwort: (a) 15.5 W; (b) 46 mg/s.
10. (a) Wie groß ist der zeitliche Wärmeverlust eines Skifahrers durch die Kleidung hindurch? Die Oberfläche sei 1.8 m^2, die Hauttemperatur 33 °C, die Dicke der Kleidung 1 cm, die Wärmeleitfähigkeit der Kleidung 0.04 W/(mK) und die Außentemperatur − 5 °C. (b) Wie würde sich der Wärmeverlust ändern, wenn der Skifahrer hinfiele und seine Kleidung durchnäßt würde?
11. Zwei identische Metallstäbe quadratischen Querschnitts werden so verlötet, wie in Abb. 22.16a gezeigt ist. Innerhalb von 2 Minuten fließt eine Wärmemenge von 41.86 J durch die Stäbe. In welcher Zeit fließt dieselbe Wärmemenge durch die Stäbe, wenn diese auf die in Abb. 22.16b gezeigte Weise verschweißt würden?
Antwort: 0.5 min.

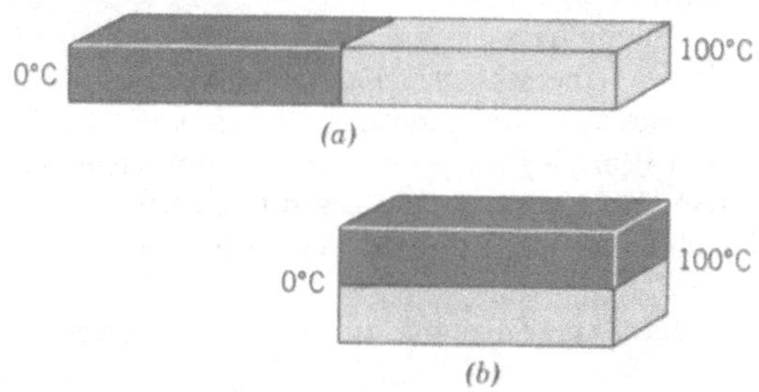

Abb. 22.16 Zu Aufgabe 11

12. Man zeige, daß in einer aus mehreren Schichten mit verschiedener Wärmeleitfähigkeit zusammengesetzten Platte der Temperaturgradient in jeder Schicht umgekehrt proportional zur Wärmeleitfähigkeit ist.

13. Die Wärmeleitfähigkeit von Kupfer ist etwa doppelt so hoch wie die von Aluminium und etwa viermal so hoch wie die von Messing. Drei Stäbe der Länge 15.24 cm und des Durchmessers 2.54 cm aus diesen Metallen werden an den Stirnseiten aneinandergepreßt, wobei der Aluminiumstab in der Mitte liegt. Das freie Ende des Kupferstabs wird auf 100 °C gehalten, das freie Ende des Messingstabs auf 0 °C. Man gebe die Temperaturen im stationären Zustand für die Berührungsstellen Kupfer/Aluminium und Aluminium/Messing an.
Antwort: Cu/Al 86 °C; Al/Messing 97 °C.
14. (a) Wie groß ist der Wärmeverlust (in W/m^2) durch ein 3 mm starkes Glasfenster bei einer Innentemperatur von + 22 °C und einer Außentemperatur von − 29 °C? (b) Wie groß ist der Wärmeverlust, wenn zusätzlich ein Vorfenster aus demselben Material angebracht wird, so daß sich zwischen den Scheiben eine Luftschicht von 7.5 cm befindet? Luftbewegungen in dem Spalt werden vernachlässigt.
15. Bei einer Außentemperatur von − 10 °C hat sich auf einem Wassertank eine Eisschicht von 5 cm Stärke gebildet (Abb. 22.17). Wie schnell nimmt die Eisdicke zu (in cm/h), wenn die Wärmeleitfähigkeit von Eis zu 16.7 mJ/(s cm K), die Dichte zu 0.92 g/cm^3 und die spezifische Schmelzwärme zu 335 J/g angenommen werden? Es soll kein Wärmeaustausch durch die Behälterwand stattfinden.
Antwort: 0.39 cm/h.

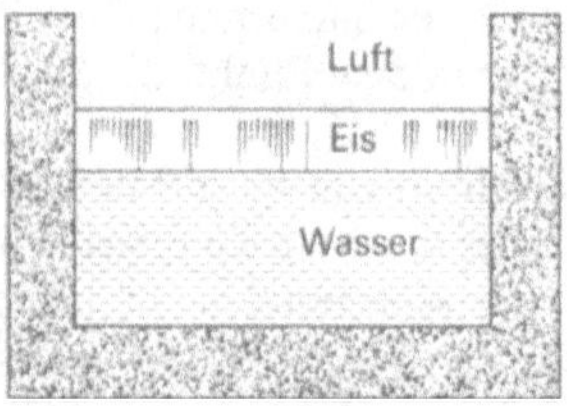

Abb. 22.17 Zu Aufgabe 15

16. Man zeige, daß der radiale Wärmestrom durch eine Substanz, die sich zwischen zwei konzentrischen Kugelschalen befindet, durch

$$\Phi = \frac{(T_1 - T_2)4\pi\lambda r_1 r_2}{r_2 - r_1}$$

gegeben ist. Der innere Radius sei r_1, der äußere Radius r_2, die Temperatur der inneren Schale T_1, die der äußeren Schale T_2; λ sei konstant.
17. Die im Erdinneren durch radioaktive Strahlung freiwerdende Energie wird durch die Ozeane als Wärme nach außen abgegeben. Für eine Überschlagsrechnung nehme man für die Erdschicht unter dem Ozean einen durchschnittlichen Temperaturgradienten von 0.07 K/m und eine mittlere Wärmeleitfähigkeit von 0.84 J/(m s K) an. (a) Wie groß ist der flächenbezogene Wärmestrom? (b) Man nehme an, dieser Wert gelte für die gesamte Oberfläche der Erde. Welche Wärmeenergie fließt dann täglich durch die Erdoberfläche nach außen?
Antwort: 59 mW/m^2; (b) 2.6×10^{18} J/Tag.
18. Man zeige, daß der radiale Wärmestrom durch eine Substanz, die sich zwischen zwei koaxialen Hohlzylindern befindet, durch

$$\Phi = \frac{(T_1 - T_2)2\pi L\lambda}{\ln(r_2/r_1)}$$

gegeben ist. L sei die Länge der Zylinder; alle anderen Angaben wie in Aufgabe 16.

19. Ein langer Wolframdraht des Durchmessers 0.5 mm sei für eine Heizleistung von 3 kW/m ausgelegt. Der Draht werde um einen Keramikrundstab des Durchmessers 12 cm gewickelt. Wenn der Draht mit der oben angegebenen Leistung betrieben wird, erwärmt er sich auf 1500 °C. Die Umgebungstemperatur sei 20 °C. Wie groß ist die Wärmeleitfähigkeit des Keramikmaterials? Man benutze die Beziehung aus Aufgabe 18.
Antwort: 1.8 W/(m K).

Abschnitt 22.5

20. In einem Jouleschen Experiment fällt ein 6 kg schweres Gewicht über eine Höhe von 50 m und versetzt ein Rührblatt in Drehungen, das 600 g Wasser durchmischt. Dieses hatte anfänglich eine Temperatur von 15 °C. Um wieviel °C erwärmt es sich?
21. Schwerarbeiter oder intensiv trainierende Athleten haben einen täglichen Energiebedarf von ca. 4000 kcal (16.7 MJ), die sie durch die Nahrung aufnehmen. Wie groß ist ihre Leistung, wenn sie diese Energie gleichmäßig abgeben? In welchem Verhältnis steht sie zu der Leistung einer 100-W-Glühbirne?
Antwort: 1.9mal größer.
22. Um ein Loch in einen 455 g schweren Kupferblock zu bohren, muß zwei Minuten lang eine Leistung von 300 W aufgebracht werden. (a) Wieviel Wärme wird beim Bohren entstehen? (b) Wie groß ist die Temperaturerhöhung des Blocks, wenn nur 75 % der Energie in Wärme umgesetzt werden? (c) Wo bleiben die restlichen 25 % der Energie?
23. Man schätze den Temperaturanstieg des Wassers ab, das die Niagara-Fälle (Höhe etwa 50 m) hinunterstürzt. (b) Warum ist die tatsächliche Temperaturerhöhung kleiner?
Antwort: (a) 0.12 °C.
24. In der Ballistik benutzt man ein sogenanntes ballistisches Pendel, um Geschoßgeschwindigkeiten zu bestimmen (siehe Abb. 10.6). Angenommen eine 2 g schwere Bleikugel werde mit einer Geschwindigkeit von 200 m/s in den 2 kg schweren Pendelkörper aus Holz hineingeschossen. Welche Temperaturerhöhung tritt in der Bleikugel auf, wenn alle Energie in Wärme umgesetzt wird?
25. Ein 50 kg schwerer Eisblock der Temperatur 0 °C gleitet zunächst mit einer Geschwindigkeit von 5.38 m/s über eine waagerechte Ebene und kommt dann nach 28.3 m zum Stillstand. Wieviel Eis ist aufgrund der Reibungswärme geschmolzen?
Antwort: 2.16 g.
26. Empirisch wurde ermittelt, daß sich die spezifische Wärmekapazität von Silber beim Normdruck 101.325 kPa (1 atm) im Temperaturbereich von 50 K bis 100 K nach der Beziehung $c_p = 0.076\,T - 0.00026\,T^2 - 0.15$ mit der Temperatur ändert. Welche Wärmemenge ist erforderlich, um 216 g Silber von 50 K auf 100 K aufzuwärmen?
27. Um den kalorischen Gehalt eines Metalles zu bestimmen, wog Graf Rumford einen Gegenstand aus diesem Metall zunächst bei einer niedrigen Temperatur, dann bei einer hohen Temperatur. Bei Gold kam er zu dem Ergebnis, daß der Wärmestoff (das Caloricum) weniger als 10^{-6} des Probengewichtes wiegen müsse. (a) Kann sich nach modernen Erkenntnissen das Gewicht eines Körpers mit der Temperatur erhöhen? (b) Wenn ja, in welcher Größenordnung liegt die Erhöhung? (c) Hatte Rumford aus heutiger Sicht recht, als er die kalorische Theorie aufgrund seiner Wägungen ablehnte?
Antwort: (a) Ja; (b) ca. 10^{-14} kg; (c) nein.
28. Im Temperaturbereich zwischen 0 °C und 1000 °C ist die spezifische Wärmekapazität von Kupfer 377 mJ/(g K). Wie groß ist die Massenzunahme, wenn 1 kg Kupfer von 0 °C auf 1000 °C erwärmt wird?
29. Die spezifischen Wärmekapazitäten von Flüssigkeiten werden mit einem Strömungskalorimeter gemessen. Einer Flüssigkeit, die mit einem bekannten Volumenstrom durch das Kalorimeter fließt, wird im Kalorimeter Wärmeenergie mit bekannter konstanter Leistung zugeführt. Aus der Differenz der Temperaturen der einfließenden und der ausfließenden Flüssigkeit

kann die spezifische Wärmekapazität berechnet werden. Man stelle eine solche Berechnung mit folgenden Daten an: Die Dichte der Flüssigkeit sei 0.85 g/cm³, der Volumenstrom 8 cm³/s. Die Flüssigkeit wird mit einer elektrischen Heizschlange von 250 W Leistung erwärmt, die Temperaturdifferenz zwischen der ein- und ausfließenden Flüssigkeit sei 15 °C.
Antwort: 2.5 J/(g K).

30. Ein Lebenskünstler wacht eines Morgens auf und bemerkt, daß ihm über Nacht das Herdfeuer ausgegangen ist. Er entschließt sich, das Kaffeewasser durch Schütteln in einer Thermoskanne zu erwärmen. Er nimmt einen halben Liter Wasser von 15 °C und schüttelt die Thermosflasche alle zwei Sekunden, wobei das Wasser in der Thermoskanne jeweils um eine Strecke von 30.5 cm fällt. Wie lange muß unser Freund schütteln, um das Wasser zum Kochen zu bringen? Es soll kein Wärmeverlust auftreten.

Abschnitt 22.7

31. Man bestimme das mechanische Wärmeäquivalent aus folgenden Angaben: Einem System werden 2000 cal Wärme zugeführt; während dieser Zeit verrichtet es eine äußere Arbeit von 3350 J; die innere Energie erhöht sich um 5030 J.
Antwort: 4.19 J/cal.

Abschnitt 22.8

32. Ein thermodynamisches System wird vom Zustand *A* in den Zustand *B* geführt und anschließend über einen Zustand *C* in den Anfangszustand *A* zurück. In Abb. 22.18a ist dieser Weg in einem *p*, *V*-Diagramm gezeichnet. (a) Man vervollständige die Tabelle in Abb. 22.18b durch Einfügen eines Plus- oder Minus-Zeichens, wenn die entsprechende Energieänderung auftritt. (b) Man bestimme die Arbeit für den vollständigen Kreisprozeß *A*-*B*-*C*-*A*.

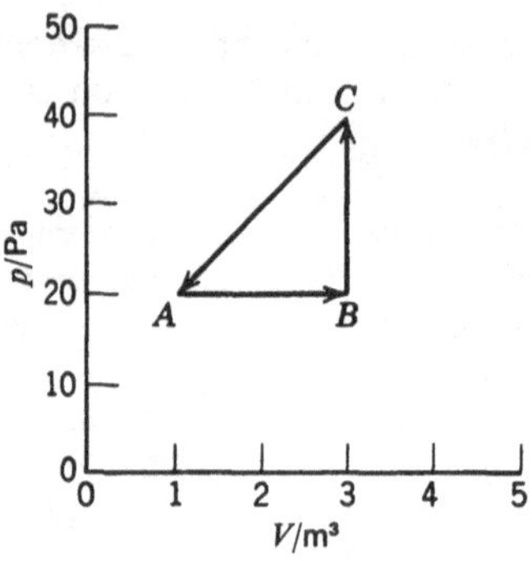

(a)

	Q	W	ΔU
$A \longrightarrow B$			+
$B \longrightarrow C$	+		
$C \longrightarrow A$			

(b)

Abb. 22.18 Zu Aufgabe 32

33. Abb. 22.19a zeigt einen gasgefüllten Zylinder in einem Eisbad. Nach oben ist der Behälter durch einen beweglichen Stempel verschlossen. Der Stempel wird plötzlich von Stellung 1 in Stellung 2 hinuntergedrückt. Dort wird er festgehalten, bis das Gas wieder die Temperatur 0 °C angenommen hat. Dann wird der Stempel langsam in Stellung 1 zurückgezogen. In Abb. 22.19b ist das zugehörige *p*, *V*-Diagramm gezeichnet. Bei dem gesamten Vorgang seien 100 g Eis zum Schmelzen gebracht worden. Wieviel Arbeit wurde an dem Gas verrichtet?
Antwort: 33.5 kJ.

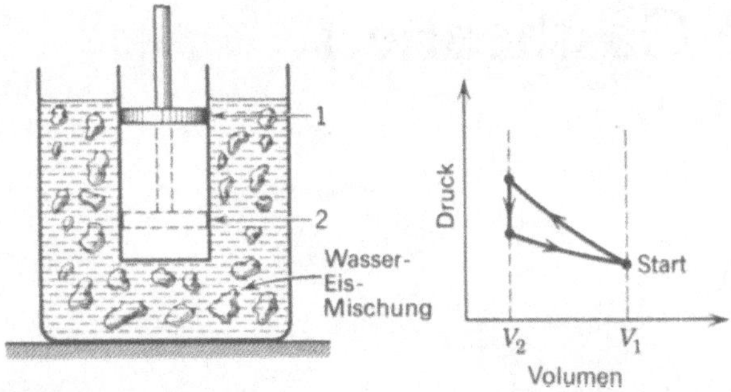

(a) (b)

Abb. 22.19 Zu Aufgabe 33

34. Ein System werde, wie in Abb. 22.20 gezeigt, entlang dem Weg *iaf* von dem Zustand *i* in den Zustand *f* geführt. Dabei wurden 210 J für Q und 84 J für W ermittelt. Entlang dem Weg *ibf* wurde $Q = 150$ J ermittelt. (a) Wie groß ist W entlang dem Weg *ibf*? (b) Wie groß ist Q für den gekrümmten Weg *fi*, wenn für W ein Wert von -55 J gefunden wurde? (c) Wie groß ist U_f, wenn $U_i = 42$ J? (d) Wie groß ist Q für die Wege *ib* und *bf*, wenn $U_b = 92$ J ist?

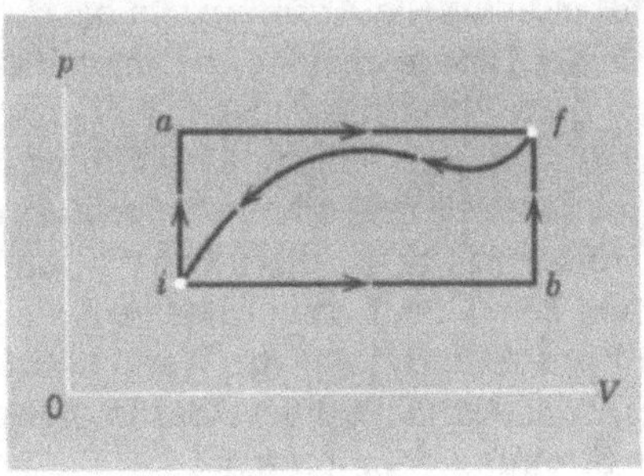

Abb. 22.20 Zu Aufgabe 34

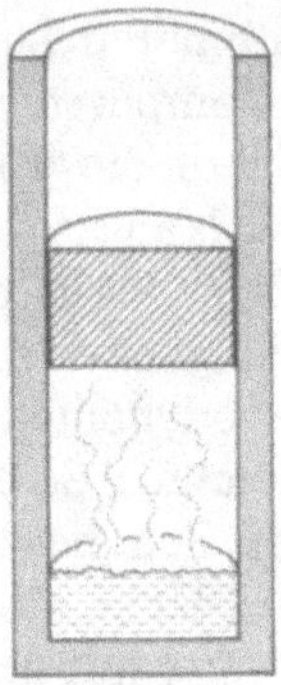

Abb. 22.21 Zu Aufgabe 36

35. Eine Eisenkugel fällt aus einer Höhe von 10 m auf eine Betonplatte. Nach dem ersten Aufschlag springt sie wieder 50 cm hoch. Man nehme an, daß die gesamte makroskopische mechanische Energie beim Aufprall in der Kugel verblieben ist. Die spezifische Wärmekapazität von Eisen ist 0.5 J/(g K). Wurde während des Aufpralls (a) der Kugel Wärme zugeführt, (b) an der Kugel Arbeit verrichtet, (c) die innere Energie der Kugel verändert? Wenn ja, wieviel? (d) Wie groß war die Temperaturerhöhung der Kugel bei dem ersten Aufprall?
Antwort: (a) nein; (b) ja; (c) ja, 93 J/kg; (d) 0.2 °C.
36. Ein Zylinder ist mit einem 2 kg schweren Metallstempel des Querschnitts 2 cm² gut verschlossen (Abb. 22.21). Der Zylinder enthält Wasser und Wasserdampf von 100 °C. Da durch die Zylinderwände Wärme abfließt, sinkt der Stempel mit einer Geschwindigkeit von 3 mm/s. Im Inneren kondensiert ein Teil des Dampfes zu Wasser. Die Dichte des Dampfes sei 0.6 mg/cm³. (a) Man bestimme die Kondensationsrate des Dampfes. (b) Wie groß ist die zeitliche Änderung der inneren Energie von Wasser und Dampf im Behälter? (c) Wie groß ist der Wärmestrom aus dem Behälter heraus?

23 Kinetische Gastheorie I

23.1 Einführung

Die *Thermodynamik* betrachtet nur makroskopische Größen eines Systems, also zum Beispiel Druck, Temperatur, Volumen. Deshalb sagen die grundlegenden Beziehungen der Thermodynamik auch nichts über die Zusammensetzung der Materie aus Atomen und Molekülen aus. Die *statistische Mechanik* dagegen, die sich mit demselben Gebiet der Physik wie die Thermodynamik beschäftigt, setzt die Existenz von Atomen voraus. Auf diese werden dann die Gesetze der Mechanik angewendet.

Wegen der Vielzahl der atomaren Teilchen eines Systems kann man nicht, auch nicht mit dem besten denkbaren Computer, auf jedes individuelle Atom einzeln die mechanischen Gesetze anwenden. Schon die große Zahl der Lösungen wäre viel zu unübersichtlich und auch ohne Nutzen. Nun ist der detaillierte Bewegungsablauf jedes einzelnen Atoms für das makroskopische Verhalten eines Gases unerheblich. Deshalb kann man die mechanischen Gesetzmäßigkeiten *statistisch* ansetzen und erhält so eine Zuordnung der makroskopischen, thermodynamischen Größen zu Mittelwerten von mechanischen Größen der Atome oder Moleküle. So entspricht dem Druck eines Gases auf die Behälterwand der mittlere Impuls, den die Atome beim Aufprall auf die Wand übertragen, geteilt durch die Zeit und die Fläche. Die Anzahl der Atome in einem Gas ist meistens so groß, daß derartige Mittelwerte mit geringer Streuung definiert sind.

Das statistische Verfahren kann man auf zwei verschiedenen Ebenen auf eine Ansammlung von Atomen oder Molekülen anwenden. In der *kinetischen Theorie* geht man physikalisch anschaulich vor und verwendet man relativ einfache Mittelwertbildungen. Hierauf wollen wir in diesem Kapitel eingehen und so ein besseres Verständnis für die Größen Temperatur, Druck, spezifische Wärmekapazität und innere Energie gewinnen. Diese Theorie wurde vor allem von Robert Boyle (1627–1691), Daniel Bernoulli (1700–1782), James Joule (1818–1889), August Krönig (1822–1879), Rudolf Clausius (1822–1888) und James Clerk Maxwell (1831–1879) entwickelt. Die kinetische Theorie wird meistens nur auf Gase angewendet (daher wird sie auch *kinetische Gastheorie* genannt), weil die Wechselwirkungen zwischen den Atomen eines Gases sehr viel schwächer sind als in Flüssigkeiten oder Festkörpern. Die mathematische Beschreibung ist dadurch viel einfacher durchzuführen.

Die andere Möglichkeit, mechanische Gesetze auf statistische Weise anzuwenden, beruht auf einer formaleren und abstrakteren Betrachtung. Sie wurde unter anderen von J. Willard Gibbs (1839–1903) und Ludwig Boltzmann (1844–1906) entwickelt und wird *statistische Mechanik* genannt. Mit ihrer Hilfe kann man alle thermodynamischen Beziehungen so ableiten, als wäre die Thermodynamik nur ein Zweig der Mechanik.

In der *Quantenstatistik* schließlich werden mit großem Erfolg die Gesetze der Quantenmechanik auf Vielteilchen-Systeme angewandt.

23.2 Das ideale Gas, eine makroskopische Beschreibung

Wir betrachten in einem Behälter die Stoffmenge n eines Gases mit der molaren Masse M. Es befindet sich somit insgesamt eine Masse nM in einem Volumen V, und die Dichte beträgt $\varrho = nM/V$. Man findet experimentell für alle Gase, unabhängig von ihrer chemischen Zusammensetzung, bei niedrigen Dichten einen einfachen Zusammenhang zwischen Druck, Volumen und Temperatur. Das legt das Modell eines *idealen Gases* nahe. In diesem Abschnitt werden wir eine makroskopische, thermodynamische Definition für ein ideales Gas angeben, während wir in Abschn. 23.3 ein ideales Gas aus der Sicht der kinetischen Gastheorie mikroskopisch definieren werden.

Wir nehmen an, wir hätten die Masse nM eines Gases im thermodynamischen Gleichgewicht vorliegen und könnten seinen Druck p, seine Temperatur T und sein Volumen V messen. Bei genügend niedrigem Druck findet man im Experiment, daß (1) der Druck bei konstant gehaltener Temperatur umgekehrt proportional zu seinem Volumen ist (*Boyle-Mariottesches Gesetz* bei isothermer Zustandsänderung) und daß (2) das Volumen des Gases bei konstant gehaltenem Druck direkt proportional zur Temperatur ist (*Gay-Lussacsches Gesetz* bei isobarer Zustandsänderung). Beide Ergebnisse kann man zu einer einfachen Beziehung zusammenfassen:

$$\frac{pV}{T} = \text{const. (bei konstanter Masse).} \tag{23.1}$$

Da das Volumen eines Gases bei gegebenem Druck und gegebener Temperatur zu seiner Masse proportional ist, muß die Konstante in Gl. 23.1 ebenfalls proportional zur Masse sein. In Abschn. 22.3 (Abb. 22.2) haben wir gesehen, daß es beim Vergleich verschiedener Proben manchmal günstiger ist, sie nicht auf das Gewicht, sondern auf die Molekülzahl zu beziehen. Wir können daher die Konstante in Gl. 23.1 als nR schreiben, wobei n die Stoffmenge und R eine noch zu ermittelnde Konstante ist. Experimentell erweist sich R bei genügend niedrigen Drucken als eine für alle Gase gleiche Größe, nämlich

$$R = 8.314\ \frac{\text{J}}{\text{mol K}}.$$

R wird *universelle Gaskonstante* genannt. Gl. 23.1 wird mit ihr vervollständigt zur sogenannten *Zustandsgleichung* eines idealen Gases:

$$pV = nRT, \tag{23.2}$$

wobei wir unter einem *idealen Gas* ein Gas verstehen wollen, welches unter allen Bedingungen die Beziehung 23.2 erfüllt. Das ideale Gas stellt, wie sein Name schon sagt, nur eine Abstraktion dar. Trotzdem ist es von erheblicher praktischer Bedeutung, da sich alle realen Gase bei hohen Temperaturen und niedrigen Drücken dem idealen Gaszustand nähern.

Könnte man ein Gasthermometer mit konstantem Volumen mit einem idealen Gas betreiben, so könnte man mit Gl. 23.2 eine Temperatur nach

$$T = 273.16\,\mathrm{K}\,\frac{p}{p_{\mathrm{tr}}} \quad \text{(ideales Gas)}$$

definieren. p_{tr} ist der Druck des Gases im Tripelpunkt des Wassers, bei dem nach Definition die Temperatur T_{tr} genau 273.16 K beträgt. In Wirklichkeit muß man ein Gasthermometer aber mit einem realen Gas füllen und kann daher die Temperatur nur durch Extrapolation des Druckes auf den Wert Null bestimmen (Gl. 21.4):

$$T = 273.16\,\mathrm{K} \lim_{p_{\mathrm{tr}} \to 0} \frac{p}{p_{\mathrm{tr}}} \text{ (reales Gas).}$$

Beispiel 1

Ein Zylinder enthalte 100 l Sauerstoff bei einer Temperatur von 20 °C und einem Druck von 1.5 MPa. Ein beweglicher Stempel drücke das Volumen auf 80 l zusammen, wobei sich die Temperatur auf 25 °C erhöht. Auf welchen Wert ist der Druck angestiegen? Man nehme an, der Sauerstoff verhalte sich wie ein ideales Gas.

Da die Masse des Gases sich beim Versuch nicht geändert hat, gilt nach Gl. 23.1 für beide Zustände

$$\frac{p_{\mathrm{a}} V_{\mathrm{a}}}{T_{\mathrm{a}}} = \frac{p_{\mathrm{e}} V_{\mathrm{e}}}{T_{\mathrm{e}}}.$$

Mit den gegebenen Werten erhält man durch Einsetzen und Auflösen der Gleichung nach p_{e}

$$p_{\mathrm{e}} = \left(\frac{T_{\mathrm{e}}}{V_{\mathrm{e}}}\right)\left(\frac{p_{\mathrm{a}} V_{\mathrm{a}}}{T_{\mathrm{a}}}\right) = \left(\frac{298\,\mathrm{K}}{80\,\mathrm{l}}\right)\left(\frac{1.5\,\mathrm{MPa} \times 100\,\mathrm{l}}{293\,\mathrm{K}}\right) = 1.9\,\mathrm{MPa}.$$

Beispiel 2

Ein Gas dehne sich isotherm von einem Volumen V_{a} auf ein Volumen V_{e} aus. Welche Arbeit verrichtet ein Mol des Gases?

Nach Abschn. 22.6 gilt für die von einem Gas geleistete Arbeit

$$W = \int_{V_{\mathrm{a}}}^{V_{\mathrm{e}}} p \, \mathrm{d}V.$$

Aus der Zustandsgleichung (Gl, 23.2) eines idealen Gases erhält man

$$p = \frac{nRT}{V},$$

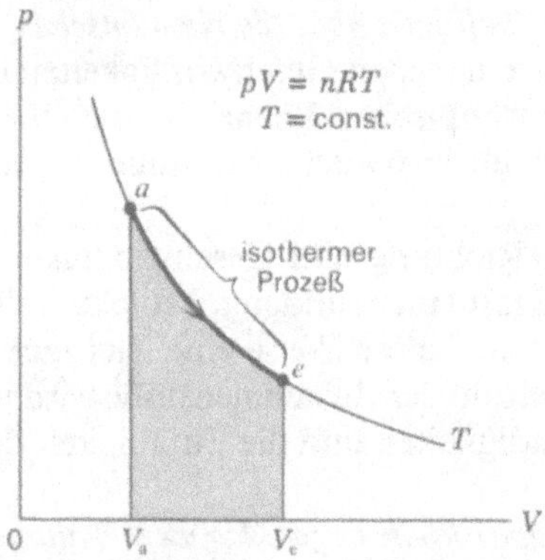

Abb. 23.1 Zu Beispiel 2. p, V-Diagramm eines idealen Gases. Die dunklere Fläche entspricht der Arbeit, die eine Stoffmenge n des Gases bei der Ausdehnung von V_a auf V_e bei konstantgehaltener Temperatur verrichtet.

so daß sich für die Arbeit eines Mols folgende Beziehung ergibt

$$\frac{W}{n} = \int_{V_a}^{V_e} \frac{RT}{V} \mathrm{d}V.$$

Da die Temperatur konstant gehalten wird, kann man T und R vor das Integralzeichen ziehen

$$\frac{W}{n} = RT \int_{V_a}^{V_e} \frac{\mathrm{d}V}{V} = RT \ln \frac{V_e}{V_a}.$$

Bei einem expandierenden Gas ist $V_e > V_a$ und die Arbeit ergibt sich mit einem positiven Vorzeichen; bei der Kompression eines Gases ist $V_e < V_a$ und die Arbeit erhält ein negatives Vorzeichen. Das stimmt mit der Vereinbarung über das Vorzeichen bei der Arbeit im 1. Hauptsatz der Thermodynamik (Gl. 22.6) überein. Die Abb. 23.1 zeigt ein p, V-Diagramm der vorgenommenen Zustandsänderung. Die verrichtete Arbeit wird durch die graue Fläche repräsentiert. Die schwarze Kurve stellt eine Isotherme dar, auf der das System vom Zustand a in den Zustand e geführt wurde.

Wie kann man in der Praxis bei konstanter Temperatur ein Gas komprimieren oder expandieren?

23.3 Das ideale Gas, eine mikroskopische Beschreibung

Wir wollen nun versuchen, ein ideales Gas aus mikroskopischer Sicht zu definieren. Anschließend werden wir die bekannten Gesetze der (klassischen) Mechanik in statistischer Weise auf die Gasatome anwenden und zeigen, daß die mikroskopische Beschreibung des idealen Gases mit der makroskopischen Beschreibung konsistent ist. Wir nehmen an:

1. *Ein Gas besteht aus Teilchen, den Molekülen.* Je nach Art des Gases kann ein Molekül aus einem Atom oder einer Gruppe von mehreren Atomen bestehen. Setzt sich das Gas nur aus Molekülen eines Elementes oder einer Verbindung zusammen, und befindet es sich in einem stabilen Zustand, so sind alle Moleküle identisch.

2. *Die Moleküle führen Zufallsbewegungen aus, befolgen aber die Newtonschen Bewegungsgesetze.* Die Moleküle bewegen sich mit verschiedenen Geschwindigkeiten in verschiedene Richtungen, und es gelten auf mikroskopischer Ebene die Newtonschen Bewegungsgesetze. Diese Annahme kann, wie die übrigen auch, erst durch das Experiment bestätigt werden.

3. *Die Gesamtzahl der Moleküle ist sehr groß.* Richtung und Geschwindigkeit jedes Moleküls können sich bei einem Zusammenstoß mit einem anderen Molekül oder mit der Gefäßwand ändern. Jedes Molekül vollführt auf diese Weise eine Zickzackbewegung. Wegen der großen Molekülzahl und der Vielzahl der Zusammenstöße wird jedoch die Gesamtverteilung der molekularen Geschwindigkeiten und die Zufälligkeit der Bewegung aufrechterhalten.

4. *Das Volumen der Moleküle ist vernachlässigbar klein gegenüber dem Volumen des Gases.* Es gibt zwar viele Moleküle, aber ihr Durchmesser ist gegenüber dem mittleren Abstand zum Nachbarmolekül sehr klein. Das von einem Gas eingenommene Volumen kann ohne Schwierigkeit erheblich verändert werden. Man weiß, daß beim Kondensieren die entstehende Flüssigkeit auf nur ein Tausendstel des Gasvolumens schrumpfen kann. Später werden wir die tatsächliche Größe von Molekülen noch bestimmen und die vorliegende 4. Annahme überprüfen können.

5. *Auf die Moleküle wirken außer bei Zusammenstößen keine weiteren merklichen Kräfte ein.* Das bedeutet, daß sich ein Molekül zwischen zwei Zusammenstößen mit konstanter Geschwindigkeit bewegt. Wegen der großen Abstände zwischen den Molekülen beschränken sich molekulare Wechselwirkungen nur auf einen Bereich unmittelbar um die Moleküle, das heißt auf Größenordnungen von Moleküldurchmessern.

6. *Zusammenstöße erfolgen elastisch und sind von vernachlässigbar kurzer Dauer.* Bei Zusammenstößen untereinander und mit der Wand bleiben Impuls und kinetische Energie erhalten. Da die Dauer der Zusammenstöße gegenüber der Dauer zwischen zwei Zusammenstößen vernachlässigbar ist, kann die Umwandlung von kinetischer in potentielle Energie während eines Stoßes auch vernachlässigt werden; die Energie tritt sofort wieder als kinetische Energie auf.

23.4 Kinetische Berechnung des Druckes

Wir wollen den Druck aus der Sicht der kinetischen Gastheorie bestimmen. Dazu betrachten wir ein Gas in einem würfelförmigen Behälter der Kantenlänge l und mit vollkommen elastischen Wänden (Abb. 23.2). Die senkrecht auf der x-Achse stehenden Wände A_1 und A_2 nehmen eine Fläche l^2 ein. Durch den Würfel fliege ein Gasteilchen in x-Richtung mit der Geschwindigkeit v, deren Komponenten in den Achsenrichtungen durch v_x, v_y und v_z gegeben seien. Bei einem Zusammenstoß mit der Wand A_1 soll das Teilchen in umgekehrter x-Richtung zurückprallen, d.h. v_y und v_z haben sich nicht geändert, nur v_x hat sein Vorzeichen gewechselt. Beim Stoß hat sich der Impuls des Teilchens um

$$\text{Endimpuls} - \text{Anfangsimpuls} = -mv_x - (mv_x) = -2mv_x$$

geändert. Da der Gesamtimpuls erhalten bleibt, muß also der Impuls $2mv_x$ auf die Wand

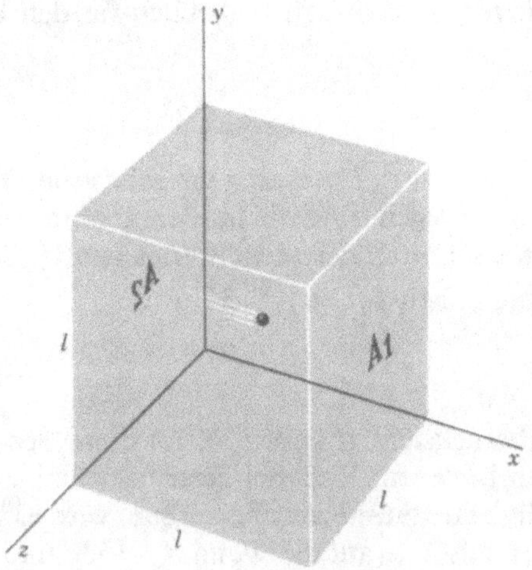

Abb. 23.2 Zur Berechnung des Druckes in einem Gas. Ein Würfel der Kantenlänge l enthält ein ideales Gas. Es ist gezeigt, wie ein Molekül auf die Seitenfläche A_1 zufliegt.

übertragen worden sein. Das Teilchen möge nun ohne Zusammenstöße mit den anderen Molekülen auf die gegenüberliegende Wand A_2 prallen. Die Zeit zum Durchqueren des Behälters ist durch l/v_x gegeben. Von A_2 werde das Teilchen wieder in x-Richtung reflektiert, durchquere wieder ohne Zusammenstöße den Behälter und erreiche die Wand A_1 usw. Das Teilchen wird also in der Zeit $\frac{2l}{v_x}$ auf die Wand A_1 Impuls mit einer Rate von

$$2mv_x \frac{v_x}{2l} = \frac{mv_x{}^2}{l}$$

übertragen.

Die auf die Wand übertragene Gesamtkraft ergibt sich durch Aufsummieren der Impulsraten der im Gas vorhandenen N Moleküle, die alle dieselbe Masse m haben sollen. Dividieren wir diese Summe durch die Fläche von A_1, so erhalten wir den Druck des Gases, nämlich

$$p = \frac{m}{l^3}(v_{x1}{}^2 + v_{x2}{}^2 + \ldots),$$

wobei der Index 1, 2, 3, ... die entsprechenden Teilchen kennzeichnet. Bei einer Gesamtzahl N von Teilchen im Behälter mit dem Volumen l^3 beträgt die Teilchenzahldichte $n_V = N/l^3$. Diesen Wert setzen wir in die Gleichung für den Druck ein und erhalten

$$p = mn_V\left(\frac{v_{x1}{}^2 + v_{x2}{}^2 + \ldots}{N}\right).$$

Die Größe mn_V ist die Masse geteilt durch das Volumen, also die Dichte ϱ. Weiterhin stellt die Größe $(v_{x1}{}^2 + v_{x2}{}^2 + \ldots)/N$ den Mittelwert von $v_x{}^2$ für alle im Behälter vorhandenen Teilchen dar, den wir mit $\overline{v_x^2}$ abkürzen, so daß sich schließlich für den Druck

$$p = \varrho \overline{v_x^2}$$

ergibt.

Für jedes Teilchen gilt einzeln $v^2 = v_x^2 + v_y^2 + v_z^2$. Da es sich um sehr viele Teilchen handelt und diese sich vollkommen zufällig bewegen, sind die mittleren Werte von v_x^2, v_y^2 und v_z^2 gleich, und jeder beträgt genau ein Drittel des Mittelwertes von v^2, denn es gibt keine Vorzugsrichtung für die Bewegung. Mit $\overline{v_x^2} = \frac{1}{3}\overline{v^2}$ erhält man

$$p = \varrho \overline{v_x^2} = \tfrac{1}{3}\varrho \overline{v^2}. \tag{23.3}$$

Obwohl wir Stöße unter den Teilchen unberücksichtigt ließen, bleibt diese Beziehung auch bei Auftreten von Zusammenstößen bestehen. Weil bei einem elastischen Stoß zwischen identischen Teilchen Geschwindigkeiten ausgetauscht werden, wird es immer irgendein Molekül geben, das mit einem Impuls $m\,v_x$ auf die Wand A_2 stößt, und dabei gerade dem Molekül entspricht, welches mit demselben Impuls $m\,v_x$ von der Wand A_1 zurückprallt. Weiter ist die Stoßdauer gegenüber der Zeit zwischen den Stößen sehr klein. Die Vernachlässigung von Zusammenstößen der Moleküle untereinander ist also nur eine rechnerische Vereinfachung. Zu dem gleichen Ergebnis (Gl. 23.3) wären wir gekommen, wenn wir einen Behälter anderer Form gewählt hätten. Der würfelförmige Behälter vereinfacht lediglich die Rechnung. Bei der Ableitung der Gl. 23.3 haben wir nur die Seite A_1 berücksichtigt. Das ist ausreichend, da nach dem Pascalschen Prinzip (Abschn. 17.4) der Druck überall in einem Behälter und auch auf die Seiten gleich ist.*

Die Quadratwurzel aus $\overline{v^2}$, also *die Wurzel aus dem mittleren Geschwindigkeitsquadrat*, $\sqrt{\overline{v^2}} = v_{\text{rms}}$ (rms als Abkürzung für root-mean-square), stellt eine Art mittlere Molekülgeschwindigkeit dar. (Näheres hierzu und zu anderen Molekülgeschwindigkeiten wird in Abschn. 24.2 erörtert.) Mit Gl. 23.3 kann man sie aus Messungen des Drucks und der Dichte eines Gases bestimmen

$$v_{\text{rms}} = \sqrt{\overline{v^2}} = \sqrt{\frac{3p}{\varrho}}. \tag{23.4a}$$

In der Gl. 23.3 haben wir eine makroskopische Größe, den Druck p, durch den Mittelwert einer mikroskopischen Größe, nämlich $\overline{v^2}$, ausgedrückt. Mittelwerte kann man nun über einen kleinen oder großen Zeitbereich und über einen kleinen oder großen Raumbereich bilden. Allerdings könnte ein Mittelwert über einen sehr kleinen Zeit- und Raumbereich von dem gewählten Ort und Zeitpunkt abhängen. Es könnten sich somit verschiedene Mittelwerte ergeben, etwa in einem stark verdünnten Gas. Man muß also darauf achten, daß die Anzahl der Moleküle groß genug ist; erst dann können Schwankungen vernachlässigt werden.

* Das Gewicht der Gasmoleküle spielt allerdings prinzipiell eine Rolle. Es ist aber erst dann von Bedeutung, wenn es sich um eine sehr große Menge handelt, wie etwa bei der Luftatmosphäre (vgl. Abschn. 17.3 und Aufgabe 26).

Beispiel 3

Es soll die Wurzel aus dem mittleren Geschwindigkeitsquadrat für Wasserstoffmoleküle bei 0 °C und 101.325 kPa (1 atm) unter der Annahme eines idealen Gases ermittelt werden. Bei den genannten Bedingungen hat Wasserstoff eine Dichte von $\varrho = 89.9\ \mathrm{g/m^3}$. Damit ergibt sich

$$v_{\mathrm{rms}} = \sqrt{\frac{3p}{\varrho}} = 1840\ \mathrm{m/s}.$$

In Tab. 23.1 sind die Molekülgeschwindigkeiten $v_{\mathrm{rms}} = \sqrt{\overline{v^2}}$ für einige Gase angegeben. Diese Geschwindigkeiten liegen in der Größenordnung der Schallgeschwindigkeiten in diesen Gasen.

So beträgt die Molekülgeschwindigkeit in Luft 485 m/s bei 0 °C und die Schallgeschwindigkeit in Luft bei derselben Temperatur 331 m/s; für Wasserstoff betragen die Werte 1838 m/s bzw. 1286 m/s. Dieses Ergebnis kann man aufgrund unserer Vorstellung von einem Gas auch erwarten (vgl. Aufgabe 34), denn die Ausbreitung einer Schallwelle in einem Gas ist eine Schwingungsbewegung der Moleküle, die als Ganzes der Zufallsbewegung der Moleküle überlagert ist. Die Energie einer Schallwelle wird als kinetische Energie von einem Molekül auf ein anderes beim Zusammenstoßen übertragen. Trotz ihrer hohen Geschwindigkeit bewegen sich die Gasteilchen während einer Schwingungsperiode nicht sehr weit fort; sie sind vielmehr auf einen sehr kleinen Raumbereich eingeengt, da sie dauernd Zusammenstößen ausgesetzt sind.* Die Energie der Schallwelle wird jedoch mit der hohen Molekülgeschwindigkeit zwischen den Teilchen übertragen,

Tabelle 23.1 Vergleich von molekularen Größen einiger Gase

Gas	molare Masse in g/mol	v_{rms} (bei 0 °C) in m/s	mittlere molare Energie der Translationsbewegung bei 0 °C: $\frac{1}{2} M v_{\mathrm{rms}}^2$ in J/mol
H_2	2.02	1838	3370
He	4.0	1311	3430
H_2O	18	615	3400
Ne	20.1	584	3420
N_2	28	493	3390
CO	28	493	3390
Luft	28.8	485	3280
O_2	32	461	3400
CO_2	44	393	3400

* Daraus erklärt sich auch die Zeitverzögerung zwischen dem Öffnen einer Ammoniakflasche am Ende eines Raums und dem Wahrnehmen des Geruches am anderen Ende des Raums. Obwohl die Molekülgeschwindigkeiten hoch sind, hemmt die große Zahl der Zusammenstöße die Ammoniakmoleküle am Fortkommen. Sie diffundieren mit einer sehr viel geringeren Geschwindigkeit als der Molekülgeschwindigkeit durch die Luft.

obwohl man nicht erwarten kann, daß die Schallgeschwindigkeit genau diesem Wert entspricht (vgl. Beispiel 6).

Beispiel 4

Man nehme an, daß die Schallgeschwindigkeit in einem Gas genau der Quadratwurzel aus dem mittleren Geschwindigkeitsquadrat entspreche. Man ermittle die Temperaturabhängigkeit der Schallgeschwindigkeit in einem idealen Gas (dieses ist eine grobe Näherung, man vergleiche Gl. 23.4a mit Gl. 23.15).

Die Dichte eines Gases ist durch

$$\varrho = \frac{nM}{V}$$

gegeben, wobei M die molare Masse (g/mol) und n die Stoffmenge darstellen. Setzt man diese Beziehung in die Zustandsgleichung für ein ideales Gas ein

$$pV = nRT,$$

so erhält man

$$\frac{p}{\varrho} = \frac{RT}{M}.$$

Aus Gl. 23.4a wird somit

$$v_{\mathrm{rms}} = \sqrt{\frac{3p}{\varrho}} = \sqrt{\frac{3RT}{M}}, \tag{23.4b}$$

woraus man für die Geschwindigkeiten v_1 und v_2 bei den beiden Temperaturen T_1 und T_2 erhält:

$$\frac{v_1}{v_2} = \sqrt{\frac{T_1}{T_2}}.$$

Wenn also zum Beispiel die Schallgeschwindigkeit bei 273 K in Luft 332 m/s beträgt, wird sie bei 300 K

$$\sqrt{\frac{300}{273}}\,332\ \mathrm{m/s} = 348\ \mathrm{m/s}$$

sein.

Wäre die Temperaturabhängigkeit anders, wenn die Schallgeschwindigkeit zur molekularen Geschwindigkeit v_{rms} nur proportional und nicht ihr gleich wäre?

23.5 Kinetische Interpretation der Temperatur

Multipliziert man beide Seiten der Gl. 23.3 mit dem Volumen V, so erhält man

$$pV = \tfrac{1}{3}\varrho V\overline{v^2},$$

wobei ϱV die Masse des Gases darstellt. Hierfür kann man auch nM schreiben, wenn M die molare Masse und n die Stoffmenge sind. Das führt zu:

$$pV = \tfrac{1}{3}nM\overline{v^2}.$$

Der Ausdruck $\frac{1}{3}nM\overline{v^2}$ stellt zwei Drittel der gesamten kinetischen Translationsenergie der Moleküle dar*:

$$pV = \tfrac{2}{3}(\tfrac{1}{2}nM\overline{v^2}).$$

Zusammen mit der Zustandsgleichung für ein ideales Gas,

$$pV = nRT,$$

ergibt sich

$$\tfrac{1}{2}M\overline{v^2} = \tfrac{3}{2}RT. \tag{23.5}$$

Die mittlere kinetische Energie der Moleküle eines idealen Gases ist proportional zu der thermodynamischen Temperatur. Man kann Gl. 23.5 als eine Definition für die Temperatur eines Gases aus der Sicht der kinetischen Theorie bzw. aus mikroskopischer Sicht betrachten.

Die Temperatur eines Gases wird durch die gesamte kinetische Energie der ungeordneten Bewegung des Gases bestimmt, wobei die Bewegungen auf den Massenmittelpunkt des Gases bezogen sind. Die kinetische Energie, die durch die Bewegung des Massenmittelpunktes im Raum gegeben ist, hat keinen Einfluß auf die Temperatur des Gases. Bei der Betrachtung der Zufallsbewegung von Gasmolekülen in Abschn. 23.3 und der zugehörigen mittleren Geschwindigkeit v_{rms} in Abschn. 23.4 ist der Massenmittelpunkt der Gasportion in Ruhe. In allen anderen Bezugssystemen wären die Molekülgeschwindigkeiten größer als die Geschwindigkeit des Massenmittelpunktes. Damit wären die Bewegungen nicht mehr zufällig, und wir erhielten andere Werte für $\overline{v^2}$. Die Temperatur eines Gases erhöht sich nicht, wenn wir es in einem Fahrzeug transportieren.

Bezieht man die Gl. 23.5 auf die Anzahl der Moleküle in einem Mol eines Gases, teilt man die Gleichung also durch die Avogadro-Konstante N_A, so erhält man

$$\tfrac{1}{2}(M/N_A)\overline{v^2} = \tfrac{1}{2}m\overline{v^2} = \tfrac{3}{2}(R/N_A)T,$$

wobei $M/N_A = m$ die Masse eines Moleküls darstellt.

* Bei N Molekülen der Masse m, also der Gesamtmasse $m\,N$, ist die gesamte kinetische Energie durch

$$\tfrac{1}{2}mv_1{}^2 + \tfrac{1}{2}mv_2{}^2 + \ldots = \tfrac{1}{2}mN\left[\frac{v_1{}^2 + v_2{}^2 + \ldots}{N}\right] = \tfrac{1}{2}mN\overline{v^2}$$

gegeben.

Der Ausdruck $\frac{1}{2}m\overline{v^2}$ stellt die mittlere kinetische Energie eines Moleküls dar und der Ausdruck R/N_A, die sogenannte *Boltzmann-Konstante* k, die Gaskonstante pro Molekül. Es gilt also die Beziehung:

$$\frac{1}{2}m\overline{v^2} = \frac{3}{2}kT, \tag{23.6}$$

wobei

$$k = \frac{R}{N_A} = \frac{8.314\ \text{J/mol K}}{6.023 \times 10^{23}\ \text{mol}^{-1}} = 1.380 \times 10^{-23}\ \text{J/K}$$

gilt. In Kapitel 24 werden wir auf die Boltzmann-Konstante zurückkommen.

In der letzten Spalte von Tab. 23.1 sind die Werte von $\frac{1}{2}Mv_{\text{rms}}{}^2$ angegeben. Wie man aus Gl. 23.5 ersieht, sollte diese Größe für alle Gase den gleichen Wert haben. Aus Gl. 23.6 entnimmt man, daß sich bei gleicher Temperatur T die Quadratwurzeln aus dem mittleren Geschwindigkeitsquadrat zweier verschiedener Gase umgekehrt wie die Quadratwurzeln aus ihrer Masse verhalten, also

$$T = \frac{2}{3k}\frac{m_1\overline{v_1{}^2}}{2} = \frac{2}{3k}\frac{m_2\overline{v_2{}^2}}{2}$$

und

$$\sqrt{\frac{\overline{v_1{}^2}}{\overline{v_2{}^2}}} = \frac{v_{1\text{rms}}}{v_{2\text{rms}}} = \sqrt{\frac{m_2}{m_1}}. \tag{23.7}$$

Man kann Gl. 23.7 anwenden, um die Diffusion verschiedener Gase aus einem porösen Behälter in den Außenraum zu bestimmen. (Dieser Vorgang wird zur Unterscheidung von der freien Diffusion auch *Transfusion* genannt.) Das leichtere Gas wird schneller in den Außenraum diffundieren, da seine Moleküle im Mittel eine größere Geschwindigkeit besitzen. Aufgrund solchen Diffusionsverhaltens kann man zum Beispiel das Uranisotop ^{235}U, das nur mit einem Anteil von 0.7% im natürlich vorkommenden Uran vorhanden ist, von dem nicht spaltbaren Isotop ^{238}U trennen.

Schon 1896 hat Lord Rayleigh in einem Experiment demonstriert, daß man eine Mischung aus Gasen verschiedener Atomgewichte teilweise trennen kann, wenn man das Gemisch durch eine poröse Membran aus dem Behälter in einen evakuierten Raum diffundieren läßt. Weil die Moleküle des leichteren Gases aufgrund ihrer höheren Molekülgeschwindigkeit schneller durch die Poren diffundieren, reichert sich das leichtere Gas im Außenraum an, während sich das schwerere Gas im Behälter anreichert. Unter der Annahme, daß sich die Diffusionsgeschwindigkeiten umgekehrt proportional zu den Wurzeln aus ihren Molekülmassen verhalten (*Grahamsches Gesetz*), kann man einen Trennungsfaktor definieren,

$$\alpha = \sqrt{M_2/M_1},$$

der die Anreicherung eines Gases in der leichteren Komponente angibt. Am Beispiel des Urans wollen wir die Effektivität dieses Gastrennungsverfahrens beschreiben.

Da Uran bei normalen Umgebungsbedingungen nicht gasförmig ist, benutzt man eine gasförmige Verbindung, das Uranhexafluorid UF_6. Fluor hat keine weiteren Isotope, so daß in der Verbindung nur die beiden Komponenten $^{235}UF_6$ und $^{238}UF_6$ vorhanden sind, deren relative Molekülmassen 349 und 352 sind. Wenn nun ein kleiner Teil des Gemisches durch eine poröse Behälterwand hinausdiffundiert, wird sich das Diffusat, also das leichtere $^{235}UF_6$, mit dem Faktor

$$\alpha = \sqrt{\frac{352}{349}} = 1.0043 \ldots$$

anreichern. Durch mehrfache aufeinanderfolgende Anwendung dieses Verfahrens kann eine weitere Trennung erreicht werden. So sind für eine 99 %ige Anreicherung von $^{235}UF_6$ etwa 4000 Diffusionsstufen erforderlich. Hierzu ist der Einsatz einer einhundertausendfachen Menge des Mischgases erforderlich.

23.6 Intermolekulare Kräfte

Die Kräfte zwischen einzelnen Molekülen sind elektromagnetischer Natur, denn in allen Molekülen sind sich bewegende elektrische Ladungen vorhanden. Insgesamt gesehen sind Moleküle zwar elektrisch neutral, weil genauso viele negative Ladungen in den Elektronen der Hülle wie positive Ladungen in den Protonen der Kerne vorhanden sind, trotzdem können elektrische Wechselwirkungen zwischen Molekülen auftreten. Wenn sich zwei Moleküle sehr nahe kommen, verschieben sich ihre elektrischen Ladungen ein wenig aus ihrer normalen Lage, so daß sich der mittlere Abstand zwischen entgegengesetzten Ladungen in den beiden Molekülen verringert gegenüber dem der gleichnamigen Ladungen. Das hat eine anziehende Kraft zur Folge. Sie tritt nur bei sehr großer Annäherung der Moleküle auf, es handelt sich also um eine Kraft mit kurzer Reichweite. Kommen sich zwei Moleküle so nahe, daß sich ihre äußeren Hüllen überlappen, so treten abstoßende intermolekulare Kräfte auf. Die Moleküle stoßen sich ab, weil jedes für sich nicht mehr die Ladungen angrenzender Elektronen kompensieren kann. Solche Abstoßungskräfte sind für die billardähnlichen Kollisionen der Moleküle in einem Gas verantwortlich. Ohne sie würden sich die Moleküle gegenseitig durchdringen.

Wir nehmen an, daß die Moleküle nahezu kugelsymmetrisch aufgebaut sind. Man kann sich die intermolekularen Kräfte veranschaulichen, wenn man für die Wechselwirkung eine *Potentialkurve* zeichnet (vgl. Abb. 8.6 und Abb. 21.6). Diese gibt die potentielle Energie E_p zweier Moleküle in Abhängigkeit von dem Abstand r ihrer Mittelpunkte an. Die auf jedes Molekül wirkende Kraft F ist durch die potentielle Energie E_p über die Beziehung $F = -\mathrm{d}E_p/\mathrm{d}r$ gegeben. In Abb. 23.3a ist eine typische Potentialkurve $E_p(r)$ dargestellt. Eines der beiden Moleküle soll im Nullpunkt O fixiert sein. Das andere wird von dem ersten abgestoßen, wenn die Potentialkurve eine negative Steigung aufweist, also bei geringen Abständen r; es wird von dem ersten angezogen, wenn die Potentialkurve eine positive Steigung hat, also bei großem Abstand. An der Stelle r_0 wirkt keine Kraft zwischen den Molekülen.

In Abb. 23.3b ist die zugehörige Kraft als Funktion des Abstandes gezeichnet. Die gestrichelte waagerechte Linie E im oberen Bild gibt den Wert der gesamten mechanischen Energie der sich annähernden Moleküle wieder; ihr Schnittpunkt mit der Potentialkurve ist ein Umkehrpunkt (vgl. Abschn. 8.5). Der Abstand der beiden Moleküle in diesem Punkt stellt die engste Annäherung dar. Der Abstand der Moleküle, bei dem die potentielle Energie Null ist, kann als nächster Abstand bei einer Kollision angenommen werden. Er stellt also ungefähr den Durchmesser eines Moleküls dar. Dieser beträgt bei einfachen Molekülen etwa 2.5×10^{-10} m. Bei einem vierfachen Abstand, also 10^{-9} m, verschwinden die intermolekularen Kräfte, sie sind von sehr kurzer Reichweite. Im Abstand r_0 hat die Potentialkurve ein Minimum, dort treten keine Kräfte auf, die Moleküle befinden sich im Gleichgewicht. Ein typischer Wert hierfür ist 3.5×10^{-10} m. Wegen der unterschiedlichen Größen und Ladungen bei verschiedenen Molekülarten können die angegebenen Werte variieren, doch das qualitative Verhalten bleibt immer gleich.

Im festen Zustand der Materie schwingen Moleküle um ihre Gleichgewichtslage. Ihre Gesamtenergie ist negativ, d.h. diese liegt in Abb. 23.3a unterhalb der r-Achse (vgl. Abb. 21.6). Das

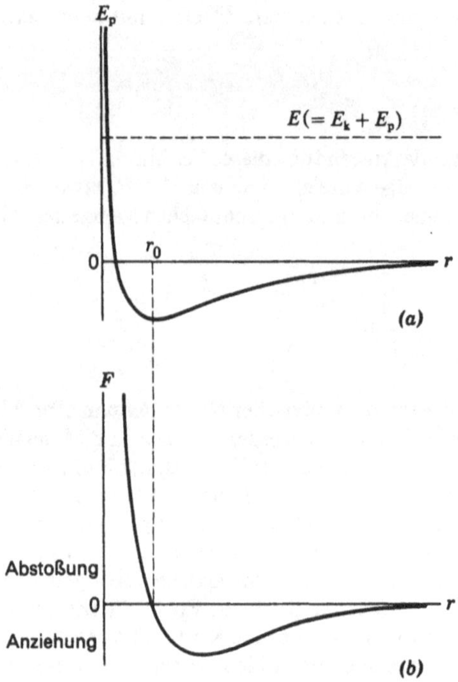

Abb. 23.3 Molekulare Bindungskräfte. (a) Potentielle Energie zweier benachbarter Moleküle als Funktion des Abstandes r; E ist die gesamte mechanische Energie. (b) Wechselwirkungskräfte $-\mathrm{d}E_p/\mathrm{d}r$, die dem Potentialverlauf von (a) entsprechen. Im Abstand r_0 wirkt keine Kraft.

bedeutet, daß die Moleküle nicht genügend energiereich sind, um aus ihrer Potentialmulde herauszukommen, d. h. aus dem Bereich der Anziehungskräfte. In einem Festkörper sind die Schwingungszentren O mehr oder weniger fest. In einer Flüssigkeit verfügen die Moleküle über größere Schwingungsenergie, und die Schwingungsmittelpunkte sind nicht starr, sondern können sich frei bewegen, wenn auch die gegenseitigen Abstände eingehalten werden. Im gasförmigen Zustand haben die Moleküle schließlich die höchste kinetische Energie. Die mittleren Abstände der Moleküle voneinander sind größer als die Reichweiten der intermolekularen Kräfte. Deshalb bewegen sich die Gasmoleküle zwischen den Stößen auf ungestörten geradlinigen Bahnen.

Es ist interessant, die eben besprochenen intermolekularen Kräfte mit den Massenanziehungskräften zwischen Molekülen zu vergleichen. Für einen Abstand von 4×10^{-10} m betragen die intermolekularen Kräfte zum Beispiel etwa 6×10^{-13}N, die Gravitationskräfte aber nur 7×10^{-42} N. Dieses Beispiel zeigt, daß die Massenanziehung zwischen Molekülen im Vergleich zu den intermolekularen Kräften vernachlässigbar ist. Obwohl uns auch diese noch sehr klein vorkommen, erteilen sie wegen der geringen Masse der Moleküle von etwa 10^{-26} kg diesen eine momentane Beschleunigung von 10^{15} m/s². Das entspricht der 10^{14}-fachen Fallbeschleunigung! Solche Beschleunigungen treten allerdings nur für sehr kurze Zeit auf, da sich ein Molekül nur sehr kurz im Kraftfeld eines anderen Moleküls aufhält.

23.7 Wärmekapazitäten eines idealen Gases

Wir betrachten die Moleküle eines Gases als starre, elastische Kugeln, auf die außer bei Zusammenstößen keine Kräfte wirken. Unter dieser Voraussetzung besitzt ein ideales Gas keine innere potentielle Energie, so daß die gesamte innere Energie ausschließlich aus kinetischer Energie besteht. In Abschn. 23.5 haben wir für die mittlere kinetische Energie eines Moleküls einen Wert von $\frac{3}{2}kT$ gefunden. Ein ideales Gas mit N Molekülen hat demnach eine innere Energie* von

$$U = \tfrac{3}{2}NkT = \tfrac{3}{2}nRT. \tag{23.8}$$

Diese Beziehung der kinetischen Theorie besagt, daß *die innere Energie eines idealen Gases zur (thermodynamischen) Temperatur proportional ist und nur von dieser bestimmt wird.* Sie hängt also von Druck und Volumen nicht ab. Mit diesem Ergebnis gelangen wir zu Aussagen über die spezifischen Wärmekapazitäten idealer Gase.

Die spezifische Wärmekapazität c einer Substanz ist diejenige Wärmemenge, die nötig ist, um die Temperatur einer Portion dieses Stoffes um ΔT zu erhöhen, geteilt durch ΔT und durch die Masse m der Stoffportion. Bezieht man nicht auf die Masse, sondern auf die Stoffmenge n der Stoffportion, erhält man die *molare Wärmekapazität C.* Bei Gasen sind nur zwei Wärmekapazitäten wichtig: Wenn die Temperaturerhöhung isochor stattfindet, also bei konstantem Volumen, spricht man von C_V, findet die Erwärmung isobar statt, also bei konstantem Druck, so spricht man von C_p.

Wir stellen uns vor, daß eine bestimmte Anzahl von Molekülen eines Gases in einem Zylinder mit reibungsfrei verschiebbarem Stempel eingeschlossen sei (Abb. 23.4a). Der Zylinder stehe auf einem Wärmereservoir, dessen Temperatur verändert werden kann. Das Gas übe mit seinem Druck auf den Stempel eine Kraft aus, die ihn sowie den daraufliegenden Sand trägt. In dem p, V-Diagramm der Abb. 23.4d wird dieser Zustand durch den Punkt a dargestellt. Das Diagramm enthält zwei Isothermen, die zu den Temperaturen T und $T + \Delta T$ gehören.

Das System von Abb. 23.4a soll nun über das Wärmereservoir langsam von T auf $T + \Delta T$ erwärmt werden. Damit keine Volumenausdehnung stattfinden kann, wird dauernd etwas Sand auf den Stempel geschüttet. Durch diese *isochore* (konstantes Volumen) Zustandsänderung gelangt das System vom Zustand der Abb. 23.4a in den Zustand der Abb. 23.4c bzw. im p, V-Diagramm der Abb. 23.4d vom Punkt a in den Punkt c. Wendet man auf diesen Prozeß den ersten Hauptsatz der Thermodynamik an:

$$\Delta U = Q - W,$$

so können wir wegen $\Delta V = 0$ für die geleistete Arbeit $W = p\,\Delta V = 0$ ansetzen und für den Wärmeaustausch $Q = n\,C_V\,\Delta T$. Insgesamt ergibt sich

$$\Delta U = nC_V\,\Delta T. \tag{23.9}$$

Mit demselben System führen wir nun eine andere Zustandsänderung durch. Vom Aus-

* Dies gilt nur für einatomige Gase, bei denen nur Translationen stattfinden. Bei mehratomigen Gasen (z. B. O_2 oder CO_2) treten auch Rotations- und Schwingungsbewegungen auf, siehe Abschn. 23.8.

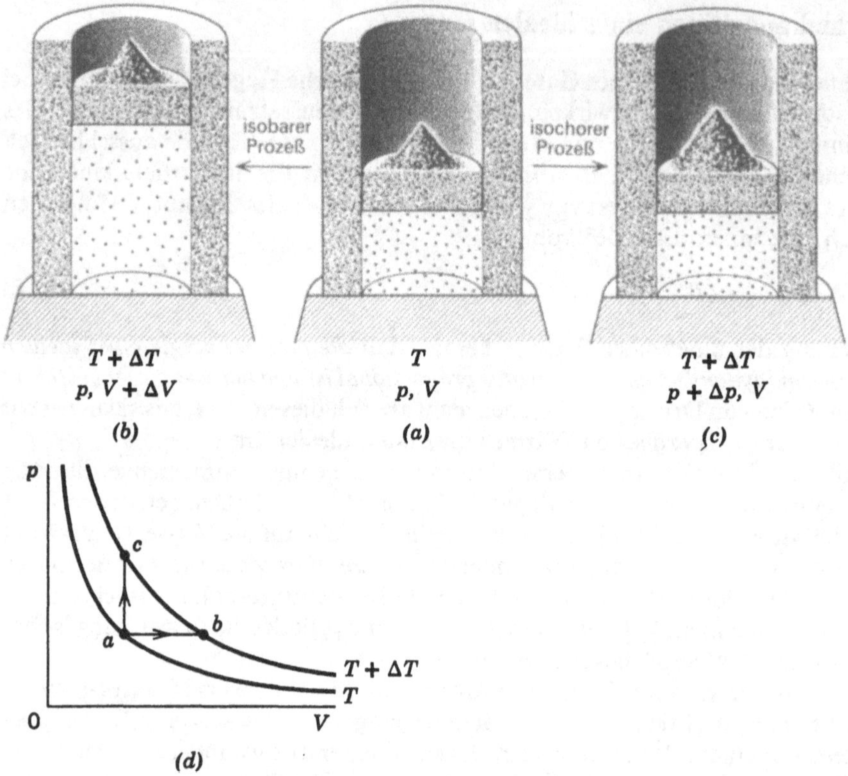

Abb. 23.4 Verschiedene Wärmekapazitäten. Die Temperatur eines Gases kann sowohl durch eine isobare (konstanter Druck, $a \to b$) als auch durch eine isochore (konstantes Volumen, $a \to c$) Zustandsänderung erhöht werden.

gangspunkt a soll das System wiederum um ΔT erwärmt werden, dieses Mal jedoch *isobar*, das heißt, wir fügen beim Erwärmen keinen Sand hinzu, so daß der Druck konstant bleibt. Durch diesen Prozeß gelangt das System von dem Zustand der Abb. 23.4a in den Zustand der Abb. 23.4b bzw. im p, V-Diagramm vom Punkt a in den Punkt b. Wir wenden wieder den ersten Hauptsatz an. Für die geleistete Arbeit wird der Betrag $W = p\,\Delta V$ eingesetzt und für den Wärmeaustausch der Betrag $Q = nC_p\,\Delta T$. Wir wissen nach Gl. 23.8, daß die innere Energie U eines idealen Gases nur von der Temperatur abhängt. Da die beiden Zustandsänderungen $a \to b$ und $a \to c$ mit gleicher Temperaturänderung ΔT verliefen, muß auch dieselbe Änderung der inneren Energie ΔU erfolgt sein. Es muß also gelten:

$$nC_p\,\Delta T = nC_V\,\Delta T + p\,\Delta V.$$

Wir wenden nun die Zustandsgleichung $pV = nRT$ auf unser System vor und nach der isobaren Zustandsänderung $a \to b$ an. Durch Differenzbildung erhalten wir unter Berücksichtigung von $p = \text{const.}$

$$p\,\Delta V = nR\,\Delta T.$$

Diese und die vorherige Gleichung kann man vereinigen zu

$$C_p - C_V = R. \tag{23.10}$$

Diese Gleichung besagt, daß die molare Wärmekapazität eines idealen Gases bei konstant gehaltenem Druck stets um den Betrag R, also die allgemeine Gaskonstante $R = 8.31$ J/(mol K), größer ist als die molare Wärmekapazität bei konstant gehaltenem Volumen. Die Beziehung 32.10 wurde zwar nur für ein ideales Gas hergeleitet, sie gilt jedoch in guter Näherung auch für reale Gase, wenn diese nicht unter zu hohem Druck stehen (vgl. Tab. 23.2). Man beachte, daß bei der Herleitung von Gl. 23.10 nur die Tatsache berücksichtigt wurde, daß die innere Energie allein von der Temperatur abhängt; Gl. 23.8 wurde nicht gebraucht.

Wenn eine der beiden molaren Wärmekapazitäten bekannt ist, so kann die andere nach Gl. 23.10 berechnet werden. C_V kann man aus Gl. 23.8 und Gl. 23.9 gewinnen. Für genügend kleine Temperaturänderungen gilt nämlich

$$C_V = \frac{dU}{n\,dT} = \frac{d}{n\,dT}[\tfrac{3}{2}\mathrm{nR}T] = \tfrac{3}{2}R. \tag{23.11}$$

Das Ergebnis $\frac{3}{2}R \approx 12.5$ J/(mol K) erweist sich für einatomige Gase als ziemlich gut, stimmt aber mit den Werten für zwei- und mehratomige Gase überhaupt nicht überein (siehe Tab. 23.2). Dies läßt vermuten, daß Gl. 23.8 nicht allgemein richtig ist (siehe Fußnote auf Seite 655). Wir müssen also das Modell, das wir in der kinetischen Theorie für ein Gas verwendet haben, ändern, wenn wir zu brauchbaren Aussagen über das Verhalten realer Gase kommen wollen.

Beispiel 5

Man zeige, daß für die adiabatische Zustandsänderung eines idealen Gases $pV^{\varkappa} = \text{const.}$ gilt, wobei $\varkappa = C_p/C_V$.

Der 1. Hauptsatz der Thermodynamik,

$$Q = \Delta U + W,$$

ergibt zusammen mit $W = p\Delta V$ und $Q = 0$ für eine adiabatische Zustandsänderung $0 = \Delta U + p\Delta V$. Für ein ideales Gas gilt nach Gl. 23.9 aber $\Delta U = n\,C_V\Delta T$. Beide Gleichungen ergeben somit

$$0 = nC_V\,\Delta T + p\,\Delta V$$

bzw.

$$\Delta T = -\frac{p\,\Delta V}{nC_V}.$$

Andererseits kennen wir für ein ideales Gas die Zustandsgleichung $pV = nRT$, welche sich für sehr kleine Änderungen in folgender Form schreiben läßt:

$$p\,\Delta V + V\,\Delta p = nR\,\Delta T$$

oder umgeordnet

$$\Delta T = \frac{p\,\Delta V + V\,\Delta p}{nR}.$$

Die beiden Ausdrücke für ΔT werden gleichgesetzt, und für C_V wird die Beziehung 23.10 benutzt:

$$p\,\Delta V C_p + V\,\Delta p C_v = 0.$$

Durch Umstellen und Verwenden der Abkürzung $\varkappa = C_p/C_v$ erhält man

$$\frac{\Delta p}{p} + \varkappa\frac{\Delta V}{V} = 0.$$

Im Grenzfall erhalten wir:

$$\frac{\mathrm{d}p}{p} + \varkappa\frac{\mathrm{d}V}{V} = 0,$$

und nach Integration:

$$\ln p + \varkappa \ln V = \text{const.}$$

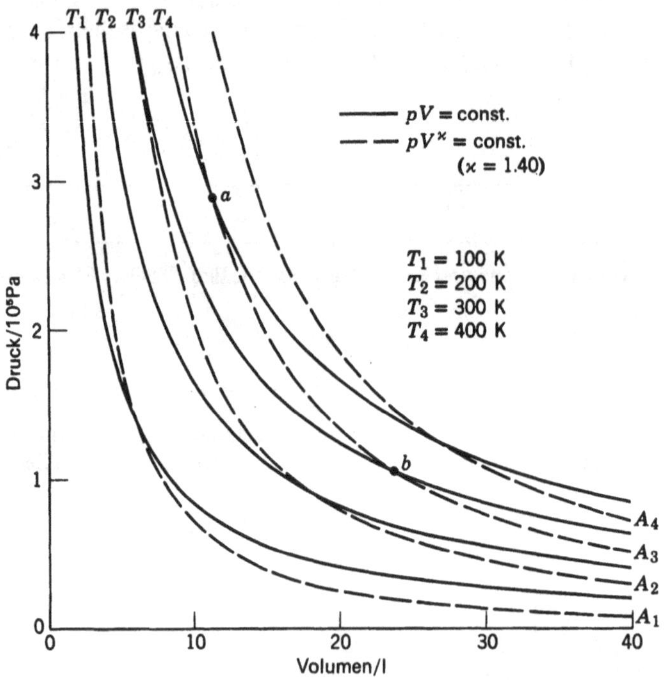

Abb. 23.5 Isothermen und Adiabaten eines idealen Gases. T_1, T_2, T_3 und T_4 geben den Verlauf des Druckes in einem Mol eines idealen Gases bei einer isothermen (T = const.) Volumenänderung wieder. A_1, A_2, A_3 und A_4 geben den Verlauf des Druckes in einem Mol eines idealen Gases bei einer adiabatischen ($Q = 0$) Volumenänderung wieder. Ein adiabatischer Anstieg des Volumens ist mit einem Absinken der Temperatur verbunden (bei a ist $T = 400$ K und bei b ist $T = 300$ K).

bzw.

$$pV^{\varkappa} = \text{const.} \tag{23.12}$$

In Abb. 23.5 werden für ein ideales Gas die Adiabaten (p, $V^{\varkappa}$-Kurven) mit den Isothermen (p, V-Kurven) verglichen. Weil der *Adiabatenexponent* $\varkappa$ stets größer als 1 ist, verlaufen die Adiabaten steiler als die Isothermen, so daß im Prinzip alle Adiabaten jede Isotherme schneiden und umgekehrt.

Beispiel 6

Im Bereich der hörbaren Frequenzen finden bei einer Schallausbreitung die Verdichtungen und Verdünnungen in einem Gas praktisch adiabatisch statt. Man zeige, daß die Ausbreitungsgeschwindigkeit des Schalls in einem idealen Gas durch

$$v = \sqrt{\frac{\varkappa p}{\varrho}}.$$

gegeben ist.

In Kapitel 20 wurde die Schallgeschwindigkeit (Gl. 20.1) durch $v = \sqrt{K/\varrho}$ angegeben, wobei ϱ die Dichte des Gases und K der Kompressionsmodul $K = -V(\Delta p/\Delta V)$ war. Der Kompressionsmodul hängt nun von den Bedingungen ab, die während der Druckänderung herrschen. Zunächst sei eine isotherme Bedingung während einer differentiellen Änderung angenommen, also

$$K_{\text{isotherm}} = -V\left(\frac{\mathrm{d}p}{\mathrm{d}V}\right)_{\text{isotherm}}. \tag{23.13}$$

Für eine isotherme Zustandsänderung eines idealen Gases gilt die Zustandsgleichung $pV = \text{const.}$, woraus durch Differentiation nach V

$$p + V\left(\frac{\mathrm{d}p}{\mathrm{d}V}\right)_{\text{isotherm}} = 0$$

wird. Wir können nunmehr die rechte Seite von Gl. 23.13 ersetzen und erhalten

$$K_{\text{isotherm}} = p.$$

Bei der Ausbreitung einer Schallwelle handelt es sich nach Voraussetzung aber um einen adiabatischen Vorgang. An Stelle der Gl. 23.13 erhalten wir in diesem Fall

$$K_{\text{adiabatisch}} = -V\left(\frac{\mathrm{d}p}{\mathrm{d}V}\right)_{\text{adiabatisch}}. \tag{23.14}$$

Für einen adiabatischen Vorgang eines idealen Gases gilt die adiabatische Zustandsgleichung

$$pV^{\varkappa} = \text{const.},$$

woraus durch Differentiation nach V

$$p\varkappa V^{\varkappa-1} + V^{\varkappa}\left(\frac{\mathrm{d}p}{\mathrm{d}V}\right)_{\text{adiabatisch}} = 0$$

wird. Wir können nun die rechte Seite von Gl. 23.14 ersetzen und erhalten

$$K_{\text{adiabatisch}} = \varkappa p.$$

Damit ergibt sich die gesuchte Beziehung für die Schallgeschwindigkeit

$$v = \sqrt{\frac{K}{\varrho}} = \sqrt{\frac{\varkappa p}{\varrho}}. \tag{23.15}$$

Um zu verstehen, warum die Schallausbreitung in einem Gas ein adiabatischer und kein isothermer Vorgang ist, muß man sich nochmals vergegenwärtigen, daß sich bei der Kompression eines Gases die Temperatur erhöht und bei Expansion erniedrigt. Es gibt bei der Schallausbreitung in einem Gas also wärmere und kältere Bereiche. Im Prinzip müßte Wärme von den verdichteten Bereichen in die verdünnten fließen. Die Wärmeleitung (Gl. 22.4b) hängt sowohl von der Wärmeleitfähigkeit als auch vom Abstand zwischen den verdichteten und verdünnten Bereichen ab, welcher gerade eine halbe Wellenlänge beträgt. Die Wellenlängen von hörbarem Schall (zwischen 1 cm und 20 m) sind aber viel zu groß, als daß bei der schlechten Wärmeleitfähigkeit der Gase (vgl. Tab. 22.2) ein nennenswerter Wärmeübergang während einer Schwingungsperiode auftritt. Das bedeutet aber adiabatische Bedingungen. Erst wenn die Wellenlängen der Schallwelle in dem Bereich der freien Weglängen von Gasmolekülen (Abschn. 24.1) liegen, trifft die adiabatische Bedingung nicht mehr zu. Doch das stellt schon eine sehr extreme Situation dar.

Schon im Jahre 1710 hatte Newton eine Formel für die Schallgeschwindigkeit aufgestellt. Er nahm aber isotherme Bedingungen an und kam zu dem Ergebnis $v = \sqrt{p/\varrho}$. Er mußte jedoch einige Korrekturen an seinem Modell vornehmen, um in Übereinstimmung mit den experimentellen Werten zu kommen. Erst 1816, also einhundert Jahre später, konnte Laplace dieses Modell korrigieren. Man muß sich vorstellen, daß es damals noch kein Verständnis für das Konzept der Energieerhaltung gab und auch die Thermodynamik noch nicht entwickelt war.

Bleibt durch das Ergebnis der Gl. 23.15 die im Beispiel 4 abgeleitete Beziehung noch bestehen? Kann man nun erklären, warum die Schallgeschwindigkeit in einem Gas nicht der Wurzel aus dem mittleren Geschwindigkeitsquadrat entspricht?

23.8 Der Gleichverteilungssatz der Energie

Clausius bemühte sich im Jahre 1857, die spezifische Wärmekapazität von Gasen aus der kinetischen Gastheorie zu erklären. Bis dahin betrachtete man die Gasmoleküle als starre, aber elastische Kugeln, deren kinetische Energie allein durch Translationsbewegungen der Moleküle bestimmt war. Mit dieser Modellvorstellung konnte die spezifische Wärmekapazität einatomiger Gase zufriedenstellend erklärt werden. Weiterhin konnten auch manche andere Eigenschaften nicht-idealer Gase in weiten Temperaturbereichen genügend gut beschrieben werden; auch die Temperatur von Gasen konnte so auf die kinetische Energie der Translation der Moleküle zurückgeführt werden.

Im Fall der spezifischen Wärmekapazitäten mehratomiger Gase bestand die Vermutung, daß außer der kinetischen Translationsenergie auch andere Formen der Energie eine Rolle spielten. Das träfe dann zu, wenn ein Molekül nicht als starres kugelförmiges Teilchen angesehen würde, sondern im Inneren strukturiert wäre. Unter dieser Annahme könnte man sich neben der Translation auch Rotation und Schwingung als zusätzliche Bewegungen vorstellen. Diese Bewegungsformen könnten zum Beispiel bei Zusammenstößen angeregt werden und auch zur inneren Energie eines Gases beitragen.

Im folgenden wollen wir ein solches Modell betrachten. Es sei ein System aus einer großen Anzahl von Molekülen mit innerer Struktur gegeben. Die Energie des Systems setzt sich dann zusammen aus kinetischer Energie der Translation der Moleküle, mathematisch dargestellt durch Ausdrücke der Form $\frac{1}{2}mv^2$, aus kinetischer Energie der Rotation der Moleküle der Form $\frac{1}{2}J\omega^2$ (Trägheitsmoment J), aus kinetischer Energie der Schwingungen der Atome in den Molekülen der Form $\frac{1}{2}\mu v^2$ (reduzierte Masse μ, vgl. Gl. 15.33) und aus potentieller Energie der Schwingungen der Atome in den Molekülen der Form $\frac{1}{2}k\,x^2$ (Federkonstante k). Mit diesen Energieformen kann die Gesamtenergie eines Gases ziemlich vollständig angegeben werden, obwohl es auch noch andere Energieformen gibt, zum Beispiel magnetische Energie. Die verschiedenen Energiebeiträge haben trotz unterschiedlichen physikalischen Ursprungs die gleiche mathematische Form, sie sind nämlich das Produkt aus einer Konstanten und dem Quadrat einer physikalischen Größe, die positive und negative Werte annehmen kann. In der statistischen Mechanik kann man zeigen, daß unter der Voraussetzung der Gültigkeit der Newtonschen Mechanik und einer großen Zahl von Teilchen alle oben genannten verschiedenen Beiträge denselben mittleren Wert haben und daß dieser nur von der Temperatur abhängt. Das bedeutet, daß auch die Gesamtenergie nur von der Temperatur abhängt und sich gleichmäßig auf alle möglichen, voneinander unabhängigen Energieformen des Moleküls verteilt. Diese auf Maxwell zurückgehende Aussage heißt *Gleichverteilungssatz der Energie* oder *Äquipartitionstheorem.* Jede Möglichkeit eines Moleküls, eine der verschiedenen Formen der Energie zu absorbieren, nennt man *Freiheitsgrad.*

Gl. 23.8 sagt, daß die kinetische Translationsenergie eines Mols eines Gases $\frac{3}{2}RT$ beträgt. Da wir wissen, daß die Translationsbewegung in allen drei Raumrichtungen möglich ist, setzt sich ihre Energie aus den drei Beiträgen $\frac{1}{2}M\overline{v_x^2}$, $\frac{1}{2}M\overline{v_y^2}$ und $\frac{1}{2}M\overline{v_z^2}$ zusammen. Der Gleichverteilungssatz besagt nun, daß alle drei Beiträge gleich groß sind, also jeder Freiheitsgrad mit $\frac{1}{2}RT$ an der Gesamtenergie beteiligt ist.

Einatomige Gasmoleküle führen nur Translationen durch, so daß ihre Energie durch $U = \frac{3}{2}nRT$ gegeben ist. Aus Gl. 23.11 ergibt sich C_V zu $\frac{3}{2}R \approx 12.5$ J/(mol K) und damit nach Gl. 23.10 C_p zu $\frac{5}{2}R \approx 20.8$ J/(mol K). Für den Adiabatenexponenten $\varkappa$ gilt damit

$$\varkappa = \frac{C_p}{C_V} = \frac{5}{3} = 1.67.$$

Ein *zweiatomiges* Gasmolekül kann man sich annähernd hantelförmig vorstellen. Ein solches Molekül kann sich zwar um alle drei Raumachsen drehen, doch ist das Trägheitsmoment um die Längsachse der Hantel gegenüber den beiden anderen so klein, daß es zur Rotationsenergie fast nicht beiträgt. Insgesamt ergeben sich für ein zweiatomiges Molekül also drei Freiheitsgrade der Translation und zwei Freiheitsgrade der Rotation*:

$$U = 3n(\tfrac{1}{2}RT) + 2n(\tfrac{1}{2}RT) = \tfrac{5}{2}nRT,$$

* Rotationsfreiheitsgrade für einatomige Gase hatten wir ausgeschlossen. Tatsächlich können sich aber Atome um sich selbst drehen. Dies ist aber nur dann von Bedeutung, wenn es sich um ein räumlich ausgedehntes Teilchen handelt. In unserem Modell betrachten wir nach wie vor ein einatomiges Molekül (ein Atom) als einen Massenpunkt und ein zweiatomiges Molekül als zwei durch eine starre Linie verbundene Massenpunkte.

und damit für die molaren Wärmekapazitäten:

$$C_V = \frac{dU}{n\,dT} = \tfrac{5}{2}R,$$
$$C_p = C_V + R = \tfrac{7}{2}R$$

und für

$$\varkappa = \frac{C_p}{C_V} = \frac{7}{5} = 1.40.$$

Für *drei- und mehratomige* Gase dagegen kommen alle drei Translations- und alle drei Rotationsfreiheitsgrade in Betracht. Es ergeben sich somit

$$U = 3n(\tfrac{1}{2}RT) + 3n(\tfrac{1}{2}\mathrm{RT}) = 3nRT,$$

$$C_V = \frac{dU}{n\,dT} = 3R,$$

$$C_p = 4R$$

und

$$\varkappa = \frac{C_p}{C_V} = 1.33.$$

Die Aussage des Gleichverteilungssatzes kann man mit den experimentellen Werten verschiedener Gase vergleichen. Hierzu sind in Tab. 23.2 die molaren Wärmekapazitäten einiger Gase angegeben. Für ein- und zweiatomige Gase liegen die Werte nahe bei denen des idealen Gases.

Bei manchen zweiatomigen Gasen, wie Chlorgas Cl_2, und den meisten mehratomigen Gasen sind die Wärmekapazitäten dagegen größer als die des idealen Gases. Auch für $\varkappa$

Tabelle 23.2 Molare Wärmekapazitäten verschiedener Gase bei 20 °C und 101.325 kPa (1 atm)

Art des Gases	Gas	C_p in J/(mol K)	C_V in J/(mol K)	$C_p - C_V$ in J/(mol K)	$\varkappa = C_p/C_V$
einatomig	ideales Gas	20.79	12.47	8.314	1.67
	He	20.81	12.48	8.33	1.67
	Ar	20.81	12.48	8.33	1.67
zweiatomig	H_2	28.76	20.43	8.33	1.41
	O_2	29.43	21.06	8.37	1.40
	N_2	29.10	20.77	8.33	1.40
	Cl_2	34.71	25.75	8.96	1.35
mehratomig	CO_2	36.97	28.47	8.50	1.30
	SO_2	40.40	31.40	9.00	1.29
	NH_3	36.84	27.84	9.00	1.31
	C_2H_6	51.71	43.12	8.58	1.20

kann man bei den mehratomigen Gasen keine Regelmäßigkeit erkennen. Das bislang verwendete Modell für ein Gas scheint daher noch nicht genügend mit einem realen Gas übereinzustimmen. Wahrscheinlich sind in dem Modell die Energiebeiträge aus den Schwingungsbewegungen mehratomiger Moleküle unzureichend berücksichtigt. Eine Erweiterung besteht darin, das Hantelmodell durch ein Modell zu ersetzen, bei dem die Verbindungen zwischen den Atomen nicht starr sind, sondern durch elastische Federn dargestellt werden. Dieses Modell ergibt tatsächlich einige verbesserte Werte, doch es hat den Nachteil, daß es bei jedem Gas empirisch modifiziert werden muß, also nicht allgemeingültig ist.

Um das zu verdeutlichen, wollen wir die Abb. 23.6 betrachten, die die Temperaturabhängigkeit der molaren Wärmekapazität von Wasserstoff zeigt. Der nach der Theorie für zweiatomige Gase errechnete Wert von $C_V = \frac{5}{2}R$ gilt für Wasserstoff offenbar nur im Temperaturbereich von 250 K bis 750 K. Oberhalb von 750 K nimmt C_V stetig auf $\frac{7}{2}R$ zu, unterhalb von 250 K nimmt C_V stetig auf $\frac{3}{2}R$ ab. Ähnlich verhalten sich auch andere Gase.

Eine mögliche Erklärung dafür ist folgende: Bei niedrigen Temperaturen kann ein Wasserstoffmolekül H_2 (vgl. Beispiel 7) offensichtlich nur Translations- und keine Rotationsbewegungen ausführen. Mit steigender Temperatur kann es aber auch rotieren, so daß es sich bei „normalen" Temperaturen wie ein hantelförmiges Molekül benimmt. Bei hohen Temperaturen nehmen die Zusammenstöße zwischen den Molekülen zu, es werden Schwingungen angeregt, und das Molekül verhält sich nicht mehr wie ein starrer Körper. Wegen des verschiedenen Molekülaufbaus treten diese Übergänge bei den verschiedenen Gasen auch bei verschiedenen Temperaturen auf. Ein Chlorgasmolekül scheint demnach schon bei Zimmertemperaturen Schwingungen auszuführen.

Obwohl diese Erklärung im Prinzip zutrifft und auch mit den experimentellen Daten übereinstimmt, widerspricht sie der klassischen kinetischen Gastheorie. In der kinetischen Theorie wird die Newtonsche Mechanik auf eine große Ansammlung von Teilchen

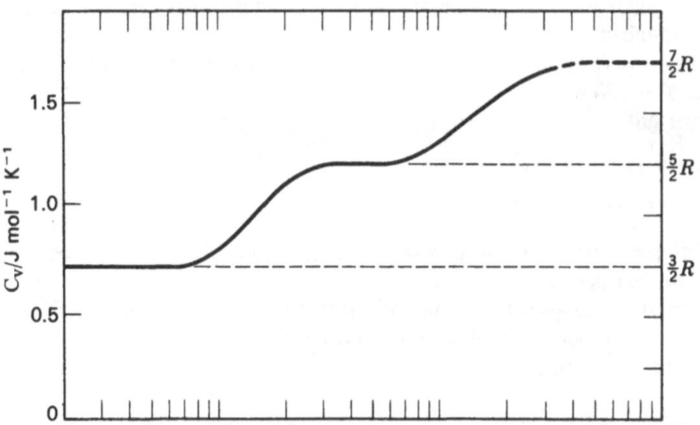

Abb. 23.6 Temperaturabhängigkeit der molaren Wärmekapazität C_V für Wasserstoff. T ist in einem logarithmischen Maßstab aufgetragen. Da Wasserstoff bei 3200 K dissoziiert, bezieht sich die gestrichelte Kurve auf ein undissoziiertes H_2-Molekül.

angewendet, und die Gleichverteilung der Energie ist eine zwingende Folge der klassischen statistischen Mechanik. Wenn der Gleichverteilungssatz gilt, so muß sich jeder Energiebeitrag – tranlatorisch, rotatorisch und vibratorisch – gleichermaßen ändern, unabhängig davon, wie sich die gesamte innere Energie mit der Temperatur ändert. Es gibt keine klassische Erklärung für den Wechsel zwischen den energetischen Freiheitsgraden eines Systems. Die kinetische Theorie kennt keine Abhängigkeit der spezifischen Wärmekapazitäten von der Temperatur.

Damit stoßen wir an die Grenzen der klassischen Mechanik. So wie die Newtonschen Prinzipien bei sehr hohen Geschwindigkeiten (nahe der Lichtgeschwindigkeit) versagen, verlieren sie auch im molekularen Bereich ihre Gültigkeit. Im Bereich hoher Geschwindigkeiten wird die Newtonsche Mechanik durch die Relativitätstheorie ersetzt, im Bereich sehr kleiner Dimensionen wird sie durch die Quantentheorie ersetzt. In den folgenden beiden Kapiteln wollen wir die Thermodynamik und die kinetische Gastheorie auf „klassische" Systeme anwenden. Das wird zu sehr nützlichen Ergebnissen führen.

Beispiel 7

Nach den Vorstellungen der Quantentheorie ist die innere Energie eines Atoms oder Moleküls gequantelt, d. h. die innere Energie kann nicht beliebige, kontinuierlich veränderbare Werte annehmen, sondern nur bestimmte, diskrete Werte. Nachdem ein Atom aus seinem tiefsten energetischen Zustand in einen höheren angeregt wurde, kann es die Energiedifferenz durch Ausstrahlung wieder abgeben.

Nach einem Zusammenstoß zweier Atome kann ein Teil der Translationsenergie in innere Energie eines der Atome oder beider Atome umgewandelt werden. Diesen Fall nennt man unelastischen Stoß, weil die Translationsenergie nicht erhalten blieb. Ein Atom eines Gases hat eine mittlere Translationsenergie von $\frac{3}{2}kT$ (Gl. 23.6). Wird die Temperatur nun so erhöht, daß der Wert $\frac{3}{2}kT$ einem erlaubten Anregungszustand der inneren Energie des Atoms entspricht, so kann eine merkliche Zahl von Atomen genügend Energie durch unelastische Stöße aufnehmen und auf diesen höheren Energiezustand gelangen. Das kann man an der anschließenden Ausstrahlung der entsprechenden Energie feststellen.

(a) Man berechne die mittlere kinetische Energie der Translationsbewegung eines Gasmoleküls bei Zimmertemperatur $T = 300$ K.

Bei dieser Temperatur gilt

$$\begin{aligned}\tfrac{3}{2}kT &= \tfrac{3}{2}\,(1.38\times10^{-23}\ \text{(J/K)}\ (300\ \text{K})\\ &= 6.2\times10^{21}\ \text{J} = 3.88\times10^{-2}\ \text{eV}.\end{aligned}$$

Das stellt nur einen mittleren Wert von etwa $\frac{1}{25}$ eV dar, denn es wird Moleküle mit größerer und mit kleinerer Energie in dem Gas geben.

(b) Der erste erlaubte Anregungszustand eines Wasserstoffatoms liegt um 10.2 eV über dem Grundzustand. Auf welche Temperatur muß man das Gas erwärmen, damit eine große Zahl der Atome Licht dieser Energie ausstrahlt?

Mit der Vorgabe

$$\tfrac{3}{2}kT = 10.2\ \text{eV}$$

und der obigen Abschätzung

$$\tfrac{3}{2}k\,(300\ \text{K}) = \tfrac{1}{25}\ \text{eV}$$

erhält man

$$T = 7.5 \times 10^4 \text{ K}.$$

Weil viele Moleküle tatsächlich Energien oberhalb des mittleren Wertes haben, wird eine merkliche Anregung und nachfolgende Emission schon bei einer etwas niedrigeren Temperatur auftreten.

Wir können nunmehr verstehen, warum die Annahme der kinetischen Gastheorie, Moleküle seien strukturlos und verhielten sich wie starre, elastische Teilchen, bei normalen Umgebungstemperaturen zutreffend ist. Erst bei höheren Temperaturen erreichen die Moleküle eine mittlere Translationsenergie, die dem ersten Anregungszustand entspricht, so daß sich die innere Struktur der Moleküle ändert und unelastische Stöße auftreten. Rückblickend kann man behaupten, daß die ersten Anzeichen für eine Quantelung der inneren Energie eines Atoms an Experimenten mit Zusammenstößen von Gasatomen gewonnen wurden. Der Ursprung der Quantentheorie liegt also schon in der kinetischen Gastheorie.

Fragen

1. Bei einer Diskussion über die Unmöglichkeit, mechanische Gesetze individuell auf ein Atom in einem makroskopischen System anzuwenden, wird die Behauptung aufgestellt, daß gerade die Komplexität des Problems (nämlich die große Zahl der Atome) das Geheimnis seiner Lösung sei. Man diskutiere diese Behauptung.
2. Gibt es irgendeinen Körper, der wirklich aus kontinuierlich verteilter Materie aufgebaut ist?
3. In der kinetischen Theorie wird davon ausgegangen, daß in einem Gas eine sehr große Zahl von Molekülen vorliegt. Bei niedrigen Dichten verhalten sich reale Gase wie ein ideales Gas. Widersprechen sich diese beiden Aussagen? Wenn nicht, welche Schlüsse kann man daraus ziehen?
4. In der kinetischen Theorie werden die Wände eines Behälters als elastisch (bei Zusammenstößen) angenommen. In Wirklichkeit sind sie es nicht. Das macht in der Praxis nichts aus, solange die Temperatur der Wände und des Gases dieselbe ist. Warum?
5. Bei unelastischen Zusammenstößen makroskopischer Körper geht mechanische Energie durch innere Reibung verloren, und die Temperatur erhöht sich aufgrund einer höheren inneren Molekularbewegung. Tritt bei einem unelastischen Stoß zwischen Molekülen eine Umwandlung von mechanischer Energie in Wärme auf?
6. Welche Berechtigung gibt es dafür, daß die Änderung des Gravitationspotentials der Moleküle in einem Gas vernachlässigt wird?
7. Die von Molekülen auf die Behälterwand ausgeübte Kraft wurde als zeitlich konstant angenommen. Wie kann man das begründen?
8. Wenn sich ein Gas und sein Behälter als Ganzes nicht vorwärts bewegen (keine Translation), muß die mittlere Geschwindigkeit der Moleküle Null sein. Warum ist aber der mittlere Geschwindigkeitsbetrag nicht auch Null?
9. Man betrachte einen warmen Golfball, der auf dem „tee“ (Abschlagmal) ruht, und einen kalten Golfball, der gerade das tee verlassen hat. Ist in beiden Fällen der numerische Wert für die kinetische Energie der Molekularbewegung relativ zum tee derselbe? Wenn ja, welcher Unterschied besteht dann trotzdem noch?
10. Man betrachte diejenigen physikalischen Größen, die bei einem elastischen Stoß erhalten bleiben und zeige, daß Gasmoleküle nach dem Stoß im allgemeinen nicht denselben Geschwindigkeitsbetrag haben wie vorher. Ist es dann möglich, daß ein Gas aus Molekülen besteht, die alle dieselbe Geschwindigkeit haben?
11. Man zeige, daß der Druck in einem Gas durch das Quadrat der Partikelgeschwindigkeit bestimmt wird. Man berücksichtige hierzu die Abhängigkeit des Druckes von der Stoßhäufigkeit und von der Impulsübertragung der Moleküle.

12. Warum erhöht sich die Siedetemperatur einer Flüssigkeit mit dem äußeren Druck?
13. Zwei Eimer, die mit heißem bzw. kaltem Wasser gefüllt sind, werden dem Frost ausgesetzt. Man erkläre :(a) Sind die Eimer zugedeckt, so gefriert zuerst das kalte Wasser; (b) stehen sie offen, so ist es möglich, daß zuerst das heiße Wasser gefriert. (Hinweis: Sind die Wassermengen gleich groß, so kann das heiße Wasser durch die schnellere Verdunstung so viel Masse verlieren, daß der größere Temperaturunterschied ausgeglichen wird.)
14. Mit welchen Größen aus der kinetischen Gastheorie hängt die Schallgeschwindigkeit zusammen?
15. In großer Höhe über der Erdoberfläche beträgt die gaskinetische Temperatur (siehe Gl. 23.5) ungefähr 1000 K. Warum würde ein Mensch dort erfrieren und nicht verdampfen?
16. Warum muß die Diffusionszeit bei einer Gastrennung relativ kurz sein?
17. Man möchte bei der Isotropentrennung von Uran nach dem Diffusionsverfahren nicht ^{235}U, sondern ^{238}U anreichern. Würde man so vorgehen, wie in Abschn. 23.5 beschrieben? Wenn nicht, wie hätte man das Verfahren zu ändern?
18. Ein Gas diffundiere in ein anderes Gas hinein (vgl. Fußnote auf S. 649). Kann man von einer Analogie zu einer Stoßlawine von Teilchen sprechen, die eine ausgedehnte leicht geneigte Ebene hinunterrollen?
19. Kann man Gase durch Zentrifugieren trennen? Wäre eine solche Methode besser als das Diffusionsverfahren?
20. Sind Moleküle wirklich kugelsymmetrisch? Wenn nicht, wie würde sich die Potentialkurve in Abb. 23.3 ändern?
21. Wie kann man während einer Zustandsänderung ein Gas isotherm halten?
22. Warum sinkt die Temperatur bei einer adiabatischen Expansion?
23. Warum ist die Luft auf einem Berggipfel kühler als auf Meereshöhe, obwohl doch warme Luft im allgemeinen aufsteigt?
24. Man beurteile folgende Aussage: Es gibt zwei Möglichkeiten, einen Prozeß adiabatisch durchzuführen, nämlich entweder sehr schnell oder in einem isolierten Behälter.
25. Ein verschlossener, mit einem leichten Gas gefüllter Gummiballon steigt in die Atmosphäre auf. Man erkläre sein mechanisches und sein thermisches Verhalten.
26. Warum ist die spezifische Wärmekapazität bei konstantem Druck höher als bei konstantem Volumen?
27. Die Strahlung von Gasatomen wird meist durch elektrische Entladungen und nicht thermisch angeregt. Warum?
28. *Extensive physikalische Größen* hängen von der Begrenzung des Systems ab, *intensive* nicht. Das heißt, extensive Größen sind notwendigerweise für das gesamte System definiert, während *intensive Größen* in einem homogenen System für jeden noch so kleinen Teil gleich sind. Welche der folgenden Größen sind extensiv und welche intensiv? Druck, Volumen, Temperatur, Dichte, Masse, innere Energie.

Aufgaben

Abschnitt 23.2

1. Bei 0 °C und 101.325 kPa (1 atm) sind die Dichten von Luft 1.293 kg/m^3, von Sauerstoff 1.429 kg/m^3 und von Stickstoff 1.251 kg/m^3. Mit diesen Daten berechne man den Massenanteil von Stickstoff in Luft, wenn keine anderen Gase in Luft enthalten sind.
   Antwort: 76.4 %.
2. (a) Welches Volumen nimmt ein Mol eines idealen Gases im Normzustand (0 °C und 101.325 kPa) ein? (b) Man zeige, daß die Anzahldichte der Moleküle im Normzustand (*Loschmidt-Konstante*) 2.687×10^{25}/m^3 beträgt.

3. Die besten unter Laborbedingungen erreichbaren Vakua liegen in der Größenordnung von 10^{-9} Pa. Wie viele Moleküle sind in 1 cm^3 eines solchen Vakuums vorhanden?
Antwort: 2.7×10^5.
4. Auf dem Grund eines Sees in 40 m Tiefe und bei einer Temperatur von 4 °C befindet sich eine Luftblase von 20 cm^3 Volumen. Sie steigt langsam an die Oberfläche, wo eine Temperatur von 20 °C herrscht. Welches Volumen hat sie hier? Die Luftblase nehme dauernd die Temperatur ihrer Umgebung an.
5. Ein Liter Sauerstoff hat bei 40 °C einen Druck von 101.325 kPa (1 atm). Das Gas dehnt sich auf 1.5 l aus und erreicht einen Druck von 106.664 kPa. (a) Welche Stoffmenge hat das Gas? (b) Welche Temperatur hat das Gas nach der Expansion?
Antwort: (a) 0.039 mol; (b) 220 °C.
6. Ein Autoreifen hat ein Volumen von 16.39 l und zeigt bei 0 °C einen Überdruck von 165.5 kPa. Wie groß ist der Reifendruck bei 27 °C, wenn sein Volumen auf 16.72 l gestiegen ist?
7. Wieviele Moleküle sind in einem Gas mit dem Volumen 1 cm^3 und dem Druck 101.3 Pa bei 200 K enthalten?
Antwort: 3.67×10^{16}.
8. Wieviele Moleküle von 1 g Wasser befänden sich auf 1 cm^2 Fläche, wenn dieses gleichmäßig auf die Erdoberfläche verteilt würde?
9. Welche Arbeit ist erforderlich, um 1 mol O_2 bei 0 °C und 101.325 kPa isotherm von 22.4 l auf 16.8 l zu komprimieren?
Antwort: 648 J.
10. Man zeige, wie man aus den Gesetzen (historisch so geschehen!) $pV = \text{const.}$ (bei $T = \text{const.}$) und $V/T = \text{const.}$ (bei $p = \text{const.}$) die Beziehung $pV/T = \text{const.}$ herleiten kann.
11. Ein mit Quecksilber gefülltes Manometer mit ungleicher Schenkellänge wird unter einem Druck von p_0 verschlossen (Abb. 23.7). Der Querschnitt der Rohre beträgt 1 cm^2, die Temperatur werde konstant gehalten. Man bestimme den Druck p_0, wenn über den Hahn am unteren Ende des U-Rohrs weitere 10 cm^3 Quecksilber eingefüllt werden und dabei der Flüssigkeitsspiegel links um 6 cm und rechts um 4 cm steigt.
Antwort: 1.5×10^5 Pa.

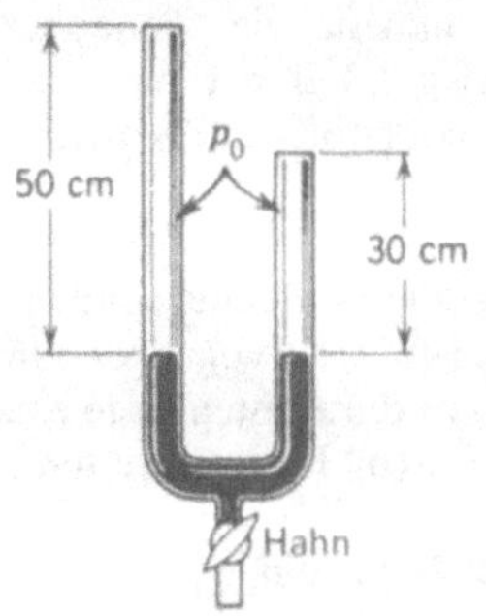

Abb. 23.7 Zu Aufgabe 11

12. Ein Luftvolumen von 0.14 m^3 wird bei einem Druck von 103.4 kPa auf Atmosphärendruck expandiert und daraufhin bei konstant gehaltenem Druck auf sein Ausgangsvolumen abgekühlt. Welche Arbeit verrichtete das Gas?

Abschnitt 23.4

13. Die Masse eines H_2-Moleküls beträgt 3.3×10^{-24} g. Es treffen 10^{23} H_2-Moleküle in der Sekunde unter einem Winkel von 45 Grad mit einer Geschwindigkeit von 10^5 cm/s auf eine Wandfläche von 2 cm^2. Welcher Druck wird auf die Behälterwand ausgeübt?
Antwort: 2.3 kPa.

Abschnitt 23.5

14. Bei 273 K und 1.01 kPa beträgt die Dichte eines Gases 12.4 μg/cm³. (a) Man bestimme die Wurzel aus dem mittleren Geschwindigkeitsquadrat für die Gasmoleküle. (b) Wie groß ist die molare Masse? Um welches Gas handelt es sich?
15. (a) Man bestimme die Wurzel aus dem mittleren Geschwindigkeitsquadrat eines Argonatoms bei einer Temperatur von 20 °C. (b) Bei welcher Temperatur hat das Atom nur die halbe Geschwindigkeit? Wann den doppelten Wert?
Antwort: (a) 430 m/s; (b) 73 K, 1170 K.
16. Das Gas Uranhexafluorid enthält die Verbindungen $^{235}UF_6$ und $^{238}UF_6$ mit den relativen Molekülmassen 349 bzw. 352. (a) Wie groß ist das Verhältnis der Wurzeln aus den mittleren Geschwindigkeitsquadraten für die Isotope? (b) Wie kann das zur Trennung der Gase ausgenutzt werden?
17. (a) Man bestimme den Durchschnittswert der kinetischen Energie von Teilchen eines idealen Gases bei 0 °C und bei 100 °C. (b) Wie groß sind die kinetischen Energien eines Mols bei diesen Temperaturen?
Antwort: (a) 5.65×10^{-21} J; 7.72×10^{-21} J; (b) 3400 J; 4650 J.
18. Bei welcher Temperatur ist die durchschnittliche Translationsenergie eines Moleküls gleich der kinetischen Energie eines Elektrons, wenn dieses durch eine Potentialdifferenz von 1 eV aus dem Ruhezustand heraus beschleunigt wird?
19. In einem würfelförmigen Gefäß der Kantenlänge 10 cm befindet sich Sauerstoff bei 273 K und 101.325 kPa. Man vergleiche die Änderung der potentiellen Energie eines Sauerstoffmoleküls, wenn es durch den Kasten fällt, mit der mittleren kinetischen Energie der Translation.
Antwort: Die mittlere Translationsenergie ist 1.1×10^5mal größer.
20. Man bestimme die Wurzel aus dem mittleren Geschwindigkeitsquadrat für (a) Heliummoleküle und (b) Argonmoleküle bei 40 °C. Für Sauerstoff betrage sie 460 m/s bei 0 °C. Die Molekülmassen von Sauerstoff, Argon und Helium betragen 32, 40 und 4.
21. (a) Man bestimme die Temperatur, bei der die Wurzel aus dem mittleren Geschwindigkeitsquadrat für ein Wasserstoffmolekül bzw. Sauerstoffmolekül gleich der Fluchtgeschwindigkeit aus der Erdatmosphäre ist. (b) Die gleiche Rechnung führe man für die Mondoberfläche durch. Der Mond hat eine Gravitationsbeschleunigung von 0.16 g. (c) In der obersten Erdatmosphäre beträgt die Temperatur etwa 1000 K. Ist dort viel Wasserstoff bzw. Sauerstoff vorhanden?
Antwort: (a) 10^4 K bzw. 1.6×10^5 K; (b) 440 K bzw. 7000 K.
22. (a) Man betrachte ein ideales Gas bei 273 K und 101.325 kPa. Die Moleküle sollen sich die meiste Zeit genau im Mittelpunkt identischer Würfel befinden. Mit der Avogadro-Konstante und einem Moleküldurchmesser von 3×10^{-8} cm bestimme man die Kantenlänge eines solchen Würfels und vergleiche sie mit dem Moleküldurchmesser. (b) Man führe die gleiche Rechnung für 1 Mol Wasser des Volumens 18 cm³ durch.
23. Man trage die Temperaturabhängigkeit der Dichte eines Gases für (a) einen isobaren Prozeß und (b) für einen isothermen Prozeß graphisch auf und interpretiere sie.
24. Wenn Wasser bei 27 °C im Freien steht, verdunstet ein Teil durch Heraustreten von Wassermolekülen aus der Oberfläche. Die spezifische Verdampfungswärme von Wasser (2.26 kJ/g) kann aus εn annähernd abgeschätzt werden. ε ist die mittlere Energie der heraustretenden Moleküle und n ihre Anzahl geteilt durch die Masse. (a) Man bestimme ε. (b) Wievielmal größer ist ε als die mittlere kinetische Energie von H_2O-Molekülen, wenn man annimmt, daß ihre kinetische Energie in gleicher Weise von der Temperatur abhängt wie bei Gasen?
25. Man betrachte eine bestimmte Menge eines idealen Gases. Man vergleiche die Isobaren, Isochoren und Isothermen in (a) einem p,V-Diagramm, (b) in einem p,T-Diagramm und (c) in einem V,T-Diagramm. (d) Wie hängt der Verlauf der Kurven von der Masse des Gases ab?
26. (a) Man zeige, daß der Druck in der (als isotherm angenommenen) Erdatmosphäre durch $p = p_0 e^{-Mgy/RT}$ gegeben ist, wobei M die relative Molekülmasse von Luft ist (vgl. Beispiel 1 in

Kapitel 17). (b) Man zeige, daß für die Anzahldichte der Moleküle die Beziehung $n_v = n_{v0} e^{-Mgy/RT}$ gilt.

Abschnitt 23.7

27. (a) Wie groß ist die innere Energie eines Mols eines idealen Gases bei 273 K? (b) Hängt diese von Volumen, Druck oder Art des Gases ab?
Antwort: (a) 3400 J; (b) nein.
28. Ein Mol eines idealen Gases expandiere adiabatisch von der Temperatur T_1 auf die Temperatur T_2. Man zeige, daß die vom Gas verrichtete Arbeit durch $C_V(T_1 - T_2)$ gegeben ist.
29. Ein Mol eines idealen Gases expandiere isotherm. Man gebe den Wärmestrom in das Gas als Funktion der Temperatur T sowie des Ausgangsvolumens V_a und des Endvolumens V_e an.
Antwort: $RT \ln(V_e/V_a)$.
30. Die Masse eines Gasmoleküls kann aus der spezifischen Wärmekapazität bei konstantem Volumen errechnet werden. Für Argon ist $c_V = 0.314$ J/(g K). (a) Wie groß ist die Masse eines Argonatoms? (b) Wie groß ist die relative Molekülmasse von Argon?
31. Die Masse eines Heliumatoms sei 6.66×10^{-27} kg. Wie groß ist die spezifische Wärmekapazität bei konstantem Volumen für Helium?
Antwort: 3.11 kJ/(kg K).
32. Luft hat bei 0 °C und 101.425 kPa eine Dichte von 1.291 mg/cm³. Bei dieser Temperatur ist die Schallgeschwindigkeit in Luft 332 m/s. Man bestimme $\varkappa$ für Luft.
33. Man zeige, daß die Schallgeschwindigkeit in einem idealen Gas unabhängig von Druck und Dichte ist.
34. Die Schallgeschwindigkeit in einem Gas hängt von der Molekülmasse M des Gases ab. Man zeige, daß für das Verhältnis der Schallgeschwindigkeiten in zwei verschiedenen Gasen die Beziehung $v_1/v_2 = \sqrt{M_2/M_1}$ gilt. Die Temperatur sei konstant.
35. Man zeige, daß sich im Temperaturbereich um 0 °C die Schallgeschwindigkeit bei einer Temperatursteigerung um 1 K um 0.61 m/s erhöht.
36. Die molare Wärmekapazität eines Gases bei konstantem Volumen sei 5 R. Wie groß ist bei einer Temperatur T das Verhältnis der Schallgeschwindigkeit in diesem Gas zu der Wurzel aus dem mittleren Geschwindigkeitsquadrat der Gasmoleküle?
37. Folgende Ergebnisse seien in einem Experiment erzielt worden: 1 mol eines Gases nimmt ein Volumen von 0.02541 m³ bei einer Temperatur von 290 K und einem Druck von 94.8 kPa ein. Man benötigte 125 cal, um diese Gasmenge bei konstant gehaltenem Volumen auf 315 K zu erwärmen. Das Verhältnis der molaren Wärmekapazitäten war $\varkappa = 1.43$. (a) Man berechne aus diesen Daten das mechanische Wärmeäquivalent. (b) Warum weicht dieser Wert von dem allgemein anerkannten Wert 4.19 J/cal ab?
Antwort: (a) 3.86 J/cal.
38. Bei 300 K und einem Druck von 101.325 kPa nimmt ein Gas ein Volumen von 4 l ein. Es wird adiabatisch auf 1 l zusammengepreßt. Man bestimme (a) den Enddruck und (b) die Endtemperatur unter der Annahme, es handle sich um ein ideales Gas mit $\varkappa = 1.5$.
39. (a) 1 l eines Gases ($\varkappa = 1.3$) bei 273 K und 101.325 kPa wird plötzlich auf das halbe Volumen komprimiert. Man bestimme den Enddruck und die Endtemperatur. (b) Das Gas wird nun isobar auf 0 °C abgekühlt. Welches Volumen nimmt es nun ein?
Antwort: (a) 253.31 kPa; 340 K; (b) 0.4 l.
40. Eine reversibel arbeitende thermodynamische Maschine führt 1 mol eines einatomigen idealen Gases durch den Zyklus, der in Abb. 23.8 gezeigt ist. Die Zustandsänderung 1 → 2 verläuft isochor, 2 → 3 verläuft adiabatisch, und 3 → 1 verläuft isobar. (a) Man bestimme die Wärmemenge Q, die Änderung der inneren Energie ΔU und die verrichtete Arbeit W für den gesamten Zyklus und für jeden der Teilschritte. (b) Man bestimme den Druck in den Punkten 2 und 3, wenn in Punkt 1 der Druck 101.325 kPa bestand.

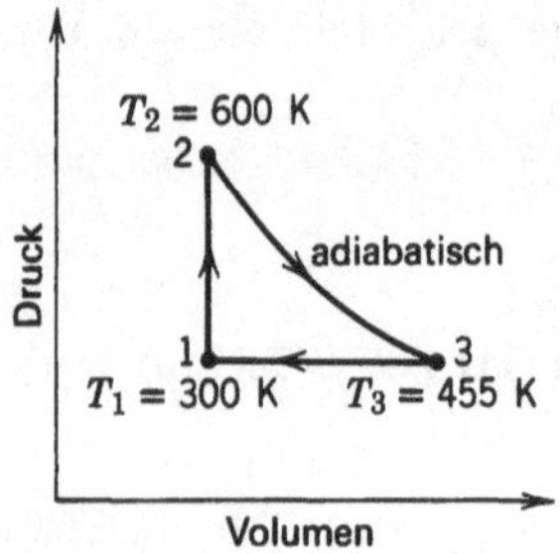

Abb. 23.8 Zu Aufgabe 40

41. Ein ideales Gas nimmt bei der Temperatur T_0 und dem Druck p_0 ein Volumen V_0 ein. Dann expandiert es (a) isobar, (b) isotherm, (c) adiabatisch auf das Volumen V_1. Man stelle jede dieser Zustandsänderungen in einem p, V-Diagramm dar. Bei welchen Prozessen sind Q, W, ΔU am größten und bei welchen am kleinsten?
Antwort: Bei (a) sind alle am größten, bei (c) am kleinsten.
42. Ein dünnes, waagerecht liegendes, 1 m langes Rohr ist an beiden Enden verschlossen. Die mittleren 10 cm des Rohres seien mit Quecksilber gefüllt, die freien Enden mit Luft im Normzustand (0 °C und 101.325 kPa). Das Rohr werde nun senkrecht aufgerichtet. Um wieviel verschiebt sich der Quecksilberabschnitt unter (a) isothermen und (b) adiabatischen Bedingungen? Welche Bedingung ist wirklichkeitsnäher?

Abschnitt 23.8

43. 1 mol Sauerstoff wird von 0 °C an isobar erwärmt. Welche Wärmemenge muß aufgebracht werden, bis sich das Volumen verdoppelt hat?
Antwort: 8040 J.
44. 4 mol eines zweiatomigen idealen Gases werden bei hoher Temperatur isobar um 60 K aufgeheizt. (a) Wieviel Wärme wird dabei zugeführt? (b) Um wieviel erhöht sich die innere Energie des Gases? (c) Welche Arbeit wird von dem Gas verrichtet? (d) Um wieviel erhöht sich die innere Translationsenergie des Gases?
45. 10 g Sauerstoff werden bei konstantem Atmosphärendruck von 27 °C auf 127 °C erhitzt. (a) Wieviel Wärme wird dabei auf den Sauerstoff übertragen? (b) Welcher Anteil der Wärme wird zur Erhöhung der inneren Energie des Sauerstoffs verwendet?
Antwort: (a) 920 J; (b) 71 %.
46. Man berechne das mechanische Wärmeäquivalent aus R und den Werten C_V und $\varkappa$ für Sauerstoff aus der Tab. 23.2.
47. Das *Avogadrosche Gesetz* besagt, daß bei gleicher Temperatur und gleichem Druck gleiche Volumina von Gasen die gleiche Anzahl von Molekülen enthalten. Man leite dieses Gesetz aus der kinetischen Theorie unter Verwendung der Gl. 23.3 und des Gleichverteilungssatzes der Energie ab.
48. Ein Raum ist bei der Temperatur T_1 und dem Druck p_1 mit einem idealen zweiatomigen Gas (Luft) gefüllt. Die Luft wird auf die höhere Temperatur T_2 erwärmt, wobei der Druck gleich bleibt, da die Wände nicht luftdicht sind. Man zeige, daß die innere Energie der Luft im Raum bei T_1 und T_2 dieselbe ist und daß die vom Heizkörper zugeführte Wärme vollständig für die Erwärmung der Außenluft verwendet wurde. Warum heizt man dann überhaupt? Die Erwärmung der Wände werde vernachlässigt.
49. Die relative Molekülmasse von Iod ist 127. In einem mit Iod gefüllten Rohr entsteht bei 400 K eine stehende Welle, deren Schwingungsknoten bei einer Frequenz von 1 kHz um 6.77 cm auseinanderliegen. Ist das Iodgas unter den Versuchsbedingungen einatomig oder zweiatomig.
Antwort: zweiatomig.

50. Wie kann man sich den Wert von $C_v = 31.4$ J/(mol K) für das Gas SO_2 bei 15 °C und 101.325 kPa erklären?
51. Das *Daltonsche Gesetz* besagt, daß in einem Gefäß, welches eine Mischung aus nicht miteinander reagierenden Gasen enthält, jedes Gas einzeln denselben Druck ausübt, als wenn es allein in dem Behälter vorhanden wäre. Der Gesamtdruck im Gefäß ist die Summe der Teildrücke (Partialdrücke) der einzelnen Gase. Man leite dieses Gesetz aus der kinetischen Theorie unter Verwendung der Gl. 23.3 ab.
52. Ein Wasserstoffatom, das sich in seinem niedrigsten Energiezustand (Grundzustand) befindet, fliegt mit einer kinetischen Energie von 13 eV und prallt zentral mit einem anderen, aber ruhenden Wasserstoffatom zusammen, welches sich auch im Grundzustand befindet. (a) Man zeige unter Verwendung der Erhaltungssätze für Energie und Impuls, daß es sich um einen elastischen Stoß handelt. Der erste erlaubte Anregungszustand liegt um 10.2 eV über dem Grundzustand. (b) Man zeige, daß die kinetische Energie des aufprallenden Atoms mindestens doppelt so hoch wie die Differenz zwischen dem Grundzustand und dem ersten Anregungszustand sein muß, damit es das ruhende Atom in den ersten Anregungszustand versetzen kann.
53. (a) Ein einatomiges ideales Gas wird bei 17 °C plötzlich auf ein Zehntel seines Volumens komprimiert. Auf welche Temperatur erhitzt es sich dabei? (b) Welche Temperatur würde ein zweiatomiges ideales Gas erreichen?
Antwort: (a) 1350 K; (b) 730 K.

24 Kinetische Gastheorie II

24.1 Mittlere freie Weglänge

Zwischen zwei aufeinanderfolgenden Stößen bewegt sich ein Molekül in einem Gas geradlinig mit konstanter Geschwindigkeit. Die dabei im Durchschnitt zurückgelegte Strecke wird *mittlere freie Weglänge* genannt (Abb. 24.1). Wären Moleküle wirklich punktförmig, so könnten sie überhaupt niemals zusammenstoßen, und die mittlere freie Weglänge wäre unendlich. Reale Moleküle besitzen aber eine räumliche Ausdehnung, und daher kommt es zu Stößen. Wäre andererseits die Zahl der Moleküle so groß, daß sie den zur Verfügung stehenden Raum vollständig ausfüllten, so könnten sie keine Translationsbewegungen ausführen, und die mittlere freie Weglänge wäre Null. Wir erkennen aus diesen Grenzfällen, daß die mittlere freie Weglänge sowohl von der Größe der Moleküle als auch von der Molekülzahldichte abhängen muß.

Einfachheitshalber betrachten wir die Moleküle als Kugeln mit dem Durchmesser d. Der Stoßquerschnitt ergibt sich damit zu πd^2, denn ein Zusammenstoß tritt ein, wenn

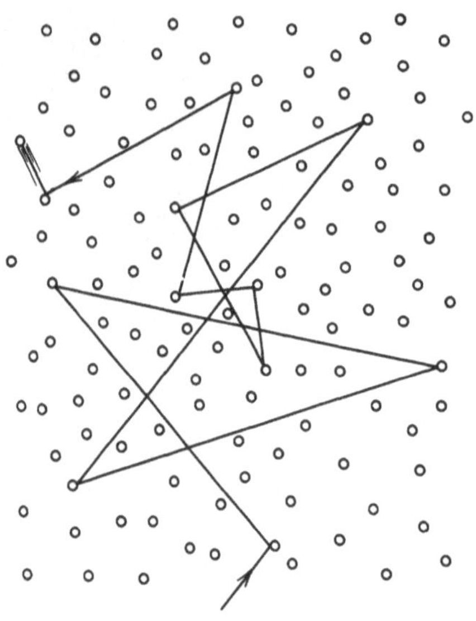

Abb. 24.1 Ein Molekül fliegt durch ein Gas und stößt dabei dauernd mit anderen Molekülen zusammen. Alle Moleküle des Gases bewegen sich auf ähnlichen Zickzackbahnen.

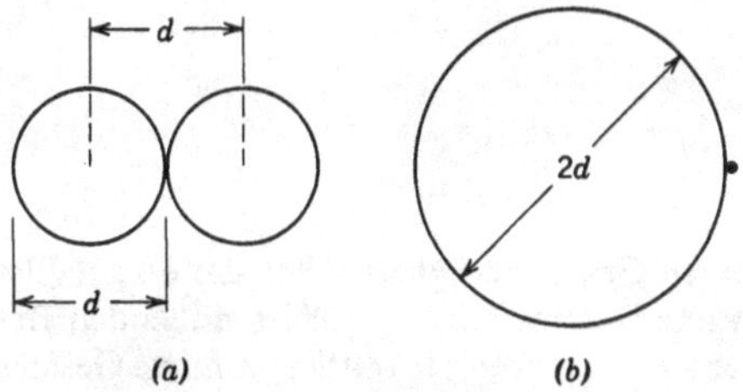

Abb. 24.2 (a) Die Mittelpunkte zweier Moleküle haben bei einem Zusammenstoß den Abstand d. (b) Der gleiche Zusammenstoß kann auch durch ein Molekül des Durchmessers 2 d mit einem punktförmigen Molekül simuliert werden.

sich die Mittelpunkte zweier Moleküle bis auf den Abstand d nähern (Abb. 24.2a). Man kann die Stoßvorgänge auch derart beschreiben, daß man einem Molekül einen Durchmesser von $2d$ zuordnet, alle anderen aber als punktförmig betrachtet (Abb. 24.2b). Wenn ein derartiges Molekül mit der Geschwindigkeit v durch ein aus punktförmigen Molekülen zusammengesetztes Gas fliegt, so wird es während einer Zeit t einen Zylinder der Länge vt und des Querschnitts πd^2 als Bahnspur durchstreifen. Bei einer Anzahldichte von n_V Teilchen im Gas enthält dieser Zylinder $(\pi d^2 vt)n_V$ Teilchen (Abb. 24.3). Das bedeutet, daß während der Zeit t auch eine gleich große Anzahl von Stößen auftritt. In Wirklichkeit wird der Zylinder nicht wie in Abb. 24.3 gerade, sondern mehrfach geknickt sein, denn nach jedem Zusammenstoß ergibt sich ja eine Richtungsänderung.

Wenn $\bar{l}$ die mittlere freie Weglänge ist, also den durchschnittlichen Abstand zwischen zwei Stößen darstellt, so muß $\bar{l}$ durch den Quotienten aus dem Gesamtweg vt und der Anzahl der Zusammenstöße in der Zeit t bestimmt sein:

$$\bar{l} = \frac{vt}{\pi d^2 n_V vt} = \frac{1}{\pi n_V d^2}.$$

Diese Formel bezieht sich auf ruhende Moleküle, die von einem bewegten Molekül getroffen werden. Tatsächlich bewegen sich aber alle Moleküle in einem Gas. Dadurch erhöht sich die Häufigkeit der Stöße um den Faktor $\sqrt{2}$ (siehe unten), und die mittlere

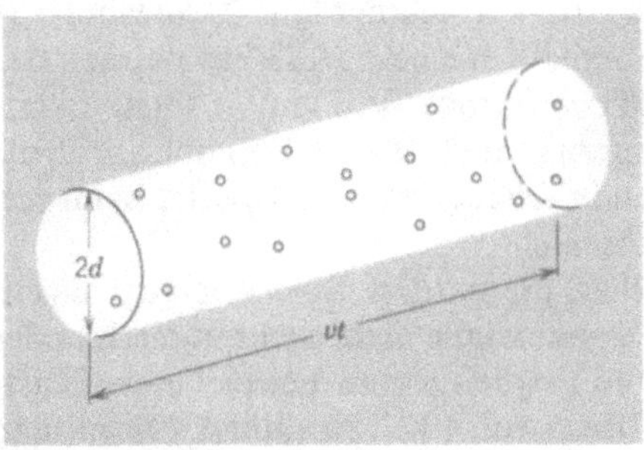

Abb. 24.3 Ein Molekül mit einem wirksamen Durchmesser von 2 d bewegt sich mit der Geschwindigkeit v durch ein Gas und überstreicht in der Zeit t einen Zylinder der Länge vt und der Grundfläche πd^2. Dabei stößt es mit jedem anderen Molekül, dessen Mittelpunkt innerhalb des Zylinders liegt, zusammen.

freie Weglänge wird

$$\bar{l} = \frac{1}{\sqrt{2}\,\pi n_V d^2}. \tag{24.1}$$

Im Falle sich bewegender Moleküle sind die beiden Geschwindigkeiten v in der ersten Gleichung nicht mehr identisch. Das v im Zähler ist die mittlere Geschwindigkeit ($\bar{v}$) des stoßenden Teilchens, relativ zum Behälter gemessen. Das v im Nenner stellt dagegen die mittlere *relative* Geschwindigkeit $\bar{v}_{rel}$ dar, relativ zu den anderen Molekülen gemessen. $\bar{v}_{rel}$ bestimmt die Stoßfrequenz. Man sieht ohne weiteres, daß $\bar{v}_{rel} > \bar{v}$ sein muß. Fliegen zwei Moleküle mit der Geschwindigkeit v aufeinander zu, so haben sie eine relative Geschwindigkeit von $2v(>v)$; fliegen zwei Moleküle mit der Geschwindigkeit v rechtwinklig aufeinander zu, so haben sie eine relative Geschwindigkeit von $\sqrt{2}v(>v)$; fliegen zwei Moleküle mit der Geschwindigkeit v in dieselbe Richtung, so haben sie eine relative Geschwindigkeit von $0(<v)$. Eine genaue Berechnung aufgrund der Geschwindigkeitsverteilung der Moleküle ergibt eine mittlere relative Geschwindigkeit von $\bar{v}_{rel} = \sqrt{2}\bar{v}$.

Beispiel 1

Es sollen die mittlere freie Weglänge und die Stoßfrequenz von Luftmolekülen bei 0 °C und 101.325 kPa berechnet werden. Als effektiver Moleküldurchmesser sei $d = 2 \times 10^{-8}$ cm angenommen. Bei den vorgegebenen Bedingungen ist die durchschnittliche Geschwindigkeit der Moleküle 10^5 cm/s, und ihre Anzahldichte beträgt $3 \times 10^{-19}/\text{cm}^3$. Für $\bar{l}$ ergibt sich damit

$$\bar{l} = \frac{1}{\pi\sqrt{2}n_V d^2} = \frac{1}{\pi\sqrt{(3\times 10^{19}/\text{cm}^3)(2\times 10^{-8}\,\text{cm})^2}} = 2\times 10^{-5}\,\text{cm}.$$

Dieser Wert entspricht etwa tausend Moleküldurchmessern. Die zugehörige Stoßfrequenz ist

$$\frac{v}{\bar{l}} = (1\times 10^5\,\text{cm/s})/(2\times 10^{-5}\,\text{cm}) = 5\times 10^9/\text{s}.$$

Im Mittel stößt *jedes* Molekül fünfmilliardenmal in der Sekunde mit einem anderen Molekül zusammen!

In der Erdatmosphäre beträgt die mittlere freie Weglänge auf Meereshöhe (Druck 101.325 kPa) etwa 2×10^{-5} cm, 100 km oberhalb (Druck 0.133 Pa) beträgt sie schon 2 mm und 300 km oberhalb der Erdoberfläche (Druck 0.133 mPa) sogar 15 cm. Hier beträgt die Anzahldichte der Moleküle immerhin noch $10^8/\text{cm}^3$. In noch größeren Höhen versagt die Gl. 24.1, weil aufwärtsfliegende Teilchen eine ballistische Bahn verfolgen und sich aus der Atmosphäre entfernen können.

Schon bei mäßigen Vakua im Labor verliert die mittlere freie Weglänge ihre Bedeutung, da nahezu alle Zusammenstöße der Gasmoleküle nicht mehr untereinander, sondern mit der Behälterwand stattfinden. Man betrachte zum Beispiel einen Kasten der Kantenlänge 10 cm, der Luft unter einem Druck von 10^{-5} Pa enthält. Die mittlere freie Weglänge beträgt hier ca. 150 cm, so daß Molekülzusammenstöße im Vergleich zu Wandstößen relativ selten sind, obwohl 10^{12} Moleküle in dem Kasten vorhanden sind!

Ein anderes Beispiel für das Auftreten großer mittlerer freier Weglängen stellt das

Synchrotron dar. Im Synchrotron können Protonen bis auf eine Energie von 10^9 eV beschleunigt werden. Durch magnetische Felder werden sie auf einer Kreisbahn gehalten und können so eine Million Kilometer ohne einen Zusammenstoß zurücklegen. Das kann natürlich nur im Vakuum vor sich gehen (ca. 10^{-4} Pa). Außerdem ist der effektive Stoßquerschnitt der Protonen sehr viel kleiner als der der noch im Vakuum verbliebenen Luftmoleküle, so daß praktisch kaum ein Verlust durch Streuung der Protonen an Luftmolekülen auftritt.

24.2 Die Geschwindigkeitsverteilung von Molekülen

In Kapitel 23 haben wir die Wurzel aus dem mittleren Geschwindigkeitsquadrat der Moleküle in einem Gas kennengelernt. Die Geschwindigkeiten einzelner Moleküle variieren über einen sehr großen Bereich. Es gibt jedoch eine charakteristische Verteilung der Molekülgeschwindigkeiten eines Gases, die nur von der Temperatur abhängt. Hätten alle Moleküle eines Gases die gleiche Geschwindigkeit v, so würde das nicht lange so bleiben, denn nach jedem Zusammenstoß würde sich die Geschwindigkeit ändern. Man kann jedoch annehmen, daß nur wenige Moleküle wesentlich größere oder kleinere Geschwindigkeiten als die Wurzel aus dem mittleren Geschwindigkeitsquadrat v_{rms} haben. Solche Geschwindigkeiten würden eine sehr unwahrscheinliche Folge von ausgewählten Stößen voraussetzen.

Maxwell löste als erster die Frage der wahrscheinlichsten Geschwindigkeitsverteilung für eine sehr große Zahl von Teilchen in einem Gas. Für eine Anzahl N von Teilchen lautet sie (eine Ableitung findet sich in Ergänzungen IV)

$$N(v) = 4\pi N(m/2\pi kT)^{3/2} v^2 \mathrm{e}^{-mv^2/2kT}. \tag{24.2}$$

In dieser Gleichung stellt $N(v)\,\mathrm{d}v$ den Anteil aller Moleküle dar, die eine Geschwindigkeit im Intervall zwischen v und $(v + \mathrm{d}v)$ besitzen. T ist die thermodynamische Temperatur, k die Boltzmann-Konstante und m die Masse der Teilchen. Für ein vorgegebenes Gas hängt die Geschwindigkeitsverteilung also nur von T ab. Die Gesamtzahl N der Teilchen im Gas ergibt sich durch Addition (d. h. hier Integration) der Anzahl der Moleküle in jedem Geschwindigkeitsintervall, wobei v von Null bis unendlich reicht:

$$N = \int_0^\infty N(v)\,\mathrm{d}v. \tag{24.3}$$

In Abb. 24.4 ist eine solche *Maxwellsche Geschwindigkeitsverteilung* für Sauerstoffmoleküle bei zwei verschiedenen Temperaturen gezeichnet. Die Anzahl der Moleküle in einem Bereich zwischen v_1 und v_2 ist durch die Fläche unter der Kurve zwischen diesen beiden Ordinatenwerten gegeben. Die Gesamtfläche unter der Verteilungskurve stellt das Integral der Gl. 24.3 dar und repräsentiert die Gesamtzahl der Moleküle im Gas.

Auf der Ordinate ist nicht die Anzahl der Teilchen mit der Geschwindigkeit v aufgetragen, sondern die Anzahl der Teilchen in einem Geschwindigkeitsintervall Δv. Das hat seinen Grund darin, daß es zwar unendlich viele Möglichkeiten für eine Geschwindigkeit gibt, aber nur endlich viele Moleküle in dem Gas vorhanden sind. Die Wahrscheinlichkeit, daß ein Molekül z. B. genau die Geschwindigkeit 279.343267 m/s hat, ist näm-

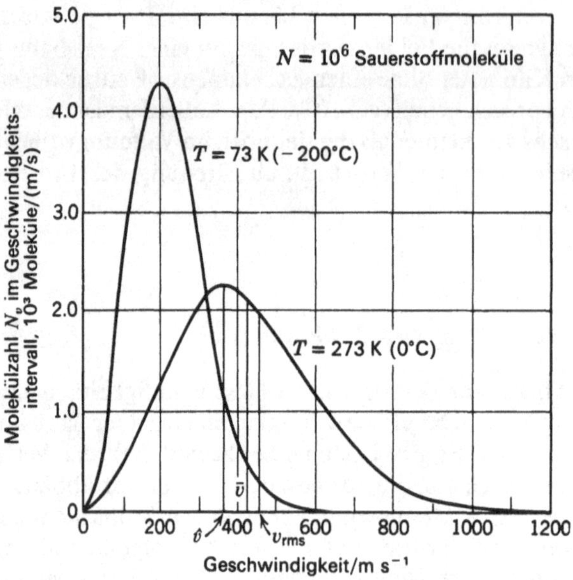

Abb. 24.4 Die Maxwellsche Geschwindigkeitsverteilung für 10^6 Sauerstoffmoleküle bei zwei verschiedenen Temperaturen. Die Anzahl der Moleküle in einem bestimmten Geschwindigkeitsintervall, z. B. zwischen 300 m/s und 600 m/s, wird durch die Fläche unter diesem Kurvenabschnitt dargestellt. Die Fläche unter der gesamten Kurve gibt die Gesamtzahl der Moleküle (also 10^6) wieder, die für beide Kurven gleich ist. Der Gasdruck ist niedriger als der Atmosphärendruck, da Sauerstoff bei 1 atm (101.3 kPa) und 73 K flüssig ist.

lich Null. Wenn man aber den Geschwindigkeitsbereich in Intervalle Δv aufteilt, so ist die Wahrscheinlichkeit dafür, daß ein Teilchen eine Geschwindigkeit in diesem Intervall hat, also z. B. zwischen 279 und 280 m/s, nicht Null. Die Verteilungskurve ist nicht symmetrisch bezüglich ihres Maximums, der *wahrscheinlichsten Geschwindigkeit* $\hat{v}$, da zu den niedrigen Geschwindigkeiten hin eine Grenze gesetzt ist, nämlich die Geschwindigkeit Null, nach oben hin aber nicht. Wegen der Unsymmetrie ist der Betrag der *mittleren Geschwindigkeit* $\bar{v}$ etwas größer als der der wahrscheinlichsten Geschwindigkeit. Die *Wurzel aus dem mittleren Geschwindigkeitsquadrat* v_{rms}, also die Wurzel aus dem Mittelwert der Geschwindigkeitsquadrate, ist nochmals etwas höher, so daß $v_{rms} > \bar{v} > \hat{v}$ gilt. Diese drei Molekulargeschwindigkeiten sind also streng zu trennen, obwohl es für manche praktische Abschätzungen zulässig ist, sie als gleich anzunehmen.

Mit steigender Temperatur steigen auch alle Molekülgeschwindigkeiten entsprechend der mikroskopischen Interpretation der Temperatur. Da die Gesamtfläche unter der Kurve, also die Gesamtzahl der Moleküle, gleich bleibt, muß zwangsläufig das Maximum der Kurve kleiner werden; die Verteilungskurve verbreitert sich mit steigender Temperatur. Die größere Anzahl von Molekülen mit hoher Geschwindigkeit bei höheren Temperaturen erklärt zum Beispiel, warum die chemische Reaktionsgeschwindigkeit mit der Temperatur zunimmt.

Die Abb. 24.4 gilt ähnlich auch für die Verteilung der Geschwindigkeiten von Molekülen in einer Flüssigkeit. Das erklärt, warum einige Moleküle einer Flüssigkeit, nämlich die schnellsten, schon bei Temperaturen unterhalb des Siedepunktes die Oberfläche der

Flüssigkeit verlassen können, also verdunsten. Nur diese energiereichen Moleküle können die Anziehungskräfte der anderen Flüssigkeitsmoleküle überwinden. Entsprechend sinkt die mittlere kinetische Energie der zurückbleibenden Moleküle, d. h. die Temperatur sinkt. Das ist die Ursache für den Abkühlungseffekt bei einer Verdunstung.

Nach Gl. 24.2 hängt die Geschwindigkeitsverteilung von der Molekülmasse und von der Temperatur ab. Je kleiner die Masse der Moleküle eines Gases ist, um so mehr Moleküle mit hoher Geschwindigkeit gibt es bei einer gegebenen Temperatur in ihm. In großer Höhe kann Wasserstoff daher sehr viel leichter aus der Erdatmosphäre entweichen als Sauerstoff oder Stickstoff. Der Mond besitzt eine dünne Atmosphäre. Trotz der niedrigen Temperaturen kann man nur schwere Atome oder Moleküle in der Mondatmosphäre erwarten, die die schwache Gravitationsanziehung des Mondes nicht überwinden können. Messungen haben als Bestandteile tatsächlich schwere, inerte Gase wie Krypton und Xenon ergeben, die während der Frühzeit der Mondentstehung in großen Mengen durch radioaktiven Zerfall aus anderen Elementen entstanden sind. Der atmosphärische Druck auf dem Mond beträgt nur 10^{-8} Pa.

Beispiel 2

Es seien 10 Teilchen mit Geschwindigkeiten von 0, 1, 2, 3, 3, 3, 4, 4, 5, und 6 m/s gegeben. (a) Welche mittlere Geschwindigkeit $\bar{v}$, (b) welche Wurzel aus dem mittleren Geschwindigkeitsquadrat v_{rms} und (c) welche wahrscheinlichste Geschwindigkeit $\hat{v}$ hat diese Ansammlung von Molekülen?

(a) Die mittlere Geschwindigkeit ist

$$\bar{v} = \frac{0 + 1.0 + 2.0 + 3.0 + 3.0 + 3.0 + 4.0 + 4.0 + 5.0 + 6.0}{10} = 3.1\ \mathrm{m/s}.$$

(b) Das mittlere Geschwindigkeitsquadrat ist

$$\overline{v^2} = \frac{0 + (1.0)^2 + (2.0)^2 + (3.0)^2 + (3.0)^2 + (3.0)^2 + (4.0)^2 + (4.0)^2 + (5.0)^2 + (6.0)^2}{10}$$
$$= 12.5\ \mathrm{m^2/s^2},$$

und die Wurzel daraus beträgt $v_{rms} = \sqrt{12.5\ \mathrm{m^2/s^2}} = 3.5\ \mathrm{m/s}$.

(c) Da die meisten, nämlich drei Teilchen, die Geschwindigkeit 3 m/s haben, ist die wahrscheinlichste Geschwindigkeit

$$\hat{v} = 3\ \mathrm{m/s}.$$

Beispiel 3

Aus Gl. 24.2 sollen die mittlere Geschwindigkeit $\bar{v}$, die Wurzel aus dem mittleren Geschwindigkeitsquadrat v_{rms} und die wahrscheinlichste Geschwindigkeit $\hat{v}$ abgeleitet werden.

Die Größe $N(v)dv$ repräsentiert den Anteil der Teilchen, die eine Geschwindigkeit zwischen v und $(v + dv)$ haben, wobei $N(v)$ nach Gl. 24.2 gegeben ist. Die mittlere Geschwindigkeit $\bar{v}$ findet man in der üblichen Weise, indem man die Teilchenzahl in jedem Geschwindigkeitsintervall mit einer für dieses Intervall charakteristischen Geschwindigkeit v multipliziert. Diese Produkte werden addiert und auf die Gesamtzahl der Teilchen N bezogen. Setzt man die Geschwindigkeitsintervalle eng genug, so wird die Summation durch eine Integration ersetzt:

$$\bar{v} = \frac{\int_0^\infty N(v) v \,\mathrm{d}v}{N}.$$

Setzt man nun $N(v)$ aus Gl. 24.2 ein, so erhält man für die mittlere Geschwindigkeit

$$\bar{v} = \sqrt{\frac{8}{\pi}\frac{kT}{m}} = 1.59\sqrt{\frac{kT}{m}},$$

wobei man mit der Abkürzung $\lambda = m/2kT$ folgende Beziehungen aus einer Tabelle für unbestimmte Integrale entnehmen muß

$$\int_0^\infty v^2 \mathrm{e}^{-\lambda v^2} \mathrm{d}v = \frac{1}{4}\sqrt{\frac{\pi}{\lambda^3}}; \quad \int_0^\infty v^3 \mathrm{e}^{-\lambda v^2} \mathrm{d}v = \frac{1}{2\lambda^2}; \quad \int_0^\infty v^4 \mathrm{e}^{-\lambda v^2} \mathrm{d}v = \frac{3}{8}\sqrt{\frac{\pi}{\lambda^5}}.$$

Aus dem mittleren Geschwindigkeitsquadrat, also

$$\overline{v^2} = \frac{\int_0^\infty N(v) v^2 \,\mathrm{d}v}{N},$$

erhält man

$$v_{\mathrm{rms}} = \sqrt{\overline{v^2}} = \sqrt{\frac{3kT}{m}} = 1.73\sqrt{\frac{kT}{m}}.$$

Die wahrscheinlichste Geschwindigkeit $\hat{v}$ ist diejenige Geschwindigkeit, bei der $N(v)$ ein Maximum hat, also gilt

$$\frac{\mathrm{d}N(v)}{\mathrm{d}v} = 0.$$

Wenn man nun aus Gl. 24.2 $N(v)$ einsetzt, folgt daraus

$$\hat{v} = \sqrt{\frac{2kT}{m}} = 1.41\sqrt{\frac{kT}{m}}.$$

In Abb. 24.4 sind alle drei Molekülgeschwindigkeiten für Sauerstoff in der Verteilungskurve markiert worden.

24.3 Experimentelle Bestätigung der Maxwellschen Geschwindigkeitsverteilung

Maxwell hat die nach ihm benannte Geschwindigkeitsverteilung (Gl. 24.2) schon im Jahre 1859 gefunden. Damals war es noch nicht möglich, dieses Gesetz experimentell zu überprüfen. Erst 1920 führte O. Stern solche Experimente durch. Durch eine verbesserte technische Ausführung der Apparatur konnte dann in den folgenden Jahren das Maxwellsche Gesetz voll bestätigt werden.

In Abb. 24.5 ist eine solche 1955 von Miller und Kusch entwickelte, aber noch auf der Grundidee

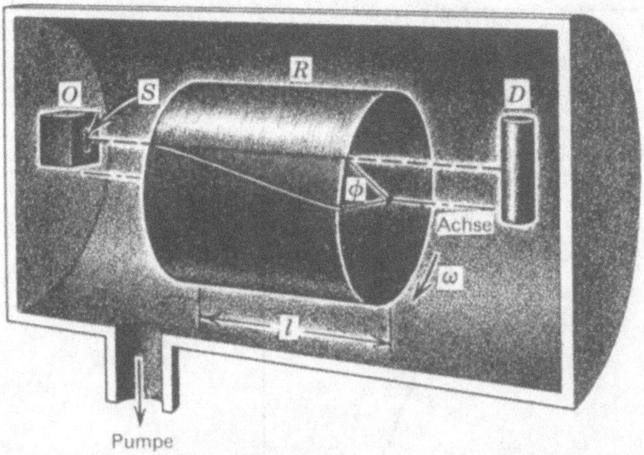

Abb. 24.5 Versuchsanordnung von Miller und Kusch zur Bestimmung der Geschwindigkeitsverteilung von Thalliummolekülen. Die gesamte Apparatur ist evakuiert, um Zusammenstöße der aus dem Schlitz *S* austretenden Thalliummoleküle mit Gasmolekülen zu vermeiden. In der Abbildung ist nicht gezeigt, wie der Zylinder gedreht wird.

von Stern basierende Anordnung zur Messung der Molekülgeschwindigkeiten skizziert. Sie besteht aus einem evakuierten Behälter, an dessen einem Ende sich ein aufheizbarer Ofen *O* befindet. In dem Ofen wird eine kleine Menge von Thallium auf eine Temperatur von 870 ± 4 K erhitzt. Das Thallium verdampft und erzeugt einen Gasdruck von 0.42 Pa. Durch einen schmalen Schlitz *S* entweicht dann ein feiner Strahl von Thalliumatomen in den Außenraum und prallt auf einen rotierenden Zylinder *R* der Länge *l*. Auf der Oberfläche des Zylinders sind eine Reihe von Spiralnuten eingefräst, von denen in Abb. 24.5 nur eine eingezeichnet wurde. Bei einer gegebenen Winkelgeschwindigkeit ω des Zylinders können nur Moleküle einer bestimmten Geschwindigkeit v ohne Berührung des Zylinders durch eine Nut fliegen. Die Zeit zum Durchfliegen der Nut ist durch

$$t = \frac{l}{v} = \frac{\phi}{\omega}$$

gegeben, woraus man für die Molekülgeschwindigkeit

$$v = l\omega/\phi \tag{24.4}$$

erhält. Wie man in der Abbildung sieht, stellt ϕ den Winkel zwischen dem Anfang und dem Ende der Nut auf dem Zylinder dar.

Der rotierende Zylinder wirkt wie ein Geschwindigkeitsselektor, in dem diejenige Geschwindigkeit heraussortiert wird, die nach Gl. 24.4 der Winkelgeschwindigkeit ω proportional ist. Mit einem Detektor *D* wird die Strahlintensität, d. h. die Anzahl der Teilchen, gemessen und als Funktion der Geschwindigkeit v dargestellt. Die Abb. 24.6 zeigt die bemerkenswerte Übereinstimmung zwischen Theorie und Experiment. Die einzelnen Dreiecke und Kreise sind experimentelle Werte, während die durchgezogene Linie die theoretische Verteilungskurve darstellt.

Im Teilchenstrahl selbst herrscht allerdings eine andere Geschwindigkeitsverteilung als im Gasraum des Ofens. An die Stelle der Größe $v^2 e^{-mv^2/2kT}$ in Gl. 24.2 tritt $v^3 e^{-mv^2/2kT}$. Zur Erklärung betrachte man eine Anzahl von Molekülen im Ofen, deren Geschwindigkeiten in einem Intervall zwischen v_1 und $(v_1 + \Delta v)$ liegen. v_1 liege unterhalb der wahrscheinlichsten Geschwindigkeit $\hat{v}$. Man kann nun sicher bei einer anderen Geschwindigkeit v_2 mit $v_2 > \hat{v}$ ein gleich breites Intervall

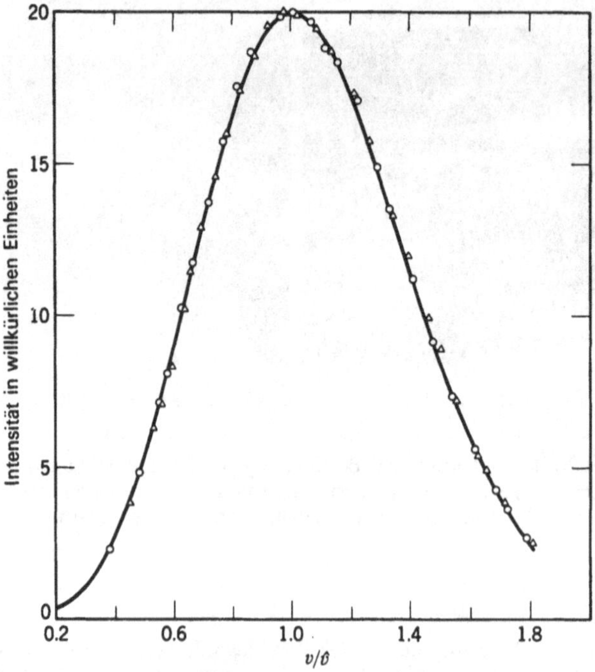

Abb. 24.6 Maxwellsche Geschwindigkeitsverteilung. Die durchgezogene Linie stellt die theoretische Verteilung nach Maxwell dar. Die Kreise (○) sind experimentelle Werte für Thalliummoleküle bei 870 K; die Dreiecke (△) beziehen sich auf eine Temperatur von 944 K. Auf der Abszisse ist $v/\hat{v}$ aufgetragen, wobei $\hat{v}$ die wahrscheinlichste Geschwindigkeit angibt. Bei einer solchen Auftragung über $v/\hat{v}$ sollten die Verteilungen von der Temperatur unabhängig sein. Es ist $\hat{v} = 376$ m/s bei 870 K und 395 m/s bei 944 K. (Aus: R.C. Miller, P. Kusch, Physical Review 99, 1314 (1955)).

zwischen v_2 und $(v_2 + \Delta v)$ finden, welche ebenso viele Moleküle enthält wie das erste Intervall. Von den Molekülen aus dem zweiten Intervall wird aber eine größere Anzahl durch den Ofenschlitz in den Außenraum fliegen als von den Molekülen aus dem ersten Intervall, denn die Moleküle aus dem zweiten Intervall haben alle eine größere Geschwindigkeit und treffen häufiger auf den Schlitz, nämlich v_2/v_1 mal häufiger. Entsprechend ihrer höheren Geschwindigkeit werden schnelle Moleküle also bevorzugt. In dem herauskommenden Strahl wird es eine stärkere Abhängigkeit der Geschwindigkeitsverteilung von v als eine quadratische geben. In Abb. 24.6 ist dieser Effekt in der theoretischen Kurve bereits berücksichtigt.

Die Maxwellsche Verteilung gilt nicht nur für Gasmoleküle, sondern auch für andere Teilchen, wie etwa thermische Neutronen. In einer kontinuierlichen Folge können zum Beispiel in einem Zyklotron Bündel von schnellen Neutronen erzeugt und auf einen Paraffinblock gelenkt werden. Durch wiederholte Kollisionen der Neutronen mit den Kernen im Block werden die Neutronen abgebremst, bis sie mit dem Block in einem thermischen Gleichgewicht stehen. Sie verhalten sich dann wie ein Gas in einem Behälter. Da der Paraffinblock durchlässig ist, diffundieren dauernd Neutronen aus dem Block heraus. Diese kann man mit einem Detektor nachweisen und mittels einer elektronischen Schaltung die Zeit seit ihrer Entstehung im Zyklotron bestimmen. Auf diese Weise wird die Geschwindigkeitsverteilung eines aus dem Paraffinblock herausdringenden Neutronenstrahls gemessen. Dabei stellt man eine ausgezeichnete Übereinstimmung mit der Maxwellschen Verteilung fest.

Obwohl die Maxwellsche Verteilung sehr gut mit den Beobachtungen bei normalen Bedingungen übereinstimmt, versagt sie bei sehr hohen Teilchenzahldichten. Unter diesen Bedingungen gelten aber auch die Voraussetzungen der kinetischen Theorie nicht mehr. In solchen Fällen kann man nur mit quantenphysikalischen Ansätzen arbeiten, und man erhält die Verteilungen nach Fermi-Dirac oder Bose-Einstein. Im klassischen Bereich (niedriger Dichte) stimmen diese Verteilungen wieder mit der Maxwellschen Verteilung überein.

24.4 Die Brownsche Molekularbewegung

Die Vorstellung von einem atomaren Aufbau der Materie wurde im letzten Viertel des 19. Jahrhunderts von vielen anerkannten Wissenschaftlern abgelehnt. Trotz vieler Übereinstimmungen der kinetischen Theorie mit experimentellen Beobachtungen an Gasen war damals noch kein einziger direkter Beweis für die Existenz von Molekülen oder Atomen gelungen. Auch war noch niemals eine Bewegung von Molekülen in einem Gas oder einer Flüssigkeit beobachtet worden. So sah Ernst Mach (1838–1916) keine Möglichkeit, sich die Welt als mosaikartig aufgebaut vorzustellen, solange man nicht einzelne Bausteine der Materie wirklich untersuchen könne. Zwar war schon relativ früh von der kinetischen Theorie die Größe von Atomdurchmessern mit etwa 10^{-7} cm bis 10^{-8} cm angegeben worden, doch niemand hatte die Hoffnung, je ein so kleines Teilchen oder die Wirkung eines solchen Teilchens nachweisen zu können.

Zu den führenden Gegnern einer atomistischen Theorie gehörte Wilhelm Ostwald (1853–1932), der „Vater der Physikalischen Chemie". Er war ein Verfechter der Energieerhaltung und betrachtete die Energie als das letztlich Reale. Er glaubte, daß man allein mittels einer thermodynamischen Betrachtung schon alles Wissenswerte über ein System erfahren könne. Jede weitere Annahme über den Mechanismus sei nur eine unbewiesene Hypothese. Er verwarf den Atomismus völlig und versuchte, die Wissenschaft von allen experimentell nicht unmittelbar verifizierbaren Hypothesen zu befreien. Auch viele andere Wissenschaftler zögerten, Atome als eine Tatsache hinzunehmen.

Dieser Haltung widersprach 1897 Ludwig Boltzmann (1844–1906) in einem Artikel entschieden und betonte die Unentbehrlichkeit einer atomistischen Vorstellung für alle Naturwissenschaften. Die kinetische Theorie sei eine notwendige mechanische Analogie zu Naturvorgängen und rege zu Experimenten an, die die Gültigkeit theoretischer Annahmen nachprüften und zu neuen Erkenntnissen führten.

Die Entscheidung in diesem Streit konnte also nur durch ein Experiment gefällt werden. Der erste direkte experimentelle Befund für die Existenz von Atomen und deren dauernde thermische Bewegung wurde bei quantitativen Untersuchungen zur Brownschen Bewegung gewonnen. Erst diese Beobachtungen überzeugten auch Mach und Ostwald vom atomistischen Aufbau der Materie und von der Nützlichkeit der kinetischen Theorie. Als in den folgenden Jahren bei sehr vielen Experimenten immer wieder die gleichen Werte für fundamentale atomare Konstanten gefunden wurden, errang die kinetische Theorie uneingeschränkte Anerkennung.

Die *Brownsche Molekularbewegung* ist nach dem englischen Botaniker Robert Brown (1773–1858) benannt, der schon im Jahre 1827 unter einem Mikroskop beobachtete, wie im Wasser suspendierte Blütenpollen eine dauernde unregelmäßige Bewegung ausführten. Auch andere kleine anorganische Teilchen verhielten sich so. Für diese Bewegung gab es bis zur Zeit der Entwicklung der kinetischen Theorie keine Erklärung. 1905 entwickelte dann Albert Einstein (1879–1955) eine Theorie der Brownschen Bewegung.* In seinen *Autobiographischen Bemerkungen* schrieb er: „Mein Hauptziel dabei war es, Tatsachen zu finden, welche die Existenz von Atomen von bestimmter endlicher Größe möglichst sicherstellen. Dabei entdeckte ich, daß es nach der atomistischen Theorie eine der Beobachtung zugängliche Bewegung suspendierter mikroskopischer Teilchen geben müsse, ohne zu wissen, daß Beobachtungen über die ‚Brownsche Bewegung' schon lange bekannt waren."

Die grundlegende Annahme Einsteins war, daß ein in einem Gas oder in einer Flüssigkeit suspendiertes Teilchen an der thermischen Bewegung des Mediums teilnehme in Übereinstimmung mit dem Gleichverteilungssatz der Energie und im Mittel eine kinetische Translationsenergie von $\frac{3}{2}kT$ erhalte. Die Brownsche Molekularbewegung wird danach von den Stößen der Flüssigkeitsmoleküle auf die Teilchen erzeugt.

Die suspendierten Teilchen sind natürlich sehr viel größer als die Moleküle der Flüssigkeit und werden deshalb dauernd von allen Seiten von ihnen angestoßen. Ist das suspendierte Teilchen sehr groß, und ist die Anzahl der anderen Moleküle hoch, so werden im Mittel von allen Seiten zu jeder Zeit gleich viele Stöße erfolgen, so daß das suspendierte Teilchen in Ruhe bleibt. Sind die suspendierten Teilchen klein, und ist die Anzahl der stoßenden Moleküle gering, wird das nicht so sein, sondern die Stöße erfolgen unregelmäßig. Das suspendierte Teilchen verhält sich in diesem Fall wie ein sehr großes Molekül, und seine Bewegung sollte qualitativ der der Flüssigkeitsmoleküle entsprechen. Wäre die Avogadro-Konstante unendlich groß, so gäbe es keine *Fluktuation*, und es würde keine Brownsche Bewegung stattfinden. Wäre die Avogadro-Konstante andererseits sehr klein, so wäre die Brownsche Bewegung sehr heftig. Daraus folgt, daß die Avogadro-Konstante aus der Brownschen Bewegung bestimmbar sein sollte. Dieses Bild beruht wesentlich auf der Vorstellung der unregelmäßigen Bewegung kleiner Moleküle. Daher bietet die Brownsche Bewegung die Möglichkeit zu einem entscheidenden experimentellen Test über die Gültigkeit der kinetischen Theorie.

Die suspendierten Teilchen sind auch der Schwerkraft unterworfen und würden daher zu Boden sinken, wenn sie nicht dauernd wieder angestoßen würden. Da sie sich wie Gasmoleküle verhalten, nimmt ihre Anzahldichte exponentiell mit der Höhe in der Flüssigkeit ab, so wie die Dichte der Erdatmosphäre mit der Höhe abnimmt. Die suspendierten Teilchen stellen eine Miniaturatmosphäre dar (vgl. Beispiel 1 in Kapitel 17, Aufgabe 26 in Kapitel 23 und Aufgabe 21 in Kapitel 24). Der französische Chemiker Jean Perrin (1870–1942) hat eine solche Abhängigkeit 1908 in einem Versuch demonstriert, indem er in einer Suspension von Gummiharzteilchen die Anzahl von Teilchen in verschiedenen Tiefen auszählte (Abb. 24.7a). Er errechnete für die Avogadro-Konstante einen Wert von $N_A = 6 \times 10^{23}$/mol. Perrin bestimmte auch die Verschiebung von suspendierten Teilchen während vieler gleicher Zeitintervalle und fand eine statistische Verteilung entsprechend der Vorhersage der kinetischen Theorie (Abb. 24.7b). 1926 bekam er hierfür den Nobelpreis.

Unter den vielen in den nachfolgenden Jahren unternommenen Versuchen über die Brownsche Molekularbewegung sei das 1931 von Kappler durchgeführte Experiment erwähnt. Kappler befestigte ein relativ großes Objekt, einen Spiegel der Fläche 0.77 mm^2, an einem feinen Torsionsdraht

* Diese Theorie Einsteins erschien in den *Annalen der Physik 33*, 1105 (1910); im gleichen Jahrgang dieser Zeitschrift wurde auch seine berühmte Arbeit über die Relativitätstheorie und eine Abhandlung über den photoelektrischen Effekt veröffentlicht. Für die letztere Arbeit erhielt er 1921 den Nobelpreis.

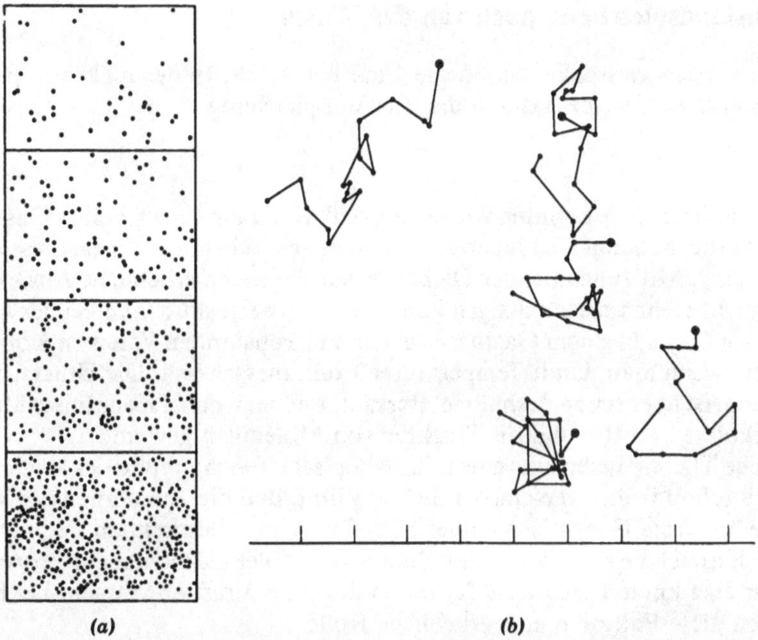

Abb. 24.7 (a) Eine Suspension von Gummiharzteilchen in einem Glasgefäß, wie Perrin sie im Jahre 1909 unter einem Mikroskop beobachtete. Anfänglich war die Verteilung der Teilchen homogen. Mit der Zeit setzten sich die Teilchen ab und ergaben die gezeigte, stationäre Verteilung. Die Teilchen haben einen Durchmesser von 6 µm, die Abstände der waagerechten Linien betragen 100 µm. (b) Die Wegeskizzen der Brownschen Bewegung von 5 Gummiteilchen, wie V. Henri sie 1908 von Filmaufnahmen abzeichnete. Henri benutzte ein Mikroskop und eine Filmkamera, die 20 Bilder in der Sekunde mit einer Belichtungszeit von 1/320 s aufnahm. Die Zickzacklinien geben nicht den tatsächlichen Weg der Teilchen wieder, denn zwischen den Aufnahmen können sich die Teilchen auf anderen Wegen bewegt haben. Die Abszisse ist in µm geteilt.

und brachte diese Anordnung in eine bis auf einen Druck von 1 Pa evakuierte Kammer. Auf den Spiegel wurde ein Lichtstrahl gerichtet, der von diesem auf einen bewegten photographischen Film abgelenkt wurde. Durch die Stöße der Gasmoleküle wurde der Spiegel in eine Brownsche Bewegung versetzt, und auf dem Film wurde eine dem Reflexionswinkel entsprechende Auslenkung des Lichtflecks über der Zeit registriert. Bei niedrigerem Gasdruck wurden die Zitterbewegungen größer. Aus der Aufzeichnung konnte man die Änderung des Winkels und die Winkelgeschwindigkeit bestimmen. Nach dem Gleichverteilungssatz der Energie muß

$$\tfrac{1}{2}J\overline{\omega^2} = \tfrac{1}{2}D'\overline{\theta^2} = \tfrac{1}{2}kT$$

gelten, wobei $\frac{1}{2}J\overline{\omega^2}$ die mittlere kinetische Energie der Rotation des Systems und $\frac{1}{2}D'\overline{\theta^2}$ die mittlere potentielle Energie ist. J ist das Trägheitsmoment und D' die Winkelrichtgröße des Torsionsdrahtes. Aus seinen Messungen errechnete Kappler die Boltzmann-Konstante zu $k = 1.36 \times 10^{-23}$ J/K (der heute anerkannte Wert ist 1.38×10^{-23} J/K) und damit nach $N_A = R/k$ die Avogadro-Konstante zu $N_A = 6.1 \times 10^{23}$/mol.

24.5 Die Zustandsgleichung nach van der Waals

Bislang haben wir fast ausschließlich ideale Gase behandelt. In der makroskopischen Betrachtungsweise werden diese durch die Zustandsgleichung

$$pV = nRT$$

beschrieben. Mit ihrer Hilfe konnten wir zeigen, daß die innere Energie eines Gases nur von der Temperatur abhängt. Bei niedrigen Dichten gehorchen auch reale Gase dieser Zustandsgleichung. Mit zunehmender Dichte zeigen sie jedoch erhebliche Abweichungen, die man nicht mehr vernachlässigen kann; beispielsweise muß man bei der Benutzung eines realen Gases in einem Gasthermometer mit konstantem Volumen Korrekturen vornehmen, wenn man damit Temperaturen exakt messen will. Die Untersuchung von realen Gasen ist aber schon deshalb interessant, weil man dabei Kenntnisse über die zwischenmolekularen Kräfte und die Struktur von Molekülen gewinnt.

Die kinetische Theorie liefert uns eine mikroskopische Beschreibung des idealen Gases. Wir haben schon früher verschiedentlich erwähnt, daß die Annahmen der kinetischen Theorie auf reale Gase nicht immer zutreffen. Unter bestimmten Bedingungen darf man zum Beispiel die räumliche Ausdehnung der Moleküle nicht mehr vernachlässigen oder nur eine kurze Reichweite für die molekulare Kraft annehmen. Bei hohen Dichten spielen diese Faktoren eine erhebliche Rolle.

J.D. van der Waals (1837–1923) stellte eine modifizierte Zustandsgleichung auf, in der die eben erwähnten Eigenschaften realer Gase Berücksichtigung finden. Wir nehmen die Moleküle wieder als starre Kugeln des Durchmessers d an. Dieser Durchmesser entspricht gerade dem Abstand der Mittelpunkte zweier Moleküle, bei dem starke Kräfte während eines Zusammenstoßes auftreten. Während der Bewegungen der Moleküle kann sich der Mittelpunkt eines Moleküls einer Wand nicht näher als bis zu einem Abstand von $d/2$ oder dem Mittelpunkt eines anderen Moleküls nicht näher als bis zu einem Abstand von d nähern. Das den Molekülen für die Bewegung tatsächlich zur Verfügung stehende Volumen ist also kleiner als das Volumen des Behälters, in dem sie sich befinden. Um wieviel kleiner es ist, hängt von der Anzahl der Moleküle ab. Wenn $V/n = v$ das molare Volumen darstellt, wird dieses um das *Kovolumen* b, eine von der Natur des Gases abhängende Konstante, vermindert. Das verbleibende „freie Volumen" beträgt also nur $(v - b)$. Die Zustandsgleichung erhält somit für reale Gase die Form

$$p(v - b) = RT.$$

Wegen des reduzierten Volumens nimmt die Zahl der Stöße auf die Wand zu, damit auch der Druck. Eine solche Gleichung wurde schon von Clausius angegeben.

Weiterhin ist zu berücksichtigen, daß die Moleküle aufeinander Anziehungskräfte ausüben. Hierzu stellen wir uns eine durch das Gas gelegte Ebene vor und betrachten die intermolekularen Kräfte, die über die Ebene hinweg wirken. Jedes Molekül auf der linken Seite der Ebene wird auf eine Anzahl N von Molekülen auf der rechten Seite Anziehungskräfte ausüben und umgekehrt. Die gleiche Situation stellen wir uns jetzt für die doppelte Anzahl von Molekülen in dem gleichen Behälter vor. Jetzt wird jedes Molekül auf der linken Seite mit $2N$ Molekülen auf der rechten Seite wechselwirken. Da nun aber auch auf der linken Seite doppelt soviele Moleküle vorhanden sind, wird sich die Zahl der sich anziehenden Paare insgesamt vervierfacht haben. Die Kräfte hängen also vom Quadrat der Molekülzahldichte ab bzw. vom Kehrwert des Quadrates des molaren Volumens $(1/v)^2$. Wegen der intermolekularen Kräfte wird ein reales Gas bei gegebenem äußeren Druck ein geringeres Volumen einnehmen als ein ideales Gas, in dem solche Kräfte nicht auftreten, oder anders gesagt, das Gas verhält sich so, als ob es einem über den äußeren Druck hinausgehenden, zusätzlichen Druck ausgesetzt wäre. Dieser zusätzliche Druck wird *Binnendruck* genannt und ist zu $(1/v)^2$ proportional bzw. gleich a/v^2, wobei a eine von der Natur des Gases abhängige Konstante ist. Damit erhält die *van der Waalssche Zustandsgleichung* die Form

$$\left(p+\frac{a}{v^2}\right)(v-b)=RT. \tag{24.5}$$

Die Werte a und b müssen in Experimenten ermittelt werden. Wir dürfen nicht vergessen, daß die in der Van-der-Waals-Gleichung angebrachten Korrekturen nur einfache Näherungen darstellen und diese Gleichung deshalb in einzelnen Fällen durchaus fehlerhaft sein kann. Bislang existiert aber keine einfache Gleichung, die das Verhalten aller Gase unter allen Bedingungen beschreibt.

Man kann nunmehr vermuten, daß die innere Energie U von realen Gasen nicht wie die des idealen Gases nur von der Temperatur abhängt, sondern auch noch vom Volumen. Denn wenn in einem realen Gas weitreichende Anziehungskräfte wirken, wird die potentielle Energie mit dem Abstand zwischen den Molekülen größer werden. Daher sollte in den üblichen Temperaturbereichen die innere Energie realer Gase mit zunehmendem Volumen langsam ansteigen. Eine solche Abhängigkeit wird tatsächlich gefunden. Zusammenstöße zwischen Molekülen rühren natürlich von Abstoßungskräften her. So könnte bei sehr großen Geschwindigkeiten, bei denen viele Stöße auftreten, die potentielle Energie der nicht weitreichenden Abstoßungskräfte einen größeren Einfluß haben als die der Anziehungskräfte, so daß die innere Energie mit zunehmendem Volumen abnehmen würde. Das trifft tatsächlich für Wasserstoff und Helium bei normalen Temperaturen zu. Immer aber wird die innere Energie nicht allein von der Temperatur, sondern auch vom Volumen des Gases bestimmt. Diese Abhängigkeit kann sehr leicht aus Experimenten über die freie Expansion (Abschn. 22.8) dieser Gase gewonnen werden.

Beispiel 4

Man vergleiche in einem p,V-Diagramm das Verhalten eines idealen Gases mit dem eines realen Gases.

In Abb. 24.8a sind die Isothermen entsprechend $pv = RT$ für ein ideales Gas gezeichnet. In Abb. 24.8b sind die Isothermen entsprechend

$$(p+a/v^2)(v-b)=RT,$$

der Van-der-Waals-Gleichung 24.5 für ein reales Gas, gezeichnet.

Die Isothermen eines idealen Gases entsprechen den Ästen einer rechtwinkligen Hyperbel. Für ein Van-der-Waals-Gas ändert sich der Druck mit dem Volumen nach der Beziehung

$$p=\frac{RT}{(v-b)}-\frac{a}{v^2}. \tag{24.6}$$

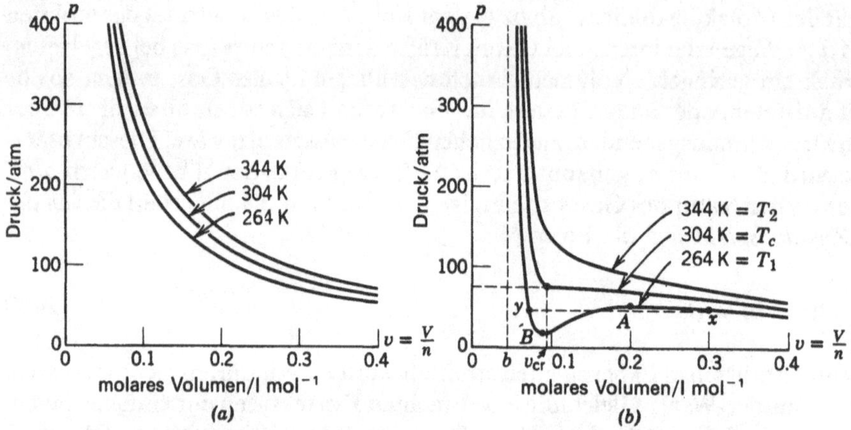

Abb. 24.8 (a) Isothermen eines idealen Gases. (b) Isothermen eines van-der-Waals-Gases. Die Kurven wurden nach Gl. 24.5 unter Verwendung von $a = 3.59\ \mathrm{l}^2\ \mathrm{atm/mol}^2$ und $b = 0.0427\ \mathrm{l/mol}$ gewonnen. Mit diesen Werten konnte die beste Übereinstimmung mit den Experimenten erzielt werden. $T_c = 304$ K ist die kritische Temperatur.

Geht man in Abb. 24.8b auf einer Isotherme von hohen v-Werten abwärts, so steigt der Druck langsam an. Der Beitrag a/v^2, der den Druck mindert, steigt jedoch so schnell mit kleinerwerdendem v an, daß bei genügend kleiner Temperatur der Druck ein Maximum bei A durchläuft. Wird v noch kleiner, so nimmt der Beitrag $RT/(v-b)$ wieder stärker zu als a/v^2 ab, so daß der Druck ein Minimum bei B durchläuft und steil bis ins Unendliche ansteigt, wenn sich v dem Wert der Konstanten b nähert. Bei etwas höheren Temperaturen sind das Maximum und das Minimum einer Isotherme weniger deutlich ausgebildet, und sie liegen enger bei dem dazwischenliegenden Wendepunkt. Bei einer bestimmten Temperatur T_c, der *kritischen Temperatur*, fallen beide Extrema mit dem Wendepunkt, dem *kritischen Punkt*, zusammen. Bei noch höheren Temperaturen haben die Isothermen schließlich keinen Wendepunkt mehr, und ihre Form nähert sich der Hyperbel für ideales Gas an. Für Kohlendioxid liegt die kritische Temperatur bei 304 K, und der Druck beträgt dort 7.387 MPa.

Den kritischen Druck p_c, das kritische molare Volumen v_c und die kritische Temperatur T_c, also die Werte eines Gases im kritischen Punkt, kann man aus der Van-der-Waals-Gleichung ausrechnen, weil im kritischen Punkt die Isotherme eine horizontale Tangente besitzt, also $\mathrm{d}p/\mathrm{d}v = 0$ gilt, und weil dort gleichzeitig ein Wendepunkt liegt, also $\mathrm{d}^2p/\mathrm{d}v^2 = 0$ gilt. Unter diesen Bedingungen erhält man

$$\frac{\mathrm{d}p}{\mathrm{d}v} = -\frac{RT}{(v-b)^2} + \frac{2a}{v^3} = 0\ (T = \text{const.})$$

und

$$\frac{\mathrm{d}^2p}{\mathrm{d}v^2} = \frac{2RT}{(v-b)^3} - \frac{6a}{v^4} = 0\ (T = \text{const.}).$$

Daraus errechnet man

$$v_c = 3b \text{ und } T_c = \frac{8a}{27bR}.$$

Setzt man diese Werte in die Gl. 24.6 ein, erhält man auch noch den kritischen Druck zu

$$p_c = \frac{a}{27b^2}.$$

Der Verlauf der Van-der-Waals-Isothermen deutet das normale experimentelle Verhalten eines Gases oder einer Flüssigkeit an. Die Extrema einer Isotherme unterhalb der kritischen Temperatur können gewöhnlich nicht in einem Experiment beobachtet werden, denn an einem bestimmten Punkt x (Abb. 24.8 b) des Volumens tritt Kondensation ein. Wenn sich das Volumen weiter verringert, bleibt der Druck ungeändert (gestrichelte Linie) bis zum Punkt y, wo das gesamte Gas verflüssigt ist. Unterhalb von y wird bei weiterer Volumenverringerung eine Flüssigkeit komprimiert. Hierzu sind schon für kleine Volumenänderungen sehr hohe Drücke erforderlich, die Druckkurve steigt daher steil an. Nur bei sehr reinen Gasen und Flüssigkeiten können die Teilbereiche xA und By der Isothermen im Experiment erreicht werden, und zwar liegen dort *überhitzter Dampf* bzw. *unterkühlte Flüssigkeiten* vor, also metastabile Zustände. Der Bereich zwischen A und B schließlich kann im Experiment überhaupt nicht realisiert werden.

Die Konstanten a und b in der Van-der-Waals-Gleichung können aus den experimentell ermittelten Werten des kritischen Punktes bestimmt werden. Für Luft seien einige Werte für den Binnendruck a/v^2 genannt: Bei 0 °C und 101.325 kPa (1 atm) beträgt er 283.7 Pa; bei 0 °C und 10.133 MPa (100 atm) beträgt er 2.63 MPa; bei 75 °C und 101.325 kPa beträgt er 567.4 Pa; bei 75 °C und 10.133 MPa beträgt er 8.56 MPa. Wenn sich ein Gas unter Druck ausdehnt und dabei Arbeit gegen die von außen wirkenden Kompressionskräfte verrichtet, muß es auch gegen den Binnendruck Arbeit leisten. Bei 0 °C und einem Außendruck von 10.133 MPa sind diese beiden Arbeiten etwa gleich groß. Es gibt allerdings einen Unterschied zwischen der externen und der internen Arbeit. Bei einer externen Arbeit wird Energie über die Systemgrenzen hinweg nach außen transportiert, bei interner Arbeit wird nur Energie in dem System von einer Form in eine andere umgewandelt. Die Konstante b hängt von der Art des Gases ab und liegt in der Größenordnung von 30 cm^3/mol. Sie beträgt damit etwa 0.15 % des einem Gas unter Normalbedingungen zur Verfügung stehenden freien Volumens.

Obwohl die Van-der-Waals-Gleichung eine gute qualitative Beschreibung eines Gases liefert, stehen die mit ihr ermittelten Werte bei konstanten a und b nicht immer in Übereinstimmung mit den experimentellen Werten. Das liegt einfach daran, daß die Gleichung eine zu große Vereinfachung darstellt. Für die intermolekularen Kräfte müßte zum Beispiel ein Verlauf wie in Abb. 23.3 angenommen werden. Auf diese Weise würde eine bessere Korrektur der Zustandgleichung erreicht werden. Van der Waals selbst wußte um diese Unzulänglichkeit seiner Gleichung bei einer quantitativen Anwendung.

Fragen

1. Man betrachte den Fall, daß die mittlere freie Weglänge größer als der größte Durchmesser eines Behälters ist. Wäre das für ein Molekül ein perfektes Vakuum?
2. Man nenne Möglichkeiten, wie man die Stoßhäufigkeit in einem Gas erhöhen kann.
3. Man erkläre den Zusammenhang zwischen der mittleren freien Weglänge eines Ammoniakmoleküls in Luft und der Zeit, die zwischen dem Öffnen einer Ammoniakflasche und dem Wahrnehmen des Geruches vergeht.

4. Braucht man im Bild der kinetischen Theorie eine neue Erklärung für das Archimedische Prinzip? Angenommen, die mittlere freie Weglänge eines Gasmoleküls ist etwa genau so groß oder größer als die Tiefe, in der ein Körper in einem Gas eingetaucht ist, welche Ursache hat dann der Auftrieb?
5. Zwei gegenüberliegende Wände eines Gasbehälters werden auf verschiedenen Temperaturen gehalten. Man beschreibe den Mechanismus der Wärmeleitung durch das Gas.
6. Durch ein Gas können sich nur Schallwellen fortpflanzen, deren Wellenlängen groß gegenüber der mittleren freien Weglänge der Gasmoleküle sind. Wie kann man das erklären? Warum besteht diese Beschränkung?
7. Welche Bedeutung hat d in Gl. 24.1 für die mittlere freie Weglänge eines Moleküls, das nicht kugelförmig ist? In welchen Gasen verhalten sich die Moleküle noch am ehesten wie starre Kugeln?
8. Angenommen, man verzichtet in der kinetischen Theorie auf die Hypothese von elastischen Stößen und betrachtet die Moleküle als Zentren von Kräften, die auf große Entfernung wirken, hat dann die Vorstellung von einer mittleren freien Weglänge noch eine Bedeutung?
9. Da die tatsächlichen Kräfte zwischen zwei Molekülen von ihrem Abstand abhängen, können sie schon Ablenkungen verursachen, wenn sich die Moleküle noch lange nicht berühren. Weiterhin wird das Maß der Ablenkung von der Zeit abhängen, während der die Kräfte wirken, also von der relativen Geschwindigkeit der Moleküle zueinander. (a) Würde unter diesen Voraussetzungen die mittlere freie Weglänge von der Temperatur abhängen, obwohl die Dichte konstant bliebe? (b) Wenn ja, würde $\bar{l}$ mit der Temperatur zu- oder abnehmen? (c) Wie müßte eine solche Abhängigkeit in Gl. 24.1 berücksichtigt werden?
10. Man begründe die Behauptung, daß in einem sich im Gleichgewicht befindlichen Gasgemisch aus verschiedenen Molekülarten jede Molekülart diejenige Geschwindigkeitsverteilung besitzt, die sie auch ohne Anwesenheit der anderen Arten hätte.
11. Welche Beobachtung liefert einen deutlichen Hinweis dafür, daß sich nicht alle Moleküle eines Körpers mit derselben Geschwindigkeit bewegen?
12. In Abb. 24.4 ist die Maxwellsche Verteilung für die Beträge der Geschwindigkeiten von Gasmolekülen gezeigt. Wie würde eine Maxwellsche Verteilung aussehen, wenn man auch noch die Richtung der Geschwindigkeit berücksichtigen würde? Was wäre dann die mittlere Geschwindigkeit?
13. Der Anteil der Moleküle in einem bestimmten Bereich Δv um die Geschwindigkeit v_{rms} (Wurzel aus dem mittleren Geschwindigkeitsquadrat) nimmt mit steigender Temperatur ab. Warum?
14. (a) Hat die Hälfte der Moleküle eines sich im thermischen Gleichgewicht befindlichen Gases größere Geschwindigkeiten als $\hat{v}$, $\bar{v}$ oder v_{rms}? (b) Welche der Geschwindigkeiten $\hat{v}$, $\bar{v}$ oder v_{rms} besitzt ein Molekül mit mittlerer kinetischer Energie?
15. Durch den Schlitz in der Anordnung in Abb. 24.5 können nur solche Moleküle fliegen, die sich in positiver x-Richtung bewegen. Kann man trotzdem die Geschwindigkeitsverteilung aller Moleküle messen?
16. Warum wird in dem Versuch zur Bestimmung der Geschwindigkeitsverteilung von thermischen Neutronen (Abschn. 24.3) Paraffin benutzt, um schnelle Neutronen in das thermische Gleichgewicht zu bringen?
17. Man gebe Beispiele für physikalische Erscheinungen, bei denen die Brownsche Bewegung eine Rolle spielt.
18. Gibt es eine Brownsche Bewegung in der Schwerelosigkeit?
19. Ein Golfball ist an einem von der Decke herabhängenden langen Faden befestigt. Man erkläre ausführlich, warum man keine Brownsche Bewegung beobachtet.
20. Es war n_V die Anzahldichte der Moleküle in einem Gas. Wenn wir n_V in einem sehr kleinen Volumen, etwa dem Zehnfachen eines Molekülvolumens, messen, finden wir Werte, die zwischen 0 und irgendeinem Maximum schwanken. Wie kann man unter diesen Umständen behaupten, daß n_V in jedem Punkt des Gases einen definierten Wert annimmt?

21. Man zeige, daß die Van-der-Waals-Gleichung mit steigendem molaren Volumen in die Zustandsgleichung für ideale Gase übergeht.
22. Das Kovolumen b in der Van-der-Waals-Gleichung wird oft als das Vierfache des tatsächlichen Volumens der Moleküle angegeben. Mit welchen Annahmen kommt man zu dieser Aussage?
23. Wie kann man zwischen der inneren Energie eines Körpers und seiner Temperatur unterscheiden, wenn man bedenkt, daß die innere Energie eines Körpers sich aus kinetischer und potentieller Energie seiner Moleküle zusammensetzt?

Aufgaben

Abschnitt 24.1

1. Die mittlere freie Weglänge von Stickstoffmolekülen beträgt bei 0 °C und 101.325 kPa (1 atm) etwa 80 nm, die Molekülzahldichte beträgt $2.7 \times 10^{19}/\text{cm}^3$. Wie groß ist der Moleküldurchmesser?
   Antwort: 3.2×10^{-8} cm.
2. In einem Teilchenbeschleuniger fliegen Protonen auf einer kreisförmigen Bahn von 22.9 m Durchmesser bei 273 K in einer auf 0.1333 mPa evakuierten Kammer. (a) Man schätze die Anzahldichte der Gasmoleküle in der Kammer ab. (b) Wie groß ist die mittlere freie Weglänge bei einem Moleküldurchmesser von 2×10^{-8} cm?
3. Bei welcher Frequenz hätte Schall eine Wellenlänge von der Größenordnung der mittleren freien Weglänge von Molekülen in Sauerstoff bei 0 °C und 101.325 kPa (1 atm)? Der Durchmesser von Sauerstoffmolekülen ist 3×10^{-8} cm.
   Antwort: 3.5 GHz.
4. Welche mittlere freie Weglänge haben 15 kugelförmige Fruchtgeleebonbons, die in einem Beutel heftig geschüttelt werden? Das Volumen des Beutels sei 1 l und der Durchmesser der Bonbons 1 cm.
5. 2500 km über der Erdoberfläche ist die Anzahldichte der Moleküle der Erdatmosphäre ungefähr $1/\text{cm}^3$. (a) Welche mittlere freie Weglänge ergibt die Gl. 24.1 für diese Bedingung? (b) Welche Aussagekraft hat die Gl. 24.1 für solche Bedingungen?
   Antwort: (a) 7×10^9 km; (b) fast keine, da in dieser Höhe beinahe alle Moleküle eine stoßfreie ballistische Bahn im Schwerefeld der Erde ausführen und manche sogar aus der Atmosphäre entweichen.
6. Die mittlere freie Weglänge von Gasmolekülen kann man aus Viskositätsversuchen ermitteln. Bei 20 °C und einem Druck von 100 kPa ergaben solche Messungen für Argonmoleküle 99 nm und für Stickstoffmoleküle 275 nm. (a) Man bestimme das Verhältnis der Durchmesser der beiden Gasmoleküle. Wie groß ist die mittlere freie Weglänge für Argonmoleküle bei (b) 20 °C und 20 kPa und (c) -40 °C und 100 kPa?
7. Ein Wasserstoffmolekül (Durchmesser 10^{-8} cm) entweicht aus einem Ofen ($T = 4000$ K) in eine Kammer, die mit kaltem Argon der Atomzahldichte $4 \times 10^{19}/\text{cm}^3$ gefüllt ist. (a) Wie groß ist die Wurzel aus dem mittleren Geschwindigkeitsquadrat v_{rms} für die Wasserstoffmoleküle? (b) Wie nah kommen sich die Mittelpunkte des Wasserstoffmoleküls und der Argonatome bei einem Zusammenstoß? Beide seien kugelförmig angenommen. (c) Wie groß ist die Zahl der Stöße in einer Sekunde, die das Wasserstoffmolekül anfänglich erleidet?
   Antwort: (a) 7.1 km/s; (b) 2×10^{-8} cm; (c) 3.5×10^{10}/s.
8. Man zeige, daß die Wahrscheinlichkeit für ein Molekül, zwischen zwei Zusammenstößen mindestens eine Strecke x zurückzulegen, durch $e^{-x/\bar{l}}$ gegeben ist ($\bar{l}$ ist die mittlere freie Weglänge).
9. Man zeige, daß in einem Gas, in dem alle Moleküle dieselbe Geschwindigkeit $\bar{v}$ haben, die mittlere relative Geschwindigkeit $\bar{v}_{\text{rel}}$ durch $\frac{4}{3}v$ und nicht durch $\sqrt{2}\,\bar{v}$ (vgl. Abschn. 24.1) gegeben ist.

Abschnitt 24.2

10. Es wurde gefunden, daß die wahrscheinlichste Geschwindigkeit von Gasmolekülen bei einer Gleichgewichtstemperatur T_2 genauso groß ist wie die Wurzel aus dem mittleren Geschwindigkeitsquadrat der Gasmoleküle bei einer Gleichgewichtstemperatur von T_1. Wie groß ist T_2/T_1?
11. Das folgende Ensemble von Teilchen mit den Geschwindigkeiten v sei gegeben: 2 Teilchen mit $v = 1$ cm/s; 4 mit 2 cm/s; 6 mit 3 cm/s; 8 mit 4 cm/s und 2 mit 5 cm/s. Man berechne (a) die mittlere Geschwindigkeit $\bar{v}$, (b) die Wurzel aus dem mittleren Geschwindigkeitsquadrat v_{rms} und (c) die wahrscheinlichste Geschwindigkeit $\hat{v}$.
Antwort: (a) 3.2 cm/s; (b) 3.4 cm/s; (c) 4 cm/s.
12. Man betrachte die Geschwindigkeitsverteilung in Abb. 24.9. (a) Man ordne v_{rms}, $\bar{v}$ und $\hat{v}$ in der Reihenfolge steigender Geschwindigkeiten an. (b) Was ist anders als an der Maxwellschen Verteilung?

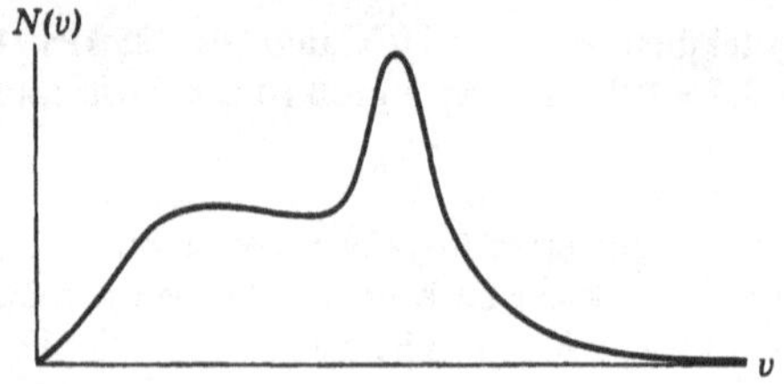

Abb. 24.9 Zu Aufgabe 12

13. Ein Gas besteht aus N Teilchen. (a) Man zeige, daß unabhängig von der Form der Geschwindigkeitsverteilung immer $v_{rms} \geqslant \bar{v}$ gilt. (b) Wann gilt das Gleichheitszeichen?
Antwort: (b) Wenn alle Geschwindigkeiten gleich sind.
14. Ein hypothetisches Gas mit N Teilchen habe die Geschwindigkeitsverteilung der Abb. 24.10. Für $v > 2v_0$ sei $N_v = 0$. (a) Man stelle a als Funktion von N und v_0 dar. (b) Wie viele Teilchen haben eine Geschwindigkeit zwischen $1.5v_0$ und $2v_0$? (c) Man bestimme die mittlere Geschwindigkeit aller Teilchen.

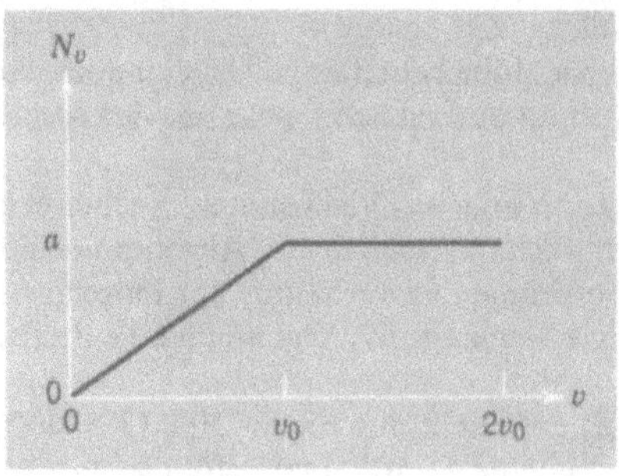

Abb. 24.10 Zu Aufgabe 14

15. * Ein Behälter von 1000 cm^3 Volumen enthalte bei 300 K Argon unter einem Druck von 300 kPa. Die relative Atommasse von Argon ist 40. (a) Wie viele Atome befinden sich im Behälter? (b) Welche mittlere Geschwindigkeit haben sie? (c) Wie viele Atome stoßen in einer Sekunde auf eine Wandfläche von 10^{-3} cm^2? (d) Wie lange würde es dauern, bis die Zahl der Atome im Behälter auf 1/e ihrer Anfangszahl gesunken ist, wenn die in (b) angegebene Fläche ein Loch wäre, durch das die Atome entweichen könnten?
Antwort: (a) 7.2×10^{22}; (b) 400 m/s; (c) 7.2×10^{20}; (d) 100 s.

* Siehe Ergänzungen IV.

Abschnitt 24.3

16. In der Versuchsanordnung der Abb. 24.5 zur Bestimmung von Molekülgeschwindigkeiten sei die Länge des Zylinders $l = 20.4$ cm und der Winkel $\phi = (2\pi/74.7)$ rad. Mit welcher Winkelgeschwindigkeit muß der Zylinder rotieren, um Teilchen der Geschwindigkeit 200 m/s zu selektieren?

Abschnitt 24.4

17. Welche Geschwindigkeit v_{rms} haben Rauchpartikel der Masse 5×10^{-14} g in Luft von 0 °C und 101.325 kPa?
Antwort: 1.5 cm/s.
18. Teilchen der Masse 6.2×10^{-14} seien bei 27 °C in einer Flüssigkeit suspendiert und haben dort eine Geschwindigkeit v_{rms} von 1.4 cm/s. Man bestimme aus diesen Angaben unter Verwendung des Gleichverteilungssatzes der Energie die Avogadro-Konstante.
19. Die durchschnittliche Geschwindigkeit von H_2-Molekülen ist 1694 m/s bei 0 °C. Man bestimme die mittlere Geschwindigkeit von Kolloidteilchen der „molaren Masse" 3.2×10^6 g/mol.
Antwort: 1.3 m/s.
20. Im interstellaren Raum gibt es sehr feine Staubteilchen, die dauernd von Wasserstoffmolekülen des interstellaren Gases bombardiert werden. Diese Staubteilchen vollführen daher sowohl bezüglich der Translation als auch bezüglich der Rotation eine Brownsche Bewegung. Man nehme an, die Teilchen seien Kugeln vom Durchmesser 40 nm und hätten eine Dichte von 1 g/cm³; die Temperatur des interstellaren Gases sei 100 K. Man bestimme (a) die Wurzel aus dem mittleren Geschwindigkeitsquadrat v_{rms} der Staubteilchen zwischen zwei Stößen und (b) die ungefähre Rotationsfrequenz (der Eigendrehung) der Teilchen.
21. Kolloidteilchen erfahren durch die Flüssigkeit, in der sie dispergiert sind, einen Auftrieb. Es seien ϱ' die Dichte der Flüssigkeit, ϱ die Dichte der Teilchen und V das Volumen der Teilchen. Man zeige, daß die Teilchenzahldichte n_V in folgender Weise von der Höhe in der Flüssigkeit abhängt:

$$n_V = n_{V0} \exp\left[-\frac{N_0}{RT} V(\varrho - \varrho')gh\right].$$

Diese Gleichung wurde von Perrin bei seinen Versuchen zur Brownschen Bewegung gefunden (Abb. 24.7a).

Abschnitt 24.5

22. Es sei die Konstante a in der Van-der-Waals-Gleichung 0.37 N m⁴/mol² für CO_2 und 0.025 N m⁴/mol² für H_2. Man bestimme den Binnendruck in diesen Gasen für folgende Werte v/v_0 ($v_0 = 22.4$ l/mol): 1; 0.1; 0.01 bzw. 0.001.
23. (a) Für CO_2 ist die Konstante b in der Van-der-Waals-Gleichung 43 cm³/mol. Unter Benutzung des Wertes für a aus Aufgabe 22 berechne man den Druck bei 0 °C für ein molares Volumen von 0.55 l/mol. Für CO_2 sei die Van-der-Waals-Gleichung gültig. (b) Wie groß wäre unter den gleichen Bedingungen der Druck, wenn sich CO_2 wie ein ideales Gas verhielte?
Antwort: (a) 3.3 MPa; (b) 4.1 MPa.
24. Die Konstante b der Van-der-Waals-Gleichung sei 32 cm³/mol. b sei das Vierfache des Volumens eines Mols O_2-Moleküle. Man bestimme den Durchmesser der O_2-Moleküle unter der Annahme, daß diese Kugelgestalt haben.
25. Man rechne die Arbeit, die ein Mol eines Van-der-Waals-Gases bei isothermer Expansion von v_i auf v_f verrichtet.
Antwort:

$$RT \ln \frac{v_f - b}{v_i - b} + a(1/v_f - 1/v_i).$$

26. Die Konstanten a und b in der Van-der-Waals-Gleichung hängen von der Art der Gase ab. Man zeige, daß diese Konstanten für alle Substanzen identisch sind, wenn man v_c, p_c und T_c als Einheiten für das Volumen, den Druck und die Temperatur nimmt.

25 Entropie und der zweite Hauptsatz der Thermodynamik

25.1 Einführung

Der erste Hauptsatz der Thermodynamik ist ein Energieerhaltungssatz. Er gilt für alle thermodynamischen Prozesse, auch für solche, die in der Natur tatsächlich nie vorkommen. Wenn ein warmer und ein kalter Körper in Berührung gebracht werden, wird niemals der kalte noch kälter und der warme noch wärmer werden. Auch wird niemals ein Teich im Sommer spontan zufrieren und dabei Wärme an die Umgebung abgeben. Keiner dieser Vorgänge verletzt aber den ersten Hauptsatz der Thermodynamik. Der erste Hauptsatz verbietet auch nicht, Arbeit in Wärme und Wärme in Arbeit zu verwandeln, solange nur die Energie erhalten bleibt. Und doch ist es bisher niemals gelungen, Wärme vollständig in Arbeit überzuführen. Warum dies so ist, kann erst mit dem zweiten Hauptsatz der Thermodynamik erklärt werden. Obwohl die mit ihm verbundenen Vorstellungen sehr subtil und abstrakt erscheinen, erweist er sich in der Praxis von großer Bedeutung.

25.2 Reversible und irreversible Prozesse

Wir betrachten ein einfaches System im thermischen Gleichgewicht, zum Beispiel ein Gas der Masse M in einem mit einem Stempel verschlossenen Behälter mit dem Volumen V. Das Gas habe die Temperatur T und stehe unter dem Druck p. Im Gleichgewicht sind diese thermodynamischen Variablen zeitlich konstant. Der Zylinder habe vollständig wärmeisolierende Seitenwände, der Boden sei dagegen ein idealer Wärmeleiter. Der Behälter wird, wie in Abb. 22.9 gezeigt wird, auf einem großen Wärmereservoir konstanter Temperatur T plaziert. Das System werde nun in einen anderen Gleichgewichtszustand gebracht, welcher durch die gleiche Temperatur T gekennzeichnet ist, bei dem aber das Volumen auf die Hälfte reduziert ist. Diese Zustandsänderung kann man auf sehr vielen Wegen durchführen. Wir diskutieren zwei Fälle.

I. Der Stempel wird sehr schnell hinuntergedrückt; dann wird auf die Wiedereinstellung des Temperaturgleichgewichtes zwischen System und Reservoir gewartet. Während dieser Anpassungszeit sind Druck und Temperatur im (turbulenten) Gas nicht definiert. Man kann daher für die Zustandsänderung in einem p, V-Diagramm keine stetige Kurve zeichnen. Das System geht über eine Reihe von Nichtgleichgewichtszuständen vom Anfangszustand a in den Endzustand e über (Abb. 25.1 a).

II. Der (reibungsfrei arbeitende) Stempel wird sehr langsam hinuntergedrückt, z. B.

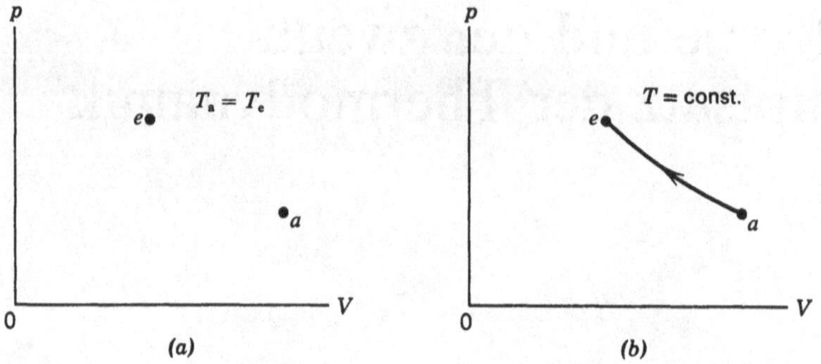

Abb. 25.1 Ein reales Gas wird gezwungen, aus einem Anfangsgleichgewichtszustand a mit P_a, V_a, T_a in einen Endgleichgewichtszustand e mit P_e, $V_e = \frac{1}{2} V_a$ und $T_e = T_a$ überzugehen. Der Prozeß verläuft in (a) irreversibel und in (b) reversibel.

indem man körnchenweise Sand auf ihn legt, so daß die Systemvariablen jederzeit wohldefinierte Werte annehmen. Wenn man zu Anfang nur wenige Sandkörner auflegt, wird das Volumen des Systems nur wenig verkleinert, und auch die Temperatur wird nur wenig steigen. Das System verläßt seinen Gleichgewichtszustand langsam. Nur ein kleiner Betrag von Wärme wird an das Reservoir abgegeben. Nach kurzer Zeit wird das System wieder einen Gleichgewichtszustand erreicht und dieselbe Temperatur T des Reservoirs wie vorher angenommen haben. Dieses Verfahren wiederholt man, bis man schließlich das Volumen auf den gewünschten Betrag von $V/2$ reduziert hat. Während des gesamten Vorgangs wird das System nie sehr weit von einem Gleichgewichtszustand entfernt sein. Würde man nun unendlich viele und kleine Änderungen nacheinander durchführen, so würde man einer idealen Zustandsänderung nahekommen, bei welcher das System kontinuierlich nur durch Gleichgewichtszustände hindurchgeht. Diese Prozeßführung kann man in einem p, V-Diagramm als kontinuierliche Linie einzeichnen (Abb. 25.1 b). Während des gesamten Vorgangs ist eine bestimmte Wärmemenge Q vom System an das Reservoir abgeführt worden.

Zustandsänderungen des Typs I werden *irreversibel*, solche des Typs II *reversibel* genannt. Eine reversible Zustandsänderung kann durch eine infinitesimale Änderung an der Umgebung auch wieder rückgängig gemacht werden. Genauso, wie wir durch Auflegen von Sandkörnern den äußeren Druck um einen Betrag dp gegenüber dem inneren Druck erhöhen, können wir auch zu jedem Zeitpunkt den äußeren Druck durch Wegnahme von Körnern um einen Betrag dp gegenüber dem inneren Druck vermindern. Das Gas würde sich wieder ausdehnen und dieselben Gleichgewichtszustände rückwärts durchlaufen*. In Wirklichkeit verlaufen alle Prozesse irreversibel, doch kann man der Reversibilität mittels geeigneter experimenteller Vorkehrungen fast beliebig nahekom-

* Nicht alle Prozesse, die sehr langsam ablaufen, sind auch reversibel. Wenn in unserem Beispiel der Stempel bei der Bewegung an den Seitenwänden reiben würde, so könnte er sich nicht schon bei einer differentiellen Änderung dp des äußeren Drucks zurückbewegen, sondern erst bei einer viel größeren Änderung Δp. Das System würde also nicht auf eine Änderung dp reagieren; daher wäre es nicht reversibel, sondern allenfalls *quasi-statisch*. Quasi-statisch sind solche Prozesse, die so langsam ablaufen, daß das System eine kontinuierliche Folge von Gleichgewichtszuständen durchläuft. Das braucht aber keineswegs reversibel vor sich zu gehen.

men. Eine streng reversible Zustandsänderung stellt jedoch nur eine Abstraktion dar, so wie ein ideales Gas eine Abstraktion realer Gase ist.

Der in II beschriebene Prozeß ist nicht nur reversibel, sondern auch *isotherm*, da wir ihn so geführt haben, daß das System zu jeder Zeit höchstens um den infinitesimalen Betrag $\mathrm{d}T$ von der konstanten Temperatur T des Wärmereservoirs abwich.

Wir hätten das Volumen bei unserem Versuch auch *adiabatisch* verringern können, indem wir den Zylinder nicht auf ein Wärmereservoir gestellt, sondern gegen die Umgebung thermisch isoliert hätten. Auch ein adiabatischer Prozeß kann reversibel oder irreversibel sein. Eine reversible adiabatische Zustandsänderung hätten wir ebenfalls durch Zufügen oder Entfernen von Sand erzielen können. Bei schnellem Hinunterdrücken des Stempels wäre die Änderung hingegen irreversibel adiabatisch abgelaufen. Bei allen adiabatischen Kompressionen hätte sich aber auf jeden Fall die Temperatur des Gases erhöht, denn nach dem ersten Hauptsatz der Thermodynamik hätte unter der Voraussetzung $Q = 0$ (d. h. adiabatisch) die gesamte Arbeit, die beim Hinunterdrücken des Stempels geleistet wird, als Änderung der inneren Energie ΔU auftreten müssen. Die Arbeit W hängt davon ab, wie man den Stempel hinunterdrückt, denn nur bei reversiblen Prozessen, bei denen p wohldefinierte Werte annimmt, ist die Arbeit durch $\int p\mathrm{d}V$ gegeben, stellt also die Fläche unter der Kurve im p, V-Diagramm dar. Daher werden ΔU und auch die Temperaturänderung ΔT für eine reversible und eine irreversible Zustandsänderung verschieden sein.

25.3 Der Carnotsche Kreisprozeß

Wir betrachten ein System (etwa ein reales Gas) in einem Gleichgewichtszustand, zum Beispiel das schon bekannte System in Abb. 22.9. Je nach den technischen Möglichkeiten können wir an diesem System eine Reihe verschiedener Zustandsänderungen durchführen. Wir können das Gas komprimieren oder expandieren, wir können es aufwärmen oder abkühlen, wir können alle Vorgänge reversibel oder irreversibel ausführen. Wir können auch das System nach einigen Zustandsänderungen wieder in seinen Ausgangszustand zurückversetzen. In diesem Falle hätte es einen *Kreisprozeß* durchlaufen, der insgesamt reversibel oder irreversibel gewesen sein könnte.

In Abb. 25.2 ist ein reversibler Kreisprozeß in einem p, V-Diagramm dargestellt. Längs der Kurve *abc* expandiert das Gas; die Fläche unter diesem Kurvenabschnitt repräsentiert die vom Gas geleistete Arbeit. Längs der Kurve *cda* wird das System in den Anfangszustand zurückführt, und das Gas wird wieder komprimiert. Die Fläche unter dieser Kurve repräsentiert die Arbeit, die von der Umgebung (dem Experimentator) an dem System verrichtet wurde. Der Nettobetrag der Arbeit entspricht demnach der Fläche zwischen den Kurvenbögen, er ist positiv. Wäre das System in anderer Richtung geführt worden, also wäre längs des Weges *adc* eine Expansion und längs *cba* eine Kompression erfolgt, so wäre der Nettobetrag der Arbeit wieder durch die Fläche zwischen den Kurvenbögen gegeben, trüge dieses Mal aber ein negatives Vorzeichen.

Der französische Ingenieur Sadi Carnot (1796–1832) hat im Jahre 1824 einen besonders wichtigen Kreisprozeß beschrieben, der zu seinen Ehren auch *Carnot-Prozeß* genannt wird. Mit diesem Prozeß, der den Arbeitsablauf einer Wärmekraftmaschine darstellt, ist es möglich, wie wir später noch sehen werden, die Grenzen der Umwandelbar-

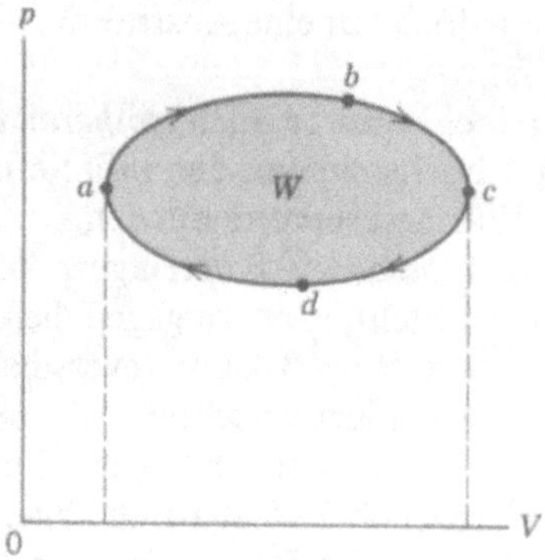

Abb. 25.2 p, V-Diagramm (Zustandsdiagramm) eines idealen Gases für einen reversiblen Kreisprozeß. Die schattierte Fläche W repräsentiert die vom Gas verrichtete Arbeit.

keit von Wärme in Arbeit aufzuzeigen. Das System des Carnot-Prozesses besteht aus einer Arbeitssubstanz, einem Gas, das zwei adiabatische und zwei isotherme Zustandsänderungen erfährt, bis es in seinen Ausgangszustand zurückkehrt. Eine hierfür geeignete Konstruktion wäre wiederum unser bekannter mit einem reibungsfreien Stempel verschlossener Zylinder mit thermisch isolierenden Seitenwänden und einem thermisch sehr gut leitenden Boden. Jetzt aber soll das System mit zwei verschiedenen Wärmereservoiren der konstanten Temperaturen T_1 und T_2 in Kontakt gebracht und in eine Position gebracht werden können, in der es thermisch völlig isoliert ist. Der Carnot-Prozeß wird in vier Teilschritten durchgeführt (Abb. 25.3), die auch im p, V-Diagramm der Abb. 25.4 dargestellt sind.

Schritt 1: Das Gas befindet sich zu Anfang in einem Gleichgewichtszustand, der durch p_1, V_1, T_1 gekennzeichnet ist (Situation *a* in Abb. 25.3 und 25.4). Das System steht auf dem Wärmereservoir T_1 und expandiert langsam in den Zustand *b* mit p_2, V_2, T_1. Während dieses Vorgangs nimmt das System über seine Bodenfläche die Wärme Q_1 aus dem Wärmereservoir T_1 auf. Die Expansion erfolgt bei der Temperatur T_1, also isotherm, und das Gas verrichtet Arbeit, indem es den Stempel hochschiebt.

Schritt 2: Der Zylinder wird jetzt wärmeisoliert aufgestellt, und das Gas wird langsam weiter expandiert (indem von dem Stempel Sand entfernt wird), bis es den Zustand *c* mit p_3, V_3, T_2 erreicht hat. Da keinerlei Wärme ausgetauscht wird, fällt die Temperatur dabei auf T_2, und das Gas verrichtet Arbeit, da es den Stempel nach oben schiebt.

Schritt 3: Der Zylinder wird auf das kältere Wärmereservoir ($T_2 < T_1$) mit der Temperatur T_2 gestellt und das Gas auf das Volumen V_4 komprimiert. Dabei gibt es die Wärme Q_2 an das Reservoir ab. Die Kompression erfolgt isotherm bei T_2, an dem Gas wird durch den Stempel Arbeit verrichtet. Der jetzige Zustand (Punkt *d*) wird durch die Werte p_4, V_4, T_2 gekennzeichnet.

Schritt 4: Der Zylinder wird nun wärmeisoliert aufgestellt und das Gas auf sein Anfangsvolumen V_1 komprimiert. Die Kompression erfolgt adiabatisch, wobei durch den Stempel am Gas Arbeit verrichtet wird. Die Temperatur steigt auf T_1. Das System befindet sich jetzt wieder in seinem Ausgangszustand p_1, V_1, T_1.

Die Nettoarbeit während des Kreisprozesses wird durch die graue Fläche innerhalb der Kurvenzüge *abcda* der Abb. 25.4 wiedergegeben. Im Laufe des Prozesses wurde während des 1. Schrittes die Wärmemenge Q_1 von dem System aufgenommen und während des

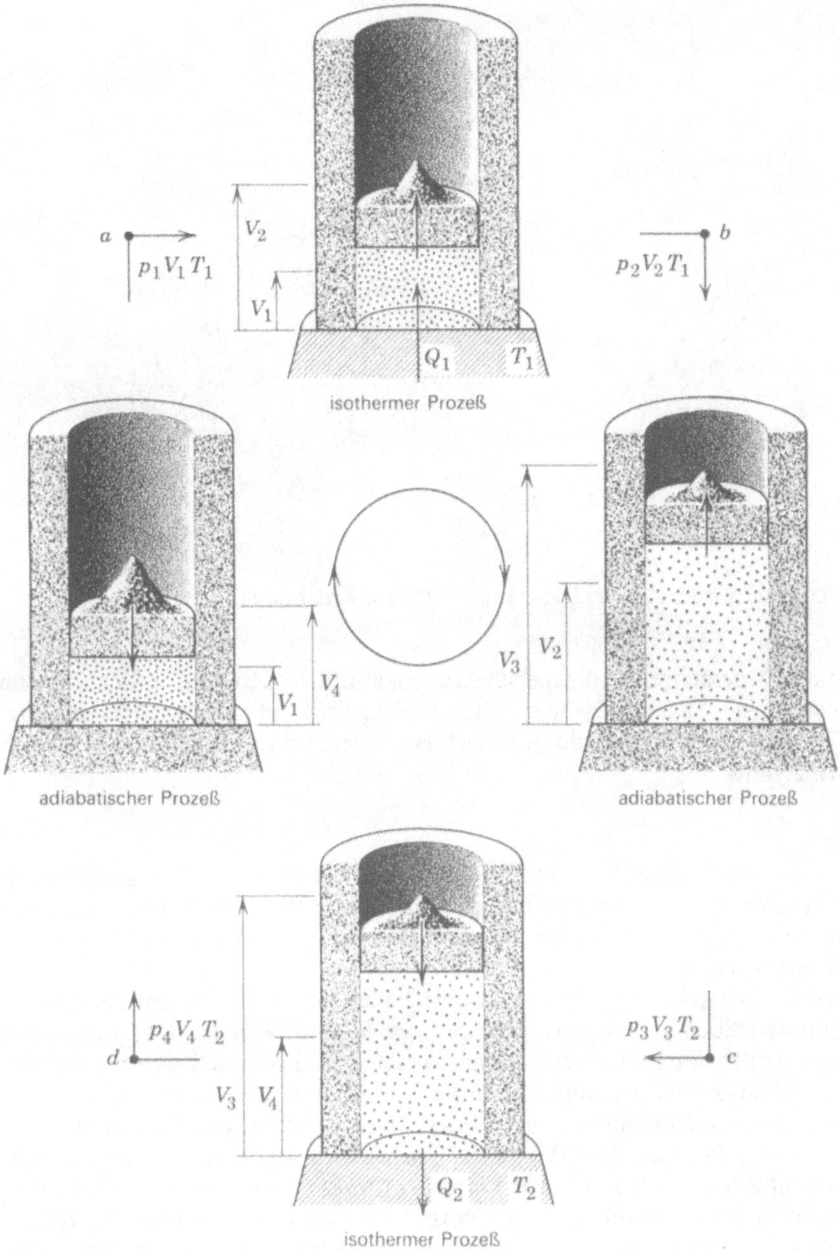

Abb. 25.3 Der Carnot-Prozeß. Die Punkte *a, b, c* und *d* entsprechen den Punkten in Abb. 25.4. Die Abbildungen zeigen jeweils eine Phase des Prozesses zwischen den Zuständen *a, b, c* und *d*. Die Pfeile an dem Stempel zeigen, ob es sich um eine Expansion (durch Entfernen von Sand) oder eine Kompression (durch Zugabe von Sand) handelt.

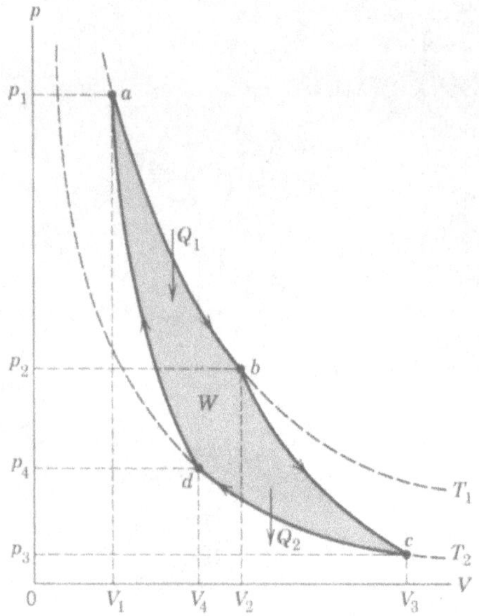

Abb. 25.4 p, V-Diagramm eines idealen Gases für einen Carnot-Kreisprozeß

3. Schrittes die Wärmemenge Q_2 abgegeben. Die insgesamt vom System aufgenommene Wärme ist also $Q_1 - Q_2$. Da das System in den Anfangszustand zurückkehrte, hat sich die innere Energie U überhaupt nicht geändert. Nach dem ersten Hauptsatz ergibt sich damit für den Zyklus

$$W = Q_1 - Q_2, \tag{25.1}$$

wobei Q_1 und Q_2 positiv gerechnet sind. Während des Carnotschen Kreisprozesses ist vom System Wärme in Arbeit übergeführt worden. Durch Wiederholungen dieses Zyklus kann beliebig viel Arbeit verrichtet werden. Der Kreisprozeß beschreibt demnach eine *Wärmekraftmaschine*.

Im eben beschriebenen Kreisprozeß wurde ein ideales Gas als Arbeitsmittel angenommen. Man könnte jedoch auch irgendeinen anderen Stoff verwenden. Das zugehörige p, V-Diagramm würde dann allerdings anders aussehen. Gewöhnlich werden Wärmekraftmaschinen mit Dampf oder einer Mischung aus Luft und Brennstoff betrieben. Die Wärme wird aus der Verbrennung von Öl oder Kohle oder aus der Kernspaltung in einem Kernreaktor gewonnen. Ein Teil dieser Wärme wird wieder an die Abgase oder das Kühlwasser abgegeben. Obwohl reale Wärmekraftmaschinen nicht reversibel arbeiten, kann man über den reversiblen Carnot-Prozeß doch Erkenntnisse über das Verhalten von thermodynamischen Maschinen gewinnen. Der Carnot-Prozeß setzt insbesondere eine obere Grenze für die Arbeitsfähigkeit realer Maschinen.

Der *Wirkungsgrad* η einer Wärmekraftmaschine ist durch den Quotienten aus abgegebener Arbeit und der aus dem Wärmereservoir bei der höheren Temperatur aufgenommenen Wärme gegeben, also

$$\eta = \frac{W}{Q_1} = \frac{Q_1 - Q_2}{Q_1} = 1 - \frac{Q_2}{Q_1}. \tag{25.2}$$

Die hier gegebene Definition des Wirkungsgrades bezieht sich auf die Wirtschaftlichkeit einer Maschine. Die vom System verrichtete und (für den Menschen aus wirtschaftlicher Sicht) erwünschte Arbeit W muß durch die Wärme Q_1 (in Form eines Brennstoffs geliefert) bezahlt werden. Eine gute Wärmekraftmaschine hat einen hohen Wirkungsgrad, das heißt eine hohe Ausbeute an Arbeit für die eingesetzte Menge von Brennstoff.

Aus Gl. 25.2 folgt unmittelbar, daß der Wirkungsgrad einer Wärmekraftmaschine immer kleiner als Eins (bzw. $< 100\,\%$) ist, solange die an das Kühlwasser abgegebene Wärme Q_2 nicht Null ist. Die Erfahrung zeigt, daß jede Wärmekraftmaschine während der ***Auslaßphase*** immer etwas Wärme abgibt. Dieser Teil der Wärme kann natürlich während des Kreisprozesses nicht in Arbeit umgewandelt werden.

Den Carnotschen Kreisprozeß kann man in einem beliebigen Punkt des Zyklus beginnen, und man kann ihn auch rückwärts laufen lassen. In diesem Fall wird dem Wärmereservoir tieferer Temperatur T_2 ein Wärmebetrag Q_2 entnommen und dem Wärmereservoir höherer Temperatur T_1 ein Wärmebetrag Q_1 zugeführt. Dazu müßte aber an dem System eine Arbeit verrichtet werden. Dem Reservoir tieferer Temperatur könnte man so durch wiederholte Anwendung des Kreisprozesses beliebig viel Wärme entziehen. Das System würde wie eine Kältemaschine wirken, indem es Wärme vom Reservoir tieferer Temperatur (Kühlschrank) auf ein Reservoir höherer Temperatur (Zimmer) überträgt. Andererseits müßte aber mittels eines Kompressors dauernd Arbeit am System verrichtet werden.

Beispiel 1

Man zeige, daß der Carnotsche Wirkungsgrad bei Verwendung eines idealen Gases $\eta = (T_1 - T_2)/T_1$ ist (Abb. 25.4).

Längs der Isotherme *ab* bleiben sowohl die Temperatur T_1 als auch die innere Energie des idealen Gases konstant. Nach dem ersten Hauptsatz muß die von einem Gas bei der Expansion aufgenommene Wärme Q_1 der bei der Expansion geleisteten Arbeit W gleich sein. Aus Beispiel 2 in Kap. 23 kennen wir die Beziehung

$$Q_1 = W_1 = nRT_1 \ln(V_2/V_1).$$

Ähnlich ergibt sich längs des Weges *cd* für die isotherme Kompression

$$Q_2 = W_2 = nRT_2 \ln(V_3/V_4).$$

Aus beiden Gleichungen folgt

$$\frac{Q_1}{Q_2} = \frac{T_1 \ln(V_2/V_1)}{T_2 \ln(V_3/V_4)}.$$

Andererseits gilt für isotherme Prozesse eines idealen Gases (nach Gl. 23.1) längs der Wege *ab* und *cd*:

$$p_1 V_1 = p_2 V_2,$$
$$p_3 V_3 = p_4 V_4.$$

Für adiabatische Prozesse eines idealen Gases (nach Gl. 23.12) gilt längs der Wege *bc* und *da*:

$$p_2 V_2^{\varkappa} = p_3 V_3^{\varkappa},$$
$$p_4 V_4^{\varkappa} = p_1 V_1^{\varkappa}.$$

Durch Multiplikation dieser letzten vier Gleichungen erhält man die Beziehungen

$$V_1 V_2^{\varkappa} V_3 V_4^{\varkappa} = V_2 V_3^{\varkappa} V_4 V_1^{\varkappa}$$

bzw.

$$(V_2 V_4)^{\varkappa-1} = (V_3 V_1)^{\varkappa-1}$$

und

$$V_2/V_1 = V_3/V_4.$$

Diesen Ausdruck kann man in die obige Gleichung für Q_1/Q_2 einsetzen und erhält:

$$Q_1/Q_2 = T_1/T_2, \tag{25.3}$$

so daß sich für den Wirkungsgrad

$$\eta = 1 - Q_2/Q_1 = 1 - T_2/T_1$$

bzw.

$$\eta = \frac{Q_1 - Q_2}{Q_1} = \frac{T_1 - T_2}{T_1}$$

ergibt.

25.4 Der zweite Hauptsatz der Thermodynamik

Die ersten Wärmekraftmaschinen waren sehr ineffektiv; in ihnen wurde nur ein geringer Teil der bei der höheren Temperatur aufgenommenen Wärme in nutzbare Arbeit umgewandelt. Auch mit zunehmender technischer Entwicklung wurde in den Maschinen immer noch ein beträchtlicher Anteil der aufgenommenen Wärme an die Abgase oder das Kühlwasser abgegeben und nicht in Arbeit umgesetzt. Man hegte damals die Hoffnung, eine Maschine entwickeln zu können, die aus einem unerschöpflichen Wärmereservoir, wie einem Ozean, dauernd Wärme entnehmen und in Nutzarbeit überführen könnte. Dann wäre ein Wärmereservoir mit höherer Temperatur als der Außentemperatur, so wie es bei der Verwendung von Brennstoffen der Fall ist, überflüssig (Abb. 25.5). Andererseits wäre es auch wünschenswert, eine Kältemaschine zu entwickeln, die einfach nur Wärme von einem kälteren Körper auf einen wärmeren übertragen würde, ohne daß dafür die Zufuhr von äußerer Arbeit notwendig wäre (Abb. 25.6). Keiner dieser Wünsche verletzt den ersten Hauptsatz der Thermodynamik, denn eine solche Wärmekraftmaschine würde nur Wärme in Arbeit umformen unter Erhaltung der Gesamtenergie, und die Kältemaschine würde ohne irgendeinen Energieverlust nur Wärme von einem kalten auf einen warmen Körper transportieren.

Trotzdem sind solche Konstruktionen bislang nicht gelungen, und es gibt Grund zu der Annahme, daß sie auch niemals zustande gebracht werden.

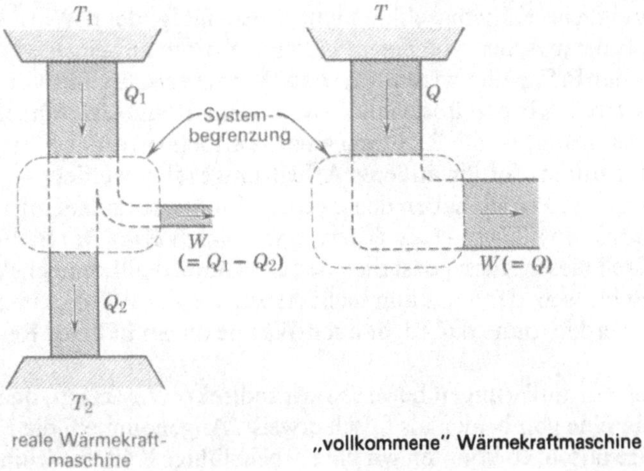

Abb. 25.5 **In einer realen Wärmekraftmaschine wird ein Teil der von der Maschine aufgenommenen Wärme Q_1 in Arbeit W umgewandelt. Der Rest wird als Wärme Q_2 wieder abgegeben. In einer „vollkommenen" Wärmekraftmaschine würde die gesamte aufgenommene Wärme in Arbeit umgewandelt werden.**

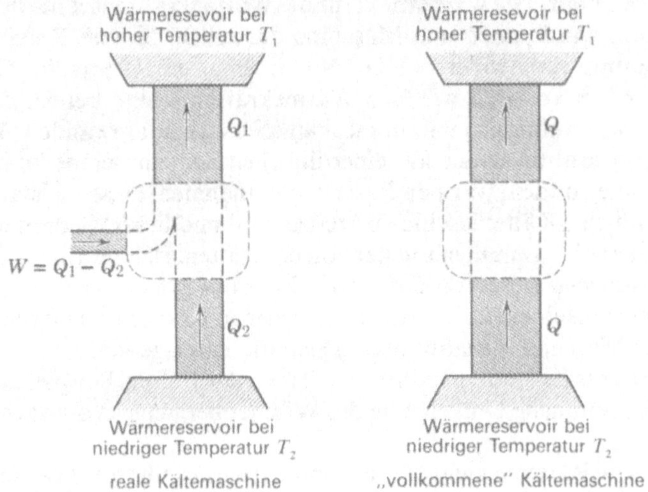

Abb. 25.6 **In einer realen Kältemaschine wird Arbeit W benötigt, um Wärme von einem Reservoir niedrigerer Temperatur auf ein Reservoir höherer Temperatur zu übertragen. In einer „vollkommenen" Kältemaschine würde die Wärme ohne äußere Arbeit zwischen den beiden Reservoiren fließen.**

Die eben geschilderte Erfahrung stellt der *zweite Hauptsatz der Thermodynamik* als Behauptung auf. Es gibt viele verschiedene Formulierungen des zweiten Hauptsatzes, von denen jede den Schwerpunkt etwas anders setzt. Ihre Aussagen sind jedoch alle gleichwertig. Clausius hat ihn folgendermaßen ausgedrückt: *Es gibt keine periodisch arbeitende Maschine, die nichts anderes bewirkt, als Wärme von einem kälteren Körper auf einen wärmeren zu übertragen.* Nach dieser Behauptung ist die „vollkommene", nach dem ersten Hauptsatz mögliche Kältemaschine nicht arbeitsfähig, denn Wärme kann nur unter Aufwendung äußerer Arbeit von einem kälteren Körper auf einen wärmeren übertragen werden. Aus der Erfahrung wissen wir, daß Wärme spontan nur von einem wärmeren auf einen kälteren Körper überfließt. Der zweite Hauptsatz schließt den umgekehrten Vorgang aus. Damit ist die Richtung einer Wärmeübertragung festgelegt. Diese Richtung kann nur durch Zufuhr äußerer Arbeit umgekehrt werden.

Thomson (Lord Kelvin) und Planck haben den zweiten Hauptsatz anders formuliert: *Es ist unmöglich, nur durch Abkühlung eines Wärmereservoirs Wärme in mechanische Arbeit überzuführen**. Nach dieser Aussage ist die oben erwähnte „vollkommene" Wärmekraftmaschine ausgeschlossen, denn es kann nicht Arbeit aus der Wärme eines Wärmereservoirs gewonnen werden, ohne daß nicht auch Wärme an ein kälteres Reservoir abgegeben wird.

Die Äquivalenz beider Formulierungen beweisen wir indirekt. Wir zeigen, daß beide falsch sind, wenn sich nur eine von beiden als falsch erweist. Angenommen, die Formulierung von Clausius wäre falsch, so könnten wir eine arbeitsfähige Kältemaschine konstruieren, die keiner äußeren Arbeit bedarf. Mit Hilfe einer gewöhnlichen thermodynamischen Maschine würden wir Wärme von einem wärmeren Körper aufnehmen, Arbeit verrichten und einen Teil der Wärme an einen kälteren Körper wieder abgeben. Wenn wir nun unsere perfekte Kältemaschine in dieses System einfügen, so würde die dem kalten Körper zugeführte Wärme von ihr ohne Aufwand äußerer Arbeit wieder in den wärmeren Körper zurückgeführt. Sie wäre erneut für die Wärmekraftmaschine nutzbar. Eine solche Kombination würde aber eine Maschine darstellen, die der Kelvinschen Aussage des zweiten Hauptsatzes widerspräche. Nimmt man umgekehrt an, Kelvins Behauptung ist falsch, dann könnten wir eine Wärmekraftmaschine bauen, die nur Wärme aus einem Reservoir aufnimmt und in mechanische Arbeit umwandelt. Würde man diese perfekte Wärmekraftmaschine mit einer üblichen Kältemaschine kombinieren, so könnte man Wärme aus dem warmen Reservoir entnehmen, diese vollständig in Arbeit umwandeln, damit eine Kältemaschine betreiben und mit dieser wiederum Wärme aus einem kalten Reservoir zusammen mit der von der Kältemaschine aus der Arbeit erzeugten Wärme dem warmen Reservoir zuführen. Das Endergebnis wäre somit eine Übertragung von Wärme von einem kalten auf einen warmen Körper ohne Arbeitsaufwand von außen. Diese Maschine verstößt aber gegen die Aussage von Clausius.

Nach dem zweiten Hauptsatz sind viele Prozesse irreversibel. Zum Beispiel ist nach Clausius Behauptung eine einfache Umkehrung des Wärmeüberganges von warm nach kalt unmöglich.

Es sind nicht nur manche Prozesse nicht für sich umkehrbar, sondern es können auch beliebige Kombinationen von Prozessen eine irreversible Zustandsänderung nicht rückgängig machen, ohne daß nicht eine andere (irreversible) Änderung (von Planck *Kompensation* genannt) zurückbleibt. In den Abschnitten 25.7 und 25.10 werden wir den zweiten Hauptsatz auch quantitativ formulieren.

* Bei Berücksichtigung *negativer absoluter Temperaturen* (Abschn. 21.5) muß diese Aussage ergänzt werden. Alle anderen Formulierungen des zweiten Hauptsatzes, wie überhaupt alle anderen Gesetze der Thermodynamik, gelten uneingeschränkt auch für negative absolute Temperaturen. Man vergleiche hierzu: M. Marvan „Negative absolute Temperaturen", B. G. Teubner Verlagsgesellschaft, Leipzig 1967.

25.5 Der Wirkungsgrad thermodynamischer Maschinen

Im Jahre 1824 veröffentlichte Carnot in seinem Artikel „Betrachtungen über die bewegende Kraft des Feuers und die zur Entwicklung dieser Kraft geeigneten Maschinen“ eine Theorie der Wärmekraftmaschine. Er schrieb darin:

Trotz aller Bemühungen und aller technischer Perfektion ist die Theorie der Dampfmaschine noch nicht sehr weit gediehen ... Die Erzeugung von Bewegung mittels einer Dampfmaschine ist immer mit einem bestimmten Sachverhalt verknüpft, dem wir besondere Aufmerksamkeit schenken sollten. Dieser Sachverhalt ist der Übergang von Wärme von einem Körper mehr oder weniger hoher Temperatur auf einen Körper niedrigerer Temperatur ... Die Antriebskraft der Wärme hängt nicht von der Substanz ab, aus der sie entsteht, sondern ihre Menge ist allein durch die Temperaturen der beiden Körper bestimmt, zwischen denen sie letztendlich ausgetauscht wird.

Carnot richtete die Aufmerksamkeit darauf, daß die Temperaturdifferenz die eigentliche Ursache der Antriebskraft ist und daß der Übergang von Wärme eine wesentliche Rolle spielt. Die Auswahl des Arbeitsstoffes war theoretisch überhaupt nicht von Bedeutung.

Carnots Erkenntnisse sind insbesondere deshalb bemerkenswert, weil 1824 die Äquivalenz von Wärme und Energie noch nicht bekannt war. Aus späteren, nach seinem Tode veröffentlichten Arbeiten wurde ersichtlich, daß Carnot das Prinzip von der Energieerhaltung schon lange erkannt und sogar eine genaue Bestimmung des mechanischen Wärmeäquivalents durchgeführt hatte. Carnot hatte damals ein Forschungsprogramm aufgestellt, das alle diejenigen Entwicklungen und Entdeckungen schon vorsah, die später dann von anderen Wissenschaftlern tatsächlich gemacht wurden. Carnot starb 1832 im Alter von 36 Jahren während einer Choleraepidemie. Vor allem Kelvin und Clausius übernahmen die Ideen von Carnot, ordneten sie in eine mechanische Theorie der Wärme ein und entwickelten eine neue Disziplin, die Thermodynamik.

Carnot entwickelte das Konzept einer reversibel arbeitenden Maschine und den nach ihm benannten Kreisprozeß (siehe Abschn. 25.3). Er stellte ein Theorem auf, das sich für die Praxis als sehr nützlich erwies: *Der Wirkungsgrad aller zwischen zwei Temperaturen reversibel arbeitenden Wärmekraftmaschinen ist gleich groß, und keine irreversibel arbeitende Maschine kann einen höheren Wirkungsgrad als diesen erreichen.* Clausius und Kelvin zeigten, daß dieses Theorem eine zwingende Folgerung aus dem zweiten Hauptsatz darstellt. Im *Carnotschen Theorem* wird die Arbeitssubstanz überhaupt nicht erwähnt. Der Wirkungsgrad hängt allein von den Temperaturen der Wärmereservoire ab. Eine reversible Maschine arbeitet mit dem größten Wirkungsgrad, der überhaupt bei den beiden Temperaturen möglich ist. Das wollen wir nun beweisen.

Wir betrachten zwei reversible Maschinen H und H', die zwischen den Temperaturen T_1 und T_2 mit $T_1 > T_2$ arbeiten. Die beiden Maschinen können sich zum Beispiel durch ihre Arbeitssubstanz oder den Druck im Anfangszustand und ihren Hub unterscheiden. Wir wählen die Maschinen so, daß H in Vorwärtsrichtung arbeitet, also als Wärmekraftmaschine, und H' in Rückwärtsrichtung, also als Kältemaschine (Abb. 25.7). Die Wärmekraftmaschine H nimmt bei T_1 eine Wärmemenge Q_1 auf und gibt bei T_2 eine Wärmemenge Q_2 ab. Die Kältemaschine H' nimmt bei T_2 eine Wärmemenge Q'_2 auf und gibt bei T_1 eine Wärmemenge Q'_1 ab. Beide Maschinen werden nun gekoppelt und so dimensioniert, daß die beiden Arbeitsbeträge W und W' gleich groß sind (bei Kolbenmaschinen also beide das gleiche Hubvolumen hätten). Angenommen, der Wirkungsgrad η von H ist größer als der Wirkungsgrad η' von H':

$$\eta > \eta'$$

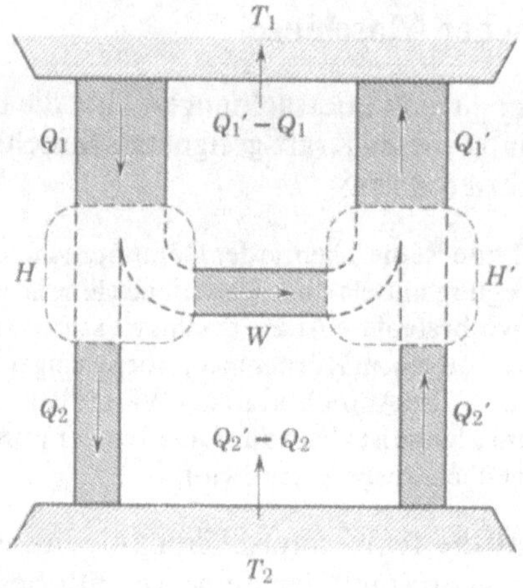

Abb. 25.7 Zum Beweis des Carnotschen Theorems

bzw.

$$\frac{Q_1 - Q_2}{Q_1} > \frac{Q_1' - Q_2'}{Q_1'}.$$

Da die von bzw. an den Maschinen geleisteten Arbeiten gleich sind,

$$W = W',$$

ergibt sich

$$Q_1 - Q_2 = Q_1' - Q_2'.$$

Setzt man dies in die obige Ungleichung ein, so ergibt sich mit $Q_1 - Q_2 > 0$:

$$\frac{1}{Q_1} > \frac{1}{Q_1'}$$

bzw.

$$Q_1 < Q_1'$$

und damit (die Arbeiten sind gleich)

$$Q_2 < Q_2'.$$

Dem warmen Reservoir wird somit die Wärme $Q_1' - Q_1$ (positiv) zugeführt und dem kalten Reservoir die Wärme $Q_2' - Q_2$ (positiv) entzogen. In dem kombinierten System H und H' ergibt sich kein Nettobetrag an Arbeit, so daß im Ergebnis nur eine Wärmeübertragung von einem Körper auf einen anderen stattfindet. Das ist aber ein Widerspruch zu der Formulierung des zweiten Hauptsatzes von Clausius. Man schließt daraus, daß η nicht größer als η' sein kann. Die entsprechende Überlegung kann man durchführen, wenn man beide Maschinen in der umgekehrten Richtung laufen läßt. Man erhält dann die Aussage, daß η' nicht größer als η sein kann. Insgesamt folgt daraus $\eta = \eta' = \eta_{\text{reversibel}}$.

Wir nehmen jetzt an, daß H eine *irreversible* Maschine ist. Dann können wir durch genau denselben Vorgang beweisen, daß $\eta_{irreversibel}$ nicht größer als η' sein kann. Jetzt kann aber H nicht umgekehrt betrieben werden, so daß wir nicht beweisen können, daß η' nicht größer als $\eta_{irreversibel}$ sein kann. Daher ist $\eta_{irreversibel}$ kleiner oder gleich η', also:

$$\eta_{irreversibel} \leq \eta_{reversibel}.$$

Das aber ist der zweite Teil des Carnotschen Theorems.

Beispiel 2

Eine Dampfmaschine entnimmt einem Kessel Dampf bei 200 °C (1.55 MPa Druck) und arbeitet gegen Luft bei 100 °C und 96.5 kPa. Wie groß ist der maximal erreichbare Wirkungsgrad?

Aus Beispiel 1 kennen wir die Abhängigkeit des Wirkungsgrades von den Temperaturen und können gleich die gegebenen Werte einsetzen,

$$\eta = \frac{T_1 - T_2}{T_1} = \frac{473\,\mathrm{K} - 373\,\mathrm{K}}{473\,\mathrm{K}} = 0.211 \mathrel{\hat{=}} 21.1\,\%.$$

Bei realen Dampfmaschinen erreicht man Wirkungsgrade um 15 %. Energieverluste treten durch Reibung, Turbulenzen im Dampf und Wärmeleitung auf. Maschinen, die bei niedrigeren unteren Temperaturen arbeiten, erreichen theoretische Wirkungsgrade von 23 %, praktisch aber nur von 20 %. Der Wirkungsgrad eines üblichen Automotors beträgt etwa 22 %, der von sehr großen Dieselmaschinen bis 40 %. Lebende Organismen, so sagt man, haben einen Wirkungsgrad zwischen 40 % und 80 %. Allerdings arbeitet ein Organismus nicht nach dem Prinzip einer Wärmekraftmaschine, da die biochemischen Prozesse in einer Zelle isotherm verlaufen.

25.6 Die thermodynamische Temperaturskala

Der Wirkungsgrad einer reversibel arbeitenden Maschine hängt nicht von der Arbeitssubstanz ab, sondern nur von den beiden Temperaturen der Reservoire, zwischen denen sie arbeitet. Wegen Gl. 25.3 gilt dies auch für das Verhältnis Q_2/Q_1, was Kelvin zur Einführung einer neuen Temperaturskala veranlaßte. Er definierte die Temperatur θ durch die Beziehung:

$$\theta_1/\theta_2 = Q_1/Q_2.$$

Die beiden Temperaturen verhalten sich zueinander wie die von einer zwischen diesen Temperaturen arbeitenden Carnot-Maschine abgegebenen bzw. aufgenommenen Wärmebeträge. Die so entstandene Skala heißt *thermodynamische Temperaturskala* oder auch *Kelvin-Skala*. In dieser Skala wird der Tripelpunkt des Wassers willkürlich auf 273.16 Einheiten festgelegt, also $\theta_{tr} = 273.16\,\mathrm{K}$. Mit dieser Konvention ergibt sich für eine Carnot-Maschine, die zwischen zwei Reservoiren der Temperaturen θ und θ_{tr} arbeitet,

$$\frac{\theta}{\theta_{tr}} = \frac{Q}{Q_{tr}}$$

oder

$$\theta = 273.16\,\mathrm{K}\,\frac{Q}{Q_{tr}}. \tag{25.4}$$

Wenn man diese Definition mit der Definition für die Temperaturskala des idealen Gases (Gl. 21.4) vergleicht:

$$T = 273.16\,\text{K} \lim_{p_{tr} \to 0} \frac{p}{p_{tr}}, \tag{25.5}$$

erkennt man, daß in der thermodynamischen Skala Q die Rolle der thermometrischen Eigenschaft übernimmt. Allerdings hängt Q nicht von den besonderen Eigenschaften einer Substanz ab, denn der Wirkungsgrad einer Carnot-Maschine ist unabhängig von der Art des Arbeitsstoffes. Damit ist eine fundamentale Definition der Temperatur gefunden worden.

Aufgrund der Gl. 25.4 können wir für den Wirkungsgrad η einer Carnot-Maschine nunmehr schreiben,

$$\eta = \frac{Q_1 - Q_2}{Q_1} = \frac{\theta_1 - \theta_2}{\theta_1}. \tag{25.6}$$

In Beispiel 1 hatten wir für den Wirkungsgrad einer mit einem idealen Gas arbeitenden Carnot-Maschine die Beziehung

$$\eta = \frac{Q_1 - Q_2}{Q_1} = \frac{T_1 - T_2}{T_1} \tag{25.7}$$

gefunden. T war hierbei die von einem Gasthermometer (Füllung mit einem idealen Gas) bei konstantem Volumen angezeigte Temperatur. Es muß mithin aus $Q_1/Q_2 = T_1/T_2$ und $Q_1/Q_2 = \theta_1/\theta_2$ auch $\theta_{tr} = T_{tr} = 273.16$ K und damit $\theta = T$ folgen. Würde man ein Gasthermometer mit konstantem Volumen mit einem idealen Gas füllen, so würde dieses Thermometer die thermodynamische (oder Kelvin-) Temperatur anzeigen. Auch bei Benutzung eines nicht-idealen Gases werden unter Beachtung des in Gl. 25.5 gegebenen Grenzübergangs mit einem Gasthermometer thermodynamische Temperaturen gemessen. Die Temperaturskala des idealen Gases und die thermodynamische Temperaturskala können als identisch angesehen werden, insbesonders kann man ihre Temperaturangaben in K gleichsetzen, wie wir das bereits getan haben.

Praktisch kann man jedoch kein Gas auf weniger als 1 K abkühlen und es daher auch nicht in einem Gasthermometer bei solchen Temperaturen benutzen. Eine der Methoden, Temperaturen unterhalb von 1 K zu messen, bietet die thermodynamische Skala selbst. Denn das Verhältnis zweier thermodynamischer Temperaturen entspricht gerade dem Verhältnis zweier Wärmemengen, die während zweier verschiedener isothermer Prozesse übertragen werden und die über dieselben Adiabaten verbunden sind (Abb. 25.8). Die Lage dieser Adiabaten (im p, V-Diagramm) kann experimentell ermittelt werden und die während zweier nahezu reversibler isothermer Prozesse übertragenen Wärmemengen können sehr genau gemessen werden.

Aus den Gleichungen

$$T = 273.16\,\text{K}\,\frac{Q}{Q_{tr}} \quad \text{oder} \quad \frac{T}{T_{tr}} = \frac{Q}{Q_{tr}}$$

ersieht man, daß die während eines (zwischen zwei Adiabaten verlaufenden) isothermen Prozesses übertragene Wärme Q mit abnehmender Temperatur kleiner wird. Umgekehrt, je kleiner Q ist, um so niedriger ist auch die zugehörige Temperatur. Da der kleinste Wert für Q Null sein kann, muß die zugehörige Temperatur auch Null sein, das aber ist der absolute Nullpunkt. Wenn also ein System eine reversible isotherme Zustandsänderung erfährt, bei der keine Wärme übertragen wird, so befindet es sich am absoluten Nullpunkt. Hier sind ein isothermer und ein adiabatischer Vorgang identisch (Abb. 25.8).

Diese Aussage enthält eine Definition des absoluten Nullpunktes, welche unabhängig von der

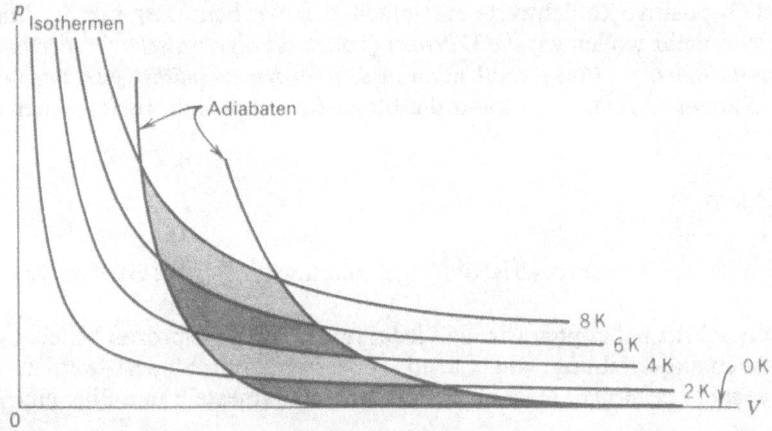

Abb. 25.8 Eine Reihe von Carnot-Prozessen bei sehr tiefen Temperaturen. Die Unterschiede in den Steigungen der Isothermen und Adiabaten sind absichtlich übertrieben dargestellt.

Art der Substanz ist. Die Definition ist makroskopisch und enthält keinerlei Hinweise auf Moleküle oder molekulare Energien.

Der Wirkungsgrad der Carnot-Maschine,

$$\eta = 1 - \frac{T_2}{T_1},$$

stellt den maximal möglichen Wirkungsgrad jeder zwischen den beiden Temperaturen T_1 und T_2 arbeitenden Maschine dar. Soll der Wirkungsgrad 100% sein, so muß $T_2 = 0$ sein.

Bei allen Abkühlungsvorgängen zeigt sich nun aber die fundamentale Besonderheit, daß es mit abnehmender Temperatur immer schwieriger wird, eine noch tiefere Temperatur zu erreichen. Diese Erfahrung wird in dem *dritten Hauptsatz der Thermodynamik* ausgedrückt: *Es ist unmöglich, durch irgendeinen Prozeß, wie idealisiert er auch sei, die Temperatur eines Systems in endlich vielen Schritten auf den absoluten Nullpunkt zu senken.* Wenn aber ein Reservoir nicht auf die Temperatur Null gebracht werden kann, so ist auch ein Wirkungsgrad von 100% ausgeschlossen.

25.7 Entropie – reversible Prozesse

Der nullte Hauptsatz der Thermodynamik bezieht sich auf die Definition der Temperatur T, der erste Hauptsatz auf die Definition der inneren Energie U, der dritte Hauptsatz der Thermodynamik schließlich auf die Definition des absoluten Nullpunktes. In diesem und den folgenden Abschnitten wollen wir zeigen, daß auch der zweite Hauptsatz der Thermodynamik mit einer thermodynamischen Größe verknüpft ist, nämlich mit der *Entropie S*. Mit ihrer Hilfe kann der zweite Hauptsatz quantitativ formuliert werden. Wir beginnen wiederum mit der Betrachtung eines Carnot-Kreisprozesses. Für einen solchen Kreisprozeß gilt nach Gl. 25.3

$$\frac{Q_1}{T_1} = \frac{Q_2}{T_2},$$

wobei Q_1 und Q_2 positive Zahlenwerte darstellten, d. h. wir benutzten nur die Absolutwerte von Q. Nunmehr wollen wir *die Wärmen Q auch als algebraische Größen betrachten, wobei eine Wärme Q positiv sein soll, wenn sie dem System zugeführt wird, und negativ, wenn sie das System verläßt.* Man kann die obige Relation dann in folgender Form schreiben:

$$\frac{Q_1}{T_1} + \frac{Q_2}{T_2} = 0.$$

Für einen Carnotschen Kreisprozeß ist die (algebraische) Summe der Größen Q/T gleich Null.

Als nächsten Schritt behaupten wir, daß jeder reversible Kreisprozeß beliebig genau durch eine Aneinanderreihung von Carnot-Prozessen approximiert werden kann. In Abb. 25.9 a ist ein beliebiger reversibler Kreisprozeß dargestellt und über eine Schar

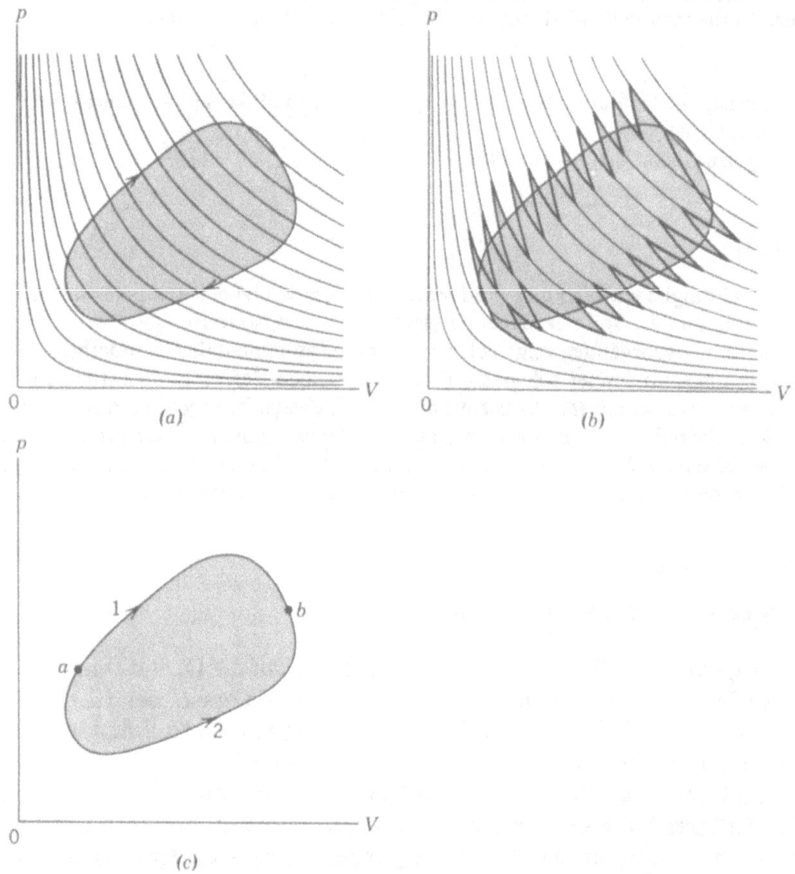

Abb. 25.9 (a) Ein reversibler Kreisprozeß wird über eine Schar von Isothermen gelegt. (b) Die Isothermen werden durch Adiabaten verbunden, so daß eine Aneinanderreihung von Carnot-Prozessen entsteht, die den vorgegebenen Kreisprozeß approximieren. (c) a und b sind zwei willkürliche Punkte auf dem Kreisprozeß, die durch die reversiblen Wege 1 und 2 verbunden sind.

von Isothermen gelegt worden. Indem man die Isothermen durch geeignete Adiabaten verbindet (Abb. 25.9b), kann der reversible Kreisprozeß durch eine Folge von Carnot-Kreisprozessen angenähert werden. Durch Nachvollziehen einzelner Carnot-Kreisprozesse kann man sich davon überzeugen. Benachbarte Carnot-Kreisprozesse haben nämlich eine gemeinsame Isotherme, und die Wärmen und Arbeitsbeträge, die beim Durchgang in entgegengesetzter Richtung entstehen, heben sich im Bereich der Überlappung gerade gegenseitig auf. Wenn man die Temperaturintervalle zwischen den Isothermen genügend klein wählt, kann man diese Annäherung durch eine aufeinanderfolgende Folge von Isothermen und Adiabaten beliebig genau durchführen.

Für eine solche Aufeinanderfolge gilt nun:

$$\sum \frac{Q}{T} = 0,$$

bzw. im infinitesimalen Grenzfall*

$$\oint \frac{đQ}{T} = 0, \tag{25.8}$$

wobei $\oint$ anzeigt, daß das Integral für einen vollständigen Umlauf des Kreisprozesses gelten soll. Es ist hierbei unerheblich, an welcher Stelle des Kreisprozesses begonnen wird.

Wenn das Linienintegral einer Größe über einen beliebigen geschlossenen Weg Null ist, so nennt man diese Größe eine *Zustandsgröße* oder *Zustandsvariable*. Das bedeutet, daß ihr Wert nur vom Zustand des Systems abhängt, unabhängig davon, wie und auf welchem Weg das System in diesen Zustand gelangt ist. Die Zustandsgröße in Gl. 25.8 nennt man die *Entropie S*. Man erhält für sie

$$\mathrm{d}S = \frac{đQ}{T} \quad \text{und} \quad \oint \mathrm{d}S = 0. \tag{25.9}$$

Die Einheit der Entropie ist J/K.

Die Energie des Gravitationspotentials E_g, die innere Energie U, der Druck p und die Temperatur T sind andere Zustandsgrößen X, für die Gleichungen der Form $\oint \mathrm{d}X = 0$ gelten. Die Wärme Q und die Arbeit W hingegen stellen keine Zustandsgrößen dar. Es gilt für sie im allgemeinen $\oint đQ \neq 0$ und $\oint đW \neq 0$, wie man an einem Carnot-Kreisprozeß leicht erkennt.

Die durch die Beziehung $\oint \mathrm{d}X = 0$ ausgedrückte Eigenschaft einer Zustandsvariablen kann auch so umschrieben werden, daß das Integral $\int \mathrm{d}X$ zwischen zwei Gleichgewichtszuständen für alle sie verbindenden reversiblen Wege gleich ist. Das soll für die Entropie S nachgeprüft werden. Entsprechend der Abb. 25.9c kann man Gl. 25.9 als

$${}_1\!\int_a^b \mathrm{d}S + {}_2\!\int_b^a \mathrm{d}S = 0 \tag{25.10}$$

* Man vergleiche die Fußnote zu Gl. 22.7. Obwohl $đQ$ kein vollständiges Differential ist, ist $đQ/T = \mathrm{d}S$ aber sehr wohl ein solches und S daher eine Zustandsvariable.

ausdrücken. a und b seien zwei beliebige Punkte und 1 und 2 zwei verbindende Wege zwischen ihnen. Da der Kreisprozeß reversibel abläuft, kann man Gl. 25.10 auch folgendermaßen formulieren:

$$_1\int_a^b \mathrm{d}S - {_2\int_a^b} \mathrm{d}S = 0$$

oder

$$_1\int_a^b \mathrm{d}S = {_2\int_a^b} \mathrm{d}S. \tag{25.11}$$

Gegenüber Gl. 25.10 wird in Gl. 25.11 der Weg 2 in der entgegengesetzten Richtung durchlaufen, also von a nach b. (Beim Vertauschen der Grenzen wechselt das Vorzeichen.) Die Gl. 25.11 drückt aus, daß das Integral $\int_a^b \mathrm{d}S$ zwischen zwei Gleichgewichtszuständen a und b unabhängig vom Weg ist, über den die Integration geführt wird. Wir erinnern an die fast identische Diskussion bei der Entwicklung des Begriffs der konservativen Kraft (Abschn. 8.2).

Die Änderung der Entropie des Systems in Abb. 25.9c zwischen a und b ist somit durch

$$S_b - S_a = \int_a^b \mathrm{d}S = \int_a^b \frac{đQ}{T} \tag{25.12}$$

gegeben, wobei das Integral über *irgendeinen reversiblen Weg* zwischen a und b genommen werden kann.

25.8 Entropie – irreversible Prozesse

Im vorhergehenden Abschnitt haben wir nur reversible Zustandsänderungen betrachtet. Da die Entropie aber nur von dem Zustand eines Systems abhängt, sollte man ihre Änderung auch für irreversible Prozesse angeben können, solange diese zwischen zwei Gleichgewichtszuständen stattfinden. Hierzu wollen wir zwei Beispiele betrachten.

1. *Freie Expansion.* Wie in Abschn. 22.8 (vgl. Abb. 22.14) beschrieben, soll ein Gas sein Volumen durch Expansion in einen evakuierten Raum verdoppeln. Da gegen ein Vakuum keine Arbeit verrichtet wird, ist $W = 0$, und da das Gas von thermisch nichtleitenden Wänden umgeben ist, gilt $Q = 0$. Nach dem 1. Hauptsatz gilt daher $\Delta U = 0$ oder

$$U_\mathrm{a} = U_\mathrm{e}, \tag{25.13}$$

wenn a und e den Anfangs- und Endzustand kennzeichnen. Handelt es sich um ein ideales Gas, so hängt U nur von der Temperatur ab, aber nicht von Druck und Volumen. Das bedeutet nach Gl. 25.13 $T_\mathrm{a} = T_\mathrm{e}$. Die freie Expansion läuft sicherlich irreversibel ab, denn wenn erst einmal der Hahn in Abb. 22.14 geöffnet ist, hat man von außen keinen Einfluß mehr auf den Ablauf. Zwischen Anfangs- und Endzustand ergibt sich eine Entropieänderung $S_\mathrm{e} - S_\mathrm{a}$. Diese kann man nicht nach Gl. 25.12 berechnen, die nur für eine reversible Wegführung gilt. Auch hätte man im vorliegenden Fall Schwierigkeiten, diese unter der Bedingung $Q = 0$ auszurechnen, und man könnte weiter keine sinnvollen Temperaturwerte für die Zwischenzustände angeben.

Wir helfen uns dadurch, daß wir einen Weg für einen *reversiblen* Prozeß zwischen den beiden Zuständen a und e suchen und für diesen Prozeß die Entropieänderung berechnen. Eine mögliche reversible Prozeßführung ist die isotherme Expansion eines idealen Gases vom Volumen V_a auf das Volumen $V_e = 2V_a$. Das entspräche einer isothermen Expansion zwischen den Punkten a und b des Carnot-Prozesses der Abb. 25.4. Eine solche Führung unterscheidet sich sicherlich von der freien Expansion und hat mit ihr nur die beiden Zustände a und e gemeinsam. Aus Gl. 25.12 und Beispiel 1 ergibt sich

$$S_e - S_a = \int_a^e \frac{đQ}{T} = nR \ln (V_e/V_a) = nR \ln 2.$$

Das stellt einen positiven Wert dar; die Entropie des Systems *nimmt* bei dem vorliegenden irreversiblen adiabatischen Prozeß *zu*.

2. *Wärmeleitung*. Wir betrachten zwei gleiche Körper, die verschiedene Temperaturen T_1 und T_2 mit $T_1 > T_2$ haben. Beide Körper werden in einem Behälter mit thermisch nichtleitenden Wänden miteinander in Kontakt gebracht. Nach einer Weile werden beide Körper eine Temperatur T_m zwischen T_1 und T_2 annehmen. Dieser Ausgleichsvorgang ist irreversibel, weil wir die Umgebung nicht mehr kontrollieren können, nachdem die Körper in Berührung gebracht worden sind. Der Vorgang ist außerdem adiabatisch, da keine Wärme aus dem System oder in das System dringen kann.

Zur Ermittlung der durch die Wärmeleitung verursachten Entropieänderung suchen wir wieder einen reversiblen Prozeß, der zwischen dem gleichen Anfangs- und Endzustand abläuft wie die irreversible Wärmeleitung. Hierzu bedienen wir uns eines Wärmereservoirs sehr großer Wärmekapazität, dessen Temperatur wir einstellen können. Zunächst wählen wir die Temperatur T_1 für dieses Reservoir und bringen es mit dem warmen Körper mit T_1 in Berührung. Dann kühlen wir das Reservoir langsam (reversibel) auf die Temperatur T_m herunter. Der warme Körper *verliert* dabei Entropie, deren Größe näherungsweise durch

$$\Delta S_1 \approx -\frac{Q}{T_{1,m}}$$

gegeben ist, wobei $T_{1,m}$ der Mittelwert aus T_1 und T_m ist und Q die dem Körper entnommene Wärme.

Dann regeln wir das Reservoir auf die Temperatur T_2 ein und bringen den kälteren Körper mit ihm in Kontakt. Darauf wird das Reservoir zusammen mit dem Körper langsam (reversibel) auf die Temperatur T_m erwärmt. Der kältere Körper erhöht seine Entropie um

$$\Delta S_2 \approx +\frac{Q}{T_{2,m}},$$

wobei $T_{2,m}$ der Mittelwert aus T_2 und T_m ist und Q die dem Körper zugeführte Wärme. Die dem kalten Körper zugeführte Wärme ist genau so groß wie die dem warmen Körper entzogene Wärme, da beide Körper nach Voraussetzung gleich sind.

Nach diesen Manipulationen haben beide Körper dieselbe Temperatur T_m, und das aus den beiden Körpern bestehende System ist in einem Gleichgewichtszustand angelangt. Die Änderung der Entropie des Systems ist gegeben durch

$$\begin{aligned} S_e - S_a &= \Delta S_1 + \Delta S_2 \\ &\approx -\frac{Q}{T_{1,m}} + \frac{Q}{T_{2,m}}. \end{aligned}$$

Wegen $T_{1,m} > T_{2,m}$ folgt $S_e > S_a$. Auch bei diesem System hat sich nach der irreversiblen adiabatischen Zustandsänderung die Entropie *erhöht*.

In den beiden eben besprochenen Beispielen müssen wir sorgfältig zwischen den tatsächlichen (irreversiblen) Zustandsänderungen (freie Expansion, Wärmeleitung) und den reversiblen Zustandsänderungen unterscheiden, die wir nur zum Zwecke der Ermittlung der Entropieänderung durchgeführt haben. Hierzu kann jeder reversible Prozeß dienen, solange er nur zwischen den gleichen Anfangs- und Endzuständen durchgeführt wird. Alle diese reversiblen Änderungen werden dieselbe Entropieänderung ergeben, denn die Entropie hängt nur vom Zustand eines Systems ab, nicht aber von der Art der Zustandsänderung, sei sie reversibel oder irreversibel.

25.9 Entropie und zweiter Hauptsatz

Wir sind nun in der Lage, den zweiten Hauptsatz der Thermodynamik mit Hilfe des Entropiebegriffs zu formulieren. Er lautet: *Ein natürlicher Prozeß zwischen zwei Gleichgewichtszuständen wird nur in der Richtung ablaufen, in der die Entropie von System und Umgebung zunimmt.*

Entsprechend der verkürzten Aussage des nullten und des ersten Hauptsatzes (Abschn. 22.7) enthält der zweite Hauptsatz folgenden Kern: *Es gibt eine nützliche thermodynamische Zustandsgröße, die Entropie genannt wird.* Darüber hinaus gibt uns der zweite Hauptsatz die Möglichkeit, vorherzusagen, ob ein natürlicher Prozeß stattfinden wird oder nicht.

Die in Abschn. 25.8 besprochenen Beispiele (freie Expansion und Wärmeleitung) stehen in Übereinstimmung mit dem zweiten Hauptsatz, denn bei beiden irreversiblen Prozessen nahm die Entropie des Systems zu. Die Entropie der Umgebung änderte sich in beiden Fällen nicht, da wegen der adiabatischen Bedingungen kein Wärmeaustausch stattfand. Die Entropie von System plus Umgebung hatte also zugenommen.

In der Form, wie wir den zweiten Hauptsatz angegeben haben, kann er nur auf irreversible Prozesse angewendet werden, denn nur diese haben eine „natürliche Richtung". Genau um derartige Vorgänge war es uns aber gegangen, als wir in Abschn. 25.1 nach einer Erklärung fragten, warum bestimmte denkbare Prozesse in der Natur nicht vorkommen. Reversible Prozesse können auch in umgekehrter Richtung ablaufen. Die Entropie eines Systems einschließlich der Umgebung ändert sich bei einer reversiblen Zustandsänderung nicht. Sobald ein Wärmebetrag $đQ$ von der Umgebung an das System abgegeben wird, *erniedrigt* sich die Entropie der Umgebung um $đQ/T$, gleichzeitig *erhöht* sich die Entropie des Systems um den gleichen Betrag. Das Wort reversibel bedeutet, daß sich die Temperaturen von Umgebung und System bei einem Wärmeübergang nur um einen infinitesimalen Betrag $\mathrm{d}T$ unterscheiden können. Das steht sicher in scharfem Gegensatz zu der Situation bei einer (irreversiblen) Wärmeleitung. Dort ist der Temperaturunterschied zwischen den beiden sich berührenden Körpern groß.

Von besonderem Interesse sind adiabatische (reversible und irreversible) Zustandsänderungen. Da bei adiabatischen Prozessen *per definitionem* kein Wärmeaustausch erlaubt ist, kann eine Entropieänderung nur am System selbst stattfinden. Man kann also zusammenfassend feststellen, daß

$$S_e = S_a \quad \text{(für reversible adiabatische Prozesse)}$$

und

$$S_e > S_a \quad \text{(für irreversible adiabatische Prozesse)}$$

gilt. S_a und S_e sind die Entropien des Systems vor und nach der Zustandsänderung.

Die oben angegebene Formulierung des zweiten Hauptsatzes ist mit der Aussage von Clausius konsistent (Abschn. 25.4), die eine perfekte Kältemaschine ausschloß (Abb. 25.6). Gäbe es eine solche, würde die Entropie des Reservoirs mit der tieferen Temperatur um den Betrag Q/T_2 abnehmen und die des Reservoirs mit der höheren Temperatur um den Betrag Q/T_1 zunehmen. Die Entropie des Systems bliebe unverändert, denn es durchläuft einen Kreisprozeß und kehrt in den Ausgangszustand zurück. Als Ergebnis bliebe eine Abnahme der Entropie des Systems einschließlich der Umgebung übrig, da $T_2 < T_1$ ist. Das verletzt aber den zweiten Hauptsatz. Es kann eine solche „vollkommene" Kältemaschine nicht geben.

Unsere Formulierung des zweiten Hauptsatzes steht aber auch mit der Aussage von Kelvin in Übereinstimmung (Abschn. 25.4), die die Möglichkeit einer perfekten Wärmekraftmaschine verbot (vgl. Abb. 25.5). Gäbe es eine derartige Maschine, so würde die Entropie des Reservoirs mit der Temperatur T um den Betrag Q/T abnehmen; die des Systems bliebe unverändert, da es nach einem Kreisprozeß in seinen Ausgangszustand zurückkehrt. Die Gesamtentropie von System und Umgebung nähme also auch ab. Das stünde im Widerspruch zum zweiten Hauptsatz. Es kann keine „vollkommene" Wärmekraftmaschine geben.

Beispiel 3

Man bestimme die Entropieänderung eines Systems, welches aus 1 kg Eis von 0 °C besteht und reversibel zu Wasser derselben Temperatur schmilzt. Die spezifische Schmelzwärme von Wasser beträgt 333 J/g.

Wenn man Eis reversibel schmelzen will, muß man es mit einem Wärmereservoir in Berührung bringen, dessen Temperatur die Schmelztemperatur von 0 °C nur um einen infinitesimalen Betrag übersteigen darf. Auf die Entropieänderung eines reversiblen Prozesses kann man die Gl. 25.12 anwenden. Bei gleichbleibender Temperatur von 273 K (0 °C) gilt dann

$$S_{\text{Wasser}} - S_{\text{Eis}} = \Delta S = \int_0^Q \frac{dQ}{T} = \frac{1}{T}\int_0^Q dQ = \frac{Q}{T}.$$

Mit den vorgegebenen Werten erhält man somit

$$\Delta S = \frac{333\ \text{J/g} \times 10^3\ \text{g}}{273\ \text{K}} = 1220\ \text{J/K}.$$

Bei diesem Vorgang eines reversiblen Schmelzens ändert sich die Entropie des *Systems einschließlich der Umgebung* nicht, so wie es für reversible Zustandsänderungen sein muß. Die berechnete

Entropieänderung bezieht sich nur auf das System. Um genau den gleichen Betrag verringert sich aber die Entropie der Umgebung, der die Wärmeabgabe bei 273 K vom Reservoir an das Eis entspricht.

In Wirklichkeit ist das Schmelzen ein irreversibler Vorgang. Wenn man z. B. einen Eiswürfel in einem Glas mit Wasser bei Zimmertemperatur auflöst, gibt es nur eine Richtung für den Vorgang, das Eis schmilzt. Die Entropie des Systems plus Umgebung steigt insgesamt an, wie es der zweite Hauptsatz fordert. Das Beispiel der (irreversiblen) Wärmeleitung sollte dies verständlich machen.

Beispiel 4

Man bestimme die Entropieänderung, wenn ein ideales Gas reversibel und isotherm vom Volumen V_a auf das Volumen V_e expandiert.

Aus dem ersten Hauptsatz der Thermodynamik erhält man

$$dU = đQ - p\,dV.$$

Da für ein ideales Gas die innere Energie U nur von der Temperatur abhängt, ergibt sich für eine isotherme Zustandsänderung $dU = 0$, also

$$đQ = p\,dV$$

und

$$dS = \frac{đQ}{T} = \frac{p\,dV}{T}.$$

Aus der Zustandsgleichung für ideale Gase,

$$pV = nRT,$$

kann man p entnehmen und oben einsetzen,

$$dS = nR\frac{dV}{V},$$

woraus durch Integration folgt:

$$S_e - S_a = \int_{V_a}^{V_e} nR\frac{dV}{V} = nR\ln\frac{V_e}{V_a}. \tag{25.14}$$

Da nach Voraussetzung $V_e > V_a$, ergibt sich $S_e > S_a$, d. h. die Entropie des Gases hat zugenommen.

Um diese Zustandsänderung ausführen zu können, braucht man ein Reservoir der Temperatur T, das man mit dem System in Berührung bringt und das Wärme auf das Gas überträgt. Die Entropie des Reservoirs muß dabei um den Betrag $\int đQ/T = nR\ln(V_e/V_a)$ abnehmen. Für das kombinierte System Gas und Umgebung bleibt die Entropie deshalb unverändert, so wie es bei einer reversiblen Zustandsänderung sein muß.

25.10 Entropie und Unordnung

Die Entropie wird oft mit dem Begriff der Unordnung in Zusammenhang gebracht. Die Aussage des zweiten Hauptsatzes, daß bei natürlichen Vorgängen die Entropie (System + Umgebung) zunimmt, wird der Aussage gleichgesetzt, daß die Unordnung von System + Umgebung zunimmt. Für diesen Zusammenhang gibt es zwei Gründe. Das erste Argument ist rein qualitativ und erbringt ein intuitives Verständnis der Gleichwertigkeit von Entropie und Unordnung. Das zweite Argument ist formal und liefert eine quantitative Beziehung für die behauptete Äquivalenz.

Zur Erläuterung der ersten Betrachtungsweise wollen wir drei Beispiele heranziehen, von denen wir zwei schon in Abschn. 25.8 besprochen haben. Bei allen drei Beispielen handelt es sich um „natürliche" Prozesse, und es ist klar, in welcher Richtung sie verlaufen, wenn man sie sich selbst überläßt. Wir wollen insbesondere untersuchen, inwieweit die Unordnung des Endzustandes größer ist als die des Ausgangszustandes.

1. *Freie Expansion* (Abschn. 22.8). Bei der freien Expansion können sich Gasmoleküle in einem Behälter auf z. B. das Doppelte des ihnen zur Verfügung stehenden Volumens ausdehnen. Die Unordnung des Systems hat sich dabei in dem Sinne vergrößert, daß wir die Lage der Moleküle nach der Expansion nicht mehr so scharf kennzeichnen können wie vorher. Die Beobachtung, daß sich die Moleküle in einem Behälter befinden (nachher), ist sicher weniger aussagekräftig als diejenige, daß sich die Moleküle in der linken Hälfte des Behälters befinden (vorher).

2. *Wärmeleitung*. Werden zwei gleiche Körper verschiedener Temperatur T_1 und T_2 miteinander in Berührung gebracht, nehmen sie beide eine Zwischentemperatur T_m an. Die Unordnung hat bei diesem Prozeß deshalb zugenommen, weil die Klassifizierung der Moleküle des Systems im Endzustand geringer ist als vorher. Die Aussage, daß alle Moleküle des Systems die in Gl. 23.6 angegebene Temperatur haben, enthält weniger Information als die Aussage, alle Moleküle des Körpers A haben die Temperatur T_1, und alle Moleküle des Körpers B haben die Temperatur T_2. Es ist klar, daß bei der Wärmeleitung etwas von der anfänglichen Ordnung verloren ging.

3. *Umrühren von Kaffee*. Man rührt den Inhalt einer Kaffeetasse um und nimmt den Löffel wieder heraus. Durch die kreisende Bewegung der Flüssigkeit herrscht nun eine gewisse Ordnung in der Tasse. Nachdem die Bewegung aber verebbt ist, gibt es nur noch die regellose Molekularbewegung. Bei diesem irreversiblen und natürlichen Vorgang hat sich die Unordnung des Systems offensichtlich erhöht.

Nun wollen wir uns der zweiten quantitativen Betrachtungsweise zuwenden. In der statistischen Mechanik gibt es eine genaue Definition der Unordnung mit Hilfe des Begriffs der thermodynamischen Wahrscheinlichkeit $\mathscr{W}$, und der Zusammenhang mit der Entropie wird durch die Beziehung

$$S = k \ln \mathscr{W} \tag{25.15}$$

ausgedrückt.

In dieser Gleichung ist k die Boltzmann-Konstante, S die Entropie des Systems, und $\mathscr{W}$ entspricht der Anzahl der möglichen Anordnungen der Moleküle, die denselben makroskopischen Zustand ergeben. Wenn es in einem Sonderfall nur eine Möglichkeit gibt, so ist $\mathscr{W} = 1$ und $S = 0$; das bedeutet einen vollständig geordneten Zustand.

Gibt es mehrere Anordnungsmöglichkeiten, so ist $\mathscr{W} > 1$, und die Entropie des Systems ist höher. Sagt man, ein System A befindet sich in einem Zustand höherer Ordnung als das System B, so heißt das, daß $\mathscr{W}$ im System A einen kleineren Wert hat als im System B.

Um etwas genauer zu sein, betrachten wir N Moleküle eines idealen Gases, die sich bei einer konstanten Temperatur in einem Behälter mit dem Volumen V befinden. Dieses System besitzt einen bestimmten Wert der inneren Energie U, die sich aus den kinetischen Energien aller Moleküle zusammensetzt. Um $\mathscr{W}$ zu bestimmen, muß man alle Möglichkeiten abzählen, wie man bei gegebenem U, V und N die kinetischen Energien der Moleküle angeben kann. Im vorliegenden Fall muß man die Gesetze der Quantenphysik zu Hilfe nehmen, die insbesondere festsetzen, daß ein Molekül nicht jeden beliebigen Wert der kinetischen Energie annehmen darf, sondern nur bestimmte, diskrete Werte. Man sagt, die kinetische Energie sei gequantelt. In einem gegebenen Behälter makroskopischer Größe ist die Zahl der erlaubten Energiezustände zwar sehr groß, so daß die einzelnen Energiewerte dicht beieinander liegen, doch sind sie trotzdem noch diskret. Es gibt mithin sehr viele Möglichkeiten, die Moleküle auf diese Energien zu verteilen und immer auf denselben Betrag U der inneren Energie zu kommen. $\mathcal{W}$ wird also einen sehr großen Wert haben.

Der zweite Hauptsatz der Thermodynamik fordert, daß ein isoliertes System nach einer spontanen Zustandsänderung einen Endzustand einnimmt, der durch ein Maximum der Entropie (und auch $\mathcal{W}$) gekennzeichnet ist. Die statistische Vorgehensweise legt nun nahe, stattdessen zu sagen, daß der Zustand *maximaler Entropie* der *wahrscheinlichste Endzustand* ist. Es gibt demnach, wenigstens prinzipiell, durchaus die Möglichkeit, daß durch eine statistische Fluktuation ein anderer Endzustand auch mit geringerer Entropie eingenommen wird. Bei Systemen mit einer geringen Anzahl von Teilchen können solche Fluktuationen tatsächlich beobachtet werden, wie wir bei der Brownschen Bewegung schon gesehen haben (Abschn. 24.4). Für makroskopische Systeme ist jedoch die Wahrscheinlichkeit, durch einen spontanen Prozeß einen Zustand geringerer Entropie als der maximalen zu erreichen, fast unendlich klein. Man kann also guten Gewissens vorhersagen, (a) daß an einem warmen Sommertag Wasser in einem Glas nicht von allein gefrieren wird, (b) daß sich in einem Raum nicht plötzlich an irgendeiner Stelle ein Vakuum bilden wird und (c) daß sich die in einer Kaffeetasse verrührte Milch nicht spontan als separate Schicht auf der Oberfläche wieder ansammeln wird, selbst wenn man so lange beobachtet, wie es dem gegenwärtigen Alter des Universums entspricht. Das Anwendungsgebiet des zweiten Hauptsatzes der Thermodynamik ist so groß und die Chance der Natur, ihn zu widerlegen, so gering, daß der zweite Hauptsatz für sich in Anspruch nehmen kann, eines der nützlichsten und allgemeingültigsten Gesetze der Naturwissenschaften zu sein.

Fragen

1. Unter welchen Voraussetzungen befindet sich ein System im thermodynamischen Gleichgewicht?
2. Sind die folgenden Vorgänge reversibel? (a) Das Zerbrechen einer leeren Limonadenflasche; (b) das Mixen eines Cocktails; (c) das Schmelzen eines Eiswürfels in eisgekühltem Tee; (d) das Verbrennen eines Holzklotzes; (e) das Platzen eines Autoreifens; (f) das Vollenden der „Unvollendeten"; (g) das Schreiben dieses Buches.
3. Man nenne einige natürliche irreversible Prozesse.
4. Kann man die während des irreversiblen Prozesses in Abb. 25.1 a verrichtete Arbeit als Fläche im p,V-Diagramm angeben? Wird überhaupt Arbeit geleistet?
5. Kann mechanische Energie vollständig in Wärme umgewandelt werden? Wenn ja, so gebe man ein Beispiel dafür.
6. Können Sie einen reversiblen Prozeß angeben, bei dem dem System Wärme zugeführt wird? Wäre das Erhitzen mit einem Bunsenbrenner ein reversibler Prozeß?
7. Warum entsteht bei der Reibung zwischen aufeinander gleitenden Oberflächen Wärme?
8. Nachdem ein Block durch Reibung mechanische Energie in Wärmeenergie verwandelt hat, kehrt er in seine Ausgangslage zurück. Ist dieser Prozeß (thermodynamisch) reversibel?
9. Um einen Carnot-Kreisprozeß durchzuführen, braucht man nicht im Punkt a der Abb. 25.4 zu beginnen, sondern kann auch in den Punkten b, c, d oder irgendwo dazwischen starten. Warum ist der Ausgangspunkt nicht festgelegt?

10. Wenn der Wirkungsgrad einer Carnot-Maschine von der Art der Arbeitssubstanz unabhängig ist, so sollte das in gewissen Grenzen auch für reale Maschinen gelten. Warum aber ist man bei realen Wärmekraftmaschinen doch auf bestimmte Arbeitssubstanzen wie Öl oder Kohle angewiesen? Warum kann man keine Steine verwenden?
11. Könnte man den Wirkungsgrad einer Wärmekraftmaschine nicht auch durch $\eta = W/Q_2$ anstatt durch $\eta = W/Q_1$ definieren? Warum wird das nicht gemacht?
12. Unter welchen Bedingungen hätte eine Wärmekraftmaschine einen Wirkungsgrad von 100%?
13. Durch welche Faktoren wird der Wirkungsgrad von Wärmekraftmaschinen verschlechtert?
14. Man möchte den Wirkungsgrad einer Carnot-Maschine erhöhen. Sollte man T_1 erhöhen und T_2 konstant lassen oder lieber T_2 erniedrigen und T_1 konstant lassen?
15. Kann man eine Küche kühlen, indem man die Kühlschranktür offenhält? Warum (nicht)?
16. Ist eine Wärmekraftmaschine vorstellbar, die zwischen dem warmen Oberflächenwasser eines tropischen Ozeans und dem kühleren Wasser in der Tiefe arbeitet?
17. Ändert sich die Entropie während einer rein mechanischen Bewegung?
18. Man betrachte zwei Proben eines Gases bei gleicher Temperatur und unter gleichem Druck. Die eine Probe wird isotherm, die andere adiabatisch vom Volumen V auf das Volumen $V/2$ komprimiert. In welcher Probe ist der Enddruck höher? Ändert sich die Entropie in einer der beiden Proben?
19. Wenn man den Zustand eines Systems nicht durch Druck und Volumen, sondern durch Entropie und Temperatur angäbe, (a) wie würde dann der Carnot-Kreisprozeß in einem T,S-Diagramm aussehen, und (b) welche physikalische Bedeutung, wenn überhaupt, könnte man der Fläche unter der Kurve in einem T,S-Diagramm zuschreiben?
20. Man betrachte einen Behälter, der zum Beispiel nur 5 Moleküle enthält. Es könnten sich irgendwann einmal alle 5 Moleküle nur in der linken Hälfte des Behälters aufhalten, die rechte bliebe leer. Das wäre der umgekehrte Vorgang einer freien Expansion, also eines irreversiblen Prozesses. Man nehme dazu Stellung.
21. Man zeige, daß die Gesamtentropie zunimmt, wenn Oberflächen aufeinander gleiten und dabei Arbeit durch Reibung in Wärme verwandelt wird. Man beschreibe die Zunahme der Unordnung bei diesem Prozeß.
22. Man nehme zu folgender Behauptung Stellung: Eine Wärmekraftmaschine wandelt ungeordnete mechanische Bewegung in geordnete um.
23. Wenn man Spielkarten zu einem Stapel aufeinanderlegt oder Ziegelsteine zu einem Haus zusammensetzt, erhöht man die Ordnung in der Umwelt. Widerspricht das dem zweiten Hauptsatz? Warum nicht?
24. Eine Geburt scheint eine Zunahme von Ordnung darzustellen. Steht das in Widerspruch zu der Aussage, daß die Entropie eines Systems zunehmen muß?
25. Ein Gummiband, das schnell gedehnt wird, fühlt sich unmittelbar danach wärmer als die Umgebung an; wenn es sich wieder zusammenziehen kann, fühlt es sich deutlicher kühler an. Ein Gummiband, an dem eine Last hängt, zieht sich beim Erwärmen zusammen. Man erkläre diese Beobachtungen. Gummi besteht aus langen ineinandergewundenen und vernetzten Ketten von Molekülen mit zufälliger Orientierung.
26. Man erkläre folgende Aussage: Durch einfallende kosmische Strahlung wird die Entropie der Erde dauernd erniedrigt.
27. Von der Sonne (Oberflächentemperatur 6000 K) strahlt dauernd Wärme auf die Erde (Oberflächentemperatur 300 K). Man zeige, daß sich die Entropie des Systems Sonne-Erde durch die Strahlung erhöht.
28. Stimmt es, daß die Wärmeenergie des Universums immer weniger verfügbar wird?
29. Kann man die terrestrische Thermodynamik, die nur für umgrenzte und isolierte Körper gilt, auch auf das Universum anwenden? Wenn ja, ist das Universum begrenzt, und wovon ist es isoliert?
30. Der erste, zweite und dritte Hauptsatz der Thermodynamik können wie folgt umschrieben werden: (1) Man kann ein Spiel nicht gewinnen; (2) man kann nicht einmal unentschieden

spielen; (3) man kann nicht mehr aus dem Spiel herauskommen. Sind das vertretbare Umschreibungen der Hauptsätze?

31. Man diskutiere den folgenden Kommentar von Panofsky und Phillips: Vom Standpunkt der formalen Physik her gibt es nur eine bezüglich der Zeit asymmetrische Größe, die Entropie. Das eröffnet die Möglichkeit, mit Hilfe des zweiten Hauptsatzes die Richtung der Zeit festzustellen, unabhängig von irgendeinem Bezugssystem. Die positive Zeitrichtung geht nämlich in die Richtung der statistisch zunehmenden Unordnung bzw. zunehmenden Entropie.

Aufgaben

Abschnitt 25.3

1. Eine Wärmekraftmaschine arbeitet nach einem Carnot-Kreisprozeß zwischen den Temperaturen 227 °C und 127 °C. Bei der höheren Temperatur nimmt sie einen Wärmebetrag von 250 kJ auf. Der Arbeitsstoff ist ein ideales Gas. (a) Wieviel Arbeit kann diese Maschine bei einem Durchgang leisten? (b) Wie groß ist ihr Wirkungsgrad?
Antwort: (a) 50 kJ; (b) 20 %.
2. Während eines Carnot-Kreisprozesses findet bei 400 K isotherme Expansion und bei 300 K isotherme Kompression eines idealen Gases statt. Während der Expansion nimmt das Gas eine Wärme von 2093 J auf. (a) Welche Arbeit verrichtet das Gas beim Expandieren? (b) Welche Wärmemenge wird während des Komprimierens vom Gas abgegeben? (c) Welche Arbeit wird während der Kompression am Gas verrichtet?
3. Eine ideale Kältemaschine arbeitet in einem umgekehrten Carnot-Kreisprozeß. Bei der niedrigeren Temperatur T_2 werde eine Wärmemenge Q_2 von dem Arbeitsstoff aufgenommen, und bei der höheren Temperatur T_1 werde eine Wärmemenge Q_1 abgegeben. Die Differenz zwischen beiden stellt die Arbeit W dar, die zum Betrieb der Kältemaschine aufgewendet werden muß. (a) Man leite folgende Beziehung her:

$$W = Q_2 \frac{T_1 - T_2}{T_2}.$$

(b) Der Wirkungsgrad von Kältemaschinen wird durch das Verhältnis zwischen der bei der tieferen Temperatur aufgenommenen Wärme und der aufgewendeten Arbeit bestimmt. Man zeige, daß im Idealfall für die Leistungszahl K gilt:

$$K = \frac{T_2}{T_1 - T_2}.$$

Die Leistungszahlen realer Kältemaschinen liegen zwischen 5 und 6. (c) Bei einer Kältemaschine sei die Temperatur der Kühlschlangen − 13 °C und die Temperatur des komprimierten Gases im Verdichter + 27 °C. Wie groß ist der Wirkungsgrad?
Antwort: (c) 6.5.
4. Welcher Zusammenhang besteht zwischen dem Wirkungsgrad einer idealen reversiblen Wärmekraftmaschine und dem Wirkungsgrad der reversiblen Kältemaschine, die eben diese Wärmekraftmaschine darstellt, wenn sie in umgekehrter Richtung betrieben wird?
5. (a) Eine Carnot-Maschine arbeite zwischen den Temperaturen 320 K und 260 K. Aus dem wärmeren Reservoir nehme sie eine Wärmemenge von 500 J auf. Welche Arbeit leistet die Maschine? (b) Dieselbe Maschine arbeite in umgekehrter Richtung als Kältemaschine. Welche Arbeit muß man der Maschine zuführen, damit sie aus dem kälteren Reservoir eine Wärmemenge von 1 kJ aufnehmen kann?
Antwort: (a) 94 J; (b) 230 J.

6. (a) Welche Arbeit muß man an einer in einem Carnot-Prozeß arbeitenden Kältemaschine leisten, damit sie aus einem Reservoir bei 7 °C eine Wärmemenge von 1 J aufnehmen und an ein anderes Reservoir bei 27 °C wieder abgeben kann? (b) Dieselbe Aufgabe für − 73 °C und 27 °C; (c) dieselbe Aufgabe für − 173 °C und 27 °C; (d) dieselbe Aufgabe für − 223 °C und 27 °C.
7. (a) Man stelle den Carnot-Kreisprozeß für ein Mol eines idealen Gases in einem p,V-Diagramm für folgende Bedingungen dar (vgl. Abb. 25.4): Der Punkt a liege bei $p = 101.325$ kPa (1 atm) und $T = 300$ K; der Punkt b liege bei $p = 50.7$ kPa (0.5 atm) und $T = 300$ K; das kalte Reservoir habe eine Temperatur von 100 K; der Adiabatenexponent sei $\varkappa = 1.5$. (b) Man bestimme graphisch die während des Kreisprozesses verrichtete Arbeit. (c) Man berechne diese Arbeit.
Antwort: (c) 1.15 kJ.
8. Bei einer zweistufigen Carnot-Wärmekraftmaschine wird in der ersten Stufe bei T_1 eine Wärmemenge Q_1 aufgenommen, eine Arbeit W_1 verrichtet und bei der tieferen Temperatur T_2 eine Wärmemenge Q_2 abgegeben. In der zweiten Stufe wird diese Wärmemenge Q_2 aufgenommen, die Arbeit W_2 verrichtet und bei einer noch tieferen Temperatur T_3 eine Wärmemenge Q_3 abgegeben. Man zeige, daß der Wirkungsgrad der Maschine durch $(T_1 - T_3)/T_1$ gegeben ist.

Abschnitt 25.5

9. Einer Turbine wird bei 469 °C gesättigter Quecksilberdampf zugeführt. Der die Turbine verlassende Dampf wird dazu benutzt, um einen Wasserdampfkessel bei 238 °C aufzuheizen. Der erzeugte Wasserdampf wird einer zweiten Turbine zugeführt und tritt dann in einen Kondensator der Temperatur 38 °C ein. Wie groß ist der maximale Wirkungsgrad dieser Maschine?
Antwort: 58 %.
10. Ein Heliumverflüssiger enthält Helium der Temperatur 5 K und steht in einem Raum der Temperatur 300 K. Wie groß ist das minimale Verhältnis zwischen der in den Raum abgegebenen Wärme und der dem Helium entzogenen Wärme?
11. In der Nähe eines Erdpols werde eine Tiefbohrung niedergebracht. Die Oberflächentemperatur sei − 40 °C, die Temperatur in der größten Bohrtiefe sei + 800 °C. (a) Welchen theoretischen Wirkungsgrad hätte eine zwischen diesen beiden Temperaturen arbeitende Wärmekraftmaschine? (b) Mit welcher Rate könnte von einem 100-MW-Kraftwerk Wasser von 0 °C produziert werden, wenn alle an das Reservoir mit niedrigerer Temperatur abgegebene Wärme zum Schmelzen des Eises von − 40 °C verwendet würde? Die spezifische Wärmekapazität von Eis sei 2.1 J/(gK); die spezifische Schmelzwärme sei 333 J/g.
Antwort: (a) 78 %; (b) 239 kg/s.
12. Ein Kühlschrankmotor habe eine Leistungsaufnahme von 200 W. Wie groß ist der maximale Wärmebetrag, der aus dem Gefrierfach bei 270 K auf die Außenluft von 300 K in 10 Minuten übertragen werden kann? Es sei ein idealer Wirkungsgrad angenommen.
13. Eine *Wärmepumpe* nimmt von der Außenluft einen Wärmebetrag Q_2 bei T_2 auf und gibt einen größeren Betrag Q_1 innerhalb eines Hauses bei T_1 wieder ab unter Aufwendung einer an ihr verrichteten Arbeit W. (a) Man skizziere in einem Diagramm die Wirkungsweise einer Wärmepumpe. (b) Wodurch unterscheidet sich prinzipiell eine Wärmepumpe von einer Kältemaschine? (c) Wie sind Q_1, Q_2 und W miteinander verknüpft? (d) Kann man eine Wärmepumpe umgekehrt arbeiten lassen, zum Beispiel im Sommer zum Kühlen benutzen? (e) Welchen Vorteil hat eine Wärmepumpe gegenüber anderen Heizungen?
14. Mit Hilfe eines Elektromotors kann eine Wärmepumpe Wärme von draußen (− 5 °C) in ein Wohnzimmer (+ 17 °C) übertragen. Wieviel Wärme kann eine Wärmepumpe theoretisch bei Zufuhr von 1 J elektrischer Energie übertragen?
15. Die Arbeitsweise einer Benzin-Verbrennungskraftmaschine kann durch den in Abb. 25.10 dargestellten Kreisprozeß beschrieben werden. Man nehme ein ideales Gas an, ein Kompressions-

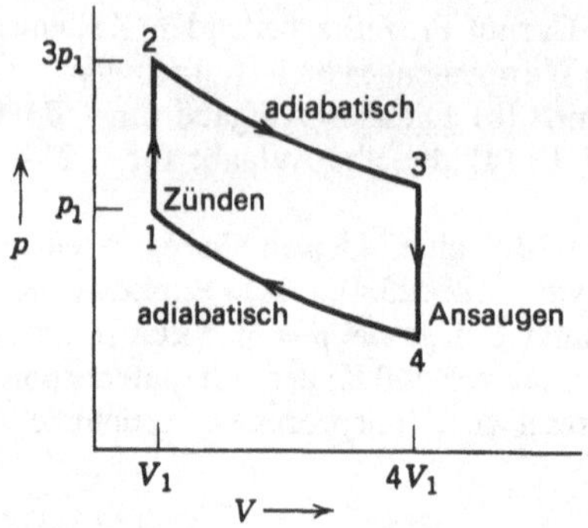

Abb. 25.10 Zu Aufgabe 15

verhältnis von 4 : 1 ($V_4 = 4V_1$) und einen Druck $p_2 = 3p_1$. (a) Man gebe für jeden Eckpunkt des p, V-Diagramms den Druck und die Temperatur als Funktion von p_1, T_1 und des Adiabatenexponenten $\varkappa$ an. (b) Wie groß ist der Wirkungsgrad dieses Prozesses?
Antwort: (a) $T_2 = 3T_1$, $T_3 = 3(4)^{1-\varkappa}T_1$, $T_4 = (4)^{1-\varkappa}T_1$, $p_2 = 3p_1$, $p_3 = (3)(4)^{-\varkappa}p_1$, $p_4 = (4)^{-\varkappa}p_2$; (b) $1-(4)^{1-\varkappa}$.

Abschnitt 25.6

16. Man benutze die Zustandsgleichung für ein ideales Gas und die Gleichung für eine adiabatische Zustandsänderung eines idealen Gases und zeige, daß in einem p, V-Diagramm die Steigung $\mathrm{d}p/\mathrm{d}V$ einer Adiabate als $-\varkappa p/V$ und die einer Isotherme als $-p/V$ geschrieben werden kann. Man zeige, daß eine Adiabate steiler als eine Isotherme verläuft.
17. Angenommen, man würde als Temperaturangabe nicht T, sondern $-1/T$ wählen. Die Einheit dieser Größe sei das Nivlek N (Kelvin rückwärts gelesen). Man gebe eine Reihe von Temperaturen in N an, die sich über negative und positive Werte von T erstrecken (vgl. Fußnote auf S. 599).

Abschnitt 25.7

18. Ein Mol eines einatomigen idealen Gases wird durch zwei verschiedene Prozesse von einem Zustand mit dem Volumen V und dem Druck p in einen Endzustand mit $2V$ und $2p$ geführt. I. Das Gas wird isotherm auf das doppelte Volumen expandiert und dann sein Druck bei konstantem Volumen auf $2p$ erhöht. II. Das Gas wird isotherm auf $2p$ komprimiert und dann sein Volumen bei konstantem Druck auf $2V$ verdoppelt. Man stelle diese Wegführungen in einem p, V-Diagramm dar. Man bestimme für beide Prozesse (a) die vom Gas bei jedem Schritt aufgenommene Wärmemenge, (b) die vom Gas bei jedem Schritt geleistete Arbeit, (c) die Änderung der inneren Energie des Gases $U_e - U_a$ und (d) die Änderung der Entropie des Gases $S_e - S_a$ als Funktionen von p und V.

Abschnitt 25.8

19. Man kann Wasser von 0 °C bei Atmosphärendruck Wärme entziehen, ohne daß das Wasser gefriert, wenn man nur vorsichtig genug vorgeht. Angenommen, man könnte derart das Wasser auf − 5 °C abkühlen und dann würde sich schlagartig Eis bilden, wie groß wäre die spezifische Entropieänderung (Entropieänderung geteilt durch Masse) bei dieser Zustandsänderung?
Antwort: − 1.26 J/(g K).

20. Bei einem Experiment werden 200 g Aluminium ($c_p = 0.9$ J/(g K)) der Temperatur 100 °C mit 50 g Wasser von 20 °C vermischt. Wie groß ist die Entropieänderung des Systems?
21. Ein 8 g schwerer Eiswürfel der Temperatur − 10 °C wird in eine Thermosflasche geworfen, die 100 cm³ Wasser von 20 °C enthält. Wie groß ist die Entropieänderung des Systems, nachdem es den Gleichgewichtszustand erreicht hat. Die spezifische Wärme von Eis ist 2.18 J/(g K).
Antwort: + 0.63 J/K.
22. Ein 10 g schwerer Eiswürfel der Temperatur − 10 °C wird in einen See der Temperatur + 15 °C gelegt. Wie groß ist die Entropieänderung des Systems, nachdem sich der Eiswürfel mit dem See im thermodynamischen Gleichgewicht befindet?

Abschnitt 25.9

23. (a) Man zeige, daß die Entropieänderung eines Stoffes der Masse m und der spezifischen Wärmekapazität c bei Erwärmen von T_1 auf T_2 durch

$$S_2 - S_1 = mc \ln \frac{T_2}{T_1}$$

gegeben ist. (b) Nimmt die Entropie des Stoffes beim Abkühlen ab? (c) Wenn ja, nimmt die Gesamtentropie des Universums bei einem solchen Vorgang ab?
Antwort: (a) Ja; (b) Nein.
24. 4 mol eines idealen Gases expandieren von V_1 auf $V_2 = 2V_1$. (a) Man bestimme die vom Gas verrichtete Arbeit, wenn die Expansion isotherm bei $T = 400$ K erfolgt. (b) Man bestimme die Entropieänderung. (c) Wäre die Entropieänderung positiv, negativ oder Null, wenn die Expansion nicht isotherm, sondern reversibel adiabatisch verliefe?
25. Ein Messingstab steht an einem Ende mit einem Wärmereservoir der Temperatur 127 °C und am anderen Ende mit einem Reservoir von 27 °C in Berührung. (a) Man bestimme die Entropieänderung, nachdem eine Wärmemenge von 5 kJ durch den Messingstab geflossen ist. (b) Ändert sich die Entropie des Stabes?
Antwort: (a) 4.2 J/K; (b) Nein.
26. In zwei aneinandergrenzenden Behältern befinden sich 1 mol H_2 und 1 mol N_2 bei derselben Temperatur T und unter demselben Druck p. Beide Gase verhalten sich wie ideale Gase. (a) Wie groß ist die Wurzel aus dem mittleren Geschwindigkeitsquadrat v_{rms} (N_2) der N_2-Moleküle, wenn v_{rms} (H_2) = 1850 m/s? (b) Für welches Gas wird der Anteil der Moleküle größer sein, der eine Geschwindigkeit innerhalb des Intervalls ($v_{rms} \pm 50$) m/s hat? (c) Wird die Entropieänderung positiv, negativ oder Null sein, wenn die Trennwände zwischen den Behältern entfernt werden und sich die Gase vermischen können?
27. Ein Körper mit konstanter molarer Wärmekapazität C wird mit einem Wärmereservoir in Berührung gebracht, so daß er sich von der Temperatur T_a auf die Temperatur T_e erwärmt. Man stelle diesen Prozeß in einem C/T, T-Diagramm dar und zeige (a) graphisch, daß die Gesamtentropieänderung ΔS positiv ist, und (b), wie der Gebrauch weiterer Wärmereservoire bei Zwischentemperaturen eine Verringerung von ΔS auf jeden gewünschten, noch so kleinen Wert ermöglicht.
28. (a) Ein Körper endlicher Masse hat ursprünglich eine höhere Temperatur T_2 als ein Wärmereservoir der Temperatur T_1. Eine Wärmekraftmaschine arbeitet über infinitesimale Kreisprozesse zwischen dem Körper und dem Reservoir, bis die Temperatur des Körpers von T_2 auf T_1 abgenommen hat. Man zeige, daß die maximale Arbeitsleistung der Maschine durch $W_{max} = Q - T_1(S_2 - S_1)$ gegeben ist. $S_1 - S_2$ ist die Entropieänderung des Körpers, und Q ist die dem Körper von der Maschine entzogene Wärmemenge. (b) Ein Körper endlicher Masse habe anfänglich dieselbe Temperatur T_1 wie ein Wärmereservoir. Eine Kältemaschine arbeite über infinitesimale Kreisprozesse zwischen dem Körper und dem Reservoir, bis die Temperatur des Körpers von T_1 auf T_0 gesunken ist. Man zeige, daß die minimale Arbeit, die für die

Kältemaschine aufgewendet werden muß, durch $W_{\min} = T_1(S_1 - S_0) - Q$ gegeben ist. $S_0 - S_1$ ist die Entropieänderung des Körpers, und Q ist die dem Körper von der Maschine entzogene Wärme.

Abschnitt 25.10

29. Man betrachte zwei Systeme mit der Entropie S_1 und S_2. Jedes System für sich befinde sich im thermischen Gleichgewicht. Die Zahl der möglichen Zustände des Systems sei durch $\mathscr{W}_1$ bzw. $\mathscr{W}_2$ gegeben. Beide Systeme werden nun zu einem System zusammengefaßt. (a) Man zeige, daß die Zahl der möglichen Zustände des neuen Systems durch das Produkt $\mathscr{W}_1 \cdot \mathscr{W}_2$ gegeben ist. (b) Man zeige, daß nach Gl. 25.15 die Entropie S des neuen Systems durch $S_1 + S_2$ gegeben ist. Das bestätigt wiederum, daß die Entropie, wie die innere Energie, eine *extensive Größe* ist (Frage 28 in Kapitel 23), da ihr Wert von der Größe des Körpers abhängt. Temperatur und Druck sind beispielsweise unabhängig von der Probengröße, und heißen *intensive Größen.*
30. (a) Man bestimme $\mathscr{W}$ für 52 Spielkarten, die in einer bestimmten Reihenfolge aufgestapelt sind. (b) Man bestimme $\mathscr{W}$ für 52 Spielkarten, die in zufälliger Folge aufgestapelt sind. (c) Man bestimme den Entropieunterschied nach Gl. 25.15 für die beiden Werte von (a) und (b), wenn sie tatsächlich thermodynamischen Systemen zugeordnet wären. (d) Man vergleiche größenordnungsmäßig die so berechneten Entropieänderungen mit Änderungen, die gewöhnlicherweise bei thermodynamischen Zustandsänderungen auftreten. Hätte man sich das Ergebnis nicht schon vorher denken können?
Antwort: (a) 1; (b) 8.1×10^{67}; (c) 2.2×10^{-21} J/K.

Ergänzungen

Ergänzungen I

Zusammenhang zwischen Translations- und Rotationsbewegung eines Teilchens in einer Ebene

In Abschn. 11.6 diskutierten wir den Zusammenhang zwischen den kinematischen Größen der Translation und der Rotation am Beispiel eines Teilchens, das sich in einer ebenen Kreisbahn um eine dazu senkrechte Achse bewegte. Ein solches Teilchen repräsentiert zum Beispiel ein beliebiges Massenelement eines starren Körpers, der um eine feste Achse rotiert. Die Beschränkung auf eine Kreisbahn wollen wir jetzt fallenlassen. Das Teilchen soll sich frei in einer Ebene bewegen können, so wie zum Beispiel ein Planet auf einer elliptischen Bahn um die Sonne.

Wir gehen von Gl. 11.11 ($\boldsymbol{r} = \boldsymbol{u}_r r$) aus. Jetzt soll r aber nicht mehr konstant, sondern wie $\boldsymbol{u}_r$ eine Variable sein. Das bedeutet, daß die Bewegung des Teilchens nicht mehr auf eine Kreisbahn beschränkt ist. Die Geschwindigkeit ergibt sich durch Differenzieren nach der Zeit t, also

$$\boldsymbol{v} = \frac{\mathrm{d}\boldsymbol{r}}{\mathrm{d}t} = \boldsymbol{u}_r \frac{\mathrm{d}r}{\mathrm{d}t} + r\frac{\mathrm{d}\boldsymbol{u}_r}{\mathrm{d}t}.$$

Aus Gl. 11.13 erhält man $\mathrm{d}\boldsymbol{u}_r/\mathrm{d}t = \boldsymbol{u}_\theta \omega$, so daß wir

$$\boldsymbol{v} = \boldsymbol{u}_r \frac{\mathrm{d}r}{\mathrm{d}t} + \boldsymbol{u}_\theta \omega r \tag{I.1}$$

erhalten. Wir erkennen, daß $\boldsymbol{v}$ zwei Komponenten besitzt, eine radiale Geschwindigkeit $v_r = \mathrm{d}r/\mathrm{d}t$ und eine dazu rechtwinklige Geschwindigkeit $v_\theta = \omega r$. Im Falle einer Kreisbahn mit konstantem r wird $\mathrm{d}r/\mathrm{d}t = 0$, so daß sich die bekannte Gl. 11.14a ergibt.

Die Beschleunigung ergibt sich durch nochmaliges Differenzieren nach der Zeit. Wir müssen dabei aber beachten, daß alle fünf Größen auf der rechten Seite von Gl. I.1 veränderlich sein können. Es gilt also

$$\boldsymbol{a} = \frac{\mathrm{d}\boldsymbol{v}}{\mathrm{d}t} = \boldsymbol{u}_r \frac{\mathrm{d}^2 r}{\mathrm{d}t^2} + \frac{\mathrm{d}r}{\mathrm{d}t}\frac{\mathrm{d}\boldsymbol{u}_r}{\mathrm{d}t} + (\boldsymbol{u}_\theta)\left(\omega\frac{\mathrm{d}r}{\mathrm{d}t} + r\frac{\mathrm{d}\omega}{\mathrm{d}t}\right) + (\omega r)\left(\frac{\mathrm{d}\boldsymbol{u}_\theta}{\mathrm{d}t}\right).$$

Nach Gl. 11.13 ist $\mathrm{d}\boldsymbol{u}_r/\mathrm{d}t = \boldsymbol{u}_\theta\omega$, nach Gl. 11.16 ist $\mathrm{d}\boldsymbol{u}_\theta/\mathrm{d}t = -\boldsymbol{u}_r\omega$ und nach Gl. 11.2 ist $\mathrm{d}\omega/\mathrm{d}t = \alpha$. Setzen wir alle diese Größen ein, so erhalten wir

$$\begin{aligned}\boldsymbol{a} &= \boldsymbol{u}_r\left(\frac{\mathrm{d}^2 r}{\mathrm{d}t^2} - \omega^2 r\right) + \boldsymbol{u}_\theta\left(\alpha r + 2\omega\frac{\mathrm{d}r}{\mathrm{d}t}\right)\\ &= \boldsymbol{u}_r(a_r - \omega^2 r) + \boldsymbol{u}_\theta(\alpha r + 2\omega v_r).\end{aligned} \tag{I.2}$$

Auch für die Beschleunigung ergibt sich bei konstantem r mit $\mathrm{d}r/\mathrm{d}t = 0$ und $\mathrm{d}^2r/\mathrm{d}t^2 = 0$ die schon bekannte Gl. 11.17 für eine Kreisbewegung.

In Gl. I.2 treten zwei neue Ausdrücke $\boldsymbol{u}_r\mathrm{d}^2r/\mathrm{d}t^2$ und $\boldsymbol{u}_\theta 2\omega\mathrm{d}r/\mathrm{d}t$ auf, die einer Erklärung bedürfen. Bewegt sich das Teilchen in der Ebene, ohne daß es rotiert, so wird Gl. I.2 zu

$$\boldsymbol{a} = \boldsymbol{u}_r\frac{\mathrm{d}^2r}{\mathrm{d}t^2} = \boldsymbol{u}_r a_r.$$

Das ist die uns wohlbekannte Beziehung für die Beschleunigung eines Teilchens in geradliniger Bewegung. Das bedeutet, daß dieser Ausdruck in Gl. I.2 die radiale Beschleunigung des Teilchens bezüglich der Änderung des *Betrages* von $\boldsymbol{r}$ darstellt und daß der andere Ausdruck $(-\boldsymbol{u}_r\omega^2 r)$ die radiale Beschleunigung bezüglich der Änderung der *Richtung* von $\boldsymbol{r}$ darstellt.

Es treten aber noch zwei Beschleunigungen in Richtung von θ auf, genauer gesagt in Richtung des zunehmenden Winkels θ. Die erste, $\boldsymbol{u}_\theta\alpha r$, ergibt sich aus der Winkelbeschleunigung des Teilchens bei einer Kreisbewegung und entspricht der Tangentialbeschleunigung von Gl. 11.20b. Zur Erklärung des zweiten Ausdrucks $\boldsymbol{u}_\theta\ 2\omega\mathrm{d}r/\mathrm{d}t$ betrachten wir ein Beispiel. Ein Mann geht längs eines auf dem Boden eines Karussells vorgezeichneten Radius nach außen. Das Karussell dreht sich mit einer konstanten Winkelgeschwindigkeit ω, so daß die Winkelbeschleunigung α zu Null wird. Stünde der Mann still, d.h. $\mathrm{d}^2r/\mathrm{d}t^2 = 0$ und $\mathrm{d}r/\mathrm{d}t = 0$ wegen $r = \text{const.}$, so besäße er aus der Sicht eines Beobachters außerhalb des Karussells eine Beschleunigung von $-\boldsymbol{u}_r\omega^2 r$, d.h. die uns wohlbekannte, radial nach innen gerichtete Zentripetalbeschleunigung. Geht er aber auf dem Radius weiter nach außen, so ist $\mathrm{d}r/\mathrm{d}t \neq 0$, und ein Beobachter außerhalb stellt eine Beschleunigung von $\boldsymbol{u}_\theta 2\omega v_r$ mit $v_r = \mathrm{d}r/\mathrm{d}t$ in Richtung zunehmenden Winkels θ fest. Dieser Anteil wird *Coriolisbeschleunigung* genannt. Sie tritt deshalb auf, weil die Geschwindigkeit des Mannes mit größer werdendem r zunimmt, obwohl seine Winkelgeschwindigkeit konstant bleibt. Wir wollen dies am Beispiel des auf dem Karussell gehenden Mannes noch näher untersuchen.

In Abb. I.1a ist die Position des Mannes zur Zeit t im Punkt $P(t)$ und zur Zeit $(t+\Delta t)$ in $P(t+\Delta t)$ aus der Sicht eines Beobachters außerhalb des Karussells gezeigt. Zur Zeit t ist sowohl seine radial gerichtete Geschwindigkeit $\boldsymbol{v}_r(=\boldsymbol{u}_r\mathrm{d}r/\mathrm{d}t)$ als auch seine Geschwindigkeit $\boldsymbol{v}_\theta(=\boldsymbol{u}_\theta\omega r)$ in Richtung zunehmenden Winkels θ angegeben. Einen Augenblick Δt später haben sich beide Geschwindigkeiten geändert. Die radiale Geschwindigkeit hat ihre Richtung geändert, der Betrag $\mathrm{d}r/\mathrm{d}t$ bleibt gleich. Die Geschwindigkeit in θ-Richtung hat sowohl die Richtung (wir erklärten dies als Zentripetalbeschleunigung) als auch den Betrag von ωr auf $\omega\,(r+\Delta r)$ geändert, da der Mann weiter nach außen gegangen ist, wo die Karussellplattform eine größere Bahngeschwindigkeit besitzt.

In Teil (b) der Abbildung ist die Geschwindigkeitsänderung gezeigt, die durch die Richtungsänderung des Radius hervorgerufen wird, auf dem der Mann nach außen geht. Wenn der Winkel $\Delta\theta$ in dem gezeigten Dreieck klein genug ist, gilt $\sin\theta \approx \theta$, und es ist

$$\Delta v_r = v_r\Delta\theta,$$

woraus wir durch Division mit Δt im Grenzfall $\Delta t \to 0$

$$a' = \frac{\mathrm{d}v_r}{\mathrm{d}t} = v_r\frac{\mathrm{d}\theta}{\mathrm{d}t} = v_r\omega$$

erhalten. Dieses ist die Hälfte des Ausdrucks $2\omega v_r$ von Gl. I.2.

Es tritt aber auch noch eine Änderung der tangentialen Geschwindigkeit auf, wenn der Mann radial nach außen geht. Sie ist

$$\Delta v_\theta = \omega(r+\Delta r) - \omega r = \omega\Delta r.$$

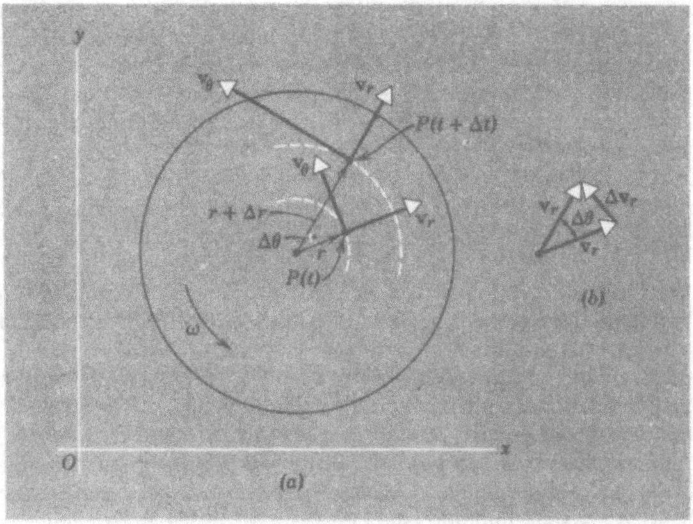

Abb. I.1 (a) Ein Karussell dreht sich um eine feste Achse und wird von einem Inertialsystem aus beobachtet. Ein Mann läuft auf dem Karussell in radialer Richtung mit der konstanten Geschwindigkeit v. Während des Zeitintervalls Δt überstreicht der Radius den Winkel $\Delta\theta$ und der Mann bewegt sich zwischen den angegebenen Positionen. Für beide Lagen sind die r- und die θ-Komponenten der Geschwindigkeit eingezeichnet. (b) Die Änderung Δv_r der radialen Geschwindigkeitskomponente. Für $\Delta t \to 0$ weist Δv_r in die θ-Richtung bei P.

Teilen wir durch Δt und betrachten den Grenzfall $\Delta t \to 0$, so ergibt sich

$$a'' = \frac{dv_\theta}{dt} = \omega \frac{dr}{dt} = \omega v_r.$$

a' und a'' sind Beträge von Vektoren, die beide in die gleiche Richtung weisen, nämlich in Richtung des zunehmenden Winkels θ im Punkt P. Die Gesamtbeschleunigung in dieser Richtung beträgt somit

$$a' + a'' = v_r\omega + \omega v_r = 2\omega v_r$$

und entspricht genau dem ganz rechten Ausdruck in Gl. I.2.

Wenn es tatsächlich eine solche Beschleunigung in Richtung zunehmenden Winkels θ im Punkt P gibt, so muß auch eine Kraft in dieser Richtung existieren. Diese Kraft kann für den auf dem Radius des Karussells nach außen gehenden Mann nur von der Reibung zwischen seinen Schuhsohlen und der Karussellplattform herrühren.

Wir erinnern uns, daß wir bei der Formulierung der klassischen Mechanik zunächst ein Inertialsystem zugrunde gelegt haben. Dann kann man eine beobachtete Beschleunigung auf die Wirkung von Kräften zurückführen, die von Körpern aus der Umgebung ausgeübt werden. Man kann aber die Gesetze der klassischen Mechanik auch in einem Nicht-Inertialsystem anwenden, z. B. in einem rotierenden Bezugssystem. Dann muß man allerdings Trägheitskräfte einführen; das sind Kräfte, die nicht von einem Körper aus der Umgebung herrühren und die deshalb von einem Beobachter in einem Inertialsystem nicht wahrgenommen werden können. Solche Kräfte heißen daher auch Scheinkräfte. Die Zentrifugalkraft und die Corioliskraft gehören dazu.

Vom Standpunkt eines auf dem Karussell mitfahrenden, aber ruhenden Beobachters bewegt sich der auf dem Radius nach außen gehende Mann mit einer konstanten Geschwindigkeit $v_r = \mathrm{d}r/\mathrm{d}t$; er besitzt keine Beschleunigung, also befindet er sich in einem Gleichgewicht. Die Karussellplattform übt aber beim Aufsetzen der Füße (reale) Reibungskräfte auf ihn aus, die sowohl eine Komponente $(-\boldsymbol{u}_r F_r)$ radial nach innen als auch eine Komponente $(\boldsymbol{u}_\theta F_\theta)$ in Richtung zunehmenden Winkels, also in Rotationsrichtung haben.

Für den Beobachter außerhalb des Karussells sind diese beiden Kraftkomponenten selbstverständlich; ist doch für ihn F_r die Zentripetalkraft, die die Zentripetalbeschleunigung $\omega^2 r$ hervorruft, und F_θ die Corioliskraft, zu der die Coriolisbeschleunigung $2\omega v_r$ gehört. Der Beobachter auf dem Karussell hingegen nimmt diese Kraftkomponenten nicht wahr. Wie kann das sein, da doch der gehende Mann diese Reibungskräfte an seinen Füßen spürt, ja sogar Gegenkräfte ausüben muß, um die Balance zu halten? Die Reibungskräfte würden ihm sonst die Füße unter dem Körper wegziehen!

Der auf dem Karussell mitfahrende Beobachter kann sich das nur so erklären, daß auf den gehenden Mann offenbar Scheinkräfte einwirken, die die realen Reibungskräfte gerade kompensieren. Eine der Scheinkräfte ist die Zentrifugalkraft $\boldsymbol{F}_r$, die radial nach außen gerichtet ist, die andere Scheinkraft ist die Corioliskraft $\boldsymbol{F}_\theta$, die gegen die Rotationsrichtung (gegen den zunehmenden Winkel θ) zeigt. Durch die Einführung dieser beiden Trägheitskräfte kann der Beobachter in dem rotierenden Nicht-Inertialsystem nun auch die klassische Mechanik in der üblichen Weise anwenden. Der Beobachter außerhalb des Karussells stellt keine Scheinkräfte fest.

Die Gleichungen I.1 und I.2 gelten ganz allgemein für die Bewegung eines Teilchens in einer Ebene. Man kann entsprechende Gleichungen auch für eine dreidimensionale Bewegung angeben, indem man einen dritten Einheitsvektor zur Definition der dritten Dimension einführt. Das wollen wir jedoch hier nicht weiter ausführen.

Ergänzungen II

Polare und axiale Vektoren

Axiale Vektoren, wie $\boldsymbol{\omega}$, $\boldsymbol{\alpha}$, $\boldsymbol{M}$ und $\boldsymbol{L}$, unterscheiden sich von *polaren* Vektoren, wie $\boldsymbol{r}$, $\boldsymbol{v}$, $\boldsymbol{a}$, $\boldsymbol{F}$ und $\boldsymbol{p}$. Obwohl dieser Unterschied im Rahmen dieses Buches nicht zum Tragen kommt, wollen wir trotzdem kurz darauf eingehen.

Wir beginnen mit einem *polaren Vektor*, dem Ortsvektor $\boldsymbol{r}$. Geht ein Student von zu Hause in die Vorlesung, so deutet der seine Position angebende Ortsvektor von seiner Wohnung zum Hörsaal. Dabei gibt es überhaupt kein Mißverständnis bezüglich der Richtung; Anfangspunkt und Endpunkt sind physikalisch korrekt angegeben, und die Richtung entspricht unserer natürlichen Vorstellung. Ähnlich verhält es sich mit den anderen Vektoren $\boldsymbol{v}$, $\boldsymbol{a}$, $\boldsymbol{F}$ und $\boldsymbol{p}$. Da auch sie einen definierten Anfangspunkt besitzen, heißen sie polare Vektoren.

Gehen wir nun zu einem axialen Vektor über, der Winkelgeschwindigkeit. Wenn ein Student ein rotierendes Rad betrachtet, so kann er dessen Drehbewegung eine Winkelgeschwindigkeit $\boldsymbol{\omega}$ zuordnen, die nach der Rechte-Hand-Regel eindeutig eine Richtung besitzt. Diese Richtung hat aber keine natürliche Begründung, sondern stellt nur eine willkürliche Konvention dar. Eine Linke-Hand-Regel würde genau die entgegengesetzte Richtung ergeben, trotzdem genau dieselbe Funktion erfüllen und die Drehbewegung ebenfalls korrekt beschreiben. Bei einer Drehbewegung sind nur die Rotationsachse und der Drehsinn um diese Achse natürlicherweise gegeben. Ob einem bestimmten Drehsinn dann ein positives oder negatives Vorzeichen zukommt, ist unerheblich, solange man in seiner Konvention konsequent bleibt. Dieselben Bemerkungen gelten für die anderen Vektoren $\boldsymbol{\alpha}$, $\boldsymbol{M} = \boldsymbol{r} \times \boldsymbol{F}$ und $\boldsymbol{L} = \boldsymbol{r} \times \boldsymbol{p}$. Diese Vektoren haben keinen festen Anfangspunkt

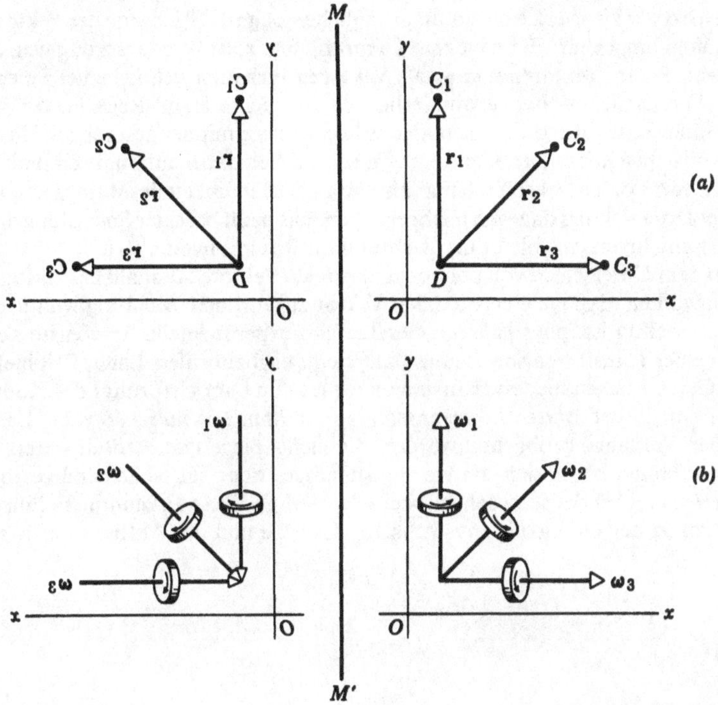

Abb. II.1 (a) Polare Vektoren: Rechts die von D nach C_1, C_2 und C_3 weisenden Verschiebungen $\boldsymbol{r}_1$, $\boldsymbol{r}_2$ und $\boldsymbol{r}_3$, links die Spiegelbilder von D, C_1, C_2 und C_3 sowie die zugehörigen Verschiebungen. (b) Axiale Vektoren: Rechts die Winkelgeschwindigkeiten ω_1, ω_2 und ω_3 der drei Räder, links die Spiegelbilder dieser Räder und die zugehörigen Winkelgeschwindigkeiten, wie sie sich aufgrund der Rechte-Hand-Regel ergeben.

und Endpunkt, sie beziehen sich aber immer auf eine Achse. Daher werden sie axiale Vektoren genannt. Man spricht oft nicht von einem Drehmoment oder einem Drehimpuls „in eine bestimmte Richtung", sondern von einem Drehmoment oder einem Drehimpuls „um eine Achse", obwohl beide Sprechweisen dasselbe meinen. Alle Vektoren, die aus einem Vektorprodukt zweier polarer Vektoren hervorgehen, sind axiale Vektoren, weil ihre Richtung nach der (willkürlichen) Rechte-Hand-Regel festgelegt ist.

Wir haben schon mehrfach betont, daß physikalische Gesetze beim Wechsel des Inertialsystems erhalten bleiben. In Abschn. 2.5 haben wir dies für eine Parallelverschiebung und eine Drehung eines Koordinatensystems diskutiert und gesehen, daß Vektorgleichungen bei solchen Transformationen unverändert (invariant) bleiben. Eine andere Transformation des Bezugssystems ist eine Spiegelung an einer Geraden, z. B. der y-Achse. Dabei wird aus einem rechtshändigen System ein linkshändiges System, weil wie bei einem normalen Spiegel die linke Seite zur rechten Seite wird und umgekehrt.

In Abb. II.1 a ist die Spiegelung des Ortsvektors $\boldsymbol{r}$ des Studenten gezeigt, der aus seiner Wohnung in die Vorlesung geht. In beiden Bezugssystemen (ursprüngliches und gespiegeltes Koordinatensystem) weist der Ortsvektor von der Wohnung D zum Hörsaal C. In Teil (b) der Abbildung ist die gleiche Spiegelung für ein sich drehendes Rad mit drei verschiedenen Richtungen der Rotationsachse gezeigt. Wenn wir wie üblich die Richtung der Winkelgeschwindigkeit ω nach der Rechte-

Hand-Regel festlegen, so wird im Vergleich zur ursprünglichen Lage die Richtung des Vektors ω in dem gespiegelten System umgekehrt. Er zeigt zum Ursprung hin, statt vom Ursprung weg wie im ungespiegelten System. Polare Vektoren und axiale Vektoren verhalten sich bei einer Spiegelung also unterschiedlich. Das ist nicht weiter verwunderlich, da die Rechte-Hand-Regel bei der Spiegelung in eine Linke-Hand-Regel übergeht, wie man das leicht selber mit der gespreizten Hand vor einem Spiegel nachvollziehen kann. Die Richtung von ω muß sich dabei automatisch umkehren.

Der Richtungssinn von axialen Vektoren hängt also von der Händigkeit des Bezugssystems ab. Die Richtung eines polaren Vektors dagegen bleibt erhalten, das heißt bei einer Spiegelung an allen drei Koordinatenachsen (Inversion) bleibt die Richtung im Raum unverändert.

Wir haben uns mit dem Unterschied von polaren und axialen Vektoren deshalb beschäftigt, weil wir deutlich machen wollten, daß die einem axialen Vektor zugeordnete Richtung willkürlich ist und daß es durchaus wichtig ist, physikalische Gesetze und experimentelle Ergebnisse auf ihre Invarianz gegenüber einer Transformation des Inertialsystems nachzuprüfen. Lange Zeit hielt man alle physikalischen Gesetze gegenüber einer Inversion (Spiegelung am Ursprung) des Koordinatensystems für invariant. In den letzten Jahrzehnten (vgl. Abschn. 2.5) sind jedoch bei Zerfällen von Elementarteilchen Vorgänge beobachtet worden, die nicht spiegelsymmetrisch waren, deren Ergebnis also davon abhing, ob es sich um ein linkshändiges oder ein rechtshändiges System handelte (*Paritätsverletzung* bei der schwachen Wechselwirkung). Diese Erkenntnisse führten zu einem neuen Überdenken der Gültigkeit physikalischer Gesetze und des Aufbaus der Materie.

Ergänzungen III

Die Wellengleichung für eine gespannte Saite

Die Abb. III.1 zeigt einen kleinen Abschnitt einer unter einer Kraft F gespannten Saite, die sich ursprünglich längs der x-Achse erstreckte. Die Saite wird quer zu ihrer Ausdehnung, also in y-Richtung ausgelenkt, so daß sich diese Störung als Welle auf der Saite fortpflanzt. Wir betrachten ein infinitesimal kleines Saitenelement dx und wenden darauf die Newtonsche Bewegungsgleichung an, um die Ausbreitung der Auslenkung mathematisch beschreiben zu können.

Wenn m_L die längenbezogene Masse der Saite ist, hat das Element dx eine Masse von m_Ldx. Von der Kraft F in der Saite wirkt in y-Richtung nur die Querkomponente

$$F \sin \theta_{x+dx} - F \sin \theta_x .$$

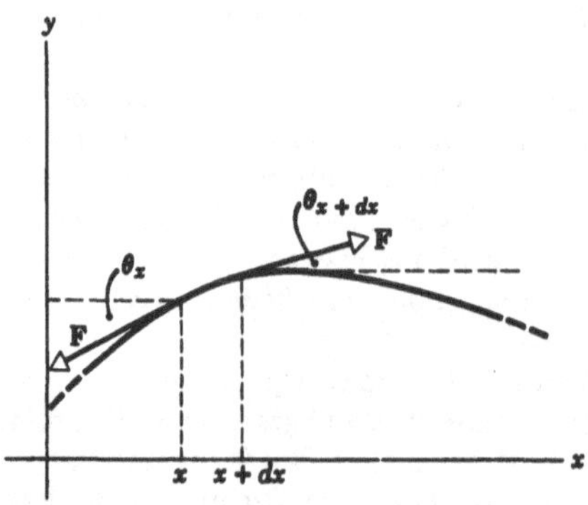

Abb. III.1

Da wir nur sehr kleine (transversale) Auslenkungen der Saite betrachten (es gilt also das Hookesche Gesetz und damit eine Proportionalität zwischen der Auslenkung und der rücktreibenden Kraft, bzw. es gilt das Superpositionsprinzip), darf man in guter Näherung $\sin\theta \approx \tan\theta$ annehmen. Da $\tan\theta$ die Steigung der Tangente an dieses Massenelement ist, kann man den obigen Ansatz in der Form

$$F\left(\frac{\partial y}{\partial x}\right)_{x+dx} - F\left(\frac{\partial y}{\partial x}\right)_x$$

schreiben. Es werden die partiellen Differentialquotienten verwendet, da die Verschiebung y sowohl eine Funktion von x als von t ist. Für diese Differenz dürfen wir näherungsweise schreiben:

$$F\frac{\partial}{\partial x}\left(\frac{\partial y}{\partial x}\right)\mathrm{d}x$$

bzw.

$$F\frac{\partial^2 y}{\partial x^2}\mathrm{d}x.$$

Setzen wir diese Kraft, das Massenelement $m_L \mathrm{d}x$ und die Beschleunigung $\partial^2 y/\partial t^2$ in die Newtonsche Bewegungsgleichung ($F = ma$) ein, so ergibt sich:

$$F\frac{\partial^2 y}{\partial x^2}\mathrm{d}x = (m_L\,dx)\frac{\partial^2 y}{\partial t^2}$$

oder

$$\frac{\partial^2 y}{\partial x^2} = \frac{m_L}{F}\frac{\partial^2 y}{\partial t^2}. \tag{III.1}$$

Diese Beziehung wird (eindimensionale) *Wellengleichung* genannt. Sie stellt die Differentialgleichung der Wellenausbreitung auf einer gespannten Saite dar.

Wir prüfen das nach, indem wir die Funktion (Gl. 19.2 und 19.3)

$$y = f(x \pm vt), \tag{III.2}$$

die eine allgemeine Lösung der Wellengleichung ist, in die Gl. III.1 einsetzen. f ist eine beliebige Funktion von $(x \pm vt)$.

Zuerst bilden wir die partiellen zweiten Ableitungen von Gl. III.2,

$$\frac{\partial^2 y}{\partial x^2} = f'' \quad \text{und} \quad \frac{\partial^2 y}{\partial t^2} = v^2 f'',$$

und setzen diese dann in Gl. III.1 ein,

$$f'' = \frac{m_L}{F}v^2 f''$$

und erhalten (vgl. Gl. 19.12)

$$v = \sqrt{\frac{F}{m_L}}. \tag{III.3}$$

Wir sehen, daß die Funktion III.2 tatsächlich eine Lösung unserer Wellengleichung darstellt, wenn die Fortpflanzungsgeschwindigkeit der Auslenkung auf der Saite durch Gl. III.3 gegeben ist.

Insbesondere wollen wir nachprüfen, ob das auch für die sinusförmige Welle von Gl. 19.10,

$$y = \hat{y} \sin (kx \pm \omega t), \tag{19.10}$$

gilt. Die beiden partiellen zweiten Ableitungen lauten

$$\frac{\partial^2 y}{\partial x^2} = -k^2 \hat{y} \sin (kx \pm \omega t)$$

und

$$\frac{\partial^2 y}{\partial t^2} = -\omega^2 \hat{y} \sin (kx \pm \omega t).$$

Setzen wir diese in Gl. III.1 ein, ergibt sich:

$$-k^2 \hat{y} \sin (kx \pm \omega t) = \left(\frac{m_L}{F}\right)[-\omega^2 \hat{y} \sin (kx \pm \omega t)]$$

bzw.

$$\frac{\omega}{k} = \sqrt{\frac{F}{m_L}}.$$

Da nach Gl. 19.11 die Phasengeschwindigkeit v zu ω/k gegeben ist, stellt diese letzte Beziehung gerade die Gl. III.3 dar.

Ergänzungen IV

Ableitung der Maxwellschen Geschwindigkeitsverteilung

Im Jahre 1876 leitete Boltzmann die Maxwellsche Geschwindigkeitsverteilung (vgl. Gl. 24.2) auf folgendem Weg her: Ein ideales Gas sei bei einer konstanten Temperatur T einem homogenen Gravitationsfeld $\boldsymbol{g}$ ausgesetzt. Die Teilchenanzahldichte n_V (Anzahl der Teilchen durch Volumen V) nimmt dann mit der Höhe z über irgendeinem Nullniveau nach der Barometerformel (Kapitel 17, Beispiel 1) ab. Nach der statistisch-mechanischen Interpretation der Temperatur kann das Gesetz der Geschwindigkeitsverteilung – dessen Form wir im Augenblick noch nicht kennen – jedoch nicht von der Höhenlage abhängen, sondern lediglich von der Temperatur. Jedoch gibt dieses Gesetz den Fluß (Anzahl durch Zeit) derjenigen Moleküle an, die sich in irgendeiner beliebigen Höhe vertikal in der Atmosphäre bewegen, und muß daher eng mit der Abnahme von n_V mit der Höhe z verknüpft sein. Wir wollen diesen Gedankengang im einzelnen mathematisch nachvollziehen.

In Abb. IV.1 ist eine Anzahldichteverteilung von Gasmolekülen unter dem Einfluß einer Gravitationskraft angedeutet. In einer schmalen Schicht zwischen den Höhen z und $(z + \mathrm{d}z)$ hat das Gas ein flächenbezogenes Gewicht, (Gewichtskraft durch Fläche) also einen Druck von $n_V mg\,\mathrm{d}z$, wenn m die Masse eines einzelnen Moleküls ist. Im Gleichgewicht muß dieses flächenbezogene Gewicht

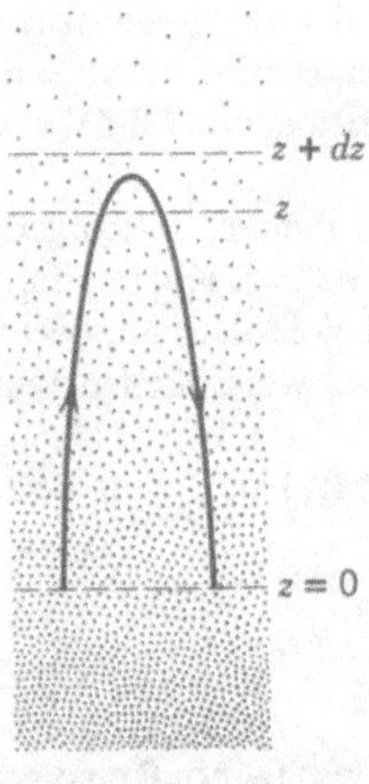

Abb. IV.1

dem Druckunterschied dp zwischen den Schichten z und $(z + \mathrm{d}z)$ entsprechen:

$$n_V mg\,\mathrm{d}z = -\,\mathrm{d}p. \tag{IV.1}$$

Das Minuszeichen gibt an, daß der Druck mit der Höhe abnimmt.

Aus der Zustandsgleichung eines idealen Gases, $pV = nRT$, erhält man mit $n = n_V V/N_A$ (N_A ist die Avogadro-Konstante und k die Boltzmann-Konstante)

$$p = n_V kT. \tag{IV.2}$$

Aus Gl. IV.1 und Gl. IV.2 folgt

$$\frac{\mathrm{d}p}{p} = \frac{\mathrm{d}n_V}{n_V} = -\frac{mg}{kT}\mathrm{d}z.$$

Nach Voraussetzung soll die Temperatur T des idealen Gases konstant sein, so daß man durch Integration der obigen Gleichung

$$n_V = C\,\mathrm{e}^{-mgz/kT} \tag{IV.3}$$

erhält. C ist eine noch näher zu bestimmende Konstante. Gl. IV.2 und Gl. IV.3 stehen in völliger Übereinstimmung mit der Barometerformel von Beispiel 1 in Kapitel 17.

Differenzieren wir die letzte Gleichung nach der Höhe z, so erhalten wir das Differential dn_V zu

$$\mathrm{d}n_V = -\,C'\,\mathrm{e}^{-mgz/kT}\,\mathrm{d}z, \tag{IV.4}$$

das uns die Änderung von n_V in der schmalen Höhenschicht dz angibt. Eine solche Abnahme von n_V in der Schicht dz erfordert natürlich, und das setzen wir hier voraus, daß bei $z = 0$ wenigstens einige Moleküle existieren, die eine Bewegungsrichtung senkrecht nach oben besitzen; d. h. deren Geschwindigkeitskomponenten v_z in z-Richtung in einem Bereich zwischen v_z und $(v_z + \mathrm{d}vz)$ liegen, so daß sie die Höhe z erreichen können, aber nicht mehr die Höhe $(z + \mathrm{d}z)$. Zusammenstöße zwischen den Molekülen seien vernachlässigt. Die eben angesprochenen Moleküle müssen aufgrund der Gravitationskraft in der Schicht dz wieder umkehren (vgl. die in Abb. IV.1 eingezeichnete Bahn) und sinken nach unten zurück. An dieser Stelle unseres Gedankenganges erkennen wir den Zusammenhang zwischen einer Geschwindigkeitsverteilung und der Barometerformel von Gl. IV.3. Alle Gasmoleküle, die nicht bis in das Höhenintervall $\mathrm{d}z$ aufsteigen, und solche, die dieses Intervall von beiden Seiten nur passieren, können nicht an der Änderung $\mathrm{d}n_V$ von Gl. IV.4 beteiligt sein.

Die Teilchenstromdichte (Anzahl der Teilchen geteilt durch Zeit und Fläche) derjenigen Moleküle, die das Niveau $z = 0$ verlassen und bis zum Niveau z aufsteigen, beträgt $v_z n_V(v_z)\,\mathrm{d}v_z$. Dabei gibt $n_V(v_z)\mathrm{d}v_z$ diejenige Teilchenzahldichte (Anzahl der Teilchen durch Volumen) an, deren senkrecht nach oben gerichtete Geschwindigkeitskomponenten in dem Geschwindigkeitsbereich zwischen v_z und $(v_z + \mathrm{d}v_z)$ liegen.

Andererseits ist die Teilchenstromdichte, die z erreicht, aber nicht $(z + \mathrm{d}z)$, zum Betrag der Dichtedifferenz nach Gl. IV.4 proportional. Damit erhalten wir

$$v_z n_V(v_z)\,\mathrm{d}v_z = C'\,\mathrm{e}^{-mgz/kT}\,\mathrm{d}z. \tag{IV.5}$$

Die Konstante C' in dieser Gleichung ist von z unabhängig.

Mit dieser Beziehung haben wir die Ausgangsgleichung für die Geschwindigkeitsverteilung geschaffen. Wir müssen nur noch die Variable z aus dieser Gleichung eliminieren. Der Energieerhaltungssatz liefert uns für die Energie diejenigen Moleküle, die bis in die Höhe z aufsteigen können*:

$$\tfrac{1}{2}mv_z^{\,2} = mgz$$

bzw.

$$mv_z\,\mathrm{d}v_z = mg\,\mathrm{d}z.$$

Setzen wir beide Ausdrücke in Gl. IV.5 ein, so ergibt sich

$$n_V(v_z)\,\mathrm{d}v_z = C'\,\mathrm{e}^{-mv_z^2/2kT}\,\mathrm{d}v_z. \tag{IV.6a}$$

In Gl. IV.6a taucht die Höhe z nicht mehr auf und auch nicht die das Gravitationsfeld charakterisierende Erdbeschleunigung g. Die Gleichung gilt also an jedem Ort der Erde und auch im schwerelosen Raum. Man kann sie somit auch auf ein Gas anwenden, das nicht mehr unter der Wirkung einer Gravitationskraft steht. In diesem Fall hat aber die vertikale Richtung keine besondere Bedeutung mehr; die z-Richtung ist nur eine von vielen Raumrichtungen. Die Geschwindigkeitsverteilung von Gl. IV.6a gilt daher auch für jede andere Komponente, also die x-Komponente und die y-Komponente mit

$$n_V(v_x)\mathrm{d}v_x = C'\,\mathrm{e}^{-mv_x^2/2kT}\,\mathrm{d}v_x \tag{IV.6b}$$

und

$$n_V(v_y)\,\mathrm{d}v_y = C'\,\mathrm{e}^{-mv_y^2/2kT}\,\mathrm{d}v_y. \tag{IV.6c}$$

Die Maxwellsche Geschwindigkeitsverteilung von Gl. 24.2 wird jedoch nicht für irgendeine Komponente angegeben, sondern für den Betrag v der Geschwindigkeit. Von ihrer Richtung nehmen wir an, daß sie vollständig zufällig verteilt sei.

Jede Geschwindigkeit können wir wie in Abb. IV.2 als einen Vektor im „Geschwindigkeitsraum" darstellen. v_x, v_y und v_z sind dann die Projektionen auf die x-, y- und z-Richtung. Durch ein kleines

* Auch bei Berücksichtigung von Zusammenstößen zwischen den Molekülen gilt eine solche Annahme, wenn man das Mittel über alle Moleküle nimmt, die bei $z = 0$ mit der Geschwindigkeitskomponente v_z starten und gerade bis in das Höhenintervall zwischen z und $(z + \mathrm{d}z)$ hinaufsteigen.

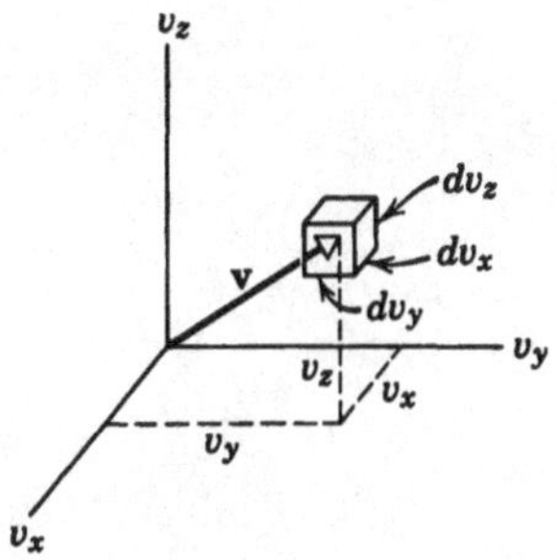

Abb. IV.2

Volumenelement $d\tau = dv_x dv_y dv_z$ sind alle Moleküle repräsentiert, deren Geschwindigkeiten zwischen v_x und $(v_x + dv_x)$, v_y und $(v_y + dv_y)$ sowie v_z und $(v_z + dv_z)$ liegen. Die in Gl. IV.6a auftretende Größe $n_V(v_z)$ kann man als *Wahrscheinlichkeit* dafür ansehen, daß ein bestimmtes Molekül eine Geschwindigkeitskomponente v_z im Bereich zwischen v_z und $(v_z + dv_z)$ besitzt. Gleiches gilt für $n_V(v_x)$ in Gl. IV.6b und für $n_V(v_y)$ in Gl. IV.6c. Die Wahrscheinlichkeit dafür, daß ein bestimmtes Molekül eine Geschwindigkeit besitzt, deren Komponenten alle drei Bedingungen erfüllen, ist durch das Produkt dieser Wahrscheinlichkeiten gegeben. In der Vorstellung des Geschwindigkeitsraumes bedeutet dies, daß die Spitze des Vektors $\boldsymbol{v}$, der das betreffende Molekül repräsentiert, in dem Volumenelement $d\tau$ liegen muß. Diese Wahrscheinlichkeit beträgt mithin

$$C' e^{-mv_x^2/2kT} e^{-mv_y^2/2kT} e^{-mv_z^2/2kT} dv_x dv_y dv_z.$$

Mit der Beziehung

$$v^2 = v_x^2 + v_y^2 + v_z^2$$

ergibt sich für die Wahrscheinlichkeit

$$C' e^{-mv^2/2kT} (dv_x dv_y dv_z). \qquad \text{(IV.7)}$$

Das in der Klammer stehende Produkt aus den drei Differentialen stellt im Geschwindigkeitsraum ein Volumenelement $d\tau$ dar. Da es bei der Geschwindigkeitsverteilung nicht auf die Richtungsverteilung der Geschwindigkeiten, sondern auf die Beträge ankommt, ist es angebracht, das obige würfelförmige Volumenelement $dv_x dv_y dv_z$ durch ein solches zu ersetzen, welches alle diejenigen Moleküle umfaßt, deren Geschwindigkeitsbeträge in dem Bereich $v + dv$ liegen. Ein solches Volumenelement wird durch eine Kugelschale mit den Radien v und $(v + dv)$ angegeben, die bei genügend kleiner Dicke dv ein Volumen von $4\pi v^2 dv$ (Fläche $4\pi v^2$ mal Höhe dv) besitzt. Setzen wir diesen Ausdruck in Gl. IV.7 ein, so erhalten wir für die Anzahldichte der Moleküle, die einen Geschwindigkeitsbetrag zwischen v und $(v + dv)$ besitzen, einen Wert von

$$n_V(v)dv = C' e^{-mv^2/2kT} (4\pi v^2\, dv)$$

bzw.

$$n_V(v) = C'' v^2 e^{-mv^2/2kT},$$

wobei $C'' = 4\pi C'$ ist.

Wenn man über alle Geschwindigkeiten von 0 bis ∞ summiert, erhält man die Molekülanzahldichte n_∞. Das gibt uns die Möglichkeit, die Konstante C'' zu bestimmen. Es muß gelten:

$$\int_0^\infty n_V(v)\,\mathrm{d}v = n_V.$$

Ähnlich wie in Beispiel 3 von Kapitel 24 erhält man*

$$C'' = 4\pi n_V(m/2\pi kT)^{3/2}$$

so daß sich die Geschwindigkeitsverteilung zu

$$n_V(v) = 4\pi n_V(m/2\pi kT)^{3/2} v^2 \mathrm{e}^{-mv^2/2kT} \qquad \text{(IV.8)}$$

ergibt. Man beachte, daß n_V die Teilchenzahldichte, also die Anzahl geteilt durch das Volumen, darstellt. Wenden wir diese Verteilung auf eine endliche Anzahl N von Molekülen an, die sich in einem Behälter des Volumens V befinden, so müssen wir beide Seiten von Gl. IV.8 mit V multiplizieren, und mit $n_V V = N$ ergibt sich aus Gl. IV.8 die Gl. 24.2.

Ergänzungen V

Grundlagen der speziellen Relativitätstheorie

V.1 Einführung

Einsteins spezielle Relativitätstheorie basiert auf nur zwei Postulaten, aus denen sich alle Ergebnisse der Theorie ableiten lassen.

V.2 Die Postulate

1. Das Relativitätsprinzip. Seit Galilei weiß man, daß die Gesetze der Mechanik in allen Inertialsystemen dieselben sind (vgl. Abb. V.1 und Abschn. 4.6). Beobachter in verschiedenen, relativ zueinander bewegten Inertialsystemen legen bei der Beschreibung eines Versuchs dieselben Gesetze zugrunde (zum Beispiel beim Billiardspiel den Impulserhaltungssatz) und stellen auch dasselbe Versuchsergebnis fest (wer zum Beispiel gewonnen hat), auch wenn sie für die Geschwindigkeiten, Impulse usw. verschiedene Werte messen.

Einstein nun unternahm einen kühnen Schritt und dehnte dieses Relativitätsprinzip der Mechanik auf *alle* Gebiete der Physik aus, insbesondere auf die Elektrodynamik.
Er postulierte:
Die physikalischen Gesetze besitzen in allen Inertialsystemen die gleiche Form. Es gibt kein bevorzugtes, absolutes Bezugssystem.

* Aus einer Integraltafel entnimmt man: $\int_0^\infty x\,\mathrm{e}^{-ax^2}\mathrm{d}x = \frac{1}{4}\sqrt{\frac{\pi}{a^3}}$

2. Prinzip der Konstanz der Lichtgeschwindigkeit. Gibt man einen bestimmten Wert des Betrages der Lichtgeschwindigkeit c an, so stellt sich die Frage nach dem Bezugskörper oder Bezugssystem, relativ zu dem diese Geschwindigkeit gemessen wird. Beim Schall ist die Antwort einfach, weil dieser zu seiner Ausbreitung ein Medium (z. B. Luft) braucht. Seine Geschwindigkeit wird in bezug auf dieses Medium angegeben. Licht dagegen breitet sich auch im Vakuum aus, und vor Einstein waren die Physiker der Auffassung, daß hierzu ein Träger, der Äther, erforderlich sei. Dieser sollte einerseits ein elastischer (fester) Körper sein, weil man sonst die Transversalität der Lichtwellen nicht erklären konnte, andererseits der Bewegung materieller Körper (wie der Erde) keinerlei Widerstand entgegensetzen. Alle Bemühungen, einen derartigen Stoff nachzuweisen, schlugen jedoch fehl. Vor allem der negative Ausgang des Versuchs von Michelson und Morley zur Relativbewegung zwischen Erde und Äther veranlaßte schließlich Einstein zu dem Postulat:
Die Vakuumlichtgeschwindigkeit besitzt in allen Inertialsystemen denselben Wert.
Dieses zweite Postulat fordert keinen Äther und bedeutet, daß man für die Geschwindigkeiten des Lichtes aus drei verschiedenen Lichtquellen, von denen eine relativ zum Beobachter ruht ($v_1 = 0$), die zweite sich dem Beobachter mit einer Geschwindigkeit $v_2 < c$ nähert und die dritte sich vom Beobachter mit der Geschwindigkeit $v_3 < c$ entfernt, dieselben Werte messen würde. Die Geschwindigkeit der Lichtquelle und die Geschwindigkeit des Lichtes addieren sich also nicht wie in der klassischen Mechanik.

Das Prinzip der Konstanz der Lichtgeschwindigkeit ist mit folgendem Versuch direkt getestet worden. In einem Protonen-Synchrotron erzeugte π^0-Mesonen bewegen sich mit einer Geschwindigkeit von $0.99975\,c$. Diese Mesonen zerfallen unter Aussendung von γ-Strahlen (welche als elektromagnetische Wellen auch die Lichtgeschwindigkeit besitzen). Die Geschwindigkeit dieser Strahlung, obwohl sie von den sehr schnellen Mesonen ausgesendet wird, ist innerhalb der Meßgenauigkeit gleich c.

V.3 Spezielle Relativitätstheorie und Newtonsche Mechanik

Viele Folgerungen aus der speziellen Relativitätstheorie stehen der täglichen Erfahrung entgegen. Allein schon Einsteins zweites Postulat scheint dem gesunden Menschenverstand zu widersprechen. Wirft jemand einem einen Ball aus dem Stand zu oder aus einem sich mit 50 km/h entfernenden Auto oder aus einem sich mit 50 km/h nähernden Auto, so merkt man deutlich, daß die Bälle sehr wohl verschiedene Geschwindigkeiten besitzen. Überträgt man dieses Beispiel aber auf eine Lichtquelle (Werfer), die Licht (Photonen) aussendet, so ergibt sich ein Widerspuch zu Einsteins zweitem Postulat.

Dieser Widerspruch kommt dadurch zustande, daß die menschliche Alltagserfahrung einfach nicht ausreicht; der Mensch kennt nur Geschwindigkeiten, die gegenüber der Lichtgeschwindigkeit sehr klein sind. Selbst die Bahngeschwindigkeit eines künstlichen Erdsatelliten von 8 km/s, die uns sehr hoch vorkommt, entspricht nur 0.0027 % der Lichtgeschwindigkeit.

Erst im Bereich der Elementarteilchen, die wegen ihrer kleinen Masse in einem Beschleuniger sehr hohe Geschwindigkeiten erreichen, kommen wir experimentell in die Nähe der Lichtgeschwindigkeit ($0.999\,c$). Bei solchen Teilchen gilt die Newtonsche Mechanik nicht mehr, sie unterliegen vielmehr den Gleichungen der relativistischen Physik.

Es stellt sich heraus, daß es in der Natur eine endliche Geschwindigkeit gibt, die nicht übertroffen werden kann. Es handelt sich um die Lichtgeschwindigkeit, die höchste Geschwindigkeit, mit der Signale überhaupt übermittelt werden können. Die klassische Physik geht davon aus, daß es Signale auch mit unendlich großer Geschwindigkeit gibt. Experimente dagegen zeigen, daß c die höchstmögliche Geschwindigkeit ist. In der Relativitätstheorie spielt die Lichtgeschwindigkeit die Rolle, die einer unendlichen Geschwindigkeit in der klassischen Physik zukommt. Wenn dem so ist, so erscheint es plausibel, daß z. B. die Geschwindigkeit einer Lichtquelle keinen Einfluß mehr auf den Meßwert der Geschwindigkeit ihres Signals hat, weil dieses bereits die höchstmögliche Geschwindigkeit hat.

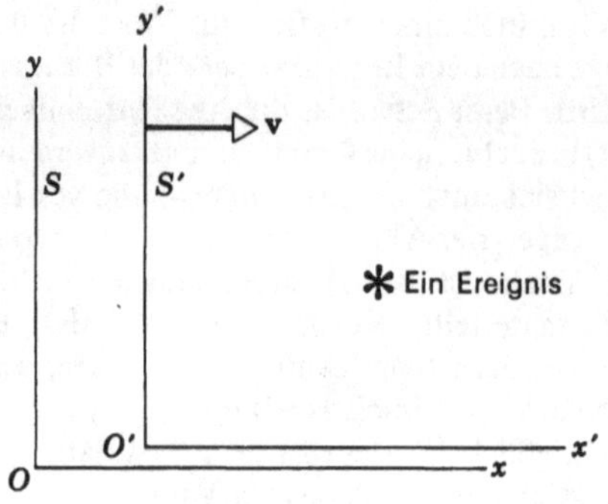

Abb. V.1 Zwei Inertialsysteme mit parallelen Achsen und gemeinsamer x, x'-Achse. S' bewegt sich, von S aus gesehen, mit der Geschwindigkeit v nach rechts. Für $t = t' = 0$ fallen die Ursprünge O und O' zusammen.

Unsere alltägliche Erfahrungswelt ist die Welt der Newtonschen Mechanik mit $v \ll c$. Die Newtonsche Mechanik stellt nur einen Sonderfall der relativistischen Mechanik dar, nämlich den Bereich der sehr kleinen Geschwindigkeiten. Gegenüber ihnen ist die Lichtgeschwindigkeit c so groß, daß man $c \to \infty$ annehmen kann. Aus den relativistischen Beziehungen ergibt sich dann die klassische Newtonsche Mechanik.

Trotzdem ist mit der Einführung der relativistischen Mechanik die Newtonsche Mechanik nicht hinfällig geworden, denn sie beschreibt nach wie vor befriedigend die Planetenbewegungen, die Gezeiten, die Ereignisse bei den Raumfahrtversuchen, ja überhaupt fast alle Vorgänge auf dieser Erde. Für unsere täglichen Belange ist sie ausgezeichnet geeignet und vollkommen ausreichend. Sie kann eben nur nicht bei sehr hohen Geschwindigkeiten angewendet werden.

Nur wenige Theorien sind strengeren experimentellen Tests ausgesetzt worden als die spezielle Relativitätstheorie. Die Tatsache, daß Teilchenbeschleuniger und Kernreaktoren konstruiert werden können und auch arbeiten, ist nur auf der Basis der Relativitätstheorie möglich; die Newtonsche Mechanik versagt hier.

Einstein selbst sagte allerdings einmal, daß keine noch so große Anzahl von gelungenen Experimenten seine Theorie wirklich beweisen könnte, aber schon ein einziges Experiment ausreiche, um sie zu widerlegen. Ein solches Experiment gibt es bis heute nicht.

V.4 Die Transformationsgleichungen

Es seien zwei gegeneinander bewegte Bezugssysteme S und S' derart gegeben, daß die rechtwinkligen Koordinatenachsen parallel zueinander verlaufen und die x-Achse mit der x'-Achse zusammenfalle. Von S aus gesehen bewege sich S' mit einer Geschwindigkeit v nach rechts (Abb. V.1); zur Zeit $t = t' = 0$ liegen die Nullpunkte der zwei Systeme noch zusammen. Irgendwann tritt ein Ereignis ein, z. B. das Aufblitzen einer Lampe. Dieses Ereignis wird im System S mit den Koordinaten x, y, z, t und im System S' mit x', y', z', t' erfaßt. Welcher Zusammenhang besteht zwischen den beiden Koordinatenquadrupeln?

Die klassische Physik gibt hierfür die *Galilei-Transformation* an:

$$\begin{aligned} x' &= x - vt \qquad & y' &= y \\ t' &= t \qquad & z' &= z. \end{aligned} \tag{V.1}$$

In der relativistischen Physik gilt dagegen die *Lorentz-Transformation*:

$$x' = \frac{x - vt}{\sqrt{1 - (v/c)^2}} \qquad y' = y$$

$$t' = \frac{t - (v/c^2)x}{\sqrt{1 - (v/c)^2}} \qquad z' = z. \tag{V.2}$$

Bei der Lorentz-Transformation gibt es einiges zu beachten: (a) Auch die Zeit wird transformiert und ist für beide Beobachter verschieden; t' hängt von t und von x ab! (b) Für Geschwindigkeiten, die klein gegenüber der Lichtgeschwindigkeit sind ($c \to \infty$), geht aus der Lorentz-Transformation die Galilei-Transformation hervor. (c) Es muß immer $v < c$ sein, da sonst die Größen x' und t' unbestimmt (bei $v = c$) oder imaginär (bei $v > c$) werden. Das heißt, die Lichtgeschwindigkeit ist die obere Grenzgeschwindigkeit, die materielle Objekte erreichen können.

Die Lorentz-Gleichungen folgen direkt aus den beiden Postulaten Einsteins.

V.5 Zeitdilatation und Längenkontraktion

Es sollen nun am gleichen Ort im Bezugssystem S' zwei Ereignisse stattfinden. Es kann sich zum Beispiel um zwei aufeinanderfolgende Stellungen des Zeigers einer Uhr handeln, die an irgendeinem Ort x' steht. Der Zeitabstand zwischen diesen beiden Ereignissen werde im Bezugssystem S' mit $\Delta t'$ gemessen. Für das Bezugssystem S bewegt sich die Uhr. Im System S werden die beiden Ereignisse ebenfalls registriert, aber mit einer Zeitdifferenz von Δt, die durch

$$\Delta t = \frac{\Delta t'}{\sqrt{1 - (v/c)^2}} \tag{V.3}$$

gegeben ist. Man erkennt, daß $\Delta t > \Delta t'$ ist. Diese Erscheinung wird *Zeitdilatation* genannt oder auch manchmal mit der Eigenschaft „sich bewegende Uhren gehen langsamer" bezeichnet, da ein Beobachter in S ein längeres Zeitintervall feststellt, als auf der sich bewegenden Uhr verstrichen ist.

Gl. V.3 ist experimentell nachgeprüft und bestätigt worden, so zum Beispiel an zerfallenden Myonen und Pionen. Die Zerfallszeiten in dem System, in dem die Teilchen selbst ruhen, sind wesentlich kürzer als die Zerfallszeiten, die im Labor auf der Erde gemessen werden.

Wir betrachten nun einen Stab, der zur x-Achse und zur x'-Achse parallel liegt und in S' ruht. Im System S' habe der Stab die Länge $\Delta x'$; im System S hingegen, das sich mit der Geschwindigkeit v gegenüber dem Stab bewegt, besitzt er die Länge Δx mit

$$\Delta x = \sqrt{1 - (v/c)^2}\; \Delta x'. \tag{V.4}$$

Die Tatsache, daß $\Delta x < \Delta x'$ gilt, wird *Längenkontraktion* genannt. Die Längenkontraktion muß bei Linearbeschleunigern berücksichtigt werden. Ist die Austrittsgeschwindigkeit von Elektronen aus dem Beschleuniger $v = 0.999975\ c$, so erscheint jeder Meter des Beschleunigerrohres einem mitbewegten Beobachter nur als 7.1 mm.

Am einfachsten sind die Zeitdilatation und die Längenkontraktion zu verstehen, wenn man annimmt, daß der Beobachter S' bezüglich des zu messenden Gegenstandes (Uhr, Stab) ruht und daß sich für den Beobachter S die Gegenstände bewegen. Die Relativitätstheorie behauptet dann, daß die *Bewegung das Meßergebnis beeinflußt*. Wenn man die Bezugssysteme vertauschen würde, also die Uhr und den Stab im System S ruhen ließe, so würden die beiden Beobachter wieder verschiedene Zeiten und Längen messen. Diesmal aber würde $\Delta x' < \Delta x$ und $\Delta t' > \Delta t$ gelten, d. h. die Ergebnisse würden nur umgekehrt. Keiner der Beobachter hat „absolut" recht oder unrecht.

Beide Beobachter werden jedoch in der Angabe der *Ruhelänge* des Stabes und der *Eigenzeit* der Uhr übereinstimmen. Sind der Stab und die Uhr in bezug auf die Meßinstrumente des einen oder des anderen Systems in Ruhe, so wird in beiden Systemen dieselbe Stablänge und dasselbe Zeitintervall zwischen zwei Zeigerstellungen gemessen.

Daß eine Bewegung eine Messung beeinflußt, ist auch in der klassischen Physik nichts Außergewöhnliches. So verändert sich die Frequenz einer sich bewegenden Schall- oder Lichtquelle gegenüber einem Beobachter (Doppler-Effekt, Abschnitte 20.7 und 42.5). Auch besitzen sich bewegende Teilchen unterschiedliche Geschwindigkeiten, Impulse und Bewegungsenergien, wenn sie von einem ruhenden Beobachter auf dem Erdboden oder von einem auf einem Zug mitfahrenden Beobachter gemessen werden. Allerdings sind in der klassischen Physik Wegabschnitte und Zeitabschnitte absolut, also für jeden Beobachter gleich, während sie in der speziellen Relativitätstheorie vom Beobachter abhängen. Das Experiment widerlegt die klassische Physik. Darüberhinaus führt nur die Relativität von Raum und Zeit zur Invarianz aller physikalischen Gesetze für alle Beobachter, die sich gleichförmig zueinander bewegen.

V.6 Die Addition von Geschwindigkeiten und der Doppler-Effekt

Der Beobachter im Bezugssystem S beobachtet ein Teilchen, welches sich mit der Geschwindigkeit u' parallel zur x'-Achse bewegt. Welche Geschwindigkeit u mißt der Beobachter in S? Die Galilei-Transformation Gl. V.1 liefert:

$$u = u' + v. \tag{V.5}$$

Obwohl uns diese Relation offenbar richtig erscheint, ist sie leider falsch. Sie ist nur dann richtig, wenn $v \ll c$ gilt. Ansonsten gilt die Lorentz-Transformation, die uns die Beziehung

$$u = \frac{u' + v}{1 + (u'v/c^2)} \tag{V.6}$$

liefert. Für den Fall $c \to \infty$ folgt aus Gl. V.6 wie erwartet die Gl. V.5. Man prüfe selber nach, daß für $u' < c$ und $v < c$ immer $u < c$ ist! Es sind daher keine Geschwindigkeiten $> c$ möglich.

Mit Hilfe des relativistischen Gesetzes (Gl. V.6) für die Addition von Geschwindigkeiten kann man den Doppler-Effekt für Lichtwellen erklären. Im Rahmen der relativistischen Physik besteht kein Unterschied zwischen den beiden Situationen „Quelle ruht – Beobachter bewegt sich“ und „Quelle bewegt sich – Beobachter ruht“, da es nur auf die relative Geschwindigkeit v zwischen Beobachter und Quelle ankommt. Hieraus folgt (vgl. Gl. 42.18)

$$\nu = \nu' \sqrt{\frac{c \pm v}{c \mp v}}. \tag{V.7}$$

ν' ist die Frequenz der Lichtquelle, wenn sie im Bezugssystem S' ruht, und ν ist die Frequenz der Lichtquelle, wie sie im System S gemessen wird, aus dessen Sicht sich die Lichtquelle mit der Geschwindigkeit v bewegt. Die oberen Vorzeichen in Gl. V.7 gelten, wenn sich Quelle und Beobachter einander nähern, die unteren Vorzeichen gelten, wenn sich Quelle und Beobachter voneinander entfernen. Gl. V.7 gibt nur den sogenannten *longitudinalen Doppler-Effekt* wieder, da sich v auf die relative Geschwindigkeit auf der Verbindungslinie zwischen Quelle und Beobachter bezieht.

Bei Lichtquellen kann man im Gegensatz zu Schallwellen aber auch eine Frequenzverschiebung quer zur Bewegung beobachten. Dieser *transversale Doppler-Effekt* ist durch

$$\nu = \nu' \sqrt{1 - v^2/c^2} \tag{V.8}$$

gegeben, wobei v die relative Geschwindigkeit rechtwinklig zur Verbindungslinie zwischen Lichtquelle und Beobachter ist. Dieses vom Experiment bestätigte Ergebnis kann einfach als Zeitdilatation interpretiert werden, wonach bewegte Uhren langsamer gehen.

V.7 Masse, Impuls und kinetische Energie

In den vorangegangenen Abschnitten haben wir gesehen, daß die Messungen von Zeit und Länge von der Geschwindigkeit v abhängen. Sollte das etwa auch für andere Grundgrößen der Physik gelten, zum Beispiel für die Masse? Die Relativitätstheorie gibt tatsächlich für ein sich bewegendes Teilchen eine *relativistische Masse* von

$$m = \frac{m_0}{\sqrt{1-(v/c)^2}} \tag{V.9}$$

an, wobei v die relative Geschwindigkeit der Masse gegenüber einem Beobachter ist und m_0 die Ruhmasse, d. h. die Masse des Teilchens, wenn es sich nicht bewegt ($v = 0$). Bei Experimenten mit schnellen Teilchen muß man daher m und nicht m_0 berücksichtigen, wenn man richtige Ergebnisse erhalten will. Die Gültigkeit von Gl. V.9 ist tatsächlich experimentell bestätigt worden. Für Elektronen, die einen Beschleuniger mit $E_k = 30$ GeV verlassen, beträgt das Verhältnis m/m_0 immerhin 60000!

Damit der Impulserhaltungssatz auch in der speziellen Relativitätstheorie gilt, definieren wir den Impuls p eines Teilchens der Ruhmasse m_0 und der Geschwindigkeit v zu

$$p = mv = \frac{m_0 v}{\sqrt{1-(v/c)^2}}.$$

Auch die kinetische Energie eines Teilchens wird nicht mehr mit $\frac{1}{2}m_0v^2$ angegeben, sondern mit

$$\begin{aligned} E_k &= mc^2 - m_0c^2 \\ &= m_0{}^2\left(\frac{1}{\sqrt{1-(v/c)^2}} - 1\right). \end{aligned} \tag{V.10}$$

Man prüfe nach, daß mit $c \to \infty$ $E_k \to \frac{1}{2}m_0v^2$ gilt.

V.8 Die Äquivalenz von Masse und Energie

Das bekannteste Ergebnis der Relativitätstheorie ist die sogenannte Äquivalenz zwischen Masse und Energie:

$$E = mc^2. \tag{V.11}$$

Die Erhaltung der Gesamtenergie ist damit der Erhaltung der relativistischen Masse gleichbedeutend. Masse und Energie sind äquivalent, sie bilden eine einzige Invariante. Masse und Energie bilden nur verschiedene Erscheinungsformen derselben physikalischen Größe. Man kann sie in Energieeinheiten oder in Masseeinheiten angeben. Es ist in der Praxis häufig üblich, die Masse von Teilchen in Elektronvolt (eV) anzugeben. So besitzt ein Elektron eine Ruhmasse von 0.51 MeV. Andererseits kann man aber auch solchen „Teilchen“, die keine Ruhmasse besitzen, z. B. Photonen, eine effektive Masse zusprechen, die ihrer Energie entspricht.

In der klassischen Physik gibt es zwei unabhängige Erhaltungssätze, den Massenerhaltungssatz (er gilt zum Beispiel bei chemischen Reaktionen) und den Energieerhaltungssatz. In der relativistischen Physik verschmelzen beide Sätze zu einem Erhaltungssatz. Die beiden klassischen Erhaltungssätze stellen nur Grenzfälle dar, wenn der Energieaustausch des Systems so klein gegenüber der Ruhmasse des Systems ist, daß die ihm entsprechende Massenänderung nicht mehr meßbar ist.

Führt man einem Wasserstoffatom der Ruhmasse von 938.8 MeV eine zusätzliche Energie von 13.58 eV zu, so reicht diese Energie zur Ionisierung des Atoms aus, so daß es in seine Bestandteile, ein Elektron und ein Proton, zerbricht. Damit ist eine relative Änderung der Ruhmasse von

$$\frac{13.58\,\mathrm{eV}}{938.8\times 10^{6}\,\mathrm{eV}} = 1.45\times 10^{-8},$$

also $1.45\times 10^{-6}\,\%$ der ursprünglichen Ruhmasse, verbunden. Dieser Betrag ist einfach zu klein, um gemessen werden zu können. Einem Kern der Ruhmasse von 1876.4 MeV muß man eine Energie von 2.22 MeV zuführen, um ihn in seine Bestandteile, ein Proton und ein Neutron, zerlegen zu können. Bei diesem Vorgang beträgt die Änderung der Ruhmasse

$$\frac{2.22\,\mathrm{MeV}}{1876.4\,\mathrm{MeV}} = 1.18\times 10^{-3},$$

also 0.12 %, das ist ein Betrag, den man gut nachweisen kann. Bei Kernreaktionen treten Änderungen dieser Größenordnung immer auf und müssen daher bei einer Energiebilanz bzw. Massenbilanz berücksichtigt werden. Die klassische (Ruh-)Masse bleibt nicht erhalten, die Gesamtenergie einschließlich der Massenenergie aber sehr wohl.

Anhang

Anhang A
Das internationale Einheitensystem (SI)

Die SI-Basiseinheiten

Basisgröße	Name	Einheitenzeichen	Definition*
Länge	Meter	m	Das Meter ist die Länge der Strecke, die Licht im Vakuum während der Dauer von 1/299792458 Sekunden durchläuft (17. CGPM 1983).
Masse	Kilogramm	kg	Das Kilogramm ist die Masse des Internationalen Kilogrammprototyps (1. CGPM 1889).
Zeit	Sekunde	s	Die Sekunde ist das 9192631770fache der Periodendauer der dem Übergang zwischen den beiden Hyperfeinstrukturniveaus des Grundzustandes von Atomen des Nuklids ^{133}Cs entsprechenden Strahlung (13. CGPM 1967).
Elektrische Stromstärke	Ampere	A	Das Ampere ist die Stärke eines konstanten elektrischen Stromes, der, durch zwei parallele, geradlinige, unendlich lange und im Vakuum im Abstand von 1 Meter voneinander angeordnete Leiter von vernachlässigbar kleinem, kreisförmigem Querschnitt fließend, zwischen diesen Leitern je 1 m Leiterlänge die Kraft 2×10^{-7} N hervorrufen würde (9. CGPM 1948).
Thermodynamische Temperatur	Kelvin	K	Das Kelvin ist der 273.16te Teil der thermodynamischen Temperatur des Tripelpunktes des Wassers (13. CGPM 1967).

* Diese Definitionen wurden von der Conférence Génerale des Poids et Mesures (CGPM) angenommen.

Basisgröße	Name	Einheiten-zeichen	Definition*
Stoffmenge	Mol	mol	Das Mol ist die Stoffmenge eines Systems, das aus ebensoviel Einzelteilchen besteht, wie Atome in 0.012 kg des Kohlenstoffnuklids ^{12}C enthalten sind. Hierbei müssen die Einzelteile spezifiziert sein und können Atome, Moleküle, Ionen, Elektronen sowie andere Teilchen oder Gruppen solcher Teilchen genau angegebener Zusammensetzung sein (14. CGPM 1971).
Lichtstärke	Candela	cd	Die Candela ist die Lichtstärke in einer bestimmten Richtung einer Strahlungsquelle, welche monochromatische Strahlung der Frequenz 540×10^{12} Hertz aussendet, und deren Strahlstärke in dieser Richtung 1/683 W durch Steradiant beträgt (16. CGPM 1979).

Abgeleitete SI-Einheiten mit besonderem Namen

Größe	Name	Einheiten-zeichen	ausgedrückt in Basis-einheiten	ausgedrückt in anderen SI-Einheiten
Mechanik				
ebener Winkel	Radiant	rad	$m \cdot m^{-1}$	
Raumwinkel	Steradiant	sr	$m^2 \cdot m^{-2}$	
Frequenz	Hertz	Hz	s^{-1}	
Kraft	Newton	N	$m \cdot kg/s^2$	J/m
Druck, Spannung	Pascal	Pa	$kg/(m \cdot s^2)$	N/m^2
Energie, Arbeit, Wärmemenge	Joule	J	$kg \cdot m^2/s^2$	$N \cdot m$
Leistung, Energiestrom	Watt	W	$kg \cdot m^2/s^3$	J/s
Elektrodynamik				
Elektrizitätsmenge, elektrische Ladung	Coulomb	C	$A \cdot s$	
elektrisches Potential, Spannung, elektromotorische Kraft	Volt	V	$kg \cdot m^2/(A \cdot s^3)$	W/A
elektrische Kapazität	Farad	F	$A^2 \cdot s^4/(kg \cdot m^2)$	C/V
elektrischer Widerstand	Ohm	Ω	$kg \cdot m^2/(A^2 \cdot s^3)$	V/A
elektrischer Leitwert	Siemens	S	$A^2 \cdot s^3/(kg \cdot m^2)$	A/V
magnetischer Fluß	Weber	Wb	$kg \cdot m^2/(A \cdot s^2)$	$V \cdot s$
magnetische Flußdichte, Induktion	Tesla	T	$kg/(A \cdot s^2)$	Wb/m^2
Induktivität	Henry	H	$kg \cdot m^2/(A^2 \cdot s^2)$	Wb/A

* Diese Definitionen wurden von der Conférence Génerale des Poids et Mesures (CGPM) angenommen.

Größe	Name	Einheitenzeichen	ausgedrückt in Basiseinheiten	ausgedrückt in anderen SI-Einheiten
Photometrie				
Lichtstrom	Lumen	lm		$cd \cdot sr$
Beleuchtungsstärke	Lux	lx		$cd \cdot sr/m^2$
Radioaktivität				
Aktivität einer radioaktiven Substanz	Becquerel	Bq	s^{-1}	
Energiedosis	Gray	Gy	m^2/s^2	J/kg
Äquivalentdosis	Sievert	Sv	m^2/s^2	J/kg

Einheiten, die noch neben dem SI benutzt werden

Größe	Name	Einheitenzeichen	Definition
Länge	Ångström*	Å	$1\,Å = 10^{-10}\,m$
	Fermi*	fm	$1\,fm = 10^{-15}\,m$
Fläche	Barn	b	$1\,b = 10^{-28}\,m^2$
Volumen	Liter	l, L	$1\,l = 1\,dm^3 = 10^{-3}\,m^3$
ebener Winkel	Grad	°	$1° = (\pi/180)\,rad$
	Winkelminute	'	$1' = (1/60)°$
	Winkelsekunde	"	$1" = (1/60)'$
Zeit	Minute	min	$1\,min = 60\,s$
	Stunde	h	$1\,h = 60\,min = 3600\,s$
	Tag	d	$1\,d = 24\,h = 86400\,s$
	Jahr	a	$1\,a = 365.2422\,d$
Masse	Tonne	t	$1\,t = 1000\,kg$
	(vereinheitlichte) atomare Masseneinheit	u	$1\,u = 1.6605655 \times 10^{-27}\,kg$
Druck	Bar	bar	$1\,bar = 10^5\,Pa$
	(physikalische) Atmosphäre*	atm	$1\,atm = 101\,325\,Pa$**
	Millimeter-Quecksilbersäule	mmHg	$1\,mmHg = 133.332\,Pa$
	Torr*	Torr	$1\,Torr = 101\,325/760\,Pa$
Energie	Kalorie*	cal	$1\,cal = 4.1868\,J$
	Elektronvolt	eV	$1\,eV = e\,J/C = 1.6021892 \times 10^{-19}\,J$
Aktivität (von Radionukliden)	Curie*	Ci	$1\,Ci = 3.7 \times 10^{10}\,s^{-1}$
Ionendosis	Röntgen*	R	$1\,R = 2.58 \times 10^{-4}\,C/kg$
Energiedosis	Rad*	rad	$1\,rad = 10^{-2}\,Gy$

* Diese Einheiten sollen nicht mehr verwendet werden.
** Dieser Druck wird als Normdruck bezeichnet.

Vorsätze zur Bezeichnung von Zehnerpotenzen

Potenz	Vorsatz	Zeichen	Potenz	Vorsatz	Zeichen
10^{-1}	Dezi	d	10^{1}	Deka	da
10^{-2}	Zenti	c	10^{2}	Hekto	h
10^{-3}	Milli	m	10^{3}	Kilo	k
10^{-6}	Mikro	µ	10^{6}	Mega	M
10^{-9}	Nano	n	10^{9}	Giga	G
10^{-12}	Piko	p	10^{12}	Tera	T
10^{-15}	Femto	f	10^{15}	Peta	P
10^{-18}	Atto	a	10^{18}	Exa	E

Anhang B
Einige Fundamentalkonstanten der Physik

Name	Formelzeichen	Zahlenwert	SI-Einheit	relative Standardabweichung (in 10^{-6})
Vakuumlichtgeschwindigkeit	c	2.99792458×10^{8}	m/s	exakt
Elementarladung	e	$1.60217733 \times 10^{-19}$	C	0.30
Ruhemasse des Elektrons	m_e	$9.1093897 \times 10^{-31}$	kg	0.59
Elektrische Feldkonstante	ε_0	$8.85418781762 \times 10^{-12}$	F/m	exakt
Magnetische Feldkonstante	μ_0	$1.25663706143 \times 10^{-6}$	H/m	exakt
Ruhemasse des Elektrons*	m_e	$5.48579902 \times 10^{-4}$	u	0.023
Ruhemasse des Neutrons*	m_n	1.008664904	u	0.014
Ruhemasse Wasserstoff*	$m\,(^1H)$	1.007825035	u	0.011
Ruhemasse Deuterium*	$m\,(^2H)$	2.014101779	u	0.012
Ruhemasse Helium*	$m\,(^4He)$	4.00260324	u	0.012
Spezifische Elektronenladung	e/m_e	$1.75881962 \times 10^{11}$	C/kg	0.30
Ruhemasse des Protons	m_p	$1.6726231 \times 10^{-27}$	kg	0.59
Verhältnis Ruhemasse des Protons zur Ruhemasse des Elektrons	m_p/m_e	$1.836152701 \times 10^{3}$		0.020
Ruhemasse des Neutrons	m_n	$1.6749286 \times 10^{-27}$	kg	0.59
Ruhemasse des Myons	m_μ	$1.8835327 \times 10^{-28}$	kg	0.61
Planck-Konstante	h	$6.6260755 \times 10^{-34}$	$J \cdot s$	0.60
Compton-Wellenlänge des Elektrons	$\lambda_{c,e}$	$2.42631058 \times 10^{-12}$	m	0.089
Universelle (molare) Gaskonstante	R	8.314510	$J/(mol \cdot K)$	8.4
Avogadro-Konstante	N_A	6.0221367×10^{23}	mol^{-1}	0.59
Boltzmann-Konstante	k	$1.3806513 \times 10^{-23}$	J/K	1.8
Molares Normvolumen des idealen Gases**	V_0	2.2413992×10^{-2}	m^3/mol	1.7
Faraday-Konstante	F	9.6485309×10^{4}	C/mol	0.30
Stefan-Boltzmann-Strahlungskonstante	σ	5.670399×10^{-8}	$W/(m^2 \cdot K^4)$	6.8
Rydberg-Konstante	R_∞	$1.0973731571 \times 10^{7}$	m^{-1}	0.00036
Gravitationskonstante	G	6.67259×10^{-11}	$N \cdot m^2/kg^2$	128
Bohr-Radius	a_0	$5.29177249 \times 10^{-11}$	m	0.045
Magnetisches Moment des Elektrons	μ_e	$9.2847700 \times 10^{-24}$	J/T	0.34
Magnetisches Moment des Protons	μ_p	$1.41060761 \times 10^{-26}$	J/T	0.34
Bohr-Magneton	μ_B	$9.2740154 \times 10^{-24}$	J/T	0.34
Kernmagneton	μ_N	$5.0507865 \times 10^{-27}$	J/T	0.34
Sommerfeld-Feinstrukturkonstante	a	1/137.0359895		0.045
Magnetisches Flußquant	Φ_0	$2.06783461 \times 10^{-15}$	Wb	0.30
Quantisierter Hall-Widerstand	R_H	2.58128056×10^{4}	Ω	0.045

* Masse in atomaren Masseeinheiten; $1\,u = 1.6605402 \times 10^{-27}$ kg

** Bei Normtemperatur $T_0 = 273.15\,K = 0\,°C$ und Normdruck $p_0 = 101\,325\,Pa = 1\,atm$.

Anhang C
Einige Angaben über Sonne, Erde und Mond

Die Sonne

Entfernung von der Erde	
mittlere	149.6×10^6 km
maximale	152.1×10^6 km
minimale	147.1×10^6 km
Masse	1.99×10^{30} kg
Radius	6.96×10^5 km
mittlere Dichte	1.410 g/cm^3
Schwerebeschleunigung auf der Oberfläche	274 m/s^2
Oberflächentemperatur	5785 K
Gesamtstrahlungsleistung	3.92×10^{26} W

Die Erde

Masse	5.98×10^{24} kg
Radius am Äquator	6.378×10^3 km
Radius an den Polen	6.357×10^3 km
Radius einer Kugel gleichen Volumens	6.371×10^3 km
Abplattung	1:298 = 0.003
mittlere Dichte	5.522 g/cm^3
Erdbeschleunigung*	9.80665 m/s^2
mittlere Bahngeschwindigkeit	29.770 km/s
mittlere Winkelgeschwindigkeit	7.29×10^{-5} rad/s
Solarkonstante**	1.34×10^3 W/m^2
magnetische Flußdichte	
am Äquator	3×10^{-5} T
an den Polen	6×10^{-5} T
magnetisches Moment	8.1×10^{22} A m^2
Normdruck	1.01325×10^5 Pa
Dichte von trockener Luft***	1.29×10^{-3} g/cm^3
Schallgeschwindigkeit in trockener Luft***	331.4 m/s
spezifische Wärmekapazität c_p von trockener Luft***	1.00 J/(g K)
Dichte von Wasser***	1.00 g/cm^3
Schallgeschwindigkeit in Wasser***	1460 m/s
Brechzahl von Wasser*** (λ = 589 nm)	1.33
spezifische Wärmekapazität c_p von Wasser***	4.180 J/(g K)
Schmelzwärme von Eis (0 °C)	3.33×10^2 J/g
Verdampfungswärme von Wasser (100 °C)	2.26×10^3 J/g

Der Mond

Masse	7.36×10^{22} kg
Radius	1738 km
Volumen	2.199×10^{19} m^3
mittlere Dichte	3.34 g/cm^3
Schwerebeschleunigung auf der Oberfläche	1.62 m/s^2
mittlerer Abstand zur Erde	3.84×10^5 km
mittlere Bahngeschwindigkeit (um die Erde)	1.022 km/s
Oberflächentemperatur	
auf der Tagseite	+120 °C
auf der Nachtseite	−150 °C

* auf 45° Breite und Meeresniveau

** Strahlungsleistung auf 1 m^2 Fläche senkrecht zur Einfallsrichtung

*** bei T_0 = 273.15 K = 0 °C und p_0 = 101 325 Pa = 1 atm

Anhang D
Das Planetensystem der Sonne

	Merkur	Venus	Erde	Mars	Jupiter	Saturn	Uranus	Neptun	Pluto
Maximaler Sonnenabstand (in 10^6 km)	69.7	109	152.1	249.1	815.7	1507	3004	4537	7375
Minimaler Sonnenabstand (in 10^6 km)	45.9	107.4	147.1	206.7	740.9	1347	2735	4456	4425
Mittlerer Sonnenabstand (in 10^6 km)	57.9	108	150	228	778	1430	2870	4500	5900
Relativer, mittlerer Sonnenabstand	0.387	0.723	1	1.524	5.203	9.539	19.18	30.06	39.44
Umlaufzeit	88 d	224.7 d	365.26 d	687 d	11.86 a	29.46 a	84.01 a	164.8 a	247.7 a
Rotationsperiode	59 d	−243 d*	23 h 56 min 4 s	24 h 37 min 23 s	9 h 50 min 30 s	10 h 14 min	−11 h*	16 h	6 d 9 h
Bahngeschwindigkeit (km/s)	47.9	35	29.8	24.1	13.1	9.6	6.8	5.4	4.7
Neigung des Äquators gegen die Bahnebene	<28°	3°	23° 27′	23° 59′	3° 05′	26° 44′	82° 5′	28° 48′	?
Neigung der Bahnebene gegen die Ekliptik	7°	3.4°	0°	1.9°	1.3°	2.5°	0.8°	1.8°	17.2°
Bahnexzentrizität	0.206	0.007	0.017	0.093	0.048	0.056	0.047	0.009	0.25
Äquatordurchmesser (in km)	4880	12104	12756	6787	142800	120000	51800	49500	3400

* rückläufig

	Merkur	Venus	Erde	Mars	Jupiter	Saturn	Uranus	Neptun	Pluto
Masse (Erde = 1)	0.055	0.815	1	0.108	317.9	95.2	14.6	17.2	0.002
Volumen (Erde = 1)	0.06	0.88	1	0.15	1316	755	67	57	0.1 (?)
Dichte (Wasser = 1)	5.4	5.2	5.5	4.0	1.3	0.7	1.2	1.7	0.5 (?)
Abplattung**	0	0	0.003	0.009	0.06	0.1	0.06	0.02	?
Hauptbestandteile der Atmosphäre	keine	CO_2	N_2 O_2	CO_2 Ar	H_2 He	H_2 He	H_2, He CH_4	H_2, He CH_4	keine
Mittlere Temperatur auf der sichtbaren Oberfläche (°C) (k = klar, w = wolkig)	350 (k) Tag −170 (k) Nacht	−33 (w) 480 (k)	22 (k)	−23 (k)	−150 (w) +15 (k)	−180 (w)	−210 (w)	−220 (w)	−230 (?)
Atmosphärendruck auf der Oberfläche (Pa)	10^{-7}	9×10^6	10^5	600	?	?	?	?	?
Schwerebeschleunigung auf der Oberfläche (Erde = 1)	0.37	0.88	1	0.38	2.64	1.15	1.17	1.18	?
Mittlerer, scheinbarer Sonnendurchmesser (vom Planet aus gesehen)	1° 22′ 40″	44′ 15″	31′ 59″	21′	6′ 09″	3′ 22″	1′ 41″	1′ 04″	49″
bekannte Monde	0	0	1	2	16	19	15	8	1

** Abplattung = (Äquatordurchmesser−Poldurchmesser)/Äquatordurchmesser

Anhang E
Periodensystem der Elemente

1 H 1.0079	Ordnungszahl / relative Atommasse

	IA	IIA	IIIB	IVB	VB	VIB	VIIB	VIIIB			IB	IIB	IIIA	IVA	VA	VIA	VIIA	O
1	1 H 1.00797																	2 He 4.00260
2	3 Li 6.941	4 Be 9.01218											5 B 10.81	6 C 12.01115	7 N 14.0067	8 O 15.9994	9 F 18.99840	10 Ne 20.179
3	11 Na 22.98977	12 Mg 24.305											13 Al 26.98154	14 Si 28.086	15 P 30.97376	16 S 32.06	17 Cl 35.453	18 Ar 39.948
4	19 K 39.098	20 Ca 40.08	21 Sc 44.9559	22 Ti 47.90	23 V 50.9414	24 Cr 51.996	25 Mn 54.9380	26 Fe 55.847	27 Co 58.9332	28 Ni 58.71	29 Cu 63.546	30 Zn 65.38	31 Ga 69.72	32 Ge 72.59	33 As 74.9216	34 Se 78.96	35 Br 79.904	36 Kr 83.80
5	37 Rb 85.4678	38 Sr 87.62	39 Y 88.9059	40 Zr 91.22	41 Nb 92.9064	42 Mo 95.94	43 Tc 98.9062	44 Ru 101.07	45 Rh 102.9055	46 Pd 106.4	47 Ag 107.868	48 Cd 112.40	49 In 114.82	50 Sn 118.69	51 Sb 121.75	52 Te 127.60	53 I 126.9045	54 Xe 131.30
6	55 Cs 132.9054	56 Ba 137.34	57 *La 138.9055	72 Hf 178.49	73 Ta 180.9479	74 W 183.85	75 Re 186.2	76 Os 190.2	77 Ir 192.22	78 Pt 195.09	79 Au 196.9665	80 Hg 200.59	81 Tl 204.37	82 Pb 207.19	83 Bi 208.9804	84 Po (210)	85 At (210)	86 Rn (222)
7	87 Fr (223)	88 Ra 226.0254	89 †Ac (227)	104 Rf (261)	105 Ha (260)	106 Unh (263)	107 Ns	108 Hs	109 Mt									

*	58 Ce 140.12	59 Pr 140.9077	60 Nd 144.24	61 Pm (147)	62 Sm 150.4	63 Eu 151.96	64 Gd 157.25	65 Tb 158.9254	66 Dy 162.50	67 Ho 164.9304	68 Er 167.26	69 Tm 168.9342	70 Yb 173.04	71 Lu 174.97
†	90 Th 232.0381	91 Pa 231.0359	92 U 238.029	93 Np 237.0482	94 Pu (244)	95 Am (243)	96 Cm (247)	97 Bk (247)	98 Cf (251)	99 Es (254)	100 Fm (257)	101 Md (258)	102 No (255)	103 Lr (256)

Für die Elemente 104–106 sind die Prioritäten geklärt; die endgültigen Namen werden möglicherweise in Kürze festgelegt (Phys. Bl. 48 (1992) Nr. 10).

Ns: Nielsbohrium (benannt nach Niels Bohr)
Mt: Meitnerium (benannt nach Lise Meitner)
Hs: Hassium (benannt nach dem Land Hessen; lat. Hassia)

Anhang F
Die Elementarteilchen der Physik

LEPTONEN

Partikel	Teilchen	Antiteilchen	Ladung (e)	Spin ($h/2\pi$)	Ruheenergie (MeV)	Mittlere Lebensdauer (s)	Zerfallsschema
Elektron	e^-	e^+	−1	1/2	0.511	∞	
Elektron-Neutrino	ν_e	$\bar{\nu}_e$	0	1/2	<0.00002	∞	
Myon	μ^-	μ^+	−1	1/2	105.7	2.2×10^{-6}	$e^- + \bar{\nu}_e + \nu_\mu$
Myon-Neutrino	ν_μ	$\bar{\nu}_\mu$	0	1/2	<0.3	∞	
Tau	τ^-	τ^+	−1	1/2	1784	3.0×10^{-13}	$\mu^- + \bar{\nu}_\mu + \nu_\tau$
Tau-Neutrino	ν_τ	$\bar{\nu}_\tau$	0	1/2	<40	∞	

QUARKS

Flavour	Teilchen	Antiteilchen	Ladung (e)	Spin ($h/2\pi$)	Ruheenergie* (MeV)	andere Eigenschaften
Up	u	$\bar{u}$	+2/3	1/2	300	$C = S = T = B = 0$
Down	d	$\bar{d}$	−1/3	1/2	300	$C = S = T = B = 0$
Charm	c	$\bar{c}$	+2/3	1/2	1500	Charm (C) = +1
Strange	s	$\bar{s}$	−1/3	1/2	500	Strangeness (S) = −1
Top**	t	$\bar{t}$	+2/3	1/2	>40,000	Topness (T) = +1
Bottom	b	$\bar{b}$	−1/3	1/2	4700	Bottomness (B) = −1

FELD-TEILCHEN

Partikel	Teilchen	Wechselwirkung	Ladung (e)	Spin ($h/2\pi$)	Ruheenergie (GeV)
Graviton**		gravitativ	0	2	0
Weakon	W^+, W^-	schwach	±1	1	80.6
Weakon	Z^0	schwach	0	1	91.2
Photon	γ	elektromagnetisch	0	1	0
Gluon	g	stark	0	1	0

* Die Ruheenergien gelten nicht für freie Quarks, da diese bislang nicht nachgewiesen werden konnten, sondern für Konstituenten-Quarks, aus denen andere Teilchen zusammengesetzt sind.

** Diese Teilchen werden vermutet, konnten bislang aber nicht nachgewiesen werden.

BARYONEN

Partikel	Teilchen	Quarkkombination	Antiteilchen	Ladung (e)	Spin ($h/2\pi$)	Ruheenergie (MeV)	mittlere Lebensdauer (s)	Zerfallsschema
Proton	p	uud	$\bar{p}$	+1	1/2	938	$>10^{40}$	$\pi^0 + e^+$ (?)
Neutron	n	udd	$\bar{n}$	0	1/2	940	889	$p + e^- + \nu_e$
Lambda	Λ^0	uds	$\overline{\Lambda^0}$	0	1/2	1116	2.6×10^{-10}	$p + \pi^-$
Omega	Ω^-	sss	$\overline{\Omega^-}$	−1	3/2	1673	8.2×10^{-11}	$\Lambda^0 + K^-$
Delta	Δ^{++}	uuu	$\overline{\Delta^{++}}$	+2	3/2	1232	5.7×10^{-24}	$p + \pi^+$
Charmed Lambda	Λ_c^+	udc	$\overline{\Lambda_c^+}$	+1	1/2	2285	1.9×10^{-13}	$\Lambda^0 + \pi^+$

MESONEN

Partikel	Teilchen	Quarkkombination	Antiteilchen	Ladung (e)	Spin ($h/2\pi$)	Ruheenergie (MeV)	mittlere Lebensdauer (s)	Zerfallsschema
Pion	π^+	$u\bar{d}$	π^-	+1	0	140	2.6×10^{-8}	$\mu^+ + \nu_\mu$
Pion	π^0	$u\bar{u} + d\bar{d}$	π^0	0	0	135	8.4×10^{-17}	$\gamma + \gamma$
Kaon	K^+	$u\bar{s}$	K^-	+1	0	494	1.2×10^{-8}	$\mu^+ + \nu_\mu$
Kaon	K^0	$d\bar{s}$	$\overline{K^0}$	0	0	498	0.9×10^{-10}	$\pi^+ + \pi^-$
Rho	ϱ^+	$u\bar{d}$	ϱ^-	+1	1	768	4.5×10^{-24}	$\pi^+ + \pi^-$
D-Meson	D^+	$c\bar{d}$	D^-	+1	0	1869	1.1×10^{-12}	$K^- + \pi^+ + \pi^+$
Psi	ψ	$c\bar{c}$	ψ	0	1	3097	1.0×10^{-20}	$e^+ + e^-$
B-Meson	B^+	$u\bar{b}$	B^-	+1	0	5278	1.2×10^{-12}	$D^- + \pi^+ + \pi^+$
Ypsilon	Υ	$b\bar{b}$	Υ	0	1	9460	1.3×10^{-20}	$e^+ + e^-$

Quelle: „Review of Particle Properties“, Physics Letters B, Vol. 239 (April 1990).

Anhang G
Umrechnungsfaktoren; Gegenüberstellung anglo-amerikanischer mit metrischen Einheiten

Ebener Winkel

	°	′	″	rad	U
1 Winkelgrad	1	60	3600	1.745×10^{-2}	2.778×10^{-3}
1 Winkelminute	1.667×10^{-2}	1	60	2.909×10^{-4}	4.630×10^{-3}
1 Winkelsekunde	2.778×10^{-4}	1.667×10^{-2}	1	4.848×10^{-6}	7.716×10^{-7}
1 Radiant	57.30	3438	2.063×10^{5}	1	0.1592
1 Umdrehung	360	2.16×10^{6}	1.296×10^{6}	6.283	1

Raumwinkel

1 Kugel nimmt einen vollen Raumwinkel von 4π Steradiant = 12.56 sr ein.

Länge

	cm	m	km	in.	ft	mi
1 Zentimeter	1	10^{-2}	10^{-5}	0.3937	3.281×10^{-2}	6.214×10^{-6}
1 Meter	100	1	10^{-3}	39.3	3.281	6.214×10^{-4}
1 Kilometer	10^{5}	1000	1	3.937×10^{4}	3281	0.6214
1 inch	2.540	2.540×10^{-2}	2.540×10^{-5}	1	8.333×10^{-2}	1.578×10^{-5}
1 foot	30.48	0.3048	3.048×10^{-4}	12	1	1.894×10^{-4}
1 mile	1.609×10^{5}	1609	1.609	6.336×10^{4}	5280	1

1 yard (yd) = 3 ft
1 Ångström (Å) = 10^{-10} m
1geographische Meile = 7420 m
1 Parsec (pc) = 3.08572×10^{13} km
1 rod = 5.5 yd = 5.0292 m
1 internationale Seemeile = 1852 m
1 Lichtjahr = 9.46×10^{12} km
1 astronomische Einheit (AE) = 149.6×10^{6} km

Fläche

	m^2	cm^2	ft^2	$in.^2$	circ mil
1 Quadratmeter	1	10^{4}	10.76	150	1.974×10^{9}
1 Quadratzentimeter	10^{-4}	1	1.076×10^{-3}	0.1550	1.974×10^{5}
1 square foot	9.290×10^{-2}	929.0	1	144	1.833×10^{8}
1 square inch	6.452×10^{-4}	6.452	6.944×10^{-3}	1	1.273×10^{6}
1 circular mil	5.067×10^{-10}	5.067×10^{-6}	5.454×10^{-9}	7.854×10^{-7}	1

1 Ar (a) = 100 m^2
1 barn (b) = 10^{-28} m^2
1 acre = 43 560 ft^2
1 Hektar (ha) = 100 a = 10^4 m^2
1 square mile = 2.788×10^7 ft^2
1 square chain = 404.7 m^2

Volumen

	m^3	cm^3	l	ft^3	$in.^3$
1 Kubikmeter	1	10^6	1000	35.31	6.102×10^4
1 Kubikzentimeter	10^{-6}	1	1.000×10^{-3}	3.531×10^{-5}	6.102×10^{-2}
1 Liter	1.000×10^{-3}	1000	1	3.531×10^{-2}	61.02
1 cubic foot	2.832×10^{-2}	2.832×10^4	28.32	1	1728
1 cubic inch	1.639×10^{-5}	16.39	1.639×10^{-2}	5.787×10^{-4}	1

1 british imperial gallon = $277.4\,in^3 = 4.546\,dm^3$
1 U.S. fluid gallon = 128 U.S. fluid ounces = $231\,in^3 = 3.785\,dm^3$

Masse

	g	kg	slug	u
1 Gramm	1	0.001	6.852×10^{-5}	6.024×10^{23}
1 Kilogramm	1000	1	6.852×10^{-2}	6.024×10^{26}
1 slug	1.459×10^4	14.59	1	8.789×10^{27}
1 atomare Masseneinheit	1.660×10^{-24}	1.660×10^{-27}	1.137×10^{-28}	1

1 Tonne = 1000 kg
Die folgenden Einheiten sind eigentlich keine Masseeinheiten, doch werden sie oft als solche benutzt. So wiegt z.B. eine Masse von 0.4536 kg unter der Erdbeschleunigung von $g = 9.80665\,m/s^2$ gerade 1 pound:
1 ounce (oz) = 28.35 g
1 short U.S. ton (ton) = 907.2 kg
1 pound (lb) = 16 oz = 0.4536 kg
1 long ton = 1016 kg

Zeit

	a	d	h	min	s
1 Jahr	1	365.2	8.766×10^3	5.259×10^5	3.156×10^7
1 Tag	2.738×10^{-3}	1	24	1440	8.640×10^4
1 Stunde	1.141×10^{-4}	4.167×10^{-2}	1	60	3600
1 Minute	1.901×10^{-6}	6.944×10^{-4}	1.667×10^{-2}	1	60
1 Sekunde	3.169×10^{-8}	1.157×10^{-5}	2.778×10^{-4}	1.667×10^{-2}	1

Geschwindigkeit

	km/h	m/s	mi/h
1 Kilometer durch Stunde	1	0.2778	0.6214
1 Meter durch Sekunde	3.6	1	2.237
1 mile per hour	1.609	0.447	1

1 Knoten (kn) = 1 Seemeile durch Stunde (sm/h) = 0.5144 m/s

Kraft

	dyn	N	kp	lb	pdl
1 Dyn	1	10^{-5}	1.02×10^{-6}	2.248×10^{-6}	7.233×10^{-5}
1 Newton	10^5	1	0.102	0.2248	7.233
1 Kilopond	9.81×10^5	9.81	1	2.205	70.96
1 pound	4.448×10^5	4.48	0.4537	1	32.17
1 poundal	1.383×10^4	0.1383	1.41×10^{-2}	3.108×10^{-2}	1

Leistung

	W = Nm/s	cal/s	PS
1 Watt	1	0.2389	1.36×10^{-3}
1 Kalorie durch Sekunde	4.186	1	5.69×10^{-3}
1 Pferdestärke	736	175.83	1

1 horsepower (hp) = 2545 Btu/h = 0.7457 kW

Druck

	$Pa = N/m^2$	dyn/cm^2	bar	atm	Torr	$at = 10^4\ kp/m^2$
1 Pascal	1	10^1	10^{-5}	0.986923×10^{-5}	0.750062×10^{-2}	1.019716×10^{-5}
1 Dyn durch Quadratzentimeter	10^{-1}	1	20^{-6}	0.986923×10^{-6}	0.750062×10^{-3}	1.019716×10^{-6}
1 Bar	10^5	10^6	1	0.986923	0.750062×10^3	1.019716
1 physikalische Atmosphäre	1.013250×10^5	1.013250×10^6	1.013250	1	0.760000×10^3	1.033227
1 Torr	1.333224×10^2	1.333224×10^3	1.333224×10^{-3}	1.315789×10^{-3}	1	1.359510×10^{-3}
1 techn. Atmosphäre	0.980665×10^5	0.980665×10^6	0.980665	0.967841	0.735559×10^3	1

1 Torr = 1 mm Quecksilbersäule (mm Hg) = 1 cm Wassersäule (cm Ws)
1 pound per square inch (psi = lb/in^2) = 6.895×10^3 Pa
1 pound per square foot (lb/ft^2) = 47.88 Pa

Energie

	J	erg	kWh	cal	kpm	eV	K
1 Joule	1	10^7	2.77778×10^{-7}	2.38846×10^{-1}	1.01972×10^{-1}	6.2415×10^{18}	7.24×10^{22}
1 Erg	10^{-7}	1	2.77778×10^{-14}	2.38846×10^{-8}	1.01972×10^{-8}	6.2415×10^{11}	7.24×10^{15}
1 Kilowattstunde	3.60000×10^6	3.6×10^{13}	1	8.59845×10^5	3.67098×10^5	2.247×10^{25}	2.61×10^{29}
1 Kalorie	4.18680	4.187×10^7	1.16300×10^{-6}	1	4.25935×10^{-1}	2.613×10^{19}	3.03×10^{23}
1 Kilopondmeter	9.80665	9.81×10^7	2.72407×10^{-6}	2.34228	1	6.121×10^{19}	7.10×10^{23}
1 Elektronvolt	1.602×10^{-19}	1.602×10^{-12}	4.45×10^{-26}	3.827×10^{-20}	1.634×10^{-20}	1	1.16×10^4*
1 Kelvin**	1.38×10^{-23}	1.38×10^{-16}	3.83×10^{-30}	3.30×10^{-24}	1.41×10^{-24}	8.6×10^{-5}	1

* Temperaturäquivalent des Elektronvolt $T(\text{eV}) = 1\ \text{eV}/k = 1.160435 \times 10^4$ K
** Energieäquivalent des Kelvin $E(\text{K}) = (1\ \text{K}) \cdot k = 1.380662 \times 10^{-23}$ J

1 british thermal unit (Btu) = 1055 J
1 foot-pound (ft · lb) = 1.356 J

Anhang H
Mathematische Symbole, Griechisches Alphabet

Mathematische Symbole

$=$	gleich	$\ll$	klein gegen
$\approx$	ungefähr gleich	$\geq$	größer oder gleich
$\neq$	ungleich	$\leq$	kleiner oder gleich
$\hat{=}$	entspricht	$\pm$	plus oder minus
$\equiv$	identisch gleich	$\rightarrow$	nähert sich
$\sim$	proportional	∞	unendlich
$>$	größer als	$\sum$	Summe
$\gg$	groß gegen	$\bar{x}$	Mittelwert von x
$<$	kleiner als		

Das Griechische Alphabet

Alpha	A	α	Ny	N	ν
Beta	B	β	Xi	Ξ	ξ
Gamma	Γ	γ	Omikron	O	o
Delta	Δ	δ	Pi	Π	π
Epsilon	E	ϵ, ε	Rho	P	ϱ
Zeta	Z	ζ	Sigma	Σ	σ
Eta	H	η	Tau	T	τ
Theta	Θ	θ, ϑ	Ypsilon	Y	υ
Jota	I	ι	Phi	Φ	ϕ, φ
Kappa	K	κ, $\varkappa$	Chi	X	χ
Lambda	Λ	λ	Psi	Ψ	ψ
My	M	μ	Omega	Ω	ω

Anhang I
Mathematische Formeln

Geometrie

Kreis vom Radius r:	Umfang $2\pi r$;	Fläche πr^2
Kugel vom Radius r:	Oberfläche $4\pi r^2$;	Volumen $\frac{4}{3}\pi r^3$
Gerader Kreiszylinder der Höhe h:	Oberfläche $2\pi r^2 + 2\pi rh$;	Volumen $\pi r^2 h$

Quadratische Gleichung

Die quadratische Gleichung

$$ax^2 + bx + c = 0$$

hat die Lösungen

$$x = \frac{-b \pm \sqrt{b^2 - 4ac}}{2a}.$$

Definitionen der trigonometrischen Funktionen

$$\sin\theta = \frac{y}{r} \qquad \cos\theta = \frac{x}{r}$$

$$\tan\theta = \frac{y}{x} \qquad \cot\theta = \frac{x}{y}$$

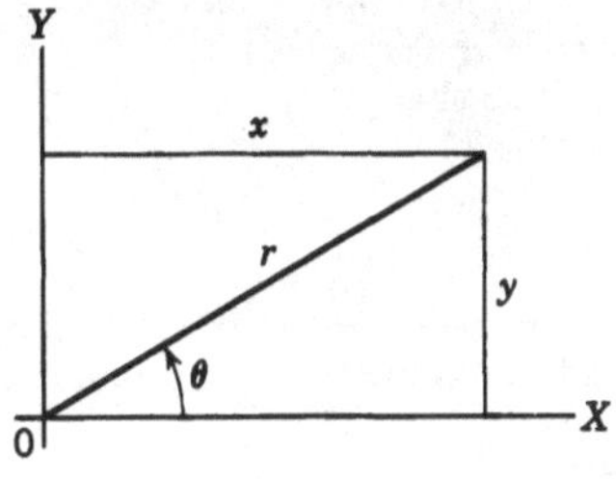

Satz von Pythagoras

$$x^2 + y^2 = r^2$$

Trigonometrische Beziehungen

$$\sin^2\theta + \cos^2\theta = 1$$

$$\sin 2\theta = 2\sin\theta\cos\theta$$

$$\cos 2\theta = \cos^2\theta - \sin^2\theta = 2\cos^2\theta - 1 = 1 - 2\sin^2\theta$$

$$\sin\theta = \frac{e^{i\theta} - e^{-i\theta}}{2i}, \qquad \cos\theta = \frac{e^{i\theta} + e^{-i\theta}}{2}$$

$$e^{\pm i\theta} = \cos\theta \pm i\sin\theta$$

$$\sin(\alpha \pm \beta) = \sin\alpha\cos\beta \pm \cos\alpha\sin\beta$$

$$\cos(\alpha \pm \beta) = \cos\alpha\cos\beta \mp \sin\alpha\sin\beta$$

$$\tan(\alpha \pm \beta) = \frac{\tan\alpha \pm \tan\beta}{1 \mp \tan\alpha\tan\beta}$$

$$\sin\alpha \pm \sin\beta = 2\sin\tfrac{1}{2}(\alpha \pm \beta)\cos\tfrac{1}{2}(\alpha \mp \beta)$$

Entwicklung von Funktionen in Potenzreihen

Taylor-Reihe

$$f(x_0 + x) = f(x_0) + f'(x_0)x + f''(x_0)\frac{x^2}{2!} + f'''(x_0)\frac{x^3}{3!} + \dots$$

Binomische Reihe

$$(1 + x)^n = 1 + \frac{nx}{1!} + \frac{n(n-1)}{2!}x^2 + \dots$$

Exponentialreihe

$$e^x = 1 + x + \frac{x^2}{2!} + \frac{x^3}{3!} + \dots$$

Logarithmische Reihe

$$\ln(1 + x) = x - \tfrac{1}{2}x^2 + \tfrac{1}{3}x^3 - \dots$$

Sinusreihe (wenn θ in Radiant gegeben ist)

$$\sin\theta = \theta - \frac{\theta^3}{3!} + \frac{\theta^5}{5!} - \dots$$

Kosinusreihe

$$\cos\theta = 1 - \frac{\theta^2}{2!} + \frac{\theta^4}{4!} - \dots$$

Ableitungen und unbestimmte Integrale einiger Funktionen

u und v sind Funktionen von x; a und m sind Konstanten.

1. $\dfrac{dx}{dx} = 1$
2. $\dfrac{d}{dx}(au) = a\dfrac{du}{dx}$
3. $\dfrac{d}{dx}(u + v) = \dfrac{du}{dx} + \dfrac{dv}{dx}$
4. $\dfrac{d}{dx}x^m = mx^{m-1}$
5. $\dfrac{d}{dx}\ln x = \dfrac{1}{x}$
6. $\dfrac{d}{dx}(uv) = u\dfrac{dv}{dx} + v\dfrac{du}{dx}$
7. $\dfrac{d}{dx}e^x = e^x$

1. $\int dx = x + \text{const.}$
2. $\int au\,dx = a\int u\,dx$
3. $\int(u + v)\,dx = \int u\,dx + \int v\,dx$
4. $\int x^m dx = \dfrac{x^{m+1}}{m+1} + \text{const.}, \quad (m \neq -1)$
5. $\int \dfrac{dx}{x} = \ln|x| + \text{const.}$
6. $\int u\dfrac{dv}{dx}dx = uv - \int v\dfrac{du}{dx}dx$
7. $\int e^x dx = e^x + \text{const.}$

8. $\frac{d}{dx}\sin x = \cos x$

9. $\frac{d}{dx}\cos x = -\sin x$

10. $\frac{d}{dx}\tan x = \frac{1}{\cos^2 x}$

11. $\frac{d}{dx}\cot x = -\frac{1}{\sin^2 x}$

12. $\frac{d}{dx}\frac{1}{\cos x} = \tan x\,\frac{1}{\cos x}$

13. $\frac{d}{dx}\frac{1}{\sin x} = -\cot x\,\frac{1}{\sin x}$

14. $\frac{d}{dx}\arctan x = \frac{1}{1+x^2}$

15. $\frac{d}{dx}\arcsin x = \frac{1}{\sqrt{1-x^2}}$

8. $\int \sin x\,dx = -\cos x + \text{const.}$

9. $\int \cos x\,dx = \sin x + \text{const.}$

10. $\int \tan x\,dx = -\ln|\cos x| + \text{const.}$

11. $\int \cot x\,dx = \ln|\sin x| + \text{const.}$

12. $\int \frac{1}{\cos x}\,dx = \ln\left|\tan\left(\frac{x}{2}+\frac{\pi}{4}\right)\right| + \text{const.}$

13. $\int \frac{1}{\sin x}\,dx = \ln\left|\tan\frac{x}{2}\right| + \text{const.}$

14. $\int \frac{dx}{1+x^2} = \arctan x + \text{const.}$

15. $\int \frac{dx}{\sqrt{1-x^2}} = \arcsin x + \text{const.}$

Produkte von Vektoren

– Es seien $\boldsymbol{i}, \boldsymbol{j}, \boldsymbol{k}$ die Einheitsvektoren in x, y, z-Richtung. Dann gilt:

$$\boldsymbol{i}\cdot\boldsymbol{i} = \boldsymbol{j}\cdot\boldsymbol{j} = \boldsymbol{k}\cdot\boldsymbol{k} = 1, \quad \boldsymbol{i}\cdot\boldsymbol{j} = \boldsymbol{j}\cdot\boldsymbol{k} = \boldsymbol{k}\cdot\boldsymbol{i} = 0,$$
$$\boldsymbol{i}\times\boldsymbol{i} = \boldsymbol{j}\times\boldsymbol{j} = \boldsymbol{k}\times\boldsymbol{k} = \boldsymbol{0},$$
$$\boldsymbol{i}\times\boldsymbol{j} = \boldsymbol{k}, \quad \boldsymbol{j}\times\boldsymbol{k} = \boldsymbol{i}, \quad \boldsymbol{k}\times\boldsymbol{i} = \boldsymbol{j}.$$

– Jeder beliebige Vektor $\boldsymbol{a}$ mit den Komponenten a_x, a_y, a_z in Richtung der x-, y-, z-Achse kann als

$$\boldsymbol{a} = a_x\boldsymbol{i} + a_y\boldsymbol{j} + a_z\boldsymbol{k}$$

dargestellt werden.

– Es seien $\boldsymbol{a}$, $\boldsymbol{b}$ und $\boldsymbol{c}$ beliebige Vektoren und s ein Skalar. Dann gilt:

$$\boldsymbol{a}\cdot\boldsymbol{b} = \boldsymbol{b}\cdot\boldsymbol{a} = a_xb_x + a_yb_y + a_zb_z = ab\cos\theta,$$

$$\boldsymbol{a}\times\boldsymbol{b} = -\boldsymbol{b}\times\boldsymbol{a} = \begin{vmatrix} \boldsymbol{i} & \boldsymbol{j} & \boldsymbol{k} \\ a_x & a_y & a_z \\ b_x & b_y & b_z \end{vmatrix} = (a_yb_z - b_ya_z)\boldsymbol{i} + (a_zb_x - b_za_x)\boldsymbol{j} + (a_xb_y - b_xa_y)\boldsymbol{k},$$

$$|\boldsymbol{a}\times\boldsymbol{b}| = ab\sin\theta,$$

worin θ der von den Vektoren $\boldsymbol{a}$ und $\boldsymbol{b}$ eingeschlossene (kleinere) Winkel ist,

$$\boldsymbol{a}\times(\boldsymbol{b}+\boldsymbol{c}) = \boldsymbol{a}\times\boldsymbol{b} + \boldsymbol{a}\times\boldsymbol{c},$$
$$(s\boldsymbol{a})\times\boldsymbol{b} = \boldsymbol{a}\times(s\boldsymbol{b}) = s(\boldsymbol{a}\times\boldsymbol{b}).$$
$$\boldsymbol{a}\cdot(\boldsymbol{b}\times\boldsymbol{c}) = \boldsymbol{b}\cdot(\boldsymbol{c}\times\boldsymbol{a}) = \boldsymbol{c}\cdot(\boldsymbol{a}\times\boldsymbol{b}),$$
$$\boldsymbol{a}\times(\boldsymbol{b}\times\boldsymbol{c}) = (\boldsymbol{a}\cdot\boldsymbol{c})\boldsymbol{b} - (\boldsymbol{a}\cdot\boldsymbol{b})\boldsymbol{c}.$$

Anhang J
Nobelpreisträger der Physik

Jahr	Land	Name	Begründung
1901	D	Wilhelm Konrad Röntgen (1845–1923)	Entdeckung der Röntgenstrahlen
1902	NL	Hendrik Antoon Lorentz (1853–1928)	Untersuchungen zum Einfluß des Magnetismus auf Strahlungsphänomene
	NL	Pieter Zeeman (1865–1943)	
1903	F	Henri Antoine Becquerel (1852–1908)	Entdeckung der spontanen Radioaktivität
	F	Pierre Curie (1859–1906)	Arbeiten über die von Becquerel entdeckten Strahlungsphänomene
	F	Marie Sklodowska-Curie (1867–1934)	
1904	GB	Lord Rayleigh (1842–1919) (John William Strutt)	Untersuchungen über die Dichte der wichtigsten Gase sowie die Entdeckung des Argons
1905	D	Philip Eduard von Lenard (1862–1947)	Arbeiten über Kathodenstrahlen
1906	GB	Joseph John Thomson (1856–1940)	Theoretische und experimentelle Arbeiten über den Durchgang der Elektrizität durch Gase
1907	USA	Albert Abraham Michelson (1852–1931)	Konstruktion von optischen Präzisionsinstrumenten und damit ausgeführte spektroskopische und meteorologische Untersuchungen
1908	F	Gabriel Lippmann (1845–1921)	Entwicklung einer auf Interferenzphänomene begründeten Methode, um Farben photographisch wiederzugeben
1909	I	Guglielmo Marconi (1874–1937)	Beiträge zur Entwicklung der drahtlosen Telegraphie
	D	Carl Ferdinand Braun (1850–1918)	
1910	NL	Johannes Diderik van der Waals (1837–1923)	Arbeiten über die Zustandsgleichung der Gase und Flüssigkeiten
1911	D	Wilhelm Wien (1864–1828)	Entdeckung der Gesetze der Wärmestrahlung
1912	S	Nils Gustaf Dalén (1869–1937)	Erfindung selbstwirkender Regulatoren in Kombination mit Gasakkumulatoren zur Beleuchtung von Leuchttürmen und Leuchtbojen
1913	NL	Heike Kamerlingh-Onnes (1853–1926)	Untersuchungen der Eigenschaften der Materie bei niedrigen Temperaturen, die unter anderem zur Darstellung flüssigen Heliums führten
1914	D	Max von Laue (1879–1960)	Entdeckung der Diffraktion von Röntgenstrahlen in Kristallen

Jahr	Land	Name	Begründung
1915	GB	William Henry Bragg (1862–1942)	Untersuchungen von Kristallstrukturen mittels Röntgenstrahlen
	GB	William Lawrence Bragg (1890–1971)	
1917	GB	Charles Glover Barkla (1877–1944)	Entdeckung der charakteristischen Röntgenstrahlung der Elemente
1918	D	Max Planck (1858–1947)	Entwicklung der Quantentheorie
1919	D	Johannes Stark (1874–1957)	Entdeckung des Doppler-Effektes in Kanalstrahlen und die Aufspaltung der Spektrallinien im elektrischen Feld
1920	F	Charles Edouard Guillaume (1861–1938)	Entdeckung der Anomalien der Nickelstahllegierungen und die damit verbundenen Präzisionsmessungen der Physik
1921	D	Albert Einstein (1879–1955)	Arbeiten der theoretischen Physik und Theorie des photoelektrischen Effektes
1922	DK	Niels Bohr (1885–1962)	Erforschung der Struktur der Atome und der von ihnen ausgehenden Strahlung
1923	USA	Robert Andrews Millikan (1868–1953)	Arbeiten über die elektrische Elementarladung und den photoelektrischen Effekt
1924	S	Karl Manne Georg Siegbahn (1886–1954)	Röntgenspektroskopische Forschungen und Entdeckungen
1925	D	James Franck (1882–1964)	Entdeckung der Gesetze beim Zusammenstoß eines Elektrons mit einem Atom
	D	Gustav Hertz (1887–1975)	
1926	F	Jean Baptiste Perrin (1870–1942)	Arbeiten über die diskontinuierliche Struktur der Materie, insbesondere für die Entdeckung des Sedimentationsgleichgewichtes
1927	USA	Arthur Holly Compton (1892–1962)	Entdeckung des Compton-Effektes
	GB	Charles Thomson Rees Wilson (1869–1959)	Entwicklung der Methoden, durch Dampfkondensation die Bahnen elektrisch geladener Partikel sichtbar zu machen
1928	GB	Owen Williams Richardson (1879–1959)	Arbeiten über thermoionische Phänomene und besonders die Entdeckung des Richardson-Gesetzes
1929	F	Louis Victor Duc de Broglie (1892–1987)	Entdeckung der Wellennatur der Elektronen
1930	IND	Sir Chandrasekhara Venkata Raman (1888–1970)	Arbeiten über die Lichtstreuung und die Entdeckung des Raman-Effektes
1932	D	Werner Heisenberg (1901–1976)	Begründung der Quantenmechanik, die unter anderem zur Entdeckung der allotropen Formen des Wasserstoffs führte
1933	A	Erwin Schrödinger (1887–1961)	Entwicklung neuer fruchtbarer Formen der Atomtheorie
	GB	Paul Adrien Maurice Dirac (1902–1984)	

Jahr	Land	Name	Begründung
1935	GB	James Chadwick (1891–1974)	Entdeckung des Neutrons
1936	A	Viktor Franz Hess (1883–1964)	Entdeckung der kosmischen Strahlung
	USA	Carl David Anderson (1895–1984)	Entdeckung des Positrons
1937	USA	Clinton Joseph Davisson (1881–1958)	Experimentelle Entdeckung der Beugung von Elektronen in Kristallen
	GB	George Paget Thomson (1892–1975)	
1938	I	Enrico Fermi (1901–1954)	Nachweis von neuen, durch Neutronenbeschuß erzeugten radioaktiven Elementen und die Entdeckung der von langsamen Neutronen ausgelösten Kernreaktionen
1939	USA	Ernest Orlando Lawrence (1901–1958)	Erfindung des Zyklotrons und damit erzielte Ergebnisse
1943	USA	Otto Stern (1888–1969)	Entwicklung der Molekularstrahlmethode und Entdeckung des magnetischen Momentes des Protons
1944	USA	Isidor Isaac Rabi (*1898)	Entdeckung der Resonanzmethode zur Bestimmung magnetischer Eigenschaften von Atomkernen
1945	A	Wolfgang Pauli (1900–1958)	Entdeckung des Pauli-Prinzips
1946	USA	Percy Williams Bridgman (1882–1961)	Erfindung eines Apparates zur Erzeugung extrem hoher Drücke und Entdeckungen auf dem Gebiet der Hochdruckphysik
1947	GB	Sir Edward Victor Appleton (1892–1965)	Erforschung der Physik der Atmosphäre und Entdeckung der Appleton-Schicht
1948	GB	Patrick Maynard Stuart Blackett (1897–1974)	Weiterentwicklung der Wilson-Kammer und Entdeckungen auf dem Gebiet der Kernphysik und der kosmischen Strahlung
1949	J	Hideki Yukawa (1907–1981)	Vorhersage der Existenz des Mesons aus der Theorie der Kernkräfte
1950	GB	Cecil Frank Powell (1903–1969)	Entwicklung der photographischen Methode zur Untersuchung von Kernprozessen und die Entdeckung des Mesons
1951	GB	Sir John Douglas Cockcroft (1897–1967)	Pionierarbeit bei der Umwandlung von Atomkernen durch künstlich beschleunigte Teilchen
	IRL	Ernest Thomson Sinton Walton (*1903)	
1952	USA	Felix Bloch (1905–1983)	Entwicklung neuer Methoden für kernmagnetische Präzisionsmessungen und damit erzielte Entdeckungen
	USA	Edward Mills Purcell (*1912)	
1953	NL	Frederik Zernike (1888–1966)	Entwicklung des Phasenkontrastmikroskops
1954	D	Max Born (1882–1970)	Grundlegende Forschungen der Quantenmechanik, besonders die statistische Deutung der Wellenfunktion und Kristallgittertheorie

Jahr	Land	Name	Begründung
	D	Walther Bothe (1891–1957)	Entwicklung des Koinzidenzverfahrens und damit erzielte Entdeckungen
1955	USA	Willis Eugene Lamb (*1913)	Entdeckung der Feinstruktur des Wasserstoffspektrums (Lamb-Shift)
	USA	Polykarp Kusch (*1911)	Präzisionsbestimmung des magnetischen Momentes des Elektrons
1956	USA USA USA	William Shockley (1910–1989) Hohn Bardeen (1908–1990) Walter Houser Bratain (*1902)	Arbeiten auf dem Gebiet der Halbleiter und Entwicklung des Transistors
1957	USA USA	Tsung-Dao Lee (*1926) Chen-Ning Yang (*1922)	Untersuchungen der Paritätsgesetze und des Verhaltens von Elementarteilchen
1958	SU SU SU	Pavel Čerenkov (*1904) Ilja Frank (*1908) Igor Tamm (1895–1971)	Entdeckung und Interpretation des Čerenkov-Effektes
1959	USA USA	Emilio Gino Segrè (1905–1989) Owen Chamberlain (*1920)	Entdeckung des Antiprotons
1960	USA	Donald Arthur Glaser (*1926)	Erfindung der Blasenkammer
1961	USA	Robert Hofstadter (*1915)	Untersuchungen der Elektronenstreuung in Atomkernen und die damit ermittelte Struktur der Nukleonen
	D	Rudolf Mössbauer (*1929)	Untersuchungen der Resonanzabsorption der γ-Strahlen und Entdeckung des Mössbauer-Effektes
1962	SU	Lew Davidowitsch Landau (1908–1968)	Theorien der kondensierten Materie, insbesondere des flüssigen Heliums
1963	USA	Eugene P. Wigner (*1902)	Theorie des Atomkerns und der Elementarteilchen, besonders die Symmetriegesetze der Quantentheorie
	USA D	Maria Goeppert-Mayer (1906–1972) Hans D. Jensen (1907–1973)	Arbeiten über die Schalenstruktur des Atomkerns
1964	USA SU SU	Charles H. Townes (*1915) Nikolai G. Bassow (*1922) Alexander M. Prochorow (*1916)	Grundlegende Arbeiten auf dem Gebiet der Quantenelektronik, die zur Konstruktion von Generatoren und Verstärkern nach dem Maser-Laser-Prinzip führten
1965	J USA USA	Sin-Itiro Tomonaga (1906–1979) Julian Schwinger (*1918) Richard P. Feynman (*1918)	Grundlegende Arbeiten zur Quantenelektrodynamik, die zu tiefgreifenden Konsequenzen in der Physik der Elementarteilchen führten
1966	F	Alfred Kastler (1902–1984)	Entwicklung optischer und magnetischer Methoden zur Beobachtung von atomaren Schwingungen (optisches Pumpen)
1967	USA	Hans Albrecht Bethe (*1906)	Arbeiten zur Theorie der Kernreaktionen, insbesondere Entdeckungen bezüglich der Energieerzeugung in Sternen

Jahr	Land	Name	Begründung
1968	USA	Luis A. Alvarez (1911–1988)	Entscheidende Arbeiten in der Elementarteilchenphysik, Entwicklung einer Wasserstoff-Blasenkammer und Entdeckung einer Vielzahl von Resonanzzuständen
1969	USA	Murray Gell-Mann (*1929)	Arbeiten zur Klassifizierung der Elementarteilchen und deren Wechselwirkungen
1970	S	Hannes Alfvén (*1908)	Grundlegende Arbeiten in der Magnetohydrodynamik und Anwendungen in der Plasmaphysik
	F	Louis E. Néel (*1904)	Grundlegende Arbeiten und Entdeckungen des Antiferro- und Ferrimagnetismus
1971	GB	Dennis Gabor (1900–1979)	Entdeckung des Prinzips der Holographie
1972	USA USA USA	John Bardeen (1908–1990) Leon N. Cooper (*1930) John R. Schrieffer (*1931)	Entwicklung einer Theorie der Supraleitung
1973	J	Leo Esaki (*1925)	Entdeckung des Tunneleffektes in Halbleitern (Esaki-Dioden)
	USA	Ivar Giaever (*1929)	Entdeckung des Tunneleffektes in Supraleitern
	GB	Brian D. Josephson (*1940)	Theoretische Vorhersage des Josephson-Effektes
1974	GB	Antony Hewish (*1924)	Entdeckung der Pulsare
	GB	Sir Martin Ryle (1918–1984)	Grundlegende Arbeiten in der Radioastronomie
1975	DK DK USA	Aage Bohr (*1922) Ben Mottelson (*1926) James Rainwater (1917–1986)	Entdeckung einer Beziehung zwischen der Kollektivbewegung und der Teilchenbewegung und Entwicklung einer Theorie der Atomkernstruktur
1976	USA USA	Burton Richter (*1931) Samuel Chao Chung Ting (*1936)	Entdeckung eines bedeutenden Elementarteilchens (Psi-Teilchen)
1977	USA GB USA	Philip Warren Anderson (*1923) Nevill Francis Mott (*1905) John H. Van Vleck (1899–1980)	Grundlegende theoretische Untersuchungen der Elektronenstruktur magnetischer und fehlgeordneter Festkörper
1978	SU	Peter L. Kapitza (1894–1984)	Grundlegende Untersuchungen in der Tieftemperaturphysik
	USA USA	Arno A. Penzias (*1926) Robert W. Wilson (*1936)	Entdeckung der kosmischen Hintergrundstrahlung im Mikrowellenbereich
1979	USA GB USA	Sheldon L. Glashow (*1932) Abdus Salam (*1926) Steven Weinberg (*1933)	Vereinheitlichtes Modell für die Wirkung schwacher und elektromagnetischer Kräfte und Vorhersage eines neutralen Stromes
1980	USA USA	James W. Cronin (*1931) Val L. Fitch (*1923)	Entdeckung der Verletzung der Symmetrieprinzipien beim Zerfall des K^0-Mesons
1981	USA USA	Nicolas Bloembergen (*1920) Arthur L. Schawlow (*1921)	Beiträge zur Entwicklung der Laserspektroskopie

Jahr	Land	Name	Begründung
	S	Kai M. Siegbahn (*1918)	Beiträge zur Entwicklung hochauflösender Elektronenspektroskope
1982	USA	Kenneth G. Wilson (*1936)	Entwicklung einer Methode zur Bestimmung der kritischen Phänomene bei der Veränderung der Materie unter dem Einfluß von Druck und Temperatur
1983	USA	Subrahmanyan Chandrasekhar (*1910)	Theoretische Untersuchungen der Struktur und Evolution von Sternen
	USA	William A. Fowler (*1911)	Untersuchungen zur Bildung der chemischen Elemente im Universum
1984	I NL	Carlo Rubbia (*1934) Simon van der Meer (*1925)	Entscheidende Beiträge zur Entdeckung der W- und Z-Feldteilchen
1985	D	Klaus von Klitzing (*1943)	Entdeckung des Quanten-Hall-Effektes
1986	D	Ernst Ruska (1906–1988)	Entwicklung und Konstruktion des Elektronenmikroskops
	D CH	Gerd Binnig (*1933) Heinrich Rohrer (*1923)	Konstruktion des Rastertunnelmikroskops
1987	D CH	Johannes G. Bednorz (*1950) Karl A. Müller (*1927)	Entdeckung neuer supraleitender keramischer Stoffe
1988	USA USA USA	Leon Lederman (*1921) Melvin Schwartz (*1932) Jack Steinberger (*1921)	Entwicklung der Neutrinostrahlenmethode und Nachweise der Paarstruktur der Leptonen durch die Entdeckung des Myon-Neutrinos
1989	D USA	Wolfgang Paul (*1913) Hans G. Dehmelt (*1922)	Entwicklung eines Ionen-Käfigs
	USA	Norman F. Ramsey (*1915)	Weiterentwicklung der Cäsium-Atomuhr
1990	USA USA USA	Jerome Friedman (*1930) Henry Kendall (*1926) Richard Taylor (*1929)	Bahnbrechende Forschungen zum Verständnis der innersten Strukturen der Materie
1991	F	Pierre-Gilles de Gennes (*1933)	Beschreibung von Ordnungsphänomenen in sehr verschiedenartigen physikalischen Systemen
1992	F	Georges Charpak (*1924)	Entwicklung von Teilchendetektoren, insbesondere der Vieldraht-Proportionalkammer

Sach- und Namenverzeichnis

FSC
www.fsc.org
MIX
Papier | Fördert gute Waldnutzung
FSC® C083411

Zeitfracht Medien GmbH
Ferdinand-Jühlke-Straße 7
99095 Erfurt, Deutschland
produktsicherheit@kolibri360.de